Anwendungsbezogene physikalische Charakterisierung von Polymeren, insbesondere im festen Zustand

Vorträge der
Vortragstagung der Deutschen Physikalischen Gesellschaft,
Fachausschuß „Physik der Hochpolymeren",
vom 17. bis 21. April 1978 in Bad Nauheim

Herausgegeben von

Prof. Dr. E. W. FISCHER — Mainz
Prof. Dr. F. H. MÜLLER — Marburg
Prof. Dr. R. BONART — Regensburg

Mit 417 Abbildungen und 47 Tabellen

SPRINGER-VERLAG BERLIN HEIDELBERG GMBH 1979

ISBN 978-3-662-15712-1   ISBN 978-3-7985-1811-7 (eBook)
DOI 10.1007/978-3-7985-1811-7

INHALT

PROGRESS IN COLLOID AND POLYMER SCIENCE

Fortschrittsberichte über Kolloide und Polymere

Supplements to "Colloid and Polymer Science" · *Continuation of „Kolloid-Beihefte"*

Vol. 66   1979

Progr. Colloid & Polymer Sci. **66**, 1—15 (1979)
© 1979 by Dr. Dietrich Steinkopff Verlag GmbH & Co. KG, Darmstadt
ISSN 0340-255 X

Vorgetragen auf der Tagung der Deutschen Physikalischen Gesellschaft,
Fachausschuß „Physik der Hochpolymeren",
vom 17. bis 21. April 1978 in Bad Nauheim.

Aus dem Meß- und Prüflaboratorium der BASF Aktiengesellschaft, Ludwigshafen am Rhein

Zur Frage nach dem Charakter des Schmelzens partiell kristalliner Polymerer *)

H. Baur

Mit 11 Abbildungen

(Eingegangen am 15. Juli 1978)

Auf der IUPAC-Tagung (Simposio Internationale Di Chimica Macromolecolare) 1954 in Turin entbrannte zwischen *P. Flory* und *A. Münster* ein anscheinend heftiger Streit über die Frage nach dem physikalischen Charakter des Schmelzens von Polymeren (1—2).

Flory stand, seiner Theorie (3) folgend, auf dem Standpunkt, ein kristallisiertes reines Homopolymere bilde im Gleichgewicht lamellenförmige Kristalle aus, die in lateraler Richtung beliebig ausgedehnt sein können und in longitudinaler Richtung die Kettenmoleküle in ihrer gesamten Länge umfassen. Das Gleichgewichtsschmelzen faßte *Flory* als eine im Idealfall äußerst scharfe, im Realfall jedoch durch die dem Thomson-Gibbs-Effekt analoge Wirkung der Kettenenden diffus erscheinende Phasenumwandlung erster Ordnung auf. Den häufig an partiell kristallinen Polymeren zu beobachtenden breiten Schmelzbereich führte *Flory* auf eine mangelnde Gleichgewichtsnähe und auf Verunreinigungen zurück. Dem damals geläufigen Modell der Fransenmicellen (4) sprach *Flory* jede Gleichgewichtseigenschaft ab [vgl. hierzu auch (5—6)].

Münster hielt dagegen *Florys* Resultate für hypothetisch. Er ging davon aus, daß den realen, in endlichen Zeiten erreichbaren Gleichgewichtszuständen eines partiell kristallinen hochmolekularen Polymeren aus flexiblen Kettenmolekülen das System der Fransenmicellen entspricht. Die Micellen (Kristallbereiche) unterscheiden sich von den Floryschen Gleichgewichtslamellen vor allem in ihrer räumlichen Ausdehnung. Insbesondere in longitudinaler Richtung sind die Micellen derart klein, daß ein einzelnes Kettenmolekül stets sowohl kristallinen als auch amorphen Bereichen zugehören muß. *Münster* schloß daraus [mit *T. Alfrey*, *H. Mark* (7) und *E. M. Frith*, *R. F. Tuckett* (8) als Vorgänger] auf eine gegenseitige Abhängigkeit der amorphen und kristallinen Bereiche, speziell auf eine Abhängigkeit der Entropie des amorphen Anteils von der Menge des kristallisierten Anteils. Damit ergibt sich eine nichtlineare Abhängigkeit der Entropie des Gesamtsystems von der Kristallinität, die den gewöhnlich gestellten Voraussetzungen einer Phasenumwandlung erster Ordnung widerspricht. Aus einem speziellen Ansatz für die Entropie des Gesamtsystems leitete *Münster* (9) ab, daß das Gleichgewichtsschmelzen eines Polymeren aus flexiblen Kettenmolekülen als eine sich selbst katalysierende Ordnungs-Unordnungsumwandlung zweiter Ordnung mit breitem Schmelzbereich aufzufassen sei [1].

---

*) Herrn Professor Dr. *H. Pommer* zum 60. Geburtstag gewidmet.

[1] Zur Klassifizierung der Umwandlungserscheinungen vergleiche man z. B. (10).

Das Bild, das wir uns heute von einem aus der Schmelze unter normalen Umständen abgekühlten partiell kristallinen hochmolekularen Homopolymeren aus flexiblen Kettenmolekülen zu machen haben, liegt in gewisser Weise zwischen den beiden genannten Modellen. Es bilden sich tatsächlich, wie von *Flory* vorhergesagt, Lamellen mit einer relativ großen lateralen Ausdehnung aus [vgl. z. B. (11) und Abb. 1]. Die longitudinale Ausdehnung der Lamellen ist jedoch weit kleiner als die Kettenlänge, so daß die einzelnen Kettenmoleküle, wie im Modell der Fransenmicelle, amorphe und kristalline Bereiche zugleich durchziehen. Möglicherweise sind im übrigen die Lamellen zumindest in gewissen Temperaturbereichen lateral aus kleineren Mosaikblöcken zusammengesetzt (12—13), so daß wir es mit einer Art Fransenmicellen mit Überstruktur zu tun hätten. Die Frage, ob ein solcher Zustand als ein stabiler Gleichgewichtszustand und das Gleichgewichtsschmelzen im Sinne von *Münster* als eine Ordnungs-Unordnungs-Umwandlung zu betrachten ist, oder aber, ob Gleichgewichtszustand und Gleichgewichtsschmelzen mehr den Floryschen Vorstellungen entsprechen, ist jedoch bis heute weitgehend strittig geblieben [vgl. (6) und (14—17)]. Von einigen Autoren wurde die Auffassung von *Münster* und seiner Vorgänger vor allem auf der Basis statistischer

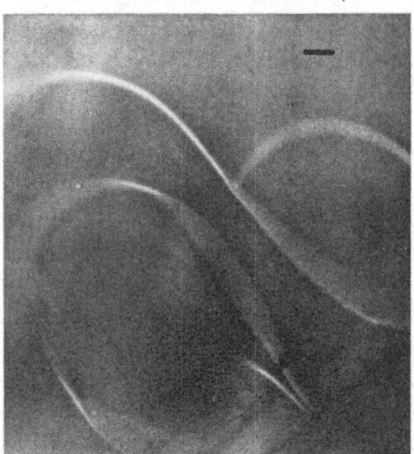

Abb. 1. Elektronenmikroskopische Aufnahme einiger bei Kristallisationsbeginn durch Bestrahlung und Vernetzung abgefangener Kristall-Lamellen des Polyäthylens (*Kanig*, bisher unveröffentlicht). Man erkennt, wie sich die Lamellen schraubenförmig durch die Schmelze winden. An den hellen Stellen stehen die Lamellen senkrecht zur Bildebene. Die Probe wurde bei 160 °C aufgeschmolzen, bei 127 °C elektronisch bestrahlt und anschließend kontrastiert (43—44). Der Strich im oberen Bildteil entspricht einer Länge von 0,2 μm.

Berechnungen weitergeführt (16—25). Auch bestehen einige experimentelle Hinweise für die Gültigkeit dieser Auffassung [vgl. z. B. (11, 17, 26)]. Andere Autoren betrachten dagegen das Schmelzen eines Homopolymeren als eine Umwandlung erster Ordnung, die im wesentlichen durch das Vorhandensein einer Lamellendickenverteilung auf Grund des Thomson-Gibbs-Effektes zu einer diffusen Umwandlung verbreitert ist [vgl. z. B. (6, 27)].

Im folgenden soll das Problem anhand des einfachsten phänomenologischen Ansatzes, der eine Antwort auf die Fragestellung erwarten läßt, erneut aufgegriffen werden.

1. Phänomenologische Grundgleichungen eines partiell kristallinen Systems

Wir nehmen an, daß sich das partiell kristalline System eines Polymeren durch die Gibbssche Grundgleichung

$$g = g(T, p, \alpha) \qquad [1]$$

beschreiben läßt. g bezeichnet hierin die Freie Enthalpie des Gesamtsystems[2]). Die Temperatur T, den Druck p und die Kristallinität α betrachten wir als die voneinander unabhängigen Variablen. Indem wir T und p als Variable wählen, setzen wir voraus, daß sich das System stets im thermischen und mechanischen Gleichgewicht befindet. In bezug auf die Kristallinität kann sich das System jedoch durchaus auch im Nichtgleichgewicht befinden. Ziehen wir solche Nichtgleichgewichtszustände in Betracht, so sind T, p, α als explizite Funktionen der Zeit t anzusehen. Da die Mikrostruktur des partiell kristallinen Zustandes durch α allein nicht eindeutig beschrieben wird, hätten wir eigentlich in [1] noch weitere Variable zu berücksichtigen (z. B. die Lamellendicke, den Schwerpunktabstand der Lamellen und Variable zur Beschreibung der Konformation der amorphen Kettenteile). Von dieser Komplikation sehen wir im folgenden ab, da wir die Frage nach der Stabilität des partiell kristallinen Zustandes und nach dem Charakter des Schmelzens solcher Zustände nur vom prinzipiellen Standpunkt aus behandeln wollen.

Neben [1] gilt der allgemeine Zusammenhang

$$g = h - Ts . \qquad [2]$$

---

[2]) Alle extensiven Größen beziehen wir hier und im folgenden auf die Masseneinheit.

Hierin sind die Enthalpie h und die Entropie s ebenfalls Funktionen der unabhängigen Variablen T, p, α. Ferner gilt

$$\frac{\partial g}{\partial T} \equiv -s \qquad [3]$$

und demnach mit [2]

$$\frac{\partial h}{\partial T} = T \frac{\partial s}{\partial T} . \qquad [4]$$

Gleichgewicht herrscht in dem System, wenn

$$\frac{\partial g}{\partial \alpha} = 0, \quad \text{d. h.} \quad \frac{\partial h}{\partial \alpha} = T \frac{\partial s}{\partial \alpha} \qquad [5]$$

ist. Diese Beziehung legt eine der unabhängigen Variablen als Funktion der anderen fest, so daß sich daraus z. B. die Gleichgewichtskristallinität

$$\alpha_e = \alpha_e(T, p)$$

als Funktion der Temperatur und des Druckes errechnen läßt. Die Gleichgewichtszustände sind stabil, wenn

$$\frac{\partial^2 g}{\partial \alpha^2} \geqq 0, \quad \text{d. h.} \quad \frac{\partial^2 h}{\partial \alpha^2} \geqq T \frac{\partial^2 s}{\partial \alpha^2} \qquad [6]$$

ist. Das Gleichheitszeichen gilt dabei nur im Falle des neutralen Gleichgewichtes.

Die Änderung der Enthalpie $h(T, p, \alpha)$ ist bei konstantem Druck durch

$$dh = \frac{\partial h}{\partial T} dT + \frac{\partial h}{\partial \alpha} d\alpha ,$$

die Wärmekapazität bei konstantem Druck also durch

$$c_p \equiv \left(\frac{dh}{dT}\right)_p = \frac{\partial h}{\partial T} + \frac{\partial h}{\partial \alpha} \left(\frac{d\alpha}{dT}\right)_p \qquad [7]$$

gegeben. Da $T(t)$ und $\alpha(t)$ im allgemeinen unabhängige Variable sind, ist hierin der Differentialquotient $d\alpha/dT$ als Verhältnis

$$\left(\frac{d\alpha}{dT}\right)_p = \left(\frac{d\alpha}{dt} \Big/ \frac{dT}{dt}\right)_p \qquad [8]$$

aufzufassen. In Übereinstimmung mit den an Polymeren zu messenden Effekten [vgl. (6, 15, 27—28)] hängt die Wärmekapazität eines partiell kristallinen Systems ganz wesentlich von dem Verhältnis der Schmelz- bzw. Kristallisationsgeschwindigkeit zur Aufheiz- bzw. Abkühlgeschwindigkeit ab. Diese Abhängigkeit verschwindet lediglich in dem Grenzfall

$$\frac{d\alpha}{dt} \ll \frac{dT}{dt} ,$$

in dem die Wärmekapazität

$$c_p = \frac{\partial h}{\partial T}$$

gemessen wird [*zero entropy production path* (29)].

Im folgenden interessieren wir uns ausschließlich für den anderen Grenzfall

$$\frac{d\alpha}{dt} \gg \frac{dT}{dt} , \qquad [9]$$

bei dem die Temperaturänderung so langsam erfolgt, daß die Gleichgewichtseinstellung der Kristallinität dieser Änderung stets praktisch momentan folgen kann. [9] entspricht den Voraussetzungen der Gleichgewichtstheorien von *Flory* und *Münster* und — sofern partiell kristalline Gleichgewichtszustände überhaupt existieren und diese durch [1] eindeutig beschrieben werden — im Experiment denjenigen Fällen, in denen die Temperaturkurven $\alpha_e(T)$, $c_p(T)$, usw., unterhalb des Schmelzpunktes reversibel durchlaufen werden können (15, 17).

Die zeitliche Änderung der für das Gleichgewicht maßgebenden Größe $\partial g/\partial \alpha$ bei konstantem Druck ist allgemein durch

$$\frac{d}{dt}\left(\frac{\partial g}{\partial \alpha}\right) = \frac{\partial}{\partial T}\left(\frac{\partial g}{\partial \alpha}\right)\frac{dT}{dt} + \frac{\partial}{\partial \alpha}\left(\frac{\partial g}{\partial \alpha}\right)\frac{d\alpha}{dt}$$

gegeben. Unter der Voraussetzung von [9] folgt hieraus, da dann zu jedem beliebigen Zeitpunkt Gleichgewicht herrscht,

$$\frac{d\alpha}{dt} \Big/ \frac{dT}{dt} = - \frac{\partial^2 g}{\partial T \partial \alpha} \Big/ \frac{\partial^2 g}{\partial \alpha^2} ,$$

d. h. nach [3] und [8]

$$\left(\frac{d\alpha}{dT}\right)_p = \frac{\partial s}{\partial \alpha} \Big/ \frac{\partial^2 g}{\partial \alpha^2} . \qquad [10]$$

Setzen wir diesen Ausdruck in [7] ein, so folgt für die Wärmekapazität

$$c_p = \frac{\partial h}{\partial T} + \frac{\partial h}{\partial \alpha} \frac{\partial s}{\partial \alpha} \Big/ \frac{\partial^2 g}{\partial \alpha^2}$$

bzw. mit [4] und [5]

$$c_p = T\left[\frac{\partial s}{\partial T} + \left(\frac{\partial s}{\partial \alpha}\right)^2 \Big/ \frac{\partial^2 g}{\partial \alpha^2}\right]. \qquad [11]$$

Sind die durchlaufenen Gleichgewichtszustände thermisch stabil, so gilt $\partial s/\partial T \geqq 0$. Sind die durchlaufenen Gleichgewichtszustände auch in bezug auf eine Variation des Kristallinitätsgrades stabil, so gilt nach [6] $c_p > 0$.

2. Systeme aus zwei unabhängigen Phasen

Betrachten wir ein System, das aus einer kristallinen und einer davon völlig unabhängigen amorphen Phase besteht[3]), so setzen sich die Enthalpie und die Entropie des Gesamtsystems additiv aus den Anteilen der einzelnen Phasen zusammen:

$$h(\alpha) = (1-\alpha)h_a + \alpha h_c , \qquad [12]$$

$$s(\alpha) = (1-\alpha)s_a + \alpha s_c . \qquad [13]$$

h_a, s_a bzw. h_c, s_c bezeichnen hierin die Enthalpie und Entropie der reinen Phasen. Mit den Abkürzungen

$$\Delta h \equiv h_a - h_c , \quad \Delta s \equiv s_a - s_c$$

folgt daraus nach [5] als Gleichgewichtsbedingung

$$\Delta h = T\Delta s .$$

Der partiell kristalline Zustand kann also nur bei einer einzigen Temperatur

$$T_c \equiv \Delta h / \Delta s \qquad [14]$$

im Gleichgewicht existieren.

Da [14] von α unabhängig ist, kann die Kristallinität bei T_c jeden beliebigen Wert annehmen. Unterhalb T_c kann dagegen im Gleichgewicht nur $\alpha = 1$ und oberhalb T_c nur $\alpha = 0$ gelten. Sofern die explizite Temperaturabhängigkeit von s in der Umgebung von T_c vernachlässigbar ist, folgt damit aus [10] und [11] für $\alpha_e(T)$ und $c_p(T)$ der in Abbildung 2 dargestellte Verlauf. Das Schmelzen des Systems ist als Phasenumwandlung erster Ordnung bei T_c zu klassifizieren. In der in Abbildung 2 dargestellten idealen Schärfe erscheint die Umwandlung natürlich nur, wenn 1. die Koeffizienten $h_a \ldots s_c$ konstant sind, 2. Grenzflächeneffekte keine Rolle spielen und 3. die Aufheizgeschwindigkeit gemäß [9] genügend klein ist.

Hängen also die Enthalpie und die Entropie eines Systems linear vom Kristallisationsgrad ab, so sind die partiell kristallinen Zustände des Systems (von der singulären Stelle T_c abgesehen)

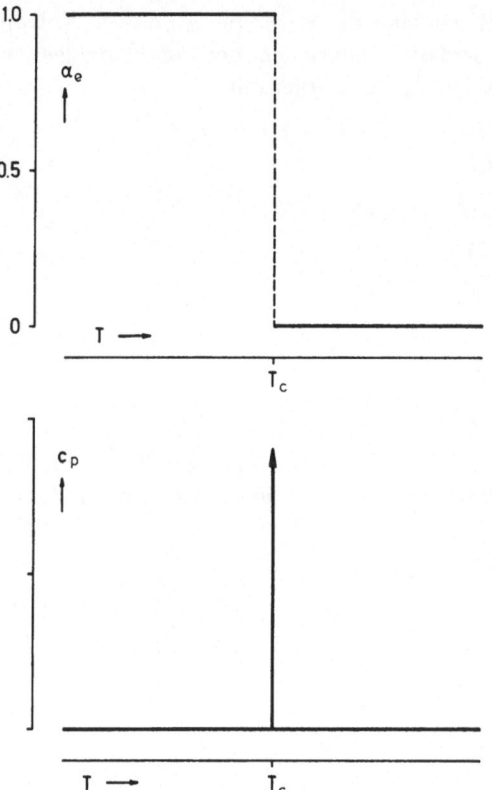

Abb. 2. Temperaturverlauf der Gleichgewichtskristallinität α_e und der Wärmekapazität c_p eines idealen Systems aus zwei unabhängigen Phasen. Im Gleichgewicht können die beiden Phasen nur bei T_c koexistieren.

stets Nichtgleichgewichtszustände. Das Gleichgewichtsschmelzen des Systems erscheint als Umwandlung erster Ordnung.

3. Systeme aus zwei Phasen mit entropischer Kopplung

Durchziehen die Kettenmoleküle eines Polymeren sowohl die kristalline als auch die amorphe Phase, so hängt die Konformationsentropie der in der amorphen Phase befindlichen Kettenteile (wie von *Münster* konstatiert) ganz wesentlich von dem Ausmaß der kristallinen Phase ab [vgl. speziell (20—23, 25)]. Phänomenologisch besteht daher eine Kopplung

$$s_a = s_a(\alpha) \qquad [15]$$

zwischen der Entropie der amorphen Phase und der Menge des Kristallanteils. Die Entropie [13] des Gesamtsystems wird damit eine nichtlineare Funktion des Kristallinitätsgrades α. Da verschiedene Kettenkonformationen unter Umstän-

---

[3]) Als Phase bezeichnet man gewöhnlich jeden Teilbereich eines Systems, der in sich vollständig homogen ist (30). Diese Definition schließt streng genommen mit ein, daß Grenzflächeneffekte keine Rolle spielen. Die Unabhängigkeit in den Phasenbegriff von vornherein mit einzubeziehen (2, 9—10), scheint dagegen im Hinblick auf Polymere wenig sinnvoll.

den eine unterschiedliche innermolekulare Energie besitzen, besteht streng genommen darüber hinaus auch eine gewisse Abhängigkeit der Enthalpie h_a vom Ausmaß der kristallinen Phase (24), jedoch kann dieser energetische Effekt gegenüber dem entropischen Effekt in erster Näherung vernachlässigt werden.

Zur Beschreibung der Zustände eines partiell kristallinen Polymeren müssen wir also $s(\alpha)$ als eine nichtlineare Funktion von α und im allgemeinen sämtliche Ableitungen

$$\frac{\partial^\nu s}{\partial \alpha^\nu} = f_\nu(\alpha), \quad \nu \geq 1$$

als Funktion von α ansehen. Hingegen können wir $h(\alpha)$ zumindest in erster Näherung als eine lineare Funktion von α betrachten, so daß

$$\frac{\partial h}{\partial \alpha} = - \Delta h, \quad \text{unabhängig von } \alpha$$

und

$$\frac{\partial^\nu h}{\partial \alpha^\nu} = 0, \quad \nu > 1$$

wird. Nach [2] bedeutet das für die Ableitungen der Freien Enthalpie

$$\frac{\partial^\nu g}{\partial \alpha^\nu} = \begin{cases} - \Delta h - T \dfrac{\partial s}{\partial \alpha}, & \text{für } \nu = 1 \\[2mm] - T \dfrac{\partial^\nu s}{\partial \alpha^\nu}, & \text{für } \nu > 1. \end{cases}$$

Unter diesen Umständen erhalten wir aus [5] als Gleichgewichtsbedingung

$$- \frac{\partial s}{\partial \alpha} = \frac{\Delta h}{T} \tag{16}$$

und aus [6] als Stabilitätsbedingung

$$- \frac{\partial^2 s}{\partial \alpha^2} \geq 0. \tag{17}$$

Man erkennt sofort, daß der partiell kristalline Zustand durchaus über einen breiten Temperaturbereich hinweg als stabiler Gleichgewichtszustand erscheinen kann, sofern nur (wegen $T > 0$ und $\Delta h > 0$) $- \partial s/\partial \alpha$, d. h. die Änderung der Entropie des Gesamtsystems mit dem amorphen Anteil eine positive, mit dem Kristallanteil α ansteigende Funktion ist.

Setzen wir [16] und [17] als gegeben voraus, so folgt aus [10]

$$\left(\frac{\mathrm{d}\alpha}{\mathrm{d}T} \right)_p = - \frac{\partial s}{\partial \alpha} \Big/ T \frac{\partial^2 s}{\partial \alpha^2} = \frac{\Delta h}{T^2} \Big/ \frac{\partial^2 s}{\partial \alpha^2} \leq 0 \tag{18}$$

und aus [11]

$$\begin{aligned} c_p &= T \frac{\partial s}{\partial T} - \left(\frac{\partial s}{\partial \alpha} \right)^2 \Big/ \frac{\partial^2 s}{\partial \alpha^2} \\ &= T \frac{\partial s}{\partial T} - \left(\frac{\Delta h}{T} \right)^2 \Big/ \frac{\partial^2 s}{\partial \alpha^2}. \end{aligned} \tag{19}$$

Die Gleichgewichtskristallinität eines partiell kristallinen Polymeren nimmt mit steigender Temperatur stets ab. Partielles Schmelzen ist keineswegs notwendig eine Nichtgleichgewichtserscheinung oder auf Verunreinigungen zurückzuführen. Ist die explizite Temperaturabhängigkeit der Entropie zu vernachlässigen, so besteht zwischen der Wärmekapazität und der Änderung der Kristallinität mit der Temperatur die Proportionalität

$$c_p = - \Delta h \left(\frac{\mathrm{d}\alpha}{\mathrm{d}T} \right)_p \geq 0. \tag{20}$$

Setzen wir ferner mit *Münster* voraus, daß $s(\alpha)$ und seine beiden ersten Ableitungen kontinuierliche Funktionen von α mit endlichen Grenzwerten für $\alpha \to 0$ sind, so erhalten wir zunächst für den Schmelzpunkt des Polymeren, d. h. für die Temperatur T_M, bei der die letzte Spur der Kristallinität verschwindet (17), aus [14] und [16]

$$T_M = T_c \Delta s \Big/ \lim_{\alpha \to 0} \left(- \frac{\partial s}{\partial \alpha} \right). \tag{21a}$$

Der Gleichgewichtsschmelzpunkt T_M stimmt im allgemeinen nicht mit T_c überein. Erweist sich der Schmelzpunkt T_M als ein stoffspezifisches Charakteristikum (6), so muß neben Δh und Δs auch der Grenzwert

$$\lim_{\alpha \to 0} \left(- \frac{\partial s}{\partial \alpha} \right) = \frac{\Delta h}{T_M} \tag{21b}$$

eine von der partiell kristallinen Mikrostruktur unabhängige Bedeutung besitzen. Außerdem mündet die Gleichgewichtskurve $\alpha_e(T)$ bei T_M mit einer endlichen Steigung

$$\lim_{\alpha \to 0} \left(\frac{\mathrm{d}\alpha}{\mathrm{d}T} \right)_p = \frac{\Delta h}{T_M^2} \Big/ \lim_{\alpha \to 0} \left(\frac{\partial^2 s}{\partial \alpha^2} \right) < 0 \tag{22}$$

ein, so daß die Wärmekapazität nach [20] bei T_M einen endlichen positiven Sprung

$$\Delta c_p = - \left(\frac{\Delta h}{T_M} \right)^2 \Big/ \lim_{\alpha \to 0} \left(\frac{\partial^2 s}{\partial \alpha^2} \right) > 0 \tag{23}$$

erleidet. Das Schmelzen der Polymeren erscheint also als eine normale Umwandlung zweiter Ordnung.

Die Bedingungen von *Münster* sind jedoch nicht zwingend erfüllt. Das zeigen besonders deutlich die statistischen Rechnungen von *Zachmann* (20—23), deren Ergebnisse in den oberen Zeilen von Abbildung 3 schematisch wiedergegeben sind. *Zachmann* berechnete die für das partielle Schmelzen bestimmende Größe — $\partial s/\partial \alpha$ für einige idealisierte Fälle unter der Annahme, daß die Kristall-Lamellen von ihrer Deckfläche her schmelzen und die kristallisierten Kettenteile keiner translatorischen Bewegung fähig sind. Unter diesen Voraussetzungen ergibt sich ein prinzipieller Unterschied zu den von *Münster* gestellten Bedingungen schon allein dadurch, daß beim Verschwinden der letzten Kristalleinheiten alle Kettenmoleküle plötzlich frei werden. Der Größe — $\partial s/\partial \alpha$ wird damit eine Diracsche Deltafunktion $\delta(\alpha)$ überlagert (in Abb. 3 nicht eingezeichnet), die sowohl in $s(\alpha)$ als auch in $g(\alpha)$ bei $\alpha = 0$ einen Sprung erzeugt. Hierdurch erhält das Schmelzen gegenüber allen bisher bekannten Umwandlungstypen zweifellos einen besonderen Charakter, der sich unter anderem z. B. darin äußern kann, daß die partiell kristallinen Gleichgewichtszustände im Bereich $T > T_c$ metastabil werden, so daß eine kinetische Überhitzung möglich ist (31).

Aber auch wenn die Deltafunktion ignoriert wird, ergeben sich Unterschiede. Die Bedingungen von *Münster* sind nur erfüllt, wenn die amorphen Kettenteile an den voneinander abgewandten Deckflächen zweier verschiedener Kristall-Lamellen enden (Abb. 3 A). Münden die amorphen Kettenteile dagegen an den zugewandten Deckflächen ein (Abb. 3 B), so wird

$$\lim_{\alpha \to 0} \left(\frac{\partial^2 s}{\partial \alpha^2} \right) = 0 \,,$$

die Wärmekapazität erleidet nach [23] bei T_M einen unendlich großen Sprung, und das Schmelzen erscheint als eine anomale Umwandlung zweiter Ordnung.

Nimmt man mit *Flory* an, daß nur Lamellen mit frei heraushängenden Kettenenden existieren (Abb. 3 D), so wird — $\partial s/\partial \alpha$ eine im ganzen Bereich $0 < \alpha < 1$ mit α abfallende Funktion. Keiner der partiell kristallinen Zustände ist ein stabiler Gleichgewichtszustand. Lamellen, welche die Kettenmoleküle in ihrer gesamten Länge umfassen, können demnach — sofern sie von ihrer Deckfläche her schmelzen — nur spontan zerfallen. Setzt ein Schmelzen von ihrer Mitte her ein, etwa nach dem Schema Abbildung 3 B, so können sich die partiell kristallinen Zustände allerdings durchaus auch stabilisieren. Umgekehrt ist es, wegen der Instabilität des Kettenbündels mit frei heraushängenden Kettenenden, sehr unwahrscheinlich, daß sich die von *Flory* postulierten Lamellen bei der Kristallisation unter normalen Umständen überhaupt bilden.

Darüber hinaus enthalten die Berechnungen von *Zachmann* noch einen Fall, der weder von *Flory* noch von *Münster* explizit in Betracht ge-

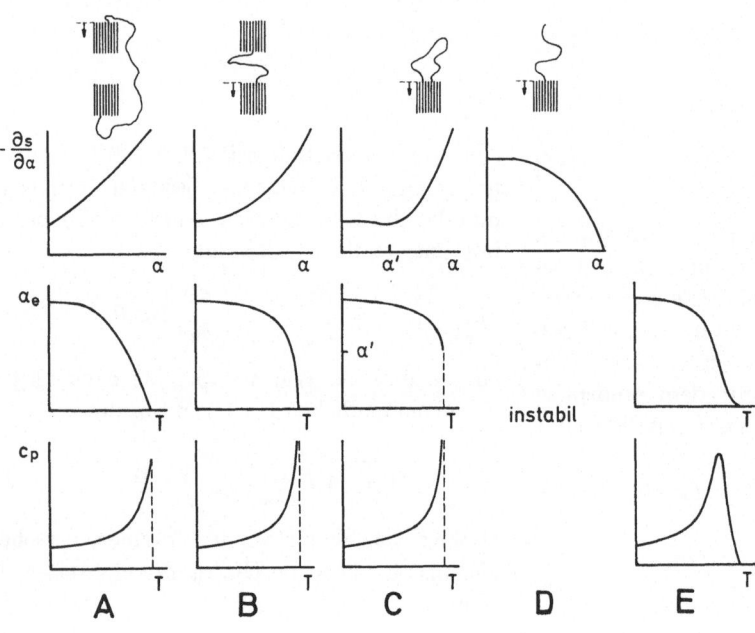

Abb. 3. A—D, oben: Änderung der Entropie *s* eines partiell kristallinen Systems mit dem amorphen Anteil als Funktion der Kristallinität α für verschiedene Schmelzmodelle, schematisch nach *Zachmann* (20 —23). A—D, unten: Verlauf der entsprechenden Gleichgewichtskristallinität α_e und Wärmekapazität c_p mit der Temperatur nach [18—20]. E: Häufig beobachteter Verlauf der Kristallinität und Wärmekapazität eines partiell kristallinen Polymeren mit einem Wendepunkt in $\alpha(T)$.

zogen wurde: die Lamelle mit heraushängenden Schlaufen (Abb. 3C). Hier ist der partiell kristalline Zustand mit $-\partial^2 s/\partial\alpha^2 \geqq 0$ nur oberhalb eines kritischen Wertes $\alpha' \neq 0$ stabil. Das Schmelzen beginnt in diesem Falle (statistisch identische Schlaufen vorausgesetzt) mit einer kontinuierlichen Abnahme des Kristallisationsgrades, die sich so lange fortsetzt, bis der kritische Wert α' überschritten wird. Dann wird das System instabil. Bei α' erleidet α und damit auch $s(\alpha)$ einen Sprung. Die Lamelle durchläuft eine Phasenumwandlung erster Ordnung mit einem zweiphasigen Vorschmelzbereich [*two-phase-premelting* im Sinne von *Ubbelohde* (32)].

Die Beispiele von *Zachmann* zeigen bereits, daß es keinen Sinn hat, dem Schmelzen von Polymeren generell einen bestimmten Ordnungsgrad zuzuordnen. Der Verlauf und der Charakter des Schmelzens hängen vielmehr auch im Gleichgewicht weitgehend von der Mikrostruktur des vorhandenen partiell kristallinen Gefüges ab.

Im Realfall überlagern sich die Zachmannschen und andere Schmelzmechanismen in irgendeiner Weise. Daß dabei auch noch andere als die in den Zachmannschen Modellen enthaltenen Umwandlungstypen auftreten können, lassen jene Experimente vermuten, die im Verlauf von $\alpha(T)$ einen Wendepunkt konstatieren [vgl. z. B. (6, 33)]. Nach [20] sollte ein Wendepunkt in $\alpha(T)$ ein Maximum in $c_p(T)$ oder, wenn $\alpha(T)$ im Wendepunkt vertikal verläuft, eine Unendlichkeitsstelle in $c_p(T)$ nach sich ziehen. Der Schmelzvorgang erscheint dann als eine mehr oder minder diffuse Umwandlung (Abb. 3E) oder als eine Umwandlung vom Onsagerschen Typ. Im Floryschen Bild wird man natürlich den Wendepunkt in $\alpha(T)$ auf die Kristallitdickenverteilung zurückführen. Er kann aber ebenso auch infolge des Entropieeffektes auftreten. Hierauf soll in den nächsten Abschnitten näher eingegangen werden.

4. LANDAU-Entwicklung der Freien Enthalpie

Im letzten Abschnitt wurde deutlich, daß eine generell gültige Aussage über den realen Verlauf von $s(\alpha)$ bzw. $g(\alpha)$ nicht möglich ist. Es liegt daher nahe, bei der phänomenologischen Beschreibung partiell kristalliner Polymerer von einer Potenzreihenentwicklung

$$s_a(\alpha) = \Sigma\, s_\nu \alpha^\nu \qquad [24]$$

auszugehen. Nach *Zachmann* kann dieser Reihe unter Umständen noch eine Sprungfunktion

$$s_a'\,\Theta(\alpha) = \begin{cases} 0 & \text{falls } \alpha > 0 \\ s_a' & \text{falls } \alpha = 0 \end{cases} \qquad [25]$$

additiv überlagert sein (vgl. Abschn. 3). Die Sprungfunktion werden wir im folgenden jedoch außer acht lassen.

Da die Abhängigkeit der Entropie der amorphen Phase von der Kristallinität auf statistische Effekte zurückzuführen ist, können die Koeffizienten s_ν mit $\nu > 0$ in erster Näherung als temperaturunabhängige Parameter behandelt werden. Da wir ferner allein die Wirkung dieser statistischen Effekte untersuchen wollen, können wir darüber hinaus auch die Temperaturabhängigkeit der Größen h_a, h_c, s_0 und s_c vernachlässigen. Beschränken wir uns dann in [24] auf Glieder bis zur dritten Potenz, so erhalten wir über [2] und [12—14] die Reihenentwicklungen

$$s = s_0 + (s_1 - \Delta s)\alpha + (s_2 - s_1)\alpha^2 \\ + (s_3 - s_2)\alpha^3 - s_3\alpha^4 \qquad [26]$$

und

$$g = g_a + T\left[\left(1 - \frac{T_c}{T}\right)\Delta s - s_1\right]\alpha \\ + T(s_1 - s_2)\alpha^2 + T(s_2 - s_3)\alpha^3 + T s_3\alpha^4 \qquad [27]$$

mit den Abkürzungen [4])

$$\Delta s \equiv s_0 - s_c \quad \text{und} \quad g_a \equiv h_a - T s_0\,.$$

[27] entspricht einer Entwicklung, wie sie ursprünglich von *Landau* (34) zur Beschreibung von Umwandlungen zweiter Ordnung angesetzt, später aber auch z. B. von *Kittel* (35) und *de Gennes* (36) mit Erfolg auf Umwandlungen erster Ordnung angewandt wurde [5]). Während jedoch die explizite Temperaturabhängigkeit von g in der Landau-Entwicklung erst durch eine zweite Reihenentwicklung der Koeffizienten von g nach $T - T_c$ gewonnen wird, ist sie in [27] von vornherein fest vorgegeben. Außerdem erscheint in [27] im Gegensatz zur ursprünglichen Landau-Entwicklung ein Glied dritter Ordnung [vgl. (35—36)] und ein Glied erster Ordnung. Das

---

[4]) Wir nehmen also an, daß die Entropie der reinen Schmelze durch s_0 gegeben ist. Tritt in $s_a(\alpha)$ zusätzlich ein Sprung der Form [25] auf, so beträgt die Entropie der Schmelze natürlich $s_0 + s_a'$.

[5]) Eine Kritik des Landauschen Ansatzes findet sich z. B. in (37).

lineare Glied in [27] kann ohne Verletzung der
Konsistenz nicht allgemein verschwinden, denn

$$\left(1 - \frac{T_c}{T}\right)\Delta s - s_1 \equiv 0$$

würde eine spezielle Temperaturabhängigkeit
von s_1 erfordern und über die auch im Nichtgleichgewicht gültige Beziehung [4] eine explizite
Temperaturabhängigkeit von h nach sich ziehen.

Verschwindet das lineare Glied in [27] nicht,
so wird

$$\lim_{\alpha \to 0}\left(\frac{\partial g}{\partial \alpha}\right) = T_M\left[\left(1 - \frac{T_c}{T_M}\right)\Delta s - s_1\right].$$

Die reine Schmelze kann also nur bei

$$T_M = \frac{T_c}{1 - \dfrac{s_1}{\Delta s}} = \frac{\Delta h}{\Delta s - s_1} \qquad [28]$$

im Gleichgewicht existieren. Im Bereich $T > T_M$
verlieren die Reihen [26, 27] ihre Gültigkeit. Aus
[28] und der Stabilitätsbedingung

$$\lim_{\alpha \to 0}\left(\frac{\partial^2 g}{\partial \alpha^2}\right) = 2\, T_M\, (s_1 - s_2) \geq 0$$

folgt im übrigen die Bedingung

$$\Delta s \geq s_1 \geq s_2 . \qquad [29a]$$

Mit $\Delta s > 0$ wird $T_M > T_c$, wenn $s_1 > 0$, und
$T_M < T_c$, wenn $s_1 < 0$. Soll in [26,27] auch der
Fall Abbildung 3 E [mit einem Wendepunkt von
$\alpha_e (T)$] eingeschlossen sein, so muß notwendig
$s_3 \neq 0$ gelten. In diesem Falle können wir ohne
Einschränkung der Allgemeinheit

$$s_3 > 0 \qquad [29b]$$

annehmen und zur Abkürzung

$$\Delta \sigma \equiv \frac{\Delta s}{s_3} , \quad \sigma_1 \equiv \frac{s_1}{s_3} , \quad \sigma_2 \equiv \frac{s_2}{s_3} \qquad [29c]$$

setzen. Die Parameter $\Delta \sigma$, σ_1 und σ_2 kennzeich-
nen die Mikrostruktur des partiell kristallinen
Gefüges. Ist die Schmelztemperatur T_M eine
substanztypische Größe, so sind nach [28] auch
$\Delta \sigma$ und σ_1 als substanztypisch aufzufassen, während σ_2 bei gleicher Substanz variieren kann.

Zur Bestimmung der Gleichgewichtskristallinität als Funktion der Temperatur erhält man
aus [5] und [27] die Gleichung dritten Grades

$$\alpha_e^3 + \tfrac{3}{4}(\sigma_2 - 1)\alpha_e^2 + \tfrac{1}{2}(\sigma_1 - \sigma_2)\alpha_e$$
$$+ \tfrac{1}{4}\left[\left(1 - \frac{T_c}{T}\right)\Delta \sigma - \sigma_1\right] = 0 . \qquad [30]$$

Umgekehrt ist die Temperatur als Funktion der
Gleichgewichtskristallinität nach [16], [14] und
[26] durch

$$T = T_c\Delta \sigma \,/\, [(\Delta \sigma - \sigma_1) + 2(\sigma_1 - \sigma_2)\alpha_e$$
$$+ 3(\sigma_2 - 1)\alpha_e^2 + 4\alpha_e^3] \qquad [31]$$

gegeben. Für die Wärmekapazität folgt aus [19],
da wir die explizite Temperaturabhängigkeit von
s vernachlässigen,

$$c_p = s_3\left(\frac{T_c}{T}\,\Delta \sigma\right)^2 /\, [2(\sigma_1 - \sigma_2) + 6(\sigma_2 - 1)\alpha_e$$
$$+ 12\alpha_e^2] \qquad [32]$$

und hieraus mit [28] für den Sprung [23]

$$\Delta c_p = s_3(\Delta \sigma - \sigma_1)^2 \,/\, 2(\sigma_1 - \sigma_2) . \qquad [33]$$

Der Sprung verschwindet nur, wenn $\Delta \sigma = \sigma_1$,
d. h. nach [28], wenn $T_M = \infty$ ist.

Unser besonderes Interesse gilt im folgenden
den Fällen, bei denen in $\alpha_e (T)$ ein Wendepunkt
in der Art der Abbildung 3 E auftritt. Allgemein
ist ein solcher Wendepunkt nach [18] durch

$$\frac{\mathrm{d}^2\alpha}{\mathrm{d}T^2} = -\frac{\Delta h}{T^3\dfrac{\partial^2 s}{\partial \alpha^2}}\left[2 + \frac{\Delta h}{T}\frac{\dfrac{\partial^3 s}{\partial \alpha^3}}{\left(\dfrac{\partial^2 s}{\partial \alpha^2}\right)^2}\right] = 0 ,$$
$$[34]$$

sofern $\partial^2 s/\partial \alpha^2$ endlich bleibt, also durch

$$-\frac{\partial^3 s}{\partial \alpha^3} = \frac{2\Delta h}{T^3\left(\dfrac{\mathrm{d}\alpha}{\mathrm{d}T}\right)^2}$$

bestimmt. Da wir

$$2\Delta h \ll T^3\left(\frac{\mathrm{d}\alpha}{\mathrm{d}T}\right)^2$$

voraussetzen können, fällt der Wendepunkt von
$\alpha_e (T)$ praktisch mit dem nach [26] und [31] gegebenenfalls bei

$$\alpha_M' = \tfrac{1}{4}(1 - \sigma_2) \qquad [35a]$$

$$T_M' = T_c\Delta \sigma \,/\, [(\Delta \sigma - \sigma_1) + \tfrac{1}{2}(\sigma_1 - \sigma_2)(1 - \sigma_2)$$
$$- \tfrac{1}{8}(1 - \sigma_2)^3] \qquad [35b]$$

gelegenen Wendepunkt von $-\partial s/\partial \alpha$ zusammen.
Wegen $0 \leq \alpha_M' \leq 1$ haben wir uns also auf

$$-3 \leq \sigma_2 \leq 1$$

und wegen $T_M' \leq T_M$ auf

$$\sigma_1 \geq \sigma_2 + \tfrac{3}{8}(1 - \sigma_2)^2 = \tfrac{1}{4}(1 + \sigma_2)^2$$

zu beschränken.

Eine wesentliche Rolle spielt nach [34] auch der Anstieg von $-\partial s/\partial\alpha$ im Wendepunkt. Er ist durch

$$-\left(\frac{\partial^2 s}{\partial\alpha^2}\right)_{\alpha'_M} = s_3[2(\sigma_1-\sigma_2) - \tfrac{3}{4}(1-\sigma_2)^2]$$

gegeben. Zu unterscheiden sind die drei Bereiche

$$\sigma_1 > \sigma_2 + \tfrac{3}{8}(1-\sigma_2)^2\,, \qquad\qquad [36a]$$

$$\sigma_1 = \sigma_2 + \tfrac{3}{8}(1-\sigma_2)^2\,, \qquad\qquad [36b]$$

$$\sigma_2 + \tfrac{3}{8}(1-\sigma_2)^2 > \sigma_1 \geqq \sigma_2 + \tfrac{3}{8}(1-\sigma_2)^2\,, \quad [36c]$$

die (von oben nach unten) mit einem positiven, verschwindenden und negativen Anstieg von $-\partial s/\partial\alpha$ im Wendepunkt $(\alpha'_M;\,T'_M)$ verbunden sind. Von Interesse sind ferner eventuell vorhandene Extremwerte von $-\partial s/\partial\alpha$, für die man die Bestimmungsgleichung

$$\alpha^2 + \tfrac{1}{2}(\sigma_2-1)\alpha + \tfrac{1}{6}(\sigma_1-\sigma_2) = 0$$

mit den Lösungen

$$\alpha^*_{\pm} = \tfrac{1}{4}(1-\sigma_2) \pm [\tfrac{1}{16}(1-\sigma_2)^2 + \tfrac{1}{6}(\sigma_2-\sigma_1)]^{1/2}\,, \qquad [37a]$$

$$T^*_{\pm} = T_c\,\Delta\sigma/[(\Delta\sigma-\sigma_1) + 2(\sigma_1-\sigma_2)\alpha^*_{\pm} \\ + 3(\sigma_2-1)\alpha^{*2}_{\pm} + 4\alpha^{*3}_{\pm}] \qquad [37b]$$

erhält. Aus [36—37] folgt, daß Extremwerte nur existieren, wenn die Steigung von $-\partial s/\partial\alpha$ im Wendepunkt α'_M negativ ist.

5. Beispiele zur LANDAU-Entwicklung

Einige Beispiele aus den verschiedenen Koeffizientenbereichen [36] geben die Abbildungen 4—7. Dargestellt sind jeweils links der mit den Koeffizienten $\Delta\sigma$, σ_1 und σ_2 vorgegebene Verlauf von $-\partial s/\partial\alpha$ als Funktion von α, in der Mitte die entsprechenden Nichtgleichgewichtskurven der Freien Enthalpie [27], in deren Minima sich das System im Gleichgewicht befindet, und rechts die Gleichgewichtskristallinität $\alpha_e(T)$ nach [30]. Die zugehörige Wärmekapazität als Funktion der Temperatur ist in den Abbildungen 8 und 9 wiedergegeben.

Liegt σ_1 im Bereich [36a] (Abb. 4), so besitzt $g(\alpha)$ ein Minimum, das, wie bei einer Umwandlung zweiter Ordnung, mit steigender Temperatur monoton nach $\alpha = 0$ hin wandert. $\alpha_e(T)$ durchläuft jedoch bei T'_M einen Wendepunkt, der nach [20] in der Wärmekapazität ein Maximum erzeugt. Der Schmelzvorgang erscheint da-

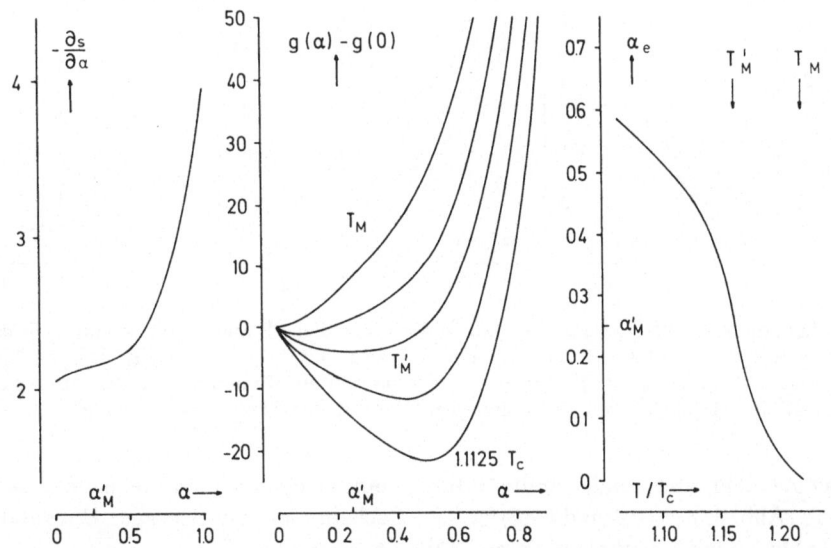

Abb. 4. Links: Änderung der Entropie s eines partiell kristallinen Systems mit dem amorphen Anteil als Funktion der Kristallinität α nach [26] und [29]. Mitte: Freie Enthalpie g des Systems als Funktion der Kristallinität α für verschiedene (von unten nach oben ansteigende) Temperaturen nach [27] und [29]. In den Minima der Kurven befindet sich das System jeweils im Gleichgewicht. Rechts: Gleichgewichtskristallinität α_e des Systems nach [30].
— Vorgegeben wurden $\Delta\sigma = 2{,}5$, $\sigma_1 = 0{,}45$ und $\sigma_2 = 0$. Die Ordinatenwerte links und in der Mitte geben Vielfache von s_3 an.
Bei $(\alpha'_M;\,T'_M)$ durchläuft $-\partial s/\partial\alpha$ und $\alpha_e(T)$ einen Wendepunkt, die Wärmekapazität $c_p(T)$ (vgl. Abb. 8) ein Maximum [6]. Bei T_M erreicht die Kristallinität den Wert $\alpha_e = 0$.

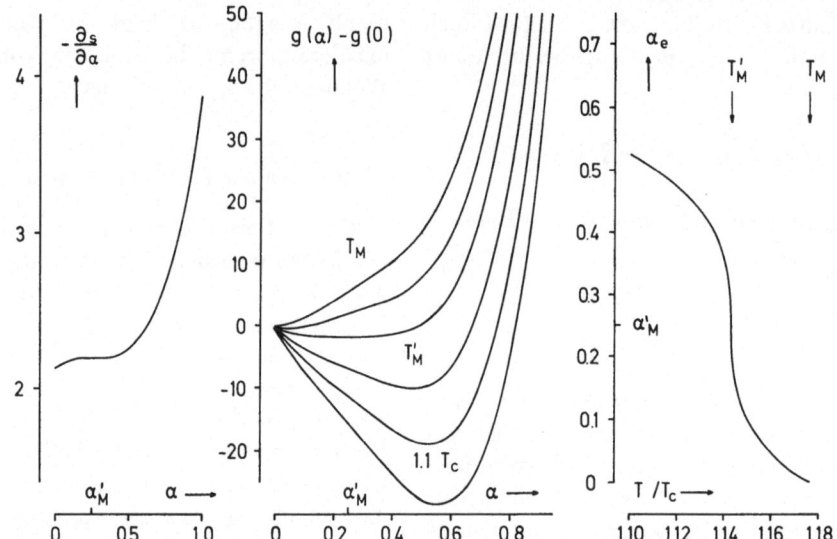

Abb. 5. Wie Abbildung 4, mit $\Delta\sigma = 2{,}5$, $\sigma_1 = 0{,}375$ und $\sigma_2 = 0$. Die Steigung von $-\partial s/\partial\alpha$ im Wendepunkt α'_M verschwindet.

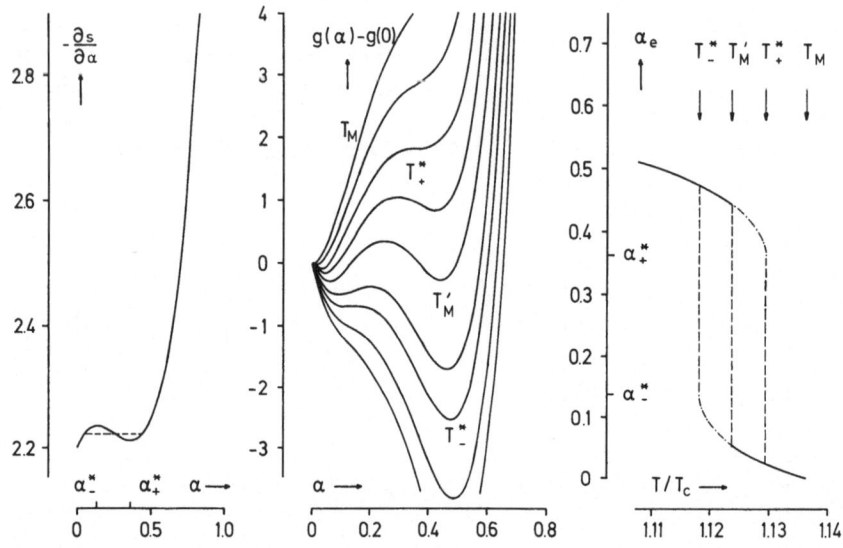

Abb. 6. Wie Abbildung 4, mit $\Delta\sigma = 2{,}5$, $\sigma_1 = 0{,}3$ und $\sigma_2 = 0$. Bei α^*_- und α^*_+ durchläuft $-\partial s/\partial\alpha$ Extremwerte. Die Freie Enthalpie $g(\alpha)$ besitzt zwischen T^*_- und T^*_+ zwei Minima, die bei T'_M gleiches Niveau erreichen. Rechts entspricht die ausgezogene Kurve $\alpha_e(T)$ dem absoluten Minimum und die strich-punktierte Kurve dem relativen Minimum (Möglichkeit zur kinetischen Überhitzung bzw. Unterkühlung).

her eher als eine mehr oder minder breite diffuse Umwandlung (Abb. 8, $\sigma_1 = 0.4$ und 0.45)[6].

Mit [36b] (Abb. 5) wird die Steigung von $\alpha_e(T)$ im Wendepunkt unendlich groß. Das Maximum der Wärmekapazität entartet in diesem Falle zu

einer Unendlichkeitsstelle, und das Schmelzen erscheint als eine Onsager-Umwandlung (Abb. 8, $\sigma_1 = 0{,}375$).

Liegt σ_1 im Bereich [36c] (Abbn. 6 und 7), so besitzt die Freie Enthalpie $g(\alpha)$ im Temperaturbereich $T^*_- < T < T^*_+$ zwei Minima, die bei T'_M gleiches Niveau erreichen. Bei T'_M koexistieren also zwei verschiedene partiell kristalline Zustände (Abb. 6) oder ein partiell kristalliner Zustand mit der reinen Schmelze (Abb. 7) im Gleich-

---

[6]) Die Übereinstimmung der Lage des Wendepunktes von $\alpha_e(T)$ und des Maximums von $c_p(T)$ mit dem Wendepunkt (α'_M, T'_M) von $-\partial s/\partial\alpha$ gilt nach [34] nicht exakt, liegt aber bei allen hier dargestellten Beispielen im Rahmen der Zeichengenauigkeit.

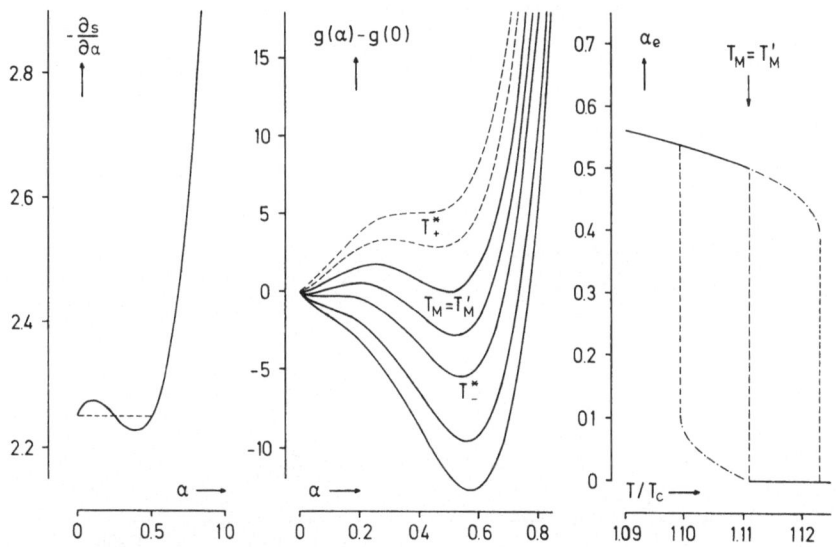

Abb. 7. Wie Abbildungen 4 und 6, mit $\Delta\sigma = 2{,}5$, $\sigma_1 = 0{,}25$ und $\sigma_2 = 0$. Der Verlauf der Freien Enthalpie für $T > T_M$ wurde gestrichelt eingezeichnet, da in diesem Gebiet die Reihenentwicklungen [26] und [27] zumindest im Grenzübergang $\alpha \to 0$ ihre Gültigkeit verlieren.

gewicht. Hält sich das System stets im absoluten Gleichgewicht auf, so erleidet $\alpha_e(T)$ und damit auch $s(\alpha)$ bei T'_M einen Sprung (ausgezogene Kurven in Abb. 6 bzw. 7, rechts). Der Wärmekapazität wird bei T'_M eine latente Wärme überlagert (Pfeil in Abb. 8, $\sigma_1 = 0.35$ und Abb. 9). Das System durchläuft eine Umwandlung erster Ordnung.

Bleibt dem System dagegen keine Zeit, den Potentialberg bei T'_M zu überwinden, verharrt das System daher beim Überschreiten von T'_M in dem relativen (metastabilen) Gleichgewicht, so erscheint es überhitzt bzw. unterkühlt (strichpunktierte Kurven in Abb. 6, 7, rechts und Abb. 9). Bei entsprechender Mikrostruktur ist die Möglichkeit zur kinetischen Überhitzung

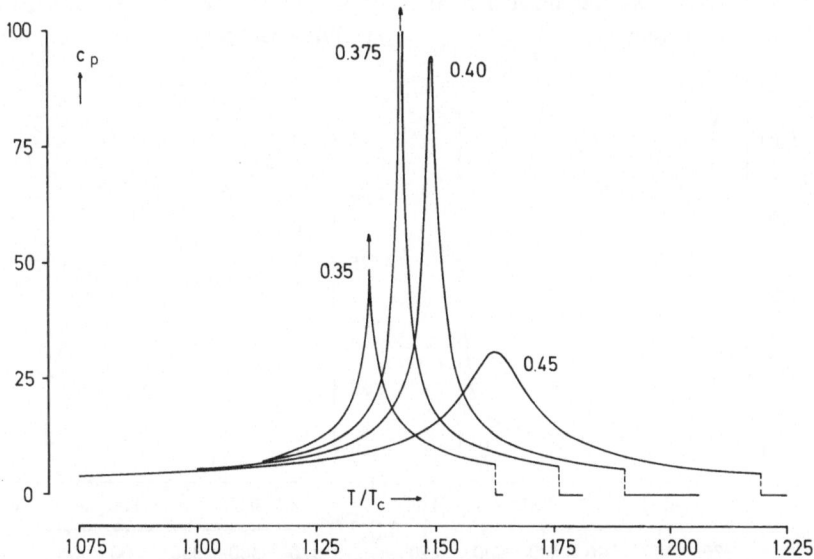

Abb. 8. Wärmekapazität eines partiell kristallinen Systems im Gleichgewicht als Funktion der Temperatur nach [32] und [30], mit $\Delta\sigma = 2{,}5$, $\sigma_1 = 0{,}35$; 0,375; 0,40; 0,45 und $\sigma_2 = 0$. Das Gleichgewichtsschmelzen erscheint je nach dem Wert von σ_1 als Phasenumwandlung erster Ordnung ($\sigma_1 = 0{,}35$; der Pfeil deutet die latente Wärme an), als Onsager-Umwandlung ($\sigma_1 = 0{,}375$) oder als diffuse Umwandlung ($\sigma_1 = 0{,}40$ und 0,45). Die Maxima von $c_p(T)$ liegen jeweils bei T'_M [35][6]. Das Schmelzen endet bei T_M [28] mit einem Sprung in $c_p(T)$ (Umwandlung zweiter Ordnung).

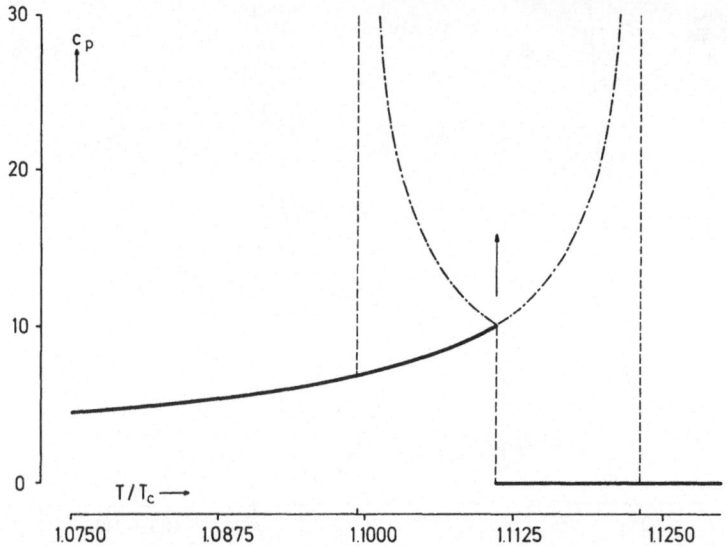

Abb. 9. Wärmekapazität als Funktion der Temperatur nach [32] und [30], mit $\Delta\sigma = 2{,}5$, $\sigma_1 = 0{,}25$ und $\sigma_2 = 0$ (zu Abb. 7). Die ausgezogene Kurve wird durchlaufen, wenn das System sich im absoluten Gleichgewicht aufhält. Das Schmelzen erscheint als Umwandlung erster Ordnung bei T'_M mit einem schwachen Vorschmelzbereich. Das Nachschmelzen entfällt ($T'_M = T_M$). Die strich-punktierten Kurven werden beim Erwärmen bzw. Abkühlen durchlaufen, wenn das System zwischen T^*_- und T^*_+ in dem relativen Minimum verharrt (kinetische Überhitzung bzw. Unterkühlung). Das Schmelzen bzw. Kristallisieren gleicht dann eher einer anomalen Umwandlung zweiter Ordnung.

eines Polymeren (38—40) also nicht notwendig, wie in (31) vorausgesetzt, an den Entropiesprung [25] gebunden. Abbildung 9 verdeutlicht, daß beim Überhitzen die latente Wärme zu höheren Temperaturen hin verschmiert wird. Der spiegelbildliche Unterkühlungseffekt hat natürlich die Keimbildung zur Konkurrenz.

Nach den Abbildungen 4—6 und 8 kann der Vorgang des Gleichgewichtsschmelzens eines partiell kristallinen Polymeren in drei Abschnitte eingeteilt werden: 1. dem Vorschmelzbereich, 2. der eigentlichen Umwandlung bei T'_M, die, abhängig von der Mikrostruktur des partiell kristallinen Gefüges, verschiedenen Charakter be-

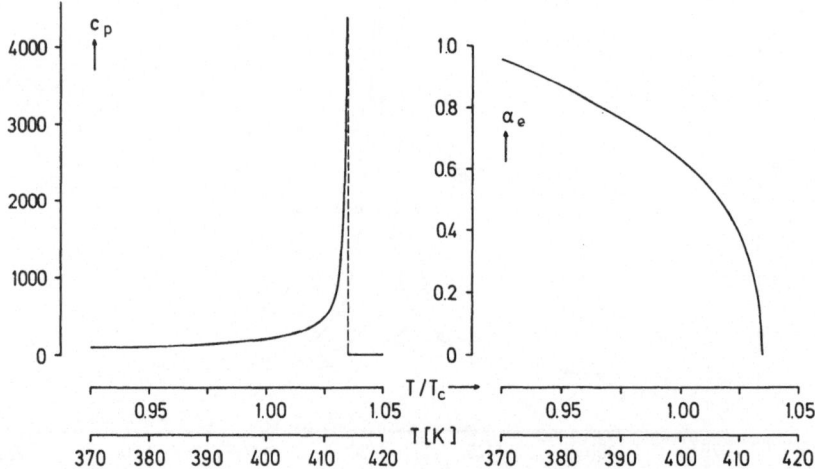

Abb. 10. Wärmekapazität c_p und Kristallinität α_e eines partiell kristallinen Systems im Gleichgewicht als Funktion der Temperatur nach [30] und [32], mit $\Delta\sigma = 30$, $\sigma_1 = 1$ und $\sigma_2 = 0{,}9$. Das System durchläuft beim Schmelzen eine normale Umwandlung zweiter Ordnung. Der absoluten Temperaturskala entspricht $T_c = 400$ K. Der Wert von c_p ist in Vielfachen von s_3 angegeben. — Eine der Reihe der Abbildungen 4—7 entsprechende Änderung des Parameters σ_1 würde zwar eine drastische Änderung des Schmelzcharakters, innerhalb der Zeichengenauigkeit jedoch keine Änderung des Verlaufs von $c_p(T)$ ergeben.

sitzen kann, und 3. dem Nachschmelzbereich, der seinerseits bei T_M mit einer eigenen Singularität endet. Unter der von uns gestellten Voraussetzung $s_3 \neq 0$ verschwindet der Nachschmelzbereich streng nur dann, wenn σ_1 seinen Grenzwert

$$\sigma_1 = \sigma_2 + \tfrac{2}{8}(1 - \sigma_2)^2 \qquad [38]$$

erreicht. In diesem Falle wird $T'_M = T_M$ (Abbildungen 7 und 9). Die Ausdehnung des Nachschmelzbereiches hängt jedoch ebenfalls von der Mikrostruktur des Systems ab und kann auch ohne Erfüllung von [38] praktisch verschwinden. Ein Beispiel dafür liefert Abbildung 10. Mit der dort getroffenen Wahl der Koeffizienten $\Delta\sigma$ und σ_2 würde übrigens eine der Reihe der Abbildungen 4—9 entsprechende Variation von σ_1 nur Änderungen innerhalb weniger zehntel Grad ergeben. Das zeigt an, daß die in den Abbildungen 4—9 zum Ausdruck kommenden Unterschiede keineswegs außerhalb der üblichen Meßgenauigkeit liegen müssen.

Nehmen wir an, daß der Schmelzpunkt [28] eine substanztypische Größe ist, so sind die Abbildungen 4—9 (mit konstantem $\Delta\sigma$, σ_2 und variablem σ_1) einer Reihe verschiedener Substanzen zuzuordnen. Z. B. könnte der breite Schmelzbereich Abbildung 8, $\sigma_1 = 0.45$, qualitativ den

Verhältnissen in *Polyvinylchlorid* (41) und das weit schärfere Schmelzen Abbildung 9 oder 10 den Verhältnissen in *Polyäthylen* (42) entsprechen.

Eine Reihe von Gleichgewichtskurven, die verschiedenen Mikrozuständen der gleichen Substanz entspricht ($\Delta\sigma$, $\sigma_1 = \text{const.}$, σ_2 variabel), ist dagegen in Abbildung 11 dargestellt. Hier wird deutlich, daß die Breite des Schmelzbereiches keineswegs — wie im Anschluß an *Flory* in der Literatur [vgl. z. B. (6)] häufig angenommen wird — notwendig ein Kriterium für die Entfernung vom Gleichgewicht liefert. Ferner ist in den Fakten, daß bei Polymeren einerseits die Breite des Schmelzbereiches von der Kristallisationstemperatur abhängt, andererseits die Kurven $\alpha(T)$ bzw. $c_p(T)$ unter bestimmten Umständen reversibel durchlaufen werden können, kein Widerspruch zu sehen [vgl. (17), Abschn. 4.1].

Ein quantitativer Vergleich unserer Resultate mit dem Experiment ist natürlich auf Grund der von uns getroffenen Vereinfachungen, insbesondere wegen der Vernachlässigung des Einflusses der endlichen Lamellendicke (Thomson-Gibbs-Effekt), nicht möglich. Es kann jedoch als gesichert gelten, daß das Gleichgewichtsschmelzen der Polymeren generell weder als Phasenumwandlung erster Ordnung, noch als Ordnungs-Unord-

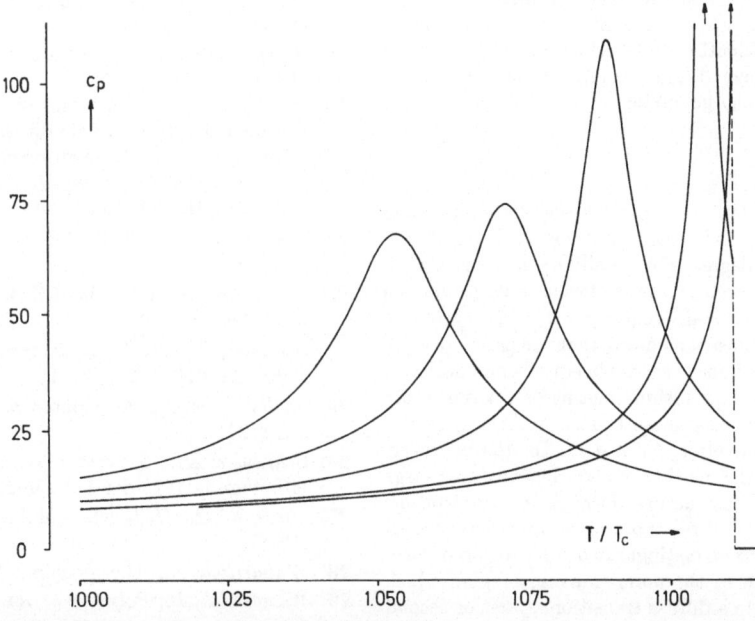

Abb. 11. Wärmekapazität c_p eines partiell kristallinen Systems im Gleichgewicht als Funktion der Temperatur nach [32] und [30], mit $\Delta\sigma = 5{,}0$, $\sigma_1 = 0{,}5$ und (von links nach rechts) $\sigma_2 = -0{,}3$; $-0{,}1$; $+0{,}1$; $+1/3$; $2\sigma_1^{1/2} - 1$. Je nach den Werten von σ_2 erscheint das Gleichgewichtsschmelzen als diffuse Umwandlung ($\sigma_2 = -0{,}3$; $-0{,}1$; $+0{,}1$), Onsager-Umwandlung ($\sigma_2 = 1/3$) oder Umwandlung erster Ordnung ($\sigma_2 = 2\sigma_1^{1/2} - 1$). Die Ordinatenwerte geben, wie auch in Abbildung 8 und 9, Vielfache von s_3 an.

nungs-Umwandlung zweiter Ordnung klassifiziert werden kann. Der Charakter auch des Gleichgewichtsschmelzens hängt vielmehr weitgehend von der Mikrostruktur der Probe und damit von der Vorgeschichte der Probe ab.

Herrn Professor *G. Kanig* danke ich für die Überlassung der Abbildung 1.

Zusammenfassung

Die Gibbssche Grundgleichung eines partiell kristallinen Polymeren aus flexiblen Kettenmolekülen hängt, auf Grund der Beschränkung der Konformationsisomerie der amorphen Kettenteile durch den kristallisierten Anteil, nichtlinear vom Kristallisationsgrad α ab. Diese Nichtlinearität bewirkt, daß der partiell kristalline Zustand als stabiler Gleichgewichtszustand in Erscheinung treten kann.

Das Gleichgewichtsschmelzen eines Polymeren ist generell weder als Phasenumwandlung *(Flory)* noch als Ordnungs-Unordnungs-Umwandlung *(Münster)* zu klassifizieren. Der Charakter des Schmelzprozesses hängt vielmehr weitgehend von der Mikrostruktur des partiell kristallinen Gefüges ab. Im allgemeinen sind drei mehr oder minder ausgeprägte Schmelzbereiche zu unterscheiden: 1. ein zwei-phasiger Vorschmelzbereich, 2. der eigentliche Umwandlungsbereich, der einer diffusen Umwandlung, einer Umwandlung erster oder zweiter Ordnung oder auch einer Umwandlung vom Onsagerschen Typ entsprechen kann, und 3. ein zwei-phasiger Nachschmelzbereich, der seinerseits mit einer eigenen Singularität endet.

Unter bestimmten Umständen kann die Freie Enthalpie eines partiell kristallinen Polymeren bei $\alpha \neq 0$ mehrere Minima (metastabile Zustände) besitzen. Die Möglichkeit zur kinetischen Überhitzung ist daher nicht notwendig an einen bei $\alpha = 0$ auftretenden Entropiesprung *(Zachmann)* gebunden.

Summary

The Gibbs' equation of a partially crystalline polymer of flexible chain molecules depends in a non-linear manner on the degree of crystallinity α. This fact is due to the restriction of the conformational isomerism of the amorphous chain sequences by the crystalline parts. This non-linearity entails that the partially crystalline state may appear as stable equilibrium state.

In general, the equilibrium melting of a polymer can be classified neither as phase transition *(Flory)* nor as order-disorder transition *(Münster)*. On the contrary, the character of the melting process depends, to a large extent, on the microstructure of the partially crystalline texture. Generally, three more or less marked regions of melting have to be distinguished: a) a region of two-phase premelting, b) the main transition region which may correspond to a diffuse transition, a first or second order transition or as well to a transition of the Onsager type, and c) a two-phase postmelting region which, on its part, ends with a proper singularity.

Under certain circumstances the Gibbs free energy of a partially crystalline polymer may have several minima (metastable states) at $\alpha \neq 0$. Consequently the possibility of kinetic superheating is not necessarily bound to a discontinuity in the entropy at $\alpha = 0$ *(Zachmann)*.

Literatur

1) *Flory, P.,* Ric. Sci. Suppl. **25**, 636 (1955).
2) *Münster, A.,* Ric. Sci. Suppl. **25**, 648 (1955).
3) *Flory, P.,* J. Chem. Phys. **17**, 223 (1949).
4) *Kast, W., O. Kratky, G. Porod, H. A. Stuart,* Kap. 5 in Physik der Hochpolymeren (Ed.: *H. A. Stuart*), Bd. III, Berlin-Göttingen-Heidelberg 1955.
5) *Flory, P.,* J. Am. Chem. Soc. **84**, 2857 (1962).
6) *Mandelkern, L.,* Crystallization of Polymers, New York-San Francisco-Toronto-London 1964.
7) *Alfrey, T., H. Mark,* J. Phys. Chem. **46**, 112 (1942).
8) *Frith, E. M., R. F. Tuckett,* Trans. Faraday Soc. **40**, 251 (1944).
9) *Münster, A.,* Z. physik. Chem. N.F. **1**, 259 (1954).
10) *Münster, A., A. J. Staverman,* Kap. 7 in Physik der Hochpolymeren (Ed.: *H. A. Stuart*), Bd. III, Berlin-Göttingen-Heidelberg 1955.
11) *Kanig, G.,* Colloid & Polymer Sci. **255**, 1005 (1977).
12) *Yeh, G. S. Y., R. Hosemann, J. Loboda-Čačković, H. Čačković,* Polymer **17**, 309 (1976).
13) *Kanig, G.,* mündliche Mitteilung, Veröffentlichung in Vorbereitung.
14) *Staverman, A. J.,* in Handbuch der Physik (Ed.: *S. Flügge*), Bd. XIII, Berlin-Göttingen-Heidelberg 1962.
15) *Zachmann, H. G.,* Fortschr. Hochpolym.-Forschg. **3**, 581 (1964).
16) *Fischer, E. W.,* Kolloid-Z. u. Z. Polymere **218**, 97 (1967).
17) *Fischer, E. W.,* Kolloid-Z. u. Z. Polymere **231**, 458 (1969).
18) *Tung, L. H., S. Buckser,* J. Phys. Chem. **62**, 1530 (1958).
19) *Roe, R.-J., K. J. Smith, Jr., W. R. Krigbaum,* J. Chem. Phys. **35**, 1306 (1961).
20) *Zachmann, H. G.,* Z. Naturforschg. **19a**, 1397 (1964).
21) *Zachmann, H. G., P. Spellucci,* Kolloid-Z. u. Z. Polymere **213**, 39 (1966).
22) *Zachmann, H. G.,* Kolloid-Z. u. Z. Polymere **216/217**, 180 (1967).
23) *Zachmann, H. G.,* Kolloid-Z. u. Z. Polymere **231**, 504 (1969).
24) *Schrader, E., H. G. Zachmann,* Kolloid-Z. u. Z. Polymere **241**, 1015 (1970).
25) *Juilfs, J., U. Künne,* Kolloid-Z. u. Z. Polymere **244**, 304 (1971).
26) *Schneider, M., G. Strobl, I. Voigt-Martin,* Frühjahrstagung 1978 der DPG in Bad Nauheim.
27) *Illers, K.-H., H. Hendus,* Makromol. Chem. **113**, 1 (1968).
28) *Wunderlich, B.,* Thermochim. Acta **4**, 175 (1972).
29) *Wunderlich, B.,* Polymer **5**, 611 (1964).
30) *Guggenheim, E. A.,* in Handbuch der Physik (Ed.: *S. Flügge*), Bd. III/2, Berlin-Göttingen-Heidelberg 1959.
31) *Zachmann, H. G.,* Kolloid-Z. u. Z. Polymere **206**, 25 (1965).

32) *Ubbelohde, A. R.*, Melting and Crystal Structure, Oxford 1965.

33) *Prime, R. B., B. Wunderlich,* J. Polymer Sci. A2, **7**, 2073 (1969).

34) *Landau, L. D.*, Collected Papers (Ed.: *D. ter Haar*), New York 1967.

35) *Kittel, C.*, Einführung in die Festkörperphysik, München-Wien 1968.

36) *de Gennes, P. G.*, Mol. Cryst. Liq. Cryst. **12**, 193 (1971).

37) *Stanley, H. E.*, Introduction to Phase Transitions and Critical Phenomena, Oxford 1971.

38) *Hellmuth, E., B. Wunderlich,* J. Appl. Phys. **36**, 3039 (1965).

39) *Jaffe, M., B. Wunderlich,* in Thermal Analysis (Ed.: *R. F. Schwenker, P. D. Garn*), New York 1969.

40) *Miyagi, A., B. Wunderlich,* J. Polymer Sci. A-2, **10**, 1407 (1972).

41) *Illers, K.-H.*, J. Macromol. Sci.-Phys. B **14**, 471 (1977).

42) *Wunderlich, B., M. Dole,* J. Polymer Sci. **24**, 201 (1957).

43) *Kanig, G.*, Kolloid-Z. u. Z. Polymere **251**, 782 (1973).

44) *Kanig, G.*, Progr. Colloid & Polymer Sci. **57**, 176 (1975).

Adresse des Verfassers:

Priv.-Dozent Dr. *H. Baur*
Meß- und Prüflaboratorium
BASF Aktiengesellschaft
D-6700 Ludwigshafen/Rhein

Progr. Colloid & Polymer Sci. **66,** 17 – 23 (1979)
© 1978 by Dr. Dietrich Steinkopff Verlag GmbH & Co. KG, Darmstadt
ISSN 0340-255 X

Lectures during the conference of the Deutschen Physikalischen Gesellschaft,
Fachausschuß „Physik der Hochpolymeren". April 17–21,
1978 in Bad Nauheim.

Institut für Theoretische Physik, Freie Universität Berlin, 1000 Berlin 33, Germany [a]
Institute of Biochemistry and Biophysics, University of Tehran, Tehran, Iran [b]

Dynamic Structure Factor of a Polymer in Dilute Solution*

N. K. Ailawadi [a], *A. R. Massih* [b] and *J. Naghizadeh* [b]

With 2 figures

(Received August 5, 1978)

1. Introduction

Most of the experiments to date on neutron and light scattering of polymers have been concerned with the low frequency part of the spectrum. The characteristic motions of the molecule measurable by these techniques, are those studied by theories of *Rouse* (1) and *Zimm* (2). In the Rouse approximation, the polymer chain is considered as being composed of subchains which themselves simulate the effective motion of a number of monomers. This theory thus neglects the detailed dynamical structure at the outset. It is concerned with the long wavelength modes (as compared to the monomer diameter) of the chain motion. This regime is usually referred to as hydrodynamic regime.

Edwards and *Goodyear* (3) in their general investigation of the dynamics of a polymer molecule have made a classification of the various possible dynamical regimes. To do this, they define three relaxation times, for inertial, viscous motion, and the motion to surmount the energy barriers. In the Rouse-Zimm approximation the inertia is ignored and barriers are considered negligible. In this paper, we attempt to study the detailed dynamical structure corresponding to small wavelengths, where the wavelength is comparable to the diameter of a single monomer. This corresponds to the range of slow (thermal) neutron scattering experiments. Unfortunately, no experimental data on inelastic neutron scattering from polymers are available in this range. The most recent scattering experiments from polymers are those of *Higgins*

et al. (4) and *Adam* and *Delsanti* (5). The range of measurements in both cases corresponds to the hydrodynamic regime. Whereas, the light scattering measurements of *Adam* and *Delsanti* are limited by the wavelength of scattered light, there is no such limitation in neutron scattering measurements to study the dynamical events at short distances and short times, corresponding to local motions of the monomers. Such studies, both theoretical and experimental have been extensively carried out for classical fluids. For example, using Vlasov equation *Nelkin* and *Ranganathan* (6) have calculated the dynamic structure factor $S(k, \omega)$ for a classical fluid in the range of atomic distances and picosecond times, far away from the hydrodynamic regime. In this paper, we attempt to extend this kinetic model to the problem of polymers and thus calculate the dynamic structure factor $S(k, \omega)$ for a single long polymer chain.

2. The Model

Consider a single polymer chain composed of N links of length a, with its center of mass fixed at the origin of the coordinate system. The system consists of $(N+1)$ mass points (elements) of equal mass m, which are located at the points of linkage of the chain. The mass points are distinguishable and are labelled from 0 to N. We regard this system as being inhomogeneous with the distribution of elements from the center of mass taken to be *Gaussian*. Monomers α, β, etc. each have six phase-space coordinates $x_1^\alpha = (\underline{R}_1^\alpha, \underline{P}_1^\alpha)$, $x_2^\beta = (\underline{R}_2^\beta, \underline{P}_2^\beta)$ etc. respectively, where $\underline{R}_\varkappa$ and $\underline{P}_\varkappa$ are coordinate and momentum variables for element $\varkappa$. The Hamiltonian for the system is then

$$\mathscr{H} = \sum_{i=1}^{N} \frac{(\underline{P}_i^l)^2}{2m} + \frac{1}{2} \sum_{i=1}^{N} \sum_{j=1}^{N} \Phi\left(|\underline{R}_i^I - \underline{R}_j^J|\right) \qquad [1]$$

* Supported in part by DFG under SFB 161 and by a grant from the Ministry of Science and Higher Education of Iran.

where $\Phi\,(|\underline{R}_i^I - \underline{R}_j^J|)$ represents a two body potential between mass points I and J located at positions $\underline{R}_i$ and $\underline{R}_j$ respectively. We now define an N-labelled distribution function $D_N(x_1^\alpha,\ x_2^\beta,\ \ldots,\ x_N^\eta;\ t)$ as being the probability density of finding element α at x_1, element β at x_2 and element η at x_N within the appropriate volume element at each point. The Liouville equation for the distribution function D_N can now be written as follows:

$$\frac{\partial}{\partial t}\,D_N + i\,L_0\,D_N = 0 \qquad [2]$$

where L_0 is the Liouville operator calculated from Eq. [1] for a labelled N-particle system. The reduced distribution of order s, $F_s(x_1^\alpha,\ x_2^\beta,\ \ldots\ x_s^\sigma;\ t)$ is defined as usual by

$$F_s(x_1^\alpha, x_2^\beta, \ldots x_s^\sigma; t) = \int dx_{s+1}^\tau \ldots dx_N^\eta \qquad [3]$$

$$\times D_N(x_1^\alpha, x_2^\beta, \ldots x_s^\sigma, x_{s+1}^\tau \ldots x_N^\eta; t).$$

The distribution function F_s is the probability that the elements $\alpha,\ \beta,\ \ldots\ \sigma$ (a total of s elements) are respectively, at the six dimensional phase-space coordinates $x_1, x_2, \ldots x_s$ within the volume element $dx_1^\alpha dx_2^\beta \ldots dx_s^\sigma$. Because of the distinguishability of mass points, the distribution function F_s depends on the specific mass points labelled $\alpha, \beta, \gamma, \ldots \sigma$. The reduced distribution function of interest at present is the first order, $F_1(x_1^\alpha; t)$. In order to find the appropriate equation for such a function, we integrate Eq. (2) over all the phase-space coordinates except x_1^α of element α. The result is the first equation of BBGKY (*Bogoliubov, Born, Green, Kirkwood* and *Yvon*) hierarchy of equations for the system under study,

$$\frac{\partial F_1(x_1^\alpha; t)}{\partial t} + \frac{P_1^\alpha}{m} \cdot \nabla_{R_1^\alpha} F_1(x_1^\alpha; t) \qquad [4]$$

$$-\int dx_2^\beta \left[\nabla_{R_1^\alpha} \Phi\,(|R_1^\alpha - R_2|) \cdot \sum_\beta \nabla_{P_1^\alpha} F_2(x_1^\alpha, x_2^\beta; t) \right] = 0$$

where we have assumed that the two body potential between the elements of the chain, not directly bonded depends only on the distance, and other symbols have their usual meaning. As usual, Eq. [4] relates the one particle distribution function F_1 to two particle distribution function F_2. This equation is exact; however, its solution is possible only by closure, i.e. by an approximation relating two particle distribution function F_2 with one particle distribution function F_1. In the spirit of *Vlasov* equation for a fluid the approximation for a

polymer can be expressed as (7)

$$F_2(R_1^\alpha, P_1^\alpha, R_2^\beta, P_2^\beta; t) = F_1(R_1^\alpha, P_1^\alpha; t)\,F_1(R_{12}^{\alpha\beta}, P_2^\beta; t) \qquad [5]$$

In order to linearize Eq. [4], the one particle distribution function F_1 is further written as

$$F_1(R_{12}^{\alpha\beta}, P_2^\beta; t) = F_0(R_{12}^{\alpha\beta})F_0(P_2^\beta) + F^{(1)}(R_2^{\alpha\beta}, P_2^\beta; t) \qquad [6]$$

Here $F_0(R_{12}^{\alpha\beta})$ is the equilibrium distribution function of the distance R_{12} between segment α located at R_1 and segment β located at R_2; for a Gaussian chain it is given by (8)

$$F_0(\underline{R}) = \left(\frac{3}{2\,\pi\,a^2}\right)^{3/2} \exp\left(-\frac{3\,R^2}{2\,a^2}\right) \qquad [7]$$

and $F_0(P_2^\beta)$ is the Maxwellian momentum distribution given by

$$F_0(\underline{P}) = \left(\frac{1}{2\,\pi\,m\,k_B\,T}\right)^{3/2} \exp\left(-\frac{P^2}{2\,m\,k_B\,T}\right) \qquad [8]$$

and $F^{(1)}$ denotes the deviation from the equilibrium distribution function $F_0(R_{12}^{\alpha\beta})\,F_0(P_2^\beta)$. The approximation leading to Eq. [5] contains an important property of the (noninteracting) chain. The elements (monomers) of the polymer are connected to each other by virtue of their location along the chain, a property that does not exist in a simple fluid. This property leads naturally to a relationship of the form described in Eq. [5], which is exact in the noninteracting (*Gaussian*) chain. We will, however, continue to use this form even for an interacting polymer. Now substituting Eqs. [5]−[8] and linearizing Eq. [4], one obtains after a few steps the kinetic equation in velocity space as (9)

$$\left(\frac{\partial}{\partial t} + \underline{v}_1^\alpha \cdot \nabla_{R_1^\alpha}\right) F^{(1)}(R_1^\alpha, \underline{v}_1^\alpha; t)$$

$$+ \underline{v}_1^\alpha \cdot \nabla_{R_1^\alpha} F_0(R_1^\alpha)\,F_0(\underline{v}_1^\alpha)$$

$$- \frac{1}{m} \int [\nabla_{R_1^\alpha} \Phi\,(|R_1^\alpha - R_2|) \cdot \nabla_{\underline{v}_1^\alpha} F_0(\underline{v}_1^\alpha)]\,F_0(R_1^\alpha)$$

$$\times \sum_\beta F^{(1)}(R_{12}^{\alpha\beta}, \underline{v}_2^\beta; t)\ dR_2^\beta\,d\underline{v}_{22}^\beta = 0. \qquad [9]$$

3. Calculation of $S(k, \omega)$

Having used the necessary closure approximation, Eq. [5] applicable to a chain and linearizing the kinetic equation, Eq. [4], we are in a position to dispense with particle distinguishability. This is carried out by summing over distinguishability superscripts. Fourier transform of Eq. [9] when summed over monomer label α can be simplified to

$$\left(\frac{\partial}{\partial t} + i\, \underline{v} \cdot \underline{k}\right) f^{(1)}(\underline{k}, \underline{v}; t) + i\, \underline{v} \cdot \underline{k} f_0(\underline{v}) \sum_\alpha F_0(\underline{k}^\alpha)$$
$$+ \frac{i f_0(\underline{v})}{(2\pi)^3 k_B T} \underline{v} \cdot \sum_\alpha \int \underline{k}_1^\alpha \Phi\left(|\underline{k}_1^\alpha|\right) F_0(\underline{k}^\alpha) \quad [10]$$
$$\times f_1(-\underline{k}_1^\alpha, \underline{v}_2; t)\, d\underline{v}_2\, d\underline{k}_1^\alpha = 0$$

where formally,

$$f^{(1)}(\underline{k}, \underline{v}; t) = \sum_\alpha F^{(1)}(\underline{k}^\alpha, \underline{v}^\alpha; t)$$
$$f^{(1)}(\underline{k}^\alpha, \underline{v}_2; t) = \sum_\beta F^{(1)}(\underline{k}^{\alpha\beta}, \underline{v}_2^\beta; t)$$
$$f_0(\underline{k}) = \sum_\alpha F_0(\underline{k}^\alpha) \qquad\qquad [11]$$
$$f_0(\underline{v}) = \sum_\alpha F_0(\underline{v}^\alpha).$$

Eq. [10] needs now to be solved for the following appropriate initial condition

$$f^{(1)}(k, v; o) = f_0(v)\, S(k) \qquad [12]$$

where $S(k)$ is the static structure factor, and $f_0(v)$ is the Maxwellian, Eq. [8]. Eq. [10] involves three wave vectors appearing in the integrand. Since in the definition for the dynamic structure factor only wave factors k and $-k$ are involved, one may argue that only waves with equal wave numbers may superpose. Using this simple minded argument one may now decouple the wave vector $-\underline{k}_1^\alpha = \underline{k}$ of the integrand in Eq. [10] from the rest.

The dynamic structure factor $S(k, \omega)$ is now obtained from

$$S(k, \omega) = 2\,\mathrm{Re}\,\lim_{\varepsilon \to 0^+} Z(k, i\,\omega + \varepsilon) \qquad [13]$$

where

$$Z(k, s) = \int_0^\infty dt\, e^{-st} \int f^{(1)}(\underline{k}, \underline{v}; t)\, d\underline{v} \qquad [14]$$

is the Laplace transform of the distribution function $f^{(1)}$. Since for the dynamic structure factor, we are interested only in the component u of the velocity along the wave vector k, the other two

components of the velocity can be integrated over. Replacing the summation over α by integration, one can show from Eq. [7] that

$$\sum_\alpha F_0(\underline{k}^\alpha) = -\frac{6}{a^2 k^2}\left(e^{-\frac{N a^2 k^2}{6}} - 1\right). \qquad [15]$$

The Laplace transform of Eq. [10] after substitution of Eqs. [12] and [15] yields after some simplification

$$Z(k, s) = \cfrac{\dfrac{6}{a^2 k^2}\left(e^{-\frac{N a^2 k^2}{6}} - 1\right)\dfrac{1}{s}\displaystyle\int \dfrac{i\, u\, k\, G^{(0)}(u)}{s + i\, u\, k}\, du + S(k)\displaystyle\int \dfrac{G^{(0)}(u)}{s + i\, u\, k}\, du}{1 + \dfrac{1}{(2\pi)^3 k_B T}\Phi(-k)\dfrac{6}{a^2 k^2}\left(e^{-\frac{N a^2 k^2}{6}} - 1\right)\displaystyle\int \dfrac{i\, u\, k\, G^{(0)}(u)}{s + i\, u\, k}\, du} \qquad [16]$$

where

$$G^{(0)}(u) = \int f_0(\underline{v})\, d^2 v_1$$
$$= \left(\frac{m}{2\pi k_B T}\right)^{1/2} \times \exp\left(-\frac{m u^2}{2 k_B T}\right). \qquad [17]$$

Now in analogy with the RPA for classical fluids we utilize the relation (6):

$$\Phi(k) = -k_B T C(k) \qquad [18]$$

where $C(k)$ is the Fourier transform of the direct correlation function $C(r)$. Note that this relation is strictly valid for a uniform fluid. It is possible to derive the analogous relation between $S(k)$ and $C(k)$ for a non-uniform fluid following a procedure similar to that discussed in appendix A of *Nelkin* and *Ranganathan* (6). However, since we are interested in the limit of large N and large k fluctuations, Eq. [18] can be assumed to apply locally. Using the Ornstein-Zernicke relation defining the direct correlation function

$$n_0 C(k) = \frac{S(k) - 1}{S(k)} \qquad [19]$$

n_0 being the average monomer number density and the fact that $C(k) = C(-k)$, Eq. [16] becomes

$$Z(k, s) = \qquad\qquad [20]$$
$$\cfrac{\dfrac{g(k)}{s} - g(k)\displaystyle\int \dfrac{G^{(0)}(u)}{s + i\, u\, k}\, du + S(k)\displaystyle\int \dfrac{G^{(0)}(u)}{s + i\, u\, k}\, du}{1 - \dfrac{C(k)}{(2\pi)^3}g(k) + \dfrac{C(k)\, g(k)}{(2\pi)^3}s\displaystyle\int \dfrac{G^{(0)}(u)}{s + i\, u\, k}\, du}$$

where

$$g(k) = \frac{6}{a^2 k^2} \left(e^{-\frac{N a^2 k^2}{6}} - 1 \right) \qquad [21]$$

and

$$\left(\frac{m \pi}{2 k_B T k^2} \right)^{1/2} w(z) = \int_{-\infty}^{+\infty} \frac{G^{(0)}(u)}{s + i u k} du,$$

$$z \equiv \frac{i s}{k \left(\frac{2 k_B T}{m} \right)^{1/2}}. \qquad [22]$$

Using Eq. [13] and the known result

$$\lim_{\varepsilon \to 0^+} w(x + i \varepsilon) = \exp(-x^2) \times \qquad [23]$$

$$\times \left[1 + 2 \pi^{-1/2} i \int_0^x \exp(t^2) \, dt \right]$$

we finally obtain

$$S(k, \omega) = \left(\frac{2 m}{k_B T k^2} \right)^{1/2} \frac{A(x) \left[S(k) - g(k) - \frac{S(k) g(k)}{(2\pi)^3} C(k) \right]}{\left\{ 1 - \frac{C(k) g(k)}{(2\pi)^3} [1 - x B(x)] \right\}^2 + \left[\frac{C(k) g(k) x A(x)}{(2\pi)^3} \right]^2}, \qquad [24]$$

where

$$x = \frac{\omega}{k} \left(\frac{m}{2 k_B T} \right)^{1/2}$$

$$A(x) = \pi^{1/2} \exp(-x^2) \qquad [25]$$

$$B(x) = 2 e^{-x^2} \int_0^x dt \, e^{t^2}.$$

4. Numerical Calculation

Eq. [24] for $S(k, \omega)$ may be solved provided that information is available for the static form factor $S(k)$ and the direct correlation function $C(k)$. As argued above, we are interested in a polymer having large N and short wavelength fluctuations, comparable to the monomer diameter. We can therefore assume that local uniform density exists. Moreover, for simplicity, the non-bonded monomers are assumed to interact as hard spheres. In this approximation, one may use the *Percus-Yevick* (PY) equation (10) for the static structure factor of hard spheres. The analytic hard-sphere solution of the PY equation yields for the direct correlation function,

$$n_0 C(k) = -24 \eta y^{-3} [\alpha (\sin y - y \cos y) + \beta y^{-1} \times$$
$$\times \{ 2 y \sin y - (y^2 - 2) \cos y - 2 \}$$
$$+ \gamma y^{-3} \{ (4 y^3 - 24 y) \sin y - \qquad [26]$$
$$- (y^4 - 12 y^2 + 24) \cos y + 24 \}]$$

where $y = k \sigma$, σ being the hard core diameter η is the packing fraction given by

$$\eta = \frac{1}{6} n_0 \pi \sigma^3$$

and

$$\alpha = (1 + 2 \eta)^2 / (1 - \eta)^4$$

$$\beta = -6 \eta \left(1 + \frac{\eta}{2} \right)^2 \Big/ (1 - \eta)^4 \qquad [27]$$

$$\gamma = \frac{1}{2} \eta \alpha.$$

In order to specify the polymer, we use the system of polystyrene studied by *Adam* and *Delsanti* (5). In their experiments, polystyrene of molecular weight $M_\omega = 24 \times 10^6$ was used. The hard-core diameter for this system equivalent to the pearl-neck-lace polymer may be arrived at approximately by calculating the equivalent number of links corresponding to a *Gaussian* chain (11). The approximate pearl diameter for polystyrene is given to be about $\sigma \simeq 5$ Å. Using this and molecular weight quoted above one arrives at an equivalent number of links of 20 000 for the experimental situation of *Adam* and *Delsanti*.

The average density of monomers is calculated by using the relation

$$n_0 = \frac{N}{\frac{4}{3} \pi R^3} \qquad [29]$$

where R is the radius of gyration. Assuming $R = 500$ Å for the polymer, we obtain $n_0 = 0.0038 \times 10^{22}$ monomers/cm³. We calculate $S(k, \omega)$ for this average number density and temperature $T = 300$ K both for the polymer and an equivalent uniform classical fluid. Fig. 1 shows $S(k, \omega)$ as a function of k for different values of energy transfer parameter $\beta = \hbar \omega / k_B T$. In fig. 2, $S(k, \omega)$ is plotted as a function of $x = \frac{\omega}{k} \left(\frac{m}{2 k_B T} \right)^{1/2}$ for different values of k. Note that the difference between a uniform classical fluid and a (non-uniform) polymer of the same average number density is small.

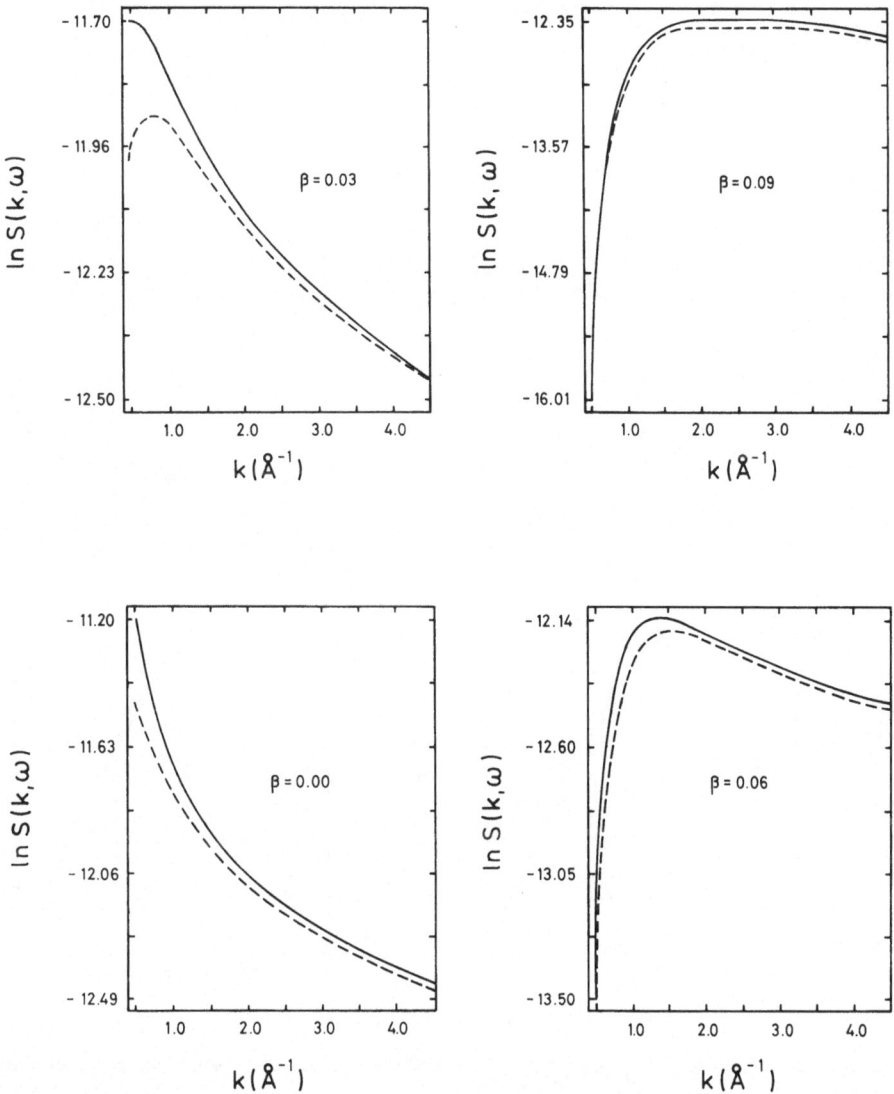

Fig. 1. $S(k,\omega)$ as a function of k for different values of energy transfer $\beta=\hbar\omega/k_B T$; solid line-polymer, broken curve-uniform fluid of corresponding density

5. Discussion

In this formulation, the theory of density fluctuations in a polymer (non-uniform fluid) has been developed. The formulation starts rigorously from the Liouville equation but the solution of the resulting equations necessitates approximations. These approximations must take into account the inherent physical structure of the system. In other words, the Vlasov approximation cannot be directly translated into this problem. A more physical approximation corresponding to the Vlasov approximation of classical fluid is described by Eq. [5]. Aside from this approximation a number of

results such as the RPA result, Eq. [18] and the Ornstein-Zernike relation, Eq. [19] for uniform systems have been used to arrive at an expression for the dynamic structure factor. A more rigorous solution than that presented here is to generalize Eqs. [18] and [19] for a non-uniform system which will be presented later. In the present paper, we have assumed that polymer has a uniform density in the range of distance of the order of 5 Å (a monomer diameter). Thus in this range the Ornstein-Zernike relation for a uniform fluid is applicable. The curves presented in figs. 1 and 2 indicate that the effect of non-uniform density is negligible at large k but becomes significant at smaller k; this is

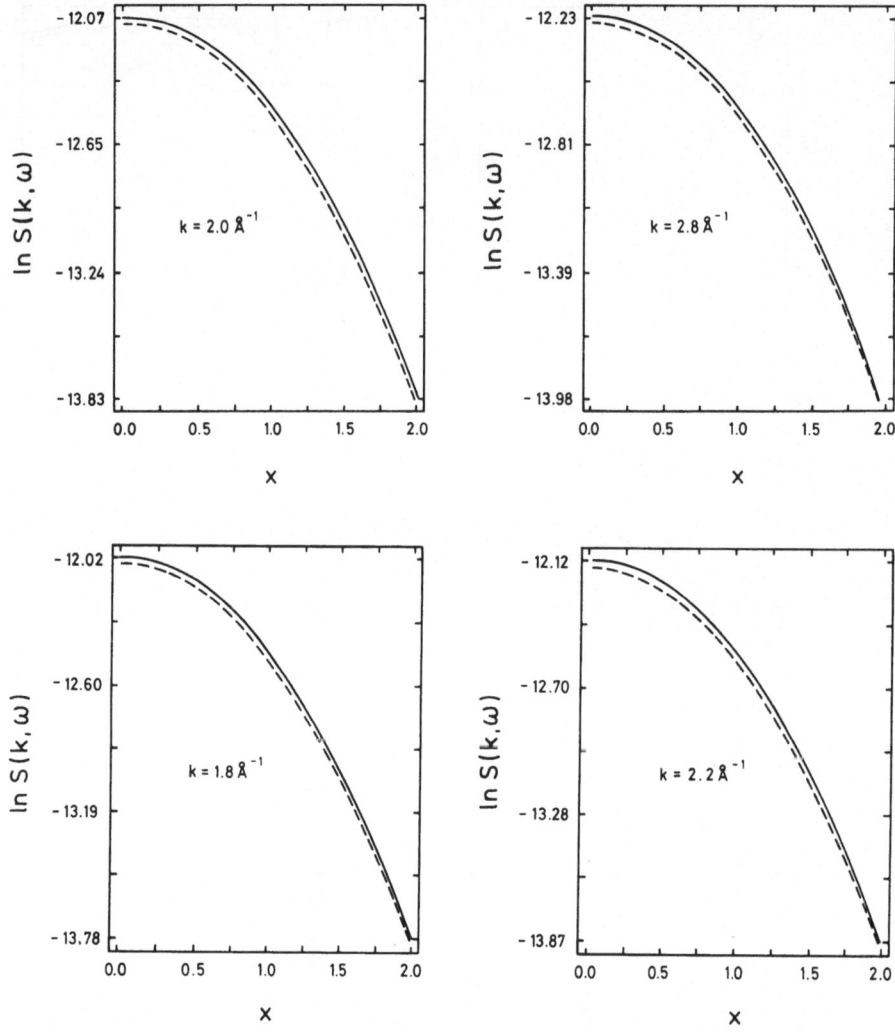

Fig. 2. $S(k, \omega)$ as a function of $x = \dfrac{\omega}{k} \left(\dfrac{m}{2 k_B T} \right)^{1/2}$ for different values of k; solid line-polymer, broken curve-uniform fluid of corresponding density

reasonable since at very large k (small wavelengths) the non-uniformity of the system is not appreciable as indicated above. Moreover, the function $S(k, \omega)$ for the equivalent classical fluid is smaller in value, indicating perhaps more flexibility in the polymer, which is hardly surprising.

Acknowledgments

The authors are grateful to Professor *K. H. Bennemann* for his support of this project. Thanks are also due to Mr. *U. Winkelmann* for carrying out the computations.

Summary

The dynamic structure factor $S(k, \omega)$ for an infinitely long single polymer chain is calculated from the Vlasov equation. The procedure is analogous to that of Nelkin and Ranganathan for a classical fluid. The polymer density is, however, non-uniform; the monomer density is assumed to be Gaussian about the center of mass. In analogy with classical fluids, the effective pair interaction between monomers in the chain not directly bonded is considered to be $-k_B T C(r)$, where $C(r)$ is the direct correlation function. The numerical computation is carried out for a pearl-necklace model having 20 000 monomers and radius of gyration 500 Å. The results are compared with those obtained for a classical fluid at the same density.

References

1) *Rouse, P. E.*, Jr., J. Chem Phys. **21**, 1272 (1953).
2) *Zimm, B. H.*, J. Chem. Phys. **24**, 269 (1956).
3) *Edwards, S. F.* and *A. G. Goodyear*, J. Phys. **A5**, 965 (1972); *S. A. Adelman* and *K. F. Freed*, J. Chem. Phys. **67**, 1380 (1977).

4) *Higgins, J. S., R. E. Ghosh, W. S. Howells* and *G. Allen*, J. Chem. Soc., Far. Trans. II **73,** 40 (1977).

5) *Adam, M.* and *M. Delsanti,* J. de Physique **38,** L271 (1977).

6) *Nelkin, M.* and *S. Ranganathan,* Phys. Rev. **164,** 222 (1967).

7) *Naghizadeh, J.,* J. Chem. Phys. **48,** 1961 (1968).

8) *Yamakawa, H.,* Modern Theory of Polymer solutions (Harper and Row, New York, 1971).

9) *Martin, P. C., E. D. Siggia* and *H. Rose,* Phys. Rev. **A8,** 423 (1973).

10) *Percus, J. K.,* in the Equilibrium Theory of Classical Fluids edited by *H. L. Frisch* and *J. L. Lebowitz* (W. A. Benjamin, New York, 1964).

11) *Flory, P. J.,* Statistical Mechanics of Chain Molecules (John Wiley and Sons, New York, 1969)

Authors' addresses:

N. K. Ailawadi
Institut für Theoretische Physik
Freie Universität Berlin
1000 Berlin 3, Germany

A. R. Massih and *J. Naghizadeh*
Institute of Biochemistry and Biophysics
University of Tehran
P.O. Box 314-1700, Tehran, Iran

Progr. Colloid & Polymer Sci. **66**, 25—33 (1979)
© 1979 by Dr. Dietrich Steinkopff Verlag GmbH & Co. KG, Darmstadt
ISSN 0340-255 X

Lectures during the conference of the Deutschen Physikalischen Gesellschaft,
Fachausschuß „Physik der Hochpolymeren",
April 17—21, 1978 in Bad Nauheim

Deutsches Kunststoff-Institut, Darmstadt

Studies on the monoclinic and hexagonal modifications of isotactic polypropylene

W. Ullmann and *J. H. Wendorff*

With 8 figures

(Received June 5, 1978)

I. Introduction

Isotactic polypropylene is known to exhibit several crystal modifications. These are the monoclinic α-modification, the triclinic γ-modification, the hexagonal β-modification and the so-called smectic modification (1, 2). The formation of the particular polymorph depends on the crystallization conditions (melt crystallization or solution crystallization, crystallization temperature), the orientational order of the melt during the crystallization and on the presence of additives such as nucleating agents in the material (1—6). The smectic modification can be obtained, if the melt is rapidly quenched down to low temperatures from the melt. The γ-modification has been observed in low molecular weight fractions, which were crystallized from melts or solutions and in unfractionated material, if the crystallization was performed at elevated pressure.

The α-modification is commonly observed, if the crystallization takes place either from the melt or from solutions. The hexagonal β-modification is formed in addition to the α-modification under specific conditions which are discussed below. The β-modification is believed to be metastable with respect to the α-modification. The conditions for obtaining the β-modification are, according to the literature:

i) crystallization from the melt for crystallization temperatures ranging from 100 °C to 130 °C (2)

ii) crystallization from an oriented melt (6)

iii) crystallization from the melt in the presence of nucleating agents (4, 5).

Samples exhibiting only the β-modification have never been obtained. The properties of a material containing both modifications are determined by the relative amount of the two modifications since they differ in their properties. The relative amount of the two modifications is usually described in terms of the k-value (2) which is defined as follows:

$$k = I_{\beta\,(020)} \,/\, (I_{\beta\,(020)} + I_{\alpha\,(110)} + I_{\alpha\,(040)} + I_{\alpha\,(130)}) \qquad [1]$$

where $I_{\alpha,\,\beta\,(hkl)}$ are the intensities of the (hk0) X-ray wide angle reflections of the α- and β-modification respectively. The k-value is zero in the absence of the β-modification and unity, if only the β-modification is present in the material. It is obvious that the k-value can only be considered as an approximation for the true composition. A method is discussed in this paper which leads to a more accurate estimate of the true composition of the material.

Information about thermal and structural properties of the α- and β-modifications are sparse in the literature. Furthermore different results are reported about the conditions for obtaining the two modifications. We tried to establish for this reason the conditions for the formation of the two modifications, considering only the case of the crystallization from unoriented melts but taking into account the presence of nucleating agents. The properties studied were the equilibrium melting points, the relative thermodynamic stability as well as the character of the melting and recrystallization processes of the two modifications.

II. Experimental

The experiments were performed on samples of iso-tactic polypropylene which contained no additives, they were supplied by Hoechst AG. The samples were dissolved in xylene at 115 °C and recrystallized from solution in order to decrease the concentration of the atactic components. The molecular weight, as determined by GPC, was $M_n = 3,5 \cdot 10^4$, $M_w = 1,6 \cdot 10^5$.

Powdered samples without nucleating agents and samples containing 0.3% of the nucleating agent E3B (Hoechst AG) were compression moulded into sheets for further studies. The sheets were molten in a closed cell under nitrogen atmosphere, the temperature of the melt prior to the crystallization was varied between 190° and 260 °C. The isothermal crystallization was performed by placing the cell into a thermostatic bath which was kept at the particular crystallization temperature. This temperature was varied between 0° and 140 °C.

The thermal properties of the materials were determined by means of a Perkin Elmer DSC 1 B. The heating rate was varied between 1 and 64 deg/min. The absolute values of the melting point and of the heats of fusion were calculated by comparing the data with those of a calibration sample.

The structures of the samples were analyzed by means of wide and small angle X-ray scattering. The wide angle data were taken with a wide angle goniometer, the small angle data by using a *Kratky* small angle apparatus. Absolute intensities were obtained by comparing the sample scattering with the scattering of a calibration sample, which was supplied by Prof. *Kratky*. The degree of crystallinity as well as the crystal sizes and the composition of the material were determined from the wide angle pattern whereas the long period and — by using the degree of crystallinity, the lamellar thickness was determined from the small angle pattern.

III. Results and Discussions

a) Conditions for the formation of the β-modification.

Polypropylene samples, which did not contain additives and which were isothermally crystallized from the unoriented melt in the temperature range from 0 °C up to 140 °C were found to exhibit only the α-modification without any trace of the β-modification. This result is independent of the temperature of the melt prior to the crystallization. This observation is in contrast to reports in the literature, where the formation of the β-modification was described for the case that the crystallization temperature was in the range from 100 °C to 130 °C. We believe that this difference is due to the fact that we studied samples free of additives whereas commercial samples, known to contain additives,

have usually been studied. It should be mentioned that we observed the formation of the β-modification if the crystallization took place from an oriented melt.

If samples containing nucleating agents were isothermally crystallized from an unoriented melt the formation of the β-modification in addition to the α-modification was observed for crystallization temperatures ranging from 0 °C up to 130 °C. Only the α-modification was found if the crystallization was performed at 140 °C. The relative amount of the two modifications as characterized by the *k*-value depended on the crystallization temperature. The maximum value occurred for a crystallization temperature of 50 °C, a *k*-value of about 0.58 was found (Fig. 1).

We did not observe any influence of the temperature of the melt prior to the crystallization on the results described above, this is in contrast to the literature. It has often been assumed that heterogeneities in the melt act as nucleating centers and that the concentration of active centers depends on the temperature of the melt. No such effect was found in our case.

b) Thermal properties of the two modifications

The melting temperatures of the samples containing additives and those of the samples containing no additives were found to depend on the crystallization temperatures.

The observation that the melting temperatures of the α- and β-modifications increased with increasing crystallization temperatures is in agreement with results on other partially crystalline polymers (7). The melting point of these materials is not only determined by molecular interactions in the interior of the crystalline regions but also by surface effects. The melting point of a crystalline region T_M will decrease from the thermodynamic equilibrium value T_{MO} with decreasing crystal size. For the case of a lamellar crystal with the thickness d in the direction of the lamellar normal, with the surface free energy σ_e, the heat of fusion ΔH and the crystal density ϱ_c one gets the following expression (8):

$$T_M = T_{MO} \left(1 - (2\sigma_e / (\Delta H d \varrho_c))\right). \qquad [2]$$

The equation holds if the crystal sizes are large in the direction perpendicular to the layer normal and if the values of the lateral surface free energy are small.

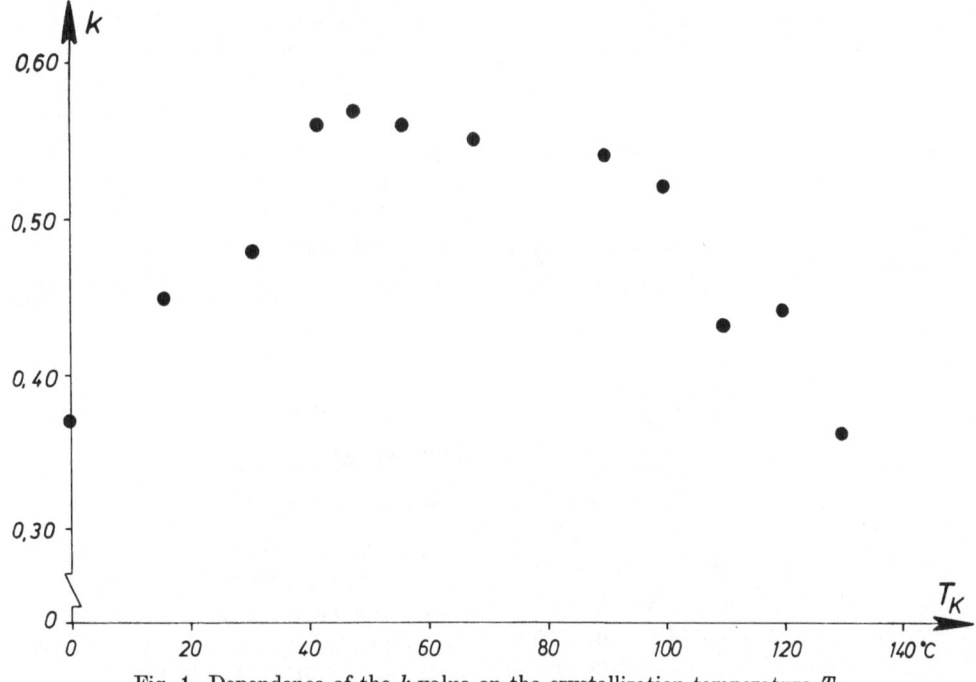

Fig. 1. Dependence of the k-value on the crystallization temperature T_K

Thus a plot of T_M versus $1/d$ should yield a straight line, the slope of which is determined by the surface free energy σ_e and the intercept by the equilibrium melting point T_{MO}. The data obtained on the crystal sizes as a function of the crystallization temperature showed that the smallest dimension always occurred in the di-

rection of the layer normal. If the lamellar thickness, which can be calculated from the small angle X-ray pattern, is taken the plot shown in Figure 2 is obtained, it is characterized by straight lines. Only one small angle reflection was observed although samples were studied which contained the α- as well as the β-modifica-

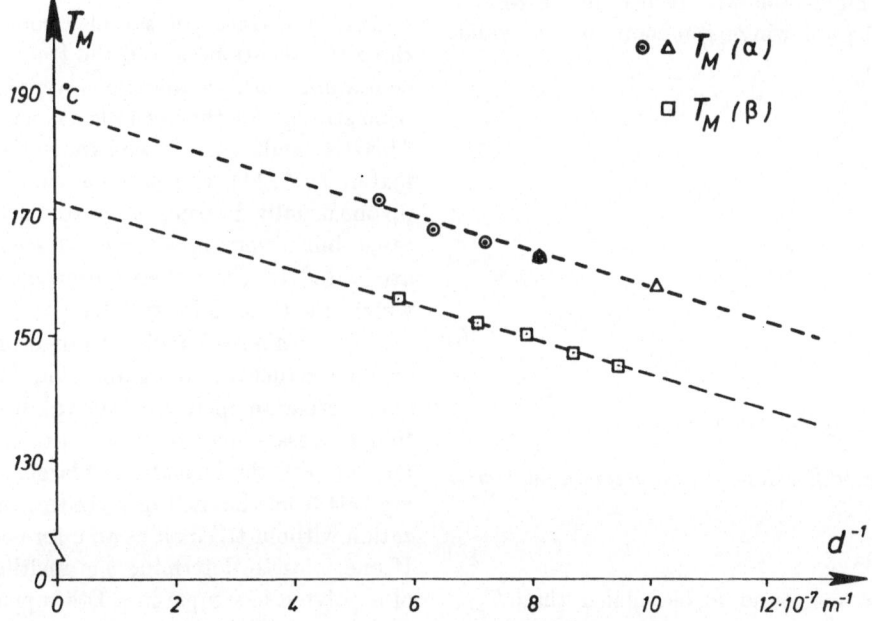

Fig. 2. Dependence of the melting temperature of both modifications on the crystal thickness d. The DSC-maxima are used in this plot for determining T_M (β). They must be corrected for the width of the peaks

tion. The value of the invariant showed, however, that both modifications must contribute to this scattering diagram. We thus have to conclude that the two modifications are characterized by the same long period in the temperature range studied here. The following results are obtained from the plot:

Melting temperatures T_{MO} α-modification 186 °C
$\quad\quad\quad\quad\quad\quad\quad\quad\quad\quad$ β-modification 177 °C

Surface free energy $\quad\quad\quad$ α-modification
$\quad\quad\quad\quad\quad\quad\quad\quad\quad\quad$ $40.3 \cdot 10^{-3}$ N/m
$\quad\quad\quad\quad\quad\quad\quad\quad\quad\quad$ β-modification
$\quad\quad\quad\quad\quad\quad\quad\quad\quad\quad$ $35.0 \cdot 10^{-3}$ N/m .

The value of T_{MO} of the α-modification is in close agreement with the value reported by *Wunderlich* (9), which was 187 °C. The value of the surface free energy for the α-modification is in agreement with values obtained from studies of the crystallization behavior of polypropylene (10). The lower value of the surface free energy of the β-modification indicates that the surface structure of the lamella is more disordered than in the case of the α-modification.

c) Thermodynamic stability of the β-modification relative to the α-modification

The value of the equilibrium melting temperature T_{MO} can be used to gain information on the thermodynamic stability of the two modifications relative to each other. If the β-modification is metastable with respect to the α-modification, the following expression must be valid:

$$\Delta G_\beta < \Delta G_\alpha \quad\quad\quad [3]$$

where

$$\Delta G = G_{\text{fluid}} - G_{\text{crystal}} . \quad\quad\quad [4]$$

Since

$$\Delta G = \Delta H - T\Delta S \quad\quad\quad [5]$$

and

$$\Delta S = \Delta H / T_M \quad\quad\quad [6]$$

we get

$$\Delta S_\beta (T_{M\beta} - T) < \Delta S (T_{M\alpha} - T) . \quad\quad\quad [7]$$

The β-modification will be metastable in any case if

$$\Delta S_\beta \leq \Delta S_\alpha \quad\quad\quad [8]$$

since $T_{M\beta}$ was found to be smaller than $T_{M\alpha}$. The entropy change during the melting process can be decomposed into a contribution due to

conformational changes and a contribution due to volume changes. We assume that the first contribution is identical for both modifications since the conformation will be the same in the crystalline and in the molten state for both of them. We thus have to consider only volumetric contributions $\Delta S_{\text{Vol.}}$. This contribution can be calculated as follows:

$$(\partial S/\partial V)_T = -(\partial^2 F/\partial T \, \partial V) = -(\partial^2 F/\partial V \, \partial T)$$
$$= (\partial p/\partial T)_V \quad\quad\quad [9]$$
$$= -(1/((\partial T/\partial V)_p \, (\partial V/\partial p)_T))$$
$$= \alpha/\varkappa_T .$$

Thus we get

$$\Delta S_{\text{Vol.}} = \alpha/\varkappa_T \Delta V \quad\quad\quad [10]$$

where α is the coefficient of thermal expansion and $\varkappa_T$ the isothermal compressibility, which either can be the values of the melt or of the crystalline state. We will use the values of the melt which will be identical for both cases. Thus the β-modification will be metastable if

$$\Delta V_\beta' < \Delta V_\alpha . \quad\quad\quad [11]$$

Since the experiments show this to be the case (2) we have to conclude that the β-modification is metastable with respect to the α-modification.

d) The melting and recrystallization behavior of the α- and the β-modification

The DSC-traces of samples containing only the α-modification as well the traces of samples containing both modifications were found to depend strongly on the crystallization temperature. This is a result which is well known for polymeric materials (7, 11). If a polymer sample is heated up one usually does not observe a narrow melting range but a very broad one. This can either be attributed to a size distribution of the crystals which melt at different temperatures (eq. 2) leading to a broad melting range or to a continuous structural reorganization taking place over a broad temperature interval. Recrystallization processes may occur simultaneously, they may involve the formation of larger more stable crystals from the melt or a continuous reorganization without the melt as an intermediate state. If one tries to determine the melting behavior of a polymeric sample in a DSC apparatus both premelting and recrystallization may occur during the heating cycle. One way of obtaining

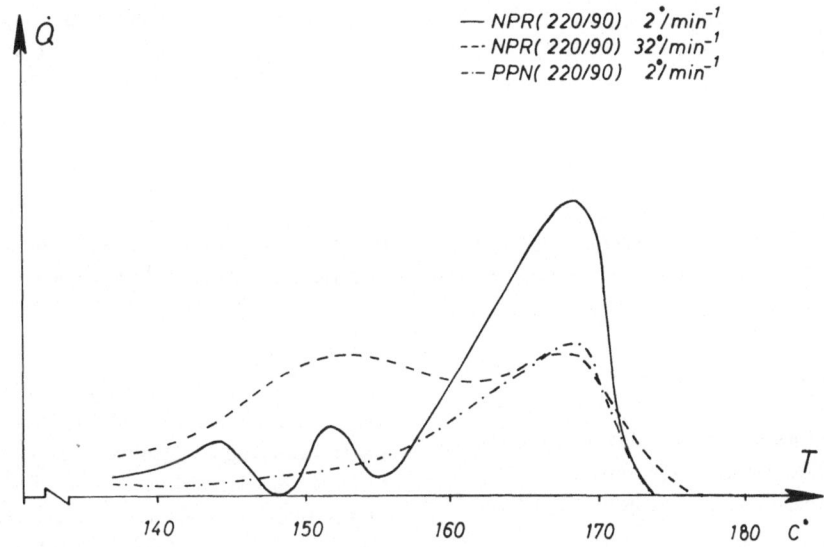

Fig. 3. DSC-traces for nucleated (NPR) and pure polypropylene (PPN) for different heating rates (T_{melt}: 220 °C, T_K: 90 °C)

information about both processes as well as about the actual melting behavior of the original sample consists in varying the heating rate.

This was done for the different samples studied here. If fast heating rates such as 64 or 32 deg/min are used no or only minor recrystallization effects will take place, thus the true melting properties are obtained. In the case of the polypropylene samples containing only the α-modification one broad melting peak was observed. The melting temperatures were corrected for the influence of the fast heating rates and were then used for establishing the relation between the

crystal size and the melting temperature (Fig. 2). In the case of the samples containing both modifications one observed two broad melting regions, the lower melting region could be attributed to the melting of the β-modification the remaining peak to the melting of the α-modification (Fig. 3). Again these values were used for the plot shown in Figure 2.

No changes were observed for the DSC-traces of samples with only the α-modification, except for small temperature shifts, if the heating rate was decreased to 16 or 8 deg/min. In the case of samples containing both modifications, how-

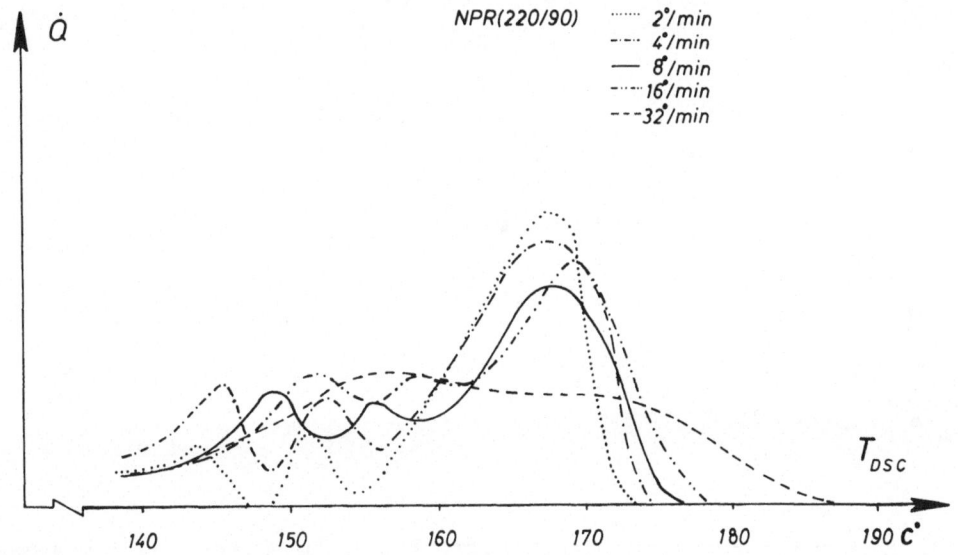

Fig. 4. DSC-traces for nucleated polypropylene (NPR) for different heating rates (T_{melt}: 220 °C, T_K: 90 °C)

ever, very complex traces were observed, which depended on the heating rate as well as on the crystallization temperature. For crystallization temperatures varying between 0° C and about 100 °C three peaks were found. The size and position of the two lower-temperature peaks varied strongly with the heating rate (Fig. 4, 5). They were shifted to higher temperatures with increasing heating rate and became stronger. Multiple peaks, occurring as a function of the heating rate have been observed for several polymers, including PET (12) and polypropylene (13). These multiple peaks can be attributed to the simultaneous occurrence of melting and recrystallization processes. The same explanation apparently holds in the case considered here. Small crystals of the β-component will melt at low temperatures, if the sample is heated up. The melt can recrystallize leading to larger, more stable crystals. Our data show that the recrystallization process is quite complex, since it leads to the formation of α- and β-crystals. The β-crystals may melt again at higher temperatures, again a recrystallization leading to the formation of α- and β-crystals can occur. The concentration of the β-component decreases thus continuously although the degree of crystallinity stays constant or may even increase. The low temperature peaks of the DSC-traces are thus no true melting peaks but result from the superposition of exo-

thermic and endothermic processes. It is even possible to get a compensation of the two contributions, if the heating rate is low enough. One then observes only one high temperature melting peak, characteristic of the melting of the α-modification although the sample may contain large amounts of the β-modification. This behavior is observed for samples crystallized at low temperatures, it becomes less apparent for high crystallization temperatures.

Multiple peaks were not observed in the case of samples which only contained the α-modification independent of the heating rate (Fig. 6). Partial melting took place over a broad temperature range. Annealing studies indicated that a reorganization took place which resulted in the formation of more stable crystals. No indications were found, however, that a recrystallization occurred from the melt although the results discussed above have shown that the melt can recrystallize at the temperatures considered here.

We have to conclude that partial melting of the α-modification does not lead to a truly molten state in contrast to the case of the metastable β-modification. Apparently a continuous melting and recrystallization process occurs which does not involve the molten state. Additional experiments are needed to find out which kind of reorganization takes place.

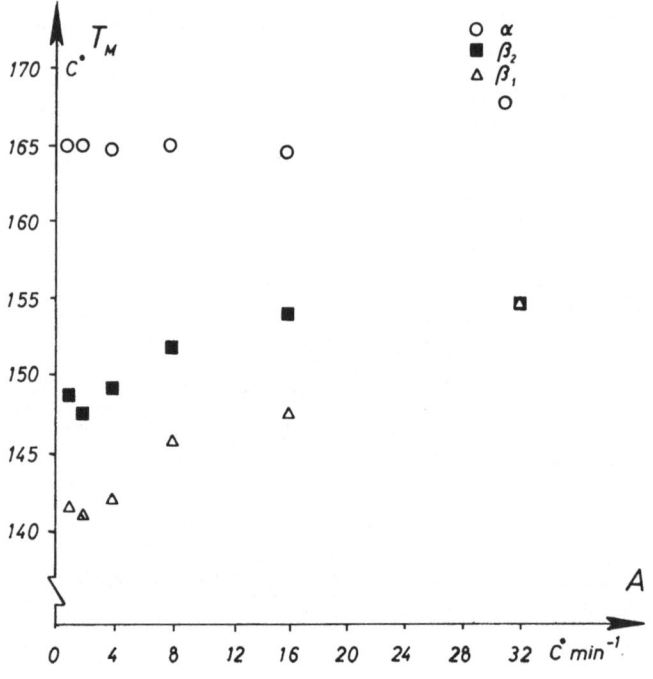

Fig. 5. Dependence of the apparent melting peaks on the heating rate A

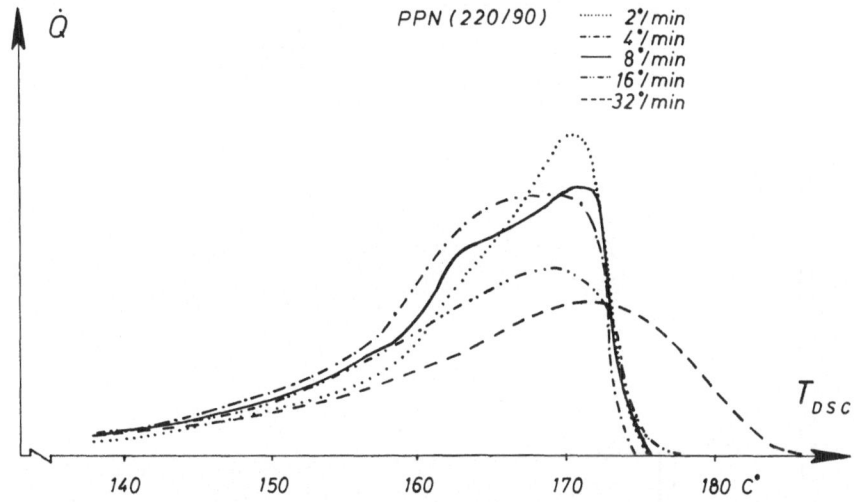

Fig. 6. DSC-traces for pure polypropylene (PPN) for different heating rates (T_{melt}: 220 °C, T_K: 90 °C)

e) Determination of the relative composition

If the k-value, as defined by eq. 1, is used in order to determine the relative amount of the α- and β-modification one has to assume that the α- and β-wide angle X-ray reflections occur separated in the scattering pattern. A close inspection of the scattering diagrams reveals that this is not the case except for the α-(130) reflection. This is shown in Figure 7 were a mixed pattern is compared with a pure α-pattern. The intensities were scaled using the α-(130) reflection as an inner standard. This can be done since we found that the relative intensities of the var-

ious reflections were independent of the sample preparation. The pattern have to be decomposed into the component due to the α-modification and a component due to the β-modification. The last component is shown in Figure 8. The composition can then be calculated in the way described below.

The scattering curve $I(\boldsymbol{b})$ of a structure, characterized by an electron density distribution $\varrho(u)$, can in a general way be described on the basis of the density correlation function $P(r)$

$$P(r) = \int \varrho(\boldsymbol{u})\, \varrho(\boldsymbol{u} + \boldsymbol{r})\, \mathrm{d}v_u$$
$$= \int I(\boldsymbol{b}) \exp(2\pi i \boldsymbol{b} \boldsymbol{r})\, \mathrm{d}v_b \qquad [12]$$

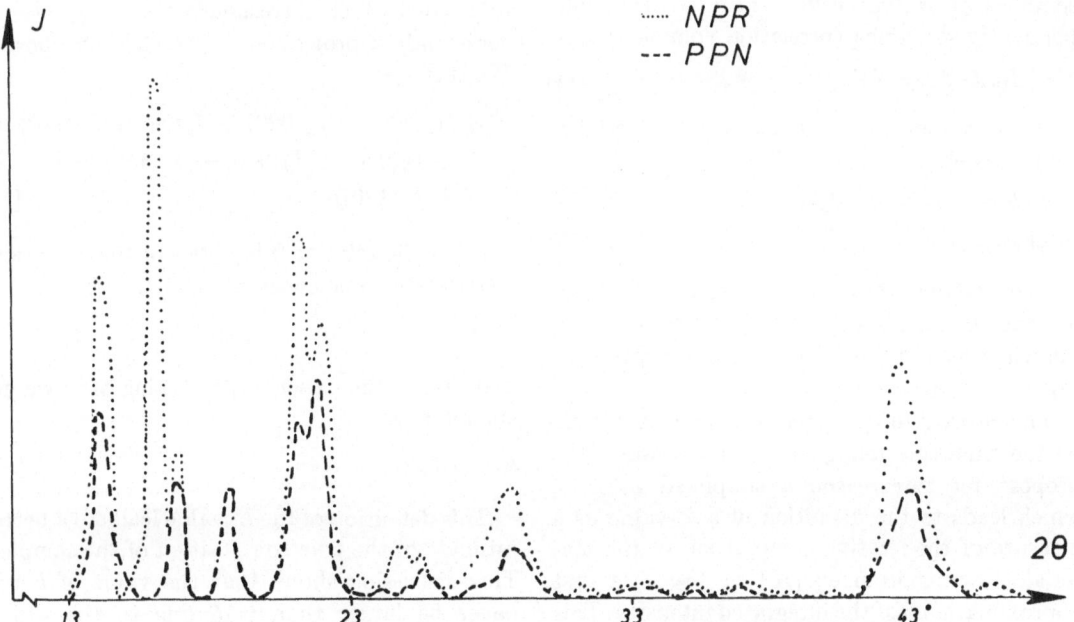

Fig. 7. Wide angle X-ray pattern of a sample containing the α- and β-modification

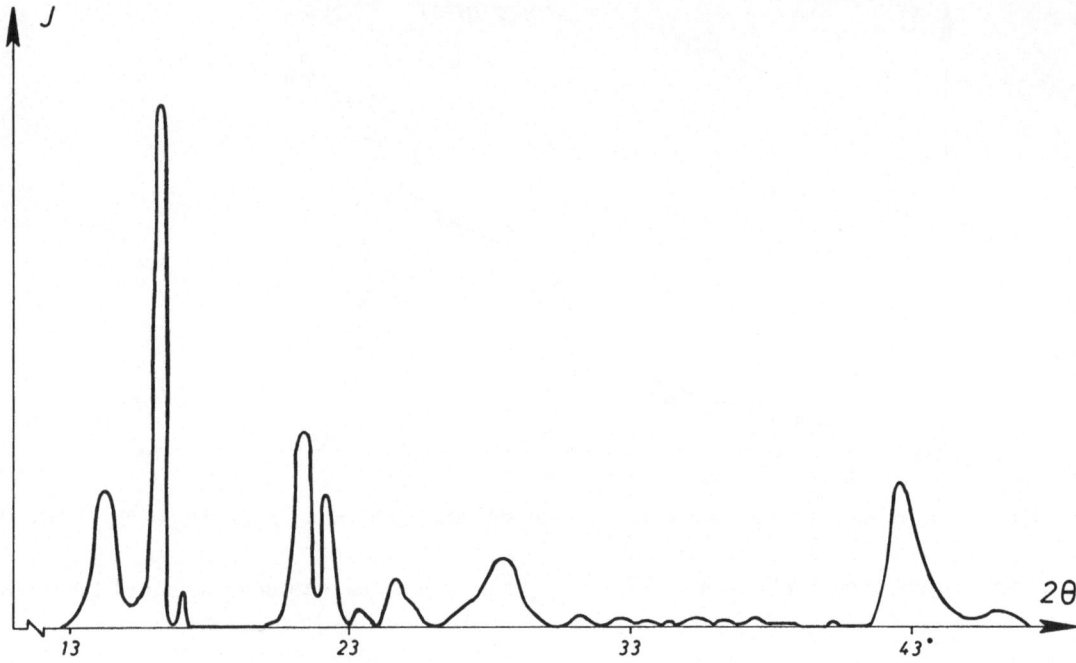

Fig. 8. Wide angle X-ray pattern of the β-modification of polypropylene

b is the scattering vector, $b = |b|$. For the case of an isotropic structure we get for $P(O)$:

$$P(O) = \int \varrho^2(u)\, dv_u = V\overline{\varrho^2} = 4\pi \int I(b)b^2\, db. \quad [13]$$

The averaging has to be performed in a way, which depends on the structure to be analyzed. The wide angle X-ray scattering of a crystalline structure is determined by the scattering of assemblies of N unit cells, which are the independently scattering correlation volumes V_c.

$$4\pi \int I(b)b^2\, db = NV_c\varrho^2 = V\varrho^2. \quad [14]$$

For a system containing two crystal modifications we get

$$(\int I_\beta(b)\,b^2 db / (I_{\alpha+\beta}(b)\,b^2 db)$$
$$= (V_\beta\varrho_\beta^2)/(V_\beta\varrho_\beta^2 + V\varrho_\alpha^2). \quad [15]$$

The volume fraction of the modifications can thus be calculated if the crystal densities are known, which is the case for the two modifications considered here (2).

The procedure described will in many cases be too time consuming for routine studies. We propose for this reason a simplified method, which leads to the definition of a k'-value as a measure of the relative composition of the material. Starting from eq. [15] we use as a first approximation just the integrated intensity. This approximation is often used in determining the degree of crystallinity from the wide angle X-ray diagrams.

$$\int I(b)b^2\, db \to \int I(b)\, db \to \int I(2\theta)\, d\theta. \quad [16]$$

We furthermore neglect the differences in the integral width of the various reflections by considering the height as a measure of the intensity. Finally we take into account only the (hkO) reflections which corresponds to taking into account only a projection of the electron density. We then get

$$k' = (I_\beta(110) + I_\beta(020) + I_\beta(040))/(I_\beta(110)$$
$$+ I_\beta(020) + I_\beta(040) + I_\alpha(110) + I_\alpha(040)$$
$$+ I_\alpha(130)). \quad [17]$$

Since the relative intensities of the reflections were found to be constant, we can write

$$I_\beta(110) + I_\beta(020) + I_\beta(040) = CI_\beta(020) \quad [18]$$

and taking the experimental value of C we get the relation:

$$k' = 1.33\, k. \quad [19]$$

This definition of the k'-value leads to a better estimate of the true composition of the samples. This discussion shows that the value of k will never be larger than 0.75 due to the superposition of α- and β-reflections.

Acknowledgements

The authors gratefully acknowledge the support of this work by the Hoechst AG, which donated the polypropylene samples and the nucleating agent E3B to us. We also obtained information about the molecular weight distribution of our samples. This work has been supported by a research grant from the Arbeitsgemeinschaft Industrieller Forschungsvereinigungen e. V. (AIF).

Summary

Pure isotactic polypropylene, which is isothermally crystallized from the melt in the temperature range between 0 °C and 140 °C, displays only the monoclinic α-modification whereas samples which contain a nucleating agent exhibit the α-modification as well as the hexagonal β-modifications for crystallization temperatures ranging from 0 °C to 130 °C. It is possible to determine the equilibrium melting points and the surface free energies of both modifications, using combined structural and thermal studies. The β-modification is found to be metastable with respect to the α-modification. The melting and recrystallization behavior of both modifications differs strongly. A method is discussed by which the relative amount of the two modifications can be determined on the basis of wide angle X-ray diffraction.

Zusammenfassung

Reines isotaktisches Polypropylen bildet bei der isothermen Kristallisation aus der Schmelze im Bereich von 0 °C bis 140 °C allein die monokline α-Modifikation aus, während nach Zugabe eines Nukleierungsmittels für Kristallisationstemperaturen zwischen 0 °C und 130 °C sowohl die α-Modifikation als auch eine hexagonale β-Modifikation ausgebildet wird. Durch eine Kombination struktureller und thermischer Untersuchungen kann sowohl der Gleichgewichtsschmelzpunkt als auch die Oberflächenenergie für beide Modifikationen ermittelt werden. Es zeigt sich, daß die β-Modifikation metastabil in bezug auf die α-Modifikation ist. Das Schmelz- und Rekristallisationsverhalten der beiden Modifikationen unterscheidet sich deutlich. Eine Methode zur Bestimmung der relativen Anteile der beiden Modifikationen, die auf der Auswertung von Röntgenweitwinkelmessungen basiert, wird ausführlich diskutiert.

References

1) *Miller, R. L.*, Polymer **1**, 135 (1960).
2) *Turner-Jones, A., J. M. Aizlewood, D. R. Beckett*, Makromol. Chem. **75**, 134 (1964).
3) *Keith, H. D., J. Padden, N. M. Walter, H. W. Wyckoff*, J. Appl. Phys. **30**, 1485 (1959).
4) *Morrow, D. R.*, J. Macromol. Sci. Phys. **B3**, 53 (1969).
5) *Leugering, H. J.*, Makromol. Chem. **109**, 204 (1967).
6) *Leugering, H. J., G. Kirsch*, Angew. Makromol. Chem. **33**, 17 (1973).
7) *Mandelkern, L.*, in "Crystallization of Polymers", McGraw-Hill (1964).
8) *Hoffmann, J. D., J. J. Weeks*, J. Res. Nat. Bur. Stand. **66A**, 13 (1962).
9) *Wunderlich, B.*, ACS Polymer Preprints **18**, 24 (1977).
10) *Spilgies, G.*, Dissertation, Darmstadt.
11) *Fischer, E. W.*, Kolloid Z. u. Z. Polymere **231**, 458 (1969).
12) *Holdsworth, P. J., A. Turner-Jones*, Polymer **12**, 195 (1971).
13) *Fujiwara, Y.*, Colloid and Polymer Sci. **253**, 273 (1975).

Authors' address:

W. Ullmann and *J. H. Wendorff*
Deutsches Kunststoff-Institut
Schloßgartenstr. 6R
D-6100 Darmstadt

Progr. Colloid & Polymer Sci. **66**, 35—39 (1979)
© 1979 by Dr. Dietrich Steinkopff Verlag GmbH & Co. KG, Darmstadt
ISSN 0340-255 X

Vorgetragen auf der Tagung der Deutschen Physikalischen Gesellschaft,
Fachausschuß „Physik der Hochpolymeren",
vom 17. bis 21. April 1978 in Bad Nauheim.

Physikalisch-Chemisches Institut der Technischen Universität Clausthal

Diskussion von Quellungskurven unter Berücksichtigung der Ergebnisse statistischer Theorien

W. Borchard

Mit 2 Tabellen

(Eingegangen am 1. Juni 1978)

Hochmolekulare vernetzte Substanzen können durch Flüssigkeitsaufnahme flüssige elastische Mischphasen bilden, die Gele genannt werden. Unter isotherm-isobaren Bedingungen führt die Quellung einer hauptvalenzmäßig vernetzten Substanz zum Quellungsgleichgewicht, in dem die Flüssigkeit oder das Lösungsmittel (*LM*) im Gel einen Sättigungswert erreicht. Die Kurve, die die Sättigungskonzentrationen bei verschiedenen Temperaturen beschreibt, ist die Quellungskurve (1—4).

Wir wollen uns bei unseren Betrachtungen auf Vernetzungen durch chemisch verknüpfte Bindungen beschränken, für die wir postulieren, daß sie bei Änderung der Konzentration, des Druckes und der Temperatur beständig sind. Daher sind die Ergebnisse unserer Überlegungen auf sogenannte nebenvalenzmäßig vernetzte Polymerisate nur insofern anwendbar, als während der Änderung der intensiven Variablen die Netzwerkstruktur erhalten bleibt.

Vor kurzem wurden auf thermodynamischer Grundlage Quellungskurven und die zugehörigen Stabilitätsgrenzkurven (Spinodalen) unter der Annahme behandelt, daß die elastische Mischphase als binäres System vorliegt. Sofern die Gele homogen und isotrop sind, gelten diese Beziehungen allgemein (5).

Da wir uns in dieser Arbeit insbesondere für die Bedingungen interessieren, unter denen diese Quellungskurve eine Polstelle bzw. einen Wendepunkt besitzt, wollen wir hier die benötigten Gleichungen ohne Ableitung mitteilen.

Für die Steigung der Quellungskurve, die die Temperaturabhängigkeit der Sättigungskonzentration beschreibt, gilt bei konstantem Druck:

$$T'/T = (\partial \mu_1 / \partial x_1^*)_{T,P} / \Delta H_1 . \qquad [1]$$

Hierin bedeuten μ_1 das chemische Potential des LM im Gel, x_1^* den Grundmolenbruch des LM und ΔH_1 die differentielle Enthalpie des LM, sie ist gegeben durch $\Delta H_1 = H_1 - H_{01}$, wobei H_1 die partielle molare Enthalpie des LM bei der Sättigungskonzentration, H_{01} die molare Enthalpie des reinen LM ist. Als $Z' = dZ/dx_1^*$ bezeichnen wir die totale Ableitung der Größe Z nach der Konzentrationsvariablen x_1^*. In Gleichung [1] ist T die absolute Temperatur. Der Grundmolenbruch des LM kann aus den Massen von LM und Polymerisat m_1 und m_2 sowie aus der molaren Masse des LM M_1 und der grundmolaren Masse des Polymeren M_0 mit Gleichung [2] berechnet werden. M_0 ist die molare Masse eines Grundbausteins, aus dem das Netzwerk aufgebaut ist. Die Summe der Grundmolenbrüche von LM x_1^* und Polymerem x_2^* ergibt eins.

$$x_1^* = (m_1/M_1)/(m_1 M_1 + m_2/M_0) \qquad [2]$$

und

$$x_1^* + x_2^* = 1 .$$

Bei der hier getroffenen Wahl eines temperaturunabhängigen Konzentrationsmaßes werden die Formeln übersichtlicher. Es besteht jedoch prinzipiell keine Schwierigkeit in der Darstellung, wenn temperaturabhängige Konzentrationsvariable wie z. B. der Volumenbruch verwendet werden (6).

Wie schon früher von *Rehage* dargelegt wurde, stimmt das Vorzeichen von ΔH_1 mit dem Vorzeichen der Steigung der Quellungskurve überein, da für stabile bzw. metastabile Phasen gilt:

$$(\partial \mu_1 / \partial x_1^*)_{T,P} > 0 .$$

Für endliche Werte von $(\partial \mu_1 / \partial x_1^*)_{T,P}$ folgt dann an der Polstelle der Quellungskurve $T' = \infty$ bzw.

$\Delta H_1 = 0$. Dieses entspricht dem athermischen Verhalten eines Gels.

Die Quellungskurve besitzt im einfachsten Fall einen Wendepunkt, wenn T''' verschwindet und T'''' endlich bleibt. Dies führt zu der Beziehung:

$$T' = (\partial \mu_1 / \partial x_1^*)'_{T,P} / \Delta S_1' . \qquad [3]$$

$\Delta S_1'$ ist die totale Ableitung der differentiellen Verdünnungsentropie ΔS_1 nach dem Grundmolenbruch des LM, wobei gilt:

$$\Delta S_1 = S_1 - S_{01}.$$

S_1 ist die partielle molare Entropie des LM im Gel, S_{01} die molare Entropie des reinen LM.
Die Beschreibung des Quellungsgleichgewichtes mit den Methoden der statistischen Mechanik führt für die Differenz des chemischen Potentials des Lösungsmittels $\Delta \mu_1$ unter Verwendung des Grundmolenbruchs (3) zu dem Ergebnis (7—13):

$$\Delta \mu_1 = RT \left[\ln(1 - x_2^*) + x_2^* + \chi x_2^{*2} \right.$$
$$\left. + \frac{1}{z} (A \eta x_2^{*\frac{4}{3}} - B x_2^*) \right] = 0 . \qquad [4]$$

Hierin bedeuten χ den Wechselwirkungsparameter, z den mittleren Polymerisationsgrad zwischen zwei Verknüpfungsstellen und η das Verhältnis des quadratischen Mittelwertes des End-zu-End-Abstandes der Ketten im Netzwerk $\overline{r^2}$ zum quadratischen Mittelwert des End-zu-End-Abstandes der freien Ketten $\overline{r_0^2}$.
Die Größen A und B berücksichtigen die Ergebnisse der verschiedenen Autoren und sind für ein gegebenes Netzwerk charakterisierende Konstanten. Für die weitere Diskussion soll hier nur interessieren, daß zwar χ, nicht jedoch A und B von der Temperatur und der Konzentration abhängig sind. Der quadratische Mittelwert des End-zu-End-Abstandes der freien Ketten $\overline{r_0^2}$ ist eine Funktion der Temperatur und steht mit dem energieelastischen Anteil der rücktreibenden Kraft bei der Verformung in Beziehung.

Unter Berücksichtigung der bekannten thermodynamischen Relationen $- \partial \Delta \mu_1 / \partial T = \Delta S_1$ und $\Delta \mu_1 = \Delta H_1 - T \Delta S_1$ findet man für die Polstelle einer Quellungskurve mit Gleichung [4]

$$\frac{\partial \chi}{\partial T} = - \frac{A}{z} x_2^{*-\frac{5}{3}} \frac{\partial \eta}{\partial T} . \qquad [5]$$

Diese Gleichung beschreibt das athermische Verhalten einer elastischen Mischphase. Man entnimmt dieser Beziehung, daß $\partial \chi / \partial T$ nur ver-

schwindet, wenn $\partial \eta / \partial T$ Null ist, d. h. wenn bei der Deformation des Gels rein entropieelastisches Verhalten vorliegt. Der gequollene Gummi besitzt in diesem Fall Eigenschaften, die man für ideal-gummielastische Stoffe voraussetzt.

Häufig wird beobachtet, daß die auf die Funktion der Verformung normierte rücktreibende Kraft K_λ, also der Modul einer Verformungsart bei vorgegebener relativer Verformung λ, für gummielastische Substanzen in einem Temperaturintervall eine lineare Funktion der Temperatur ist.

$$K_\lambda = [K_u + b T]_\lambda . \qquad [6a]$$

Der Index u bezieht sich auf die innere Energie, da bei der Verformung neben der Entropieänderung eine Änderung der inneren Energie stattfindet. Mit $\eta = \overline{r^2}/\overline{r_0^2}$ und dem Zusammenhang zwischen energieelastischem Anteil K_u und der Temperaturabhängigkeit (14, 15) des End-zu-End-Abstandes $\overline{r_0^2}$

$$\left(\frac{K_u}{K} \right)_\lambda = T \frac{\partial \ln \overline{r_0^2}}{\partial T} \qquad [6b]$$

finden wir

$$\frac{\partial \eta}{\partial T} = - \eta \frac{\partial \ln \overline{r_0^2}}{\partial T} = - \frac{\eta}{T} \left(\frac{K_u}{K} \right)_\lambda . \qquad [7a]$$

Für eine Abschätzung sei bei einer gegebenen Temperatur $(K_u/K)_\lambda = C$. Mit der Abkürzung $C = [K_u/(K_u + b T)]_\lambda$ und Einführung einer Bezugstemperatur T_0, bei der $\eta = \eta_0$ ist, erhalten wir:

$$\frac{\partial \eta}{\partial T} = - \frac{C}{T} \eta_0 . \qquad [7b]$$

In hochmolekularen Lösungen kann die Temperaturabhängigkeit des Wechselwirkungsparameters in guter Näherung mit dem Ansatz beschrieben werden (16)

$$X = \alpha + \frac{\beta}{T} . \qquad [8]$$

Dies bedeutet, daß die Mischungsenthalpie und Mischungsentropie temperaturunabhängig sind. Verwenden wir Gleichung [8] auch für die elastischen Mischphasen, so finden wir mit den Beziehungen [5] und [7b]

$$\beta = - \frac{A}{z} \eta_0 x_2^{*-\frac{5}{3}} T_{\text{ath}} C . \qquad [9]$$

Hierin ist T_{ath} die Temperatur, bei der das System athermisches Verhalten zeigt.

Sind in einem vernetzten Polymer-LM-System die Größen β und C bekannt, so kann aufgrund von Quellungsmessungen allein unter athermischen Bedingungen (T_{ath}) das Produkt der das Netzwerk charakterisierenden Größen $A\eta_0/z$ bestimmt werden. Dies dürfte die zur Zeit einfachste Methode sein, Strukturparameter von polymeren Netzwerken zu ermitteln, wenn man über geeignete Systeme verfügt.

Man kann nun leicht mit Gleichung [9] einen Wert für den Enthalpieanteil des Wechselwirkungsparameters β berechnen, den ein reales Polymer-Lösungsmittelsystem kennzeichnet, wenn es sich athermisch verhält. Die β-Werte sind in der Tabelle 1 für vier verschiedene Konzentrationen aufgeführt, die energieelastischen Anteile sind für Polystyrol (PS) mit $C = 0,16$ und Polyäthylen (PE) mit $C = -0,30$ einem Übersichtsreferat von *J. E. Mark* entnommen (18).

Man erkennt, daß im Gegensatz zu hochmolekularen Lösungen das athermische Verhalten von elastischen Mischphasen immer durch endliche β-Werte gekennzeichnet ist, wenn das System nicht vollkommen entropieelastisch ist. In hochmolekularen Lösungen verschwindet bei athermischem Verhalten die Temperaturabhängigkeit des Wechselwirkungsparameters und unter der Voraussetzung der Gültigkeit von Gleichung [8] die Größe β.

In Arbeiten über die Quellung ist bisher die Temperaturabhängigkeit von η nicht berücksichtigt worden. In diesem Fall erscheint der Beitrag der Energieelastizität im Enthalpieanteil des Wechselwirkungsparameters. Ein Vergleich der experimentell ermittelten und berechneten Werte von β in dem fast athermischen System PS-

Tabelle 1. Nach Gl. [9] berechnete β-Werte; $T = 300\,\mathrm{K}$, $A\eta_0/z = 10^{-3}$

	$C = 0,16$	$C = -0,30$
x_2^*	$\dfrac{\beta}{\text{grad}}$	$\dfrac{\beta}{\text{grad}}$
0,05	−7,1	13,3
0,1	−2,2	4,2
0,2	−0,7	1,3
0,4	−0,2	0,4

Tabelle 2. Experimentell ermittelte und nach Gl. [9] berechnete β-Werte für das System PS-Äthylbenzol, $T = 298\,\mathrm{K}; C = 0,19 \pm 0,03$

$\dfrac{A\eta_0}{z} \cdot 10^4$	x_2^*	$\dfrac{\beta_{exp}}{\text{grad}}$	$\dfrac{\beta_{ber}}{\text{grad}}$
12,8	0,0991	−5,6	−3,4 ± 0,6
10,5	0,0916	−5,3	−3,2 ± 0,5
1,16	0,0346	−1,9	−1,8 ± 0,3

Äthylbenzol findet sich in Tabelle 2. Die Daten für x_2^* sowie $A\eta_0/z$ bzw. C entstammen einer Arbeit von *G. Rehage* (3) bzw. *Dusek* (18).

Man entnimmt der Tabelle 2, daß der überwiegende Teil des experimentell ermittelten Enthalpieanteils auf das nicht-ideal gummielastische Verhalten der Gele zurückzuführen ist.

Sind die Sättigungskonzentrationen von Gelen in einem größeren Temperaturintervall konstant und die Voraussetzungen für die Gültigkeit von Gleichung [9] erfüllt, so muß β/CT_{ath} von der Temperatur unabhängig sein. In nicht zu großen Temperaturbereichen wird man experimentell für konstante β-Werte als Quellungskurven annähernd Geraden finden. Dieses trifft für viele Polystyrolgele zu, wie *Rehage* zeigen konnte (2).

Wenn Mischungsenthalpie und Mischungsentropie in hochmolekularen Lösungen von der Temperatur abhängig sind, kann man ein ähnliches Verhalten auch für Gele erwarten. In diesem Fall resultiert für die Temperaturabhängigkeit des Wechselwirkungsparameters der Ansatz

$$\chi = \alpha + \frac{\beta}{T} + \gamma \ln T. \qquad [10]$$

Hierin sind die Parameter α, β und γ nur Funktionen der Konzentration. Mit Hilfe der Gleichungen [5] und [7b] finden wir unter Berücksichtigung von Gleichung [10]

$$T_{ath} = \frac{\beta x_2^{*\frac{5}{3}}}{\gamma x_2^{*\frac{5}{3}} - \dfrac{A\eta_0 C}{z}}. \qquad [11]$$

Wir können nach Gleichung [11] für verschiedene Netzwerkdichten nur dann die gleiche athermische Temperatur erwarten, wenn C verschwindet und β/γ konzentrationsunabhängig ist. Je nach Vorzeichen der Größen β, γ und C kann sich T_{ath} mit abnehmendem Polymerisationsgrad der Netzbögen — dies bedeutet zunehmende

Polymerkonzentration — zu höheren oder tieferen Temperaturen verschieben. Diese Abhängigkeit läßt sich ohne Kenntnis der Netzwerkdichte unter Benutzung von Gleichung [4] berechnen, indem der reziproke mittlere Polymerisationsgrad der Netzwerkketten $1/z$ aus Gleichung [4] in Gleichung [11] substituiert wird. Analoges gilt auch für Gleichung [9].

Kennt man für ein System die Größen β, γ und C, so kann man mit Hilfe von Gleichung [11] ebenfalls allein aus Quellungsmessungen das Produkt $A\eta_0/z$ ermitteln. Jedoch muß in diesem Fall der Verlauf der Quellungskurve in der Nähe von T_{ath} bestimmt werden. In der Praxis kann man für verschiedene Netzwerkdichten eine Schar von Quellungskurven und ihre Polstellen messen. Der geometrische Ort aller Polstellen liefert die „athermische Kurve". Aus der Quellungsmessung kann man anschließend über die Ähnlichkeit der Quellungskurven auf die Temperatur athermischen Verhaltens, T_{ath}, und die zugehörige Sättigungskonzentration inter- bzw. extrapolieren, aus denen nach Gleichung [11] die Größe $A\eta_0/z$ berechnet wird.

Die Differentiation von Gleichung [4] unter Verwendung der Gleichung [1] und Gleichung [3] führt zu Ausdrücken, die die Steigung der Quellungskurve in ihrem Wendepunkt beschreibt. Daraus kann man berechnen, wie sich der Wendepunkt der Quellungskurve mit der Vernetzungsdichte verschiebt. Auf eine Wiedergabe der Relationen wird hier verzichtet, da die Formeln zu unhandlich sind. Grenzbetrachtungen mit der Näherung $z \to \infty$ führen auf den Fall der hochmolekularen Lösung, die strenggenommen kein Gel mehr darstellt. Rein formal erhält man dann unter den Bedingungen der Existenz eines Wendepunktes mit horizontaler Wendetangente an dem Grenzübergang $x_2^* \to 0$, also für das reine LM, die gleichen Bedingungen wie bei einem Θ-Punkt in hochmolekularen Lösungen (19). Die Θ-Temperatur ist die Temperatur, bei der die Konzentrationsabhängigkeit von $\Delta\mu_1$ und damit T' in den Gleichungen [1] und [3] verschwindet. Nun ist aber für $x_2^* \neq 0$ immer ein Beitrag des Netzwerkterms (s. Ausdruck in runden Klammern von Gleichung [4]) zu erwarten, der zwar in seiner Konzentrations- und Temperaturabhängigkeit gegenüber der des Mischungsterms zurücktreten kann. In diesem Fall sollten bei Quellungskurven, die endliche Steigungen aufweisen, Wendepunkte auftreten können. In diesem Zusammenhang sei auf eine Arbeit aufmerk-

sam gemacht, in der Quellungskurven von Polystyrolgelen in Cyclohexan mit Wendepunkten in der Nähe der Θ-Temperatur des löslichen Systems gefunden wurden (20).

Zusammenfassung

Hochmolekulare Netzwerke können bei vorgegebenen Werten des Druckes und der Temperatur eine begrenzte Menge Lösungsmittel aufnehmen. Durch die Quellung entstehen elastische Mischphasen oder Gele. Die Temperaturabhängigkeit der maximalen Sättigungskonzentration dieser gequollenen Systeme wird durch die Quellungskurve beschrieben. Die verschiedenen Formen von Quellungskurven und die zugehörigen Stabilitätsgrenzkurven, in Anlehnung an die Lösungen auch Spinodalkurven genannt, werden diskutiert und an einigen Beispielen experimentell ermittelter Gleichgewichte erläutert. Unter der Annahme, daß die elastische Mischphase ein binäres System darstellt, werden die Bedingungen für die Fälle behandelt, daß athermisches Verhalten vorliegt und die Quellungskurve einen Wendepunkt besitzt.

Summary

Polymer networks are capable of absorbing a limited amount of solvent at given values of pressure and temperature. By the swelling process elastic mixtures or gels are formed. The temperature dependence of the maximum solvent concentration at swelling equilibrium is described by the swelling curve. Different types of swelling curves and corresponding stability curves, which are called spinodal curves with reference to solutions, are discussed and illustrated by means of experimental results. Assuming, that the gel is a binary system, the conditions are considered for athermal behaviour and in case that the swelling curve has an inflexion point.

Literaturverzeichnis

1) *Rieke, E.*, Wied. Ann. **53**, 564 (1894).
2) *Rehage, G.*, Kolloid-Z. u. Z. Polymere **194**, 16 (1964).
3) *Rehage, G.*, Kolloid-Z. u. Z. Polymere **196**, 97 (1964).
4) *Rehage, G.*, Ber. d. Bunsenges. für Phys. Chemie **81**, 969 (1977).
5) *Borchard, W.*, European Polymer J. erscheint (1978).
6) *Schwarz, J.*, *W. Borchard, G. Rehage*, Kolloid-Z. u. Z. Polymere **244**, 193 (1971).
7) *Flory, P. J.*, *J. R. Rehner*, J. Chem. Phys. **11**, 321 (1943).
8) *Flory, P. J.*, *F. T. Wall*, J. Chem. Phys. **19**, 1435 (1951).
9) *Hermanns, J. J.*, Trans. Farad. Soc. **43**, 591 (1947).
10) *James, H. M.*, *E. Guth*, J. Chem. Phys. **11**, 455, 472 (1943); ibid **21**, 1039 (1953).
11) *Dobson, G. R.*, *M. Gordon*, J. Chem. Phys. **43**, 705 (1972).

12) *Dusek, K.*, J. Polymer Sci. **C39**, 83 (1972).

13) *Dusek, K., W. Prins*, Adv. Polymer Sci. **6**, 58 (1968).

14) *Tobolsky, A. V.*, Diss. (Princeton Univ. 1944).

15) *Flory, P. J., C. A. Hoeve, A. Ciferri*, J. Polymer Sci. **34**, 337 (1959).

16) *Haase, R.*, Thermodynamik der Mischphasen, Springer Verlag, S. 464 (Berlin-Göttingen-Heidelberg 1956).

17) *Mark, J. E.*, J. Polymer Sci. Macromolecular Reviews **11**, 135 (1976).

18) *Dusek, K.*, Czech. Chem. Comm. **32**, 2264 (1967).

19) *Flory, P. J.*, Principles of Polymer Chemistry, Cornell University Press, S. 523 (Ithaca-New York 1953).

20) *Haeringer, A., G. Hild, P. Rempp, H. Benoit*, C. R. Acad. Sci. t. 276, Serie C-1711 (1973).

Anschrift des Verfassers:

Prof. Dr. *W. Borchard*
Fachgebiet: Angew. Phys. Chemie
GH Duisburg, Postfach 101629
4100 Duisburg

Progr. Colloid & Polymer Sci. **66,** 41 – 42 (1979)
© 1978 by Dr. Dietrich Steinkopff Verlag GmbH & Co. KG, Darmstadt
ISSN 0340-255 X

Vorgetragen auf der Tagung der Deutschen Physikalischen Gesellschaft,
Fachausschuß „Physik der Hochpolymeren",
vom 17. bis 21. April 1978 in Bad Nauheim.

Fachbereich Werkstoffphysik der Universität des Saarlandes, Saarbrücken

Beobachtungen von Wachstums- und Schmelzvorgängen an Kristallen aus isotaktischem Polystyrol (iPS)

J. Petermann und *R. M. Gohil*

Mit 5 Abbildungen

(Eingegangen am 15. Juli 1978)

Zusammenfassung

Das lamellare Dickenwachstum und das Aufschmelzen von Kristallamellen in Proben aus isotaktischem Polystyrol (iPS) wurden elektronenmikroskopisch verfolgt. Die Untersuchungen wurden an ca. 2000 Å dicken Filmen durchgeführt (1). Abb. 1 zeigt die elektronenmikroskopische Durchstrahlungsaufnahme (Defokussierungskontrast) einer 24 h bei 130 °C kristallisierten Probe. Schnelles Aufheizen der Probe (10^2 °C sec^{-1}) auf 190 °C resultiert in einem vollständigen Aufschmelzen der Kristalle. Hält man die Probe bei 190 °C, so beginnt eine von der Ausgangsstruktur unabhängige, neue Kristallisation (Abb. 2). Bei langsamen Aufheizraten ($2 \cdot 10^{-2}$ °C sec^{-1}) bleibt das Erscheinungsbild der Ausgangsstruktur erhalten (Abb. 3), die einzelnen Kristallamellen aber werden dicker. Aus diesen Beobachtungen ist klar ersichtlich, daß lamellares Dickenwachstum sowohl über ein Aufschmelzen und eine anschließende Neukristallisation als auch über eine Reorganisation innerhalb des Kristalles erfolgen kann (2–6). Beide Prozesse können konkurrierend auftreten (Abb. 4).

Der Schmelzvorgang in Einzellamellen wurde an Proben, die bei 200 °C kristallisiert wurden (Abb. 5 a) untersucht. Der Schmelzprozeß beginnt an mehreren Stellen der Lamelle, bevorzugt an elastisch gebogenen Teilen (Abb. 4, 5 a). Die lokale Erhöhung der freien Energie durch die elastische Verspannung des Gitters ist nicht ausreichend, um eine merkliche Schmelzpunktsdepression zu bewirken. Eine mögliche Erklärung ist die lokale Behinderung des Dickenwachstums: der Reorganisationsprozeß ist an Stellen lokaler Krümmung erschwert, da ein Aufwachsen neuer Atomlagen eine immer stärkere Verspannung des Gitters verlangt. Eine endliche langsame Aufheizgeschwindigkeit führt statt zu einer Reorganisation zum Aufschmelzen. Der Grund für das Aufschmelzen liegt also in der geringeren Beweglichkeit von (001)-Grenzflächen in gebogenen Lamellenstücken. Aber auch gerade Teilstücke von Kristallamellen können ohne sichtbare Ursache an verschiedenen Stellen zu schmelzen beginnen (Abb. 5 b). In diesem Falle kann die Ursache ebenfalls eine lokale Schwankung der Beweglichkeit der (001)-Grenzflächen sein. Die Schwankungen können durch Anlagerung von Ver-

unreinigungen (z. B. ataktische oder niedermolekulare Anteile) bzw. lokale Änderungen der Grenzflächenstruktur (Kettenenden, unterschiedliche Konformation von Falten usw.) bewirkt werden. Die Behauptung, daß

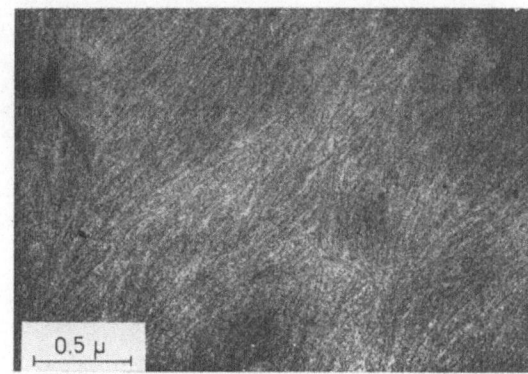

Abb. 1. Kristalline Überstrukturen in iPS nach einer Kristallisationszeit von 24 h bei 130 °C.

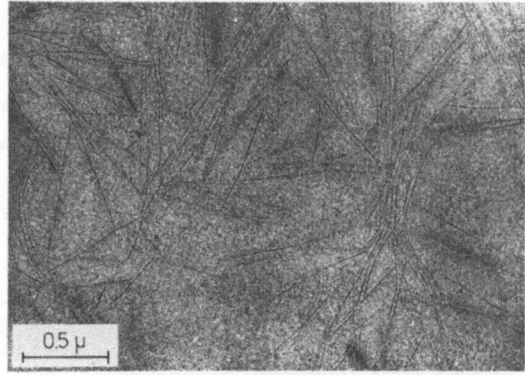

Abb. 2. Neukristallisation von Kristallamellen in einer Probe, die bei 130 °C kristallisiert, mit einer Aufheizrate von 10^2 °C sec^{-1} auf 190 °C gebracht und fünf Minuten bei 190 °C gehalten wurde.

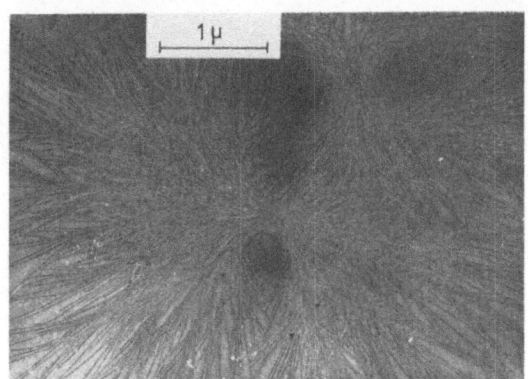

Abb. 3. Probe langsam $(2 \cdot 10^{-2}$ °C sec$^{-1})$ auf 190 °C aufgeheizt.

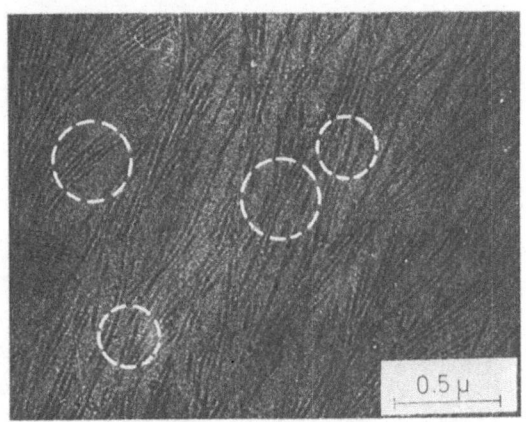

Abb. 4. Probe langsam $(2 \cdot 10^{-2}$ °C sec$^{-1})$ auf 215 °C aufgeheizt.

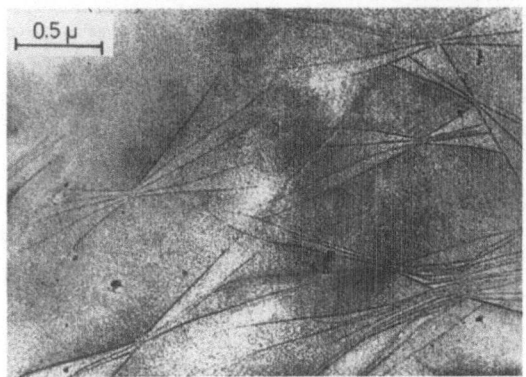

a

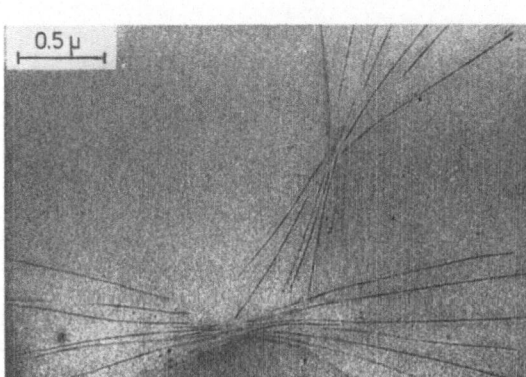

b

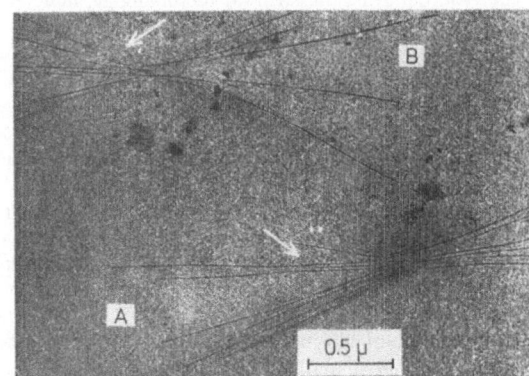

Abb. 5 a, b, c. Proben bei 200 °C kristallisiert, auf 220 °C aufgeheizt.

die lokale Beweglichkeit der (001)-Grenzflächen den Schmelzbeginn von Kristallamellen bestimmt, wird durch folgende Beobachtung untermauert: eine Kristalllamelle, die zwischen zwei eng benachbarten Lamellen eingelagert ist und deren (001)-Grenzfläche somit eine andere Struktur haben muß als die von isolierten Lamellen, schmilzt früher als isolierte Lamellen (Abb. 5 c). Die Beweglichkeit, Struktur und Energie von Grenzflächen sind eng miteinander gekoppelte Größen. Die Untersuchung der Beweglichkeit von (001)-Grenzflächen ist ein Hilfsmittel, um die kristallin-amorphen Grenzflächen von Polymerkristallen zu studieren.

Literaturverzeichnis

1) *Petermann, J.* und *R. M. Gohil,* J. Macromol. Sci. Phys., eingereicht.
2) *Fischer, E. W.* und *G. F. Schmidt,* Angew. Chem., Intern. Ed. **1,** 488 (1962).
3) *Dreyfus, P.* und *A. Keller,* J. Polym. Sci. **B8,** 253 (1970).
4) *Yeh, G. S. Y., R. Hosemann, J. Loboda-Čačkovic* und *H. Čačkovic,* Polymer **17,** 309 (1976).
5) *Overbergh, N., H. Berghmans* und *H. Reynaers,* J. Polym. Sci. **14,** 1177 (1976).
6) *Haase, J., R. Hosemann* und *S. Köhler,* Polymer, im Druck.

Anschrift des Verfassers:

J. Petermann
Fachbereich Werkstoffphysik
der Universität des Saarlandes
D-6600 Saarbrücken

Progr. Colloid & Polymer Sci. **66**, 43–50 (1979)
© 1978 by Dr. Dietrich Steinkopff Verlag GmbH & Co. KG, Darmstadt
ISSN 0340-255 X

Vorgetragen auf der Tagung der Deutschen Physikalischen Gesellschaft,
Fachausschuß „Physik der Hochpolymeren",
vom 17. bis 21. April 1978 in Bad Nauheim.

Fachbereich 6 – Physikalische Chemie der Universität Duisburg

Dynamisch-mechanische Untersuchungen und Quellungsmessungen an technischen Silicon-Kautschuken

R. Kosfeld und *M. Heß*

Mit 13 Abbildungen und 3 Tabellen

(Eingegangen am 3. Juli 1978)

Einleitung

Im Rahmen von Untersuchungen über den industriellen Einsatz von Silicon-Kautschuken wurden die Netzwerke über Daten aus Torsionspendel- und Quellungsmessungen charakterisiert.

Durch die Forderung der technischen Anwendbarkeit bestimmt, wurden bei Raumtemperatur vernetzbare Siloxane (sogenannte RTV-Kautschuke*)), die mit Aerosil®-Füllstoff versehen waren, ausgewählt.

Experimente

Die Kautschuke wurden aus den industriell erhältlichen Vorprodukten vulkanisiert. Das dreidimensionale Netzwerk bildet sich dabei i. a. nach folgendem Schema:

Vernetzungsreaktion:

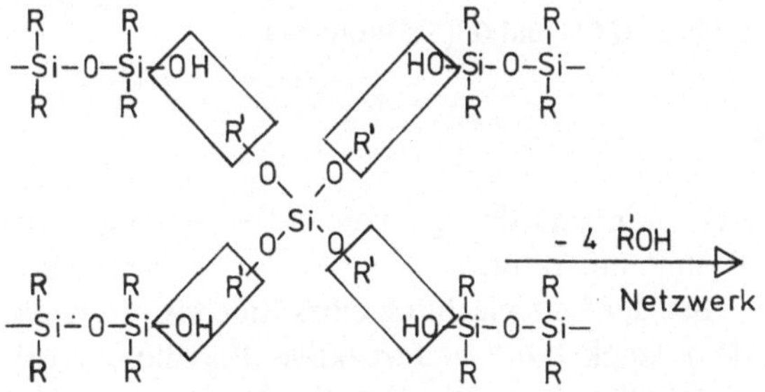

Abb. 1. Schematische Darstellung der Vernetzungsreaktion in RTV-Siloxanen.

In den untersuchten Systemen wurde n-Propanol freigesetzt. Das mittlere Molekulargewicht betrug laut Angabe des Herstellers 40.000 g mol^{-1}.

Die Torsionspendelexperimente wurden an einem weiterentwickelten Illers-Breuer-Modell (4) ausgeführt.

Abkühlungsgeschwindigkeit betrug 200 °C · h^{-1}. Zu kalorimetrischen Messungen stand ein Perkin-Elmer DSC-2-Gerät zur Verfügung.

Tabelle 1. Zusammensetzung der Proben

M 1	RTV-532 + 10% Härter	
	50% AK 1000	} auf RTV bezogen
	50% AK 100	
M 2	wie M 1	
M 3	RTV-532 + 10% Härter	
M 4	RTV-532 + 50% Härter	
M 6	wie M 1	
M 7	wie M 3	
M 8	RTV-532 + 20% Härter	
	84% AK 1000	} auf RTV bezogen
	84% AK 100	
M 22	RTV-Siloxan ohne Füllstoff + 10% Härter	
RTV-E 502	Muster der Firma Wacker, unbekannte Härtemenge	
RTV-M 457	Muster der Firma Wacker, unbekannte Härtemenge	

Die Quellungsmessungen wurden bei 20 °C in zuvor destilliertem Toluol bzw. Aceton (p. a. grade) der Firma Merck ausgeführt. Die Meßwertaufnahme erfolgte optisch.

Ergebnisse

Der Verlustmodul G'' und der Speichermodul G' wurde mit dem Torsionspendel bei der Frequenz 1 ± 0,1 Hz in Schritten von 0,5 °C bzw. 1 °C aufheizend gemessen. Die Glastemperatur

---

*) Die Vorprodukte wurden von der Firma Wacker Chemie, Burghausen, zur Verfügung gestellt.

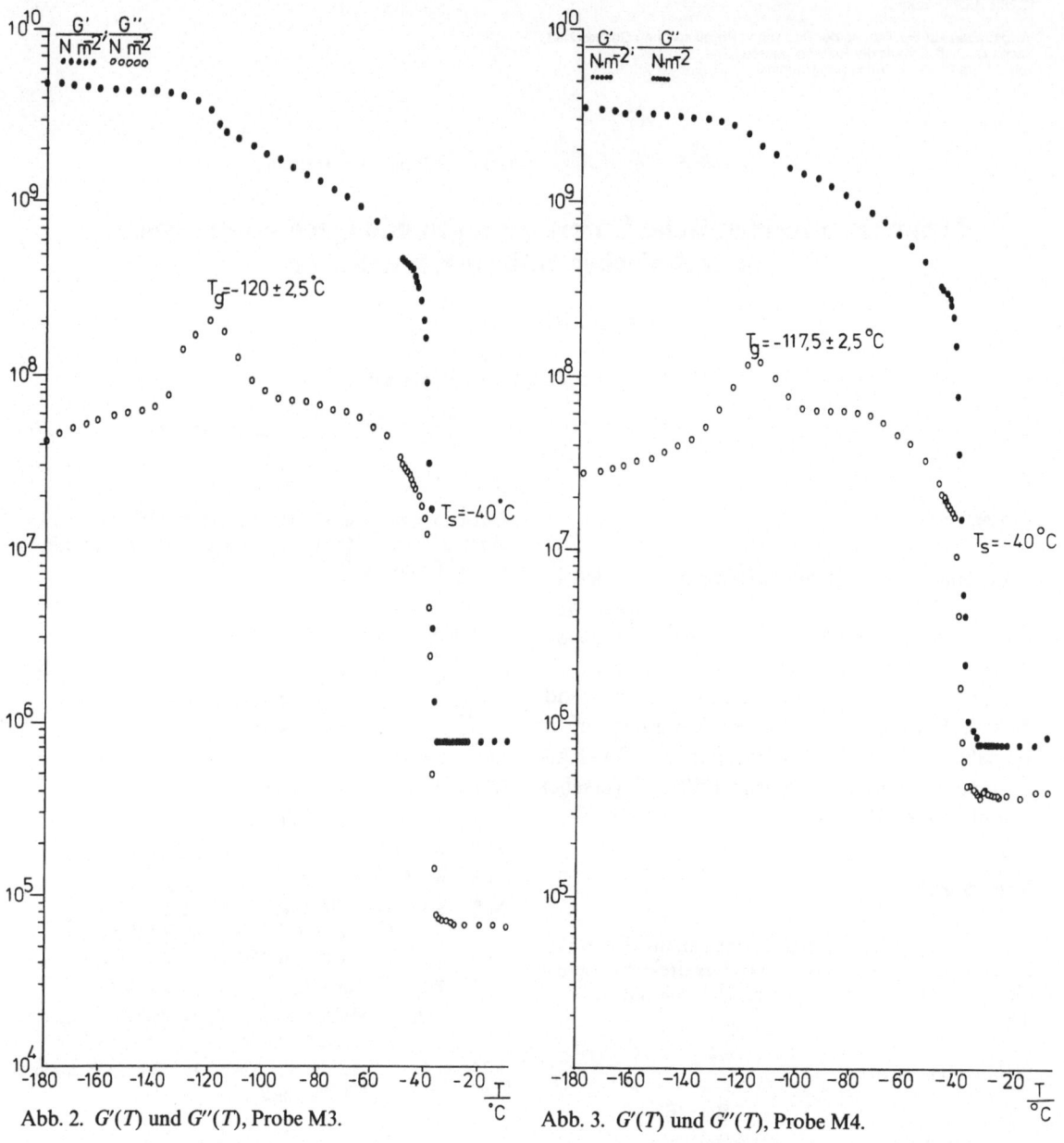

Abb. 2. $G'(T)$ und $G''(T)$, Probe M3.

Abb. 3. $G'(T)$ und $G''(T)$, Probe M4.

T_g konnte genau aus der Lage des Maximums der $G''(T)$-Kurve bestimmt werden, die Schmelztemperatur T_s wurde aus der Lage des Wendepunktes mit Hilfe der $G'(T)$-Funktion über deren Integralfunktion ermittelt.

Die Ergebnisse sind in den Abb. 2–5 dargestellt.

Abb. 6 zeigt zum Vergleich einen füllstofffreien Siliconkautschuk.

Im kautschukelastischen Bereich liegt G' nach eigenen Messungen i. a. zwischen 10^5 und 10^6 Nm^{-2} bei Raumtemperatur, G'' fanden wir in der Größenordnung von $10^4 - 10^5$ Nm^{-2} bei Raumtemperatur.

Bei der Untersuchung eines Siliconkautschuks, dem langkettige, nichtreaktive Polydimethylsiloxane öliger Konsistenz als Weichmacher zugefügt worden waren, fand sich im $G'(T)$-Diagramm ein zusätzliches Dispersionsgebiet, das wesentlich deutlicher in der $G''(T)$-Funktion als Maximum bestimmbar war.

Der aus dem Maximum der $G''(T)$ bestimmte Umwandlungspunkt liegt bei -47 °C, also vor dem eigentlichen Schmelzpunkt von -40 °C.

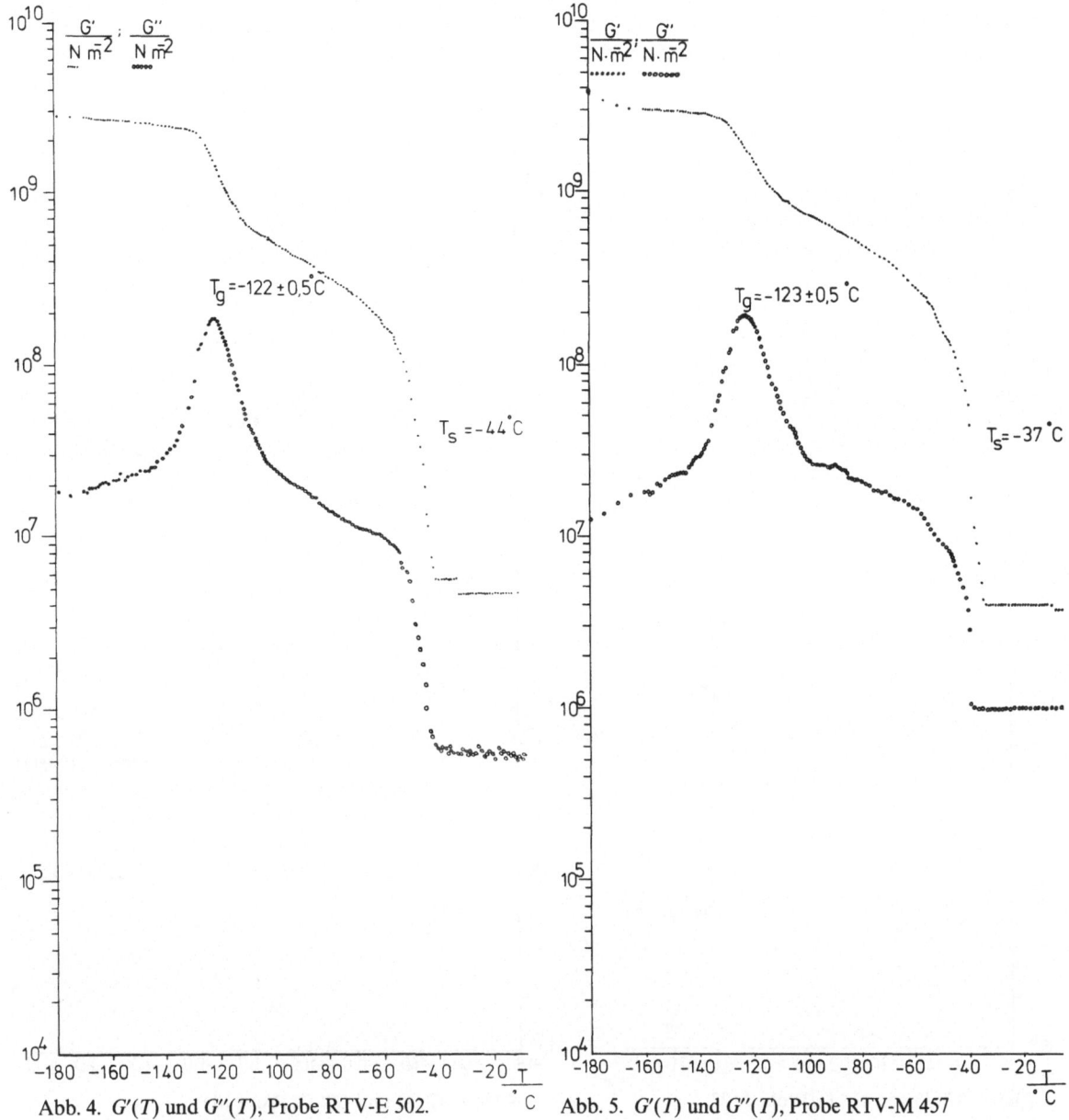

Abb. 4. $G'(T)$ und $G''(T)$, Probe RTV-E 502.

Abb. 5. $G'(T)$ und $G''(T)$, Probe RTV-M 457

Das Auffinden dieses Effektes veranlaßte uns, diesen Temperaturbereich auch kalorimetrisch in einem Differential-Scanning-Calorimeter (DSC) zu untersuchen.

Die Abb. 8–10 zeigen das Resultat.

Im DSC wird zusätzlich zu den Umwandlungserscheinungen ein exothermer Effekt im fraglichen Temperaturbereich gefunden.

Dieser ist jedoch erst bei höheren Ölkonzentrationen deutlich festzustellen (Probe M 8, Abb. 10).

Die im kalorischen Experiment aus der Extrapolation für $\sqrt{v} \rightarrow 0$, wo v die Aufheizrate bedeutet, erhaltenen Werte für die Umwandlungspunkte liegen im Mittel um 7° niedriger als diejenigen Werte, die aus mechanisch-dynamischen Messungen bestimmt wurden.

Zur Ermittlung der Netzwerkparameter n, der Anzahl der elastischen Ketten pro cm³, n_x, der Anzahl der Verknüpfungspunkte pro cm³ und der Netzbogenlänge d wurden freie Quellungsmessungen durchgeführt. Abb. 11 zeigt den zeitlichen Verlauf der Quellung.

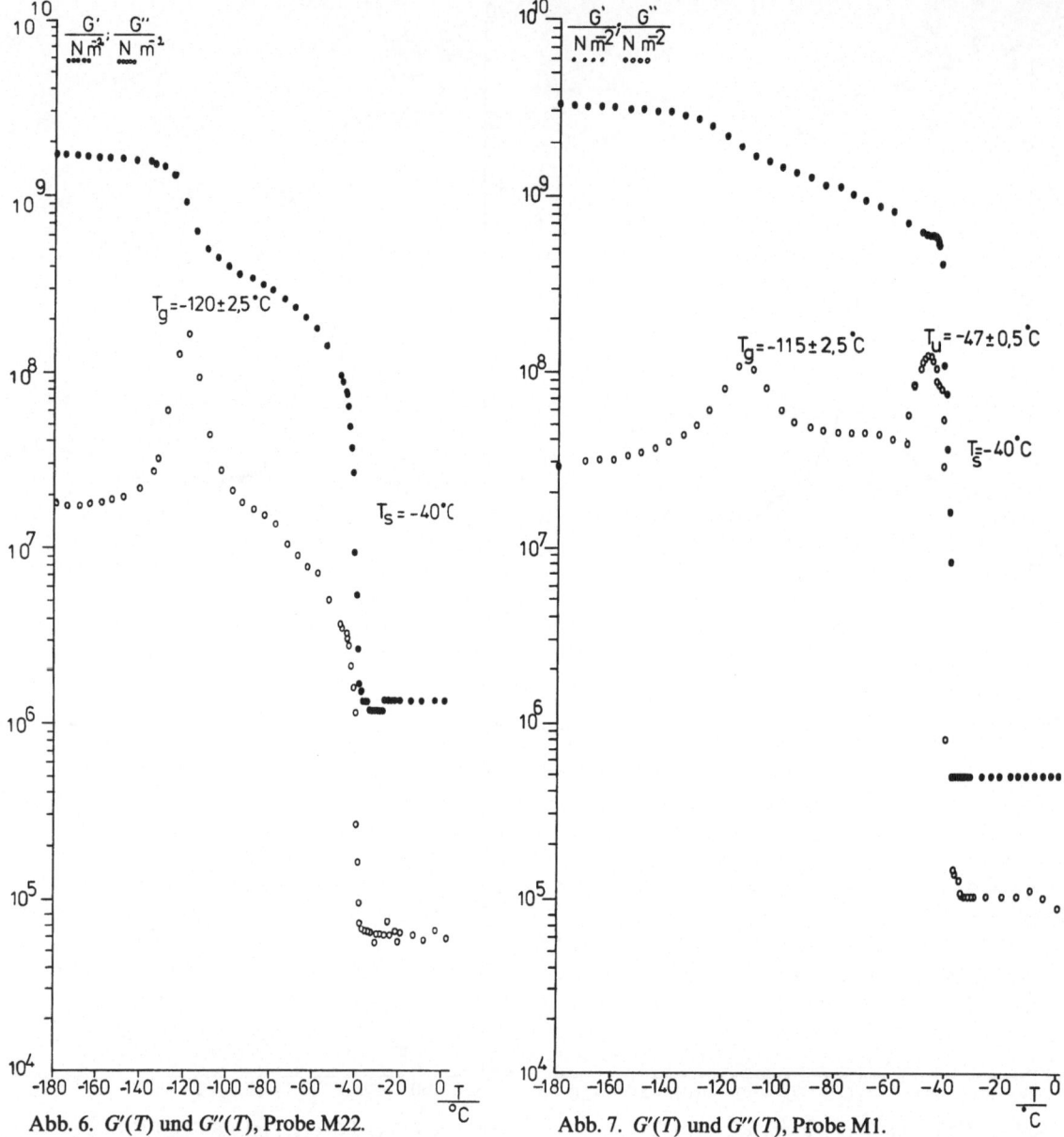

Abb. 6. $G'(T)$ und $G''(T)$, Probe M22.

Abb. 7. $G'(T)$ und $G''(T)$, Probe M1.

In Abb. 12 ist die Isotropie der Quellung der zylindrischen Proben mit Durchmesser d_0 und Höhe h_0 in ungequollenem Zustand gezeigt.

Die Berechnungen erfolgten nach *Rempp* et al. (1) wegen der Endgruppenvernetzung aus den Beziehungen:

$$n = \frac{\varrho_{02} \cdot N_L}{M} Q^{-1} \qquad [1]$$

$$n_x = \frac{2}{f} n \qquad [2]$$

$$d = C \left[\frac{f M Q}{2 \varrho_{02} N} \right]^{\frac{1}{3}} \qquad [3]$$

Aus dem Gleichgewichtsschubmodul läßt sich ebenfalls die Anzahl der elastischen Ketten n nach (2)

$$G = \Phi\, n\, k\, T \qquad [4]$$

berechnen.

Es gilt weiterhin:

$$G^* = G' + i\, G''. \qquad [5]$$

Da G'' aber im Mittel um zwei Zehnerpotenzen kleiner ist als G', wurde n nach

$$G' \simeq n\, k\, T \qquad [6]$$

$$G^* = G \quad \text{für} \quad G'' \cong 0 \qquad [6a]$$

berechnet.

Abb. 8. $Cp\,(T)$, Probe M2.

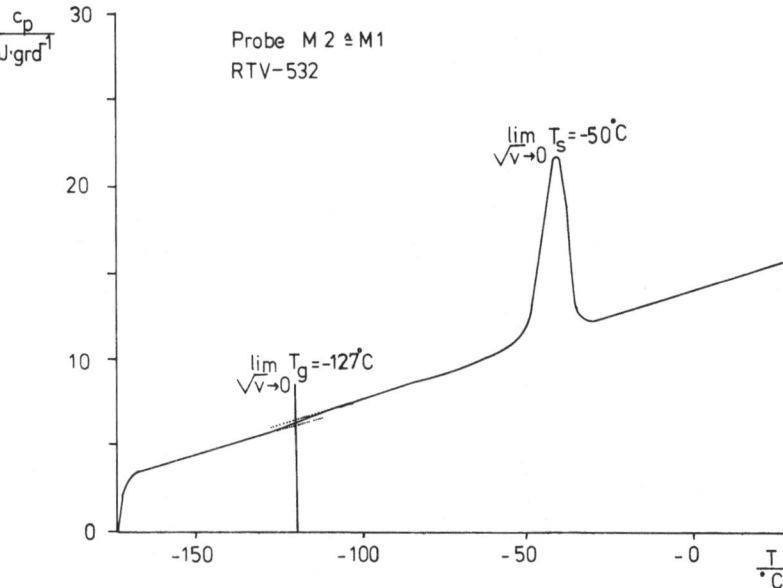

Es bedeuten:

n ≙ Anzahl der elastischen Ketten pro cm³
n_x ≙ Anzahl der Verknüpfungspunkte pro cm³
N_L ≙ Avogadro-Konstante
Q ≙ Quellungsgrad
M ≙ Molare Masse des unvernetzten Polymeren
f ≙ Funktionalität eines Netzpunktes, in diesem Fall $f=4$
ϱ_{02} ≙ Dichte des ungequollenen Polymeren
C ≙ geom. Faktor, $C \cong 1$ (1)
G^* ≙ komplexer Schubmodul
G ≙ Gleichgewichtsschubmodul
G' ≙ Speichermodul
G'' ≙ Verlustmodul
i ≙ $\sqrt{-1}$
Φ ≙ Memory term, hier 1 angenommen
R ≙ Gaskonstante
T ≙ thermodynamische Temperatur
Index o ≙ ungequollenes Netzwerk

Nach Extrapolation der jeweiligen n-, n_x- und d-Werte auf den Quellungsgrad $Q=1$ (ungequollenes Netzwerk) ergaben sich für dieses Netzwerk (Index 0) unter den oben erwähnten Annahmen die folgenden Werte (Tab. 2).

Zur Berechnung des Netzbogenmolekulargewichtes M_c wurde folgende Gleichung [7] (3) ver-

wendet:

$$G' = \frac{\Phi \, \varrho_{02}}{M_c} \, R \, T. \qquad [7]$$

Man erhält für die untersuchten Proben mit $\Phi = 1$ die Werte:

M_c (M6) $= 5698,5$ g mol$^{-1} \sim 76$
Dimethylsiloxaneinheiten

M_c (M7) $= 3552,0$ g mol$^{-1} \sim 47$
Dimethylsiloxaneinheiten

M_c (M22) $= 2215,7$ g mol$^{-1} \sim 30$
Dimethylsiloxaneinheiten.

Aus den Quellungsmessungen wurde der Wechselwirkungsparameter χ nach *Flory* mit $\Phi = 1$ aus der Gleichung:

$$\ln\,(1 - v_2) + v_2 + \chi\,v_2^2 + \frac{\varrho_{02}\,V_{01}}{M_c}\left(v_2^{\frac{1}{3}} - \frac{v_2}{2}\right) = 0 \quad [8]$$

berechnet [3].

Es bedeuten:
M_c ≙ Netzbogenmolekulargewicht
v_2 ≙ Volumenbruch des Polymeren
V_{01} ≙ Molvolumen des Quellungsmittels

Tabelle 2.

Probe	Quellungsmessung			Modulmessung		Φ berechnet
	$\dfrac{n_0}{10^{20}\,\text{cm}^{-3}}$	$\dfrac{n_{ox}}{10^{20}\,\text{cm}^{-3}}$	$\dfrac{d_0}{\text{Å}}$	$\dfrac{n_0}{10^{20}\,\text{cm}^{-3}}$	$\dfrac{n_{ox}}{10^{20}\,\text{cm}^{-3}}$	
M 6	0,60	0,30	54,0	1,16	0,58	0,97
M 7	0,74	0,37	48,5	2,10	1,05	1,42
M 22	0,34	0,17	66,5	2,47	1,24	3,64

Probe M7 ≙ M3
RTV-532

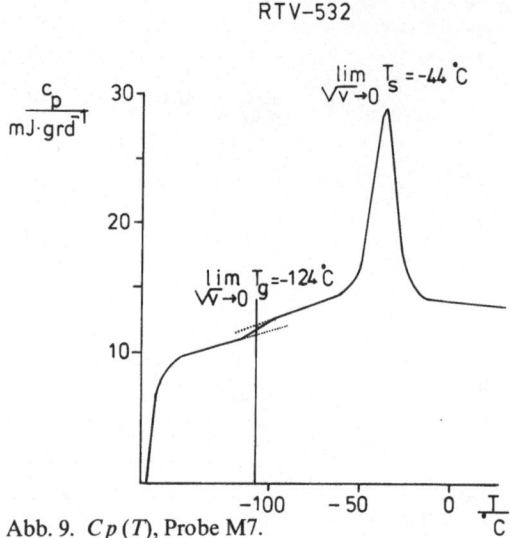

Abb. 9. $Cp\,(T)$, Probe M7.

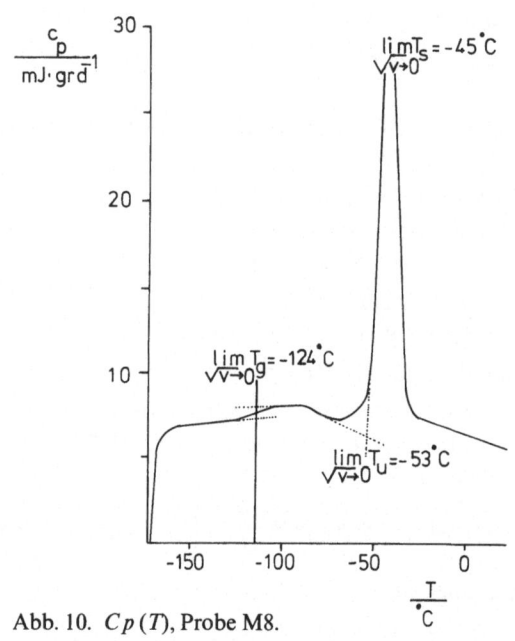

Abb. 10. $Cp\,(T)$, Probe M8.

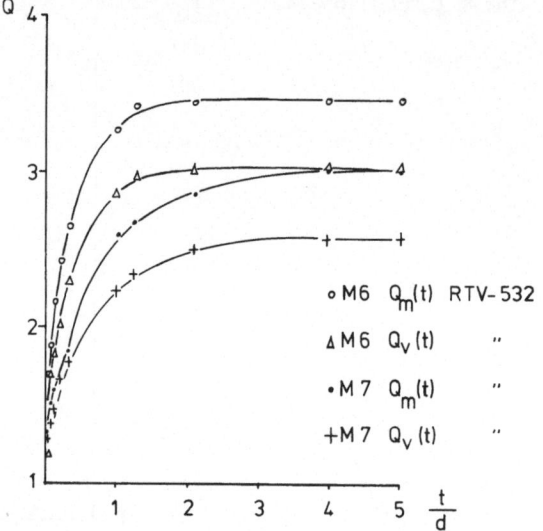

Abb. 11. Zeitlicher Verlauf der Quellung bei 20 °C.
Index m: Masse
Index v:

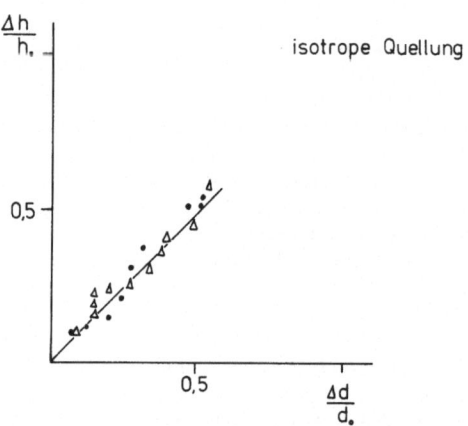

Abb. 12. Die relative Längenzunahme des Probenzylinders wurde gegen die relative Zunahme des Durchmessers aufgetragen. Die Steigung der Geraden ist eins, was zeigt, daß die Quellung isotrop verläuft.
△ ist Probe M6
● ist Probe M7.

Es ergaben sich die folgenden Werte bei 20 °C (Tab. 3):

Tabelle 3.

Probe	Quellungsmittel	χ
M 1 = M 6	Toluol	$0{,}49_3$
	Aceton	$1{,}13_0$
M 3 = M 7	Toluol	$0{,}43_5$
	Aceton	$0{,}98_9$
M 22	Toluol	$-0{,}002_5$

Weiterhin wurden diese Silicon-Kautschuke im gummielastischen Bereich auf ideales Verhalten bezüglich der Größe $G'(T)$ untersucht.

In einem idealen Gummi müßte der Theorie zufolge $G'(T)$ proportional mit T im kautschuk-elastischen Bereich ansteigen.

Ein solches Verhalten konnte bei den von uns untersuchten Netzwerken bislang nicht eindeutig gefunden werden.

Das Material hat einen hohen energieelastischen Anteil, der sich schon bei geringen Verformungen stark bemerkbar macht.

Diskussion

Über Torsionsmessungen lassen sich mit guter Reproduzierbarkeit genaue Daten über Glasübergangstemperatur und Kristallisationstemperaturbereich sowie das kautschukelastische Verhalten gewinnen.

Die G'-Werte im kautschukelastischen Bereich können hier Aufschluß über Netzwerkparameter wie n, n_x oder M_c geben.

Es machen sich jedoch Netzwerkdefekte und Füllstoffeinflüsse bemerkbar, die bei Proben aus industriellen Fertigungen nicht abzuschätzen sind. Nichtsdestoweniger scheinen diese Meßmethoden geeignet zu sein, wenigstens Vergleiche hinsichtlich der Größenordnung von Netzwerkparametern zu gestatten. Das von uns in ölhaltigem Siliconkautschuk gefundene zusätzliche Dispersionsgebiet zwischen dem Glas- und dem Schmelzübergang erscheint im DSC-Experiment bei hinreichend hoher Ölkonzentration als exothermer Prozeß, der als eine Umordnung im Sinne einer Umkristallisation verstanden werden kann [5], [6], [7].

Reste von bei der Kondensation austretenden kleinen Molekülen setzen T_s herab, in gleicher Richtung wirken schlechte Kristallite. Vermehrter Härterzusatz setzt den Glasübergang herauf, das Netzwerk wird schon bei höheren Temperaturen unbeweglicher. Im kautschukelastischen Bereich steigt $G'(T)$ nicht proportional mit T, wie es die Theorie fordert. Das deutet darauf hin, daß erhebliche Anteile der Elastizität des Kautschuks energieelastisch sind. Bei der insgesamt hohen Elastizität sollte aber ein wesentlich größerer entropieelastischer Anteil zu erwarten sein.

Der Wert des χ-Parameters in gefülltem und reinem Siliconkautschuk spiegelt wider, wie sich die anorganischen Eigenschaften des Füllstoffes SiO_2 mit denen des Kautschuks überlagern. Eine von der Füllstoffkonzentration abhängige Bestimmung des χ-Parameters dürfte weiteren Aufschluß bringen. Der niedrige χ-Wert der Probe M22 fällt heraus und kann noch nicht interpretiert werden.

Zur Überprüfung der Theorien des viskoelastischen und des Quellverhaltens ist es erforderlich, Netzwerke zu synthetisieren, deren Strukturgrößen möglichst genau bekannt sind und deren Netzwerkfehler minimal sind. Bei industriellen Produkten sind diese Voraussetzungen in den meisten Fällen nicht gegeben, so daß eine hinreichend genaue Korrelation zwischen mechani-

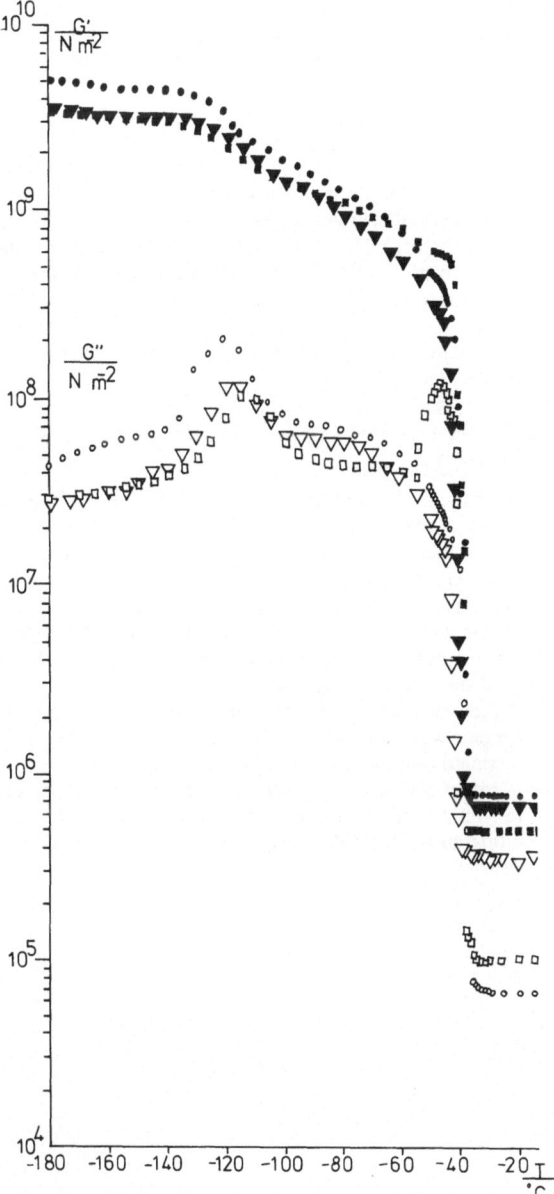

Abb. 13. $G'(T)$ und $G''(T)$, der Proben M1 ($\square$); M3 ($\bigcirc$) und M4 ($\vee$) im Vergleich.

schem Verhalten und molekularem Aufbau nur schwer möglich ist.

Die Synthese definierter Netzwerke ist daher unumgänglich.

An dieser Stelle danken wir Herrn Dipl.-Ing. *J. Borowitz* für die Ausführung der Pendelmessungen.

Zusammenfassung

An Netzwerken aus technischen, kondensationsvernetzten Siliconkautschuken wurden dynamisch-mechanische Experimente und Messungen der freien Quellung

vorgenommen. Die Temperatur des Glas- und Schmelz-
übergangs wurde aus Torsionspendelexperimenten bestimmt und mit Ergebnissen aus kalorimetrischen
Untersuchungen verglichen.

In siliconölhaltigem Siliconkautschuk wurde ein exothermer Umordnungsprozeß bei −47 °C gefunden.

Die aus den Messungen der freien Quellung ermittelten Netzwerkparameter wurden mit den aus Modulmessungen erhaltenen verglichen.

Temperaturabhängige Torsionspendelversuche zeigten, daß mit Füllstoff versehene Siliconkautschuke bei
Temperaturen oberhalb des Kristallisationsübergangs
einen hohen energieelastischen Anteil aufweisen, der
sich schon bei geringen Verformungen bemerkbar
macht.

Summary

Dynamic-mechanical measurements and swelling-ex-
periments were carried out on industrial available sili-
con-rubbers which had been vulcanized by condensa-
tion. Glass-transition and melting-temperature were
examined by torsional-oscillation-experiments. These
results were compared with calorimetric measurements.
An exothermic phase-transition was found at −47 °C in
a silicon-oil containing silicon-rubber.

Network-parameters determined from swelling-expe-
riments were compared with those values obtained from
torsional modulus measurements.

Investigation of the temperature dependence of the
torsional modulus showed that filled silicon-rubber exhibits an appreciable energy-elastic portion at temperatures above melting-transition, even at small deformations.

Literaturverzeichnis

1) *Herz, J., R. Rempp* und *W. Borchard,* Adv. in Polymer Sci. **26** (1978).
2) *Hoffmann, Krömer* und *Kuhn,* Polymeranalytik **I, II,**
G. Thieme Verlag (1977).
3) *Flory, J. P.,* Principles of Polymer Chemistry zu 3.
S. 14. Cornell University Press, Ithaca, New York
(1953).
4) *Illers, K. H.* und *H. Breuer,* Kolloid-Z. **176,** 110
(1961).
5) *Borchard, W., K. Bergmann* und *G. Rehage,* in Cox,
Photographic Gelatine II, 5th. Acad. Press. London
(1976).
6) *Haas, H. C., M. J. Manning* und *S. A. Hollander,* Ana-
lyt. Calorimetry **2,** 211 (1970).
7) *Ke, B.,* J. Appl. Polym. Sci. **61,** 47 (1962).
8) *Treloar, L. R. G.,* The Physics of Rubber Elasticity,
2. Ed., Oxford Press, London (1958), p. 136.

Anschrift der Verfasser:

R. Kosfeld u. *M. Heß*
Physikalische Chemie der
Gesamthochschule Duisburg
Fachbereich 6
Bismarckstr. 90
D-4100 Duisburg 1

Progr. Colloid & Polymer Sci. **66**, 51 – 57 (1979)
© 1978 by Dr. Dietrich Steinkopff Verlag GmbH & Co. KG, Darmstadt
ISSN 0340-255 X

Vorgetragen auf der Tagung der Deutschen Physikalischen Gesellschaft,
Fachausschuß „Physik der Hochpolymeren",
vom 17. bis 21. April 1978 in Bad Nauheim.

Physikalisch-Chemisches Institut der Technischen Universität Clausthal

Photoelastizität und Nahordnung von vernetzten Polymeren

G. Gebhard *, *G. Rehage* und *J. Schwarz*

Mit 6 Abbildungen und 2 Tabellen

(Eingegangen am 19. August 1978)

1. Einleitung

Aus der statistischen Theorie der Gummielastizität (1, 2, 3) folgt für die einachsige Dehnung eines gummielastischen Körpers

$$\sigma = \frac{K}{F} = v \, k \, T \frac{\overline{r^2}}{\overline{r_0^2}} (\lambda^2 - \lambda^{-1}). \qquad [1]$$

Hierin ist σ die Spannung, d. h. die rücktreibende Kraft K pro Querschnitt der verformten Probe F, v die Zahl der elastisch wirksamen Ketten pro Volumeneinheit, k die Boltzmannkonstante, T die absolute Temperatur, $\overline{r^2}$ der quadratische Mittelwert des End-zu-End-Abstandes der Ketten im Netzwerk, $\overline{r_0^2}$ dieselbe Größe der freien Ketten, λ die relative Verformung l/l_0.

Für die Beziehung zwischen Doppelbrechung und Dehnung eines Elastomeren folgt aus der statistischen Theorie

$$\Delta n = \frac{2 \pi}{45} \frac{(\bar{n}^2 + 2)^2}{\bar{n}} \Delta a \, v \left(\frac{\overline{r^2}}{\overline{r_0^2}} \right) (\lambda^2 - \lambda^{-1}). \qquad [2]$$

Hierin ist Δn die Differenz der Brechungsindices in Deformationsrichtung und senkrecht dazu, $\bar{n}$ der mittlere Brechungsindex der Probe, $\Delta \alpha$ die Differenz der Hauptpolarisierbarkeiten des statistischen Kettensegments in Richtung dieses Elements und senkrecht hierzu. Gl. [2] geht im wesentlichen auf *Kuhn* und *Grün* zurück (8, 9). Wie in Gl. [1] und [2] zu sehen ist, hängen sowohl die Spannung wie die Doppelbrechung in gleicher Weise von der Dehnung ab. Durch Kombination beider Gleichungen erhält man den sogenannten spannungsoptischen Koeffizienten C

$$C = \frac{\Delta n}{\sigma} = \frac{2 \pi}{45 \, k \, T} \frac{(\bar{n}^2 + 2)^2}{\bar{n}} \Delta a. \qquad [3]$$

* Vorgetragen von *G. Gebhard.*

Im experimentellen Verhalten von Elastomeren sind einige charakteristische Abweichungen von den Voraussagen der einfachen statistischen Theorie bekannt. Quellung der Elastomeren mit Lösungsmitteln sollte gemäß Gl. [1] und [2] die Größen σ und Δn in gleicher Weise verändern, so daß C vom Quellungsgrad unabhängig sein sollte, wenn man von einer kleinen Korrektur durch die Änderung von $\bar{n}$ absieht. In Wirklichkeit nimmt C gewöhnlich stark ab beim Quellen mit isotropen Lösungsmitteln (5, 6, 11, 12). Diese Abnahme kann mit der Nahordnung in den reinen amorphen Polymeren in Beziehung gesetzt werden (6, 7).

Das Spannungs-Dehnungs-Verhalten von Elastomeren stimmt gewöhnlich nicht mit Gl. [1] überein, sondern wird im Bereich kleiner und mittlerer Dehnungen gut durch die Rivlin-Mooney-Gleichung beschrieben (9, 18, 19, 20):

$$\sigma = 2 \, C_1 (\lambda^2 - \lambda^{-1}) + 2 \, C_2 (\lambda - \lambda^{-2}). \qquad [4]$$

C_1 und C_2 sind Konstanten für eine bestimmte Probe. Da der spannungsoptische Koeffizient C in jedem Falle von der Dehnung unabhängig ist, muß für die Beziehung zwischen Δn und λ eine ähnliche Beziehung gelten. Die molekulare Erklärung des C_2-Terms wird im allgemeinen als ein noch ungelöstes Problem betrachtet (4, 9, 17). Der C_1-Term hingegen entspricht dem Ausdruck der statistischen Theorie.

Wir wollen mit dieser Arbeit auf zwei Zusammenhänge hinweisen, die bei der Diskussion der Abweichungen von den Voraussagen der einfachen statistischen Theorie unbedingt zu beachten sind: Den Zusammenhang zwischen der aus spannungsoptischen Messungen ermittelten Nahord-

nung in den Polymeren und deren chemischer
Struktur, sowie auf den Zusammenhang zwischen
dieser Nahordnung und der Größe von C_2 bei
vernetzten Polymeren.

2. Experimentelles

Die Untersuchungen wurden hauptsächlich an den
folgenden Polymeren durchgeführt, die in Substanz mit
Dicumylperoxid schwach vernetzt waren *):

trans-1,5-Polypentenamer	(TPR)
trans-Polyoctenamer	(TOR)
cis-1,4-Polybutadien	(BR)
cis-1,4-Polyisopren	(NR)
Polydimethylsiloxan	(PDMS)
Äthylen-Propylen-Copolymeres	(EPDM)

Für die Messungen wurden ca. 2 mm dicke, 10 mm
breite und 80 mm lange Proben verwendet.

Die Messung von Doppelbrechung, Spannung und
Dehnung wurde in der üblichen Weise durchgeführt,
wobei eine monochromatische Lichtquelle in Form eines He-Ne-Lasers, ein Polarisator, ein Analysator, ein
Babinet-Kompensator und eine Meßzelle verwendet
wurden, in der die Probe temperiert, gequollen und deformiert wurde (9, 14). Die Spannung wurde durch Ge-
wichte mit Hilfe eines Rollenmechanismus und Ein-
spannklammern aufgebracht. Die Deformation wurde
mit einem Kathetometer gemessen. Die Proben wurden
mit den reinen Lösungsmitteln oder mit Lösungsmittel-
dämpfen verschiedener Konzentration gequollen.

Für die Bestimmung des C_2-Terms ist es notwendig,
möglichst nahe am Gleichgewicht zu arbeiten. Deshalb
wurde nach jeder Belastung der Probe so lange gewartet,
bis keine meßbare Änderung mehr beobachtet wurde.
Dies konnte mit Hilfe des Babinet-Kompensators sehr
genau überprüft werden, da die optischen Messungen
wesentlich empfindlicher als die Dehnungsmessungen
sind. Für die Bestimmung des spannungsoptischen Koeffizienten ist es unerheblich, zu welcher Zeit nach einer
Belastung gemessen wird, wenn die Doppelbrechung
und die Spannung gleichzeitig abgelesen werden (9).
Nach allen Messungen wurde innerhalb der Fehlergrenzen dieselbe Anfangslänge der Probe erhalten, d. h. es
traten keine Veränderungen des Netzwerkes auf.

3. Die Nahordnung in Polymeren

Abb. 1 zeigt, daß Spannung und Doppelbrechung in jedem Fall im gesamten Dehnungsbe-
reich proportional sind, d. h. der spannungsoptische Koeffizient ist unabhängig von der Dehnung, wie es die Theorie angibt.

In früheren Arbeiten (9, 10) wurde der an reinen Elastomeren experimentell bestimmte spannungsoptische Koeffizient gemäß der Theorie

---

*) Wir danken der Firma Bayer AG für die Herstel-
lung der Proben.

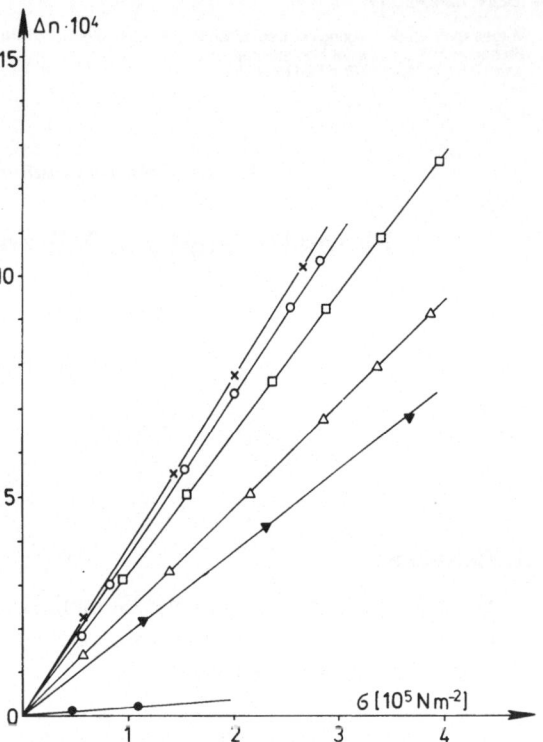

Abb. 1. Die Doppelbrechung Δn als Funktion der Spannung σ für schwach vernetzte Elastomere; $T = 297$ K.

×: TOR	□: BR
○: TPR	△: EPDM
▲: NR	●: PDMS

verwendet, d. h. man berechnete nach Gl. [3] den
Wert $\Delta\alpha$ für das untersuchte Elastomere. Hierbei
wurde aber nicht beachtet, daß die statistische
Theorie nur die Eigenschaften der einzelnen Polymerkette behandelt. Die räumlichen und energetischen Wechselwirkungen mit anderen benachbarten Ketten werden nicht berücksichtigt. Insofern sind die Abweichungen von den Voraussagen
der Theorie, die bei der Quellung von Elastomeren gefunden wurden, zu erwarten (6, 11, 12, 13,
14, 15). *Schwarz* (11) und *Nagai* (12) bezogen
diese Abweichungen auf die Existenz einer Nahordnung in Polymeren. Auch in niedermolekularen
Stoffen ist eine gewisse molekulare Ordnung vorhanden. Diese besteht darin, daß die Nachbarn
eines Moleküls nicht völlig ungeordnet verteilt
sind, sondern bezüglich der Abstände und Orientierung eine gewisse Ordnung aufweisen. Diese
Ordnung ist schon nach wenigen Molekül-
abständen verschwunden. Sie ist aber nicht nur
örtlich, sondern auch zeitlich begrenzt. Infolge der
ständigen Fluktuation der Moleküle bilden sich
laufend Nahordnungen, während andere gelöst
werden. Die gesamte Orientierungskorrelation

des Systems bleibt aber unter isothermen Bedingungen erhalten. Mit steigender Temperatur nimmt die Nahordnung infolge der größeren Molekülbeweglichkeit ab. Die wichtigste Art der Nahordnung, die hier betrachtet wird, besteht in einer Parallelisierung der Moleküle, die bei unsymmetrischen Teilchen vorliegt. Dementsprechend ist bei Kettenmolekülen die Neigung zu einer parallelen Anordnung der Kettensegmente besonders ausgeprägt.

Man kann sich vorstellen, daß bei der Zugabe eines Quellungsmittels zum Netzwerk die Nahordnung zwischen den Kettensegmenten gestört bzw. bei genügender Zugabe vollständig aufgehoben wird. So unterscheiden sich die spannungsoptischen Koeffizienten im gequollenen Zustand des Polymeren deutlich von den spannungsoptischen Koeffizienten, die bei ungequollenen Netzwerken gefunden werden.

In Abb. 2 zeigt sich bereits eine Abhängigkeit des spannungsoptischen Koeffizienten von der Art des Quellungsmittels, die schon von *Gent* (13) bei Naturgummi gefunden wurde. Danach muß zwischen dem Einfluß von isotropen und anisotropen Quellungsmitteln unterschieden werden. Wird ein isotropes Quellungsmittel (z. B. CCl_4) zum Netzwerk gegeben, dann treten die kugelförmigen Quellungsmittelmoleküle zwischen die parallelisierten Segmente und heben die Nahordnung auf. Experimentell zeigt sich diese Aufhebung der Nahordnung in einer Abnahme des spannungsoptischen Koeffizienten (Abb. 3).

Bereits beim Quellungsgrad $q = V/V_0 = 4$ ist die Nahordnung vollständig aufgehoben. Der spannungsoptische Koeffizient hat den Wert erreicht, aus dem nach Gl. [3] der tatsächliche Wert der optischen Anisotropie berechnet werden kann, da das Kettensegment in einem isotropen Quellungsmittel annähernd isoliert ist, wie es in der statistischen Theorie betrachtet wird. Der Wert für die optische Anisotropie $\Delta\alpha$, der an einem ungequollenen Polymeren bestimmt wird, gilt dagegen nur für ein Aggregat von gegenseitig orientierten Kettensegmenten.

Der Quotient aus der optischen Anisotropie des ungequollenen Polymeren und des Polymeren, das in einem isotropen Quellungsmittel gequollen ist, $\dfrac{\Delta\alpha}{\Delta a_s}$, ist ein Maß für die Nahordnung. Der Betrag $s = \dfrac{\Delta\alpha - \Delta a_s}{\Delta a_s}$ entspricht größenordnungsmäßig der Anzahl von Segmen-

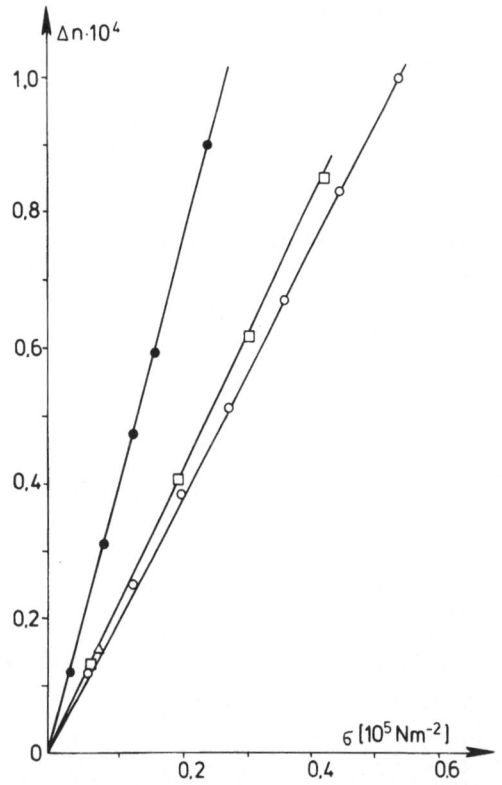

Abb. 2. Die Doppelbrechung Δn als Funktion der Spannung σ für TPR.
●: ungequollenes Elastomeres
△: gequollen in Cyclohexan
□: gequollen in Cyclooctan
○: gequollen in CCl_4.

ten, die an ein Segment angelagert sind, das durch eine äußere Kraft orientiert ist.

Wenn isotrope Quellungsmittel die Nahordnung in Polymeren aufheben, dann sollten nach den vorangegangenen Vorstellungen anisotrope Moleküle zwar ebenso die Nahordnung zwischen den Segmenten aufheben. Sie sollten aber zu einer Orientierung zwischen Segment und Quellungsmittelmolekül führen, die sich in einer Erhöhung der gemessenen optischen Anisotropie $\Delta\alpha$ gegenüber $\Delta\alpha_s$ ausdrückt. Bereits geringfügig asymmetrische Quellungsmittel wie Cyclooctan und Cyclohexan führen deshalb zu einer geringeren Abnahme des spannungsoptischen Koeffizienten beim Quellen als das isotrope Quellungsmittel CCl_4 (Abb. 2).

Der Einsatz von stark asymmetrischen Molekülen führt zu einer hohen Nahordnung zwischen Polymersegmenten und dem anisotropen Quellungsmittel. Bei entsprechender Größe der optischen Anisotropie sollte dann der spannungsoptische Koeffizient des Elastomeren bei der Quel-

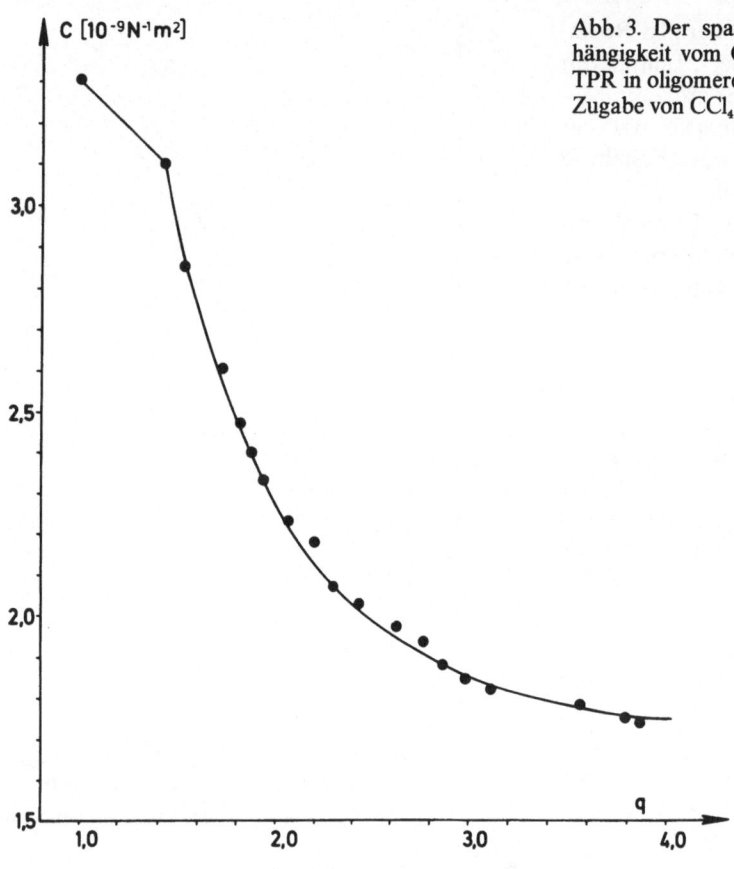

Abb. 3. Der spannungsoptische Koeffizient C in Abhängigkeit vom Quellungsgrad q bei der Quellung von TPR in oligomerem BR (bis $q = 1{,}4$) und anschließender Zugabe von CCl_4; $T = 297$ K.

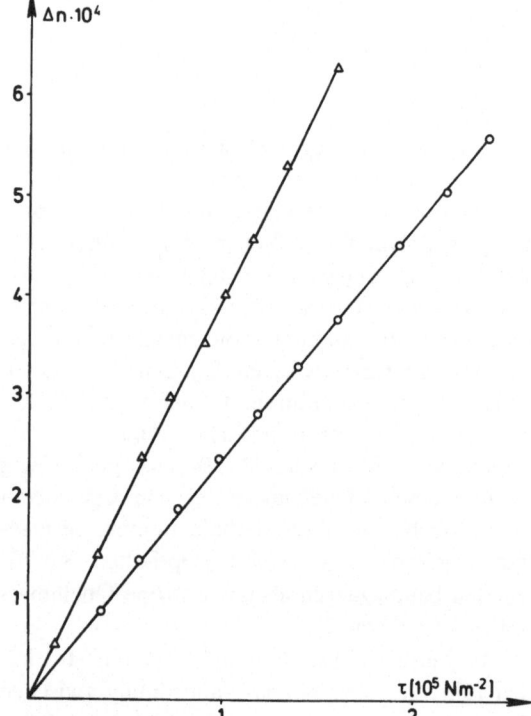

Abb. 4. Die Doppelbrechung Δn als Funktion der Spannung σ für EPDM;
○: ungequollen
△: gequollen in MBBA.

lung nicht mehr abnehmen, sondern ansteigen. Diese Überlegungen wurden experimentell bestätigt, wie Abb. 4 zeigt.

Beim Quellungsmittel handelt es sich um die Substanz MBBA (n-Methoxy-n′-Butylbenzilidenanilin), deren Moleküle als starre Stäbchen vorliegen. Bei tieferen Temperaturen als den hier angewendeten bildet reines MBBA eine flüssig-kristalline Phase. Die Messungen zeigten, daß die Quellung in MBBA zu einer erheblichen Erhöhung des spannungsoptischen Koeffizienten bei den Elastomeren führte, die auch eine starke Abnahme des spannungsoptischen Koeffizienten in isotropen Quellungsmitteln zeigten.

Die untersuchten Polymeren lassen sich hinsichtlich ihrer Nahordnung gemäß Tab. 1 einteilen.

Damit erhält man eine Reihenfolge, die den allgemeinen Vorstellungen von der Nahordnung entspricht:

1) „Glatte" Ketten sind zu hoher Orientierungskorrelation fähig. Seitengruppen, die sich in bestimmten Positionen befinden, z. B. $-CH_3$ bei cis-IR und PDMS, behindern die Nahordnung.

2) Trans-Konfigurationen rufen aufgrund ihrer besseren Anlagerungsmöglichkeiten eine stärkere Nahordnung hervor als cis-Konfigurationen.

Tabelle 1. Nahordnungsparameter *s* in Elastomeren; T=297 K (für a) und b)), T=323 K (für c)).

Elastomeres	a) unge-quollen	b) gequollen in Cyclohexan	c) gequollen in MBBA
EPDM	1,7	0,44	3,1
TOR [1]	1,6		
TOR [2]	1,3		
TPR	0,9 – 1	0,15	2,8
trans-BR [3]	0,8		
trans-IR [4]	0,7		
cis-BR	0,6		2,2
cis-IR	0,2	0,03	1,7
PDMS	0		

[1] 81% trans
[2] 54% trans
[3] *Stein* (15), extrapolierter Wert
[4] *Gent* (13)

Die Tab. 1 zeigt, daß auch bei höchster Nahordnung kein höherer *s*-Wert als 1,7 in ungequollen Elastomeren erreicht wird. Damit sind in amorphen Elastomeren nicht mehr als 1 – 2 Segmente im günstigsten Fall der Nahordnung durchschnittlich mitorientiert.

Dies spricht gegen die Annahme eines ausgeprägten Bündelmodells für die Struktur in amorphen Polymeren, wie es von *Pechhold* und Mitarbeitern diskutiert wurde (16).

4. Vergleich mit Spannungs-Dehnungs-Messungen

Bei einer logarithmischen Auftragung der $\frac{C_2}{C_1}$-Werte gegen C_1 (Abb. 5) erhält man die folgenden Resultate, die grundsätzlich mit einer entsprechenden Literaturauswertung von *Boyer* und *Miller* (4) übereinstimmen:

1) $\ln C_2/C_1$ nimmt mit steigendem $\ln C_1$ stark ab.
2) Im mittleren Vernetzungsbereich liegen die Werte für unterschiedliche Elastomere auf parallelen Kurven.

Danach ergibt sich im gesamten linearen Bereich eine Reihenfolge der Polymeren, soweit diese untersucht wurden, wie sie Tab. 2 zeigt.

Tabelle 2. $\ln C_2/C_1$-Werte bei verschiedenen $\ln C_1$-Werten für unterschiedliche Elastomere. (TPR (A) und (B) unterschieden sich etwas im trans-Gehalt)

Elastomeres	$\ln C_2/C_1$ bei $\ln 2 C_1 = -2$	$\ln C_2/C_1$ bei $\ln 2 C_1 = -2,5$
TPR (B)	1,1	1,6
TPR (A)	0,95	1,44
EPDM	0,91	1,34
cis-BR	0,52	1,04
NR	– 0,7	– 0,15

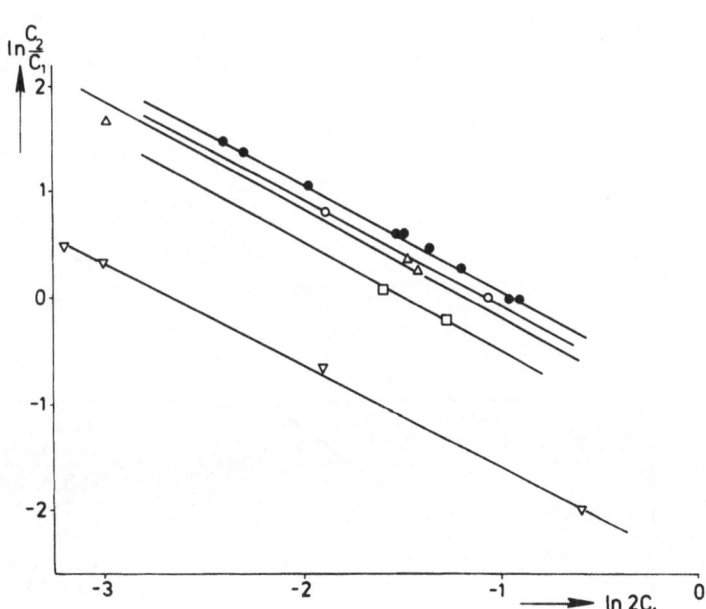

Abb. 5. Logarithmische Auftragung des Verhältnisses C_2/C_1 gegen C_1: $T = 297$ K.
○: TPR (A)   ●: TPR (B)
□: BR   ▽: NR
△: EPDM

Diese Reihenfolge von Polymeren entspricht im wesentlichen der Reihenfolge, die sich aufgrund der Nahordnung (Tab. 1) ergibt. Nur die Werte für TPR und EPDM sind vertauscht.

Nach *Boyer* und *Miller* (4) entspricht diese Reihenfolge der der mittleren Molekülquerschnitte der Polymeren. Dies ist verständlich, da diese Größe in gleicher Weise wie die Nahordnung hauptsächlich durch die Seitengruppen an den Ketten bestimmt wird.

Wenn die Größe ln s als Maß für die Nahordnung gegen ln $\dfrac{C_2}{C_1}$ bei einem bestimmten C_1-Wert aufgetragen wird wie in Abb. 6, erhält man eine lineare Beziehung zwischen beiden Größen.

Aus Abb. 5 und 6 ergibt sich die Beziehung zwischen C_2 und s

$$\frac{C_2}{C^+} = 0{,}18\,s \qquad\qquad [5]$$

mit $C^+ = 1\,\mathrm{N\,mm^{-2}}$.

Im mittleren Vernetzungsbereich, in dem C_2 nur geringfügig von C_1 abhängt, ist der C_2-Term der Nahordnung bzw. der Anzahl der durchschnittlich im Polymeren mitorientierten Segmente direkt proportional. Es besteht damit ein Zusammenhang zwischen der phänomenologischen Konstanten C_2 und der molekularen Struktur im Polymeren. Dieser Zusammenhang gilt für alle bisher untersuchten Polymernetzwerke, soweit sie durch eine statistisch ungeordnete Vernetzung in Substanz hergestellt wurden.

Zusammenfassung

Es wurden spannungsoptische Messungen an einer Reihe von vernetzten Elastomeren im reinen und gequollenen Zustand durchgeführt. Die relative Abnahme des spannungsoptischen Koeffizienten beim Quellen mit isotropen Lösungsmitteln ist ein Maß für die Nahordnung im reinen Polymeren im Sinne einer Orientierungskorrelation benachbarter Segmente. Die hierbei gefundene Reihenfolge der Polymeren entspricht der Erwartung aufgrund der Molekülstruktur. Die gleiche Reihenfolge findet man für den C_2-Term bei der Auswertung der Spannungs-Dehnungs-Beziehung nach der empirischen Rivlin-Mooney-Gleichung für die in Substanz statistisch ungeordnet vernetzten Polymeren. Dies macht einen Zusammenhang zwischen dem C_2-Term, d. h. der Abweichung von der einfachen statistischen Theorie der Gummielastizität, und der Nahordnung in den amorphen Polymeren wahrscheinlich.

Summary

The stress-optical behaviour of a series of crosslinked elastomers was measured in the bulk and the swollen state. The relative decrease of the stress-optical coefficient on swelling with isotropic solvents is a measure of the short range order in the bulk polymers in the sense of an orientational correlation between neighboured segments. The sequence among the polymers, which was found with respect to this, agrees with the expecta-

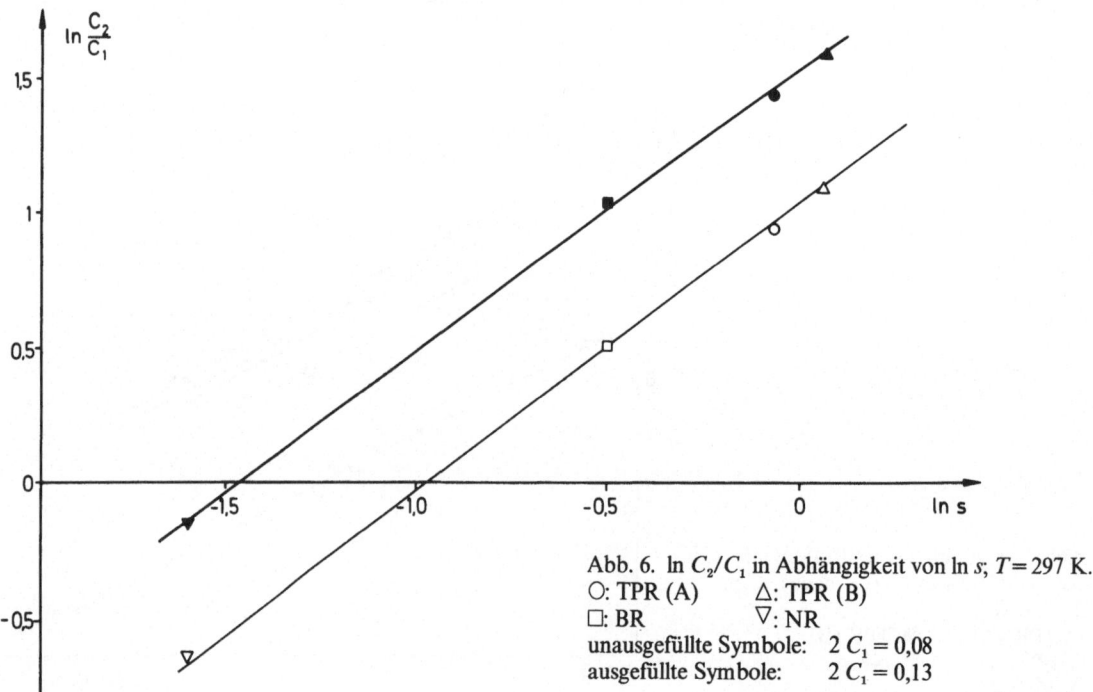

Abb. 6. ln C_2/C_1 in Abhängigkeit von ln s; $T = 297$ K.
O: TPR (A)   △: TPR (B)
□: BR   ▽: NR
unausgefüllte Symbole: 2 $C_1 = 0{,}08$
ausgefüllte Symbole: 2 $C_1 = 0{,}13$

tion from the molecular structure. The same sequence is found for the C_2-term at the evaluation of the stress-strain-relation according to the empirical Rivlin-Mooney-equation for the polymers, which are cross-linked in a random manner in the bulk. From this follows, that probably a relation exists between the C_2-term, i.e. the deviation from the simple statistical theory of rubber elasticity, and the short range order in the bulk polymers.

Literatur

1) *Kuhn, W.*, Kolloid-Z. **68**, 2 (1934).
2) *Guth, E.* und *H. Mark*, Mh. Chem. **65**, 93 (1935).
3) *Wall, F. T.* und *P. J. Flory*, J. Chem. Phys. **19**, 1435 (1951).
4) *Boyer, F.* und *L. R. Miller*, Rubber Chem. Technol. **50**, 798 (1977).
5) *Gent, A. N.* und *V. V. Vickroy*, J. Polym. Sci. A 2 **5**, 47 (1967).
6) *Gebhard, G., G. Rehage* und *J. Schwarz*, Proceedings of the 4th International Conference on the Physics of Non-Crystalline Solids, 1976, Clausthal.
7) *Stein, R. D.*, Rubber Chem. Technol. **49**, 458 (1976).
8) *Kuhn, W.* und *H. Grün*, Kolloid-Z. **101**, 248 (1942), *F. H. Müller*, Wiss. Veröff. aus Siemenswerken XIX Bd. 1, S. 110 (1940) und Kolloid-Z. **95**, 174 (1941).
9) *Treloar, L. R. G.*, "The Physics of Rubber Elasticity", Oxford, 1975.
10) *Saunders, D. W.*, Trans. Farad. Soc. **52**, 1415, 1425 (1956).
11) *Schwarz, J.*, Ber. Bunsenges. **74**, 847 (1970).
12) *Ishikawa, T.* und *K. Nagai*, J. Polym. Sci. A-2 **7**, 1123 (1969).
13) *Gent, A. N.*, Macromolecules **2**, 262 (1969).
14) *Gebhard, G.*, Diplomarbeit (Clausthal 1976).
15) *Fukuda, M., G. L. Wilkes* und *R. S. Stein*, J. Polym. Sci. A-2 **9**, 1417 (1971).
16) *Pechhold, W., E. Liske* und *A. Baumgärtner*, Kolloid-Z. **250**, 1017 (1972).
17) *Mark, J. E.*, Rubber Chem. Technol. **48**, 495 (1975).
18) *Rivlin, R. S.*, Phil. Trans. Royal Soc. A 240, 459, 49, 509 (1948) A 241, 379 (1948).
19) *Mooney, M.*, J. Appl. Phys. **11**, 582 (1940); **19**, 434 (1948).
20) *Rivlin, R. S.*, J. Appl. Phys. **18**, 444 (1948).

Anschrift des Verfassers:

G. Rehage
Physikalisch-Chemisches Institut der
Technischen Universität Clausthal
D-3392 Clausthal

Progr. Colloid & Polymer Sci. **66**, 59–72 (1979)
© 1979 by Dr. Dietrich Steinkopff Verlag GmbH & Co. KG, Darmstadt
ISSN 0340-255 X

Vorgetragen auf der Tagung der Deutschen Physikalischen Gesellschaft,
Fachausschuß „Physik der Hochpolymeren",
vom 17. bis 21. April 1978 in Bad Nauheim.

ZA Polymerphysik, BAYER AG, Leverkusen

Einflüsse der Molekülstruktur auf Verarbeitungs- und Festigkeitseigenschaften von hauptvalenzmäßig vernetzten Elastomeren

U. Eisele

Mit 21 Abbildungen und 1 Tabelle

(Eingegangen am 6. Juli 1978)

1. Einleitung

Wie allgemein bekannt, sind Kautschuke solche Polymere, deren Glastemperaturen weit unterhalb 0 °C liegen, die sich also im üblichen Gebrauchs- und Verarbeitungstemperaturbereich im Zustand der Schmelze befinden. Durch hauptvalenzmäßige Verknüpfung der Molekülketten untereinander — im technischen Sprachgebrauch „Vulkanisation" genannt — entsteht das Elastomere bzw. der Werkstoff Gummi.

Aus dieser Abgrenzung zwischen dem Rohpolymeren Kautschuk und dem daraus entstehenden Werkstoff Gummi lassen sich zwei Hauptzielrichtungen polymerphysikalischer Forschung ableiten:

1. Klärung der Zusammenhänge zwischen molekularen Parametern (wie MG, MGV, Aufbau und Mikrostruktur des Einzelmoleküls, evtl. übermolekularen Strukturen u. a. m.) und dem Verarbeitungsverhalten des Rohpolymeren, d. h. des unvernetzten Kautschuks.
2. Klärung der Zusammenhänge zwischen den genannten molekularen Parametern und den mechanischen Eigenschaften des fertigen Werkstoffs Gummi. Hierbei sind außerdem noch die Einflüsse möglicher unterschiedlicher Netzwerkstrukturen auf das Eigenschaftsbild des Gummis mit einzubeziehen.

2. Verarbeitungsverhalten von Kautschuken

Eine der wichtigsten Verarbeitungsmaschinen in der kautschukverarbeitenden Industrie stellt neben dem Extruder und Innenmischer immer noch das Walzwerk dar, auf dem der Kautschuk mit den wichtigsten Ingredienzien zur Gummi-

herstellung (wie Vulkanisationssystem, Füllstoff, Weichmacher, Alterungsschutzmittel u. a. m.) gemischt wird.

Aufgrund der viskosen als auch der elastischen Eigenschaften einer jeden Polymerschmelze ist es sinnvoll, zur Charakterisierung des Fließ- und Verarbeitungsverhaltens von Kautschuken sowohl frequenzabhängige Modulmessungen als auch Messungen der Viskosität bzw. Strukturviskosität heranzuziehen.

2.1 Modulmessungen

Abb. 1 zeigt den Frequenzverlauf von Speicher- und Verlustmodul (G', G'') bei konst. Temperatur ($T = 120 \,°C$) im Bereich der Fließdisper-

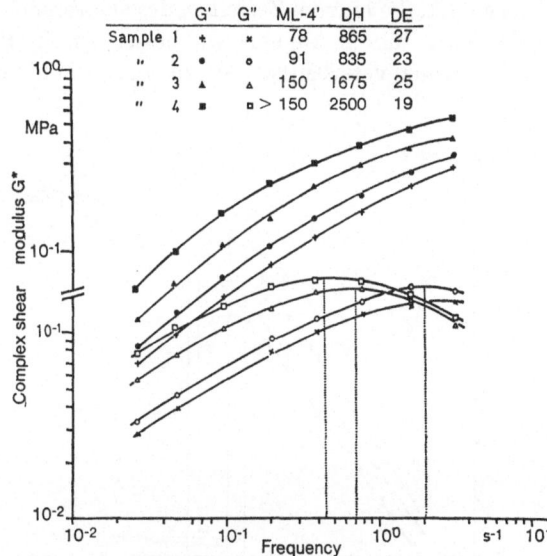

		G'	G''	ML-4'	DH	DE
Sample	1	+	×	78	865	27
"	2	•	○	91	835	23
"	3	▲	△	150	1675	25
"	4	■	□	> 150	2500	19

Abb. 1. Komplexer Schubmodul als Funktion der Frequenz, Trans-Polypentamer [CH = CH — CH$_2$ — CH$_2$ — CH$_2$]$_n$

sion von vier in MGV und Mikrostruktur (cis/trans Zusammensetzung) unterschiedlichen TPA-Kautschuken. In der Regel beobachtet man mit Verschiebung der Fließdispersion zu tieferen Frequenzen eine Verschlechterung der Verarbeitbarkeit (Walzfellbildung) des betreffenden Kautschuks. Das trifft auch in diesem Beispiel zu.

2.2 Fließkurven

Zusätzliche Informationen liefern Fließkurven (d. h. die Schubspannung als Funktion des Schergefälles), die in Abbildung 2 von den gleichen TPA-Kautschuken dargestellt sind.

Diese Messungen wurden im unteren Schergefällebereich zwischen 10^{-2} bis 2 sec^{-1} in einem Kegel-Platte-Rheogoniometer und zwischen 1 bis 10^4 sec^{-1} in einem Kapillarviskosimeter durchgeführt. Alle Kurven dieser Abbildung zeigen bei Erreichen einer kritischen Schubspannung ($\tau_\text{krit.}$ $\sim 5 \cdot 10^{-1}$ MPa) eine ausgeprägte Unstetigkeit (gestrichelte horizontale Linien), die auf das Einsetzen des Schmelzbruchs zurückzuführen ist. Der Einsatzpunkt des Schmelzbruchs ist dadurch gekennzeichnet, daß bei Erreichen eines bestimmten Extrusionsdruckes im Kapillarviskosimeter eine geringfügige Erhöhung desselben zu einer sprunghaften Erhöhung des Extrusionsvolumens führt. Dieser Effekt deutet auf ein Nachlassen der Wandhaftung und einsetzende Gleitvorgänge an der Düsenwand hin. Meistens wird der Beginn des Schmelzbruchs von starken Irregularitäten der Extrudatoberfläche begleitet, die bis zum Zerreißen des austretenden Stranges führen können. Je besser ein TPR-Kautschuk verarbeitbar ist, zu um so höheren

Schergefällen verschiebt sich der Einsatzpunkt des Schmelzbruchs. Ein Vergleich mit den mechanisch-dynamischen Messungen (vgl. Abb. 1) führt zu einer Korrelation zwischen dem kritischen Schergefälle $\dot{\gamma}_\text{krit.}$ und der Frequenz ω_0 im Verlustmaximum der Fließdispersion:

$$\dot{\gamma}_\text{krit., i} = \text{const. } \omega_{0i} \qquad [1a]$$

oder

$$\dot{\gamma}_\text{krit., i} \, \tau_{0i} = \text{const.,} \qquad [1b]$$

wobei die Konstante bei TPA einen Zahlenwert zwischen 1 und 2 annimmt. Diese Beziehung wurde u. a. in letzter Zeit auch von *Vinogradow* et al. gefunden (1). Es besteht also ein empirischer Zusammenhang zwischen der Fließdispersion im dynamischen Experiment, dem beim Fließen durch eine Kapillare beobachtbaren Schmelzbruch und den Verarbeitungseigenschaften von Kautschuken.

2.3 Zusammenhang zwischen Fließkurven und Walzfellbildung

An kommerziellen, analytisch sehr eingehend charakterisierten Polybutadienen (vgl. Tabelle 1) wurden grundlegende Untersuchungen zur Klärung des Zusammenhangs zwischen Mikrostruktur der Kautschukketten, Fließeigenschaften und Walzfellbildung durchgeführt.

Abbildung 3 zeigt die Fließkurven eines Li-Polybutadiens, wobei die Temperatur als Parameter gewählt wurde. Bei allen Temperaturen wird ein ausgeprägter Schmelzbruch beobachtet. Da die Schergefälle beim Verarbeitungsprozeß ($\dot{\gamma}$ beträgt an der engsten Stelle des Walzenspaltes in der Nähe der Walzenoberfläche ca. 10^3 sec^{-1}) deutlich über den kritischen Schergefällen liegen, wird beispielsweise die Walzfellbildung durch den Schmelzbruch erheblich gestört. In Abbildung 4 sind die Walzfelle desselben Li-Polybutadiens bei vier verschiedenen

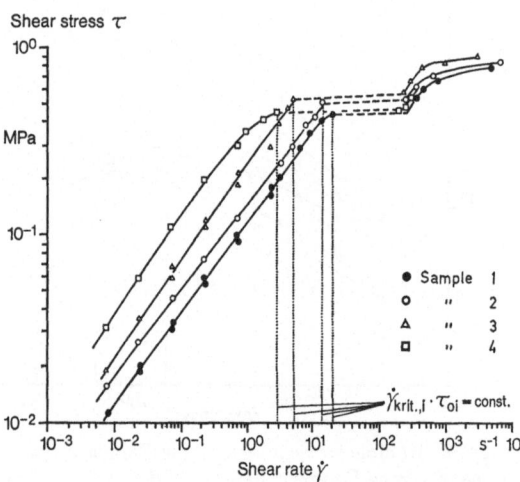

Abb. 2. Fließkurven von Trans-Polypentenamer

Tabelle 1

Kata-lysator	Konfiguration % cis 1,4	% 1.2	$\dfrac{\overline{M}_w}{\overline{M}_n} - 1$	T_g [°C]	Verarbeitbarkeit [5: ungenügend 1: sehr gut]
Li	38	11	1,1	− 97	5
Ti	93	4	2,3	−103	3—4
Ni	97	1	6	−105	2—3
U	99	<1	>6	−105	1—2

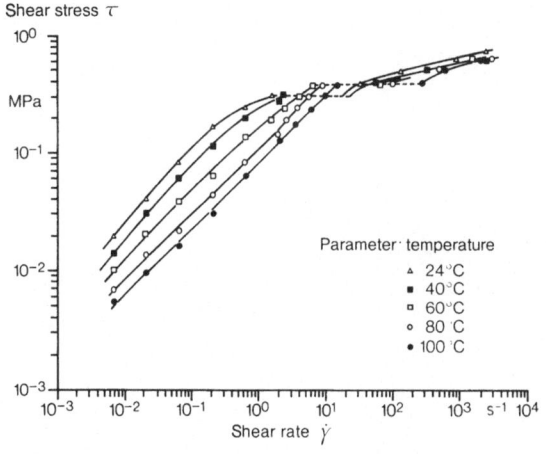

Abb. 3. Fließkurven von Li-BR

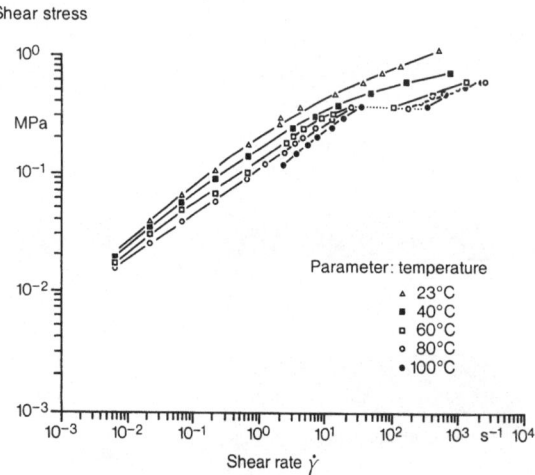

Abb. 5. Fließkurven von Ti-BR

Walzentemperaturen dargestellt. (Bei einem Vergleich mit den Extrudattemperaturen beim Kapillarviskosimeter ist zu berücksichtigen, daß die Felltemperaturen ca. 20—30 °C über den Walzentemperaturen liegen.) Man erkennt deutlich, daß das Walzfell infolge Schmelzbruchs aufreißt und beutelt. Das ist ein eindeutiger Hinweis auf den Verlust der zum Verarbeiten notwendigen Elastizität nach Überschreiten eines kritischen Schergefälles. Die Fließkurven eines Ti-Polybutadiens sind in Abbildung 5 dargestellt. Auch hier wird bei höheren Temperaturen ein ausgeprägter Schmelzbruch beobachtet, der jedoch mit Erniedrigung der Temperatur ausheilt. Unterhalb $T = 40$ °C erhält man stetige Fließkurven, während gleichzeitig die Irregularitäten der Extrudatoberflächen geringer werden. Wie

Abbildung 6 zeigt, korrelieren die Fließkurven auch in diesem Fall mit der temperaturabhängigen Walzfellbildung. Während oberhalb $T = 40$ °C das Walzfell noch stark anelastisch beutelt, machen sich mit sinkender Temperatur elastische Spannungen bemerkbar, die verbesserte Tieftemperaturverarbeitungseigenschaften erwarten lassen. Noch ausgeprägter ist die Korrelation zwischen Fließkurven und Walzfellbildung bei einem U-Polybutadien zu erkennen. Abbildung 7 zeigt die Fließkurven dieses äußerst stereoregulären Polybutadien-Typs bei verschiedenen Temperaturen. Schmelzbruch wird jetzt nur noch bei Temperaturen $T \geqq 100$ °C beobachtet, darunter jedoch stetige Fließkurven mit glatten, völlig regelmäßigen Extrudatsträngen. Erstmals bewirkt eine zu starke Temperaturabsenkung

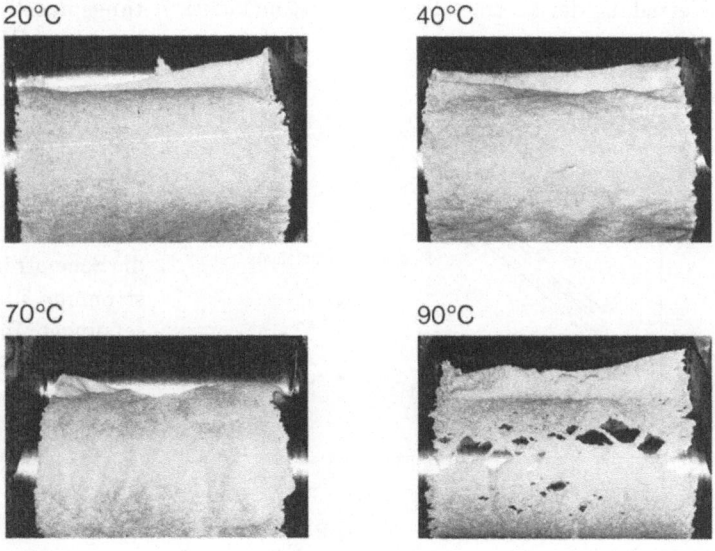

Abb. 4. Walzverhalten von Li-BR

20°C   40°C   Abb. 6. Walzverhalten von Ti-BR

70°C   90°C

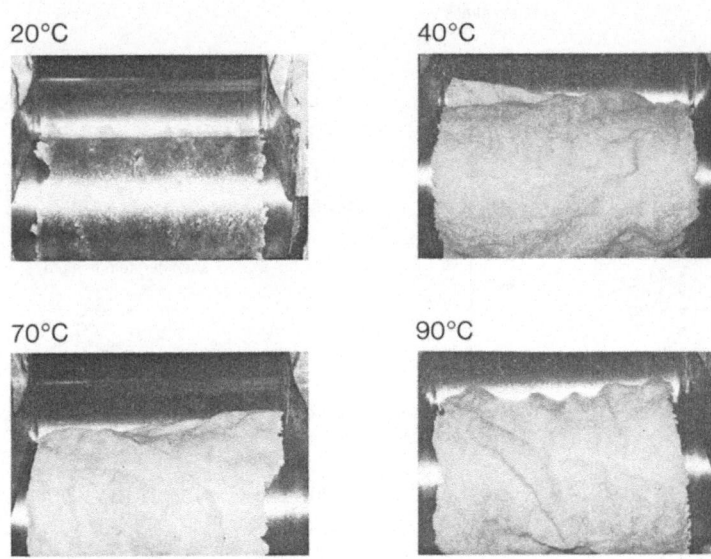

($T = 23\,°\text{C}$) den Übergang vom strukturviskosen zu einem dilatanten Verhalten. Dilatanz bedeutet, daß die Viskosität mit zunehmender Schubspannung wieder ansteigt.

In Abbildung 8 sind die Walzfelle desselben U-Polybutadiens bei verschiedenen Temperaturen dargestellt. Die Korrelation zum Fließverhalten ist ausgezeichnet: Bei $T = 90\,°\text{C}$ der Übergang zu schmelzbruchartigen Störungen, ab $70\,°\text{C}$ abwärts ein glattes, geschlossenes Walzfell und schließlich bei $T = 20\,°\text{C}$ leichte Oberflächenwellen und einzelne kleine Löcher infolge zu starker elastischer Spannungen.

Anhand dieser Serie ist deutlich erkennbar, wie die Mikrostruktur der Kette das Fließ- und Verarbeitungsverhalten des Rohkautschuks beeinflußt. Ein Li-Polybutadien mit statistischer Verteilung der cis-trans-Sequenzen ist nicht kri-

stallisationsfähig — weder temperatur- (also spontan) noch dehnungsinduziert ist Kristallisation möglich. Bei einem kritischen Schergefälle im Viskosimeter oder auf der Walze wird das physikalische Netzwerk des Kautschuks zerstört, was zur Erscheinung des Schmelzbruchs im Kapillarviskosimeter und zu erheblichen Störungen (wie Einreißen, Beuteln, Krümeln) beim Verarbeitungsprozeß auf der Walze führt. Die Zerstörung des physikalischen Netzwerks beim Schmelzbruch vollzieht sich ohne Kettenbrüche, da bei den untersuchten Polybutadienen nie ein Molekulargewichtsabbau beobachtet wurde. Eine Erhöhung des cis-Anteils beim Übergang vom Li-BR zum Ti-BR und U-BR kann nun in zunehmendem Maße den Aufbau scherungs- bzw. dehnungsinduzierter Strukturen beim Verarbeitungsprozeß bzw. beim Fließen in der Kapillare bewirken. Mit großer Wahrscheinlichkeit handelt es sich dabei um echte Dehnungskristallisation. Zwar liegt der Gleichgewichtsschmelzpunkt des reinen cis-Polybutadiens bei $+10\,°\text{C}$, wird aber im gedehnten Zustand zu höheren Temperaturen verschoben. Es ist bekannt, daß sowohl im Kapillarviskosimeter (2) als auch im Walzenspalt die Scherströmung von einer ausgeprägten Dehnströmung überlagert wird, so daß alle Voraussetzungen für eine Dehnungskristallisation gegeben sind. Sobald aber Dehnungskristallisation einsetzt, wird der zum Schmelzbruch führende Auflösungsprozeß der physikalischen Netzpunkte (der Enthakungsmechanismus im Knäuelmodell) in der kombinierten Scher-Dehnströmung kompensiert durch die Bildung neuer

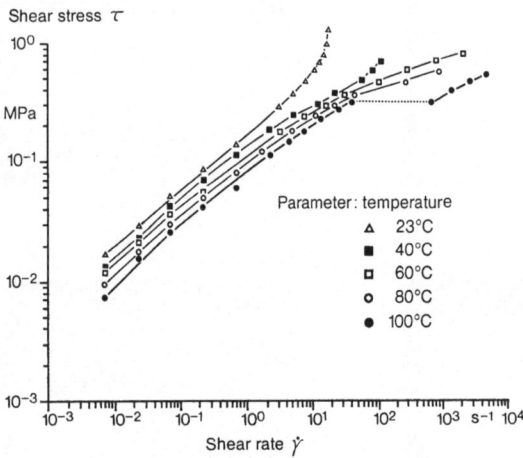

Abb. 7. Fließkurven von U-BR

Abb. 8. Walzverhalten von U-BR 20°C 40°C

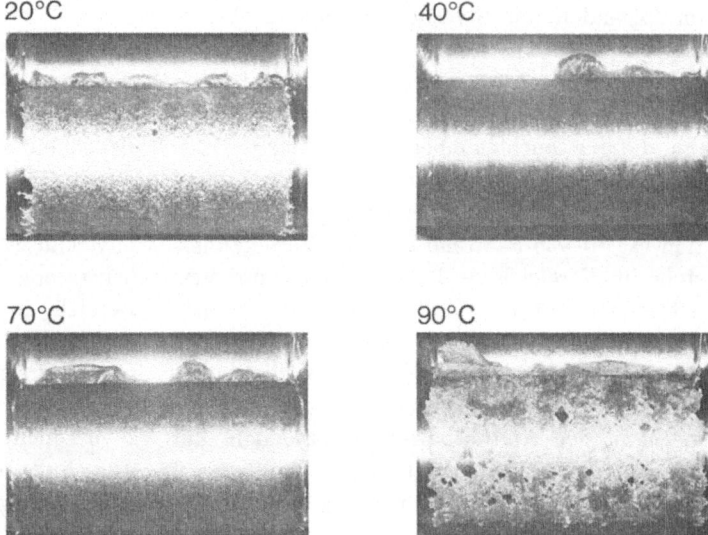

70°C 90°C

physikalischer Vernetzungsbereiche in Form von Dehnungskristalliten. Es existiert in diesem Falle also ein für das Fließ- und Verarbeitungsverhalten günstiger Temperaturbereich. Wird dieser Bereich zu hohen Temperaturen hin überschritten (vgl. Abb. 7), schmelzen die Dehnungskristallite auf, und es setzt Schmelzbruch ein. Zu starke Abkühlung dagegen forciert die Dehnungskristallisation, so daß der Kautschuk bereits im Düseneinlauf verhärtet und nicht mehr verarbeitbar ist. Dieser Vorgang kündigt sich in der Fließkurve durch beginnende Dilatanz an. Bei einem nichtkristallisationsfähigen Kautschuk — wie z. B. Li-BR — fehlt dagegen dieser ausgezeichnete Temperaturbereich, so daß in Übereinstimmung mit dem experimentellen Befund der Schmelzbruch nach Überschreiten eines kritischen Schergefälles grundsätzlich bei allen Temperaturen in Erscheinung tritt. Diese Interpretation des Schmelzbruchs steht der von *Vinogradow* diametral gegenüber. Nach *Vinogradow* geht die Schmelze beim kritischen Schergefälle vom flüssigkeitsähnlichen in den gummielastischen Zustand über. Diese Deutung basiert auf einem Analogieschluß auf Grund der Beziehung zwischen der Frequenz im Maximum der Fließdispersion und dem kritischen Schergefälle (vgl. Gl. 1). Es ist zwar richtig, daß bei Frequenzerhöhung im mechanisch-dynamischen Experiment eine hochmolekulare Schmelze in den gummielastischen Zustand übergeht. Eine Erhöhung der Meßfrequenz bei meistens sehr geringen Deformationsamplituden entspricht in ihrer Auswirkung auf die in der Schmelze ablaufenden Deformationsmechanismen jedoch keineswegs einer Erhöhung des Schergefälles beim Fließprozeß im Kapillarviskosimeter. Diese Aussage wird dadurch erhärtet, daß der hier diskutierte Schmelzbruch immer mit einem totalen Verlust der Elastizitätseigenschaften einer Kautschukschmelze verbunden ist und somit auf einen Abbau ihres physikalischen Netzwerks zurückgeführt werden muß. Es gibt in der Literatur quantitative Abschätzungen der kritischen Größen beim Schmelzbruch bislang nur auf der Grundlage des Knäuelmodells (*Vlachopoulos* (3)). Danach setzt Schmelzbruch dann ein, wenn die Zahl der physikalischen Netzstellen (Verhakungen) auf ca. $\frac{1}{3}$ der ursprünglich im unbeanspruchten Zustand vorhandenen abgebaut ist.

3. Festigkeit und Strukturfestigkeit von Elastomeren

3.1 Schwefel-Vernetzung

Ein Kautschuk kann prinzipiell auf unterschiedliche Weise hauptvalenzmäßig vernetzt werden. Die drei wichtigsten Vernetzungsarten sind:

1. Schwefel-Vernetzung
2. Peroxid-Vernetzung
3. Strahlen-Vernetzung

Da bei den wichtigsten Kautschuken mit wenigen Ausnahmen (z. B. Si-Kautschuk) sowohl die peroxidische als auch die Strahlen-Vernetzung keine praktische Bedeutung haben, werden im folgenden nur S-vernetzte Vulkanisate betrachtet.

Die S-Vernetzung erfolgt in der Regel unter Mitwirkung von Beschleunigern und Aktivatoren, die u. a. auch zu einer Begrenzung der Zahl der S-Atome innerhalb einer Netzbrücke führen. So kommen bei der unbeschleunigten Vulkanisation ca. 40—55 S-Atome auf eine Vernetzungsstelle im Vergleich zu 3—6 S-Atomen pro Vernetzungsstelle bei der beschleunigten Vulkanisation (4). Die Zahl der Vernetzungsstellen pro Volumeneinheit, d. h. die Vernetzungsdichte hat natürlich einen gravierenden Einfluß auf die mechanischen Eigenschaften, insbesondere auf die Festigkeit eines Elastomers. Abbildung 9 zeigt Festigkeit und Bruchdehnung als Funktion der bei der Vulkanisation eingesetzten S-Menge bei NR. Die Festigkeit steigt bei kleinen Vernetzungsgraden steil an, erreicht bei ca. 2—3% S ein Maximum, fällt ab und steigt dann im Bereich des Hartgummis zu Werten an, die durchaus denen der Thermoplaste entsprechen. Die Bruchdehnung fällt zunächst steil, dann jedoch immer flacher ab. Zumindest qualitativ sind die Kurvenverläufe verständlich: Zunächst einmal steigt die Festigkeit entsprechend der zunehmenden Vernetzungsdichte an. Der Abfall nach Überschreiten eines Maximums erfolgt, weil mit zunehmender S-Dosierung die beim NR besonders intensiv ausgeprägte Dehnungskristallisation infolge Bildung cyclischer Sulfide entlang der Netzwerkketten gestört wird. Erst wenn bei weiterer Erhöhung der S-Dosierung ein immer engmaschi-

geres Netzwerk entsteht und dabei der Einfluß der Dehnungskristallisation in gleichem Maß zurückgedrängt wird, nimmt die Festigkeit wieder proportional zur Zahl der Netzstellen zu. Die Bruchdehnung zeigt dagegen über den gesamten Bereich der S-Dosierung einen stetigen Abfall, da die integrale Vernetzungsdichte (chemisch + physikalisch) permanent zunimmt. Der eigentlich interessante und technologisch bedeutsame Bereich, in dem das Elastomer seine typisch gummielastischen Eigenschaften — hohe reversible Deformierbarkeit bei niedrigem Modul — aufweist, liegt bei einer S-Dosierung von ca. 2—3 Teilen, umfaßt also nur einen winzig kleinen Ausschnitt aus dieser Kurve.

Wie anhand dieses Beispiels bereits angedeutet, wird das technologische Eigenschaftsbild eines Elastomeren gravierend von der Ausbildung übermolekularer Strukturen beeinflußt. Übermolekulare Strukturen hängen aber von den intermolekularen Potentialen ab, die ihrerseits durch die Mikrostruktur der Moleküle festgelegt worden. Insoweit ist es verständlich, daß bestimmte Strukturmerkmale der Einzelkette das technologische Eigenschaftsbild der aus ihnen aufgebauten Elastomere entscheidend beeinflussen können. Speziell bei Kautschuken ist jedoch außerdem zu berücksichtigen, daß sie für den anwendungstechnischen Gebrauch hauptvalenzmäßig vernetzt werden müssen. Es erhebt sich dann natürlich die Frage, ob die Einzelkette weiterhin als Individuum zu betrachten ist bzw. ob nicht das sich ausbildende Netzwerk und seine

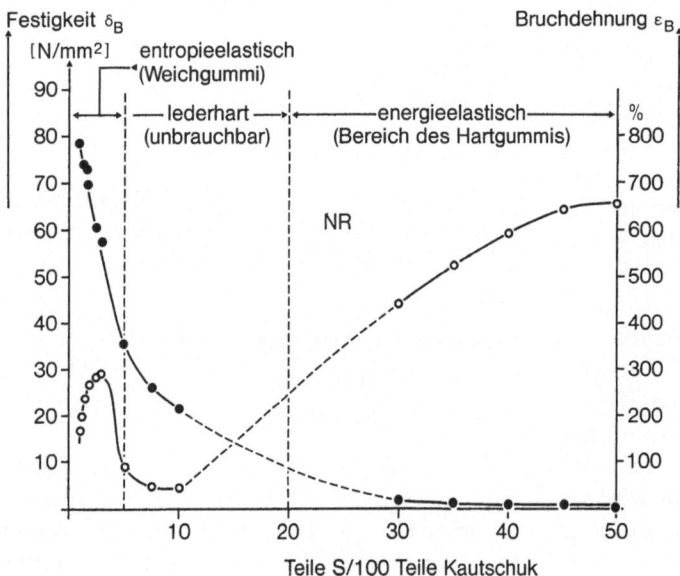

Abb. 9. Festigkeit und Bruchdehnung in Abhängigkeit vom Vernetzungsgrad bei Naturkautschuk

Besonderheiten (Dichte der Netzstellen und Netzbogenlängenverteilungen) die technologischen Eigenschaften eines Gummis im wesentlichen bestimmen.

Geeignete Hinweise zur Klärung dieser Frage lassen sich aufgrund gezielter Untersuchungen an Elastomeren gewinnen, die einander sehr ähnlich sind, sich aber in einem spezifischen Merkmal des Molekülaufbaus unterscheiden. So besitzen z. B. ein spezielles Polyisopren und U-katalysiertes Polybutadien vergleichbare Molekulargewichte, MG-Verteilungen und eine identische sterische Regularität: beide Elastomere liegen zu 99% in cis 1,4-Konformation vor. Der einzige wesentliche Unterschied zwischen beiden Elastomeren besteht nur noch in der Methylgruppe des Polyisoprens. In die Untersuchungen mit einbezogen wurde außerdem ein Elastomer in überwiegender trans-Konformation — TPA — und ein nichtkristallisationsfähiges statistisches Copolymer — SBR — der praktisch bedeutendste Reifenkautschuk.

3.2 Kristallisationskinetische Untersuchungen

In Abbildung 10 sind zunächst die Halbwertszeiten der Kristallisation der verschiedenen Kautschuke im unvernetzten Zustand dargestellt. Es fällt sofort auf, daß die Isopren-Ketten bei gleicher Unterkühlung unter den Gleichgewichtsschmelzpunkt $(T_m^0(\text{IR}) = 27\,°\text{C}$, $T_m^0(\text{U-BR}) = 9\,°\text{C}$ um ca. 4 Dekaden langsamer kristallisieren als die Butadien-Ketten. Ein gravierender Unterschied, der bei den ansonsten gleichen Mole-

külen auf die Methylgruppe zurückgeführt werden muß. Naturkautschuk kristallisiert schneller als synthetisches Polyisopren, da es noch regelmäßiger, d. h. praktisch zu 100% aus cis 1,4-Sequenzen aufgebaut ist. Eine sehr hohe Geschwindigkeit der Spontankristallisation zeigt auch das trans-Elastomer TPA ($\sim 80\%$ trans 1,4).

Der Unterschied in der Kristallisationskinetik zwischen IR und U-BR bleibt auch nach der Vernetzung in vollem Umfang erhalten, ja wird sogar noch verstärkt. Abbildung 11 zeigt, daß U-BR eine geringe Kristallisationsverzögerung erfährt, IR und auch NR jedoch praktisch nicht mehr in den kristallinen Zustand übergeführt werden können. Die Ursache könnte die bei der beschleunigten S-Vernetzung stattfindende cis-trans-Isomerisierung sein.

3.3 Mechanische Eigenschaften

Während es im thermischen Fall relativ unkritisch ist, eine bestimmte Eigenschaft — wie im Beispiel der Abbildung 10 bzw. 11 die Kristallisationskinetik — mit bestimmten Strukturmerkmalen der Kette zu korrelieren, ergeben sich bei der Mechanik Schwierigkeiten. Die Ursache dafür liegt in der starken Abhängigkeit der mechanischen Eigenschaften der Elastomere von gegebenen Netzwerkstrukturen. Es besteht daher die Notwendigkeit, zunächst einmal vergleichbare Netzwerke herzustellen. Im Falle der interessierenden Elastomere IR/NR bzw. U-BR kann diese Voraussetzung jedoch erfüllt werden, da die für die Vernetzung entscheidende Doppel-

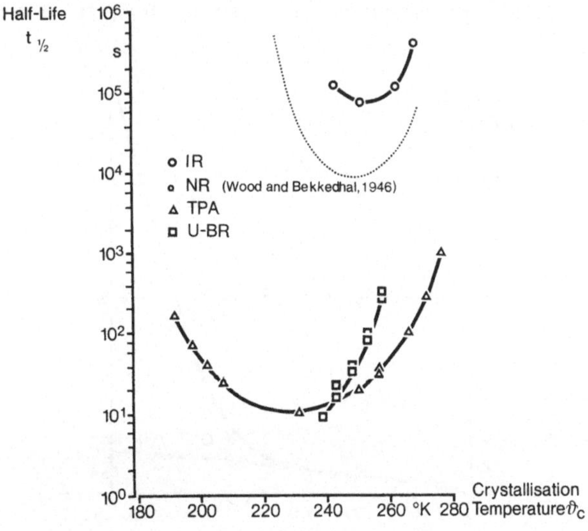

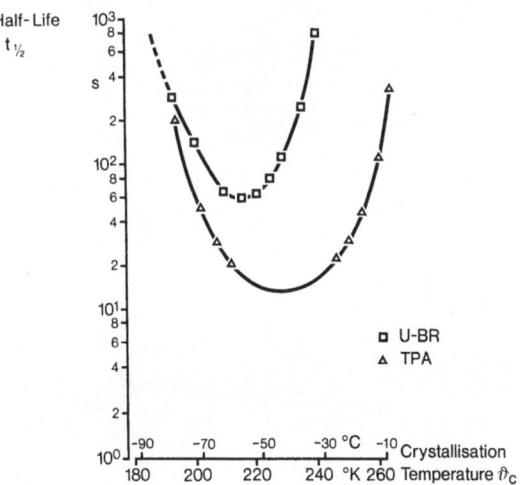

Abb. 10. Kristallisationskinetik von IR, NR, TPA und U-BR (Rohkautschuk)

Abb. 11. Kristallisationskinetik von TPA und U-BR (ungefüllte Vulkanisate)

bindungskonzentration bei beiden Elastomeren identisch ist, die S-Verteilung mit Hilfe der Mikrosonde sehr genau bestimmt und auch die Netzstellendichte definiert eingestellt werden kann. In Abbildung 12 sind Spannungs-Dehnungskurven von den wichtigsten Elastomeren dargestellt. Daß hier in erster Näherung durchaus vergleichbare Netzwerke vorliegen, ist an zwei Charakteristika dieser Kurven zu erkennen: 1. Alle Kurven besitzen einen übereinstimmenden Verlauf zu Dehnbeginn — ein Hinweis auf die Existenz vergleichbarer Vernetzungsdichten. 2. Alle Kurven weisen etwa gleiche Bruchdehnungen (um 650%) auf — nach bisherigen Erfahrungen spricht die Bruchdehnung bei gleicher Netzstellendichte sehr empfindlich auf Netzwerkinhomogenitäten an. Nicht möglich ist bis jetzt eine Aussage über die Natur der Netzstellen, so daß man hier nur von einer Übereinstimmung in der Summe der chemischen und physikalischen Netzstellen sprechen kann. Es fällt in dieser Darstellung auf, daß sich Polyisopren bzw. NR (im Spannungs-Dehnungsverhalten besteht kein signifikanter Unterschied mehr) sich gegenüber allen anderen Elastomeren durch einen enormen Spannungsanstieg bei hohen Dehnungen, d. h. eine ausgeprägte Selbstverfestigung auszeichnen. Dabei ist vor allem überraschend, daß das temperaturinduziert nicht kristallisierbare Polyisopren dehnungsinduziert zu über 90% auskristallisiert (vgl. RWW-

Aufnahme links oben in Abb. 12). Eine sehr viel geringere Selbstverfestigung weist das zu vergleichende U-Polybutadien auf, ebenfalls das spontan äußerst kristallisationsfreudige TPA. Es ist also eine weitere herausragende Eigenschaft zu konstatieren, die auf den Einfluß der Methylgruppe zurückgeführt werden muß: die bevorzugte Neigung zur dehnungsinduzierten Kristallisation bei völliger Blockierung der temperaturinduzierten Kristallisation.

Die Auswirkungen auf das technologische Verhalten sind gravierend, wie an folgendem Beispiel zu erkennen:

Zunächst wird für die unter Dehnung einsetzende Selbstverfestigung eines Elastomeren ein quantitatives Maß definiert. Abbildung 13 zeigt dazu eine Spannungs-Dehnungskurve, in die die Deformationscharakteristik eines Netzwerks, dessen Netzpunktabstände einer Gauß-Statistik gehorchen, eingezeichnet ist. Der darüber hinausgehende Anteil der Spannung $(s - s_0)$ ist dann ursächlich auf eine Orientierung bzw. Dehnungskristallisation der Netzwerkketten zurückzuführen. In Abbildung 14 ist die Temperaturabhängigkeit dieser so definierten Selbstverfestigung dargestellt. Während nun bei allen anderen Elastomeren (einschließlich U-BR) diese Größe oberhalb 50 °C verschwindet, werden beim NR/IR noch Werte bis 100 °C beobachtet. Daraus folgt aber, daß die Dehnungskristallite erst um 100 °C, d. h. ca. 70 °C oberhalb des Gleichgewichtsschmelzpunkts, aufschmelzen. Dagegen lassen die übrigen Elastomere einen Anstieg der Selbstverfestigung nur bei deutlich tieferen Temperaturen erkennen, der zudem noch in der

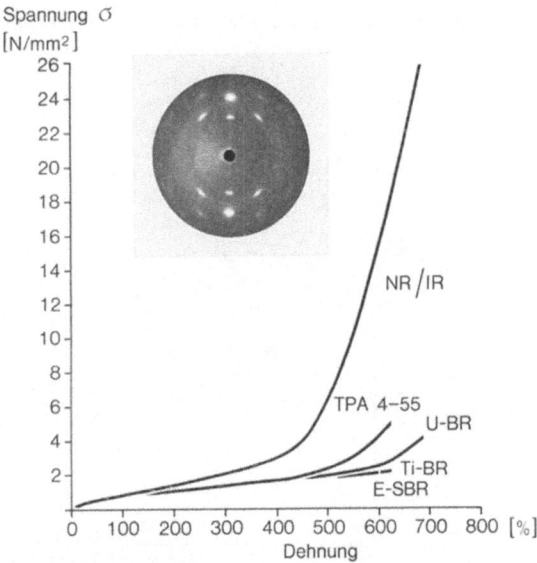

Abb. 12. Spannungs-Dehnungskurven einiger Kautschuke

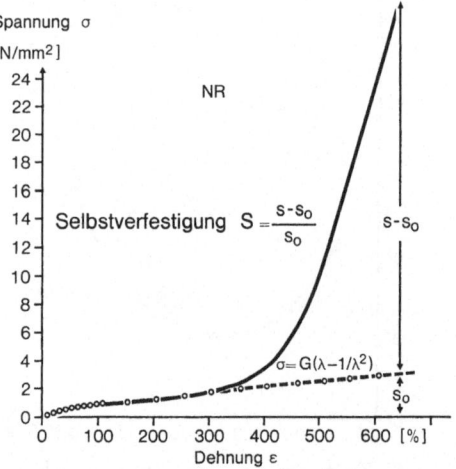

Abb. 13. Definition der Selbstverfestigung

Abb. 14. Selbstverfestigung als Funktion
der Temperatur bei verschiedenen Elastomeren

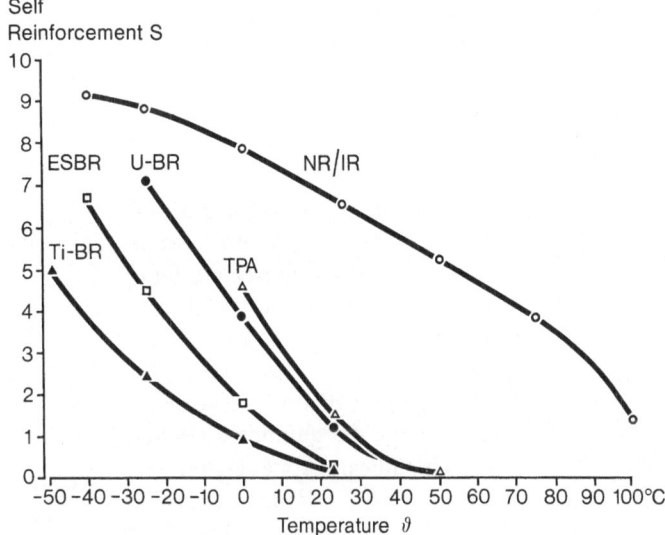

Reihenfolge der Schmelz- bzw. Glastemperaturen
dieser Elastomere erfolgt — also nicht unbedingt
auf Dehnungskristallisation zurückgeführt werden muß. Die Selbstverfestigung durch Dehnungskristallisation beeinflußt eine beim Gummi
entscheidende technologische Größe — die sogenannte Strukturfestigkeit. Diese Größe bestimmt den Widerstand eines Gummis (z. B. in
einer Reifenlauffläche) gegen eine Rißfortpflan-
zung. Verfestigt sich das Material im Rißgrund
infolge der dort herrschenden höheren Spannungskonzentration, kann das weitere Rißwachstum blockiert werden.

Abbildung 15 stellt die Temperaturabhängigkeit der Strukturfestigkeit dar. Ein Vergleich
mit Abbildung 14 zeigt den Parallellauf dieser
Größe mit der Selbstverfestigungskurve. Der ein-

zige Unterschied besteht darin, daß die Strukturfestigkeit bei bestimmten Temperaturen nicht
unmittelbar gegen Null geht, sondern bei allen
Elastomeren einen Hochtemperaturausläufer besitzt. Das ist jedoch plausibel, weil ja das Netzwerk ebenfalls einen schwach temperaturabhängigen Beitrag zur Strukturfestigkeit liefert.
Die entscheidenden Unterschiede im Weiterreiß-
verhalten der verschiedenen Elastomere werden jedoch fast ausschließlich durch die unterschiedliche Kinetik der Dehnungskristallisation
und die dadurch verursachte Selbstverfestigung
bewirkt. Zwar zeigen sowohl der NR/IR als auch
das BR als auch TPA dehnungsinduzierte Kristallisation, jedoch liegt das Optimum des NR/
IR bei deutlich höheren Temperaturen. Das ist
letztlich auch die Ursache dafür, daß in beson-

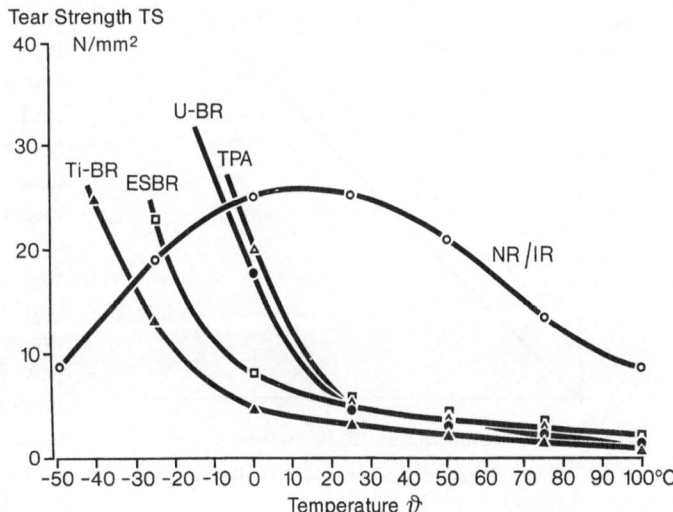

Abb. 15. Weiterreißfestigkeit als Funktion der Temperatur bei verschiedenen
Elastomeren (ungefüllte Vulkanisate)

ders hoch beanspruchten Gummielementen —
wie z. B. einer LKW- oder Flugzeugreifen-Lauf-
fläche — bislang immer noch NR/IR eingesetzt
werden muß.

3.4 Mooney-Rivlin-Darstellung

Aus den Spannungs-Dehnungsmessungen lassen sich weitere Informationen gewinnen, wenn
man diese durch eine Mooney-Rivlin-Darstellung
(5) anpaßt. Von den beiden, durch die Theorie
geforderten Konstanten stellt C_1 ein Maß für die
chemische Netzstellendichte dar. Dieser Zusammenhang wird in Abbildung 16 am Beispiel eines
NR-S-Vulkanisats gezeigt. Im gummielastischen
Bereich ergibt sich eine lineare Abhängigkeit der
Konstanten C_1 von der S-Dosierung. Dasselbe
gilt auch für andere Elastomere (6). Schwieriger
ist eine Interpretation der Konstanten C_2.

In der Literatur wird diese Größe fast ausnahmslos mit der Verhakungsdichte ineinander
verknäuelter Ketten korreliert (7). Einige Experimente lassen sich jedoch mit dieser Vorstellung nicht widerspruchsfrei erklären. Die wichtigsten experimentellen Befunde, die Rückschlüsse auf C_2 zulassen, sind im folgenden zusammengestellt:

1. Es ist seit langem bekannt, daß C_2 mit dem
   Quellungsgrad abnimmt (8). Abbildung 17 bestätigt diese Aussage. Hier ist C_2 als Funktion
   des Volumenbruchs Kautschuk bei verschiedenen Kautschuken dargestellt. Bei der punk-
   tierten Geraden handelt es sich um Messungen
   von *Gumbrell*, *Mullins* und *Rivlin* an NR, SBR
   und NBR (9), bei der steilen Geraden um
   eigene Messungen an TPA. Es ist festzuhalten,

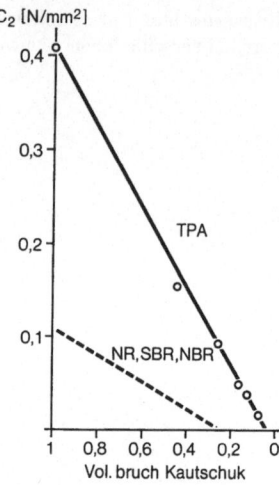

Abb. 17. Abhängigkeit der Mooney-Rivlin-Konstanten
C_2 vom Quellungsgrad (NR, SBR, NBR: *Gumbrell,
Mullins* u. *Rivlin*, 1953)

daß C_2 unabhängig von der Absoluthöhe im
Ausgangszustand nach Erreichen der Gleich-
gewichtsquellung bei allen Eastomeren verschwindet.

2. Polysiloxane müssen zur Erlangung ausreichender Festigkeitseigenschaften mit verstärkenden Füllstoffen — in der Regel pyrogenen
   Kieselsäuren — versetzt werden. Zwischen
   Kautschukketten und Füllstoffteilchen bilden
   sich Nebenvalenzbindungen in Form von
   Wasserstoffbrücken aus. In die Mischung wird
   zusätzlich ein sogenanntes Verteileröl einge-
   arbeitet, das zur Oberfläche der Füllstoffteilchen diffundiert und die zur Verstärkung notwendige Kautschuk-Füllstoffwechselwirkung
   je nach Beladung der Füllstoffoberfläche teilweise wieder desaktiviert. Damit soll eine zu
   starke Verstrammung des gefüllten Vulkani-
   sats vermieden werden. Ohne Verteileröl
   würde man relativ harte, stramme Produkte,
   mit hohem Anteil Verteileröl dagegen weiche
   und höher dehnbare Produkte erhalten. Das
   Optimum liegt bei einer mittleren Verteileröl-
   dosierung. Ein ähnlich abgestuftes Verhalten
   findet man bei einem Spannungs-Dehnungs-
   experiment mit intermittierender Belastung,
   wie in Abbildung 18 (s. rechts unten). Hierbei
   wird die Probe um 100% gedehnt, entlastet,
   um weitere 100% gedehnt, wieder entlastet
   usw. Man sieht deutlich, daß die jungfräuliche
   Kurve dieses hochgefüllten Si-Kautschuks
   in keiner Weise durch die Mooney-Rivlin-Glei-
   chung beschrieben werden kann. Jeder weitere Belastungszyklus verringert jedoch die

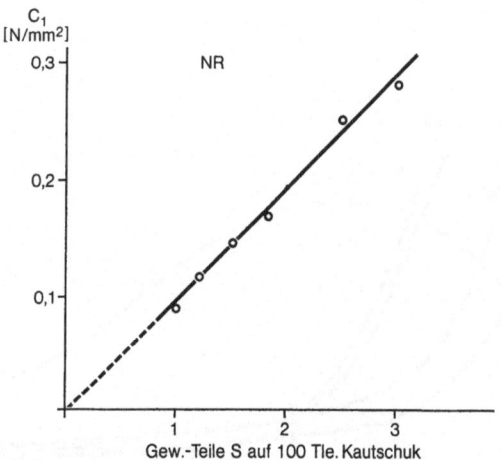

Abb. 16. Abhängigkeit der Mooney-Rivlin-Konstanten
C_1 vom S-Gehalt einer NR-Mischung

Abb. 18. Mooney-Rivlin-Darstellung nach verschiedenen Dehnungszyklen bei Silikon-Kautschuk

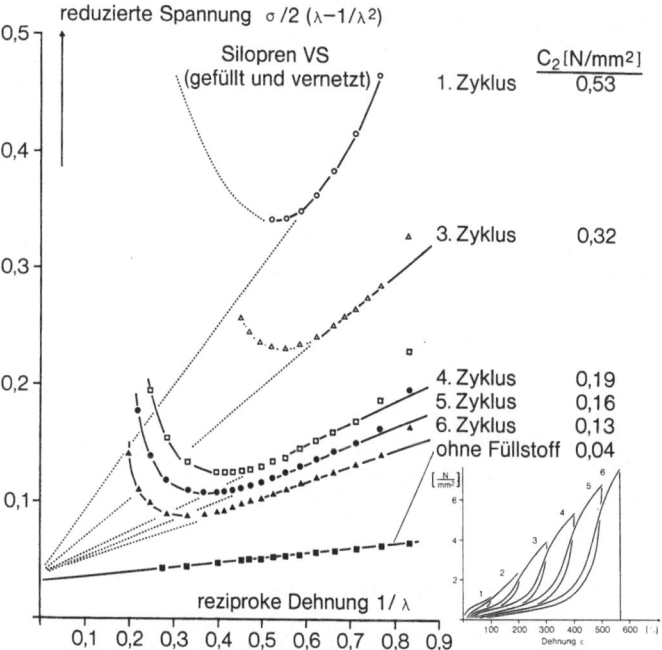

Neigung des rechten Parabelastes (C_2) und führt zu einer immer besseren Anpassung des Experiments an die Theorie. C_2 nimmt also nach jedem weiteren Schritt ab. Die untere Gerade entspricht dem füllstofffreien Silikon-Kautschuk. Während des gesamten Experiments ändert sich die Zahl der Hauptvalenznetzstellen nicht signifikant. Diese Aussage ist darum gesichert, weil nämlich die Zahl der in die Si-Ketten eingebauten vernetzungsfähigen Vinylgruppen genau bekannt ist und diese mit der aus C_1 (Achsabschnitt) berechneten Vernetzungsdichte mit einer Genauigkeit von 3% korreliert.

3. Trägt man — wie in Abbildung 19 — C_2 als Funktion von C_1 für die verschiedenen Kautschuke auf, so beobachtet man in einigen Fällen eine Abnahme (NR, SBR), in anderen Fällen (U-BR, TPA) dagegen eine Zunahme. Es fällt auf, daß die Zunahme gerade bei den spontan sehr kristallisationsfreudigen Kautschuken erfolgt. Gerade bei diesem Experiment ist es schwer vorstellbar, C_2 mit der Verhakungsdichte im Knäuelmodell zu korrelieren, weil das in letzter Konsequenz bedeuten würde, daß sich die Zahl der Verhakungen mit abnehmender Netzwerkkettenlänge erhöhen müßte.

Insgesamt sind aufgrund der experimentellen Befunde folgende Aussagen möglich:

Die Mooney-Rivlin-Konstante C_1 stellt ein recht brauchbares Maß für die Dichte der Hauptvalenznetzstellen dar. Die Konstante C_2 beschreibt dagegen solche Vernetzungsstellen bzw. -bereiche, die durch bestimmte Behandlungsmethoden, wie z. B. Quellung oder mehrfache Dehnung, auflösbar sind. Die Zunahme von C_2 mit der chemischen Vernetzungsdichte könnte dahingehend interpretiert werden, daß bei bestimmten Elastomeren durch den Vernetzungsprozeß größere Nahordnungsbereiche fixiert werden.

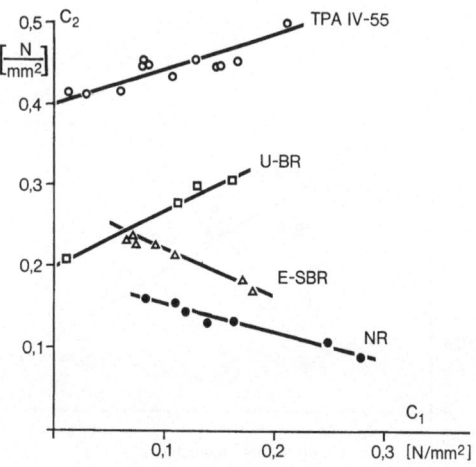

Abb. 19. Mooney-Rivlin-Konstante C_2 in Abhängigkeit von C_1 bei verschiedenen Kautschuken

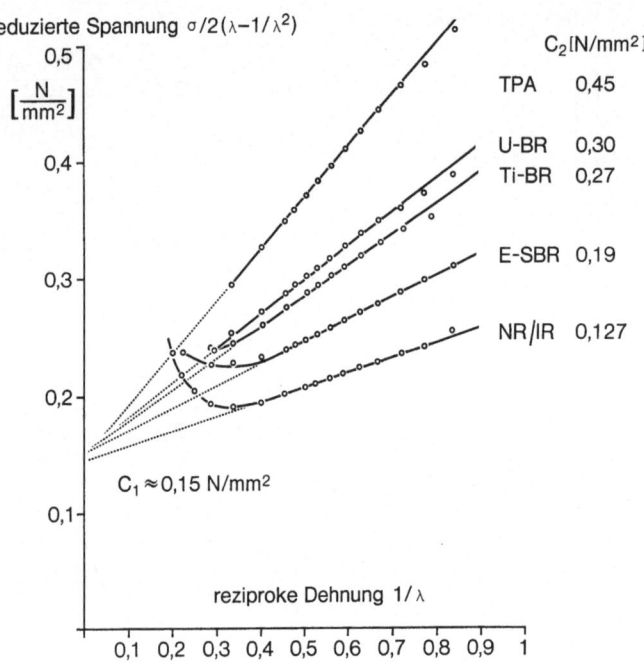

reduzierte Spannung $\sigma/2(\lambda-1/\lambda^2)$

$\left[\dfrac{N}{mm^2}\right]$

$C_1 \approx 0,15 \; N/mm^2$

reziproke Dehnung $1/\lambda$

$C_2\,[N/mm^2]$

TPA	0,45
U-BR	0,30
Ti-BR	0,27
E-SBR	0,19
NR/IR	0,127

Abb. 20. Mooney-Rivlin-Darstellungen von verschiedenen Kautschuken

In Abbildung 20 sind Mooney-Rivlin-Darstellungen von den verschiedenen Elastomeren bei nahezu konstanter chemischer Netzstellendichte dargestellt. Die Steigungen dieser Geraden, d. h. die Konstanten C_2 weisen eine charakteristische Reihenfolge auf, die auch von anderen Autoren (*R. F. Boyer* (10), *M. Hoffmann* (6)) gefunden wurde:

Abbildung 21 zeigt eine Darstellung von $\log C_2/C_1$ gegen $\log$ (Kettenquerschnitt) bei konstantem C_1 von *R. F. Boyer* (10), in die eigene Messungen eingetragen wurden. Es ist daraus ersichtlich, daß C_2 mit wachsendem Kettenquerschnitt bzw. höherer Kettensteifigkeit abnimmt.

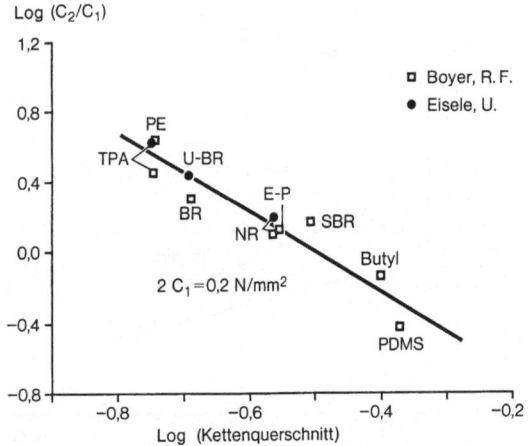

Log (C_2/C_1)

□ Boyer, R. F.
● Eisele, U.

$2\,C_1 = 0{,}2 \; N/mm^2$

Log (Kettenquerschnitt)

Abb. 21. Abhängigkeit der Mooney-Rivlin-Konstanten C_2 vom Kettenquerschnitt

In Verbindung mit dem Kristallisationsverhalten lassen sich daraus folgende Schlüsse ziehen:

Ketten mit relativ geringem Kettenquerschnitt (z. B. TPA, BR), also großen Werten von C_2, zeigen eine hohe Neigung zur Spontankristallisation, steifere Ketten mit größerem Kettenquerschnitt (z. B. NR, SiR) und kleinem C_2 dagegen eine ausgeprägte Tendenz zur dehnungsinduzierten Kristallisation. So beobachtet man beim Si-Kautschuk sogar bei RT noch Dehnungskristallisation, obgleich sein phänomenologischer Schmelzpunkt infolge der geringen Schmelzenthalpie bei $-45\,°C$ liegt. Der Kettenquerschnitt allein kann natürlich keine hinreichende Voraussetzung für das Auftreten von Dehnungskristallisation sein, Bedingung ist eine hohe Stereoregularität im Aufbau der Elastomerketten. Ein statistisches Styrol-Butadien-Copolymer kann trotz seines relativ großen Kettenquerschnitts selbst unter höchsten Dehnungen nicht kristallisieren. Demgegenüber zeigt der Butylkautschuk — ein Copolymer aus Polyisobutylen und ca. 5% vernetzungsfähigen Isoprensequenzen — ausgeprägte Dehnungskristallisation, wobei ähnlich wie beim vernetzten NR keine Spontankristallisation zu beobachten ist.

3.5 Diskussion

Wie *Andrews* bereits im Jahre 1966 elektronenmikroskopisch gezeigt hat, entstehen in hochgedehnten Kautschukfilmen fibrilläre Strukturen

(11). Dabei sind die Fibrillen nicht strukturlos, denn die Dichte ändert sich alternierend entlang der Fibrillenachse. Jede Fibrille ist also offenbar wieder aus einer Vielzahl von winzigen Kriställchen aufgebaut, die eine Ausdehnung von ca. 120 Å in Achsrichtung und 100 Å lateral dazu besitzen. Läßt man ein solches NR-Vulkanisat im gedehnten Zustand 1 h bei − 20 °C auskristallisieren, wachsen die Kristallite in lateraler Richtung weiter. Man könnte sich vorstellen, daß die bevorzugte Ausbildung fibrillärer Strukturen beim Dehnen des NR ursächlich mit der äußerst geringen Geschwindigkeit der Spontankristallisation zusammenhängt — eine Hypothese, die auch von *Göritz* aufgrund dehnungskalorimetrischer Untersuchungen vertreten wird (12). Beim Dehnen entstehen zwar permanent neue Kristallkeime, aus denen Kristallite der genannten Größenordnung in Orientierungsrichtung hervorgehen, die aber während des Dehnvorgangs infolge 0-Geschwindigkeit der Spontankristallisation in lateraler Richtung nicht weiterwachsen. Flexiblere Ketten mit höherer Schmelzentropie und geringerem Kettenquerschnitt als NR (z. B. BR, TPA) zeigen zwar ebenfalls Dehnungskristallisation, jedoch in geringerem Ausmaß und vor allem mit geringerer thermischer Stabilität. Wie röntgenographische Untersuchungen erkennen lassen, scheint z. B. beim TPA die Dehnungskristallisation relativ früh, d. h. bei kleineren Dehnungen als bei NR einzusetzen. Infolge der außerordentlich hohen Geschwindigkeit der Spontankristallisation wachsen die sich bildenden Dehnungskristallite dann sofort in lateraler Richtung weiter. Da sich dadurch der Vorrat an kristallisationsfähigen Sequenzen schneller erschöpft, tritt in einem früheren Stadium vor Erreichen der Maximaldehnung ein Stillstand in der Dehnungskristallisation ein. Gleichzeitig sind die Kristallite, die ja als multifunktionelle Vernetzungsbereiche wirken, weniger homogen über die Probe verteilt. Diese Erklärung würde bedeuten, daß die Kinetik der dehnungsinduzierten Kristallisation und die daraus resultierende Temperaturabhängigkeit der Selbstverfestigung den Schlüssel für ein Verständnis der Festigkeitseigenschaften von Elastomeren liefert.

Zusammenfassung

Kautschuke werden vor der Vernetzung während des Verarbeitungsprozesses hohen Schergefällen unterworfen. Der bei einer bestimmten kritischen Schubspannung einsetzende Schmelzbruch führt zu tiefgreifenden Störungen des Verarbeitungsverhaltens. Anhand von Fließkurven analytisch charakterisierter Polybutadiene unterschiedlicher Mikrostruktur (Variation des Konformationsanteils cis 1,4 von 40 bis 99%) wird der Einfluß molekularer Parameter diskutiert. Dabei zeigt sich, daß die in der kombinierten Scher-Dehnströmung erzeugte dehnungsinduzierte Kristallisation eine maßgebliche Rolle spielt.

Die Dehnungskristallisation beeinflußt auch die Festigkeitseigenschaften, insbesondere die Strukturfestigkeit des hauptvalenzmäßig vernetzten Elastomers. Ein großer Kettenquerschnitt bewirkt eine hohe Kettensteifigkeit und verringert die Konformationsentropie des Netzwerks. Steifere Netzwerkketten begünstigen selbst bei völlig blockierter Spontankristallisation die Entstehung dehnungsinduzierter Strukturen. Unter Dehnung bilden sich vorwiegend Fibrillenkristallite, die noch 70 °C oberhalb des Gleichgewichtsschmelzpunktes im Kerbgrund selbstverfestigend wirken, weiteres Rißwachstum blockieren und zu hervorragenden technologischen Eigenschaften hauptvalenzmäßig vernetzter Elastomere führen.

Summary

During processing rubbers are subjected to high shear rates before cross-linkage. The melt fracture applying at a certain critical shear stress leads to fundamental disturbances in the processing behaviour. Based on flow curves ($\tau = f(\dot{\gamma})$) of analytically characterized polybutadienes of varying microstructure (variation of the conformation proportion cis 1,4 from 40 to 99%), the influence is discussed of molecular parameters on flow and processing behaviour. It is shown that the strain-induced crystallization generated in the combined shear-extension flow is of decisive significance.

The strain crystallization influences, however, not only the processibility of a rubber but also to an even greater extent the strength properties of the principal valency crosslinked elastomer. Included among the most important technological properties of an elastomer are its resistance to tearing and tear propagation, termed the tear strength. The "tearing energy" introduced by *Rivlin* makes possible a phenomenological description of tear propagation processes in elastomers. This tearing energy is influenced by the network properties as well as by the molecule structure of the network chains (cis/trans ratio, chain cross-section etc.). For example, side groups can have a chain-stiffening function and reduce the conformation entropy of the network. With retarded spontaneous crystallization stiffer network chains promote the formation of strain-induced structures. Under strain predominantly fibril crystallites are formed, which at 60 °C above the equilibrium melting point in the tip of a tear undergo a self-reinforcing effect and block further tear growth.

Literatur

1) *Vinogradow, G. V.* u. a., J. Polym. Sci. A-2, **10**, 1061 (1972).
2) *Hürlimann, H. P., W. Knappe*, Rheol. Acta 11, 292 (1972).
3) *Vlachopoulos, I., S. Lidorikis*, Pol. Eng. Sci. 11₃ 1 (1971).

4) *Houwink, R., H. K. Decker,* Elasticity, Plasticity a. Structure of Matter, Cambridge University Press 1971.
5) *Mooney, M.,* J. Appl. Phys. 11, 582 (1940).
   Rivlin, R. S., D. W. Saunders, Phil. Trans. Roy. Sci., London **A 243**, 251 (1951).
6) *Hoffmann, M., H. Krömer, R. Kuhn,* Polymeranalytik I, Georg Thieme Verlag, Stuttgart, 1977.
7) *Hoffmann, M.,* Kolloid-Z. u. Z. Polymere **250**, 197 (1972).
8) *Treloar, L. R. G.,* The Physics of Rubber Elasticity, Oxford University Press 1967.
9) *Gumbrell, L. Mullins, R. S. Rivlin,* Trans. Faraday Soc. **49**, 1495 (1953).
10) *Boyer, R. F.,* Polymer Letters 17, 925 (1976).
11) *Andrews, E. H.,* J. Polym. Sci. 4, 668 (1966).
12) *Göritz, D.,* private Mitteilung, 1977.

Anschrift des Verfassers:

Dr. *Ulrich Eisele*
Bayer AG
Zentralbereich Forschung und Entwicklung

Progr. Colloid & Polymer Sci. **66,** 73 – 86 (1979)
© 1978 by Dr. Dietrich Steinkopff Verlag GmbH & Co. KG, Darmstadt
ISSN 0340-255 X

Vorgetragen auf der Tagung der Deutschen Physikalischen Gesellschaft,
Fachausschuß „Physik der Hochpolymeren",
vom 17. bis 21. April 1978 in Bad Nauheim.

FE-DPP, Polymeranalytik, Q 18, BAYER-AG, Leverkusen

Die Verhakung der Fadenmoleküle
und ihr Einfluß auf die Eigenschaften der Polymeren

M. Hoffmann

Mit 12 Abbildungen und 1 Tabelle

(Eingegangen am 2. September 1978)

In einer vorhergehenden Arbeit (1) wurde dieses Thema umfassend in Form einer Übersicht behandelt. Hier folgen ergänzende experimentelle Ergebnisse und Überlegungen.

Experimenteller Teil

Lösungsmittel und Lösungen:

Frisch destilliertes Toluol wurde mit 1 g/l UV-Absorber (Bayer CA 7424) versetzt. Unter Abschirmung von Licht wurde darin Polyisopren bei RT unter Rühren mehrere Tage gelöst und einige Tage bis zur Messung aufbewahrt.

Polymerisate:

Polystyrole wurden bei 30 – 50 °C mit Butyl-Lithium in Tetrahydrofuran (Abbruchmittel Methanol) hergestellt und durch Fällungsfraktionierungen von kurzkettigen Anteilen befreit. Gelchromatographische Eluierungen lieferten unter Berücksichtigung der axialen Dispersion aus der Halbwertsbreite Uneinheitlichkeiten $U = (M_w/M_n) - 1$ der Molekulargewichte von $U < 0,02$. Die anderen Polymeren waren mit verschiedenen Methoden hergestellt und wurden z. T. fraktioniert.

Tab. 1 stellt einige Ergebnisse zusammen:

Polymeres	M_w	U
cis-1,4 (93%) Polyisopren		
Cariflex IR 305	$1,6 \cdot 10^6$	$\leq 0,1$
cis-1,4 (98%) Polybutadien	$1,3 \cdot 10^5$	$\sim 1,5$
Cyclopenten – Methylcyclopenten –		
(25 Gew.-%) Kopolymeres	$2,8 \cdot 10^5$	$\sim 1,5$
Polyisobutylen Oppanol B 200		~ 1
Polydodecylmethacrylat	$1,8 \cdot 10^6$	~ 1

Zu den Messungen der Abb. 5 wurde eine Mittelfraktion eines Polydodecylmethacrylates mit $M = 1,5 \cdot 10^6$ und $U = 0,3$ verwendet.

Dehnungsmessungen:

Die Polymeren wurden aus Lösungen auf Quecksilber mehrere Tage eingedampft und zu Stäben von etwa 5 cm Länge und einem quadratischen Querschnitt von $\sim 0,2$ cm² gestanzt, deren Enden wie bei Normstäben

etwa je 1 cm lang verbreitert waren. Die Einspannvorrichtung griff um diese Enden und verhinderte ein Rutschen in den Klemmen. Tuschemarken wurden im Abstand 13 – 18 mm angebracht und vor und bei der Deformation gefilmt. Das Dehnungsverhältnis λ war bei Zeiten $> 0,1$ s ausreichend konstant. Die Dehnung erfolgte mit starken Stahlfedern und einer Schnappvorrichtung innerhalb von 5 ms auf vorher eingestellte Längen. Mit einem induktiven Kraftaufnehmer (Hottinger Q 11, 10 kp) wurden die Rückstellkräfte gemessen und oscilloscopisch (Tektronix 5103 N) sowie mit einem Schreiber registriert.

Die Werte der Abb. 1 wurden in ähnlicher Weise durch Kompression eines Zylinders von 1,75 cm Höhe und 2 cm Durchmesser um jedesmal 0,06 cm ermittelt.

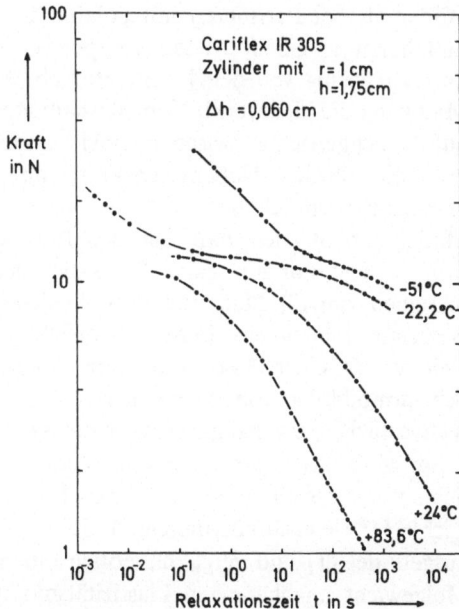

Abb. 1. Die Rückstellkräfte nach einachsiger Kompression eines Zylinders ($h = 1,75$ cm, $r = 1$ cm) von Polyisopren Cariflex IR 305 auf $\lambda = 0,966$ bei verschiedenen Temperaturen und Zeiten.

Scherungsmessungen:

In einem Platte-Kegel-Rotationsrheometer (Instron 3250) wurden mit einem Plattenradius $r = 1$ cm und einem Öffnungswinkel $\alpha = 0,131$ rad mit einem Meßkopf für 2 Nm bzw. 100 N nach momentaner (< 36 ms) Scherung die Drehmomente und Normalkräfte als Funktion der Zeit (Oscilloscop Tetronix 5103 N, Schreiber) registriert. Fließkurven ließen sich im Bereich von 10^{-5} bis 10^2 U/min messen. Die Meßwerte der Abb. 10 wurden mit $r = 3$ cm und $\alpha = 0,042$ rad erstellt. Die Werte der Abb. 11 sind älteren Meßreihen[1]) entnommen und wurden mit einem Kapillarrheometer (modifiziertes Haake-Konsistometer) bei $L/R > 20$ erstellt.

Diskussion der Ergebnisse

Relaxationsmodul:

Zu der Vorstellung von einer Verhakung der Fadenmoleküle führen einige experimentelle Ergebnisse: Hochmolekulare und unvernetzte Polymere sind als Schmelzen und mit geringerem Modul als konzentrierte Lösungen gummielastisch, in verdünnten Lösungen aber fast rein viskos, so z. B. Polyäthylen, Polybutadien, Polyisopren, Polystyrol, Polysiloxan, Polydodecylmethacrylat. Die hohe Elastizität läßt vermuten, daß die Moleküle in der Schmelze Netzwerke bilden, die durch Zusatz von Lösungsmitteln zunächst geschwächt und schließlich zerstört werden. Der Elastizitätsmodul der hochelastischen Schmelzen solcher Stoffe ist bei dem unpolaren Polyäthylen größer als bei Polymeren mit polaren Gruppen und hängt in einem weiten Temperaturbereich nur sehr wenig von der Temperatur ab: Abb. 1. Man kann die Netzwerkbildung deshalb nicht gut auf Gleichgewichte zwischen einer Assoziation über die üblichen Nebenvalenzkräfte und einer Dissoziation zurückführen (2). Gegen ein solches Modell spricht auch, daß man den Relaxationsprozeß nicht mit nur einer Relaxationszeit beschreiben kann (3). Man müßte verschieden stabile Assoziate annehmen. Ferner beobachtet man weitere mit einer Assoziation oder auch einer Schwarmbildung von Segmenten oder kurzen Kettenstücken unverträgliche Verhaltensweisen.

So wird das gummielastische Verhalten der Schmelzen erst oberhalb eines kritischen Molgewichts M^* (je nach Polymerem: $4 \cdot 10^3$ bis $2 \cdot 10^5$) ausgebildet (1) und zeigt schließlich einen vom Molgewicht unabhängigen Elastizitätsmodul G_r. Die Größe M^* läßt sich nun einerseits durch das Auftreten der Gummielastizität messen, wenn man ein Gesetz der Netzwerktheorie verwendet, das die Wirkung von Kettenenden auf den Modul G_r beschreibt (4) und auch bei vernetzenden Polymerisationen zur Berechnung der Gelierpunkte verwendet wird:

$$G_r = G_{r,\, M = \infty} \left(1 - \frac{2 M_{c,\varphi}}{M} \right) \qquad [1]$$

Es besagt, daß ein Netzwerk mit Netzbogenmolgewichten $M_{c,\varphi}$ erst gebildet werden kann, wenn das Molekulargewicht M_n der unverzweigten Moleküle größer als $2 M_{c,\varphi}$ ist. Hieraus folgt $M^* = 2 M_{c,\varphi}$.

Abb. 2 zeigt, daß die gemessenen Moduli von molekulareinheitlichen Polystyrolen Gl. [1] bestätigen (s. auch Text hinter Gl. [5]). Andererseits kann man $M_{c,\varphi}$ und damit auch M^* aus der Größe des Elastizitätsmoduls $G_{r,\, M = \infty}$ sehr hochmolekularer Schmelzen berechnen:

$$G_{r,\, M = \infty} = \frac{\varrho R T}{M_{c,\varphi}} = 2 N_v k T \qquad [2]$$

Beide Bestimmungsmethoden liefern innerhalb der Fehlergrenzen dieselben Werte für M^* bzw. $M_{c,\varphi}$. Gegen eine Assoziation von Kettenstücken im Sinne einer Schwarmbildung als Ursache der Gummielastizität spricht auch die Wirkung von Verdünnungsmitteln auf G_r. Zusätze von Lösungsmitteln vergrößern nachweislich das Netzbogenmolekulargewicht (6, 1). Wenn statistisch gebildete Kontakte zwischen je zwei Polymersegmenten zum Netzwerkaufbau führen, sollte der Modul annähernd dem Quadrat des Volumenbruches des Polymeren proportional sein (1). Das Experiment bestätigt das und aber auch die aus diesem Bild und Gl. [1] folgende Voraussage, daß

$M_{c,\varphi}$ bei der Konzentration $\varphi^{**} \approx \dfrac{2 M_{c,\varphi} = 1}{M_n}$ so

groß geworden ist, daß mit Molekülen des Molgewichts M_n kein Netzwerk mehr aufgebaut werden kann.

Der Modul fällt bei Verdünnung auf φ^* tatsächlich stark ab. Er sinkt aber dann noch nicht auf Null. Vielmehr verschwinden die besonderen Eigenschaften, die mit der Gummielastizität verknüpft sind, erst unterhalb einer Konzentration φ^*, bei der die Molekülknäuel gerade das Lösungsvolumen erfüllen (1). Dieser Befund spricht dafür, daß die geschilderten Stoffeigenschaften auf eine gemeinsame Ursache zurückgeführt werden können, nämlich einen von der Art der Nebenvalenzkräfte unabhängigen, konformativ bedingten Kontakt zwischen Kettenmolekülen, die viel größer als Segmente sind.

Abb. 2a) Auf Belastungszeiten von 3 ms extrapolierte und durch γ^2 ($\gamma=$Scherung$=0{,}445$) geteilte Normalspannungen $\sigma_{11} - \sigma_{22}$ (in Einheiten von 10^4 Pa) von molekulareinheitlichen Polystyrolen bei 150 °C in Abhängigkeit vom Molekulargewicht M.

b) Auf Belastungszeiten von 3 ms extrapolierte und durch $\gamma=0{,}445$ geteilte Scherspannungen δ_{12} in Einheiten von 10^5 Pa molekulareinheitlicher Polystyrole bei 150 °C in Abhängigkeit vom Molekulargewicht M. Aus dem Ordinatenabschnitt $G_{r,1,\infty}$ folgt mit Gl. [2] das Netzbogenmolekulargewicht M_c der Verhakung zu $1{,}5 \cdot 10^4$. Aus dem Abscissenabschnitt folgt mit Gl. [1] $M_c =1{,}5 \cdot 10^4$. ($\bar{X}$) ist der Meßwert eines Gemisches aus $M=2{,}2 \cdot 10^6$ und 25 Gew% $M=1{,}3 \cdot 10^4$.

c) Meßwerte der Abb. 2b) gemäß Gl. [5] aufgetragen. Die Steigung der Geraden liefert $M_c= 1{,}7 \cdot 10^4$.

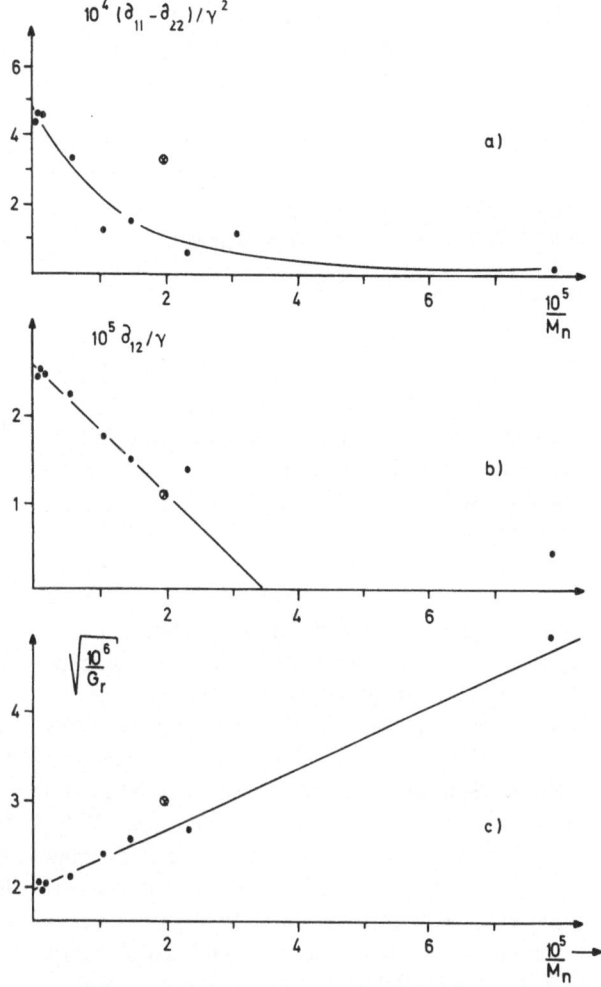

Molekulares Modell der Verhakung

In Lösungen und Schmelzen berühren sich tatsächlich oft Kettenstücke desselben oder verschiedener Moleküle und behindern sich bei der Bildung anderer Konformationen (1). Solche Kontakte führen zu um so stärkeren Behinderungen, d. h. Verlusten an Konformationsmöglichkeiten, je mehr ein Kontakt einer Verschlaufung oder Umschlingung (entanglement) der beiden Ketten ähnelt, d. h. je schwieriger die Ketten sich wieder voneinander lösen, je länger also der Kontakt besteht. Man kann die Lebensdauer eines Kontaktes über die Anzahl der Konformationsänderungen (Rotationen um Bindungen) der Ketten messen, die zur Auflösung des Kontaktes nötig sind. Die meisten Kontakte sind kurzlebig, werden also bei weichen Polymeren in Zeiten $t < 0{,}01$ s wieder gelöst. Besonders langlebige Kontakte entstehen aber, wenn jedes Molekül an

mehreren Stellen schwer zu lösende Kontakte gebildet hat, so daß ein weit über das Volumen des Moleküls hinausgehendes Netzwerk entsteht. Dann sind die als Netzpunkte wirkenden Kontakte in bestimmten, geometrisch definierbaren Fällen nicht mehr allein durch Konformationsänderungen der zu einem solchen Kontakt gehörenden Netzbögen (Kettenstücke zwischen Netzpunkten) zu lösen. Vielmehr müssen dann Konformationsänderungen der bisher betrachteten Netzbögen und der benachbarten, zu anderen Netzpunkten gehörenden Netzbögen kooperativ vor sich gehen. Solche kooperativen Prozesse sind selten und derartige Kontakte der Ketten deshalb langlebig. Wir bezeichnen langlebige Kontakte als Verhakungen.

Man kann nun mit Hilfe der Konformationsstatistik ausrechnen, welcher Anteil $W_{\alpha\beta}$ aller Kontakte als Verhakung angesehen werden kann (1). Gehen vom Kontakt vier Kettenstücke

(Netzbögen) mit den subchain-Vektoren A_1, A_2, B_1 und B_2 aus und enden in anderen Verhakungen, so daß die A_1 den zeitunabhängigen Winkel α und die B_1 den Winkel β miteinander bilden, so wird der Bruchteil $W_{\alpha\beta}$ aller Kontakte, die bei gegebenen α und β den dann noch möglichen Positionen der A_i und B_i entsprechen, nicht ohne kooperativen Prozeß gelöst.

$$W_{\alpha\beta} = \frac{8}{360^4} \, \alpha(180-\alpha)\,\beta(180-\beta) \qquad [3]$$

Mittelt man über alle α und β entsprechend ihrer statistischen Häufigkeit, so erhält man $W_{\alpha\beta} = 0{,}021$. Rund 2% aller Kontakte sind also Verhakungen, sofern die Moleküle so lang sind, daß sie an mehreren Stellen langlebige Kontakte gebildet haben, also das Korrekturglied $2M_c/M_n$ in Gl. [1] verschwindet.

Ersetzt man die volumenlos und anisotrop gedachten statistischen Segmente durch kompakte Kugeln, die das Segmentgewicht besitzen, so macht man einen Fehler, der bei dem augenblicklichen, noch groben Stand der Theorie erlaubt sein mag. Man kann dann unter der Annahme einer dichtesten Kugelpackung die Anzahl der Kontakte und mit dem Faktor 0,021 die Anzahl N_v der Verhakungen in 1 cm³ einer Polyäthylen-Schmelze berechnen (1). Alle derartigen Verhakungen sollten unabhängig von der Richtung einer evtl. applizierten Dehnung oder Scherung elastisch wirksam sein. Tatsächlich bestätigt der gemessene Relaxationsmodul diesen theoretischen Wert (1). Auch andere quantitative Befunde bestätigen dieses Bild.

So nehmen in Lösungen die Lösungsmittelmoleküle Positionen ein, die in Schmelzen von Segmenten besetzt werden. Dadurch sinkt die Anzahl der Kontakte und damit der Verhakungen im Einheitsvolumen. Die Verhakungszahl sollte deshalb proportional der Wahrscheinlichkeit des Zusammentreffens von Segmenten sein, also proportional φ^2. Das Experiment bestätigt dies (1).

Hat ferner ein Vinylpolymeres Seitengruppen, so daß seine Wiederholungseinheit ein Molvolumen V_g hat, das größer als das von Polyäthylen ($V_{g,PE}$) ist, so sollte man die Wirkung der Seitengruppen darin sehen können, daß sie ähnlich wie Lösungsmittelmoleküle Plätze besetzen, die sonst von Segmenten der Rückgratkette belegt werden. Die Verhakungsdichte N_v sollte also proportional $(V_g/V_{g,PE})^{-2}$ sein, wenn keine besonderen sterischen Hinderungen oder Assoziationen auftreten (1).

Das molekulare Modell liefert die Verhakungszahl als Bruchteil aller Kontakte. Diese Zahl aller Kontakte umfaßt auch die von unverhakten Ketten, so daß die Verhakungszahl nicht geändert wird, wenn man Konformationsänderungen erlaubt, also ein dynamisches Gleichgewicht von Verhakung und Enthakung zuläßt. Eine wichtige, bisher noch nicht quantitativ behandelte Korrektur des besprochenen Modells besteht aber darin, daß auch unverhakte Ketten(stücke) durch die in Verhakungen festgelegten Ketten(stücke) Konformationsbehinderungen erfahren (1). Liegt ein stabförmiges Hindernis in der Nähe der Mitte des Kettenendenvektors eines unverhakten Kettenstückes, so reduziert es die Zahl der möglichen Konformationen eines solchen Kettenstückes nahezu unabhängig davon, auf welcher Seite des Hindernisses es liegt (*S. F. Edwards*). Bei den häufigsten Fällen der Verhakungsstruktur (in unserem Modell $\alpha = 90°$, $\beta = 90°$) ist das Hindernis jedoch nicht stabförmig, sondern gekrümmt und der Verhakungspunkt liegt im Mittel und unabhängig vom Molgewicht der Kettenstücke weit vom Kettenendenvektor des unverhakten Kettenstückes entfernt. Dann wird das unverhakte Kettenstück wesentlich weniger behindert als das verhakte. Die Behinderung der unverhakten Kettenstücke sollte die z. B. für das Verdünnungsbestreben (s. weiter unten) wirksame Verhakungszahl erhöhen.

Eine bessere Anpassung an das Experiment erhält man (1), wenn man berücksichtigt, daß die Moleküle und Netzbögen keine idealen Knäuel bilden, sondern reale, deren Fadenendenabstand h um den Expansionsfaktor α größer ist als der der idealen. α_c hängt wegen der konzentrationsabhängigen Netzbogenlänge und aus anderen Gründen von φ ab. Die rechte Seite von Gl. [4] berücksichtigt die Konzentrationsabhängigkeit von $\alpha_{c,\varphi}$.

$$N_v = \frac{0{,}75 \cdot 10^{23}}{V_g^2} \cdot \varphi^2 \left(1 - \frac{2M_c}{M_n}\right) \left(\frac{\alpha_{c,\varphi}}{\alpha_{c,1}}\right)^3 \qquad [4]$$

Gl. [4] läßt Rückschlüsse auf den Modul G_r von langkettig verzweigten Polymeren zu. Haben Moleküle n Seitenketten des Molgewichts $M_s \ll M_c$, so tragen diese Seitenketten keine Verhakungen, erhöhen aber das mittlere Grundvolumen V_g auf $V_g\,(M+nM_s)/M$. Infolgedessen sinken N_v und G_r:

$$G_r = G_{r,l,\infty} \left(1 + \frac{nM_s}{M_n}\right)^{-2} \qquad [5]$$

$G_{r,l,\infty}$ ist der Modul von sehr großen ($M \gg 10 M_c$) unverzweigten Molekülen und V_g das Grundmolvolumen solcher Vinylpolymeren. Bei linearen Molekülen mit unverhakten Endstücken des Molgewichts $M_c/2$ ist $n = 2$ und $M_s = M_c/2$. Damit wird Gl. [1] eine Näherung von Gl. [5] für $M_c \ll M_n$. Abb. 2 b zeigt, daß Gl. [5] die Meßwerte besser wiedergibt als Gl. [1].

Über G_r läßt sich also die Anzahl der Kettenenden von molekular genügend einheitlichen Molekülen bestimmen und damit die Verzweigungsanalyse erweitern.

Relaxationsgeschwindigkeit:

Wichtige Einsichten und eine weitere Bestätigung der Theorie bringen auch Experimente und Überlegungen zum Relaxationsgeschehen und zum Fließen der Polymeren und ihrer Lösungen.

Zunächst sei das Verhalten bei kleinen Deformationen oder bei kleinen Schubspannungen oder Schergefällen besprochen. Der oben schon erwähnte kooperative Prozeß zur Lösung von Verhakungen und der damit verbundenen Entlastung eines Netzbogens erfolgt um so seltener, je weiter die Verhakung von jedem Kettenende der drei beteiligten Moleküle entfernt ist (7). Die maximale Relaxationszeit t_m im Bereich der gummielastischen Relaxation steigt deshalb mit dem Molgewicht M des Polymeren.

Bei Gemischen aus einheitlichen Polymeren verschiedenen Molgewichts findet man stufenförmige Kurven von $G_r = f(t)$ (t = Belastungszeit). Die obere Modulstufe ist unabhängig von der Zusammensetzung, weil dort große und kleine Moleküle gemeinsam ein Verhakungsnetzwerk aufbauen. Bei längeren Relaxationszeiten ist jedoch nur noch das Verhakungsnetzwerk aus großen Molekülen beständig und sein Modul proportional dem Quadrat des Volumenbruchs der hochmol. Molekelart (1). Bei Polymeren mit breiten Molgewichtsverteilungen ist also $G_r = f(t)$ eine flachere Kurve als bei solchen mit enger Verteilung. Diese Polymeren sind bei gleichem Gewichtsmittel M_w der Molekulargewichte bei Verformungen weicher und nachgiebiger als die mit engen M-Verteilungen.

Das Zeitgesetz der Relaxation muß nun bei molekular einheitlichen Polymeren berücksichtigen, daß ein Bogen von 6 Kettenenden (der drei Moleküle, die den Bogen bilden) her gelöst werden kann. Es ist deshalb eine Reihe aus M/M_c-Gliedern (*e*-Funktionen), die in die 3. Potenz er-

hoben ist (7), und unterscheidet sich von dem Zeitgesetz des mathematischen Maxwell-Wiechert-Modells der Relaxation.

Viskosität:

Die ständigen Konformationsänderungen der Moleküle führen ferner dazu, daß bei kleinen Schergeschwindigkeiten die Anzahl Enthakungen gedehnter Netzbögen gleich der Anzahl erneuter Verhakungen der ungedehnten Netzbögen und unabhängig von der Deformationskraft (Schubspannung σ_{12}) ist, so daß bei verschiedenen Dehnungen bis zur Belastungszeit t stets derselbe Prozentsatz der Rückstellkraft in der Zeiteinheit abgebaut, d. h. die relative Relaxationsgeschwindigkeit unabhängig von der Belastung ist. Sofern dabei auch noch die Dehnung der Netzbögen proportional der Schubspannung σ_{12} (Hooke-Bereich der Dehnung) ist, fließt das Polymere mit einer Geschwindigkeit, die der Schubspannung proportional ist; das Polymere fließt dann also wie eine Newton-Flüssigkeit mit einer von σ_{12} unabhängigen Viskosität.

Bueche hat außerdem theoretisch gezeigt, daß bei einem kooperativen Prozeß die Größe (M/M_c)^2 eine maßgebende Rolle spielt (8). Danach ist die Viskosität η_v der Schmelzen mit verhakten Molekülen größer als η, die der Schmelzen mit unverhakten Molekülen. η_v hängt auch stärker von M, φ und V_g ab als η (1).

Experimentell findet man angenähert (1) (für $\alpha_{c,\varphi} \sim 1$)

$$\eta_v = f(T - T_g) \cdot \frac{M^{3,5} \cdot \varphi^4}{V_g^{7,5}} \cdot 1,7 \cdot 10^{-5} \qquad [6]$$

$$\eta = f(T - T_g) \cdot \frac{M^{1,45}}{V_g^{3,5}} \, \varphi^2 \cdot 2,5 \cdot 10^{-4} \qquad [7]$$

$$\frac{\eta_v}{\eta} = 1,54 \cdot 10^{-2} \cdot \frac{M^2 \varphi^2}{V_g^4} = \left(\frac{M}{M_{c,\varphi}} \right)^2. \qquad [8]$$

η_v/η bestätigt also die Annahme eines kooperativen Mechanismus. $f(T - T_g)$ ist ein temperaturabhängiger Faktor, der die Segmentbeweglichkeit oberhalb der Einfriertemperatur T_g berücksichtigt, für jedes Polymere ermittelt werden muß und für genügend hohe T Werte um 1 annimmt.

Nichtlineare Viskoelastizität:

Bei höheren Belastungen treten anomale Deformationsgesetze auf, die zu nichtlinearer Relaxation, zu Strukturviskosität und zu Schmelzbruch führen:

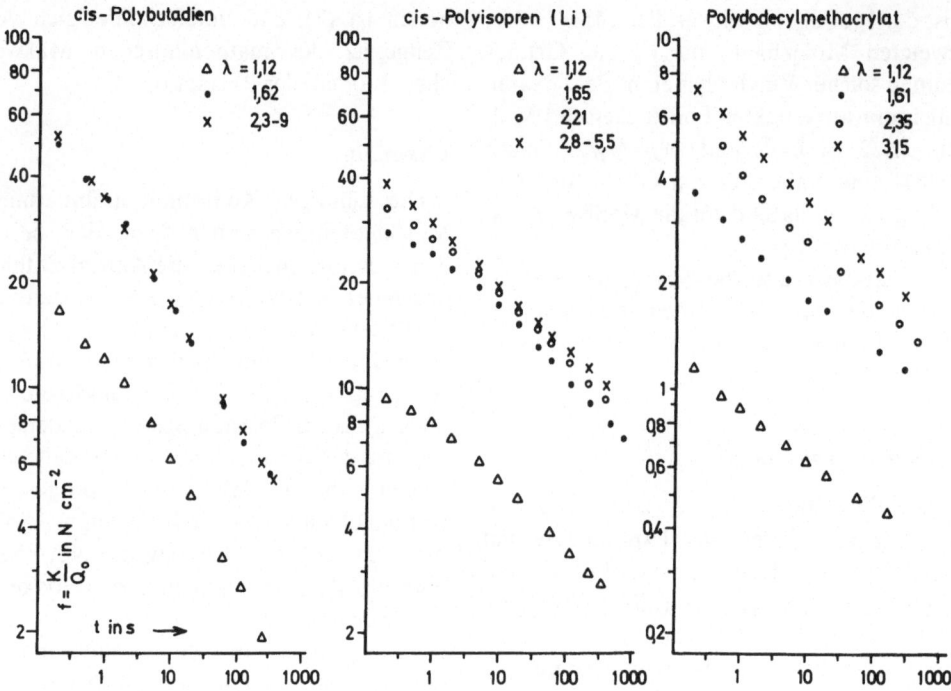

Abb. 3. Die Rückstellkräfte nach momentaner (≈ 5 ms) einachsiger Dehnung als Funktion der Belastungszeit t bei verschiedenen Dehnungen λ.

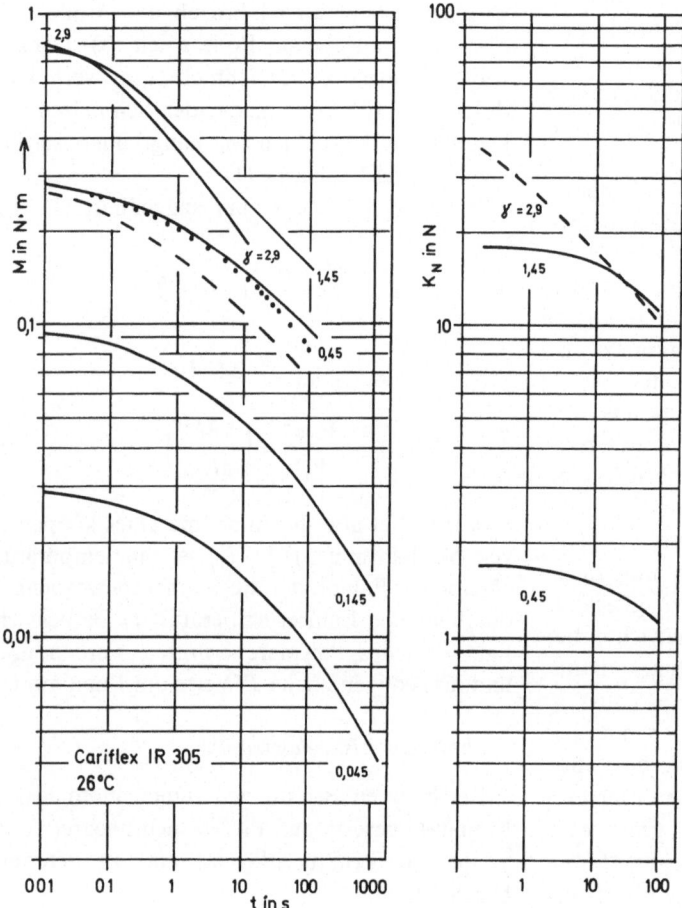

Abb. 4. Die Rückstellkräfte (Drehmomente) und Normalkräfte nach momentaner (< 30 ms) Scherung als Funktion der Belastungszeit t bei verschiedenen Scherungen bei Polyisopren Cariflex IR 305.

Abb. 5. Die Rückstellkräfte (Dreh-momente) und Normalkräfte nach momentaner (< 30 ms) Scherung als Funktion der Belastungszeit t bei verschiedenen Schubspannungen bei einer Polydodecylmethacrylatfraktion mit $M_v = 1,5 \cdot 10^6$ und $U \approx 0,3$. Die Zahlen an den Kurven sind die Scherungen γ.

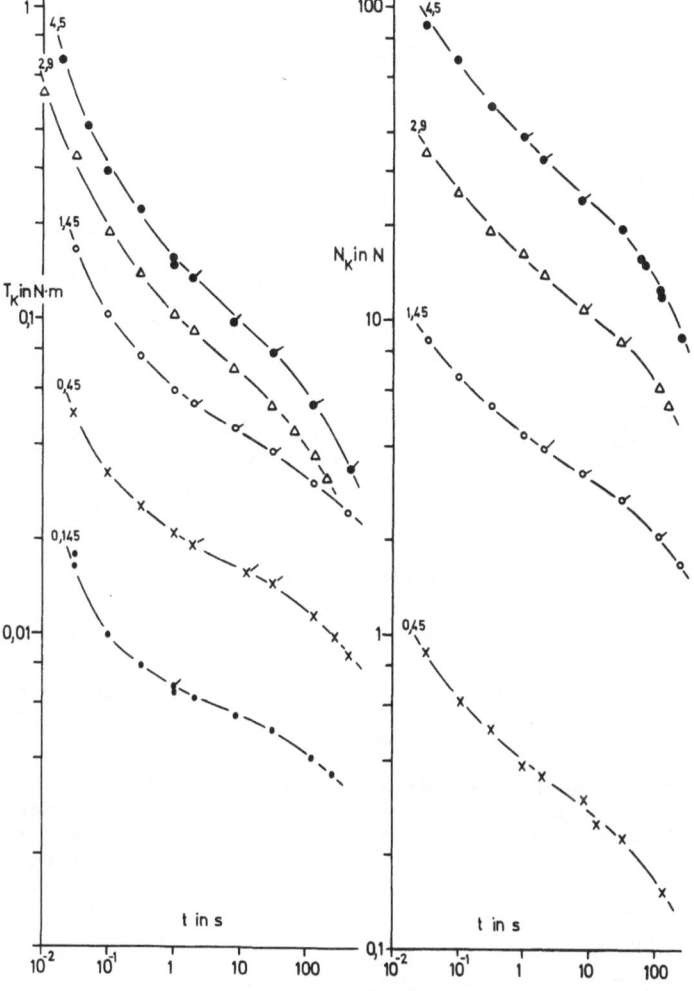

Schon das nichtlineare Dehnungsgesetz hoch-elastischer Stoffe kann Besonderheiten erzeugen. Relaxieren Bögen, die doppelt so stark gedehnt sind wie andere, so ist ihre Wirkung auf die Rückstellkraft stärker als doppelt so groß wie die der anderen. Eine weitere Ursache der nichtlinea-ren Relaxation könnte darin liegen, daß die Ge-schwindigkeit der Relaxation mit zunehmender Belastung im Sinne der Theorie von *Eyring* (9) zunimmt. Die Schubspannung σ_{12} soll danach die Aktivierungsenergie in Fließrichtung erniedrigen, wodurch die Viskosität proportional $\sinh \beta \cdot \sigma_{12}/\beta \cdot \sigma_{12}$ wird. Sie nähme also bei $\beta \cdot \sigma_{12} \approx 1$ stark mit wachsender Schubspannung ab, so daß man dann eine erhebliche Strukturviskosität messen müßte. Aus den experimentellen Werten der Schubspannung, bei denen die Strukturviskosität $\eta/\eta_{\sigma \to 0} < 0,7$ ist, kann man damit β und über $\beta = l^3/2\,kT$ die Sprunglänge l der aktivierten Sprünge von Polymersegmenten oder kleineren Ketten-stücken berechnen. Für cis-1,4-Polyisopren findet

man mit $\sigma_{12} = 1,5 \cdot 10^5$ Pa so $l = 4 \cdot 10^7$ cm. Diese viel zu große Sprunglänge läßt vermuten, daß die gemessene Strukturviskosität andere Ursachen hat und die von der Eyring-Theorie geforderte Strukturviskosität erst bei sehr viel größeren Schubspannungen auftreten kann.

Die vorstehende Diskussion legt nahe, beim Studium der nichtlinearen Viskoelastizität zu-nächst das Zeitgesetz der Relaxation bei ver-schiedenen Dehnungen λ oder Scherungen γ zu untersuchen.

Die Abb. 3 – 5 zeigen, daß bei einachsiger Dehnung die Dehnung λ keinen merklichen Ein-fluß auf das Zeitgesetz der Spannungsrelaxation hat. Dasselbe gilt bei Scherversuchen bis zu Scherungen um $\gamma = 1$, so daß wir auch auf Grund dieser Befunde annehmen dürfen, daß die oft an-genommene (10) Beschleunigung der Enthakung und damit der Relaxation durch die Schubspan-nung nach der Eyring-Theorie der Strukturvisko-sität erst bei viel größeren Spannungen auftritt.

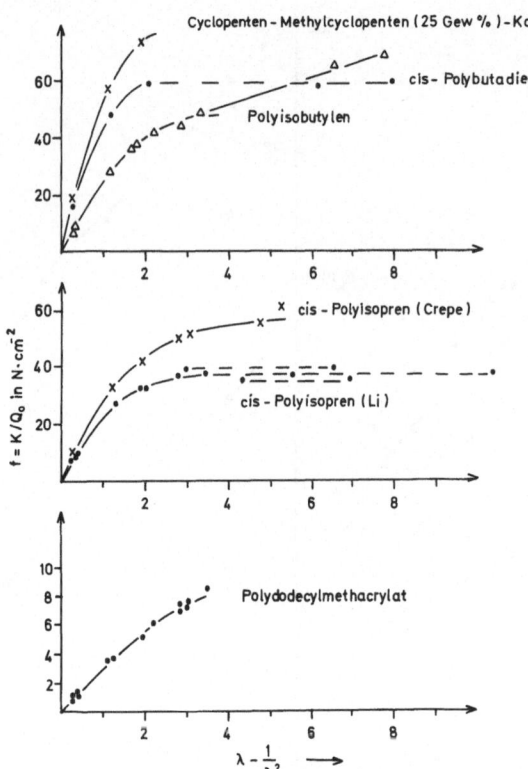

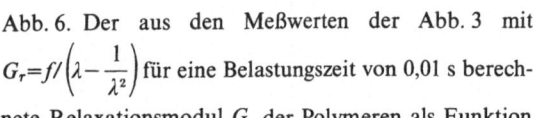

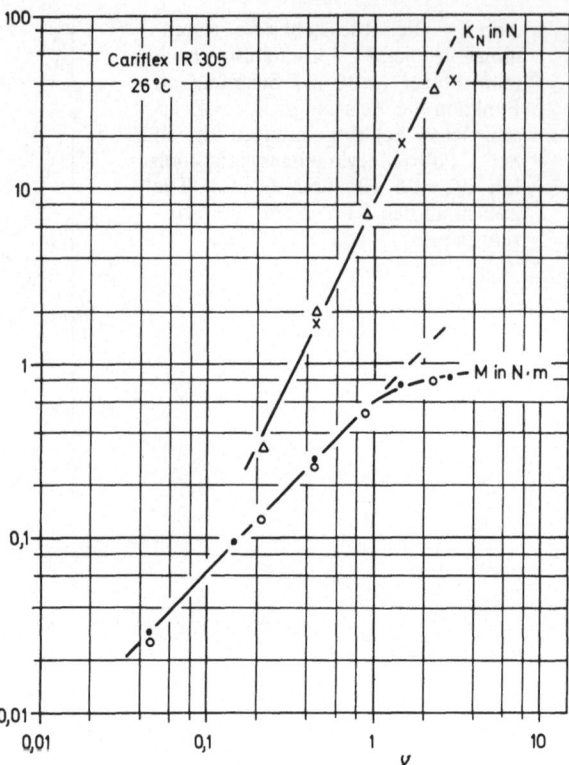

Abb. 6. Der aus den Meßwerten der Abb. 3 mit $G_r = f / \left(\lambda - \dfrac{1}{\lambda^2} \right)$ für eine Belastungszeit von 0,01 s berechnete Relaxationsmodul G_r der Polymeren als Funktion des Dehnungsverhältnisses λ. $f =$ Rückstellkraft/Querschnitt der ungedehnten Probe.

Abb. 7. Scherkräfte (Drehmomente M) nach einer Belastungszeit $t = 0,01$ s und Normalkräfte K_N nach 0,1 s nach momentaner (< 10 ms) Scherung als Funktion der Scherung γ bei Polyisopren Cariflex IR 305.

Bei Scherungen auf $\gamma > 1$ erfolgt die Relaxation allerdings oft anomal schnell. Mißt man aber möglichst rasch danach die Relaxation nach kleiner Scherung, so ist auch diese anomal schnell (gestrichelte Kurve in Abb. 4, links). Nach langer Wartezeit ist aber das Zeitgesetz der Relaxation bei kleiner Scherung wieder normal. Offenbar hat sich also die Probe bei starker Scherung von den Metallflächen der Scherapparatur gelöst.

Weder durch starke Dehnung noch durch starke Scherung wird demnach innerhalb der Polymeren die Relaxation merklich beschleunigt. Dagegen beobachtet man, daß die Rückstellkräfte bei starken Verformungen auch bei kürzester Zeit niedriger sind als erwartet. Der aus ihnen berechenbare Relaxationsmodul G_r nimmt mit wachsender Dehnung ab: Abb. 6. Dieses Verhalten findet man bei mehreren Polymerarten. Auch die Scherspannung ist bei großen Scherungen nicht mehr proportional der Scherung, obschon die Normalspannungen anzeigen, daß tatsächlich die gewünschten großen Scherungen erreicht

wurden: Abb. 7. Diesen Befund findet man wieder bei mehreren Polymeren, z. B. Polyäthylen, Polyisopren, Polystyrol.

Die bei Gl. [3] diskutierte molekulare Vorstellung liefert dafür eine Erklärung (1). Dehnt man nämlich ein Verhakungsnetzwerk elastisch, so ändert man die Winkel α und β zwischen den Kettenvektoren A_i bzw. B_i, die von einer Verhakung ausgehen. Dadurch sinkt $W_{\alpha\beta}$ auf einen Wert $f_\lambda \cdot W_{\alpha\beta, \lambda = 1}$. Aus geometrischen Gründen, also momentan, nimmt deshalb die Zahl der elastisch wirkenden Verhakungen auf den Bruchteil f_λ ab.

Man kann ferner berechnen, wie sich die Vektorlängen der an einer Verhakung beteiligten Netzbögen bei einachsiger Dehnung der Probe ändern, wenn die Winkel die Werte α und β annehmen.

Die Quotienten $L_A = (A_{1,\lambda} + A_{2,\lambda})/(A_{1,1} + A_{2,1})$ und die Winkel sind für verschiedene Dehnungsrichtungen zusammen mit den Häufigkeiten $\cos \varphi$ solcher Fälle in Abb. 8 angegeben. Wir nehmen nun an, daß eine Verhakung nur dann durch

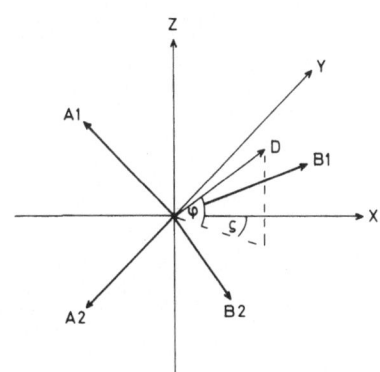

Für λ = 2 und $\alpha_{\lambda=1} = \beta_{\lambda=1} = 90°$:

ζ= φ=	0° bis 22°	22° bis 45°	45° bis 67°	67° bis 90°	$\overline{\cos\varphi}$
0° bis 22°	α = 50° L_A = 1,40 β = 44° L_B = 1,40	60° 1,18 78° 1,31	72° 0,90 112° 1,40	90° 0,79 138° 1,46	0,96
22° bis 45°	78° 1,35 54° 1,30	92° 1,22 80° 1,22	98° 1,08 108° 1,24	110° 1,02 128° 1,29	0,82
45° bis 67°	104° 1,37 68° 1,02	112° 1,33 86° 0,98	120° 1,31 102° 1,00	128° 1,29 116° 1,02	0,55
67° bis 90°	130° 1,47 80° 0,78	132° 1,47 87° 0,78	134° 1,46 94° 0,78	138° 1,46 98° 0,78	0,20

Abb. 8. Für eine einachsige Dehnung auf λ = 2 und für verschiedene Dehnungsrichtungen D berechnete Winkel α zwischen den Vektoren A_1 und A_2 sowie β zwischen B_1 und B_2. Die Zahlen L_A sind das Verhältnis der Vektorlängen $(A_1+A_2)_\lambda$ zu $(A_1+A_2)_{\lambda=1}$. Bei λ = 1 liegt die Ebene der A_i, in der xz-Ebene und die der B_1 in der xy-Ebene. Ferner ist $\alpha_{\lambda=1} = \beta_{\lambda=1} = 90°$ angenommen. Die Dehnungsrichtung wird durch den Winkel ζ zwischen ihrer Spur in der xy-Ebene und der x-Achse sowie den Winkel φ zwischen dieser Spur und D charakterisiert. Die Spalte cos φ gibt die relative Häufigkeit an, mit der die Winkel φ auftreten, wenn die Häufigkeit der ζ konstant ist.

die Verformung wegen Gl. [4] elastisch inaktiv wird, wenn die Winkel α und β zwischen den Vektoren erheblich von 90° abweichen und zugleich die relativen Vektorlängen L_A und/oder L_B nicht entsprechend größer als 1 sind, die Ketten also nicht viel stärker gespannt sind als vorher. Eine Inaktivierung der Verhakungen kann aber auch noch eintreten, wenn α und/oder β nahe bei 90° liegen, aber die Ketten gestaucht werden (L_i < 1). Ohne genauere Formulierung der Grenzbedingungen kann man nur abschätzen, daß bei λ = 2 die Verhakungen in etwa 60% der Fälle (in den Quadraten 11, 12, 21, 22, 23, 31, 32) erhalten bleiben. Eine genauere und geschlossene Berechnung wurde nicht vorgenommen, weil dieser An-

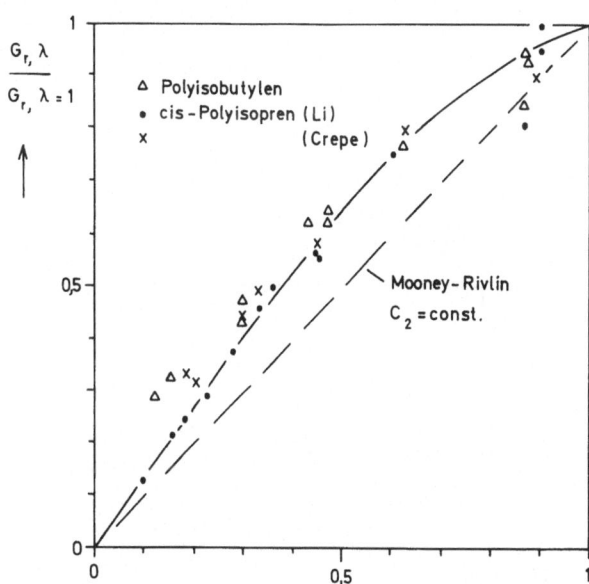

Abb. 9. Die experimentell ermittelten G_r der Abb. 6 als Funktion von 1/λ. Die Theorie von *Mooney* und *Rivlin* (11) fordert die gestrichelte Linie. Polyisobutylen (△), Oppanol B 200 Polyisopren (Li)(·), $M = 1,6 \cdot 10^6$, $U \approx$ 0,1, Naturkautschuk (Crepe) (×), $M = 1,3 \cdot 10^6$ cis-1,4-Polybutadien, $M \approx 1,3 \cdot 10^5$, Polydodecylmethacrylat, $M = 1,8 \cdot 10^6$.

satz noch nicht berücksichtigt, daß die Verhakungsnetzwerke der Polymeren so aussehen, daß ein Netzbogen nicht zum räumlich nächsten Netzpunkt führt, sondern zu einem weiter entfernten (7, 1). Deformiert man solche Netzwerke, so stoßen (bei λ = 1 unverhakte) Kettenteile an Netzpunkte oder an andere Ketten in einer solchen Weise, daß neue Verhakungen entstehen und die Netzdichte um einen Faktor γ_λ ansteigt.

Wir verwenden deshalb die experimentellen Dehnungsabhängigkeiten von G_r und tragen sie nach *Mooney* und *Rivlin* (11) über 1/λ auf: Abb. 9. Man erkennt, daß die Erweiterung der phänomenologischen Theorie der Elastizität durch *Mooney* und *Rivlin* (11) die Dehnungsabhängigkeit von G_r nicht richtig beschreibt. Anstatt der Diagonalen in Abb. 9 erhält man eine krumme Kurve, die man nur schwer auf λ = ∞ zum Ordinatenabschnitt 0 extrapolieren kann. Nun überrascht uns auch nicht mehr, daß selbst bei Scherversuchen G_r von γ abhängt, obschon die obengenannte Theorie das verneint. Die molekulare Vorstellung von einer geometrisch bedingten Inaktivierung der Verhakungen durch die Deformation läßt dagegen diese Befunde zumindest halbquantitativ verstehen.

Die Enthakung hat nun auch Konsequenzen für das Fließen der Polymeren und ihrer konzen-

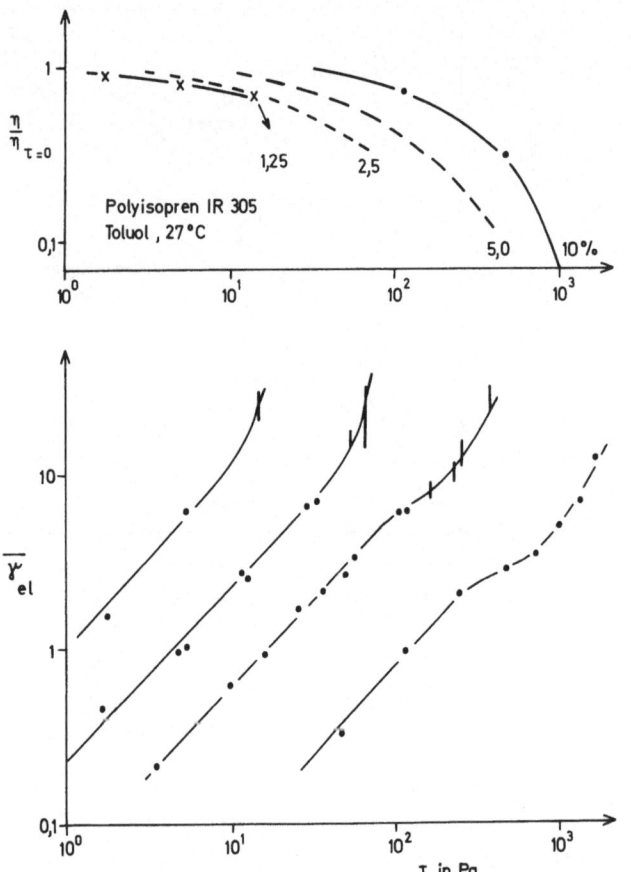

Abb. 10. Die Viskositätsverhältnisse $\eta_\delta/\eta_{\delta=0}$ und die aus den Normalkräften mit Hilfe von Abb. 7 berechneten mittleren elastischen Dehnungen $\bar{\gamma}_{el}$ als Funktion der Scherspannung beim Fließen von Polyisoprenlösungen bei RT.

trierten Lösungen. Bei Scherbeanspruchungen treten außer Scherspannungen σ_{12} auch Normalspannungen σ_N auf, wenn die polymeren Schmelzen oder Lösungen elastische Anteile der Verformungskräfte aufweisen. So ist in Schmelzen $\sigma_N \sim 0$, wenn $M < M^+$, und in Lösungen, wenn $\varphi < \varphi^+$. Abb. 7 zeigt, daß bei Spannungsrelaxationen nach momentaner Scherung bei einer Belastungszeit von $t = 0{,}01$ s die Normalspannung σ_N proportional γ^2 steigt. Die Proportionalitätskonstante hängt dabei nicht wesentlich vom Molgewicht M ab. Man kann deshalb derartige Eichmessungen dazu benutzen, aus gemessenen σ_N die elastische Deformation $\bar{\gamma}_{el}$ zu bestimmen, beispielsweise aus den Normalkräften, die man beim Fließen der Polymeren mißt. In Abb. 10 ist die so ermittelte elastische Scherung $\bar{\gamma}_{el}$ in Polyisoprenlösungen über der Schubspannung σ_{12} aufgetragen. Außerdem zeigen die oberen Kurven der Abb. 10 die Größe $\eta_\sigma/\eta_{\sigma\to 0}$ als Funktion von σ_{12}. Man erkennt, daß die elastische Scherung mit σ_{12} zunimmt und immer dann Strukturviskosität (also $\eta_\sigma/\eta_{\sigma\to 0} < 1$) einsetzt, wenn $\bar{\gamma}_{el}$ größer als etwa 2 wird. Das können wir mit unserer Vorstellung

von einer Enthakung bei starker Deformation verstehen. Deshalb wundern wir uns auch nicht, wenn die Schubspannung σ_w, bei der $\log \eta$ als Funktion von $\log \sigma_{12}$ am stärksten absinkt, unabhängig von M ist (1). Sie ist ja eine Eigenschaft der Verhakungsnetzwerke und nicht der Einzelmoleküle, nämlich die elastische Spannung, die notwendig ist, um eine elastische Deformation zu erzeugen, bei der die Verhakungsdichte mit wachsendem γ absinkt. Insoweit als derartige Scherungen nach Abb. 7 bei etwa $\gamma = 1$ liegen, sollte die dazu nötige Scherspannung σ_{12} wegen $\sigma_{12} = G_r \cdot \gamma$ ungefähr die Größe des Relaxationsmoduls besitzen. Abb. 11 bestätigt dies. $\sigma_w \approx G_r$ ist also nach Gl. [4] in Übereinstimmung mit dem Experiment (1) proportional γ^2/V_g^2. Diese Befunde sind mit der Vorstellung der Eyring-Theorie der Strukturviskosität nicht zu verstehen, wohl aber mit denen der Verhakungstheorie.

Nimmt der Relaxationsmodul durch die hohe elastische Deformation der fließenden Polymeren schließlich so weit ab, daß die Rückstellkraft unabhängig von der Scherung wird, so ist die Scherung nicht eindeutig mit der Scherkraft ver-

Abb. 11. Die im Wendepunkt der Kurven log η über log σ gemessenen σ_w als Funktion der bei $t=0,01$ s gemessenen Relaxationsmoduli G_r.

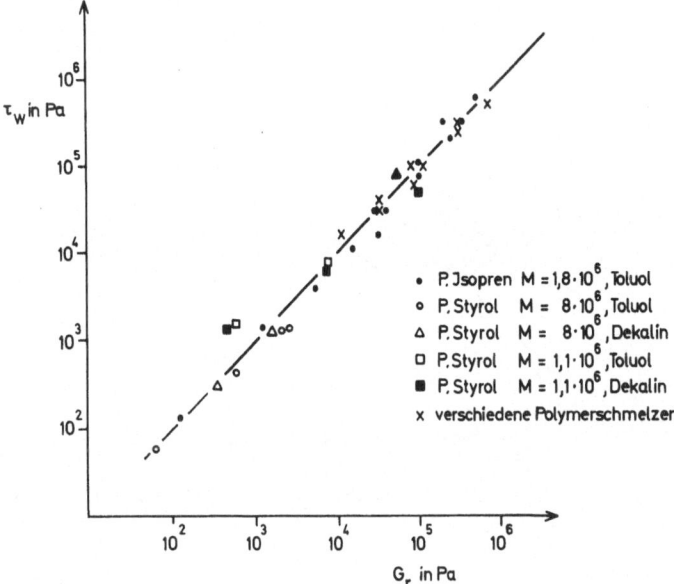

knüpft. Dann können wie bei den Dehnungsexperimenten der Abb. 6 auch bei Scherexperimenten verschiedenartige Scherungen bei derselben Scherkraft auftreten. Das kann allein oder zusammen mit einem Lösen des Polymeren von den Scherflächen zu dem Phänomen Schmelzbruch führen. Dabei tritt ein unregelmäßiges Fließen ein, bei dem extrudierte Stränge rauhe Oberflächen haben, also beim Verlassen der Düse örtlich verschiedene Dehnungen besitzen. Bei derartig starken Dehnungen beim Verformen bestimmen dann Inhomogenitäten der Spannungsverteilung in den Proben die Dehnungsverteilung.

Verhakung in vernetzten Polymeren:

Bei hauptvalenzmäßig vernetzten Polymeren spielt das Verhakungsnetzwerk eine um so größere Rolle, je schwächer das Polymere vernetzt ist. Bei schwach bis normal vernetzten Proben werden die Rückstellkräfte bei Belastungszeiten unter etwa 3 s fast nur vom Verhakungsnetzwerk erstellt und erst bei langen Zeiten in wesentlichem Ausmaß vom Hauptvalenznetzwerk (1). Die genauen Anteile beider Netzwerke an der Rückstellkraft können bei mittleren und langen Zeiten noch nicht sicher angegeben werden, weil die Auswertung nach *Mooney-Rivlin* unsicher ist. So zeigt Abb. 12, daß eine den Befund der Abb. 9 berücksichtigende Extrapolation über $1/\lambda^{2/3}$ auf $\lambda=\infty$ eine Hauptvalenz-Vernetzungsdichte $2 C_1$ liefert, die nahezu unabhängig von der

Meßweise ist, während das bei Extrapolation über $1/\lambda$ nicht erreicht wird. Immerhin zeigen die nach Abb. 12a oder 12b ermittelten C_2 (Ordinatenabschnitt bei $\lambda=1$ ist $2 C_1+2 C_2$), daß sie stark von den Dehngeschwindigkeiten (d. h. den Belastungszeiten) abhängen und durch Quellung stark reduziert werden (12). Sie messen den Anteil der Verhakungen beim Aufbau von Rückstellkräften. Noch nicht genügend geklärt ist, inwieweit zwischen Hauptvalenzvernetzungen eingeschlossene Verhakungen zur Rückstellkraft und zum Relaxationsverhalten beitragen. Jedenfalls verursachen Verhakungen bei allen Versuchen zur Charakterisierung von Netzwerken durch Elastizitätsmessungen Zeiteffekte, die schwer zu korrigieren sind. Besonders wichtig ist die Änderung der Länge der unbelasteten Probe durch die Belastung (12).

Einfluß der Verhakung auf thermodynamische Größen:

Wenn Schmelzen oder Lösungen durch eine Verhakung der Moleküle gummielastisch werden, also ein entropisch bedingtes Erinnerungsvermögen besitzen, und die Verhakungsdichte von der Konzentration abhängt, muß beim Verdünnen solcher Netzwerke eine Entropieänderung ΔS auftreten, die von der Entropieänderung für Lösungen ohne Verhakungen abweicht.

Die bisher abgeleitete Beziehung für den osmotischen Druck kann so formuliert werden, daß

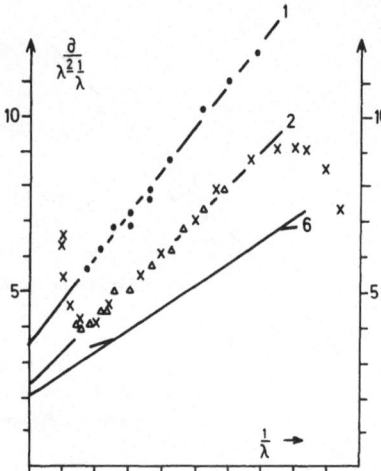

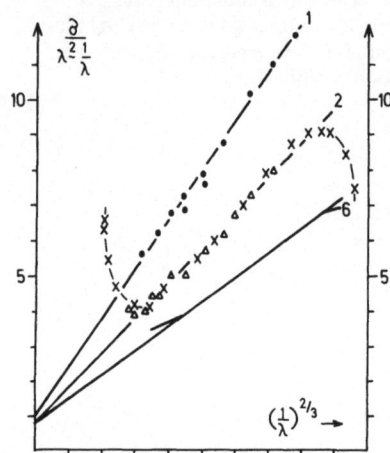

Abb. 12a. Gemäß der Theorie von *Mooney* und *Rivlin* aufgetragene Moduli $\sigma/(\lambda^2 - (1/\lambda))$ über $1/\lambda$. σ ist die durch den Querschnitt der gedehnten Probe geteilte Dehnungskraft von NBR-Vulkanisaten bei verschiedenen Dehngeschwindigkeiten (12). $d\lambda/dt$ in s^{-1}. Kurve 1: $\lambda = 13$; Kurve 2: $\lambda = 1,25$; Kurve 6: $\lambda = 1,25 \cdot 10^{-3}$. $\sigma/\left(\lambda^2 - \dfrac{1}{\lambda}\right)$ in Pa $\cdot 10^{-5}$.

Abb. 12b. Dieselben Meßwerte wie in a) über $1/\lambda^{2/3}$ aufgetragen, um näherungsweise die Krümmung der Kurve in Abb. 6 zu berücksichtigen. Im Gegensatz zu a) führt diese Extrapolation zu Netzwerkdichten der Hauptvalenzvernetzung (linker Ordinatenabschnitt), die von der Meßweise nicht mehr abhängen.

außer den meßbaren Größen $G_{r,\varphi}$, $d \ln G_{r,\varphi}/d \ln \varphi$ und φ^{++} ($\approx 2M_{c,1}/M_n$) nur noch die Segmentzahl $Z_{c,1} = Z/m_1$ der Netzbögen (bei $\varphi = 1$) auftritt. Man kann abschätzen, daß $Z_{c,1}$ unabhängig von der chemischen Natur des Polymeren einen Wert um 10 bis 20 hat (1). Seine Unsicherheit bringt im berechneten Wert des osmotischen

Druckes nur einen Fehler von rund 10%, weil Z_c logarithmiert wird und dann als Teil einer viel größeren Summe auftritt. Die Ableitung verwendet die folgenden Beziehungen:

$$G_{r,\varphi} = \frac{\varrho RT}{M_{c,\varphi}} - \frac{2\varrho RT \varphi}{M_n} \approx \frac{\varrho RT}{M_{c,\varphi}} - \frac{\varphi^{**}}{\varphi} \cdot G_{r,\varphi} \qquad [9]$$

$$m_\varphi \equiv \frac{M}{M_{c,\varphi}} = m_1 \cdot \frac{M_{c,1}}{M_{c,\varphi}} \approx \frac{m_1}{\varphi} \cdot \frac{G_{r,\varphi}\left(1 + \dfrac{\varphi^{**}}{\varphi}\right)}{G_{r,1}(1+\varphi^{**})} = m_1 \cdot \left(\frac{\alpha_{c,\varphi}}{\alpha_{c,1}}\right)^3 \cdot \varphi \qquad [10]$$

Damit erhält man in der bekannten Weise die Entropiedifferenz zu

$$S_\varphi - S_1 \approx k N_2 \left\{ m_1 \left[\frac{G_{r,\varphi}\left(1 + \dfrac{\varphi^{**}}{\varphi}\right)}{G_{r,1}\varphi(1+\varphi^{**})} - 1 \right] \cdot \left[\ln 0,074 - 1,5 \ln \frac{Z}{m_1} - \ln \alpha_{c,1}^3 \right] + \left[m_1 \cdot \frac{G_{r,\varphi}\left(1 + \dfrac{\varphi^{**}}{\varphi}\right)}{G_{r,1} \cdot \varphi(1+\varphi^{**})} - 1 \right] \cdot \right.$$
$$\left. \left[1,5 \ln \frac{G_{r,\varphi}\left(1 + \dfrac{\varphi^{**}}{\varphi}\right)}{G_{r,1}\varphi(1+\varphi^{**})} - \ln \frac{G_{r,\varphi}\left(1 + \dfrac{\varphi^{**}}{\varphi}\right)}{G_{r,1}\varphi(1+\varphi^{**})} \right] \right\}. \qquad [11]$$

Man setzt nun diesen Wert in die Beziehung für die freie Mischungsenthalpie ein und differenziert partiell (1). Dabei benötigt man den Ausdruck

$$\left[\delta \left\{ \frac{G_{r,\varphi}\left(1 + \dfrac{\varphi^{**}}{\varphi}\right)}{G_{r,1}(1+\varphi^{**})} \right\} \middle/ \delta N_1 \right]_{N_2} = - \frac{V_1}{N_2 V_2} \cdot \frac{G_{r,\varphi}}{G_{r,1}(1+\varphi^{**})} \left(\frac{d \ln G_{r,\varphi}}{d \ln \varphi} - 1 \right) \qquad [12]$$

und erhält mit den oben angegebenen Näherungen

$$
p_{osm} \approx \frac{RT}{V_1}\left(\frac{1}{2}-\chi_1\right)\varphi^2 + \frac{RT}{V_1}\cdot\frac{N_2 m_1 V_1}{V_2 N_2}\cdot\left\{\frac{G_{r,\varphi}}{G_{r,1}(1+\varphi^{**})}\left(\frac{d\ln G_{r,\varphi}}{d\ln\varphi}-1\right)\left[1{,}5\ln Z_{c,1}+\right.\right.
$$

$$
+\ln\alpha_{c,1}^3 - \ln 0{,}074 - \left[\frac{G_{r,\varphi}\left(1+\dfrac{\varphi^{**}}{\varphi}\right)}{G_{r,1}(1+\varphi^{**})}-\frac{\varphi}{m_1}\right]\left[1-\frac{0{,}5}{\left(1+\dfrac{\varphi^{**}}{\varphi}\right)}\left(\frac{d\ln G_{r,\varphi}}{d\ln\varphi}-1\right)\right]-
$$

$$
-\left[\ln\varphi+0{,}5\ln\frac{G_{r,\varphi}\left(1+\dfrac{\varphi^{**}}{\varphi}\right)}{G_{r,1}\varphi(1+\varphi^{**})}\right]\left[\frac{G_{r,\varphi}}{G_{r,1}(1+\varphi^{**})}\left(\frac{d\ln G_{r,\varphi}}{d\ln\varphi}-1\right)\right]\right\}\right\}. \qquad [13]
$$

Mit $m_\varphi = 2$ bei φ^{**} ist $m_\varphi \approx 2\cdot\varphi/\varphi^{**}$ und man erhält

$$
p_{osm} \approx \frac{RT}{V_1}\left(\frac{1}{2}-\chi_1\right)\varphi^2 + G_{r,\varphi}\left(\frac{d\ln G_{r,\varphi}}{d\ln\varphi}-1\right)
$$

$$
\cdot\left\{1{,}5\ln Z_{c,1}+\ln\alpha_{c,1}^3-\ln 0{,}074-1{,}5\ln\varphi\right. \qquad [14]
$$

$$
\left.-0{,}5\ln\frac{G_{r,\varphi}\left(1+\dfrac{\varphi^{**}}{\varphi}\right)}{G_{r,1}(1+\varphi^{**})\varphi^2}-0{,}5\frac{\left(1-\dfrac{\varphi^{**}}{2\varphi}\right)}{1+\dfrac{\varphi^{**}}{\varphi}}+\frac{1-\dfrac{\varphi^{**}}{2\varphi}}{\left(\dfrac{d\ln G_{r,\varphi}}{d\ln\varphi}-1\right)}\right\}.
$$

$\alpha_{c,1}$ ist der Expansionsfaktor der Netzbogen-knäuel bei $\varphi=1$ und sicher nahe bei 1. Ferner ist die Summe der drei letzten Glieder für $\varphi > 3\varphi^{**}$ klein gegen die Summe der anderen Glieder der großen Klammer (z. B. $<0{,}3$ gegen 10), so daß Fehler bei der Bestimmung von φ^{**} keinen starken Einfluß auf den berechneten osmot. Druck haben. Sein Fehler wird also vor allem durch die experimentellen Fehler von $G_{r,\varphi}$ und $d\ln G_{r,\varphi}/d\ln\varphi$ bestimmt und dürfte damit bei etwa $\pm 20\%$ liegen.

Vergleicht man die experimentellen p_{osm} mit denen, die den Gliedern der Gl. [14] entsprechen, so erkennt man, daß bei $\varphi=0{,}1$ der auf der Verhakung basierende Druck fast genau mit dem experimentellen Wert übereinstimmt, also χ_1 nahe bei 0,5 liegen muß. Da $G_{r,\varphi}$ aber nahezu proportional φ^2 ist, kann man die Experimente auch dann noch mit einem scheinbaren $\chi_{1,eff}$ darstellen, wobei man dessen Wert dann zu $<0{,}5$ findet.

Die Verhakung wirkt nicht nur auf p_{osm}, sondern auch auf die anderen kolligativen Größen, die Diffusion und die Lichtstreuung $R(1)$. So wird R oberhalb der oben erwähnten kritischen Konzentration φ^* nahezu unabhängig von φ.

Wir stellen also fest, daß die molekulare Vorstellung von einer Verhakung der Fadenmoleküle viele Eigenschaften der Polymeren und ihrer Lösungen zwanglos und oft schon quantitativ erklärt.

Zusammenfassung

Die Verhakungen („entanglement") fadenförmiger Makromoleküle beeinflussen viele Eigenschaften der Schmelzen und Lösungen. Die molekulare Vorstellung führt zu quantitativen Voraussagen über die Abhängigkeit der Verhakungszahl von der chemischen Art des Polymeren, seinem Molgewicht, seiner Konzentration und seinem Deformationszustand. So mißt der Modul im Gummibereich der Relaxation verzweigter Polymerer die Anzahl Endgruppen des Verhakungsnetzwerkes und damit der konstituierenden Moleküle.

Größere Dehnungen oder Scherungen haben keinen meßbaren Einfluß auf die Relaxationsgeschwindigkeit, sofern dabei das Polymere an den scherenden Flächen haftet. Sie erniedrigen aber aus geometrischen Gründen die Zahl der elastisch wirkenden Verhakungen. Diese Modulabnahme ist eine der physikalischen Ursachen der nichtlinearen Viskoelastizität und der Abweichungen von den idealen Deformationsgesetzen vernetzter Polymerer. Sie folgt nicht der von *Mooney* und *Rivlin* formulierten Dehnungsabhängigkeit (C_2-Term).

Ihr Einfluß auf die Vorgänge des Relaxierens und des Fließens führt zu sehr einfachen Beziehungen für die Stärke der Strukturviskosität und die Größe der Schubspannung, bei der eine genügend große elastische Dehnung der fließenden Polymeren und damit Strukturviskosität eintreten.

Die Konformationsbeschränkung durch Verhakung liefert quantitative Aussagen über den osmotischen Druck, die Lichtstreuung und andere thermodynamische Eigenschaften von Lösungen, die Verhakungsnetzwerke ausbilden. Die kritischen Konzentrationen, oberhalb denen Verhakungsnetzwerke vorliegen, sind Funktionen des Molgewichts.

Summary

Entanglements of threadlike macromolecules influence many properties of melts and of solutions. A molecular model leads to quantitative predictions for the dependence of the entanglement number on the chemical nature of the polymer, its molecular weight, its concentration and its state of deformation. Thus the modulus in the rubbery region of the relaxational behaviour of branched molecules measures the number of endgroups of the entanglement network and thus of the constituting molecules.

Larger strains or shears have no measurable influence on the velocity of relaxation, if the polymer adheres to the shearing plates. But from geometrical reasons they reduce the number of elastically efficient entanglements. This decrease of the modulus is one of the physical causes of nonlinear viscoelasticity and of the deviations from the ideal laws of deformation derived for main-valence networks. It does not follow the law, which has been postulated by *Mooney* and *Rivlin* for its dependence on strain (C_2-term). Its influence on the processes of relaxation and flow leads to very simple expressions for the magnitude of the non-Newtonian flow and of the shear stress which gives rise to as large elastic deformations of the flowing polymer as are needed for non-Newtonian viscosity.

The conformational constraints due to entanglements may be calculated and give quantitative predictions for the osmotic pressure, the light scattering power and other thermodynamic properties of solutions having entanglements networks. The critical concentrations, above which entanglement networks exist, are functions of the molecular weight.

Literatur

1) *Hoffmann, M.:* Angewandte Chemie **89**, 773 – 788 (1977).
2) *Furukawa, J., H. Inagaki:* Kautsch. Gummi, Kunststoff **29**, 744 (1976).
3) *Tobolsky, A. v.:* Mechan. Eigenschaften und Struktur von Polymeren, Berliner Union, Stuttgart 1967, S. 157.
4) Zitat 3), S. 125.
5) *Schwarz, J.:* Kolloid-Z. **251**, 215 – 224 (1973).
6) *Bueche, F.:* Physical Properties of Polymers, Interscience Publ. New York, 1962, S. 73.
7) *Hoffmann, M.:* Rheol. Acta **6**, 92, 377 (1967).
8) *Bueche, F.:* J. Chem. Phys. **20**, 1959 (1952); **25**, 599 (1956).
9) *Peterlin, A.* in *H. A. Stuart.* Die Physik der Hochpolymeren, Bd. II, Springer, Berlin, 1953, S. 287.
10) *Grassley, W. W.* Adv. Polym. Sci. **16**, 1 (1974).
11) *Mooney, M.:* J. Appl. Phys. **11**, 582 (1940); *R. S. Rivlin* und *D. W. Saunders,* Phil. Trans. Roy. Soc. London A **243**, 251 (1951).
12) *Hoffmann, M.:* Kolloid-Z. Z. Polym. **250**, 197 – 206 (1972).

Anschrift des Verfassers:

Dr. *M. Hoffmann*
FE-DPP, Polymeranalytik, Q 18
BAYER-AG
D-5090 Leverkusen

Progr. Colloid & Polymer Sci. **66,** 87—98 (1979)
© 1979 by Dr. Dietrich Steinkopff Verlag GmbH & Co. KG, Darmstadt
ISSN 0340-255 X

Vorgetragen auf der Tagung der Deutschen Physikalischen Gesellschaft,
Fachausschuß „Physik der Hochpolymeren",
vom 17. bis 21. April 1978 in Bad Nauheim.

Aus dem Meß- und Prüflaboratorium der BASF Aktiengesellschaft, Ludwigshafen am Rhein

Die Charakterisierung der vollständigen Orientierungsverteilung der amorphen Phase in Hochpolymeren mittels ESR an Gastmolekülen*)

H. Schuch

Mit 11 Abbildungen

(Eingegangen am 6. Juli 1978)

1. Eigenschaften von Hochpolymeren als Funktion der Orientierungsverteilung

Verschiedene physikalische Eigenschaften von Kunststoffen hängen eng mit ihrer Orientierung zusammen. Diese Orientierung entsteht zum Teil unbeabsichtigt, beispielsweise im Spritzguß. Zum Teil entsteht sie beabsichtigt, zum Beispiel bei der Herstellung von Fasern und Folien. Von einer ganzen Reihe von Eigenschaften weiß man, daß sie eindeutig durch die Orientierung festgelegt sind (1). Andere Eigenschaften, wie die Reißdehnung und -spannung oder der Schrumpf, sind nur in einigen Fällen damit beschreibbar, in anderen nicht (2).

Das könnte daran liegen, daß Orientierungsverteilungen der Kettensegmente in der amorphen Phase von Hochpolymeren in der Regel nicht vollständig zugänglich sind, anschaulich gesprochen, nur mit einer zu schlechten Winkelauflösung vermessen werden können. Es ist offen, ob man aus der genauen Form der Verteilung eindeutig auf weitere Eigenschaften schließen darf.

Um die Fragestellung zu präzisieren, betrachten wir als Beispiel eine uniaxiale Verteilung von Hochpolymer-Molekülsegmenten. Die Segmente selbst seien zunächst nicht weiter definiert, die Verteilung sei so vorgegeben: $f(\cos\theta)\,d(\cos\theta) = -f(\cos\theta)\sin\theta\,d\theta$ ist die Zahl der Molekülsegmente, die mit einer Vorzugsrichtung die Winkel θ bis $\theta + d\theta$ einschließen. (Der Faktor $-\sin\theta$ rührt von der Mittelung über den Polarwinkel φ her.) Folgende Reihenentwicklung nach Legen-dre-Polynomen ist üblich:

$$f(\cos\theta) = \sum_{n=0}^{\infty} f_{2n} P_{2n}(\cos\theta) . \qquad [1]$$

Die Bedeutung dieser Reihenentwicklung liegt darin, daß eine ganze Reihe von Eigenschaften nur von f_0 und f_2 und vielleicht noch von f_4 abhängen. f_2 heißt auch Hermanssche Orientierungsfunktion:

$$f_2 = (3 < \cos^2\theta > - 1)/2 ; \qquad [2]$$

darin ist

$$< \cos^2\theta > = \int_{-1}^{+1} x^2 f(x)\,dx \bigg/ \int_{-1}^{+1} f(x)\,dx \text{ mit}$$
$$x = \cos\theta .$$

Welche Methoden gibt es, die Verteilung auszumessen? f_2 oder das 2. Moment ergibt sich eindeutig aus allen Eigenschaften, die sich durch Tensoren 2. Stufe darstellen lassen. Eigenschaften in diesem Sinne sind: Lineare Kompressibilität, linearer Ausdehnungskoeffizient und Wärmeleitung, Diamagnetismus, Doppelbrechung und linearer Dichroismus, auch im ultravioletten und infraroten Bereich. Der Elastizitätsmodul kann das 4. Moment der gesamten Probe liefern, die polarisierte Fluoreszenz (3) ebenfalls, je nach Probenpräparation in der Regel nur von der amorphen Phase. Die Ramanstreuung kann zur Bestimmung des 4. Moments des amorphen *und* des kristallinen Anteils verwendet werden.

Über das 4. Moment hinaus gibt es zur Bestimmung der *vollständigen* Orientierungsverteilung die Weitwinkel-Röntgenbeugung für den kristallinen Anteil. Prinzipiell ist die Weitwinkel-Röntgenbeugung auch in der Lage, die vollstän-

---

*) Herrn Professor Dr. H. Pommer zum 60. Geburtstag gewidmet.

dige Orientierungsverteilung der amorphen Phase zu messen (4). Bei kristallinen Polymeren ist jedoch die Abtrennung zwischen kristallinen und amorphen Streuanteilen im Röntgenbeugungsdiagramm schwierig, so daß diese Methode seltener angewandt wird. Die magnetische Resonanz schließlich ist prinzipiell ebenfalls zur Bestimmung der vollständigen Verteilung geeignet, doch wurden bis jetzt bei Hochpolymeren nur die Koeffizienten f_2 und f_4 in der Reihenentwicklung bestimmt (5), und zwar durch kernmagnetische Resonanz an Protonen. Magnetische Resonanz an Deuteriumkernen läßt erwarten, daß an deuterierten Hochpolymeren eine Analyse der vollständigen Verteilung gelingt (6).

Auch in der Elektronenspin-Resonanz (ESR) gibt es Beispiele stark anisotroper Spektren, die eine ähnliche Verwendung möglich erscheinen lassen.

In der ESR wird die Aufspaltung ΔE der Zeeman-Energie E von ungepaarten Elektronenspins in einem äußeren Magnetfeld gemessen:

$$E = -\mathbf{\mu}_e \cdot \mathbf{B}; \text{ für Elektronen: } \Delta E = 2|\mathbf{\mu}_e|_B \quad [3]$$
$$\cdot |\mathbf{B}| = h\nu$$

h : Plancksches Wirkungsquantum
$\nu = \Delta E/h$: Übergangsfrequenz
$\mathbf{\mu}_e$: Magnetisches Moment des Elektrons; $|\mathbf{\mu}_e|_B$: Komponente $||\mathbf{B}$
$\mathbf{B} = \mu_0 \cdot \mu \cdot \mathbf{H}$: Magnetische Induktion
μ_0, μ : relative, absolute Permeabilitätskonstante
$\mathbf{H}$: Magnetisches Feld .

Im Experiment ist die Übergangsfrequenz ν meist durch die Apparatur vorgegeben; die magnetische Induktion $\mathbf{B}$ wird so lange variiert, bis die Resonanzbedingung Gleichung [3] erfüllt ist.

Anisotropien in dieser Bedingung werden zum Beispiel durch benachbarte Kernspins verursacht. Ihr magnetisches Moment $\mathbf{\mu}_K$ erzeugt kleine Zusatzfelder, die auf den Elektronenspin wirken. Diese Dipol-Dipol-Wechselwirkung verändert etwas die Aufspaltung der Zeeman-Energieniveaus. Zusammen mit der Kern-Zeeman-Energie $-\mathbf{\mu}_K \cdot \mathbf{B}$ ist die gesamte Energie

$$E = -\mathbf{\mu}_e \cdot \mathbf{B} + \frac{\mathbf{\mu}_e \cdot \mathbf{\mu}_K}{r^3} - \frac{3(\mathbf{\mu}_e \cdot \mathbf{r})(\mathbf{\mu}_K \cdot \mathbf{r})}{r^5}$$
$$- \mathbf{\mu}_K \cdot \mathbf{B} \qquad [4]$$

$\mathbf{r}$: Abstandsvektor Elektronenspin-Kernspin
r : Betrag von $\mathbf{r}$.

Die Zusatzenergie hängt über die Skalarprodukte $\mathbf{\mu}_e \cdot \mathbf{r}$ und $\mathbf{\mu}_K \cdot \mathbf{r}$ von der Orientierung des Moleküls ab, welches das Spinpaar trägt, denn $\mathbf{\mu}_e$ und $\mathbf{\mu}_K$ richten sich in bestimmter Weise

nach dem äußeren Magnetfeld aus. Die Größe der Zusatzenergie wird in der ESR gemessen, und es können daraus Schlüsse auf die Orientierung gezogen werden. Ungepaarte Elektronenspins lassen sich z. B. durch ionisierende Strahlung erzeugen. Geeignete chemische Radikale sind in der kristallinen Phase von Polyäthylen bekannt (7) (Abb. 1(I)). Diese Alkylradikale zeigen ESR-Spektren, deren starke Richtungsabhängigkeit durch Wechselwirkung mit Protonenspins erzeugt wird. Auch in der amorphen Phase treten solche Anisotropien auf. So werden durch ionisierende Strahlung in Polystyrol bei Zimmertemperatur Radikale erzeugt, denen man die in Abbildung 1 (II) gezeigte Struktur zuschreibt (8). In orientiertem Polystyrol fanden wir eine Richtungsabhängigkeit der ESR-Spektren (9). Leider sind die Linienbreiten der ESR-Übergänge so groß, daß ESR-Spektren verschiedener Orientierungen sich überlagern. Ein Weg zu einer Analyse mit hoher Winkelauflösung wird von *Hentschel, Schlitter, Sillescu* und *Spieß* (6) beschrieben. Man braucht dazu aber die genaue Konformation des beteiligten Radikals, denn diese beeinflußt das ESR-Spektrum; daneben stören häufig andere gleichzeitig auftretende Radikale.

Der Weg der Radikalerzeugung ist nicht wesentlich. Außer durch ionisierende Strahlung kann man z. B. auch durch Einmischen stabile Radikale in Hochpolymeren erhalten. Sehr stabile Radikale stellen z. B. die Nitroxid-Radikale

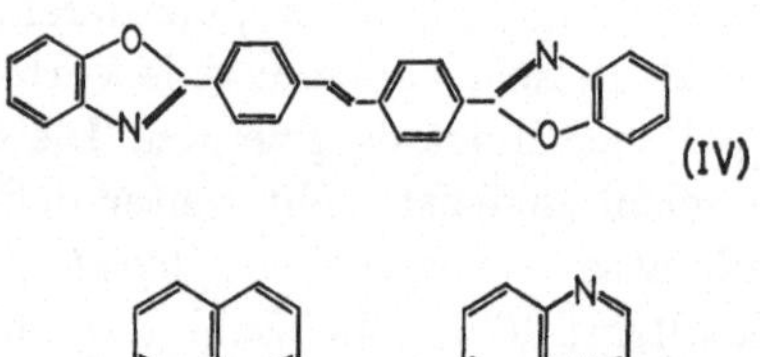

Abb. 1. (I, II) Radikale, die in Polyäthylen bzw. Polystyrol durch ionisierende Strahlung erzeugt werden können. (III) Ein als Gastmolekül verwendbares stabiles Nitroxid-Radikal. (IV) Stilben-Derivat, das als Gastmolekül in der polarisierten Fluoreszenz verwendet wird. (V, VI) Aromaten mit langlebigen Triplett-Zuständen

dar. Kleine Radikale dieses Typs (2,2,6,6 Tetramethylpiperidin-I-oxyl, Abbildung 1 (III) und ähnliche) zeigen jedoch selbst in flüssigen Kristallen nur geringe Orientierung (10), noch schwächere in verstrecktem Polyäthylen (9). Nur Moleküle, die von der Gestalt her stärker anisotrop sind, scheinen eine genügend starke Ausrichtung zu gewährleisten. Erst dann ist eine einfache Auswertung erleichtert.

Bei der Methode der polarisierten Fluoreszenz werden bevorzugt lange gestreckte Moleküle (z. B. Stilben-Derivate (Abb. 1 (IV)) verwendet, die in das Hochpolymere eingemischt werden. Man nimmt an, daß sie sich parallel zu den Hochpolymer-Ketten legen, also besser die Orientierung wiedergeben als die kleinen Nitroxid-Radikale. *Nobbs*, *Bower*, *Ward* und *Patterson* (11) geben an, daß der Wert der Hermanschen Orientierungsfunktion f_2 solcher langen Moleküle in Polyäthylenterephthalat zwar eindeutig mit einem aus der Doppelbrechung gewonnenen f_2 zusammenhängt, der aus der Doppelbrechung stammende Wert aber stets kleiner ist. Die langen Moleküle folgen anscheinend nicht genau jedem kleinen Teilsegment der Hochpolymer-Kette. Besser wären kleinere Moleküle, die sich gleichzeitig stärker an die Hochpolymerketten legen als die erwähnten kleinen Nitroxid-Radikale.

Folgende allgemeine Bemerkung sei an dieser Stelle eingeschoben:

Bei allen Verfahren, die ein Gastmolekül im Hochpolymeren oder eine chemische Veränderung an der Hochpolymerkette verwenden, muß folgendes geprüft werden:

1. Wie weit gibt die Orientierungsverteilung der Sonden die der Kettensegmente wieder?
2. Beeinflussen die Sonden die Orientierung der Kettensegmente? Von größeren Molekülen wäre das eher zu erwarten.
3. Sind die Ergebnisse verschiedener Meßmethoden miteinander vergleichbar, wenn sie sich auf verschiedene Strukturelemente beziehen? Ein drastisches Beispiel stellen die Ergebnisse aus der Weitwinkel- und der Kleinwinkel-Röntgenstreuung dar: Die Weitwinkelstreuung erfaßt als kleinstes Strukturelement die Orientierung von Kettensegmenten mit zwei C-C-Bindungen Länge, die Kleinwinkelstreuung erfaßt die Ausdehnung der amorphen bzw. kristallinen Bereiche, deren Abmessungen mehr als hundertmal größer sind als die Länge einer C-C-Bindung.

Nun zurück zu unserer Suche nach Beispielen, in denen auch kleine Moleküle sich stark an Kettensegmente anlegen: In gerecktem Polyäthylen fand man aus Fluoreszenz- und Phosphoreszenz-Messungen, daß kleine Moleküle wie Naphthalin (Abb. 1 (V)) sich sehr stark nach der Orientierung der amorphen Phase ausrichten (12, 13). Schwächere Ausrichtung gab es in gerecktem Polypropylen.

In gereckten Polyvinylalkohol-Filmen wurde aus ESR-Messungen an sogenannten Triplett-Zuständen ebenfalls hohe Ausrichtung der Gastmoleküle (hier Chinoxalin, Abb. 1 (VI) gefunden. (*T. Ito*, *C. Higuchi* (14)) Da wir ähnliches für unsere Zwecke anwenden wollen, sei die Elektronenspin-Resonanz an elektronischen Triplett-Zuständen beschrieben.

2. ESR an Triplett-Zuständen

Bei den vorher erwähnten Radikalen war der zweite Spin neben dem Elektronenspin ein Kernspin (^{1}H oder ^{14}N). Dieser Kernspin hat das anisotrope Zusatzfeld erzeugt, aus dem Rückschlüsse auf die Orientierung möglich sind. Ersetzt man den Kernspin durch einen Elektronenspin mit seinem viel größeren magnetischen Moment, dann ist auch die Anisotropie des ESR-Spektrums größer. Solche elektronischen Triplett-Zustände (weil zwei Elektronen beteiligt sind, haben sie drei Zeeman-Unterniveaus) sind experimentell bei vielen Molekülen zugänglich. Aromaten wie Naphthalin werden z. B. durch optische Anregung in einen Triplett-Zustand gebracht. Diese Zustände sind metastabil. Bei Naphthalin beträgt die Zerfallszeit einige Sekunden. Das ermöglicht einen bequemen Nachweis mit der Elektronenspin-Resonanz. Für Triplett-Zustände lautet die Resonanzbedingung, für unsere Zwecke umgerechnet (15):

$$\cos 2\varphi = D/E + \{2D[D^2 - 9E^2 - 9(\gamma B)^2] \quad [5]$$
$$\pm 3(h\nu)^2 - D^2 - 3E^2 - 3(\gamma B)^2]$$
$$\cdot [4D^2 + 12E^2 + 12(\gamma B)^2 - 3(h\nu)^2]^{1/2}\}$$
$$\cdot [27E \cdot (\gamma B)^2 \sin^2\theta]^{-1}.$$

φ und θ sind die Polar- und Azimut-Winkel, die das äußere Feld **B** relativ zum Molekül-Achsensystem hat.

Die Konstanten D, E und in geringem Maße auch γ hängen vom Molekül ab, das den Triplett-Zustand trägt. D und E enthalten einen mittleren Abstand der beteiligten Spins. Für Naphthalin-h_8 (ähnlich auch für Naphthalin-d_8) gilt:

$D = 0{,}1003 \text{ cm}^{-1}, \ E = 0{,}0137 \text{ cm}^{-1}$

$\gamma = |\mu_e|/h = 28{,}025 \text{ GHz/Tesla}$

$\qquad \triangleq 0{,}93482 \text{ cm}^{-1}/\text{Tesla}$

(1 Tesla = 10.000 Gauß)

γ kann für unsere Zwecke als isotrop angenommen werden.

Die Übergangsfrequenz $\nu = 9{,}14$ GHz/Tesla cm^{-1} ist durch das Spektrometer vorgegeben. Der Betrag B des Resonanzfeldes als Funktion der Orientierung, charakterisiert durch θ, φ, ist in der Polkarte, Abbildung 2, zur Veranschaulichung aufgetragen.

Zu jeder Orientierung des Magnetfeldes gibt es im allgemeinen zwei Resonanzfeldstärken, bei denen durch die im Spektrometer erzeugten Mikrowellen Übergänge induziert werden. Es ist jeweils nur der niedrigere Feldstärkewert eingetragen, der höhere Wert liefert keine Zusatz-Informationen, es wird also von den zwei Linien im ESR-Spektrum nur eine berücksichtigt. Zu einem Feldstärkewert gehört im allgemeinen nicht nur eine Orientierung, sondern eine ganze Schar von Orientierungswerten. Wenn man diese Scharen auf einer Kugel darstellt, so bilden sie in der Nähe der z-Achse Ellipsen. In der Nähe der x-Achse sind dies ebenfalls Ellipsen, nur gehört dazu außerdem jeweils eine Kurve, die in größerem Abstand die z-Achse einschließt. (Z. B. zu $B = 0{,}26$ Tesla $= 2600$ Gauß). In der Nähe der y-Achse sind die Kurven gleichen Magnetfeldwertes Hyperbeln.

Hat man nicht nur ein einzelnes Molekül, sondern eine ganze isotrope Orientierungsverteilung, dann überlagern sich die einzelnen ESR-Spektren, wie das aus der Literatur bekannt ist (16).

Das ESR-Spektrum, das zu einer isotropen Verteilung gehört, zeigt Abbildung 3 oben. (Probe: Polyäthylen niedriger Dichte mit ~ 1

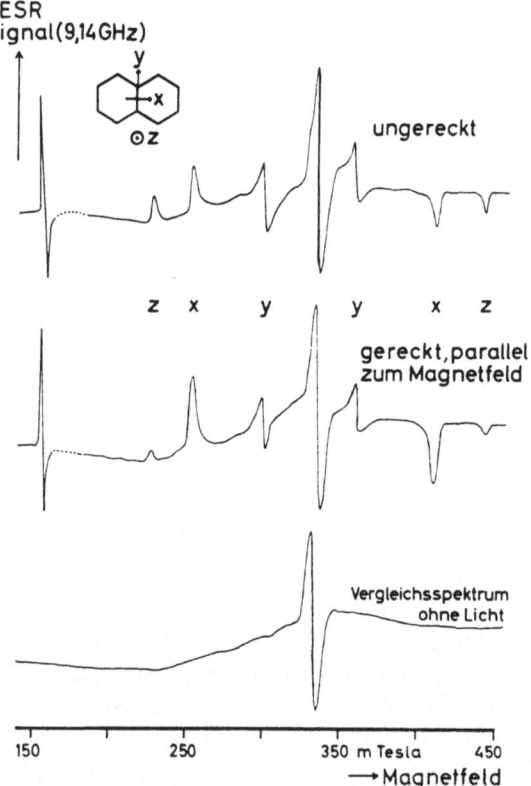

Abb. 2. ESR-Resonanz-Feldstärke B als Funktion der Orientierung des Moleküls im Feld (oben). Polar- und Azimut-Winkel θ, φ der Orientierung von **B** im Achsensystem des Moleküls sind links (Mitte) definiert. Die Polkarte mit θ und φ als Koordinaten zeigt Kurven mit konstantem B. (Ihr Koordinatennetz (Wulffsches Netz für stereographische Projektion) ist darunter als Skizze wiedergegeben.) Die „Senken" bei $x||\boldsymbol{B}$, $z||\boldsymbol{B}$ und der „Sattel" $(y||B)$ werden zur Auswertung gebraucht

Abb. 3. ESR-Spektrum am optisch angeregten metastabilen Triplett-Zustand von Naphthalin, sorbiert in Polyäthylen niedriger Dichte $(\varrho = 0{,}924)$

Gew.-% Naphthalin). Die Abszisse gibt die Feldstärke an, die Ordinate ist proportional zur ersten Ableitung der Mikrowellenabsorption nach dem Magnetfeld.

Das Spektrum zeigt links eine „Halbfeldlinie", die hier nicht weiter ausgewertet wird, und rechts eine fast symmetrische Liniengruppe. Deren Mittellinie rührt nicht vom Triplettzustand, sondern von organischen Radikalen her, die durch photochemische Zersetzung der Matrix entstehen; vgl. unterstes Spektrum bei abgeschaltetem Licht; die Mittellinie kann als Markierungspunkt dienen. Die Linienpaare um die Mittellinie gehören zu folgenden ausgezeichneten Lagen des Naphthalin-Moleküls (von der Mittellinie nach außen aufgezählt):

a) Kurze Achse (y) des Moleküls parallel zum Magnetfeld („y-Signal"), dazu die oben beschriebenen anderen Orientierungen,

b) Lange Achse (x) parallel zum Magnetfeld („x-Signal"),

c) Flächennormale (z) der Molekülebene parallel zum Magnetfeld („z-Signal").

Die Beiträge der Moleküle mit anderen Orientierungen zum ESR-Spektrum sind zwischen diesen Linien verteilt; ihr Beitrag hebt sich kaum vom Rauschen ab.

Wird die Probe gereckt, dann ändern sich die ESR-Signale in ihren relativen Höhen gegenüber einer isotropen Probe.

Genau genommen gehören zu den ESR-Signalen nicht nur die genannten ausgezeichneten Lagen mit den Molekül-Hauptachsen parallel zum Magnetfeld. Es gehört auch ein Bereich von benachbarten Orientierungen dazu. Die Ausdehnung dieses Winkelbereiches leitet sich aus folgendem her: Die steilsten Anstiege bzw. Abfälle der Triplett-ESR-Signale haben eine Breite von 1,5 ... 3 mTesla (15 ... 30 Gauß). Diese Breite bestimmt im wesentlichen das Auflösungsvermögen unserer Analyse der Orientierungsverteilung. Gleichung (5) liefert dazu folgende Raumwinkelbereiche:

a) Zur z-Achse gehört zu einem Intervall von 3 mTesla ein Raumwinkelbereich, der, auf einer Kugel dargestellt, zwei einander gegenüberstehende Ellipsen mit Halbachsen von 7,1° und 8,1° bildet.

b) Zur x-Achse gehört zu einem Intervall von 3 mTesla ein Raumwinkelbereich in Form zweier einander gegenüberstehender Ellipsen

mit Halbachsen von 7,6° und 15,9°. Ein schmaler Ring um die z-Achse hat zwar das gleiche Magnetfeldintervall, er trägt jedoch bei unseren Verteilungen nichts zur 1. Ableitung der Mikrowellenabsorption bei. Das wäre erst bei viel stärkerer Abhängigkeit der Verteilungen vom Winkel der Fall.

c) Zur y-Achse gehört zu einem Intervall von 3 mTesla ein Raumwinkelbereich in Form zweier einander gegenüberstehender Flächen zwischen konjugierten Hyperbeln mit Halbachsen von 5° und 10°. Beträchtliche Anteile erstrecken sich wie Äste so weit von der y-Achse weg, daß eine Auswertung des y-ESR-Signals wenig lohnend erscheint. Bei unseren Orientierungsverteilungen kommt aus Symmetriegründen nur ein Teil dieser Fläche mit maximal 10° Abstand zwischen y-Achse und Magnetfeld in Betracht, so daß das y-Signal doch nützlich ist.

Die ESR-Signalformen ändern sich bei unseren Verteilungen kaum. Höchstens auf der weniger steilen, zur Spektrum-Mitte hin gewandten Seite der x- und z-Signale gibt es Änderungen bei starker Anisotropie. Die Signalhöhen (bei den x- und z-Signalen auf der steilen Seite gemessen) dürfen deswegen als ein Maß für die Zahl der Moleküle innerhalb der genannten Winkelbereiche genommen werden.

Eine beliebige Orientierungsverteilung wird so ausgemessen, daß man schrittweise die Orientierung einer Probe ändert und jedesmal das ESR-Spektrum aufnimmt. Die angegebenen Raumwinkel-Fenster erscheinen, vor allem für die x- und y-Achse, recht groß. ESR-linienverbreiternde Effekte (Hyperfein-Wechselwirkung, Schwankung der D- und E-Parameter) sind an den Rändern der Fenster jedoch stärker, die zugehörigen Moleküle tragen weniger zur Höhe des ESR-Signals bei. Außerdem kann das Magnetfeldintervall von 3 mTesla oft auf bis 1,5 mTesla verkleinert werden. Die Winkelauflösung für das wichtige x-Signal wird dann statt $\pm 8°$ bis $\pm 17°$ in der Praxis weniger als $\pm 3°$.

3. Das Experiment

Eine der experimentellen Anordnungen zeigt Abbildung 4. Vom Spektrometer (Varian E 6) zum ESR-Nachweis ist der Mikrowellenresonator (hier ein Rundresonator) und der große Magnet angedeutet. Die Feldlinien verlaufen von oben

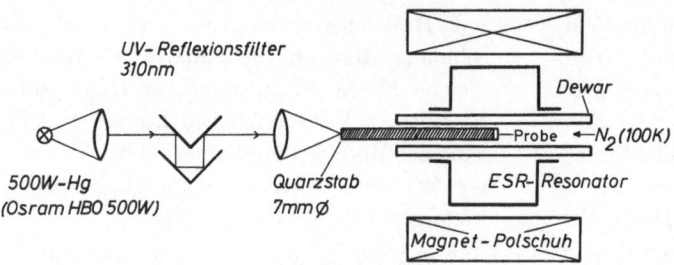

Abb. 4. Experiment zur Elektronen-spin-Resonanz an optisch angeregten Triplett-Zuständen

nach unten. Die Probe (ein Folienscheibchen von 7 mm Durchmesser und 0,1 bis 1 mm Dicke) muß durch kaltes N_2-Gas gekühlt werden, denn die Triplett-Zustände sind nur unterhalb 200 K ausreichend langlebig für einen ESR-Nachweis. Die Lichtanregung (310 nm) aus einer Hg-Lampe mit Filter muß bei Drehung der Probe im Magnetfeld konstant sein oder darf sich nur definiert ändern. Das wird z. B. dadurch erreicht, daß die Probe auf einen Quarzstab als Lichtleiter montiert ist, der dann um seine Achse (senkrecht zum Magnetfeld) gedreht wird.

Glücklicherweise ist die Polarisation der hier wichtigen optischen Übergänge gering, so daß verschieden orientierte Naphthalin-Moleküle gleich stark angeregt werden (16) und keine entsprechenden Korrekturen notwendig sind.

Für eine einwandfreie Auswertung müssen noch folgende Parameter beachtet werden:

a) Die ESR-Signale außer der Halbfeldlinie hängen alle in gleicher Weise von der Mikrowellenleistung ab, bei 60 mW setzt Sättigung ein (Meßtemperatur 100 K).
b) Die Magnetfeld-Modulation (0,8 ... 1,6 mTesla Spitze-Spitze) blieb in allen Fällen unterhalb der kleinsten ESR-Linienbreite. Ihre Größe beeinflußt damit alle ESR-Linien gleich.

4. Die Orientierungsverteilung von Naphthalin-Molekülen in Polyäthylen

Polyäthylen ist als Modellsubstanz für uns sehr bequem: Zur Probenpräparation genügt es, ein Folienstück einige Stunden im Naphthalin-Dampfraum zu belassen. Die Sorption erfolgt nach dem Fickschen Diffusionsgesetz mit einer Diffusionskonstanten um 10^{-8} cm²/sec bei 23 °C für Polyäthylen niedriger Dichte. Uniaxial gerecktes Material ergab Richtungsverteilungen der Naphthalin-Moleküle, wie sie in Abbildung 5 dargestellt sind (Blasfolie, 1:7 gereckt, quer zur

Abzugsrichtung). Als Ordinate ist die Höhe des x, y bzw. z-ESR-Signals aufgetragen, als Abszisse der Winkel zwischen Reckrichtung und Magnetfeld. Das Folienstück wurde so gedreht, daß das Magnetfeld in Folienebene blieb. Die Variation der x- und z-ESR-Signale gibt dann unmittelbar die Verteilung der Molekülachsen x und z in Folienebene wieder. Die Deutung des y-Signals folgt weiter unten.

Rechts sind die relativen Signalhöhen $y:x:z = 1:0,64:0,36$ für ungerecktes Material eingetragen. Dieses Verhältnis ist auch für feste Lösungen von Naphthalin bekannt (16). Die langen Achsen der Naphthalinmoleküle (x-Signal) liegen stark bevorzugt innerhalb eines Winkels von $\pm 10°$ zur Reckrichtung.

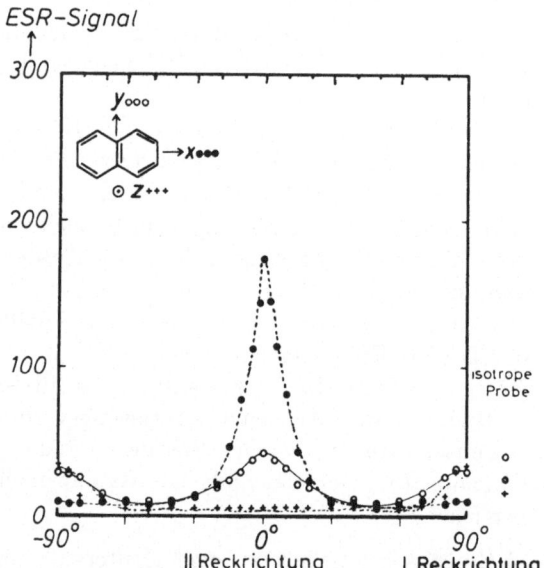

Verteilung der langen Achsen(•)und der Normalen auf die Molekülebene(+) in Folienebene
1:7 gereckt bei 23°C

Abb. 5. Orientierungsverteilung von Naphthalin-Molekülen in einer gereckten LDPE-Folie ($\varrho = 0,924$) in Folienebene

Die Flächennormalen (z-Signal) stehen viel weniger häufig parallel zur Reckrichtung. Die relativen Signalhöhen betragen jetzt in dieser Richtung $y:x:z = 1:4, 1:0,14$ mit geringen Streuungen von Probe zu Probe. Senkrecht zur Reckrichtung hat das z-Signal ein kleines Maximum. Die Moleküle stehen bevorzugt längs zur Reckrichtung, ihre Normalen müssen dann in der Ebene senkrecht dazu liegen. Sie sind isotrop um die Reckrichtung herum verteilt.

Das y-Signal hat ein kleines Maximum parallel zur Reckrichtung mit der gleichen Breite wie das x-Signal. Aus Richtungsverteilungen in anderen Ebenen und aus der Symmetrie der Verteilung ergibt sich, daß das y-Signal die Verteilung der kurzen Achsen wiedergibt, die anderen Orientierungen mit dem gleichen Resonanzmagnetfeld also kaum zum y-Signal beitragen.

Die Maßstäbe für die ESR-Signalhöhe sind relativ. Sie sind nur bei Messungen an ein- und derselben Probe (innerhalb einer Abb.) konstant; beim Vergleich mit der isotropen Probe oder mit anderen Messungen können sie sich wegen unterschiedlicher Naphthalin-Konzentration, Probendicke und Justierung der Optik um einen Faktor 2 und mehr ändern.

Die gleiche Orientierungsverteilung in Folienebene ergibt sich auch bei Preßplatten. Preßplatten zeigen in der Regel auch eine uniaxiale Orientierungsverteilung, wie man es von einer uniaxialen Verstreckung erwartet.

Die uniaxial gereckte Blasfolie zeigte dagegen deutlich biaxiale Anteile in der Verstreckung. In Abbildung 6 wird die Verteilung wieder in einer Ebene parallel zur Reckrichtung gezeigt, jetzt nicht in Folienebene, sondern senkrecht dazu. An der Folie selbst machte sich dieser biaxiale Anteil in einer anisotropen Abnahme von Breite (1:0,52) zu Dicke (1:0,38) beim Recken bemerkbar.

Bei der Blasfolie waren auch geringe Reckgrade bei 23 °C einstellbar. Ergebnisse über die Verteilung der langen Achsen in Folienebene (wie in Abb. 5) zeigt Abbildung 7. Wegen der Symmetrie der Verteilungen zur Reckrichtung ist nur noch eine Hälfte der Orientierungsverteilung aufgetragen, die Ordinatenmaßstäbe sind auf die jeweils maximale ESR-Signalhöhe normiert. Das Signal-Rausch-Verhältnis ist bei höheren Verstreckgraden besser.

Neben Ergebnissen an Polyäthylen niedriger Dichte ist noch eines für Polyäthylen hoher Dichte aufgetragen, das eine höhere Reißdeh-

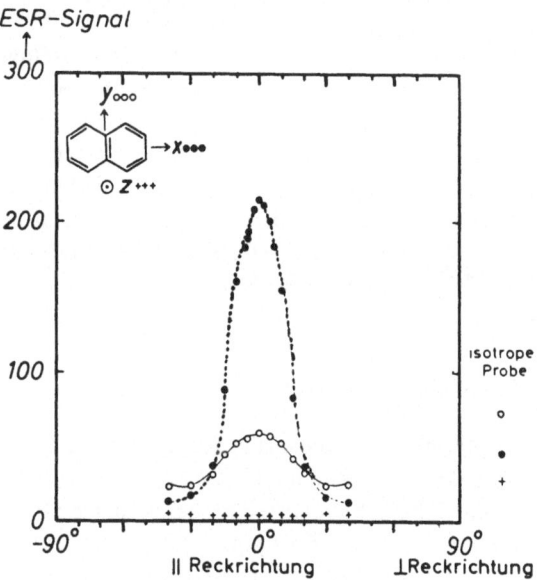

Verteilung der langen Achsen(•) und der Normalen auf die Molekülebene(+) in der Ebene ‖ Reckrichtung senkrecht zur Folie 1:7 gereckt bei 23 °C

Abb. 6. Wie Abb. 5, nur daß jetzt die Verteilung in einer Ebene senkrecht zur Folienebene, parallel zur Reckrichtung angegeben ist

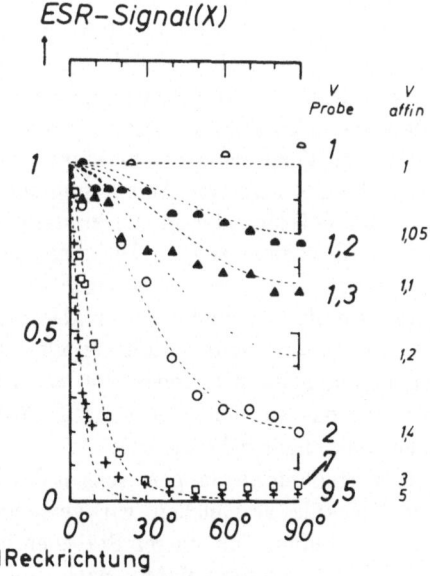

Verteilung der langen Achsen in Folienebene bei verschiedenen Reckgraden

Abb. 7. Verteilung der langen Achsen von Naphthalin-Molekülen in LDPE ($\varrho = 0,924$, Reckverhältnis 1 bis 7) und HDPE ($\varrho = 0,960$, Reckverhältnis 9,5)

nung ($>$ 1:10) hat. Die langen Achsen der Naphthalinmoleküle sind hier innerhalb von weniger als $\pm 3°$ Halbwertsbreite parallel zur Reckrichtung ausgerichtet. Hier nicht gezeigt ist, daß ein Bruchteil der Moleküle, vergleichbar mit dem bei der Reckung 1:7 (Abb. 5), sich mit den kurzen Achsen parallel zur Reckrichtung orientiert. Das Verteilungsprofil ist genauso eng und spitz wie bei den langen Achsen.

Diskussion (Polyäthylen)

Wie weit gibt die Orientierung der Gastmoleküle die der Kettenmolekülsegmente wieder?

Zunächst ist festzustellen, daß in der ESR nur Gastmoleküle im Hochpolymeren in monomolekular gelöster Form zum Spektrum beitragen, da sonst die Lebensdauer der paramagnetischen Zustände viel zu kurz ist. Naphthalinkristallite, die gelegentlich an der Oberfläche der Probe durch die Art der Probenpräparation auftreten, treten in der ESR nicht in Erscheinung. Da Sorption und Desorption in und aus der amorphen Phase nach dem Fickschen Diffusionsgesetz erfolgen, sollten Änderungen in der Struktur des Hochpolymeren durch den Naphthalingehalt klein sein. Außerdem war es trotz der hier angewandten hohen Konzentration von 0,5 ... 2% (Gewicht) gleichgültig, ob zuerst die Probe gereckt und dann dotiert wurde oder umgekehrt.

Da von den kristallinen Bereichen bekannt ist, daß sie bei Verstreckung sehr stark orientiert werden, könnte man eine Anlagerung der Naphthalin-Moleküle an oder in die kristallinen Bereiche in Erwägung ziehen. Die amorphen Bereiche, deren Anteil sich nur wenig geändert hat, dürften anteilmäßig viel weniger Gastmoleküle enthalten. Ein solches Sorptionsverhalten bei unseren hohen Konzentrationen von ca. 1%, bezogen auf das Gewicht der ganzen Probe, ist jedoch sonst nicht bekannt.

Die Verteilung der langen Achsen der Naphthalin-Moleküle vergleichen wir versuchsweise mit der Verteilung von starren Stäbchen in einer homogenen gedehnten Matrix nach einem auf *Wöhlisch* zurückgehenden Modell von *Kuhn* und *Grün* (17). Eine vor der Dehnung isotrope Verteilung hat nach der Dehnung um das Reckverhältnis v die Verteilungsfunktion

$$f(\cos \theta)\, d(\cos \theta) = v^3[1 + (v^3 - 1)\sin^2\theta]^{-3/2}$$
$$\cdot\, d(\cos \theta).$$

Die Naphthalin-Moleküle sind sehr kurze „Stäbchen", nur 4 C-C-Bindungen lang. Modellkurven sind in Abbildung 7 eingezeichnet, wobei der Verstreckgrad v_{amorph} angepaßt wurde, der überall kleiner als der Verstreckgrad v der Probe ist. Bei der Anpassung wurde der Untergrund senkrecht zur Reckrichtung bei den Verstreckgraden 7 und 9,5 nicht berücksichtigt, da er möglicherweise von einem geringen Anteil zur Kettenrichtung bevorzugt querstehender Moleküle herrührt.

Die experimentell gewonnenen Kurven fallen in der Nähe der Reckrichtung steiler ab als die Modellkurven. Das wiegt um so schwerer, als durch die ESR höchstens eine Verbreiterung, keine Einengung gegenüber der wahren Verteilung erfolgt. Plausibel erscheint, daß die amorphen Bereiche nicht einheitlich verstreckt sind: Neben einem stärker verstreckten Anteil gibt es auch schwächer verstreckte Anteile. Eine ungleichmäßige Verstreckung ist von elektronenmikroskopischen Untersuchungen her bekannt (18).

Zum Vergleich mit anderen Meßmethoden der Orientierung haben wir das 2. Moment $f_{2\,\mathrm{amorph},}$ ESR unserer experimentellen Verteilungen der langen Achsen berechnet (Abb. 8). Daneben sind

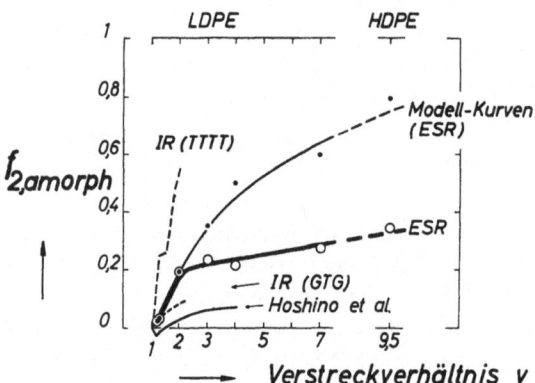

Abb. 8. Ergebnisse verschiedener Meßmethoden für das 2. Moment der amorphen Phase in LDPE ($\varrho = 0{,}924$) als Funktion des Reckverhältnisses. Zum Vergleich ist noch ein Ergebnis für HDPE ($\varrho = 0{,}960$) eingetragen (nur $v = 9{,}5$). ESR: Den experimentellen ESR-Orientierungsverteilungen entnommene 2. Momente. Modellkurven (ESR): 2. Moment der mit dem Stäbchen-Modell angepaßten Kurven. Geringe Abweichungen zum Experiment vor allem senkrecht zur Reckrichtung führen bei Reckgraden $v > 4$ zu einem doppelt so großen 2. Moment. *Hoshino* et al.: Aus Doppelbrechungs- und Röntgen-Messungen von *Hoshino* et al. (19) berechnete Werte. IR (TTTT), IR (GTG): Durch IR-Messungen von *Read* und *Stein* (21) bestimmte Werte (T: Trans-, G: Gauche-Konformation)

die 2. Momente der angepaßten Modellkurven aufgetragen. Die Abweichungen gegenüber den experimentellen 2. Momenten ergeben sich hauptsächlich aus dem Untergrund der experimentellen Kurven senkrecht zur Reckrichtung, den die Modellkurven nicht berücksichtigen. Daneben ist ein aus Angaben von *Hoshino* et al. (19) berechnetes $f_{2\,\text{amorph}}$ aufgetragen. Der Berechnung lag folgendes zugrunde: Über Weitwinkel-Röntgenmessungen und Bestimmung der Doppelbrechung ist der Anteil der Doppelbrechung des amorphen Anteils gegeben. Dieser Anteil wurde mit den gleichen Zahlen, wie z. B. in einer Arbeit von *Desper* et al. (20) angegeben, auf das zweite Moment umgerechnet.

Auffallend ist, daß $f_{2\,\text{amorph}}$ dem Betrag nach um eine Größenordnung unter $f_{2\,\text{amorph, ESR}}$ liegt. Offensichtlich werden verschiedene Dinge miteinander verglichen. Auch aus Infrarot-Orientierungsmessungen in der amorphen Phase des Polyäthylens von *Read* et al. (21) ist bekannt, daß verschiedene Strukturelemente der Ketten verschiedene 2. Momente haben. Eines davon, eine ausgedehnte Trans-Konfiguration mit 5—7 C-C-Bindungen Länge mit einer Infrarotbande bei 2016 cm^{-1}, hatte einen hohen Wert der Orientierungsfunktion, der sogar über unserem 2. Moment liegt (Abb. 8). Andere Konfigurationen z.B. mit einer Bande bei 1368 cm^{-1}, die Trans-Gauche-Trans-Konfigurationen zugeordnet wird, zeigten viel geringere Orientierungen, auch solche, die zu einer Linie bei 1070 cm^{-1} in Raman-Untersuchungen zugeordnet werden (24).

Über die Anlagerung des Naphthalins an *eine* gestreckte 5 C-C-Bindungen lange Alkankette gibt es Rechnungen (22), die für den Fall der Wechselwirkung mit mehreren Ketten nur eine grobe Näherung sind. Immerhin ergab sich ein 3 kJ/Mol tiefes Minimum bei Parallel-Lage des Moleküls mit der Kette.

Insgesamt vermuten wir, daß das Naphthalin an den Ketten solche Plätze bevorzugt aufsucht, die Trans-Konfigurationen von mindestens 5 C-C-Bindungen beinhalten. Diese Konfigurationen bilden sich sicher besonders zahlreich erst bei der Verstreckung.

In dieses Bild einer Anlagerung eines anisotropen Moleküls an gestreckte Bereiche paßt auch die eingangs erwähnte Beobachtung bei der polarisierten Fluoreszenz (11), daß langgestreckte Moleküle stärker orientiert sind, als der Orientierung entspricht, die man aus der Doppel-

brechung erhält. Die Doppelbrechung mißt eine Verteilung von Segmentabschnitten, die nur ca. 2—4 C-C-Bindungen lang sind.

5. Die Orientierungsverteilung von Naphthalin in Polypropylen

Einige Beispiele von Orientierungsverteilungen konnten wir auch in Polypropylen ausmessen. Es ist abzusehen, daß aus sterischen Gründen das Naphthalin-Molekül wegen der CH$_3$-Seitengruppen sich nicht mehr so gut parallel zu den Hochpolymer-Ketten stellt.

Die Orientierungsverteilung in einer gereckten Polypropylen-Folie in der Folienebene zeigt Abbildung 9. Die Folie (Breitschlitzfolie) wurde bei 23° innerhalb 30 sec um 1:5 gereckt. Die Probenpräparation erfolgte wieder durch Lagerung in Naphthalindampf. Die Diffusionskonstante des Naphthalins liegt bei 10^{-9} cm^2/sec bei 23 °C.

Die Verteilung der langen Achsen hat um die Reckrichtung herum wieder ein hohes Maximum, es ist regelmäßig sehr spitz. Die relativen Signalhöhen parallel zur Reckrichtung betragen $y:x:z = 1:1,3:0,32$ mit stärkeren Streuungen als bei Polyäthylen. Senkrecht zur Reckrichtung fällt die Verteilung der langen Achsen viel weniger ab als bei Polyäthylen.

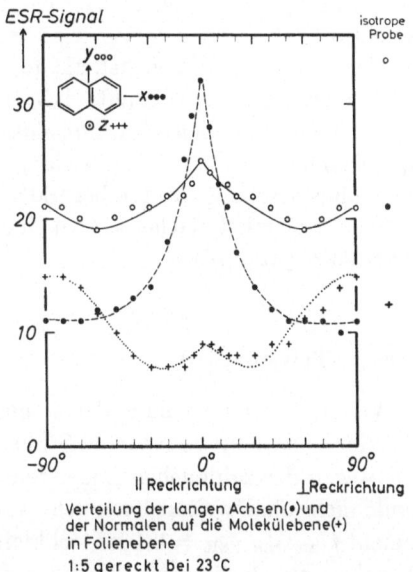

Abb. 9. Orientierungsverteilung von Naphthalin-Molekülen in einer gereckten Polypropylen-Folie in Folienebene

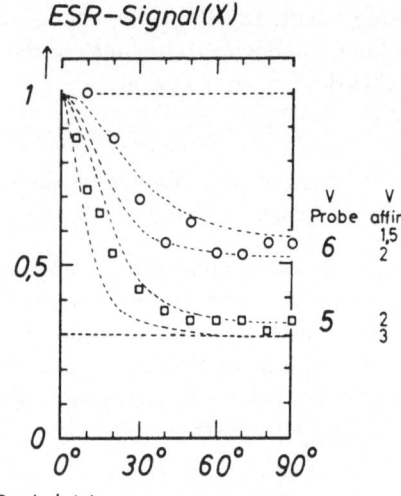

ESR-Signal(X)

V   V
Probe   affin
6   1,5
        2

5   2/3

0°   30°   60°   90°

‖Reckrichtung

Verteilung der langen
Achsen in Folienebene

1:5 gereckt bei 23°C
1:6 gereckt bei 160°C
Reckzeit 30 sec.

Abb. 10. Verteilung der langen Achsen von Naphthalin-Molekülen in Polypropylen-Folien (in Folienebene) bei verschiedenen Recktemperaturen

Das y-Signal zeigt nur undeutliche Anisotropie, außerdem ist es recht groß. Das z-Signal, das zu den Flächennormalen gehört, hat senkrecht zur Reckrichtung ein Maximum entsprechend der Ausrichtung der langen Achsen parallel zur Reckrichtung.

Die Verteilungen erwiesen sich als uniaxial.

Bei Polypropylen ist bekannt, daß oberhalb von ca. 80 °C Orientierungsrelaxation einsetzt (2). Entsprechend ist die Verteilung der langen Achsen nach einer Reckung um 1:6 bei 160 °C innerhalb 30 sec wesentlich flacher als bei einer Reckung bei 25 °C (Abb. 10).

Diskussion (Polypropylen)

Ein Vergleich der Verteilung der langen Achsen mit der Verteilung von starren Stäbchen erscheint wegen der zahlreichen „querstehenden" Moleküle nicht ohne weiteres möglich. Auch das 2. Moment $f_{2\,amorph,\,ESR} = 0,1$ ist viel kleiner als die Angaben von *R. Samuels* (23) für ein Polypropylen mit höherem isotaktischem Anteil als das hier verwendete Material. Dort wurde mit anscheinend ähnlicher Reckzeit bei 110 °C mit

dem Reckgrad 1:5 $f_{2\,amorph} = 0,46$ bei 135 °C noch $f_{2\,amorph} = 0,39$ gefunden. Als Meßmethode wurden Doppelbrechung und Weitwinkel-Röntgenbeugung (an den kristallinen Bereichen) verwendet und der amorphe Anteil des 2. Moments berechnet.

Ohne weitere Untersuchungen z. B. bei anderen Reckgraden läßt sich nur vermuten, daß hier gestreckte Konfigurationen von den Naphthalin-Molekülen bevorzugt werden und die CH_3-Seitengruppen für einen isotropen Anteil sorgen. Verschiedene Annahmen über die Höhe des isotropen Anteils gehen empfindlich in $f_{2\,amorph}$ ein.

Subtrahiert man versuchsweise den isotropen Anteil, dann lassen sich Modellkurven anpassen (Abb. 10), für die $f_{2\,amorph,\,ESR} = 0,4$ (bei 23 °C) und $f_{2\,amorph,\,ESR} = 0,3$ (bei 160 °C) gilt, also ähnlich wie die obengenannten Werte.

6. Die Orientierungsverteilung von Naphthalin in Polymethylmethacrylat

Für einen möglichst direkten Vergleich mit anderen Bestimmungen der Orientierungsverteilung haben wir Versuche mit einphasigen Hochpolymeren, also ohne kristalline Anteile, begonnen.

Die CH_3-Seitengruppen in Polypropylen haben noch eine Ausrichtung der Naphthalin-Moleküle zugelassen. In Polystyrol mit seinen Phenyl-Seitengruppen fanden wir dagegen unter den verschiedensten Reckbedingungen keinerlei Anisotropie der Orientierungsverteilung der Naphthalin-Moleküle. In Polymethylmethacrylat mit seinen CH_3- und $COOCH_3$-Seitengruppen gibt es wieder eine deutliche Anisotropie in der Verteilung (Abb. 11). Die Probenpräparation ist hier schwieriger. Eine Sorption im Dampfraum von Naphthalin würde bei den üblichen Probendicken zu lange dauern. Wir haben deshalb durch Anquellen bei 23° in Äthylalkohol-Lösung die Diffusion beschleunigt. Da die Glastemperatur mit zunehmendem Alkohol-Gehalt absinkt, ist eine Orientierungsrelaxation nicht auszuschließen. Abbildung 11 zeigt die Orientierungsverteilung an einer bei 110 °C innerhalb 30 sec um 1:3 verstreckten Probe, die auf die beschriebenen Arten präpariert wurde. Auch hier werden die langen Achsen bevorzugt parallel zu der Reckrichtung ausgerichtet, die Flächennormalen zeigen außer senkrecht zur Reckrichtung keine Vorzugsorientierung.

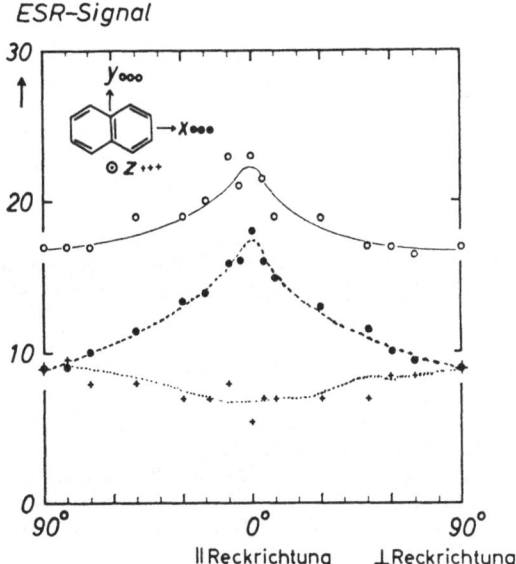

ESR-Signal

Verteilung der langen Achsen(•) und
der Normalen auf die Molekülebene(+)
in Folienebene
1:3 gereckt bei 120°C
Reckzeit 30sec.

Abb. 11. Orientierungsverteilung von Naphthalin-Molekülen in gerecktem Polymethylmethacrylat

Diskussion (Polymethylmethacrylat)

Versucht man eine Kurve nach dem Stäbchen-Modell anzupassen (ohne Abzug eines isotropen Anteils), dann zeigt sich wieder der steilere Abfall in der Nähe der Reckrichtung, den wir bei Polyäthylen als Hinweis auf ungleichmäßige Verstreckung interpretiert haben. Das 2. Moment beträgt $f_{2\,amorph,\,ESR} = 0,1$ (ohne Abzug eines isotropen Anteils). Er ist deutlich kleiner als der aus der Messung der thermischen Ausdehnung gewonnene Wert von $f_2 = 0,4$. Untersuchungen an verschieden gereckten Proben müssen zeigen, welcher Zusammenhang im einzelnen zwischen diesem 2. Moment und den Konfigurationen besteht, an die die Naphthalin-Moleküle angelagert werden.

Schlußbetrachtung

Gegenüber anderen Methoden, mit denen über das 2. Moment hinaus die Orientierung der amorphen Phase bestimmt werden kann, ergeben sich folgende Vorteile:

a) In semikristallinen Hochpolymeren ist bei der Weitwinkel-Röntgenbeugung die Abtrennung der amorphen Streuanteile von den kristallinen schwierig.

b) Bei der polarisierten Fluoreszenz läßt sich nicht die vollständige Verteilung, sondern nur das 2. und 4. Moment bestimmen. Geeignete Gastmoleküle werden im allgemeinen vor der Verstreckung zugemischt. Die Stärke der ESR-Methode liegt demgegenüber erstens in der hohen Winkelauflösung von besser als $\pm 5°$, zweitens können Proben meist *nach* der Verstreckung präpariert werden. Das ist wichtig für allgemeine Anwendungen. Die Anforderungen an die optische Qualität der Probe ist bei der polarisierten Fluoreszenz höher.
Die Ramanstreuung (24) verlangt ebenfalls eine höhere optische Qualität der Probe.

c) Bei der Bestimmung des 2. Moments allein ergeben sich nur von Fall zu Fall Vorteile gegenüber anderen Methoden, z. B. wenn in einem semikristallinen Hochpolymeren über Doppelbrechung und Röntgenbeugung das 2. Moment des amorphen Anteils bestimmt werden soll und die optischen Konstanten nicht genau bekannt sind.

Nachteilig ist, daß die Orientierungsbestimmung nur bei Temperaturen unter 200 K erfolgen kann und daß Konzentrationen von 0,1 bis 2 Gew.-% an Gastmolekülen in das Hochpolymere eingebracht werden müssen. Dies kann Strukturänderungen verursachen. Man muß auch berücksichtigen, welche Strukturelemente der Hochpolymerketten jeweils für die Orientierungsbestimmung herangezogen werden. Bei der ESR an Naphthalin-Molekülen scheinen hauptsächlich solche Strukturelemente in der verstreckten amorphen Phase beteiligt zu sein, die aus gestreckten Ketten-Konfigurationen bestehen. Eine weitere Komplikation ergibt sich daraus, daß in Hochpolymeren mit größeren Seitengruppen sich die Gastmoleküle stärker quer zu den Segmenten legen. Dadurch wird der Vorteil einer einfachen Auswertung aufgehoben, und die ESR-Methode ist zunächst nur für das Auffinden stark verstreckter Bereiche nützlich.

Welche neuen Zusammenhänge der Orientierung mit Eigenschaften wie der Reißdehnung und -Spannung, wohl weniger mit dem Schrumpf, sich ergeben, bleibt abzuwarten. Interessant wäre die Bestimmung des Beitrags der amorphen Phase zum Elastizitätsmodul. Eine Hilfestellung sollte sich auch bei der Sorption und Diffusion anisotroper Moleküle in verstreckten Hochpolymeren ergeben; das ist z. B. beim Färben von Fasern von Bedeutung.

Herrn Dr. *Retting* danke ich für Anregungen und die Bestimmung von 2. Momenten, den Herren Dr. *Haberkorn* und Dr. *Heckmann* für Diskussionen.

Herrn *W. Benz* danke ich für die umsichtige Durchführung der ESR-Messungen.

Anhang:

Es wurden die Polyäthylensorten Lupolen® 1810 H ($\varrho = 0,918$ g/cm²) 2434 H ($\varrho = 0,924$ g/cm²) und 6011 L ($\varrho = 0,960$ g/cm²) der BASF verwendet. Als Polypropylen wurde Novolen® 1120 HX (BASF) eingesetzt, das gegenüber sonst üblichem Polypropylen höhere ataktische Anteile hat. Alle Materialien, auch das Polymethylmethacrylat (Röhm, keine nähere Spezifikation), und das zur Dotierung verwendete Naphthalin-d_8 (Merck) wurden nicht weiter vorbehandelt. Naphthalin-d_8 hat gegenüber Naphthalin-h_8 eine längere Triplett-Lebensdauer und verbessert so das ESR-Signal-Rausch-Verhältnis.

Zusammenfassung

Elektronenspin-Resonanz (ESR)-Messungen an paramagnetischen Triplett-Zuständen liefern anisotrope Spektren, die schon Richtungsänderungen von weniger als einem Grad widerspiegeln. Damit lassen sich z. B. Orientierungsverteilungen von Naphthalin-Molekülen (im optisch angeregten Triplett-Zustand) in der amorphen Phase von Polyäthylen und Polypropylen mit einer Auflösung von wenigen Grad bestimmen. In orientiertem Material hängt die Verteilung wie erwartet von den Verstreckbedingungen ab. Im Extremfall erhält man eine Ausrichtung innerhalb weniger als $\pm 5°$ zur Reckrichtung. Der Zusammenhang dieser Verteilung mit der Orientierungsverteilung der amorphen Phase des Hochpolymeren scheint so zu sein, daß die Naphthalin-Moleküle sich bevorzugt an gestreckte Konfigurationen der Makromoleküle anlegen, die mindestens 5—7 C-C-Bindungen lang sind. Seitengruppen stören je nach ihrer Größe verschieden stark die Ausrichtung der Naphthalin-Moleküle nach den Hauptketten.

Summary

Electron spin resonance (ESR) measurements on paramagnetic triplet states yield anisotropic spectra, which reflect orientational changes of less than one degree. A distribution of orientations corresponding to an ensemble of electronic triplet states can be measured with resolution of a few degrees. The triplet states may be represented, e.g., by optically excited naphthalene molecules dissolved in the amorphous phase of polyethylene or polypropylene. As expected the distribution in oriented material depends on the straining conditions. In the extreme case an orientation within less than $\pm 5°$ is obtained. The relationship of this distribution to the distribution of orientations of the amorphous phase seems to be such that the naphthalene molecules more probably are adjacent to extended trans conformations (length at least 5—7 C-C bonds) of the macromolecules. This orientation parallel to the main chain is perturbed by side groups, more or less depending on their size.

Literatur

1) *Ward, I. M.*, Mechanical Properties of Solid Polymers, Wiley London u. a. (1971). Structure and Properties of Oriented Polymers (Hrsg.: *I. M. Ward*) Applied Science, London 1975.
2) *Retting, W.*, Colloid Polym. Sci. **253**, 852 (1975).
3) *Nishijima, Y., Y. Onogi, T. Asai*, J. Polym. Sci. (C) **15**, 237 (1966), *F. H. Müller, H. Springer*, Progress Coll. u. Polym. Sci., **C 2**, 93 (1977).
4) *Kilian, H. G., K. Boneke*, J. Polymer Sci. **58**, 311 (1962); *Charlesby, A.*, J. Polymer Sci. **3**, 345 (1952); *May, M., C. Walther*, Plaste u. Kautschuk **21**, 363 (1974).
5) *Brierty, V. G., I. R. McDonald, I. M. Ward*, J. Phys. (D) **4**, 88 (1971).
6) *Hentschel, R., J. Schlitter, H. Sillescu, H. W. Spieß*, J. Chem. Phys., im Druck (1978).
7) *Salovey, R., W. A. Yager*, J. Polym. Sci. **2**, 219 (1964).
8) *Florin, R. E., L. A. Wall, H. W. Brown*, Trans. Faraday Soc. **56**, 1304 (1960).
9) *Schuch, H.*, unveröffentlichte Messungen.
10) *Polnaszek C. F., J. H. Freed*, J. Phys. Chem. **79**, 2285 (1975).
11) *Nobbs, J. H., D. I. Bower, I. M. Ward, D. Patterson*, Polymer **15**, 287 (1974); *Nobbs, J. N., D. I. Bower, I. M. Ward*, Polymer **17**, 25 (1976).
12) *Dekkers, J. J., G. Ph. Hoornweg, C. Maclean, N. H. Velthorst*, Chem. Phys. **5**, 393 (1974).
13) *Davidsson, A., B. Nordén*, Chem. Phys. Lett. **28**, 221 (1974).
14) *Ito, T., J. Higuchi*, Chem. Phys. Lett. **35**, 141 (1975).
15) *Hutchison Jr., C. A., W. Mangum*, J. Chem. Phys. **34**, 908 (1961); *S. P. McGlynn, T. Azumi, M. Kinoshita* in: Molecular Spectroscopy of the Triplet State, Englewood Cliffs, N.Y., USA (1969); *Atherton, N. M.*, Electron Spin Resonance, London (1973).
16) *Wassermann, E., L. C. Snyder, W. A. Yager*, J. Chem. Phys. **41**, 1763 (1964).
17) *Kuhn, W., F. Grün*, Kolloid-Zeitschrift **101**, 248 (1942).
18) *Kanig, G.*, Kunststoffe **64**, 470 (1974).
19) *Hoshino, S., J. Powers, D. G. Legrand, H. Kawai, R. S. Stein*, J. Polym. Sci. **58**, 185 (1962).
20) *Desper, C. R., J. H. Southern, R. D. Ulrich, R. S. Porter*, J. Appl. Phys. **41**, 4284 (1970).
21) *Read, B. E., R. S. Stein*, Macromolecules **1**, 116 (1968).
22) *Lamotte, M., J. Joussot-Dubien, M. J. Montione, P. Claverie*, Chem. Phys. Lett. **27**, 515 (1974).
23) *Samuels, R. J.*, J. Polym. Sci. A2, **6**, 1101 (1968).
24) *Maxfield, J., R. S. Stein, M. C. Chen*, J. Pol. Sci. **16**, 37 (1978).

Anschrift des Verfassers:

Schuch H.
Prüf- und Meßlaboratorium
der BASF AG
D-6700 Ludwigshafen

Progr. Colloid & Polymer Sci. **66**, 99 – 108 (1979)
© 1978 by Dr. Dietrich Steinkopff Verlag GmbH & Co. KG, Darmstadt
ISSN 0340-255 X

Vorgetragen auf der Tagung der Deutschen Physikalischen Gesellschaft,
Fachausschuß „Physik der Hochpolymeren",
vom 17. bis 21. April 1978 in Bad Nauheim.

Institut für Nichtmetallische Werkstoffe – Kunststoffphysik – der Technischen Universität Berlin

Die Abhängigkeit der Orientierungsfunktion der nichtkristallinen Bereiche von Größe und Richtung des Fadenendenabstandvektors

Harald J. Biangardi

Mit 13 Abbildungen und 2 Tabellen

(Eingegangen am 14. Juli 1978)

1. Einleitung

Die Struktur der nichtkristallinen Bereiche in teilkristallinen Polymeren ist nach wie vor nur unzureichend bekannt. Dies liegt vor allem daran, daß die Konformationen der Ketten nicht unmittelbar bestimmbar sind. Mit Hilfe der magnetischen Kernresonanz ist es aber möglich, experimentell den Anteil an beweglichen Ketten zu ermitteln (1). *Schmedding* und *Zachmann* (2) errechneten, daß Ketten mit einem relativen Fadenendabstand kleiner als etwa 0,6 der schmalen Komponente des Kernresonanzsignals und damit dem beweglichen Anteil zuzuordnen sind. Ketten, deren relativer Fadenendabstand größer als etwa 0,6 ist, tragen dagegen zur breiten Komponente des Signals bei, sind also als starr anzusehen. In Abb. 1 ist zur Verdeutlichung ein solcher nichtkristalliner Bereich schematisch dargestellt. Die Ketten, die mit *b* bezeichnet sind, tragen aufgrund ihres großen relativen Fadenendabstandes zur breiten, die mit *s* bezeichneten Ketten zur schmalen Komponente des Kernresonanzsignals bei. Kombiniert man den gemessenen beweglichen Anteil mit der Kristallinität der Probe, so ist es möglich, jenen Anteil an Ketten in den nichtkristallinen Bereichen zu ermitteln, deren relativer Fadenendabstand größer als etwa 0,6 ist.

Mit dieser Methode ist es jedoch nicht möglich, festzustellen, wieviel Prozent des experimentell ermittelten starren nichtkristallinen Anteiles auf Ketten zurückzuführen ist, die, wie z. B. die mit b_1 in Abb. 1 bezeichneten Ketten, zwei verschiedene Kristallite miteinander verbinden (tie-Moleküle), und wieviel Prozent der Ketten in Form verspannter Schlaufen (Ketten b_2 in Abb. 1) in

denselben Kristall wieder zurückfalten. Dabei ist im Hinblick auf die mechanischen Eigenschaften gerade der Anteil an verbindenden Molekülen im teilkristallinen Material der entscheidende Parameter.

In der vorliegenden Arbeit soll nun eine Methode vorgestellt werden, die es zumindest bei orientierten teilkristallinen Polymeren erlaubt, zwischen Schlaufen und verbindenden Molekülen zu unterscheiden. Dabei werden die experimentell ermittelten Werte für Kristallinität, beweglichen Anteil und Orientierungsfunktion der nichtkristallinen Bereiche mit den theoretischen Ergebnissen von *Schmedding* und *Zachmann* (2) sowie dem in dieser Arbeit berechneten Zusammenhang von Orientierungsfunktion und relativem Fadenendabstand kombiniert.

Im ersten Teil der Arbeit wird die Abhängigkeit der Orientierungsfunktion einer Kette in den nichtkristallinen Bereichen vom relativen Fadenendabstand bestimmt. Im zweiten Teil werden dann diese Ergebnisse auf frühere Messungen an

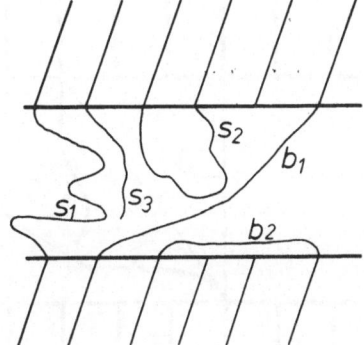

Abb. 1. Verschiedene Kettentypen in den nichtkristallinen Bereichen.

orientiertem Polyäthylenterephthalat (3, 4) angewendet, und es wird gezeigt, daß man durch diese
Kombinationsmethode weitergehende Schlüsse
über die Struktur der nichtkristallinen Bereiche
ziehen kann, als es bisher möglich war.

2. Berechnung der Orientierungsfunktion in Abhängigkeit von Größe und Richtung des Fadenendenabstandvektors

Die Berechnung der Orientierungsfunktion
wird auf mehrere Arten durchgeführt, um auch
den Einfluß der verschiedenen Rechenmodelle zu
prüfen. Unter der Orientierungsfunktion wird dabei im folgenden der Ausdruck

$$f = \frac{1}{2}(3 \langle \cos^2 \Theta \rangle - 1) \qquad [1]$$

verstanden, worin Θ der in Abb. 2 eingezeichnete
Winkel zwischen der Richtung eines Kettensegmentes und der Vorzugsrichtung **V** ist. ϑ ist der
Winkel zwischen dem Fadenendenabstandvektor
h und der Vorzugsrichtung. Für $0° \leq \vartheta < 90°$ erhält man nach dieser Modellvorstellung somit
verbindende Moleküle, während $\vartheta = 90°$ eine
Schlaufe charakterisiert. Für die folgenden Rechnungen wird des weiteren eine rotationssymmetri-
sche Verteilung der Ketten um die Vorzugsrichtung **V** angenommen.

Für den Fall $\vartheta = 0°$, daß also der Fadenendenabstandvektor parallel zur Vorzugsrichtung liegt,
wurde das mittlere Kosinusquadrat in Abhängigkeit vom relativen Fadenendenabstand für kontinuierlich im Raum verteilte Segmente bereits von
Flory (5) berechnet, wobei *Flory* von der bekannten Formel von *Kuhn* und *Grün* (6) ausging. Da

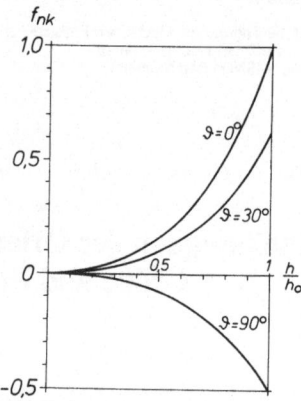

Abb. 3. Nach *Flory* berechnete Orientierungsfunktion
in Abhängigkeit vom relativen Fadenendenabstand
h/h_0. Parameter ist der Winkel ϑ zwischen Fadenendenabstandvektor und Vorzugsrichtung.

für das vorliegende Problem aber gerade die Abhängigkeit der Orientierungsfunktion vom Parameter ϑ wichtig ist, um die einzelnen Kettentypen
zu unterscheiden, muß eine entsprechende Erweiterung der *Flory*schen Formel durchgeführt werden. Setzt man nicht nur eine rotationssymmetri-
sche Verteilung der Ketten um die Vorzugsrichtung **V**, sondern zusätzlich auch eine rotations-
symmetrische Verteilung der Ketten um den Fadenendenabstandvektor voraus, so kann man zeigen (s. Anhang 1), daß die Winkel-Abhängigkeit
gegeben ist durch die Multiplikation der Ergebnisse von *Flory* für $\vartheta = 0°$ mit dem Faktor
$\frac{1}{2} \cdot (3 \cos^2 \vartheta - 1)$.

Man erhält dann als Ergebnis für die Orientierungsfunktion f_{nk} der Ketten in den nichtkristallinen Bereichen

$$f_{nk} = \left(1 - \frac{3 (h/h_0)}{L^* (h/h_0)}\right) \frac{1}{2}(3 \cos^2 \vartheta - 1), \qquad [2]$$

worin h/h_0 der relative Fadenendenabstand und
$L^* (h/h_0)$ die inverse Langevinfunktion ist. In
der ersten Klammer ist der von *Flory* berechnete
Ausdruck gegeben. In Abb. 3 ist diese Funktion in
Abhängigkeit vom relativen Fadenendenabstand
dargestellt. Parameter ist der Winkel ϑ zwischen
dem Fadenendenabstandvektor und der Vorzugsrichtung. Man findet eine Zunahme der Orientierungsfunktion f_{nk} mit zunehmendem relativem
Fadenendenabstand, deren absoluter Wert vom
Winkel abhängt. Während die Orientierungsfunktion für verbindende Moleküle ($\vartheta = 30°$ und $0°$)
positiv ist, findet man für Schlaufen ($\vartheta = 90°$) nur
negative Werte, die mit zunehmendem Fadenendenabstand von 0 bis auf $-0,5$ abnehmen.

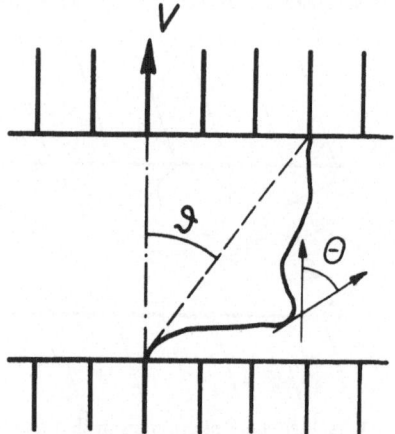

Abb. 2. Zur Definition der Winkel Θ und ϑ.

D. h. also, daß bei verbindenden Molekülen, wo ϑ z. B. 0° oder 30° ist, positive Werte, bei Schlaufen aber stets negative Werte der Orientierungsfunktion auftreten. Eine weitere Möglichkeit der Berechnung bietet sich durch die Zuhilfenahme von Gittermodellen an. Man hat dabei zwei Wege offen: Entweder man sucht zu einer vorgegebenen Kettenlänge und vorgegebenen Richtung und Größe des Fadenendenabstandvektors die einzelnen möglichen Konformationen der Kette im Gitter auf und berechnet so über die Zustandssumme die Zahl der Segmente in den einzelnen Gitterrichtungen und daraus wiederum die Orientierungsfunktion oder man geht vom maximalen Term der Zustandssumme aus und berechnet daraus die mittlere Anzahl von Segmenten, die in den einzelnen Gitterrichtungen liegen. Daraus läßt sich dann sofort das mittlere Kosinusquadrat und damit die Orientierungsfunktion berechnen.

In den folgenden Rechnungen werden zwei Gittertypen, nämlich das Diamantgitter und das kubische Gitter untersucht. Beim Diamantgitter werden beide der vorhin angedeuteten Berechnungsarten angewendet. Geht man vom maximalen Term aus, wie er von *Schrader* und *Zachmann* (7) für das Diamantgitter angegeben wird, so erhält man als Ergebnis der in Anhang 2 ausgeführten Rechnung

$$f_{nk}=\left(\frac{h}{h_0}\right)^2\frac{1}{2}\,(3\cos^2\vartheta-1). \qquad [3]$$

Man findet für den Zusammenhang zwischen Orientierungsfunktion und relativem Fadenenden-

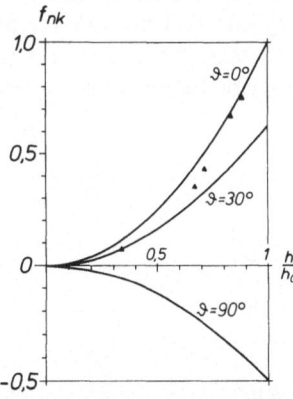

Abb. 4. Orientierungsfunktion f_{nk} einer Kette im Diamantgitter in Abhängigkeit vom relativen Fadenendenabstand h/h_0. Parameter ist der Winkel ϑ zwischen Fadenendenabstandvektor und der Vorzugsrichtung. Die durch ▲ eingezeichneten Punkte wurden für $\vartheta=0°$ aus allen möglichen Konformationen einer Kette aus 12 Segmenten errechnet.

abstand eine einfache quadratische Abhängigkeit. Die Abhängigkeit vom Winkel ϑ ist dieselbe, die schon bei der Modifizierung der Floryschen Formel gefunden wurde. In Abb. 4 ist diese Funktion wieder für die Parameterwerte $\vartheta=0°$, 30° und 90° dargestellt. Ein Vergleich mit den vorhin aus Gl. [2] erhaltenen Kurven zeigt, daß beim Diamantgitter eine höhere Orientierungsfunktion bei kleinen relativen Fadenendenabständen auftritt.

Die nach der zweiten Methode berechneten Ergebnisse sind in Abb. 4 durch die Punkte für den Winkel $\vartheta=0°$ eingezeichnet. Die Berechnung erfolgt in Anhang 3 für eine Kette aus 12 Segmenten, von der alle möglichen Einzelkonformationen bekannt waren (2). Man sieht, daß bei kleinen Fadenendenabständen eine Abweichung zu beobachten ist, die vermutlich auf die Kürze der Ketten zurückzuführen ist.

Für das kubische Gitter wurde schließlich der von *DiMarzio* (8) berechnete maximale Term verwendet. Das Ergebnis der in Anhang 4 durchgeführten Rechnung ist

$$f_{nk}=(\sqrt{1+3\,(h/h_0)^2}-1)\,\frac{1}{2}\,(3\cos^2\vartheta-1). \qquad [4]$$

Diese Funktion ist in Abb. 5 dargestellt. Man sieht, daß hier die Orientierungsfunktion bei kleinen relativen Fadenendenabständen noch größer geworden ist, während die Abhängigkeit vom Winkel ϑ dieselbe ist.

Zusammenfassend läßt sich also feststellen, daß das verwendete Rechenmodell – kontinuierlich verteilte Segmente oder spezielle Gittertypen – zwar geringe quantitative Unterschiede der Ergebnisse bewirkt, daß man aber stets denselben grundsätzlichen Zusammenhang zwischen Orientierungsfunktion und relativem Fadenendenabstand findet. Von besonderer Bedeutung für das weitere ist insbesondere, daß in allen Fällen für verbindende Moleküle (solange der Winkel $\vartheta\leq55°$ ist, was man für die meisten verbindenden Moleküle annehmen kann) positive, für Schlaufen aber negative Werte der Orientierungsfunktion gefunden werden.

3. Anwendung der Ergebnisse auf orientiertes, teilkristallines Polyäthylenterephthalat

3.1 Experimentelles

Wie eingangs erwähnt, sollen mit Hilfe des hier berechneten Zusammenhanges zwischen Orien-

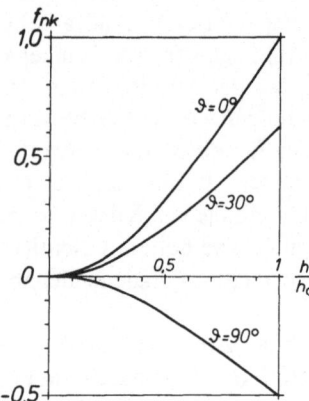

Abb. 5. Orientierungsfunktion f_{nk} einer Kette im kubischen Gitter in Abhängigkeit vom relativen Fadenendenabstand. Parameter ist der Winkel ϑ zwischen Fadenendenabstandvektor und Vorzugsrichtung.

tierungsfunktion und relativem Fadenendenabstand weitere Erkenntnisse über die Struktur der nichtkristallinen Bereiche gewonnen werden. Dies soll am Beispiel einer bei 90° auf das 4fache verstreckten amorphen Polyäthylenterephthalat-Folie geschehen, die nach dem Verstrecken eine Doppelbrechung von $\Delta n_0 = 104 \cdot 10^{-3}$ hatte. Die verstreckte Folie wurde anschließend mit festgehaltenen Enden im Vakuum bei $T_k = 150°$ C, 200° C und 240° C fünf Stunden getempert.

In Abb. 6 ist die Orientierungsfunktion f_{nk} der nichtkristallinen Bereiche in Abhängigkeit von der Kristallisationstemperatur T_k aufgetragen (4). Zur Bestimmung der Orientierungsfunktion der nichtkristallinen Bereiche über Doppelbrechung, Dichte und Kristallitorientierung wurden für die maximale Doppelbrechung der amorphen bzw. der kristallinen Bereiche die Werte von *Dumbleton* (9) $\Delta n_{max}^a = 0,275$ und $\Delta n_{max}^c = 0,220$ verwendet.

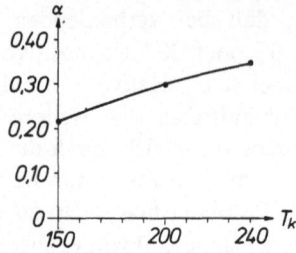

Abb. 7. Kristallisationsgrad für verstreckte und anschließend kristallisierte Polyäthylenterephthalat-Folien ($\Delta n_0 = 104 \cdot 10^{-3}$) in Abhängigkeit von der Kristallisationstemperatur T_k (s. Ref. 4).

Der Kristallisationsgrad α wurde aus der Dichte bestimmt. Für die Dichte der kristallinen Bereiche wurde der Wert von *Fischer, Fakirov* und *Schmidt* (10) $\varrho_k = 1,515$ g/cm³ verwendet, während für $\varrho_a = 1,3422$ g/cm³ die Dichte einer völlig amorphen, orientierten Probe mit $\Delta n_0 = 104 \cdot 10^{-3}$ genommen wurde (11). In Abb. 7 ist der Kristallisationsgrad α als Funktion der Kristallisationstemperatur gezeigt.

Der bewegliche Anteil β wurde für diese Proben durch Interpolation der Meßergebnisse an Folien (3) mit $\Delta n_0 = 2,5 \cdot 10^{-3}$, $30 \cdot 10^{-3}$ und $180 \cdot 10^{-3}$ bestimmt. In Abb. 8 ist der durch diese Interpolation bestimmte bewegliche Anteil β in Abhängigkeit von der Kristallisationstemperatur T_k für verstreckte Polyäthylenterephthalat-Folien mit $\Delta n_0 = 104 \cdot 10^{-3}$ aufgetragen.

3.2 Auswertung

Teilt man die Ketten in den nichtkristallinen Bereichen in für die magnetische Kernresonanz stark bewegliche und in stark verspannte Ketten ein, so kann man die Orientierungsfunktion der nichtkristallinen Bereiche auch wie folgt dar-

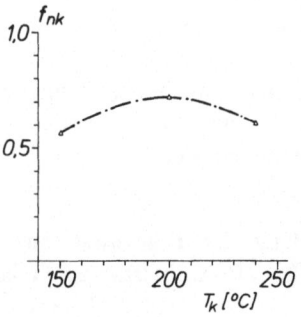

Abb. 6. Orientierungsfunktion f_{nk} für verstreckte und anschließend kristallisierte Polyäthylenterephthalat-Folien ($\Delta n_0 = 104 \cdot 10^{-3}$) in Abhängigkeit von der Kristallisationstemperatur T_k (s. Ref. 4).

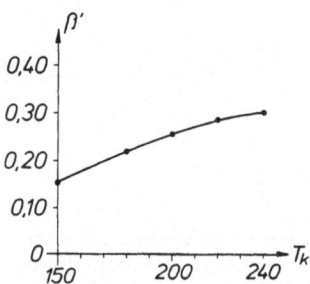

Abb. 8. Interpolierter beweglicher Anteil β für verstreckte und anschließend kristallisierte Polyäthylenterephthalat-Folien ($\Delta n_0 = 104 \cdot 10^{-3}$) in Abhängigkeit von der Kristallisationstemperatur T_k (s. Ref. 3).

stellen:

$$f_{nk} = f_b \beta' + f_s (1 - \beta'), \qquad [5]$$

worin f_b die Orientierungsfunktion der beweglichen Ketten und f_s die Orientierungsfunktion der starren Ketten in den nichtkristallinen Bereichen ist und β' der bewegliche Anteil, jetzt aber bezogen auf die Gesamtanzahl von Ketten in den nichtkristallinen Bereichen, d. h. es gilt

$$\beta' = \frac{\beta}{1 - \alpha}. \qquad [6]$$

Aus den Meßergebnissen für f_{nk} und β kann man nun nicht f_b und f_s einzeln berechnen. Man kann aber aufgrund von Gl. [5] eine Beziehung zwischen diesen beiden Größen herstellen, wobei beachtet werden muß, daß für den Wertebereich einer Orientierungsfunktion ganz allgemein gilt

$$-0,5 \leq f \leq 1. \qquad [7]$$

In den Abbn. 9 a, b und c ist f_s in Abhängigkeit von f_b für Proben mit einer jeweiligen Kristallisationstemperatur $T_k = 150°$ C, $200°$ C und $240°$ C dargestellt. Man sieht schon aus dieser einfachen Auftragung, daß die Kristallisationstemperatur sehr stark den Wertebereich der Orientierungsfunktion der beweglichen Ketten beeinflußt, daß z. B. bei hohen Kristallisationstemperaturen keine negativen Werte von f_b mehr möglich sind.

Nun ist aber der Wertebereich von f_b noch von einer zusätzlichen Einschränkung betroffen. Die Kette darf, um als beweglich zu gelten, einen bestimmten Fadenendenabstand nicht überschreiten. Dieser maximale Fadenendenabstand liegt — nach den Rechnungen von *Schmedding* und *Zachmann* (2) — etwa bei 0,6.

Für die folgenden Überlegungen wird dieser maximale relative Fadenendenabstand für eine bewegliche Kette mit 0,6 angenommen. Außerdem werden — da sich auch die Rechnungen von *Schmedding* und *Zachmann* auf das Diamantgitter stützen — nur noch die Ergebnisse aus Gl. [3] bzw. Abb. 4 für diesen Gittertyp diskutiert. Andere maximale relative Fadenendenabstände der beweglichen Ketten bzw. andere Gittertypen für die Berechnung des Zusammenhanges Orientierungsfunktion und relativer Fadenendenabstand führen nur zu geringen quantitativen, aber nicht zu neuen qualitativen Strukturaussagen.

Um die Grenzen von f_b zu ermitteln, muß man nun aus den Kurven Abb. 4 den zum Fadenendenabstand 0,6 zugehörigen maximalen ($\vartheta = 0°$) bzw. minimalen ($\vartheta = 90°$) Wert der

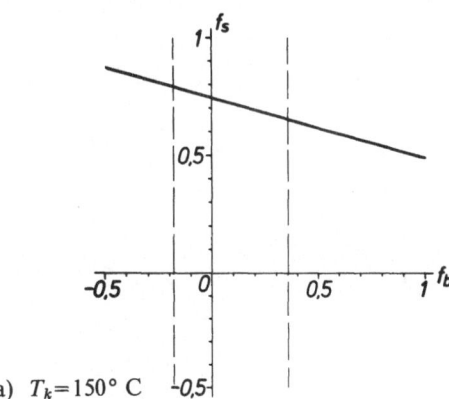

a) $T_k = 150°$ C

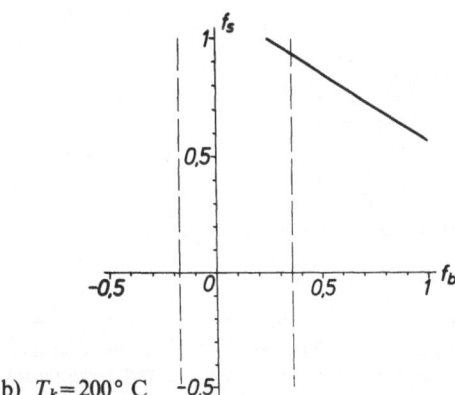

b) $T_k = 200°$ C

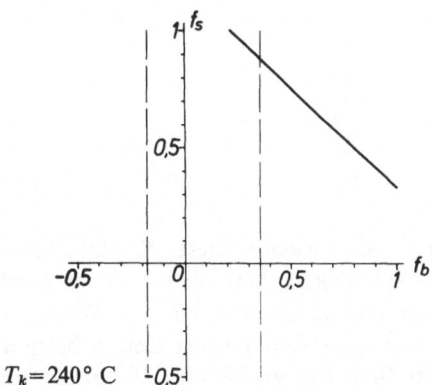

c) $T_k = 240°$ C

Abb. 9. Orientierungsfunktion f_s der starren Ketten in den nichtkristallinen Bereichen aufgetragen in Abhängigkeit von der Orientierungsfunktion f_b der beweglichen Ketten in den nichtkristallinen Bereichen von verstreckten und anschließend kristallisierten Polyäthylenterephthalat-Folien ($\Delta n_0 = 104 \cdot 10^{-3}$).

Orientierungsfunktion entnehmen. Diese so ermittelten Grenzen von f_b sind durch die strichpunktierten Geraden in den Abbn. 9 a bis 9 c eingezeichnet. Unter Berücksichtigung der Bedingung aus Gl. [7] erhält man dann die in Tabelle 1 zusammengestellten Wertebereiche für die Orientierungsfunktionen f_b und f_s.

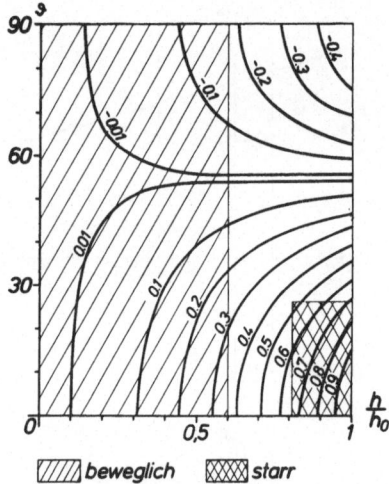

Abb. 10. Mögliche Bereiche von Größe und Richtung des Fadenendenabstandvektors für bewegliche und starre Ketten in den nichtkristallinen Bereichen von verstreckten und anschließend bei 150° kristallisierten Polyäthylenterephthalat-Folien ($\Delta n_0 = 104 \cdot 10^{-3}$). Parameter ist die Orientierungsfunktion f_{nk}.

Tabelle 1. Grenzwerte der Orientierungsfunktionen f_s der starren und f_b der beweglichen Ketten in den nichtkristallinen Bereichen für verstreckte und anschließend kristallisierte Polyäthylenterephthalat-Folien ($\Delta n_0 = 104 \cdot 10^{-3}$).

T_k (°C)	f_s^{max}	f_s^{min}	f_b^{max}	f_b^{min}
150	0.80	0.66	0.36	− 0.18
200	1.00	0.93	0.36	0.24
240	1.00	0.88	0.36	0.22

Setzt man wieder diese Wertebereiche in Abb. 4 ein, so kann man die möglichen mittleren relativen Fadenendenabstände und Winkel ϑ der starren und der beweglichen Ketten bestimmen. In Abb. 10 ist dies grafisch für die Proben mit einer Kristallisationstemperatur von $T_k = 150$ °C dargestellt. Die schraffierten Flächen geben die Bereiche von Größe und Richtung des relativen Fadenendenabstandvektors für starre und für bewegliche Ketten an. Diese Bereiche sind für alle Kristallisationstemperaturen in Tabelle 2 zusammengestellt.

3.3 Diskussion

Aus der Tabelle 2 sieht man, daß bei den starren Ketten für alle Kristallisationstemperaturen T_k ein großer relativer Fadenendenabstand vorliegt und daß der Winkel des Fadenendenabstandvektors mit der Vorzugsrichtung klein ist.

Tabelle 2. Bereiche von Größe und Richtung des Fadenendenabstandvektors für bewegliche und starre Ketten in den nichtkristallinen Bereichen von verstreckten und anschließend kristallisierten Polyäthylenterephthalat-Folien ($\Delta n_0 = 104 \cdot 10^{-3}$)

| T_k (°C) | starre Ketten | | bewegliche Ketten | |
	h/h_0	ϑ	h/h_0	ϑ
150	0.81 − 1	0 − 26°	0 − 0.60	0 − 90°
200	0.97 − 1	0 − 2°	0.50 − 0.60	0 − 30°
240	0.94 − 1	0 − 4°	0.47 − 0.60	0 − 32°

Daraus kann geschlossen werden, daß diese starren Ketten fast ausschließlich von verbindenden Molekülen gebildet werden und daß stark verspannte Schlaufen, wie sie in Abb. 1 gezeigt sind, selten vorkommen. Bei den beweglichen Ketten hängt dagegen die Struktur stark von der Kristallisationstemperatur ab. Während bei niedrigen Kristallisationstemperaturen ($T_k = 150$ °C) durchaus hochbewegliche Schlaufen ($\vartheta = 0°$ bis 90°!) auftreten, werden sie mit zunehmender Kristallisationstemperatur ebenfalls seltener. Außerdem nimmt auch der relative Fadenendenabstand stark zu.

Koenig und *Hannon* (12) sowie *Prevorsek* und *Sibila* (13) stellten durch IR-Messungen eine Zunahme an Kettenfalten in den nichtkristallinen Bereichen mit zunehmender Kristallisationstemperatur fest. Aufgrund der eigenen Messungen und Ergebnisse könnte die Anzahl der hochbeweglichen Schlaufen bei Ausschöpfung aller Fehlermöglichkeiten bei sehr hohen Kristallisationstemperaturen in geringfügigem Maße zunehmen. Dies scheint aber nicht ein entscheidender Effekt

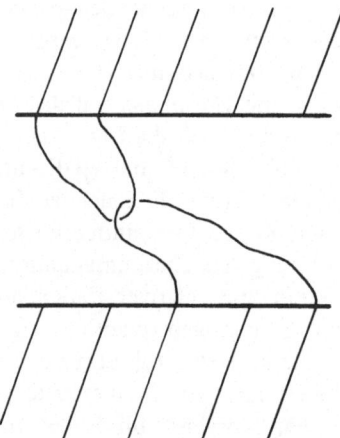

Abb. 11. Schematische Darstellung einer Verschlaufung der Ketten in den nichtkristallinen Bereichen.

zu sein. Man kann nämlich eine Übereinstimmung mit den Ergebnissen von *Koenig* und *Hannon* erzielen, wenn man beachtet, daß es auch Schlaufen mit sehr kleinem Fadenendenabstand geben kann, die sehr verspannt sind. Dies ist dann der Fall, wenn zwei aus verschiedenen Kristallamellen austretende Schlaufen miteinander verhakt sind (entanglements), wie dies in Abb. 11 gezeigt ist. Diese Schlaufen werden im Kernresonanzexperiment sicher zum starren Anteil beitragen und auch eine hohe Orientierungsfunktion haben, obwohl die Einzelketten jeweils einen sehr kleinen relativen Fadenendenabstand besitzen. Im IR-Experiment dagegen wird nur die Konformation der Einzelkette gesehen, so daß man nicht zwischen reinen Schlaufen und Verschlaufungen unterscheiden kann. Aufgrund dieser Ergebnisse muß man also annehmen, daß sich der Typ der verbindenden Moleküle mit der Kristallisationstemperatur ändert. Während bei tiefen Kristallisationstemperaturen hauptsächlich durchgehende Ketten vom Typ b_1 aus Abb. 1 auftreten, wird mit zunehmender Kristallisationstemperatur der Anteil an Verschlaufungen zunehmen.

Ich danke Herrn Prof. Dr. *H. G. Zachmann* für zahlreiche Anregungen und Diskussionen bei der Durchführung dieser Arbeit.

Zusammenfassung

Es wird für verschiedene Modellketten (kontinuierlich verteilte Segmente, Kette im Diamantgitter, Kette im kubischen Gitter) die Orientierungsfunktion in Abhängigkeit von der Größe und Richtung des relativen Fadenendenabstandes berechnet. Man erhält für alle drei Modelle ungefähr denselben Zusammenhang, daß nämlich die Orientierungsfunktion von Verbindungsmolekülen stets positive, mit größer werdendem Fadenendenabstand stark zunehmende Werte aufweist, während bei Schlaufen für alle Fadenendenabstände immer negative Werte der Orientierungsfunktion auftreten.

Anhand früherer Kernresonanz- und Orientierungsmessungen an verstrecktem Polyäthylenterephthalat wird gezeigt, daß man unter Einbeziehung dieser Ergebnisse eine weitergehende Aussage über die Struktur der nichtkristallinen Bereiche in orientierten, teilkristallinen Polymeren machen kann. Demnach wird der starre nichtkristalline Anteil bei orientiertem Polyäthylenterephthalat bei tiefen Kristallisationstemperaturen von verbindenden Molekülen (tie-Moleküle) gebildet, die mit wachsenden Kristallisationstemperaturen zunehmend von Verschlaufungen (entanglements) abgelöst werden. Stark verspannte Schlaufen treten dagegen – wenn überhaupt – nur bei sehr tiefen Kristallisationstemperaturen auf.

Summary

For different model chains (continuously distributed segments, chain in the diamond lattice and chain in the cubic lattice) the orientation function will be computed in dependence of size and direction of the relative end-to-end distance. For all three models approximately the same connection was found. For tie molecules the orientation function has positive, with increasing end-to-end distance increasing values. For loops the orientation function for all values of the end-to-end distance is negative.

It is possible with these computed results and by means of earlier NMR- and orientation measurements on drawn Poly(ethyleneterephthalate) to get some new knowledge of the structure of the noncrystalline regions. Therefore the rigid noncrystalline fraction in oriented Poly(ethyleneterephthalate) at low crystallization temperatures consists of tie molecules. At high crystallization temperatures more and more entanglements will be found. A larger fraction of rigid loops exists – if at all – only at low crystallization temperatures.

Anhang 1

Ausweitung der Floryschen Formel auf Ketten, deren Fadenendenabstandvektor **h** *mit der Vorzugsrichtung* **V** *einen Winkel* $\vartheta \neq 0°$ *bildet*

Es wird nicht nur eine axialsymmetrische Verteilung der Ketten um die Vorzugsrichtung **V** vorausgesetzt, sondern darüber hinaus auch eine axialsymmetrische Verteilung der Segmente um den Fadenendenabstandvektor.

Für $\vartheta = 0°$ lautet die von *Flory* (5) angegebene Beziehung für das mittlere Kosinusquadrat

$$\langle \cos^2 \Theta \rangle = 1 - \frac{2\,(h/h_0)}{L^*\,(h/h_0)}, \qquad [8]$$

worin h/h_0 der relative Fadenendenabstand und $L^*\,(h/h_0)$ die inverse Langevinfunktion ist.

Schließt der Fadenendenabstandvektor **h** mit der Vorzugsrichtung **V** den Winkel $\vartheta \neq 0$ ein, so berechnet man $\langle \cos^2 \Theta \rangle$ wie folgt:

Für einen bestimmten relativen Fadenendenabstand h/h_0 erhält man über Gl. [8] $\langle \cos^2 \Theta' \rangle$ bezüglich der Richtung des Fadenendenabstandvektors **h**. Bei dieser Berechnung wird nur die Komponente jedes Segments bezüglich der Richtung **h** berücksichtigt, während von den Komponenten senkrecht zu **h** ja nur angenommen wird, daß sie axialsymmetrisch verteilt um **h** liegen (Vss. bei der Aufstellung von Gl. [8]). Ist nun **h** zur Vorzugsrichtung geneigt ($\vartheta \neq 0$), so müssen bei der Berechnung des mittleren Kosinusquadrates nicht nur die Komponenten parallel zu **h**, sondern auch die Komponenten senkrecht zu **h** berücksichtigt werden.

Der Winkel Θ wird (s. Abb. 12) nicht mehr alleine von Θ' (Komponente parallel zu **h**), sondern auch vom Winkel ψ abhängen, der die Komponenten senkrecht zu **h** berücksichtigt. Um $\langle \cos^2 \Theta \rangle$ zu ermitteln, muß also $\cos^2 \Theta\,(\psi, \Theta')$ über den gesamten Bereich $0 \leq \psi \leq 2\,\pi$ gemittelt werden. Diese Mittelung wurde bereits bei der Berechnung der Orientierungsfunktion von tordierten Lamellen durchgeführt (4), so daß hier nur das Ergebnis verwendet werden soll:

$$\langle \cos^2 \Theta \rangle = \cos^2 \vartheta \, \langle \cos^2 \Theta' \rangle + \frac{1}{2} \cdot \sin^2 \vartheta \, \langle \sin^2 \Theta' \rangle \qquad [9]$$

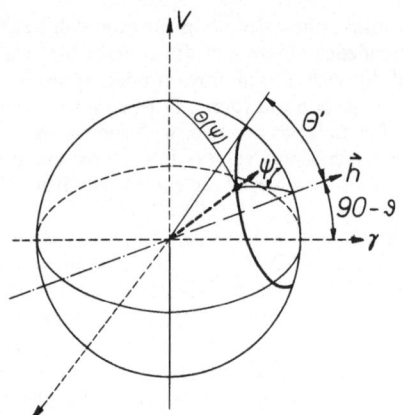

Abb. 12. Zur Definition der Winkel Θ, Θ' und ψ sowie der Richtungen $\mathbf{V}$ und $\mathbf{h}$.

Durch eine einfache Umformung unter Berücksichtigung von Gl. [1] erhält man dann als Ergebnis für die Orientierungsfunktion f

$$f = \left(1 - \frac{3\,(h/h_0)}{L^*\,(h/h_0)}\right)\ \frac{1}{2}\ (3\cos^2\vartheta - 1). \qquad [10]$$

Anhang 2

Berechnung der Orientierungsfunktion einer Kette im Diamantgitter

In Abb. 13 ist schematisch das Diamantgitter dargestellt. Dieses Diamantgitter ist so in ein kartesisches Koordinatensystem gelegt, daß die Bindungsvektoren $\mathbf{s}$ und $\mathbf{t}$ in der yz-Ebene und die Bindungsvektoren $\mathbf{u}$ und $\mathbf{v}$ in der xy-Ebene liegen.

Zwei benachbarte Punkte A und B unterscheiden sich dadurch, daß, wenn vom Punkt A die Bindungsvektoren $\mathbf{s}^+$, $\mathbf{t}^+$, $\mathbf{u}^+$ und $\mathbf{v}^+$ zu den benachbarten Punkten führen, von diesen benachbarten Gitterpunkten ausgehende Bindungsvektoren $\mathbf{s}^-$, $\mathbf{t}^-$, $\mathbf{u}^-$ und $\mathbf{v}^-$ in die jeweils ent-

gegengesetzte Richtung führen, d. h. es gilt

$$
\begin{aligned}
\mathbf{s}^- &= -\mathbf{s}^+ \\
\mathbf{t}^- &= -\mathbf{t}^+ \\
\mathbf{u}^- &= -\mathbf{u}^+ \\
\mathbf{v}^- &= -\mathbf{v}^+ .
\end{aligned}
\qquad [11]
$$

Man kann also das Diamantgitter aus zwei Typen von Gitterpunkten zusammengesetzt denken, nämlich von Pluspunkten und Minuspunkten, wobei diese so angeordnet sind, daß jeweils ein Pluspunkt von vier Nachbarn, die Minuspunkte sind, umgeben ist und umgekehrt.

Betrachten wir nun eine Kette, deren Fadenendenabstandvektor $\mathbf{h}$ mit der z-Achse zusammenfällt. Das mittlere Kosinusquadrat für eine Kette aus n Segmenten bezüglich der z-Achse ist dann

$$\langle \cos^2 \Theta \rangle = \frac{\displaystyle\sum_{i=1}^{N} \cos^2 \Theta_i}{N}, \qquad [12]$$

worin Θ_i die Winkel der Bindungsrichtungen mit der z-Achse sind.

Bezeichnet man die jeweilige Anzahl der Bindungen in die $\mathbf{s}^+, \ldots \mathbf{v}^+$, $\mathbf{s}^-, \ldots \mathbf{v}^-$ Richtungen mit $n_1^+, \ldots n_4^+$, $n_1^-, \ldots n_4^-$ und berücksichtigt die Lage der Bindungen im Koordinatensystem

$$
\begin{aligned}
\mathbf{s}^+ &\ldots (0, -1/\sqrt{3}, \sqrt{2/3}) \\
\mathbf{t}^+ &\ldots (0, -1/\sqrt{3}, -\sqrt{2/3}) \\
\mathbf{u}^+ &\ldots (\sqrt{2/3}, 1/\sqrt{3}, 0) \\
\mathbf{v}^+ &\ldots (-\sqrt{2/3}, 1/\sqrt{3}, 0),
\end{aligned}
\qquad [13]
$$

so erhält man mit Gl. [11] für die $\cos^2 \Theta_i$ die Werte

$$\cos^2 \Theta_i = 2/3 \quad \text{für } i = 1, 2$$

und $\qquad\qquad\qquad\qquad\qquad\qquad\qquad$ [14]

$$\cos^2 \Theta_i = 0 \quad \text{für } i = 3, 4.$$

Man erhält dann das mittlere Kosinusquadrat

$$\langle \cos^2 \Theta \rangle = \frac{1}{N}\ \frac{2}{3}\ (n_1^+ + n_2^+ + n_1^- + n_2^-). \qquad [15]$$

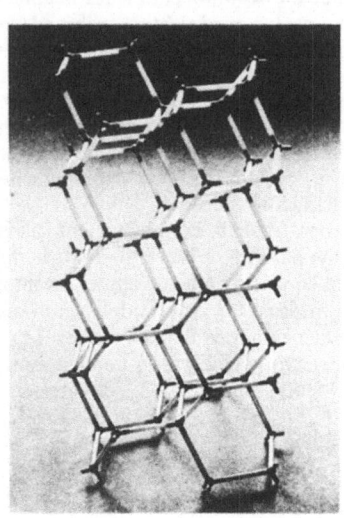

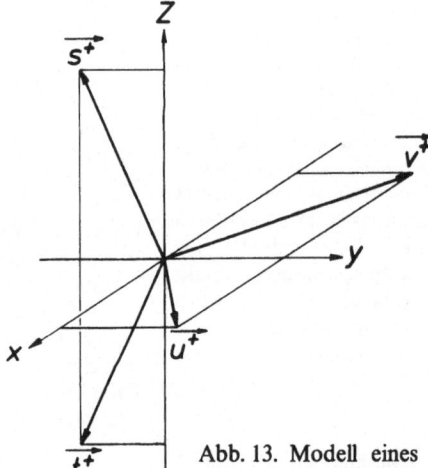

Abb. 13. Modell eines Diamantgitters und Lage der Bindungsvektoren im Koordinatensystem.

Die zu einem bestimmten Fadenendenabstand h/h_0 zugehörigen n_i wurden von *Schrader* und *Zachmann* (7) aus dem maximalen Term berechnet und lauten:

$$\frac{n_1^+}{N} = \frac{n_2^-}{N} = \frac{n_1^-}{N} - \frac{1}{2}(h/h_0)^2 \qquad [16]$$

$$\frac{n_2^+}{N} = \frac{n_1^-}{N} = \frac{1}{2}\left(\frac{1+(h/h_0)^2}{2}\right). \qquad [17]$$

Setzt man dies in Gl. [15] ein, so erhält man

$$\langle \cos^2 \Theta \rangle = \frac{1}{3}\left(1+\left(\frac{h}{h_0}\right)^2\right) \qquad [18]$$

bzw. über Gl. [1]

$$f = \frac{1}{2}\left(\frac{h}{h_0}\right)^2. \qquad [19]$$

Will man die Orientierungsfunktion auch für Ketten berechnen, deren Fadenendenabstandvektor nicht in der z-Achse liegt, sondern mit ihr den Winkel ϑ einschließt, so geht man am besten so vor, daß man das Diamantgitter durch eine Koordinatentransformation so dreht, daß der Fadenendenabstandvektor die Kugelkoordinaten (φ, ϑ) im alten Koordinatensystem erhält. Um dies zu erreichen, wird das Gitter zuerst um den Winkel φ um die z-Achse gedreht und anschließend um die x-Achse um den Winkel ϑ:

$$D = \begin{pmatrix} 1 & 0 & 0 \\ 0 & \cos\vartheta & \sin\vartheta \\ 0 & -\sin\vartheta & \cos\vartheta \end{pmatrix} \begin{pmatrix} \cos\varphi & -\sin\varphi & 0 \\ \sin\varphi & \cos\varphi & 0 \\ 0 & 0 & 1 \end{pmatrix} \begin{pmatrix} \mathbf{e}_x \\ \mathbf{e}_y \\ \mathbf{e}_z \end{pmatrix}$$

$$= \begin{pmatrix} \cos\varphi & \sin\varphi & 0 \\ \cos\vartheta\sin\varphi & \cos\vartheta\cos\varphi & -\sin\vartheta \\ \sin\vartheta\sin\varphi & \sin\vartheta\cos\varphi & \cos\vartheta \end{pmatrix} \begin{pmatrix} \mathbf{e}_x \\ \mathbf{e}_y \\ \mathbf{e}_z \end{pmatrix} \qquad [20]$$

Da für das mittlere Kosinusquadrat nur die z-Komponente interessiert, erhält man

$$\cos^2\Theta = (\sin\vartheta\sin\varphi\,\mathbf{e}_x + \sin\vartheta\cos\varphi\,\mathbf{e}_y + \cos\vartheta\,\mathbf{e}_z)^2 \qquad [21]$$

bzw. unter Berücksichtigung von Gl. [13] für den Fall, daß der Fadenendenabstandvektor $\mathbf{h}$ die Kugelkoordinaten (φ, ϑ) hat:

$$\cos^2\Theta_i = \left(\pm\sqrt{\frac{1}{3}}\sin\vartheta\cos\varphi \pm \sqrt{\frac{2}{3}}\cos\vartheta\right)^2$$
$$\text{für } i=1,2 \qquad [22]$$

$$\cos^2\Theta_i = \left(\pm\sqrt{\frac{2}{3}}\sin\vartheta\sin\varphi \pm \sqrt{\frac{1}{3}}\sin\vartheta\cos\varphi\right)^2$$
$$\text{für } i=3,4. \qquad [23]$$

Setzt man weiter eine axialsymmetrische Verteilung der Ketten um die z-Achse, die mit der Vorzugsrichtung zusammenfallen soll, voraus, so muß über den Bereich $0 \le \varphi \le 2\pi$ gemittelt werden, und man erhält:

$$\langle \cos^2\Theta_i \rangle_\varphi = \frac{2}{3} - \frac{1}{2}\sin^2\vartheta \quad \text{für } i=1,2 \qquad [24]$$

$$\langle \cos^2\Theta_i \rangle_\varphi = \frac{1}{2}\sin^2\vartheta \quad \text{für } i=3,4. \qquad [25]$$

Das mittlere Kosinusquadrat ist dann mit Gl. [12]

$$\langle \cos^2\Theta \rangle = \frac{1}{2}\frac{\sum_{i=1}^{4}(n_i^+ + n_{\bar{i}})\langle \cos^2\Theta_i \rangle_\varphi}{N}. \qquad [26]$$

Mit den Werten für n_i/N aus Gl. [16] und Gl. [17] erhält man dann schließlich

$$\langle \cos^2\Theta \rangle = \frac{1}{3}\left(1+\left(\frac{h}{h_0}\right)^2\right) - \frac{1}{2}\left(\frac{h}{h_0}\right)^2\sin^2\vartheta \qquad [27]$$

bzw. mit Gl. [1] die Orientierungsfunktion f

$$f = \frac{1}{4}\left(\frac{h}{h_0}\right)^2(3\cos^2\vartheta - 1). \qquad [28]$$

Dieses Resultat spiegelt jedoch noch die innere Struktur einer Kette im Diamantgitter wider. Man erhält für die voll gestreckte Kette ($h/h_0 = 1$) einen Wert von $f = 0,5$, während man eigentlich den Wert 1 erwartet. Die Ursache für diesen zu niedrigen Wert liegt in der zick-zack-förmigen Anordnung der Segmente um die z-Achse im Falle der „gestreckten" Kette (s. Abb. 13).

Man muß in diesem Fall eine „Normierung" der Orientierungsfunktion vornehmen, so daß man für die Fälle gestreckte Kette parallel zur z-Achse, gestreckte Kette senkrecht zur z-Achse und isotrop verteilte Kettensegmente die Werte 1, $-0,5$ bzw. 0 für die Orientierungsfunktion erhält. Man kann unmittelbar aus den Gln. [19] und [28] ersehen, daß diese Normierung einfach durch eine Multiplikation mit dem Faktor 2 vorgenommen werden kann, so daß man schließlich als endgültiges Ergebnis für die Kette im Diamantgitter erhält:

$$f = \frac{1}{2}\left(\frac{h}{h_0}\right)^2(3\cos^2\vartheta - 1). \qquad [29]$$

Anhang 3

Berechnung des mittleren Kosinusquadrates aus den Einzelkonformationen einer Kette im Diamantgitter

Anhand einer von *Schmedding* und *Zachmann* (2) angegebenen Methode lassen sich zu einem fest vorgegebenen Fadenendenabstand alle möglichen Konformationen der Kette berechnen, wobei die jeweilige Konformation durch die Folge der entsprechenden Bindungsvektoren Gl. [13] gegeben ist, wie z. B.

$$\mathbf{s}^+\,\mathbf{t}^-\,\mathbf{u}^+\,\mathbf{v}^-\ldots \qquad [30]$$

Das Verfahren von *Schmedding* und *Zachmann* ist dabei so angelegt, daß der Fadenendenabstandvektor immer in der z-Richtung liegt. Man erhält $\langle \cos^2\Theta \rangle$, indem man die Anzahl der jeweiligen Bindungsvektoren n_i über alle möglichen Konformationen der Kette aufsummiert und mit dem zugehörigen Kosinusquadrat multipliziert. Die Summe aus diesen Produkten wird dann noch durch die Gesamtanzahl der Bindungen dividiert:

$$\langle \cos^2\Theta \rangle = \frac{\sum_{i=1}^{4}(n_i^+ + n_{\bar{i}})\cos^2\Theta_i}{\sum_{i=1}^{4}(n_i^+ + n_{\bar{i}})}. \qquad [31]$$

Liegt der Fadenendenabstandvektor nicht parallel zur z-Richtung, sondern ist um den Winkel ϑ dazu geneigt, so werden analog zum Vorgehen im Anhang 2 über die Gln. [20] und [25] die Werte des mittleren Kosinusquadrates für jeden Bindungsvektor bestimmt (s. Gln. [24] und [25]). Wichtig ist dabei, daß hier wieder Axialsymmetrie der Kette, sowohl um die Vorzugsrichtung als auch um den Fadenendenabstandvektor angenommen wird. Man erhält dann als Ergebnis:

$$\langle \cos^2 \Theta \rangle = \frac{1}{N} (n_1^+ + n_1^- + n_2^+ + n_2^-)\left(\frac{2}{3} - \frac{1}{2}\sin^2 \vartheta\right) +$$

$$\frac{1}{N}(n_3^+ + n_3^- + n_4^+ + n_4^-)\frac{1}{2}\sin^2 \vartheta. \qquad [32]$$

Anhang 4

Berechnung der Orientierungsfunktion einer Kette im kubischen Gitter

Di Marzio (8) berechnete aus dem maximalen Term die Zustandssumme für Ketten, deren Fadenendenabstandvektor parallel zur z-Achse liegt. Aus seinen Nebenbedingungen erhält man die Anzahl von Bindungen in die jeweilige Raumrichtung i:

$$\frac{n_3^+ + n_3^-}{N} = -\frac{1}{3} + \frac{2}{3}\sqrt{1 + 3\,(h/h_0)^2} \qquad [33]$$

$$\frac{n_2^+ + n_2^-}{N} = \frac{n_1^+ + n_1^-}{N} = \frac{2}{3} - \frac{1}{3}\sqrt{1 + (h/h_0)^2}, \qquad [34]$$

worin N die Gesamtanzahl von Bindungen und h/h_0 der relative Fadenendenabstand ist.

Das mittlere Kosinusquadrat ist dann

$$\langle \cos^2 \Theta \rangle = \frac{1}{N}\sum_{i=1}^{3}(n_i^+ + n_i^-)\cos^2 \Theta_i = \frac{n_3^+ + n_3^-}{N}, \qquad [35]$$

da ja wegen des kubischen Gitters $\cos^2 \Theta_1 = \cos^2 \Theta_2 = 0$ und $\cos^2 \Theta_3 = 1$ ist.

Für den Fall, daß $\vartheta \neq 0$ ist, der Fadenendenabstandvektor also nicht in der z-Achse liegt, müssen die Bindungsvektoren wieder mit der Drehmatrix Gl. [20] gedreht und über φ gemittelt werden:

$$\cos^2 \Theta_1 = \sin^2 \vartheta \sin^2 \varphi$$
$$\cos^2 \Theta_2 = \sin^2 \vartheta \cos^2 \varphi \qquad [36]$$
$$\cos^2 \Theta_3 = \cos^2 \vartheta$$

bzw. nach Mittelung über $0 \leq \varphi \leq 2\pi$:

$$\langle \cos^2 \Theta_1 \rangle_\varphi = \frac{1}{2}\sin^2 \vartheta$$

$$\langle \cos^2 \Theta_2 \rangle_\varphi = \frac{1}{2}\sin^2 \vartheta \qquad [37]$$

$$\langle \cos^2 \Theta_3 \rangle_\varphi = \cos^2 \vartheta.$$

Setzt man diese Werte für die $\cos^2 \Theta_i$ in Gl. [35] ein, so erhält man unter Berücksichtigung von Gl. [34]:

$$\langle \cos^2 \Theta \rangle = \frac{n_1^+ + n_1^-}{N} + \frac{n_3^+ + n_3^- + n_1^+ + n_1^-}{N}\cos^2 \vartheta. \qquad [38]$$

Mit den Gl. [1], [33] und [34] lautet dann die Orientierungsfunktion f:

$$f = \frac{1}{2}(3\cos^2 \vartheta - 1)\,(\sqrt{1 + 3\,(h/h_0)^2} - 1). \qquad [39]$$

Literatur

1) *Wilson, C. W.* und *G. E. Pake*, J. Polym. Sci. **10**, 503 (1953).
2) *Schmedding, P.* und *H. G. Zachmann*, Kolloid-Z. u. Z. Polymere **250**, 1105 (1972); Colloid & Polym. Sci. **253**, 441 (1975); Colloid & Polym. Sci. **253**, 527 (1975).
3) *Biangardi, H. J.* und *H. G. Zachmann*, J. Polym. Sci. **C58**, 169 (1977).
4) *Biangardi, H. J.*, Makromolek. Chem. **179**, 2051 (1978).
5) *Flory, P. J.*, Statistical Mechanics of Chain Molecules, Interscience Publishers, New York, London, Sidney, Toronto 1969.
6) *Kuhn, W.* und *F. Grün*, Kolloid Z. **101**, 248 (1942).
7) *Schrader, E.* und *H. G. Zachmann*, Kolloid Z. **241**, 996 (1970); *Schrader, E.* und *H. G. Zachmann*, Kolloid Z. **241**, 1007 (1970).
8) *Di Marzio, E. A.*, J. Chem. Phys. **36**, 1563 (1962).
9) *Dumbleton, J. H.*, J. Polym. Sci. **(A–2) 6**, 795 (1968).
10) *Fischer, E. W., S. Fakirov* und *G. F. Schmidt*, Makromolek. Chem. **176**, 2459 (1975).
11) *Biangardi, H. J.* und *H. G. Zachmann*, in Vorbereitung.
12) *Koenig, I. L.* und *M. I. Hannon*, J. Macromol. Sci. **B1**, 119 (1967).
13) *Prevorsek, D. C.* und *I. F. Sibila*, J. Macromol. Sci. **B 5**, 617 (1971).

Anschrift des Verfassers:

H. J. Biangardi
Institut für Nichtmetallische Werkstoffe/
Kunststoffphysik
Technische Universität Berlin
Englische Straße 20
1000 Berlin 12

Progr. Colloid & Polymer Sci. **66**, 109–112 (1979)
© 1979 by Dr. Dietrich Steinkopff Verlag GmbH & Co. KG, Darmstadt
ISSN 0340-255 X

Lectures during the conference of the Deutschen Physikalischen Gesellschaft,
Fachausschuß „Physik der Hochpolymeren",
April 17–21, 1978 in Bad Nauheim

Work done at Celanese Research Company, Summit, New Jersey (USA)

Morphology and mechanical properties
of some spin-oriented polypropylene fibers

H. D. Noether

With 3 figures and 4 tables

(Received April 24, 1978)

Melt spinning of polypropylene under conditions of high spin stress usually leads to oriented, crystalline fibers with a well defined lamellar morphology. *Sheehan* and *Cole* (1) have observed the formation of a less perfect structure, smectic polypropylene, when quenching melt extruded polypropylene in water of 50 °C or below, close to the spinnerette. We confirmed these data obtaining oriented, crystalline fibers of polypropylene during spin orientation under normal quench conditions and a highly oriented smectic structure when applying a water quench. The small angle data of these two materials showed that the crystalline fiber had the typical lamellar morphology of an "as spun" hard elastic material, while the morphology of the smectic structure was basically fibrillar (2) (Fig. 1). It was therefore of interest to investigate, whether annealing treatments for both these materials

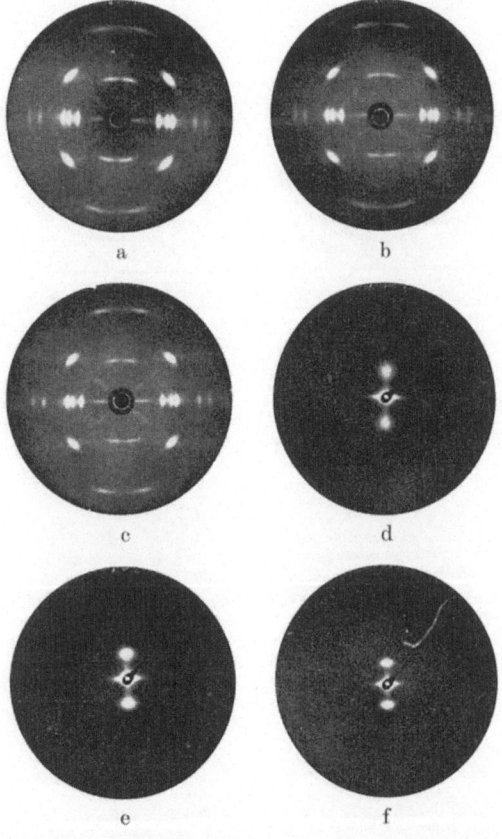

Fig. 2. Annealing of lamellar structure. 2a WAXR annealed 70 °C/30 min., 2b WAXR annealed 100 °C|30 min., 2c WAXR annealed 130 °C/30 min.; 2d SAXR annealed 70 °C/30 min Exp. 3 hrs., 2e SAXR annealed 100 °C/30 min., Exp. 3 hrs., 2f SAXR annealed 130 °C/ 30 min. Exp. 2 hrs.

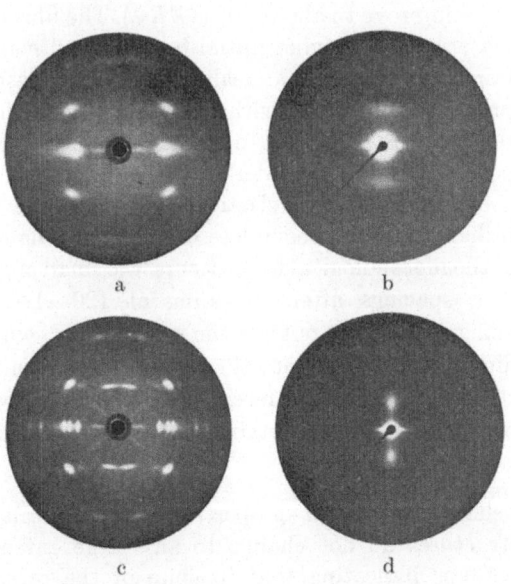

Fig. 1. X-Ray diffraction pattern of smectic and crystalline polypropylene. Smectic structure: 1a: WAXR; 1b SAXR. Crystalline structure: 1c: WAXR; 1d SAXR

would lead to lamellar morphologies or whether the poorly defined smectic structure of the "as spun" and waterquenched material could be maintained, developed or would be destroyed.

In the case of the lamellar fibers, annealing at constant length between 70 and 130 °C gradually changed the small angle pattern from a meridional streak to a sharp meridional spot with the 2nd order spot appearing at 130 °C. (3) (Fig. 2). Table 1 gives the SAXR diffraction analysis showing that the position of maximum intensity, as expected, moves to higher values and that the half widths of the long spacing distribution become narrower; the lamellar dimensions become more uniform.

For the fibrillar structure annealing leads to a gradual increase in crystalline order; the perfection of the monoclinic structure is gradually developed. A characteristic of crystalline, spin oriented polypropylene, the presence of bimodal

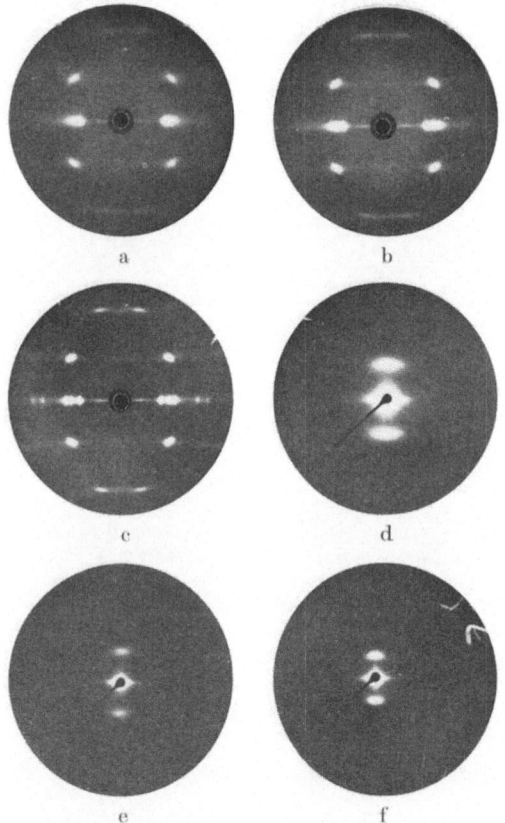

Fig. 3. Annealing of fibrillar structure. 3a WAXR annealed 70 °C/30 min., 3b WAXR annealed 100 °C/ 30 min., 3c WAXR annealed 130 °C/30 min.; 3d SAXR annealed 70 °C/30 min. Exp.: 16 hrs, 3e SAXR annealed 100 °C/30 min. Exp.: 3 hrs, 3f SAXR annealed 130 °C/ 30 min. Exp.: 3 hrs

orientation, (c- and and a'-axis oriented crystallites) (4) is, however, absent. Only c-axis orientation is observed (Fig. 3). The small angle streak, originally weak, increases in intensity, gradually shortens its lateral extent, its maximum moves to higher values, however its meridional half width does not change. This behavior is very similar to that of fibers drawn subsequently to spinning.

The meridional width at half maximum intensity was calculated from a meridional microdensitometer scan, calculating the two spacings on the basis of Bragg's law. In tables 1 and 2, the range column gives these values in Å, the Δ column gives their difference in Å.

The lateral halfwidth was calculated according to *Bolduan* and *Bear* (5). Here the lateral dimensions of the lamellae are considered disks of radius R. At half maximum intensity $\pi \bar{\nu} R_K \xi = 0.83$, where $\bar{\nu} = 1/\lambda$, R_K is the effective radius of the diffracting object and ξ is a reciprocal radius. Knowing the reciprocal half widths of the diffracted beam and of the primary beam at the position of the film, R_K can be calculated. The halfwidth of the primary beam was 0.4 mm.

The tensile characteristics of the two types of materials as function of annealing temperatures are shown in the next two tables. The hard elastic material has a low tenacity, high elongation, the expected modulus and its elastic characteristics improve to about 90% (ER_{50}). The fibrillar material has a higher initial tenacity and maintains it in the whole annealing range. The elastic properties improve with increasing annealing temperature, however, even at 130 °C the properties are still considerably below those of a good, lamellar hard elastic material. In the fibrillar material a complete dimensional change of the morphological units occurs, the small angle long spacings after annealing at 120–130 °C being completely outside the original "as spun" dimensions. This is not the case for the lamellar structure, where the meridional streak narrows but even at 130 °C retains part of the original lamellar dimensions.

The mechanical properties of the fibrillar structures do not change to any large extent, perhaps indicating that in spite of the rather drastic changes in crystallinity and morphology, the load bearing units of the fiber have maintained their integrity.

Table 1. X-Ray diffraction characteristics. Annealing of crystalline, lamellar structure

Annealing conditions	SAXR Data				WAXR Data	
	max. int. (Å)	meridional half width		lateral half width (Å)	orient.	crystall.
		range (Å)	Δ (Å)			
As is	132	182—101	81	170	g	g
70°/30′	136	179—109	70	181	g	g
90°/30′	137	171—116	55	191	g	g
110°/30′	147	175—130	45	216	g+	g
130°/30′	167	189—146	49	238	g+	g

Table 2. X-Ray diffraction characteristics. Annealing of smectic, fibrillar structure

Annealing conditions	SAXR Data				WAXR Data	
	max. int. (Å)	meridional half width		lateral half width (Å)	orient.	crystall.
		range (Å)	Δ (Å)			
"As is"	95	115—82	33	80	v.g.	v. low
70°/30′	101	117—88	29	77	v.g.	low
90°/30′	107	123—96	27	124	v.g.	m—
110°/30′	125	141—114	27	137	v.g.	g—
130°/30′	155	176—139	37	185	v.g.	g+

Table 3. Tensile data of crystalline, lamellar original

Treatment	Den.	Elong. (%)	Ten. g/den	Mod g/den	ER_{50} %	Yield	
						el (%)	stress (g/den)
70°/30′	1.8	205	1.8	26	62	3.3	0.6
80°/30′	2.2	226	1.9	29	70	3.5	0.7
90°/30′	2.1	253	2.4	26	74	3.2	0.6
100°/30′	2.5	256	2.0	33	82	3.3	0.8
110°/30′	1.9	223	2.1	27	87	3.5	0.7
120°/30′	2.0	220	1.6	25	89	4.1	0.7
130°/30′	2.0	155	2.3	23	92	3.7	0.6

Table 4. Tensile data of smectic fibrillar original

Treatment	Den.	Elong. (%)	Ten. (g/den)	Mod (g/den)	ER_{50} (%)	Yield	
						el (%)	stress (g/den)
70°/30′	2.6	253	5.7	44	45	3.0	0.9
80°/30′	2.6	220	4.4	45	50	3.2	1.0
90°/30′	2.7	172	4.0	47	56	3.2	1.0
100°/30′	2.9	190	3.3	47	63	3.3	1.1
110°/30′	2.8	172	3.7	43	71	3.5	1.1
120°/30′	2.8	154	4.4	43	77	3.4	1.0
130°/30′	2.7	171	5.0	39	83	3.4	0.9

References

1) *Sheehan, W. C., T. B. Cole*, J. Appl. Poly. Sci. 8, 2359 (1964).
2) *Noether, H. D.*, Midland Macromol. Symposium, August 1977. (in press).
3) *Noether, H. D., W. Whitney*, Koll. Z. u. Z. Polymere **251**, 991 (1973); *Sprague, B. S.*, J. Macromol. Sci. Phys. **B**8, (1—2) 157 (1973).
4) *Clark, E. S., J. E. Spruiell*, Polym. Eng. and Science **16**, 176 (1976); *Fung, P. V. F., E. Orlando, S. H. Carr*, Polym. Eng. and Science **13**, 295 (1973); *Khoury, F.*, J. Res. Nat. Bur. Stand. **70**A, 29 (1966).
5) *Bolduan, E. A., R. S. Bear*, J. Poly. Sci., **6**, 271 (1951); *Statton, W. O., G. M. Goddard*, J.Appl. Phys., **28**, 1111 (1957).

Authors' address

H. D. Noether
20 Greenbriar Drive, Summit
New Jersey 07901, USA

Progr. Colloid & Polymer Sci. **66,** 113 – 117 (1979)
© 1978 by Dr. Dietrich Steinkopff Verlag GmbH & Co. KG, Darmstadt
ISSN 0340-255 X

Vorgetragen auf der Tagung der Deutschen Physikalischen Gesellschaft,
Fachausschuß „Physik der Hochpolymeren",
vom 17. bis 21. April 1978 in Bad Nauheim.

Abteilung Experimentelle Physik I, Universität Ulm

Zur Bestimmung von Orientierungszuständen in Spritzgußteilen

B. Heise und *M. Pietralla*

Mit 6 Abbildungen und 3 Tabellen

(Eingegangen am 6. Juli 1978)

1. Einleitung

In Spritzgußteilen entstehen in Abhängigkeit von den Verarbeitungsparametern molekulare Orientierungen, deren sich überlagernde Ursachen Temperaturgradienten, Fließbedingungen für die Schmelze und – für teilweise kristallisierende Polymere – orientierte Kristallisation sind. Molekulare Orientierungen beeinflussen die Eigenschaften der Spritzgußteile. Daher wurde – auch aus Gründen der Anwendungstechnik und Optimierung – in den letzten Jahren versucht, Orientierungszustände in Spritzgußteilen möglichst genau zu bestimmen (1–14).

Die zur Orientierungsbestimmung bisher angewandten Methoden erfordern einen hohen Zeitaufwand und zumeist eine Bearbeitung des Spritzgußteils. Diese Nachteile weist die Bestimmung der Wärmeleitungsanisotropie nicht auf. Diese Methode liefert sekundenschnelle Werte für die Orientierungsbestimmung, wobei die Probe als Ganzes untersucht werden kann.

Die Interpretation der Ergebnisse muß in jedem Fall im Zusammenhang mit Ergebnissen anderer physikalischer Methoden erfolgen. Die prinzipiellen Anwendungsmöglichkeiten der Wärmeleitungsanisotropie werden hier in Verbindung mit Röntgenstrukturuntersuchungen, polarisationsoptischen und elektronenmikroskopischen Aufnahmen dargestellt.

2. Methodisches

Untersucht werden Spritzgußteile aus HDPE, an denen bereits früher Strukturuntersuchungen durchgeführt wurden (2). Die Ergebnisse an einer 1 mm dicken

Viertelkreisscheibe werden beispielhaft diskutiert. Die Herstellungsparameter und Abmessungen dieser Scheibe sind in Tabelle 1 angegeben.

Röntgenstrukturuntersuchungen im Weit- und Kleinwinkelbereich werden in bekannter Weise durchgeführt (2, 5, 6). An ebenen Spritzgußteilen können dabei Filmaufnahmen im Weit- und Kleinwinkelbereich an der unbearbeiteten Probe angefertigt werden. Polarisationsoptische Untersuchungen werden an 40 Dünnschnitten parallel und senkrecht zur Fließrichtung durchgeführt. Dabei erweist sich bei sehr kleinen Gangunterschungen ein Gipsplättchen (Rot 1. Ordnung) als außerordentlich wichtig, um mit weißem Licht die Orientierungsdoppelbrechung und damit die molekulare Orientierung quantitativ durch Farbvergleiche zu erfassen.

Ultradünnschnitte wurden bei −50° C parallel und senkrecht zur Fließrichtung angefertigt und mit der von *Kanig* (15) angegebenen Methode kontrastiert. Allerdings treten wegen der durch unterschiedliche Orientierung über dem Probenquerschnitt hervorgerufenen ungleichmäßigen Anquellung erhebliche Probleme auf.

Die Anisotropie A der Wärmeleitfähigkeit beruht auf der unterschiedlichen Wärmeleitfähigkeit parallel k'' und senkrecht $k^\perp$ zur Verstreckrichtung:

$$A = k''/k^\perp$$

Die Methode beruht auf einem von *De Senarmont* (16) angegebenen Verfahren, bei dem einer Platte aus anisotropem Material an einem Punkt Wärme zugeführt wird

Tabelle 1. Herstellungsparameter für die 1 mm dicke HDPE-Spritzgußviertelkreisscheibe

Mittlere Massetemperatur:	168 °C
Formtemperatur:	45 °C
Einspritzzeit:	1 sec
Nachdruckzeit:	18 sec
Kühlzeit:	26 sec
Zykluszeit:	30 sec
Schließdruck:	920 kp/mm²
Spritzdruck:	1200 kp/mm²
Nachdruck:	1380 kp/mm²
Formöffnung:	0,01 mm

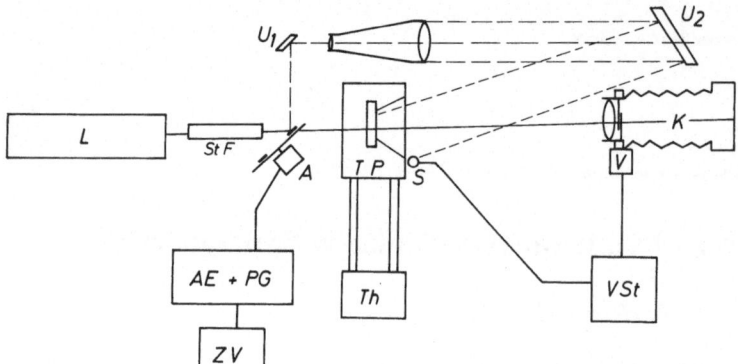

Abb. 1. Schematische Darstellung der Apparatur zur Bestimmung der Anisotropie der Wärmeleitfähigkeit. L: Laser, StF: Strahl-Formung und Filterung, A: Ablenkeinheit, U_1, U_2: Umlenkspiegel, TP: Thermostatisierter Probenhalter, S: Fotoelektr. Sensor, K: Kamera, V: Verschluß, VSt: Verschlußsteuerung, Th: Thermostat, AE+PG: Ansteuereinheit und Programmgeber, ZV: Zeitvorwahl (Heizzeit durch den Laserstrahl).

und das Achsenverhältnis der Isothermen auf der Oberfläche bestimmt wird (17).

Wir verwenden als Wärmepol einen Laserstrahl ($I \approx 100$ mW), als Temperaturindikator Flüssigkristalle. Zur Auswahl einer Isotherme wird die Probe durch ein schmales Linienfilter fotografiert, die Bilder anschließend ausgewertet. Für Routineeinsatz können statt Flüssigkristalle und Photoplatte IR-Kameras, wie sie teilweise schon zur Produktionskontrolle verwendet werden, eingesetzt werden. Eine Schemazeichnung des Aufbaus ist in Abb. 1 dargestellt.

3. Ergebnisse

3.1 Röntgenweit- und Kleinwinkelstreuung

Die über dem Probenquerschnitt gemittelte Kristallitorientierung in Spritzgußteilen aus HDPE kann je nach Bedingung durch eine der drei folgenden Hauptachsenorientierungen oder einer Überlagerung von zweien charakterisiert werden (2, 5, 6).

a) mittlere Ausrichtung der kristallographischen c-Achse parallel zur Fließrichtung,

b) mittlere Ausrichtung der kristallographischen b-Achse senkrecht zur Fließrichtung und parallel zur Probenoberfläche,

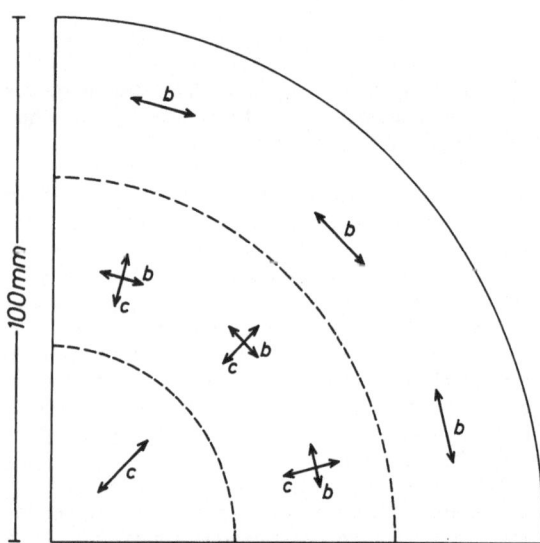

Abb. 2. Schematische Darstellung der mit Röntgenweitwinkelmessungen bestimmten Textur in der Viertelkreisscheibe (Anguß im Kreismittelpunkt). Die Pfeile geben die mittlere Richtung der bevorzugt orientierten Kristallithauptachsen entsprechend den Zuständen 3.1 a und 3.1 b an.

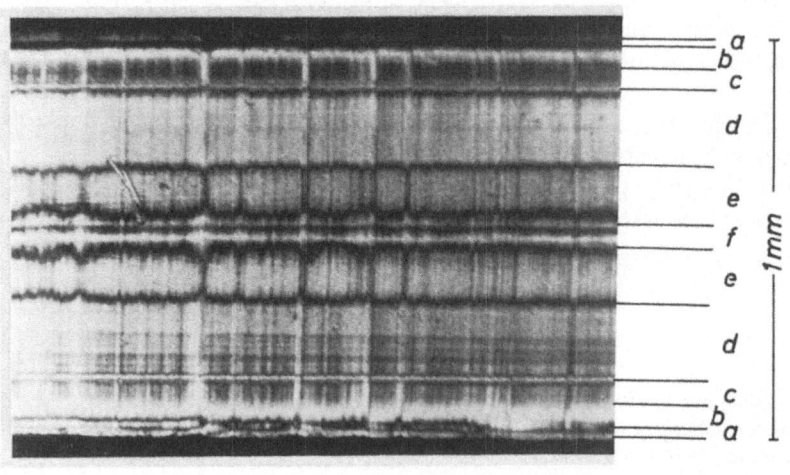

Abb. 3. Polarisationsoptische Aufnahme eines 40 μ-Dünnschnitts parallel zur Fließrichtung, senkrecht zur Probenoberfläche. Entnahmeort: 80 mm vom Anguß entfernt. Die Buchstaben a – f beziehen sich auf die in Tabelle 2 angegebene Kennzeichnung.

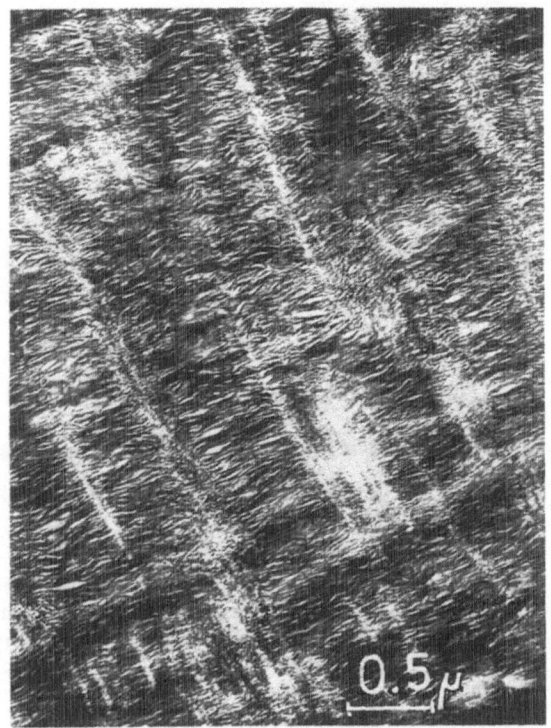

Abb. 4. Nach *Kanig* (15) behandelter Ultradünnschnitt parallel zur Viertelkreisscheibenoberfläche (ca. 0.2 mm unterhalb der Oberfläche), 60 mm vom Anguß entfernt. (Mittlerer Lamellenschwerpunktabstand: ca. 20 nm.)

Fließ-richtung

c) mittlere Ausrichtung der kristallographischen b-Achse in der Ebene senkrecht zur Fließrichtung (Reihenstruktur).

Die mittlere Orientierung der Kolloidstruktur wird durch ein lamellares System beschrieben, wobei die Lamellennormalen je nach Kristallitorientierung im Mittel parallel zur Fließrichtung oder in der aus Fließrichtung und Probenoberflächennormalen gebildeten Ebene liegen.

In Abb. 2 sind die röntgenographisch ermittelten Orientierungszustände in der Viertelkreisscheibe schematisch dargestellt, die Orientierung ist dabei in Angußnähe am ausgeprägtesten.

3.2 Polarisationsmikroskopische Untersuchungen

Die 40 μ-Dünnschnitte zeigen unter dem Polarisationsmikroskop jeweils nahezu symmetrisch zur neutralen unorientierten Seele in der Probenmitte eine bis fünf unterscheidbare Schichten unterschiedlicher Doppelbrechung. Aus Abb. 3 und Tab. 2 erkennt man deutlich die Zusammenhänge mit den unter 3.1. erwähnten Überlagerungen verschiedener Orientierungszustände. Der Orientierungszustand 3.1 a ist in der Hauptsache in der Randzone, der Zustand 3.1 b zwischen Randzone und der unorientierten Mittelzone zu finden.

3.3 Elektronenmikroskopische Aufnahmen

Mit Chlorsulfonsäure geätzte und mit Uranylacetat kontrastierte Ultradünnschnitte parallel zur

Tabelle 2. Doppelbrechung senkrecht Δ_s und parallel Δ_p jeweils senkrecht zur Probenoberfläche für 40 μ Dünnschnitte in verschiedenen Entfernungen vom Anguß. Die Zonen in Spalte 2 sind jeweils vom Rand bis zur Mitte der Scheibe aufgeführt, vgl. auch die Zonen a–f in Abb. 3 (d: Dicke der Zonen unterschiedlicher Doppelbrechung).

Proben-entfernung		d/mm	$\dfrac{\Delta_s}{10^{-3}}$	$\dfrac{\Delta_p}{10^{-3}}$	Mittlerer Orientierungszustand
20 mm		0.3	5	40	
		0.02	12.5	40	3.1 a
		0.1	5	40	
		0.07	12.5	0	3.1 b
		0.01	0	0	isotrop
35 mm		0.2	?	?	3.1 a/3.1 b
		0.2	7.5	17.5	3.1 a
		0.1	0	0	isotrop
80 mm	a	0.02	0	0	isotrop
	b	0.06	5	0	3.1 b
	c	0.06	1.7	29	3.1 a
	d	0.19	9	0	3.1 b
	e	0.14	2.5	11	3.1 a
	f	0.03	0	0	isotrop

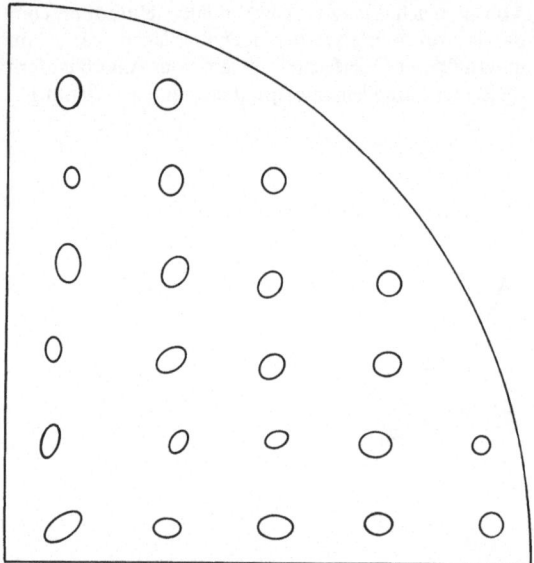

Abb. 5. Wiedergabe der Isothermen an verschiedenen Orten der Viertelkreisscheibe. Unterschiedliche Größen der „Ellipsen" sind durch unterschiedliche Heizzeiten bedingt.

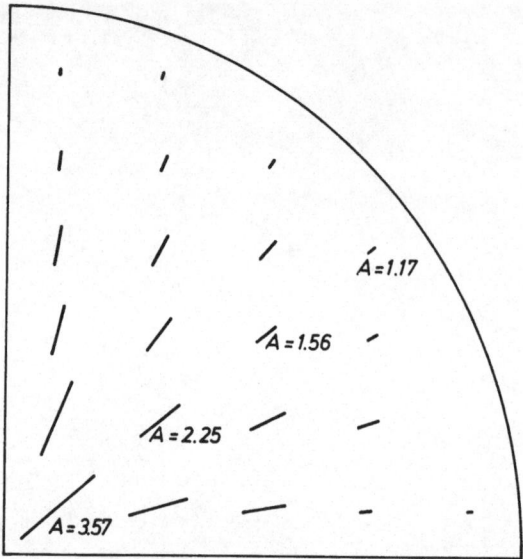

Abb. 6. Aus den Meßwerten ermittelte Anisotropie der Wärmeleitfähigkeit A. Eingezeichnet ist zur besseren Übersicht die Größe A-1, die durch einen ihrem Wert entsprechend langen Strich in Richtung größte Wärmeleitfähigkeit charakterisiert wird.

Fließrichtung lassen im Elektronenmikroskop lamellare Strukturen erkennen (Abb. 4), wie sie auch aus der Röntgenkleinwinkelstreuung gefolgert werden können.

3.4 Anisotropie der Wärmeleitung

Meßergebnisse und Auswertung der Wärmeleitungsanisotropieergebnisse sind in Abb. 5, 6 und Tabelle 3 dargestellt. Die Wärmeleitfähigkeit in Fließrichtung ist stets größer als senkrecht dazu, die Anisotropie nimmt mit zunehmender Entfernung vom Anguß ab.

4. Diskussion der Meßergebnisse

Die Ergebnisse ermöglichen eine vollständige Beschreibung der Orientierungszustände. Mit den Röntgenweitwinkeldaten können über den Probenquerschnitt gemittelte Verteilungsfunktionen der Kristalle $f(g, r)$ angegeben werden, wobei g die Orientierung einer Kristallithauptachse bezüglich des Probenkoordinatensystems und r den Abstand vom Anguß kennzeichnet. Unter Berücksichtigung der polarisationsoptischen Aufnahmen ist die Angabe von Verteilungsfunktionen $f(g, r)$ möglich, wobei r nun die Ortskoordinate innerhalb der Probe ist. Dieses Verfahren ist sehr mühsam und zeitaufwendig, aber mit den eingesetzten Mitteln realisierbar.

Beschränkt man sich auf mittlere, qualitative Angaben, sind die in den Abschnitten 3.1 und 3.2 geschilderten Angaben mit den entsprechenden Abbildungen für die Orientierungszustände charakteristisch. Ihre Ausbildung kann mit den Vorstellungen von *Wiegand* und *Vetter* (4) über Geschwindigkeitsprofile und den daraus resultierenden Geschwindigkeitsgradienten strukturviskoser Schmelzen mit sich abkühlenden Randschichten

Tabelle 3. Anisotropie der Wärmeleitfähigkeit A in Abhängigkeit von der Angußentfernung r

$\dfrac{r}{\text{mm}}$	13	26	31	39	41	50	56	64
A	3.6	2.9	2.45	2.25	2.3	1.85	1.7	1.55

$\dfrac{r}{\text{mm}}$	70	75	81	89	94
A	1.55	1.49	1.28	1.17	1.13

beim Füllprozeß des Werkzeuges erklärt werden. Hinzu kommen orientierte Kristallisationsprozesse, die für die Zustände 3.1 b und – bei dickeren Proben – 3.1 c verantwortlich sind.

Die Röntgenkleinwinkel- und elektronenmikroskopischen Untersuchungen geben Aufschluß über die Kristall-Lamellenausbildung und -Orientierung. Alle bisherigen Ergebnisse wurden mit großem experimentellem und zeitlichem Aufwand gewonnen. Sie sind Voraussetzung dafür, um Theorien zum Spritzgußverfahren (18–20) anwenden und erweitern zu können.

Die Anisotropie der Wärmeleitung ist ungleich weniger aufwendig und zeitraubend. An unserem Beispiel ist deutlich eine Abnahme der Anisotropie mit zunehmender Entfernung vom Anguß erkennbar. Die Wärmeleitfähigkeit in Fließrichtung ist stets größer als senkrecht dazu. Die Ursache dafür ist die größere Leitfähigkeit parallel zur kristallographischen c-Achse in den Kristallen als senkrecht dazu. Bei den Orientierungszuständen 3.1 a und 3.1 b ist die c-Achse im Mittel stets parallel zur Fließrichtung ausgerichtet, dabei besonders stark im Zustand 3.1 a.

Nach neueren Untersuchungen kann auch die Brillouinstreuung bei transparenten Polymeren zu schnellen Ergebnissen über mechanische Anisotropien an Spritzgußoberflächen bzw. über den Querschnitt führen (21). Allerdings müssen hier für einen routinemäßigen Einsatz noch weitere Vorarbeiten geleistet werden. Die Methode bietet aber den Vorteil, mechanische Anisotropien in kleinsten Bereichen (< 50 μm) bestimmen zu können. Im Gegensatz hierzu liefert die Wärmeleitanisotropie Orientierungsdaten auch an opaquen oder gefärbten Proben, bei denen optische Methoden nicht einsetzbar sind.

Zusammenfassung

Orientierungszustände in Spritzgußteilen aus teilweise kristallisierenden Polymeren können – wie am Beispiel einer Viertelkreisscheibe aud HDPE gezeigt – vollständig ermittelt und angegeben werden. Dazu sind röntgenographische, polarisationsoptische und elektronenmikroskopische Untersuchungen durchgeführt worden. Die Wärmeleitungsanisotropiebestimmung stellt auf der Basis dieser Ergebnisse eine wertvolle Ergänzung dar, die unter anderem zur schnellen Überprüfung und Qualitätskontrolle einsetzbar ist.

Summary

States of orientation in injection molded parts of partially crystallized polymers are described and characterized by an example of a quarter-circle-disk of HDPE. Used methods are: X-ray scattering, polarisation- and electron microscopy. Anisotropy of thermal diffensity represents a useful completion on the basis of these results suitable for quick examination of oriented samples and for check of quality.

Literaturverzeichnis

1) *Woebcken, W.* und *E. Seus,* Kunststoffe **57,** 637 u. 719 (1967).
2) *Heise, B.* et al. Kolloid-Z. u. Z. Polymere **250,** 120 (1972).
3) *Schulz, P.* und *J. Zöhren,* Kunststoffe **64,** 452 (1974).
4) *Wiegand, H.* und *H. Vetter,* Kunststoffe **57,** 276 (1967).
5) *Heise, B.* Colloid Polymer Sci. **254,** 279 (1976).
6) *Woebcken, W.* und *B. Heise,* Kunststoffe **68,** 99 (1978).
7) *Gerasimov, V. I.* und *D. Ya. Tsvankin,* Vysokomol. Soed. A12, 2599 (1970).
8) *Wintergerst, S.* Kunststoffe **63,** 636 (1973).
9) *Grosskurth, P.* Kautschuk u. Gummi, Kunststoffe **26,** 42 (1973).
10) *Menges, G.* und *E. Alf,* Kunststoffe **62,** 259 (1972).
11) *Heckmann, W.* und *U. Johnson,* Colloid Polymer Sci. **254,** 118 (1976).
12) *Menges, G., G. Wübcken,* und *B. Horn,* Colloid Polymer Sci. **254,** 254 (1976).
13) *Bürkle, D.* Kunststoffe **65,** 25 (1975).
14) *Woebcken, W.* Kunststoffe **61,** 547 (1971).
15) *Kanig, G.* Prog. Colloid Polym. Sci. **57,** 176 (1975).
16) *De Senarmont, H.* Pogg. Ann. **75,** 90 (1849).
17) *Kilian, H. G.* und *M. Pietralla,* Polymer **19,** 664 (1978); *W. Wellnitz, H. J. Kilian, F. H. Müller,* Kolloid-Z., Z. Polymere **218,** insb. S. 14 ff. (1967).
18) *Galili, N., R. Taksermann-Krozer,* und *Z. Rigbi,* Rheol. Acta **14,** 550 u. 816 (1975).
19) *Menges, G.* und *W. Jürgens,* Plastverarbeiter **19,** 201 (1968).
20) *Menges, G.* und *D. Leibfried,* Plastverarbeiter **21,** 951 (1970).
21) *Krüger, J., L. Peetz,* und *M. Pietralla,* Polymer **19,** 1397 (1978).

Anschrift der Verfasser:
B. Heise und *M. Pietralla*
Abt. Experimentelle Physik I.
Universität Ulm
D-7900 Ulm

Progr. Colloid & Polymer Sci. **66**, 119–123 (1979)
© 1979 by Dr. Dietrich Steinkopff Verlag GmbH & Co. KG, Darmstadt
ISSN 0340-255 X

Vorgetragen auf der Tagung der Deutschen Physikalischen Gesellschaft,
Fachausschuß „Physik der Hochpolymeren",
vom 17. bis 21. April 1978 in Bad Nauheim.

Deutsches Textilforschungszentrum Nord-West, Krefeld

Mechanische Relaxationsuntersuchungen zur Charakterisierung der nichtkristallinen Anteile in Polyesterfasern

U. Schröder und *G. Valk*

Mit 8 Abbildungen

(Eingegangen am 6. Juli 1978)

1. Einleitung

Für die textilen Eigenschaften teilkristalliner Synthesefasern sind die nichtkristallinen Bereiche von zentraler Bedeutung. Der nichtkristalline Zustand ist bisher jedoch in wesentlich geringerem Maße charakterisiert als die regelmäßige Struktur des kristallinen Anteils. Dies gilt nach Auswertung der entsprechenden Literatur insbesondere für solche Strukturen, wie sie nach praktischen textilen Veredlungsprozessen im Material vorliegen (1).

Das mechanische Relaxationsverhalten teilkristalliner Polymerer ist ein empfindlicher Indikator für Veränderungen des nichtkristallinen Gefüges (2). Wir haben uns besonders für die Auswirkungen einer thermomechanischen Fixierung handelsüblicher verstreckter Polyester-Multifilamentgarne auf deren Relaxationsverhalten interessiert. Die Parameter der Vorbehandlung des Fasermaterials wurden bewußt praxisnah gewählt. So betrug die Fixierzeit bei allen Proben 20 s.

2. Experimentelles

Die Versuche wurden an einem PES-Multifilamentgarn 150 dtex f 48 durchgeführt.

Der Aufbau und die Wirkungsweise der verwendeten Anlage zur kontinuierlichen Heißluftbehandlung von Filamentgarnen sowie die Durchführung der Fixierung wurden an anderer Stelle beschrieben (3). Dort wird auch über die Durchführung der Färbe- und Zugversuche berichtet.

An einigen Proben wurde vor Versuchsbeginn eine Carrierbehandlung durchgeführt. Diese Behandlung erfolgte jeweils im Anschluß an die Fixierung 1 h lang bei 95 °C in einer Flotte bestehend aus 5 g Carrier pro Liter destillierten Wassers. Das Flottenverhältnis war

praktisch unendlich groß. Bei den Carriern händelte es sich um Handelsprodukte auf Basis eines aromatischen Esters bzw. Äthers.

Die mechanischen Relaxationsuntersuchungen wurden mit dem Rheovibron Viskoelastometer, Modell DDV-II-B, der Fa. Toyo Baldwin bei sinusförmiger Materialbeanspruchung durchgeführt. Die Funktion dieses Meßgerätes ist in der Literatur eingehend beschrieben (4). Die Meßfrequenz betrug bei allen Versuchen 11 Hz. Aus den Meßergebnissen ließen sich im linear viskoelastischen Bereich die unabhängigen Größen Speichermodul E' und Verlustmodul E'' berechnen. Die Phasenverschiebung δ zwischen Spannung und Dehnung konnte am Meßgerät direkt abgelesen werden. Während der Messung befanden sich die lediglich thermo-mechanisch vorbehandelten Proben in einer Atmosphäre aus getrocknetem Stickstoff. Bei den zusätzlich mit Carrier behandelten Proben erfolgte die Messung in wäßriger Umgebung des Versuchsmaterials.

Der Ausbau des Meßgerätes für die Durchführung von Versuchen in flüssiger Umgebung der Probe ist in (1) beschrieben.

3. Ergebnisse und Diskussion

Führt man ein Relaxationsexperiment in der oben beschriebenen Weise an einem trockenen isotrop-nichtkristallinen Polyäthylenglykolterephthalat-Garn durch, so erhält man die in Abbildung 1 dargestellten Kurvenverläufe von E', E'' und der Tangente des Verlustwinkels δ. Der scharfe Peak im Verlauf der Verlustmodul-Kurve bei ca. 90 °C — häufig als α-Gipfel bezeichnet — dokumentiert den Glasübergang des Materials und damit den Beginn größerer Konformationsänderungen der Kettenmoleküle (5). Der sich zu tieferen Temperaturen hin anschließende β-Gipfel wird heute allgemein auf Bewegungen der Methylen- und Carbonylgruppen im Glaszustand zurückgeführt (5, 6). Durch Verstreckung und Kristallisation wird der Glasüber-

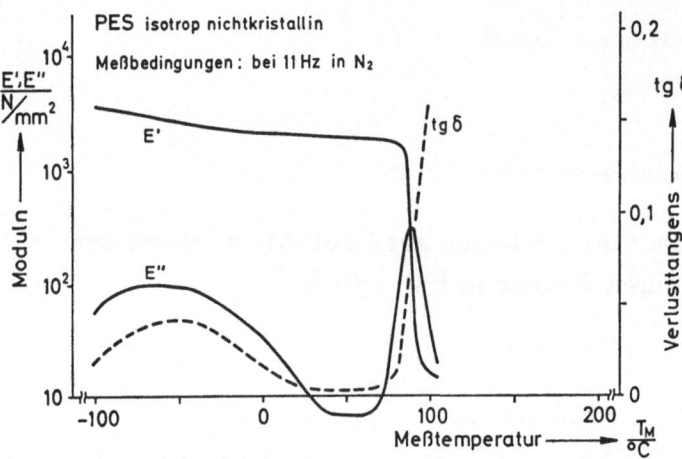

Abb. 1. Speichermodul E', Verlustmodul E'' und Verlusttangens von
PES-Garn

gang der Proben nach höheren Temperaturen verschoben.

In Abbildung 2 ist die mechanisch aus dem Verlustmodulmaximum im α-Übergang bestimmte Glastemperatur in Abhängigkeit von den Fixierbedingungen aufgetragen.

Selbst bei den beiden hohen feinheitsbezogenen Vorbehandlungszugkräften und damit verbundener weiterer Verstreckung im Fixierrohr nimmt die Glastemperatur mit steigender Vorbehandlungstemperatur ab. Exemplarische Messungen an bei geringerer Temperatur als 160 °C vorbehandelten Proben zeigten darüber hinaus, daß die Glastemperatur bei allen unter Spannung fixierten Proben in Abhängigkeit von der Vor-

behandlungstemperatur ein Maximum durchläuft.

Das Erscheinen eines solchen Maximums wird in der Literatur für isotropes Polyestermaterial beschrieben und dort, gestützt auf Röntgenweitwinkeluntersuchungen, auf Kristallitgrößeneffekte zurückgeführt (5).

Die hier dargestellten Kurvenverläufe können ebenfalls verstanden werden, wenn man an-

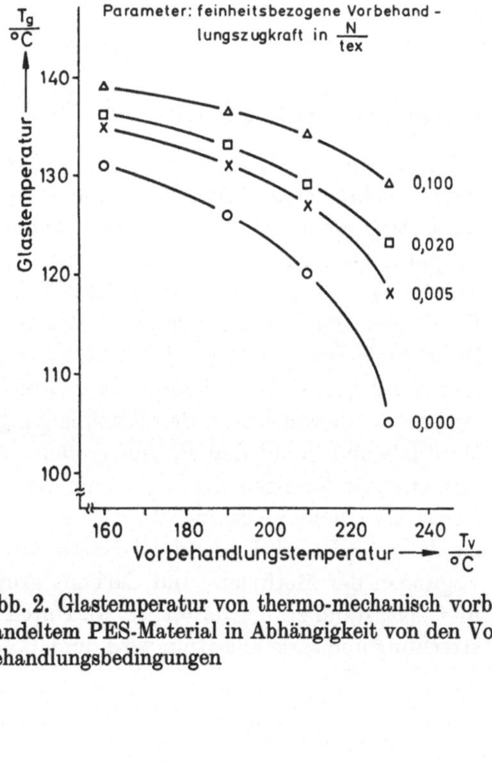

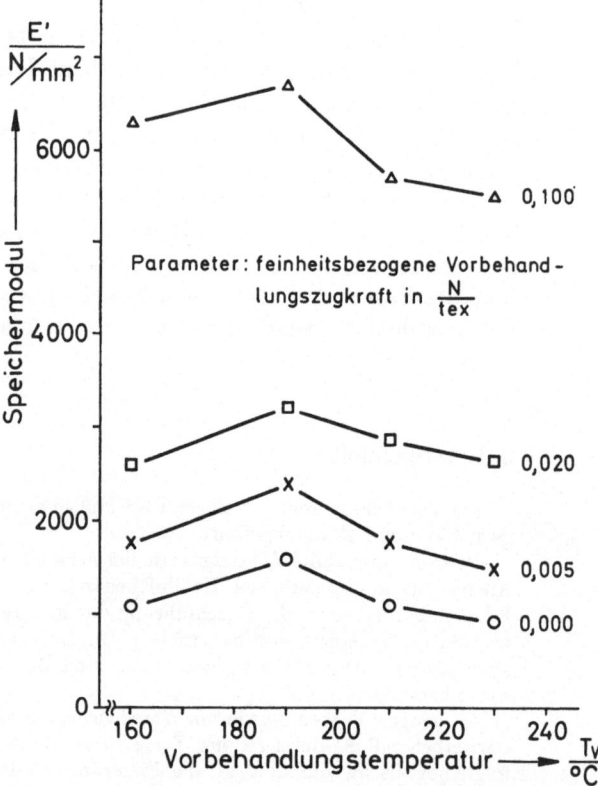

Abb. 2. Glastemperatur von thermo-mechanisch vorbehandeltem PES-Material in Abhängigkeit von den Vorbehandlungsbedingungen

Abb. 3. Speichermodul von thermo-mechanisch vorbehandeltem PES-Material im gummielastischen Bereich

nimmt, daß neben dem Kristallanteil auch die mittlere Kristallitgröße von den Vorbehandlungsbedingungen beeinflußt wird. Es tritt bei Überschreiten einer „kritischen" Vorbehandlungstemperatur ein Effekt auf, den wir mit *Entmischung* zwischen kristallinen und nichtkristallinen Bereichen bezeichnen. Die Zahl der in der nichtkristallinen Matrix dispergierten Kristallite nimmt trotz steigenden Kristallanteils ab, und bezogen auf einen Kristalliten entsteht wieder ein größeres nichtkristallines Volumen.

Da Kettenmoleküle in größeren, nicht von Kristalliten unterbrochenen nichtkristallinen Bereichen bessere Bewegungsmöglichkeiten besitzen, kann die Glastemperatur nach Überschreiten des Entmischungspunktes wieder sinken. Andere Kenngrößen des viskoelastischen Verhaltens der untersuchten Proben bestätigen die genannte Interpretation.

Anisotrop kristallines PES-Material zeigt auch oberhalb der Glasumwandlung durch die physikalische Vernetzung noch ausgeprägt elastische Eigenschaften.

In Abbildung 3 ist der durch Extrapolation der E'-Temperatur-Kurve im gummielastischen Bereich bis zur Glastemperatur erhaltene Modul der untersuchten Multifilamente als Funktion der Vorbehandlungstemperatur aufgetragen. Er weist bei allen Proben ein Maximum auf, die bei 190 °C vorbehandelt worden waren.

Die kinetische Theorie der Elastizität idealer Gummi-Netzwerke bietet einen Ansatz für die Erklärung dieses Verhaltens durch das Entmischungs-Konzept. Der Modul eines solchen Netzwerkes steigt mit der Vernetzungsdichte an, da dadurch einmal die Wahrscheinlichkeit wächst, daß eine Netzwerkkette mehreren Vernetzungsstellen angehört und damit an der Kraftübertragung zwischen diesen mitwirkt und zum anderen die mittlere Kettenlänge zwischen zwei Vernetzungsstellen abnimmt. Dadurch werden die Konformationen der Netzwerkkette eingeschränkt.

Die Deutung der bisher angegebenen Meßdaten durch das dargelegte Entmischungskonzept bildet die Grundlage für die Erklärung bereits früher am DTNW untersuchter textiler Eigenschaften von Polyesterfasern auf der Basis ihrer Feinstruktur.

Die Anfärbbarkeit thermo-mechanisch vorbehandelter PES-Multifilamentgarne wird in Abbildung 4 durch deren relative Farbstoffauf-

nahme angegeben (3). Diese durchläuft als Funktion der Vorbehandlungstemperatur ein Minimum. Das Minimum tritt dann auf, wenn die maximale Kristallitzahl in den Proben vorliegt. Die nichtkristallinen Bereiche sind dann so sehr durch Kristallite verspannt, daß für den Farbstofftransport notwendige Platzwechselvorgänge der Polymermoleküle stark behindert sind. Zugleich ist das freie Volumen in den am meisten verspannten Bereichen so gering, daß große Farbstoffmoleküle dort keinen Platz finden.

In Abbildung 5 sind die Reißfestigkeiten von PES-Multifilamentgarnen in Abhängigkeit von den Vorbehandlungsbedingungen aufgetragen. Die Kurven durchlaufen für alle Vorbehandlungsspannungen ein Maximum. Die Reißkraft wird überwiegend durch die Anzahl solcher Moleküle bestimmt, die bei der Probendeformation nicht aneinander abgleiten können und also zum makroskopischen Bruch der Probe zerrissen oder aus Kristalliten herausgezogen werden müssen.

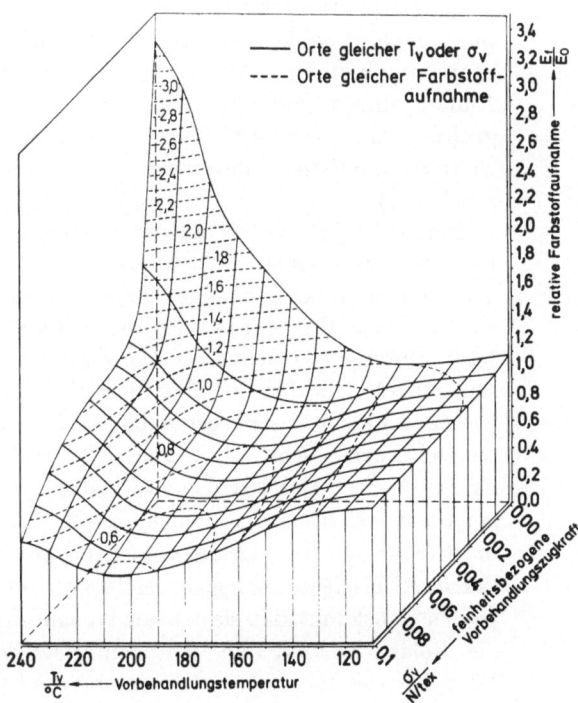

Rel. Farbstoffaufnahme von PES–Fäden in Abhängigkeit von der Temperatur T_V und der Spannung σ_V ($t_V = 20$ sec. in Luft)

Färbebedingungen : 90 min., 130 °C, freier Schrumpf

3% Resolinmarineblau GLS

Flottenverhältnis : 1 : 500

Abb. 4. Relative Farbstoffaufnahme von PES-Multifilamentgarnen in Abhängigkeit von den Vorbehandlungsbedingungen

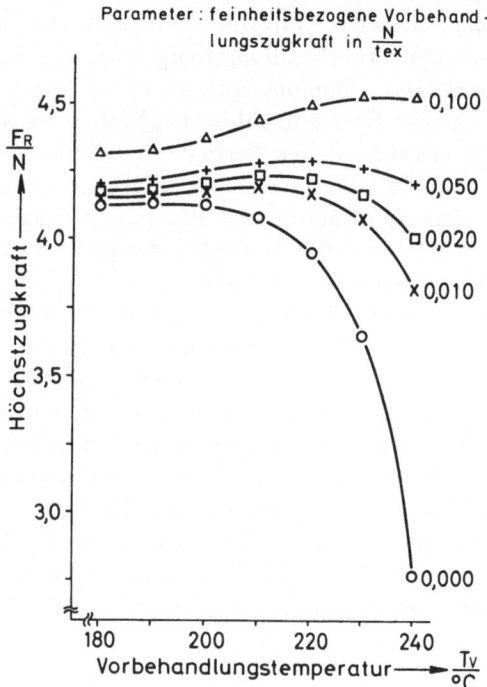

Parameter : feinheitsbezogene Vorbehand-
lungszugkraft in $\frac{N}{tex}$

Abb. 5. Reißfestigkeit von thermo-mechanisch vorbehandeltem PES-Multifilamentgarn

Die Zahl dieser Moleküle hängt jedoch, wie oben bereits erläutert, von der Kristallitzahl in der Probe ab.

Die genaue Temperaturlage des Entmischungspunktes wird auch durch die Vorbehandlungsspannung bestimmt. Der hieraus zu folgernde Einfluß dieses Parameters auf die Kristallitgrößen konnte bereits früher durch differentialthermo-analytische Messungen nachgewiesen werden (7).

Durch entsprechenden Ausbau der Meßapparatur war es möglich, Relaxationsuntersuchungen auch an Proben in flüssiger Umgebung durchzuführen. Im Vordergrund des Interesses stand bei unseren Untersuchungen die Wirkung von Hilfsmitteln, die bei der Textilveredlung Verwendung finden. Als Färbereihilfsmittel werden vielfach Färbebeschleuniger, auch „Carrier" genannt, benutzt. Das Textil kommt dabei vorwiegend mit wäßrigen Dispersionen dieser Carrier in Berührung. Der Wirkungsmechanismus der Carrier ist bis heute noch nicht restlos aufgeklärt, jedoch ist bekannt, daß sie u. a. als Weichmacher die Relaxationszeiten in den nichtkristallinen Bereichen des Materials verkürzen und die Glastemperatur senken (8).

Unsere Versuche wurden an Proben durchgeführt, die nach der bereits erwähnten thermo-

mechanischen Vorbehandlung einer zusätzlichen Carrierbehandlung unterzogen worden waren. Die Versuchsdurchführung erfolgte in wäßriger Umgebung der Probe.

Abbildung 6 zeigt exemplarisch die Verläufe der Speichermodul-, Verlustmodul- und Verlustwinkel-Temperatur-Kurven nach Behandlung eines Garns mit Carriern unterschiedlicher chemischer Konstitution. Im Vergleich zu nicht mit Carriern behandelten Proben tritt die α-Relaxation stark verbreitert in Erscheinung. Dabei erscheint bei beiden Proben ein neuer Relaxationsschwerpunkt bei ca. 35 °C, der auch bei allen anderen unterschiedlich fixierten Proben immer bei dieser Temperatur auftritt. Der zweite bei höherer Temperatur gelegene Relaxationsschwerpunkt ist demgegenüber in seiner Temperaturlage stark von den Parametern der Fixierung und der Carrierbehandlung abhängig.

In früher an unserem Institut durchgeführten Untersuchungen konnte röntgenographisch nachgewiesen werden, daß in den nichtkristallinen Bereichen von PES-Multifilamentgarnen zwi-

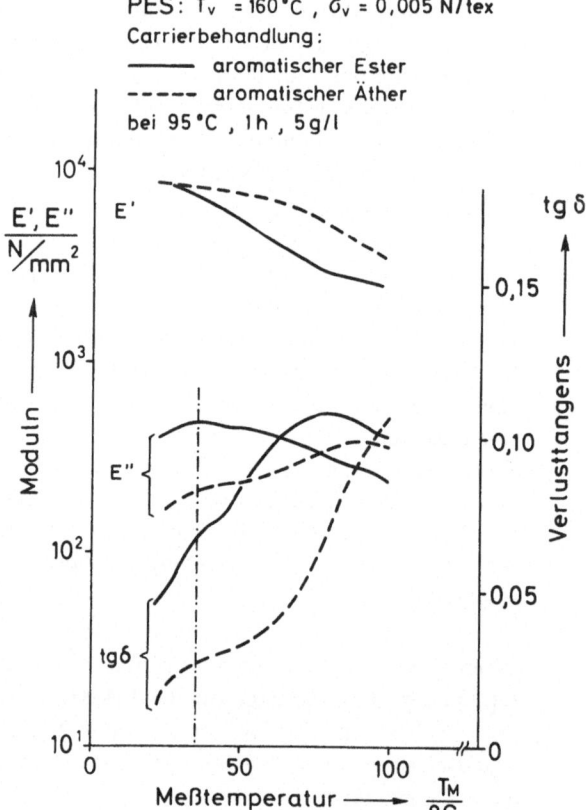

PES: T_v = 160 °C , σ_v = 0,005 N/tex
Carrierbehandlung:
—— aromatischer Ester
----- aromatischer Äther
bei 95 °C , 1h , 5g/l

Abb. 6. Mechanisches Relaxationsverhalten von PES-Material nach Behandlung mit Carriern unterschiedlicher chemischer Konstitution

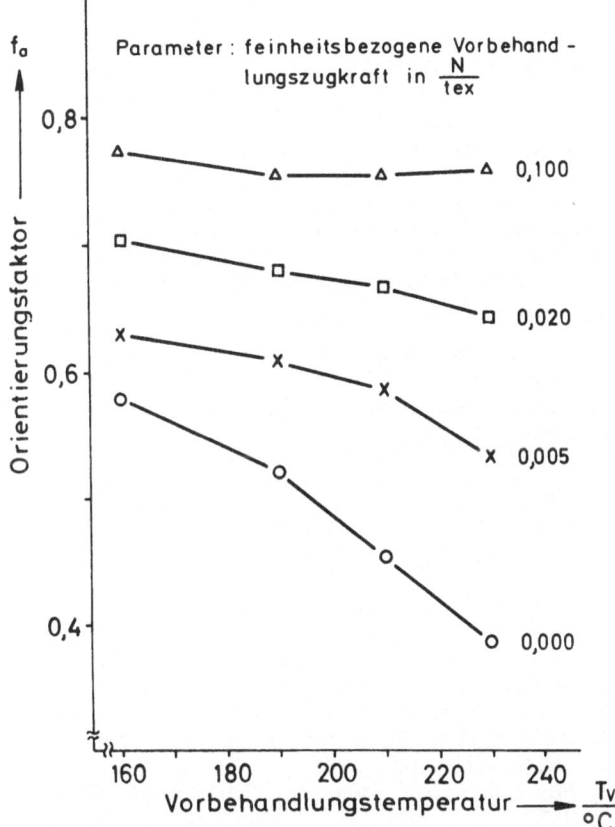

Abb. 7. Hermanscher Orientierungsfaktor der nichtkristallinen Bereiche von thermo-mechanisch vorbehandeltem PES-Material

in Form von unterschiedlicher Orientierung vorliegen.

Mit der Theorie von *Moseley* (12) über die Abhängigkeit des Schallmoduls von der Molekül-
orientierung haben wir versucht, den aus unseren
Röntgenuntersuchungen nicht bestimmbaren
Orientierungsfaktor der nichtkristallinen Bereiche von PES-Multifilamenten aus Speicher-
modulwerten unterhalb der Einfriertemperatur
zu bestimmen. Unter Berücksichtigung sowohl
der bei unseren niedrigfrequenten Versuchen auftretenden unelastischen Effekte als auch der Kristallitorientierung konnten wir die in Abbildung 7 gezeigte Abhängigkeit des Hermanschen
Orientierungsfaktors (12) dieses Strukturanteils
von den Vorbehandlungsbedingungen ermitteln.

In Abbildung 8 ist die Temperaturlage der Relaxation des anisotrop nichtkristallinen Anteils,
bestimmt aus dem Verlustwinkelmaximum, als
Funktion der Fixiertemperatur aufgetragen.
Deutlich geht aus dieser Darstellung auch das
Glastemperatur-Maximum nach Vorbehandlung
bei 190 °C hervor, was wiederum auf die erwähnte

schen einem isotropen — und damit im eigentlichen Sinne amorphen — und einem anisotropen
Anteil unterschieden werden muß (9). Dabei ist
es auch gelungen, die Anteile in Abhängigkeit
von den Fixierbedingungen quantitativ zu erfassen und die Bedeutung des anisotrop nichtkristallinen Anteils für die Farbstoffaufnahme
nachzuweisen (10).

In Anlehnung an eine Arbeit von *Boyer* (11)
erklären wir die beiden genannten Schwerpunkte
innerhalb der α-Relaxation durch die Glas-
umwandlungen der beiden weichgemachten
nichtkristallinen Strukturanteile. Der bei unseren Messungen allen Proben gemeinsame Relaxationsvorgang bei 35 °C ist dem isotrop nichtkristallinen Strukturanteil zuzuschreiben, da
dort definitionsgemäß keine weiteren Unterschiede in den Ordnungszuständen vorliegen
können.

Strukturunterschiede nach unterschiedlicher
thermo-mechanischer Vorbehandlung können
nur im anisotrop nichtkristallinen Anteil z. B.

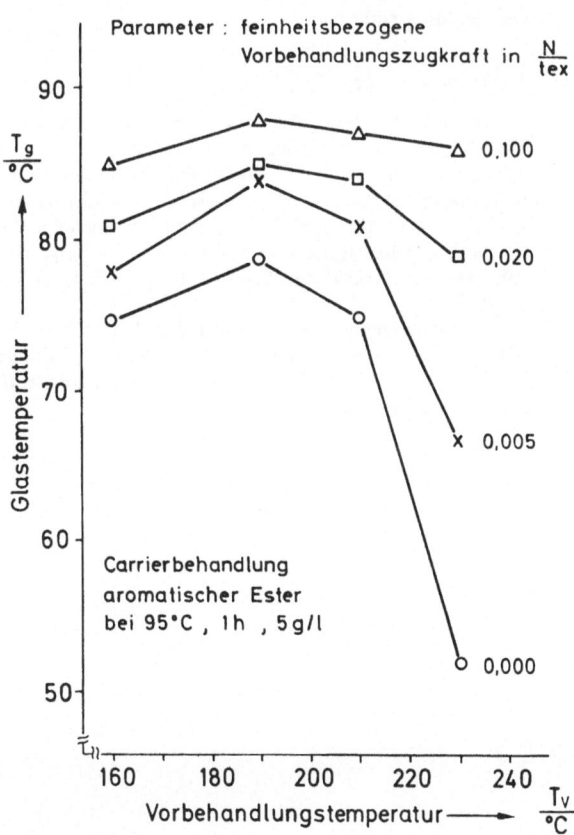

Abb. 8. Temperaturlage des Verlustwinkelmaximums
von unterschiedlich vorbehandeltem PES-Material nach
Behandlung in einer Carrierflotte

maximale Kristallitzahl in den bei dieser Temperatur vorbehandelten Proben hinweist.

4. Schlußfolgerung

Die Ergebnisse der hier durchgeführten Untersuchungen zeigen, daß ein verbessertes Verständnis der textilen Eigenschaften von thermo-mechanisch vorbehandelten PES-Multifilamentgarnen nur dann möglich ist, wenn den „klassischen" Strukturparametern Kristallanteil und Orientierung weitere hinzugefügt werden. Von besonderer Wichtigkeit sind dabei Kristallitzahl, Kristallitgrößen- und Orientierungsverteilung des nichtkristallinen Anteils, da diese Größen auch die Molekülbeweglichkeit in den nichtkristallinen Bereichen beeinflussen. Die Relaxationsversuche machen ferner deutlich, daß ein Zweiphasenmodell für die Struktur von Polyesterfasern den realen Gegebenheiten nicht gerecht wird. In den nichtkristallinen Bereichen muß zwischen einem orientierten und einem amorphen Anteil unterschieden werden, so daß man zusammen mit dem kristallinen Anteil eine „Dreiphasenstruktur" dieses Materials erhält.

Zusammenfassung

Mechanische Relaxationsuntersuchungen an PES-Multifilamentgarnen zeigen, daß die Faserstruktur nicht allein durch die Größen Kristallanteil und Orientierung beschrieben werden kann. Als weitere Strukturparameter müssen für eine befriedigende Erklärung des makroskopischen Materialverhaltens auch die Kristallitzahl und die Kristallitgrößenverteilung berücksichtigt werden.

Bei Messungen an mit Carriern behandeltem Material wird der Glasübergang eines isotrop- nichtkristallinen Strukturanteils deutlich, der neben dem aniosotrop-nichtkristallinen Anteil vorliegt.

Summary

Mechanical relaxation measurements (viscoelastic measurements) with PET filament yarns have shown, that fibre structure can't be completely described by crystallinity and orientation. The explanation of macroscopic properties needs further parameters like crystallite size and size distribution. After treatment with carriers there appears a glass transition of an isotropic noncrystalline fraction, that exists besides an anisotropic one.

Danksagung

Wir danken dem Minister für Wissenschaft und Forschung des Landes Nordrhein-Westfalen sowie dem Forschungskuratorium Gesamttextil für die Förderung dieser Arbeit.

Literatur

1) *Schröder, U.*, Dissertation RWTH Aachen (1978), ausgeführt im DTNW, Krefeld.
2) *Thurn, H.*, Kolloid-Z. u. Z. Polymere **165**, 57 (1959).
3) *Berndt, H.-J.*, Dissertation RWTH Aachen (1971), ausgeführt im DTNW, Krefeld; *Valk, G., H.-J. Berndt, G. Heidemann*, Chemiefasern **21**, 386 (1971).
4) *Dumbleton, J. H.*, J. Polymer Sci. A-2, **6**, 795 (1968).
5) *Illers, K. H., H. Breuer*, J. Colloid Sci. **18**, 1 (1963).
6) *Tajiri, K., Y. Fujii, M. Aida, H. Kawai*, J. Macromol. Sci.-Phys. **B4**, 1 (1973).
7) *Berndt, H.-J., A. Bossmann*, Polymer **17**, 241 (1976).
8) *Peters, R. H., W. Ingamells*, J. Soc. Dyers Colourists **89**, 397 (1973).
9) *Jellinek, G., W. Ringens, G. Heidemann*, Ber. Bunsenges. physik. Chem. **74**, 924 (1970).
10) *Bunthoff, K.*, Dissertation RWTH Aachen (1975), ausgeführt im DTNW, Krefeld.
11) *Boyer, R. F.*, J. Macromol. Sci.-Phys. **B8**, 503 (1973).
12) *Moseley, W. W.*, J. appl. Polymer Sci. **3**, 266 (1960).

Anschrift des Verfassers:

U. Schröder
Frankenring 2, 4150 Krefeld

Progr. Colloid & Polymer Sci. **66,** 125 – 133 (1979)
© 1978 by Dr. Dietrich Steinkopff Verlag GmbH & Co. KG, Darmstadt
ISSN 0340-255 X

Vorgetragen auf der Tagung der Deutschen Physikalischen Gesellschaft,
Fachausschuß „Physik der Hochpolymeren",
vom 17. bis 21. April 1978 in Bad Nauheim.

Deutsches Kunststoff-Institut, Darmstadt

Thermisch stimulierte Entladung als Methode zur Untersuchung der dynamischen Eigenschaften von Polymeren

G. Weber

Mit 8 Abbildungen

(Eingegangen am 4. September 1978)

Einleitung

Das Studium molekularer Relaxationsvorgänge in polymeren Materialien hat in den letzten Jahrzehnten zunehmendes Interesse gefunden, weil man erkannte, daß molekulare Bewegungsvorgänge die technologischen Eigenschaften polymerer Werkstoffe beeinflussen. Aussagen über die verschiedenen Umlagerungsprozesse, wie z. B. Seitenkettenrotationen, Segment- oder Endgruppenumlagerungen, lassen sich mit Hilfe der bekannten mechanischen und dielektrischen Relaxationsspektroskopie gewinnen (1–4). Zur vollständigeren Charakterisierung des Frequenz-Temperatur-Relaxationsverhaltens von Kunststoffen wurden in den letzten Jahren zahlreiche neue Apparaturen und Methoden entwickelt, z. B. Kalorimetrie, Dilatometrie, elektrische Leitfähigkeit, Elektronenspinresonanz (ESR) und Magnetische Kernresonanz (NMR) (5–13). Die Verwendung aller dieser Techniken erlaubt das Studium der Relaxationsprozesse in einem Frequenzbereich von etwa 10^{-4} bis 10^{10} Hz.

Als eine weitere Untersuchungsmethode bei sehr niedrigen Frequenzen und hoher Auflösung hat sich die Technik der thermischen Stimulierung erwiesen (14–15).

Die zu untersuchende Probe wird einer optischen, elektrischen oder magnetischen Erregung ausgesetzt. Als bekannte Beispiele für die thermische Stimulation seien die Thermolumineszenz und die Entwicklung des Verfahrens der thermisch stimulierten Entladeströme (TSD) erwähnt.

Die TSD-Messungen haben sich zu einer grundlegenden Meßmethode für die Identifizierung und Charakterisierung von Relaxationsprozessen in Polymeren entwickelt und sind bereits vielfach Gegenstand von Veröffentlichungen (16–41). Die TSD-Technik beruht auf der Polarisation einer zweiseitig metallisierten Probe in einem starken elektrischen Gleichfeld oberhalb ihrer höchsten dielektrischen Relaxationstemperatur. Das Gleichfeld greift an polaren Molekülgruppen an und dreht sie allein oder auch unter Mitbewegung von Nachbargruppen in Feldrichtung. Unter der Wirkung des elektrischen Feldes werden ferner Ladungsträger transportiert. Sind Haftstellen vorhanden, die durch chemische Verunreinigungen, Störungen in den Kristalliten oder deren Grenzflächen hervorgerufen werden können, werden Ladungsträger von besonders tiefen Haftstellen eingefangen. Sie können die Haftstellen erst wieder verlassen, wenn sie durch eine Temperaturerhöhung reaktiviert werden. Auch diese Effekte ergeben eine Volumenpolarisation.

Wird nachfolgend die Probe auf ihre niedrigste, erreichbare dielektrische Relaxationstemperatur abgekühlt, finden bei Temperaturen unterhalb der Glastemperatur T_g Bewegungsvorgänge innerhalb der Hauptkette nicht mehr statt. Da die meisten Dipole und Ladungsträger nun unbeweglich sind, bleibt dieser Zustand auch aufrechterhalten, wenn das elektrische Feld abgeschaltet wird.

In Polymeren mit niedriger Leitfähigkeit und hohen T_g-Werten bleibt die Volumenpolarisation über viele Jahre hinweg bestehen; das Polymere wird zu einem Elektreten. Der über ein Elektrometer kurzgeschlossene Polymerelektret wird, um sein Entladen zu beschleunigen, mit linearer Aufheizrate erwärmt. Der thermisch stimulierte Entladestrom (TSD) wird als Funktion der Zeit bzw.

Temperatur registriert. Beim Erwärmen werden mit Einsetzen molekularer Bewegungsvorgänge die eingefangenen Ladungsträger befreit oder Dipole desorientiert oder beides. Diese Relaxationen geben Anlaß zu Strommaxima, deren Form und Lage durch die zugrundeliegenden Parameter des thermisch stimulierten Prozesses beeinflußt werden (16, 17, 37, 38).

1. Experimentelles

Zur Messung thermisch stimulierter Entladeströme von Polymerelektreten wurde ein Kryostat für den Temperaturbereich von −196 bis 150 °C hergestellt. Die Probe kann innerhalb dieses Temperaturbereiches in verschiedenen Gasatmosphären mit unterschiedlichen

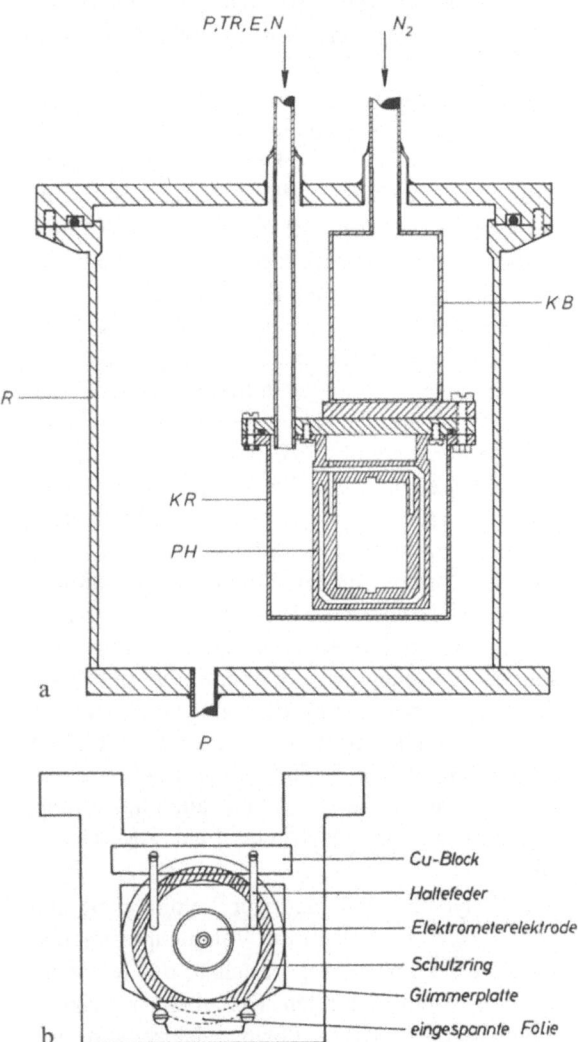

Abb. 1. Schematische Darstellung von Rezipient (a) und Probenhalter (b) der TSD-Apparatur.

Raten aufgeheizt bzw. abgekühlt werden. Die Abbildungen 1 a und b verdeutlichen den Aufbau der Apparatur.

Sie besteht aus einem Rezipienten (R) (vgl. Abb. 1 a), in dessen Inneren sich der Kryostat (KR) befindet. Beide Gefäße sind an ein Pumpensystem (P) angeschlossen und können evakuiert werden. Innerhalb des Kryostaten (KR) befindet sich der Probenhalter (PH), dessen Temperatur geregelt (TR) und als Funktion der Zeit aufgezeichnet wird. Der als rechteckiger Rahmen erstellte Probenhalter (vgl. Abb. 1 b) ist mit Schrauben an der Bodenplatte des Kühlbehälters befestigt. Um eine möglichst gute Wärmeleitung zu erzielen, bestehen diese Teile aus Kupfer. Der Probenhalter beinhaltet Bohrungen für Platin-Meßwiderstände und den Heizleiter. Letzterer umläuft den gesamten Rahmen und ist mit diesem zum Zwecke einer guten Wärmeübertragung verschweißt. Die rechteckförmige Aussparung im Rahmen des Probenhalters dient zur Aufnahme von Permanentmagneten. Mit deren Hilfe wird die Elektrometerelektrode auf dem Probenhalter gehalten und damit eine elektrische Verbindung zwischen Folie und Elektrode erreicht. Symmetrisch zur Ober- und Unterseite des Probenhalters befindet sich direkt auf dem Kupferrahmen ein Glimmerplättchen gleicher Abmessung, auf welchem sich ein etwas kleineres dünnes Kupferblech befindet. Das Glimmerplättchen dient als Isolierung des auf Erdpotential liegenden Probenhalters mit der an die Hochspannungsquelle verbundenen Kupferplatte. Auf diese Unterlage wurde die mit aufgedampften Metallelektroden versehene Polymerfolie gelegt. Um ein Aufwerfen und Verziehen der Probe zu vermeiden, wurde eine dünne Glimmerscheibe mit einem kreisförmigen Ausschnitt für die Elektrometerelektrode auf die Probenoberseite gelegt und auf zwei Seiten mit Haltefedern fixiert. Der aufgedampfte, kreisförmige Schutzring der Probe wurde mittels eines kleinen Kupferblockes elektrisch leitend mit dem Erdpotential verbunden. Die Masse der Elektrometerelektrode wurde möglichst niedrig gehalten. Zur Vermeidung von Kontaktspannungen wurden Elektrometer- und Hochspannungselektroden mit gleichem Metall bedampft wie die Polymerelektroden.

Der thermisch stimulierte Entladestrom wird mit einem käuflichen Elektrometer (E, Keithley Modell 616) gemessen und ebenfalls als Funktion der Zeit registriert. Ein kalter Gasstrom (N_2), der durch Verdampfen von flüssigem Stickstoff in einem Vorratsbehälter erzeugt wird, kann über eine thermisch isolierte Zuleitung dem Kühlbehälter (KB) zugeführt werden. Die Abkühlung des Probenhalters erfolgt durch Wärmeaustausch. Ein stabilisiertes Netzgerät (N, Brandenburg Modell 475 R) liefert eine Gleichspannung, die zur Polarisation dient. Die Proben werden in einer Helium-Atmosphäre bei einem konstanten Druck von 760 Torr vermessen. Durch Helium als Austauschgas wird der Temperaturgradient innerhalb der Probe minimalisiert. Alle untersuchten Proben besaßen einen Durchmesser von 4,5 cm und wurden im Hochvakuum mit Aluminiumelektroden einer Dicke von einigen 10 nm und einer Fläche von 3 cm² bedampft.

Im folgenden wird über TSD-Messungen der Polyolefine Polyisobutylen (PIB) und Polypropylen (PP) berichtet. Diese beiden Hochpolymeren besitzen trotz ihrer großen strukturellen Verwandtschaft verschiedene Ab-

Abb. 2. TSD-Diagramm des Polyisobutylens. Polarisierung 1 Stunde bei 40 °C in einem Gleichfeld von 12 kV cm^{-1}. Aufheizrate 3,2 K min^{-1}.

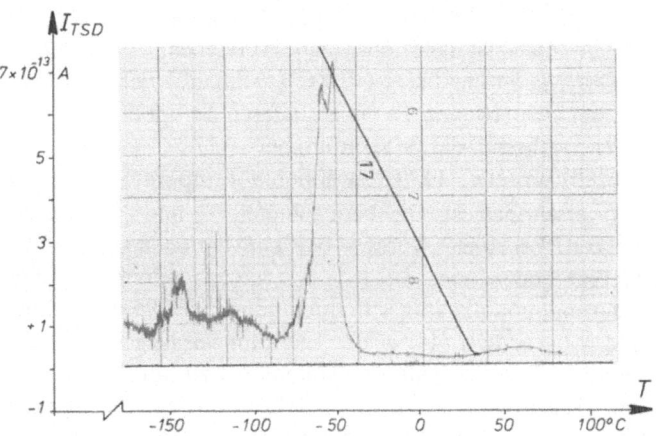

sorptionsprozesse, deren Kenntnisse sowohl im Hinblick auf die anwendungstechnische Verwertung als auch zur Aufklärung molekularer Relaxationsprozesse von Interesse sind. Polyisobutylen ist ebenso wie Polypropylen eine nahezu unpolare Substanz. Polyisobutylen unterscheidet sich von dem teilkristallinen Polypropylen jedoch dadurch, daß es amorph ist.

2. Ergebnisse und Diskussion

2.1 Polyisobutylen

Das untersuchte Polyisobutylen (PIB) mit dem Handelsnamen Oppanol B 100 der Firma BASF AG ist ein Homopolymeres mit einem Molekulargewicht von etwa 10^6 g mol^{-1} und besitzt, wenn man von geringen Katalysatorresten absieht (Natrium-Kalium-Kationen, 20–30 ppm), keine Zusatzstoffe. Die zweiseitig mit Aluminium metallisierte Probe besaß eine Dicke von etwa 0,2 mm. Die nachfolgende Abbildung 2 zeigt das Diagramm des thermisch stimulierten Entladestromes des Polyisobutylens. Die Probe wurde in ei

nem Gleichfeld von 12 kV cm^{-1} eine Stunde lang bei 40 °C polarisiert.

Bei einer linearen Aufheizrate von etwa 3,2 K min^{-1} beobachtet man im TSD-Diagramm drei deutlich erkennbaren Maxima bei etwa –147, –117 und –60 °C. Der molekulare Ursprung des TSD-Maximums bei –60 °C sind die kooperativ erfolgenden Desorientierungen der schwach polaren CH$_3$-Gruppen und Bewegungsvorgänge innerhalb der Hauptketten beim Glasübergang (β'-Prozeß). Dieser Relaxationsprozeß wird auch bei dielektrischen, mechanischen, NMR- und ESR-Untersuchungen beobachtet (1, 13, 42, 43). Gegenüber konventionellen Meßmethoden ist dieses TSD-Maximum jedoch besser aufgelöst. Es besteht aus mindestens zwei Teilmaxima bei –54 und –61 °C und wahrscheinlich einem weiteren Maximum bei –70 °C, das sich im Diagramm als Schulter abzeichnet. Wird im Vergleich dazu die Polyisobutylen-Probe 12 Stunden bei 40 °C in einem Feld von 12 kV cm^{-1} polarisiert, so zeigt sich, siehe Abbildung 3, daß die Maxima im Be

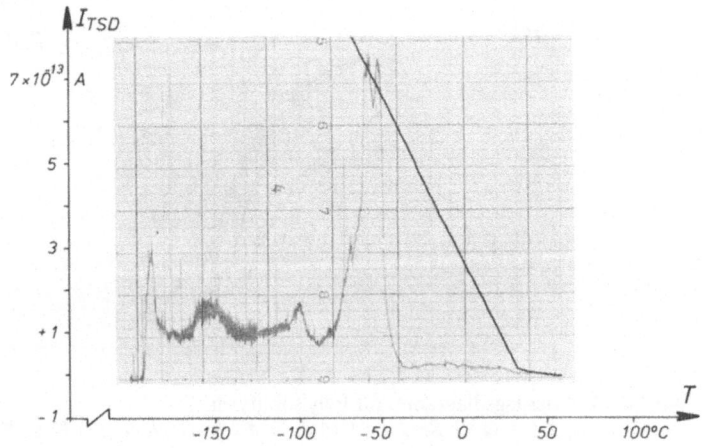

Abb. 3. TSD-Diagramm des Polyisobutylens. Polarisierung 12 Stunden bei 40 °C in einem Gleichfeld von 12 kV · cm^{-1}. Aufheizrate 3,2 K min^{-1}.

reich des Glasüberganges in ihrer Temperaturlage und Intensität nahezu unverändert bleiben.

Das Maximum bei −147 °C (γ′-Prozeß) verschiebt sich etwa um 10 °C zu tieferen Temperaturen, während das Maximum bei −117 °C (γ-Prozeß) um etwa 14 °C zu höheren Temperaturen verschoben ist. Die beobachteten γ′- und γ-Relaxationsgebiete wurden bei konventionellen Meßmethoden noch nicht nachgewiesen, jedoch aufgrund modellmäßiger Betrachtungen von *Stoll* und Mitarbeitern (44) in der Literatur vorausgesagt. Die Verschiebung des Maximums zu höheren Temperaturen beim γ-Relaxationsprozeß steht vermutlich mit Molekülteilen in Zusammenhang, die nach der thermischen und elektrischen Vorbehandlung stärker verspannt sind. Die Verschiebung der Übergangstemperatur des γ′-Maximums nach unten deutet auf ein Beweglicherwerden von kleineren Kettenstücken hin. Der δ-Relaxationsprozeß mit einem Maximum bei etwa −184 bis −190 °C wird der Rotation von CH_3-Gruppen zugeordnet.

Eine Ergänzung der TSD-Untersuchungen stellen Messungen der Thermolumineszenz dar. In den Glowkurven von Polyisobutylen wird bei einer Aufheizrate von 3 K min⁻¹ unterhalb des Glasüberganges ein breites Vormaximum bei −118 °C und beim Glasübergang das Hauptmaximum bei −52 °C beobachtet (45). Ein zusätzliches Maximum bei −83 °C wurde an 400% verstreckten PIB oder an bei −10 °C für 2 Tage getemperten Proben beobachtet. Da nach Erwärmen der Probe auf 100 °C für einen Zeitraum von 5−10 min dieses Maximum in der Glowkurve fehlt, wird es von den Autoren (45) einem Relaxationsvorgang in

kristallinen Bereichen zugeordnet. Nach *Knappe* und Mitarbeitern (46) läßt sich das β′-Maximum im Bereich des Glasübergangs mit Hilfe der WLF-Gleichung (47) beschreiben.

Die Abbildung 4 zeigt, daß die beobachteten Temperaturen der TSD-Maxima in einem Aktivierungsdiagramm des Polyisobutylens Wechselstromverlustdaten einer Frequenz von etwa 0,1 Hz zugeordnet werden können.

Bei dieser Frequenz stimmen die TSD-Temperaturen gut mit den Daten für den δ und γ′-Prozeß überein, während für den theoretisch ermittelten Frequenz-Temperaturverlauf des γ-Prozesses die Übereinstimmung weniger gut zu nennen ist.

Die im TSD-Diagramm beobachtete Aufspaltung des Hauptmaximums beim Glasübergang (β′-Prozeß) in 3 Teilmaxima ist mit Mechanismen gekoppelt, die durch die 3 Relaxationskurven im Bereich des Glasüberganges beschrieben werden.

2.2 Polypropylen

Zum Studium des Relaxationsverhaltens von Polypropylen (PP) wurde ein hoch-isotaktisches Polypropylen (VP 641) der Firma Hoechst AG verwendet. Die Substanz besaß ein Molekulargewicht von etwa 10⁵ g mol⁻¹ und enthielt keine verarbeitungsbedingten Zusatzstoffe. Ihr ataktischer Anteil betrug etwa 5%, der durch Umfällen nach der von *Fuchs* (48) beschriebenen Methode weitgehend entfernt wurde. Nach anschließender Trocknung im Vakuum bei 60 °C, bis zum Eintreten einer Gewichtskonstanz, wurden aus diesem Material Schmelzfilme bei einem Druck von 2,5 Tonnen einer Temperatur von 180 °C

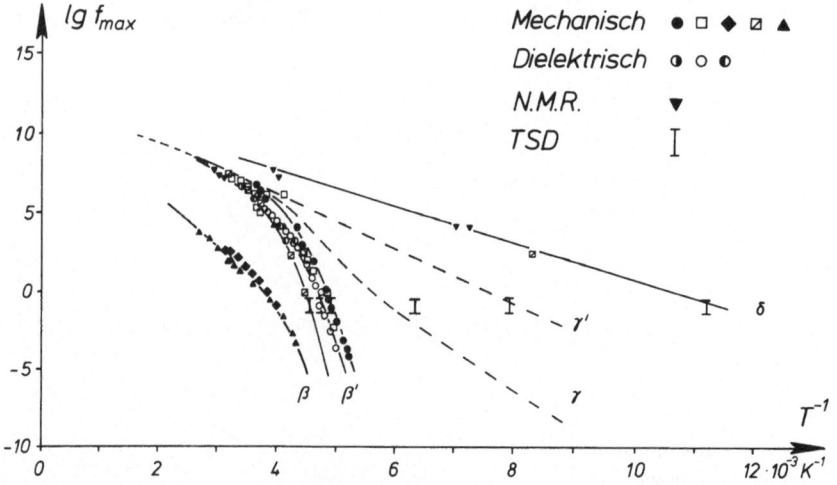

Abb. 4. Aktivierungsdiagramm für Polyisobutylen.
McCrum u. M. (1) ◑,□; *Stoll* u. M. (44), ○, ●, ◆; *Slichter* (13) ◐,☑,▼ ; *Ferry* u. M. (43) ▲

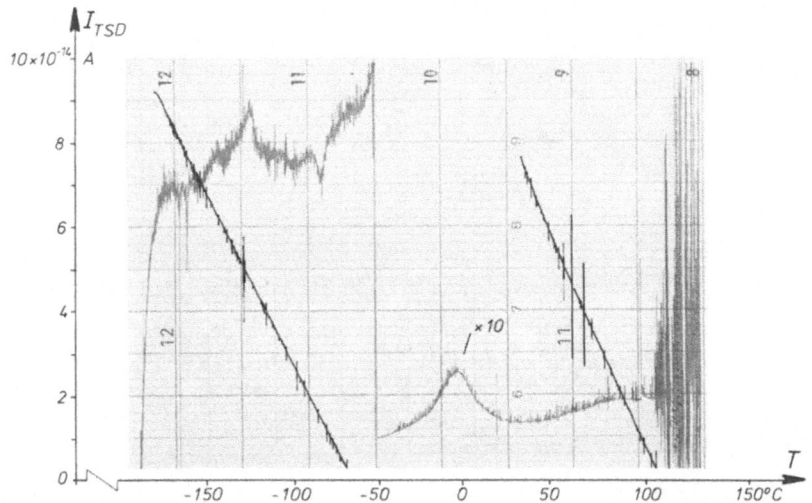

Abb. 5. TSD-Diagramm des Polypropylens. Polarisierung 15 min bei 100 °C in einem Gleichfeld von 22 kV cm^{-1}. Aufheizrate 3,2 K min^{-1}

und einer Belastungsdauer von 4 min hergestellt. Kalorimetrisch wurde mit einem Differential-Scanning-Calorimeter (DSC-1 B) das Schmelzmaximum bei einer Aufheizrate von 8 K min^{-1} bei 164 °C beobachtet. Die zweiseitig mit Aluminium bedampfte Probe besaß eine Dicke von etwa 0,15 mm.

Die nachfolgende Abbildung 5 zeigt das TSD-Diagramm des Polypropylens.

Die Probe wurde im elektrischen Feld von 22 kV cm^{-1} eine ¼ Stunde bei 100 °C polarisiert und sodann unter der Wirkung des elektrischen Feldes auf die Temperatur des flüssigen Stickstoffes abgekühlt. Nach Abschalten des Feldes und Erwärmen mit einer Aufheizrate von 3,2 K min^{-1}, beobachtet man im TSD-Diagramm drei deutliche Gruppen mit Maxima bei −127, −5 und 82 °C. Die Maxima bei 82 °C und −5 °C wurden auch bei dielektrischen (1, 13, 49) und mechanischen (1, 13, 50−52) Untersuchungen beobachtet und werden mit α und β bezeichnet. Der molekulare Ursprung des α-Maximums ist auf Bewegungen von Segmenten der Hauptkette innerhalb der Kristallite, während das β-Maximum auf Kettenbewegungen innerhalb der amorphen Bereiche zurückzuführen ist und den Glasübergang des Polypropylens darstellt. Die Maxima im Temperaturbereich von −127 °C werden mit Prozessen in Verbindung gebracht, deren molekularer Ursprung in kurzen, beweglichen Kettenstücken der Hauptkette liegen (γ-Prozeß). Diese, in der Literatur auch mit crankshaft-Mechanismus bezeichneten lokalen Bewegungen können sowohl in den

amorphen als auch in den kristallinen Bereichen stattfinden.

Aus der Verschiebung, Erniedrigung und Verbreiterung der Maxima nach einer thermischen Vorbehandlung kann man ersehen, ob sich die Relaxationszeiten und die Aktivierungsgrößen der Molekülbewegungen, die diese Maxima verursachen, durch nachträgliches Tempern ändern.

Die nachfolgende Abbildung 6 zeigt das TSD-Diagramm der 16,5 Stunden bei 140 °C im Vakuum getemperten und anschließend ¼ Stunde bei 140 °C mit 22 kV cm^{-1} polarisierten Polypropylen-Folie.

Im TSD-Diagramm erkennt man nach Tempern oberhalb des β-Prozesses die größten Veränderungen. Bei 57 °C tritt in der Tieftemperaturflanke des α-Prozesses ein zusätzliches Maximum auf. Mit steigender Temperatur wächst der TSD-Strom unter gleichzeitigem Auftreten von Stromimpulsen an, die zum Teil so dicht liegen, daß sie einzeln nicht mehr aufgelöst werden können. Vermutlich haben diese Stromimpulse ihre molekulare Ursache in Umlagerungsprozessen innerhalb der kristallinen Bereiche.

Derartige Stromimpulse werden auch in TSD-Diagrammen von Polytetrafluoräthylen (PTFE) im Temperaturbereich von +10 bis +60 °C besonders ausgeprägt beobachtet (53). Aus röntgenographischen Daten folgerten *Clark* und *Muus* (54), daß in diesem Bereich ein kristalliner Phasenübergang im PTFE auftritt (55, 56).

Das den Glasübergang charakterisierende β-Maximum des PP wird bei −8 °C beobachtet, es tritt

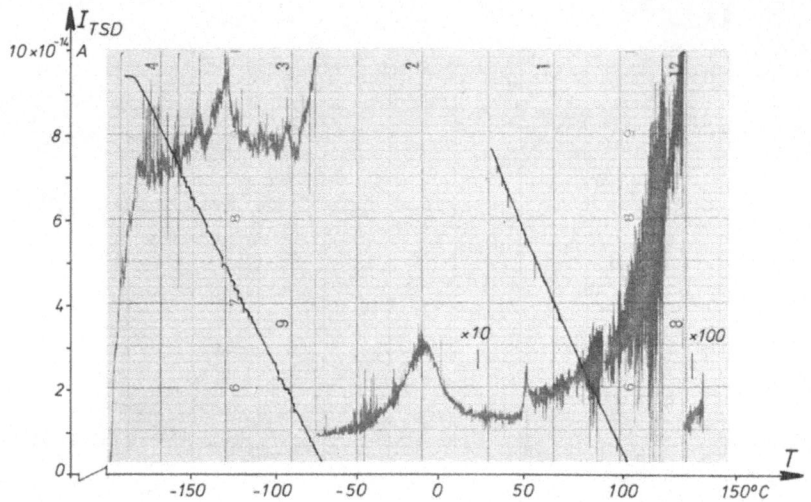

Abb. 6. TSD-Diagramm des Polypropylens. Im Vakuum bei 140 °C für 16,5 Stunden getempert, anschließend 15 min bei 140 °C in einem Gleichfeld von 22 kV cm^{-1} polarisiert. Aufheizrate 3,2 K min^{-1}.

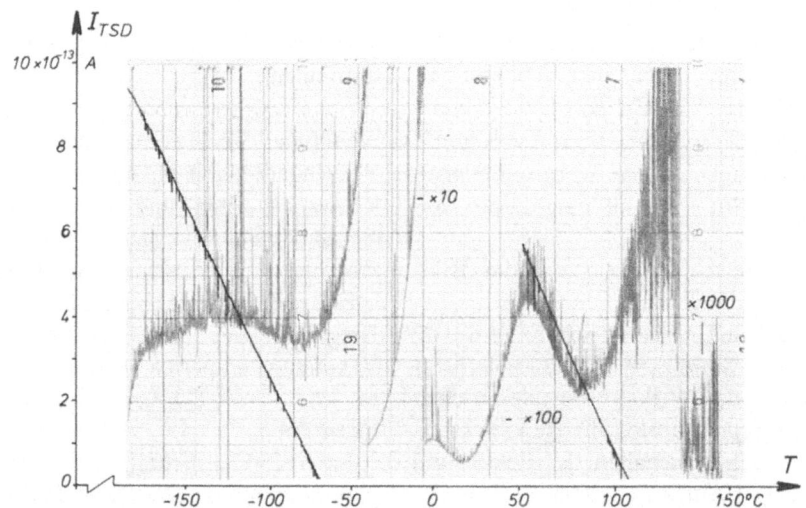

Abb. 7. TSD-Diagramm des Polypropylens. In Luft bei 140 °C für 15,5 Stunden getempert, anschließend 15 min bei 140 °C in einem Gleichfeld von 22 kV cm^{-1} polarisiert. Aufheizrate 3,2 K min^{-1}.

um 3 K tiefer als in der Ausgangsprobe auf. Nach der Temperung sind die mit segmentalen Bewegungen verknüpften Maxima bei −94°, −126° und −148 °C deutlicher zu erkennen. Inwieweit das Hochtemperaturmaximum bei etwa −94 °C den amorphen Beitrag und das Tieftemperaturmaximum bei −126 °C den kristallinen Beitrag zum γ-Relaxationsprozeß darstellt, bleibt weiteren Untersuchungen vorbehalten. Da das zusätzliche Maximum bei 57 °C erst nach der thermischen Behandlung auftritt, wurde eine oxidative Schädigung des unstabilisierten Polypropylens als wahrscheinliche molekulare Ursache angesehen. Um diese Vermutung zu überprüfen, wurde die glei-

che Probe 15,5 Stunden in Luft bei 140 °C gelagert und anschließend ¼ Stunde mit 22 kV cm^{-1} polarisiert. Nach Abschalten des Feldes bei der Temperatur des flüssigen Stickstoffs wurde die Probe mit einer Rate von 3,2 K min^{-1} erwärmt. Die nachfolgende Abbildung 7 zeigt das TSD-Diagramm.

Es besteht aus drei deutlich erkennbaren Maxima bei etwa −134, −2 und +57 °C.

Die starke oxidative Schädigung der Probe, die IR-spektroskopisch an den charakteristischen Carbonylbanden nachweisbar ist, bewirkt durch Zunahme an Dipolen eine Intensitätszunahme des TSD-Stromes. Im Vergleich zur Vakuum-getem-

Abb. 8. Aktivierungsdiagramm für Polypropylen. *Slichter* (13) □, △; *Krämer u. M.* (49) ○, ●; *Flocke* (50) ■, ▲; *Powles u. M.* (51) ◨, ◑; *Kawai u. M.* (57) ▽; *Illers* (52) ⊠.

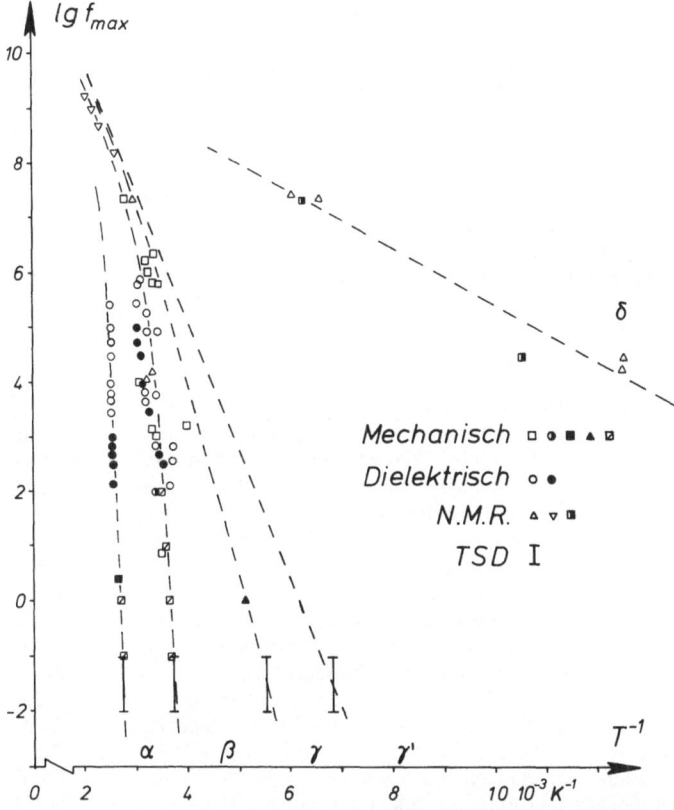

perten Probe nimmt die Intensität des γ-Maximums um einen Faktor 5 zu. Die Feinstruktur geht zu Lasten einer Verbreiterung des Maximums. Das den Glasübergang kennzeichnende β-Maximum verschiebt sich um $+6$ K auf -2 °C und nimmt um einen Faktor 30 an Intensität zu. Dieser Befund legt den Schluß nahe, daß die mikro-Brownschen Bewegungen von Kettensegmenten einerseits durch das Vorhandensein von CO-Gruppen gehindert werden, andererseits aber mit ihnen verknüpft sind, wie aus der Intensitätszunahme zu folgern ist. Das bei 57 °C deutlich hervortretende Maximum muß seinen molekularen Ursprung in Molekülbewegungen haben, die mit den polaren Carbonylgruppen verknüpft sind. Wegen des Vorhandenseins tertiärer C-Atome ist die Ausbildung derartiger Strukturen leicht möglich. Wie die Abbildung 8 zeigt, können die beobachteten Temperaturen der TSD-Maxima eines nicht thermisch beanspruchten Polypropylens in einem Aktivierungsdiagramm Wechselstromverlustdaten einer Frequenz von 10^{-1} bis 10^{-2} Hz zugeordnet werden.

Innerhalb dieses Frequenzbereiches stimmen die TSD-Maxima für den α- und β-Prozeß mit den aus dielektrischen und mechanischen Unter-suchungen ermittelten Verlustmaxima überein. Diese gute Übereinstimmung läßt schließen, daß auch der γ-Prozeß den zu niedrigen Frequenzen extrapolierten Verlauf besitzt, während der γ'-Prozeß bislang nur bei TSD-Messungen beobachtet wurde. Die dargestellten Messungen zeigen, daß die Technik der thermisch stimulierten Ströme geeignet ist, molekulare Bewegungsvorgänge in hoher Auflösung und Empfindlichkeit bei sehr niedrigen Frequenzen zu studieren, und als eine grundlegende Meßmethode für die Identifizierung und Charakterisierung von Relaxationsprozessen angesehen werden kann.

Danksagung

Der Arbeitsgemeinschaft Industrieller Forschungsvereinigung (AIF) sei für die finanzielle Förderung gedankt.

Zusammenfassung

Molekulare Beweglichkeiten der Polyolefine Polyisobutylen (PIB) und Polypropylen (PP) wurden mittels der Methode der thermisch stimulierten Entladeströme (TSD) untersucht. Das TSD-Diagramm des PIB weist im Temperaturbereich von -196 bis $+60$ °C vier Relaxationsgebiete bei $T_\delta \sim -190\ °C$, $T_{\gamma'} \sim -147\ °C$, $T_\gamma \sim -117\ °C$ und $T_\beta \sim -60\ °C$ auf. Der δ-Prozeß wird der Rotation von CH_3-Gruppen zugeordnet. Der molekulare Ursprung des β-Dispersionsgebietes sind Bewegungsvorgänge innerhalb der Hauptketten beim Glasübergang. Die beobachteten γ'- und γ-Relaxationsprozesse wurden bislang nur aufgrund modellmäßiger Betrachtungen vorausgesagt. Die Temperaturen der TSD-Maxima des PIB entsprechen Wechselstromverlustdaten einer Frequenz von etwa 0,1 Hz. Im TSD-Diagramm des isotaktischen PP werden im Temperaturbereich von -196 bis $150\ °C$ drei deutliche Gruppen mit Maxima bei $T_\gamma \sim -127\ °C$, $T_\beta \sim -5\ °C$ und $T_\alpha \sim 82\ °C$ beobachtet. Der molekulare Ursprung des α-Maximums ist auf Bewegungen von Segmenten der Hauptkette innerhalb der Kristallite während das β-Maximum auf Kettenbewegungen innerhalb der amorphen Bereiche zurückzuführen ist und den Glasübergang des PP darstellt. Der γ-Prozeß wird mit kurzen, beweglichen Kettenstücken der Hauptkette in Verbindung gebracht. Die nach thermischer Behandlung auftretende oxidative Schädigung des unstabilisierten PP erkennt man im TSD-Diagramm an einem Auftreten eines zusätzlichen Maximums bei $57\ °C$, dessen molekularer Ursprung in Molekülbewegungen liegt, die mit polaren Carbonylgruppen verknüpft sind. Die TSD-Maxima eines nicht thermisch beanspruchten PP können in einem Aktivierungsdiagramm einer Frequenz von 10^{-1} bis 10^{-2} Hz zugeordnet werden. Die Technik der TSD erlaubt demnach das Studium molekularer Bewegungsvorgänge mit hoher Auflösung und Empfindlichkeit bei sehr niedrigen Frequenzen und kann als eine grundlegende Meßmethode zur Identifizierung und Charakterisierung von Relaxationsprozessen angesehen werden.

Summary

Molecular motions in polyisobutylene (PIB) and polypropylene (PP) were studied by thermally stimulated (TSD) techniques. The TSD-diagram of PIB shows four relaxation processes $T_\delta \sim -190\ °C$, $T_{\gamma'} \sim -147\ °C$, $T_\gamma \sim -117\ °C$ and $T_\beta \sim -60\ °C$ in the temperature range from -196 to $+60\ °C$. The δ-process is attributed to rotations of CH_3 groups. The molecular origin of the β-relaxation is associated with large-scale segmental motions at the glass transition. The observed γ'- and γ-relaxation processes were until now only theoretically predicted. The temperatures of TSD-peaks correspond to ac loss data at a frequency of 10^{-1} Hz.

The TSD-diagram of PP shows three relaxation processes with maxima at $T_\gamma \sim -127\ °C$ (local segmental motions), $T_\beta \sim -5\ °C$ (large-scale segmental motions at the glass transition) and $T_\alpha \sim 82\ °C$ (motions of segments in crystallites). The effect of a thermal oxidation on the relaxation behaviour of PP is clearly seen in an additional maximum at $57\ °C$. It is likely that CO-groups bonded to chain segments are the molecular origin of this process. The TSD-peaks of non oxidized PP correspond to ac loss data at a frequency of 10^{-1} to 10^{-2} Hz.

Literatur

1) *McCrum, N. G., B. E. Read, G. Williams,* Anelastic and Dielectric Effects in Polymeric Solids, (Bristol 1967).

2) *Wolf, K.,* Z. Elektrochemie **65**, 604 (1961).

3) *Würstlin, F.* in: Stuart, Die Physik der Hochpolymeren **3**, 639 (Berlin, Göttingen, Heidelberg 1955).

4) *Illers, K. H.,* Rheol. Acta **3**, 185, 194 und 202 (1964).

5) *Enns, J. B., R. Simha,* J. Macromol. Sci. Phys., B **13**, 11 (1977).

6) *Enns, J. B., R. Simha,* J. Macromol. Sci. Phys., B **13**, 25 (1977).

7) *Miyamoto, T., K. Shibayama,* Polymer J. **6**, 79 (1974).

8) *U. Johnsen, G. Weber,* Progr. Colloid & Polymer Sci. **64**, 174 (1978).

9) *Fischer, P.,* J. Electrostatics **4**, 149 (1978).

10) *Bullock, A. T., G. G. Cameron,* in Structural Studies of Macromolecules by Spectroscopic Methods (London, 1976).

11) *Törmälä, P., G. Weber,* Polymer **19**, 1026 (1978).

12) *Weber, G., P. Törmälä,* Colloid & Polym. Sci. **256**, 638 (1978).

13) *Slichter, W. P.,* J. Polym. Sci. C. **14**, 33 (1966).

14) *Chen, R.,* J. Mater. Sci. **11**, 1521 (1976).

15) *Fillard, J. P., J. van Turnhout,* Thermally Stimulated Processes in Solids: New Prospects, (New York, 1977).

16) *Kelly, P., M. J. Laubitz, P. Bräunlich,* Phys. Rev. B **4**, 1960 (1971).

17) *De Muer, D.,* Physica **48**, 1 (1970).

18) *Bui, A., H. Carchano, J. Guastavino, D. Chatain, P. Gautier, C. Lacabanne,* Thin Solid Films **21**, 313 (1974).

19) *Blake, A. E., A. Charlesby, K. J. Randle,* J. Phys. D: Appl. Phys. **7**, 759 (1974).

20) *Chatain, D., C. Lacabanne, J. C. Monpagens,* Makromol. Chem. **178**, 583 (1977).

21) *Comstock, R. J., S. I. Stupp, S. H. Carr,* J. Macromol. Sci. – Phys. **B 13**, 101 (1977).

22) *Gross, B., G. M. Sessler, J. E. West,* J. Appl. Phys. **47**, 968 (1976).

23) *Ikeda, S., K. Matsuda,* Japan. J. Appl. Phys. **15**, 963 (1976).

24) *Lilly, A. C., jr., L. L. Stewart, R. M. Henderson,* J. Appl. Phys. **41**, 2007 (1970).

25) *Litt, M. H., C. Hsu, P. Basu,* J. Appl. Phys. **48**, 2208 (1977).

26) *Perlmann, M. M., S. Unger,* J. Phys. D: Appl. Phys. **5**, 2115 (1972).

27) *Pfister, G., M. Abkowitz, R. G. Crystal,* J. Appl. Phys. **44**, 2064 (1973).

28) *Marchal, E., H. Benoit, O. Vogl,* J. Polym. Sci.: Polym. Phys. Ed. **16**, 949 (1978).

29) *Mizutani, T., Y. Suzuoki, M. Ieda,* J. Appl. Phys. **48**, 2408 (1977).

30) *Mehendru, P. C., K. Jain, P. Mehendru,* J. Phys. D: Appl. Phys. **10**, 729 (1977).

31) *Nishitani, T., K. Yoshino, Y. Inuishi,* Japan. J. Appl. Phys. **14**, 721 (1975).

32) *Sessler, G. M.,* in International Symposium on Electrets and Dielectrics, 321 (Academia Brasileira de Ciencas, Rio de Janeiro, 1977).

33) *Stupp, S. I., S. H. Carr,* J. Polym. Sci. **15**, 485 (1977).

34) *Takai, Y., T. Osawa, T. Mizutani, M. Ieda, K. Kojima,* Japan. J. Appl. Phys. **15**, 1597 (1976).

35) *Tanaka, T., S. Hayashi, K. Shibayama,* J. Appl. Phys. **48,** 3478 (1977).

36) *Takamatsu, T., E. Fukada,* Polym. J. **1,** 101 (1970).

37) *Van Turnhout, J.,* Polym. J. **2,** 173 (1971).

38) *Van Turnhout, J.,* Thermally Stimulated Discharge of Polymer Electrets (Amsterdam, 1975).

39) *Vanderschueren, J., A. Linkens,* J. Polym. Sci.: Polym. Phys. Ed. **16,** 223 (1978).

40) *Weber, G.,* Angew. Makromol. Chem. **74,** 187 (1978).

41) *Weber, G., P. Törmälä,* Colloid & Polymer Sci. **256,** 1137 (1978).

42) *Törmäla, P., G. Weber,* Polymer, **19,** 598 (1978).

43) *Ferry, J. D., E. R. Fitzgerald,* Proc. 2nd. Intern. Congr. Rheol., 140 (1953).

44) *Stoll, B., W. Pechhold, S. Blasenbrey,* Kolloid.-Z. u. Z. Polymere **250,** 1111 (1972).

45) *Mindiyarov, K. G., Y. V. Zelenev, G. M. Bartenev,* Vysokomol. Soyed. A **14:** 11, 2347 (1972).

46) *Knappe, W., G. Voigt, A. Zyball,* Colloid & Polymer Sci. **252,** 673 (1974).

47) *Williams, M. L., R. T. Landel, J. D. Ferry,* J. Amer. Chem. Soc. **77,** 3701 (1955).

48) *Fuchs, O.,* Makrom. Chem. **58,** 247 (1962).

49) *Krämer, H., K. E. Helf,* Kolloid-Z. **180,** 114 (1962).

50) *Flocke, H. A.,* Kolloid-Z. **180,** 118 (1962).

51) *Powles, J. G., P. Mansfield,* Polymer **3,** 339 (1962).

52) *Illers, K. H.,* Rheologica Acta **1,** 616 (1961).

53) *Weber, G.,* in Vorbereitung.

54) *Clark, E. S., L. T. Muus,* Z. Kristallographie **117,** 119 (1962).

55) *Bur, A. J.,* High Polymers **25,** 475 (1972).

56) *Hornbogen, E.,* Progr. Colloid & Polymer Sci. **64,** 125 (1978).

57) *Kawai, T., I. Ioshimi, A. Mirai,* J. Phys. Soc. Japan **16,** 2356 (1966).

Anschrift des Verfassers:

G. Weber
Bayer AG
Zentralbereich Ingenieurwesen
Angewandte Physik
Rheinuferstr. 7–9
4150 Krefeld 11

Progr. Colloid & Polymer Sci. **66**, 135—142 (1979)
© 1979 by Dr. Dietrich Steinkopff Verlag GmbH & Co. KG, Darmstadt
ISSN 0340-255 X

Lectures during the conference of the Deutschen Physikalischen Gesellschaft,
Fachausschuß „Physik der Hochpolymeren",
April 17—21, 1978 in Bad Nauheim

Deutsches Kunststoff-Institut, Darmstadt

Submicroscopic defects in strained polyoxymethylene

J. H. Wendorff

With 7 figures

(Received June 5, 1978)

1. Introduction

The mechanical properties of materials such as for instance the strength or the elongation at break are not only determined by molecular interactions but also by the presence of defects in the material. These defects may be surface flaws, microscopic or macroscopic voids, heterogeneities such as stabilizers or pigments or crystal defects in the crystalline regions of partially crystalline materials. The influence of these defects is described in statistical theories in which certain assumptions are made about the distribution of defects and about the distribution of the strength of the defects (1, 2).

The experimental analysis of defects in a material and of their properties is difficult for various reasons. Often the concentration of defects is low, furthermore defects of different sizes and variable structures can occur. This makes it impossible to study defects just by one experimental method. Crazes in amorphous polymers, for instance, can be studied by optical methods such as elastic light scattering or optical microscopy (3), if their size approaches a critical value. Crazes below this critical dimension as well as crazes in partially crystalline polymers cannot be analyzed by this method. Electron microscopical studies have been used in this case (4), this technique, however, also meets with difficulties due to a low concentration of defects and due to the fact that preparation techniques may lead to the introduction of new defects.

The method of acoustic emission can be used to detect the formation of defects under strain, the spectra obtained do not contain direct information on the character of the defects, their distribution and their strength (5—7). Defects arising from main-chain breakage have been studied using the method of ESR-spectroscopy (8). Indirect methods of obtaining information on flaws have been used by *Retting* (9).

Small angle X-ray scattering can be employed to obtain information on defects with dimensions ranging from several Å up to several 1000 Å in amorphous as well as partially crystalline materials, if the density of the defects differs from the density of the matrix. Using small angle scattering defects were studied in a variety of polymers including amorphous PMMA and partially crystalline polypropylene by *Zhurkov, Kuksenko, Slutsker* et al. (10—13). They analyzed the concentration, size and shape of the defects and tried to correlate these results with results on failure of the materials. It seems, however, that the analysis of their scattering curves contains some mistakes, this will be discussed in subsequent papers (14, 17).

It is the purpose of this work to analyze for the specific case of partially crystalline polyoxymethylene in which way defects may be created in a material, which properties are exhibited by the defects and in which way the macroscopic properties of the material may be influenced by the presence of these defects.

II. Experimental

The material studied was partially crystalline polyoxymethylene (Copolymer Hostaform T 1020, Hoechst AG, W.-Germany). Different samples were obtained by crystallization from the melt at 155 °C (sample A) by quenching in cold water (sample B) and by quenching in liquid nitrogen (sample C). These different samples were subjected to uniaxial stress-strain experiments at room temperature in which the ultimate strain was varied. The strain rate was varied between 0.5 mm/min and 500 mm/min. The samples were kept in the stress-free state for at least one day at room temperature after the stress-strain experiment. The small angle X-ray scattering was measured by means of a Kratky small angle apparatus after this period. The scattering curves were determined in the direction of the applied stress and perpendicular to this direction. Absolute intensities were gained by comparing the scattering of the sample with the scattering of a calibration sample which was supplied by Prof. *Kratky*. The samples could also be subjected to stresses in the small angle apparatus, only constant stress experiments were performed in this case.

III. Results

If a stress strain experiment was performed on a partially crystalline polyoxymethylene sample one observed the occurrence of particle scattering in addition to the scattering which was due to the two-phase structure of the material. The intensity of the particle scattering was found to increase with increasing strain (Fig. 1). The shape of the particle scattering curve could be described on the basis of an exponential electron density autocorrelation function $C(r)$.

$$C(r) = \langle \varrho(u)\,\varrho(u+r)\rangle\,/\,\langle \varrho(u)^2\rangle$$
$$= \exp(-r/a) \qquad [1]$$

where a is the correlation length, ϱ the electron density. This correlation function leads to the following expressions for the pinhole scattering curve and the smeared scattering curve, which is obtained by the Kratky camera:

$$I_{\text{pinhole}} \sim (8\pi a^3)/(1 + \hbar^2 a^2)^2 \qquad [2]$$

($\hbar = 4\pi h/\lambda R$, where $R =$ sample-plane of registration distance and λ wavelength of the radiation)

$$\tilde{I}_{\text{smeared}} \sim (4\pi a^2)/(1 + \hbar^2 a^2)^{3/2} \qquad [3]$$

where h is the distance between the origin and the position of the detector slit in the plane of registration. In the case of the smeared scattering curve a plot of $I^{-2/3}$ versus $\hbar^2$ should yield a straight line, the slope and intercept of which can be used to calculate the correlation length a.

$$a = (\text{slope/intercept})^{1/2}. \qquad [4]$$

Figure 2 gives an example of this plot. The average dimension of a structure is related to the correlation length a. In the case of particles with a distribution of their sizes it is a measure of the average particle size. The value of the invariant, defined by

$$\int \tilde{I}(\hbar)\,\hbar\,d\hbar = \text{Inv}. \qquad [5]$$

gives information about the concentration of the particles V. It was found that the correlation length depended on the direction within the sample, relative to the direction of the applied stress. Apparently particles exist in the material which did not possess a constant average dimension in all directions (Fig. 2). The experimental results showed that the particles had on the average the shape of an ellipsoid. The small axis of the ellipsoid, which turned out to be the rotational axis, was oriented in the direction of the applied stress.

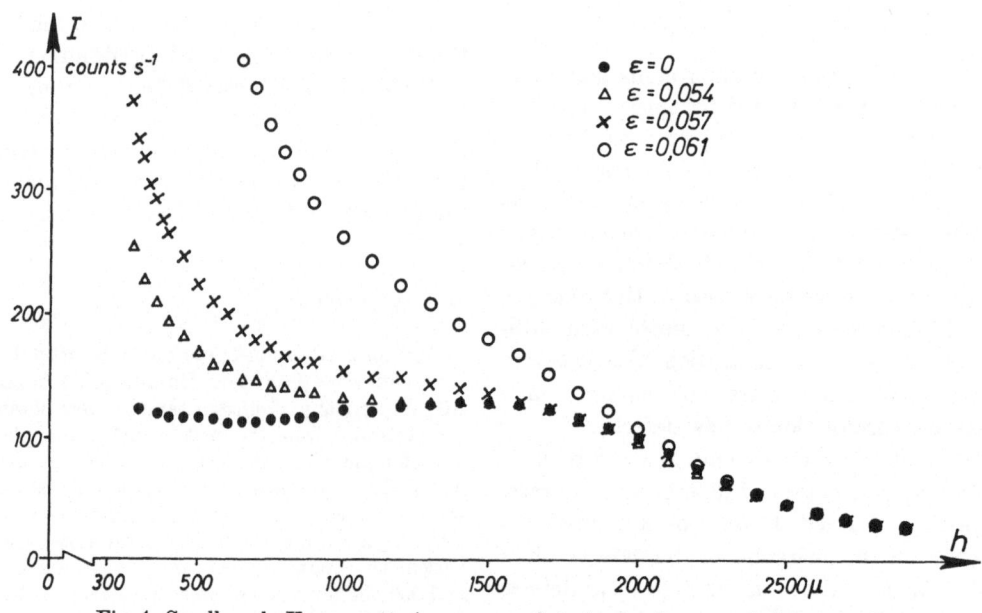

Fig. 1. Small angle X-ray scattering curves of strained polyoxymethylene samples

Fig. 2. Plot of $I^{-2/3}$ versus h^2 for different directions

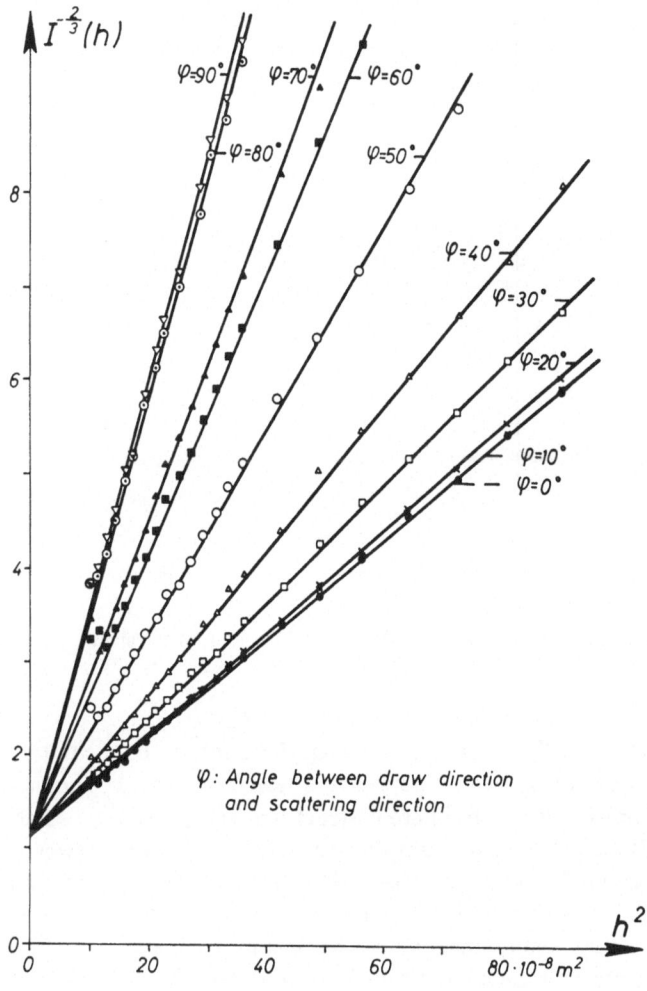

φ: Angle between draw direction and scattering direction

Information about the nature of the defects can be gained by considering the total intensity of the scattering as well as the contribution due to the particle scattering and due to the two-phase structure of the material. It was observed that the intensity of the second component was independent of the strain whereas the first component was found to increase strongly with increasing strain. The invariant of the total scattering thus increased strongly with increasing strain. Since the degree of crystallinity was about 50% we would expect that the formation of regions of increased density within the amorphous regions results in a decrease of the invariant. Since this is not observed we conclude that regions of lower density than the matrix density are created. Since the component due to the two-phase structure remains constant we conclude that additional structural components are introduced in the material, which are characterized by very low densities. We will give additional evidence later that voids are formed which only contain negligible amounts of material. These regions will be called defects.

The analysis of the scattering data showed that the average dimension of the defects, as characterized by the value of the correlation length a, remained constant during a stress-strain experiment (Fig. 3), whereas the intensity of the particle scattering increased strongly and thus the invariant of the particle scattering. Thus this increase has to be attributed to an increase of the defect concentration at constant dimensions. It has to be pointed out that the strain during a stress strain experiment, which we will use as a characteristic parameter, does not agree with the residual strain after removing the stress. The residual strain is very small, it is of the order of 1% even if the strain during the stress-strain experiment was 10 or 15%.

The concentration of the defects was found to increase nonlinearly with increasing strain

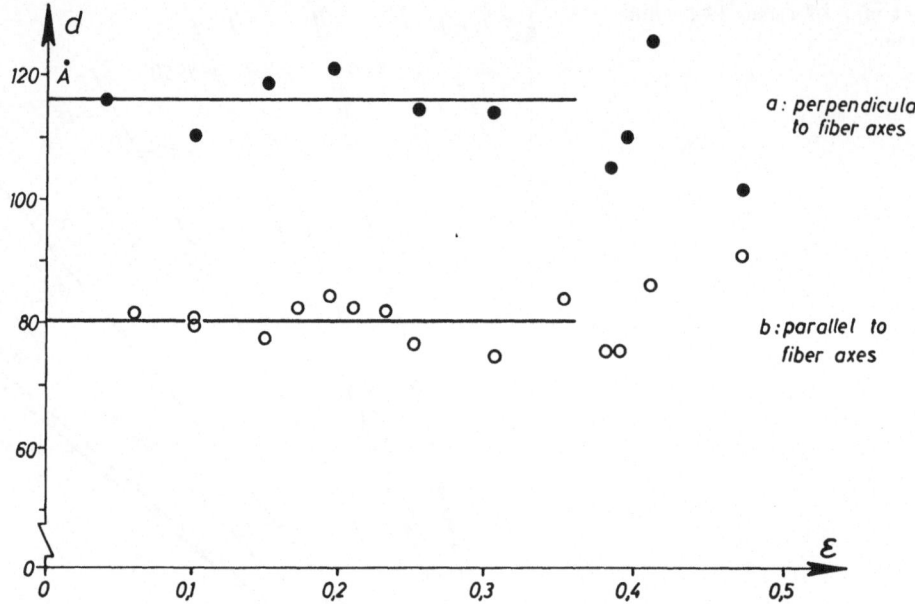

Fig. 3. Average size of the defects as a function of the strain. (○ parallel to fiber axis, ● perpendicular to fiber axis)

(Fig. 4). The curve describing the relation between these two properties was nearly identical for samples with different structures (samples A, B and C) and for samples which were strained with different strain rates, which varied between 0.5 mm/min and 500 mm/min. This is a surprising result, since the mechanical properties of these materials were found to be different and since for the same kinds of samples variations of the stress strain curves were observed as a function of the strain rate.

The experimentally determined relation between the defect concentration and the strain was analyzed by assuming that

i) the rate of defect formation is a linear function of the deformation

ii) the rate of the defect formation is a linear function of the concentration of the defects.

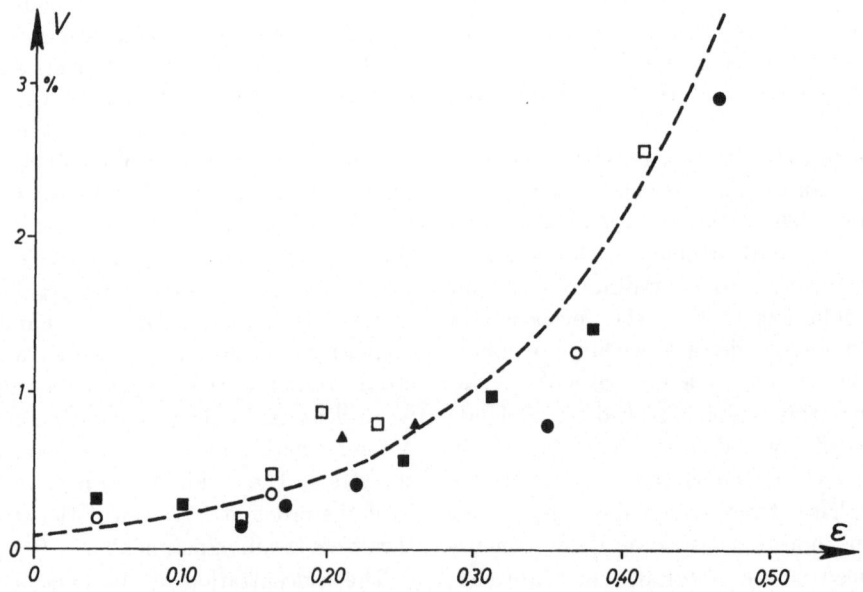

Fig. 4. Volume fraction V of defects as a function of the strain for various polyoxymethylene samples

For the two cases one obtains the following expressions:

$$\mathrm{d}V/\mathrm{d}\varepsilon = C\varepsilon. \qquad [6]$$

$$V = V_0 + (C/2)\varepsilon^2. \qquad [7]$$

The defect concentration depends on the square of the strain. A plot of V versus ε^2 should yield a straight line. This is not observed. For the second case we get:

$$\mathrm{d}V/\mathrm{d}\varepsilon = DV. \qquad [8]$$

$$V = V_0 \exp(D\varepsilon). \qquad [9]$$

An exponential dependence of the volume concentration V (or the number of defects) on the deformation is obtained. A plot of $\ln V$ versus ε should yield a straight line, this is actually observed, as shown in Figure 5. The consequences of this result will be discussed below.

If a sample, which already contains defects due to a preceding deformation, was stressed, it was observed that the defects deformed stronger than the macroscopic sample, the ratio of the values could approach 100. This is an indication that the defects did not contain an appreciable amount of material. The deformation of the defects did not only occur in the direction of the applied stress but simultaneously in all directions. This behavior will be used later to derive information on the nature of the matrix surrounding the defects.

If a sample containing defects was heated stepwise up to the crystallization and annealing temperature, one observed that the scattering curves changed stepwise at each temperature without a time delay. The defect concentration decreased continuously with increasing temperature, it vanished at a temperature close to the melting point (Fig. 6). The correlation length was found to increase with increasing temperature in all directions (Fig. 7). Since the correlation length is determined by the average dimensions of the defects rather than by the size of identical particles, the increase can be attributed to the fact that small defects vanish at low temperatures whereas larger defects vanish at higher temperatures. This leads to an increase of the average dimension with decreasing concentration of the defects. This result can be used to derive information on the character of the restoring forces of the defects.

IV. Discussions

A very simple model will be proposed for the nature of the defects in the following part of the paper, which will nevertheless be able to account for the formation of the defects during a deformation process and for the properties of these defects.

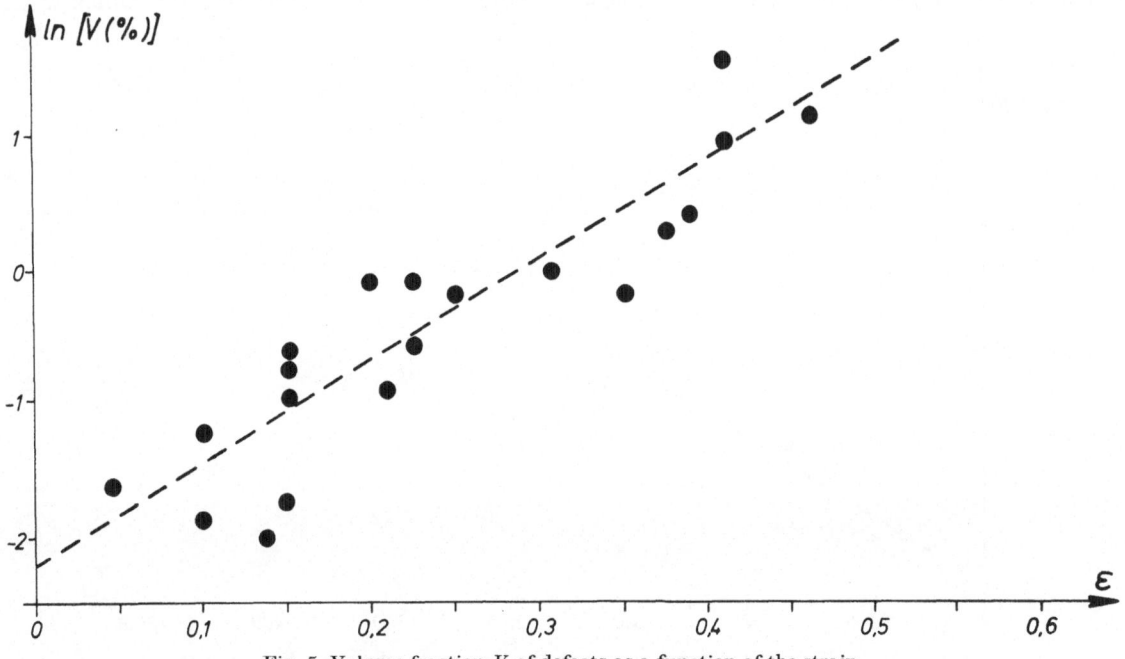

Fig. 5. Volume fraction V of defects as a function of the strain

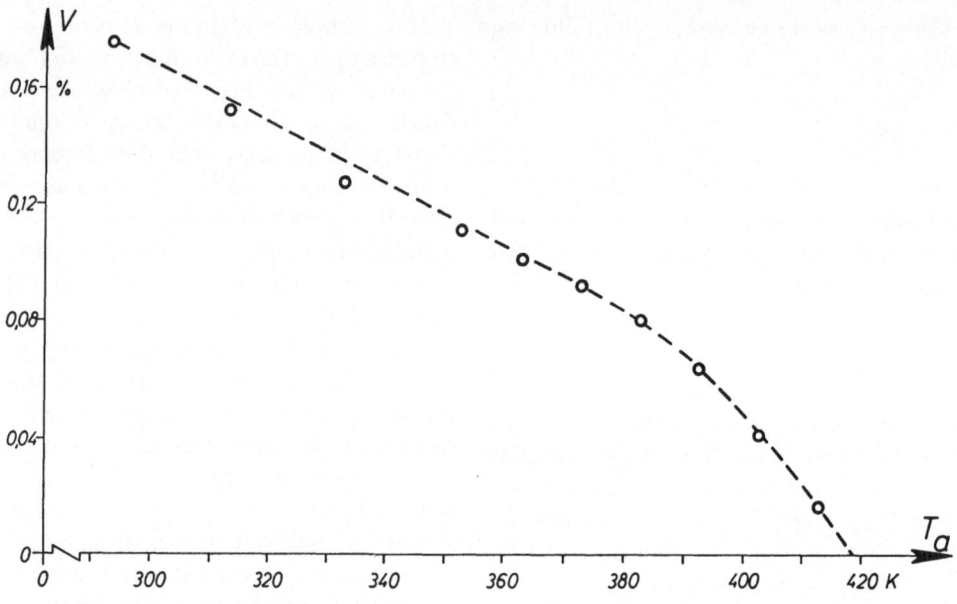

Fig. 6. Dependence of the defect concentration V on the annealing temperature T_a

The properties of the partially crystalline macroscopic samples result from the properties of assemblies of crystalline lamellae and inter-lamellar amorphous regions. A high probability exists that chains belong to several amorphous and crystalline regions according to the results of neutron scattering on partially crystalline polymers (15). Due to this fact we can assume that the chains are not able to move over a large distance in the amorphous regions even above the glass transition temperature. A hindered viscous flow exists as in the case of a fluid which is contained in a cylinder or as in the case of a fluid layer which has an infinite extension perpendicular to the layer normal. If such a system is subjected to an uniaxial stress in the direction of the layer normal an elastic deformation will result. The elastic modulus is given by the compressibility $\varkappa$ of the amorphous region.

$$E_{\text{amorph.}} = 1/\varkappa_{\text{amorph.}} \qquad [10]$$

This value will be of the order of 2 GPa as compared to the value 0.02 GPa which is ex-

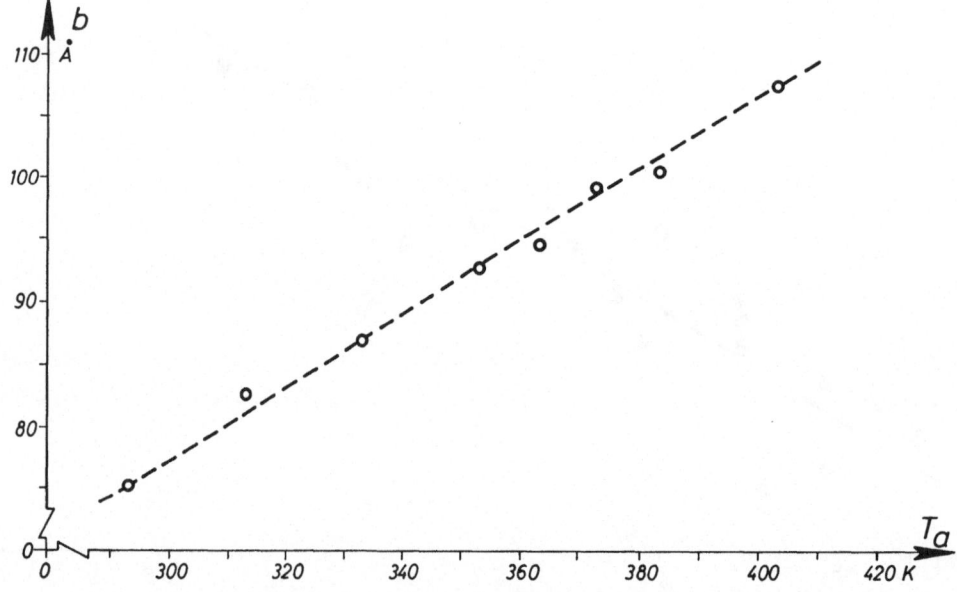

Fig. 7. Dependence of the average size of the defects on the annealing temperature

perimentally determined for a macroscopic amorphous material just above the glass transition temperature. This result can be used to calculate the elastic modulus of a partially crystalline material above the glass transition temperature, using simple models for the arrangement of amorphous and crystalline regions. The agreement between calculations and experiments is much better if we use equation [10] rather than the macroscopic value to obtain the elastic modulus of the interlamellar regions.

If the deformation is increased a nonhomogeneous deformation process can take place locally which leads to the formation of the defects which were observed by small angle X-ray scattering. This process can be looked upon as a local yielding process similar to the macroscopical yielding leading to microvoids. It occurs at a critical stress which equals on the stress at which macroscopic yielding takes place. The inhomogeneous deformation will result in an increase of the ultimate deformation of the material, since it leads to a local stress relaxation. This process will lead, however, to an increase of the stress in the neighborhood of the defects, the probability for the formation of new defects will consequently increase in the surrounding of the defects. The correlation between the concentration of defects and the rate of formation of new defects, which was observed experimentally can thus be explained.

The limited size of the defects irrespectively of the strain during the stress-strain experiment must be attributed to the local structure of the material, which is determined by the well defined thickness of the amorphous and crystalline layers as well as by the distribution of the chain length in the amorphous regions. It seems reasonable to assume, that above a critical defect size chains have to cross the defect volume due to the limited length of the chain. This will lead to surface contributions, which are energetically unfavorable. Additional studies on the creep behavior of defects are performed in order to obtain more data on this topic.

The observation that the defect size increased in all directions under uniaxial load can be understood on the basis of the model considered here. The stress acts on the viscous region like a hydrostatic tension, leading to the observed deformation behavior of the defects.

If the external stress is removed from the macroscopic sample the homogeneously deformed regions will relax, the restoring forces are given by the compressibility of the viscous matrix. The inhomogeneously deformed regions will have restoring forces which, according to the proposed model, are given by the size of the defects and the value of the surface free energy. If we assume that the defects have a spherical shape with a radius r we obtain the following expressions for the force and the tension:

Surface energy: $E = 4\pi r^2 \sigma_e$,   [11]

Restoring force: $K = dE/dr = 8\pi r\sigma_e$,   [12]

Tension: $\sigma = K/F = 2\sigma_e/r$.   [13]

The tension is proportional to the value of the surface free energy σ_e and inversely proportional to the size of the defect. We assume, as in the case of the formation of the defects, that the defects can only relax, if the restoring tension is larger than a critical value, which equals the macroscopical yielding stress. Thus only small defects can vanish at low temperatures, since the yield stress is large whereas at higher temperatures larger defects can relax, due to the decrease of the yield stress, in agreement with the experimental observations.

If we take the data on the temperature dependence of the defects concentration (Fig. 6) and the average dimension of the defects (Fig. 7), it is possible to reconstruct the original defect distribution prior to the heating process. One is also able to determine the size of the defects which relax at each particular temperature. Using this information and taking into account data on the temperature dependence of the macroscopic yield stress of the samples, we can calculate the value of the surface free energy on the basis of eq. [13]. The value turned out to be about 70 ergs/cm^2 independent of the temperature for which the calculations were performed. This is a strong indication that the model is reasonable. The low value of the surface free energy shows that only viscous deformations take place at the formation of the defects since plastic components of a deformation process are known to be characterized by very large effective surface free energies. This was observed for the case of craze formation (16).

It was observed that the deformation-defect concentration dependence was nearly identical for all samples although they were characterized by different mechanical properties. Highly crystalline samples failed at much lower defect concentrations than quenched samples. We attribute this difference to difference in the defect distribution at constant defect concentration. We believe that in highly crystalline materials defects will occur strongly correlated in their positions since the stress concentration will be large in the surrounding of the defects because of a stiff matrix. In the case of quenched samples the correlation will be weaker, since the matrix is more ductile. We thus point out that correlation of defects may play an important role in determining the properties of a macroscopic material. Stress strain curves of materials which contained the same defect concentration, due to a preceding deformation, but which were characterized by different supermolecular structures were found to differ greatly, in agreement with the discussions above.

Acknowledgements

We gratefully acknowledge the support of this work by a research grant from the Arbeitsgemeinschaft Industrieller Forschungsvereinigungen e. V. (AIF).

Summary

Submicroscopic defects, having an ellipsoidal shape, are created in polyoxymethylene as a function of the strain, due to local yielding processes. The size distribution of the defects can be represented by an exponential electron density autocorrelation function. The average size of the defects is independent of the strain whereas the concentration of the defects increases exponentially with increasing strain. Annealing studies show that the restoring tension of the defects is determined by the free energy of the defect surfaces, the retarding tension by the value of the macroscopic yield stress. The defects can relax, if the restoring tension gets larger than the retarding tension. Correlation between defects apparently play an important role in determining macroscopic properties of the material.

Zusammenfassung

In Polyoxymethylen treten, bedingt durch lokale Fließprozesse, submikroskopische Defekte mit einer ellipsenförmigen Gestalt als Funktion der Deformation auf. Die Größenverteilung der Defekte kann durch eine exponentielle Elektronendichte-Autokorrelationsfunktion charakterisiert werden. Die mittlere Defektgröße ist unabhängig von der Deformation, während die Defektkonzentration exponentiell mit der Deformation ansteigt. Temperversuche zeigen, daß die rücktreibende Spannung der Defekte durch die Oberflächenenergie bestimmt ist. Die Defekte können ausheilen, wenn diese Spannung größer als die makroskopische Fließspannung wird. Korrelationen zwischen Defekten beeinflussen die mechanischen Eigenschaften des Materials.

References

1) *Jayatilaka, A., K. Trustrum,* J. Mat. Sci. **12**, 1426 (1977).
2) *Weibull, W.,* J. Appl. Mech. **18**, 293 (1951).
3) *Kambour, R. P.,* Nature **195**, 1299 (1962).
4) *Olf, H. G., A. Peterlin,* J. Pol. Sci. Phys. Ed. **12**, 2209 (1974).
5) *Grabec, I., A. Peterlin,* J. Pol. Sci. Phys. Ed. **14**, 651 (1976).
6) *Peterlin, A.,* ACS Polymer Preprints **18** (2), 94 (1977).
7) *Roeder, E., H. A. Croslack,* Kunststoffe **67**, 454 (1977).
8) *Johnsen, U., D. Klinkenberg,* Kolloid Z. u. Z. Polymere **251**, 843 (1973).
9) *Retting, W.,* Europ. Pol. J. **6**, 853 (1970).
10) *Zhurkov, S. N., V. S. Kuksenko, A. I. Slutsker,* Fracture, Proc. of the 2nd. Intern. Conf. on Fracture p. 18 (1969).
11) *Zhurkov, S. N., V. S. Kuksenko,* Intern. J. of Fracture **11**, 629 (1975).
12) *Kuksenko, V. S., V. S. Ryskin, V. I. Betekhtin, A. I. Slutsker,* Intern. J. of Fracture **11**, 829 (1975).
13) *Regel, V. R., A. M. Leksovskii, S. N. Sakiev,* Internat. J. of Fracture **11**, 841 (1975).
14) *Wendorff, J. H.,* to be published.
15) *Fischer, E. W.,* Europhysics Conf. Abstracts **2E**, 71 (1977).
16) *Feltner, C. E.,* J. Appl. Phys. **38**, 3576 (1967).
17) *Wendorff, J. H.,* Angew. Makromol. Chem., in press.

Author's address:

J. H. Wendorff
Deutsches Kunststoff-Institut
Schloßgartenstraße 6R
D-6100 Darmstadt

Progr. Colloid & Polymer Sci. **66**, 143 – 148 (1979)
© 1978 by Dr. Dietrich Steinkopff Verlag GmbH & Co. KG, Darmstadt
ISSN 0340-255 X

Vorgetragen auf der Tagung der Deutschen Physikalischen Gesellschaft,
Fachausschuß „Physik der Hochpolymeren",
vom 17. bis 21. April 1978 in Bad Nauheim.

Fritz-Haber-Institut der MPG, Teilinstitut für Strukturforschung, Berlin-Dahlem/Germany

Erschließung der Übergangszonen zwischen kristalliner und amorpher Phase durch zweidimensionale Kleinwinkelanalyse kombiniert mit absoluter Integralintensitätsmessung

R. Hosemann, J. Loboda-Čačković, M. Sassoui und *D. Weick*

Mit 3 Abbildungen

(Eingegangen am 13. September 1978)

Einleitung

Zahlreiche zweidimensionale Analysen der Kleinwinkelstreuung hochgeordneter Polymere (1, 2) haben gezeigt, daß die Beschreibung durch ein Zweiphasenmodell eine zu große Vereinfachung darstellt. Es muß vielmehr ein stetiger Übergang zwischen den geordneteren („kristallinen") und stärker gestörten („amorphen") Bereichen angenommen werden, wie er erstmals von *Tsvankin* diskutiert wurde (3). Der Einfluß dieser Übergangsbereiche auf die beobachtbare integrale Kleinwinkelstreuung wurde im Fall ebener Lamellenkristalle von *H. Hespe* (4) quantitativ angegeben. Es ist das Ziel der vorliegenden Arbeit, mit Hilfe von Faltungsoperationen (5) geschlossene mathematische Ausdrücke zu entwickeln, die bei beliebiger Gestalt der Grenzflächen anwendbar sind. Experimentelle Untersuchungen an verstrecktem Polyäthylen sollen als Beispiel für die Brauchbarkeit der neuen mathematischen Hilfsmittel dienen.

Aufstellung der Grundgleichung

Die Elektronendichteverteilung $\varrho(x)$ eines teilkristallinen polymeren Stoffes kann beschrieben werden durch die Gestaltfunktion $s(x)$ des Präparates, die Dichte ϱ_a bzw. ϱ_c der amorphen bzw. kristallinen Phase und die Gestaltfunktion $s_c(x)$, die überall innerhalb der kristallinen Phase den Wert 1, außerhalb den Wert 0 hat:

$$\varrho(x) = \varrho_a s(x) + \Delta\varrho \widehat{s_c h}(x),$$ [1]

$$\Delta\varrho = \varrho_c - \varrho_a.$$

$h(x)$ ist eine auf 1 normierte Funktion, die den stetigen Übergang von ϱ_c zu ϱ_a, also auch die Breite dieses Übergangsgebietes regelt.

Wir definieren nun die Kristallinität durch

$$\alpha = \frac{1}{V} \int s_c(x) \, dv_x,$$ [2]

wo V das Volumen des Präparates bzw. dasjenige seines durchstrahlten Volumens ist. Dieses Integral ändert sich nicht, wenn man die Gestaltfunktion $s_c(x)$ durch $\widehat{s_c h}(x)$ ersetzt:

$$\frac{1}{V} \int \widehat{s_c h}(x) \, dv_x = \frac{1}{V} \int s_c(x) \, dv_x = \alpha.$$ [3]

Daher ist die mittlere Dichte $\bar{\varrho}$ unabhängig von der Form der Verschmierungsfunktion und ergibt sich zu

$$\bar{\varrho} = \varrho_a + \alpha \, \Delta\varrho.$$ [4]

Für die mittlere quadratische Dichteschwankung, die bekanntlich (5) durch Messung der Integralintensität der Kleinwinkelstreuung bestimmt werden kann, folgt aus Gleichung [1] und [4]

$$\overline{\varrho^2} - \bar{\varrho}^2$$
$$= \varrho_a^2 + 2\,\alpha\,\varrho_a\,\Delta\varrho + \frac{\Delta\varrho^2}{V} \int (\widehat{s_c h})^2 \, dv_x - (\varrho_a + \alpha\,\Delta\varrho)^2$$
$$= \Delta\varrho^2 \left[\frac{1}{V} \int (\widehat{s_c h})^2 \, dv_x - \alpha^2 \right].$$ [5]

Wenn das Übergangsgebiet überall unendlich schmal, $h(x)$ also eine dreidimensionale Punktfunktion ist, geht Gl. [5] wegen Relation [4] in die bekannte Form

$$\overline{\varrho^2} - \bar{\varrho}^2 = \Delta\varrho^2 \, \alpha \, (1 - \alpha)$$ [6]

über. Sonst folgt allgemein

$$\bar{\varrho^2} - \bar{\varrho}^2 = \Delta\varrho^2 \left[\alpha(1-\alpha) - \gamma\right] \qquad [7]$$

mit

$$\gamma = \alpha - \frac{1}{V} \int (\widehat{s_c h})^2 \, dv_x. \qquad [8]$$

Das Integral des Quadrates des Faltungsproduktes läßt sich wie folgt umformen:

$$\int (\widehat{s_c h}(\bar{x}))^2 \, dv_x = \iiint s_c(\underline{y}) \, h(\underline{x}-\underline{y}) \, s_c(\underline{z})$$
$$\times h(\underline{x}-\underline{z}) \, dv_y \, dv_z \, dv_x.$$

Setzt man hier ein

$$\underline{y} = \underline{z} + \eta, \qquad \underline{x} = \underline{z} + \underline{\xi}$$

und ordnet man die Reihenfolge etwas um, so hat man es mit dem Integral des Produktes zweier Faltungsquadrate (Symbol ^{2}) zu tun:

$$\int (\widehat{s_c h})^2 \, dv_x = \int \left[\int s_c(\underline{z}+\eta) \, s_c(\underline{z}) \, dv_z \right.$$
$$\left. \cdot \int h(\underline{\xi}-\eta) \, h(\underline{\xi}) \, dv_\xi \right] dv_\eta \qquad [9]$$
$$= \int \overset{2}{s}(\eta) \, \overset{2}{h}(\eta) \, dv_\eta.$$

Setzt man dies in Gl. [8] ein, so folgt

$$\gamma = \alpha - \frac{1}{V} \int \overset{2}{s_c}(x) \, \overset{2}{h}(x) \, dv_x. \qquad [10]$$

Für die einfache Schwarz-Weiß-Struktur ($h(x)$ punktförmig) ist $\gamma = o$, weil $\overset{2}{s_c}(o) = \alpha V$ ist. Der andere Extremfall – eine Verschmierungsfunktion $h(x)$, deren Ausdehnung groß ist gegenüber den kolloiden Dimensionen des Systems – führt natürlich zu einer Nivellierung der Elektronendichten beider Phasen. $\widehat{s_c h}(x)$ geht dann in den räumlichen Mittelwert von $s_c(x)$

$$\widehat{s_c h}(x) \rightarrow \bar{s}_c = \frac{1}{V} \int s_c(x) \, dv_x = \alpha \qquad [11]$$

über, γ strebt gemäß Gl. [8] gegen seinen größtmöglichen Wert $\alpha - \alpha^2$ und die mittlere quadratische Dichteschwankung (Gl. [7]) somit gegen Null. In diesem Grenzfall verliert die Unterscheidung zweier Phasen – zumindest im Hinblick auf die Kleinwinkelstreuung – offensichtlich ihren Sinn.

Von Bedeutung sind die Gleichungen [7] und [10] dann, wenn die Ausdehnung der Übergangsbereiche zwar nicht mehr vernachlässigbar, aber auch nicht zu groß gegenüber den kolloiden Dimensionen des Systems ist. In diesem Falle kann

$$\overset{2}{s_c}(x) = \int s_c(x') \, s_c(x'-x) \, dv_x \qquad [12]$$

als Integral über die inneren Grenzflächen des Systems dargestellt werden. Denken wir uns das ge-

samte Integrationsvolumen V (Variable x') in vier Bereiche (I–IV) zerlegt, die durch die Bedingungen

	I	II	III	IV
$s_c(x')$	1	1	0	0
$s_c(x'-x)$	1	0	1	0

definiert sind, dann ist das Integral [12] offensichtlich gleich dem Volumen des Bereichs I:

$$\overset{2}{s_c}(x) = V_I, \qquad [13]$$

während für das Volumen der „kristallinen" Phase

$$\alpha V = V_I + V_{II} = V_I + V_{III} \qquad [14]$$

gilt (Abb. 1). Für nicht zu große x läßt sich andererseits das Volumen der Grenzbereiche II und III folgendermaßen darstellen:

$$V_{II} + V_{III} = \int |x_n| \, df, \qquad [15]$$

wobei

$$x_n = \sum_{i=1}^{3} n_i x_i \qquad [16]$$

die Normalkomponente des in Gleichung [12] eingeführten Vektors x am Ort des jeweiligen Elements df der Phasengrenzfläche ist. Aus Gl. [13] bis [15] ergibt sich somit

$$\overset{2}{s_c}(x) = \alpha V - \frac{1}{2} \int |x_n| \, df \qquad [17]$$

und nach Gl. [10]

$$\gamma = \frac{1}{2V} \int df \int |x_n| \overset{2}{h}(x) \, dv_x. \qquad [18]$$

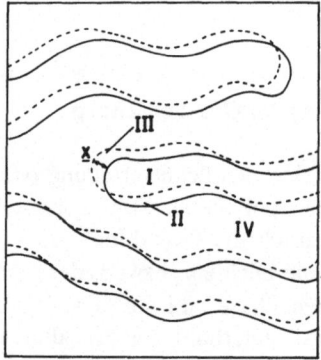

Abb. 1. Lamellenkanten (——) einer Schwarz-Weiß-Struktur und ihres um den Vektor x verschobenen Geistes (– – –). Erklärung der im Text erwähnten Bereiche I, II, III und IV.

Das innere Integral stellt den Abstand des Schwerpunktes der Funktion

$$g(x) = \begin{cases} \overset{2}{h}(x) & \text{für } x_n > 0 \\ 0 & \text{für } x_n < 0 \end{cases}$$

von der Ebene $x_n = 0$ dar und ist offenbar ein Maß für die Breite von $\overset{2}{h}(x)$ orthogonal zum Flächenelement df.

Als Beispiel betrachten wir eine dreiachsige Gaußfunktion

$$h(x) = (\tfrac{1}{2}\pi)^{3/2}(\varDelta_1 \varDelta_2 \varDelta_3)^{-1} \exp\left[-\frac{1}{2}\sum_{i=1}^{3}\left(\frac{x_i}{\varDelta_i}\right)^2\right].$$

[19]

Für den Dichteverlauf bei hinreichend ausgedehnten Grenzflächen kommt es nur auf die Projektion dieser Funktion auf die Flächennormale n an:

$$h_n(x) = \int\limits_{nx=x} h(x)\,df_x = \frac{1}{\sqrt{2\pi\varDelta_n}}\exp\left(-\frac{1}{2}\frac{x^2}{\varDelta_n^2}\right)$$

[20]

mit

$$\varDelta_n = \sqrt{\sum_{i=1}^{3}(n_i\varDelta_i)^2}.$$

Die sich kontinuierlich in den Übergangsgebieten ändernde Dichte ist dann durch die Fehlerfunktion

$$\text{erf}(u) = \frac{2}{\sqrt{\pi}}\int\limits_{0}^{u}e^{-t^2}\,dt$$

gegeben:

$$\varrho(x_n) = \frac{1}{2}(\varrho_c + \varrho_a) + \frac{1}{2}\varDelta\varrho\,\text{erf}\left(\frac{x_n}{\sqrt{2}\,\varDelta_n}\right).$$

[21]

Für ein Grenzflächenelement df mit der Normalenrichtung n folgt aus Gl. [18] als Beitrag zu γ:

$$d\gamma = \frac{df}{2V}\frac{1}{2\sqrt{\pi}\,\varDelta_n}\int\limits_{-\infty}^{+\infty}|x_n|\,e^{-\frac{x_n^2}{4\varDelta_n^2}}\,dx_n = \frac{\varDelta_n}{\sqrt{\pi}}\frac{df}{V}.$$

also

$$\gamma = \frac{1}{\sqrt{\pi}\,V}\int\varDelta_n\,df,$$

[22]

wobei über alle inneren Grenzflächen beliebiger Orientierung zu integrieren ist.

Führen wir als Maß für die Breite der Übergangsgebiete die integrale Breite B_n der Funktion $h_n(x)$ ein *), d. h.

$$B_n = \frac{\int h_n(x)\,dx}{h_n(0)} = \frac{1}{h_n(0)} = \sqrt{2\pi}\,\varDelta_n,$$

[23]

so folgt für den entsprechend definierten „integralen Volumenanteil" β der Übergangsbereiche folgender Zusammenhang mit γ

$$\beta = \frac{1}{V}\int B_n\,df = \frac{\sqrt{2\pi}}{V}\int\varDelta_n\,df = \pi\sqrt{2}\,\gamma.$$

[24]

Gemäß Gl. [18] erhält man dann γ aus Gl. [22] durch Integration über alle inneren Grenzflächen beliebiger Orientierung:

$$\gamma = \frac{1}{\sqrt{\pi}\,V}\int\varDelta_n\,df = \frac{1}{6\,V}\int B_n\,df.$$

[24]

Im einfachsten Fall einer richtungsunabhängigen Übergangsbreite, d. h. einer kugelsymmetrischen Verschmierungsfunktion ($\varDelta_1 = \varDelta_2 = \varDelta_3 = \varDelta$), vereinfacht sich diese Gleichung zu

$$\gamma = \frac{F}{V}\frac{\varDelta}{\sqrt{\pi}}, \quad F = \int df.$$

[25]

γ ist dann proportional zur spezifischen Grenzfläche, die im Fall ebener Lamellenkristalle mit der Stapelperiode L den Wert

$$\frac{F}{V} = \frac{2}{L}$$

[26]

besitzt.

Das Übergangsgebiet in verstrecktem Polyäthylen

Als Beispiel betrachten wir ein 11fach verstrecktes und bei 120 °C getempertes Polyäthylenpräparat (Lupolen 6001 H). Die Kleinwinkelstreuung zeigt bekanntlich einen ziemlich diffusen Meridianreflex. Aus der zweidimensionalen Analyse ist zu schließen (1), daß das Material aus Bausteinen (Mikroparakristallen) der mittleren Größe $115 \times 115 \times 224$ Å^3 besteht, deren Anordnung durch ein parakristallin gestörtes Makrogitter beschrieben werden kann. Die Mikroparakristalle bilden dabei mehr oder weniger gut ausgebildete Lamellen mit einer mittleren Langperiode

---

* Diese Definition der Übergangsgebiete bedeutet anschaulich, daß das Übergangsgebiet durch die beiden Schnittpunkte der Wendetangente von $\varrho(x)$ mit den Geraden $\varrho(x) = \varrho_a$ bzw. ϱ_c begrenzt wird. Für den Abstand $\varDelta_x$ dieser beiden Punkte gilt nämlich $\varDelta\varrho/\varDelta_x = \varrho'(0)$ ($\varDelta\varrho = \varrho_c - \varrho_a$), und wegen

$$\varrho'(0) = \varDelta\varrho\,\frac{d}{dx}(h\,s_0)\,x = 0, \quad \varDelta\varrho\,h(0)$$

folgt hieraus $\varDelta_x = \dfrac{1}{h(0)}$ in Übereinstimmung mit Gl. [23].

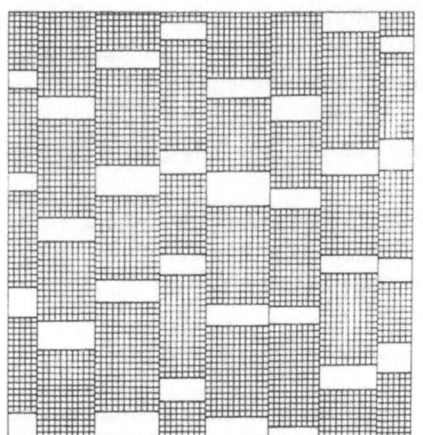

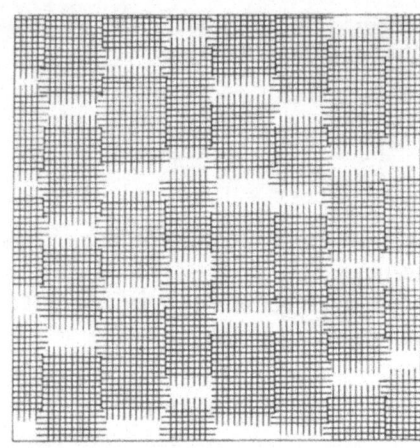

Abb. 2. Lamellenstruktur aus Mikroparakristallen:
a) Schwarz-Weiß-Struktur mit scharfen Phasengren-   b) Reale Struktur mit fließenden Phasenübergängen
zen.   (schematisch).

von 270 Å (s. Abb. 2). Aus den Schwankungspa-
rametern (g-Werten) lassen sich Aussagen über
die Gestalt der Lamellenoberflächen gewinnen.
So folgt aus dem g_{r3}-Wert des Makrogitters, daß
etwa die Hälfte der Mikroparakristalle in Kettenrichtung um 25%, die andere Hälfte um etwa 56%
gegeneinander statistisch verschoben sind. Hieraus errechnet sich eine spezifische Oberfläche, die
um den Faktor 1,7 größer ist als im Fall ebener
Lamellen (vgl. Gl. [26]):

$$\frac{F}{V} = 1,7 \cdot \frac{2}{L}.$$ [27]

Weiterhin liefert die zweidimensionale Analyse
der Kleinwinkelstreuung für die Kristallinität und
die Breite des Übergangsgebietes die Werte

$$\alpha = 0.83$$ [28]

und

$$\Delta = 10 \, \text{Å}.$$ [29]

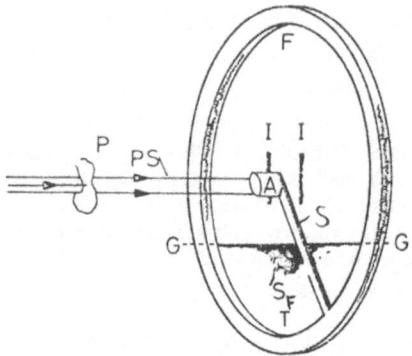

Abb. 3. Schematische Darstellung der Kleinwinkelkammer mit Punktkollimation zur absoluten Intensitätsmessung. Nähere Erklärung im Text.

All diese Aussagen werden allein aus dem Intensi-
tätsverlauf gewonnen. Offen bleibt dabei der Betrag der Elektronendichtedifferenz $\Delta\varrho$. Diese Größe kann man aus Gleichung [7] bestimmen, wel-
che, nach $\Delta\varrho$ aufgelöst, folgendermaßen lautet:

$$\Delta\varrho = \left(\frac{\overline{\varrho^2} - \bar\varrho^2}{\alpha(1-\alpha) - \gamma} \right)^{1/2}.$$ [30]

Der Nenner hängt nur vom relativen Dichteverlauf ab und kann, wie gesagt, aus der zweidimensionalen Analyse ermittelt werden. Für die Bestimmung des Zählers hingegen ist eine absolute
Intensitätsmessung nötig, die mit Hilfe einer neu
entwickelten Kleinwinkelkammer durchgeführt
wurde * (7).

Nach Berücksichtigung des Thomson- und Po-
larisationsfaktors, des Präparat-Film-Abstandes
und des durchstrahlten Präparatvolumens V erhält man aus dem Integral der Kleinwinkelstreuung den Wert

$$\overline{\varrho^2} - \bar\varrho^2 = 1{,}71 \cdot 10^{44} \, \text{cm}^{-6}.$$ [31]

---

* Der Primärstrahl R fällt nach Durchgang durch die
Probe auf einen schräg angeschliffenen Auffänger A
(Abb. 3). Die dort entstehende Sekundärstrahlung erzeugt auf dem Film F einen Schatten S_F, der gleichzeitig mit der zu messenden Kleinwinkelstreuung I_{obs} entsteht. S_F ist also proportional zur Primärintensität I_o.
Der Proportionalitätsfaktor wird direkt gemessen, indem der Primärstrahl auf einen rotierenden Film als
Kreisschwärzung mit entsprechend weit kürzerer Be-
lichtungszeit aufgenommen wird. Nur bei diesen beiden
Messungen benötigt man eine absolut konstante Rönt-
genstrahlung. Die eigentlichen Messungen nach Abb. 3
können mit unstabilisierten Anlagen durchgeführt werden. Eine ausführlichere Beschreibung der Apparatur
wird an anderer Stelle gegeben werden.

Benutzen wir zur Bestimmung von γ die Gl. [25], so folgt aus Gl. [27] und [29]

$$\gamma = \frac{3,4}{270} \cdot \frac{10}{\sqrt{\pi}} = 0,071 \qquad [32]$$

und damit unter Beachtung von Gl. [28] und [31] durch Einsetzen in Gl. [30]:

$$\Delta\varrho = 4,9 \cdot 10^{22} \text{ cm}^{-3}. \qquad [33]$$

Die entsprechende Differenz der Massendichten $\Delta\varrho_m$ (g/cm³) erhält man durch Multiplikation mit 14/8 (Molekulargewicht des CH_2-Monomers/ Zahl der Elektronen) und Division durch die Loschmidtzahl:

$$\Delta\varrho_m = \frac{14}{8} \cdot \frac{4,9 \cdot 10^{22}}{6,02 \cdot 10^{23}} \frac{\text{g}}{\text{cm}^3} = 0,14 \frac{\text{g}}{\text{cm}^3}. \qquad [34]$$

Nun ist dies zweifellos ein ziemlich indirekter Weg, diese Dichtedifferenz zu ermitteln, bei dem mögliche Ungenauigkeiten in der Bestimmung der Größen $\bar{\varrho^2} - \bar{\varrho}^2$, α und γ das Ergebnis verfälschen können. Während die Fehlergrenzen der beiden erstgenannten Größen zu etwa 1 bis 2% angenommen werden dürfen, ist bei γ mit einer größeren Unsicherheit zu rechnen. Zum einen ist die Genauigkeit, mit der sich die Übergangsbreite Δ aus der zweidimensionalen Analyse ergibt, schwer abzuschätzen, da sie gemeinsam mit einer Reihe anderer Strukturparameter ermittelt wird (2). Zum anderen wurde willkürlich vorausgesetzt, daß die Verschmierungsfunktion kugelsymmetrisch ist ($\Delta_1 = \Delta_2 = \Delta_3 = \Delta$) und damit alle Phasengrenzflächen in gleichem Maße zu γ beitragen. Hätten wir statt dessen angenommen, daß eine Verschmierung nur in Verstreckrichtung erfolgt ($\Delta_1 = \Delta_2 = o$; $\Delta_3 = \Delta$), dann träte an die Stelle der spezifischen Grenzfläche [27] der Wert $2/L$, welcher allein die Faltflächen der Mikroparakristallite berücksichtigt. In diesem Falle erhielte man anstelle der Werte [32] und [34]

$$\gamma' = \frac{2}{270} \cdot \frac{10}{\sqrt{\pi}} = 0,042 \qquad [35]$$

und

$$\Delta\varrho'_m = 0,12 \text{ g/cm}^3. \qquad [36]$$

Diskussion

Vergleichen wir den theoretisch zu erwartenden Wert (8) für die Dichtedifferenz

$$\Delta\varrho_m^{\text{theor}} = (0,998 - 0,856) \text{ g/cm}^3 = 0,142 \text{ g/cm}^3 \qquad [37]$$

mit den beiden Alternativlösungen [34] und [36], so zeigt sich eine bemerkenswerte Übereinstimmung mit der ersteren ($\Delta\varrho_m$), während $\Delta\varrho'_m$ um etwa 20% kleiner ist. Die nächstliegende Deutung dieses Befundes ist offenbar folgende:

1) Ein stetiger Übergang der Elektronendichte zwischen „kristalliner" und „amorpher" Phase findet – bei etwa gleicher Übergangsbreite – an *allen* inneren Grenzflächen statt. Der integrale Volumenanteil der Übergangsbereiche beträgt dann gemäß Gl. [24] und [32] $\beta = 31\%$.

2) Die theoretischen Werte der Elektronendichten ϱ_c und ϱ_a behalten auch für teilkristalline getemperte Polymere ihre Gültigkeit, und zwar im Sinne der Gleichung [1] als die Elektronendichten einer zugrunde gelegten Zweiphasenstruktur, die durch Faltung mit einer geeigneten Verschmierungsfunktion $h(x)$ in die tatsächliche Dichteverteilung des Materials übergeführt wird.

Anders ausgedrückt heißt dies, daß die Elektronendichte hinreichend tief im Innern der „kristallinen" bzw. „amorphen" Bereiche mit den theoretischen Werten übereinstimmt. Nur in einer gewissen Umgebung der Phasengrenzflächen treten Abweichungen auf, die als Folge einer wechselseitigen Durchdringung der beiden Phasen aufgefaßt werden können. Grundsätzlich kann es dabei vorkommen, daß ein „amorpher" Bereich so klein ist, daß er in den angrenzenden Übergangsbereichen sozusagen „untergeht". Das heißt, die Übergangsbereiche überlappen einander und die Dichte ist infolgedessen überall größer als ϱ_a. Die allgemeinen Betrachtungen in Abschnitt (2) behalten auch in diesem Fall ihre volle Gültigkeit, lediglich Gleichung [15] wäre durch einen genaueren Ausdruck zu ersetzen (7). Bei der von uns untersuchten Probe spielen solche Überlappungen der Übergangsbereiche kaum eine Rolle. Bei ungetemperten Proben hingegen muß damit gerechnet werden, weil die Integralintensität der Kleinwinkelstreuung hier merklich kleiner ist (9), was nach unserer Auffassung mit einer Verbreiterung der Übergangsbereiche, d. h. einer noch weiter gehenden Auflösung der Phasengrenzen zu erklären ist.

Andere Autoren (9) haben bei der Interpretation ähnlicher Meßergebnisse am Zweiphasenmodell festgehalten, jedoch neue („effektive") Dichten ϱ_c^* und ϱ_a^* eingeführt, wobei

$$\varrho_c^* < \varrho_c \quad \text{und} \quad \varrho_a^* > \varrho_a$$

ist. Man kann sich den Sachverhalt vielleicht einmal schematisch so vorstellen, daß ein gewisser Anteil „amorphen Materials" (Dichte ϱ_a) mit einer gewissen Konzentration $C(x)$ („Defektkonzentration") der kristallinen Phase beigemischt ist. Das ideale Zweiphasensystem entspricht dann einer 100%igen Ausseigerung der Defekte in die „amorphen Bereiche", in denen also $C(x) = 1$ ist und in den kristallinen Bereichen entsprechend $C(x) = o$. Die Elektronendichten wären dann in diesen Bereichen ϱ_a bzw. ϱ_c. Einer Elektronendichte $\varrho(x)$, die zwischen diesen Werten liegt, kann man dann eine Konzentration $C(x)$ zuordnen gemäß der Gleichung

$$\varrho(x) = (1 - C(x))\,\varrho_c + C(x)\,\varrho_a. \qquad [37]$$

Den effektiven Dichten ϱ_c^* und ϱ_a^* entsprechen dann konstante Defektkonzentrationen

$$C_c = \frac{\varrho_c - \varrho_c^*}{\varrho_c - \varrho_a} \quad \text{bzw.} \quad C_a = \frac{\varrho_c - \varrho_a^*}{\varrho_c - \varrho_a}. \qquad [38]$$

Aus den in Tabelle 1 von *E. W. Fischer* (9) gegebenen Zahlenwerten entnimmt man dann beispielsweise für bei 80 °C verstrecktes und bei 120 °C getempertes lineares Polyäthylen 6001 H, daß $C_c = 13\%$ und $C_a = 84\%$ ist, Zahlenwerte, die kaum realistisch sein dürften.

Demgegenüber entspricht unserem Ansatz eine variable Defektkonzentration, die beim Übergang von den kristallinen in die amorphen Bereiche vom Wert 0 bis zum Wert 1 kontinuierlich ansteigt. Eine solche stetige Änderung scheint uns in dem Fall, daß keine vollständige Entmischung der beiden Phasen vorliegt, wahrscheinlicher zu sein. Angesichts der Tatsache, daß diese Auffassung auch durch die zweidimensionale Analyse der Intensitätsverteilung gestützt wird, meinen wir, daß der durch Gleichung [1] beschriebene Dichteverlauf die wirklichen Verhältnisse richtiger wiedergibt als ein Zweiphasenmodell mit modifizierten Dichten ϱ_c^* und ϱ_a^*.

Zusammenfassung

Durch Kombination der Analyse der zweidimensionalen Kleinwinkelstreuung und der Absolutmessung ihrer Integralintensität läßt sich mittels eines dreidimensionalen Faltungsintegrals aus Schwarz-Weiß-Struktur und Verschmierungsfunktion der Dichteverlauf im Übergangsgebiet zwischen kristallinem Kern der Mikroparakristalle und der umgebenden amorphen Phase quantitativ erfassen. In der bekannten Formel für die Integralintensität einer Zweiphasenstruktur wird dabei der Faktor $\alpha(1-\alpha)$ (α = Kristallinität) um eine Größe γ vermindert, welche mit dem Faktor $\sqrt{2}\,\pi$ multipliziert den integralen Volumenanteil β des Übergangsgebietes liefert. Als Beispiel wird ein 11fach verstrecktes und anschließend getempertes Polyäthylenpräparat (Lupolen

6001 H) betrachtet, dessen Übergangsbereiche an den Faltflächen, wie aus der zweidimensionalen Analyse bekannt, eine Breite $B = 25$ Å haben, und zu dessen innerer Oberfläche auch die lateralen ungedeckten Korngrenzen der Mikroparakristalle rund 40% beitragen. Aus Absolutmessungen mit einer neu entwickelten Punktfokuskammer folgt dann, daß der Dichtesprung zwischen amorpher und kristalliner Phase in Übereinstimmung mit Literaturwerten 0,14 g/cm³ beträgt, falls B als unabhängig von der Orientierung der Phasengrenzflächen angenommen wird.

Summary

Combining the analysis of the twodimensional small angle scattering with the absolute measurement of its integral intensity, the density profile in the transition region between the crystalline core of the microparacrystals and the adjacent amorphous phase can be quantitatively determined. It is given by a threedimensional convolution product of a black-white-structure and a smearing function. In the wellknown formula representing the integral intensity of a two-phase-structure the factor $\alpha(1-\alpha)$ (α = volume crystallinity) is diminished by a term γ, which multiplied with $\sqrt{2}\,\pi$ yields the integral volume fraction of the transition regions. As an example 11-fold stretched and then annealed polyethylene (Lupolen 6001 H) is discussed, which according to the two-dimensional analysis has a transition width $B = 25$ Å in chain direction and, in addition to the fold surfaces, there are lateral unprotected surfaces of the microparacrystals, which contribute about 40% to the total interior phase boundaries of the sample. The absolute intensity measurement with a newly constructed point focus camera then leads to a density difference $\Delta\varrho$ between amorphous and crystalline phase of amount 0.14 g/cm³ in agreement with conventional values, if the transition width B is assumed to be independent of the orientation of the phase boundaries.

Literatur

1) *Hosemann, R., J. Loboda-Čačković* und *H. Čačković*, J. Polymer Sci. Symp. **42,** 563 (1973).
2) *Beumer, H.* und *R. Hosemann*, J. Macromol. Sci.-Phys. **B15,** (1), 1 (1978).
3) *Tsvankin, D. Ya.*, Vysokomol. Soed. **6,** 2038, 2078, 2131 (1964).
4) *Hespe, H.*, Ph. D. Thesis, Mainz (1968); *Fischer, E. W.* und *S. Fakirov*, J. Mat. Sci. **11,** 1041 (1976).
5) *Hosemann, R.* und *S. N. Bagchi*, Direct Analysis of Diffraction by Matter, North-Holland Publ. Comp. Amsterdam (1962).
6) *Debye, P.* und *A. W. Bueche*, J. Appl. Phys. **20,** 518 (1949).
7) *Sassoui, M.*, Dissertation FU Berlin (1977).
8) *Chiang, R.* and *P. J. Flory*, J. Amer. Chem. Soc. **83,** 2857 (1961).
9) *Fischer, E. W., H. Goddar* und *G. F. Schmidt*, Makromol. Chem. **118,** 144 (1968).

Anschrift der Verfasser:

R. Hosemann et al. Fritz-Haber-Institut der MPG, Teilinstitut für Strukturforschung D-1000 Berlin-Dahlem

Progr. Colloid & Polymer Sci. **66,** 149 – 150 (1979)
© 1978 by Dr. Dietrich Steinkopff Verlag GmbH & Co. KG, Darmstadt
ISSN 0340-255 X

Vorgetragen auf der Tagung der Deutschen Physikalischen Gesellschaft,
Fachausschuß „Physik der Hochpolymeren",
vom 17. bis 21. April 1978 in Bad Nauheim.

Fachbereich Werkstoffphysik der Universität des Saarlandes, Saarbrücken

Verformungsmechanismen und kristalline Überstrukturen in Polyäthylen und isotaktischem Polystyrol

W. Kluge, J. Petermann, R. M. Gohil und *H. Gleiter*

Mit 4 Abbildungen

(Eingegangen am 15. Juli 1978)

Zusammenfassung

Dünne (ca. 500 Å) einkristalline Polyäthylen- und Polystyrolfilme (Molekülrichtung senkrecht zur Filmoberfläche) und schmelzkristallisierte Polyäthylenfasern wurden bei Raumtemperatur im Zugversuch verformt. Die Verformungsmechanismen und die durch die Verformungsvorgänge erzeugten Morphologien wurden mittels Transmissionselektronenmikroskopie (TEM) untersucht.

Die Verformung der einkristallinen Filme läuft diskontinuierlich ab; innerhalb einer sehr schmalen Einschnürzone werden die Moleküle parallel zur Zugrichtung orientiert. Bisher existieren zwei unterschiedliche Modelle für die molekularen Vorgänge innerhalb der Einschnürzone. Im Modell von *Kobayashi* (1) werden die Moleküle in Einzelsegmenten aus einer (hko)-Fläche des Einkristalles herausgespult und in Zugrichtung orientiert. Experimentell läßt sich dieses Modell überprüfen, indem man die Weite der Einschnürzone und den Verformungsgrad bestimmt. Die Weite der Einschnürzone sollte in der Größenordnung weniger Gitterkonstanten liegen, der Verformungsgrad zwischen $\lambda = 40$ bis $\lambda = 60$. Diese Verformungsgrade ergeben sich aus

diesem Modell durch die Annahme, daß jedes Molekül, einschließlich der Faltbögen, in eine gestreckte Form überführt wird.

Im Modell von *Peterlin* (2) kippen in der Verformungszone ganze Kristallblöcke aus dem Einkristall. Die Kristallblöcke lagern sich im verformten Gebiet zu Mikrofibrillen aneinander. Nach diesem Modell muß die Weite der Einschnürzone mindestens gleich der Blockhöhe und die seitliche Ausdehnung der Mikrofibrillen mindestens gleich der lateralen Größe der Kristallblöcke sein. Abb. 1 a zeigt die Einschnürzone eines bei RT gedehnten einkristallinen PÄ-Filmes und Abb. 1 b eine senkrecht zur Molekülrichtung gedehnte PÄ-Faser. Aus beiden Bildern kann man entnehmen, daß die Einschnürzone schmaler als 40 Å ist. Das Verstreckverhältnis wurde durch Aufdampfen von Goldkügelchen und Auszählen der Kugeldichte (3) in unverformtem und verformtem Material zu $\lambda = 6$ bestimmt. Die Weite der Einschnürzone ist im Widerspruch zu dem Modell von *Peterlin*, der Verformungsgrad ist im Widerspruch zum Modell von *Kobayashi*. Mikrofibrillen, wie sie von *Peterlin* definiert und deren Dimensionen danach vom Verformungsmechanismus bestimmt werden, konnten am PÄ nicht nachgewiesen

Abb. 1 a. Einkristalliner Polyäthylenfilm (verformt). Das helle Band ist verformtes Material.

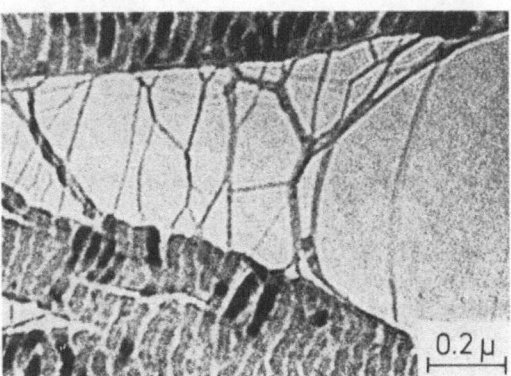

Abb. 1 b. Polyäthylenfaser, verformt senkrecht zur Molekülrichtung. Die schwarzen Gebiete sind Kristalle gleicher Orientierung im Bragg-Kontrast.

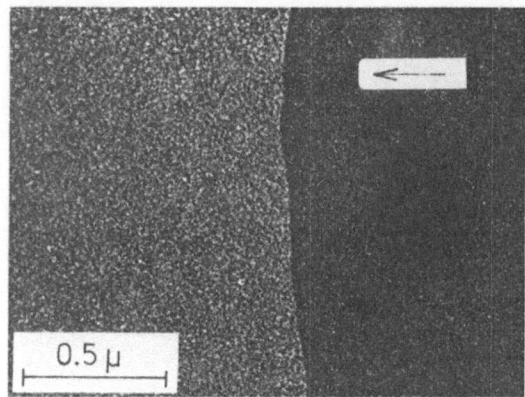

Abb. 2 a. Einkristalliner Film aus isotaktischem Polystyrol. Das helle Band ist verformtes Material.

Abb. 2 b. Dunkelfeldabbildung eines verformten einkristallinen Polystyrolfilms. Das dunkle Band ist verstrecktes Material.

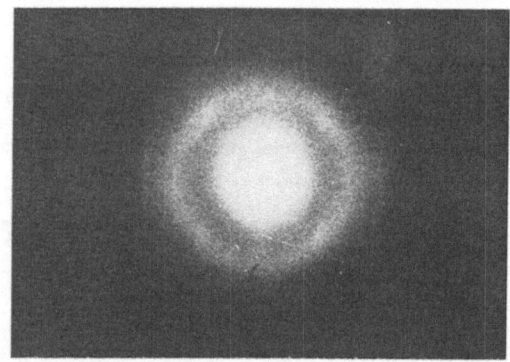

Abb. 3. Elektronenbeugung des verstreckten Materials.

werden. Die fibrillare Struktur, die häufig in verformten Zonen beobachtbar ist, resultiert aus den geringen Rißbildungs- und Ausbreitungsenergien parallel zur Molekülrichtung.

Bei Raumtemperatur verformte einkristalline Filme aus isotaktischem Polystyrol haben etwa gleiche Weite der Einschnürzone und einen ähnlichen Verstreckgrad wie in Filmen aus PÄ beobachtet. Abb. 2 zeigt die Ver-

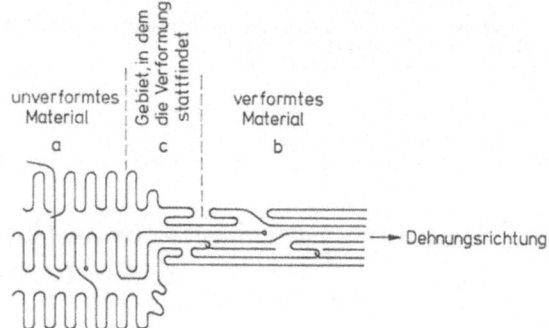

Abb. 4. Skizze des Verformungsablaufes in einkristallinen Polyäthylen- oder Polystyrolfilmen.

kelfeldabbildung, Abb. 3 eine Elektronenbeugung vom verformten Gebiet. Charakteristisch an der Beugung ist, daß keine äquatorialen kristallinen Reflexe zu sehen sind und somit keine laterale Fernordnung im verformten Gebiet existiert. Daraus läßt sich folgern, daß die Verformung nicht durch Herauskippen von Kristallblökken erfolgt sein kann. Diese Blöckchen müßten in der Dunkelfeldabbildung als helle Punkte sichtbar sein und in der Elektronenbeugung Reflexe auf dem Äquator geben. Auch die Mikrofibrille, die aus einer Aneinanderreihung von Kristallblöckchen bestehen sollte, kann demnach in dieser Art nicht existieren. In der Dunkelfeldabbildung müßte sie als helle Linie (4) sichtbar sein.

In einem Verformungsmodell, das die beschriebenen Beobachtungen erklärt (5), muß man annehmen, daß die Moleküle in kurzen Kettenstücken (Länge der Stükke ≤ Weite der Einschnürzone von 40 Å) aus dem Einkristall herausgespult werden. Durch die Koppelung dieser Moleküle (z. B. durch Faltbögen oder Verschlaufungen) zu Molekülen, die mehrere Gitterkonstanten entfernt sind, kann das Abspulen nicht auf einer einzigen kristallographischen Fläche (wie im Modell von *Kobayashi*) erfolgen, sondern in einer Abspulzone. In Abb. 4 ist der Verformungsvorgang schematisch dargestellt. Sowohl das Abspulen von Kettenstücken (anstatt Segmenten wie im Modell von *Kobayashi*) als auch die Koppelung bewirken eine Verringerung des Verformungsgrades durch den Einbau von Faltstücken und Verschlaufungen in das verformte Material.

Literatur

1) *Kobayashi, K.,* zitiert in: *P. H. Geil,* Polymer Single Crystals, S. 473 (New York 1963).
2) *Peterlin, A.,* J. Mat. Sci., **6,** 490 (1971).
3) *Holdsworth, P. J.* und *A. Keller,* J. Polymer Sci., A-2, **6,** 707 (1968).
4. *Sakaoku, A.* und *A. Peterlin,* J. Polymer Sci., A-2, **7,** 1151 (1969).
5) *Kluge, W., J. Petermann* und *H. Gleiter,* J. Polymer Sci.-Phys., im Druck

Anschrift des Verfassers:

W. Kluge
Fachbereich Werkstoffphysik
der Universität des Saarlandes

Progr. Colloid & Polymer Sci. **66,** 151 – 157 (1979)
© 1978 by Dr. Dietrich Steinkopff Verlag GmbH & Co. KG, Darmstadt
ISSN 0340-255 X

Lectures during the conference of the Deutschen Physikalischen Gesellschaft,
Fachausschuß „Physik der Hochpolymeren". April 17–21,
1978 in Bad Nauheim.

Gesamthochschule Kassel, Organisationseinheit Maschinenbau

A new deformation mechanism in PE-monofilaments with high elastic recovery

R. K. Bayer

With 12 figures and 3 tables

(Received August 31, 1978)

1. Introduction

Hard elastic fibres are produced from crystalliz-ing polymers by a meltspinning process (1–3).

The characteristic feature of the hard-elastic fi-bres is the high elastic recovery. The elastic recov-ery is the higher, the higher the molecular orien-tation produced by the meltspinning process (4).

For transferring molecular orientation from the molten state to the solid state, the desorientation produced by molecular movement must be kept small. From this point of view it seems understand-able that the production of hard fibres succeeded until now only in

a) quickly crystallizing polymers

and b) in polymers with

chains which are not as flexible as poly-ethylene chains, e.g. polypropylene, po-lyoxymethylene and polypipavalolace-tone.

It will be reported elsewhere that it is possible to produce a hard elastic fibre from polyethylene with its very flexible chains (5).

In this paper, it will be shown that it is also pos-sible to produce PE-monofilaments which exhibit complete elastic recovery without having reached high orientations. The corresponding deformation mechanism is unknown until now, and is different from the deformation mechanism of the hard elastic fibres (6–10).

2. Experimental

a) Melt spinning process

Monofilaments of PE are produced by the meltspinn-ing process (Fig. 1).

The material (pellets of Hostalen GF 5250) is melted in a single screw extruder and passes a de-flection head equipped with pressure and temper-ature probes. After passing the circular spinneret hole (diameter 0,5 mm) the melt is extruded in a cooling bath where it solidifies. The solid thread is drawn by a pair of rollers (Rheotens apparatus of *Göttfert).*

The stretch ratio of the melt λ_0 is varied, by va-rying the roller velocity v_e, where

$$\lambda_0 = \frac{v_e}{v_0} \quad v_0 = \text{extrusion velocity of the melt.}$$

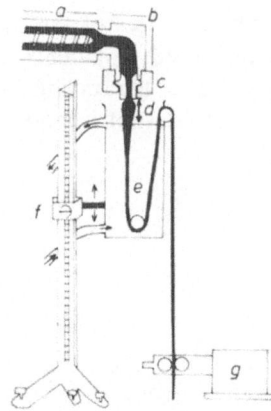

Fig. 1. Apparatus for the production of elastic PE-Mo-nofilaments
a) extruder
b) deflection head
c) spinneret
d) distance spinneret-bath
e) cooling bath
f) adjustable height of the cooling bath
g) tensiometer (Rheotens)

In addition the cooling conditions are varied. To do this the temperature of the cooling bath is lowered and the distance between die and bath surface is decreased in a series of experiments. The cooling conditions will be marked by numbers 1 to 6 to the sense of increasing cooling velocities (Table I).

Table I

number	cooling conditions
①	the thread is cooled down by the ambient air without cooling bath. At a distance of approximately 150 mm the thread solidifies
②	water bath temperature : 78 °C distance die − surface of the cooling bath: 15mm
③	water bath temperature : 78°C distance die − surface of the cooling bath: 3mm
④	methanol bath temperature : − 27°C distance die − surface of the cooling bath 1mm
⑤	water bath temperature : 7°C distance die − surface of the cooling bath 1mm
⑥	in this case a die with a diameter of 0.25mm is used. The other cooling conditions are the same as in example 5

b) Measurements of Birefringence, Density and Elastic Recovery

First the birefringences of the monofilaments obtained are measured. Apparently the birefringence is independent of the cooling conditions and only a function of the stretch ratio of the melt λ_0 (Fig. 2).

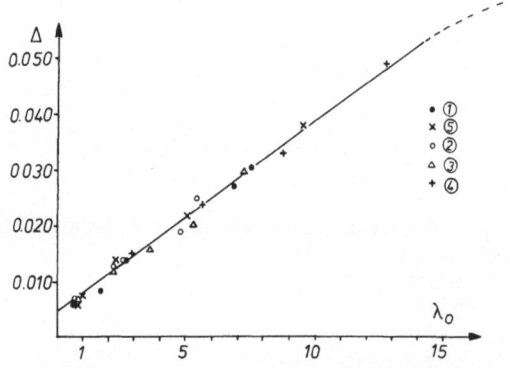

Fig. 2. Birefringence of polyethylene − monofilaments as a function of the stretch ratio of the melt for various cooling conditions (table I)

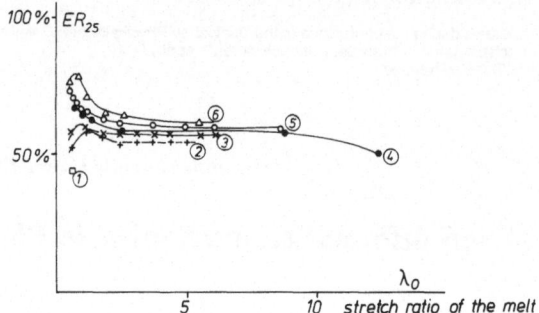

Fig. 3. Elastic recovery ER_{25} as a function of melt-stretch ratio λ_0 and cooling conditions (1 to 6 in table I)

One can see that λ_0 is a good parameter for the orientation produced by the melt spinning process (melt-spin orientation).

Then the elastic recovery of the thread is measured. Fig. 3 shows the dependence of the elastic recovery ER_{25} on the cooling conditions and the melt stretch ratio. ER_{25} gives the elastic recovery in percent of the initial elongation. The index 25 indicates that initial elongation is 25 percent.

The elastic recovery is the better the higher the cooling velocity is. This is connected with a decrease of the density due to a decrease of the crystalline (Table II).

Table II

series	order of the elastic recovery	density/ $\frac{g}{cm^3}$	crystalline fraction w_C
①	6.	0.9433	60.2 %
②	5.	0.9413	58.8 %
③	4.	0.9397	58.2 %
④	3.	0.9362	55.4 %
⑤	2.	0.9352	54.8 %
⑥	1.	0.9315	53.0 %

The densities were measured in an isopropanol-water density gradient column. The densities are independent of the melt stretch ratio λ_0 and influenced only by the cooling conditions. To assess the deformation mechanism involved, the tensile properties of the monofilaments are studied.

c) Tensile Properties

Vincent (11) has shown that for identifying a deformation mechanism the yield stress may be a

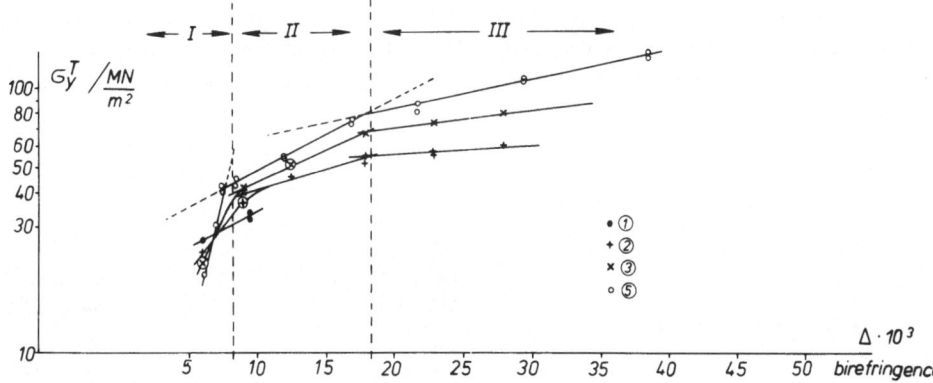

Fig. 4. Yield stress of the PE-Monofilaments as function of the orientation (birefringence Δ) and the cooling conditions

useful tool. If various deformation mechanisms are possible only the one with the lower yield stress is active. Yield stresses have been computed from all force-extension curves. Fig. 4 shows the true yield stresses as a function of the birefringence of the monofilaments. The true yield stress is

given by $\sigma_y^T = \dfrac{K_y}{A} \cdot \lambda_y$

where K_y is the yield force, A is the crossectional area and λ_y the stretch ratio.

One can see that the curves show three linear parts in the ln σ_y^T–Δ plot. In an analogous plot for hot stretched polypropylene *Samuels* (12) has found a linear correlation. Using the principle of *Vincent* one can conclude from the existence of three linear parts, that three different types of deformation mechanisms exist. This is demonstrated by the extrapolations (dotted lines) in fig. 4: the active mechanism (continuous line) shows the lower yield stress as compared with the competing mechanism (dotted line). The three mechanisms are named I, II and III.

Mechanism III is the deformation mechanism of the hard-elastic fibres. Its description will be reported elsewhere (5). In the following the deformation mechanisms I and II will be discussed.

3. Discussion of the deformation mechanisms

Inspection of fig. 4 shows that the curves are crossing at the transition from mechanism I to mechanism II. This is the reason why sections of the curves for constant melt-spin orientations Δ are made. Using the density-values of table II one obtains fig. 5.

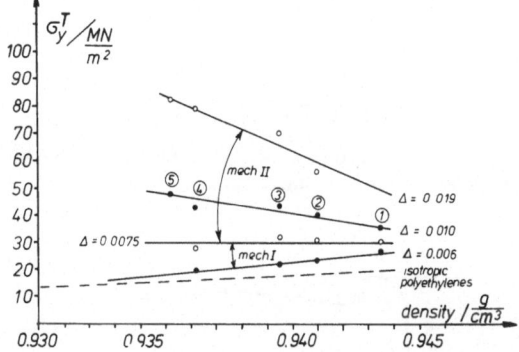

Fig. 5. σ_y^T as a function of the density of the monofilament for various melt-spin orientations Δ.

Fig. 5 shows that for mechanism I is observed

$$\sigma_{y\,I}^T \, \alpha \, w_c$$

whereas mechanism II is characterized by

$$\sigma_{y\,II}^T \, \alpha \, (1 - w_c).$$

The result obtained for mechanism I is well-known for isotropic polyethylene. For comparison a curve of *Trainor, Haward* and *Hay* (13), is plotted in fig. 5 for various isotropic polyethylenes.

The proportionality between σ_y and w_c is also postulated by the theory of *Iida* and *Sakami* (14). The basic deformation mechanism is characterized by a sharp necking zone and corresponds to the transition from the spherulithic to the fibrillar structure (15). The mechanism II, occurring at higher melt-spin orientations is still unknown. This mechanism is responsible for the elastic recovery.

Fig. 6 shows the elastic recovery ER_{10} after an elongation of 10% of the initial length plotted versus the birefringence.

ER_{10} shows a maximum at those values of the birefringence where mechanism I replaces mechanism II. In the Δ region, where mechanism I is active the elastic recovery is lower and decreases strongly with decreasing Δ. Mechanism I is cha-

racterized by a high irreversible part of the deformation. The existence of two mechanisms can also explain the peakshapes of the tensile tests (fig. 7).

In the region of low melt-spin orientations one observes a single peak which can be attributed to mechanism I (fig. 7). When the crystallinity decreases mechanism II causes a shoulder of the peak at higher birefringence values (b, c in fig. 7). When the orientation increases Mech. II is dominant. In this case (d in fig. 7) mechanism I is no longer responsible for the maximum of the double peak and causes a shoulder at low melt-spin orientations. A series of monofilament cooling condition: see fig 8) is annealed for 2 hours at 117 °C. This increases the crystallinity from 53,4% to 63,6%, the elastic recovery is lowered (fig. 8).

The annealing causes a change in the shape of the peak which indicates that mechanism I is favoured (fig. 9).

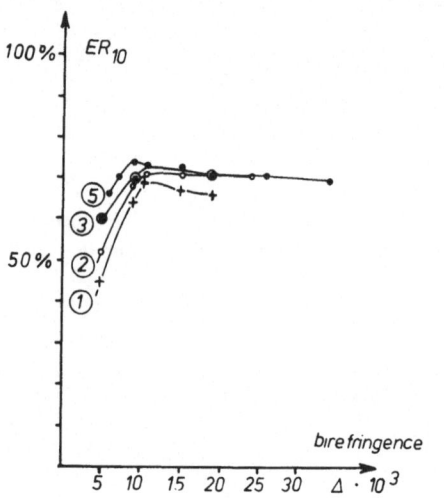

Fig. 6. Elastic recovery ER_{10} as a function of the birefringence and the cooling conditions.

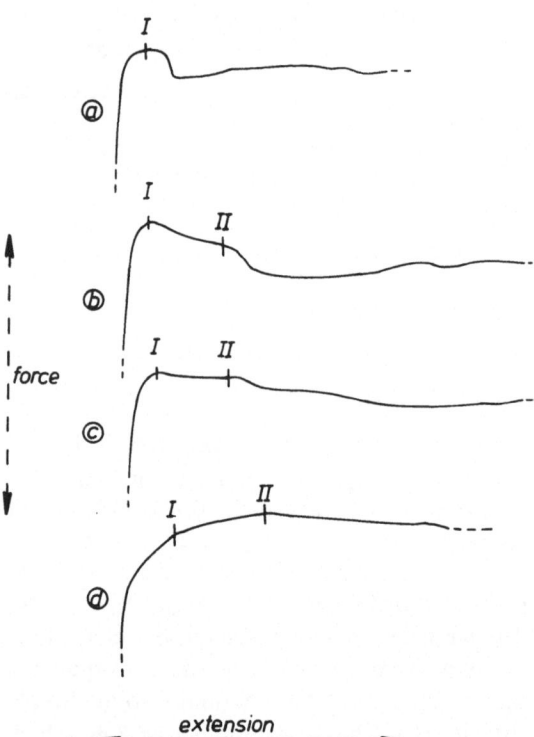

Fig. 7. Influence of mechanism II on the peak shape of the diagrams of tensile tests.
gauge-length: 10 cm
crosshead speed: 50 mm/min.
a: series 1 $\Delta = 0,006$
b: series 2 $\Delta = 0,006$
c: series 3 $\Delta = 0,006$
d: series 2 $\Delta = 0,009$

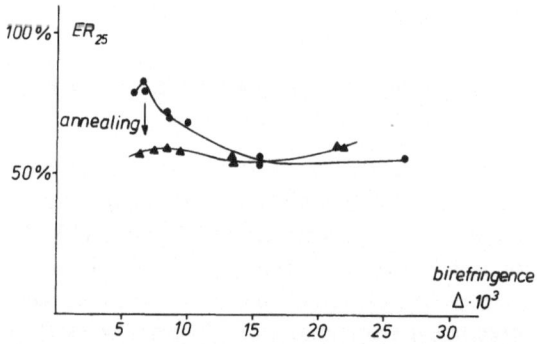

Fig. 8. Change of the elastic recovery ER_{25} by annealing (2 hours, 117 °C) of monofilaments with various orientations. Cooling conditions: Extrusion temperature: 170 °C diameter of the die 0,25 mm temperature of the waterbath: 7 °C distance bath die: 1 mm.

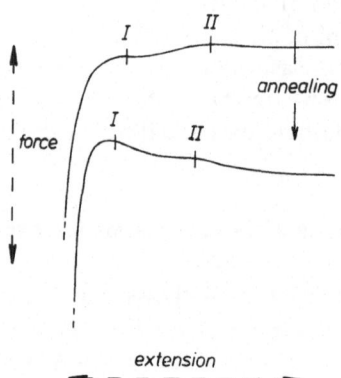

Fig. 9. Change in the peakshape by annealing the monofilament with $\Delta = 0,075$ from the series of fig. 8.

Table III

	observations	conclusions
1	peak shape changes in the tensile test of the quenched and annealed monofilaments	mechanism II will be favoured by low crystallinity
2	the position of the ER_{10}- maximum corresponds to the I / II - transition	mechanism II is responsible for the elastic recovery
3	annealing decreases the elastic recovery as well as the contribution of mechanism II	
4	mechanism II produces the greater deformation before yielding	
5	mechanism II, in contrast to mechanism I shows no necking zone The deformation is homogenous throughout the monofilament.	

In table III the experimental observations for mechanism II are summerized.

From these observations can be concluded: mechanism II causes, in contrast to mechanism I a considerable deformation of the noncrystalline fraction.

4. Improvement of the elastic recovery

A monofilament with an already good elastic recovery ($ER_{25} = 75\%$) of the series from fig. 8 ($\Delta = 0,0065$) will be cold drawn. The amount of the cold drawing is
(a) 75%
(b) 100%.

The cold drawn monofilament exhibits an improved elastic recovery
ER_{25} (a) = 95%
ER_{25} (b) = 100%.

According to the interpretation of the preceding section it is to be expected that these monofilaments show a very pronounced mechanism II-peak in the tensile test-diagram. Fig. 10 shows the peakshapes of the cold drawn monofilaments.

Especially the sample (b) shows a very pronounced peak shape corresponding to mechanism II. Another experiment also improves the elastic recovery. The 25% extension of the initial length is repeated many times. Due to the irreversible part of the deformation the monofilament shows a small increase of length. Therefore the monofila-

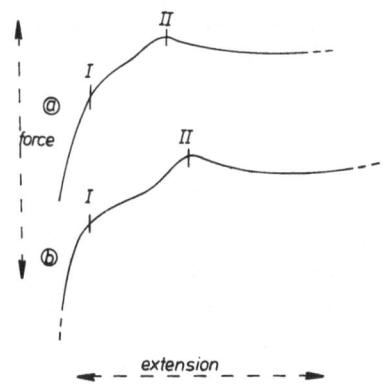

Fig. 10. Change of the peak shapes, corresponding to mechanism II by cold drawing. Extension: a = 75%, b = 100%. A monofilament of the series of fig. 8, $\Delta = 0,0065$).

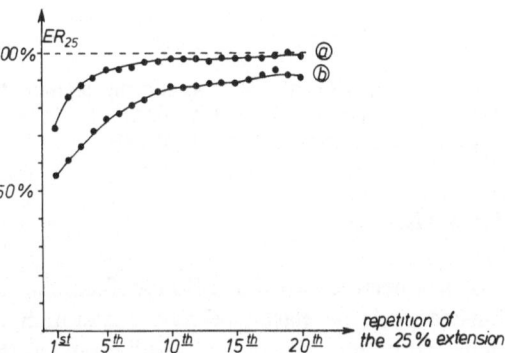

Fig. 11. Successive improvement of the elastic recovery by repeated elongation.
a: series 6, $\Delta = 0,0075$
b: series 2, $\Delta = 0,0125$.

ment has to be clamped back to the initial length before it is drawn again to 25% elongation. Fig. 11 shows the successive improvement of the elastic recovery.

From this experiment one can obtain a first idea of the structure which corresponds to mechanism II.

Kilian (16) has proposed a model by which the deformation before yield can be explained by a lateral shear of the lamellae. The corresponding imperfection of the crystal structure may be the basis of the mechanism II. In this sense the improvement of the elastic recovery by increasing the cooling velocity of the melt spinning process also can be understood. Samples produced using a higher cooling velocity show in the thermal analysis a lower temperature of the maximum as well as a larger half width of the melting peak (fig. 12).

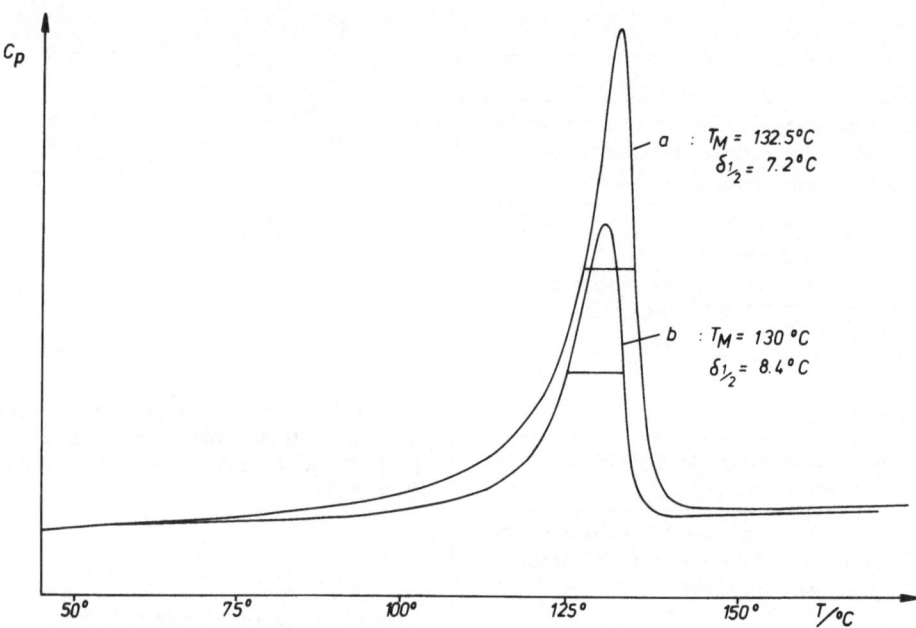

Fig. 12. Comparison of DSC runs of meltspun monofilaments with various cooling velocities
a) cooling conditions of series 1 $\Delta = 0,006$
b) cooling conditions of series 6 $\Delta = 0,006$.

5. Conclusions

It has been shown that PE-monofilaments can have a perfectly elastic behaviour although the deformation mechanism is of another type as that of the hard-elastic fibres. This new type of deformation mechanism is favoured by imperfect crystal structures. The deformation of the noncrystalline is the characteristic feature of this deformation mechanism.

Summary

PE-monofilaments are produced by the melt-spinning process. The cooling velocity and the stretch-ratio of the melt were varied as characteristic parameters of the melt-spinning process. By increasing the cooling velocity and the cold drawing of the obtained threads, the elastic recovery after a 25% – elongation can be improved to complete reversibility. From tensile test runs a new deformation mechanism can be identified which explains this behaviour. The main features of this deformation mechanism are that no necking occurs during the deformation and that the deformation of the noncrystalline plays an important role. Apparently this mechanism is correlated with an imperfect crystalline structure.

Acknowledgements

I am very obliged to H. Sprenger and O. Hedderich of the University Marburg for their help in the experimental part of this work. Prof. W. Ruland is thanked for his kindness to improve the English text of this paper.
Prof. H. G. Kilian, University Ulm, is thanked for helpful discussions.

Zusammenfassung

Polyäthylen-Fäden werden im Schmelz-Spinnprozeß hergestellt. Als charakteristische Parameter des Schmelzspinnprozesses werden die Abkühlgeschwindigkeit und die Schmelzenverstreckung variiert. Sowohl durch Steigerung der Abkühlgeschwindigkeit als auch durch nachträgliches Kaltverstrecken der erhaltenen Fäden kann die elastische Erholung nach einer 25%igen Dehnung bis zur vollkommenen Reversibilität gesteigert werden. Mit Hilfe von Zug-Dehnungs-Diagrammen kann ein neuer Deformationsmechanismus identifiziert werden, der dieses Verhalten erklärt. Die Hauptmerkmale dieses Deformationsmechanismus sind, daß während der Deformation kein „necking" auftritt und daß die Deformation des Nichtkristallinen eine bedeutende Rolle spielt. Offenbar ist dieser Mechanismus mit einer imperfekten kristallinen Struktur korreliert.

References

1) *Herrmann, A. J.:* United States Patent Office 3, 256, 258, Patented June 14, (1966).
2) *Joseph, C. W., P. H. William, M. J. Coplan, H. J. Freeman, J. S. Panto,* U. S. Patent 257189 – 341725, Juli 1963.
3) *Knobloch, F. W., W. O. Statton,* United States, Patent Office 3, 299, 171, Patented Jan, 17, 1967.
4) *Spruiell, J. E., J. L. White,* Polymer Engineering and Sci. **15,** No. 9, Sept. 1975.
5) *Bayer, R. K., Sprenger, H.,* to be published.
6) *Göritz, D., F. H. Müller,* Colloid & Polymer Sci. **252,** 862 – 870 (1974).
7) *Miles, M. J. Petermann, H. Gleiter,* J. Macromol. Sci.-Phys. **8,** 12, 523 – 534 (1976).

8) *Clark, E. S.,* Amer. Chem. Soc. Div. Polymer Chem. **14,** 88 (1973).

9) *Park, I. K., H. D. Noether,* Colloid & Polymer Sci. **253,** 824–839 (1975).

10) *Cannon, S. L., G. B. McKenna, W. O. Statton,* Polymer Sci. Macromolecular Rev. **11,** 209–275 (1976).

11) *Vincent, P. I.,* Polymer **1,** 425 (1960).

12) *Samuels, R. J.,* Sci. Phys. **B 4,** 701 (1970).

13) *Trainor, A., Haward, R. N., Hay, J. N.,* Journal of Polymer Sci., Pol. Phys. Ed. Vol. **15,** 1077 (1977).

14) *Iida, S., Sakami, H.,* J. Macromol. **2,** 103, 1977 Kobunshi Ronbunshu, Eng. Ed.

15) *Peterlin, A.,* Colloid and Polymer Science, Vol. **253,** No. 10, 809, 1975.

16) *Heise, B., Kilian H. G., Pietralla, M.,* Progress Colloid & Polymer Sci. **62,** 16 (1977)

Author's address:

Dr. *R. K. Bayer*
Gesamthochschule Kassel
Organisationseinheit Maschinenbau
Kassel-Wilhelmshöhe
Wilhelmshöher Allee 73
D-3500 Kassel

Progr. Colloid & Polymer Sci. **66**, 159—168 (1979)
© 1979 by Dr. Dietrich Steinkopff Verlag GmbH & Co. KG, Darmstadt
ISSN 0340-255 X

Vorgetragen auf der Tagung der Deutschen Physikalischen Gesellschaft,
Fachausschuß „Physik der Hochpolymeren",
vom 17. bis 21. April 1978 in Bad Nauheim.

Institut für physikalische Chemie der Universität Mainz, und Sonderforschungsbereich 41, Chemie und Physik der Makromoleküle, Sektion Mainz

Gelchromatographie mit zwei Detektoren
— Ausgleichsverfahren bei logarithmisch-linearer Eichbeziehung —

K. C. Berger

Mit 3 Abbildungen

(Eingegangen am 6. Juli 1978)

Einleitung

Das Trennvermögen eines Gelchromatographen ist für Polymere unvollkommen. Diesem Umstand trägt die Tungsche Gleichung (1) Rechnung:

$$e(v) = \int_0^\infty D(v, v_0) \cdot h(v_0) \cdot dv_0 . \qquad [1]$$

Die gesuchte Molekulargewichtsverteilung korrespondiert zu der Funktion $h(v_0)$ und steht unter dem Integralzeichen. Die Integrationsvariable v_0 ist das Elutionsvolumen, auf das die Molekulargewichtsverteilung transformiert ist. Auf der linken Seite der Gleichung steht die Meßfunktion $e(v)$; das ist das normierte Gelchromatogramm über dem Elutionsvolumen v. $D(v, v_0)$ ist eine Funktion, die das unvollkommene Trennvermögen erfaßt.

Eine formale Schwierigkeit bestand nun zunächst darin, die gesuchte Funktion $h(v_0)$ zu separieren. Dieser Zweckbestimmung dienten zahlreiche Verfahren (vgl. z. B. (2), (3), (4)), die sich durch eine Ausgewogenheit zwischen sinnvollem Aufwand und erzielbarer Genauigkeit auszeichnen. Trotzdem werden diese Verfahren nicht in vollem Umfange genutzt. Das liegt daran, daß bei allen Lösungsmethoden von Gleichung [1] die Funktion $D(v, v_0)$ als bekannt vorausgesetzt wird. In der Praxis ist diese Voraussetzung aber meist nicht gegeben.

Für die Berechnung von $D(v, v_0)$ sind Parameter erforderlich, die experimentell nur schwer zugänglich sind (5). Zudem liefern diese Rechnungen nur eine untere Abschätzung der Breite dieser Funktion. Erhebliche Bedeutung haben nämlich auch apparative Einzelheiten der Meßanordnung für die Verbreiterungsfunktion. Diese

können aber mathematisch nicht berücksichtigt werden. Immerhin zeigt diese untere Abschätzung, daß die erforderlichen Korrekturen mit der Funktion $D(v, v_0)$ nicht so klein sind, daß sie vernachlässigt werden können. Experimentelle Untersuchungen führen zu dem gleichen Ergebnis (6), (7).

Als eigentliches Problem bei der Ermittlung von exakten Molekulargewichtsverteilungen mit der konventionellen GPC-Methode rückt die notwendige Bestimmung der Verbreiterungsfunktion $D(v, v_0)$ in den Vordergrund. Diese Aufgabe ist praktisch noch ungelöst.

Ein großer Fortschritt wurde dadurch erzielt, daß man zwei verschiedenartige Detektoren zum Einsatz brachte, von denen einer auf die Konzentration, der andere dagegen auf eine molekulargewichtsabhängige Größe anspricht (8), (9), (10). Diese Technik ist noch wenig verbreitet; sie bietet jedoch die Möglichkeit, den eingangs geschilderten Schwierigkeiten auszuweichen. Man erhält nämlich für die zusätzliche Meßfunktion $E(v)$ ebenfalls eine Integralgleichung:

$$E(v) = \int_{-\infty}^{+\infty} D(v, v_0) M^\alpha(v_0) h(v_0) dv_0 . \qquad [2]$$

α beschreibt die Molekulargewichtsabhängigkeit der Meßgröße und ist bei der Viskosität gegeben durch:

$$[\eta] = K \cdot M^\alpha .$$

Bei der Lichtstreuung ist $\alpha = 1{,}0$.

Gleichung [2] wurde in einer vorhergehenden Arbeit begründet (11) und ein Lösungsverfahren vorgeschlagen. Das Lösungsverfahren gestattete, ohne Kenntnis von $D(v, v_0)$ die Funktion $h(v_0)$

zu berechnen. — Für den anspruchslosesten Gebrauch liefert der Einsatz zweier Detektoren zumindest das Verhältnis der wirklichen Molekulargewichtsmittelwerte, z. B.:

$$\frac{M_{\alpha+1}}{M_w} = \frac{\sum\limits_i M_i\,E_i\,\Delta v_i}{\sum\limits_i M_i\,e_i\,\Delta v_i}\,.$$

Die praktische Lösung der beiden Gleichungen [1] und [2] führt auf eine Schwierigkeit:

Man mißt die beiden Funktionen $E(v)$ und $e(v)$ in n Meßpunkten. Die entsprechenden Gleichungssysteme haben deshalb die Dimension $n \times n$. Der Platzbedarf in Großrechenanlagen ist deshalb hoch. Gleichzeitig wird die Rechenzeit lang. Man erhält aber jeweils n Punkte für die beiden gesuchten Funktionen.

Normalerweise sind die einzugebenden Meßpunkte mit Fehlern behaftet und die Matrizen zudem schlecht konditioniert. Deshalb ist es sinnvoll, auf die Berechnung einiger Punkte der beiden Funktionen zu verzichten. Die Aufgabenstellung wird dann zur Suche nach einem Ausgleichsverfahren, wobei die Wahl der Stützstellen dem aktuellen Problem anzupassen ist.

Bei analytischen GPC-Apparaturen stehen häufig logarithmisch-lineare Eichbeziehungen zur Verfügung. Für diesen Fall ist es sinnvoll, analytisch zu rechnen, um die Aufgabe auf ein mathematisches Standardproblem zu reduzieren. — Diesem Zweck dient die vorliegende Arbeit, die das Problem der Bestimmung von exakten Molekulargewichtsverteilungen und Strömungsdispersionsfunktionen $D(v, v_0)$ auf die Lösung möglichst kleiner homogener Gleichungssysteme reduziert.

Formale Beziehungen

a) Grundgleichungen

Weil nur zwei unabhängige Datensätze zur Verfügung stehen — nämlich die Meßwerte für die Elutionskurve und die Meßwerte für die Funktion $E(v)$ —, wird vorausgesetzt, daß die Funktion $D(v, v_0)$ im Bereich des Gelchromatogrammes vom Molekulargewicht unabhängig sei. Dann lassen sich die beiden Gleichungen [1] und [2] in der Form schreiben:

$$e(v) = \int\limits_{-\infty}^{\infty} D(v - v_0) \cdot h(v_0) \cdot dv_0\,, \qquad [1a]$$

$$E(v) = \int\limits_{-\infty}^{+\infty} D(v - v_0) \cdot M^{\alpha}(v_0) \cdot h(v_0) \cdot dv_0\,. \qquad [2a]$$

In beiden Gleichungen stehen unter dem Integralzeichen die zwei unbekannten Funktionen $h(v_0)$ und $D(v - v_0)$, die separiert werden müssen. Dies geht sehr viel leichter, wenn eine logarithmisch-lineare Eichbeziehung der Art:

$$\ln(M) = A - Bv \qquad [3]$$

zur Verfügung steht. Wie *Meyerhoff* (12) zeigte, ist das durch geeignete Kombination von Gelen fast immer zu erreichen; auch werden Säulen mit einer derartigen Trenncharakteristik bereits merkantil angeboten. Bei eng verteilten Polymeren trifft eine solche Linearität im Bereich des Chromatogrammes praktisch immer zu. — $M^{\alpha}(v_0)$ kann also angesetzt werden:

$$M^{\alpha}(v_0) = e^{a - bv_0}. \qquad \text{Mit: } a = \alpha A \quad [3a]$$
$$b = \alpha B.$$

Eine elementare Umformung von Gleichung [3a] führt zu folgender Beziehung:

$$M^{\alpha}(v_0) = e^{a - bv + b(v - v_0)}$$
$$= M^{\alpha}(v) \, e^{b(v - v_0)}. \qquad [3b]$$

Setzt man Gleichung [3b] in Gleichung [2a] ein und dividiert durch $M^{\alpha}(v)$ — das ist möglich, weil über v_0 integriert wird —, ergibt sich:

$$F(v) = \int\limits_{-\infty}^{+\infty} D(v - v_0) \cdot e^{b(v - v_0)} \cdot h(v_0) \cdot dv_0 \quad [4]$$

mit: $F(v) := E(v)/M^{\alpha}(v)$.

Die Differenz $(v - v_0)$ entspricht einer neuen Variablen u:

$$u = v - v_0\,. \qquad [5]$$

Die drei Funktionen: $D(u)$, $D(u) \cdot e^{bu}$, und $h(v)$ sowie die drei Funktionen $e(v)$, $E(v)$ und $F(v)$ sind in dem Intervall $(-\infty; +\infty)$ absolut integrierbar. Ebenso sind die Quadrate aller dieser Funktionen integrierbar. Gleichzeitig sind sie regulär; d. h. sie sind in dem Intervall $(-\infty; +\infty)$ eindeutig, und es existieren ihre Ableitungen. Deshalb kann man die drei Integralgleichungen [1a], [2a] und [4] transformieren. Besonders geeignet als Transformation ist die Fouriertransformation $\mathfrak{F}$, die hier in folgender Form angewendet wird:

$$2\pi\,\mathfrak{F}(e(v)) := \int e^{-ikv} \cdot e(v) \cdot dv = \tilde{e}(ik)$$
$$= \int\limits_{-\infty}^{+\infty}\!\!\int e^{-ikv} \cdot D(v - v_0) \cdot h(v_0) \cdot dv_0 \cdot dv\,,$$

$$2\pi\,\mathfrak{F}(E(v)) := \int e^{-ikv} \cdot E(v) \cdot dv = \tilde{E}(ik)$$
$$= \int\limits_{-\infty}^{+\infty}\!\!\int e^{-ikv} \cdot D(v - v_0) \cdot M^{\alpha}(v_0) \cdot h(v_0) \cdot dv_0 \cdot dv\,,$$

$2\pi \, \mathfrak{F}(F(v))\colon = \int e^{-ikv} \cdot F(v) \cdot \mathrm{d}v = \tilde{F}(ik)$

$= \iint\limits_{-\infty}^{+\infty} e^{-ikv} \cdot D(v-v_0) \cdot e^{b(v-v_0)} \cdot h(v_0) \cdot \mathrm{d}v_0 \cdot \mathrm{d}v \, .$

Eine lineare Substitution mit Gleichung [5] überführt die drei Doppelintegrale in jeweils das Produkt zweier Integrale. Die Fouriertransformierten der entsprechenden Originalfunktionen sind mit einer Schlange gekennzeichnet:

$\tilde{e}(ik) = \tilde{D}(ik) \cdot \tilde{h}(ik) \, ,$

$\tilde{E}(ik) = \tilde{D}(ik) \cdot \tilde{\varphi}(ik) \, ,$

$\tilde{F}(ik) = \tilde{\psi}(ik) \cdot \tilde{h}(ik) \, .$

Der Übersicht halber werden die beiden Funktionen neu eingeführt:

$\tilde{\varphi}(ik)\colon = \mathfrak{F}(h(v_0) \cdot M^{\alpha}(v_0)) \, ,$

$\tilde{\psi}(ik)\colon = \mathfrak{F}(D(u) \cdot e^{bu}) \, .$

Die angewendete mathematische Operation ist unter dem Namen „Faltungssatz" allgemein bekannt (13): Die Faltungsintegrale in den Gleichungen [1a], [2a] und [4] werden durch die Fouriertransformation als Produkte der Fouriertransformierten der Funktionen unter dem Integralzeichen abgebildet.

Weil man mit den Fouriertransformierten algebraisch weiterrechnen kann, lassen sich wahlweise $\tilde{D}(ik)$ oder $\tilde{h}(ik)$ eliminieren:

$\tilde{e}(ik) \cdot \tilde{\varphi}(ik) = \tilde{E}(ik) \, \tilde{h}(ik) \, ,$ [6]

$\tilde{e}(ik) \cdot \tilde{\psi}(ik) = \tilde{F}(ik) \, \tilde{D}(ik) \, .$ [7]

Alle Produkte der beiden Gleichungen sind wiederum Fouriertransformierte. Deshalb läßt sich der Faltungssatz umkehren. Das ist hier im Gegensatz zur Behandlung allgemeiner Integralgleichungen vom Faltungstyp möglich, weil keine der Funktionen nach der Elimination im Nenner steht. — Die Umkehrtransformationen liefern wiederum Faltungsintegrale:

$\int\limits_{-\infty}^{+\infty} E(v-v_0) \cdot h(v_0) \cdot \mathrm{d}v_0$

$= \int\limits_{-\infty}^{+\infty} e(v-v_0) \cdot M^{\alpha}(v_0) \cdot h(v_0) \cdot \mathrm{d}v_0 \, ,$

$\int\limits_{-\infty}^{+\infty} F(v-u) \cdot D(u) \cdot \mathrm{d}u$

$= \int\limits_{-\infty}^{+\infty} e(v-u) \cdot e^{bu} \cdot D(u) \cdot \mathrm{d}u \, .$

Mit den Abkürzungen:

$K(v-v_0)\colon = E(v-v_0) - e(v-v_0) \cdot M^{\alpha}(v_0) \, ,$

$\varkappa(v-u)\colon = F(v-u) - e(v-u) \cdot e^{bu}$

ergeben sich schließlich die sehr übersichtlichen Integralgleichungen:

$\int\limits_{-\infty}^{+\infty} K(v-v_0) \cdot h(v_0) \cdot \mathrm{d}v_0 = 0 \, ,$ [8]

$\int\limits_{-\infty}^{+\infty} \varkappa(v-u) \cdot D(u) \cdot \mathrm{d}u \quad = 0 \, .$ [9]

Im Gegensatz zu den beiden Ausgangsgleichungen [1] und [2] sind die beiden Gleichungen [8] und [9] singulär; singulär bedeutet, daß außer der trivialen Lösung nur dann eine nichttriviale Lösung existiert, wenn die Kernmatrizen singulär sind. — Die Lösungsmethode entspricht demzufolge nicht den — auf dem Gebiet der GPC — üblichen Verfahren für Fredholmsche Integralgleichungen.

Wesentlich an den beiden letzten Gleichungen ist, daß die Kerne der Integrale aus den experimentellen Punkten und der Eichkurve berechnet werden. — Gleichung [8] ist unabhängig von der speziellen Form der Eichbeziehung und wurde in einer vorangegangenen Arbeit (11) publiziert. Für Gleichung [9] wurde die Linearität der Eichbeziehung für $\ln(M)$ vorausgesetzt, was der Praxis angepaßt ist.

b) Ausgleichsverfahren

Die experimentellen Werte bei der GPC sind mehr oder weniger starken Streuungen unterworfen. Besonders ausgeprägt wird dies der Fall bei den Meßpunkten des Molekulardetektors sein. Die Meßeffekte sind nämlich wegen der geringen Konzentrationen sehr klein, besonders bei niederen Molekulargewichten. Andererseits ist die Elutionskurve $e(v)$ in Systemen mit geringen Brechungsinkrementen im Bereich hoher Molekulargewichte nur ungenau erhältlich. Deshalb ist es sinnvoll, die erhaltenen Funktionsverläufe zu glätten. Hierzu sind Summen von Gaußkurven besonders gut geeignet, weil diese der Problemstellung angemessen sind und sich gleichzeitig mathematisch bei dem skizzierten Weg gut handhaben lassen. — Die allgemeine Form der Reihenentwicklung lautet:

$$f(r) = \frac{1}{\sqrt{2\pi}} \sum_j \frac{f_j}{\sigma_j} e^{-\frac{(r-r_j)^2}{2\sigma^2_{,j}}} \, .$$ [10]

Die gesuchten Funktionen $h(v_0)$ und $D(u)$ werden konsequent ebenfalls als Summen von Gaußkurven entwickelt. Dann ergeben sich sehr übersichtliche Beziehungen. Bei der Produktbildung zweier derartiger Reihen addieren sich nämlich die Exponenten.

Zweckmäßig bezieht man die relativen Lagen der Gaußkurven in Summe [10] auf ein Anfangs-volumen: $r_j = r_{j,0} + \Delta_j$, weil dann die Abstände Δ_j nur positive Vorzeichen haben. Die Δ_j-Werte sind frei wählbar. Dennoch richtet man sie besser nach den σ_j-Werten aus: Die σ_j-Werte sind näm-lich auch frei wählbar. Je größer sie aber gewählt werden, um so steifer wird der Ausgleich. Das bedeutet, daß dann die Streuungen um so stärker geglättet werden. Damit sind die σ_j-Werte die adjustierbaren Parameter des Ausgleichs.

Um die folgenden Beziehungen übersichtlicher zu gestalten, werden die Funktionen $e(v)$, $E(v)$ und $F(v)$ auf das gleiche Anfangsvolumen be-zogen und die Abstände Δ_j der Gaußfunktionen gleich gewählt. Zum gleichen Zweck werden auch die σ_j-Werte konstant gehalten. Das ist aber keine prinzipielle Einschränkung.

Für Gaußkurven ist die Auswertung der Fourierintegrale bekannt (14). Deshalb kann hier direkt die Fouriertransformierte der Summe [10] angegeben werden:

$$f(ik) = e^{-\frac{k^2\sigma^2}{2}} \cdot \sum f_j \cdot e^{-ikr_j} \qquad [10a]$$

$$= \exp\left\{-\frac{2ikr_0 + k^2\sigma^2}{2}\right\} \sum f_j \cdot e^{-ik\Delta_j}.$$

Bei den Berechnungen der Fouriertransfor-mierten $\tilde{\varphi}(ik)$ und $\tilde{\psi}(ik)$ handelt es sich zusätz-lich um die elementare Aufgabe der quadrati-schen Ergänzung, weshalb auf eine gesonderte Aufführung verzichtet werden kann.

Die erforderliche Rücktransformation in den Originalraum wird vermittelt durch die Glei-chung:

$$f(v) = \int_{-\infty}^{+\infty} e^{ikv} \cdot \tilde{f}(ik) \cdot dk. \qquad [12]$$

Entsprechend der Gleichung [10] werden die Funktionen $e(v)$, $E(v)$ und $F(v)$ also durch je-weils n Koeffizienten e_i, E_i bzw. F_i beschrieben; gesucht werden die m Koeffizienten h_i und D_i, die die Funktionen $h(v_0)$ bzw. $D(u)$ zu berechnen erlauben.

Die explizite Durchrechnung für die beiden Gleichungen [6] und [7] führt zu zwei geschlos-senen Ausdrücken, die jeweils einem System ho-mogener Gleichungen entsprechen:

$$\sum h_j a_{k,j} = 0, \qquad [8a]$$

$$\sum D_j b_{k,j} = 0. \qquad [9a]$$

Der Index k bezieht sich auf das Elutions-volumen v_k. Die Koeffizienten $a_{k,j}$ und $b_{k,j}$ sind durch folgende Beziehungen festgelegt:

$$a_{k,j} := \sum_{i=1}^{n}\left[\frac{E_i\, e^{-w_{i,j,k}^2}}{\sigma_{E,i}} - M^\alpha(v_k)\, e^{\frac{b^2\sigma_h^2}{2}}\, \frac{e_i\, e^{-x_{i,j,k}^2}}{\sigma_{e,i}}\right],$$

$$b_{k,j} := \sum_{i=1}^{n}\left[\frac{F_i\, e^{-y_{i,j,k}^2}}{\sigma_{F,i}} - e^{b\Delta v + \frac{b^2\sigma_D^2}{2}}\, \frac{e_i\, e^{-z_{i,j,k}^2}}{\sigma_{e,i}}\right].$$

Mit den Koordinaten:

$$w_{i,j,k}^2 = \frac{(\Delta_i V_E + \Delta_j V_h - V_k)^2}{2\,\sigma_{E,i}^2},$$

$$x_{i,j,k}^2 = \frac{(\Delta_i V_e + \Delta_j V_h - V_K - b\sigma_h^2)^2}{2\,\sigma_{e,i}^2},$$

$$y_{i,j,k}^2 = \frac{(\Delta_i V_F + \Delta_j V_D - V_K)^2}{2\,\sigma_{F,i}^2},$$

$$z_{i,j,k}^2 = \frac{(\Delta_i V_e + \Delta_j V_D - V_K - b\sigma_D^2)^2}{2\,\sigma_{e,i}^2}.$$

Bei der Reihenentwicklung (gemäß Gleichung [10]) sind die Integrale in den Gleichungen [8] und [9] gleichzeitig in Summen überführt wor-den. Deshalb löst das vorgeschlagene Ausgleichs-verfahren auch die anstehende Aufgabe der Qua-dratur (14).

c) Anwendung

Die praktische Anwendung des vorgeschlage-nen Verfahrens gliedert sich in drei Schritte: 1. den Ausgleich der experimentell ermittelten Punkte aus einer Summe von Gaußkurven, 2. das Berechnen der Koeffizientenmatrizen der homogenen Gleichungssysteme sowie deren Lö-sung und 3. das Berechnen der Molekular-gewichtsverteilungsfunktion sowie der Funktion für die axiale Dispersion mit den ermittelten Koeffizienten.

1. Zunächst sind die experimentellen Werte der Funktionen der Reihe [10] gemäß zu glät-ten. — Außer den graphischen Verfahren sind hierfür besonders Kurvenanalysatoren geeignet. Dabei werden Gaußkurven auf die experimen-tellen Kurven projiziert. Die Anpassung erfolgt dann über die Breiten, die Höhen und die Anzahl der einzelnen Gaußkurven. Nach der Anpassung können die einzelnen Gaußkurven getrennt aus-geschrieben werden. Auf diese Weise ergeben sich relativ schnell die mittleren Lagen, die Va-rianzen und die Flächen der einzelnen Kurven. — Wenngleich dieses Verfahren mehr Arbeits-aufwand als ein numerisches Vorgehen erfordert, so bietet es dafür den Vorteil, direkt subjektive Bewertungen experimenteller Punkte im Aus-gleich zuzulassen.

In dieser Arbeit erfolgte der Ausgleich nume-risch: In Gleichung [10] kann man die ausgewählten n-Meßwerte auf der linken Seite als Komponenten eines n-dimensionalen Vektors auffassen. Dann steht auf der rechten Seite der Gleichung das Produkt einer „hohen" Matrix $G_{i,j}$ mit einem Vektor f. Die Matrix ist deshalb hoch, weil es sich um ein Ausgleichsverfahren handelt. Es stehen also mehr repräsentative Meßwerte zur Verfügung, als Koeffizienten — das sind die Komponenten des Vektors f — gesucht werden.

In den Spalten der Matrix $G_{i,j}$ sind die mittleren Lagen Δr_i der Gaußkurven konstant, in den Zeilen die Elutionsvolumina $r_j - r_0$.

Für die Auflösung der allgemeinen Gleichung [10] wurde eine Zerlegung der Koeffizientenmatrix (15) verwendet:

$$f' = G_{i,j} f,$$
$$= U \Sigma V^T f,$$
$$V \Sigma^+ U^T f' = f.$$

Die Zerlegung liefert nämlich eine Diagonalmatrix

$$\Sigma = \text{Diag}(s)$$

und zwei unitäre Matrizen U und V:

$$U^T U = U U^T = I, \qquad [13a]$$

$$V^T V = V V^T = I, \qquad [13b]$$

$$\Sigma^+ \Sigma = \Sigma \Sigma^+ = I \text{ mit } \Sigma^+ = \text{Diag}(l/s) [13c]$$
$$s \neq 0.$$

Bei diesem Verfahren ist die explizite Berechnung der Matrizen $G^T G$ nicht erforderlich. Dies wäre bei einem normalen Ausgleich nach *Gauß* notwendig.

2. Im nächsten Schritt werden die Koeffizientenmatrizen der Systeme [8a] und [9a] besetzt, wofür die Werte für e_i, F_i und E_i aus dem 1. Schritt dienen. Dadurch erhält man die beiden homogenen Gleichungssysteme, die in Matrixnotation lauten:

$$A h = 0, \qquad [8b]$$

$$B D = 0. \qquad [9b]$$

Die Lösung der beiden Systeme gestaltet sich analog der vorangehenden Arbeit (11): Eine nichttriviale Lösung existiert bekanntlich für homogene Systeme nur dann, wenn die Koeffizientenmatrix singulär ist. Das ist gleichbedeutend mit der Aussage, daß die Systemdeterminante verschwindet. Im vorliegenden Fall trifft das dann zu, wenn die Zahl der linear

unabhängigen Spaltenvektoren kleiner ist als die Zahl der Spalten.

Die Problemstellung wird hier so aufgefaßt: gesucht wird der Eigenvektor, der dem kleinsten, möglichst verschwindenden Eigenwert zugehört; allgemein formuliert:

$$C \cdot x = \lambda x,$$
$$\lambda \to 0: \quad C \cdot x = 0.$$

Der Ausgleich nach *Gauß* auf die Koeffizienten ist ein Ausgleich im quadratischen Mittel oder er geht von der Berechnung der Matrizen $A^T A$ und $B^T B$ aus. Analog Gleichung [12] werden die Matrizen A und B zerlegt; z. B.:

$$A = U \Sigma V^T.$$

Die Berechnung von $A^T A$ ist also gleichbedeutend mit der Berechnung der quadratischen Matrix:

$$C := A^T A,$$
$$= (U \Sigma V^T)^T \cdot (U \Sigma V^T),$$
$$= V \Sigma U^T \cdot U \Sigma V^T.$$

Wegen Gleichung [13a]:

$$= V \Sigma^2 V^T.$$

Die Matrix V ist ebenfalls unitär (vgl. Gl. [13b]). Deshalb gilt:

$$C \cdot x = \lambda x$$
$$= V \Sigma^2 V^T \cdot v_i = \sigma_i^2 v_i.$$

Wenn v_i der i-te Spaltenvektor von V ist. — Die Werte der Diagonalmatrix Σ sind der Größe nach geordnet. Der kleinste σ-Wert steht also in der n-ten Spalte.

Dieser muß aber Null sein, damit überhaupt eine nichttriviale Lösung existiert:

$$A^T A h' = 0,$$
$$= V \Sigma^2 V^T v_n = \sigma_n^2 v_n,$$
$$A^T A v_n = 0 \text{ für } \sigma_n^2 = 0.$$

Die Zerlegung liefert demzufolge direkt die Koeffizienten h' und D' in Form der Spaltenvektoren von V in der n-ten Spalte. Der Ausgleich erfolgt im Sinne von Gauß und kann bei einer Koeffizientenzahl < 5 — was bei engen Präparaten ausreichend ist — direkt auf Tischrechenmaschinen durchgeführt werden.

3. Zum Abschluß findet man die gesuchten Funktionen mit den gefundenen Koeffizienten durch Berechnen der Reihen:

$$h(v) = \Sigma h_i' e^{-\frac{\Delta v^2}{2\sigma_h^2}},$$
$$D(u) = \Sigma D_i' e^{-\frac{\Delta v^2}{2\sigma_D^2}}.$$

Beispiele und Diskussion

Für die Molekulargewichtsverteilung m_M wurde eine *Schulz-Flory*-Verteilung (16) gewählt. Aus dieser ergibt sich die Funktion $h(v_0)$ durch Variablentransformation:

$$m_M = dm/dM \, ,$$
$$= (dm/dv_0)\,(dv_0/dM) \, ,$$
$$= h(v_0)\,(dv_0/dM) \, .$$

Der Differentialquotient in der letzten Gleichung ist die Ableitung der Eichbeziehung nach dem Molekulargewicht. — Verteilungen des angenommenen Typus kommen in der Praxis besonders häufig vor. Im Gegensatz zur logarithmischen Normalverteilung nach *Wesslau* (17) haben sie auch nach der Transformation noch eine asymmetrische Form. Als Testbeispiele für die Leistungsfähigkeit der Methode sind sie deshalb besonders gut geeignet.

In Anlehnung an Experimente mit Polystyrol in THF und an Styragelkolonnen erfolgten die Berechnungen mit den Beziehungen:

$$\ln(M) = 24.0 - 0.4\,v \, ,$$
$$\ln([\eta]) = -8.7403 + 0.706\ln(M) \, .$$

Als Dispersionskurven dienten Gaußkurven, wobei überwiegend der Einfluß der Varianz untersucht wurde.

Mit den vorausgesetzten Funktionen und den Gleichungen [1] und [2] wurden die Funktionen $e(v)$ und $E(v)$ berechnet. — An den Rändern entstehen dabei so kleine Werte, daß diese meßtechnisch nicht erfaßt werden könnten. Deshalb wurden die letzten Stellen hinter dem Komma abgeschnitten. Dadurch sind die Werte an den Maxima der Kurven nur auf 2—3% genau, an den Rändern der Funktionen $e(v)$ und $E(v)$ entsprechend ungenauer für die Auswertung der Gleichung [8b] und [9b] angewendet worden.

Bei der Auswertung von Gleichung [1] ist es üblich, negative Werte für $h(v_0)$, die sich durch numerische Rundungsfehler ergeben, abzuschneiden und die Ergebnisse iterativ zu verbessern. Auf beides wurde hier bewußt verzichtet, um die numerische Stabilität zu veranschaulichen.

Der generelle Vorteil des Ausgleichsverfahrens zeigt sich in der Rechenzeit und im Platzbedarf: Gerechnet wurde in Fortran auf einer Anlage vom Typ CDC 3300. Das früher verwendete Verfahren (10) hatte einen Platzbedarf von ca. 100 Core und benötigte für die beiden Funktionen $h(v_0)$ und $D(v-v_0)$ etwa 5 Minuten Rechenzeit.

Stellt man sowohl $h(v_0)$ als auch $D(v-v_0)$ als Summen von jeweils 11 Gaußkurven dar, dann benötigt man bei diesem Verfahren nur 48 Core und eine Rechenzeit von 1,3 min. Diese Rechenzeit läßt sich noch erheblich reduzieren, wenn man ein Programm vorübersetzt oder mehrere Beispiele nacheinander rechnet. Die eigentliche Rechenzeit beträgt nämlich nur 30 sec für beide Funktionen zusammen.

Die Nutzung der logarithmisch-linearen Eichbeziehung in den Rechnungen hat den Vorteil, daß getrennte Gleichungssysteme für die beiden gesuchten Funktionen zur Verfügung stehen. Deshalb ergibt sich die Funktion $D(v-v_0)$ nicht nur schneller, sondern auch zuverlässiger.

In Abbildung 1 sind die Beiträge der beiden gesuchten Funktionen zu den Funktionen $e(v)$ und $E(v)$ etwa gleichgroß. Dieser Fall entspricht Messungen an Eichpräparaten. In dem dargestellten Beispiel wurden 35 Wertepaare verwendet. Zur Beschreibung der gesuchten Funktionen dienten jeweils 11 Gaußkurven. Diese Gaußkurven waren äquidistant um das Maximum der Elutionskurve gruppiert und hatten einen Abstand von jeweils $2\Delta v_k$; Δv_k ist der Abstand zweier Meßpunkte.

Für den Fall, daß der Beitrag der axialen Dispersion zu den Funktionen $e(v)$ und $E(v)$ geringer wird als der der Molekulargewichtsverteilung $h(v_0)$, ergibt sich eine zusätzliche Aufgabenstellung: Die Entwicklung für $D(u)$ gemäß Summe 10 setzt nämlich eine Abschätzung des Intervalls voraus, in dem die Funktion nicht meßbar verschwindet. Wählt man z. B. als Intervallbreite die Breite des Chromatogrammes, dann wird eine Anzahl von Koeffizienten D_i gleich Null. Die Matrix in Gleichung [9b] hat dann nicht nur mehr Zeilen — was durch das Ausgleichsproblem bedingt ist —, sondern auch mehr Spalten, als nichtverschwindende Koeffizienten gesucht werden. Die Folge hiervon ist, daß z. B. bei den Werten aus Abbildung 2 der kleinste Eigenwert $s = 10^{-9}$ war, der zugehörige Vektor v_n der Matrix V jedoch die triviale Lösung repräsentierte. In Abbildung 2 ist die Lösung für $D(u)$ mit dem 5. Spaltenvektor von V dargestellt, zu dem ein Wert für s von 10^{-4} gehörte. Auf die Wiedergabe der restlichen Lösungen ist deshalb verzichtet, weil sich diese nicht graphisch sinnvoll darstellen ließen.

Für Abbildung 3 wurde ebenfalls als Intervallbreite für $D(u)$ die Breite des Chromatogrammes gewählt. Auch hier stand die dargestellte Lösung

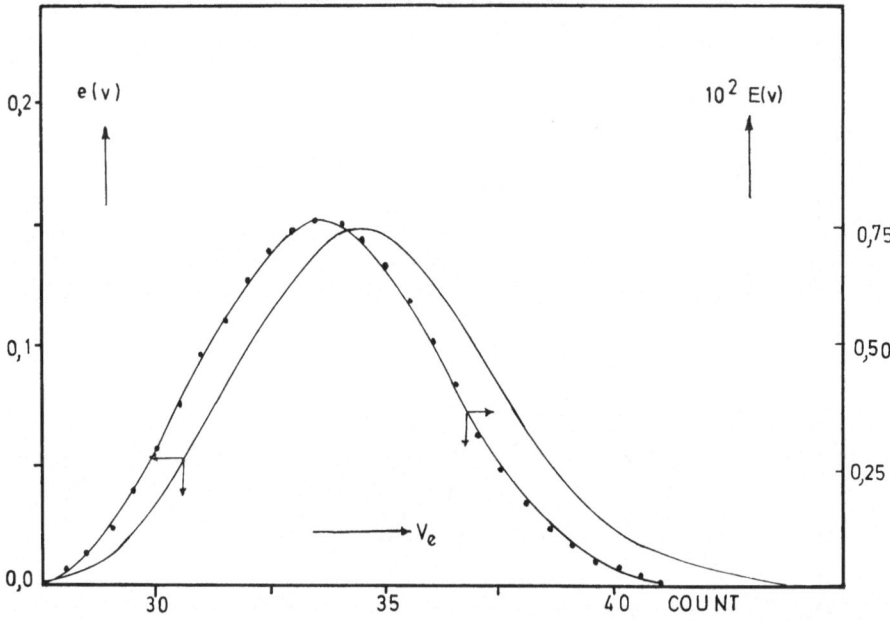

1a) Gelchromatogramm $e(v)$ und verwendete Meßpunkte von $E(v)$ für den Fall eines Viskositätsdetektors

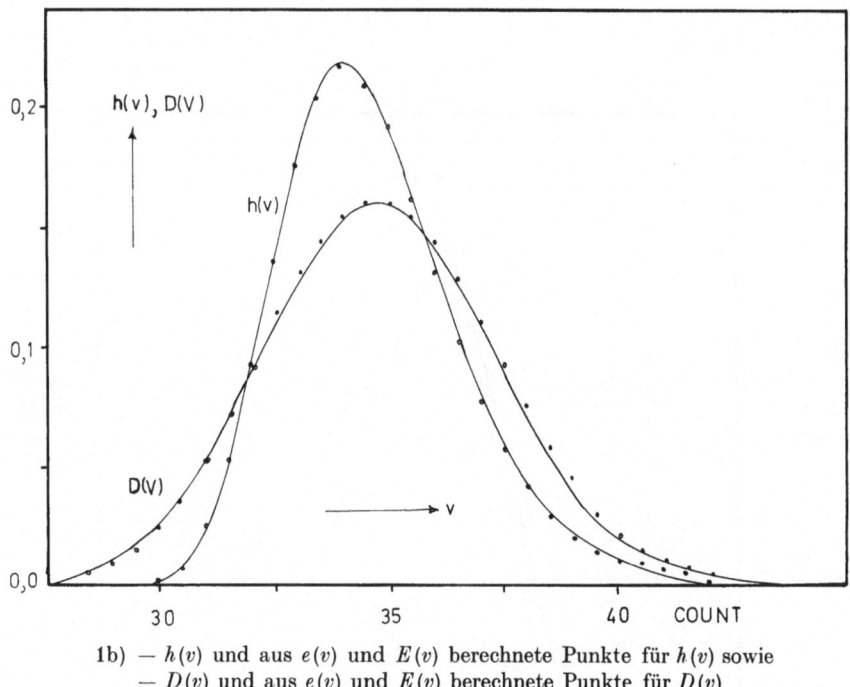

1b) — $h(v)$ und aus $e(v)$ und $E(v)$ berechnete Punkte für $h(v)$ sowie
— $D(v)$ und aus $e(v)$ und $E(v)$ berechnete Punkte für $D(v)$

Abb. 1. Als Gelchromatogramm dargestellte Molekulargewichtsverteilung vom Schulz-Flory-Typ $(h(v))$ und die Funktion $D(v)$ für die axiale Dispersion sowie die Elutionskurve $e(v)$ nach Gl. [1] berechnet und die Funktion $E(v)$ nach Gl. [2] berechnet. — Die Beiträge von $h(v)$ und $D(v)$ zu $e(v)$ sind etwa gleich groß

in der 5. Spalte der Matrix V. Der zugehörige Wert für s war $2 \cdot 10^{-6}$. Die restlichen Lösungen waren wiederum physikalisch ohne Sinn.

Für die Berechnung von $D(u)$ kann man also als Abschätzung für die Breite des Intervalls, in dem die Funktion nichtverschwindende Werte annimmt, die Breite des Chromatogrammes wählen.

In der Praxis liegen meist bessere Schätzungen vor.

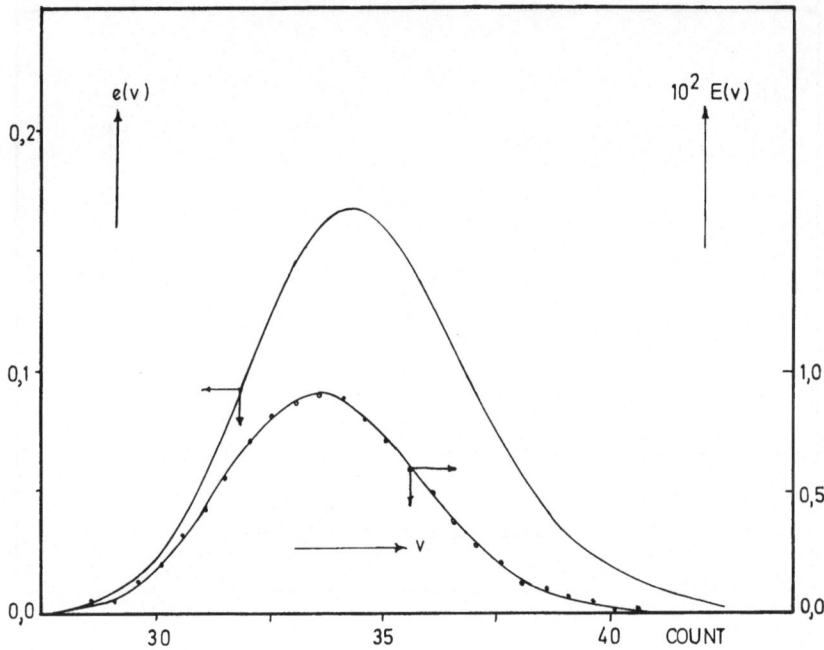

2a) Gelchromatogramm $e(v)$ und verwendete Meßpunkte von $E(v)$ für den Fall eines Viskositätsdetektors

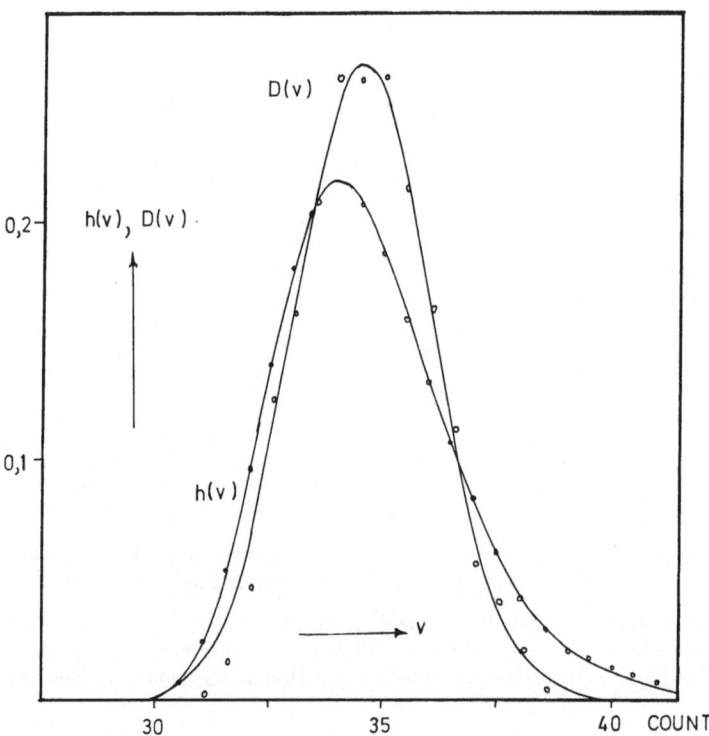

2b) — $h(v)$ und Punkte für $h(v)$ aus $e(v)$ und $E(v)$ berechnet sowie
— $D(v)$ und Punkte für $D(v)$ aus $e(v)$ und $E(v)$ berechnet

Abb. 2. Als Gelchromatogramm dargestellte Molekulargewichtsverteilung vom Schulz-Flory-Typ ($h(v)$) und die Funktion $D(v)$ für die axiale Dispersion sowie die Elutionskurve $e(v)$ nach Gl. [1] berechnet und die Funktion $E(v)$ nach Gl. [2] berechnet. — Der Beitrag von $h(v)$ zu $e(v)$ ist hier etwa dreimal so groß wie der von $D(v)$

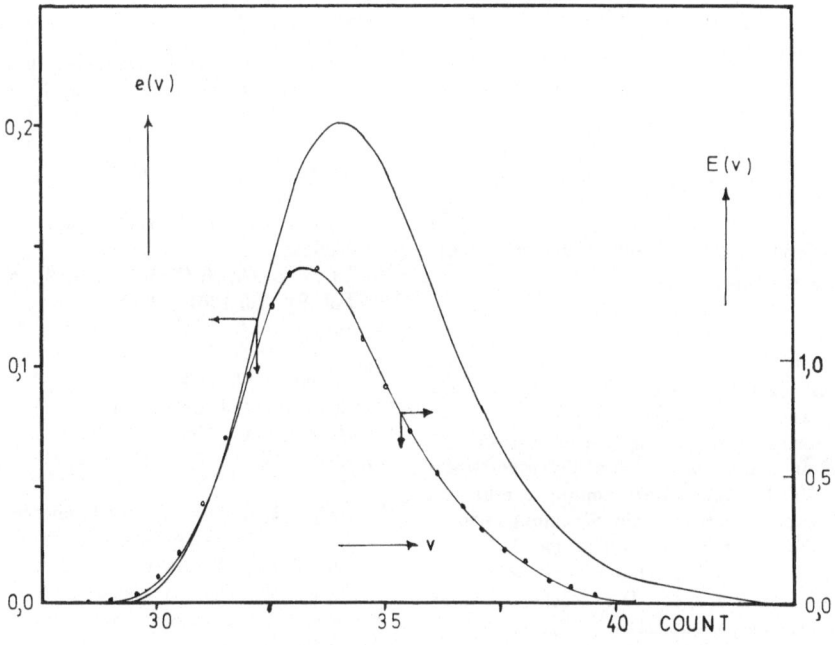

3a) Gelchromatogramm $e(v)$ und verwendete Meßpunkte von $E(v)$

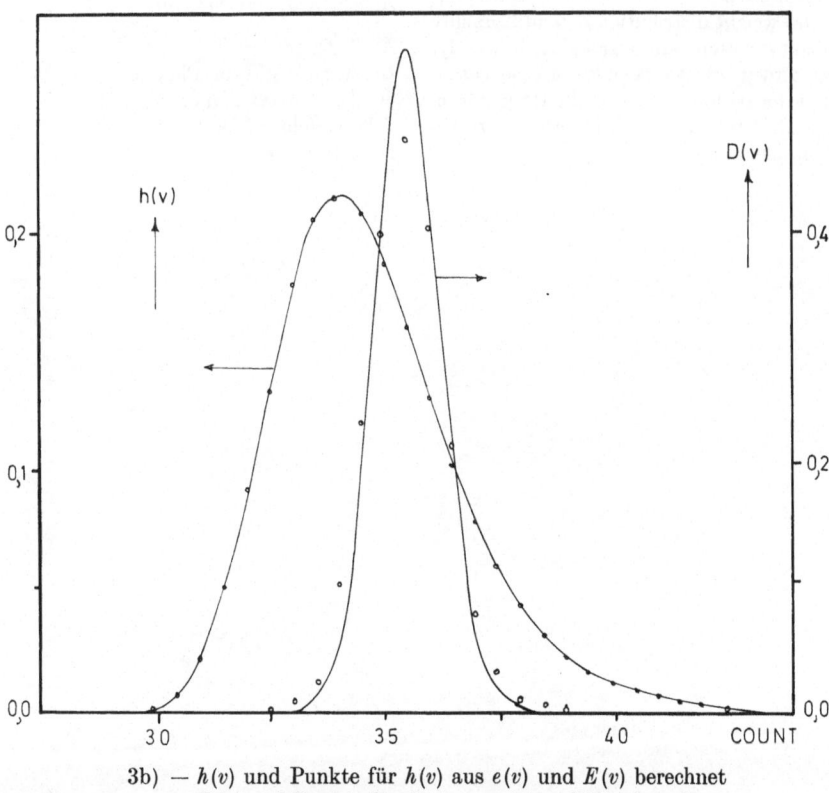

3b) — $h(v)$ und Punkte für $h(v)$ aus $e(v)$ und $E(v)$ berechnet
— $D(v)$ und Punkte für $D(v)$ aus $e(v)$ und $E(v)$ berechnet

Abb. 3. Als Gelchromatogramm dargestellte Molekulargewichtsverteilung vom Schulz-Flory-Typ ($h(v)$) und die Funktion $D(v)$ für die axiale Dispersion sowie $e(v)$ nach Gl. [1] berechnet und $E(v)$ nach Gl. [2] berechnet für den Fall eines Viskositätsdetektors

Ergibt sich als Lösung für $D(u)$ mit dem kleinsten Wert für s die triviale Lösung, dann streicht man successive die ersten und letzten Spalten der Matrix B. Auf diese Weise erhält man einen Bereich, in dem die Funktion $D(u)$ entwickelt werden kann. ·— Die Ergebnisse sind dann wesentlich genauer als die hier dargestellten. — Pro Verbesserungsschritt erhöht sich die Rechenzeit um etwa 10 sec.

Zusammenfassung

Im Gegensatz zur konventionellen Gelchromatographie (GPC) läßt sich bei Verwendung von zwei Detektoren, von denen einer auf die Konzentration und der andere auf eine molekulargewichtsabhängige Größe anspricht, die Molekulargewichtsverteilung direkt berechnen. Zusätzlich ergibt sich die Strömungsdispersionsfunktion. Für den praktisch wichtigen Fall einer logarithmisch-linearen Eichbeziehung wird ein Ausgleichsverfahren vorgeschlagen. Der Rechenaufwand wird hierdurch erheblich reduziert.

Summary

The two-detector-method of gel permeation chromatography (GPC) produces — in contrast to conventional GPC — two data sets: one for concentration, the other for a molecular weight dependent parameter. The real molecular weight distribution and additionally the axial dipersion function can be calculated directly. This paper is concerned with the calculus of observation on the basis of a logarithmic-linear calibration curve. The method described produces both functions directly and with a diminished computer time.

Literatur

1) *Tung, L. H.*, J. Appl. Pol. Sci. **10**, 375 (1966).
2) *Pierce, P. E.*, *J. E. Armonas*, J. Pol. Sci. C **21**, 23 (1968).
3) *Tung, L. H.*, J. Appl. Pol. Sci. **13**, 775 (1969).
4) *Chang, K. S.*, *R. Y. Huang*, J. Appl. Pol. Sci. **16**, 329 (1972).
5) *Kubin, M.*, Coll. Czech. Chem. Com. **30**, 1104 (1965).
6) *Tung, L. H.*, *J. C. Moore*, *G. W. Knight*, J. Appl. Pol. Sci. **10**, 1261 (1966).
7) *Berger, K. C.*, Makromol. Chem. **175**, 2121 (1974).
8) *Meyerhoff, G.*, Makromol. Chem. **118**, 265 (1968).
9) *Ouano, A. C.*, J. Pol. Sci. A-1, **10**, 2169 (1972).
10) *Kaye, W.*, Pol. Let. **9**, 695 (1971).
11) *Berger, K. C.*, Makromol. Chem., **179**, 719 (1978).
12) *Meyerhoff, G.*, J. Appl. Pol. Sci. Part C, **21**, 67 (1968).
13) *Renyi, A.*, „Wahrscheinlichkeitsrechnung", Verlag d. Deutschen Wissensch., Berlin (1966).
14) *Bronstein, I. N.*, *K. A. Semendjajew*, „Taschenbuch der Mathematik" (Verlag H. Deutsch, 1971).
15) *Golub, G. H.*, *C. Reinsch*, Num. Math. **14**, 404 (1970).
16) *Schulz, G. V.*, Z. physikal. Chem. (B) **43** (1939).
17) *Wesslau, H.*, Mh. Chem. **20**, 111 (1956).

Anschrift des Verfassers:

K. C. Berger
Institut für physik. Chemie
der Universität Mainz
Jakob-Welder-Weg 15
D-6500 Mainz

Progr. Colloid & Polymer Sci. **66,** 169 – 181 (1979)
© 1978 by Dr. Dietrich Steinkopff Verlag GmbH & Co. KG, Darmstadt
ISSN 0340-255 X

Vorgetragen auf der Tagung der Deutschen Physikalischen Gesellschaft,
Fachausschuß „Physik der Hochpolymeren",
vom 17. bis 21. April 1978 in Bad Nauheim.

*Institut für Physikalische Chemie der Universität Mainz und Sonderforschungsbereich 41 Mainz/Darmstadt,
Mainz/Germany*

Elastische Lichtstreuung an Polymeren

M. Dettenmaier

Mit 9 Abbildungen

(Eingegangen am 12. Juni 1978)

1. Einleitung

Die optischen Eigenschaften eines Körpers lassen sich grundsätzlich in zwei Kategorien einteilen. Die erste Kategorie umfaßt diejenigen Eigenschaften, die vom Mittelwert des Brechungsindexes bzw. der Dielektrizitätskonstante abhängen (z. B. Reflexion und Brechung). Die zweite Kategorie, der auch die Lichtstreuung zuzuordnen ist, enthält dagegen Phänomene, die durch räumliche und zeitliche Schwankungen des Brechungsindexes um seinen Mittelwert zustande kommen. Die elastische Lichtstreuung steht im unmittelbaren Zusammenhang mit den räumlichen Schwankungen des Brechungsindexes und kann dementsprechend wertvolle Informationen über die Struktur eines Körpers liefern. Wie der Effekt der Doppelbrechung zeigt, ist der Brechungsindex im allgemeinen eine anisotrope Größe. Dies hat zur Folge, daß mit der Lichtstreuung nicht nur Dichteschwankungen auf Grund der hieraus resultierenden Brechungsindexschwankungen, sondern auch Anisotropieschwankungen untersucht werden können. Die Stärke dieser Schwankungen macht sich in der Höhe, ihre räumliche Ausdehnung in der Winkelabhängigkeit der Lichtstreuung bemerkbar. Voraussetzung für eine meßbare Winkelabhängigkeit sind Strukturen in der Größenordnung $10^2 - 10^5$ Å.

Die Methode der elastischen Lichtstreuung findet in der Polymerwissenschaft vielfältige Anwendung, um Strukturen dieser Größe zu charakterisieren. Sie wird bereits routinemäßig zur Bestimmung des Molekulargewichts und der Gestalt von Makromolekülen in Lösung eingesetzt. Auf dieses Anwendungsgebiet soll jedoch im folgenden nicht näher eingegangen werden, wir verweisen statt dessen auf einige zusammenfassende Darstellungen (1 – 4), die sich ausführlich mit diesem Thema befassen. In dieser Arbeit soll vielmehr ein Überblick über neuere Lichtstreuuntersuchungen an Polymeren gegeben werden, wobei Fragen nach der Struktur amorpher Polymerer, der Netzwerkstruktur von Polymeren, der Phasentrennung bei Mehrkomponentensystemen und der Überstruktur kristalliner Polymerer im Vordergrund stehen.

2. Theorie der Lichtstreuung

Das Licht induziert als elektromagnetische Welle beim Auftreffen auf einen Körper in den Atomen zeitlich sich ändernde Dipolmomente. Diese senden ihrerseits elektromagnetische Wellen aus, die je nach Anordnung der Atome in bestimmter, für die Struktur des Körpers charakteristischer Weise miteinander interferieren. Im folgenden soll die Streuung einer ebenen monochromatischen elektromagnetischen Welle

$$\vec{E}_0 = A_0\, \vec{e}_p\, e^{i(\langle k'\rangle \vec{e}_{k'} \cdot \vec{R} - \omega t)}$$

(der zeitabhängige Term $e^{i\omega t}$ wird von nun an weggelassen) mit der Amplitude A_0, der Polarisationsrichtung $\vec{e}_p$ und dem Wellenvektor $\langle k'\rangle \vec{e}_{k'}$ in einem Medium mit der lokalen Dielektrizitätskonstante $\varepsilon(\vec{r})$ untersucht werden. Da wir uns nur für die Streuung interessieren, können wir voraussetzen, daß sich die Probe in einem Medium mit der Dielektrizitätskonstante

$$\langle \varepsilon(r)\rangle_V = \frac{1}{V} \int\int\int \varepsilon(\vec{r})\, d\vec{r}$$

befindet. Unter den Voraussetzungen, daß keine Mehrfachstreuung auftritt (Born-Approximation), die Änderung der Phase über die Reichweite der Schwankungen klein ist (Rayleigh-Gans-Approximation) und der Beobachtungspunkt sehr weit von der Probe entfernt liegt ($R^3 \gg V$, Fraunhofersche Näherung) erhält man aus den Maxwellgleichungen für die Lösung des Streuproblems (5):

$$\vec{E}_s = -\frac{A_0 \pi}{\lambda_0^2} \frac{e^{i\langle k' \rangle R}}{R} \vec{e}_{k''} \times (\vec{e}_{k''} \times \vec{G}) \qquad [1]$$

mit

$$\vec{G} = \vec{e}_p \iiint \Delta\varepsilon(\vec{r}) e^{i\vec{s}\vec{r}} d\vec{r}$$

und

$$\Delta\varepsilon(\vec{r}) = \varepsilon(\vec{r}) - \langle \varepsilon(\vec{r}) \rangle_V,$$

wobei $\vec{G}$ eine dem induzierten Dipolmoment proportionale Größe ist. Ferner ist $\vec{R} = R \, \vec{e}_{k''}$, $\vec{s} = \langle k' \rangle (\vec{e}_{k'} - \vec{e}_{k''})$ und $|\vec{s}| = 2 \langle k' \rangle \sin \dfrac{\Theta}{2}$, wobei Θ der Winkel zwischen einfallender und gestreuter Welle ist. Die Intensität der gestreuten Welle ergibt sich dann aus der Beziehung

$$I_s = |\vec{E}_s|^2 .$$

Gewöhnlich verwendet man das sogenannte Rayleighverhältnis, das dem differentiellen Wirkungsquerschnitt pro Volumeneinheit entspricht und gegeben ist durch

$$R_s = \frac{I_s}{A_0^2 V} R^2 .$$

Ferner sind zur Bezeichnung der verschiedenen Streukomponenten, die solche Rayleighverhältnisse darstellen, Symbole wie V_v und H_v gebräuchlich, wobei der indizierte Buchstabe die Polarisationsrichtung des gestreuten Strahls (H = horizontal, V = vertikal zur Streuebene polarisiert) und der Index die Polarisationsrichtung des Primärstrahls angibt.

Setzt sich ein Streukörper aus optisch isotropen Volumenelementen zusammen, so darf $\Delta\varepsilon(\vec{r})$ als Skalar aufgefaßt werden. Die Vektoren $\vec{e}_p$ und $\vec{G}$ haben dann die gleiche Richtung. Es tritt keine zur Polarisationsrichtung der einfallenden Welle und zur Ausbreitungsrichtung der gestreuten Welle senkrechte Komponente auf. Insbesondere gilt $H_v = V_h = 0$.

Ist der Streukörper aus optisch anisotropen Volumenelementen aufgebaut, so muß $\Delta\varepsilon(\vec{r})$ als Tensor behandelt werden. Die Vektoren $\vec{e}_p$ und $\vec{G}$ haben dann im allgemeinen verschiedene Richtungen, und neben Dichteschwankungen werden auch Anisotropieschwankungen Streueffekte verursachen. Die gestreute Welle wird dann eine zur Polarisationsrichtung der einfallenden Welle senkrechte Komponente aufweisen, die man als depolarisierte Streuung bezeichnet ($H_v = V_h \neq 0$).

Es existieren zwei Verfahren, um aus der gemessenen Streuintensität eine Aussage über die Struktur eines Körpers zu erhalten: Besteht der Streukörper aus wohldefinierten Strukturelementen (z. B. Kugeln, Zylindern oder Ellipsoiden), so kann auf Grund des bekannten $\Delta\varepsilon(\vec{r})$ die Integration in Gl. [1] ausgeführt und die Intensität der gestreuten Welle berechnet werden. Ein Vergleich mit der gemessenen Intensität liefert dann charakteristische Parameter dieser Strukturelemente (z. B. Radius und Achsenlängen). Bei der Entmischung amorpher Polymerer entstehen häufig Bereiche, die durch das Modell einer isotropen Kugel hinreichend gut beschrieben werden (s. 6.). Für ihre Streuung erhält man in der Ebene durch den Primärstrahl mit der Normalen $\vec{e}_p$ (2):

$$V_v = \frac{16 \pi^4}{\lambda_0^4} V^2 \left(\frac{3}{u^3}\right)^2 (\sin u - u \cos u)^2 \qquad [2\,\mathrm{a}]$$

$$H_v = V_h = 0 , \qquad [2\,\mathrm{b}]$$

wobei V das Volumen und a der Radius der Kugel ist. λ_0 bezeichnet die Lichtwellenlänge im Vakuum. Ferner gilt $u = s \cdot a$.

Ein wesentliches Strukturelement kristalliner Polymerer ist der Sphärolith. Er kann bei nicht zu starken Störungen durch das Modell einer optisch anisotropen Kugel mit Polarisierbarkeiten α_r und α_t in radialer und tangentialer Richtung beschrieben werden. Aus Gl. [1] ergibt sich hierfür (6, 7):

$$
\begin{aligned}
V_v = & \frac{16 \pi^4}{\lambda_0^4} V^2 \left(\frac{3}{u^3}\right)^2 \cos^2 \varrho_1 \\
& \times \Big\{ (\alpha_t - \alpha_s)\,[2 \sin u - u \cos u - Si\,(u)] \\
& + (\alpha_r - \alpha_s)\,[Si\,(u) - \sin u] \\
& + (\alpha_r - \alpha_t)\, \Big[\cos^2\!\Big(\frac{\Theta}{2}\Big) \cos^{-1}\Theta\Big] \\
& \times \cos^2 \mu \,[4 \sin u - u \cos u - 3\,Si\,(u)] \Big\}^2 , \qquad [3\,\mathrm{a}]
\end{aligned}
$$

$$
\begin{aligned}
H_v = & \frac{16 \pi^4}{\lambda_0^4} V^2 \left(\frac{3}{u^3}\right)^2 \cos^2 \varrho_2 \\
& \times \Big\{ (\alpha_r - \alpha_t) \sin (2\mu) \Big[\cos^2\!\Big(\frac{\Theta}{2}\Big) \cos^{-1}\Theta\Big] \qquad [3\,\mathrm{b}] \\
& \times [4 \sin u - u \cos u - 3\,Si\,(u)] \Big\}^2 .
\end{aligned}
$$

Abb. 1. Schematische Dar-
stellung eines Lichtstreuexpe-
rimentes

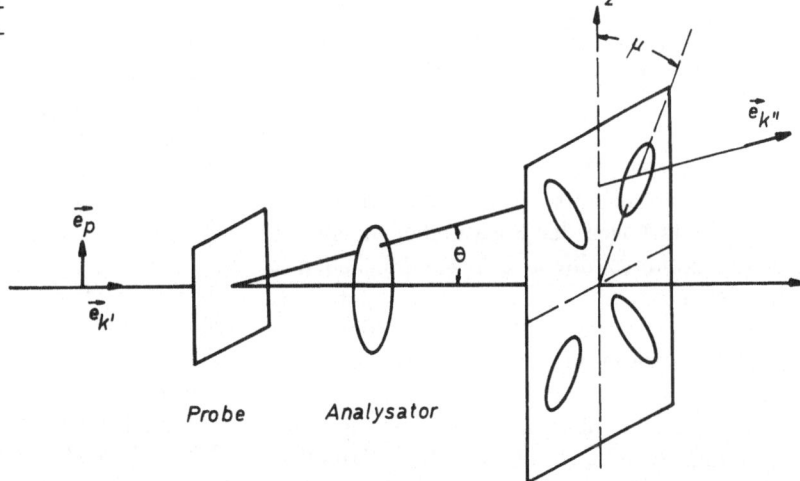

Statt der Dielektrizitätskonstante wurde hier die Polarisierbarkeit als für die Streuung verantwortliche Größe gewählt. α_s ist die Polarisierbarkeit des umgebenden Mediums und μ der Azimutwinkel, wie er in Abb. 1 dargestellt ist. Ferner gilt:

$$Si(u) = \int_0^u \frac{\sin x}{x} \, dx \, ,$$

$$\cos \varrho_1 = \frac{\cos \Theta}{(\cos^2 \Theta + \sin^2 \Theta \cos^2 \mu)^{1/2}}$$

und

$$\cos \varrho_2 = \frac{\cos \Theta}{(\cos^2 \Theta + \sin^2 \Theta \sin^2 \mu)^{1/2}} \cdot$$

Für $\alpha_t = \alpha_r$ verschwindet die depolarisierte Streuung. Für $\alpha_t \neq \alpha_r$ zeigt die H_v-Komponente das ex-

perimentell gefundene Kleeblattmuster (s. Abb. 2, 3 (77, 75)). Aus diesem Muster kann auf relativ einfache Weise der Sphärolithradius bestimmt werden. Es kann nämlich gezeigt werden, daß z. B. unter $\mu = 45°$ die Intensität der gestreuten Welle für

$$u = \frac{4 \pi a}{\lambda} \sin \frac{\Theta_m}{2} = 4,1 \qquad [3\,c]$$

ein Maximum besitzt. Somit läßt sich aus Θ_m der Sphärolithradius a bestimmen.

Ein quantitativer Vergleich der berechneten (Gl. [3 a, b]) und der gemessenen Sphärolithstreuung führt oft zu folgenden Diskrepanzen:

a) die berechnete H_v-Komponente ist 0 bei $\Theta = 0°$ und fällt relativ schnell bei $\Theta > \Theta_m$ ab,

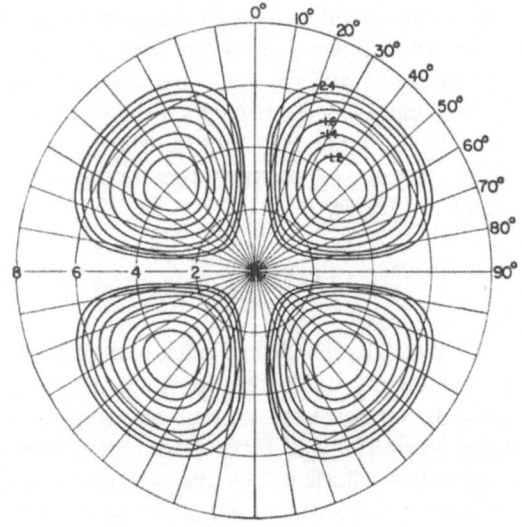

Abb. 2. Polardiagramm der H_v-Komponente einer anisotropen Kugel, *Stein* (77)

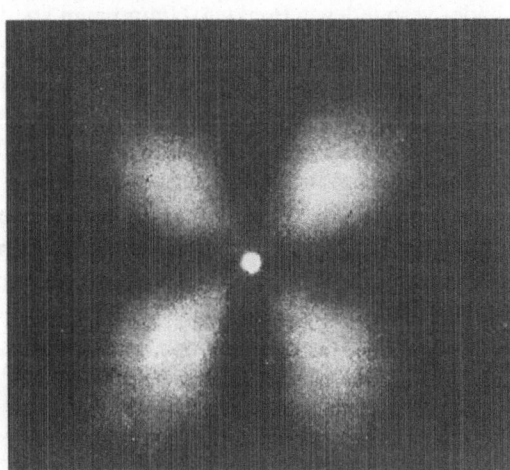

Abb. 3. H_v-Komponente des isotaktischen Polypropylens, *Samuels* (75)

während die gemessene H_v-Komponente beim Streuwinkel 0 von 0 verschieden ist und bei großem Θ nur langsam abfällt.

b) die berechnete depolarisierte Streuung ist 0 bei $\mu = 0°$ und $90°$, während die gemessene von 0 verschieden ist.

Die Unterschiede resultieren aus inneren und äußeren Störungen der Sphärolithe. Innere Störungen kommen durch Unregelmäßigkeiten in der Lamellenanordnung, äußere Störungen durch unvollständiges Sphärolithwachstum oder Unregelmäßigkeiten in den Sphärolithgrenzen zustande.

Besitzt ein Streukörper nur eine geringe Ordnung, so ist eine Beschreibung auf der Grundlage einfacher Strukturelemente nicht mehr möglich. Man wählt dann eine statistische Beschreibung unter Verwendung von Korrelationsfunktionen. Dies soll zunächst für den Fall der Dichtefluktuationen erläutert werden.

Aus Gl. [1] erhält man für die gestreute Intensität mit $\vec{\varrho} = \vec{r}' - \vec{r}$:

$$I_s = \frac{\pi^2}{\lambda_0^4} \frac{A_0^2}{R^2} \mid \vec{e}_{k''} \times \vec{e}_p \mid^2 \iiint_V e^{i\vec{s}\vec{\varrho}} \, d\vec{r} \iiint_{V'} \Delta \varepsilon (\vec{r})$$

$$\Delta \varepsilon (\vec{r}') \, d\vec{r}'. \qquad [4]$$

Man führt nun eine Funktion

$$F(\vec{\varrho}) = \frac{1}{V} \frac{1}{\langle \Delta \varepsilon^2 \rangle_V} \iiint_V \Delta \varepsilon (\vec{r}) \, \Delta \varepsilon (\vec{r} + \vec{\varrho}) \, d\vec{r} \qquad [5]$$

ein, die folgende Eigenschaften hat:

$$F(0) = 1, \qquad \lim_{\varrho \to \infty} F(\vec{\varrho}) = 0.$$

Sie beschreibt die Korrelation zwischen den Abweichungen der Dielektrizitätskonstanten vom Mittelwert an zwei durch einen Vektor $\vec{\varrho}$ miteinander verbundenen Punkten. Nimmt man an, daß die Probe räumlich isotrop ist ($F(\vec{\varrho}) = F(\varrho)$), so erhält man

$$V_v = \frac{4 \pi^3}{\lambda_0^4} \langle \Delta \varepsilon^2 \rangle_V \int_0^\infty \varrho^2 \, F(\varrho) \, \frac{\sin(\varrho s)}{\varrho s} \, d\varrho. \qquad [6]$$

In vielen Fällen können Dichtefluktuationen mit einer der beiden folgenden Korrelationsfunktionen oder zumindest mit einer Überlagerung von beiden beschrieben werden:

$$F_1(\varrho) = e^{-\frac{\varrho}{a_1}}, \qquad [7\,a]$$

$$F_2(\varrho) = e^{-\frac{\varrho^2}{a_2^2}}. \qquad [7\,b]$$

$F_1(\varrho)$ stellt eine Korrelationsfunktion dar, der ein Markov-Prozeß zugrunde liegt, d. h. die Abweichung der Dielektrizitätskonstante vom Mittel-

wert an einem Punkt $\vec{r} + d\vec{r}$ hängt nur von derjenigen am Punkt $\vec{r}$ ab. Mit Gl. [6] ergibt sich für die V_v-Komponenten:

$$V_v^1(\varrho) = \frac{8 \pi^3 \langle \Delta \varepsilon^2 \rangle}{\lambda_0^4} a^3 \frac{1}{(1 + a^2 s^2)^2},$$

$$V_v^2 = \frac{\pi^{7/2} \langle \Delta \varepsilon^2 \rangle}{\lambda_0^4} a^3 \, e^{-\frac{a^2 s^2}{4}}.$$

Die für die Struktur eines Körpers charakteristischen Größen, die man aus der gemessenen Streukurve erhält, sind die mittlere quadratische Schwankung der Dielektrizitätskonstante $\langle \Delta \varepsilon^2 \rangle$ und die Korrelationslänge a. Während die erste Größe ein Maß für die Höhe der Dichteschwankungen ist, beschreibt die zweite ihre räumliche Ausdehnung.

Von großem Interesse ist die Frage, ob amorphe Polymere genauso wie Flüssigkeiten Licht nur auf Grund der in ihnen vorhandenen thermischen Dichtefluktuationen streuen. Die Korrelationslänge dieser Dichtefluktuationen ist klein im Vergleich zur Lichtwellenlänge ($s\,a \ll 1$), so daß eine winkelunabhängige Streuung resultiert. Ihre Intensität kann aus thermodynamischen Größen berechnet werden (8).

$$V_v = \frac{\pi}{\lambda_0^4} \left(\varrho \, \frac{\partial \varepsilon}{\partial \varrho} \right)^2 k_B T \varkappa_T \qquad [8]$$

Dettenmaier und *Fischer* (9) konnten in Übereinstimmung mit den Ergebnissen der Röntgenkleinwinkelstreuung (10–12) zeigen, daß Gl. [8] auch für amorphe Polymere erfüllt ist. Jedoch muß in einem Bereich unterhalb der Glastemperatur T_g die Kompressibilität $\varkappa_T$ bei T_g eingesetzt werden.

Treten in einem Streukörper auch Anisotropiefluktuationen auf, so erhält man, wie bereits erwähnt, eine von 0 verschiedene H_v-Komponente. Wählt man ein Koordinatensystem mit $\vec{e}_p \parallel \vec{e}_z$ und $\vec{e}_{k'} \parallel \vec{e}_y$, so erhält man für die Streuung in der x,y-Ebene:

$$H_v = V_h = \frac{\pi^2}{\lambda_0^4 \cdot V} \iiint_V e^{i\vec{s}\vec{\varrho}} \, d\vec{r} \iiint_{V'} \Delta \varepsilon_{xz} (\vec{r}) \, \Delta \varepsilon_{xz} (\vec{r}') \, d\vec{r}'.$$

Analog zu Gl. [5] ließe sich auch hier eine Korrelationsfunktion definieren. In dieser allgemeinen Form ist sie allerdings für eine Strukturbeschreibung wenig sinnvoll. Unter bestimmten Voraussetzungen erhält sie jedoch eine sehr anschauliche Bedeutung. Dies ist z. B. im „random orientation correlation"-Modell von *Stein* (13) der Fall. In diesem Modell wird angenommen, daß der Streukörper aus anisotropen Einheiten (Zylindersymmetrie vorausgesetzt) mit den Polarisierbarkeiten $\alpha_\parallel$ und $\alpha_\perp$ parallel bzw. senkrecht zur optischen Hauptachse besteht. Zwischen diesen Einheiten soll eine Orientierungskorrelation vorhanden sein, die nur vom Betrag des Abstandes abhängt. Die Korrelationsfunktion nimmt dann die Form an:

$$f(\varrho) = \frac{1}{2} \langle 3\cos^2 \Theta_{ij} - 1 \rangle_{i,\,j;\,\varrho\,=\,\text{const.}} \,,$$

wobei Θ_{ij} der Winkel zwischen den optischen Hauptachsen der i-ten und j-ten anisotropen Einheit ist. Für die Streukomponenten erhält man damit:

$$V_v = \frac{64\,\pi^5}{\lambda_0^4} \langle \Delta\alpha^2 \rangle_V \int_0^\infty F(\varrho) \, \frac{\sin(s\,\varrho)}{s\,\varrho} \, \varrho^2 \, d\varrho + \frac{4}{3} H_v \qquad [9\,a]$$

$$H_v = V_h = \frac{64\,\pi^5}{\lambda_0^4} \delta^2 \int_0^\infty f(\varrho)\, u(\varrho)\, \frac{\sin(s\,\varrho)}{s\,\varrho}\, \varrho^2\, d\varrho. \qquad [9\,b]$$

$\delta = \alpha_\parallel - \alpha_\perp$ bezeichnet die Anisotropie der Einheiten, $\langle \Delta\alpha^2 \rangle$ die mittlere quadratische Schwankung der Polarisierbarkeit, und $u(\varrho)$ ist definiert durch

$$u(\varrho) = 1 + \frac{\langle \Delta\alpha^2 \rangle_V}{\langle \alpha \rangle_V^2}\, F(\varrho),$$

wobei $\langle \alpha \rangle_V$ die mittlere Polarisierbarkeit des Mediums ist. Eine Beschreibung der Streuung durch Gl. [9a, b] hat sich vor allem bei wenig strukturierten teilkristallinen Polymeren als sinnvoll erwiesen.

3. Experimentelle Verfahren

Die Lichtstreuung von relativ schwach streuenden Proben (z. B. amorphen Polymeren) kann bei großen Streuwinkeln ($\Theta > 10°$) mit einer Anordnung gemessen werden, wie sie in einigen kommerziellen Lichtstreuphotometern zur Untersuchung von Polymerlösungen realisiert ist. Abb. 4 zeigt eine schematische Darstellung eines solchen Lichtstreugerätes. In zunehmendem Maße werden als Lichtquellen statt der früher gebräuchlichen Quecksilberlampen Laser verwendet. Ihre Vorteile liegen in der Kollimation, der Monochromasie und der hohen Intensität des ausgesandten Lichtes. Bevorzugt werden vor allem Argon-Ionenlaser und Helium-Neonlaser mit Linien bei 488 und 515 nm bzw. 633 nm. Mit einem drehbaren Polarisator und Analysator können die verschiedenen Lichtstreukomponenten (H_v und V_v) gemessen werden. Die Probe liegt bei der hier beschriebenen Anordnung meist in Zylinderform vor und wird mit Immersionsflüssigkeit zusammen in eine zylindrische Lichtstreuküvette gebracht. Der Sekundärstrahlengang ist im einfachsten Fall durch zwei Blenden definiert. Die Registrierung des gestreuten Lichtes erfolgt mit einem Photomultiplier, der entweder direkt an ein Galvanometer oder aber an einen Lock-in-Verstärker bzw. Photonenzähler angeschlossen ist. Absolutmessungen werden gewöhnlich mit Hilfe eines Streustandards durchgeführt (z. B. Benzol oder Toluol).

Für Untersuchungen an kristallinen Polymeren wurden spezielle Kleinwinkelapparaturen (14–19) mit einem hohen Winkelauflösungsvermögen gebaut. Sie ermöglichen Messungen bei Winkeln unterhalb 0,1°. Die Proben liegen hier gewöhnlich als Filme vor, die mit einem Siliconöl benetzt zwischen zwei Glasplatten eingeklemmt

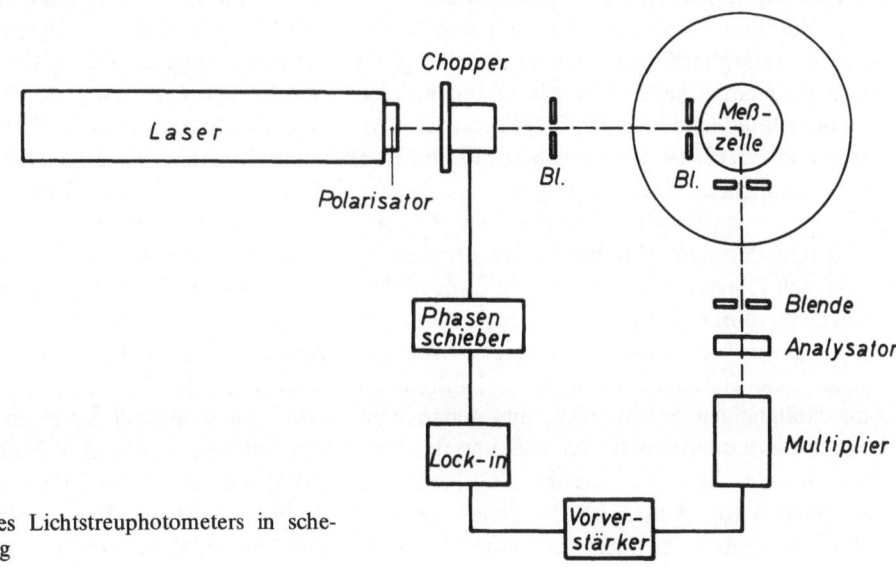

Abb. 4. Aufbau eines Lichtstreuphotometers in schematischer Darstellung

werden. Das gestreute Licht wird relativ selten mit einem Photomultiplier registriert, nämlich nur dann, wenn man an sehr detaillierten quantitativen Ergebnissen interessiert ist. In vielen Fällen genügen photographische Aufnahmen zu einer Beurteilung der in den Proben vorhandenen kristallinen Überstrukturen. Strukturänderungen während der Deformation oder Kristallisation einer Probe wurden mit speziellen Verfahren aufgezeichnet. *Van Antwerpen* und *van Krevelen* (17) wählten hierzu eine bewegliche Photodiode, *Pakula* und *Soukup* (20) einen rotierenden Sektor und *Stein* et al. (21) einen optischen Vielkanalanalysator.

Eine quantitative Auswertung der Lichtstreuung erfordert im allgemeinen zahlreiche Korrekturen in bezug auf Streuvolumen, Brechungsindex, Doppelbrechung und Mehrfachstreuung (1, 22–27).

4. Amorphe Polymere

Debye und *Bueche* (28) untersuchten erstmals Dichteschwankungen in amorphen Polymeren mit Hilfe der Lichtstreuung. Sie fanden Dichtekorrelationen im Polymethylmethacrylat, die sich über Bereiche von 2000–3000 Å erstreckten und durch die Korrelationsfunktion in Gl. [7a] beschrieben werden konnten. Darüber hinaus wurden auch Dichtekorrelationen über kleinere Bereiche beobachtet, die zu einer winkelunabhängigen Untergrundstreuung führten. Diese Streuung betrug aber immer noch ein Vielfaches dessen, was nach der Theorie der thermischen Dichteschwankungen (s. Gl. [8]) zu erwarten war.

Im Zusammenhang mit der Frage nach der Struktur amorpher Polymerer und der Gültigkeit der hierfür entwickelten Modelle (Knäuelmodell (29) oder Bündelmodelle (30, 31)) führten *Dettenmaier* und *Fischer* (9, 32) die von *Debye* und *Bueche* begonnenen Untersuchungen systematisch fort. Aus den an Polymethylmethacrylat, Polycarbonat und Polystyrol durchgeführten Messungen ergibt sich folgendes Bild: Parasitäre Streueffekte verursacht durch Löcher oder Beimengungen etwa in Form von Katalysatoren spielen im allgemeinen eine dominierende Rolle und führen zu winkelabhängigen Streukurven, aus denen eine hohe mittlere quadratische Schwankung des Brechungsindexes bzw. der Dielektrizitätskonstante berechnet wird (Abb. 5b). In einigen Fällen (Abb. 5a) ergaben sich auch ausgeprägte Temper-

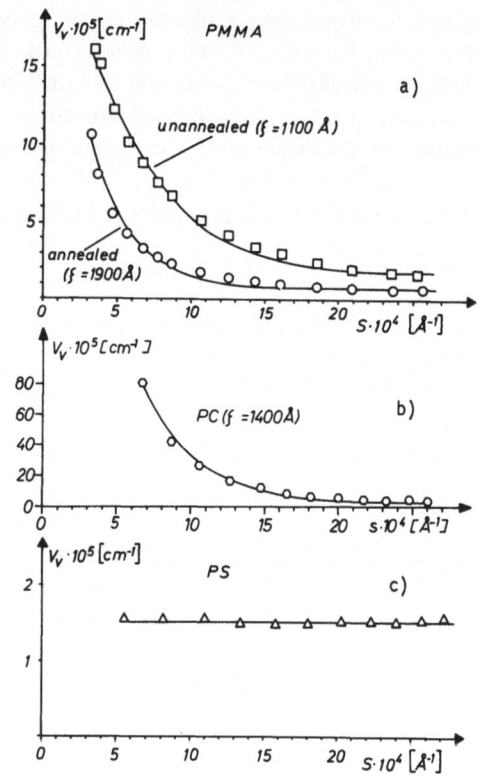

Abb. 5. V_v-Komponente amorpher Polymerer

effekte. Im allgemeinen konnten die für die Winkelabhängigkeit der Lichtstreuung verantwortlichen Dichtefluktuationen mit der von *Debye* und *Bueche* gewählten Korrelationsfunktion beschrieben werden. Die so berechneten Korrelationslängen liegen im Bereich zwischen 1000 und 2000 Å und werden in Abb. 5 angegeben. Bei sehr sorgfältig präpariertem Polystyrol wurde keine Winkelabhängigkeit der Lichtstreuung beobachtet (Abb. 5c). Sowohl die Höhe als auch die Temperaturabhängigkeit der V_v-Komponente stimmen, wie in Abb. 6 zu sehen ist, sehr gut mit den aus der Fluktuationstheorie zu erwartenden Ergebnissen überein. Zu ähnlichen Resultaten kamen *Kirste* et al. (11) auf Grund von Lichtstreumessungen an Polydimethylsiloxan im Bereich oberhalb der Einfriertemperatur.

Die depolarisierte Streuung ist sowohl winkel- als auch temperaturunabhängig (Abb. 6 und 7). Aus der Tatsache der Winkelunabhängigkeit muß man den Schluß ziehen, daß die über Bereiche von einigen tausend Å sich erstreckenden Dichtefluktuationen nicht mit Anisotropieschwankungen gekoppelt sind. Die Höhe der depolarisierten Lichtstreuung des Polystyrols stimmt mit dem von *Flory* et al. (33) auf der Grundlage des Knäu-

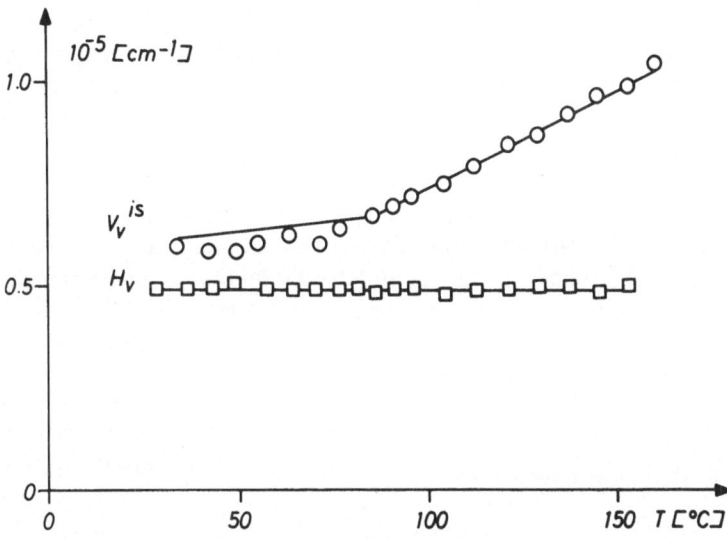

Abb. 6. Temperaturabhängigkeit der H_v-Komponente und des durch Dichtefluktuationen verursachten Anteils der V_v-Komponente (V_v^{is}) von Polystyrol

elmodells berechneten Wert überein. Eine ausgeprägte intermolekulare Orientierungskorrelation, wie sie in einigen Bündelmodellen angenommen wird, müßte zu Streueffekten führen, die um Größenordnungen höher sind.

5. Netzwerkstruktur von Polymeren

Während bei den im vorhergehenden Abschnitt behandelten Polymeren im Idealfall nur thermische Dichteschwankungen beobachtet wurden, können bei vernetzten Polymeren Heterogenitäten durch Schwankungen in der Vernetzungsdichte verursacht werden. Um diese relativ kleinen Dichteschwankungen mit der Lichtstreuung nachzuweisen, schlugen *Stein* (34) und *Bueche* (35) vor, ein Quellungsmittel mit einem vom Polymeren verschiedenen Brechungsindex zu verwenden, um damit für eine Erhöhung des Kontrastes zu sorgen. Messungen dieser Art führten *Bueche* (35) an dem System PMMA/Aceton, Methyl-

äthylketon und PS/Benzol sowie *Wun* und *Prins* (36) an dem System Poly(2-hydroxyäthylmethacrylat)/Äthylenglycol durch. *Pines* und *Prins* (37) wiesen darauf hin, daß die Lichtstreuung solcher Systeme relativ zu dem entsprechenden gequollenen homogenen Netzwerk gemessen werden muß, dessen Streuung aus makroskopischen Größen berechnet werden kann. Unter Berücksichtigung dieser Tatsache konnten *Wun* und *Prins* (36) die Lichtstreuung gequollener PHEMA-Proben auf Dichtefluktuationen zurückführen, deren Korrelationsfunktion durch eine Überlagerung zweier Gaußfunktionen dargestellt werden konnte. Die Autoren führten als Maß für die Inhomogenität der Vernetzungsdichte das Verhältnis der zum Streuwinkel 0 extrapolierten Rayleighverhältnisse für die jeweilige inhomogen und dazugehörige homogen vernetzte Probe ein. Dieses Verhältnis steigt sowohl mit zunehmendem Äthylenglykolgehalt als auch mit abnehmender Anzahl von Netzpunkten sehr stark an.

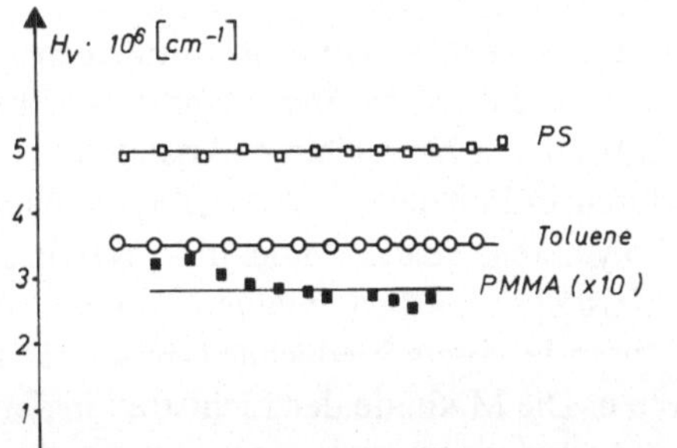

Bei der Untersuchung gequollener Polymerer ist zu berücksichtigen, daß neue Ordnungsstrukturen etwa durch eine Mikrophasenseparation erzeugt werden können. *Prins* und Mitarbeiter (38) befaßten sich ausführlich mit dieser Erscheinung, wobei sie wertvolle Informationen der depolarisierten Lichtstreuung dieser Gele entnehmen konnten. Es zeigte sich, daß derartige phasenseparierte Systeme zylinderförmige anisotrope Bereiche mit einer Ausdehnung von mehreren tausend Å ausbilden können.

In diesem Zusammenhang ist zu beachten, daß eine ausgeprägte depolarisierte Lichtstreuung auch andere Ursachen haben kann. Enthält das

Abb. 7. Winkelabhängigkeit der H_v-Komponente von Polystyrol, Polymethylmethacrylat und Toluol

gequollene Polymere nämlich Füllstoffe, z. B. eingelagerte Glaskugeln, so führt im allgemeinen die in der Umgebung der Glaskugel erfolgte Quellung zu einer Anisotropie im Brechungsindex und damit zu einer starken depolarisierten Streuung. *Sternstein* (39) untersuchte die radiale und tangentiale Spannung und Dehnung in der Umgebung des Füllkörpers. Von seinem Ergebnis ausgehend berechneten *Picot* et al. (40) die hieraus resultierende Lichtstreuung und fanden gute Übereinstimmung mit den beobachteten, der Sphärolithstreuung ähnlichen Mustern.

6. Mehrkomponentensysteme

Falls zwei Polymere auf molekularer Ebene vollständig mischbar sind, so ist zu erwarten, daß die Lichtstreuung der Mischung nur durch thermische Dichte- und Konzentrationsfluktuationen bestimmt wird. Andererseits wird eine begrenzte Mischbarkeit zu Inhomogenitäten führen, die mit Hilfe der Lichtstreuung auf mikroskopischer Ebene erfaßt werden können.

Die Beschreibung der Dichtefluktuationen in Mehrkomponentensystemen mit der Methode der Korrelationsfunktionen wurde von *Kawai* et al. (41) an einigen Modellsystemen nachgeprüft. Er wählte hierzu Styrol-Isopren-Blockcopolymere sowie Pfropfcopolymere aus Butadien und Styrol-Acrylnitril, die in ihre Homopolymeren eingelagert wurden. In allen Fällen entstanden wohldefinierte kugelförmige Domänen, deren Dichtefluktuationen durch eine Überlagerung zweier Korrelationsfunktionen beschrieben werden konnten. Die kurzreichweitige Korrelation wird dabei durch einzelne Domänen, die langreichweitige durch die Korrelation der Domänen untereinander hervorgerufen. *Duplessix* et al. (42) untersuchten Mischungen von PMMA-PS Blockcopolymeren in ihren Homopolymeren. Sie fanden, daß jeweils eine Komponente kugelförmige, nicht miteinander korrelierte Bereiche ausbildet, deren Streuung ein Maximum zeigte und durch Gl. [2a] beschrieben werden konnte. *Boisserie* und *Marchessault* (43, 44) wiesen jedoch darauf hin, daß eine Interpretation nur auf der Basis des Maximums der Kugelstreuung zu Fehlschlüssen führen kann. Ein geringer Prozentsatz relativ großer kugelförmiger Domänen genügt nämlich, um ein solches Maximum zu erzeugen, wobei eine viel gewichtigere Untergrundstreuung durch kleinere Domänen leicht übersehen wird.

Yuen und *Kinsinger* (41) untersuchten Mischungen von 0,0001 − 0,05 Gew.% PS in PMMA und analysierten die Streuung mit einigen von *Ross* (5) angegebenen Korrelationsfunktionen. Auch sie fanden, daß eine Beschreibung wie bei Einkomponentensystemen mit nur einer Korrelationsfunktion nicht möglich ist. Vielmehr muß eine Überlagerung von Korrelationsfunktionen angenommen werden:

$$F(\varrho) = f \, e^{-\frac{\varrho}{a_1}} + (1-f) \, e^{-\frac{\varrho^2}{a_2^2}},$$

wobei die erste die kurz- und die zweite die langreichweitigeren Korrelationen beschreibt. Für a_1 ergibt sich $2000-6000$ Å, für a_2 $1-2\,\mu$, f liegt im Bereich $0,7-0,9$. Eine solche Beschreibung führt allerdings nur im Konzentrationsbereich $0,0001-0,005$ zu befriedigenden Ergebnissen.

Boisserie und *Marchessault* (44) führten ihre Lichtstreumessungen an Acrylnitril-Butadien-Epoxid-(ABE-)Copolymeren durch, die aus einem statistischen Acrylnitril-Copolymeren mit Carboxylenden (CTBN) und einem Epoxid hergestellt werden. Ihre Streukurven konnten ebenfalls durch Überlagerung zweier Korrelationsfunktionen ausgewertet werden. Die Ergebnisse zeigen, daß unterhalb einer kritischen CTBN-Konzentration von 20% die CTBN-Phase in kugelförmigen Domänen mit ungefähr konstanter Größe ausfällt. Bei einer CTBN-Konzentration von mehr als 20% erfolgt eine Phaseninversion, wobei die kugelförmigen Domänen ein Maximum an Polydispersität zeigen. Oberhalb dieser Konzentration werden Epoxid-Einschlüsse beobachtet. Die Deformation solcher kugelförmigen Domänen zu Ellipsen während eines Zugversuches wurde von *Visconti* und *Marchessault* (46) ebenfalls mit Hilfe der Lichtstreuung verfolgt.

7. Überstrukturen in kristallinen Polymeren

Die Lichtstreuung wurde in zahreichen Arbeiten vor allem von *Stein* und Mitarbeitern (47−50) zur Untersuchung kristalliner Überstrukturen in Polymeren angewandt. Je nach Art des Polymeren, seines Molekulargewichtes und den Kristallisationsbedingungen können solche Strukturen in unterschiedlicher Größe und Form auftreten. Die Methode der Lichtstreuung erweist sich vor allem dann als besonders wertvoll, wenn kristalline Überstrukturen mit einer dem Lichtmikroskop nicht mehr zugänglichen Größe ohne allzu großen Aufwand quantitativ charakterisiert

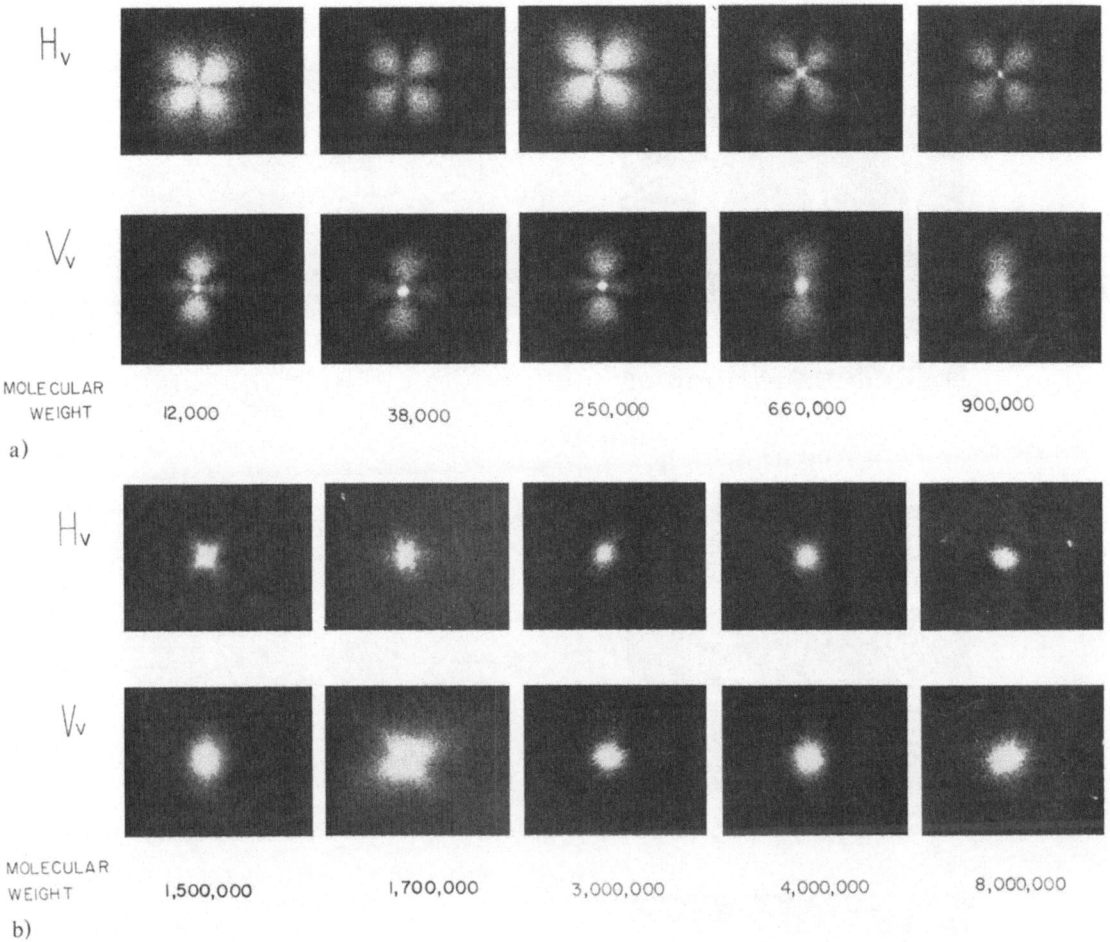

Abb. 8. H_v- und V_v-Komponenten verschiedener Polyäthylenfraktionen, *Go* et al. (51)

werden sollen. Die bisher erschienene Literatur über dieses Gebiet ist so umfangreich, daß hier nur einige grundlegende Richtungen aufgezeigt werden können. Der Einfluß des Molekulargewichtes auf die im Polyäthylen vorhandenen Überstrukturen wurde von *Go* et al. (51) mit Hilfe der Lichtstreuung untersucht. Abb. 8 zeigt die H_v- und V_v-Komponenten verschiedener Fraktionen, die durch schnelles Abkühlen auf Raumtemperatur kristallisiert wurden. Die Fraktionen im Molekulargewichtsbereich $1,2 \cdot 10^4 - 9 \cdot 10^5$ zeigen alle das für die Sphärolithstreuung charakteristische Muster. Diese Sphärolithstreuung wird bei den höheren Molekulargewichten nicht mehr beobachtet. Die Streuung der Proben mit Molekulargewichten zwischen $1,5 \cdot 10^6 - 1,7 \cdot 10^6$ hängt jedoch noch deutlich vom Azimutwinkel ab. Andererseits zeigt sie bereits eine relativ hohe Intensität beim Winkel 0. Eine solche Streuung deutet auf eine nicht statistische Orientierungskorrela-

tion (52, 53) zwischen kleinen durch Lamellenaggregate gebildete Zylinder hin. Die Streuung der Fraktionen mit noch höheren Molekulargewichten zeigte keine azimutale Abhängigkeit mehr. Hier kann eine Interpretation auf der Basis des „random orientation correlation"-Modells von *Stein* (13) nach Gl. [9a, b] erfolgen. In einer anderen Arbeit untersuchten *Mandelkern* et al. (54) binäre PE-Mischungen, wobei die niedermolekulare Komponente ($M = 2,5 \cdot 10^5$) wohldefinierte Sphärolithe ausbildet und die höhermolekulare ($M = 1,5 \cdot 10^6$) eine Zylinder-Morphologie besitzt. Der Zusatz der höhermolekularen Fraktion führt zu einer Zerstörung der ursprünglichen Sphärolithstruktur. Bereits bei geringen Zusätzen wird das für gestörte Sphärolithe typische „Tennisschläger-Muster" (55–57) beobachtet. Beträgt der Anteil der höhermolekularen Fraktion mehr als 50%, so liegt kein Hinweis mehr für eine Sphärolithstreuung vor.

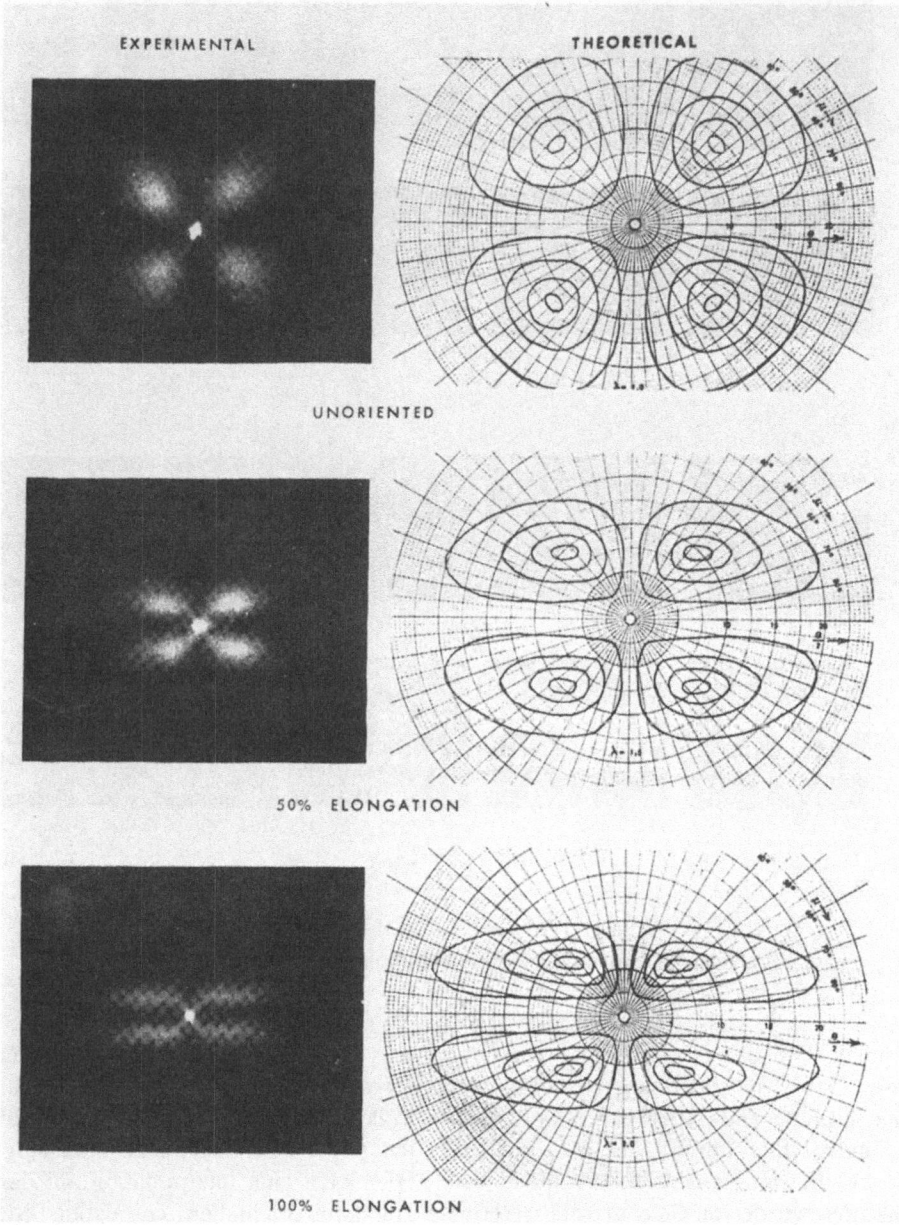

Abb. 9. Berechnete und gemessene H_v-Komponente verschieden verstreckter isotaktischer Polypropylen-Filme, *Samuels* (70)

Die Lichtstreuung wurde auch zur Untersuchung der Überstrukturen in kristallinen Polymermischungen eingesetzt (58, 59). So untersuchten z. B. *Khambatta* et al. (59) Mischungen aus Poly (ε-capralacton) (PCL) und Polyvinylchlorid (PVC). Bis zu einem PVC-Gehalt von 50% in dem sphärolithisch kristallisierenden PCL ändert sich die H_v-Komponente nur bezüglich ihrer Intensität. Ihre Abnahme mit zunehmendem PVC-Gehalt kann nach Gl. [3 b] mit einer Abnahme der Sphärolithanisotropie erklärt werden.

Eine sehr wichtige Anwendung findet die Lichtstreuung auch im Rahmen kristallisationskinetischer Untersuchungen etwa zur Bestimmung der Sphärolithwachstumsgeschwindigkeit. Nach Gl. [3 c] kann auf sehr einfache Weise aus dem Maximum der H_v-Komponente die Größe der Sphärolithe bestimmt werden. Führt man zeitabhängige Messungen durch, so ergibt sich unmittelbar eine Möglichkeit, das Sphärolithwachstum zu verfolgen. Messungen dieser Art wurden an einer Reihe von Polymeren, wie z. B. Polyäthylen

(60), isotaktisches Polystyrol (61), Polyäthylenterephthalat (62 – 65) und Polybutylenterephthalat (66) gemacht.

Die Methode der Lichtstreuung erweist sich auch zur Charakterisierung verstreckter Polymerer als sehr nützlich (55, 67 – 73). Sind in dem unverstreckten Polymeren Sphärolithe vorhanden, so wird ihre Streuung im verstreckten Zustand im allgemeinen recht gut auf der Grundlage einer affinen Transformation durch die Streuung eines anisotropen Ellipsoids beschrieben (70, 74, 75 – 77). Dabei wird angenommen, daß jedes Element des Sphärolithen in der gleichen Weise eine Transformation erfährt. Dies ist eine Forderung, die nur näherungsweise erfüllt sein kann, da beim Verstrecken Lamellen gekippt und gedreht werden können. Dennoch können, wie in Abb. 9 am Beispiel des isotaktischen Polypropylens (70) gezeigt wird, die gefundenen Streukurven auf der Grundlage dieses einfachen Modells gut beschrieben werden.

Mit der Lichtstreuung kann nicht nur die Deformation vorhandener morphologischer Strukturen, sondern auch die Erzeugung neuer beim Verstrecken beobachtet werden. So untersuchte *R. S. Stein* (67) die H_v-Komponente verschieden verstreckter Polyäthylenterephthalat-Proben. Während bei geringer Verstreckung eine Streuung durch senkrecht zur Verstreckrichtung orientierte Zylinder auftritt, erhält man bei hoher Verstreckung das für die Sphärolithstreuung typische Muster. Die einzelnen Zweige des Streumusters sind hierbei in Verstreckrichtung gekippt, woraus man schließen kann, daß die Sphärolithe senkrecht zur Verstreckrichtung gedehnt sind.

8. Schlußfolgerungen

Die elastische Lichtstreuung ist eine Methode, mit der ohne allzu großen Aufwand an apparativer Ausrüstung und Zeit polymere Strukturen quantitativ charakterisiert werden können. Die Streukomponenten mit unterschiedlichen Polarisationsrichtungen liefern wichtige Informationen über die in einem Polymeren vorhandenen Dichte- und Anisotropiefluktuationen, so daß ein sehr umfassendes Bild der polymeren Systeme vermittelt wird. Durch zeitabhängige Messungen können Strukturänderungen etwa während der Kristallisation oder Deformation von Polymeren verfolgt werden. Auf Grund dieser Eigenschaften wurde die elastische Lichtstreuung mit Erfolg bereits in vielen Gebieten der Polymerwissenschaft angewendet, und sie dürfte in Zukunft eine noch größere Verbreitung finden.

Danksagung

Diese Arbeit wurde von der Deutschen Forschungsgemeinschaft (Sonderforschungsbereich 41 Mainz/Darmstadt) gefördert. Herrn Prof. Dr. *E. W. Fischer* danke ich für zahlreiche wertvolle Diskussionen.

Zusammenfassung

Die elastische Lichtstreuung wird in vielen Gebieten der Polymerwissenschaft angewendet, um Strukturen in der Größenordnung $10^2 - 10^5$ Å zu charakterisieren. Mit dieser Methode können sowohl Dichte- als auch Anisotropiefluktuationen erfaßt werden, so daß eine sehr detaillierte Beschreibung polymerer Strukturen möglich ist. Nach einer Einführung in die theoretischen Grundlagen der elastischen Lichtstreuung wird ein kurzer Überblick über die experimentellen Methoden gegeben. Im Anschluß daran werden einige neuere Lichtstreuuntersuchungen als Anwendungsbeispiele erörtert, wobei Fragen nach der Struktur amorpher Polymerer, der Netzwerkstruktur von Polymeren, der Phasentrennung bei Mehrkomponentensystemen und der Überstruktur kristalliner Polymerer im Vordergrund stehen.

Summary

Elastic light scattering has found numerous applications in polymer science for the characterization of structures with dimensions in the range $10^2 - 10^5$ Å. With this method density- as well as anisotropy fluctuations can be studied, so that a very detailed description of polymeric structures is possible. Following an introduction into some basic theoretical approaches to light scattering, a short review of the experimental methods is given. In the remainder of the paper some recent studies on light scattering are discussed as examples of applications where special emphasis is put on questions concerning the structure of amorphous polymers, the network structure of crosslinked polymers, the phase separation in multicomponent systems and the superstructure in crystalline polymers.

Literaturverzeichnis

1) *Stacey, K. A.*, Light-Scattering in Physical Chemistry, Butterworths, London 1956.
2) *Kerker, M.*, The Scattering of Light, Academic Press, New York 1969.
3) *Huglin, M. B.*, Light Scattering from Polymer Solutions, Academic Press, New York 1972.
4) *Huglin, M. B.*, Pure and Appl. Chem. **49**, 929 (1977).
5) *Ross, G.*, Optica Acta **15**, 451 (1968).
6) *Stein, R. S.*, und *M. B. Rhodes*, J. Appl. Phys. **31**, 1873 (1960).
7) *Stein, R. S., A. Misra, T. Yuasa* und *F. Khambatta*, Pure and Appl. Chem. **49**, 915 (1977).
8) *Münster, A.*, Statistical Thermodynamics, Springer, Berlin (1969).

9) _Dettenmaier, M._, und _E. W. Fischer,_ Makromol. Chem. **177,** 1185 (1975).

10) _Wendorff, J. H._, und _E. W. Fischer,_ Kolloid Z. u. Z. Polymere **251,** 876 (1973).

11) _Hölle, H. J., R. G. Kirste, B. R. Lehnen_ und _M. Steinbach,_ Progr. Coll. Polym. Sci. **58,** 30 (1975).

12) _Rathje, J._, und _W. Ruhland,_ Coll. a. Polym. Sci. **254,** 358 (1976).

13) _Stein, R. S._, und _P. R. Wilson,_ J. Appl. Phys. **33,** 1914 (1962).

14) _Aughey, W. H._, und _F. J. Baum,_ J. Opt. Soc. Amer. **44,** 833 (1954).

15) _Plaza, A., F. H. Norris_ und _R. S. Stein,_ J. Polym. Sci. **24,** 455 (1957).

16) _Keijzers, A. E. M., J. J. van Aartsen_ und _W. Prins,_ J. Am. Chem. Soc. **90,** 3167 (1968).

17) _Van Antwerpen, P._, und _D. W. van Krewelen,_ J. Polym. Sci. A 2, **10,** 2409 (1972).

18) _Wims, A. M._, und _M. E. Yers Jr.,_ J. Colloid a. Interf. Sci. **39,** 447 (1972).

19) _Chu, W. H._, und _D. E. Horne,_ J. Polym. Sci., Polym. Phys. Ed. **15,** 303 (1977).

20) _Pakula, T._, und _Z. Soukup,_ J. Polym. Sci., Polym. Phys. Ed. **12,** 2437 (1974).

21) _Wasiak, A., D. Pfeiffer_ und _R. S. Stein,_ J. Polym. Sci., Polym. Lett. Ed. **14,** 381 (1976).

22) _Hermans, J. J._, und _S. Levinson,_ J. Opt. Soc. Am. **41,** 460 (1951).

23) _Stein, R. S._, und _J. J. Keane,_ J. Polym. Sci. **17,** 21 (1955).

24) _Kratohvil, J. P.,_ J. Colloid a. Interf. Sci. **21,** 498 (1966).

25) _Stidham, S. N._, und _R. S. Stein,_ J. Polym. Sci. A 2 **4,** 89 (1966).

26) _Prud'homme, R. E., L. Bourland, Raj T. Natarjan_ und _R. S. Stein,_ J. Polym. Sci., Polym. Phys. Ed. **12,** 1955 (1974).

27) _Natarajan, Raj. T., R. E. Prud'homme, L. Bourland_ und _R. S. Stein,_ J. Polym. Sci., Polym. Phys. Ed. **14,** 1541 (1976).

28) _Debye, P._, und _A. M. Bueche,_ J. Appl. Phys. **20,** 518 (1949).

29) _Flory, P. J.,_ Principles of Polymer Chemistry, Cornell University Press, Ithaca (1953).

30) _Pechhold, W._, und _S. Blasenbrey,_ Kolloid-Z. u. Z. Polymere **241,** 955 (1970).

31) _Yeh, G. S. Y.,_ J. Macromol. Sci. **B 6,** 465 (1972).

32) _Dettenmaier, M._, und _E. W. Fischer,_ Kolloid-Z. u. Z. Polymere **251,** 876 (1973).

33) _Tonelli, A. E., Y. Abe_ und _P. J. Flory,_ Macromol. **3,** 303 (1970).

34) _Stein, R. S.,_ J. Polym. Sci., **B 7,** 657 (1969).

35) _Bueche, F.,_ J. Colloid a. Interf. Sci. **33,** 61 (1970).

36) _Wun, K. C._, und _W. Prins,_ J. Polym. Sci., Polym. Phys. Ed. **12,** 533 (1974).

37) _Pines, E._, und _W. Prins,_ J. Polym. Sci. **B 10,** 719 (1972).

38) _Prins, W._, in „Polymer Networks: Structural and Mechanical Properties", ed. by _A. J. Chompff_ and _S. Newman._ Plenum Press, New York 1971.

39) _Sternstein, S. S._, J. Macromol. Sci., Phys. **B 6,** 243 (1972).

40) _Picot, C., M. Fukuda_ und _C. Chou,_ J. Macromol. Sci., Phys. **B 6,** 263 (1972).

41) _Moritani, M., T. Inouge, M. Motegi_ und _H. Kawai,_ Macromol. **3,** 433 (1970).

42) _Duplessix, R., C. Picot_ und _H. Benoit,_ J. Polym. Sci. **B 9,** 321 (1971).

43) _Boisserie, C._, und _R. H. Marchessault,_ J. Polym. Sci., Polym. Lett. Ed. **14,** 293 (1976).

44) _Boisserie, C._, und _R. H. Marchessault,_ J. Polym. Sci., Polym. Phys. Ed. **15,** 1211 (1977).

45) _H.K. Yuen_ und _J. B. Kinsinger,_ Macromol. **7,** 329 (1974).

46) _Viskonti, S._, und _R. H. Marchessault,_ Macromol. **7,** 913 (1974).

47) _Stein, R. S._, und _M. B. Rhodes,_ J. Appl. Phys. **31,** 1873 (1960).

48) _Stein, R. S._, in „Newer Methods of Polymer Characterization", ed. by _B. Ke,_ Intersci. Publ., New York (1964).

49) _Stein, R. S.,_ Rubber Chem. a. Technology **49,** 458 (1976).

50) _Stein, R. S., A. Misra, T. Yuasa_ und _F. Khambatta,_ Pure and Appl. Chem. **49,** 915 (1977).

51) _Go, S., L. Mandelkern, R. Prud'homme_ und _R. S. Stein,_ J. Polym. Sci., Polym. Phys. Ed. **12,** 1485 (1974).

52) _Stein, R. S., P. F. Ehrhardt, S. B. Clough_ und _G. Adams,_ J. Appl. Phys. **37,** 3980 (1966).

53) _Prud'homme, R. E._, und _R. S. Stein,_ J. Polym. Sci., Polym. Phys. Ed **12,** 1805 (1974).

54) _Mandelkern, L., S. Go, D. Pfeiffer_ und _R. S. Stein,_ J. Polym. Sci., Polym. Phys. Ed. **15,** 1189 (1977).

55) _Motegi, M., T. Oda, M. Moritami_ und _H. Kawai,_ Polymer J. **1,** 209 (1970).

56) _Prud'homme, R. E._, und _R. S. Stein,_ J. Polym. Sci., Polym. Phys. Ed. **11,** 1683 (1973).

57) _Yoon, D. Y._, und _R. S. Stein,_ J. Polym. Sci., Polym. Phys. Ed. **12,** 763 (1974).

58) _Stein, R. S., F. P. Warner, A. Escala, E. Balizer, T. Russell_ und _J. Koberstein,_ Am. Chem. Soc., Div. Org. Coatings Plast. Chem., Prepr. **37** (1), 7 (1977).

59) _Khambatta, F. H., F. Warner, T. Russell_ und _R. S. Stein,_ J. Polym. Sci., Polym. Phys. Ed. **14,** 1391 (1976).

60) _Pakula, T._, und _M. Kryszewski,_ Eur. Polym. J. **12,** 47 (1976).

61) _Picot, C., G. Weill_ und _H. Benoit,_ J. Polym. Sci. **C 16,** 3973 (1968).

62) _Van Antwerpen, F._, und _D. W. van Krevelen,_ J. Polym. Sci., Polym. Phys. Ed. **10,** 2409 (1972).

63) _Baranov, V. G., A. V. Kenorov_ und _T. I. Volkov,_ J. Polym. Sci. **C 30,** 217 (1970).

64) _Stein, R. S., A. Misra, T. Yuasa_ und _A. Wasiak,_ Am. Chem. Soc., Div. Polym. Chem., Polym. Prepr. **16** (1), 13 (1975).

65) _Wasiak, A._, und _R. S. Stein,_ Am. Chem. Soc., Div. Polym. Chem., Polym. Prepr. **16** (2), 643 (1975).

66) _Misra, A._, und _R. S. Stein,_ J. Polym. Sci., Polym. Phys. Ed. **11,** 109 (1973).

67) _Stein, R. S._, Am. Chem. Soc., Div. Polym. Chem., Polym. Prepr. **16** (2), 387 (1975).

68) _Akana, Y._, und _R. S. Stein,_ J. Polym. Sci., Polym. Phys. Ed. **13,** 2195 (1975).

69) _Baranov, V. G., N. I. Bychkovsky, A. Sh. Goikhman_ und _M. P. Nosov,_ J. Polym. Sci. **C 38,** 327 (1972).

70) *Samuels, R. J.*, J. Polym. Sci. **C13,** 37 (1966).

71) *Chu, C.-M.*, und *G. L. Wilkes*, J. Macromol. Sci.-Phys. **B10,** 231 (1966).

72) *Samuels, S. L.*, und *G. L. Wilkes*, J. Polym. Sci. **C43,** 149 (1973).

73) *Samuels, S. L.*, und *G. L. Wilkes*, J. Polym. Sci. **A2 6,** 1101 (1968).

74) *Stein, R. S., S. Clough* und *J. J. van Aartsen*, J. Appl. Phys. **36,** 3072 (1962).

75) *Samuels, R. J.*, J. Polym. Sci. A 2, **9,** 2165 (1971).

76) *Van Aartsen, J. J.*, und *R. S. Stein*, J. Polym. Sci. **A2 9,** 295 (1971).

77) *Stein, R. S.*, in „Electromagnetic Scattering" ed. by M. Kerker, Pergamon Press, New York (1963).

Anschrift des Verfassers:

M. Dettenmaier
École Polytechnique Fédérale de Lausanne
Laboratoire des Polymères
32, Chemin de Bellerive
CH-1007 Lausanne

Progr. Colloid & Polymer Sci. **66**, 183 – 196 (1979)
© 1978 by Dr. Dietrich Steinkopff Verlag GmbH & Co. KG, Darmstadt
ISSN 0340-255 X

Lectures during the conference of the Deutschen Physikalischen Gesellschaft,
Fachausschuß „Physik der Hochpolymeren". April 17 – 21,
1978 in Bad Nauheim.

Deutsches Kunststoff-Institut, Darmstadt

Inelastic light scattering in polymers

J. H. Wendorff

With 13 figures and 2 tables

(Received June 5, 1978)

I. Introduction

The method of light scattering cannot only be applied to get information about the supermolecular structure of a material, it can also be used to measure thermodynamic and dynamic properties. Structural and in a limited way thermodynamic data are obtained by elastic light scattering (1) whereas thermodynamic as well as dynamic data are determined by inelastic light scattering (2 – 5). Inelastic light scattering is a spectroscopic method, which is able to detect translational, rotational as well as vibrational motions in a large frequency range.

The technique of inelastic light scattering has increasingly been used in the field of polymer science during the last few years (6). Valuable information on polymer properties can be gained by this method, due to its specific advantages such as the large frequency range and the sensitivity to different kinds of motions. The analysis of the light scattering spectrum turns out, however, to be quite complicated. It was felt for this reason, that the paper on inelastic light scattering should contain a short review of the theoretical basis of the method, of the analysis of the spectra, of general applications and finally of specific applications in the field of polymer science.

The basic principles of the method can be described in a very simple way. If a monochromatic laser beam characterized by the frequency ω_i, the wave vector $\vec{k}_i$ and the direction of the polarization $\vec{p}_i$ impinges on a material (Fig. 1) the particles of the material will act as secondary sources of radiation. The scattered field, which is characterized by the wave vector $\vec{k}_s$ and the direction of polarization $\vec{p}_s$ will depend on the positional and orientational order of the particles in the scattering volume. This fact is used in elastic light scattering to obtain information about the structure (1). The scattered field will depend on the time, if the positions and the orientations of the particles will change as a function of the time, due to molecular motions. A scattering component will be observed with a frequency ω_s which is shifted by $\omega = \omega_i - \omega_s$ with respect to the frequency of the incident light, if a frequency analysis is performed for instance by means of an interferometer. One is able to derive information on molecular motions by studying the time dependence of the scattered field or the shape of the inelastic light scattering spectrum. The problem consists in deriving this information from the spectrum. In systems, which are characterized by large numbers of particles such as for instance condensed systems, thermal motions will lead to statistical fluctuations of their properties (7). Data on thermal motions as well as on properties determined by these motions should be obtainable from the spectrum, if the same kinds of motions lead to fluctuations of certain macroscopic properties as well as to inelastic light scattering. In order to establish this relation one has to find a way by which fluctuating properties

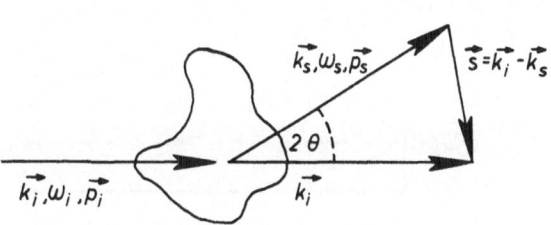

Fig. 1. Scattering geometry.

can be described. This can be done by using time correlation functions, as shown below, which are basic functions in the theory of dynamic properties.

II. Time Correlation Functions

We consider a property $X(t)$ which fluctuates by an amount $\delta X(t) = X(t) - \langle X(t) \rangle$ about its average value $\langle X(t) \rangle$, the brackets denote the ensemble average. The particle density in small volume elements of a macroscopic sample may be used as an example. The particle density will change as a function of the time due to translational motions of the particles, which enter and leave the small volume element. The time scale of the fluctuations will be determined by the velocity of the molecules, the amplitude by the number of the particles which pass through the volume. These two characteristic values of the fluctuations are obtainable from the time correlation function which is defined as (Fig. 2):

$$C_X(t) = \langle \delta X(0)\, \delta X(t) \rangle. \tag{1}$$

It decays from the value $\langle \delta X(0)^2 \rangle$ to $\langle \delta X(t) \rangle^2$. The value of $\langle \delta X(0)^2 \rangle$ is a measure of the average amplitude of the fluctuations. The correlation time, defined as:

$$\tau_c = \int dt\, \langle \delta X(0)\, \delta X(t) \rangle / \langle \delta X(0)^2 \rangle \tag{2}$$

is a measure of the time scale of the fluctuations. One thus obtains information on the amplitude and time scale, both of which are related to molecular processes, by analyzing the correlation functions of fluctuations. Additional knowledge about the nature of the motion may be gained by studying the shape of the correlation function.

One often determines the spectral density $I_X(\omega)$ rather than the time correlation function. It is defined as:

$$I_X(\omega) = (2\,\pi)^{-1} \int \langle \delta X(0)\, \delta X(t) \rangle \exp(-i\,\omega\,t)\, dt. \tag{3}$$

It represents the spectral distribution of the fluctuations. Time correlation functions have been used to represent dynamic properties as well as light scattering properties.

III. Dynamic Properties

Transport coefficients are expressed on the basis of time correlation functions for molecular motions in the statistical theories of transport processes (8, 9). Due to molecular collisions the motions of the molecules will be subjected to fluctuations. The time correlation function of these fluctuations is related to transport properties determined by these motions (9). The spectral density of the fluctuations for the limit $\omega \to 0$ is in many cases related to macroscopic transport coefficients. This will be demonstrated for the case of thermal diffusion, which takes place if particles transport excess energy δE_i. The energy transport will be given by:

$$J_x(t) = d/dt\, \sum_i r_{ix}\, \delta E_i. \tag{4}$$

The time correlation function and the spectral density are:

$$H(t) = \langle J_x(0)\, J_x(t) \rangle \tag{5}$$

$$h(\omega) = (2\,\pi)^{-1} \int \langle J_x(0)\, J_x(t) \rangle \exp(-i\,\omega\,t)\, dt. \tag{6}$$

In the limit of small frequencies one gets:

$$h(0) = V\, k\, T^2\, (2\,\pi)^{-1}\, \lambda \tag{7}$$

where λ is the thermal diffusivity.

If one succeeds in determining the spectral density $h(0)$ one can calculate the transport coefficient λ. If the spectral density is known over an extended frequency range it becomes possible to calculate the whole time correlation function, which contains information about the specific nature of the basic molecular process.

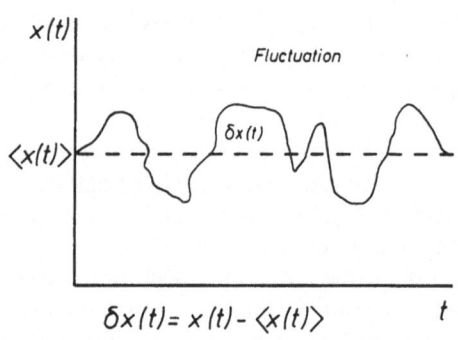

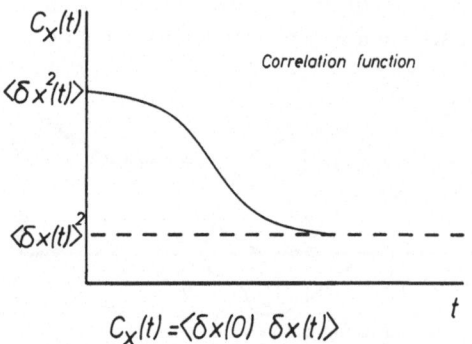

Fig. 2. Fluctuation and correlation function.

IV. The Inelastic Light Scattering

It is well known that an ideally homogeneous material will not scatter radiation. Scattering will only be observed if heterogenities exist. Such heterogenities can occur due to thermally stimulated fluctuations of structural parameters. In the case of light scattering fluctuations of the local dielectric constant $\delta\varepsilon(r, t)$ or of the polarizibility density

$$\alpha(r, t) = \sum_{j=1}^{N} \alpha^j(t)\, \delta(r - r_j(t)) \qquad [8]$$

are of importance (2–5). It is shown below that the time correlation function of these fluctuations is related to the time correlation function of the scattered field. One can thus determine fluctuations of the local dielectric constant or the polarizibility density by analyzing the inelastic light scattering.

We consider the case of a plane wave which impinges on the material. In the case of the phenomenological theory one considers local fluctuations of the dielectric constant

$$\delta\varepsilon(\vec{r}, t) = \varepsilon(\vec{r}, t) - \langle \varepsilon(\vec{r}, t)\rangle. \qquad [9]$$

The scattered field E_s at the distance R from the scattering volume, due to these fluctuations is given by:

$$E_s(R, t) = -|\vec{k}_s|^2 E_0 (4\pi\varepsilon_0 R)^{-1}$$
$$\exp(i|\vec{k}_s|R - i\omega_i t)\, \delta\varepsilon_{is}(\vec{s}, t) \qquad [10]$$

where

$$\delta\varepsilon_{is}(\vec{s}, t) = \int \exp(i\vec{s}\,\vec{r})\, \vec{p}_i\, \delta\varepsilon(\vec{r}, t)\, \vec{p}_s\, d\vec{v}_r \qquad [11]$$

and

$$\vec{s} = \vec{k}_i - \vec{k}_s. \qquad [12]$$

The time correlation function of the scattered field relates to the time correlation function of the fluctuations as:

$$\langle E_s^*(R, 0)\, E_s(R, t)\rangle = A\, \langle \delta\varepsilon_{is}(\vec{s}, 0)\, \delta\varepsilon_{is}(\vec{s}, t)\rangle$$
$$\exp(-i\omega_i t) \qquad [13]$$

where

$$A = |\vec{k}_s|^4 E_0^2 (16\pi^2 R^2 \varepsilon_0^2)^{-1}. \qquad [14]$$

The spectral density of the fluctuations determines the spectrum of the inelastic light scattering.

$$I(\vec{s}, \omega_s) = A(2\pi)^{-1} \int \langle \delta\varepsilon_{is}(\vec{s}, 0)\, \delta\varepsilon_{is}(\vec{s}, t)$$
$$\exp(-i\omega t) \qquad [15]$$

where

$$\omega = \omega_i - \omega_s. \qquad [16]$$

By analyzing an inelastic scattering process characterized by a frequency shift $\omega = \omega_i - \omega_s$ and a change of the wave vector $\vec{s} = \vec{k}_i - \vec{k}_s$ one measures fluctuations with the wave vector $\vec{s}$ and the frequency ω. The scattering process is a process in which a photon changes its energy and momentum due to interactions with the material.

$$\hbar\omega_i - \hbar\omega_s = \hbar\omega \qquad [17]$$

$$\hbar\vec{k}_i - \hbar\vec{k}_s = \hbar\vec{s}. \qquad [18]$$

In the case of light scattering

$$|\vec{k}_i| \cong |\vec{k}_s| \quad \text{and} \quad s = |\vec{s}| = 4\pi n \lambda_0^{-1} \sin\theta \qquad [19]$$

where 2θ is the scattering angle, λ_0 the wave length of the light in vacuum and n the refractive index.

A microscopic rather than a phenomenological description will be more adequate in many cases for inelastic scattering, the reorientational motion being one example. One considers fluctuation of the polarizibility density, which either can fluctuate due to density fluctuations or to fluctuations of the molecular polarizibility. Density fluctuations can arise from translational motions whereas polarizibility fluctuations can arise from reorientational motions of anisotropic particles, binary collisions between particles or intramolecular vibrations (2–5).

It can be shown that in the case of particles with isotropic polarizibilities the inelastic light scattering spectrum is related to the generalized Van Hove pair correlation function $G(\vec{r}, t)$ which is a basic function of condensed amorphous systems (5, 8):

$$I(\vec{s}, \omega) \sim \int\int G(\vec{r}, t) \exp(i\vec{s}\,\vec{r} - i\omega t)\, dt\, d\vec{v}_r. \qquad [20]$$

V. Experimental Considerations

A laser operating in a single frequency mode is used as the source of the radiation in a usual inelastic light scattering apparatus (Fig. 3). The radiation is incident on a sample which should be as clean as possible in order to reduce the excess scattering. Sample preparation is one of the greatest experimental difficulties in inelastic light scattering. This is especially the case for polymers which frequently contain additives.

The frequency distribution of the scattered light is analyzed by different techniques, depending on the particular frequency range. Above about 10^7 Hz optical analyzers are employed, which in the frequency range between 10^7 to 10^{11} Hz are interferometers, often with multipass options, and in the range from 10^{11} to 10^{14} grating spectrometers. These spectrometers may contain several gratings in series. The radiation scattered at each frequency is measured by means of a photodetector and a lock-in amplifier or a photon counter.

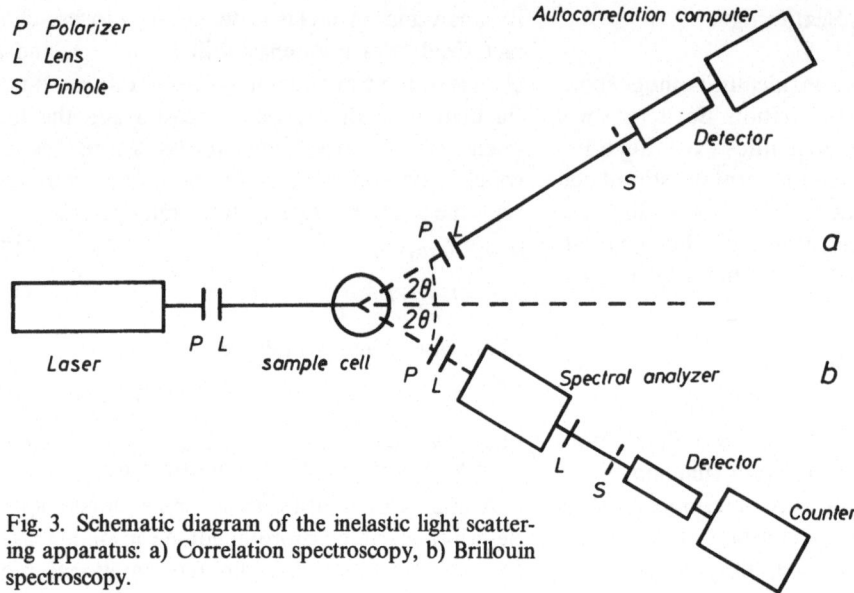

Fig. 3. Schematic diagram of the inelastic light scattering apparatus: a) Correlation spectroscopy, b) Brillouin spectroscopy.

No optical frequency analyzer exists in the frequency range below 10^7 Hz. Photon correlation is used to determine the spectral distribution of the scattered intensity (2–5). The time correlation function of the fluctuating scattered intensity, which is related to the fluctuating photocurrent $i(t)$ of the detector, is calculated by an electronic correlator in the case of the homodyne method:

$$C(t)_{\text{homodyne}} = B\langle i(0)\, i(t)\rangle = \langle |E_s(0)|^2\, |E_s(t)|^2\rangle. \quad [21]$$

The time dependence of the photocurrent, which results from the superposition of the scattered intensity and the intensity of a local oscillator, which may be part of the unscattered light, is analyzed in the heterodyne method:

$$C(t)_{\text{heterodyne}} = C\langle (i(0)+i_0(0))\,(i(t)+i_0(t))\rangle \quad [22]$$
$$\langle |E_s(0)+E_0(0)|^2\, |E_s(t)+E_0(t)|^2\rangle.$$

If the scattering volume can be decomposed into a large number of independently scattering subvolumes, that is if the scattered field is characterized by a Gaussian distribution, one can express the homodyne correlation function by:

$$C(t)_{\text{homodyne}} = |\langle E_s(0)\rangle|^2 + |\langle E_s^*(0)\, E_s(t)\rangle|^2. \quad [23]$$

If the correlation function of the polarizibility fluctuations and thus of the fluctuations of the scattered field can be represented by a sum of exponentials one obtains the following expression for the time correlation function and the spectral density:

$$\langle E_s^*(0)\, E_s(t)\rangle = \sum_i \alpha_i \exp(-t/\tau_i) \quad [24]$$

$$C(t) = \sum_{i,j} \alpha_i \alpha_j [1 + \exp(-t\,(1/\tau_i + 1/\tau_j))] \quad [25]$$

$$I(\omega) = \sum_{i,j} \alpha_i \alpha_j [\delta(\omega) + \pi^{-1}(1/\tau_i + 1/\tau_j)/ \quad [26]$$
$$(\omega^2 + (1/\tau_i + 1/\tau_j)^2)].$$

The homodyne spectrum will in general contain more components than the fluctuations, as can be seen from eq. 26. The following expressions are obtained for the

case of the heterodyne method, if the scattered field is characterized by a Gaussian distribution (F and G are constants):

$$C(t) = F\,\text{Re}\langle E_s^*(0)\, E_s(t)\rangle \quad [27]$$

$$I(\omega) = G \int \text{Re}\langle E_s^*(0)\, E_s(t)\rangle \exp(-i\,\omega\, t)\, dt. \quad [28]$$

The results of the heterodyne method and methods using optical analyzers agree if the time correlation function is a real function of the time.

The polarized or depolarized spectra are obtained in the same way as in the case of elastic light scattering by choosing the appropriate orientation of the polarizer and analyzer.

VI. Light Scattering and Dynamic Properties

a) Hydrodynamic modes

By analyzing the inelastic light scattering spectra one obtains information about fluctuations which are caused by thermal motions. These motions will in many cases determine dynamical properties. Thus there ought to be a direct relation between inelastic light scattering and dynamic properties. This relation, which is shown schematically in Fig. 4 will be discussed in detail now.

In order to understand the relation between dynamic properties and light scattering we will consider the case of a usual relaxation experiment. A system is removed from its equilibrium state due to interactions with external forces. The system will relax back to the original state, if the external forces vanish. If the relaxation of properties is analyzed, which are defined for times and distances which are large compared with molecular values, one can describe the relaxation process by equations which define macroscopic behavior and which contain macroscopic transport coefficients.

No external forces are needed in the case of an inelastic light scattering experiment, since spontaneous fluctuations occur which decay subsequently. These fluctuations may decay according to macroscopic equations, if fluctuations are considered, which are also defined for large time scales and distances (Onsager regression hypothesis (10)). The decay of these fluctuations can be determined by inelastic light scattering, if these fluctuations couple to fluctuations of the local dielectric constant or the polarizibility density. One then is able to measure transport coefficients by this method.

Disturbances in condensed systems, which extend over long time scales and distances, are described by the laws of hydrodynamics. These laws are the continuity equation, the thermal diffusion equation and the Navier-Stokes equation for the fluid state (11). The thermal diffusion law will be considered here as an example for the relation between the hydrodynamic modes and the corresponding inelastic light scattering spectrum.

One component of the fluctuations of the local dielectric constant is due to entropy fluctuations, which are related to temperature fluctuations δT.

These fluctuations will decay according to the thermal diffusion law.

$$\partial \delta T / \partial t = \lambda\, c_p^{-1} \nabla^2\, \delta T. \tag{29}$$

The spatial Fourier transform of this equation is

$$\partial / \partial t\, \delta T(\vec{s}, t) = -|\vec{s}|^2\, \lambda\, c_p^{-1}\, \delta T(\vec{s}, t). \tag{30}$$

The solution of this equation is

$$\delta T(\vec{s}, t) = \delta T(\vec{s}, 0)\, \exp\left(-|\vec{s}|^2\, \lambda\, c_p^{-1}\, t\right). \tag{31}$$

The time correlation is

$$\langle \delta T^*(\vec{s}, 0)\, \delta T(s, t) \rangle$$
$$= |\delta T(\vec{s}, 0)|^2\, \exp\left(-|\vec{s}|^2\, \lambda\, c_p^{-1}\, t\right) \tag{32}$$

and the spectral density, which is directly related to the light scattering spectrum is given by

$$I(\omega, \vec{s}) = H\, |\delta T(\vec{s}, 0)|^2\, \Gamma s^2 / (\Gamma s^2)^2 + \omega^2) \tag{33}$$

where H is a constant and

$$\Gamma = |\vec{s}|^2\, \lambda\, c_p^{-1}. \tag{34}$$

The hydrodynamic mode considered here leads to an unshifted line, the so-called Rayleigh line, with a Lorentzian shape, the width of which is determined by the value of the thermal diffusivity. If we consider all possible hydrodynamic modes we obtain a polarized spectrum which consists of two symmetrically shifted lines, the so-called Brillouin lines which are due to propagating hypersonic

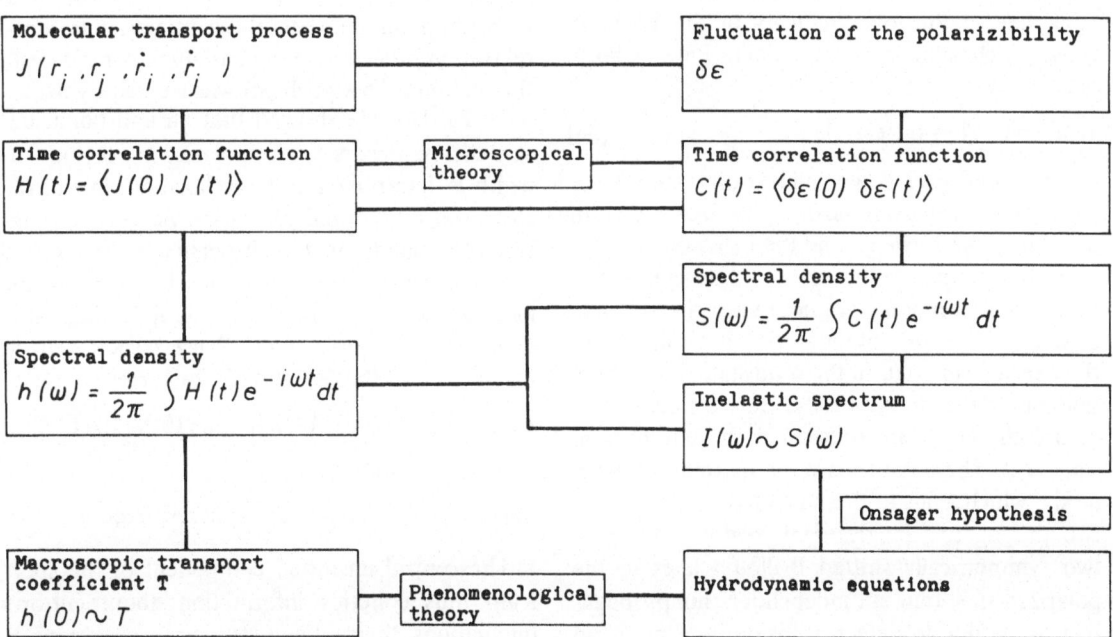

Fig. 4. Schematic representation of the correlation between molecular motions, transport properties and inelastic scattering.

longitudinal waves in addition to the unshifted line. We obtain a depolarized spectrum which consists of two symmetrically shifted lines due to propagating transverse waves. The positions of the shifted lines depend on the sound velocity v_s the width on the attenuation of the particular mode. For the case of a monoatomic fluid one obtains the following spectrum:

$$I(\omega) = A \, V (\partial \varepsilon / \partial \varrho)^2 \, (\vec{p}_i \, \vec{p}_s)^2 \, \varrho^2 \, kT \varkappa_T \, \zeta \, (1 - 1/\gamma)$$
$$[\Gamma \, s^2 / (\omega^2 + (\Gamma \, s^2)^2)]$$
$$+ \gamma^{-1} \, [\Gamma' s^2 / ((\omega - \omega \, (s))^2 + (\Gamma' s^2)^2) \qquad [35]$$
$$+ \Gamma' s^2 / ((\omega + \omega \, (s))^2 + (\Gamma' s^2)^2)] \zeta + \text{small non-Lorentzian terms.}$$

The first term represents the Rayleigh line, the next two terms the Brillouin doublet, they are Lorentzian lines, which are shifted symmetrically by

$$\omega \, (s) = \pm v_s \, s. \qquad [36]$$

These lines are characterized by a half width

$$\Gamma' \, s^2 = 1/2 \, \Big((\eta_v + (4/3) \, \eta_s) / (m \, \varrho) + \lambda \, (\gamma - 1) /$$
$$(m \, \varrho \, c_p) \Big) \, s^2. \qquad [37]$$

$(\eta_v + (4/3) \, \eta_s)$ is the longitudinal kinematic viscosity, η_s the shear viscosity, η_v the volume viscosity, $\varkappa_T$ the isothermal compressibility and $\gamma = c_p / c_v$, A an experimental constant. The integral intensity is given by

$$I = \varrho^2 \, k \, T \varkappa_T \, A \, V (\vec{p}_i \, \vec{p}_s)^2 \, (\partial \varepsilon / \partial \varrho)^2 \qquad [37]$$

whereas the ratio of the total intensity of the Rayleigh line to the total intensity of the Brillouin lines, which is the so-called Landau-Placzek ratio, is given by

$$I_R / I_{2B} = (\gamma - 1) = (c_p / c_v) - 1. \qquad [38]$$

If $c_p = c_v$ no Rayleigh line will be observed.

Fig. 5 gives an example of a polarized spectrum containing the Rayleigh and the Brillouin lines.

Hydrodynamics in the case of solids, either crystalline or amorphous, predict that eight independent hydrodynamic modes exist. Fluctuations of the density can occur in the solid state due to fluctuations of the stress but also due to fluctuations of defects which are present in the equilibrium state (12). These modes are the thermal diffusion mode, which leads to the unshifted Rayleigh line, two propagating longitudinal modes, leading to two symmetrically shifted Brillouin lines in the polarized spectrum, an independent nonpropagating mode due to defect diffusion, leading to an unshifted line. The width of it is determined by the diffusion coefficient of the defects and the in-

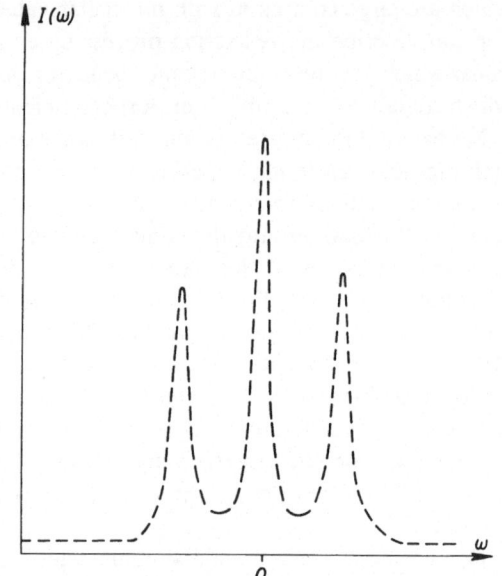

Fig. 5. Rayleigh-Brillouin spectrum of a low molecular weight fluid (n-hexadecane, (56)).

tensity by the defect concentration. Four transverse propagating modes, which are degenerated, lead to two symmetrically shifted lines in the depolarized spectrum. If the fluid or the solid consists of particles which possess internal degrees of freedom such as thermal or structural degrees of freedom, the possibility exists that energy transfer occurs between these degrees of freedom and the translational degrees of freedom. This process leads to a coupling between these modes, additional relaxation processes exist consequently for density fluctuations. This problem was treated by *Mountain* (13, 14). He showed that an additional unshifted line occurs in the polarized spectrum. Its width is determined by the relaxation time of the structural or thermal relaxation process. The intensity depends on the dispersion of the sound velocity, which is related to the dispersion of the longitudinal elastic modulus. The following value is obtained for the Landau Placzek coefficient in the absence of the defect diffusion term:

$$I_R / 2 \, I_B = (1 - 1/\gamma) + (1/\gamma) \, \big((v_s^2 - v_s^2 \, (0)) / v_s^2 \big) / (1/\gamma)$$
$$(v_s^2 \, (0) / v_s^2) \qquad [39]$$

where $v_s \, (0)$ is the sound velocity at zero frequency.

The central unshifted component of the spectrum thus contains information about entropy fluctuations, thermal and structural relaxations as well as about defect diffusion. The various components can be determined independently if their relaxation times differ strongly. This is often the case.

b) Microscopical modes

Molecular processes often take place in a material in addition to the processes considered above. These processes cannot be described on the basis of macroscopical equations. Microscopic theories and models have to be used. Reorientational motions is an example. If molecules which are characterized by an anisotropic polarizibility reorient, fluctuations of the polarizibility will occur. The time correlation function of such a process has to be calculated on the basis of a molecular model. *Debye* (15) considered the case that the reorientation of single particles takes place by small steps due to frequent collisions with neighboring particles. Such a process can be described by a diffusion equation. The inelastic depolarized spectrum is characterized by an unshifted line, the width is determined by the rotational diffusion coefficient. Fig. 6 gives an example. Several other molecular models have been developed for reorientational motions, the corresponding time correlation functions were calculated (16).

Collective motions may take place in addition to single particle motions because of interactions between the particles. The depolarized scattering is sensitive to single particle motions as well as to collective motions in contrast for instance to IR-methods and the method of depolarized fluorescence. The inelastic spectrum depends on the following time correlation functions:

$$C_2(t) = \langle P_2(\cos \theta_i(0)) \, P_2(\cos \theta_i(t)) \rangle \qquad [40]$$

for the case of single particle motions and

$$C_2(t) = \langle \sum_{i,j} P_2(\cos \theta_i(0)) \, P_2(\cos \theta_j(t)) \rangle \qquad [41]$$

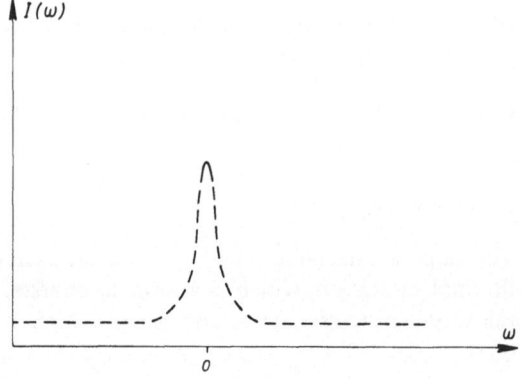

Fig. 6. Depolarized spectrum of a low molecular weight fluid (n-hexadecane, (56)).

for the case of collective motions. P_2 is a second rank Legendre polynomial.

θ_i describes the orientation of particle i relative to a preferred direction. Dielectric relaxation is determined by the following time correlation function.

$$C_1(t) = \langle \sum_{i,j} \cos \theta_i(0) \cos \theta_j(t) \rangle. \qquad [42]$$

A comparison between the two methods can lead to additional information about the nature of the reorientational motion since the two time correlation functions have different relaxation times. One obtains

$$\tau_1/\tau_2 = 3 \qquad [43]$$

for a rotational diffusion process.

If the reorientational spectrum is analyzed in addition to the Mountain component of the polarized spectrum, which is in many cases determined by structural relaxation processes, one can analyze the character of the relaxation process in more detail. Similar spectra can be expected, if the structural relaxation process is related to a reorientational motion. No similarity is expected, if structural relaxation occurs without rotational motions.

The depolarized spectrum will be very complex, if the reorientational modes couple to shear waves in the same way as the internal degrees of freedom couple to translational modes. This situation has been considered by several authors (17–20). They found that the spectrum depends on two parameters, a coupling parameter R and a parameter which is determined by the ratio between the characteristic times for viscous disturbances and for reorientational motions. It was shown that shear waves can propagate in liquids with high viscosities whereas shear waves are strongly damped in liquids with low viscosities, they become diffusive in this case. The spectra are given by

$$I(\omega) \sim [\Gamma^*(\omega^2 + (\eta_s' s^2)^2 (1-R)) \cos^2 \theta]/$$
$$[(\omega^2 - \eta_s' \Gamma^* s^2)^2 + \omega^2 (\Gamma^* + \eta_s'(1-R) s^2)^2] \qquad [44]$$
$$+ \Gamma^* \sin^2 \theta/(\omega^2 + (\Gamma^*)^2)$$

where η_s' is the kinematic shear viscosity and Γ^* an inverse correlation time, determined by the reorientational motions.

Depending on the values of R and $s^2 \eta_s'/\Gamma^*$ the spectrum consists of a triplett, due to reorientational processes and transversely propagating modes $(R \approx 1, s^2 \eta_s'/\Gamma^* \gg 1)$ of a doublet with an intensity dip at zero frequency due to a superposition of

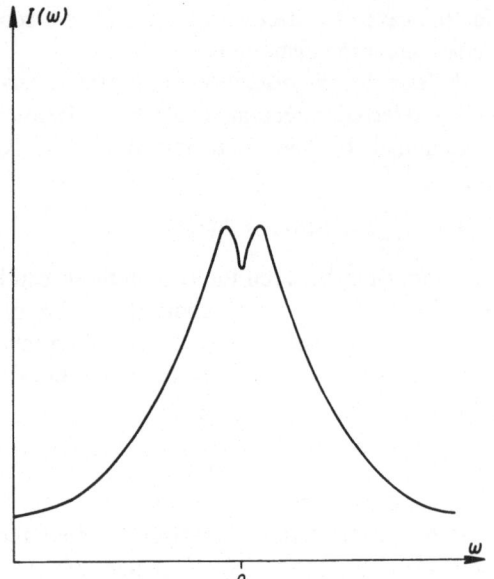

Fig. 7. Depolarized spectrum of a low molecular weight fluid (anisaldehyde (57)).

unshifted line because of reorientational motions and damped shear waves ($R \approx 1$, $s^2 \, \eta'_s/\Gamma^*$ about 1) or of a broad unshifted line ($s^2 \, \eta'_s/\Gamma^* \ll 1$). Fig. 7 gives an example for the second case. All three cases have been observed experimentally.

In addition to the unshifted or shifted lines discussed above, a very broad unshifted line is observed for molecular and atomic fluids, which cannot be attributed to any motion involving reorientational phenomena (21–23). According to *Kivelson* (21) one has to assume that the fluctuation of an additional parameter leads to the depolarized inelastic light scattering, he discusses the possibility of fluctuations of the inner field or of the molecular polarizability due to collisions between particles. The last model has been treated by several authors (22, 23). They assumed that isolated binary collisions occur, which result in deformations of the molecular frame, leading to fluctuations of the molecular polarizability. The following expression was obtained for the spectrum, if interactions between particles were described on the basis of the Lennard Jones potential

$$I(\omega) \sim \omega^{12/7} \exp(-\omega/\omega_0) \quad \text{for} \quad \omega > \omega_0 \quad [45]$$

where the width is given by

$$\omega_0 = (\pi \, \sigma/6) \, (\mu/k \, T)^{1/2} \, [1 - (2 \, \pi^{-1}) \, \text{arc tan} \, (2 \, \varepsilon/k \, T)^{1/2}]. \quad [46]$$

ε and σ are the Lennard Jones parameters and μ the reduced mass of the particles. The case of cor-

related collisions was also treated (24). An unshifted Lorentzian line is predicted. The width of this line is determined by the time between two collisions. The light scattering component which is caused by molecular collisions has been observed for atomic and molecular fluids. The agreement between the predictions and the experimental results was surprisingly good. This component thus offers the possibility to gain detailed information about molecular collisions which determine transport properties to a great extend.

VII. Inelastic Light Scattering in Polymers

a) Brillouin scattering

Brillouin scattering has been studied for a large variety of polymers, including amorphous PMMA, PS, PVC, PC and partially crystalline polymers such as PE and PETP (25–45). The hypersonic velocity was studied in most cases as a function of the temperature whereas the width and the intensity of the Brillouin doublet were studied less often (34–46).

The hypersonic velocity was found to decrease with increasing temperature as shown in Fig. 8 for the case of PMMA. The slope of the velocity-temperature curve was found to change at temperatures where primary or secondary relaxation processes were known to occur at low frequencies. It is obvious that the changes of the slope cannot be related directly to dispersion effects, due to relaxation processes, because of the high frequency method employed. The dependence of the velocity or the longitudinal modulus on the volume was found to be the origin of the observed behavior. This can be explained on the basis of the Grüneisen relation (31)

$$-d \ln v_i/d \ln V = \gamma_i \quad [47]$$

where v_i is the frequency of the sound wave i and γ_i the Grüneisen number. From this we get

$$(-v_i^{-1} \, \partial v_i/\partial T)_P = \alpha \, \gamma_i \sim (\partial v_s/\partial T)_P \quad [48]$$

since

$$v = 2 \, n \sin \theta \, \lambda_0 \, v_s. \quad [49]$$

The slope is thus determined by the coefficient of thermal expansion, which is known to change, if relaxation processes occur. By using a high frequency method it becomes possible to determine transition temperatures characteristic of low frequencies.

Fig. 8. Temperature dependence of the hypersound velocity of PMMA.

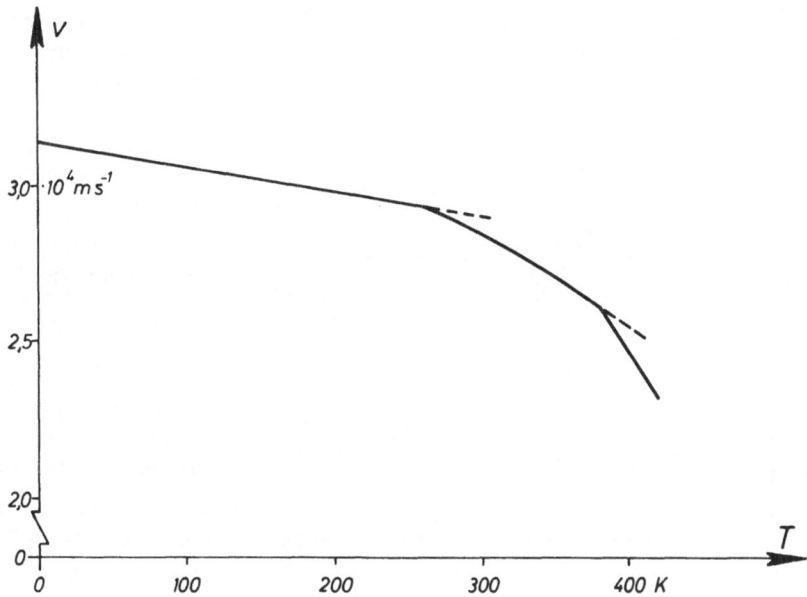

The glass transition temperature and the temperature at which secondary relaxation processes occur have been determined by this method for the case of homopolymers as well as copolymers (30). In the last case the purpose was to find out whether the structure of the copolymer of ethyl-methacrylate-methylmethacrylate was characterized by inhomogeneous regions, which was apparently the case. The anisotropy of the hypersonic velocity in oriented samples was studied only in one case (39).

Several changes in the Brillouin doublet are observed, if relaxation processes take place at high frequencies. The dispersion of the velocity leads to a strong shift of the position of the doublet as a function of the temperature. The width increases because of the onset of mechanical absorption, it passes through a maximum with increasing temperature (Fig. 9). The intensity of the Brillouin lines decreases, intensity is transfered into the unshifted Mountain line. The elastic modulus as well as the mechanical absorption can thus be measured by this method in the high frequency GHz-regime. The results can be used for an Arrhenius transition map, in which the logarithm of the frequency is plotted versus the temperature at which

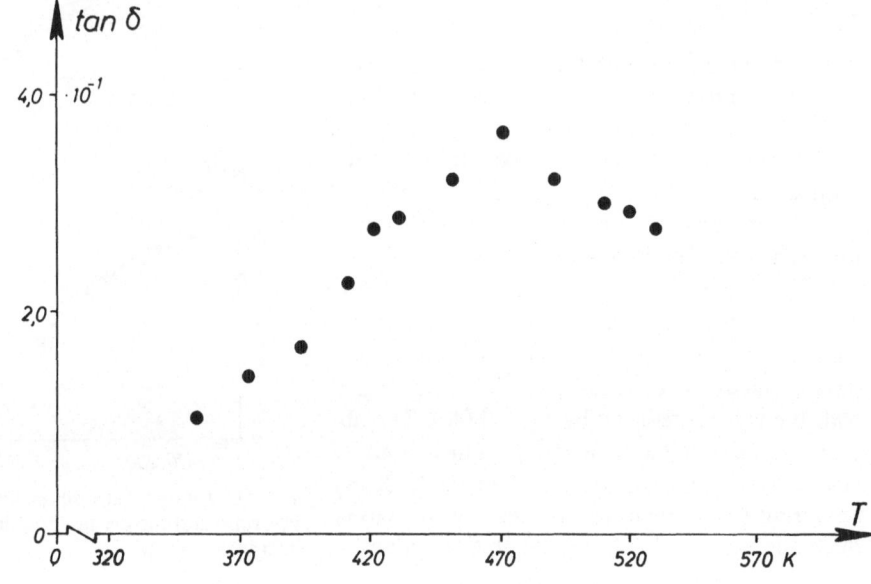

Fig. 9. Temperature dependence of tan δ for polyisobutylene (34).

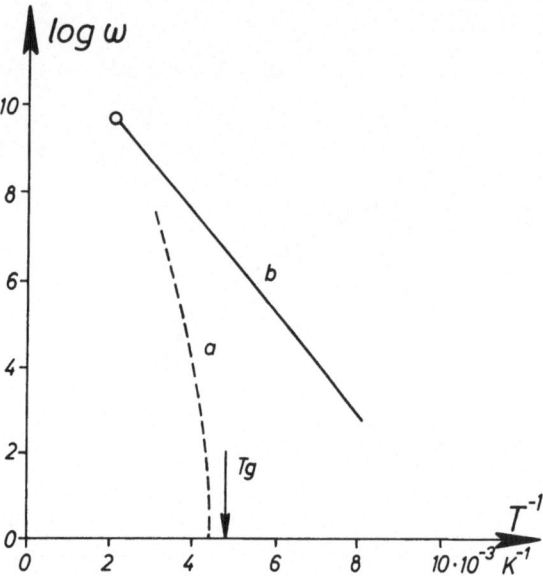

Fig. 10. Transition map for polyisobutylene (34) a) primary b) secondary process.

the maximum absorption takes place. The purpose was in most cases to find out, whether the relaxation process studied was characterized by a constant activation energy or not and whether a glass relaxation or a secondary relaxation occurred. Furthermore the results were used to find out whether primary and secondary processes merge at high frequencies into a single process. In general it was observed (Fig. 10) that secondary processes could be characterized by a constant activation energy in contrast to primary processes and that the two processes apparently merge at high frequencies and temperatures.

b) Intensity of the spectra

The total intensity of the polarized spectrum should be proportional to the temperature and the isothermal compressibility (eq.[37]). Many polymers were found to scatter much stronger in the molten state. The excess scattering was attributed to scattering by foreign particles such as dust, pigments, microholes, monomer regions or stabilizers (25, 30). If the sample preparation is done, however, in such a way that foreign particles are excluded from the polymer samples, it is possible to obtain values for the total intensity which agree with the values predicted by eq. [37] (46). The absolute value of the total intensity, as measured by elastic light scattering or by small angle X-ray scattering (47), which also is sensitive to density fluctuations, agreed with the theoretical values in

a large temperature range above the glass transition temperature.

Eq. [37] no longer holds below the glass transition temperature because of the nonequilibrium state of the glass. We were able to extend the fluctuation theory into the glassy state in the neighborhood of the glass transition by taking into account fluctuations of the order parameter (47). The total intensity is predicted to be given by

$$I = \varrho^2 \, k \, T \, \varkappa_T(T_g) \, A \, V (\vec{p}_i \, \vec{p}_j)^2 \, (\partial \varepsilon / \partial \varrho)^2 \qquad [50]$$

where $\varkappa_T(T_g)$ is the isothermal compressibility of the melt at the glass transition temperature, X-ray measurements as well as elastic light scattering results showed this equation to be correct over a large temperature range in the glassy state, which could be as large as 150 °C. The experimental value gets larger than the value predicted by eq.[50] at still lower temperatures, probably because of frozen-in fluctuations. A decomposition of the total spectrum into the various components, which is necessary for the determination of the Landau Placzek ratio, meets with difficulties due to the excess scattering by foreign particles, which results in an additional unshifted line. *Landau Placzek* ratios, which were too large by several orders of magnitude have been reported for this reason.

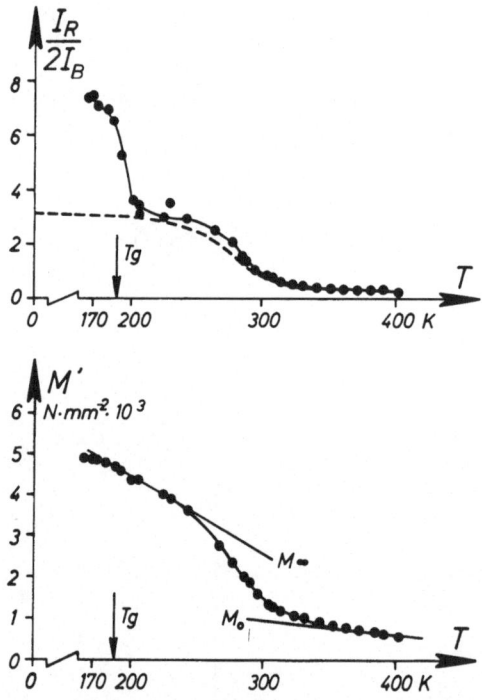

Fig. 11. Temperature dependence of the Landau Placzek ratio and the elastic modulus for polypropylene glycol (44).

In the case of pure polypropylene glycol samples a Landau Placzek ratio was observed, which agreed with the theoretical value at high temperatures (44). An increase of this value was found with decreasing temperature in the temperature range where dispersion effects were observed for the longitudinal modulus (Fig. 11). The increase was explainable on the basis of the Mountain theory (13, 14). Another strong increase of the Landau Placzek ratio occurred in the glass transition range, which could not be attributed to dispersion effects. No explanation was offered by the authors. It seems possible, however, that this increase is related to the occurrence of a new unshifted component in the inelastic light scattering spectrum, which may be the defect diffusion characteristic of the solid state. This problem is discussed below in more detail.

c) Correlation spectroscopy

The possibility to analyze slow relaxation processes in polymer melts or in polymeric glasses by means of the correlation spectroscopy has only been used in a few cases (48−50). The Rayleigh line, caused by entropy fluctuation, will normally be too broad to be detectable by correlation spectroscopy. The same will be true for thermal relaxation of internal degrees of freedom. Thus only the Mountain component, due to structural relaxations, and the defect diffusion mechanism will contribute to the scattering which is analyzed by correlation spectroscopy. Two different relaxation processes were detected in amorphous PMMA (49), a high frequency process with a relaxation time of the order of 10^{-2} s and a low frequency relaxation process with a relaxation time of the order of 10^{-1} s. The high frequency process was found to be characterized by two different activation energies. They were about 1 kcal per mole at lower temperatures and about 8 kcal per mole at higher temperatures. This was attributed to two different mechanisms which couple to each other, namely torsional oscillations, which are processes with low activation energies, and reorientational motions, which have higher activation energies. The process with low activation energy prevails at low temperatures whereas the process with higher activation energy prevails at higher temperatures.

The second component of the scattering is characterized by a constant relaxation time in the glassy state, the activation energy is zero (Fig. 12). A sudden change is observed at the glass transi-

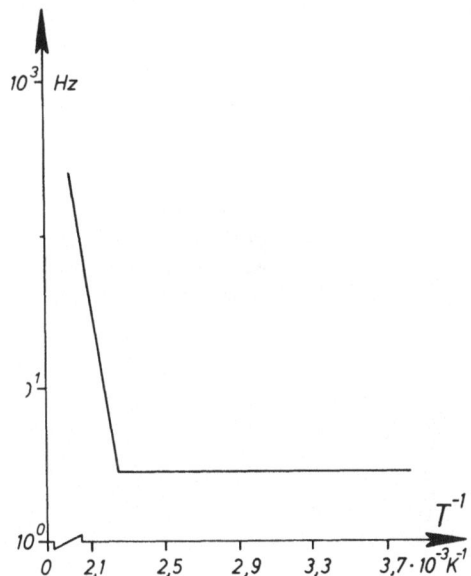

Fig. 12. Transition map for PMMA (49).

tion temperature, a process with an activation energy of about 50 kcal per mole is observed. This process is assumed to be the glass relaxation process.

The process in the glassy state is attributed to a redistribution of the free volume, which is believed to be a process with a zero activation energy (49). An excess free volume is present in the system at the glass transition, which should be able to redistribute without energy contributions. This component is thus identified as the hydrodynamic mode of defect diffusion which was predicted to occur by the hydrodynamic theory of solids (12). The defect diffusion mode changes into the main chain relaxation process at the transition into the fluid state. The mode may be responsible for the strong increase of the Landau Placzek ratio at the glass transition temperature, since the defect diffusion mode will lead to the occurrence of an additional unshifted line. There are, however, still many challenging questions about this mode which need to be answered.

d) Reorientational modes

The depolarized spectrum contains information about reorientational modes of a material and about shear modes, which may be coupled to the reorientational modes. Only unshifted broad depolarized lines are observed for most polymers without any indication of a triplet or doublet structure (27, 32, 49). One exception is polycarbonate (33). *Patterson* observed symmetrically shift-

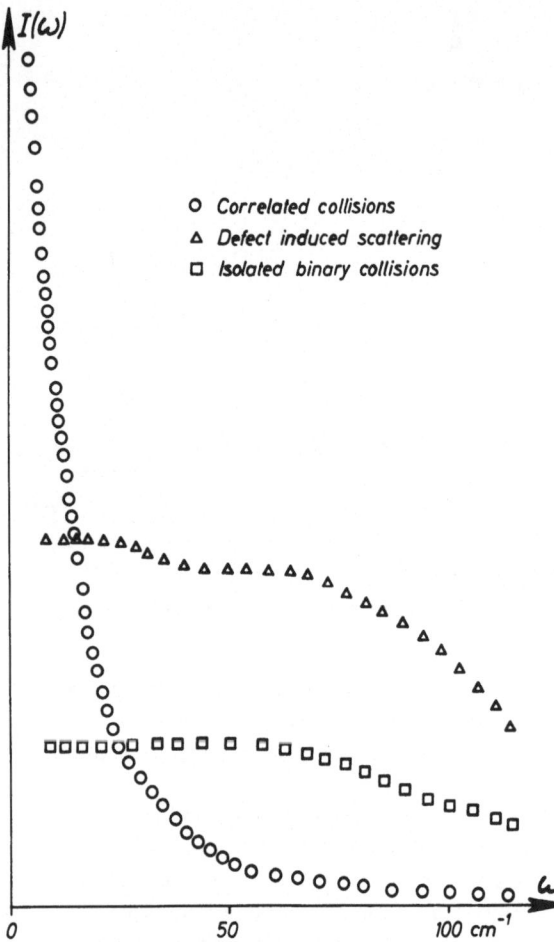

Fig. 13. Intermolecular scattering of PMMA at 130 °C.

stant activation energy. *Patterson* found a component of the spectrum with a relaxation time which follows the primary glass relaxation above the glass transition temperature. He found, however, that the correlation function was not characterized by a simple exponential decay but rather by (52)

$$C(t) = \exp - (t/\tau)^\beta \qquad [51]$$

where β is about 0.5. Similar correlation functions were reported for the case of low molecular weight systems (53). This time law is attributed to the occurrence of collective motions. *Patterson* got indications that additional faster reorientational motions (10^6 Hz) take place in the glassy state. They must be attributed to local motions.

e) Intermolecular scattering

The depolarized spectra of amorphous polymers contain a very broad component with a half width in the range of 50 to 100 cm^{-1} in addition to the components described above (54). This component can be attributed, as in the case of low molecular weight fluids, to polarizibility fluctuations which arise from collisions between particles.

In the case of polymers such as PMMA, PS, PET or PC it was observed that at low tempera-

ed shear lines. He observed that the temperature dependence of the velocity of the transverse waves was similar to that of the longitudinal waves in that changes occurred at temperatures at which relaxation processes are known to exist. Thus the same explanation can be used for the temperature dependence of the velocity as in the case of the longitudinal waves.

It seems surprising that no shear lines are observed for amorphous polymers such as PMMA or PS in the glassy state. The stress optical coefficients of these substances are, however, small compared to the values of polycarbonate. The intensity of the shear lines will be very small for this reason. They can therefore not be detected easily.

The same explanation apparently holds for the observation of one broad depolarized line rather than a doublet structure. The only information which one gets from the unshifted line is about reorientational motions. In the case of PS it was found that the process is characterized by a con-

Table 1. Information obtainable from polarized inelastic light scattering spectra

a) Unshifted lines
  1) Rayleigh line (entropy fluctuations)
    width: λ thermal conductivity
    intensity: $\varkappa_T$ isothermal compressibility
                 γ poisson ratio
  2) Mountain line (structural or thermal relaxation)
    width: τ relaxation time
    intensity: $v_s^2 - v_s(0)^2$, v_s: sound velocity
  3) Defect diffusion line
    width: D diffusion constant
    intensity: c defect concentration
b) Shifted lines, Brillouin doublet (longitudinal hypersonic waves)
    shift: v_s, $M' = (1/\varkappa) + 4\,G'/3$
    width: M''
    intensity: $v_s(0)^2/v_s^2$, $\varkappa_s$ adiabatic compressibility
c) Intensities
    total $\varkappa_T$ isothermal compressibility elasto-optical constants
    intensity:
    $I_R/2\,I_B$ $v_s^2 - v_s(0)^2\,\gamma$ Poisson ratio

(M: longitudinal modulus, G shear modulus)

Table 2. Information obtainable from depolarized inelastic light scattering spectra

a) Unshifted single line (reorientational motions)

width:	τ reorientational relaxation time
intensity:	orientation correlations elasto-optical constants

b) Doublet spectrum (coupled reorientational and shear modes)

dip:	R coupling constant
splitting:	η_s shear viscosity

c) Shifted lines (transverse hypersonic waves)

shift:	v_t, G
width:	damping of shear waves
intensity:	elasto-optical constants

d) Broad unshifted line (collision induced scattering)

width:	τ collision times
intensity:	—

(v_t transverse sound velocity)

tures below the glass transition temperature a depolarized component exists which must be due to intermolecular vibrations, which are similar to vibrations in the crystalline state (Fig. 13). The theory of defect induced scattering is able to account for the observed component (55). A component due to isolated binary collisions as well as to correlated collisions is observed at higher temperatures but still below the glass transition. Local translational motions are assumed to be the origin of this component. The time scale of the motions turned out to be independent of the temperature, the intensity of the component increased with increasing temperature. The probability of translational motions thus increased with increasing temperatures. The glass transition was characterized by a strong increase of the small Lorentzian line, due to a strong increase of the correlated motions at this transition. This result is in agreement with the results on the reorientational motions. Similar results were obtained for low molecular weight glass forming systems. It seems possible that the translational motions described here are related to the defect diffusion mode described earlier.

Tables I and II give a survey on informations which are obtainable from the inelastic light scattering spectra.

Summary

The method of inelastic light scattering is able to give information about the dynamic properties of a material. It is a spectroscopic method, which is sensitive to isolated and collective translational, rotational as well as vibrational motions. The basic theory of the method is described. The analysis of the inelastic spectrum and the general applications of the technique are discussed. Finally a review is given on the results which have been obtained by this method for solid polymers.

Zusammenfassung

Mit Hilfe der inelastischen Lichtstreuung lassen sich Informationen über die dynamischen Eigenschaften eines Materials gewinnen. Mit der Methode können translatorische Bewegungen, Umorientierungsvorgänge sowie Schwingungsvorgänge analysiert werden, die als Einzelbewegungen oder als kollektive Bewegungen auftreten können. Die grundlegende Theorie der Methode wird beschrieben, die Analyse der inelastischen Spektren sowie allgemeine Anwendungen der Methode werden ausführlich diskutiert. Die Ergebnisse, die mit der inelastischen Lichtstreuung bisher an festen Polymeren erzielt wurden, werden besprochen.

References

1) *Stein, R. S.* and *P. R. Wilson*, J. Appl. Phys. **33,** 1914 (1962).
2) *Berne, B. J.* and *R. Pecora*, "Dynamic Light Scattering", John Wiley N. Y. (1976).
3) *Chu, B.*, "Laser Light Scattering", Academic Press, New York (1974).
4) *Peticolas, W. L.*, Adv. Pol. Sci. **9,** 285 (1972).
5) *Fleury, P. A.* and *J. P. Boon*, Adv. Chem. Phys. **XXIV,** 1 (1973).
6) *Shepherd, I. W.*, Reports on Progress in Physics **38,** 565 (1975).
7) *Hill, T. L.*, "Statistical Mechanics", McGraw-Hill, N. Y. (1956).
8) *Egelstaff, P. A.*, "An Introduction to the Liquid State", Academic Press N. Y. (1967).
9) *Zwanzig, R.*, Ann. Rev. Phys. Chem. **16,** 67 (1965).
10) *Onsager, L.*, Phys. Rev., **37,** 405; **38,** 2265 (1931).
11) *Budo, A.*, „Theoretische Mechanik", VEB Deutscher Verlag der Wissenschaften, Berlin (1963).
12) *Cohen, Cl., P. D. Fleming* and *J. H. Gibbs*, Phys. Rev. B. **13,** 866 (1976).
13) *Mountain, R. D.*, J. of. Res. Nat. Bur. Stand. **70A,** 207 (1966).
14) *Mountain, R. D.*, J. of Res. Nat. Bur. Stand. **72A,** 95 (1968).
15) *Debye, P.*, "Polar Molecules", Dover, N. Y. (1929).
16) *Powles, J. G.* and *G. Rickayzen*, Molecular Phys. **33,** 1207 (1977).
17) *Rytov, S. M.*, Sov. Phys. JETP **6,** 401 (1958).
18) *Keyes, T.* and *D. Kivelson*, J. Chem. Phys. **54,** 1786 (1971).
19) *Alms, G. R., D. R. Bauer, J. I. Brauman* and *R. Pecora*, J. Chem. Phys. **59,** 5304 (1973).
20) *Gershon, N. D.* and *I. Oppenheim*, "Molecular Motions in Liquids" ed. *J. Lascombe*, p. 553, Reidel, Dordrecht (1974).
21) *Kivelson, D.*, J. Chem. Phys. **63,** 5034 (1975).
22) *Dill, J. F., T. A. Litovitz* and *J. A. Bucaro*, J. Chem. Phys. **62,** 3839 (1975).

23) *Bucaro, J. A.* and *T. A. Litovitz,* J. Chem. Phys. **54,** 3846; **55,** 3585 (1971).

24) *Howard Lock, H. E.* and *R. S. Taylor,* "Adv. Raman Spectroscopy", ed. *J. P. Mathieu,* Heydon, London (1973).

25) *Stevens, J. R., I. C. Bowell* and *J. L. Hunt,* J. Appl. Phys. **43,** 4354 (1972).

26) *Sandercock, J. R.,* Phys. Rev. Let. **29,** 1735 (1971).

27) *Romberger, A. B., D. P. Eastman* and *J. L. Hunt,* J. Chem. Phys. **51,** 3723 (1969).

28) *Friedman, E. A., A. J. Ritger, Y. Y. Huang* and *R. D. Andrews,* J. Appl. Phys. **40,** 4243 (1969).

29) *Jackson, D. A., H. T. A. Pentecost* and *J. G. Powles,* Mol. Phys. **23,** 425 (1972).

30) *Mitchell, R. S.* and *J. E. Guillet,* J. Pol. Sci. Phys. Ed. **12,** 713 (1974).

31) *Broady, E. M., C. J. Lubell* and *Ch. L. Beatty,* J. Pol. Sci. Phys. Ed. **13,** 295 (1975).

32) *Coackley, R. W., R. S. Mitchell, J. R. Stevens* and *J. L. Hunt,* J. Appl. Phys. **47,** 4271 (1976).

33) *Patterson, G. D.,* J. Pol. Sci. Phys. Ed. **14,** 741 (1976).

34) *Patterson, G. D.,* J. Pol. Sci. **15,** 455 (1977).

35) *Patterson, G. D.,* J. Pol. Sci. Phys. Ed. **15,** 579 (1977).

36) *Patterson, G. D.,* Pol. Lett. Ed. **13,** 415 (1975).

37) *Patterson, G. D.,* J. Pol. Sci. Phys. Ed. **14,** 143 (1976).

38) *Patterson, G. D.,* in press.

39) *Lindsay, S. M., A. J. Hartley* and *I. W. Shepherd,* Polymer **17,** 501 (1976).

40) *Lindsay, S. M.* and *I. W. Shepherd,* ACS Pol. Preprints **18(2),** 145 (1977).

41) *Vacher, R.* and *J. Pelous,* Phys. Let. **58A,** 139 (1976).

42) *Huang, Y. Y.* and *C. H. Wang,* J. Chem. Phys. **61,** 1868 (1974); **62,** 120 (1975).

43) *Wang, C. H.* and *Y. Y. Huang,* J. Chem. Phys. **64,** 4847 (1976).

44) *Huang, Y. Y.* and *C. H. Wang,* J. Chem. Phys. **62,** 120 (1975).

45) *Stevens, J. R., D. A. Jackson* and *J. V. Champion,* Mol. Phys. **29,** 1893 (1975).

46) *Fischer, E. W., J. H. Wendorff, M. Dettenmaier, G. Lieser* and *Martin I. Voigt,* J. Macromol. Sci. Phys. Ed. **B12,** 41 (1976).

47) *Wendorff, J. H.* and *E. W. Fischer,* Kolloid Z. u. Z. Polymere **251,** 876 (1973).

48) *Jackson, D. A., E. R. Pike, J. G. Powles* and *J. M. Vaughan,* J. Phys. **C6,** L55 (1973).

49) *Cohen, Cl., V. Sankur* and *C. J. Pings,* J. Chem. Phys. **67,** 1436 (1977).

50) *King, T. A.* and *M. F. Treadway,* Chem. Phys. Let. in press.

51) *Jones, J. R.* and *C. H. Wang,* J. Chem. Phys. **65,** 1835 (1976).

52) *Patterson, G. D.,* to be published.

53) *Williams, G.* and *P. J. Hains,* Faraday Symp. **6,** 14 (1972).

54) *Wendorff, J. H.,* Proc. 4th Internat. Conf. on the Physics of Non-Crystalline Solids, p. 94 (1977).

55) *Shuker, R.* and *R. W. Gammon,* Phys. Rev. Let. **25,** 222 (1970).

56) *Patterson, G. D.,* to be published.

57) *Alms, G. R., D. R. Bauer, J. I. Braumann* and *R. Pecora,* J. Chem. Phys. **59,** 5304, 5310 (1973).

Author's address:

J. H. Wendorff
Deutsches Kunststoffinstitut
Schloßgartenstr. 6 R
D-6100 Darmstadt

Progr. Colloid & Polymer Sci. **66**, 197–203 (1979)
© 1979 by Dr. Dietrich Steinkopff Verlag GmbH & Co. KG, Darmstadt
ISSN 0340-255 X

Lectures during the conference of the Deutschen Physikalischen Gesellschaft,
Fachausschuß „Physik der Hochpolymeren",
April 17–21, 1978 in Bad Nauheim

From the Arbeitsgruppe Kunststoffe, Abteilung Chemietechnik, Universität Dortmund

Morphology of drawn polyamides

H. Springer, R. Sandberg, and *G. Hinrichsen*

With 11 figures

(Received June 8, 1978)

1. Introduction

Drawing of semicrystalline polymers seems to be a very complex process. Noncrystalline and crystalline regions are involved in the drawing process in a different way. Structures and superstructures may be transformed, i.e. destroyed, deformed or oriented, or new structures as for example extended chain crystals may be built.

The same polymeric materials may react during drawing in different ways, depending on drawing conditions, particularly on drawing velocity, ratio and temperature. To investigate the change of morphology of polyamides under various drawing conditions is the main intention of this work. The chief measuring method was SALS (SALS = small angle light scattering). Especially the appearing of eight and twelve leaf SALS patterns at higher draw ratios will be discussed. In the recent literature there are only few publications concerning this subject. *Konda* et al. (1) have treated with overlapping SALS-figures mainly on PET and PA 6 films, stretched in a water bath at 80 °C. *Hinrichsen* et al. (2) have reported the existence of eight and twelve leaf SALS patterns of PET and PA 6 films. *Hashimoto* et al. (3) have investigated overlapping SALS figures on tubular extruded polybutene-1 films.

2. Experimental

Material

Measurements were carried out on thin, spherulitic PA 6, PA 6,6 and PA 12 films. The thickness was 100, 25 and 40 μm and the average diameter of spherulites 3, 8 and 2 μm for PA 6, PA 6,6 and PA 12 respectively.

Stretching conditions

From the films rectangular specimens of 20 mm × 50 mm were cut. The length of the specimens between the jaws was 30 mm. The drawing velocity varied from 0.05 to 500 mm/min, corresponding to draw rates of 0.17–1700%/min. Because there was no significant influence of the draw rate on the SALS patterns up to changing from homogeneous to inhomogeneous (with necking) drawing and the cold drawing process does not allow to vary the draw ratio continuously, the specimens were preferably drawn with 10 mm/min ($\triangleq 33,3\%$/min).

Instron 1195 and 1122 testing machines combined with the Instron heating cabinet were used for stretching the samples and recording the stress-strain curves. A few PA 6 specimens were drawn in a temperatured water bath, in order to investigate the influence of water content on the stretching process.

Light scattering patterns were produced by a 5mW He-Ne-Laser of Spectra Physics using a wavelength of 632.8 nm. The patterns were thrown onto a screen and then photographed.

Polarized light microscopy was carried out by a microscope (Leitz). Electron micrographs were obtained from scanning electron microscope (Philips).

3. Results and discussion

Water content and drawing temperature

The influence of temperature and water content during drawing process on the formation of SALS-patterns was investigated on PA 6 films. Figure 1 shows the stress-strain curves of PA 6 specimens drawn at various temperatures. The horizontal lines indicate how many superposed scattering figures at which draw ratio can be clearly distinguished. The number of lines is equal to the number of observed scattering figures. To prevent a change of water content during hot drawing, the specimens were dried with P_2O_5 in vacuum for about 1 day. The remaining water content was about 1% by weight. At 50 °C the drawing process of dried PA 6 is inhomogeneous. Starting from one scattering figure at rather low draw ratios, one arrives at

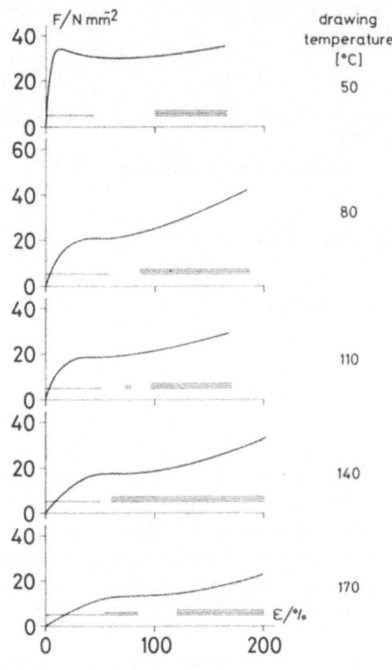

Fig. 1. Stress-strain curves and number of SALS-figures of PA 6 films (water content: 1%)

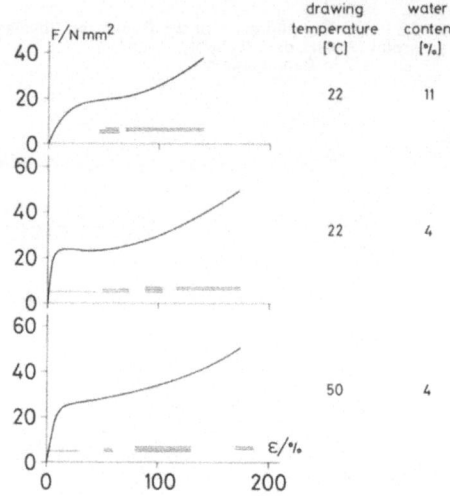

Fig. 2. Stress-strain curves and number of SALS-figures of PA 6 films

once at high draw ratios with three different scattering figures. At higher drawing temperatures the stretching process is homogeneous and the interval showing several scattering figures becomes greater. The interval with double scattering figures is relatively small and can be

detected only at drawing temperatures of 110 °C and 170 °C.

Samples of higher water content behave in a different manner (s. fig. 2): the intervals having three clearly distinguishable scattering figures are smaller. A second region of double scattering figures is observed at higher draw ratios. This observations may be explained as follows: the scattering figures appearing at first and secondly during stretching cannot be separated at higher draw ratios, because the scattering leaves of

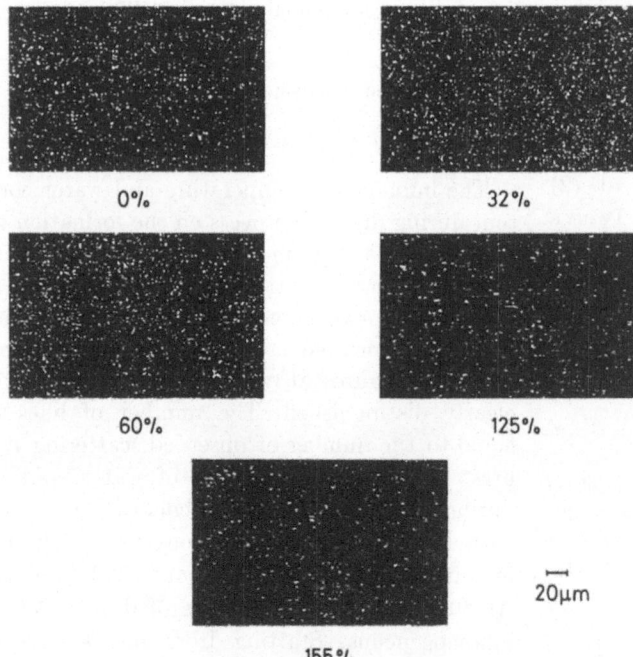

0%

32%

60%

125%

155%

20μm

Fig. 3. Polarized light micrographs of uniaxially drawn PA 6,6 films (Drawing direction horizontal, $T_D = 80$ °C, $V_D = 0,33$ min^{-1})

specimens with higher water content are too diffused.

Polarized light and scanning electron micrographs

The deformation of the spherulites of ca. 8 μm diameter of the 25 μm thick PA 6,6 film during stretching could be well observed by polarized light and scanning electron microscopy. Figure 3 shows polarized light micrographs of the uniaxially drawn PA 6,6 specimens of various draw ratios. Up to a draw ratio of about 60% a preferred orientation direction cannot be seen at first sight, whilst at $\varepsilon = 125\%$ orientation and stretching directions are clearly distinguished to be parallel. Scanning electron micrographs of PA 6,6-specimens are presented in figure 4. Here the preferred orientation direction is already observed at samples drawn only to 53%. This discrepancy in the polarized light and scanning electron micrographs may be interpreted by the following considerations: In the initial state of deformation process each spherulite contracts centrally (s. fig. 4). This process cannot be observed easily in polarized light microscopy, particularly also because of superposed spherulites. From the electron micrographs one can conclude, that at a draw ratio of about 100% the original

spherulitic structure has almost completely changed into a fibrillary one. This is just the draw ratio, at which the third SALS figure having thin leaves at high azimuthal angles appears.

SALS patterns of PA 6, PA 6,6 and PA 12 films drawn at 80 °C

Figures 5, 6 and 7 show the development of SALS patterns of PA 6, PA 6,6 and PA 12 films respectively during stretching at 80 °C. At the three different PA films one observes comparable changes of the SALS patterns. With PA 6 and PA 6,6 films three clearly separated scattering figures can be distinguished at higher draw ratios, numbered for the future 1, 2 and 3 according to the time of their appearing. With PA 12 films one can clearly separate only two scattering figures (1 and 2). For synopsis of scattering behaviour of the three polyamides figure 8 outlines schematicly the development of the three distinguishable SALS figures. In figure 9 the azimuth angle of maximum scattering intensity of the leaves of the various scattering figures is plotted against the draw ratio. Curves of the same number show in principle a similar character. This suggests, that the scattering figures

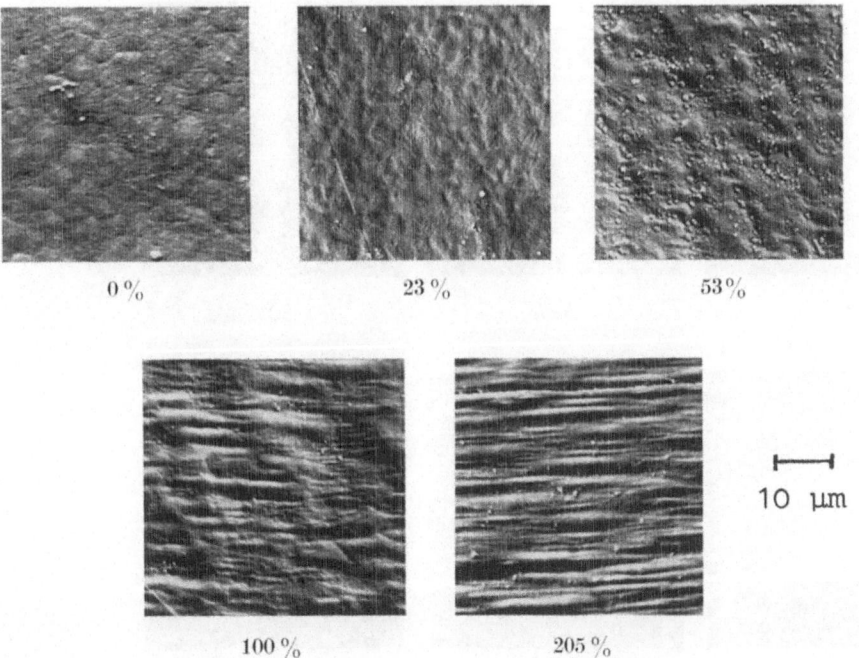

0 %   23 %   53%

100 %   205 %

⊢——⊣
10 µm

Fig. 4. Scanning electron micrographs of uniaxially drawn PA 6,6 films (Drawing direction horizontal, $T_D = 80\,°C$, $V_D = 0{,}33$ min^{-1})

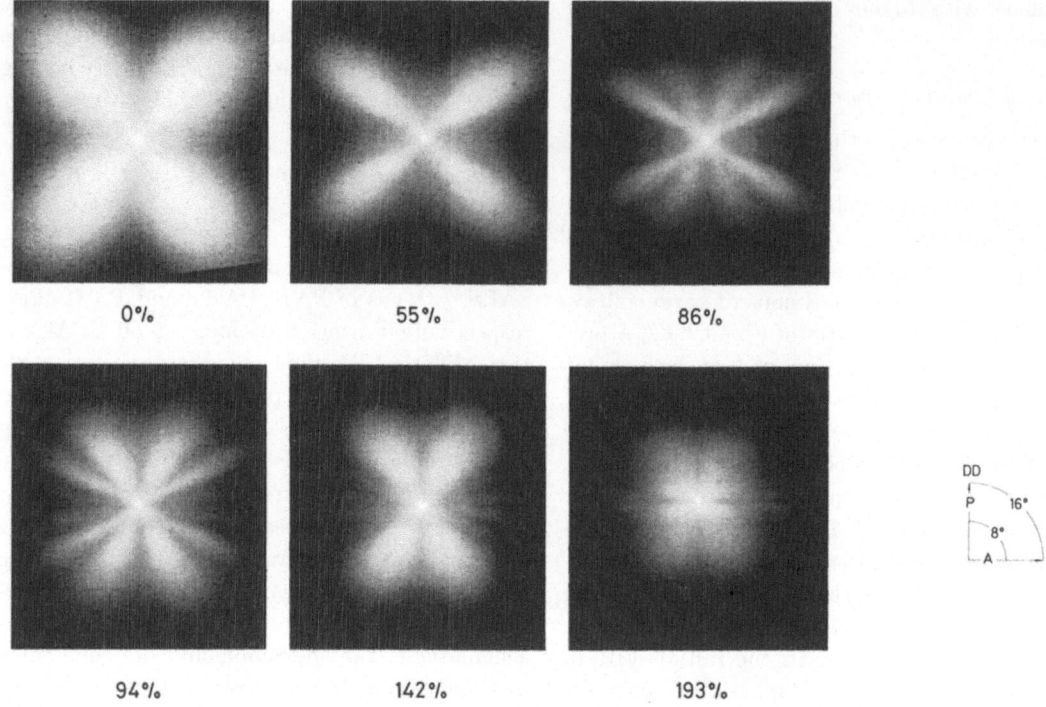

Fig. 5. H_V-SALS patterns of PA 6 films ($T_D = 80\,°C$, $V_D = 0,33/\text{min}$)

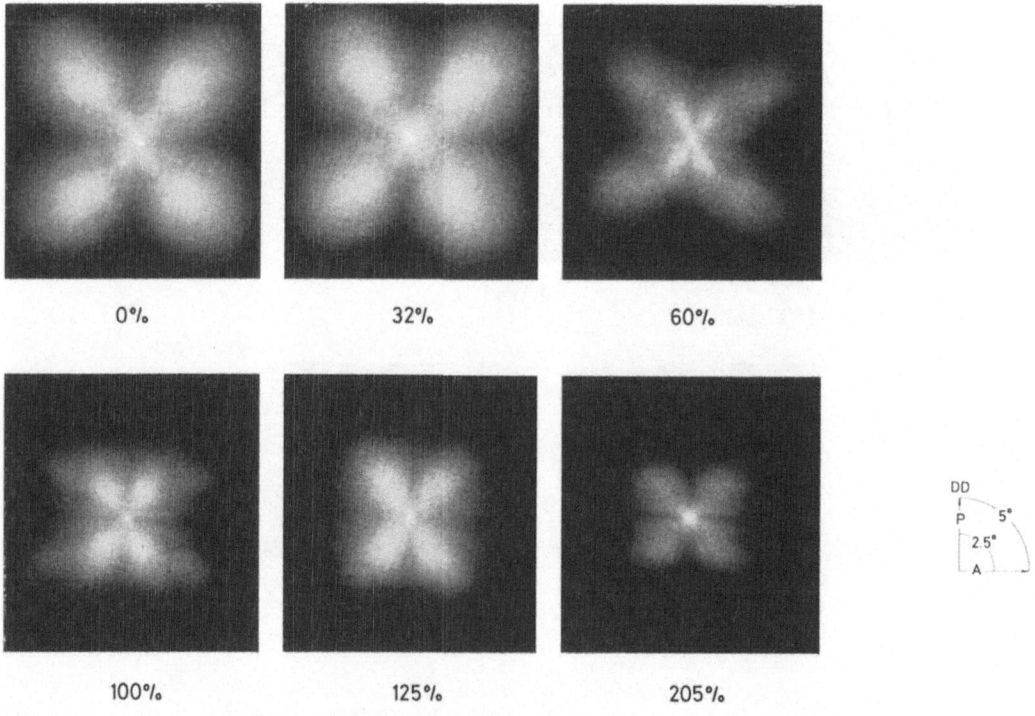

Fig. 6. H_V-SALS patterns of PA 6,6 films ($T_D = 80\,°C$, $V_D = 0,33/\text{min}$)

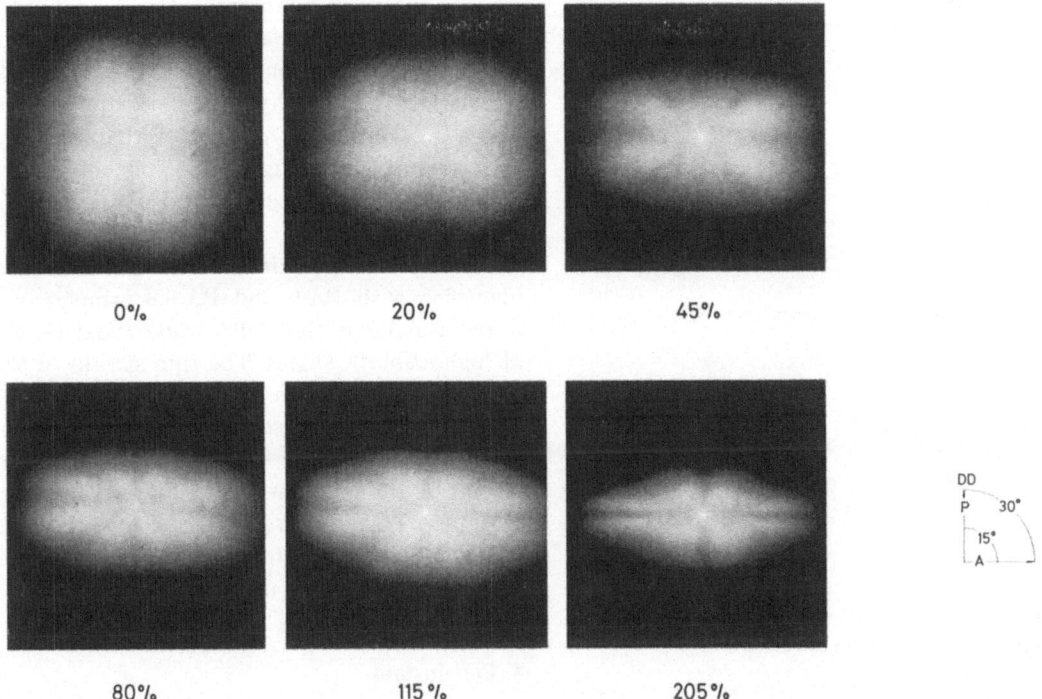

Fig. 7. H_V-SALS patterns of PA 12 films ($T_D = 80\,°C$, $V_D = 0,33/min$)

of the same number are caused by the same structural reasons.

Scattering figure 1 and its behaviour during deformation clearly may be explained by scattering from deformed spherulites.

To interprete scattering figure 2 additional experiments were carried out. Polyamide 6 specimens having a draw ratio of about 50%, the scattering patterns of which just tend to split into two separate scattering figures, were heated

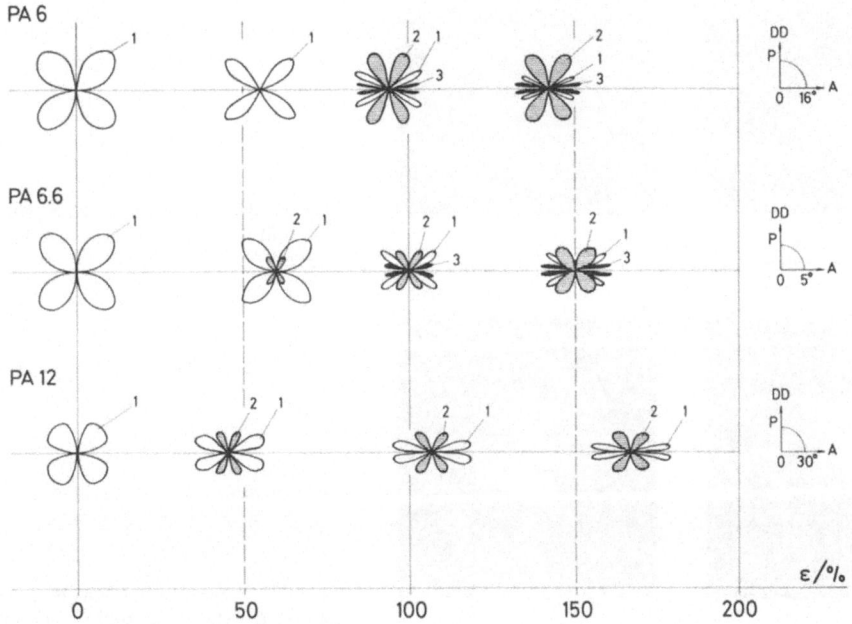

Fig. 8. Schematic representation of H_V-SALS figures of uniaxially drawn PA films

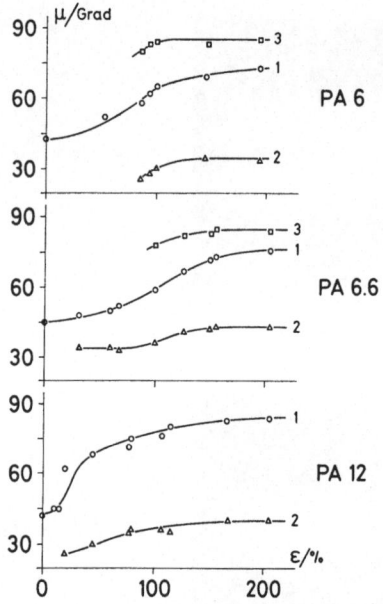

Fig. 9. Azimuth angle of maximum intensity of H_V-SALS figures as a function of elongation

up to 200 °C. If the specimen was allowed to shrink freely, no variation in the scattering pattern could be detected. However, if shrinkage was prevented, a splitting up of the initial scattering pattern into two separate scattering figures during heating was observed (s. fig. 10). This

may be explained by internal stresses within the specimen, on the surface of spherulites for example, originating from crystallisation processes during heating. This hypothesis is supported by the nearly reversible change of the scattering figure 2 during swelling in a 3% phenol solution and subsequent watering and deswelling (s. fig. 11).

The scattering figure 3, which can clearly be identified with PA 6 and PA 6,6 samples of a draw ratio higher than 80%, appears exclusively at high azimuth angles. The thin streaks of this scattering figure seem to possess maximum intensity at the radial scattering angle 0. At the same draw ratio the scanning electron micrographs of PA 6,6 show a well marked fibrillary structure. Therefore we conclude, that the scattering figure 3 originates from the rodlike structure formed at higher draw ratios.

4. Conclusions

The drawing mechanism of spherulitic PA-films seems to vary very little, if the drawing process does not alter from homogeneous to inhomogeneous drawing. At PA 6 and PA 6,6 films twelve-leaf-patterns and at PA 12 films eight-leaf-patterns can be observed in SALS.

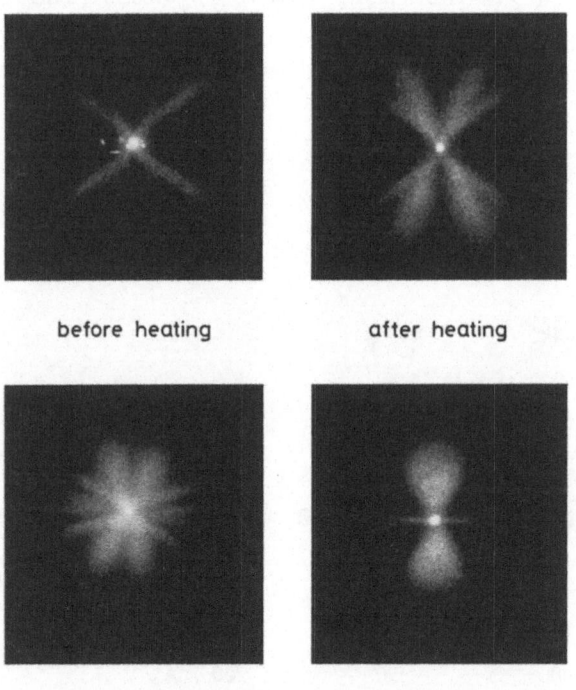

before heating   after heating

before swelling   after swelling

Fig. 10. Change of H_V-SALS pattern of heated PA 6 film ($\varepsilon = 50\%$), a) before heating, b) after heating

Fig. 11. Change of H_V-SALS pattern of swollen PA 6 film ($\varepsilon = 150\%$), a) before swelling, b) after swelling

The similar shape and analogous behaviour of the different scattering figures of investigated polyamides during drawing lead to the conclusion, that the scattering figures of the different polyamides originate from the same morphological structures. A possible explanation of the different scattering figures is given by scattering from spherulites, stress inhomogeneities and fibrils.

Summary

PA 6, PA 6,6 and PA 12 films are uniaxially drawn under various drawing conditions. The morphology of the drawn samples is investigated by SALS, polarized light and scanning electron microscopy. All PA films show overlapping scattering figures at higher draw ratios. The correlation between this scattering figures and the morphology is examined and discussed.

Zusammenfassung

PA 6, PA 6,6 und PA 12 Filme werden unter unterschiedlichen Bedingungen uniaxial verstreckt. Die Morphologie der verstreckten Proben wird mit Hilfe von Kleinwinkellichtbeugung, Polarisations- und Rasterelektronenmikroskopie untersucht. Bei allen Polyamidfolien werden bei höheren Verstreckgraden überlagerte Streufiguren beobachtet. Der Zusammenhang zwischen diesen Streufiguren und der Morphologie wird geprüft und diskutiert.

Literature

1) *Konda, A., K. Nose, H. Ishikawa*, J. Polym. Sci. **A-2**, **14**, 1495—1512 (1976).
2) *Hinrichsen, G., H. Th. Erismann, J. Strunk*, Kautschuk + Gummi Kunststoffe, 8, 532—537 (1977).
3) *Hashimoto, T., A. Todo, Y. Murakami, H. Kawai*, J. Polym. Sci. **A-2**, **15**, 501--521 (1977).

Authors' address:

H. Springer et al.
Arbeitsgruppe Kunststoffe
Abt. Chemietechnik
Universität Dortmund
D-4600 Dortmund

Progr. Colloid & Polymer Sci. **66,** 205–212 (1979)
© 1978 by Dr. Dietrich Steinkopff Verlag GmbH & Co. KG, Darmstadt
ISSN 0340-255 X

Lectures during the conference of the Deutschen Physikalischen Gesellschaft,
Fachausschuß „Physik der Hochpolymeren". April 17–21,
1978 in Bad Nauheim.

Abteilung Exp. Physik III, Universität Ulm

A far infrared spectroscopic study of the problem of hard-segment clustering in poly(urethane)

W. F. X. Frank and *W. Strohmeier*

With 14 figures

(Eingegangen am 16. September 1978)

Introduction

Polyurethane elastomers are block copolymers consisting of two components, called "hard segments" and "soft segments", which can vary over a wide range in their chemical composition. The substance studied by us was made of the soft segment poly (adipine acid-glycolester) (Desmophen 2000 *) and the hard segment diphenylmethyl-diisocyanate (Desmodur 44 *) with Butandiol-1,4 as a chain extender. The soft segments show entropy elasticity whereas the hard segments intend to form clusters which are stabilized by H-bridges. The structure of these clusters is not exactly known. A possible model of the molecular arrangement is given by *Bonart* (1, 2) who derived this structure from wide angle X-ray scattering measurements. In this work it was concluded that the centers of gravity of the hard segments are situated in lattice planes.

This paper deals with an attempt to study structural changes within the hard segment clusters by the method of far infrared spectroscopy. Our study arises from the observation that polymers containing benzene rings show a typical absorption band in the range of 80–100 cm^{-1} (*Frank, Fiedler* and *Strohmeier* (3)). The intensity of this band should vary with the concentration of benzene rings within the sample. In polyurethanes this variation can be realized by different content of hard segments. Moreover, we expect additional absorption bands in the far infrared when the degree of order within the hard segment clusters is changed by thermal treatment.

* Made by Bayer AG, Leverkusen

An attempt is made to determine the dependence of the spectral features on the annealing conditions.

Experimental procedure
Sample preparation and materials

The PUR samples with different content of benzene rings were especially prepared for these measurements by Bayer AG, Leverkusen, by courtesy of Dr. *Hespe* and Dr. *Zenner.* Different benzene ring concentrations were the result of different contents of diisocyanate extended with Butandiol-1,4. The samples were obtained as solution cast foils of 100 μm in thickness. The relation soft segment to hard segment is given as 1 mol soft segment : n mol butandiol (1 : n).

Thermal treatment:

In spite of the hard segment clusters not being crystallized in the usual sense like in e.g. Polyethylene terephthalate, there are some analogies in the thermal behaviour to a partially crystallised polymer (4). The amorphous parts of the hard segments undergo a glass transition at approximately 70 °C; instead of a melting point there is a "softening intervall" between 200°–230 °C. If we call the process of increasing order "quasi-crystallisation", then we expect that the speed of this quasi-crystallisation becomes zero at the glass temperature and also in the region of the melting interval and has a maximum between these two regions. Within this range the quasi-crystallisation takes place. At first the material was "molten" at 230 °C for 20 min under an N$_2$-atmosphere and quenched in iced water. The subsequent annealing time at 170 °C varied between 5 and 60 minutes. Fig. 1 illustrates the thermal treatment.

Spectroscopic conditions:

The absorption spectra were measured with a Fourier spectrometer from Beckmann-RIIC Comp., model FIR 30. The spectral resolution was 3 cm^{-1}. The absolute frequencies could be determined with an accuracy of ± 0.25 cm^{-1}. Samples were cooled with a cryostat from

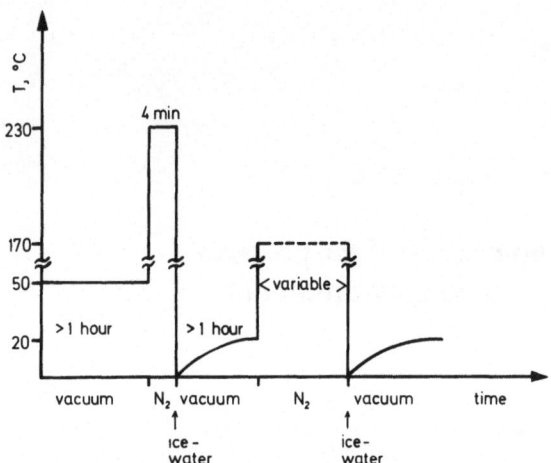

Fig. 1. Procedure of thermal treatment.

Cryogenic Inc., Waltham, Mass., model CT 20, from room temperature down to 14 K.

Results

1. Absorption spectra of PUR samples "as received" with different hard segment content

Polymers containing benzene rings show a broad absorption band in the frequency region about 100 cm^{-1} as a common property of their far infrared spectra. From this observation we derived the hypothesis that the intensity of this band should vary with different concentration of benzene rings (3). In order to check this hypothesis we measured the absorption spectra of seven samples between 50 and 250 cm^{-1}. In Fig. 2 two examples are shown. The procedure of determining the integrated absorption intensity is scetched in fig. 3. The values

$$A_{96} = \int_{\tilde{v}_1}^{\tilde{v}_2} a(\tilde{v}) \, d\tilde{v}$$

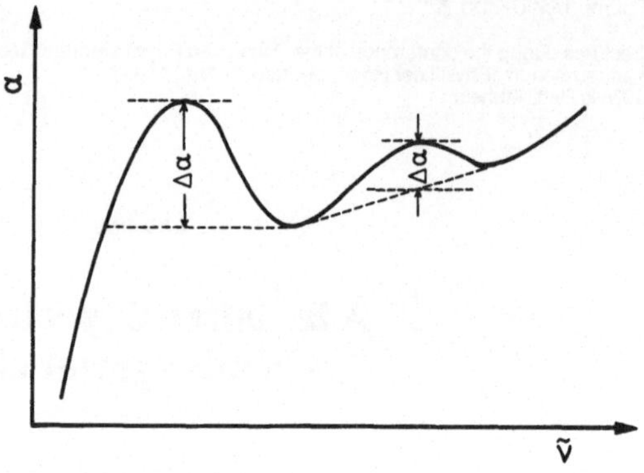

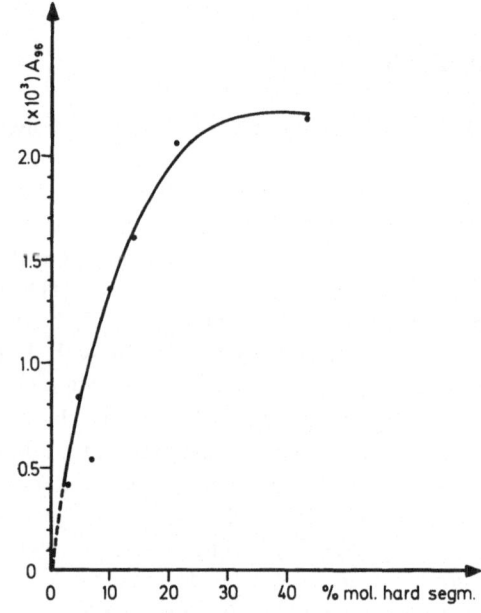

Fig. 3. Scetch of background separation for the FIR-absorption spectra in this paper.

Fig. 4. Integrated absorption intensity of the absorption peak at 96 cm^{-1} of PUR as a function of the molar percent of hard segments.

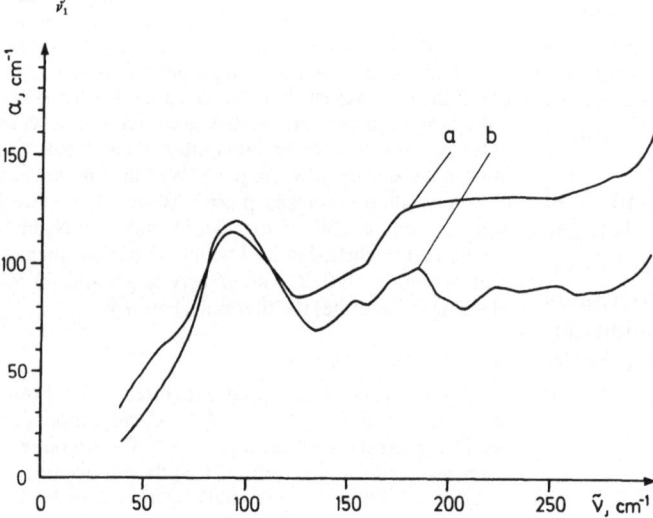

Fig. 2. Absorption spectra of two PUR foils with different content of hard segments.

(a) 1 : 4,   (b) 1 : 20

are plotted in fig. 4 as a function of the molar percentage of hard segments. The band intensity increases proportionally to the content of hard segments up to 20%. At higher concentrations no further increase is to be seen.

2. Absorption spectra of samples with constant content of hard segments and different annealing time

The influence of annealing on the material with constant hard segment content is shown in Fig. 5. In comparison to the molten sample there is an increase in intensity of two bands: the absorption band at 96 cm^{-1} mentioned in section 1 and a second one at 174 cm^{-1} with increasing annealing treatment. Plotting $\Delta\alpha$ vs. annealing time, a distinct increase of absorption intensity is observed at first, but a limiting value is approached as the annealing time becomes long. These measurements have been carried out for different contents of hard segments. The results are shown in fig. 6 a, b and c.

As it is expected from the results shown in section 1, we find for the band at 96 cm^{-1} an increase of the final level with increasing hard segment content. For the band at 174 cm^{-1} the same behaviour can be supposed but not definitely confirmed since the accuracy of intensity measurement is not high enough.

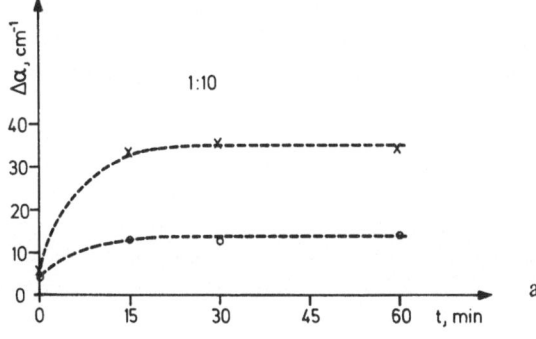

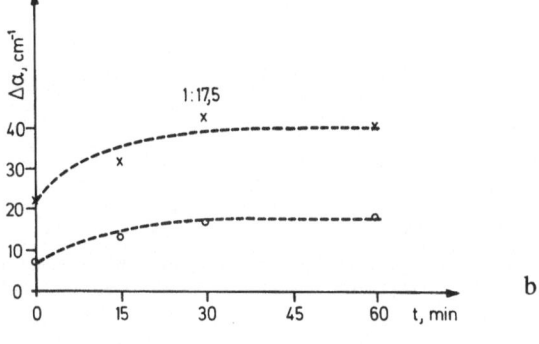

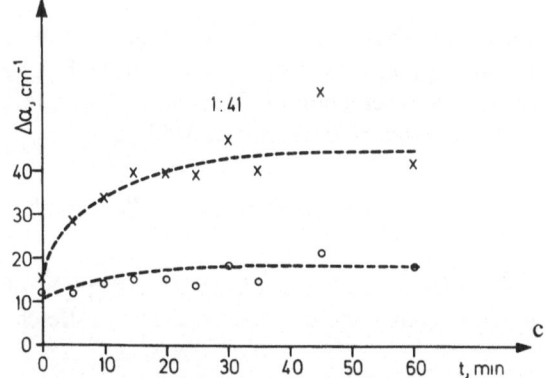

Fig. 6 a, b, c. Δa (see Fig. 3) as a function of annealing time for different content of hard segments as indicated. (×) band at 96 cm^{-1}, (○) band at 174 cm^{-1}.

3. Temperature dependence of the absorption spectra

Absorption bands generated by vibrational modes of ordered structures should have a characteristic behaviour when the material is cooled down (5, 6). In particular we can expect that the maximum of absorption is shifted to higher frequencies with decreasing temperature, as was measured by *Frank, Schmidt* and *Wulff* (7) for polyethylene and by *Frank* and *Schmidt* (8) for polyethyleneterephthalate. We have measured the absorption spectra from room temperature down to 30 K in steps of 20 K. Two examples for these

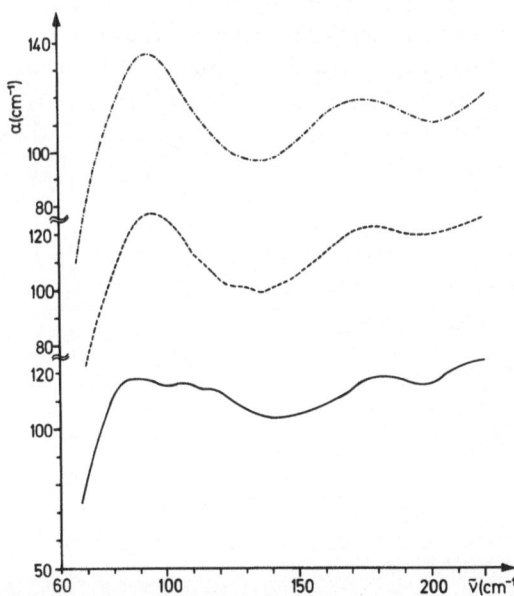

Fig. 5. Absorption spectra of PUR, hard segment content 1 : 41 in different annealing conditions. (———) "molten", (– – – –) 5 min at 170 °C, (– · – · – · –) 15 min at 170 °C.

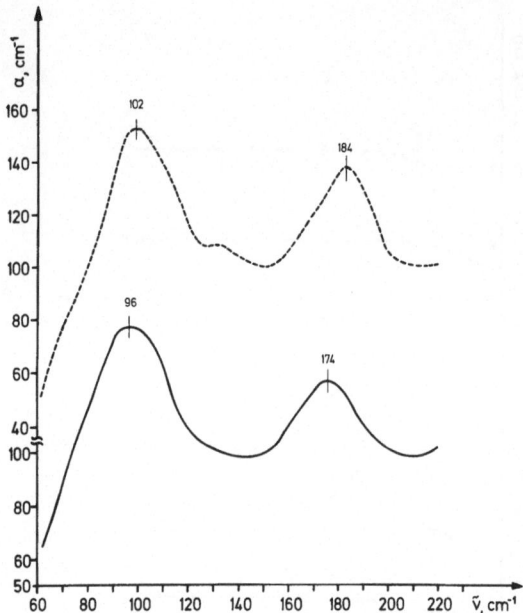

Fig. 7. Temperature dependence of absorption spectra of PUR (1 : 41) at (——) room temperature, (– – – –) 30 K.

spectra are shown in fig. 7. The frequency shift of the absorption maximum is shown in fig. 8. The surprising observation of these results is the fact that no change of the band half width occurs.

4. Anisotropic behaviour of uniaxially stretched samples

In order to study the dichroitic absorption of the two bands at 96 cm^{-1} and 174 cm^{-1}, we stretch-ed foils of hard segment content 1 : 25,7. The drawing ratio

$$\lambda = \frac{l - l_0}{l_0} \cdot 100\,[\%]$$

varied up to $\lambda = 360\%$ of the original length. We measured the absorption spectra when the draw-ing direction was parallel ($\parallel$) and perpendicular ($\perp$) to the direction of the polarisation plane of the incident light. Examples are shown in fig. 9 a and 9 b. The band intensities $\Delta\alpha$ as a function of draw ratio for the two polarisation directions are plotted in fig. 10.

After *Bonart* (2) the hard segments are oriented in drawing direction, especially with higher values of λ. Consequently we conclude that the transition moments are oriented perpendicular to the molec-ular axes.

At higher drawing ratios two additional bands are observed at 220 cm^{-1} ($\perp$) and 240 cm^{-1} ($\parallel$), whose anisotropic behaviour is shown in fig. 11.

Discussion

1. Spectra of samples "as received" with different content of hard segments

From fig. 4 we see that the intensity increase of the band at 96 cm^{-1} considered in the introduc-tion is approximately proportional to the content of hard segments and by this to the concentration of benzene rings. The general behaviour of this absorption band and its assignment to benzene

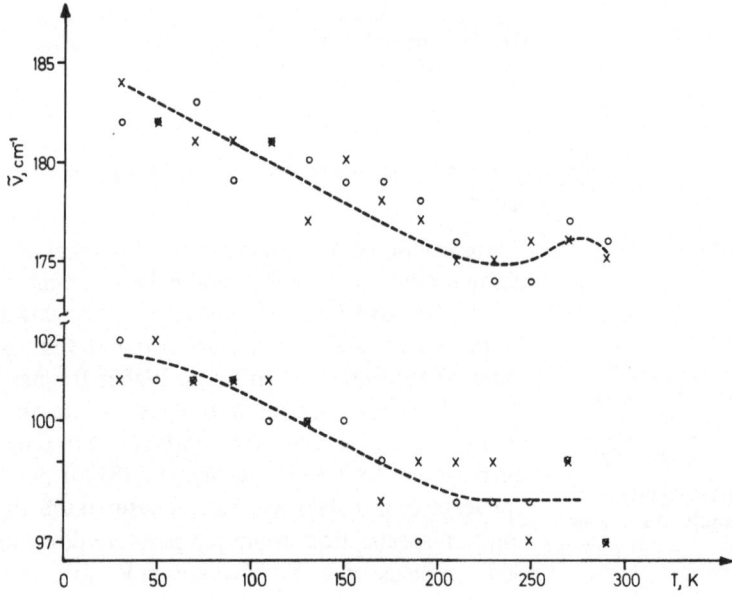

Fig. 8. Temperature dependence of the maximum absorption fre-quency of the 96 cm^{-1} and 174 cm^{-1} band.

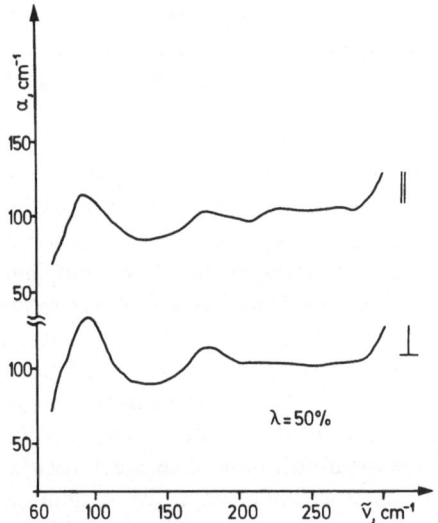 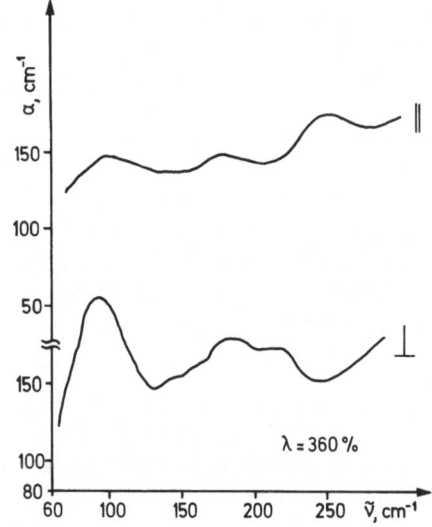

Fig. 9. Absorption spectra of drawn PUR (1/25.7). Draw direction parallel ($\parallel$) and perpendicular ($\perp$) to the electric vector of incident radiation.

ring motion is extensively discussed elsewhere (3). It is concluded that the 96 cm⁻¹ band is generated by *pairs* of benzene rings. So we explain the graph in fig. 4 as follows:

With increasing content of hard segments, the chain-length distribution broadens and the consequence for the formation of clusters is that at low concentrations a nearly complete association of the hard segments takes place; thus, every benzene ring has a partner for interaction. With increasingly broad distributions, the clusters become more ragged, so that only the cores of the clusters remain nearly constant in size (fig. 12). As a result, single chains with benzene rings hang out of the clusters like sticks, and the rings have no counterpart for interaction.

2. The annealing effect

As a main result of the spectra shown in fig. 5, we see that the annealing effect considered in the introduction has in fact occurred. We checked this observation by DSC measurements. Two thermogrammes of "molten" material as well as a sample annealed for 60 min at 170 °C are shown in fig. 13. The exothermal peak at 375 K in the "molten" material indicated an annealing process not observable in the annealed sample. At 466 K, 487 K and 507 K endotherm peaks occur, the lowest one is apparently influenced by the annealing process. We assign the three endotherms to melting processes of hard segment clusters; consequently the increase of the endotherm at 466 K with increasing annealing time means that a

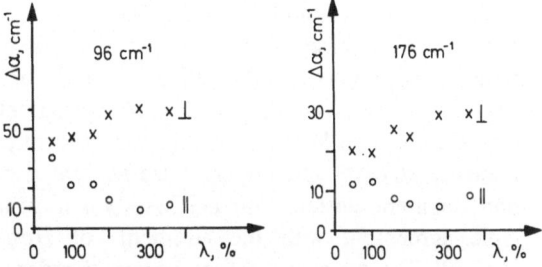

Fig. 10. Δa-values for the two orientations (see Fig. 9) at both absorption bands as a function of draw ratio.

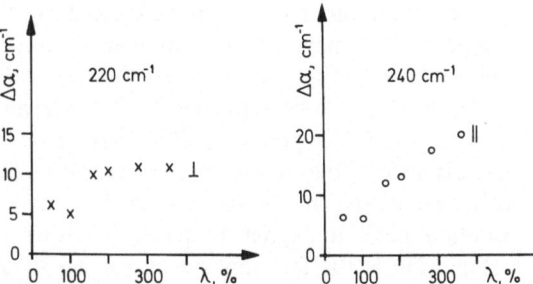

Fig. 11. Same as in Fig. 10 for the new bands appearing by drawing.

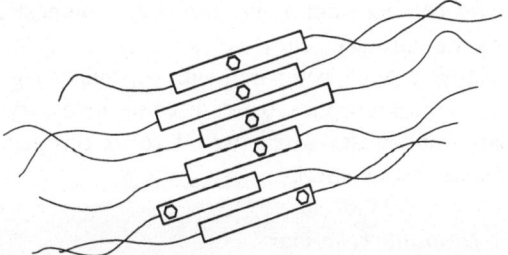

Fig. 12. Simple schematic view of the arrangement of hard segments in PUR forming a cluster. Only the benzene rings with a partner for interaction give a contribution to the absorption peak at 96 cm⁻¹.

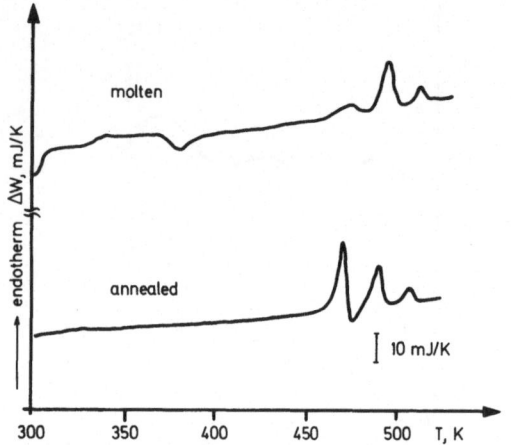

Fig. 13. DSC-thermograms of "molten" and annealed PUR (1 : 31).

growth of the modification with the lowest melting point is occurring.

The melt of this modification at 466 K seems to favour the increase of the two other modifications. This process is indicated by an additional exotherm peak at 477 K. The DSC measurements confirm the conclusion that the two absorption bands at 96 cm^{-1} and 174 cm^{-1} are generated by hard segment clusters. Our DSC study is in principle agreement with measurements of *Hespe* et al. (9). The quasi-crystallised degree of order of these clusters makes vibrations possible. It seems to be reasonable to assign the two bands to these lattice vibrations, and this is supported by the temperature behaviour. The frequency shift of the maximum absorption frequency is, according to PE and PET, to be explained by the anharmonicity of the lattice potential. The decrease of lattice distance is followed by an increase of the force constants which explains the shift of the absorption peak to higher frequencies. However, astonishing is the fact that no narrowing in the band shape occurs at lower temperatures, a behaviour we should have expected for lattice vibrations coming from a crystal of large dimensions. As the hard segment clusters are expected to be relatively small, compared with crystallites e.g. in PET, the absorption bands become necessary of large half width which would cover completely the narrowing effect.

3. Dichroitic behaviour

From the dichroitic measurements on samples with different drawing ratio it is interesting to discuss the orientation of the transition moment in relation to the chain backbone. After *Bonart* (1, 2) a rectifying of network folds occurs in the drawing range 0–200% followed by a break of H-bridges and existing hard segment clusters. At small drawing ratios the clusters have only a weak preference of orientation in the drawing direction. At higher drawing they are rebuilt and form new clusters of high orientation. At 500% the orientation of hard segments should be complete (1, 2).

We observed now at a drawing ratio of 360% that both absorption bands show a strong polarisation perpendicular to the drawing direction. This means an approximately perpendicular orientation of the transition moment which produces the absorption. (The exact orientation cannot be calculated, since the magnitude of the transition moment is not known and the absorption in drawing directions does not vanish.)

At the samples studied we observed a continuous increase of anisotropy which seems to be in contradiction to *Bonart's* conclusion (12) that an orientation of hard segment clusters starts at a minimum value of 200% orientation. However, considering that our measurements started with a hard segment content of 1 : 25,7, which is a relatively high concentration, we explain this by the fact that at these concentrations the hard segments are acting as filling stuff, which prevents a complete orientation of the soft segments. So the orientation process of the hard segments begins at very low drawing ratios. In fact, at material with a hard segment concentration less than 1 : 4 there was no dichroism observed in the FIR spectrum up to $\lambda = 100\%$ (*Frank* (10)).

4. Assignment

In the base of our results we try to assign the two absorption bands at 96 cm^{-1} and 174 cm^{-1} to concrete molecular motions of chain segments. In analogy to the model proposed to explain the low frequency spectrum of polyethylene terephthalate and other polymers containing benzene rings (3) we assume in the hard segment clusters coupled arrays of molecular groups of benzene rings as well as of HN-CO-groups.

In fig. 14 is scetched a strongly disturbed lattice plane of a hard segment cluster (after *Bonart* (2)). Particularly are shown the positions of benzene rings and the positions of H-bridges establishing the clusters. Because the benzene rings – aside of the defects – form a straight line arrangement, a linear chain of coupled rings can be proposed. In

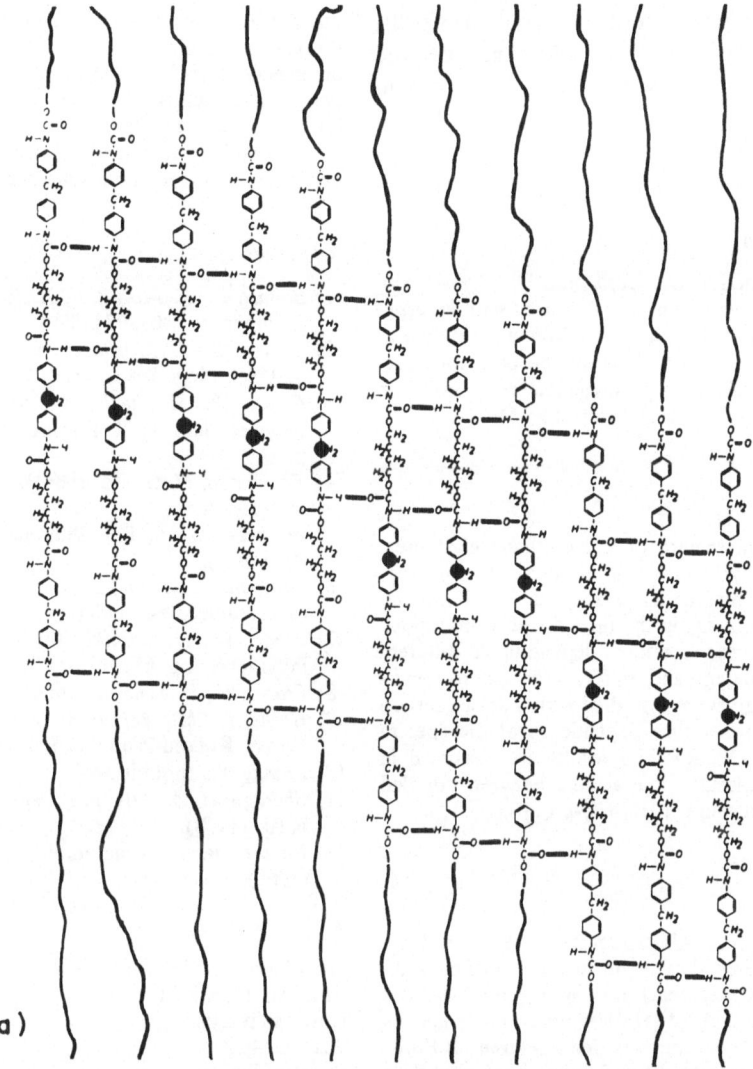

(a)

Fig. 14. Physical crosslinking of hard segment clusters of PUR (from *Bonart* (2)). The benzene rings as well as the HN-CO-groups are arranged on straight lines.

a similar way, the HN-CO-groups are coupled by H-bridges. The peptide bond is, because the C=O bond is delocalised, rather rigid and the bonds to neighbouring molecules are approximately parallel but not coaxial. So a crankshaft motion can be introduced allowing small angle deviations around an axis parallel to the hard segment direction. This motion is a cooperative one for the entire chain and results in a maximal change of the dipole moment. In analogy to the torsional motions of benzene rings we propose these torsional vibrations also for the HN-CO-groups.

We attempt to estimate the value for the torsional force constant from the formula $\tilde{v} = 1303 \times (\alpha_r/I)^{1/2}$ where α_r in mdyn Å/rad, I in AMU $\times$ Å^2 and $\tilde{v}$ in cm^{-1}.

By calculation of the moments of inertia of the HN-CO-group we obtain for the 174 cm^{-1} vibration

$$\alpha_r = 0.25 \text{ mdyn} \times \text{Å/rad.}$$

This value is difficult to discuss because we did not find any references for. Therefore we tried from potential calculations of *Sheraga* (11) to estimate the value for the torsional force constant. We obtained

$$\alpha_r = 0.85 \text{ mdyn} \times \text{Å/rad}$$

for a pair of atoms. There is an agreement within the order of magnitude with the value derived from the 174 cm^{-1} band. The orientation of the transition moment of this motion fits well with the behaviour of oriented samples. It should be worthwhile to proof this hypothesis which includes the possibility of direct observation of H-bridges in the far infrared spectrum at other substances containing peptide bonds.

Acknowledgement

We are indebted to Dr. *Hespe* and Dr. *Zenner* with the Bayer AG, Leverkusen, who prepared samples especially for this study. We thank Dr. *Höhne* (Sektion Kalorimetrie der Universität Ulm) for the DSC measurements. The Deutsche Forschungsgemeinschaft has given financial support to this work (project Fr 442/4–5).

Summary

The absorption spectra of polyurethane elastomers consisting of poly(adipine-acid-glycolester) (soft segment) with diphenyl-methyl-diisocyanate and butanediol-1,4 (hard segment) in the far infrared were reported. Spectral changes are studied depending on different hard segment content and different annealing conditions. Drawn samples were studied with a draw ratio up to 360%. The temperature dependence of the spectra was studied (30–300 K). The results are discussed in terms of intermolecular interactions between coupled benzene rings and coupled HN-CO-groups.

Zusammenfassung

Es wird über das Absorptionsverhalten von Polyurethan-Elastomeren, bestehend aus Poly(adipinsäureglykolester) (Weichsegment) mit Diphenylmethyl-diisocyanat und Butandiol-1,4 (Hartsegment), im fernen Infrarot berichtet. Änderungen in den Spektren als Funktion des Hartsegmentgehalts und unterschiedlicher thermischer Vorbehandlung werden beobachtet. Verstreckte Proben bis zu einem Verstreckgrad von 360% wurden untersucht. Die Temperaturabhängigkeit der Absorptionsspektren wurde zwischen 30 und 300 K gemessen. Die Ergebnisse werden diskutiert auf der Grundlage zwischenmolekularer Wechselwirkung zwischen gekoppelten Benzolringen und gekoppelten HN-CO-Gruppen.

References

1) *Bonart, R., L. Morbitzer, H. Rinke,* Kolloid-Z. und Z. Polymere **240,** 807 (1970).
2) *Bonart, R., L. Morbitzer, E. H. Müller,* J. Macromol. Sci.-Phys. **B9(3),** 447 (1974).
3) *Frank, W., H. Fiedler, W. Strohmeier,* J. Applied Polymer Sci., Appl. Polymer Symp. **34,** (1978) in press.
4) *Zachmann, H. G.,* Fortschr. Hochpolym. Forsch., **3,** 581 (1964).
5) *Amrhein, E. M.,* Ber. Bunsenges. Phys. Chem. **74,** 807 (1970).
6) *Amrhein, E. M.* and *H. Frischkorn,* IUPAC Symp. Macromolecules, Leiden 1970.
7) *Frank, W., H. Schmidt, W. Wulff,* J. Polymer Sci., Polymer Symp. **61,** 317 (1977).
8) *Frank, W., H. Schmidt,* unpublished.
9) *Hespe, H., M. Meisert, U. Eisele, L. Morbitzer, W. Goyert,* Kolloid-Z. und Z. Polymere **250,** 797 (1972).
10) *Frank, W.,* unpublished.
11) *Sheraga, H. A.,* Adv. in Physical Organic Chemistry **6,** 103 (1968).
12) *Bonart, R.,* J. Macromol. Sci.-Phys. **B2(1),** 115 (1968).

Authors'address:

Dr. *W. Frank,* Dipl.-Phys. *W. Strohmeier*
Abt. Exp. Physik III
Universität Ulm
Postfach 4066
D-7900 Ulm

Progr. Colloid & Polymer Sci. **66,** 213 – 221 (1979)
© 1978 by Dr. Dietrich Steinkopff Verlag GmbH & Co. KG, Darmstadt
ISSN 0340-255 X

Vorgetragen auf der Tagung der Deutschen Physikalischen Gesellschaft,
Fachausschuß „Physik der Hochpolymeren",
vom 17. bis 21. April 1978 in Bad Nauheim.

Abteilung für Experimentelle Physik II der Universität Ulm

Interpretation des Extra-Peaks bei 255 cm⁻¹ im Schwingungsspektrum von Polyäthylen (PE) als Resonanzmode von Kinken

P. C. Hägele, H. Hahn, E. Michler und *C. Schmid*

Mit 6 Abbildungen

(Eingegangen am 13. September 1978)

1. Einleitung

In den Schwingungsspektren von Polymeren steckt nicht nur Information über die molekularen Kräfte im Falle einer Idealstruktur, sondern auch Information über die Defektstruktur. Es ist allerdings schwierig, diese Information zu deuten. Die Zuordnung von Defektschwingungsbanden läßt sich nämlich mit herkömmlicher Normalkoordinatenanalyse, z. B. mit Dispersionskurven, nicht bewältigen. Als Methoden kommen in Frage einerseits ein von *Zerbi* (1, 2) ausgearbeitetes rein numerisches Verfahren, das auf dem sogenannten negativen Eigenwert-Theorem von *Dean* (3) beruht, und eine halbanalytische Methode der Greenschen Funktion (4–7), mit deren Hilfe die hier mitgeteilten Ergebnisse berechnet wurden.

Wir gehen aus von einer Gegenüberstellung experimenteller Beobachtungen und herkömmlicher Normalkoordinatenanalyse, indem wir ein Spektrum der inelastischen Neutronenstreuung an Deutero-Polyäthylen (DPE) mit dem niederfrequenten Teil der theoretischen Dispersionsrelationen für einen ideal transplanaren Deutero-Polyäthylen-Kristall vergleichen. Hinsichtlich der Dispersionskurven, d. h. der Auftragung der Schwingungsenergie gegen die Phasendifferenz, beziehen wir uns z. B. auf eine Arbeit von *Kitagawa* und *Miyazawa* (8). Aus den Ergebnissen dieser und anderer Arbeiten schließen wir,

1. daß man oberhalb der Grenze der Torsionsschwingungen die Kristallfeldaufspaltung in erster Näherung vernachlässigen, d. h. in *Einzel-Ketten-Näherung* rechnen darf;
2. daß man unterhalb der Grenze der C-C-C-Biegeschwingungen eine CH₂-Gruppe als Massen-

punkt betrachten, also in *Skelett-Näherung* rechnen darf. Letzteres ist genau der Bereich der inelastischen Neutronenstreuung. Skelettnäherung und Einzelketten-Näherung zusammen ergeben dann als Bedingung, daß man sich in etwa auf das Fenster zwischen der 200 und 500 cm⁻¹-Linie beschränken muß.

Hinsichtlich der inelastischen inkohärenten Neutronenstreuung beziehen wir uns (stellvertretend für viele andere) auf eine Arbeit von *Twisleton* und *White* (9). Bekanntlich müssen die Stellen, wo die Dispersionskurve eine waagerechte Tangente hat, wo also die Zustandsdichte maximal ist, im Spektrum der inelastischen inkohärenten Neutronenstreuung hervorgehoben sein. Das findet man sowohl für Phononen in Kettenrichtung als auch quer dazu. Die Theorie der Schwingungen des idealen Polyäthylenkristalls fordert zwei Torsionsbandkanten, die von *Twisleton* und *White* beide zugeordnet wurden. Die unterschiedliche Temperaturabhängigkeit der beiden Peaks läßt sich plausibel machen. (Torsionsartig gegenläufig schwingende Ketten kommen einander räumlich näher, laufen gegen ein steileres Potential an und haben deshalb eine höhere Frequenz als gleichsinnig tordierende Ketten. Mit steigender Temperatur werden die Frequenzen niedriger wegen der Aufweitung des Gitters und der damit verbundenen Abflachung des Potentials. Dieser Effekt ist bei der gegensinnigen Torsionsschwingung vermutlich stärker ausgeprägt als bei der gleichsinnigen.)

Nicht plausibel ist dagegen das Auftreten eines weiteren Peaks bei etwa 220 cm⁻¹ in Deuteropolyäthylen oder bei etwa 255 cm⁻¹ in normalem Polyäthylen. Ein solcher bisher nicht zuordenba-

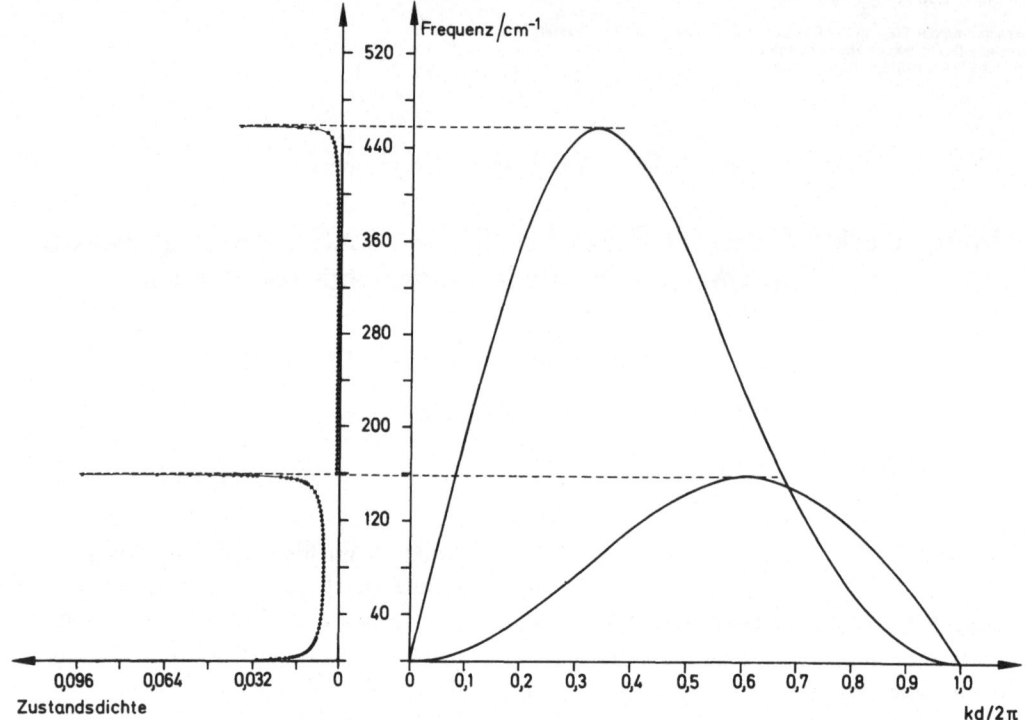

Abb. 1. Dispersionsrelation und Zustandsdichte der akustischen Zweige des Valenzkraftfeldes in Skelettnäherung

rer Peak wurde nicht nur durch inelastische inkohärente Neutronenstreuung, sondern auch durch Ramanstreuung (10) oder Infrarot-Absorption beobachtet (11, 12, vgl. Tabelle 1 von (7)).

2. Skelettnäherung mit Valenzkraftfeld

Zur Gegenüberstellung von Skelett- und Schalenmodell berichten wir auszugsweise über neuere Ergebnisse von *Hölzl, Schmid* und *Hägele* (7) aus Rechnungen an Skelett-Modellen (von DPE). Für die potentielle Energie wurde – wie bei der überwiegenden Mehrzahl aller Autoren – ein Valenzkraftfeld angesetzt, dessen Kraftkonstanten durch Anpassung an die Ergebnisse der kohärenten und inkohärenten inelastischen Neutronenstreuung (INS) gewonnen wurden. Im Unterschied zu den erwähnten Dispersionskurven von *Kitagawa* und *Miyazawa* (18) beschränken wir uns in Abb. 1 auf die *Ein-Ketten-Näherung*. Dadurch wird die Kristallfeldaufspaltung vernachlässigt, und der Torsionszweig v_9 wird künstlich akustisch gemacht.

Wir leiten deshalb aus dem Modell nur Aussagen für Frequenzen oberhalb des Torsionsmaximums ab.

Wenn keine Defekte vorliegen, ist die Zustandsdichte durch den linken Teil von Abb. 1 ge-

geben. Wenn Defekte in geringer, aber endlicher Konzentration vorliegen, so werden zu dieser idealen Zustandsdichte noch Defektanteile hinzuaddiert. Abb. 2a–2c zeigt den Defektanteil der Zustandsdichte von Kinken im Frequenzbereich von 200 bis 300 cm⁻¹. Jede dieser Kurven ist noch mit der Defektkonzentration zu multiplizieren. Eine einzelne Kinke erzeugt in Deuteropolyäthylen eine scharfe Linie bei 225 cm⁻¹ (Abb. 2a). Zwei weit entfernte Kinken ergeben natürlich dieselbe Linie bei 225 cm⁻¹, nur doppelt so stark. Kommen die Kinken einander näher, so spaltet die Linie durch Wechselwirkung auf, und zwar um so stärker, je kleiner der Abstand der Kinken ist. Der kleinste denkbare Abstand, nämlich eine trans-Lage, führt zu einer maximalen Aufspaltung von nur 5 cm⁻¹ (Abb. 2b). Daraus schließen wir, daß die Wechselwirkung zwischen den Kinken nicht sehr groß ist. Eine Vergrößerung des Abstands zwischen den Kinken auf 3 trans-Lagen (Abb. 2c) führt einerseits wie erwartet zu einer Verkleinerung der Aufspaltung, andererseits aber zu zwei überraschenden neuen Linien. Weiterführende Untersuchungen haben gezeigt, daß man diese Linien deuten kann als Eigenfrequenz des planaren Zwischenstücks ttt. Das ist typisch für das in fast allen Rechnungen immer wiederkeh-

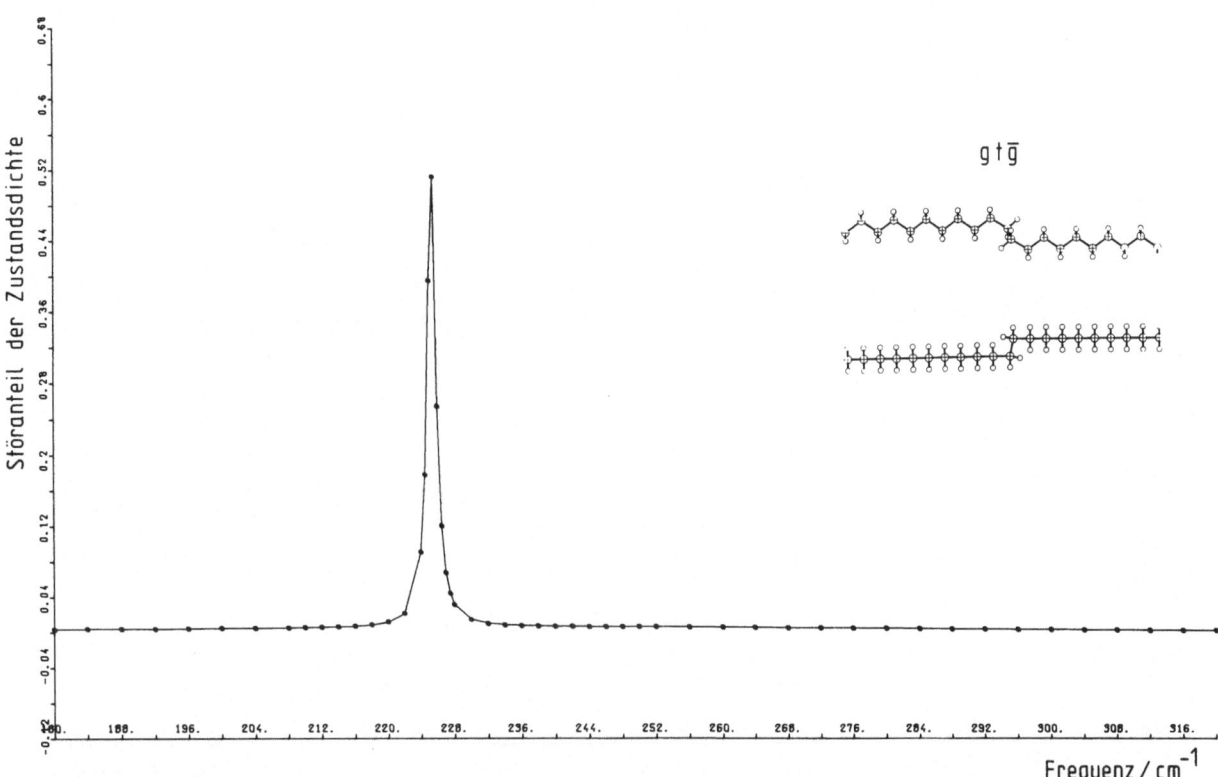

Abb. 2a. Defektzusatzspektrum der Konformation gtḡ (Kinke) für das Valenzkraftfeld in Skelettnäherung im Bereich 200 . . . 300 cm⁻¹

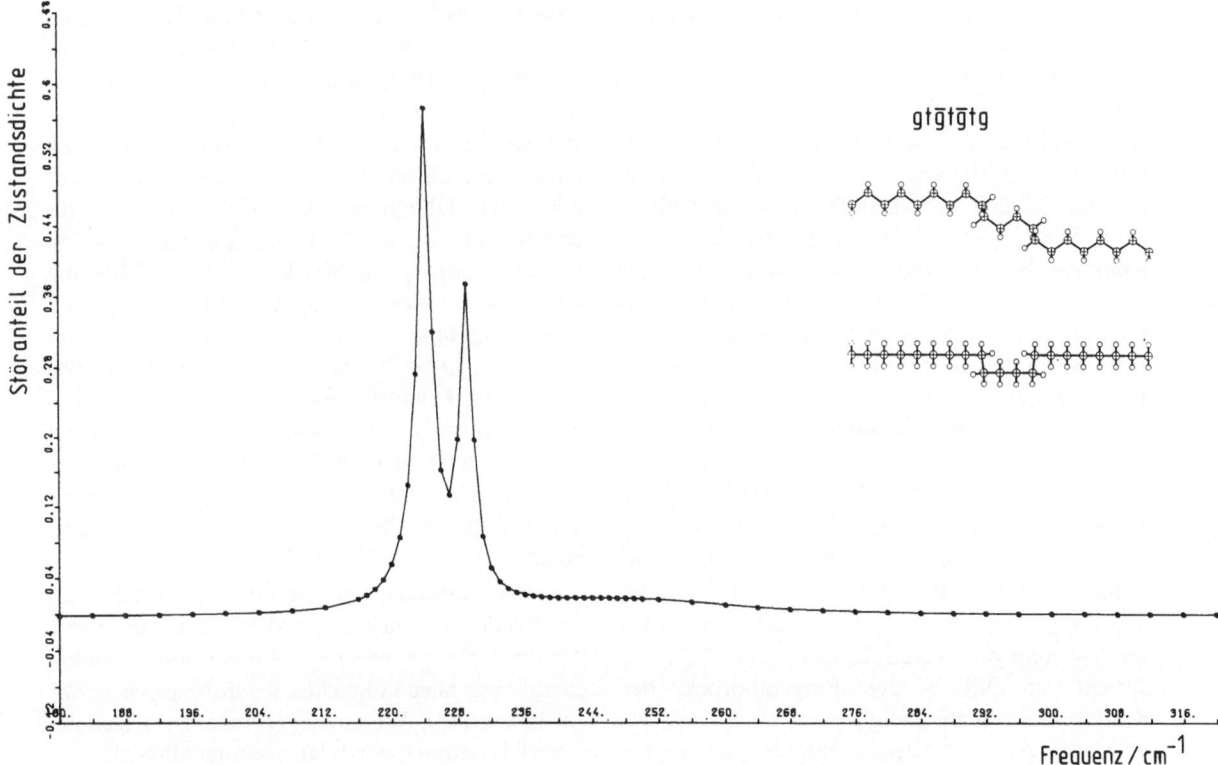

Abb. 2b. Defektzusatzspektrum der Konformation gtḡtḡtg (zwei Kinken im kleinsten denkbaren Abstand) im Bereich 200 . . . 300 cm⁻¹

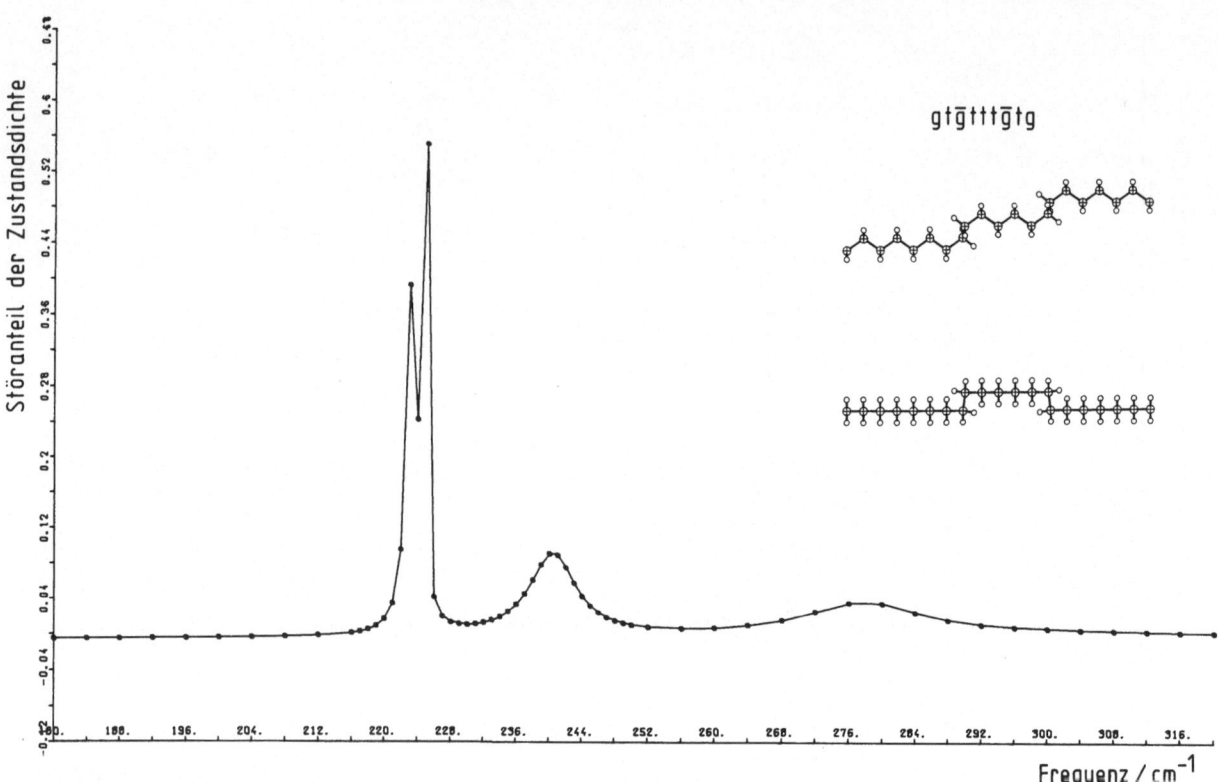

Abb. 2c. Defektzusatzspektrum der Konformation gtḡtttḡtg (zwei Kinken im Abstand von 3 Trans-Lagen) im Bereich 200 . . . 300 cm⁻¹

rende Resultat, daß das Spektrum eines Defekt-Clusters zusammengesetzt ist aus den Spektren der Untereinheiten und den Eigenfrequenzen von regelmäßigen Zwischenstücken.

Es stellt sich nun die umgekehrte Frage, ob ein Peak in der Nähe von 225 cm⁻¹ in DPE notwendig auf Kinken zurückzuführen ist oder ob er auch von anderen Strukturdefekten herrühren kann. Zur Beantwortung dieser Frage wurde eine große Zahl weiterer Konformationsdefekte untersucht. Zunächst ergab sich, daß die Konformation gtg fast dieselben Defektmoden zeigt wie die Kinke gtḡ, obwohl sie eine ganz andere geometrische Form hat. Deshalb kann der erwähnte Peak in der inelastischen inkohärenten Neutronenstreuung von DPE bei 225 cm⁻¹ sowohl von gtḡ als auch von gtg Untereinheiten herkommen. Weitere Untereinheiten scheiden jedoch aus. Das Maximum bei 225 cm⁻¹ trat immer nur dann auf, wenn gtḡ oder gtg als Untereinheit vorhanden war, so daß wir sagen können: Ein Peak bei 225 cm⁻¹ in DPE ist der „Fingerabdruck" der Konformationen gtḡ und gtg.

Da die Zahl der Experimente an Polyäthylen (PE) diejenige an DPE weit überwiegt, wurde die Lage der Kinkresonanz in PE abgeschätzt. Aus

dem Vergleich von theoretischen und experimentellen Werten für die Bandkanten der Torsions- und Biegeschwingungen ergab sich ein Umrechnungsfaktor von 1,15. Dieser Faktor ist nur näherungsweise gleich $(M_{CD_2}/M_{CH_2})^{1/2} = 1,07$, da (wegen der Skelettnäherung) ein *effektives* Kraftfeld beim Übergang von DPE nach PE nicht übertragbar ist, sondern neu angepaßt werden müßte. Allerdings ist hier keine direkte Messung der Dispersionskurven (kohärente INS) möglich.

Als Ergebnis erhalten wir einen Wert von 225 cm⁻¹ · 1,15 = 269 cm⁻¹ für den „Fingerabdruck" der Konformationen gtg und gtḡ (Kinke) in PE. Damit ist der eingangs erwähnte Peak bei etwa 255 cm⁻¹, der an PE-Proben verschiedener Vorgeschichte mit verschiedenen spektroskopischen Methoden beobachtet wurde, befriedigend erklärt.

Diese Zuordnung ist auch deshalb plausibel, da die Konformationen gtg und gtḡ mit Ausnahme der einzelnen gauche-Lage die geringste Defektenergie von allen möglichen Konformationsdefekten haben (14). Weitere Ergebnisse zum Skelettmodell lassen sich wie folgt zusammenfassen:

1. Die einzelne gauche-Lage ist in diesem Sinne keine Untereinheit, d. h. sie hinterläßt im

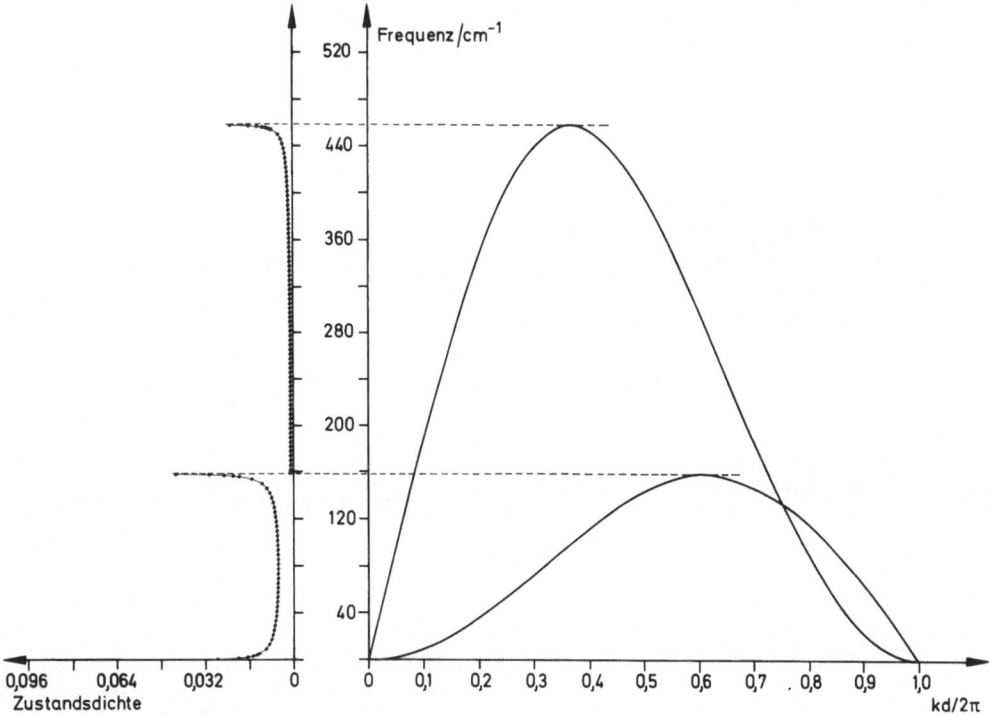

Abb. 3. Dispersionsrelation und Zustandsdichte der akustischen Zweige eines einfachen Valenzkraftfeldes in Skelettnäherung

untersuchten Frequenzbereich keinen Fingerabdruck. Dasselbe gilt für die Konformation gg und ggg.

2. Es wurden vier Untereinheiten gefunden, aus deren Spektren man alles Übrige zusammensetzen kann:

a) Die Kinke gtḡ einschließlich gtg (225 cm⁻¹ in DPE ≙ 259 cm⁻¹ in PE).

b) Die Konformation gttg einschließlich gttḡ (345 ≙ 397).

c) Die enge Falte ggtgg (395 ≙ 454).

d) Transplanare Zwischenstücke, eingespannt in Konformationsdefekte.

Anhand von Abb. 3 sehen wir Dispersionskurve und Zustandsdichte der idealen Kette mit einem *einfachen* Valenzkraftfeld, das nur Diagonalglieder hat. Es unterscheidet sich kaum von den entsprechenden Kurven für ein Valenzkraftfeld mit zusätzlichen Nichtdiagonalgliedern (Abb. 1). Wenn wir aber in der Abbildung 4 die Resonanzmoden der engen Falte betrachten, so sehen wir drastische Unterschiede für die beiden Kraftfelder: Die enge Resonanzmode der Falte bei 395 cm⁻¹ ist geradezu eine Folge der Nichtdiagonalglieder. Defektmoden sind überraschend stark abhängig von den Details des Kraftfeldes.

Wenn man also die Methode ausbauen will zu einem zuverlässigen strukturanalytischen Hilfsmittel, so muß man sich vor allem um Kraftfelder bemühen, die eine tiefere physikalische Bedeutung haben und nicht nur durch Anpassung an ein einzelnes Spektrum gewonnen werden. Die Genauigkeit der Ergebnisse darf dabei ruhig etwas leiden, aber das Kraftfeld sollte so formuliert werden, daß es von einer Konformation auf die andere übertragen werden kann.

Aus diesem Grunde wurden Rechnungen mit dem Schalenmodell von *Hahn* und *Richter* (13) durchgeführt.

Auf längere Sicht soll versucht werden, die Kraftfelder aus semiempirischen Potentialen (14) der Konformationsanalyse abzuleiten.

3. Schalenmodell mit Berücksichtigung aller Freiheitsgrade

Die bisher erwähnten Ergebnisse beziehen sich auf ein Valenzkraftmodell in Skelett-Näherung. Die Skelett-Näherung vereinfacht die Rechnung erheblich, beschränkt aber die Gültigkeit der Ergebnisse auf Frequenzen unterhalb etwa

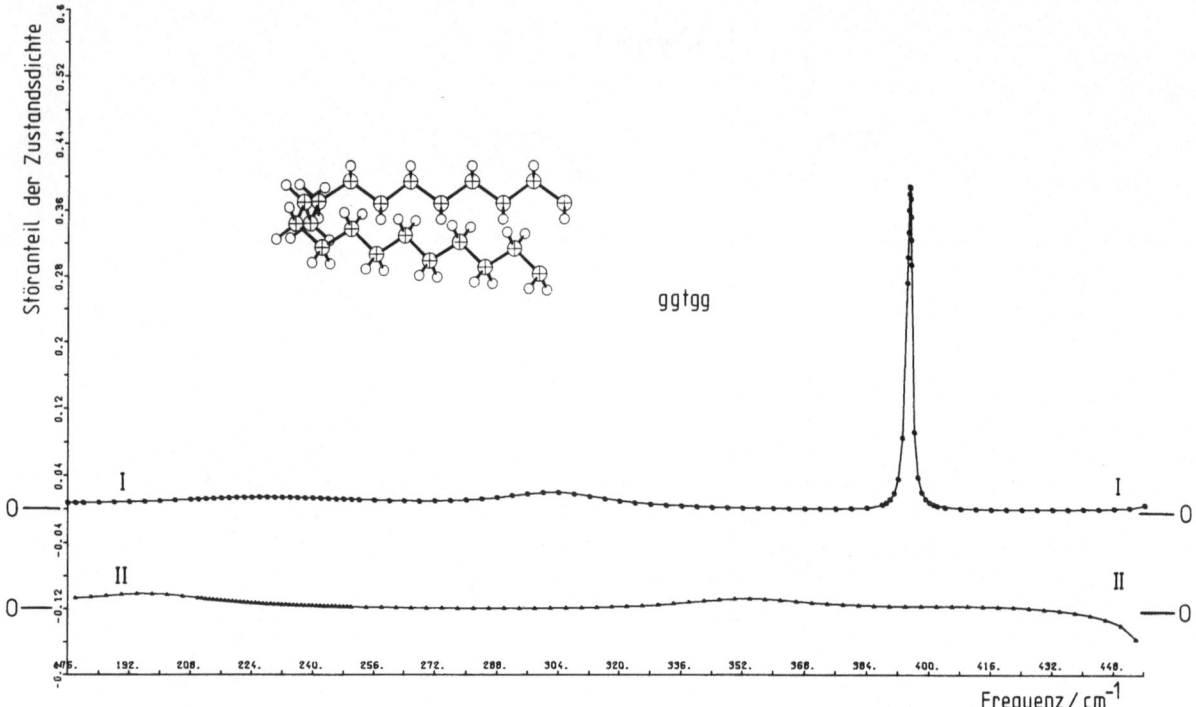

Abb. 4. Defektzusatzspektrum der Konformation ggtgg (enge Falte) für zwei Valenzkraftfelder in Skelettnäherung:
I mit Nichtdiagonalgliedern
II ohne Nichtdiagonalglieder

600 cm^{-1}. Die Rechnungen am Schalenmodell unterliegen nicht mehr dieser Beschränkung, da die volle Anzahl der Freiheitgrade von Polyäthylen berücksichtigt wird. Dieses Modell simuliert die Physik der homöopolaren Bindung durch jeweils in einem Kohlenstoff-Kernort zentrierte, starre, (fast) trägheitslose, tetraedrische sp^3-Hybrid-„Schalen", deren Arme mit denen der nächstbenachbarten Kohlenstoffhybrid-Vierbeine durch Federn gekoppelt sind. Jedes Wasserstoffatom ist ebenfalls am Ende „seines" Kohlenstoff-„Arms" durch eine Feder fixiert. Außerdem sorgen noch Federn zwischen direkt gebundenen Atomen für zusätzliche Streifigkeit der Bindungsabstände, und ein Rotationspotential sorgt für Streifigkeit gegen Rotation um die C–C-Bindung. Hierzu kommen Federkräfte zwischen nicht direkt gebundenen Atomen in bis zu übernächsten CH$_2$-Nachbargruppen, welche durch Überlappabstoßung und Van-der-Waals-Anziehung verursacht werden.

Alle diese Konstanten wurden in einer früheren Arbeit (13) an die Spektren der idealen (all-trans) Kette angepaßt. Zur Zeit sind Überlegungen im Gange, diese Anpassung weiter zu optimieren. Die hier mitgeteilten Rechnungen beziehen sich auf ein vorläufiges Kraftfeld, aus dem man jedoch

schon wesentliche Ergebnisse ableiten kann. (Nach Abschluß der Optimierung können sich einige Linien noch um wenige Prozent in ihrer Lage ändern.) Beim Einbau eines Konformationsdefektes brauchen alle diejenigen Konstanten, welche die *direkte* Bindung beschreiben, *nicht* verändert zu werden. Die Federn zwischen nicht direkt gebundenen Atomen werden dann, wenn sich die entsprechenden Atomabstände beim Einbau des Defektes ändern, entsprechend einem Buckinghamschen Potentialgesetz abgeändert.

Im Gegensatz dazu hat ein allgemeines Valenzkraftfeld durch seine Nichtdiagonalglieder so viel an physikalischer Interpretierbarkeit verloren, daß unklar ist, wie man im Falle von Konformationsdefekten das Kraftfeld abzuändern hat.

Abb. 5 zeigt die Zustandsdichte für den Fall, daß keine Konformationsdefekte vorliegen. Im Unterschied zu Abb. 1 und 3, wo auf die Darstellung des optischen Zweiges verzichtet wurde (da die Skelett-Näherung für hohe Frequenzen zusammenbricht), ist es hier physikalisch sinnvoll, Frequenzen bis zu 3000 cm^{-1} zu berücksichtigen. Lediglich bei sehr hohen Frequenzen (>44 000 cm^{-1}) liefert das Modell drei zusätzliche künstliche Zweige, die den Schwingungen der (fast) trägheitslosen tetraedrischen sp^3-Hybrid-

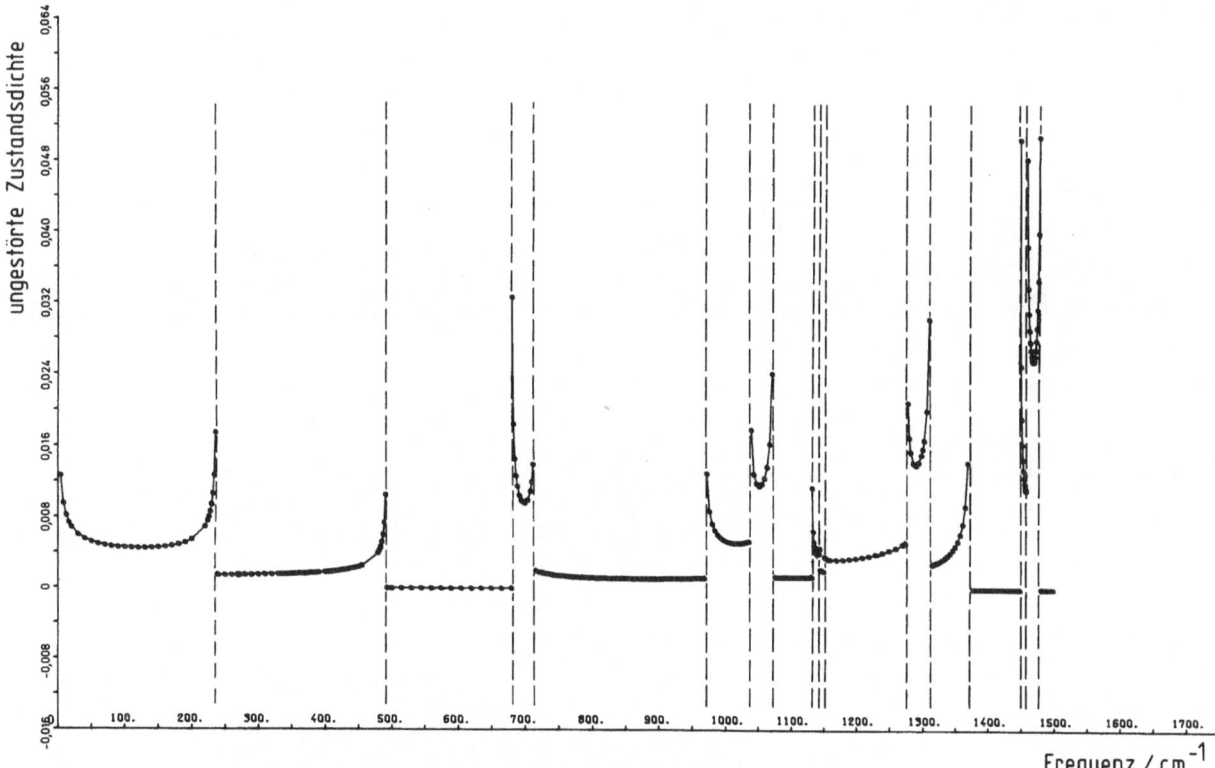

Abb. 5 a. Zustandsdichte des Schalenmodells von Polyäthylen im Bereich 0 ... 1500 cm⁻¹

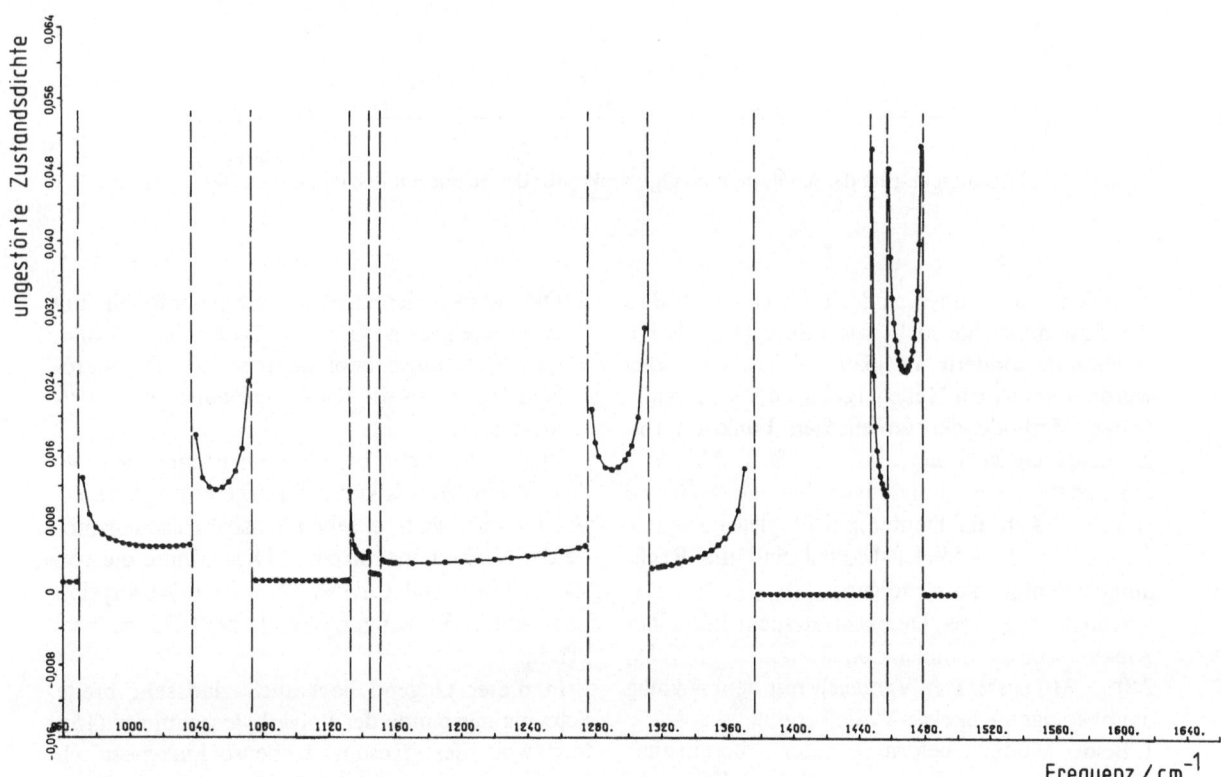

Abb. 5 b. Zustandsdichte des Schalenmodells von Polyäthylen im Bereich 1000 ... 1500 cm⁻¹

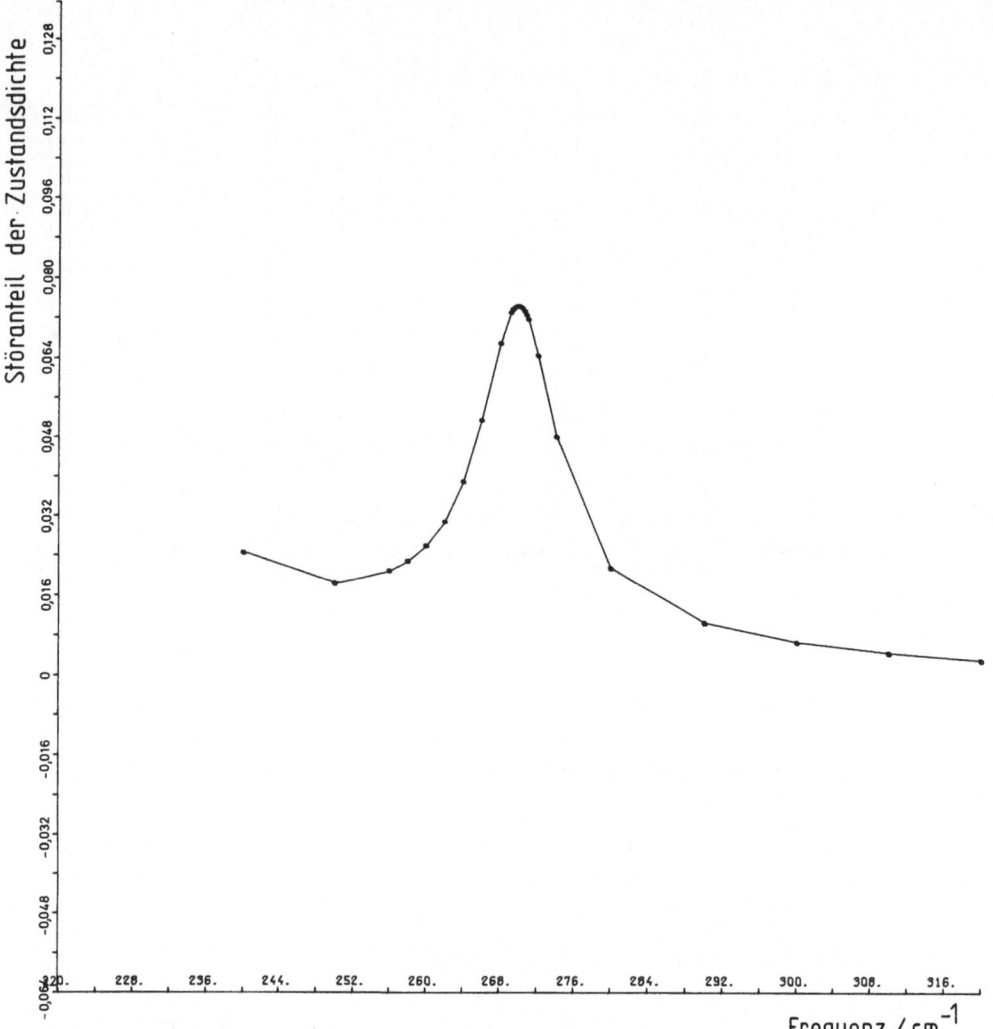

Abb. 6. Defektzusatzspektrum der Konformation gt$\bar{\text{g}}$ (Kinke) für das Schalenmodell im Bereich 240 ... 310 cm⁻¹

„Schalen" zuzuordnen sind. Zu beachten ist, daß die Zustandsdichte nicht wie bisher (13) als Histogramm, sondern als glatte Kurve berechnet wurde. Dies ist ein Nebenergebnis der semianalytichen Methode der Greenschen Funktion (6). Zu beachten ist ferner, daß es sich in Abb. 5–6 um undeuteriertes Polyäthylen handelt, während Abb. 1–4 sich auf Deuteropolyäthylen beziehen. Gegenüber dem Skelett-Modell sind die Rechnungen deutlich aufwendiger.

Abb. 6 zeigt das Defektzusatzspektrum einer Kinke im Schalenmodell im Bereich 240 ... 310 cm⁻¹. Der Vergleich mit dem – völlig unabhängigen – Skelett-Modell ergibt:
1. Beide Modelle liefern in guter Übereinstimmung dieselbe Resonanzfrequenz (271 cm⁻¹ bzw. ca. 259 cm⁻¹).

2. Die Kinkenresonanz im Schalenmodell hat zwar eine geringe Höhe. Aufgrund ihrer größeren Breite umschließt sie aber eine etwas größere Fläche als die Kinkenresonanz im Skelett-Modell.

Eine erste Suche bei höheren Frequenzen, wo das Skelett-Modell keine Aussage ermöglicht, erbrachte eine weitere, sehr intensive Resonanzmode der Kinke bei 1100 cm⁻¹. Dies könnte die von *Zerbi, Piseri* und *Cabassi* (2) mit IR-Absorption beobachtete Schwingungsbande bei 1075 cm⁻¹ erklären.

In dieser Gegend liegt auch eine sehr breite Schwingungsbande der Polyäthylenschmelze (15). Inwieweit diese Resonanz ebenso kinkspezifisch ist wie die niederfrequente Resonanz, müssen Rechnungen an weiteren Defekttypen zeigen.

Danksagung

Wir danken der Deutschen Forschungsgemeinschaft für finanzielle Unterstützung.

Zusammenfassung

Mittels eines von *Schmid* und *Hölzl* vorgeschlagenen semianalytischen Verfahrens wurden die Defekt-Zusatzspektren für Konformationsdefekte in Einkettennäherung in zwei verschiedenen Modellen berechnet:

1. In einem Skelettmodell mit Valenzkraftfeld wurde für Deutero-Polyäthylen gefunden, daß man die Defektspektren im wesentlichen aus denen von vier Untereinheiten zusammensetzen kann. Diese sind: a) Die „Kinke" gtḡ oder, hier kaum unterscheidbar, der Defekt gtg; b) gttḡ bzw., frequenzmäßig kaum verschieden, gttg; c) die „enge Falte" ggtgg; d) transplanare Zwischenstücke, eingespannt in Konformationsdefekte. Die entsprechenden Skelettmodell-Frequenzen für nichtdeuteriertes Polyäthylen wurden abgeschätzt. Für die Kinke ergibt sich dabei eine Resonanzfrequenz von ca. 259 cm⁻¹, die an Proben verschiedener Vorgeschichte mit verschiedenen spektroskopischen Methoden beobachtet wurde.

2. Im „Schalenmodell" von *Hahn* und *Richter* wurde u. a. ebenfalls das Zusatzspektrum der Kinke, hier direkt für nicht deuteriertes Polyäthylen, berechnet. Dabei tritt die im Skelettmodell gefundene Resonanz ebenfalls auf (271 cm⁻¹); außerdem ergibt sich eine dem Skelettmodell nicht zugängliche Resonanz bei 1100 cm⁻¹, die auch beobachtet wurde.

Summary

By means of a semianalytical method proposed by *Schmid* and *Hölzl*, the change in the vibrational spectral density due to conformational defects was calculated in single-chain approximation. Two different models were used:

1. A skeleton model with a valence force field was used for calculations in deutero-polyethylene, with the result that the defect spectra may approximately be superimposed out of those of four subunits, viz., a) gtḡ (the "kink") or gtg (almost undistinguishable with respect to frequency); b) gttḡ or gttg, respectively; c) ggtgg (the "tight fold"); d) transplanar pieces connecting these conformational defects. The corresponding frequencies for the non-deuterated chain were estimated. A resonance mode about 259 cm⁻¹ was obtained for polyethylene, in agreement with several spectroscopic observations on samples with different history.

2. The "shell model" of *Hahn* and *Richter* was used to calculate directly in polyethylene. Among others, the "kink" defect spectrum was investigated. The kink resonance found from the skeleton model was independently reproduced (271 cm⁻¹); in addition, a resonance at 1100 cm⁻¹ was found, in agreement with experiment.

Literatur

1) *Zerbi, G.*, Pure Appl. Chem. **26,** 499 (1971).
2) *Zerbi, G., L. Piseri,* und *F. Cabassi,* Molec. Phys. **22,** 241 (1971).
3) *Dean, P.,* Proc. Phys. Soc. **73,** 413 (1959); Rev. Mod. Phys. **44,** 127 (1972).
4) *Schmid, C.* und *K. Hölzl,* J. Poly. Sci. A 2 **10,** 1881 (1972).
5) *Schmid, C.,* J. Phys. C **6,** L 458 (1973).
6) *Schmid, C.,* Progr. Colloid & Polymer Sci. **58,** 19 (1975).
7) *Hölzl, K., C. Schmid,* und *P. C. Hägele,* J. Phys. C **11,** 9 (1978).
8) *Kitagawa, T.,* und *T. Miyazawa,* Jap. Polym. J. **1,** 471 (1970).
9) *Twisleton, J. F.,* und *J. W. White,* Neutron Inelastic Scattering **4,** 301 (Wien: IAEA 1973).
10) *Frenzel, C. A., E. B. Bradley,* und *M. S. Mathur,* J. Chem. Phys. **49,** 3789 (1968).
11) *Amrhein, E. M.,* und *H. Frischkorn,* Kolloid-Z. **251,** 369 (1973).
12) *Zirke, J.,* und *M. Meissner,* 2. Minisymposium für Polymerspektroskopie, Ulm, Februar 1978.
13) *Hahn, H.,* und *D. Richter,* Colloid & Polymer Sci. **255,** 111 (1977).
14) *Hägele, P. C.,* Habilitationsschrift, Ulm 1977.
15) *Strobl, G. R.,* 2. Minisymposium für Polymerspektroskopie, Ulm, Februar 1978.

Anschriften der Verfasser

Prof. Dr. *P. C. Hägele,* Abt. f. Exp. Phys. II der Universität Ulm, Oberer Eselsberg, 7900 Ulm
Prof. Dr. *H. Hahn,* Inst. A für Theor. Physik der TU Braunschweig, Mendelssohnstr. 1A, 3300 Braunschweig
Dipl.-Phys. *E. Michler,* Rechenzentrum der Universität Ulm, Schloßbau, 7900 Ulm-Wiblingen
PD Dr. *C. Schmid,* Bayer AG, FS-A, Geb. F29, 4047 Dormagen

Progr. Colloid & Polymer Sci. **66**, 223–234 (1979)
© 1979 by Dr. Dietrich Steinkopff Verlag GmbH & Co. KG, Darmstadt
ISSN 0340-255 X

Vorgetragen auf der Tagung der Deutschen Physikalischen Gesellschaft,
Fachausschuß „Physik der Hochpolymeren",
vom 17. bis 21. April 1978 in Bad Nauheim.

Fritz-Haber-Institut der Max-Planck-Gesellschaft, Berlin-Dahlem

Präzisionsmessungen des Elastizitätsmoduls an getemperten Polyäthylen-Stäben

F. P. Wolf

Mit 10 Abbildungen

(Eingegangen am 8. Juni 1978)

Einleitung

Der Elastizitätsmodul E beschreibt den Widerstand, den ein elastisches Material mechanischen Deformationen entgegensetzt. Dieser Widerstand ist abhängig vom Zustand des Probenmaterials, der Probentemperatur und der Zeitdauer oder Frequenz der mechanischen Beanspruchung, wobei nur kleine Deformationen betrachtet werden sollen, die den linear-elastischen Bereich des Probenmaterials nicht überschreiten. An stabförmigen Proben von einigen cm Länge und einigen mm Durchmesser kann man den Modul E im Frequenzbereich des hörbaren Schalls oder etwas darüber durch die Erregung von Schwingungsresonanzen mit hoher Genauigkeit messen.

Bei Polymeren kann die Struktur des Probenmaterials den Elastizitätsmodul in erheblichem Maße beeinflussen. Unterschiedliche Moduln als Folge unterschiedlicher Strukturen treten beim gleichen Ausgangsmaterial dann auf, wenn die thermische und mechanische Vorgeschichte der Proben verschieden ist. Hierzu gehört in erster Linie der Einfluß von Temperatur und Druck (sowie innerer Scherung) bei der Formgebung der Proben und ihrer Abkühlung. Bei rascher Abkühlung werden oft Orientierungen und mechanische Spannungen in den Proben „eingefroren", die sich beim Tempern wieder ausgleichen können. In der vorliegenden Arbeit sollen Messungen an unterschiedlich hergestellten und später sukzessive getemperten Proben aus dem gleichen Ausgangsmaterial berichtet und die Meßmethoden diskutiert werden.

Meßmethoden

Zur Beschreibung des elastischen Verhaltens isotroper Körper müssen zwei Elastizitätskonstanten bekannt sein, z. B. Elastizitätsmodul E und Querkontraktionskonstante (Poissonzahl) m. Um die beiden Konstanten zu bestimmen, müssen zwei unabhängige Meßmethoden miteinander kombiniert werden. Bei der Benutzung von Schwingungsresonanzen ist die Kombination von Longitudinal- und Biegeschwingungen zweckmäßig, weil beide den Probestab in axialer Richtung beanspruchen und sich ihre Resonanzfrequenzen überlappen. Außerdem können beide Schwingungsarten nacheinander mit der gleichen Apparatur an derselben Probe erregt und registriert werden. Man bekommt so je einen Satz von longitudinalen und transversalen Resonanzfrequenzen verschiedener Schwingungsordnungen $n = 0, 1, \ldots$ Zur Berechnung des E-Moduls aus den Resonanzfrequenzen sind erweiterte Schwingungstheorien erforderlich, die neben dem Modul E auch die Poissonzahl m berücksichtigen. Dabei ist es zweckmäßig, für m feste Werte vorzugeben (bei isotropen Stoffen: $m = 0, 0.1, 0.2, \ldots 0.5$) und den Modul in der Form $E(m)$ zu berechnen (1, 2).

Aus der Auftragung $E(m)$ gegen m ergibt sich, daß der errechnete Modul $E(m)$ bei Biegeschwingungen höherer Ordnung sehr stark vom vorgewählten Wert für m abhängt, bei Longitudinalschwingungen dagegen weit weniger (2). Dies wird auch bei einer Auftragung des Moduls in Abhängigkeit von der Meßfrequenz mit der Poissonzahl m als Parameter deutlich in den Abbildungen 3 und 4. Deswegen liegt es nahe, zur Modulbestimmung in erster Linie Longitudinalresonanzen zu benutzen und Biegeresonanzen nur zur Abschätzung der Poissonzahl m mit heranzuziehen. Auch eine Betrachtung der Spannungsverteilung im schwingenden Probestab spricht für diese Wahl.

Spannungsverteilung im deformierten Stab

— Verteilung über den Stabquerschnitt —

Die axialen Zug- und Druckspannungen verteilen sich bei longitudinaler Beanspruchung der stabförmigen Probe gleichmäßig über den kreisförmigen Querschnitt. Dagegen herrscht bei Biegung in der neutralen Schicht in der Mitte des Stabes dauernd die (Normal-)Spannung Null, am oberen und unteren Rand dagegen maximale Spannung. Mittelt man die Spannungsbeträge über den Querschnitt, so ist die Randspannung σ_R bei longitudinaler Beanspruchung gleich dem Mittelwert $\bar{\sigma}$, bei Biegung aber $\sigma_R \simeq 7/3\,\bar{\sigma}$. Auch bei Torsion ergibt sich eine Spannungskonzentration von $\sigma_R = 3/2\,\bar{\sigma}$ in der Mantelfläche, und die Stabachse bleibt spannungsfrei.

Die Spannungskonzentration in der Mantelfläche der Proben kann zu Meßfehlern beim E-Modul führen, falls — besonders bei dünnen Stäben — Inhomogenitäten als Folge einer mechanischen Bearbeitung (durch Spanen) oder infolge chemischer Einflüsse (Alterung, Oxidation) in der Staboberfläche vorhanden sind.

— Verteilung über die Stablänge —

Schwingungsresonanzen in Stäben entstehen durch die Ausbildung stehender Wellen. In den Schwingungsknoten befinden sich die Stabelemente dauernd in Ruhe, in den Bereichen maximaler Amplitude treten abwechselnd die größten positiven und negativen Verschiebungen auf. Beim Stab mit freien Enden bilden sich Amplitudenmaxima an den Enden aus und dazwischen — je nach Schwingungsordnung — abwechselnd Knoten und weitere Maxima. Die Maxima an den Stabenden erlauben die Anregung und Registrierung der Schwingungsresonanzen. Der E-Modul aber beschreibt den Zusammenhang zwischen Spannung und Dehnung (Stauchung); deshalb ist für die Modulmessung der Spannungsverlauf ausschlaggebend.

Bei Longitudinalschwingungen ergibt sich die Spannung aus der Amplitudenänderung in axialer Richtung; siehe dazu Abbildung 1. Demnach bekommt man beim Stab mit freien Enden aus dem cosinusartigen Verlauf der Amplitude einen sinusartigen Verlauf der Spannung. Der Grundschwingung $n = 0$ entspricht der Verlauf des Sinus von 0 bis π mit Spannungsknoten an den Stabenden und einem Maximum in der Stabmitte. Die Modulmessung erfaßt die verschiede-

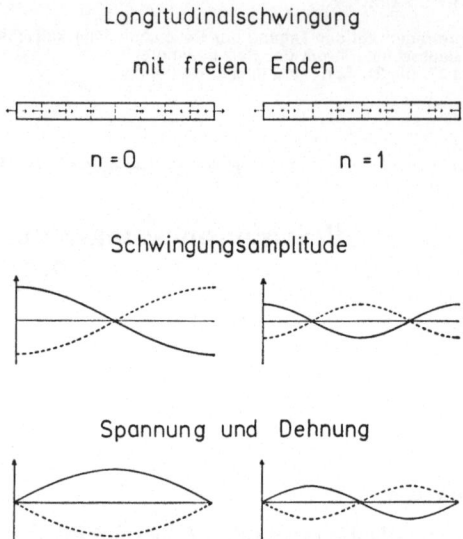

Abb. 1. Änderung von Amplitude sowie Spannung und Dehnung in Richtung der Stabachse bei der longitudinalen Grundschwingung ($n = 0$) und der ersten Oberschwingung ($n = 1$)

nen Stabbereiche entsprechend der dort herrschenden Spannung. Mindestens die halbe Maximalspannung herrscht zwischen 1/6 und 5/6 der Stablänge; diesen Bereich spricht die Messung des Moduls E_0 im wesentlichen an.

Bei der ersten Oberschwingung $n = 1$ verteilen sich die Spannungen über die Stablänge wie der Sinus von 0 bis 2π, es herrscht also in der Stabmitte gar keine und bei 1/4 und 3/4 der Stablänge jeweils maximale Spannung. Der so gemessene Modul E_1 mittelt das elastische Verhalten der Probe in der Umgebung dieser Maxima, erfaßt aber den mittleren Teil der Probe kaum. Benutzt man die beiden Schwingungsordnungen $n = 0$ und $n = 1$, so wird demnach der mittlere Bereich des Stabes einmal maximal und einmal fast gar nicht beansprucht. Bei einem Vergleich der beiden so bestimmten Moduln E_0 und E_1 sollte der bei etwa doppelter Frequenz gemessene Wert E_1 mindestens ebenso groß sein wie E_0, denn bei viskoelastischen Relaxationsprozessen nimmt der Modul mit der Meßfrequenz zu (3). Der Quotient E_1/E_0 ist ein Maß für die Frequenzdispersion des Moduls. Anomale Werte von E_1/E_0 lassen daher Rückschlüsse auf Inhomogenitäten im mittleren Bereich des Stabes zu.

Zusatzmassen zur Schwingungsankopplung an den Stabenden verschieben die Spannungskurven vom Stabmittelpunkt $L/2$ aus zu den Enden hin. Dadurch herrscht z. B. bei Zusatzmassen von je 5% der Stabmasse an den Stabenden bei $n = 0$ noch 14%, bei $n = 1$ noch 18% der Maximalspannung. An der Bedeutung der Dispersionsmessung E_1/E_0 ändert sich dabei nichts.

Wesentlich komplizierter ist der Spannungsverlauf bei Biegeschwingungsresonanzen. Die Spannung in jedem beliebigen Querschnitt des Stabes ist dann proportional zum Abstand von der neutralen Faser (der Drehachse des betreffenden Querschnitts). In Längsrichtung des Stabes besteht Proportionalität zwischen den Maximalspannungen der einzelnen Querschnitte und der Stabkrümmung (dem Biegemoment). Außerdem muß bei Biegeschwingungen generell der Einfluß der Schubspannungen und der rotatorischen Trägheit der Stabelemente berücksichtigt, also eine 2-Konstanten-Theorie mit E und m benutzt werden. Unter diesen Voraussetzungen bekommt man für einen zylindrischen Stab mit dem Verhältnis Länge L : Durchmesser $D = 10 : 1$ und der Poissonzahl $m = 0.5$ den in Abbildung 2 wiedergegebenen Spannungsverlauf für die Biege-Grundschwingung (mit freien Enden). Zum Vergleich wurde der Spannungsverlauf für die longitudinale Grundschwingung mit angegeben. Beide Stäbe sind um 50% verkürzt gezeichnet, und die Spannungen sind in willkürlichen Einheiten mit der Maximalspannung 10 aufgetragen. Der Einfluß der Schubspannungen auf die Normalspannungen im gebogenen Stab zeigt sich daran, daß an den freien Stabenden eine negative Spannung von 6% der Maximalspannung auftritt, daß also die Krümmung ihr Vorzeichen ändert. Damit versucht der Stab bei der Grundschwingung die

starke Verlängerung bzw. Verkürzung der Randfasern abzubauen. Bei höheren Schwingungsordnungen verstärkt sich dieser Effekt. Zusatzmassen an den Stabenden würden den Spannungsverlauf von der Stabmitte aus zu den Enden hin strecken und damit die Krümmungsumkehrpunkte weiter nach außen verschieben, so daß gegenläufige Spannungen vermindert würden oder gar nicht erst auftreten.

Insgesamt zeigt sich, daß eine Modulmessung mit Biegeschwingungen nur einen kleinen Teil des Probenvolumens beansprucht und deshalb hohe Anforderungen an die Homogenität in oberflächennahen Bereichen stellt. Die Grundschwingung $n = 0$ erfaßt nur das elastische Verhalten des mittleren Teils des Stabes in der Nähe seiner Oberfläche.

Die Kombination von Biege- und Longitudinalschwingungen zur ungefähren Bestimmung der Poissonzahl ist trotzdem nicht kritisch, weil stets höhere Biege-Oberschwingungen mit niedrigen longitudinalen Ordnungen kombiniert werden müssen, damit man vergleichbare Resonanzfrequenzen bekommt. Bei einem Stab mit dem Verhältnis $L : D = 10 : 1$ liegt die longitudinale Grundschwingung zwischen den Biegeresonanzen $n = 3$ und $n = 4$, so daß nur die Oberflächenbetonung der Biegemessung stören kann, daß aber in Längsrichtung fast alle Stabbereiche erfaßt werden.

Die Resonanzfrequenzen von Biegeschwingungen sinken mit zunehmender Stablänge, besonders aber mit abnehmender Stabdicke. Bei niedrigen Schwingungsordnungen langer, dünner

Longitudinale Grundschwingung

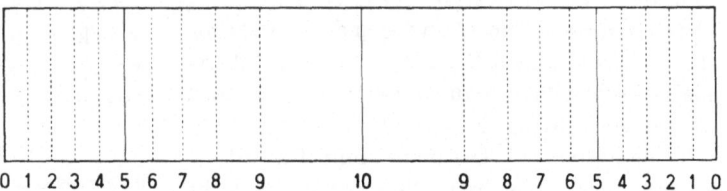

0 1 2 3 4 5 6 7 8 9   10   9 8 7 6 5 4 3 2 1 0

Transversale Grundschwingung

Abb. 2. Spannungsverlauf in willkürlichen Einheiten bei der longitudinalen und transversalen Grundschwingung eines Stabes mit dem Längen/Durchmesserverhältnis 10 : 1

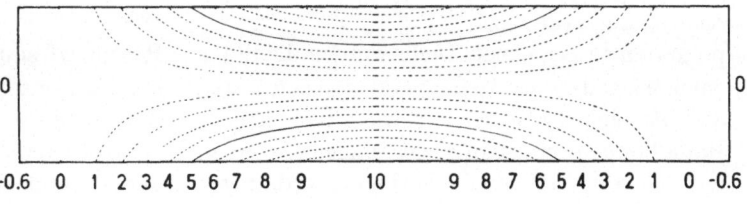

0   0

-0.6   0   1 2 3 4 5 6 7 8 9   10   9 8 7 6 5 4 3 2 1   0 -0.6

Stäbe ist auch der Einfluß der Poissonzahl gering. Deshalb läßt sich mit Biegeresonanzen der Frequenzbereich der longitudinalen Messungen nach unten hin erweitern, wenn eine genügende Homogenität der Proben vorausgesetzt werden kann.

Proben

Es wurden Untersuchungen an linearem Polyäthylen (PE) hoher Dichte (Lupolen 6041D) vorgenommen. Proben lagen in der Form von Stäben mit annähernd kreisförmigem Querschnitt vor; ihre Länge betrug etwa 8 cm, ihr Durchmesser etwa 8 mm. Der Schmelzpunkt des untersuchten Polyäthylens bei Normaldruck wurde mit DTA-Messungen und bei den Temperversuchen zu $T_m = 136\,°C$ bestimmt. Zur Probenherstellung wurden zwei verschiedene Verfahren benutzt:

„extrudierte" Proben wurden aus einem dicken Polyäthylenstrang, der nach der Extrusion hängend in ruhender Luft kristallisiert war, durch Abdrehen auf die gewünschten Maße hergestellt;

„druckkristallisierte" Proben wurden in einem von *Karl* (4) entwickelten Hochdruckdilatometer unter dem Druck $p = 1500$ bar durch langsames Abkühlen mit einer Rate von 0.05 K/min = 3 K/h kristallisiert und bei etwa 70 °C entformt.

Messungen

Bei Raumtemperatur von $22 \pm 1\,°C$ wurden die geometrischen Daten Länge, Durchmesser und Masse der Probestäbe auf mindestens 0.1% genau gemessen. Nach Anbringen der ca. 0.35 mm dicken zylindrischen Eisenplättchen zur elektromagnetischen Schwingungsübertragung an den Stabenden wurden die Gesamtmassen der Stäbe mit Zusatzmassen bestimmt und für Biegeschwingungen auch der Durchmesser und die Dicke der Plättchen.

Die Lage der Schwingungsknoten für die ersten longitudinalen (und ggf. transversalen) Schwingungsordnungen wurde mit Computerprogrammen berechnet. Dann wurden die Stäbe entsprechend in der Meßapparatur gelagert und die Resonanzfrequenzen sowie die aktuelle Raumtemperatur genau gemessen. Meist wurden nur die longitudinalen Schwingungsordnungen

$n = 0$ (bei etwa 10 kHz) und $n = 1$ (bei etwa 20 kHz) zur Modulbestimmung benutzt. Die Resonanzfrequenzen konnten bei Abweichungen der Meßtemperatur nach Eichmessungen im Bereich $+18°\ldots +26\,°C$ auf genau 22.0 °C korrigiert werden.

Temperprogramm

„Extrudierte" und „druckkristallisierte" Probestäbe wurden nach Durchführung der oben erwähnten Messungen und Entfernung der Zusatzmassen in Zyklen bei jeweils höheren Temperaturen getempert. Jeder Zyklus umfaßte das Aufheizen der Proben in etwa 4 Stunden, das Einhalten der Temper-Temperatur T_t auf ± 0.1 K genau während 20 Stunden, die langsame Abkühlung mit einer Rate von 0.05 K/min = 3 K/h und die anschließende Lagerung bei Raumtemperatur etwa 70 Stunden lang. Dann erst wurden die geometrischen Messungen vorgenommen, die Zusatzmassen wieder angebracht und die Schwingungsresonanzen erregt.

Die Lagerung bei Raumtemperatur vor Beginn der Messungen hatte sich als notwendig erwiesen, weil die PE-Proben auch nach dem Ende jeder Wärmebehandlung (selbst bei sehr langsamer Abkühlung) einen allmählichen Anstieg des E-Moduls mit der Lagerzeit bei Raumtemperatur aufwiesen. Nach etwa drei Tagen ging dieser Modulanstieg auf einen Wert unter 0.2% innerhalb weiterer 24 Stunden zurück und erreichte damit die Grenze der Meßgenauigkeit der verwendeten Apparatur.

Alle Proben wurden frühestens einen Monat nach ihrer Herstellung benutzt. Zuerst wurden die „ungetemperten" (bei Raumtemperatur gelagerten) Stäbe untersucht. Dann folgten 8 Temperzyklen mit immer kleineren Temperatursprüngen, beginnend bei 80 °C bis hin zu 135.5 °C, also bis 0.5 K unterhalb des Schmelzpunktes T_m.

Meßergebnisse:

Poissonzahl

Zur exakten Berechnung des Elastizitätsmoduls E aus den gemessenen longitudinalen Resonanzfrequenzen muß der ungefähre Wert der Poissonzahl m bekannt sein. Zu ihrer Bestimmung wurden vor Beginn der Temperzyklen an mehreren „extrudierten" Proben Modul E und Poissonzahl m mit Hilfe der longitudinalen

Resonanzen $n_L = 0, 1, 2$ und der transversalen $n_t = 0, 1, \ldots 5$ gemessen. In einer Auftragung von E gegen den Logarithmus der Meßfrequenz bekommt man dann aus den Biegeresonanzen mit dem Parameter m eine Kurvenschar, die für höhere Meßfrequenzen stark auffächert. Aus den longitudinalen Resonanzen folgt eine weitere, zu höheren Frequenzen verschobene, wesentlich weniger auffächernde Schar von Modulkurven.

Bei etwa 10 kHz ergibt sich aus den Schnittpunkten beider Kurvenscharen ein Wert $m \simeq 0.30$; bei höheren Frequenzen scheint die Poissonzahl etwas abzunehmen auf $m \simeq 0.25$ bei 20 kHz. Aus mehreren übereinstimmenden Meßreihen wurde eine in Abbildung 3 wiedergegeben. Der so bestimmte Modul liegt bei $E \simeq 3000$ N/mm² für ungetempertes, extrudiertes Material.

Nach dem Ende der Temperzyklen wurden an mehreren Stäben weitere derartige Messungen durchgeführt. Ein Beispiel davon in Abbildung 4 zeigt, daß die Poissonzahl beim Tempern geringfügig auf $m \simeq 0.35$ bei 10 kHz und auf $m \simeq 0.30$ bei 20 kHz zuzunehmen scheint; dabei stimmt der erste Wert gut mit Ergebnissen von *Schenkel* (5) überein. Der Modul ist beim Tempern auf $E \simeq 4000$ N/mm² angestiegen.

In Anbetracht des geringen Einflusses der Poissonzahl auf den Wert des mit Longitudinalresonanzen ermittelten E-Moduls kann man daher ohne Bedenken alle Messungen mit dem Näherungswert $m = 0.30$ auswerten. Die entsprechenden Kurven sind deshalb in den Abbildungen 3 und 4 ausgezogen wiedergegeben.

Stabdimensionen

Beim Tempern im Bereich hoher Temperaturen (ab etwa 125 °C) nahm das Gewicht der Probestäbe minimal zu. Nach dem letzten Zyklus bei $T_m - 0.5$ K machte die Zunahme maximal 0.04 % der Stabmasse aus. Ob dieser Effekt auf der Diffusion von Klebstoffanteilen ins Innere der Stäbe oder auf chemischen Reaktionen des Luftsauerstoffs an der Staboberfläche beruht, ist nicht geklärt; jedenfalls ist die relative Gewichtszunahme gegenüber allen anderen Veränderungen vernachlässigbar gering.

Die „extrudierten" Proben waren hängend an ruhender Luft kristallisiert. Dabei war eine geringe Dehnung in Längsrichtung eingefroren worden, die beim Tempern allmählich relaxierte. So ist zu erklären, daß die Proben nach dem

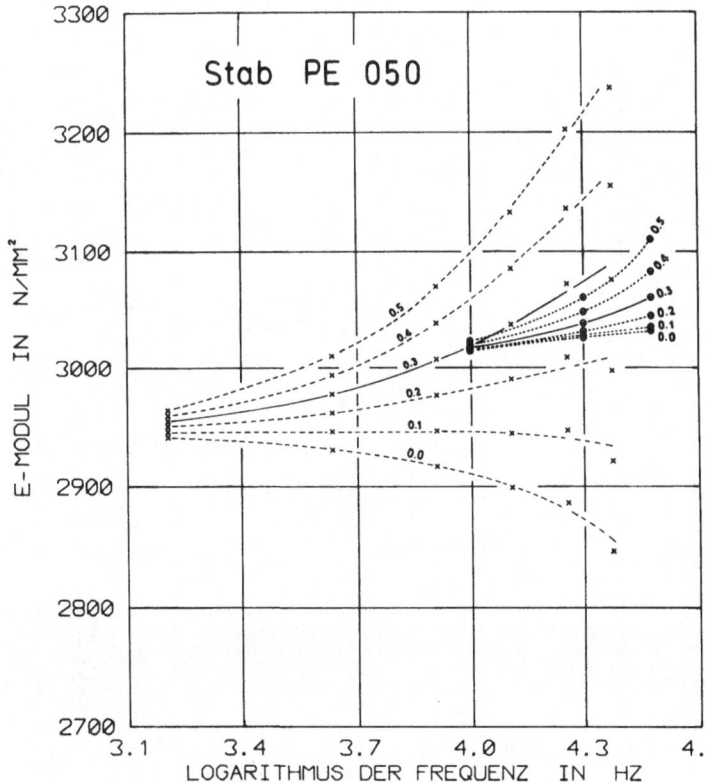

Abb. 3. Elastizitätsmodul E für ungetempertes PE in Abhängigkeit von der Meßfrequenz mit dem Parameter Poissonzahl m. $\times$ Biegeresonanzen, $\odot$ Longitudinalresonanzen

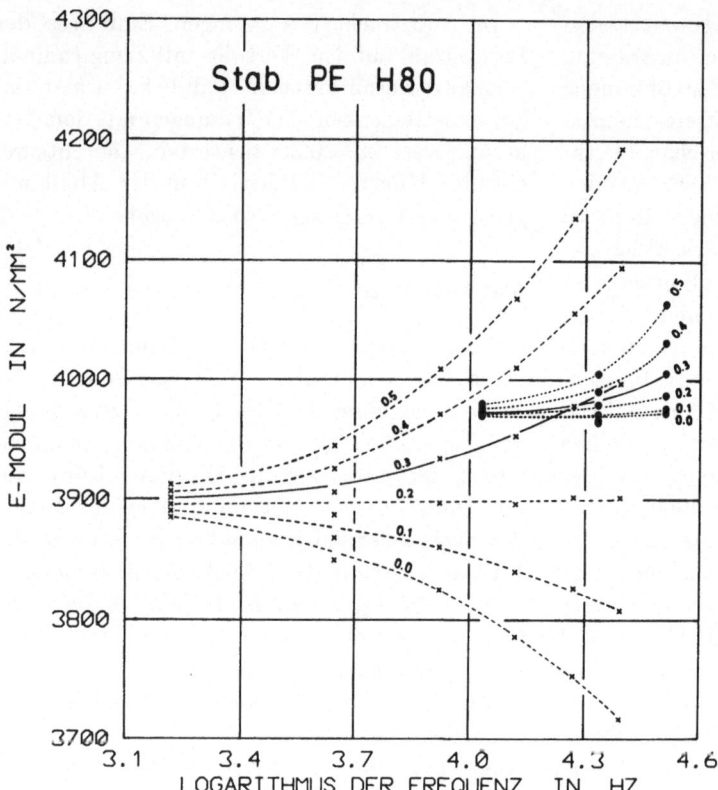

Abb. 4. Elastizitätsmodul E für getempertes PE in Abhängigkeit von der Meßfrequenz mit dem Parameter Poissonzahl m. × Biegeresonanzen, ⊙ Longitudinalresonanzen

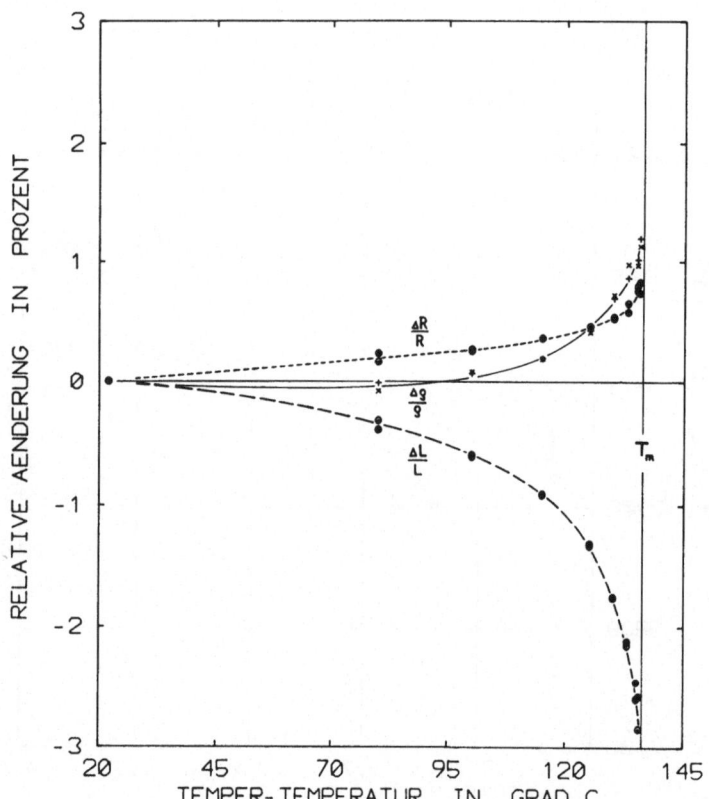

Abb. 5. Änderung der Stabdimensionen von extrudiertem PE beim Tempern

Abb. 6. Änderung der Stabdimensionen von druckkristallisiertem PE beim Tempern

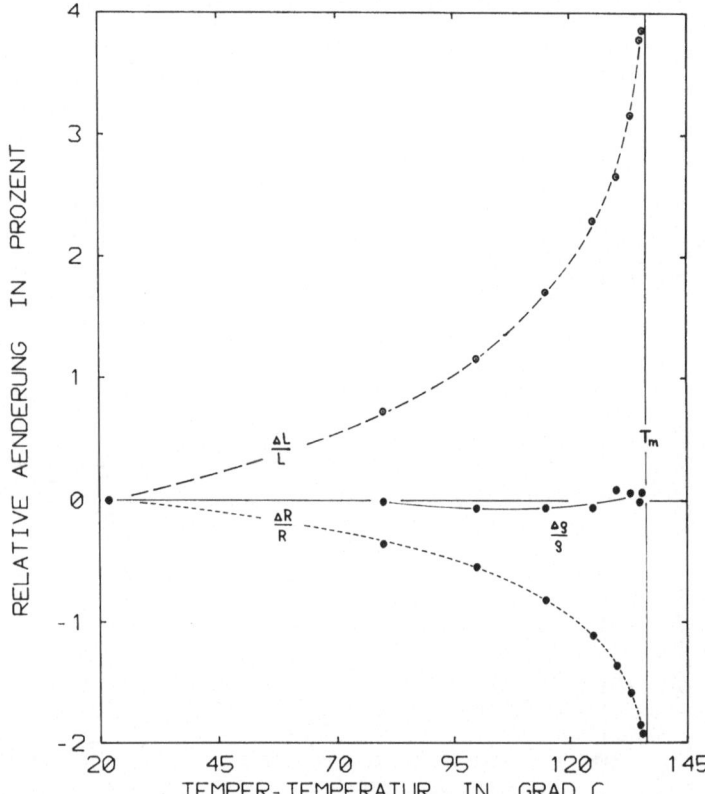

Tempern mit zunehmender Tempertemperatur T_t kürzer und dicker werden. Die relative Längenabnahme betrug nach dem letzten Temperzyklus im Mittel $\Delta L/L = -2.6\%$, die Durchmesser-(Radius-)zunahme $\Delta R/R = 0.7\%$. Die Diskrepanz dieser Werte beruht darauf, daß die Dichte der Proben beim Tempern zunimmt. Insgesamt stieg sie bei den „extrudierten" Stäben um durchschnittlich 1.2% an. Die relativen Änderungen von Länge, Dicke und Dichte zeigt Abbildung 5.

Bei „druckkristallisierten" Proben, die in einem Kolben hergestellt worden sind, beobachtet man statt dessen im Lauf der Temperzyklen eine Längenzunahme von maximal $\Delta L/L = 3.8\%$ und eine Dickeabnahme bis zu $\Delta R/R = -1.9\%$. Die Korrespondenz dieser Werte zeigt, daß die Dichte dabei praktisch konstant geblieben ist. In Abbildung 6 ist die relative Änderung der besprochenen Größen dargestellt. Aus der Veränderung der geometrischen Abmessungen folgt, daß in derartigen Proben eine Stauchung eingefroren ist. Sie rührt daher, daß der Stempel im Kolben einseitig auf die Probe gewirkt hat und daß sich wegen der hohen Viskosität in der makromolekularen Schmelze ungestörte Molekül-

dimensionen nicht in absehbaren Zeiten einstellen können.

Elastizitätsmodul

In Abbildung 7 ist die relative Änderung des E-Moduls in Abhängigkeit von der vorhergegangenen Temper-Temperatur aufgetragen. Dabei zeigten „extrudierte" Proben zunächst eine Modulabnahme (bei $T_t = 80\,°C$ etwa $\Delta E/E = -2\%$), und erst bei ungefähr $T_t = 110\,°C$ wurde der Ausgangsmodul wieder erreicht. Nach weiter erhöhtem T_t stieg dann der Modul stark an, und nach dem letzten Temperzyklus betrug der Modulanstieg im Mittel $\Delta E/E = 31\%$.

Auch bei „druckkristallisierten" Proben ergab sich zunächst eine Modulabnahme von 1% bei $T_t = 100\,°C$; der Ausgangsmodul wurde erst bei $T_t = 125\,°C$ wieder erreicht, und der Endmodul lag um knapp 7% über dem Ausgangsmodul.

Ein Vergleich der mit den longitudinalen Ordnungen $n = 0$ und $n = 1$ gemessenen Moduln erlaubt eine Nachprüfung der Homogenität der Proben in axialer Richtung. Bei der Grundschwingung wird die Stabmitte am stärksten, bei der ersten Oberschwingung gar nicht beansprucht. Deshalb wurde die Frequenzdispersion

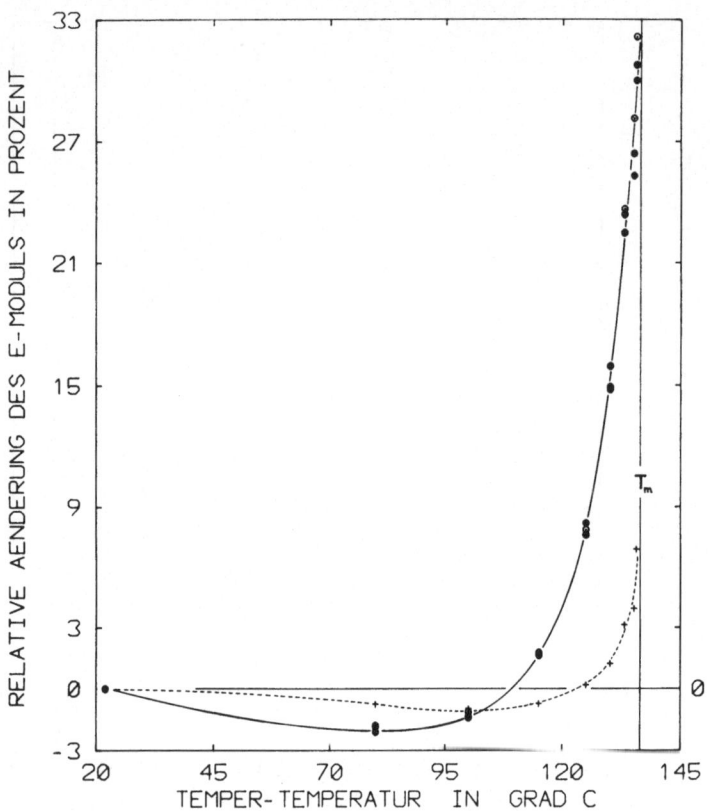

Abb. 7. Änderung des Elastizitätsmoduls nach dem Tempern:
\+ ···· druckkristallisiertes PE,
● — — extrudiertes PE

des E-Moduls in der Form $(E_1/E_0 - 1)$ in Abbildung 8 aufgetragen. Wie für homogene Proben zu erwarten, stieg der Modul mit der Verdopplung der Meßfrequenz geringfügig an. Sowohl für „extrudierte" als auch für „druckkristallisierte" Proben lag die Frequenzdispersion meist zwischen 0.3 und 0.5%; ein eindeutiger Gang mit der Temper-Temperatur war nicht zu erkennen. Lediglich ein Wert für einen ungetemperten „druckkristallisierten" Stab lag mit $+1.1\%$ deutlich über den anderen. Insgesamt konnten so keine nennenswerten Inhomogenitäten der Proben festgestellt werden.

Abbildung 9 zeigt den E-Modul aufgetragen gegen die Dichte der Proben, wobei die Temper-Temperaturen neben den entsprechenden Punkten angegeben sind. Die linke Kurve gibt den Modul- und Dichteverlauf für „extrudiertes" Material wieder. Im unteren Teil der Kurve erkennt man den Relaxationsbereich mit Modulabnahme bei etwa konstanter Dichte. Ab etwa $T_t = 100\,°C$ steigen Modul und Dichte gleichmäßig an. Während der Modul von knapp 3000 N/mm² auf fast 4000 N/mm² um über 30% zunimmt, ist die Dichte nur von etwa 0.966 g/cm³ auf 0.977 g/cm³ angestiegen. Daraus errechnet sich mit den spezifischen Volumina $v_a = 1.152$

cm³/g für amorphes und $v_c = 1.000$ cm³/g für vollständig kristallines PE nach *Hendus* und *Schnell* (6) eine Zunahme des Kristallisationsgrades von 77% auf etwa 85%. Der Kurvenverlauf des Moduls „extrudierter" Stäbe stimmt mit Messungen anderer Autoren (7, 8) gut überein.

Beim „druckkristallisierten" Material (rechte Kurve) zeigt sich ebenfalls ein Relaxationsbereich des E-Moduls bei etwa konstanter Dichte, allerdings auf dem höheren Modulniveau von $E \simeq 3650$ N/mm². Erst ab $T_t \simeq 120°C$ steigt der Modul langsam an, und nach der höchsten Temperatur $T_t = 135.5\,°C$ liegt er 7% höher und stimmt mit dem Modul der „extrudierten" Stäbe überein. Die Dichte schwankt während der ganzen Temper-Reihe nur um weniger als $\pm 0.1\%$. Der untere Teil der rechten Kurve soll keine überhöhte Genauigkeit der Dichtemessungen im unteren Temperaturbereich implizieren, sondern nur die Reihenfolge der Temper-Temperaturen klar aufzeigen. So kann abschließend gesagt werden, daß beim Tempern der „druckkristallisierten" Proben zwar ein Relaxationsgebiet und danach ein Ansteigen des Moduls klar erkennbar sind, daß aber die Dichte fast konstant bleibt und eine Dichterelaxation bei mittleren sowie

Abb. 8. Frequenzdispersion (E_1/E_0 −1) nach dem Tempern: + ···· druckkristallisiertes PE, ● — — extrudiertes PE

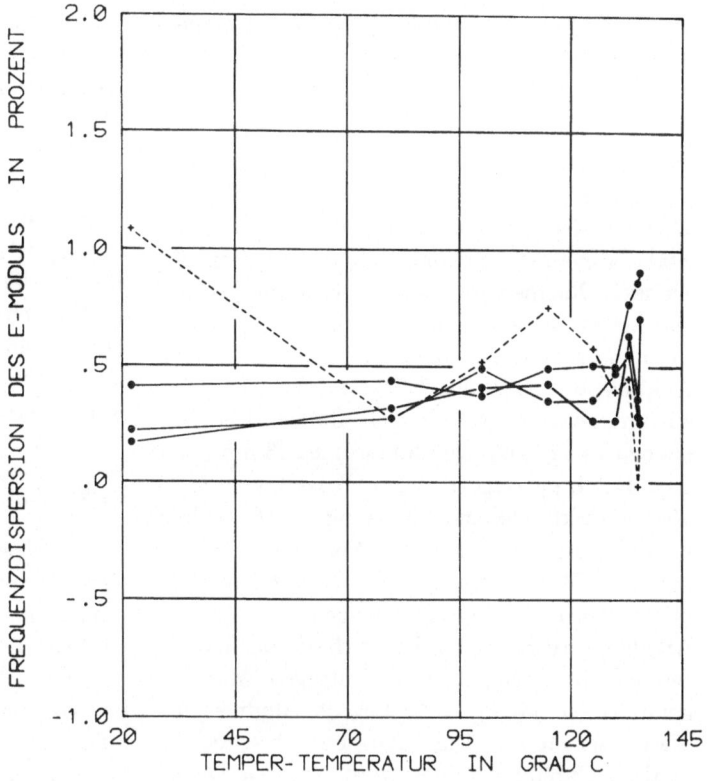

Abb. 9. Elastizitätsmodul in Abhängigkeit von der Dichte: ● ⊙ extrudiertes PE, ■ druckkristallisiertes PE

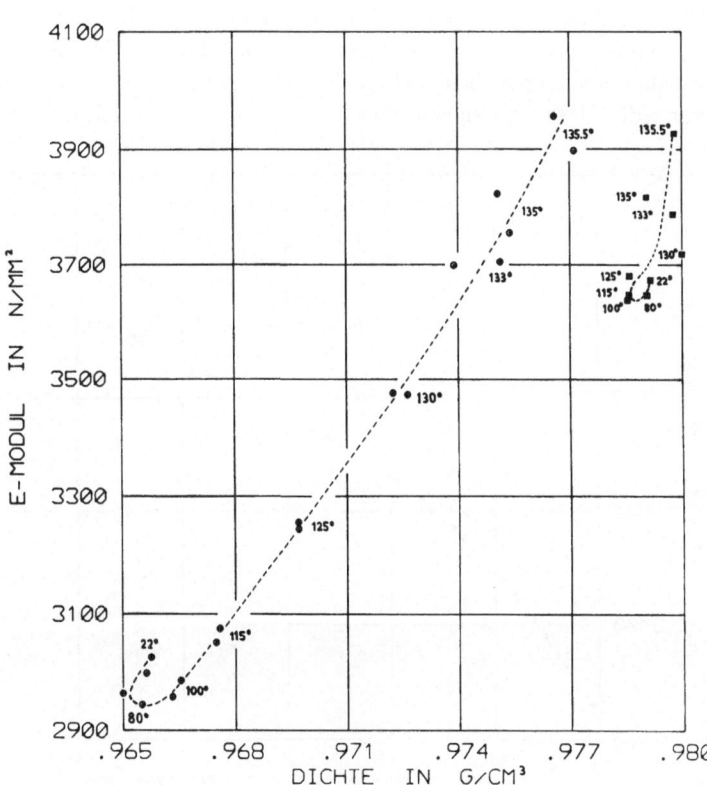

eine geringe Dichtezunahme bei hohen Temper-
Temperaturen nur zu vermuten ist.

Nachtempern

Bei frisch hergestellten Proben und nach
jedem Temperzyklus wurde beobachtet, daß der
E-Modul der auf Raumtemperatur abgekühlten
Stäbe allmählich mit der Lagerzeit anstieg (9).
Dieses „Nachtempern" bei Raumtemperatur
war selbst bei sehr langsam (mit 3 K/h) abgekühlten Proben zu beobachten. Mit zunehmender
Abkühlrate wurde der Effekt stärker. Um ihn
zu untersuchen, wurde ein dünner PE-Stab
(Länge ca. 16 cm, Durchmesser ca. 3 mm) bei
$T_t = 132\,°C$ getempert und in Wasser von $22\,°C$
abgeschreckt. Die erste Messung des *E*-Moduls
konnte 7 Minuten nach dem Abschrecken erfolgen. Der Modul wurde nach wachsenden Zeit-
intervallen immer wieder nachgemessen und in
Abbildung 10 gegen den Logarithmus der Lagerzeit bei Raumtemperatur aufgetragen. Man erkennt einen ständigen Anstieg des Moduls, der
etwa einen halben Tag nach dem Abschrecken
in dieser Darstellung linear wird. Nach ca. einem
Jahr ist der Modul um 10% angestiegen.

Im Bereich von etwa 70 Stunden Lagerzeit
steigt der Modul während eines weiteren Tages
noch um ca. 0.2% an. Bei den langsam abgekühlten dicken Stäben des Temperprogramms
lag dieser Anstieg bei höchstens 0.1%. Deshalb
wurde diese Lagerzeit auf einige Stunden genau
vor jeder Messung eingehalten.

Die Zeitbestimmung ist bei den ersten Punkten der Kurve nicht sicher, weil sich der Endzeit-
punkt des Abschreckvorganges (Temperaturaus-
gleich) nicht bestimmen ließ. Deshalb wurden
alle Zeiten auf den Beginn des Abschreckens bezogen. Da die wahre „Nachtemperzeit" also um
wenige Minuten kürzer sein kann als die in Abbildung 10 aufgetragenen Zeiten, kann der untere
Bereich der Kurve nach links zu verschieben sein,
so daß sich eine etwas geringere Steigung ergäbe.
Dieser Zeiteffekt ist aber nicht so groß, daß dadurch aus der Kurve eine einheitliche Gerade
werden könnte.

Diskussion

Der Elastizitätsmodul reagiert empfindlich auf
Veränderungen der Struktur sowie des Ord-
nungs- und Spannungszustandes im Innern der
Proben. Bei mäßig hohen Temperaturen zeigt
Abbildung 7 ein Minimum des Moduls im Verlauf
der Temperzyklen sowohl für „extrudiertes" als
auch für „druckkristallisiertes" PE. Dagegen
ändern sich die geometrischen Dimensionen beider Probenarten im gesamten Temperbereich
gleichmäßig ohne Vorzeichenumkehr. Dieser Widerspruch läßt sich nur klären, wenn man von
mehreren verschiedenen Mechanismen ausgeht,
die beim Tempern nebeneinander ablaufen.

Es liegt nahe, die Modulrelaxation auf den
Abbau innerer Verspannungen im amorphen Bereich der Proben zurückzuführen. Einzelne ver-

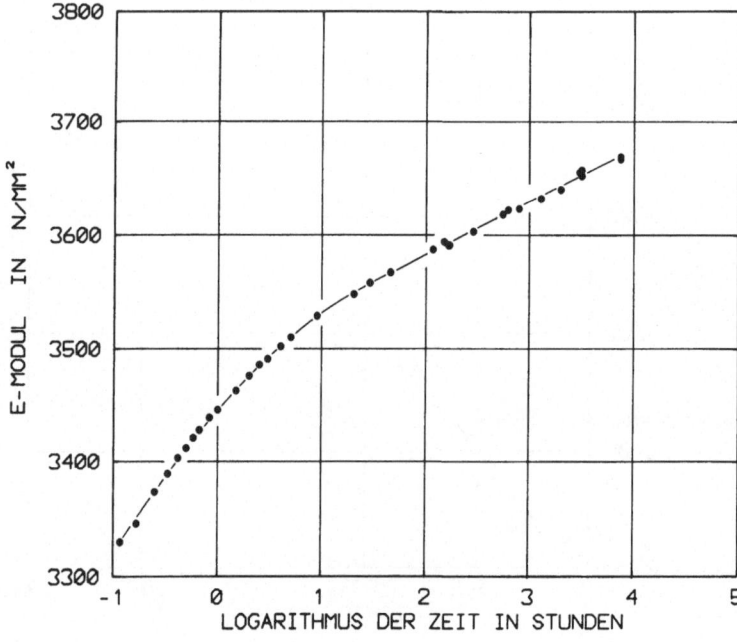

Abb. 10. Zunahme des *E*-Mo-
duls mit der Lagerzeit bei
Raumtemperatur (Nachtem-
pern)

spannte Makromoleküle können schon bei mäßig hohen Temperaturen relaxieren, und dieser Effekt macht die Probe „weicher" gegenüber mechanischer Beanspruchung. In diese Richtung deutet auch die starke Modulabnahme beim Tempern von einachsig verstreckten Proben.

Der zweite Effekt liegt im Abbau eingefrorener Dehnung oder Stauchung in größeren Bereichen der Probe. Die unterschiedlichen Herstellungsprozesse beider Probenarten bedingen eine unterschiedliche Orientierung der Makromoleküle in der Schmelze während des Kristallisationsvorganges. Dadurch tritt beim Tempern in erster Linie eine Änderung der geometrischen Abmessungen der Probe ein. Die Auswirkung dieses Orientierungsabbaus auf den E-Modul dürfte gering sein, denn die „extrudierten" Proben zeigen bei einer maximalen *Verkürzung* von 3% zunächst einen Modulabfall von 2% und dann einen Anstieg von 33%. Dagegen ergibt sich bei den „druckkristallisierten" Proben eine maximale *Verlängerung* von 4%, wobei der Modul zunächst um 1% sinkt und dann nur um 8% steigt, obwohl die geometrische Formänderung wesentlich größer ist.

Die Modulzunahme beim Tempern beruht zu einem wesentlichen Teil auf einer Erhöhung des Kristallisationsgrades (entsprechend der Dichtezunahme). Dies zeigt der Vergleich beider Probenarten in Abbildung 9. Dichtezunahme beim Tempern ist aber mit Sicherheit nicht die einzige Ursache der Modulerhöhung, denn bei „druckkristallisierten" Proben ändert sich die Dichte im ganzen Temperbereich kaum, und außerdem ist der Zusammenhang zwischen Modul und Dichte der Proben nicht eindeutig. So haben etwa die „extrudierten" Proben bei einer Dichte $\varrho = 0.974$ g/cm³ den Modul $E = 3650$ N/mm², die „druckkristallisierten" aber bei $\varrho = 0.979$ g/cm³ den gleichen Modul. Der Dichteunterschied entspricht einer Differenz des Kristallisationsgrades von 3.5%. Daß der Ausgangsmodul der „druckkristallisierten" Proben höher liegt als der der „extrudierten", erklärt sich dadurch, daß diese Proben sehr langsam abgekühlt, also gewissermaßen „vorgetempert" worden sind.

Grundsätzlich kann man davon ausgehen, daß sich teilkristalline Polymere unterhalb der Schmelztemperatur der Kristallite nicht im thermodynamischen Gleichgewicht befinden. Durch Tempern kann man dem der jeweiligen Temperatur entsprechenden Gleichgewicht näher kommen, ohne es in endlichen Zeiten zu errei-

chen. Dabei ändern sich die Eigenschaften der Proben im allgemeinen proportional zum Logarithmus der Zeit (9, 10). Beim Abkühlen auf Raumtemperatur entfernt man sich wieder weiter vom Gleichgewicht, und zwar um so stärker, je schneller die Abkühlung erfolgt ist. Temper-Effekte nehmen mit steigender Temperatur T_t stark zu. Deshalb sind hohe T_t und langsame Abkühlung Voraussetzungen dafür, von unterschiedlich hergestellten Proben desselben Polymermaterials zu ähnlicher Struktur und ähnlichem Modul zu kommen. Dies zeigt sich auch in der Annäherung von Modul und Dichte der beiden hier untersuchten Probenarten bei den höchsten Temperaturen T_t in Abbildung 9.

Tempereffekte treten oberhalb der Glastemperatur des amorphen Anteils immer auf. Deshalb kann man auch bei Raumtemperatur ein „Nachtempern" der Proben verfolgen, nur verläuft dieser Effekt bei niedrigen Lagertemperaturen entsprechend langsamer. Trotzdem könnte man in Abbildung 10 durch Nachtempern bei 22 °C zu einem ebenso hohen Modul wie bei $T_m - 0.5$ K in Abbildung 9 kommen, wenn man den linearen Teil der Kurve in der logarithmischen Zeitdarstellung auf 1 Million Jahre extrapoliert.

Abschließend kann festgestellt werden, daß der Elastizitätsmodul bei teilkristallinem Polyäthylen hoher Dichte sehr empfindlich auf strukturelle Veränderungen als Folge der thermomechanischen Behandlung von Proben anspricht. Schwingungsresonanzmessungen ermöglichen eine sehr genaue Bestimmung des Moduls. Selbstverständlich ist es aber nicht möglich, aus Messungen mit elastischen Wellenlängen von einigen cm direkt Rückschlüsse auf molekulare Parameter im Å-Bereich zu ziehen. Man kann aber das thermomechanische Verhalten von Polymermaterial in einem auch technisch interessanten Frequenzbereich erfassen und darüber hinaus die Homogenität stabförmiger Proben beurteilen. —

Zusammenfassung

Beim Tempern von Proben aus Polyäthylen hoher Dichte werden Spannungen und Orientierungen des Materials, die beim Herstellungsprozeß eingefroren worden sind, abgebaut. Der Spannungsabbau vermindert den Elastizitätsmodul der Proben, während sich der Orientierungsabbau überwiegend auf die geometrischen Abmessungen der Probe auswirkt. Gleichzeitig kann der Kristallisationsgrad zunehmen. Dies führt zu einem erheblichen Anstieg des E-Moduls. Proben unterschiedlicher thermomechanischer Vorgeschichte haben verschiedene Anfangsmoduln. Durch Tempern kurz unterhalb des Schmelzpunkts erreichen sie aber ähnliche Endwerte von *E*-Modul und Dichte. Werden getemperte Proben bei Zimmertemperatur gelagert, so beobachtet man einen allmählichen Modulanstieg.

Zur genauen Messung des *E*-Moduls sind longitudinale Resonanzschwingungen zylindrischer Stäbe sehr geeignet, weil sich die longitudinalen Spannungen gleichmäßig über den Stabquerschnitt verteilen. Biege- (und Torsionsschwingungen) führen zu Spannungskonzentrationen in der Probenoberfläche und ergeben daher bei Inhomogenitäten oder Störungen in oberflächennahen Bereichen unzuverlässige Moduln. Die Spannungsverteilung in axialer Richtung kann zur Beurteilung der Probenhomogenität ausgenutzt werden.

Summary

Annealing of high density polyethylene leads to a decrease of stresses and orientation which have been frozen in during production of the samples. The decrease of stresses yields lower values of Young's modulus, whereas diminishing the orientation mainly affects the geometrical dimensions of the sample. Simultaneous growth of the degree of crystallinity during annealing strongly increases Young's modulus. Samples of different thermo-mechanical history show differing initial moduli. By annealing them just below melting temperature similar values of modulus and density are achieved. When storing annealed samples at room temperature a slow increase of Young's modulus becomes apparent.

Longitudinal resonant vibrations of cylindrical bars provide exact measurements of Young's modulus because of the equal distribution of longitudinal stresses over the cross sectional area of the samples. Flexural (and torsional) vibrations imply stress concentration in the surface of the sample and the adjacent area. Therefore inhomogeneities and disturbances in this area can render unreliable values of Young's modulus. Distribution of stresses in the direction of the axis can be used to determine the homogeneity of samples.

Literatur

1) *Wolf, F. P.*, Kolloid-Z. u. Z. Polymere **245**, 469 (1971).
2) *Wolf, F. P.*, Progr. Colloid & Polymer Sci. **64**, 195 (1978).
3) *Becker, G. W.*, Kolloid-Z. u. Z. Polymere **140**, 1 (1955).
4) *Karl, V.-H., F. Asmussen, K. Ueberreiter*, Angew. Makromol. Chemie **62**, 145 (1977).
5) *Schenkel, G.*, Kunststoffe **63**, 49 (1973).
6) *Hendus, H., G. Schnell*, Kunststoffe **51**, 69 (1961).
7) *Schuyer, J.*, J. Polym. Sci. **36**, 475 (1959).
8) *Davidse, P. D., H. I. Waterman, J. B. Westerdijk*, J. Polym. Sci. **59**, 389 (1962).
9) *Schönefeld, G., S. Wintergerst*, Kunststoffe **60**, 177 (1970).
10) *Stockmair, W.*, Kunststoffe **52**, 522 (1962).

Anschrift des Verfassers:

Dr. *F. P. Wolf*
Fritz-Haber-Institut
Faradayweg 4—6
D 1000 Berlin 33

Progr. Colloid & Polymer Sci. **66**, 235 – 251 (1979)
© 1978 by Dr. Dietrich Steinkopff Verlag GmbH & Co. KG, Darmstadt
ISSN 0340-255 X

Vorgetragen auf der Tagung der Deutschen Physikalischen Gesellschaft,
Fachausschuß „Physik der Hochpolymeren",
vom 17. bis 21. April 1978 in Bad Nauheim.

Montanuniversität Leoben, Österreich

Relaxationsspektroskopie amorpher hochpolymerer Stoffe

1. Teil, dielektrische Untersuchungen

J. Koppelmann

Mit 25 Abbildungen und 2 Tabellen

(Eingegangen am 10. 9. 1978)

1. Einleitung

Die Messung des Elastizitätsmoduls und des Schubmoduls von Hochpolymeren in weiten Temperatur- und Frequenzbereichen bzw. Zeitbereichen wird bekanntlich als Relaxationsspektroskopie bezeichnet. Einerseits dient die Relaxationsspektroskopie zum Studium und zur Deutung von molekularen Platzwechselvorgängen (1). Andererseits versucht man, die bei verschiedenen Temperaturen innerhalb eines bestimmten Frequenz- bzw. Zeitbereiches gemessenen Dispersionskurven durch geeignete Verschiebungen zu einer sogenannten reduzierten Kurve (master curve) zusammenzusetzen, um so z. B. aus Kurzzeitmessungen bei höheren Temperaturen Aussagen über das mechanische Langzeitverhalten bei tieferen Temperaturen zu gewinnen.

Während die Konstruktion solcher reduzierter Kurven oberhalb der Einfriertemperatur amorpher Thermoplaste in dem durch kooperative Kettensegmentbewegungen verursachten Haupterweichungsbereich in vielen Fällen nach der sogenannten WLF-Formel (2) mit guter Genauigkeit möglich ist, ist die Konstruktion reduzierter Kurven in dem technisch besonders interessanten hartelastischen Bereich unterhalb der Einfriertemperatur nach einfachen Gesetzmäßigkeiten noch ein weitgehend ungelöstes Problem. Denn in diesem Bereich ändern sich Höhe und Halbwertsbreite der über dem logarithmischen Frequenzmaßstab aufgetragenen Verlustfaktorkurven stark mit der Temperatur (1), so daß die bei verschiedenen Temperaturen gemessenen Dispersionskurven sich nicht durch einfache Verschiebungen zur Deckung bringen lassen.

Es ist daher das Ziel dieser Arbeit, die molekularen Relaxationsprozesse im hartelastischen Bereich eingehend zu untersuchen und einfache Möglichkeiten zur Konstruktion reduzierter Kurven und deren Grenzen zu diskutieren.

Für grundlegende Untersuchungen molekularer Relaxationsprozesse sind u. a. dielektrische Messungen besonders geeignet, weil das elektrische Feld direkt auf das Dipolmoment jedes einzelnen Platzwechselmechanismus einwirkt und weil sich dielektrische Messungen relativ einfach und genau in größeren Frequenzbereichen ausführen lassen. Außerdem können die Messungen relativ einfach unter verschiedenen hydrostatischen Drucken vorgenommen und so der Einfluß der zwischenmolekularen Abstände auf die Höhe der Aktivierungsenergie studiert werden (3, 4).

Im ersten Teil dieser Arbeit wird daher das dielektrische Relaxationsverhalten behandelt, und im zweiten Teil der Arbeit werden die dabei gewonnenen Erkenntnisse auf das mechanische Relaxationsverhalten übertragen.

2. Grundlagen der Platzwechseltheorie

Für grundsätzliche Betrachtungen ist das Nebendispersionsgebiet von PVC geeignet, weil die Moleküle dieses Stoffes keine Seitengruppen haben, die sich unabhängig von den Bewegungen der Hauptkette umlagern können. Abb. 1 zeigt den dielektrischen Verlustfaktor von PVC als Funktion der Frequenz bei verschiedenen Temperaturen. Aus dem Knick der Volumen-Temperaturkurve (V-T-Diagramm) ermittelt man für diesen Stoff eine Einfriertemperatur T_g von etwa

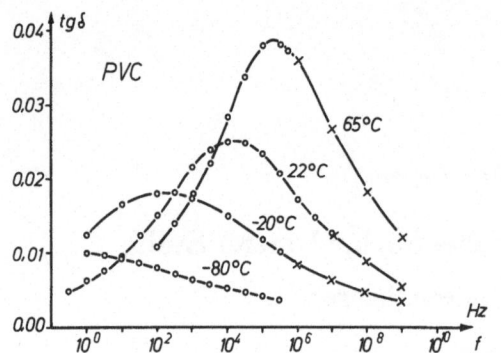

Abb. 1. Dielektrischer Verlustfaktor von PVC als Funktion der Frequenz bei verschiedenen Temperaturen. O = eigene Messungen, + = Literaturwerte (14) interpoliert.

74 °C. Alle in Abb. 1 gezeigten Meßtemperaturen liegen daher unterhalb T_g. Deutlich ist zu erkennen, daß mit steigender Temperatur die Höhe des Verlustfaktormaximums zunimmt und die Halbwertsbreite der Verlustfaktorkurven abnimmt (vergleiche auch 1). Ferner sind im gesamten Meßbereich von −80 °C bis +65 °C die Halbwertsbreiten wesentlich größer als die natürliche Linienbreite eines einzelnen Relaxationsmechanismus, die bekanntlich 1,2 Zehnerpotenzen der Frequenz beträgt.

Bei vielen aus der Literatur bekannten Untersuchungen dieser Art beschränkt man sich ausschließlich auf die Diskussion der Temperatur-Frequenz-Verschiebung der Verlustfaktormaxima ohne Berücksichtigung der breiten Relaxationszeitenverteilung und der Änderung dieser Relaxationszeitenverteilung mit der Temperatur. Trägt man den Logarithmus der Frequenz des Verlustfaktormaximums über der reziproken absoluten Temperatur auf, so erhält man im Rahmen der Meßgenauigkeit eine exakte Gerade. In Abb. 2 ist

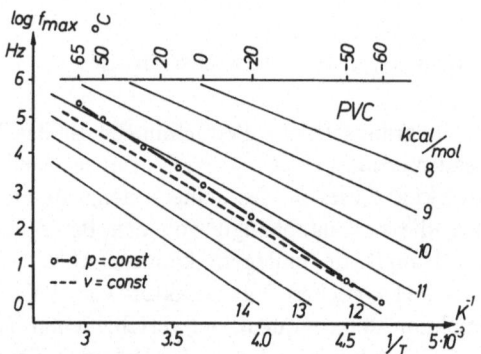

Abb. 2. Temperatur-Frequenz-Verschiebung des Verlustfaktormaximums von PVC bei konstantem Druck und bei konstantem Volumen.

die aus eigenen Messungen ermittelte Gerade dargestellt.

Nach *Eyring* (5) ergibt sich für die Zahl der Platzwechsel je Sekunde

$$z = \frac{kT}{h} \cdot e^{-\frac{\Delta F}{RT}} \qquad [1]$$

mit k = Boltzmannkonstante, T = absolute Temperatur, R = Gaskonstante, h = Plancksches Wirkungsquantum und $\Delta F = \Delta U - T\Delta S$ = Freie Aktivierungsenergie pro mol.

Wird nicht bei konstantem Volumen, sondern bei konstantem Druck gemessen, muß die Freie Aktivierungsenergie durch die Freie Aktivierungsenthalpie $\Delta G = \Delta F + P\Delta V$ ersetzt werden.

Obwohl aus der Literatur bekannt ist, wird nicht immer berücksichtigt, daß die Zahl der Platzwechsel je Sekunde und die Frequenz des Verlustfaktormaximums nicht identisch sind, sondern sich um den Faktor π unterscheiden:

$$f_{max} = \frac{z}{\pi}. \qquad [2]$$

Unter Berücksichtigung dieses Faktors läßt sich nach der Eyringschen Theorie für jeweils konstante Werte von ΔF bzw. ΔG die Temperatur-Frequenzverschiebung des Verlustfaktormaximums angeben. Entsprechende Geraden sind in Abb. 2 eingezeichnet.

Bekanntlich werden zur Berechnung der Aktivierungsgrößen aus der Temperatur-Frequenzverschiebung der Verlustfaktormaxima entsprechend der Eyringschen Theorie folgende Formeln verwendet:

1. Fall, konstantes Volumen

$$\Delta F = RT \cdot \ln \frac{kT}{\pi \cdot h \cdot f_{max}} \qquad [3]$$

$$\Delta U = -R \cdot \frac{d \ln (f_{max})}{d (1/T)} \qquad [4]$$

$$\Delta S = \frac{\Delta U - \Delta F}{T} \qquad [5]$$

2. Fall, konstanter Druck

$$\Delta G = RT \cdot \ln \frac{kT}{\pi \cdot h \cdot f_{max}} \qquad [6]$$

$$\Delta H = \Delta U + P\Delta V = -R \cdot \frac{d \ln (f_{max})}{d (1/T)} - RT \qquad [7]$$

$$\Delta S = \frac{\Delta H - \Delta G}{T} \qquad [8]$$

Bei der Ableitung der Formel [4] wird bekanntlich von der thermodynamischen Beziehung Gebrauch gemacht:

$$\frac{\mathrm{d}\,\Delta U}{\mathrm{d}T} = T \cdot \frac{\mathrm{d}\,\Delta S}{\mathrm{d}T}\,. \qquad [9]$$

Hierdurch erhält man:

$$\frac{\mathrm{d}\,\Delta F}{\mathrm{d}T} = -\,\Delta S\,. \qquad [10]$$

3. Untersuchungen an PVC

Die ausgezogene Gerade in Abb. 2 gibt, wie bereits erwähnt, die gemessene Frequenz-Temperaturverschiebung des Verlustfaktormaximums von PVC bei konstantem äußerem Druck an. Ein direkter Vergleich mit den eingezeichneten Geraden der Eyringschen Theorie zeigt, daß die Freie Aktivierungsenthalpie ΔG von 11,8 kcal/Mol bei $-60\ ^\circ\mathrm{C}$ auf 10,8 kcal/Mol bei $+65\ ^\circ\mathrm{C}$ absinkt. Aus der Steigung der Geraden der Meßpunkte erhält man die Aktivierungsenthalpie $\Delta H = \Delta U + P \Delta V$ von 13,3 kcal/Mol in Übereinstimmung mit aus der Literatur bekannten Werten. Aus den Differenzen von ΔG und ΔH ergibt sich eine Aktivierungsentropie von etwa $\Delta S = 0,0075$ kcal/Mol.

3.1. Einfluß des Volumens auf die Relaxation

Um aus dielektrischen Messungen die Aktivierungsenergie ΔU zu erhalten, müssen die Messungen bei konstantem Volumen ausgeführt werden, das heißt, die mit steigender Temperatur verbundene Volumenausdehnung muß durch einen geeignet gewählten hydrostatischen Druck während der Messung kompensiert werden. Die für die Konstanthaltung des Volumens mit steigender Temperatur notwendigen Drücke erhält man aus dem sogenannten PVT-Diagramm, wie es für den hier untersuchten Stoff in Abb. 3 dargestellt ist. Dabei wurde jeweils bei konstanter Temperatur die Längenänderung eines Probestabes bei Durchlaufen des Druckbereiches gemessen. Dann wurde entlastet auf Normaldruck, die nächste Temperatur eingestellt und der beschriebene Meßvorgang wiederholt usw. Parallel zu diesen Versuchen wurde die Frequenzabhängigkeit des dielektrischen Verlustfaktors bei verschiedenen Temperaturen und Drücken gemessen (4). Als Meßbeispiel zum Verständnis des Lesers sei an dieser Stelle in Abb. 4 die Verschiebung der

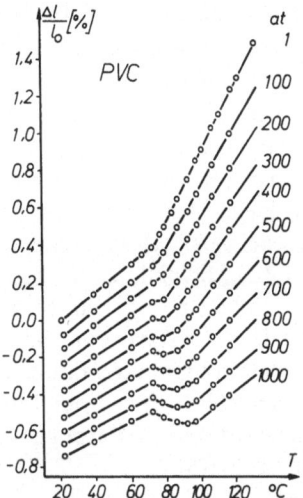

Abb. 3. Relative Längenänderung eines Stabes aus PVC als Funktion von Temperatur und Druck.

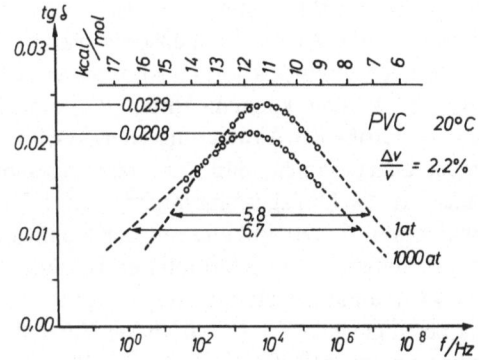

Abb. 4. Dielektrischer Verlustfaktor von PVC als Funktion der Frequenz bei $P = 1$ at und $P = 1000$ at.

Verlustfaktorkurve infolge einer Druckerhöhung auf 1000 at bei 20 °C angegeben. Unter der Druckeinwirkung erniedrigt sich die Frequenz des Verlustfaktormaximums um 0,4 Zehnerpotenzen der Frequenz, was einer Erhöhung der Freien Aktivierungsenthalpie ΔG um 0,53 kcal/Mol entspricht.

Ferner ist Abb. 4 zu entnehmen, daß sich unter Druckeinwirkung die Höhe des Verlustfaktormaximums erniedrigt und die Halbwertsbreite der Verlustfaktorkurve erhöht. Das Produkt beider Größen bleibt jedoch bei der durch den Druck erzwungenen Volumenänderung von 2,2% im Rahmen der Meßgenauigkeit konstant. Hieraus kann näherungsweise geschlossen werden, daß die Gesamtzahl der Platzwechseleinheiten bei dieser Volumenänderung konstant bleibt.

Mit den zuletzt beschriebenen Messungen ist es möglich, die Temperatur-Frequenzverschiebung des Verlustfaktormaximums bei konstantem Volumen der Probe anzugeben, die in Abb. 2 als gestrichelte Linie eingezeichnet ist. Aus der Steigung dieser gestrichelten Linie ergibt sich eine Aktivierungsenergie ΔU von 12,0 kcal/Mol, und die zugehörige Aktivierungsentropie wird verschwindend klein. Die Freie Aktivierungsenergie ΔF beträgt bei $-60\,°C$ 11,8 und bei $+65\,°C$ 11,5 kcal/Mol. Insbesondere die Messungen bei konstantem Volumen ergeben hinsichtlich der Auswertung der Verlustfaktormaxima eine ausgezeichnete Übereinstimmung mit der Eyringschen Theorie einschließlich des in der Literatur gelegentlich umstrittenen präexponentiellen Frequenzfaktors kT/h (6).

Daher ist der Schluß berechtigt, daß die Relaxationserscheinungen des Nebendispersionsgebietes von PVC näherungsweise durch voneinander unabhängige und nicht in merklicher kooperativer Wechselwirkung stehende Platzwechselmechanismen mit einem Freiheitsgrad verursacht werden oder zumindest formal so quantitativ beschrieben werden können. Unter Berücksichtigung der Größe der Aktivierungsenergie wird allgemein angenommen, daß der Platzwechselmechanismus als Umlagerungsvorgang eines Doppelknickes in der Hauptkette mit der Konformation ... tttgtgttt ... zu interpretieren ist, daß also etwa 4 C-Atome der Hauptkette an der Umlagerung beteiligt sind (7, 8, 1). Aus dieser Vorstellung ergibt sich zwangsläufig, daß die beim Platzwechsel zu überwindende Aktivierungsenergie sich aus zwei Anteilen zusammensetzt. Der erste Anteil besteht aus der Summe der zu überwindenden innermolekularen Rotationspotentiale, und der zweite Anteil wird durch die Überwindung zwischenmolekularer Wechselwirkungskräfte (sterische Behinderung, Dipolkräfte) verursacht. Daß dieser zweite Anteil nicht zu vernachlässigen ist, zeigt das Hochdruckexperiment der Abb. 4, bei dem eine Volumenverkleinerung bei konstanter Temperatur eine Erhöhung der Freien Aktivierungsenthalpie und eine Verbreiterung des Relaxationsspektrums bewirkt.

Vermutlich ist gerade der zwischenmolekulare Beitrag zum Aktivierungspotential die Ursache für die beobachtete Breite des Relaxationsspektrums. Da in einem amorphen Stoff die zwischenmolekularen Abstände einer statistischen Verteilung unterliegen, trifft dies auch für die zwischenmolekularen Beiträge zur Aktivierungsenergie zu, und es ergibt sich daraus zwangsläufig eine statistische Verteilung der Aktivierungsenergien, die

sich in der oberen in Abb. 4 eingetragenen Skala direkt ablesen läßt.

Wird die Änderung der Halbwertsbreite mit dem Druck in Abb. 4 linear in die Unterdruckseite extrapoliert, so würde bei einem Unterdruck von 5000 at und einer entsprechenden Volumenaufweitung von 11% die natürliche Halbwertsbreite von 1,2 Zehnerpotenzen der Frequenz erreicht sein. Da die zwischenmolekularen Kräfte stärker als linear mit dem Abstand abnehmen, dürfte die tatsächliche notwendige Volumenaufweitung sowie der dazu benötigte Unterdruck entsprechend geringer sein. Größenordnungsmäßig stimmt diese grobe Abschätzung mit der Annahme überein, daß ein allseitiger Zug zur Überwindung der Kohäsionskräfte einem Unterdruck von einigen Tausend at entsprechen würde. Ein derartiges Experiment ist praktisch kaum durchzuführen.

3.2. Temperaturabhängigkeit der Halbwertsbreite

Eine zweite Abschätzung läßt sich jedoch aus der mit einer Temperatursteigerung verbundenen Volumenvergrößerung ableiten. Diese Abschätzung ist in Abb. 5 dargestellt. Hier sind die Frequenzen des Verlustfaktormaximums und die Frequenzen, die sich aus der Bestimmung der Halbwertsbreite ergeben, über der reziproken Temperatur aufgezeichnet. Die Extrapolation zeigt, daß die natürliche Linienbreite etwa bei 400 °C erreicht werden würde, wenn man für die Extrapolation die Meßwerte unterhalb der Einfriertemperatur heranzieht. Eine Extrapolation des der Abb. 3 zu entnehmenden Ausdehnungskoeffizienten unterhalb der Einfriertemperatur führt zu einer Volumenaufweitung von 2% je

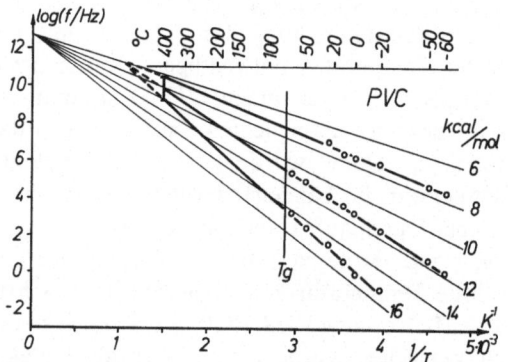

Abb. 5. Temperatur-Frequenz-Verschiebung des Verlustfaktormaximums von PVC (mittlere Kurve) und der Halbwertsbreite der Verlustfaktorkurve mit Extrapolation auf die natürliche Linienbreite eines Einzelprozesses.

100 grd. Bei einer Temperaturerhöhung von 20 °C auf 400 °C ist daher eine Volumenaufweitung von etwa 8% anzunehmen, die relativ gut mit der Abschätzung aus dem Hochdruckexperiment übereinstimmt.

Leider lassen sich in diesem Fall die Messungen nicht auf höhere Temperaturen ausdehnen, da oberhalb T_g die Kettensegmentbewegungen einsetzen und dadurch das Nebendispersionsgebiet durch das Hauptdispersionsgebiet mit wesentlich höheren Verlustfaktorwerten überlagert wird (4). Außerdem würde sich der Stoff spätestens bei Temperaturen von 200 °C thermisch zersetzen. Ferner ist darauf hinzuweisen, daß die Volumenaufweitung des Stoffes oberhalb der Einfriertemperatur 5,7% je 100 grd beträgt. Unter Berücksichtigung dieses ebenfalls der Abb. 3 entnommenen Wertes wäre eine 8%ige Volumenaufweitung bereits bei einer Temperatursteigerung von 20 °C auf etwa 200 °C erreicht. Bei dieser Temperatur liegt der Stoff bereits als Schmelze mit entsprechend geringen Wechselwirkungskräften zwischen den Molekülen vor.

In Abb. 5 sind die Eyring-Geraden für verschiedene Freie Aktivierungsenthalpien eingezeichnet. Die oben beschriebene Extrapolation der Halbwertsbreite der Dispersionskurve auf die natürliche Linienbreite führt so zu einem innermolekularen Beitrag zur Freien Aktivierungsenthalpie von 8 kcal/Mol. Dieser Wert wird ebenfalls bei einer linearen Extrapolation der in Abb. 4 gezeigten Druckexperimente auf einen Unterdruck von 5000 at erreicht.

Nach den bisherigen Überlegungen läßt sich die Breite des Relaxationsspektrums dadurch erklären, daß ein bestimmter Platzwechselvorgang mit einer Aktivierungsenergie vorliegt, die sich aus einem nahezu temperaturunabhängigen innermolekularen Rotationspotential und einem relativ großen, durch zwischenmolekulare Kräfte bedingten Zusatzpotential zusammensetzt, welches letztere infolge der statistischen Anordnung der Kettenmoleküle im amorphen Zustand einer breiten statistischen Verteilung unterworfen ist. Mit zunehmender Temperatur und entsprechender Volumenaufweitung konvergiert der zwischenmolekulare Beitrag gegen Null, und es bleibt ein Relaxationsvorgang mit einer einheitlichen und allein durch innermolekulare Rotationspotentiale bedingten Aktivierungsenergie übrig.

Nach dem gegenwärtigen Stand des Wissens ist jedoch nicht ausgeschlossen, daß im Stoff bereits verschiedene Umlagerungsprozesse mit unter-

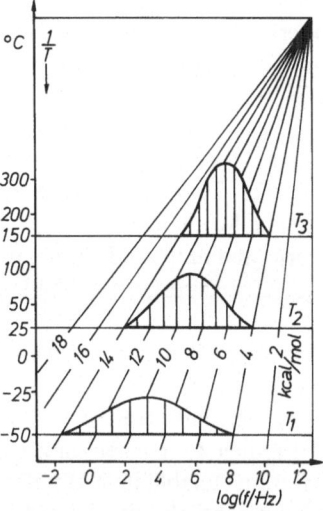

Abb. 6. Veränderung eines Relaxationsspektrums mit der Temperatur nach der Eyringschen Theorie unter der Voraussetzung voneinander unabhängiger Einzelprozesse mit jeweils konstanter freier Aktivierungsenthalpie.

schiedlich hohen innermolekularen Rotationspotentialen möglich sind, die neben der statistischen Verteilung des zwischenmolekularen Behinderungspotentials zusätzlich zur Breite des Relaxationsspektrums beitragen.

So oder so ist jedoch die Abnahme des zwischenmolekularen Beitrages zur Aktivierungsenergie mit steigender Temperatur nicht der alleinige Grund dafür, daß die Halbwertsbreite des Relaxationsspektrums mit steigender Temperatur abnimmt. Vielmehr ist zusätzlich noch folgende grundsätzliche Überlegung anzustellen.

Hierzu gehen wir von der in Abb. 6 dargestellten Annahme aus, daß das Relaxationsspektrum, wie es sich z. B. in dem über dem Logarithmus der Frequenz aufgetragenen Verlustfaktor darstellt, durch eine Vielzahl von untereinander unabhängigen Relaxationsmechanismen mit unterschiedlicher Aktivierungsenergie zwischen 4 und 14 kcal/Mol verursacht ist. Die Zahl der einzelnen Relaxationsmechanismen soll dabei einer Gaußschen Verteilung unterworfen sein in dem Sinne, daß die Zahl der Relaxationsmechanismen mit der Aktivierungsenergie 9 kcal/Mol am größten und die Zahlen der Relaxationsmechanismen mit den Aktivierungsenergien 4 und 14 kcal/Mol gleich Null sind.

Wie aus der Abb. 6 zu erkennen ist, wird in diesem Fall das Relaxationszeitenspektrum mit steigender Temperatur schmaler, da sich die Mechanismen mit kleinerer Aktivierungsenergie langsamer und die Mechanismen mit größerer Aktivierungsenergie rascher mit steigender Temperatur zu höheren Frequenzen verschieben. Daher beträgt die Gesamtbreite des Spektrums in diesem Beispiel bei −50 °C etwa 5 Zehnerpotenzen der Frequenz, bei +25 °C etwa 3,8 und bei +150 °C etwa 2,5 Zehnerpotenzen der Frequenz, wenn man eine Temperatur-Frequenzverschiebung für jeden Mechanismus nach der Eyringschen Theorie annimmt und ferner die Aktivierungsenergie als temperaturunabhängig betrachtet.

Die Halbwertsbreiten der Verlustfaktorkurven verhalten sich demgemäß wie $1/T_1 : 1/T_2 : 1/T_3$. Da die natürliche Linienbreite von 1,2 Zehnerpotenzen der Frequenz für jeden einzelnen Relaxationsmechanismus unabhängig von der Temperatur ist, muß automatisch mit steigender Temperatur die Höhe des Verlustfaktormaximums der gesamten integralen Verlustfaktorkurve mit der Temperatur ansteigen, und zwar etwa umgekehrt proportional zur Halbwertsbreite, also im Verhältnis $T_1 : T_2 : T_3$. Wegen der endlichen natürlichen Linienbreite ist diese letzte Beziehung bei sehr hohen Temperaturen sicher nicht exakt erfüllt, da sonst bei unendlich hoher Temperatur bei $1/T = 0$ die Höhe des Verlustfaktormaximums den Wert unendlich erreichen müßte und gleichzeitig bei unendlich hoher Temperatur die Verlustfaktorkurve die natürliche Halbwertsbreite definitionsgemäß nicht unterschreiten kann.

Zusammenfassend kann man aus obiger Überlegung folgenden Schluß ableiten: Die Veränderung und Frequenzverschiebung des Relaxationsspektrums und damit z. B. auch der Verlustfaktorkurven kann nach der Eyringschen Theorie unter folgenden Voraussetzungen quantitativ angegeben werden:

1) Das Relaxationsspektrum wird durch voneinander unabhängige Relaxationsmechanismen mit unterschiedlichen temperaturunabhängigen und konstanten Aktivierungsenergien verursacht. Hierbei ist bei Versuchen bei konstantem Druck eine konstante Freie Aktivierungsenthalpie und bei Versuchen bei konstantem Volumen eine konstante Freie Aktivierungsenergie gemeint.

2) Die Zahl der den verschiedenen Aktivierungsenergien zuzuordnenden Relaxationsmechanismen ist unabhängig von der Temperatur.

3) Die sogenannte Relaxationsstärke (Beitrag zur Relaxationserscheinung) der einzelnen Mechanismen ist unabhängig von der Temperatur.

Sicherlich sind die oben genannten Voraussetzungen in einem realen Kunststoff nicht exakt erfüllt. Wegen der großen Einfachheit dieses Verschiebungsprinzipes lohnt sich jedoch ein Vergleich mit dem realen Stoffverhalten, denn bei halbwegs guter Übereinstimmung zwischen Theorie und Experiment wäre dieses Prinzip für Extrapolationszwecke recht gut geeignet. Darüber hinaus ist jedoch auch von Interesse, aus den Abweichungen von diesem Verschiebungsprinzip Rückschlüsse auf das reale Stoffverhalten zu ziehen. Hierzu folgende Beispiele:

3.3. Das Relaxationsverhalten von PVC bei konstantem Volumen

Da nach der Eyringschen Theorie bei jeder Temperatur entsprechend Abb. 6 dem Frequenzmaßstab ein entsprechender Maßstab der Aktivierungsenergien zuzuordnen ist, ist eine Überprüfung der Theorie in einfacher Weise dadurch möglich, daß man die bei verschiedenen Temperaturen gemessenen Verlustfaktorkurven über dem Maßstab der Aktivierungsenergie aufträgt. Multipliziert man die Größe der Verlustfaktorwerte gleichzeitig mit dem Faktor T_0/T, so müßten bei strenger Gültigkeit der einfachen Verschiebungstheorie alle Kurven exakt aufeinanderfallen. Hierbei ist T_0 die Bezugstemperatur einer der gemessenen Verlustfaktorkurven. Abb. 7 zeigt das Verhalten der so aufgetragenen realen Meßwerte. Während die bei −20 °C und bei +20 °C gemessenen Werte dicht beisammen liegen, sind die Abweichungen der bei +65 °C gemessenen Kurve merklich größer. Man könnte hieraus z. B. den Schluß ziehen, daß sich bei Annäherung an die Einfriertemperatur die Zahl der Kettenknicke und damit auch die Zahl der Platzwechseleinheiten erhöht. Diese Vermutung wird dadurch bestätigt, daß bei Annäherung an T_g das Produkt aus Höhe und Halbwertsbreite der über dem Log-

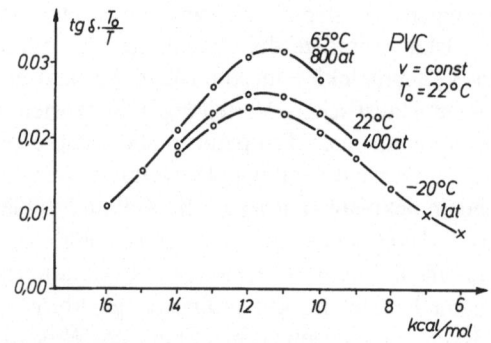

Abb. 7. Spektrale Verteilung der Freien Aktivierungsenergien von PVC bei verschiedenen Temperaturen und bei konstantem Volumen.

arithmus der Frequenz aufgetragenen Verlustfaktorkurven progressiv ansteigt.

3.4. Das Relaxationsverhalten von PVC bei konstantem Druck

In diesem Fall soll von der bei $+22$ °C gemessenen Verlustfaktorkurve ausgegangen werden, und ausschließlich unter Verwendung des Verschiebungsprinzipes ohne sonstige zusätzliche Informationen über den Stoff sollen die Verlustfaktorkurven für -80 °C, -20 °C und $+65$ °C konstruiert werden. Das Ergebnis ist in Abb. 8 wiedergegeben. Würde man als weitere Information über den Stoff noch die Aktivierungsenthalpie bzw. die tatsächliche Temperatur-Frequenzverschiebung hinzunehmen, so brauchte man lediglich die konstruierten Kurven parallel zur Frequenzachse noch zusätzlich etwas verschieben. An den Verhältnissen der Höhen und Halbwertsbreiten der bei verschiedenen Temperaturen konstruierten Verlustfaktorkurven würde dies nichts ändern.

Abb. 8 gibt demnach die Änderungen der Verlustfaktorkurven mit der Temperatur an, wenn man von der Voraussetzung ausgeht, daß das breite Relaxationsspektrum durch voneinander unabhängige Relaxationsmechanismen mit unterschiedlichen, aber jeweils konstanten Aktivierungsenergien verursacht wird.

Wie bereits erwähnt, kann die natürliche Linienbreite im Spektrum erst bei unendlich hoher Temperatur erreicht werden.

Vergleicht man Abb. 8 mit den tatsächlichen Meßwerten in Abb. 1, so stellt man fest, daß die tatsächlichen Höhen der Verlustfaktorkurven mit steigender Temperatur wesentlich rascher zunehmen und die Halbwertsbreiten wesentlich rascher abnehmen. Bei der in Abb. 5 durchgeführten Extrapolation der Halbwertsbreiten wird daher die natürliche Linienbreite bereits bei 400 °C erreicht. Damit ist nachgewiesen, daß die Linienbreite des Spektrums im wesentlichen durch den zwischenmolekularen Beitrag zum Aktivierungspotential verursacht wird, der mit steigender Temperatur infolge der Volumenausdehnung gegen Null konvergiert. Es ist daher durchaus möglich, daß hinsichtlich des innermolekularen Rotationspotentials nur ein einheitlicher Umlagerungsmechanismus mit einer innermolekularen freien Aktivierungsenthalpie von 8 kcal/Mol wirksam ist.

Die starke zwischenmolekulare Behinderung des Platzwechsels, der in einer kurbelwellen-

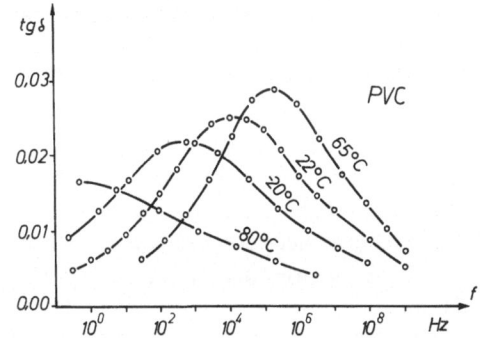

Abb. 8. Verschiebung der bei 22 °C als Funktion der Frequenz gemessenen Verlustfaktorkurve von PVC nach den theoretischen Annahmen der Abb. 6 bei verschiedenen Temperaturen.

artigen Verdrehung eines kurzen Kettenabschnittes besteht, ist aufgrund der Molekülstruktur verständlich. Wegen des im Vergleich zu den Wasserstoffatomen relativ großen Atomvolumens der Chloratome ragen diese relativ weit aus dem Kettenmolekül heraus. Wenn diese Überlegung richtig ist, müßte beim PCTFE, bei dem die Wasserstoffatome durch Fluoratome ersetzt sind, der zwischenmolekulare Beitrag zur Aktivierungsenergie wesentlich kleiner und damit auch die Halbwertsbreiten der Verlustfaktorkurven bzw. das Relaxationsspektrum entsprechend schmaler sein.

4. Vergleich zwischen PVC und PCTFE*

Dies trifft auch tatsächlich zu, wie ein Vergleich mit den der Literatur (9) entnommenen Meßwerten an PCTFE mit einem Kristallinitätsgrad von 80% ergibt. In Abb. 9 ist die Frequenzabhängigkeit des Imaginärteils der Dielektrizitätskonstan-

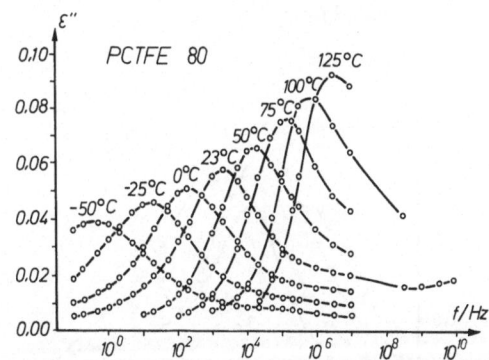

Abb. 9. Imaginärteil der Dielektrizitätskonstanten von PCTFE als Funktion der Frequenz bei verschiedenen Temperaturen nach der Literatur (9). Kristallinitätsgrad $= 0{,}8$.

---

* Poly-Chlor-Tri-Fluor-Äthylen

ten von PCTFE bei verschiedenen Temperaturen dargestellt.

Die Einfriertemperatur T_g dieses Stoffes wird mit 52 °C und die Schmelztemperatur T_m mit 214 °C angegeben. Bei allen Verlustfaktorkurven ist eine deutliche Unsymmetrie zu erkennen, die durch eine zusätzliche Relaxationserscheinung im Hochfrequenzgebiet verursacht wird und die bei 23 °C ihren Schwerpunkt etwa bei 10^7 Hz hat. Oberhalb 0 °C ist daher die rechte Flanke der Verlustfaktorkurven für exakte Auswertungen der Halbwertsbreite problematisch.

Trägt man für diesen Stoff in Analogie zur Abb. 5 die Temperatur-Frequenz-Verschiebung der Verlustfaktormaxima und der Halbwertsbreiten der Verlustfaktorkurven auf und extrapoliert aus den unterhalb von T_g gemessenen Werten auf die natürliche Linienbreite von 1,2 Zehnerpotenzen der Frequenz, so wird diese kurz oberhalb T_m bei einer Temperatur von etwa 240 °C und bei

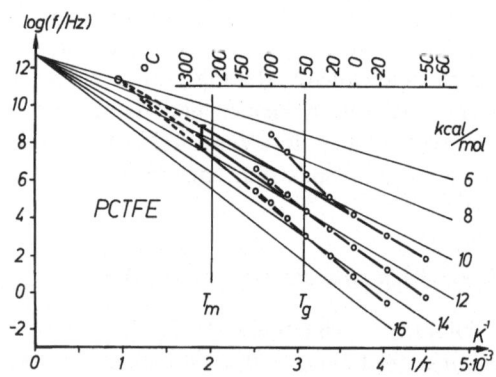

Abb. 10. Temperatur-Frequenz-Verschiebung des Maximums des Imaginärteils der Dielektrizitätskonstanten von PCTFE (mittlere Kurve) und der zugehörigen Halbwertsbreite mit Extrapolation auf die natürliche Linienbreite eines Einzelprozesses.

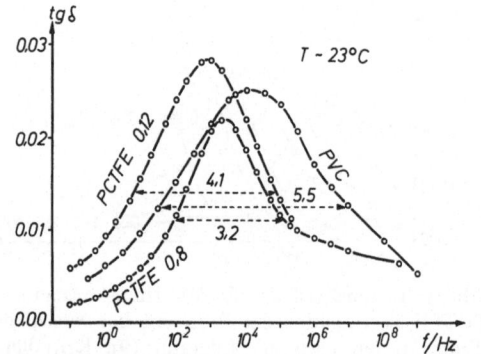

Abb. 11. Vergleich der Verlustfaktorkurven als Funktion der Frequenz bei Raumtemperatur von PVC, PCTFE 0,8 und PCTFE 0,12.

einer Freien Aktivierungsenthalpie von etwa 10 kcal/Mol erreicht, wie aus Abb. 10 zu ersehen ist. Der innermolekulare durch Rotationspotentiale bedingte Beitrag zur Freien Aktivierungsenthalpie liegt danach um 2 kcal/Mol höher als beim PVC, vermutlich infolge des im Vergleich zu den Wasserstoffatomen größeren Atomvolumens der Fluoratome. Alle übrigen Betrachtungen bleiben gleich. Aus der Tatsache, daß die natürliche Linienbreite wesentlich früher als bei unendlich hoher Temperatur erreicht wird, ist wieder zu schließen, daß hinsichtlich der innermolekularen Rotationsbehinderung nur ein einzelner Umlagerungsmechanismus wirksam ist und daß die Breite des Spektrums bei tieferen Temperaturen ausschließlich auf den zwischenmolekularen Beitrag zum Behinderungspotential zurückzuführen ist.

Bei einer Diskussion der durch zwischenmolekulare Beiträge zum Aktivierungspotential verursachten Linienverbreiterung muß natürlich beachtet werden, daß im PVC etwa ein Kristallinitätsgrad von etwa 0,1 und bei PCTFE ein Kristallinitätsgrad von 0,8 vorliegt. Bei einem solch hohen Kristallinitätsgrad sind die amorphen Bereiche stark eingeengt (verspannt amorpher Zustand) und es ist vermutlich eine besonders hohe Konzentration von Kettenknicken (Kinken) in dieser verspannt amorphen Phase vorhanden. Ein Vergleich der Halbwertsbreiten der Verlustfaktorkurven sollte daher nach Möglichkeit bei gleichem Kristallinitätsgrad erfolgen. Da die gleichen Autoren (9) auch dielektrische Untersuchungen an PCTFE mit einem Kristallinitätsgrad von 0,12 durchgeführt haben, ist dieser in Abb. 11 dargestellte Vergleich möglich.

Die Halbwertsbreite bei PCTFE mit einem Kristallinitätsgrad 0,12 von 4,1 Zehnerpotenzen der Frequenz liegt unter der Halbwertsbreite bei PVC von 5,5 Zehnerpotenzen der Frequenz. Der einer statistischen Verteilung unterworfene zwischenmolekulare Beitrag zum Aktivierungspotential ist also kleiner. Die tiefere Frequenz des Verlustfaktormaximums von PCTFE wird durch das höhere innermolekulare Rotationspotential verursacht. Die noch kleinere Halbwertsbreite bei PCTFE mit einem Kristallinitätsgrad von 0,8 deutet darauf hin, daß in den verspannt amorphen Bereichen infolge der hohen Kinkenkonzentration das Gefüge etwas lockerer und damit die Rotationsbehinderung durch die Nachbarmoleküle geringer ist. Für die hohe Kinkenkonzentration im PCTFE 0,8 spricht auch, daß die Fläche unter den Kurven von PCTFE 0,8 und PCTFE 0,12 nicht proportional zur Verminderung des amorphen Anteils abnimmt.

5. Untersuchungen an PMMA

Die oben durchgeführten Überlegungen über die Relaxationserscheinungen in einem durch Kinkenbewegungen verursachten Nebendispersionsgebiet sollten natürlich auch in einem durch Seitengruppenbewegungen verursachten Nebendispersionsgebiet gelten, wie es z. B. bei PMMA vorliegt. Bei diesem Stoff werden die beobachteten Relaxationserscheinungen bekanntlich auf die behinderte Rotation der Methoxycarbonylgruppen zurückgeführt (10, 11).

Abb. 12 zeigt die Frequenzabhängigkeit des dielektrischen Verlustfaktors von PMMA bei verschiedenen Temperaturen. Eigene Messungen im Bereich von 50 Hz bis 300 kHz wurden bei tieferen und höheren Frequenzen durch Literaturwerte ergänzt (12, 13). Die Halbwertsbreite der Verlustfaktorkurve beträgt bei 23 °C etwa 4,5 Zehnerpotenzen der Frequenz. Aus der Unsymmetrie der Verlustfaktorkurven ist abzulesen, daß das uns interessierende Dispersionsgebiet auf der Hochfrequenzseite von einem zweiten Dispersionsgebiet überlagert wird, dessen Schwerpunkt bei 23 °C etwa bei 10^6 Hz liegt.

Dieses zweite Dispersionsgebiet ist deutlicher zu identifizieren, wenn man entsprechend Abb. 6 bei jeder Meßtemperatur streng nach der Eyringschen Theorie jeweils eine Zuordnung zwischen Frequenz und Freier Aktivierungsenthalpie trifft und den Verlustfaktor bei den verschiedenen Temperaturen als Funktion der Freien Aktivierungsenthalpie aufträgt. Aus dieser Auftragung in Abb. 13 hebt sich das zweite Dispersionsgebiet mit einem Schwerpunkt um etwa 9 kcal/Mol bei tieferen Temperaturen deutlich heraus.

Ferner kann man aus der Lage der Verlustfaktormaxima direkt ablesen, daß unterhalb der Einfriertemperatur bei einem Temperatursprung von 23 °C auf 100 °C die freie Aktivierungsenthalpie von 15,25 auf 14,65 kcal/Mol und oberhalb der Einfriertemperatur bei einem Sprung von 100 °C auf 150 °C infolge des größeren Volumausdehnungskoeffizienten von 14,65 auf 13,25 kcal/Mol absinkt.

Da beim PMMA die drehbaren Seitengruppen räumlich aus dem Kettenmolekül etwas herausragen, wird man auch bei diesem Stoff vermuten, daß ein Teil des Aktivierungspotentials durch die

zwischenmolekulare Behinderung der Drehbewegung durch die Nachbarmoleküle hervorgerufen wird. Diese Vermutung wird durch das in Abb. 14 wiedergegebene Hochdruckexperiment bestätigt. Bei Einwirkung eines allseitigen Drucks von 1000 at, der das Gesamtvolumen der Probe um 2,2% verkleinert, verschiebt sich das Verlustfaktormaximum um 0,4 Zehnerpotenzen zu tieferen Frequenzen. Die Höhe des Verlustfaktormaxi-

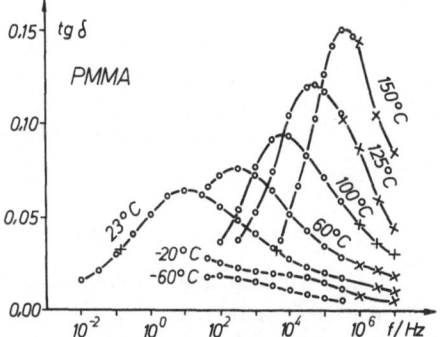

Abb. 12. Dielektrischer Verlustfaktor von PMMA als Funktion der Frequenz bei verschiedenen Temperaturen, zusammengestellt aus Literaturwerten (12, 13) und eigenen Messungen.

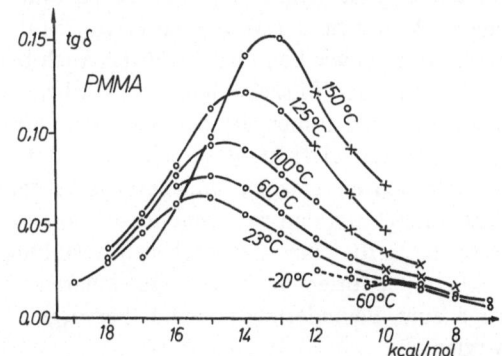

Abb. 13. Spektrale Verteilung der freien Aktivierungsenthalpien von PMMA bei verschiedenen Temperaturen bei konstantem Druck.

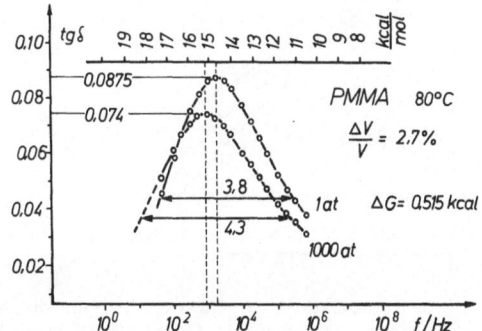

Abb. 14. Dielektrischer Verlustfaktor von PMMA als Funktion der Frequenz bei $P = 1$ at und $P = 1000$ at. Meßtemperatur 80 °C.

mums sinkt ab und die Halbwertsbreite der Verlustfaktorkurve vergrößert sich.

Aus der oben in Abb. 14 eingezeichneten Skala der zugehörigen Freien Aktivierungsenthalpien kann abgelesen werden, daß durch einen Druck von 1000 at das dem Verlustfaktormaximum zugeordnete ΔG um 0,53 kcal/Mol zunimmt. Nimmt man ähnlich wie beim PVC an, daß bei einem Unterdruck von etwa 5000 at und einer entsprechenden Volumenaufweitung von 11% die zwischenmolekularen Kräfte weitgehend aufgehoben sind, so erhält man für den zwischenmolekularen Beitrag von ΔG einen Wert von etwa 2,6 kcal/Mol. Der innermolekulare Anteil von ΔG würde also nach dieser Abschätzung etwa 12 kcal/Mol betragen.

5.1. Temperaturabhängigkeit der Halbwertsbreiten

Eine zweite Abschätzung des innermolekularen Anteils von ΔG erhält man aus der in Abb. 15 dargestellten Extrapolation der Halbwertsbreiten auf die natürliche Linienbreite, wenn man den Logarithmus der Frequenz über der reziproken Temperatur aufträgt (vgl. Abb. 5). Die natürliche Linienbreite ist bereits bei etwa 450 °C und bei einem Wert von ΔG von etwa 12 kcal/Mol erreicht. Ebenso wie beim PVC läßt sich auch beim PMMA aus der Tatsache, daß die natürliche Linienbreite viel früher als bei unendlich hohen Temperaturen erreicht wird, schließen, daß im wesentlichen ein einziger Umlagerungsmechanismus vorliegt und daß das breite Relaxationsspektrum durch die einer statistischen Schwankungsbreite unterworfenen zwischenmolekularen Beiträge zum Behinderungspotential hervorgerufen werden.

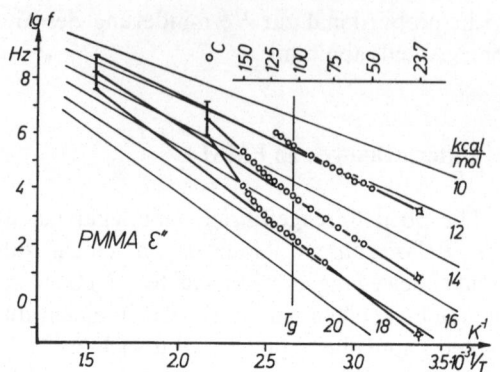

Abb. 16. Temperatur-Frequenz-Verschiebung des Maximums des Imaginärteils der Dielektrizitätskonstanten von PMMA (mittlere Kurve) und der zugehörigen Halbwertsbreite mit getrennter Extrapolation auf die natürliche Linienbreite aus den Meßwerten oberhalb und unterhalb T_g.

In Abb. 15 führt die Extrapolation der hochfrequenten Halbwertsbreite nicht zu dem eingezeichneten Schnittpunkt der Extrapolationsgeraden. Dies liegt daran, daß die hochfrequente Flanke der Verlustfaktorkurve (als Funktion der Frequenz) von dem vorher erwähnten hochfrequenten zweiten Dispersionsgebiet unterwandert wird (vgl. Abb. 13). Die Amplitude dieses störenden hochfrequenten Dispersionsgebietes kann etwas unterdrückt werden, wenn die obige Extrapolation nicht für den Verlustfaktor, sondern für den Imaginärteil ε'' der komplexen Dielektrizitätskonstanten durchgeführt wird, wie dies in Abb. 16 dargestellt ist. Anschaulich gesprochen wird die Unterdrückung dadurch erreicht, daß der Verlustfaktor mit dem Realteil der Dielektrizitätskonstante multipliziert wird und daß dieser Realteil mit steigender Frequenz monoton abfällt.

In Abb. 16 läßt sich die hochfrequente Flanke der Verlustfaktorkurve bis zu Temperaturen von etwa 60 °C einwandfrei für die Extrapolation verwenden. Daß die Extrapolation in diesem Fall zu einem etwas größeren Wert von ΔG führt, ist quantitativ dadurch zu erklären, daß im gesamten Temperaturbereich die Maxima von ε'' um 0,23 Zehnerpotenzen der Frequenz tiefer liegen als die Maxima des Verlustfaktors tg δ. Bei Angaben von Freien Aktivierungsenthalpien sollte man daher immer angeben, ob das Verlustfaktormaximum als Funktion der Frequenz von ε'' oder von tg δ zur Auswertung herangezogen wurde oder ob das Verlustfaktormaximum als Funktion der Temperatur von ε'' oder von tg δ ausgewertet wurde. Im allgemeinen unterscheiden sich die diesen verschiedenen Maxima zuzuordnenden Frequenzen.

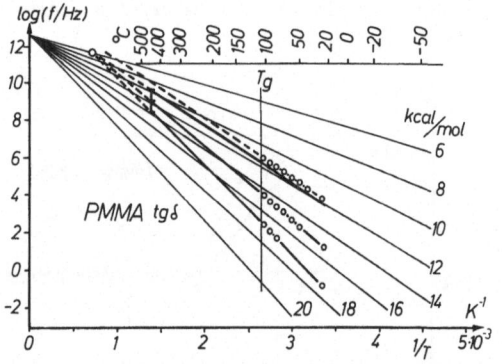

Abb. 15. Temperatur-Frequenz-Verschiebung des Verlustfaktormaximums von PMMA (mittlere Kurve) und der Halbwertsbreite der Verlustfaktorkurve mit Extrapolation auf die natürliche Linienbreite eines Einzelprozesses.

Zusätzlich sind in Abb. 16 auch die oberhalb der Einfriertemperatur erhaltenen Meßwerte eingezeichnet. Da oberhalb T_g infolge des größeren Ausdehnungskoeffizienten die zwischenmolekularen Abstände rascher ansteigen, nimmt der zwischenmolekulare Beitrag zum Aktivierungspotential rascher ab, so daß die natürliche Linienbreite bereits bei einer tieferen Temperatur von etwa 190 °C erreicht wird. Aus den bereits vorher erwähnten Gründen läßt sich die hochfrequente Flanke der Verlustfaktorkurve nicht für die Extrapolation heranziehen.

Der aufmerksame Leser wird sich vielleicht wundern, daß in Abb. 16 die niederfrequente Flanke der Verlustfaktorkurve nicht bei T_g, sondern erst bei 130 °C nach oben abknickt. Wie man jedoch aus dem der Literatur zu entnehmenden Höhenschichtliniendiagramm des Verlustfaktors (13) ablesen kann, unterwandert bei etwa 130 °C das dielektrisch schwach wahrnehmbare, mit den Kettensegmentbewegungen verknüpfte Hauptdispersionsgebiet die tieffrequente 'Flanke der Verlustfaktorkurve und vergrößert dadurch deren Habwertsbreite.

5.2. Einfluß des Volumens auf die Relaxation

Um den Einfluß des Volumens auf das Relaxationsverhalten von PMMA genauer studieren zu können, wurde der Verlustfaktor bei den Drücken 1 at, 500 at und 1000 at in Temperaturstufen von 5 grd und gleichzeitig die in Abb. 17 dargestellte Längenänderung eines Stabes als Funktion von Temperatur und Druck gemessen, und zwar wurde jeweils die gewünschte Temperatur eingestellt, bei konstanter Temperatur der Druckbereich durchlaufen, anschließend wieder entlastet, die neue Meßtemperatur eingestellt usw. Nur die mit Kreuzen gekennzeichnete Kurve gibt die Längenänderung bei Abkühlung des Stabes unter 1000 at an. Der Abb. 17 lassen sich die Drücke entnehmen, die zur Konstanthaltung des Volumens bei steigender Temperatur erforderlich sind.

Als erste Auswertung dieser Messungen zeigt Abb. 18 die Temperatur-Frequenz-Verschiebung des Verlustfaktormaximums bei konstantem Druck und bei konstantem Volumen. Ferner sind in Abb. 18 die Geraden für konstante Freie Aktivierungsenthalpien bzw. freie Aktivierungsenergien nach der Eyringschen Theorie eingezeichnet. Bei konstantem Volumen erhöht sich die Einfriertemperatur auf etwa 130 °C. Bei einer Auswertung nach der Eyringschen Theorie erhält man für

konstanten Druck unterhalb T_g $\Delta H = 17,8$ kcal/Mol und oberhalb T_g $\Delta H = 23,9$ kcal/Mol. Für konstantes Volumen erhält man unterhalb T_g $\Delta U = 16,5$ kcal/Mol. Oberhalb T_g ist die Gerade für eine genaue Auswertung zu kurz. Aus Abb. 18 ist zu ersehen, daß sich die Kurve für konstantes Volumen wesentlich besser in die Schar der Eyring-Geraden einfügt als die Kurve für konstanten Druck. Das gleiche war in Abb. 2 für PVC festzustellen.

Um auch Werte für ΔU oberhalb der Einfriertemperatur zu erhalten, wurde ausgehend von 105 °C und $P = 1$ at die Temperatur-Frequenz-Verschiebung für das Verlustfaktormaximum in Abb. 19 in einem vergrößerten Maßstab konstruiert. Für diese Konstruktion wurden die Frequenzen der Verlustfaktormaxima für konstanten Druck bei 1 at, 500 at und 1000 at über der rezi-

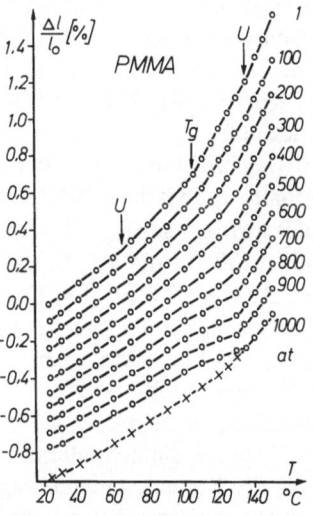

Abb. 17. Relative Längenänderung eines Stabes aus PMMA als Funktion von Temperatur und Druck.

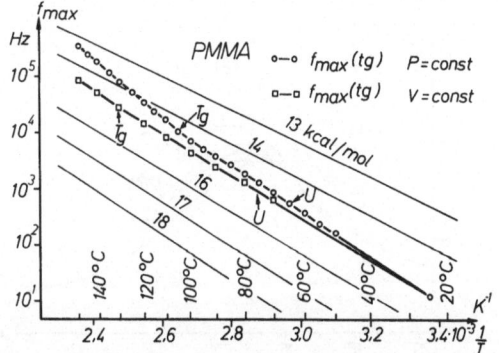

Abb. 18. Temperatur-Frequenz-Verschiebung des Verlustfaktormaximums von PMMA bei konstantem Druck (obere Kurve) und konstantem Volumen (untere Kurve).

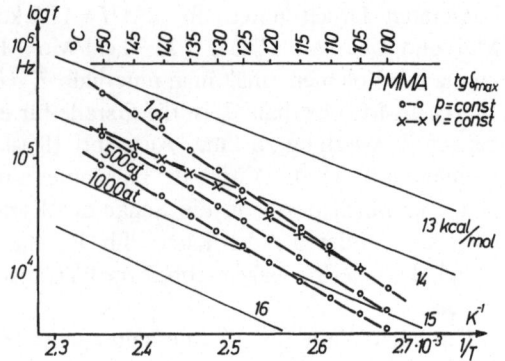

Abb. 19. Temperatur-Frequenz-Verschiebung des Verlustfaktormaximums von PMMA oberhalb T_g bei $P=$ 1 at, $P=500$ at und $P=1000$ at. Die Kreuze geben die Verschiebung bei einem ab 105 °C konstant gehaltenen Volumen an.

proken Temperatur aufgetragen, die Druckwerte für konstantes Volumen der Abb. 17 entnommen und die Frequenzen des Verlustfaktormaximums für konstantes Volumen durch Interpolation ermittelt. Die resultierende, durch Kreuze gekennzeichnete Kurve weist bei 130 °C einen deutlichen Knick auf.

Nach *Eyring* erhält man so für konstantes Volumen oberhalb T_g zwischen 105 °C und 130 °C $\Delta U = 20{,}0$ kcal/Mol sowie $\Delta S = 0{,}015$ kcal/Mol und zwischen 130 °C und 150 °C $\Delta U = 16{,}8$ kcal/Mol sowie $\Delta S = 0{,}007$ kcal/Mol. Die Freie Aktivierungsenergie ΔF ergibt sich zu 14,5 kcal/Mol bei 105 °C, 14,1 kcal/Mol bei 130 °C und 13,9 kcal/Mol bei 150 °C.

Hinsichtlich der molekularen Deutung läßt sich der Verlauf von ΔF einfach interpretieren. Oberhalb T_g setzt die Kettensegmentbeweglichkeit ein. Dadurch sinkt der zwischenmolekulare Beitrag zum Behinderungspotential auch bei konstantem Volumen rascher ab als unterhalb T_g. Ab 130 °C

ist die Kettensegmentbeweglichkeit weitgehend vorhanden und wächst entsprechend langsamer, wodurch sich der Abfall von ΔF etwas verlangsamt.

Alle diese Überlegungen gelten natürlich nicht nur für das Verlustfaktormaximum, sondern in gleicher Weise für das gesamte Relaxationsspektrum und die zugehörige spektrale Verteilung der Freien Aktivierungsenergie, die in Abb. 20 für verschiedene Temperaturen bei ab 23 °C konstant gehaltenem Volumen dargestellt ist. Auch bei konstantem Volumen verschiebt sich die spektrale relative Verteilung der Freien Aktivierungsenergie mit steigender Temperatur zu kleineren Werten von ΔF, und zwar ist dieser Effekt auch unterhalb der in diesem Fall bei 130 °C gelegenen Einfriertemperatur vorhanden. Man muß demnach annehmen, daß auch unterhalb von T_g die mit steigender Temperatur anwachsenden Schwingungsamplituden der Kettenmoleküle den zwischenmolekularen Beitrag zum Behinderungspotential schwach abfallen lassen. Ein Vergleich mit Abb. 13 zeigt jedoch, daß die Änderungen der spektralen Verteilung von ΔF mit der Temperatur bei konstantem Volumen bedeutend geringer sind als bei konstantem Druck.

In Abb. 21 ist für konstantes Volumen die Temperaturabhängigkeit der Höhe des Verlustfaktormaximums (oben), der Halbwertsbreite der Verlustfaktorkurve (Mitte) und das Produkt aus Höhe und Halbwertsbreite zusammenfassend dargestellt. Unterhalb T_g bleibt dieses Produkt konstant. Hieraus darf man schließen, daß sich in

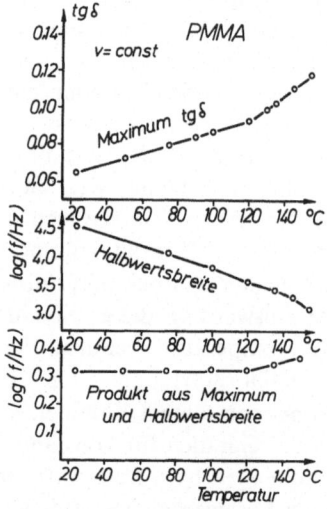

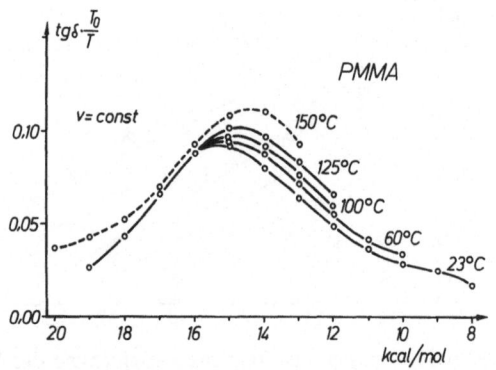

Abb. 20. Spektrale Verteilung der Freien Aktivierungsenergie von PMMA bei verschiedenen Temperaturen und bei konstantem Volumen.

Abb. 21. Höhe des Verlustfaktormaximums (oben), Halbwertsbreite der Verlustfaktorkurve (Mitte) und Produkt aus beiden Größen (unten) von PMMA als Funktion der Temperatur bei konstantem Volumen.

erster Näherung die Zahl der Platzwechseleinheiten im gesamten Spektrum nicht ändert. Der Anstieg des Verlustfaktormaximums und der Abfall der Halbwertsbreite folgen mit guter Näherung den in Abb. 6 dargestellten Gesetzmäßigkeiten. Wie bereits erwähnt, wurden diese Gesetzmäßigkeiten unter der Voraussetzung abgeleitet, daß die Verteilung der Aktivierungsgrößen unabhängig von der Temperatur ist. Bei konstantem Volumen ist diese Voraussetzung näherungsweise erfüllt, bei konstantem Druck erhält man deutliche Abweichungen aus Gründen, die weiter oben ausführlich diskutiert wurden.

Dennoch ist es interessant, zu untersuchen, mit welchen Abweichungen man bei konstantem Druck rechnen muß, wenn man dieses einfache Verschiebungsverfahren für Extrapolation verwendet. In Abb. 22 sind die bei 23 °C und bei 100 °C gemessenen Verlustfaktorkurven (ausgezogene Kurven mit Punkten) dargestellt. Eine Extrapolation der bei 23 °C gemessenen Kurve nach dem Verschiebungsprinzip der Abb. 6 auf eine Temperatur von 100 °C führt zu der gestrichelten Kurve. Die Abweichungen dieser gestrichelten Kurve zu der gemessenen Kurve sind auf die Abnahme des zwischenmolekularen Beitrages zum Behinderungspotential infolge wachsender zwischenmolekularer Abstände und wachsender Schwingungsamplituden der Ketten mit steigender Temperatur zurückzuführen.

Wird dieser Effekt durch einen mit der Temperatur ansteigenden Druck kompensiert, so gelten die einfachen Verschiebungsgesetze. Für konstantes Volumen würde man bei 100 °C einen Druck von 700 at benötigen. Um auch den Einfluß der wachsenden Wärmeschwingungsamplituden zu kompensieren, wurde für den Vergleich in Abb. 22 die bei 1000 at gemessene Kurve (Kreuze) eingezeichnet, die tatsächlich erstaunlich gut mit der extrapolierten Kurve übereinstimmt.

Derselbe Vergleich wurde in Abb. 23 für eine Extrapolation der Verlustfaktorkurve von 100 °C auf 150 °C angestellt. Diese Abbildung zeigt wieder die bei 100 °C gemessene Kurve (Punkte) und die bei 150 °C bei 1 at (Punkte), bei 500 at (Dreiecke) und bei 1000 at (Kreuze) gemessenen Kurven und als gestrichelte Kurve die von 100 °C auf 150 °C extrapolierte Kurve. Um das Volumen konstant zu halten (vgl. Abb. 17), würde man in diesem Fall einen Druck von 500 at benötigen. Um jedoch zusätzlich auch den Einfluß der oberhalb T_g einsetzenden erhöhten Kettensegmentbeweglichkeit zu kompensieren, benötigt man einen

Gesamtdruck von 1000 at, bei dem wieder die gemessene und die extrapolierte Kurve gut übereinstimmen. Die etwas schlechtere Übereinstimmung an der linken tieffrequenten Flanke der Verlustfaktorkurve ist durch das hier sich überlagernde dielektrisch schwach wahrnehmbare Hauptdispersionsgebiet zwanglos zu erklären (vgl. Anmerkungen zu Abb. 16).

Natürlich kann man den Druck auch so weit steigern, daß bei einer Temperaturerhöhung das Verlustfaktormaximum bei der gleichen Frequenz liegen bleibt. Dies ist in Abb. 24 demonstriert, und zwar unterhalb T_g für die bei 75 °C/ 1 at, 80 °C/500 at und 85 °C/1000 at und oberhalb T_g für die bei 130 °C/1 at, 140 °C/500 at und 150 °C/1000 at gemessenen Kurven. Da durch den Druck die zwischenmolekularen Abstände geändert werden, zeigt dieses Beispiel mit aller Eindrücklichkeit, wie stark die zwischenmolekularen Abstände und wechselseitigen Behinderungen der Nachbarmoleküle auch in den Nebendispersionsgebieten deren Beweglichkeiten beeinflussen. Niemand würde aus einem solchen Expe

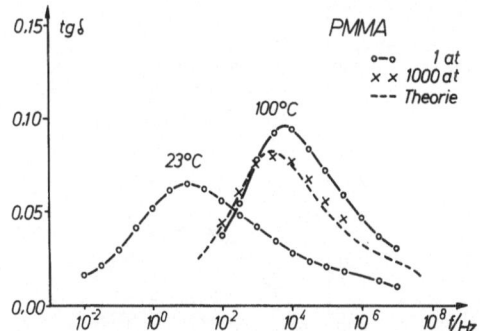

Abb. 22. Dielektrischer Verlustfaktor von PMMA als Funktion der Frequenz. ○○○ $P = 1$ at, +++ $P = 1000$ at. --- von 23 °C auf 100 °C gemäß der Theorie der Abb. 6 verschobene Kurve.

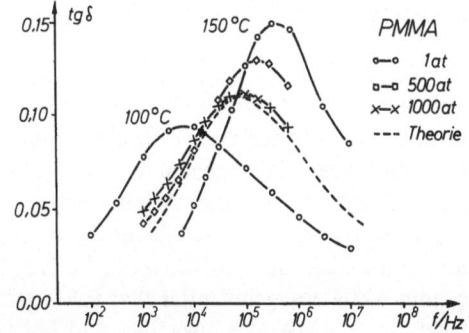

Abb. 23. Dielektrischer Verlustfaktor von PMMA als Funktion der Frequenz. ○○○ $P = 1$ at, □□□ $P = 500$ at, +++ $P = 1000$ at. --- von 100 °C auf 150 °C gemäß der Theorie der Abb. 6 verschobene Kurve.

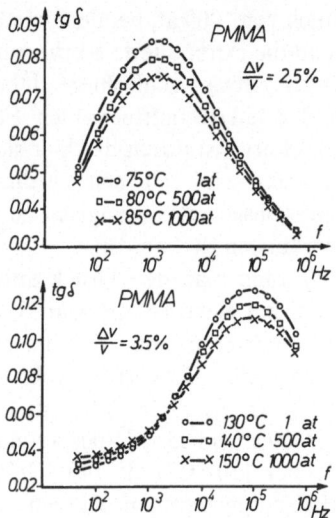

Abb. 24. Dielektrischer Verlustfaktor von PMMA als Funktion der Frequenz. Oben: ○○○ 75 °C/1 at, □□□ 80 °C/500 at, +++ 85 °C/1000 at. Unten: ○○○ 130 °C/1 at, □□□ 140 °C/500 at, +++ 150 °C/1000 at.

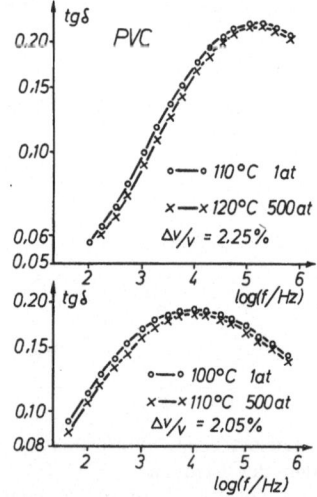

Abb. 25. Dielektrischer Verlustfaktor von PVC als Funktion der Frequenz. Oben: ○○○ 110 °C/1 at, +++ 120 °C/500 at. Unten: ○○○ 100 °C/1 at, +++ 110 °C/500 at.

riment jedoch den Schluß ziehen, daß in den Nebendispersionsgebieten die Molekülbeweglichkeit vorwiegend durch das sogenannte Freie Volumen gesteuert wird. Die in dieser Arbeit durchgeführten Abschätzungen zeigen ja auch, daß bei Raumtemperatur der zwischenmolekulare Beitrag zum Aktivierungspotential etwa 2,5 kcal/Mol beträgt, bei PMMA also etwa 17% und bei PVC etwa 20% des Aktivierungspotentials ausmacht.

Bei den Hauptdispersionsgebieten spielt im Gegensatz dazu, insbesondere knapp oberhalb T_g,

das freie Volumen eine dominierende Rolle. Dementsprechend kann man auch im Hauptdispersionsgebiet die Temperaturverschiebung der Verlustfaktorkurve über der Frequenz durch eine passend gewählte Drucksteigerung vollständig kompensieren, wie in Abb. 25 am Beispiel der dielektrischen Verlustfaktorkurve von PVC gezeigt wird. Der Verlustfaktor wurde in diesem Fall im logarithmischen Maßstab aufgetragen. Die bei 100 °C/1 at und 110 °C/500 at (unten) sowie die bei 110 °C/1 at und 120 °C/500 at (oben) gemessenen Kurven liegen jeweils praktisch aufeinander, und zwar im gesamten Frequenzbereich. Da jedoch jede Kettensegmentumlagerung nur durch Überwindung von Rotationspotentialen möglich ist, darf aus diesem Experiment nicht geschlossen werden, daß hier der Einfluß thermisch aktivierter Prozesse völlig zu vernachlässigen ist.

Würde man nämlich von der Voraussetzung ausgehen, daß in diesem Fall der Einfluß thermisch aktivierter Vorgänge zu vernachlässigen ist, so müßte man aus dem Experiment der Abb. 25 den Schluß ziehen, daß bei einer Verkleinerung des Gesamtvolumens der Probe durch Druck um mehr als 2% eine Temperatursteigerung von nur 10 grd ausreichen würde, um das sogenannte freie Volumen wieder auf den alten Wert zu bringen. Dies erscheint dem Autor als ziemlich unwahrscheinlich, da dies nur durch eine enorme Zunahme der Dichteschwankungen mit der Temperatur zu erklären wäre.

6. Schlußfolgerungen

In dieser Arbeit wurde versucht, aus der dielektrischen Relaxationsspektroskopie zusätzliche Informationen über die molekulare Deutung der Platzwechselprozesse dadurch zu erhalten, daß diese Untersuchungen unter verschiedenen hydrostatischen Drücken durchgeführt wurden. Hierdurch können die zwischenmolekularen Abstände unabhängig von der Temperatur variiert werden. Darüber hinaus wurde versucht, zusätzliche Informationen dadurch zu gewinnen, daß nicht nur die Temperatur-Frequenz-Verschiebung des Verlustfaktormaximums, sondern auch die spektrale Verteilung der Relaxationszeiten und deren Änderung mit der Temperatur und dem Druck für die Auswertung der Untersuchungen herangezogen wurde. An dieser Stelle sollen die wichtigsten Schlußfolgerungen über die dielektrischen Nebendispersionsgebiete von PMMA und PVC kurz zusammengestellt werden:

1) Die als Funktion der Frequenz gemessenen Verlustfaktorkurven zeigen, daß nicht eine einzelne Relaxationsfrequenz, sondern ein breites Relaxationszeitenspektrum vorliegt, das sich mit steigender Temperatur zu höheren Frequenzen verschiebt bei gleichzeitiger Abnahme der Breite des Spektrums. Man kann nun bei der molekularen Deutung dieses Effektes zunächst von der vereinfachenden Annahme ausgehen, daß die thermisch aktivierten Umlagerungsprozesse kurzer Kettenknicke oder Seitengruppen, die für diese Relaxationserscheinungen verantwortlich sind, voneinander unabhängig ablaufen, d. h. nicht in kooperativer Wechselwirkung stehen, und daß die Aktivierungspotentiale ausschließlich durch innermolekulare Behinderungen verursacht werden und damit in erster Näherung temperaturunabhängig sind. Unter dieser Voraussetzung läßt sich nach der Eyringschen Theorie jeder Relaxationsfrequenz im Spektrum eine jeweils konstante Freie Aktivierungsenthalpie ΔG zuordnen. Mit steigender Temperatur verschieben sich tiefe Relaxationsfrequenzen mit hohen ΔG-Werten rascher zu höheren Frequenzwerten als hohe Relaxationsfrequenzen mit entsprechend kleineren ΔG-Werten.

Diese im folgenden kurz als „einfaches Verschiebungsprinzip" bezeichnete Gesetzmäßigkeit erlaubt eine qualitativ richtige Deutung der Versuchsergebnisse. Bei strenger Anwendung dieses Prinzips dürfte jedoch die natürliche Linienbreite der Verlustfaktorkurve über der Frequenz erst bei unendlich hohen Temperaturen erreicht werden. Eine Extrapolation der Meßergebnisse zeigt jedoch, daß die natürliche Linienbreite wesentlich früher erreicht wird. Eine quantitative Übereinstimmung zwischen dem Verschiebungsprinzip und dem experimentellen Befund ist daher nicht festzustellen.

2) Hochdruckexperimente zeigen, daß sich die über der Frequenz gemessene Verlustfaktorkurve bei konstanter Temperatur mit zunehmendem Druck, d. h. mit abnehmenden zwischenmolekularen Abständen verbreitert und zu tieferen Frequenzen verschiebt. Ohne Zuhilfenahme spezieller Theorien ist hierdurch eindeutig bewiesen, daß zwischenmolekulare sterische Behinderungen oder Wechselwirkungskräfte einen zusätzlichen Beitrag zum Aktivierungspotential der Umlagerungsprozesse liefern. Dieser Beitrag zum Aktivierungspotential muß bei Versuchen unter Normaldruck mit steigender Temperatur infolge der Volumenausdehnung abnehmen.

Ferner ist anzunehmen, daß in einem amorphen Stoff mit unregelmäßiger Struktur der zwischenmolekulare Beitrag zum Aktivierungspotential statistischen Schwankungen unterliegt. Daher kann der zwischenmolekulare Beitrag auch bei Umlagerungsprozessen mit einem einheitlichen und konstanten innermolekularen Aktivierungspotential zu einem breiten Relaxationsspektrum führen, dessen Breite mit steigender Temperatur wegen des sinkenden zwischenmolekularen Beitrages abnimmt. Durch Extrapolationen und theoretische Überlegungen läßt sich grob abschätzen, daß im vorliegenden Fall der zwischenmolekulare Anteil am Aktivierungspotential bei Raumtemperatur etwa 20% beträgt. Diese Angabe bezieht sich auf den Schwerpunkt des Relaxationsspektrums. Aus der tieffrequenten Flanke der Verlustfaktorkurve sind die zwischenmolekularen Beiträge entsprechend größer.

3) Erst die Kombination der unter Punkt 1 und Punkt 2 diskutierten Vorstellungen führt zu einer auch vom quantitativen Standpunkt aus befriedigenden und in sich widerspruchsfreien molekularen Deutung der experimentellen Ergebnisse. Die bei konstantem Volumen durchgeführten relaxationsspektroskopischen Untersuchungen, bei denen nach obigen Vorstellungen der zwischenmolekulare Beitrag zum Aktivierungspotential nahezu unabhängig von der Temperatur sein sollte, zeigen dementsprechend auch eine gute Übereinstimmung mit dem einfachen Verschiebungsprinzip (Punkt 1).

4) Da bei Messungen unter Normaldruck die Temperaturabhängigkeit des zwischenmolekularen Beitrages zum Aktivierungspotential die durch das einfache Verschiebungsprinzip vorausgesagte Frequenzverschiebung der Verlustfaktorkurve gleichsinnig verstärkt, ist das einfache Verschiebungsprinzip ein einfaches und an keine zusätzlichen Informationen gebundenes Hilfsmittel, um die untere Grenze der im Minimalfall vorhandenen Frequenzverschiebung der Verlustfaktorkurve und die damit verbundene Änderung des Relaxationsspektrums mit der Temperatur zuverlässig angeben können.

5) Die in den nachfolgenden Tabellen 1 und 2 angegebenen Werte für die Aktivierungsgrößen ΔG, ΔF, ΔH, ΔU und ΔS von PVC und PMMA wurden aus den Verschiebungen der Maxima der als Funktion der Frequenz gemessenen Verlustfaktorkurven nach den zu Beginn der Arbeit angegebenen Formeln der Eyringschen Theorie berechnet.

Tabelle 1. Aktivierungsgrößen von PVC in kcal/Mol

	−60 °C	+65 °C	
ΔG	11,8	10,8	P = const.
ΔH		13,3	Normaldruck
ΔS		0,008	
ΔF	11,8	11,5	V = const.
ΔU		12,0	ab −60 °C
ΔS		0,002	

Tabelle 2. Aktivierungsgrößen von PMMA in kcal/Mol

	23 °C	105 °C	130 °C	150 °C	
ΔG	15,3	14,7	13,9	13,3	P = const.
ΔH		17,8		23,9	Normaldruck
ΔS		0,009		0,025	
ΔF	15,2	14,9	14,8	14,5	V = const.
ΔU		16,5		−	ab 23 °C
ΔS		0,004		−	
ΔF	−	14,5	14,1	13,9	V = const.
ΔU	−	20,0	16,8		ab 105 °C
ΔS	−	0,015	0,007		

Eine anschauliche Deutung der Temperaturabhängigkeit der Größen ΔG und ΔF ist leicht möglich. Je stärker der zwischenmolekulare Beitrag zum Aktivierungspotential mit steigender Temperatur absinkt, desto stärker fällt auch der Wert ΔG und ΔF mit steigender Temperatur ab. Definitionsgemäß nimmt entsprechend Gleichung 10 die Aktivierungsentropie ΔS um so größere Werte an, je stärker ΔG und ΔF mit steigender Temperatur absinken.

Nach Ansicht des Verfassers sollte man mit einer einfachen anschaulichen molekularen Deutung der Aktivierungsentropie ΔS vorsichtig sein, da das ursprüngliche Konzept der Eyringschen Theorie von einem Reaktionsmechanismus mit einem einzigen Freiheitsgrad ausgeht. Hinsichtlich des zwischenmolekularen Beitrages zum Ak-

tivierungspotential muß man jedoch annehmen, daß die Nachbarmoleküle eigene Wärmeschwingungen oder sogar Umlagerungsprozesse ausführen wie z. B. die Seitengruppen der Nachbarmoleküle in PMMA, so daß eine schwache kooperative Wechselwirkung eintreten kann. Eine exakte Theorie müßte demnach von einem Umlagerungsprozeß mit einer kooperativen Wechselwirkung zwischen verschiedenen Freiheitsgraden ausgehen.

Formeln für die Platzwechselgeschwindigkeiten bei Vorliegen kooperativer Prozesse sind in der Literatur bekannt (1). Sie wurden jedoch wegen ihrer Kompliziertheit bisher selten angewendet.

Nach den vorliegenden Messungen gewinnt man den Eindruck, daß die nach der einfachen Eyringschen Theorie ermittelte Aktivierungsentropie ΔS immer dann besonders hohe Werte annimmt, wenn sich die kooperative Wechselwirkung mit den Nachbarmolekülen besonders stark mit der Temperatur ändert. Ein großes ΔS ist nach Gleichung 10 mit einer großen Abnahme von ΔG bzw. ΔF mit der Temperatur verbunden, das heißt, die aus der Steigung der Geraden ermittelten Werte von ΔH bzw. ΔU werden dann besonders groß. Nun ist jedoch anschaulich schwer einzusehen, daß man gerade dann, wenn die Werte ΔG und ΔF oberhalb T_g stärker abfallen, ΔH und ΔU ansteigen sollen, wie dies bei PMMA beobachtet wird. Diese Verständnisschwierigkeiten lassen sich wahrscheinlich beheben, wenn man die kooperativen Effekte durch eine dann zwangsläufig kompliziertere Theorie voll berücksichtigt.

Danksagung

Die Messungen der vorliegenden Arbeit wurden noch in der Physikalisch-Technischen Bundesanstalt in Braunschweig durchgeführt. Der Verfasser dankt Herrn Dr. *Gielessen* und seinen Mitarbeitern recht herzlich für den Entwurf und die Bereitstellung der Hochdruckapparaturen in seinem Laboratorium und er ist seiner ehemaligen Mitarbeiterin, Frau *Erika Sonnenberg*, für die sorgfältige Durchführung der langwierigen Meßreihen zu besonderem Dank verpflichtet. Ferner dankt der Verfasser der Deutschen Forschungsgemeinschaft für die finanzielle Unterstützung eines Teils dieser Arbeiten.

Zusammenfassung

Messungen des dielektrischen Verlustfaktors von PVC und PMMA in weiten Temperatur- und Frequenzbereichen und unter hydrostatischen Drücken bis zu 10^4 N/cm² gestatten eine Abschätzung des zwischenmolekularen Beitrages zur Aktivierungsenergie, der bei

Raumtemperatur in der Größenordnung von 20% liegt. Die molekulare Deutung der Änderung des Relaxationsspektrums mit der Temperatur wird diskutiert, und es wird eine einfache Abschätzungsmethode für die minimal zu erwartende Änderung des Relaxationsspektrums mit der Temperatur angegeben.

Summary

By measurements of the dielectric loss factor of PVC and PMMA in a wide temperature and frequency range and under hydrostatic pressures up to 10^4 N/cm² it is possible to get the order of the intermolecular contribution to the activation energy, which is at room temperature about 20%. The molecular interpretation of the shift of the relaxation spectrum with temperature is discussed and a simple method is given to get the minimal shift of the relaxation spectrum which must be expected with changing the temperature.

Literatur

1) *Koppelmann, J.*, Kolloid-Z. u. Z. f. Polymere **216/217,** 6 (1967).
2) *Ferry, J. D.*, Viscoelastic Properties of Polymers, John Wiley & Sons, Inc., New York (1961).
3) *Koppelmann, J.* und *J. Gielessen*, Kolloid-Z. **175,** 97 (1961).
4) *Koppelmann, J.* und *J. Gielessen*, Z. f. Elektrochemie **65,** 689 (1961).
5) *Glasstone, S., K. J. Laidler* and *H. Eyring*, The Theory of Rate Processes, Mc-Graw-Hill Book Comp., New York (1941).
6) *Voelz, K.*, Abhandl. d. Braunschweigischen Wiss. Ges. **6,** 126 (1954).
7) *Willbourn, A. H.*, Trans. Faradey Soc. **54,** 717 (1958).
8) *Pechold, W., S. Blasenbrey* und *S. Woerner*, Kolloid-Z. **189,** 14 (1963).
9) *Scott, A. H., D. J. Scheiber, A. J. Curtis, J. D. Lauritzen* and *J. D. Hoffman*, J. of Res. of the National Bureau of Standards **66 A,** 269 (1962).
10) *Nitsche, R.* und *K. A. Wolf*, Kunststoffe **1,** 362, Springer, Berlin (1962).
11) *Hejboer, J.*, Kolloid-Z. **148,** 36 (1956).
12) *Scheiber, D. J.*, J. of Res. of the National Bureau of Standards **65 C,** 23 (1961).
13) *Schreyer, G.*, Kunststoffe **55,** 771 (1965).
14) *Schreyer, G.*, Konstruieren mit Kunststoffen, 756, Carl Hanser, München (1972).

Anschrift des Verfassers:

o. Prof. Dr. *J. Koppelmann*
Institut für Chemische und
Physikalische Technologie der Kunststoffe
Montanuniversität Leoben
A-8700 Leoben

Progr. Colloid & Polymer Sci. **66,** 253 – 259 (1979)
© 1978 by Dr. Dietrich Steinkopff Verlag GmbH & Co. KG, Darmstadt
ISSN 0340-255 X

Vorgetragen auf der Tagung der Deutschen Physikalischen Gesellschaft,
Fachausschuß „Physik der Hochpolymeren'',
vom 17. bis 21. April 1978 in Bad Nauheim.

Fachbereich 6 – Physikalische Chemie der Universität Duisburg und Abteilung für Physikalische Chemie
der Kunststoffe RWTH Aachen

Mechanisch-dynamische und kalorimetrische Untersuchungen an Mischungen aus Phenolnovolakharzen und Nitrilkautschuken

R. Kosfeld und *J. Borowitz*

Mit 4 Abbildungen und 1 Tabelle

(Eingegangen am 3. Juli 1978)

1. Einleitung

Die technologischen Eigenschaften polymerer Mischsysteme hängen von den Herstellungsbedingungen und somit vom morphologischen Aufbau, von der Größenverteilung und vom Grad der Durchmischung der einzelnen Polymerkomponenten ab (1).

Zahlreiche Untersuchungen an mehrphasigen Polymersystemen haben gezeigt, daß es weit mehr unverträgliche als verträgliche Polymersysteme gibt (2). Zur Charakterisierung von heterogenen Polymersystemen, Block- und Pfropfpolymeren und Mischungen aus unverträglichen Polymeren haben sich die mechanisch-dynamischen Eigenschaften als sehr nützlich erwiesen (3, 4).

In diesen Systemen zeigt jedes Polymer seinen eigenen Glasumwandlungsbereich. Änderungen in der Zusammensetzung und Morphologie äußern sich in den isochronen visko-elastischen Eigenschaften durch Änderung der beobachteten Übergangsbereiche, Intensität und Temperaturlage.

Im folgenden sollen diese Zusammenhänge an Mischungen aus Phenolnovolakharz (PF) und Nitrilkautschuk, wobei der Nitrilgruppenanteil 33% (NBR-33) bzw. 41% (NBR-41) beträgt, gezeigt werden.

2. Experimentelles

Nitrilkautschuk, Phenolnovolakharz, Hexamethylentetramin, Stearinsäure, Zinkoxid, Magnesiumoxid, Beschleuniger und Schwefel wurden auf 90 °C heißen, in Friktion arbeitenden Walzen miteinander vermischt und anschließend in der Presse bei 165 °C vulkanisiert.

Die dynamisch-mechanischen Messungen wurden mit einem automatischen Torsionspendel im Temperaturbereich von –180 °C bis +200 °C bei einer Meßfrequenz von 1 Hz±0,1 Hz durchgeführt. Zur möglichst genauen Erfassung des Glasumwandlungsbereiches der Mischungen wurden in diesem Temperaturbereich die Messungen mit einer Meßschrittweite von 1 K durchgeführt.

Die Temperaturlagen der Glastemperaturen der Mischungen aus dem Dämpfungsexperiment wurden mit differential-kalorimetrischen Messungen verglichen. Verwendet wurde dazu ein Kalorimeter DSC-II der Firma Perkin-Elmer.

3. Versuchsergebnisse und Diskussion

Zur Ermittlung der Abhängigkeit des mechanischen Verhaltens vom Kautschukgehalt in der Mischung wurden Torsionsschwingungsmessungen an Probekörpern durchgeführt, deren Kautschukkonzentration im Bereich von 0% (Phenolnovolak-Reinharz) bis 100% (reiner Nitrilkautschuk) variiert wurde.

Abb. 1 a und 1 b zeigen den temperaturabhängigen Speichermodul G' für die Mischungen NBR-33/PF und NBR-41/PF.

Im glasartigen Zustand liegen für beide Mischsysteme die Meßergebnisse der Mischung zwischen den Werten für das reine Harz und den reinen Kautschuk. Es zeigt sich für die Mischung NBR-33/PF bei –35 °C und für die Mischung NBR-41/PF bei –25 °C der Beginn einer Dispersionsstufe. In beiden Systemen fällt der Modul im Dispersionsbereich mit sinkendem Gehalt der harten Harzkomponente ab.

Im Bereich geringer Kautschukkonzentration im Harz wirkt der Nitrilkautschuk wie eine Art Weichmacher. Eine weitere Kautschukkonzentrationserhöhung bewirkt eine immer stärker wer-

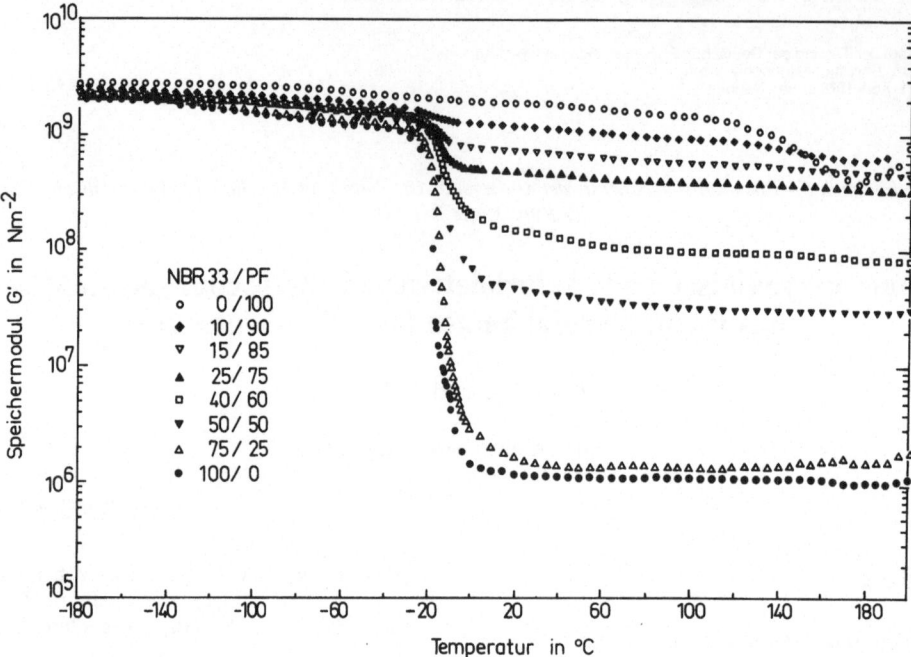

Abb. 1a. Temperaturabhängiger Speichermodul G′ für die Mischungen NBR-33/PF für verschiedene Mischungsverhältnisse.

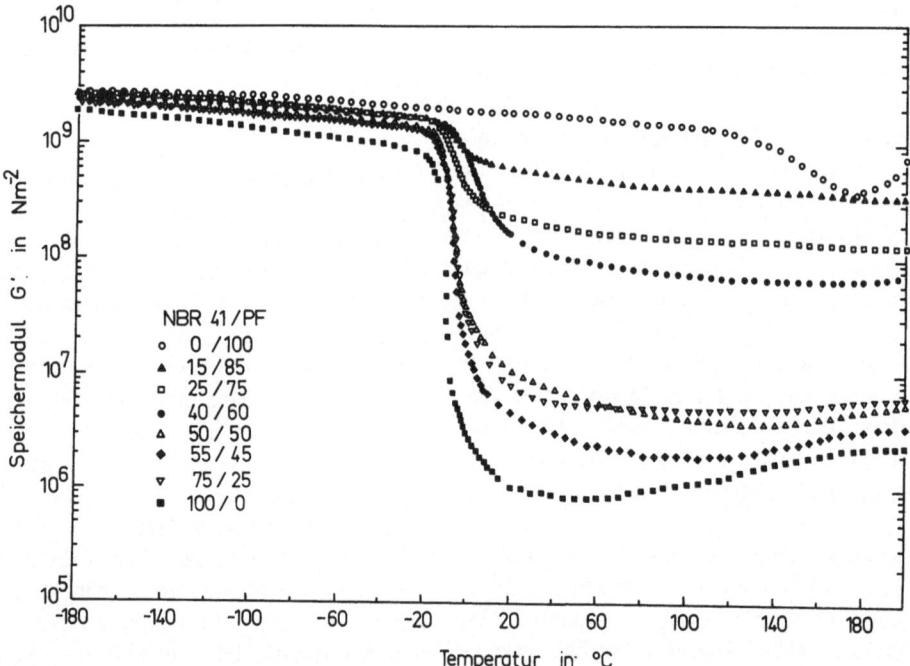

Abb. 1b. Temperaturabhängiger Speichermodul G′ für die Mischungen NBR-41/PF für verschiedene Mischungsverhältnisse.

dende Speichermodulerniedrigung. Der Kurvenverlauf im kautschukelastischen Bereich zeigt an, daß die mechanischen Eigenschaften weitgehend von der Kautschukphase bestimmt werden, denn schon bei einer Kautschukkonzentration von

mehr als 10 Gew.-% im Harz ist der Haupterweichungsbereich des Harzes bei 180 °C nicht mehr feststellbar. Rasterelektronenmikroskopische Aufnahmen lassen bereits bei 10 Gew.-% Kautschuk im Harz kugelige Teilchen erkennen.

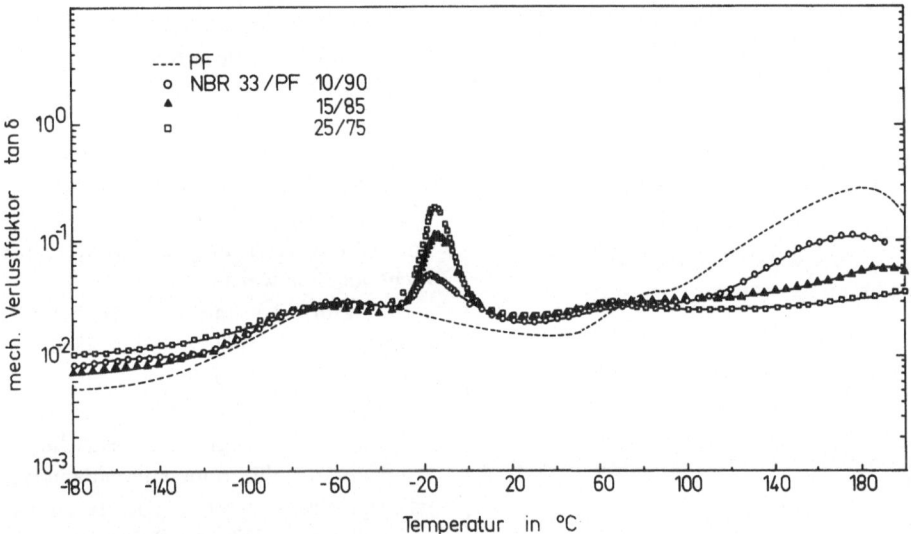

Abb. 2a. Mechanischer Verlustfaktor tan δ in Abhängigkeit von der Temperatur für die Mischungen NBR-33/PF für das Mischungsverhältnis (0/100) bis (25/75).

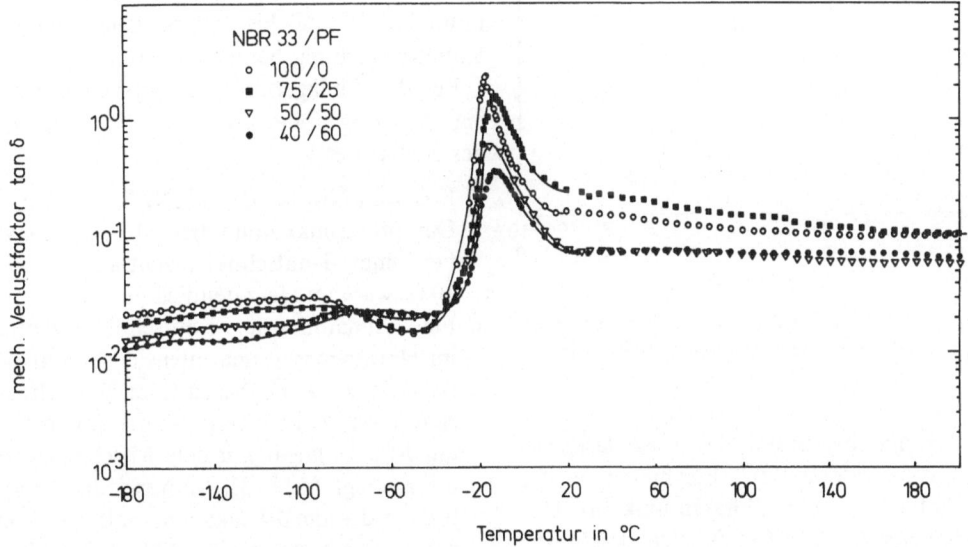

Abb. 2b. Mechanischer Verlustfaktor tan δ in Abhängigkeit von der Temperatur für die Mischungen NBR-33/PF für das Mischungsverhältnis (40/60) bis (100/0).

Das läßt vermuten, daß sich neben der harten Harzphase allmählich eine weiche Phase herausbildet.

Oberhalb einer Kautschukkonzentration von 40 Gew.-% tritt für beide Systeme eine weitere Speichermoduierniedrigung ein. Die Polymermatrix wird jetzt vom Kautschuk gebildet, und das Novolakharz übernimmt nun die Rolle eines verstärkenden Füllstoffs.

Der Speichermodulverlauf der Mischungen zeigt im kautschukelastischen Bereich drei Modulbereiche:

a) hohe Modulwerte (10^9 N/m²) bis zu einer Harzkonzentration von 75 Gew.-%

b) mittlere Modulwerte (10^7–10^8 N/m²) für die Mischungen, die zwischen 25 und 75 Gew.-% Harz enthalten

c) niedrige Modulwerte (10^6 N/m²) für die Mischungen mit bis zu 25 Gew.-% Harz in der Elastomermatrix.

Die niedrigen Modulkurven beschreiben dabei das Modulverhalten von Elastomeren, worin die NBR-Phase die kontinuierliche Phase ist. Die

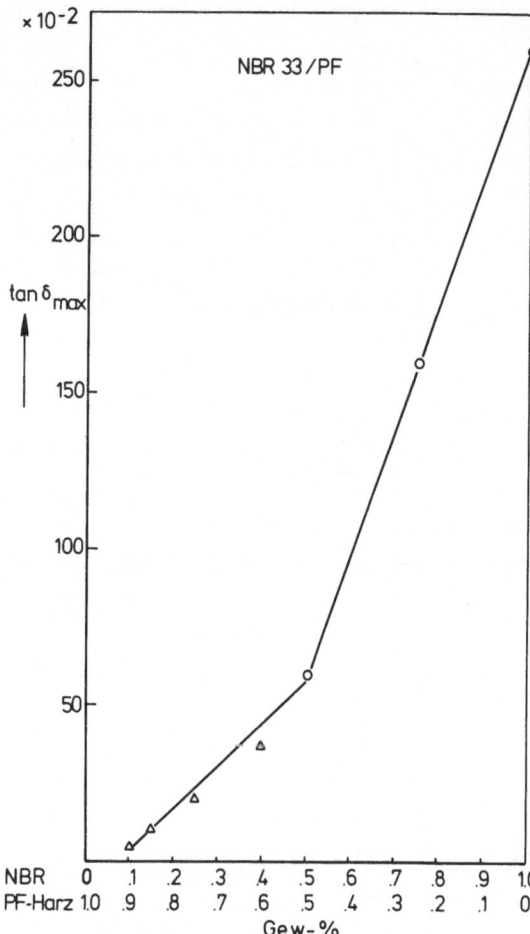

Abb. 3. Intensität des tan δ-Peaks in Abhängigkeit vom Mischungsverhältnis für die Mischungen NBR-33/PF.

persionsstufe zu einer höheren Temperaturlage erfolgt, während sie für alle anderen Mischungen mit NBR-41 nicht verschoben wird. Weiterhin liegt für die Mischung NBR-41/PF (75:25) der Speichermodulverlauf im kautschukelastischen Bereich höher als für die Mischung (50:50) und (55:45). Eine Erklärung für diesen experimentellen Befund kann aufgrund dieser Messung noch nicht gegeben werden.

Abbildung 2 a und Abbildung 2 b zeigen den temperaturabhängigen Verlauf des mechanischen Verlustfaktors tan δ für die Mischungen NBR-33/PF.

In der Abb. 2 a gibt die gestrichelte Linie den tan δ-Verlauf des reinen Novolakharzes wieder. Es zeigt sich bei −60 °C ein breites Tieftemperaturmaximum. Dieser Relaxationsmechanismus wird durch Wasserstoffbrückenbindungen und adsorptiv gebundene H_2O-Moleküle, die im Harz vorhanden sind, verursacht (5). Das zweite Maximum bei 125 °C bis 180 °C kennzeichnet den Haupterweichungsbereich des Harzes.

Bei der Einlagerung von Nitrilkautschuk mit einem Nitrilgruppenanteil von 33% wird folgendes beobachtet:

1. Das vom Nitrilkautschuk NBR-33 verursachte Dämpfungsmaximum bei −15 °C tritt schon bei einer Kautschukkonzentration von nur 10 Gew.-% im Harz deutlich hervor.
2. Eine Zunahme der Kautschukkonzentration im Harz bewirkt eine Intensitätserhöhung des tan δ-Peaks, wobei bis zu einer Kautschukkonzentration von 50 Gew.-% die Intensität des tan δ-Peaks linear mit dem Mischungsverhältnis ansteigt (Abb. 3), während die Temperaturlage des tan δ-Peaks innerhalb der Meßgenauigkeit erhalten bleibt (Abb. 2 a).

Im Konzentrationsbereich NBR-33/PF (50:50) bis (100:0) wirkt das Harz nur als Verstärkungsmittel (Abb. 2 b). In diesem Konzentrationsbereich nimmt mit der Zunahme der Harzkonzentration im Kautschuk die Intensität des tan δ-Peaks ab.

Ab 40 Gew.-% Kautschuk im Harz ist der für das Harz charakteristische Relaxationsmechanismus bei −60 °C nicht mehr feststellbar. Der Haupterweichungsbereich des Harzes wird ab dieser Konzentration im tan δ-Verlauf ebenfalls nicht mehr gefunden.

Abbildung 4 a und Abb. 4 b zeigen den tan δ-Verlauf für die Mischungen Phenolnovolakharz mit NBR-41.

mittlere Gruppe beschreibt das viskoelastische Verhalten von „lederartigen" Polymeren, worin sich der Einfluß der beiden Phasen umkehrt. Die Gruppe mit den hohen Modulwerten beschreibt das Verhalten von harten und spröden Polymeren, worin die Harzphase die kontinuierliche Phase ist.

Die Untersuchungen zeigen weiterhin, daß die elastifizierende Wirkung des Kautschuks vom Nitrilgruppenanteil im Kautschuk beeinflußt wird. So zeigt sich bei gleichem Mischungsverhältnis Kautschuk/Harz (50:50) im kautschukelastischen Bereich für die Mischung mit NBR-33 ein Modulwert von $3 \times 10^7 \, N/m^2$ und für die Mischung mit NBR-41 ein Modulwert von $5 \times 10^6 \, N/m^2$. Das bedeutet, daß mit steigendem Nitrilgruppenanteil die elastifizierende Wirkung des Kautschuks zunimmt.

Es ist noch zu bemerken, daß für die Mischung NBR-41/PF (40:60) eine Verschiebung der Dis-

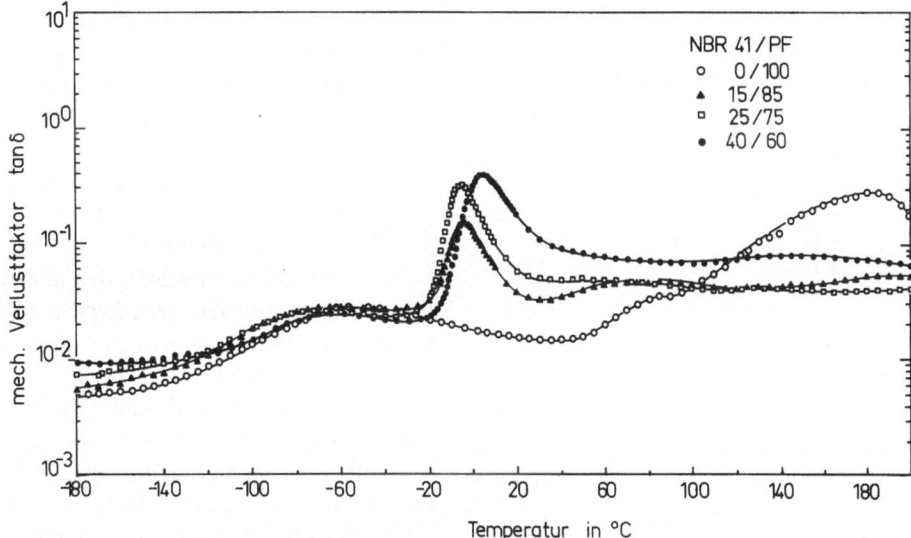

Abb. 4a. Mechanischer Verlustfaktor tan δ in Abhängigkeit von der Temperatur für die Mischungen NBR-41/PF für das Mischungsverhältnis (0/100) bis (40/60).

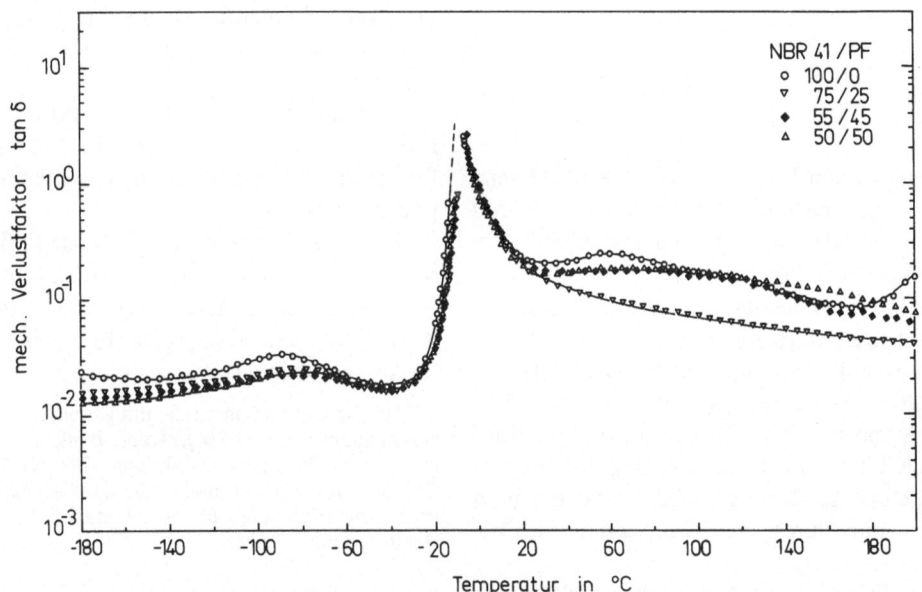

Abb. 4b. Mechanischer Verlustfaktor tan δ in Abhängigkeit von der Temperatur für die Mischungen NBR-41/PF für das Mischungsverhältnis (50/50) bis (100/0).

Wie für die Mischungen mit NBR-33 wird auch in diesem Mischsystem durch die Zunahme an Kautschuk die Intensität des tan δ-Peaks erhöht. Eine Verbreiterung des Glasübergangsbereiches tritt ein (Abb. 4a).

Während für alle Mischungsverhältnisse eine Peak-Temperatur bei −5 °C gefunden wird, findet für die Mischung (40:60) eine Verschiebung der Peaktemperatur zu einer höheren Temperaturlage bei 0 °C statt. Nach *Lee* (6) sollte in einem gefüllten Polymersystem die T_g-Erhöhung so

zunehmen, wie die Wechselwirkung zwischen der Matrix und der dispergierten Phase zunimmt. Zur Erklärung der beobachteten Verbreiterung des tan δ-Peaks bis zu einer Kautschukkonzentration von 40 Gew.-% wird angenommen, daß dies durch die zunehmende Heterogenität bewirkt wird, wie es auch in anderen Systemen beobachtet wurde (7).

In der Abb. 4b ist für die Mischungen NBR-41/PF (50:50) bis (100:0) der tan δ-Verlauf eines verstärkten Elastomers wiedergegeben. Im

Tabelle 1.

NBR-33/PF

Mischungs-verhältnis NBR/PF	$T_{\tan\delta_{max}}$ (°C)	$T_{G''_{max}}$ (°C)	$(T_g)_{DSC}$
10 : 90	− 17	− 18	− 13
15 : 85	− 14	− 16	− 16
25 : 75	− 16	− 17	− 14
50 : 50	− 15	− 15	− 18
75 : 25	− 14	− 18	− 18
100 : 0	− 15	− 19	− 19

NBR-41/PF

Mischungs-verhältnis NBR/PF	$T_{\tan\delta_{max}}$ (°C)	$T_{G''_{max}}$ (°C)	$(T_g)_{DSC}$
15 : 85	− 5	− 6	− 9
25 : 75	− 5	− 9	− 8
40 : 60	+5	0	
50 : 50	− 5	− 10	
55 : 45	− 5	− 10	
75 : 25	− 5	− 10	− 10
100 : 0	− 8	− 14	− 11

Gegensatz zu den Mischungen mit NBR-33 zeigt sich hier, daß die Intensität des tan δ-Peaks mit der Zunahme der dispergierten Harzphase vom Harz kaum beeinflußt wird, obwohl der Verlustmodul G″ vom Phenolharz in diesem Temperaturbereich wesentlich niedriger liegt als der vom Nitrilkautschuk. Der tan δ-Peak verbreitert sich nicht,und die Temperaturlage bleibt für diese Mischungen konstant. Nur für den reinen Nitrilkautschuk NBR-41 wird die Peaktemperatur bei −8 °C gefunden. Das Dämpfungsverhalten wird praktisch nur durch die Kautschukphase bestimmt.

Dieses Ergebnis weist auf eine vollständige Durchmischung von Harz und Kautschuk in diesem Konzentrationsbereich hin. Dies wurde auch von *Fukuzawa* und Mitarbeitern (8) aufgrund ihrer Messungen des Verlustfaktors an Mischungen aus Naturkautschuk und Polyterpenharzen und von uns mit Torsionsmessungen an Mischungen aus Naturkautschuk und Phenolharz (9) gefunden.

Das eingelagerte Harz bewirkt also hier eine rein mechanische Verstärkung der Elastomerphase. Das bedingt einerseits eine Speichermodulerhöhung im kautschuk-elastischen Bereich, aber andererseits keine Änderung des Relaxationsverhaltens der Matrix.

Dadurch bleibt für diese Mischungen die Lage von T_g konstant. In der Tabelle I werden für alle untersuchten Mischungen die Temperaturlagen des tan δ-Peaks und des Verlustmaximums G″ mit DSC-Messungen verglichen.

Die mit dem DSC-Gerät ermittelten Glastemperaturen stimmen gut mit den Temperaturlagen des G″-Maximums überein.

Aus den kalorimetrischen Messungen und den Dämpfungsmessungen geht hervor, daß mit zunehmendem Nitrilgruppenanteil – dies ist gleichbedeutend mit der Polarität des Nitrilkautschuks – zum einen die elastifizierende Wirkung des Nitrilkautschuks zunimmt und zum anderen eine Verschiebung des Glasüberganges der Mischung zu einer höheren Temperaturlage erfolgt.

Obwohl im Dämpfungsexperiment und durch DSC-Messungen nur der Glasübergang vom Nitrilkautschuk gefunden wurde, kann eine Aussage über Verträglichkeit oder Unverträglichkeit noch nicht gemacht werden, da die Glastemperatur des dreidimensional vernetzten Phenolharzes nicht bekannt ist.

Aufgrund der bisher durchgeführten Messung, kann noch nicht eindeutig entschieden werden, ob für die untersuchte Mischung ein Zwei- oder Einphasensystem vorliegt.

Hierzu sind ergänzende elektronenmikroskopische Untersuchungen an Ultradünnschnitten erforderlich, wobei durch das Kontrastieren des Kautschuks mit OsO_4 eine Entscheidungsmöglichkeit gegeben ist.

Der Arbeitsgemeinschaft industrieller Forschungsvereinigungen e.V. (AIF), Köln, danken wir für die großzügige finanzielle Förderung (FV Nr. 3538); der Bakelite GmbH, Lethmathe, für die Bereitstellung des Probenmaterials und für die Unterstützung bei der Herstellung der Proben.

Zusammenfassung

Mit Hilfe des Torsionsschwingungsversuchs wurde an Mischungen aus Phenolnovolakharz und Nitrilkautschuken mit unterschiedlichem Nitrilgehalt der Einfluß des Kautschuks auf den Schubmodul und den mechanischen Verlustfaktor tan δ im Temperaturbereich von −180 °C bis + 200 °C in Abhängigkeit vom Mischungsverhältnis untersucht. Dabei zeigt sich für die Mischung mit NBR-33 ein ausgeprägtes Dämpfungsmaximum bei −15 °C und für die Mischung mit NBR-41 bei −5 °C. Dieses Maximum wird vom Kautschuk verursacht. Eine Erhöhung der Kautschukkonzentration beeinflußt hauptsächlich die Intensität des Dämpfungsmaximums.

Die Ergebnisse der Torsionsschwingungsversuche werden mit kalorimetrischen Messungen verglichen.

Die Untersuchungen zeigen, daß in diesen Systemen das viskoelastische Verhalten hauptsächlich von der Kautschukkomponente bestimmt wird.

Summary

Mixtures of Phenolnovolak-resin and Nitrilrubbers with different content of nitril-groups were investigated by torsional vibrations. Torsional modulus and mechanical-loss-factor tan δ were registered within an temperature region from -180 °C up to 200 °C dependence from composition. The mixture with NBR-33 showed a marked maximum in loss-factor at -15 °C. This maximum was shifted to -5 °C for the mixture with NBR-41. An increase of the rubber content influences mainly the intensity of the loss-maximum.

The results from torsional-vibration experiments are compared with calorimetric measurements. The investigations show, that the viscoelastic behaviour of these systems is chiefly influenced by the rubber component.

Literatur

1) *Kämpf, G.*, Die Angewandte Makromolekulare Chemie **60/61**, 297–346 (1977).
2) *Yu, A. J.*, Advances in Chem. Series **99**, 2–14 (1971).
3) *Bohn, L.*, Kolloid-Z. **213**, 55 (1966).
4) *Ferry, J. D.*, Viscoelastic Properties of Polymers, Wiley, New York (1970).
5) *Brand, J., R. Kosfeld*, Progr. Colloid und Polymer Sci. **64**, 49–53 (1978).
6) *Lee, B. L.*, I. Polym, Sci., Polym. Phys. Ed., Vol. **15**, 683–692 (1977).
7) *Drum, M. F., C. W. H. Dodge* und *L. E. Nielsen*, Ind. Eng. chem. **48**, 76 (1956).
8) *Fukuzawa, K.* und *T. Kovaka*, Prepr., 6th Symp. Adhesion and Adhesives, Japan, June 5–6, 1968 P. 51.
9) *Kosfeld, R.* und *J. Borowitz*, Vortrag Deutsche Rheologen-Tagung, Dortmund 9–13, 3, 1977.

Anschrift der Verfasser:

Prof. Dr. *R. Kosfeld*
Physikalische Chemie der
Gesamthochschule Duisburg
Fachbereich 6
Bismarckstr. 90
D-4100 Duisburg 1

Progr. Colloid & Polymer Sci. **66,** 261 – 271 (1979)
© 1978 by Dr. Dietrich Steinkopff Verlag GmbH & Co. KG, Darmstadt
ISSN 0340-255 X

Vorgetragen auf der Tagung der Deutschen Physikalischen Gesellschaft,
Fachausschuß „Physik der Hochpolymeren",
vom 17. bis 21. April 1978 in Bad Nauheim.

Fachbereich 6 – Physikalische Chemie der Gesamthochschule Duisburg

Frequenz- und temperaturabhängige Messungen der longitudinalen Relaxationszeit T_1 am Polycarbonat und am Polyisobutylen

H.-H. Grapengeter und *R. Kosfeld*

Mit 10 Abbildungen und 1 Tabelle

(Eingegangen am 19. August 1978)

Einleitung

Die longitudinale Relaxationszeit polymerer Systeme zeigt in ihrem Temperaturverlauf mehrere Minima, die auf bestimmte unterschiedliche Bewegungsmechanismen zurückzuführen sind. Bei Temperaturen unterhalb der Glastemperatur T_g sind im wesentlichen noch zwei Bewegungsprozesse relaxationswirksam: die klassische, thermisch aktivierte, behinderte Rotation kleiner, seiten- oder endständiger Gruppen und die quantenmechanische Tunnelrotation, insbesondere der Methylgruppen.

Messungen an unvorbehandeltem Polycarbonat und Polyisobutylen bei 60 MHz ergaben, daß die longitudinalen Relaxationszeiten T_1 unterhalb 20 K ein neues relatives Minimum erreichen (1, 2). Dieses experimentelle Ergebnis wurde zunächst auf den Einfluß des Tunneleffektes zurückgeführt.

Frequenz- und temperaturabhängige Messungen haben gezeigt, daß der zu tiefsten Temperaturen hin beobachtete Abfall der T_1-Werte nicht allein auf den Tunneleffekt zurückgeführt werden kann, sondern wesentlich durch den Einfluß paramagnetischer Verunreinigungen bedingt ist (3).

Experimentelles

1. Messungen

Das Experiment wurde mit einem Bruker-Impulsspektrometer SXP 4/100 durchgeführt. Die Messung der Relaxationszeiten erfolgte mit Hilfe der $\pi/2 - \pi/2$-

Herrn Prof. Dr. Rolf Haase zur Vollendung seines 60. Lebensjahres gewidmet.

Folge. Durch den Anschluß des Prozeßrechners Nicolet 1080 wurden der Meßvorgang und die Meßwertverarbeitung automatisiert. Die Registrierung und Digitalisierung der Analogsignale erfolgte mit Hilfe des Transient-Recorders Transi-Store B-C 104.

Zur Temperierung wurde ein Verdampfer-Kryostat mit elektronischem Regelgerät und Bypassventil der Firma Leybold-Heraeus, Köln, verwendet.

Die Messungen wurden im Temperaturbereich von 3 K bis 300 K bei den Frequenzen 10, 20, 30, 40, 50 und 60 MHz durchgeführt.

2. Das Probenmaterial

Die Messungen wurden an festen, zylinderförmigen Proben von Polycarbonat und Polyisobutylen durchgeführt. Das Polycarbonat (Macrolon: $M_w = 2 \cdot 10^5$ g · mol⁻¹, $T_g = 431$ K) wurde von der Firma Bayer AG, Uerdingen, und das Polyisobutylen (PIB 200: $M_w = 4,7 \cdot 10^6$ g · mol⁻¹, $T_g = 205$ K) von der Firma BASF, Ludwigshafen, zur Verfügung gestellt. Eine spezielle Reinigung und Vorbehandlung der Proben erfolgte nicht.

Ergebnisse und Diskussion

1. Temperaturabhängigkeit der longitudinalen Relaxationszeit und Relaxationsmechanismen

In Abb. 1 ist für das Polycarbonat der dekadische Logarithmus der Spin-Gitter-Relaxationszeit T_1 als Funktion der absoluten Temperatur T aufgetragen worden. Scharparameter ist die Meßfrequenz. Im Temperaturbereich oberhalb 200 K treten deutliche Minima auf, die sich mit fallender Frequenz zu tieferen Temperaturen hin verschieben und stärker ausprägen. Diese Minima werden der thermisch aktivierten, behinderten Rotation der Methylgruppen zugeordnet. Zu tieferen Temperaturen hin frieren diese Rotationsfreiheitsgrade in zunehmendem Maße ein. Als

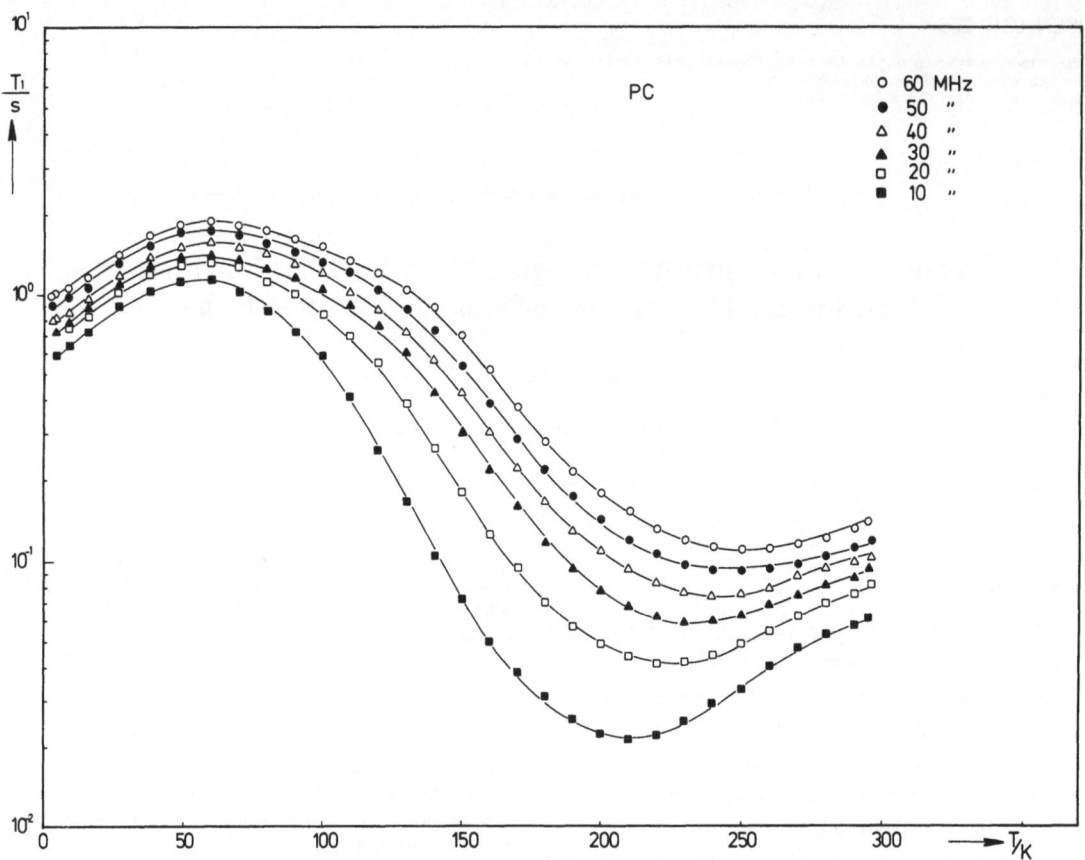

Abb. 1. Spin-Gitter-Relaxationszeit T_1 von Polycarbonat im Temperaturbereich von 3 K bis 300 K bei Sauerstoffsättigung (halblogarithmisch), Scharparameter ist die Meßfrequenz.

Folge davon sollte die longitudinale Relaxationszeit T_1 bis zum Erreichen des Wertes des starren Gitters monoton ansteigen. Bei etwa 60 K wird jedoch erneut ein Maximum im $T_1(T)$-Verlauf erreicht. Der anschließende monotone Abfall der Kurven bis hinunter nach 3 K deutet auf eine Zunahme molekularer Bewegungen hin.

Ein ähnliches Verhalten zeigt das Polyisobutylen (Abb. 2). Das der thermisch aktivierten, behinderten Rotation der Methylgruppen zugeordnete Relaxationszeitminimum ist hier nicht so deutlich ausgeprägt wie beim Polycarbonat. Im Temperaturbereich oberhalb 150 K ist der Relaxationsprozeß durch die Überlagerung mehrerer Bewegungsmechanismen gekennzeichnet. Dies ist am deutlichsten bei der 10 MHz-Kurve zu erkennen. Bei etwa 170, 220 bzw. 300 K besitzen die 10 MHz-Komponenten der Bewegungsspektren von Methylgruppenrotation, Segmentbewegung bzw. Kettenbewegung des Makromoleküls ein Maximum. Zu höheren Meßfrequenzen hin ist die Auflösung der Bewegungsprozesse weniger deutlich.

Die Abweichung von dem aufgrund der klassischen, thermisch aktivierten, behinderten Rotation der Methylgruppen zu erwartenden Verlauf der longitudinalen Relaxationszeit im Tieftemperaturbereich wurde zunächst allein auf den Einfluß des quantenmechanischen Tunneleffektes zurückgeführt (1, 2). Mit der Annahme einer speziellen Form des Behinderungspotentials (schmale, hohe Berge und breite Täler) konnte eine Übereinstimmung der quantenmechanischen Theorie (4) mit dem experimentellen Befund erzielt werden. Es ergaben sich so aus dem 60 MHz-Experiment Tunnelfrequenzen von 25 MHz für das Polycarbonat und 20,3 MHz für das Polyisobutylen (1, 2).

Mit diesem temperatur- und frequenzabhängigen Experiment verfolgten wir nun das Ziel, das Frequenzspektrum der Tunnelbewegung zu ermitteln und die Gültigkeit des in dem 60 MHz-Experiment benutzten Potentialmodells zu testen. Bei einer Tunnelfrequenz von 25 MHz im Falle des Polycarbonates sollten im Tieftemperaturbereich die T_1-Werte der 10 MHz-Kurve über denen der 20 MHz-Kurve liegen und diese wiederum

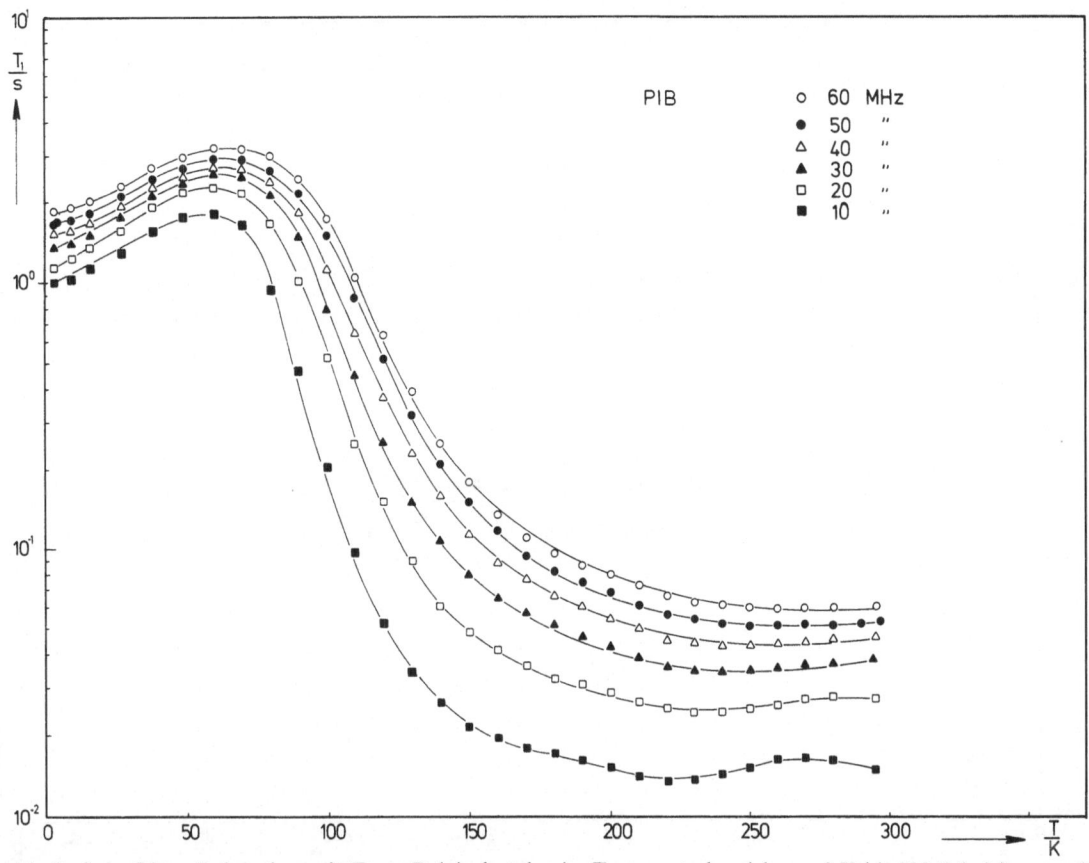

Abb. 2. Spin-Gitter-Relaxationszeit T_1 von Polyisobutylen im Temperaturbereich von 3 K bis 300 K bei Sauerstoff-sättigung (halblogarithmisch), Scharparameter ist die Meßfrequenz.

sollten etwa mit den 30 MHz-Werten zusammen-fallen. Oberhalb 30 MHz sollte sich ein mit stei-gender Frequenz zunehmender Kurvenabstand ergeben. Für das Polyisobutylen gilt sinngemäß das gleiche. Wie die Abb. 1 und 2 zeigen, wird dieses von der Theorie geforderte Verhalten durch das Experiment nicht bestätigt. Die Kurven verlau-fen im Tieftemperaturbereich nahezu äquidistant. Die aus dem 60 MHz-Experiment berechneten Tunnelfrequenzen und das ihnen zugrunde liegende Potentialmodell können demnach nicht zutreffen.

Wird dagegen für die behinderte Rotation der Methylgruppen ein einfaches cosinusförmiges Dreifachpotential angenommen, so ergeben sich nach der semiempirischen Formel von *Hecht* und *Dennison* (5) mit den aus diesen Experimenten bestimmten Aktivierungsenergien im Falle des Polycarbonates eine Tunnelfrequenz von 50,2 kHz und im Falle des Polyisobutylens eine Tunnelfrequenz von 177 kHz. Diese Werte liegen außerhalb des Bereiches der in diesem Experi-ment benutzten Meßfrequenzen. Ein Einfluß des Tunneleffektes ist daher unter dieser Vorausset-zung durch dieses Experiment nicht beobachtbar. Demzufolge ist der Tunneleffekt als dominierende Ursache für das Abfallen der T_1-Kurven zu tiefe-ren Temperaturen hin im Gegensatz zur früheren Annahme (1, 2) auszuschließen.

Der wesentliche Grund für den beobachteten Tieftemperaturabfall der Spin-Gitter-Relaxa-tionszeit ist dagegen auf paramagnetische Verun-reinigungen der Probe zurückzuführen. Parama-gnetische Moleküle führen zu einer Verkürzung der kernmagnetischen Spin-Gitter-Relaxations-zeit. Dieser Effekt ist in der Abb. 3 für das Poly-carbonat und in der Abb. 4 für das Polyisobutylen wiedergegeben. In diesen Diagrammen ist der Scharparameter, auf den es ankommt, nicht die Meßfrequenz, sondern die Aufenthaltsdauer (in Tagen) der Proben im Probenraum vor dem Be-ginn der Messungen. Die Kurven mit der Be-zeichnung „O_2-Sättigung" wurden aus Messungen erhalten, die unmittelbar nach dem Einbringen der Proben in die Probenkammer begonnen wur-den. Diese Kurven sind mit denen der Diagram-me 1 und 2 identisch.

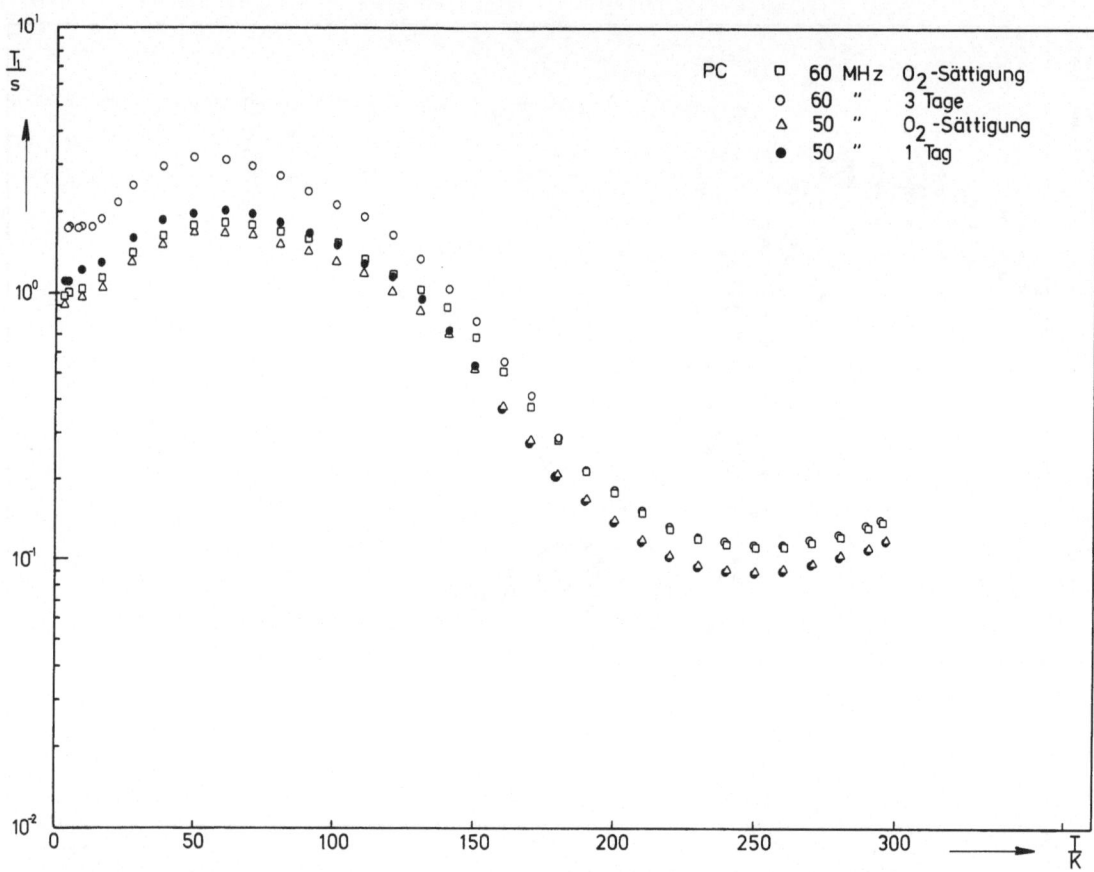

Abb. 3. Spin-Gitter-Relaxationszeit T_1 von Polycarbonat im Temperaturbereich von 3 K bis 300 K (halblogarithmisch) bei unterschiedlichen Sauerstoffkonzentrationen (Angabe der Evakuierungsdauer in Tagen).

Während der Lagerung der Proben unter dem Inertgas (He, N_2) im Probenraum setzt eine Diffusion der paramagnetischen Moleküle in die Umgebung ein. Aus der Konzentrationsabnahme der paramagnetischen Spezies in der Probe resultiert eine Verlängerung der kernmagnetischen Spin-Gitter-Relaxationszeit. Beim Polycarbonat macht sich dieser Effekt unterhalb von 180 K bemerkbar. Die zu denselben Meßfrequenzen gehörenden T_1 (T)-Kurven laufen unterhalb 180 K mit sinkender Temperatur auseinander. In dem darüber liegenden Temperaturbereich, d. h. im Gebiet hoher molekularer Beweglichkeit, ist der paramagnetische Effekt nicht festzustellen. Aus den Abb. 3 und 4 ist zu entnehmen, daß der Einfluß der paramagnetischen Moleküle mit steigender Konzentration und fallender Temperatur zunimmt.

Den entscheidenden Beitrag zu diesem Effekt liefert das paramagnetische Sauerstoffmolekül. Diese Aussage wird durch den experimentellen Befund gestützt, daß sich nach erneuter, ausreichend langer Lagerung der Proben unter Luft und anschließender Messung wieder die ursprüng-

lichen, niedrigen T_1-Werte der Abb. 1 und 2 ergeben. Von allen in den Proben eventuell noch vorhandenen paramagnetischen Substanzen ist es nur der Sauerstoff, der unter diesen Bedingungen wieder in die Probe zurückgelangen kann. Die dominierende Rolle des Sauerstoffes bei der paramagnetischen Relaxation in festen Polymeren geht auch aus Arbeiten von *Froix* et al. (6) hervor. Diese Autoren fanden bei phenylringhaltigen Polymeren einen derart starken Sauerstoffeffekt, daß durch ihn andere Relaxationsprozesse vollständig maskiert wurden.

Die Anwesenheit der paramagnetischen Komponente wird durch ESR-Spektren an Polyisobutylenproben mit unterschiedlichem Sauerstoffgehalt demonstriert (Abb. 5). Die Kurve größter Intensität ist der Probe zuzuordnen, die vor der Messung an der Luft gelagert wurde. Das mittlere Spektrum wurde nach 24stündiger Evakuierung und das Spektrum der geringsten Intensität nach 48stündiger Evakuierung der Proben erhalten. Die Änderung der Intensität ist auch hier wieder reversibel.

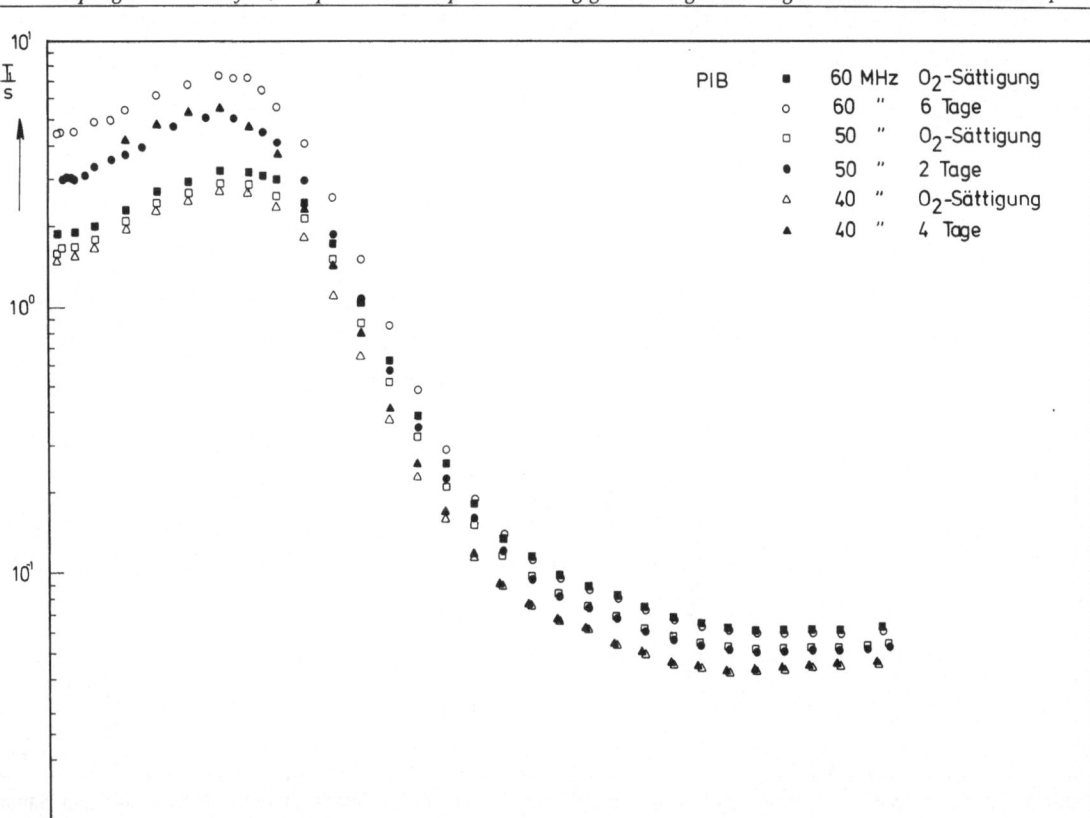

Abb. 4. Spin-Gitter-Relaxationszeit T_1 von Polyisobutylen im Temperaturbereich von 3 K bis 300 K (halblogarithmisch) bei unterschiedlichen Sauerstoffkonzentrationen (Angabe der Evakuierungsdauer in Tagen).

2. Modellvorstellungen zur magnetischen Relaxation unterhalb der Glastemperatur T_g

Aus dem Experiment ist deutlich geworden, daß in den untersuchten Polymeren unterhalb der Glastemperatur die entscheidenden Relaxationsprozesse die klassische Methylgruppenrotation und die Bewegung der paramagnetischen Sauerstoffmoleküle sind, so daß für die gemessene Spin-Gitter-Relaxationsrate $(1/T_1)_{Exp}$ gilt:

$$\left(\frac{1}{T_1}\right)_{Exp} = \left(\frac{1}{T_1}\right)_{Rot} + \left(\frac{1}{T_1}\right)_{Par} \qquad [1]$$

Der allgemeine Zusammenhang zwischen der longitudinalen Relaxationsrate $1/T_1$, der Meßfrequenz ω_0 und der temperaturabhängigen Korrelationszeit τ ist durch die Gleichung:

$$\frac{1}{T_1} = C \int_0^\infty G(\tau)\, \tau \left(\frac{1}{1+\omega_0^2\,\tau^2} + \frac{4}{1+4\,\omega_0^2\,\tau^2}\right) d\tau \qquad [2]$$

gegeben (7). C ist eine Konstante, in der die magnetischen Eigenschaften und die Abstände der wechselwirkenden Kerne enthalten sind. $G(\tau)$ ist eine Verteilungsfunktion der Korrelationszeiten.

Zur Beschreibung der klassischen Methylgruppenrotation werden zwei aus der Literatur bekannte Ansätze für Korrelationszeitverteilungsfunktionen verwendet:

1. Eine Verteilungsfunktion des Dirac-Types:

$$G(\tau) = \delta(\tau - \tau_c). \qquad [3]$$

Sie liegt der Theorie von *Bloembergen, Purcell* und *Pound* zugrunde (7). Diese Theorie geht von einer einzigen mittleren Korrelationszeit τ_c aus.

2. Die sogenannte Diffusionsverteilung (8):

$$G(\tau) = \frac{3}{2}\, \frac{[B_{3/2}(\sqrt{\tau_c/\tau})]^2}{\tau}. \qquad [4]$$

$B_{3/2}$ ist eine Besselfunktion der Ordnung 3/2 und τ_c wiederum die mittlere Korrelationszeit.

Die Funktion nach Gleichung [4] wird als Diffusionsverteilung bezeichnet, weil ihr zugehöriges Intensitätsspektrum dem aus der Relaxationstheorie der translatorischen Diffusionsprozesse (8, 9) bekannten Typ entspricht. Was jedoch dort als einfache Diffusionsschrittfolge mit der mittleren quadratischen Sprungweite $\langle d^2 \rangle = 2\,D\,\tau_c$ und ei-

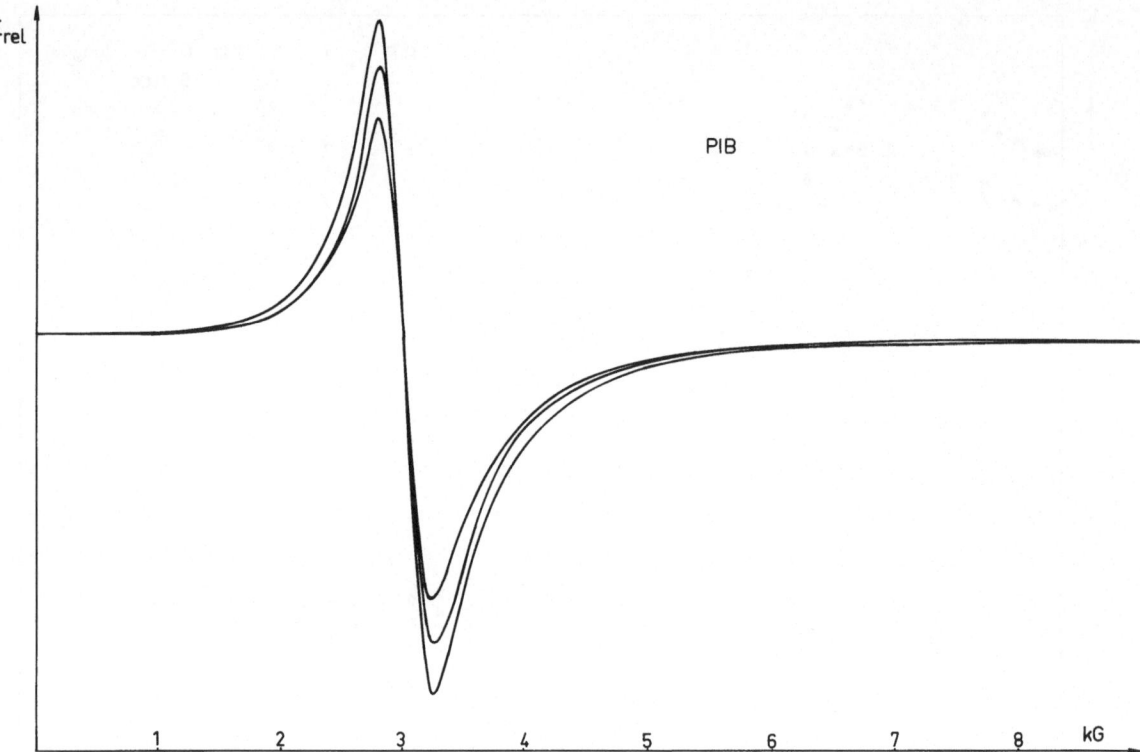

Abb. 5. ESR-Spektren des Polyisobutylens in willkürlichen Einheiten der Intensität bei unterschiedlichem Sauerstoffgehalt der Proben.

nem Diffusionskoeffizienten D gedeutet wird, bedeutet hier die Verteilung einer Vielzahl rotatorischer Fluktuationen mit Debye-Spektrum $\tau/(1+\omega^2\tau^2)$ als Intensitätsfunktion.

Die rotatorischen Fluktuationen der Methylgruppen sind eine Folge der transienten Deformationen des Behinderungspotentials beim Durchgang einer Phononenwelle durch das „Molekülgitter". Im Falle eines zeitlich konstanten Behinderungspotentials wird eine einzige mittlere Rotationsfrequenz ω_r angenommen, die durch die Zustandsdichte der Rotationszustände gegeben ist. Eine zeitabhängige Deformation des Behinderungspotentials bedingt eine Modulation der Rotationszustände, als deren Folge sich eine Fluktuation der Rotationsfrequenzen ergibt. Diese Modellvorstellung führt über den einfachen Zusammenhang $\tau=1/3\,\omega_r$ zwischen der Korrelationszeit und der Rotationsfrequenz der Methylgruppen zu

dem Ansatz (Gl. [4]) für die Korrelationszeitverteilung.

Der Zusammenhang zwischen der mittleren Korrelationszeit τ_c und der Temperatur T ist, da es sich bei der behinderten Rotation der Methylgruppen um einen thermisch aktivierten Prozeß handelt, durch einen Arrhenius-Ansatz gegeben:

$$\tau_c = \tau_\infty \exp\left(\frac{\varDelta E}{k\,T}\right). \qquad [5]$$

$\varDelta E$ ist die Aktivierungsenergie der rotatorischen Bewegung. τ_∞ ist der Grenzwert von τ_c für $T \to \infty$.

Zur Beschreibung des Beitrages $(1/T_1)_{\text{Rot}}$ der klassischen Rotation der Methylgruppen zur gesamten Relaxationsrate ergeben sich aus den Gleichungen [2], [3] und [4] unter Berücksichtigung von Gleichung [5] die beiden Ausdrücke:

$$\left(\frac{1}{T_1}\right)_{\text{Rot}} = \frac{C}{\omega_0}\left(\frac{x}{1+x^2} + \frac{4\,x}{1+4\,x^2}\right) \qquad [6]$$

BPP-Funktion (*Bloembergen, Purcell* und *Pound*)

$$\text{und } \left(\frac{1}{T_1}\right)_{\text{Rot}} = \frac{C}{2\,\omega_0}\left\{\frac{1}{\sqrt{\frac{1}{2}}x^3}\left[\left(\frac{1}{2}x-\frac{1}{2}\right)+\left\{\left(\frac{1}{2}x+2\sqrt{\frac{1}{2}}x+\frac{1}{2}\right)\right.\right.\right.$$

$$\left.\left.\times\cos\left(2\sqrt{\frac{1}{2}}x\right)+\left(\frac{1}{2}x-\frac{1}{2}\right)\sin\left(2\sqrt{\frac{1}{2}}x\right)\right\}e^{-2\sqrt{\frac{1}{2}x}}\right]$$

$$\left.+\frac{4}{\sqrt{x^3}}\left[\left(x-\frac{1}{2}\right)+\left\{\left(x+2\sqrt{x}+\frac{1}{2}\right)\cos\left(2\sqrt{x}\right)+\left(x-\frac{1}{2}\right)\sin\left(2\sqrt{x}\right)\right\}e^{-2\sqrt{x}}\right]\right\} \qquad [7]$$

Diffusionsverteilung

mit $x = \omega_0\, \tau_c$.

Zur Beschreibung des paramagnetischen Beitrages $(1/T_1)_{Par}$ zur Relaxationsrate im Tieftemperaturbereich wurde ein Modell entwickelt (3), dem das Strukturmodell (10, 11) glasig erstarrter Polymere zugrunde liegt. Es wird angenommen, daß die Sauerstoffmoleküle, die den entscheidenden Beitrag zur paramagnetischen Relaxation liefern, sich frei in den Hohlräumen des Polymeren bewegen und mit den „Gitterschwingungen" der Polymerketten im thermischen Gleichgewicht stehen. Aufgrund dieser Vorstellung wird eine Korrelationszeit definiert, die ein Maß für die mittlere Stoßzeit der Sauerstoffmoleküle ist:

$$\tau_c = \frac{2\,R\,(T)}{\bar v} = \frac{b\,R\,(T)}{\sqrt{\overline{E(T)}}}.\qquad [8]$$

$2\,R\,(T)$ ist der temperaturabhängige mittlere Durchmesser der Hohlräume in den Polymeren, d. h. die mittlere freie Weglänge der Sauerstoffmoleküle, $\bar v$ die mittlere Geschwindigkeit der Sauerstoffmoleküle, b ein Proportionalitätsfaktor und $\overline{E(T)}$ die mittlere Phononenenergie.

Die Phononenenergie der Gitterschwingungen wird nach der Debyeschen Theorie der spezifischen Wärme fester Körper berechnet (12):

$$\overline{E(T)} = \int\limits_0^\infty \varepsilon\,(\omega,\,T)\,g\,(\omega)\,\mathrm{d}\omega.\qquad [9]$$

Darin bedeuten:

$$\varepsilon\,(T) = \frac{\hbar\,\omega}{2} + \frac{\hbar\,\omega}{e^{\hbar\,\omega/k\,T} - 1}\qquad [10]$$

die mittlere Energie eines linearen Oszillators und

$$g\,(\omega) = 3\,N\,\frac{3\,\omega^2}{\omega_D^3}\qquad [11]$$

das Phononenspektrum der N Oszillatoren nach dem Debyeschen Ansatz (13). ω_D ist die Debyesche Abschneidefrequenz.

Aus den Gleichungen [9] bis [11] ergibt sich dann:

$$\overline{E(T)} = A\,\Theta_D\left(0{,}125 + z_D^{-4}\int\limits_0^{z_D}\frac{z^3}{e^z - 1}\,\mathrm{d}\,z\right)\qquad [12]$$

mit $z = \hbar\,\omega/k\,T$. $\Theta_D = \hbar\,\omega/k$ ist die Debye-Temperatur und A eine Konstante, die die Nullpunktenergie berücksichtigt.

Für die Temperaturabhängigkeit des Hohlraumradius $R\,(T)$ wird unter der Annahme, daß unterhalb der Glastemperatur T_g für den thermischen Ausdehnungskoeffizienten eine lineare Temperaturabhängigkeit gilt, der einfache Zusammenhang:

$$R\,(T) = R\,(0)\left(1 - \frac{T}{T_g}\right)\qquad [13]$$

gesetzt. $R\,(0)$ ist der Radius der Hohlräume bei $T = 0\ K$. Dieser Gleichung liegt die Vorstellung zugrunde, daß die Ausdehnung der Hohlräume bei $T = 0\ K$ einen maximalen Wert besitzt und mit steigender Temperatur aufgrund zunehmender Schwingungsweiten der Polymerketten abnimmt.

Die Gleichungen [8], [12] und [13] definieren eine mittlere Korrelationszeit τ_c, die einen durch die ungeordnete Bewegung freier Moleküle bedingten Relaxationsmechanismus beschreibt, der von dem der thermisch aktivierten, behinderten Rotation jedoch grundsätzlich verschieden ist. In Verbindung mit Gleichung [6] ergibt sich daraus ein Ausdruck für den paramagnetischen Beitrag $(1/T_1)_{Par}$ zur kernmagnetischen Spin-Gitter-Relaxationsrate. Da die in der Konstanten C enthaltenen Wechselwirkungsabstände hier die Abstände zwischen den Kern- und Elektronenspins sind, geht in C noch eine Konzentrationsabhängigkeit ein, so daß der Ausdruck

$$\left(\frac{1}{T_1}\right)_{Par} = \frac{C'\,n}{\omega_0}\left(\frac{x}{1 + x^2} + \frac{4\,x}{1 + 4\,x^2}\right)\qquad [14]$$

mit der Konstanten C' und der Anzahl n der paramagnetischen Moleküle pro cm^3 erhalten wird.

3. Auswertung und Vergleich der Modelle

In der Darstellung $\ln\,(1/T_1)$ gegen $10^3/T$ ergeben sich aus den Gleichungen [6] und [7] dachförmige Verläufe der Spin-Gitter-Relaxationsraten. Beim Polycarbonat (Abb. 6) ist diese Struktur deutlich zu erkennen, während diese Struktur beim Polyisobutylen (Abb. 7) durch die Überlagerung mehrerer Bewegungsmechanismen verdeckt ist.

Die Aktivierungsenergien der thermisch aktivierten, behinderten Rotation der Methylgruppen werden gemäß der Tieftemperaturnäherung $x = \omega_0\,\tau_c \gg 1$ der Gleichungen [6] und [7] aus den Steigungen der Tieftemperaturflanken der Kurven (Abb. 6 und 7) bestimmt. Diese Methode ist bei Anwesenheit von paramagnetischen Verunreinigungen in der Probe nicht anwendbar, da die Verunreinigungen eine mit steigender Konzentration fortschreitende Erniedrigung der Steigung der Tieftemperaturflanke bewirken. Die sich daraus ergebenden Werte der Aktivierungsenergie

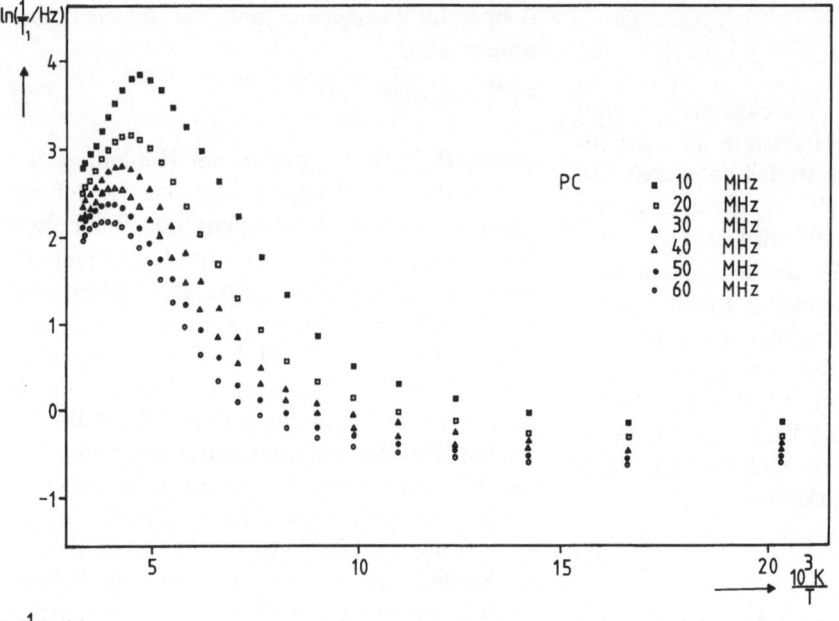

Abb. 6. Spin-Gitter-Relaxationsrate $1/T_1$ von Polycarbonat in Abhängigkeit
von $10^3/T$ im Temperaturbereich von 50 K bis 300 K
bei   Sauerstoffsättigung
(halblogarithmisch).

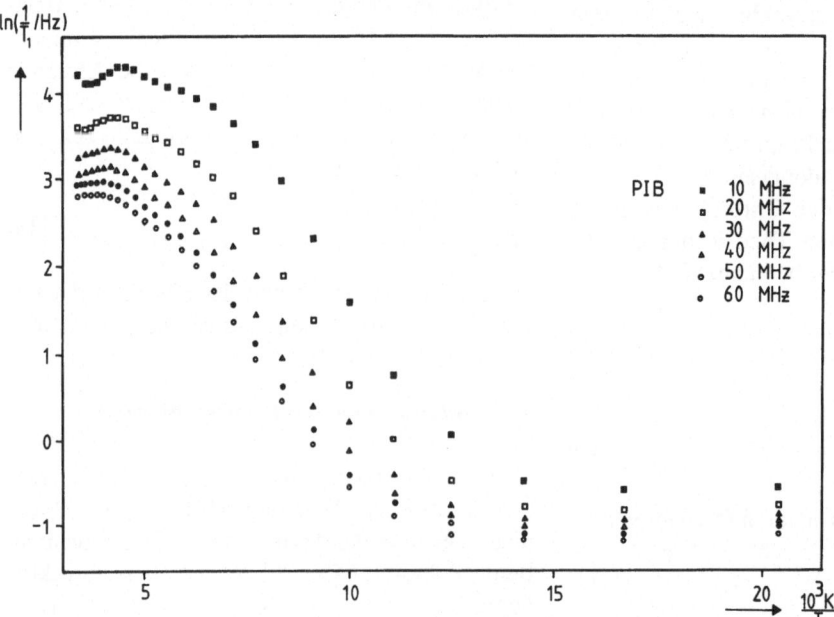

Abb. 7. Spin-Gitter-Relaxationsrate $1/T_1$ von Polyisobutylen in Abhängigkeit
von $10^3/T$ im Temperaturbereich von 50 K bis 300 K
bei   Sauerstoffsättigung
(halblogarithmisch).

liegen somit zu niedrig. Verläßlicher sind die Werte, die aus der frequenzabhängigen Maximumverschiebung der longitudinalen Relaxationsrate bzw. der Minimumsverschiebung der longitudinalen Relaxationszeit gewonnen werden. Denn die Temperaturlagen und Beträge dieser Extrema werden, wie aus den Abb. 3 und 4 zu entnehmen ist, bei diesen Proben von den paramagnetischen Verunreinigungen nicht beeinflußt.

In der Tabelle 1 sind, ausgehend von den Gleichungen [6] und [7], die nach den beiden Methoden „Flankensteigung" und „Minimumsverschiebung" bestimmten Aktivierungsenergien wiedergegeben. Die aus der Flankensteigung bestimm-

ten Werte zeigen eine deutliche Abhängigkeit von der Evakuierungsdauer, d. h. von der Konzentration der paramagnetischen Verunreinigungen in der Probe. Aus den Ergebnissen der Tabelle 1 ist zudem zu erkennen, daß mit Hilfe der Diffusionsverteilung die quantitative Beschreibung der Spin-Gitter-Relaxation am besten gelingt. In diesem Falle ist die Bestimmung der Aktivierungsenergie nach den beiden unterschiedlichen Methoden widerspruchsfrei. Beide liefern unter Berücksichtigung des paramagnetischen Effektes annähernd die gleichen Werte. Wird die Relaxationsgleichung nach *Bloembergen, Purcell* und *Pound* (7) zugrunde gelegt, so liefert die Methode

Tabelle 1. Aktivierungsenergien der thermisch aktivierten, behinderten Rotation der Methylgruppen in Polycarbonat und Polyisobutylen.
Spalte 1: Evakuierungsdauer in Tagen
Spalten 2 und 5: Aktivierungsenergien aus der Flankensteigung nach *Bloembergen, Purcell* und *Pound*
Spalten 3 und 6: Aktivierungsenergien aus der Flankensteigung unter Zugrundelegung einer Diffusionsverteilung für die Korrelationszeit [7]
Spalten 4 und 7: Aktivierungsenergien aus der Minimumsverschiebung (gleiche Werte für *Bloembergen, Purcell* und *Pound* und Diffusionsverteilung)

t_{Ev}	PC			PIB		
d	ΔE kJ mol^{-1}	ΔE kJ mol^{-1}	ΔE kJ mol^{-1}	ΔE kJ mol^{-1}	ΔE kJ mol^{-1}	ΔE kJ mol^{-1}
0	7,0	14,0	16,0	6,3	12,6	13,0
1	7,0	14,0	16,0			
2				6,5	13,0	13,0
3	8,4	16,8	16,0			
4				6,7	13,4	13,0
6				7,0	14,0	13,0

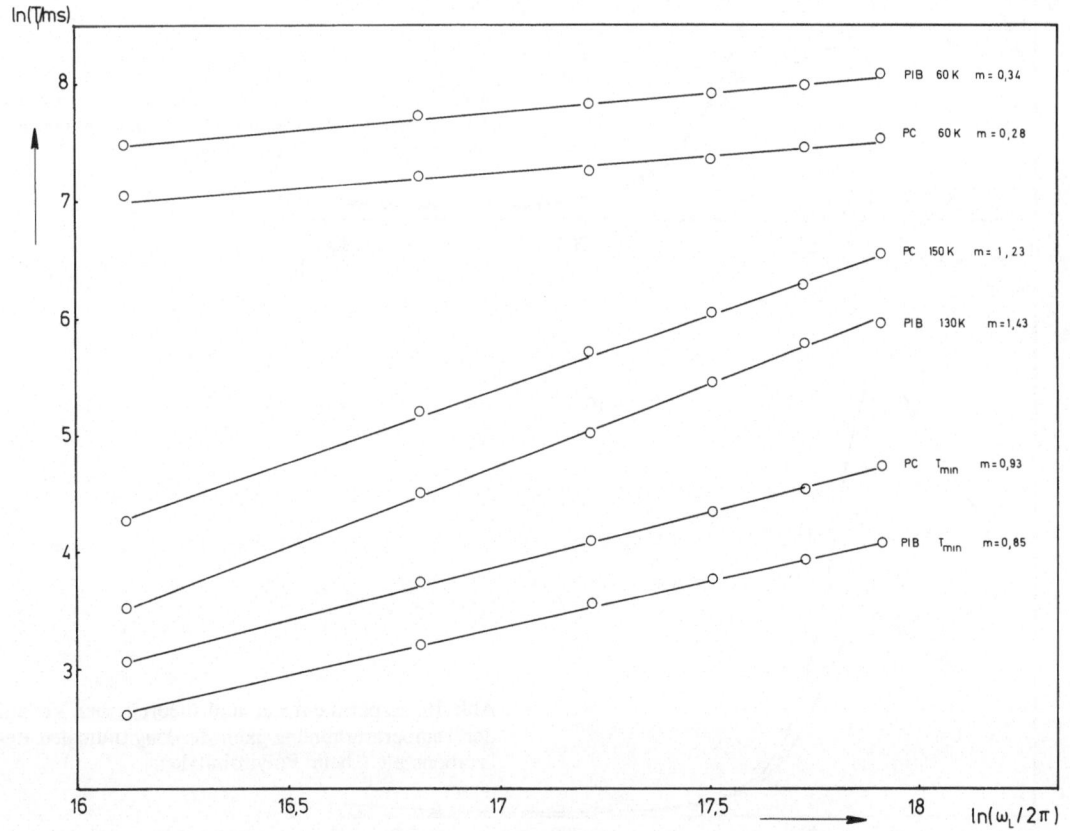

Abb. 8. Frequenzabhängigkeit der longitudinalen Relaxationszeit T_1 bei sauerstoffgesättigtem Polycarbonat und Polyisobutylen bei verschiedenen Temperaturen (doppeltlogarithmisch).

der Flankensteigung Werte der Aktivierungsenergie, die nur halb so groß sind wie die aus der Minimumsverschiebung bestimmten. Bei einer Auswertung nach dem letzteren Verfahren folgen aus den beiden Relaxationsgleichungen [6] und [7] dieselben Ergebnisse.

Mit Hilfe der Diffusionsverteilung gelingt auch eine bessere Beschreibung der Frequenzabhängigkeit der longitudinalen Relaxationszeit (Abb. 8). Hier ist für Polycarbonat und Polyisobutylen mit Sauerstoffsättigung der natürliche Logarithmus der longitudinalen Relaxationszeit gegen den natürlichen Logarithmus der Spektrometerfrequenz aufgetragen worden. Für die Minimumswerte ergeben sich Geraden mit der Stei-

gung $m \simeq 0{,}9$. Die Theorie von *Bloembergen, Purcell* und *Pound* und die Diffusionsverteilung fordern den Wert $m = 1$. Für einen isothermen Schnitt im Bereich der Tieftemperaturflanke finden wir Werte bei $m \simeq 1{,}3$. Nach der Theorie von *Bloembergen, Purcell* und *Pound* ergibt sich der Wert $m = 2$, während die Diffusionsverteilung $m = 1{,}5$ fordert. Die Abweichungen vom theoretischen Wert $m = 1{,}5$ sind mit dem beginnenden Einfluß des paramagnetischen Effektes zu erklären, der sich noch deutlicher in den 60 K-Isothermen (Abb. 8) bemerkbar macht.

Da uns bei dem vorliegenden Experiment keine quantitativen Angaben über die Konzentration der paramagnetischen Verunreinigungen, sondern

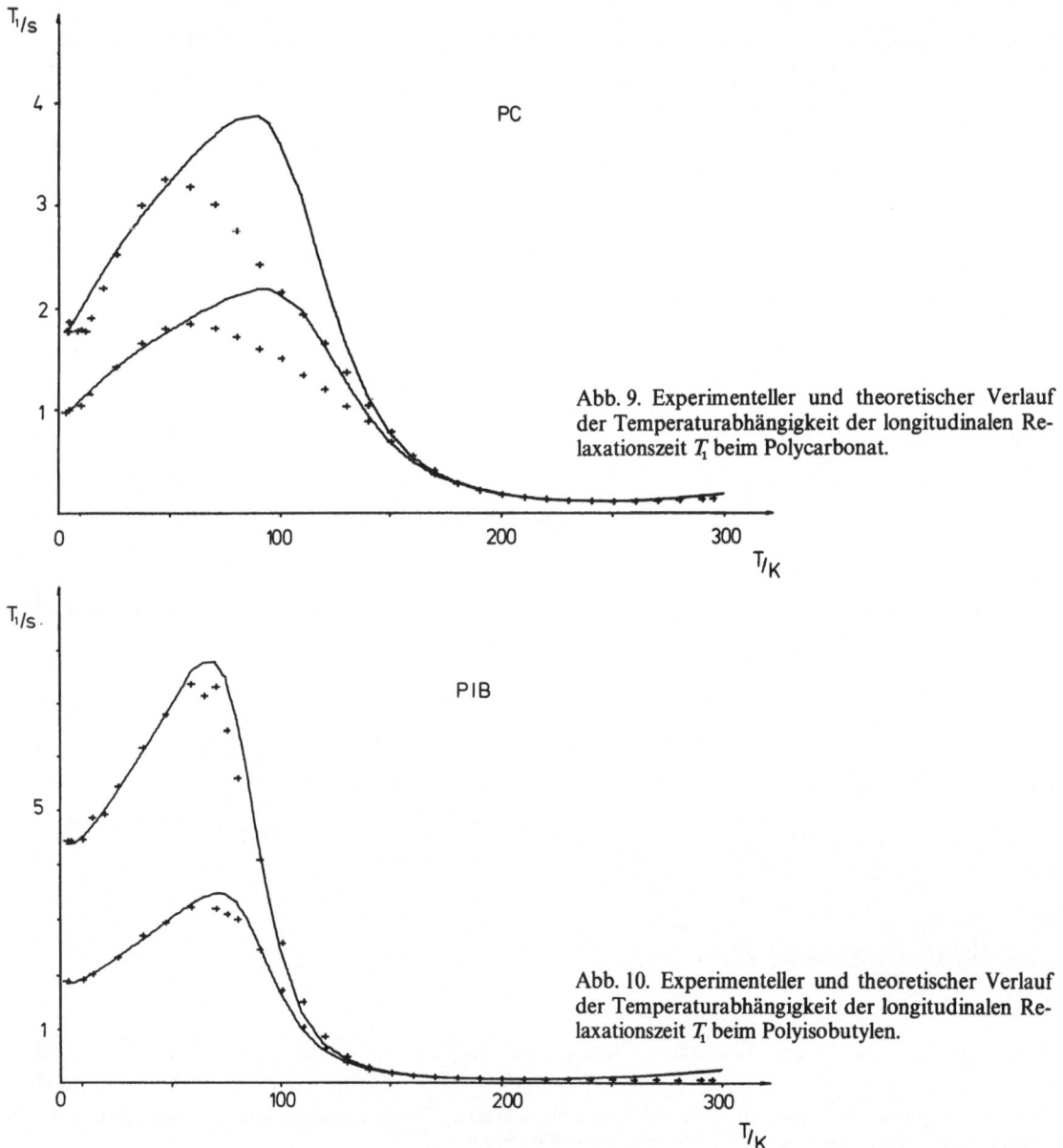

Abb. 9. Experimenteller und theoretischer Verlauf der Temperaturabhängigkeit der longitudinalen Relaxationszeit T_1 beim Polycarbonat.

Abb. 10. Experimenteller und theoretischer Verlauf der Temperaturabhängigkeit der longitudinalen Relaxationszeit T_1 beim Polyisobutylen.

lediglich qualitative Aussagen vermöge der Evakuierungsdauer zur Verfügung standen, wurde das Gewicht des paramagnetischen Beitrages durch die Forderung der Übereinstimmung des experimentellen und theoretischen T_1-Wertes bei $T = 3$ K gewählt. Das Ergebnis der Anpassung des experimentellen T_1-Verlaufs nach den Gleichungen [1], [7] und [14] zeigen die Abb. 9 und 10. Im Falle des Polyisobutylens (Abb. 10) ergibt sich eine recht gute Anpassung. Beim Polycarbonat (Abb. 9) ist die Anpassung deutlich schlechter. Dies hat seinen Grund darin, daß der Sauerstoff in diesem Material noch auf eine andere Weise relaxationswirksam ist. Die Untersuchungen von *Froix* et al. (6) an phenylringhaltigen Polymeren führten zu dem Schluß, daß der molekulare Sauerstoff mit dem Phenylring einen Komplex bildet, der für die Relaxation der magnetischen Anregungsenergie verantwortlich ist. Auf diese Situation kann das hier vorgeschlagene Relaxationsmodell aber nicht angewendet werden.

Zusammenfassung

Es wurden frequenz- und temperaturabhängige Messungen der longitudinalen Relaxationszeit T_1 an festem Polycarbonat und Polyisobutylen durchgeführt. Dabei zeigte sich, daß die thermisch aktivierte, behinderte Rotation der Methylgruppen in geeigneter Weise durch die Annahme einer Korrelationszeitverteilung beschrieben werden kann.

Im Tieftemperaturbereich weicht der temperaturabhängige Verlauf der Spin-Gitter-Relaxationszeit erheblich von dem Verlauf ab, der bei ausschließlicher Relaxation durch die Methylgruppenrotation zu erwarten ist. Es wird gezeigt, daß diese Abweichungen auf den Einfluß paramagnetischer Verunreinigungen, insbesondere des molekularen Sauerstoffes, zurückzuführen sind. Ein Einfluß des quantenmechanischen Tunneleffektes konnte nicht beobachtet werden.

Ausgehend von der Struktur glasig erstarrter Polymere wird ein Modell zur Beschreibung der Relaxation durch den molekularen Sauerstoff vorgeschlagen.

Summary

Measurements of longitudinal relaxation times T_1 in solid polycarbonate and polyisobutylene were carried out in dependence of frequency and temperature. It was found that the thermally activated hindered rotation of the methyl-groups can be described by a suitably chosen distribution function of correlation times.

In the low-temperature region the shape of the temperature-dependent spin-lattice-relaxation time curve differs significantly from a curve which can be attributed solely to the relaxation due to classical methyl-group rotation. It is shown that these discrepancies can be attributed to the influence of paramagnetic impurities, especially molecular oxygen. An influence of the quantum-mechanical tunneling-effect could not be observed.

Basing on the structure of glassy frozen-in polymers a model is proposed to describe the relaxation as caused by molecular oxygen.

Literaturverzeichnis

1) *Lammel, B.*, Dissertation, Aachen 1974.
2) *Lammel, B.*, und *R. Kosfeld*, Coll. u. Polym. Sci. **253**, 881 (1975).
3) *Grapengeter, H.-H.*, Dissertation, Aachen 1978.
4) *Clough, S.*, J. Phys. C: Sol. State Phys. **4**, 2180 (1971).
5) *Hecht, K. T.*, und *D. M. Dennison*, J. Chem. Phys. **26**, 31 (1957).
6) *Froix, M. F., D. G. Williams* und *A. O. Goedde*, Macromol. **9**, 354 (1976).
7) *Bloembergen, N., E. M. Purcell* und *R. V. Pound*, Phys. Rev. **73**, 679 (1947).
8) *Noack, F.*, und *G. Preissing*, Z. Naturf. **24**, 143 (1969).
9) *Noack, F.*, und *G. Held*, Z. Phys. **210**, 60 (1968).
10) *Jenckel, E.*, und *R. Heusch*, Koll.-Z. **130**, 89 (1953).
11) *Kosfeld, R.*, Dissertation Aachen 1958.
12) *Kittel, Ch.*, Einführung in die Festkörperphysik, Oldenbourg, München 1968.
13) *Debye, P.*, Ann. Phys. **39**, 787 (1912).

Wir danken der Deutschen Forschungsgemeinschaft und dem Fonds der Chemischen Industrie für die großzügige finanzielle Unterstützung.
Herrn Dr. *B. Lammel*, MPI für Biophysik, Frankfurt/Main, danken wir für die Anfertigung der ESR-Spektren.

Anschrift:

Prof. Dr. *Robert Kosfeld*
Fachbereich 6 – Chemie
Fach Physikalische Chemie
der Gesamthochschule Duisburg
Bismarckstr. 90
D-4100 Duisburg 1

Progr. Colloid & Polymer Sci. **66**, 273 – 279 (1979)
© 1978 by Dr. Dietrich Steinkopff Verlag GmbH & Co. KG, Darmstadt
ISSN 0340-255 X

Lectures during the conference of the Deutschen Physikalischen Gesellschaft,
Fachausschuß „Physik der Hochpolymeren". April 17 – 21,
1978 in Bad Nauheim.

Sektion Kernresonanzspektroskopie, Universität Ulm

Nuclear magnetic relaxation dispersion in solid polyethylene

G. Voigt and *R. Kimmich*

With 8 figures

(Received August 31, 1978)

Introduction

Trying to describe the nuclear magnetic relaxation behaviour of polymers one is confronted with the difficulty that the description with an exponential correlation function is unsatisfactory. An exponential correlation function means the assumption of a Poisson process. This assumption is often suitable for simple liquids but not for condensed polymers. Here we have to deal with reorientations which are the consequence of a lot of thermally excited elementary processes. Thus the probability for a special segment reorientation can depend on the history of the chain in contrast to a Poisson process.

Several authors tried a description by a formal distribution of correlation times (e.g. ref. 1). For exponential decays of the magnetization, as is the case for polyethylene, the application of such a distribution of correlation times is only justified if there exist different phases which are stationary during the mean lifetime of a spin state, i.e. during T_1, and a rapid spin or material exchange between these phases. Then the relaxation rate is an additive quantity and is measured as the mean value from all components.

In the case of solid polyethylene at the first sight a description with a distribution of correlation times seems to be the appropriate method at least with respect to the amorphous and crystalline regions. The amorphous parts form an essentially homogeneously relaxing phase, as can be demonstrated by proton relaxation behaviour of partially deuterated samples. Here the spin diffusion from proton to proton is interrupted and any distribution of correlation times is revealed as a measurable distribution of relaxation times. It turns out that these samples consist of essentially two homogeneous subphases, namely the amorphous and the crystalline regions. At temperatures above the glass transition the crystallites as well as the methyl chain ends have rather small relaxation rates so that the relaxation in normal polyethylene is dominated by the amorphous methylene groups alone. We are therefore urged to consider a single, nonexponential correlation function for the relaxation behaviour of the amorphous regions. This function has to be derived from the special type of molecular motion.

The dominance of the amorphous methylene groups is restricted to medium temperatures, of course. It will be shown that just below the melt temperature the crystalline α-process becomes visible and that below the glass transition, e.g. at nitrogen temperature, the methyl group rotation influences the relaxation behaviour.

Defect diffusion models

An appropriate solution of the problem is given by defect diffusion models (2, 3, 4). Here we assume that the arrival of diffusing defects of a finite length at a reference region causes the complete or partial loss of correlation to the initial situation.

The connection between T_1 and the defect diffusion model is given by the following expressions:

$$\frac{1}{T_1} = \frac{9}{8} \left(\frac{\mu_0}{4\,\pi}\right)^2 \gamma^4\,\hbar^2\,(I^{(1)}\,(\omega_L) + I^{(2)}\,(2\,\omega_L)) \qquad [1]$$

where $I^{(1,2)}$ are the intensity functions and ω_L the Larmor frequency. The intensity functions are the

Fourier transforms of the autocorrelation functions $G^{(1, 2)}(\tau)$ of the dipolar interaction functions $F^{(1, 2)}$. We use the normalized form of the correlation function

$$G_n(\tau) = \frac{G^{(l)}(\tau) - G^{(l)}(\infty)}{G^{(l)}(0) - G^{(l)}(\infty)}$$

$$= \frac{\langle F^{(l)}(0) F^{(-l)}(\tau) \rangle - |\langle F^{(l)} \rangle|^2}{\langle |F^{(l)}|^2 \rangle - |\langle F^{(l)} \rangle|^2} \qquad [2]$$

where $l = 1, 2$.

The averages over the interaction functions in eq. [2] can be expressed by the probability $W(\tau)$ that any change occurs in the interval τ. This probability can be calculated under the assumption of a model for the motion of the defects. In the following we will distinguish diffusion models according to the dimensionality and the limitation to a restricted area. Continuous diffusion is assumed.

a) One-dimensional, limited defect diffusion

We consider a model situation as represented in fig. 6. As in a previous treatment (4), we assume defects not able to penetrate each other, so that each defect "sees" two neighbouring defects acting as reflecting barriers.

The probability $W(\tau)$ that the interaction state is changed after a period τ is calculable by integrating over the probability that the defect diffuses out of a certain distance to the reference region and by averaging over all final positions of the defect, over all initial positions and over all positions of the reference point.

For the reason of rather lengthy expressions in the result we will give only some approximative results (exact formula in ref. 4):

α) $\omega \tau_d \gg 1$ $(\tau_d = d^2/2D, \; \tau_b = b^2/2D, \; D \equiv$ diffusion coefficient)

$$\frac{1}{T_1} \simeq \frac{15}{4} \gamma^4 \hbar^2 \left(\frac{\mu_0}{4\pi}\right)^2 \sigma^{(1)} \sqrt{\tau_b \tau_d}$$

$$\times \left(1 - \frac{\sqrt{\tau_b \tau_d}}{(\sqrt{\tau_d} - \sqrt{\tau_b})^2}\right) \qquad [3]$$

β) $\omega \tau_b \ll 1 \ll \omega \tau_d$

$$\frac{1}{T_1} \simeq \frac{9}{8} \gamma^4 \hbar^2 \left(\frac{\mu_0}{4\pi}\right)^2 \qquad [4]$$

$$\times \sigma^{(1)} \sqrt{\tau_b \tau_d} \; \frac{\sqrt{\tau_d} - 2\sqrt{\tau_b}}{(\sqrt{\tau_d} - \sqrt{\tau_b})^2} \; \frac{1 + 2\sqrt{2}}{\omega^{1/2}}$$

γ) $\omega \tau_b \gg 1$

$$\frac{1}{T_1} \simeq \frac{9}{8} \gamma^4 \hbar^2 \left(\frac{\mu_0}{4\pi}\right)^2$$

$$\times \sigma^{(1)} \sqrt{\frac{\tau_d}{\tau_b}} \; \frac{1 + \sqrt{2}}{\sqrt{\tau_d} - \sqrt{\tau_b}} \; \frac{1}{\omega^{3/2}}. \qquad [5]$$

($\sigma^{(1)} = \langle |F^{(1)}|^2 \rangle - |\langle F^{(1)} \rangle|^2$ is the mean square deviation of the dipolar interaction function $F^{(1)}$.)

Drawings of the frequency dependence and the diffusion time dependence of T_1, respectively, are given in fig. 1 and 2.

b) Three-dimensional defect diffusion

As shown in ref. 5, the normalized correlation function $G_n(\tau)$ can also be expressed by the conditional probability that an initial state is still

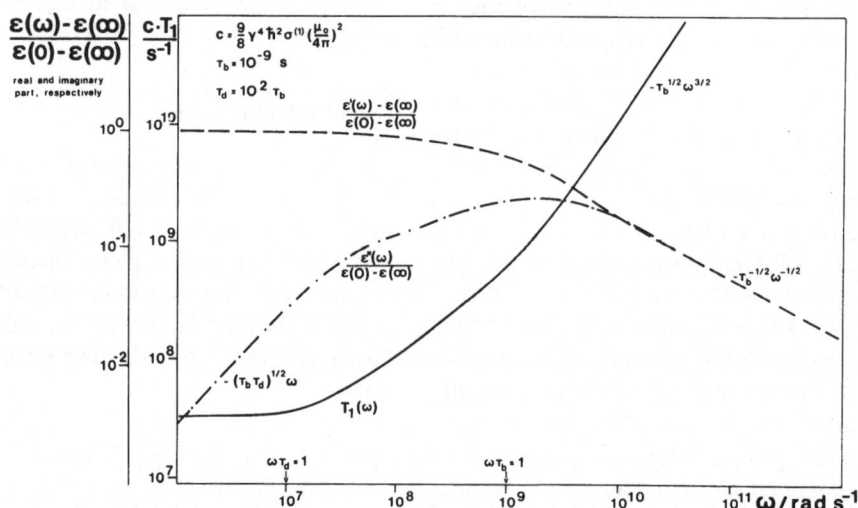

Fig. 1. Frequency dependence of the relaxation time T_1 for one-dimensional, limited defect diffusion. (The complex permittivity is also given for a comparison.)

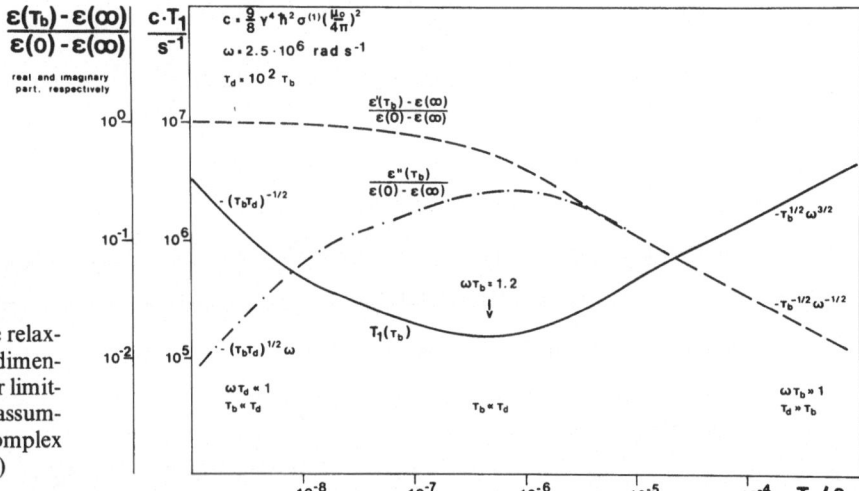

Fig. 2. Dependence of the relaxation time T_1 on the one-dimensional diffusion time τ_b for limited defect diffusion. τ_d is assumed to be $10^2 \tau_b$. (The complex permittivity is also given.)

present after a time τ and the a priori probability to find the system in this state.

The conditional probability is calculable under the assumption of a three-dimensional diffusional motion of the defects by integrating over the probability (6) that a defect, initially in a certain distance, is finally near the reference point. Fourier transformation of the normalized autocorrelation function $G_n(\tau)$ yields the intensity function

$$I_n(\omega) = (3\,\tau_a)^{-1/2}\,\omega^{-3/2}\,[1 - \exp(-\sqrt{3\,\omega\,\tau_a})$$
$$(\cos\sqrt{3\,\omega\,\tau_a} + \sin\sqrt{3\,\omega\,\tau_a}\,\{1 + \sqrt{3\,\omega\,\tau_a}\})] \quad [6]$$

and the relaxation rate

$$\frac{1}{T_1} = \frac{9}{8}\,\gamma^4\,\hbar^2\left(\frac{\mu_0}{4\,\pi}\right)^2\,\sigma^{(1)}\,[I_n(\omega) + 4\,I_n(2\,\omega)]. \quad [7]$$

In fig. 3 the frequency dependence of T_1 is shown.

Experimental

To check the theoretical forecast of the relaxation behaviour we have measured the frequency dependence of T_1 at different temperatures. This method is preferable to the temperature dependent measurement because the knowledge of the activation law and the temperature dependence of the defect concentration has not to be anticipated. In order to achieve a sufficient frequency range we have used the wellknown field modulation technique. A schematic drawing of this technique is given in fig. 4.

a) Method and apparatus

Ideally, the switching times between the high polarization and detection field, respectively, and the low relaxation field should be short compared with the average T_1. The relaxation curve is measured by varying the duration of the low field period and applying a 90° pulse immediately after reaching resonance.

In reality, the inductance of the field generating coil prevents very short switching times. Our apparatus

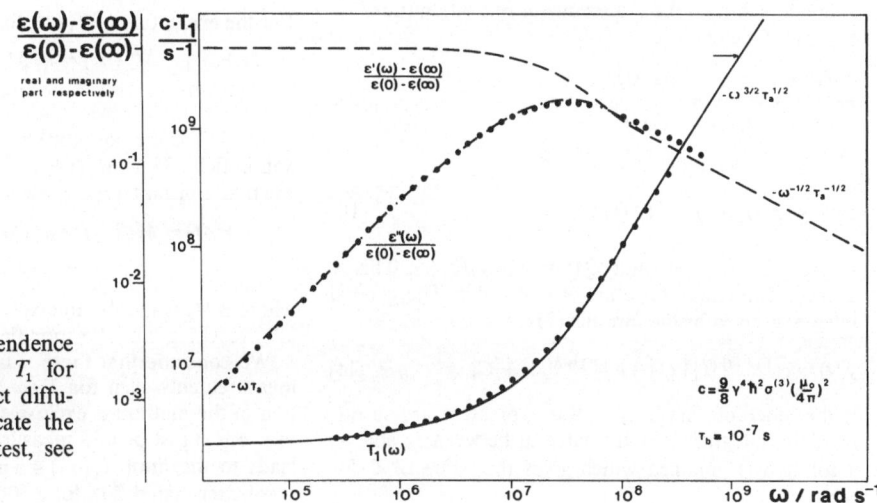

Fig. 3. Frequency dependence of the relaxation time T_1 for three-dimensional defect diffusion. (The points indicate the result of a numerical test, see ref. 6.)

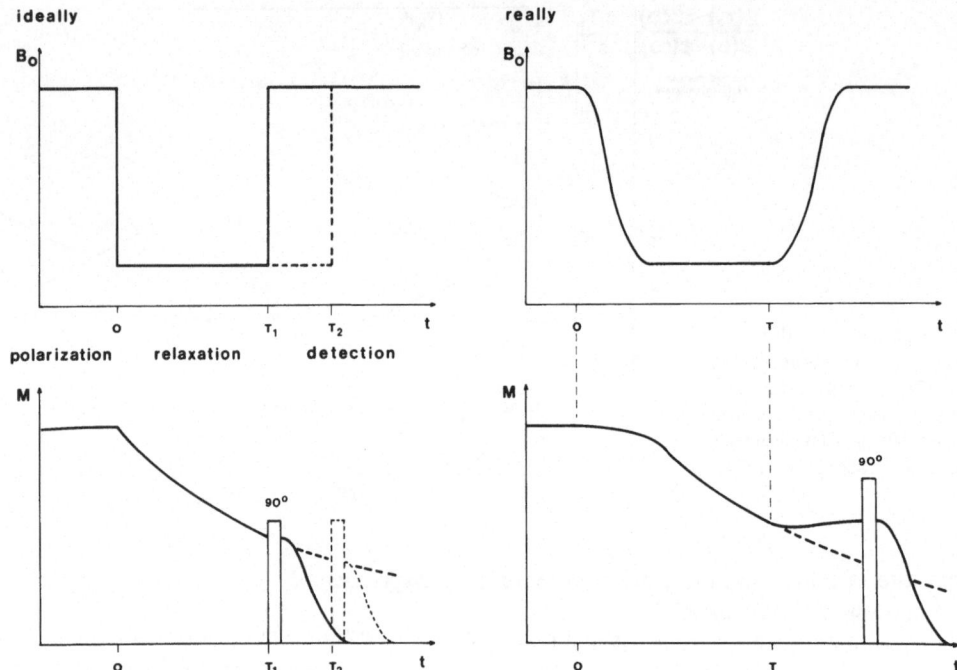

Fig. 4. Field modulation technique. Temporal development of magnetic field strength and magnetization.

needs 30 ms to reach resonance at 20 MHz with a copper coil or at 40 MHz with a superconducting coil. At the first sight one might expect that this method is restricted to average relaxation times longer than 30 ms. It will be shown that this is a fallacious conclusion and that the application of the method is only limited by the signal/noise ratio and the detectable variation of the signal amplitude.

The duration of switching down is not critical as during this time a constant loss of the initial magnetization occurs only.

During the switching up period the magnetization $M_z(t)$ develops according to the differential equation

$$\frac{dM_z(t)}{dt} = -\frac{M_z(t) - M_{z0}(t)}{T_1(t)} \qquad [8]$$

where $M_{z0}(t)$ is the instantaneous equilibrium magnetization and $T_1(t)$ is the instantaneous relaxation time. Eq. [8] can be rewritten

$$\frac{dM_z(t)}{dt} + \frac{M_z(t)}{T_1(t)} = \frac{M_{z0}(t)}{T_1(t)}. \qquad [9]$$

This equation has the general form

$$\dot{y}(t) + P(t)\, y(t) = Q(t) \qquad [10]$$

where $P(t) = 1/T_1(t)$ and $Q(t) = M_{z0}(t)/T_1(t)$. This is a linear differential equation of first order. The general integral is given by the formula (7)

$$y(t) = e^{-\int P(t)\,dt} \left[\int Q(t)\, e^{\int P(t)\,dt}\,dt + C\right]. \qquad [11]$$

If the indefinite integrals in this expression are substituted by integrals over the interval between t_a and t_b, a solution is obtained which gives the value of C for $t_b = t_a$.

We will now denote the onset of switching up with $t_a = \tau$. The consequence is that C takes the value of the magnetization at this time ($M_z(\tau)$). During the variation of the relaxation period τ these values decay exponentially with the time constant $T_1(\omega_r)$ of the low relaxation field. (ω_r is the related Larmor frequency.)

Denoting the end of the switching up period with $t_b = \tau + \Delta t$ the magnetization takes at this time the value

$$M_z(\tau + \Delta t) = e^{-\int_{t_a}^{t_b} P(t)\,dt} \left[\int_{t_a}^{t_b} Q(t)\, e^{\int_{t_a}^{t_b} P(t)\,dt}\,dt + M_z(\tau)\right]. \qquad [12]$$

The integrals in this expression take constant values for a reproducible development of the field in this switching up period

$$M_z(\tau + \Delta t) = k_1 [k_2 + M_z(\tau)] = k_1 M_z(\tau) + k_3. \qquad [13]$$

For the evaluation of T_1 one forms the difference

$$M_z(\tau + \Delta t) - M_z(\infty) = k_1 M_z(\tau) + k_3 - k_1 \qquad [14]$$
$$\times M_{z0}^r - k_3 = k_1 (M_z(\tau) - M_{z0}^r)$$

where M_{z0}^r is the equilibrium magnetization of the relaxation field. Thus $M_z(\tau + \Delta t)$ relaxes exponentially with the time constant $T_1(\omega_r)$ towards $M_z(\infty)$

$$M_z(\tau + \Delta t) - M_z(\infty) = k_1 (M_z(\tau) - M_{z0}^r)$$
$$= k_1 \Delta M_z\, e^{-\tau/T_1(\omega_r)}$$

where ΔM_z is the difference between the magnetization after reaching the relaxation field and M_{z0}^r.

We conclude that there is no systematic error in the measurements even for $T_1(\omega_r) \ll \Delta t$. In fact the limitation of the method is exclusively given by the condition that ΔM_z must be of a measurable size. In our case this leads to the limit $T_1(\omega_r) \gtrsim 5$ ms. The measuring error was better than $\pm 20\%$ for a 500 mg solid sample.

b) Samples

The T_1-data have been measured with a fraction of polyethylene ($M_w = 675\,000$, $M_n = 622\,000$) with a narrow distribution of molecular weights ($M_w : M_n = 1.09$). This material was used without further purification but the probe head was evacuated to 10^{-1} Torr to avoid any influence of paramagnetic oxygen.

Results and discussion

To show all processes the temperature was varied between 77 K and 373 K and held constant within ±1 degree at the desired temperature. Fig. 5 shows the measurement at −170 °C.

The low-temperature process is considered to be caused by the hindered rotation of the methyl groups. The fit with the theoretical curve shows that this measurement can be described by a three-dimensional, unlimited defect diffusion model. So we imagine that this rotation is initiated by regions of lower density or even vacancies diffusing to the position of a methyl group. At the low-frequency side of this dispersion region the next process follows, which is shown in fig. 6 (−50 °C).

At this temperature a plateau is indicated which must be attributed to the so-called γ-process. It can be described by the one-dimensional,

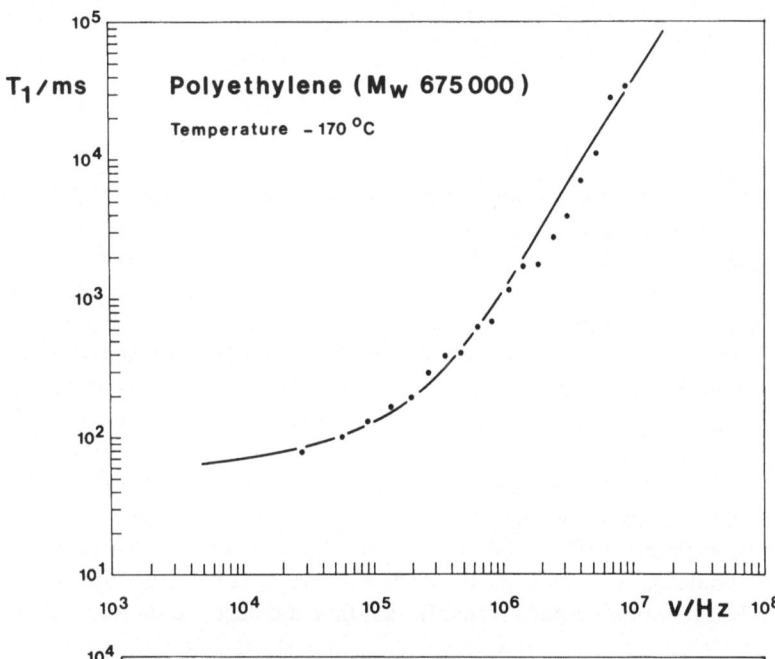

Fig. 5. Frequency dependence of the relaxation time T_1 at −170 °C. (Solid line: Three-dimensional defect diffusion.)

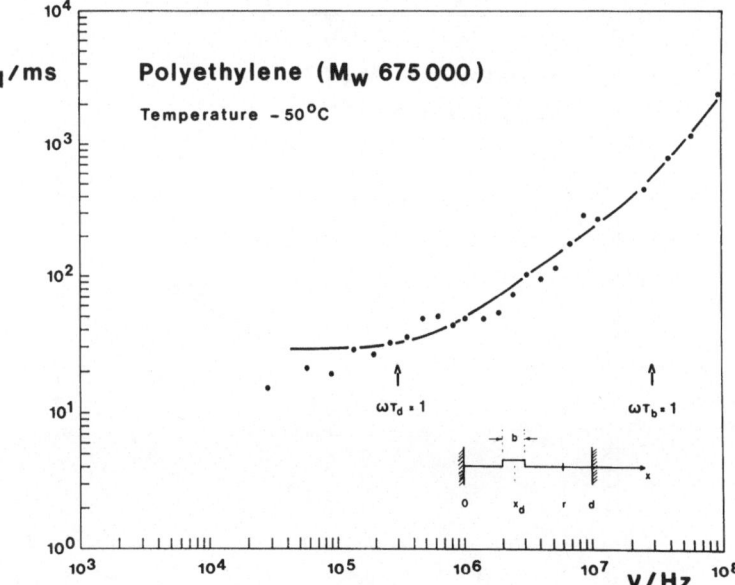

Fig. 6. Frequency dependence of the relaxation time T_1 at − 50 °C. Sketch of the model situation in the one-dimensional, limited case. (Solid line: One-dimensional, limited defect diffusion.)

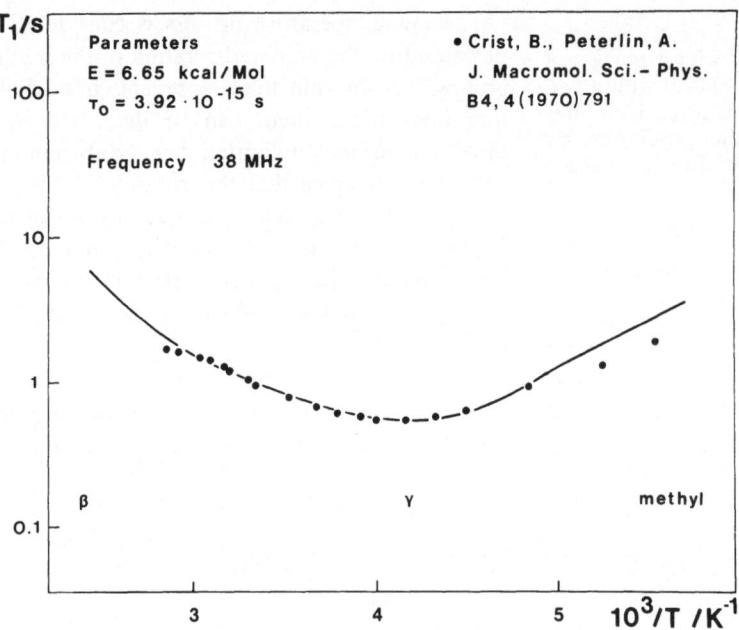

Fig. 7. Temperature dependence of the relaxation time T_1 at 38 MHz.

limited defect diffusion model. The diffusing defects are assumed to consist of rotational isomers which are reflected at each other.

It should be noticed that "reflection" is meant in a more general sense, because the interpenetration of the defects would be indistinguishable from reflection at each other. The common feature of both views is the limitation of the free diffusion paths.

The distance d between the reflecting neighbours is certainly varying. Thus τ_d (mean diffusion time a defect needs to pass the distance d) should be considered as an effective value. τ_b can be interpreted as the mean diffusion time a defect

needs to pass a reference segment. In the case of kinks a step width is known and it is possible to estimate the value of the diffusion constant D and the distance d. In this case one obtains a distance d of about 20 CH_2-groups which means a kink concentration of about 10% (in relation to amorphous methylene groups) a result which corresponds very well to literature (8).

The deviation from the plateau at low frequencies is due to the β-process which will be discussed later.

To test this model with a temperature dependent measurement we have fitted the theory to data from ref. 9 as shown in fig. 7.

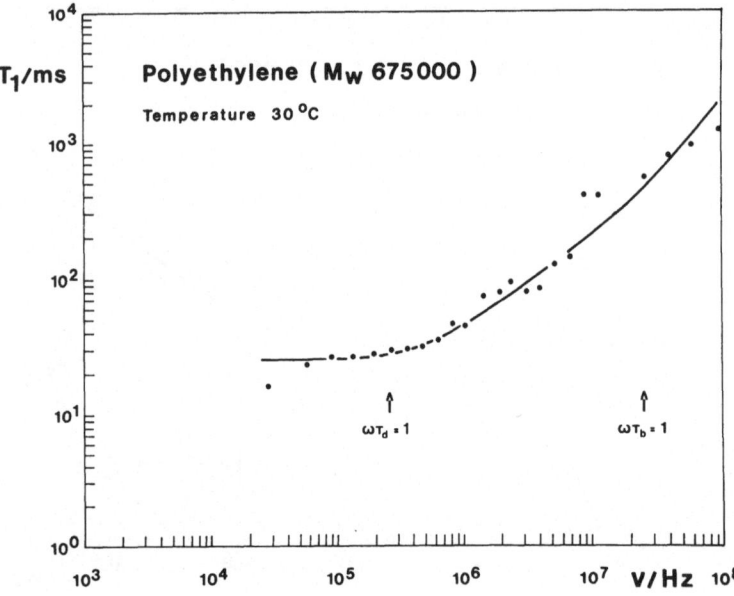

Fig. 8. Frequency dependence of the relaxation time T_1 at $+30°$ C. (Solid line: One dimensional, limited defect diffusion.)

Assuming an Arrhenius law for the mean step time of defects

$$\tau_k = \tau_0 \exp{(E/RT)}$$

the fit yields the indicated parameters τ_0 and E which agree well with those derived by *Haeberlen* (10) from the positions of the T_1-minima.

T_1-data at 30° C (fig. 8) which indicate the so-called β-process can again be described by the one-dimensional defect diffusion ($\tau_d/\tau_b = 100$, relation of defect width b to defect distance d is equal 10). Therefore, we need a different mechanism which is independent of the diffusing defects responsible for the γ-process. A possible type of defect are torsions of the polymer chain. Due to the larger width of these defects and the small displacement of the CH_2-groups relative to their neighbours we expect that e.g. kinks and torsions can penetrate each other and diffuse independently. Imagining an amorphous chain fixed on both sides by crystallites gives a plausible explanation of the occurrence of reflecting walls. A second type of impermeable barriers are chain folds.

At low frequencies, the influence of the crystalline α-process becomes visible, showing that at all higher frequencies and all lower temperatures the relaxation rates of the crystallites are negligible.

To conclude, defect diffusion models have proven to be able to describe the relaxation behaviour of solid polymers where the simple model of a Poisson like motion fails.

Acknowledgement

The financial support received from Deutsche Forschungsgemeinschaft is gratefully acknowledged.

Summary

Measurements of the longitudinal relaxation time T_1 of fractionated polyethylene at temperatures between 77 K and 373 K in a broad frequency range (20 kHz – 100 MHz) are reported. Three discrete processes could be detected and are interpreted by diffusing defects (vacancies, kinks and torsions).

Zusammenfassung

Es wird über Messungen der longitudinalen Relaxationszeit T_1 an fraktioniertem Polyäthylen (M_w 675 000) in Abhängigkeit von der Frequenz berichtet. Die Frequenz wurde dabei in dem relativ breiten Bereich zwischen 20 kHz und 100 MHz variiert. Dies ist möglich durch Anwendung der Feldmodulationstechnik. Zur Genauigkeit dieser Methode wird eine Abschätzung gegeben.

Durch Variation der Temperatur zwischen 77 K und 373 K können drei verschiedene Prozesse in dem genannten Frequenzbereich sichtbar gemacht werden. Diese werden mit Hilfe eines Modells diffundierender Defekte (z. B. Leerstellen, Kinken oder Torsionen) erklärt.

References

1) *Connor, T. M.*, Trans. Farad. Soc. **60**, 1574 (1964).
2) *Glarum, S. H.*, J. Chem. Phys. **33**, 639 (1960).
3) *Bordewijk, P.*, Chem. Phys. Lett. **32**, 592 (1975).
4) *Kimmich, R.*, Z. Naturforsch. **31 a**, 693 (1976).
5) *Kimmich, R.* and *G. Voigt*, Z. Naturforsch. **33 a**, 1294 (1978).
6) *Chandrasekhar, S.*, Rev. Mod. Phys. **15**, 1 (1943).
7) *Bronstein, I. N.* und *K. A. Semendjajew*, Taschenbuch der Mathematik, Leipzig 1968.
8) *Pechhold, W.* and *B. Stoll*, Ber. Bunsengesellsch. **74**, 887 (1970).
9) *Crist, B.* and *A. Peterlin*, J. Macromol. Sci.-Phys. **B 4** (4), 791 (1970).
10) *Haeberlen, U.*, Kolloid Z. u. Z. f. Polym. **225**, 15 (1967).

Authors' address:

G. Voigt, R. Kimmich
Sektion Kernresonanzspektroskopie
Universität Ulm
Postfach 40 66
D-7900 Ulm

Progr. Colloid & Polymer Sci. **66**, 281 – 289 (1979)
© 1978 by Dr. Dietrich Steinkopff Verlag GmbH & Co. KG, Darmstadt
ISSN 0340-255 X

Vorgetragen auf der Tagung der Deutschen Physikalischen Gesellschaft,
Fachausschuß „Physik der Hochpolymeren",
vom 17. bis 21. April 1978 in Bad Nauheim.

Institut für Baustoffkunde und Stahlbetonbau, Technische Univ. Braunschweig, Braunschweig

Netzwerkstrukturen in Polymethylmethacrylat

K. P. Großkurth

Mit 5 Abbildungen und 1 Tabelle

(Eingegangen am 27. Juli 1978)

1. Einleitung

In Ermangelung geeigneter Präparationstechniken war der direkte Nachweis der Existenz übermolekularer Strukturen in amorphen Polymeren trotz vielfach erhobener Vermutungen lange Zeit nicht zu erbringen. Das Vorhandensein kolloidartiger Überstrukturen in diesen Werkstoffen postulierte *Houwink* (1) als Folge der Lockerstellentheorie von *Smekal* schon im Jahre 1936. Mikrostrukturen wurden auch von *Smekal* (2) vermutet: Die Ungleichmäßigkeit der Molekularanordnung und die Mehrstufigkeit des Erstarrungsvorgangs müsse zur Folge haben, daß das Erstarren bei gleichförmiger Temperaturverteilung an zahlreichen voneinander unabhängigen Orten gleichzeitig beginne und inselförmig fortschreite (3). Durch eine unvollkommene Benetzung der zusammentreffenden Erstarrungsfronten könnten auf diesem Wege innere Grenzflächen entstehen.

Erst mit Hilfe der Sauerstoffionenätzung als Präparationsverfahren ließen sich Überstrukturen in amorphen Polymeren elektronenoptisch nachweisen. *Geymayer* (4) erhielt bei der elektronenmikroskopischen Untersuchung eines Oberflächenabdrucks von sauerstoffionengeätztem Polyvinylchlorid eine zeilenartige Überstruktur, auf deren Ursachen er jedoch nicht hinwies. *Wintergerst* et al. (5, 6) konnten Zeilenstrukturen, die sie in ataktischem Polystyrol mit dem gleichen Verfahren entdeckten, auf molekulare Orientierungen zurückführen. Dabei war es unerheblich, ob die Orientierungen durch Strömungsvorgänge beim Verarbeitungsprozeß oder durch Warmrecken oberhalb der Glastemperatur hervorgerufen wurden.

Die genannten Untersuchungen beschränkten sich ausschließlich auf die phänomenologische Beschreibung der beobachteten Strukturen. In eigenen Arbeiten (7, 8) gelang es, quantitative Zusammenhänge zwischen Morphologieparametern und molekularen Orientierungen am Beispiel eines handelsüblichen Standardpolystyrols aufzudecken: Während der isotrope und der nur geringfügig orientierte Zustand durch polygonartige Netzwerkstrukturen gekennzeichnet sind, führt stärkeres Ausrichten der Makromoleküle zu einer zeilenförmigen Morphologie. Die Zeilen ordnen sich senkrecht zur Orientierungsrichtung an. Da die Netzwerk- bzw. Zeilenbegrenzungen aus Material höherer Dichte als das übrige Polymere bestehen und mit dem Orientierungsgrad an Volumen zunehmen, wurden diskontinuierliche Reckprozesse in Mikrobereichen als Ursache für ihr Entstehen angenommen.

Kämpf und *Orth* (9) führten ähnliche, durch Argonionenätzung freigelegte Überstrukturen in gereckten, amorphen Polyäthylenterephthalat- und Polycarbonatfolien ebenfalls auf Dichteunterschiede im Polymermaterial zurück.

Die aufgeführten Forschungsergebnisse legen den Schluß nahe, daß die netzwerk- und zeilenartigen Überstrukturen ein grundlegendes Aufbauprinzip für die amorphen Polymeren darstellen. Aus diesem Grund soll im Rahmen der vorliegenden Arbeit die Frage überprüft werden, ob eine ähnliche Morphologie auch in Polymethylmethacrylat – einem weiteren typischen Vertreter der amorphen Polymeren – realisiert ist. Einen konkreten Hinweis hierauf liefern Lichtstreuungsmessungen an orientierungsfreiem Polymethylmethacrylat: *Dettenmaier* und *Fischer* (10) identifizierten etwa 100 bis 300 nm große Bereiche geringerer Dichte und machten anstelle thermischer Dichtefluktuationen niedermolekulare Bestandteile dafür verantwortlich.

2. Untersuchter Werkstoff

Für die Untersuchungen wurde eine glasklare Polymethylmethacrylat-Spritzgußmasse verwendet.

Tabelle 1. Versuchsparameter für das Warmrecken

Aufheizzeit bei Luftumwälzung	20 min
Reckzeit t_R	15 s
Recktemperatur ϑ_R	125 °C
	135 °C
	140 °C
Reckgrad R	0...400% in Stufen
Abkühlzeit im Kaltluftstrom	1 min

Das Zahlenmittel des Molekulargewichts liegt bei $\bar{M}_n = 67\,000$. Das Verhältnis zwischen Gewichts- und Zahlenmittel beträgt ca. 2. Es läßt auf eine für handelsübliche Produkte relativ enge Molekulargewichtsverteilung schließen. Ausgehend vom orientierungsfreien Grundzustand wurden 4 mm dicke Schulterstäbe nach konstanter Aufheizzeit in der umluftbeheizten Thermokammer einer Vertikalzugprüfmaschine bei konstanter Reckzeit warmgereckt. Der Reckgrad wurde aus der Abstandsvergrößerung von Meßmarkierungen ermittelt, die auf der Probenoberfläche angebracht waren. Die Warmreckung erfolgte oberhalb der Glastemperatur. Die einzelnen Versuchsparameter sind in Tabelle 1 aufgeführt.

Infolge der konstanten Reckzeit sind Reckgrad und Reckgeschwindigkeit einander proportional, d. h. der Reckgrad wurde durch unterschiedliche Wahl der Reckgeschwindigkeit variiert.

3. Probenpräparation

Trotz der beim Warmrecken hervorgerufenen Gleichmaßdehnung ist der Orientierungsgrad nicht über dem gesamten Stabquerschnitt konstant. Daher wurde die Struktur stets in Faserachse untersucht. Zu diesem Zweck wurde das Poly-

mermaterial mit Hilfe metallographischer Schliffvorbereitungsmethoden bis in die Nähe der Faserachse schonend abgetragen. Geringfügige Oberflächenrauhigkeiten wurden anschließend durch Hochglanzpolieren eingeebnet.

Wie frühere, eigene Untersuchungen zur Optimierung der Probenpräparation für die Elektronenmikroskopie zeigten, geht auch ein schonender mechanischer Abtrag der Probenoberfläche mit einer unerwünschten Deformation dünner Materialschichten einher (11). Derartige Einflußzonen müssen folglich zunächst entfernt werden, um die Betrachtung einer artefaktfreien inneren Morphologie bei der elektronenmikroskopischen Untersuchung zu gewährleisten. Sowohl für diese reine Abtragätzung als auch für die anschließende selektive Gefügeätzung hat sich das Ionenätzen als geeignet erwiesen. Allerdings führte die sonst übliche Sauerstoffionenätzung beim Polymethylmethacrylat zu einem präparatschädigenden Abtrag. Einer ausreichend geringen Angriffsintensität der Sauerstoffionen stand die Forderung nach Aufrechterhalten einer stabilen Gasentladung entgegen. Aus diesem Grund wurde Argon als Ätzgas verwendet. Hiermit ließen sich die genannten Schwierigkeiten umgehen. Um einen Abtrag von mehreren Mikrometern zu erzielen, mußten Ätzzeiten im Bereich einiger Stunden gewählt werden.

In Abb. 1 ist das Schema der verwendeten Gasentladungsapparatur dargestellt. Sie arbeitet nach der von *Jakopić* (12) entwickelten Methode zum Anätzen organischer Substanzen mit aktiviertem Sauerstoff. Jedoch kann sie auch mit anderen Ätzgasen beschickt werden. *Aldrian* et al. (13) haben die Apparatur eingehend beschrieben.

Bei einem stationären Druck von 10^{-3} bis 10^{-4} mbar strömen geringe Mengen eines geeigneten Ätzgases durch feine, ringförmig verteilte Bohrungen in den Glasrezipienten c (Abb. 1). Im Feld der über die Ringelektrode b kapazitiv angekoppelten Hochfrequenz von 27,12 MHz wird das Ätzgas mit einer Leistung von etwa 30 W durch Stoßionisation ionisiert. Gleichzeitig werden die bei diesem Druck überwiegend positiv geladenen Gasionen durch ein überlagertes Gleichspannungsfeld von ungefähr 70 V/cm, das sich zwischen der Elektrode d und dem wassergekühlten Tisch f befindet, zur Probe e hin beschleunigt. Die Probenoberfläche wird zum einen durch mechanische Beanspruchung infolge der kinetischen Energie der auftreffenden Ionen abgebaut, zum anderen je nach verwendetem Ätzgas durch chemische Einwirkung der Ionen. Die Abbauprodukte gehen in die Gasphase über und werden vom Evakuierungssystem abgepumpt. Dies ist gegenüber der chemischen Naßätzung ein entscheidender Vorteil. Eine schädigende Erwärmung der Proben konnte nicht festgestellt werden.

Die letzten Schritte in der Präparation bestanden aus dem Bedampfen im Vakuum, das zur Kontrasterhöhung schräg ausgeführt wurde, dem Ablösen und Aufbringen des Oberflächenabdrucks auf ein Objektträgernetz.

Abb. 1. Schema der Gasentladungsapparatur

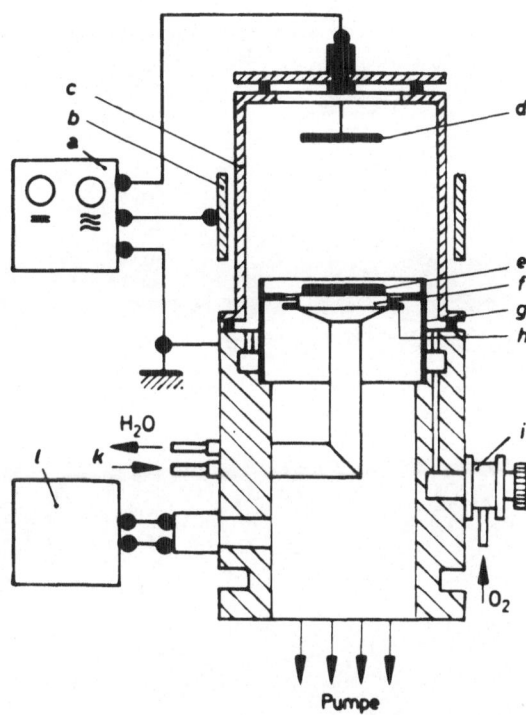

a Steuereinheit

b HF-Ringelektrode

c Rezipient aus Pyrexglas

d Gleichspannungselektrode

e Probe

f wassergekühlter Tisch
und Gegenelektrode

g Zylinder

h Schirmbleche

i Dosierventil

k Kühlwasser

l Vakuummeter

4. Ergebnisse der Elektronenmikroskopie

Ausgangspunkt der elektronenmikroskopischen Untersuchungen war die Struktur des isotropen Polymethylmethacrylats. Der in Abb. 2 dargestellte Oberflächenabdruck zeigt, daß die ursprünglich hochglanzpolierte innere Oberfläche des orientierungs- und eigenspannungsfreien Materials selbst nach einer mehrstündigen Argonionenätzung nur eine mäßige Tiefengliederung aufweist. Dementsprechend gering fielen die erzielbaren Bildkontraste aus. Lediglich in Andeutungen ist ein schwach ausgeprägtes korngrenzenähnliches Netzwerk zu erkennen. Dessen Maschenweite bewegt sich zwischen 300 und 500 nm. Eine Vorzugsausrichtung der einzelnen Struktureinheiten ist nicht vorhanden.

Die statistische Anordnung der Netzwerkstruktur geht jedoch verloren, wenn die Makromoleküle des Polymethylmethacrylats durch Warmrecken in der eingangs beschriebenen Weise orientiert werden. Ebenso ändern sich Form und Feinheit der Morphologie; das Ausmaß der Veränderungen hängt von den Reckparametern Reckgrad und Recktemperatur ab, sofern die Reckzeit konstant bleibt. Das Grundprinzip der strukturellen Veränderungen im übermolekularen Bereich soll hier für jede der verwendeten Recktemperaturen an einer mäßig und einer stark orientierten Probe

erläutert werden. Um die Reckrichtung in den elektronenmikroskopischen Bildern eindeutig bestimmen zu können, wurde bei der Probenpräparation stets darauf geachtet, daß Reck- und Bedampfungsrichtung definiert zueinander lagen.

In Abb. 3 sind die Strukturbilder so angeordnet, daß sowohl Feinheit als auch Regelmäßigkeit der Morphologie spalten- und zeilenweise zunehmen. Mäßige molekulare Orientierungen, wie sie z. B. die Kombination geringer Reckgrade und hoher Recktemperaturen erzeugt, sind gegenüber der Morphologie des isotropen Ausgangsmaterials bereits mit merklich feineren Netzwerkstruk-

Abb. 2. Morphologie von isotropem Polymethylmethacrylat.

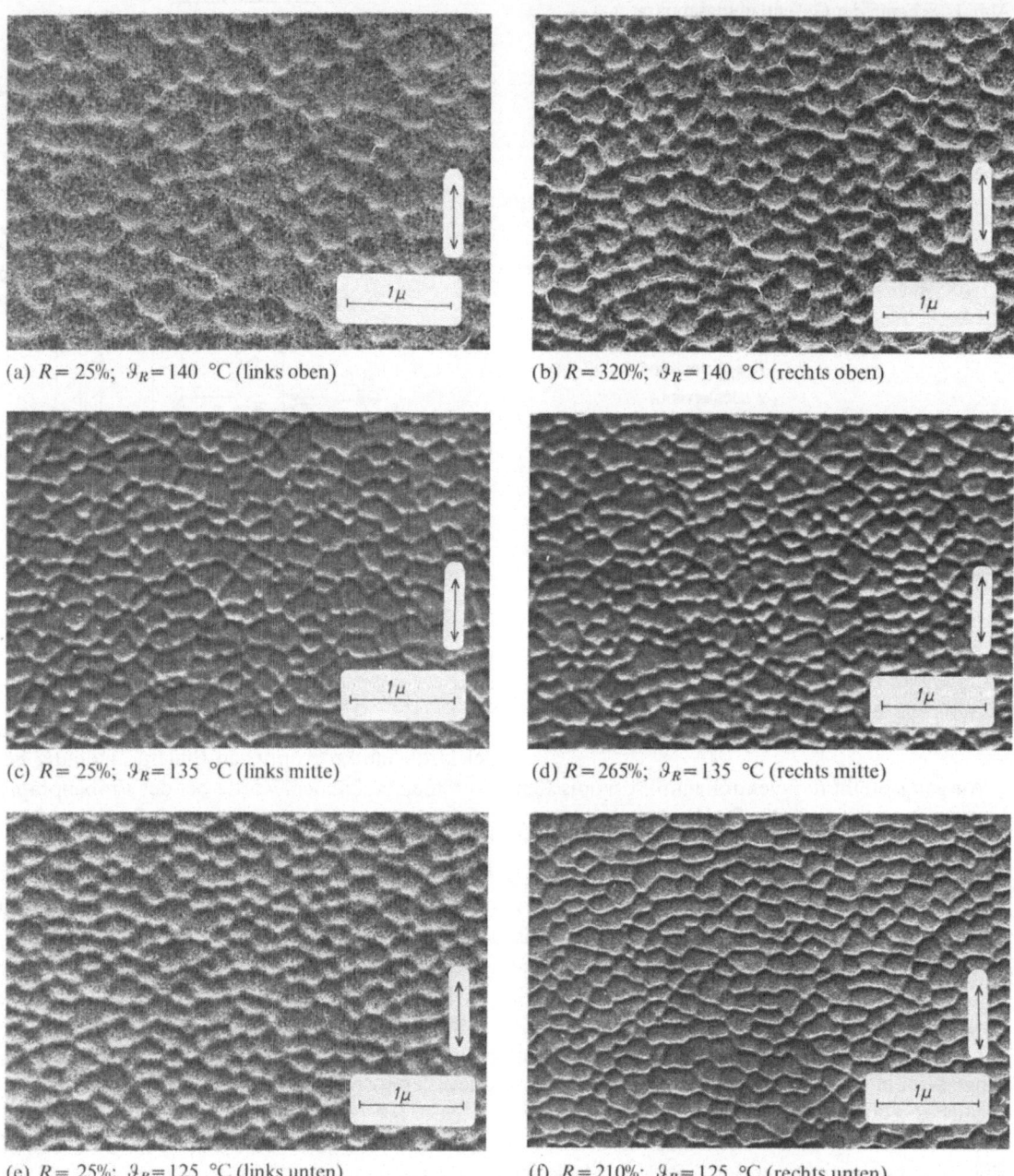

(a) $R = 25\%$; $\vartheta_R = 140$ °C (links oben) (b) $R = 320\%$; $\vartheta_R = 140$ °C (rechts oben)

(c) $R = 25\%$; $\vartheta_R = 135$ °C (links mitte) (d) $R = 265\%$; $\vartheta_R = 135$ °C (rechts mitte)

(e) $R = 25\%$; $\vartheta_R = 125$ °C (links unten) (f) $R = 210\%$; $\vartheta_R = 125$ °C (rechts unten)

Abb. 3. Morphologie von uniaxial warmgerecktem Polymethylmethacrylat. Reckzeit $t_R = 15$ s. Reckung in Pfeilrichtung.

turen verbunden (Abb. 3 a). Durch Aneinanderreihen der globularen Struktureinheiten entsteht eine gewisse Ausrichtung des Netzwerkes senkrecht zur Reckrichtung.

Diese Vorzugsrichtung tritt mit zunehmenden molekularen Orientierungen verstärkt in Erscheinung. Hierbei ist es offenbar vom Grundsatz her unerheblich, ob der höhere Orientierungsgrad bei gleicher Recktemperatur durch Wahl eines höheren Reckgrades (Abb. 3 b) oder bei konstantem Reckgrad durch Anwendung geringerer Recktemperaturen (Abb. 3 c) erzielt wird. Jedoch ist in Abb. 3 b das zunächst globulare Netzwerk zu Zeilen auseinandergezogen, die im Mittel senkrecht zur Reckrichtung verlaufen. Die teilweise noch erhaltenen Globulen sowie zahlreiche Störstellen der Zeilenstruktur in Form von Knickstellen weisen auf den Übergang vom globularen Netzwerk zur zeilenförmigen Morphologie hin.

Die Reduzierung der Recktemperatur um 5 K hat bei gleichbleibendem Reckgrad von 25% zwar eine Verfeinerung der Struktur und eine deutlicher ausgeprägte Vorzugsrichtung senkrecht zur Faserachse zur Folge; dennoch überwiegt auch hier zunächst der polygone Netzwerkcharakter der Morphologie (Abb. 3 c). Mit zunehmendem Recken geht er wiederum in eine gestörte Zeilenstruktur über (Abb. 3 d). Allerdings hat sich der mittlere Zeilenabstand gegenüber demjenigen in Abb. 3 b stark verringert.

Eine weitere Ermäßigung der Recktemperatur um 10 K geht beim Reckvorgang mit einer erheblichen Zunahme der Dehnkräfte und folglich auch der erzeugten molekularen Orientierungen einher. Aus diesem Grund resultiert bereits bei einem Reckgrad von 25% eine überwiegend zeilenförmige Morphologie, die jedoch bereichsweise noch Anklänge an das globulare Netzwerk hervorruft (Abb. 3 e). Eine Erhöhung des Reckgrades bewirkt nunmehr eine regelmäßigere Anordnung der Zeilenstruktur bei gleichzeitig leicht verringertem mittlerem Zeilenabstand (Abb. 3 f).

5. Diskussion der ermittelten Strukturen

Die Diskussion der elektronenmikroskopischen Gefügebilder setzt Kenntnisse über den Abbaumechanismus des präparativ angewendeten Ätzverfahrens voraus. Wie bei allen Ätzmethoden basiert die Reliefbildung auf örtlich voneinander abweichenden Abbaugeschwindigkeiten.

Für eine Abschätzung der beim Ätzen von amorphen Polymeren ablaufenden, selektiven Abbauvorgänge bieten sich die Ergebnisse der Ionenätzung bei teilkristallinen Thermoplasten an. So können beispielsweise bei Polyäthylen Kristalllamellen, die im Oberflächenrelief erhaben erscheinen, und tieferliegende amorphe Zwischenschichten differenziert werden. Daraus läßt sich der Schluß ziehen, daß Gebiete höherer Ordnung und damit höherer Dichte offensichtlich eine größere Resistenz gegenüber der Ionenätzung besitzen als die weniger dicht gepackten interlamellaren Schichten. Der Grund hierfür muß in der für den Abbau notwendigen Aktivierungsenergie gesucht werden. Diese ist naturgemäß in Bereichen hoher Packungsdichte und Ordnung größer, da hier bei einem Abbau außer den innerhalb der

Molekülkette vorhandenen homöopolaren Bindungen die zwischen den Ketten in weitaus stärkerem Maße als bei lockerer Packung wirksamen Nebenvalenzen aufgebrochen werden müssen. Ferner bedarf der Abbau einer kettenendenständigen Gruppe eines geringeren Energiebetrags als der einer kettenmittelständigen. Innerhalb einer Kette müssen jeweils zwei Bindungen zu den beiden benachbarten Kohlenstoffatomen gegenüber einer Bindung bei den Kettenenden aufgebrochen werden. Demnach werden Bereiche geringerer Dichte, die eine besonders hohe Kettenendenkonzentration aufweisen, bevorzugt durch die Ionen des Ätzgases angegriffen.

Daß diese, bei den teilkristallinen Polymeren gewonnenen Erkenntnisse auch für die amorphen Kunststoffe zutreffen, wurde am Beispiel des ataktischen Polystyrols mit Hilfe vergleichender elektronenmikroskopischer Direktdurchstrahlungen von OsO_4-kontrastierten Ultradünnschnitten nachgewiesen (8). Zur gleichen Schlußfolgerungen führen ferner rasterelektronenmikroskopische Untersuchungen an ionengeätzten Crazes in Polystyrol: Aufgrund seiner gegenüber der unversehrten Polymermatrix um etwa 40% verringerten Dichte wird das Crazematerial beim Ionenätzen bevorzugt angegriffen (14).

Unter Berücksichtigung dieser Gesetzmäßigkeiten ist die in Abb. 2 dargestellte Morphologie darauf zurückzuführen, daß im isotropen Polymethylmethacrylat Bereiche unterschiedlicher Dichte existieren. Einen qualitativen Hinweis zum Ausmaß der Dichteunterschiede liefert die Profilierung der ionengeätzten, inneren Oberfläche; als Ursache für die nur schwach ausgeprägte Tiefengliederung müssen ausgesprochen geringe Dichtedifferenzen angenommen werden. Die Größe der Zonen geringerer Materialdichte entspricht der Maschenweite des Netzwerkes; sie beträgt 300 bis 500 nm und stimmt größenordnungsmäßig mit den von *Dettenmaier* und *Fischer* (10) durch Lichtstreuungsmessungen ermittelten Werten von 100 bis 300 nm überein. Ob niedermolekulare Bestandteile wie im Falle der Lichtstreuexperimente für die Dichteunterschiede verantwortlich sind (10), kann anhand der vorliegenden Versuchsergebnisse nicht entschieden werden.

Die elektronenmikroskopischen Untersuchungen des warmgereckten Polymethylmethacrylats ergaben in gleicher Weise wie beim Polystyrol (8), daß sich die Globulit- bzw. Zeilenbegrenzungen im Oberflächenrelief erhaben abzeichnen. Folglich erweisen sie sich bei der Ätzung gegenüber

den angreifenden Argonionen als resistenter und
besitzen daher eine höhere Dichte als das zwischen ihnen liegende Material.

Die Gefügebilder der Abb. 3 fallen aufgrund
stärkerer Profilierung der ionengeätzten Oberflächen kontrastreicher aus; offenbar werden durch
Warmrecken gegenüber dem isotropen Zustand
wesentlich stärkere Dichtedifferenzen hervorgerufen. Grundsätzlich sind drei mögliche Ursachen
für diesen Effekt denkbar: Einerseits ließe sich
eine Zunahme der Dichtedifferenzen durch eine
Verringerung der Dichte des ohnehin mit höherem Leerstellenvolumen versehenen Materials innerhalb der Globulite erreichen; andererseits besitzen die Makromoleküle das Bestreben, sich infolge des Reckprozesses enger aneinanderzulagern; dies geschieht möglicherweise bevorzugt in
den vorgeordneten, bereits dichteren Grenzbereichen zwischen den Globuliten, wodurch schon
vorhandene Netzwerkgrenzen verstärkt hervortreten, aber auch in anderen Gebieten, wo sich
die Molekülketten angesichts einer nur mäßigen
physikalischen Vernetzungsdichte leicht parallelisieren lassen und auf diese Weise neue Grenzbereiche erzeugen; schließlich könnten Verdichtungs- und Auflockerungsprozesse an unterschiedlichen Stellen gleichzeitig ablaufen.

Die Bildung von zusätzlichem Leerstellenvolumen hätte jedoch wegen des damit verbundenen
Mikrokerbeffekts zumindest bei Langzeitbeanspruchung Festigkeitseinbußen zur Folge. Dies

wäre selbst dann zu erwarten, wenn das Material
parallel zu der an sich höher belastbaren Orientierungsrichtung beansprucht würde. Das Gegenteil
ist aber bei den amorphen Polymeren der Fall,
wie zahlreiche Autoren belegen (z. B. 15, 16). Ein
ausschließlich auf Dichteermäßigung beruhender
Prozeß stände außerdem im Widerspruch zu der
Beobachtung, daß die Dichte des Polymethylmethacrylats beim Warmrecken um bis zu 4‰ zunimmt (17). Somit müssen die stärkeren Dichtedifferenzen auf das mit dem Warmrecken ansteigende Parallelisierungsbestreben der Makromoleküle zurückgeführt werden, das neben einer Dichteerhöhung in den Globulit- bzw. Zeilenbegrenzungen die Neuschaffung derselben bewirkt.

Das Entstehen neuer Grenzschichten ist qualitativ an der mit sinkender Recktemperatur und
steigendem Reckgrad zunehmenden Feinheit der
Netzwerk- bzw. Zeilenstrukturen abzulesen. Zur
Überprüfung der Frage, ob ein eindeutiger Zusammenhang zwischen der Feinheit der Morphologie und den Reckparametern besteht, wurde
der Versuch unternommen, die Gefügebilder
quantitativ auszuwerten. Zu diesem Zweck erhielten sie ein in Reckrichtung verlaufendes, äquidistantes Liniengitter. Aus den Abständen der
Schnittpunkte des Liniengitters mit den Globulitbzw. Zeilenbegrenzungen der übermolekularen
Strukturen wurde dann der mittlere Zeilenabstand als reziprokes Maß für die Feinheit der
Morphologie ermittelt.

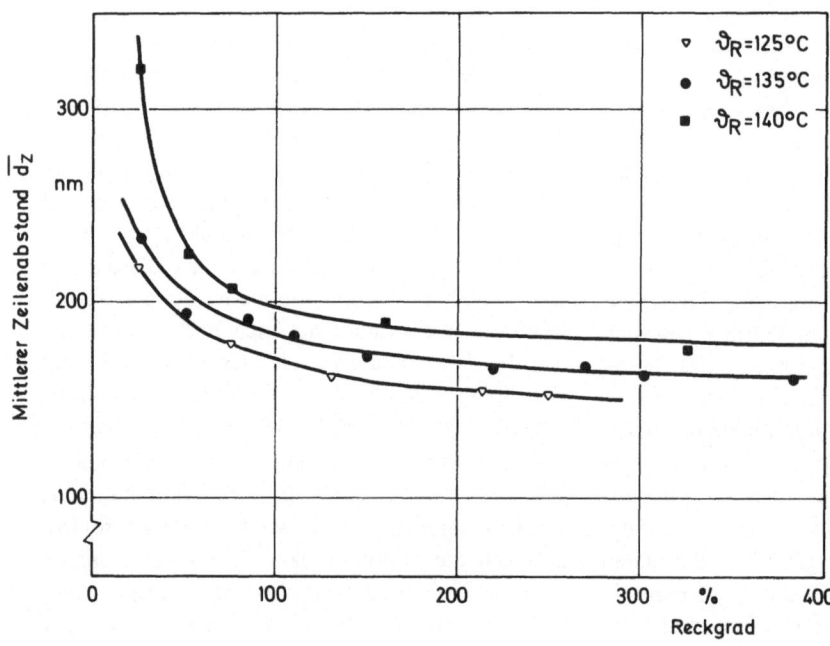

Abb. 4. Mittlerer Zeilenabstand
als Funktion des Reckgrads und
der Recktemperatur. Reckzeit
$t_R = 15$ s.

In Abb. 4 ist der mittlere Zeilenabstand in Abhängigkeit vom Reckgrad mit der Recktemperatur als Parameter aufgetragen. Entsprechend der Reduzierung des Zeilenabstands wird deutlich, daß die Feinheit des Gefüges prinzipiell mit steigendem Reckgrad und abnehmender Recktemperatur zunimmt. Die stärksten Veränderungen ergeben sich im Bereich geringer Reckgrade bis zu etwa 100%. Je niedriger die Recktemperatur liegt, desto geringeres Recken ist notwendig, um eine gewünschte Feinheit der Morphologie zu erzeugen. Der minimal erzielbare mittlere Zeilenabstand scheint nur insofern von der Recktemperatur abzuhängen, als das Reckvermögen, d. h. der maximal erreichbare Reckgrad des Polymethylmethacrylats mit knapp 400% begrenzt ist.

Daß bei gleichbleibendem Reckgrad mit steigender Recktemperatur geringere strukturelle Veränderungen einhergehen, ist leicht erklärbar, wenn der Reckvorgang mit den durch ihn erzeugten molekularen Orientierungen in Beziehung gesetzt wird. Zum einen werden bei Temperaturerhöhung infolge geringerer Dehnkräfte weniger Orientierungen erzeugt; zum anderen nimmt gleichzeitig das Relaxationsbestreben der Makromoleküle zu; ferner dauert der bis zum Unterschreiten der Einfriertemperatur notwendige Abkühlprozeß bei hoher Recktemperatur länger als bei niedriger, was zu einem weiteren Abbau der ohnehin geringeren molekularen Orientierungen führt.

Zur quantitativen Beschreibung des mit unterschiedlichen Reckparametern erzielten Orientierungszustands wurde an allen Proben vor der eigentlichen elektronenmikroskopischen Strukturuntersuchung die Doppelbrechung mit Hilfe des Kippkompensatorprinzips polarisationsoptisch gemessen. Im Zusammenhang mit der quantitativen Gefügebildanalyse war nunmehr die Möglichkeit gegeben, etwaige Abhängigkeiten zwischen der Morphologie und dem molekularen Orientierungsgrad zu ermitteln.

Ersetzt man die einzelnen Kombinationen der Reckparameter Reckgrad und Recktemperatur durch die Doppelbrechung als Orientierungsmaß, so reduzieren sich die in Abb. 4 dargestellten Kurvenscharen zu einer einzigen Kurve, die den Verlauf einer inversen Potenzfunktion besitzt (Abb. 5). Der anfängliche Steilabfall des mittleren Zeilenabstands kennzeichnet den Bereich der Netzwerkstrukturen; der asymptotisch einem Grenzwert zustrebende Kurventeil korrespondiert dagegen mit der zeilenförmigen Morphologie.

Entsprechend dem eindeutigen Kurvenverlauf hängt die Morphologie offensichtlich ausschließlich von den im Polymerwerkstoff vorhandenen molekularen Orientierungen ab. Sie erweist sich somit als invariant gegenüber dem Weg, auf dem die uniaxialen Orientierungen in den Werkstoff eingebracht werden.

Gleichwertige Resultate wurden auch an ataktischem Polystyrol erzielt (8). Allerdings war dort

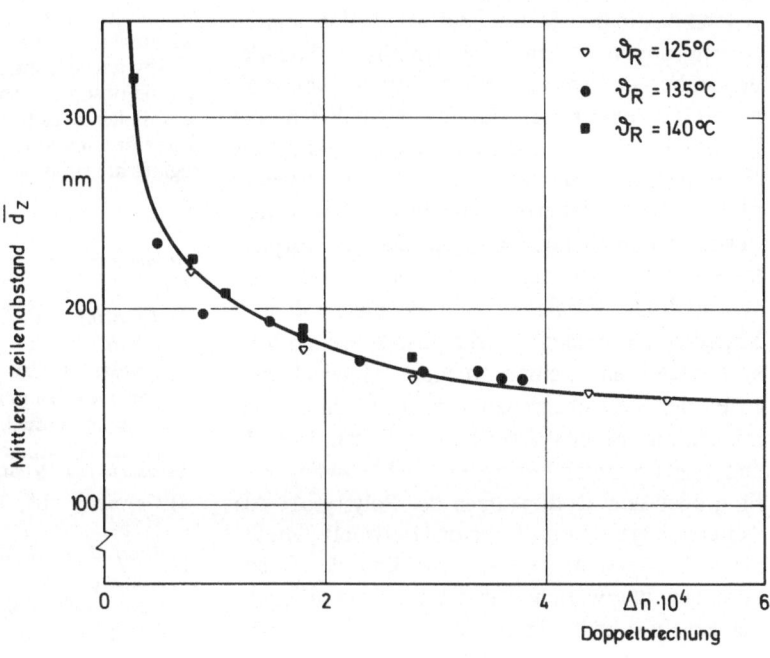

Abb. 5. Mittlerer Zeilenabstand als Funktion der Doppelbrechung. Reckzeit $t_R = 15$ s.

das beobachtete Strukturspektrum ungleich größer. Dieser Sachverhalt äußerte sich einerseits durch ein um den Faktor Zehn gröbermaschiges Netzwerk im orientierungsfreien Zustand, andererseits durch eine wesentlich regelmäßigere Zeilenstruktur im hochorientierten Zustand. Der minimale mittlere Zeilenabstand liegt etwa um ein Drittel unter demjenigen des Polymethylmethacrylats, der mit ungefähr 150 nm anzugeben ist. Unter der Voraussetzung vergleichbarer Differenzen zwischen Reck- und Glastemperatur bewirken beim Polymethylmethacrylat schon wesentlich geringere Reckgrade als beim Polystyrol hohe strukturelle Feinheit.

Bereits im Falle des Polystyrols wurden für das Entstehen der Überstrukturen in Mikrobereichen diskontinuierlich, aber kooperativ ablaufende Reckprozesse verantwortlich gemacht. Sie bewirken gemeinsam mit dem unterschiedlichen Parallelisierungsbestreben der Polymerketten Dichteschwankungen. Man kann jedoch nicht davon ausgehen, daß innerhalb der Bereiche höherer Dichte, also in den Globulit- bzw. Zeilenbegrenzungen eine kristalline Anordnung der Molekülketten realisiert ist. Dies dokumentieren Wärmebehandlungen, die schon geringfügig oberhalb der Glastemperatur zu gröbermaschigen Netzwerken führen, wie sie für geringe molekulare Orientierungen charakteristisch sind.

Die Bildung der diskontinuierlichen Reckprozesse wurde darauf zurückgeführt, daß ein beträchtlicher Teil physikalischer Vernetzungen der Warmverformung standhalten kann. Die zwischenmolekularen Kräfte sind wegen der polaren Seitengruppen beim Polymethylmethacrylat gegenüber denjenigen des Polystyrols weiterreichend. Sie erschweren damit ein Abgleiten und Entschlaufen der Molekülketten während des Warmreckens. Hieraus resultiert eine größere physikalische Vernetzungsdichte des hochorientierten Polymethylmethacrylats. Dessen Morphologie setzte sich aus einer quasiperiodischen Wechselfolge dichterer und weniger dichter Schichten zusammen. Da die physikalischen Vernetzungen dem weniger dichten Material zwischen den Zeilenbegrenzungen zuzuordnen sind, müssen die minimal erreichbaren Zeilenabstände angesichts höherer Verhakungsdichte zwangsläufig größer sein als diejenigen des Polystyrols. Als weitere Folge sind im Falle des Polymethylmethacrylats insgesamt geringere strukturelle Veränderungen zu erwarten, was sich bei den vorliegenden Ergebnissen bestätigte.

Frau *U. Schuhmacher* danke ich für die wertvolle Hilfe, die sie mir während meiner Tätigkeit im Institut für Kunststoffprüfung und Kunststoffkunde der Universität Stuttgart bei der Durchführung der Untersuchungen leistete. Mein Dank gilt weiterhin der Deutschen Forschungsgemeinschaft für die finanzielle Förderung dieser Arbeit sowie der Firma Röhm GmbH Chemische Fabrik, Darmstadt, für die Bereitstellung des Untersuchungsmaterials.

Zusammenfassung

Geordnete Überstrukturen in Polymethylmethacrylat lassen sich mit Hilfe der Kombination von Argonionenätzung und einstufiger Oberflächenabdruckmethode elektronenmikroskopisch nachweisen. Feinheit und Regelmäßigkeit der Morphologie hängen vom jeweiligen molekularen Orientierungszustand ab, nicht aber von dem Weg, auf dem die Orientierungen in den Werkstoff eingebracht werden. Der isotrope und der nur geringfügig orientierte Zustand sind durch globulare Netzwerkstrukturen gekennzeichnet. Mit zunehmender Orientierung brechen die Netzwerke auf, wodurch sich schließlich senkrecht zur Orientierungsrichtung angeordnete zeilenartige Strukturen ausbilden. Da die Globulit- bzw. Zeilenbegrenzungen aus Material höherer Dichte als das übrige Polymere bestehen, werden diskontinuierliche Reckprozesse in Mikrobereichen als Ursache für ihr Entstehen angenommen.

Summary

Regularly arranged superstructures in polymethylmethacrylate can be identified by means of electron microscopy after argon ion etching and using the one-step-replica method. Geometrical shape and regularity of the morphology only depend on the degree of molecular orientations, but not on the way producing themselves. The isotropic and slightly oriented states are characterized by globular network structures. With increasing orientation the globul-boundaries are breaking and a line-by-line structure normal to the stretching direction can be observed. The globul- and line-boundaries possess higher density than the residual polymer material. Therefore inhomogeneous stretching processes in microregions are supposed as the reason of their formation.

Literatur

1) *Houwink, R.,* Trans. Farad. Soc. **32,** 122–131 (1936).
2) *Smekal, A.,* Zur Struktur und Materie der Festkörper, Disk. Tagung Sekt. Kristallkde. Dtsch. Mineralogische Gesell. (Frankfurt/M. 1951), 223–271 (Berlin, Göttingen, Heidelberg 1952).
3) *Smekal, A.,* Z. Phys. Chem. **B 48,** 114–118 (1941).
4) *Geymayer, W.,* Vorabdruck der Radex-Rundschau (1964).
5) *Dietl, J. J., S. Wintergerst, E. Wölfle,* Vortrag H 3, Tagung österr. Arbeitsgem. Ultrastrukturforschung und Dtsch. Gesell. Elektronenmikroskopie (Wien 1969).

6) *Dietl, J. J.*, Kunststoffe **59**, 792–798 (1969).

7) *Großkurth, K. P.*, Gummi, Asbest, Kunststoffe **25**, 1159–1164 (1972).

8) *Großkurth, K. P.*, Colloid & Polymer Sci. **255**, 120–132 (1977).

9) *Kämpf, G., H. Orth*, J. Macromol. Sci. **B 11**, 151–164 (1975).

10) *Dettenmaier, M., E. W. Fischer*, Kolloid-Z. u. Z. Polymere **251**, 922–931 (1973).

11) *Großkurth, K. P.*, Gummi, Asbest, Kunststoffe **30**, Heft 12 (1977).

12) *Jakopić, E.*, Proc. Eur. Reg. Conf. on Electron Microscopy. Delft Bd. 1, 559–563 (1960).

13) *Aldrian, A., E. Jakopić, O. Reiter, R. Ziegelbecker*, Radex-Rundschau **2**, 510–522 (1967).

14) *Großkurth, K. P.*, Gummi, Asbest, Kunststoffe **27**, 703–708 (1974).

15) *Mayer, W.*, Wirkung von Kerben und Orientierungen auf das Festigkeitsverhalten eines amorphen SAN-Copolymeren insbesondere bei schwingender Beanspruchung. Diss. Univ. Stuttgart (1974).

16) *Hennig, J.*, Industrieanzeiger **100**, 13–15 (1978).

17) *Hellwege, K.-H., J. Hennig, W. Knappe*, Kolloid-Z. u. Z. Polymere **188**, 121–127 (1963).

Anschrift des Verfassers:

Prof. Dr.-Ing. *K. P. Großkurth*,
Institut für Baustoffkunde
und Stahlbetonbau,
Technische Universität Braunschweig
Beethovenstraße 52
D-3300 Braunschweig

Progr. Colloid & Polymer Sci. **66,** 291–298 (1979)
© 1979 by Dr. Dietrich Steinkopff Verlag GmbH & Co. KG, Darmstadt
ISSN 0340-255 X

Vorgetragen auf der Tagung der Deutschen Physikalischen Gesellschaft,
Fachausschuß „Physik der Hochpolymeren",
vom 17. bis 21. April 1978 in Bad Nauheim.

Institut für Festkörpermechanik der Fraunhofer-Gesellschaft, Freiburg i. Br.

Deformationsverhalten von PMMA-Crazes an Rißspitzen

W. Döll und *G. W. Weidmann*

Mit 8 Abbildungen und 1 Tabelle

(Eingegangen am 7. Juni 1978)

1. Einleitung

Das Bruchverhalten thermoplastischer hochpolymerer Werkstoffe wird wesentlich beeinflußt sowohl von den, dem Bruchvorgang vorangehenden als auch den dabei ablaufenden Deformationen, die ihrerseits wiederum eng mit morphologischen Veränderungen im Material verknüpft sind. Sogar an spröd brechenden Thermoplasten ist in mikroskopisch kleinen Bereichen längs den Rißufern eine erhebliche viskoelastische und plastische Deformierbarkeit feststellbar, die durch das Abgleiten und Verstrecken von Molekülkettenbündeln hervorgerufen wird. Wesentliche, die Deformierbarkeit beeinflussende Parameter sind Temperatur, Zeit, Beanspruchungsgeschwindigkeit.

Eine einheitliche Beschreibung des Material- und Bruchverhaltens von belasteten glasartigen Thermoplasten wird dadurch erschwert, daß bei unterschiedlichen Spannungszuständen unterschiedliche plastische Deformationen hervorgerufen werden können, und zwar Fließen bzw. Scherverformungen bei Schubspannungen und Crazing bei Normalspannungen, wobei bisher noch nicht eindeutig und vollständig geklärt ist, welche zusätzlichen Bedingungen erfüllt sein müssen, damit der eine oder/und der andere Mechanismus aktiviert werden.

Im folgenden soll für einen gewissermaßen typischen Vertreter der glasartigen Thermoplaste, nämlich PMMA, dieses unterschiedliche Deformationsverhalten diskutiert werden. Da der Sprödbruch von PMMA im wesentlichen von Deformationen durch Crazing begleitet wird, bilden Untersuchungsergebnisse zum Deformations-

verhalten von Crazes an Rißspitzen den Schwerpunkt dieser Arbeit. *)

2. Verformungen durch Schub- und Normalspannungen

Belastet man eine Probe mit guter Oberflächenqualität (riß- und kerbfrei) im einachsigen Zugversuch bei hinreichend hoher Temperatur und/oder niedriger Beanspruchungsgeschwindigkeit, so beginnt die Probe bei Erreichen einer bestimmten Spannungshöhe, der Streckgrenze, sich makroskopisch erkennbar lokal einzuschnüren; bei Aufrechterhaltung der Belastung wandern die Einschnürungen durch die Probe, bis Bruch einsetzt. Abbildung 1 zeigt ein Beispiel einer eingeschnürten Probe. Da die Scherbänder beim einachsigen Zugversuch unter einem Winkel von ca. 45⁰ zur Richtung der wirkenden Hauptnormalspannung entstehen, also dort wo die Schubspannungen maximal sind, ist es allgemein akzeptiert, daß Schubspannungen diese Einschnürungen verursachen. Dieser Verstreckungsvorgang, der auch als Kaltverformung bezeichnet wird, wurde insbesondere von *F. H. Müller* und Mitarbeitern auf das Verhältnis von erzeugter Wärme zu eingesetzter mechanischer Arbeit sowie die entstehenden Temperaturerhöhungen näher untersucht (2).

Der Verlauf der Spannungs-Dehnungskurven, insbesondere die Streckgrenze σ_F, wird stark be-

---

*) Bezüglich einer Diskussion des Bruches nach irreversibler Deformation über einen großen Bereich der Probe durch Scherverformung bzw. Crazing sei auf die eingehende Darstellung von *Retting* (1) verwiesen.

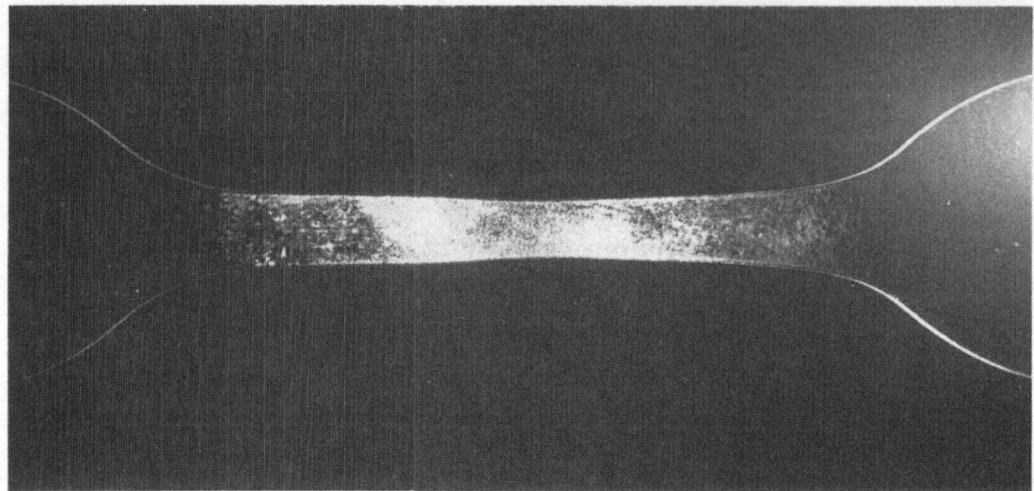

Abb. 1. Bei einachsiger Zugbelastung verstreckter PMMA-Probestab ($T = 70\,^{\circ}$C). Die hellen Flächen bestehen aus einer Vielzahl von Crazes

einflußt von der Temperatur T und der Dehngeschwindigkeit $\dot\varepsilon$, wobei mit erhöhter Temperatur die Streckgrenze σ_F abnimmt (vgl. schematische Darstellung in Abb. 2).

Bevor jedoch in der belasteten Probe beim Erreichen der Streckgrenze makroskopisch die Einschnürung einsetzt, kann man häufig an der Probenoberfläche die Entstehung vieler kleiner Crazes beobachten, die, erkennbar an ihrem „Silberschimmer", außerhalb des eingeschnürten Be-

reiches gut sichtbar bleiben. (Die hellen Flächen in Abb. 1 bestehen aus einer Vielzahl von Crazes.)

Crazes entstehen, wie durch die Untersuchungen von *Sternstein* et al. (3) nachgewiesen wurde, unter der Wirkung von im wesentlichen Hauptnormalspannungen (d. h. Zugspannungen).

Die im zweiachsigen Spannungsfeld geltenden Grenzkurven für den Einsatz von Scherverformung und Crazing sind in Abbildung 3 zusammengestellt. Die Ellipse beschreibt die Grenzkurve der Scherverformung, deren Mittelpunkt wegen des Einflusses des hydrostatischen Druckes auf die Streckgrenze ins Druckgebiet verschoben ist. Aus der Grenzkurve für die Craze-Entstehung ist abzulesen, daß Crazing nur dann einsetzt, wenn die Zugspannungskomponente größer als eine anwesende Druckspannung ist.

Für den Fall, daß ein zweiachsiges Zugspannungsfeld vorliegt, tritt Crazing bei einem deutlich niedrigeren Spannungsniveau als die Scherverformung ein. Es sei betont, daß beide Grenzkurven den Beginn des jeweiligen Verformungsprozesses beschreiben und keine Aussagen über den weiteren Deformationsverlauf und auch insbesondere nicht darüber machen, bei welchen Spannungen die Kettenbündel im Craze zerreißen, wodurch der Craze in einen Riß übergeht.

3. Deformationsverhalten von Crazes an Rißspitzen

Im Hinblick auf die enge Verknüpfung von Craze-Deformation und Bruchverhalten hat es

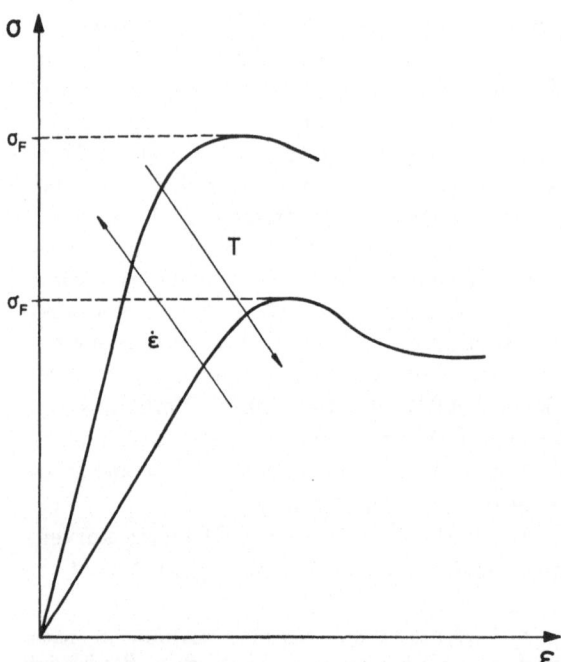

Abb. 2. Zum Spannungs-Dehnungs-Verhalten glasartiger Thermoplaste

Abb. 3. Grenzkurven für den Einsatz von Scherverformung (1) und Crazing (2) an glasartigen Thermoplasten

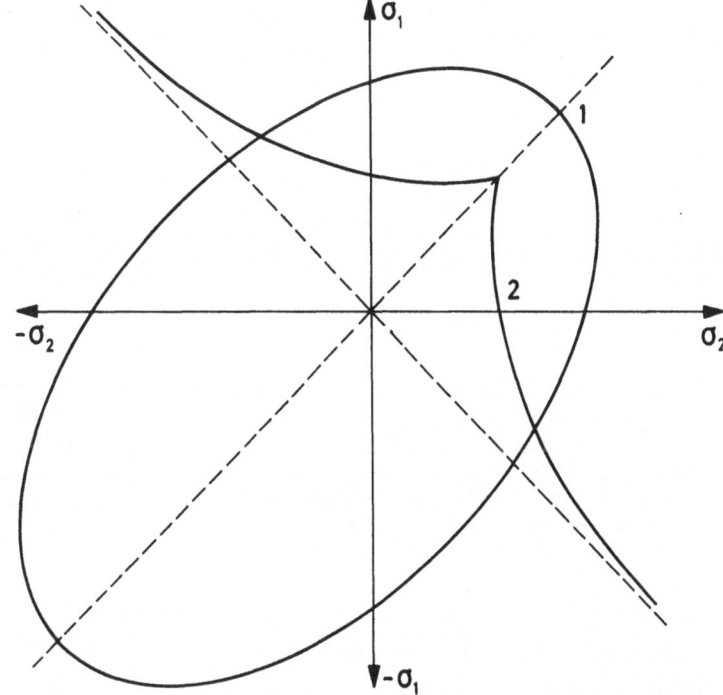

sich als vorteilhaft erwiesen, Crazes an Rißspitzen zu untersuchen. Vorteilhaft deshalb, weil im Falle von transparenten Thermoplasten die Craze-Deformation und die Rißöffnung zum einen mit Hilfe der Interferenzoptik direkt gemessen werden können (4—6) und zum anderen ein bruchmechanisches Modell, das Dugdale-Modell, zur Beschreibung der Craze-Deformationen bereit steht, dessen gute Beschreibung der gemessenen Craze-Deformationen und Rißöffnungen verschiedentlich betont wurde (7—9). Die Ursache dafür ist darin zu sehen, daß in der Ableitung des Dugdale-Modells ein Spannungskriterium angewendet wird, das grundsätzlich dem gleicht, welches im wesentlichen die Craze-Bildung beschreibt, nämlich ein Normalspannungskriterium (7, 9).

3.1 Vorbemerkungen zum Meß- und Auswerteverfahren

Details sowohl zur experimentellen Versuchseinrichtung, bestehend aus einer Miniaturprüfmaschine mit einer mikroskopischen Meßeinrichtung, als auch zur benutzten Probenform sowie zur Auswertung der Interferenzstreifensysteme können einer vorausgegangenen Veröffentlichung (6) entnommen werden. Aufbauend auf den damaligen Versuchsergebnissen an PMMA-Materialien mit verschiedenen Molekulargewichten, in

denen ein starker Einfluß des Molekulargewichtes festgestellt wurde, wurde es zur Demonstration des Molekulargewichtseinflusses hier als ausreichend angesehen, die Experimente an zwei Materialien mit weit auseinanderliegenden Molekulargewichten durchzuführen. Dazu wurden PMMA-Materialien mit $M_w = 120000$ und $M_w = 2200000$ untersucht und zur Erfassung des Temperatureinflusses die Temperaturen zwischen 20° und 80 °C variiert. Die Versuche wurden so durchgeführt, daß die Belastung der Probe und damit der herrschende Spannungsfaktor K_I allmählich gesteigert wurde, bis langsame Rißausbreitung einsetzte. Dabei wurden bei unterschiedlich großen Beträgen des Spannungsfaktors die Interferenzstreifensysteme registriert. Ein Beispiel für den ausgewerteten Verlauf von Craze-Zonengröße und Rißöffnung ist in Abbildung 4 wiedergegeben. Es sei angemerkt, daß mit steigendem K_I-Faktor, also steigender Belastung, die Rißöffnung und die Craze-Breite größer werden, bis bei Erreichen eines kritischen K_I-Faktors, dem K_{I0}-Wert, sehr langsame Bruchausbreitung einsetzt.

Um nun Aussagen über das Spannungs-Verformungs-Verhalten der Kettenbündel in der Craze-Zone zu erzielen, wurde zunächst an die interferenzoptisch gemessenen Verschiebungen $2v(x)$ der Craze-Zone der von *Rice* (10) berech-

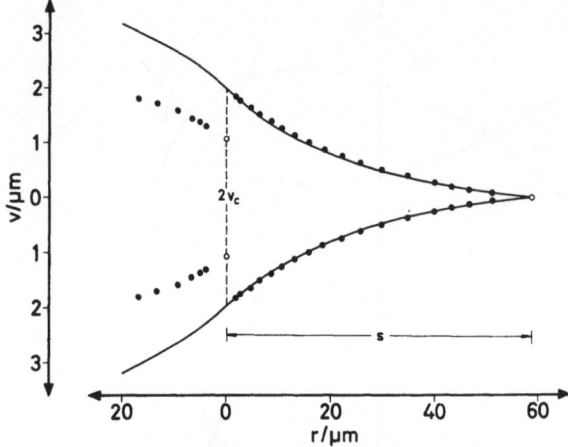

Abb. 4. Zum Vergleich der gemessenen Verschiebungen $2v$ (Punkte) von Craze-Zone und Rißöffnung mit dem aus dem Dugdale-Modell berechneten Verlauf für PMMA, $M_w = 2\,200\,000$ bei $T = 70{,}2\,°C$ und $K_{I0} = 17{,}0\ \mathrm{N/mm^{3/2}}$

nete Kurvenverlauf des Dugdale-Modells angepaßt:

$$2v(x) = \frac{16}{\pi} \frac{\sigma\,s}{E} (1 - \nu^2) \left[\xi - \frac{x}{2s} \ln\left(\frac{1+\xi}{1-\xi}\right) \right] \quad [1]$$
(ebene Dehnung)

mit $\xi = (1 - x/s)^{1/2}$, wobei die im Craze herrschende Spannung σ aus der für die Craze-Länge s gültigen Beziehung

$$s = \frac{\pi}{8} \frac{K_I^2}{\sigma^2} (1 - \nu^2) \qquad \text{(ebene Dehnung)} \quad [2]$$

bestimmt wurde ($x = $ Ortsparameter, $\nu = $ Poissonzahl, $E = $ Elastizitätsmodul). Sodann wurde durch Anwendung der von *Goodier* und *Field* (11) angegebenen Lösung der Verlauf der Verschiebungen hinter der Rißspitze berechnet. Die so sich ergebenden Kurvenverläufe sind in Abbildung 4 eingezeichnet. Deutlich ist zu erkennen, daß das Dugdale-Modell die elastisch-plastische Grenze beschreibt; dies kommt durch den Verlauf hinter der Rißspitze, wo die Gesamtverschiebung aus Rißöffnung zuzüglich den auf den Bruchufern verbleibenden Schichtdicken der zerrissenen relaxierten Kettenbündeln besteht, deutlich zum Ausdruck. Somit kann durch Anpassung des Dugdale-Modells an die interferenzoptisch gemessenen Verschiebungen der Craze-Zone unter Berücksichtigung des gleichzeitig gemessenen K_I-Faktors eine Bestimmung des E-Moduls und der jeweils im Craze herrschenden

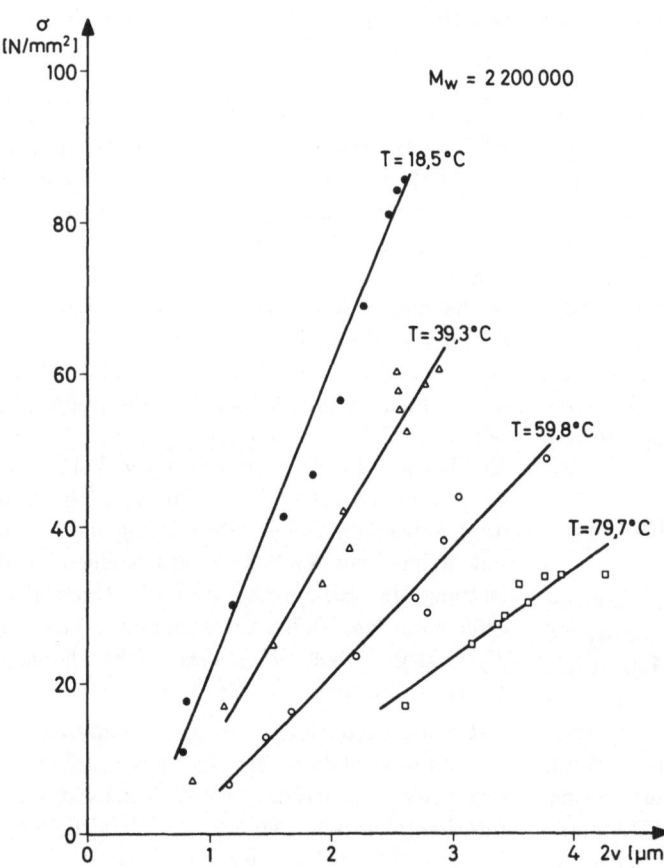

Abb. 5. Einfluß der Temperatur auf das Deformationsverhalten von PMMA-Crazes

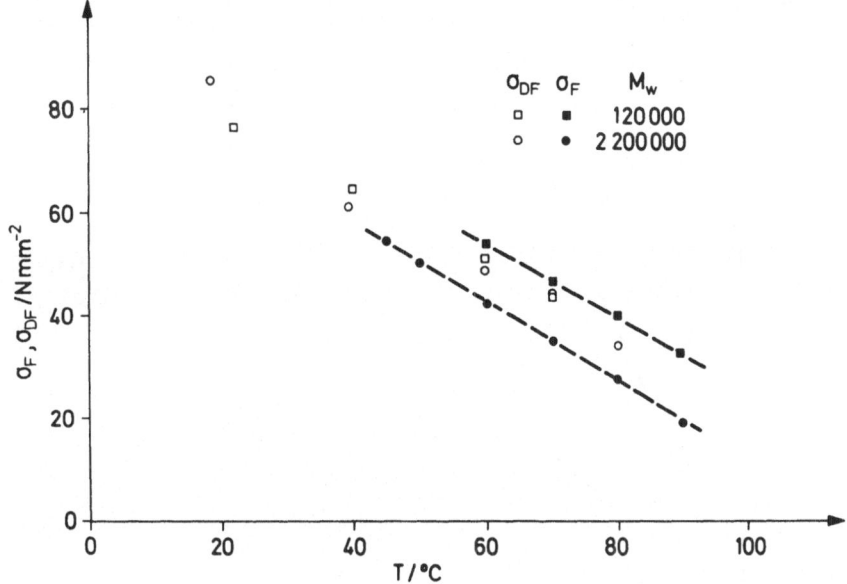

Abb. 6. Vergleich von makroskopisch gemessenen Fließspannungen σ_F mit den aus dem Dugdale-Modell bestimmten σ_{DF} bei verschiedenen Temperaturen

Spannung vorgenommen werden. Von besonderem Interesse ist nun das Spannungs-Verschiebungs-Verhalten derjenigen Kettenbündel, die sich unmittelbar vor der Rißspitze befinden, da diese letztlich das Bruchverhalten des Materials bestimmen. Für diese Molekülbündel werden im folgenden die zugehörigen Verschiebungen $2v \equiv 2v(0)$ bezogen auf die im gesamten Craze herrschenden Spannungen näher diskutiert.

3.2 Ergebnisse und Diskussion

Die so für PMMA mit $M_w = 2\,200\,000$ im Temperaturbereich von 20° bis $80\,^\circ\mathrm{C}$ bestimmten Spannungs-Verschiebungs-Kurven sind in Abbildung 5 wiedergegeben. Es sei vorbemerkt, daß die Kurven nicht mit der Verschiebung Null beginnen, da auch beim unbelasteten Riß schon eine Craze-Zone mit der angegebenen Ausgangsbreite, im folgenden als $2v_0$ bezeichnet, existiert; die Kurven enden bei denjenigen Verschiebungswerten, als $2v_c$ bezeichnet, bei denen die Kettenbündel zerreißen. Man erkennt, daß alle Kurven nahezu lineares Spannungs-Verschiebungs-Verhalten bis zum Bruch aufweisen und daß die maximalen Längen der verstreckten Kettenbündel $2v_c$ bei diesem Molekulargewicht mit der Temperatur zunehmen, während die Spannungen, bei denen die Bündel an der Rißspitze zerreißen ($\sigma_{DF} \equiv \sigma$), mit steigender Temperatur stark abfallen.

Höhe und Abnahme von σ_{DF} mit der Temperatur erscheinen vergleichbar dem Verhalten der einachsigen Streckspannung σ_F. Zur genaueren Überprüfung wurde deshalb an Proben des gleichen Materials im einachsigen Zugversuch die Streckspannung σ_F gemessen.[*] Die Ergebnisse sind in Abbildung 6 für die beiden Molekulargewichte $M_w = 2\,200\,000$ und $M_w = 120\,000$ als Funktion der Temperatur aufgetragen. Es ist eine recht gute Übereinstimmung festzustellen, so daß folgende Schlußfolgerung nahegelegt wird: Crazing und Scherverformung unterscheiden sich zwar hinsichtlich der wirkenden Spannungen, nämlich Normal- bzw. Schubspannungen und bezüglich der Spannungshöhe bei Initiierung, jedoch ist diejenige Höhe der Spannungen, die die Molekülbündel ertragen können, in etwa gleich. Dementsprechend müßte in Abbildung 3, wenn das Versagen von PMMA-Materialien durch Crazing und Fließen beschrieben wird, die Grenzkurve des Crazings für die Fälle einachsiger Spannung σ_1 ($\sigma_2 = 0$) bzw. σ_2 ($\sigma_1 = 0$) bis zum Schnittpunkt mit der das Fließen charakterisierenden Ellipse angehoben werden.

Während der Einfluß des Molekulargewichts auf die Streckspannung σ_F und die Zerreißspannung der Kettenbündel σ_{DF} als nur geringfügig

---

[*] Es sei angemerkt, daß für PMMA in diesem Temperaturbereich die Höhe von Streckspannung und Bruchspannung nach Fließen fast gleich ist.

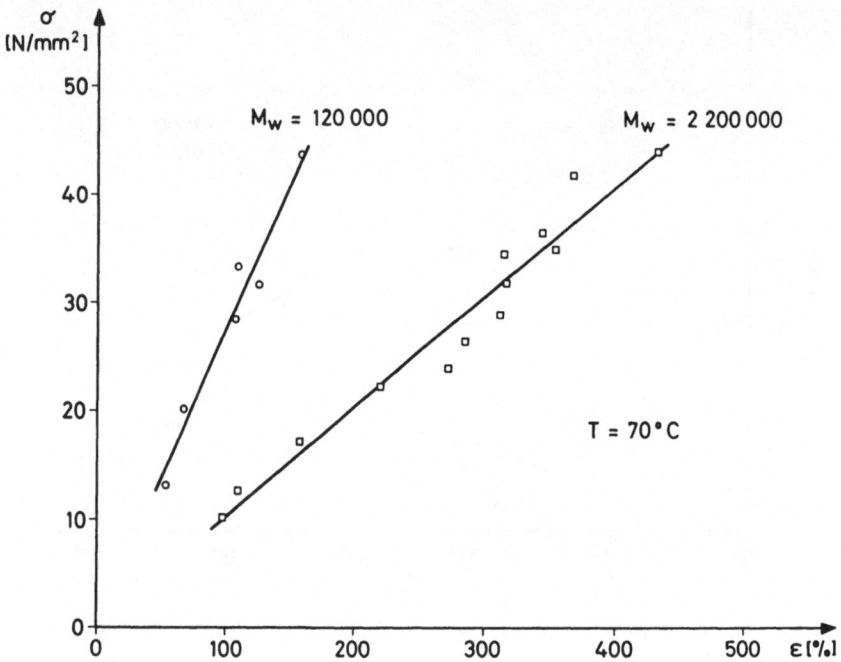

Abb. 7. Einfluß des Molekulargewichtes auf das Deformationsverhalten von PMMA-Crazes

anzusehen ist, zeigt das Deformationsverhalten der Kettenbündel einen starken Unterschied für hoch- und niedermolekulares Material, wie der Abbildung 7 für eine ausgewählte Temperatur zu entnehmen ist. Hier ist die Spannung im Craze als Funktion der „Dehnbarkeit" der Kettenbündel vor der Rißspitze dargestellt, wobei unter Dehnbarkeit die relative Verlängerung der Kettenbündel bezogen auf die Ausgangslänge in der unbelasteten Craze-Zone verstanden wird ($\varepsilon = (2v - 2v_0) \cdot 100/2v_0 (\%)$). Die Dehnbarkeit des hochmolekularen Materials ist mit ca. 400% in etwa doppelt so groß wie die des niedermolekularen, die ca. 200% beträgt; dementsprechend ist der Elastizitätsmodul E_c der niedermolekularen Bündel bei gleich großer Zerreißspannung σ_{DF} auch

in etwa doppelt so groß, d. h. die Bündel des niedermolekularen Materials sind wesentlich steifer. Diese Aussage gilt für den gesamten Temperaturmeßbereich, wie der Zusammenstellung der Ergebnisse in Tabelle 1 zu entnehmen ist, und zwar betragen die Elastizitätsmoduli der Kettenbündel E_c etwa 1.8% bzw. 0,8% der E-Moduli E des hoch- bzw. niedermolekularen Grundmaterials. Aus dem konstanten Verhältnis E_c/E bei den verschiedenen Temperaturen ist abzulesen, daß die Moduln der Kettenbündel vor der Rißspitze und des Grundmaterials in gleicher Weise von der Temperatur beeinflußt werden.

Auch wenn die Moduln der Kettenbündel im Vergleich zu denen des Grundmaterials sehr gering sind, so wird dennoch — wegen der hohen

Tabelle 1. *E*-Moduln des PMMA-Grundmaterials *E* und der Kettenbündel im Craze E_c bei verschiedenen Molekulargewichten und Temperaturen

$T[°C]$	$M_w = 120000$			$M_w = 2200000$		
	$E[N/mm^2]$	$E_c[N/mm^2]$	$E_c/E \cdot 100$	$E[N/mm^2]$	$E_c[N/mm^2]$	$E_c/E \cdot 100$
20	2456	40,1	1,63%	2552	18,6	0,73%
40	2309	46,1	1,99%	2021	15,6	0,77%
60	1875	32,1	1,71%	1634	11,9	0,73%
70	1576	27,4	1,74%	1458	10,3	0,71%
80	—	—	—	1262	10,3	0,85%
			$\approx 1,77\%$			$\approx 0,75\%$

Deformierbarkeit — bei der viskoelastischen Deformation ein erheblicher Energiebetrag gespeichert. Diese viskoelastischen Energiebeträge U_0, berechnet aus

$$U_0 = \int\limits_{2v_0}^{2v_c} \sigma(v) \cdot dv \,, \qquad [3]$$

sind in den Abbildungen 8a, b als Funktion der Temperatur eingezeichnet. Man erkennt, daß diese Energiebeträge U_0 für beide Molekulargewichte in etwa gleicher Weise mit der Temperatur abnehmen; die Energiebeträge U_0 für die viskoelastische Deformation der niedermolekularen Kettenbündel sind dabei nur etwa $\frac{1}{3}$ der hochmolekularen, was letztlich eine Folge der wesentlich höheren Deformierbarkeit der hochmolekularen Bündel ist.

Es sei angemerkt, daß *Kausch* (12) die bei der elastischen Rückfederung von freien Kettenenden nach dem Bruch dissipierte Energien mit 50 bis 200 J/m² abschätzte — Energiebeträge, die den hier bestimmten vergleichbar sind; es besteht jedoch insofern ein Unterschied, als hier die Energien für die viskoelastischen Deformationen von bis zum Bruch beanspruchten Kettenbündeln untersucht wurden.

Vom bruchmechanischen Standpunkt ist ein Vergleich des viskoelastischen Energieanteils U_0 mit der gesamten, zum Bruchvorgang angelieferten Energie G_{I0} von Interesse. G_{I0} kann bestimmt werden aus

$$G_{I0} = \sigma_{FD} \cdot 2v_c \,. \qquad [4]$$

Die so ermittelten G_{I0}-Werte sind als Funktion der Temperatur in Abbildung 8 eingetragen. Man erkennt, daß der Prozentsatz von U_0/G_{I0} beim niedermolekularen Material bei ca. 30% und beim hochmolekularen bei ca. 40% liegt. Die entstehende Frage, in welche andere Energie als U_0 der wesentlich größere Anteil an angelieferter Energie G_{I0} umgesetzt wird, wurde in einer vorangehenden Veröffentlichung (13) ausführlich diskutiert. In Übereinstimmung mit von *F. H. Müller* und Mitarbeitern (2) durchgeführten Wärmemessungen bei der Kaltverstreckung anderer Hochpolymerer wurde dort festgestellt, daß beim kritischen Bruchbeginn von PMMA ca. 60% der für den Bruchvorgang angelieferten Energiefreisetzungsrate in Wärme umgesetzt wird; somit kann für den langsamen Bruchvorgang in PMMA eine nahezu vollständige Energiebilanz erstellt werden.

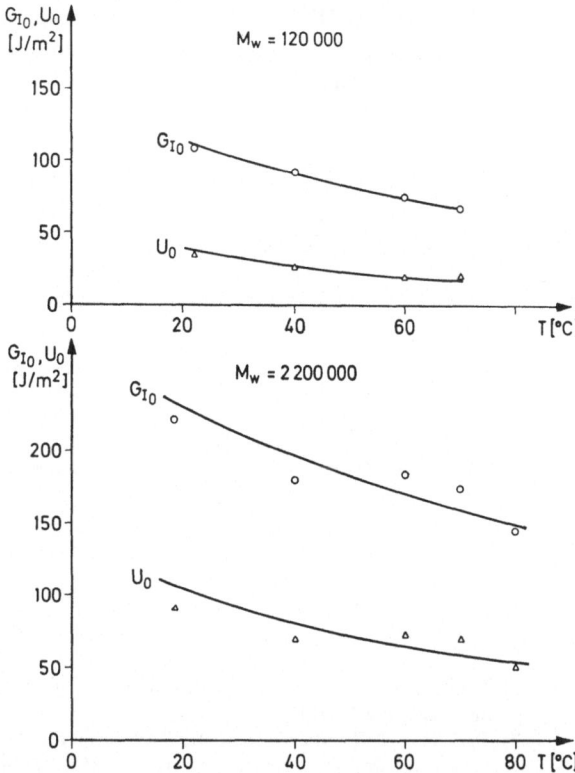

Abb. 8. Zum Bruchvorgang angelieferte Energie G_{I0} und in viskoelastische Craze-Deformation umgesetzte Energie U_0 bei verschiedenen Temperaturen

Abschließend kann festgestellt werden, daß die Interferenzoptik ein wesentliches Hilfsmittel zur Messung der Verschiebungen im Bereich der Rißspitze ist und daß durch Anwendung eines bruchmechanischen Modells, des Dugdale-Modells, die Meßergebnisse quantitative Aussagen zum Deformationsverhalten von Crazes an Rißspitzen ermöglichen.

Insgesamt gesehen läßt sich für PMMA-Materialien der Deformationsvorgang der Kettenbündel vor der Rißspitze in der Craze-Zone folgendermaßen beschreiben (13):

— Bei der Entstehung der Crazes in der Phase I kommt es zu einem Herausziehen von Kettenbündeln aus dem Grundmaterial, wobei die Kettenbündel aneinander abgleiten und verstreckt werden. Während dieses Reibungsvorganges wird in der Craze-Zone ca. 60% der angelieferten Energiefreisetzungsrate in Wärme umgesetzt.

— In der Phase II werden die verstreckten Kettenbündel sehr stark weiter gedehnt (um 200 bis 400%), wobei weitere ca. 30 bis 40% der angelieferten Energiefreisetzungsrate verbraucht werden.

— In der Phase III werden durch den weiter-
schreitenden Riß diese stark gespannten Molekülbündel durch Zerreißen entlastet, wodurch sie gleich entspannenden Federn auf
ihre in etwa nach Phase I am Übergang
Craze/Riß vorgegebene Ausgangslänge zu-
rückschnellen und die orientierte Bruch-
flächenschicht bilden.

Literatur

1) *Retting, W.,* Die Angewandte Makromolekulare
Chemie, **58/59,** 133 (1977).
2) *Müller, F. H.,* in: *R. Nitsche* und *K. A. Wolf*
(Hrsg.), Struktur und physikalisches Verhalten der
Kunststoffe, Bd. 1, S. 428 (Berlin/Göttingen/Hei-
delberg 1962).
3) *Sternstein, S. S., L. Ongchin,* und *A. Silverman,* in:
Applied Polymer Symposia, No. 7, S. 175 (Interscience, New York, 1969).
4) *Kambour, R. P.,* J. Polym. Sci. A—2, **4,** 349 (1966).
5) *Brown, H. R.,* und *I. M. Ward,* Polymer, **14,** 469
(1973).
6) *Weidmann, G. W.,* und *W. Döll,* Colloid & Polymer
Sci., **254,** 205 (1976).
7) *Döll, W., G. W. Weidmann,* in: Tagungsband der
7. Sitzung des AK. Bruchvorgänge, S. 212, DVM
(1976).
8) *Morgan, G. P.,* und *I. M. Ward,* Polymer, **18,** 87
(1977).
9) *Weidmann, G. W.* und *W. Döll,* in: *G. H. Frischat*
(Hrsg.), Non-Crystalline Solids, S. 606 (Trans-Tech.
Publ. 1977).
10) *Rice, J. R.;* in: *H. Liebowitz* (Hrsg.), Fracture,
Bd. **2,** S. 192 (Academic Press, New York 1968).
11) *Goodier, J. N.,* und *F. A. Field,* in: *D. C. Drucker,*
und *J. J. Gilman* (Hrsg.), Fracture of Solids, S. 103
(Interscience, New York-London 1963).
12) *Kausch, H. H.,* Kunststoffe **66,** 538 (1976).
13) *Döll, W.,* Colloid & Polymer Sci. **256,** 904 (1978).

Danksagung

Die vorliegende Arbeit wurde aus Mitteln der Deutschen Forschungsgemeinschaft gefördert, wofür auch
an dieser Stelle gedankt sei.

Zusammenfassung

Neuere Untersuchungen zum Bruchverhalten glasartiger Thermoplaste zeigen, daß die Widerstände dieser
Materialien gegen Bruchausbreitung wesentlich von der
maximalen Verstreckungslänge der Kettenbündel am
Übergang Craze/Riß abhängen. Aus den mit Hilfe der
Interferenzoptik gemessenen Verstreckungslängen ist es
unter Zuhilfenahme eines bruchmechanischen Modells,
des *Dugdale-Modells,* möglich, das Spannungs-Dehnungs-Verhalten dieser Kettenbündel zu beschreiben
und Aussagen zur Craze-Deformation und zur Energie-
umsetzung zu erhalten.

Die Untersuchungen von PMMA-Crazes zeigen, daß
Dehnbarkeit, E-Moduln und Deformationsenergien dieser Kettenbündel von den Längen der Einzelketten abhängig sind, nicht jedoch ihre Zerreißspannungen.

Summary

Recent investigations of the fracture behaviour of
glassy thermoplastics have shown that the resistance
of these materials to crack propagation is essentially
dependent on the maximum length to which the bundles
of molecular chains spanning the tip of the crack in the
craze zone can be stretched. The stress-strain behaviour
of such bundles can be determined with the aid of a
fracture mechanics model, the Dugdale model, together
with the measured values of their lengths, obtained
using an optical interference method. This then provides
information on craze deformation and its contribution
to the energetics of fracture.

The investigations of craze zones ahead of crack tips
in PMMA show that whilst the extensibility, Young's
modulus and deformation energy of these bundles of
molecular chains depend on the lengths of the single
chains, their fracture stress does not.

Anschrift der Verfasser:

Dr.-Ing. *W. Döll*
Institut für Festkörpermechanik der Fraunhofer-
Gesellschaft e. V.
Rosastr. 9
7800 Freiburg i. Br.

Dr. *G. W. Weidmann*
The Open University
Faculty of Technology
Milton Keynes, England

Progr. Colloid & Polymer Sci. **66**, 299 – 309 (1979)
© 1978 by Dr. Dietrich Steinkopff Verlag GmbH & Co. KG, Darmstadt
ISSN 0340-255 X

Lectures during the conference of the Deutschen Physikalischen Gesellschaft,
Fachausschuß „Physik der Hochpolymeren". April 17 – 21,
1978 in Bad Nauheim.

Institut für Werkstoffe, Ruhr-Universität Bochum, Bochum, Germany

Strength and fracture of crystalline isotactic polypropylene and the effect of molecular and morphological parameters

K. Friedrich

With 20 figures and 1 table

(Received August 31, 1978)

1. Introduction

One of the most important and widely studied areas of applied polymer science is concerned with understanding the mechanical behaviour of semicrystalline polymers. One aspect of investigations deals with the influence of molecular parameters like chain structure, chain regularity and molecular weight on strength and fracture processes. On the other hand the deformation and fracture processes influenced by the morphology of the material are of considerable importance from both a basic and a practical point of view. Spherulite size, size distribution and microscopic morphological changes within the spherulites can be varied by thermal history or nucleating agents. Under special conditions, for example during the compression moulding of thick-walled parts, different local cooling conditions can lead to differences in the morphology across the whole thickness (1). In the regions of slowest undercooling (i.e. often the thickest portion of the parts), the morphology is coarsely spherulitic and contains individual voids and even holes (fig. 1 a). In the case of rapidly cooled and therefore mainly spherulite-free materials the flow-disturbance of the melt can lead to the occurrence of the wellknown flow lines. They are addition sites for crack nucleation aided by internal stresses as produced by contraction of the cooling polymer (fig. 1 b).

Those defects are mostly found in the thickest portions of a structural part, where three-dimensional stress conditions predominate. This combination can provide a failure of the material before the permissable critical load is reached.

Consequently it seems to be useful to examine the mechanical properties of semi-crystalline polymers under the consideration that fracture can be favoured by the existence of cracks (2). The application of fracture-mechanics seems to be rea-

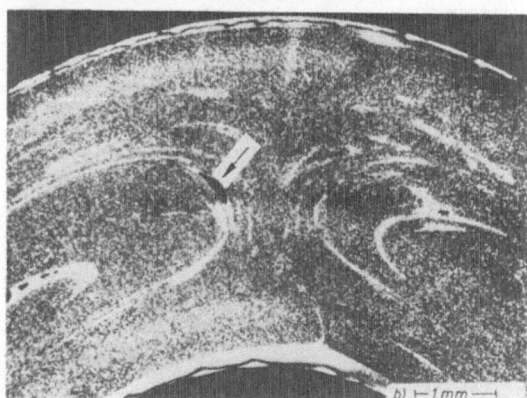

Fig. 1. Faults in thermoplastic structural elements:
a) hole in the coarse spherulitic interior of a T-joint
b) cracks along flow lines in the wall of a pipe.

sonable especially in two cases: 1) if the polymer is very sensitive to notches and 2) if there exists a tendency to brittle fracture due to a minor decrease of temperature below the temperature range in which the polymer is normally used. The last two conditions are very clearly fulfilled in semicrystalline Polypropylene (PP) (3, 4). On the other hand, PP with its lower crystallization rate than for example Polyethylene often exhibits the tendency to build up great differences in the morphological structure, in particular when unfavourable cooling conditions predominate. The main purpose of the present paper was to explore which role such different microstructures in PP play during the formation and propagation of cracks, and which consequences on the mechanical properties, especially the strength of the material, can be deduced from it. In this work strength is defined as the resistance to plastic deformation and fracture, i.e. essentially it was to investigate how the yield stress and the fracture toughness varied with the morphology of the polymer. In addition, it should be explored whether and how the fracture behaviour and the mechanical properties can be modified or altered by a variation of molecular parameters. The results should finally provide informations on the optimum molecular and morphological conditions in respect to the strength of PP.

2. Experimental results

2.1 Characterization of the material

As in previous studies (5) an isotactic Polypropylene (Novolen PP 1120 LX, BASF) with an ad-

mixture of 5% atactic polymer and a relatively low molecular weight was used as the main testing material. With two other types of PP it was explored which changes in fracture behaviour can occur if 1) the molecular weight of the polymer is raised (PP 1120 HX) or 2) a material with a higher atactic content is used (PP 1320 L). Both molecular parameters have a marked influence on both the crystallinity and some mechanical properties of the polymer (tab. 1). The higher non crystallizable atactic content provides a lowering of density and a decrease of shear modulus. On the other hand, the impact strength at room temperature is improved by these irregular chain segments.

Density and shear modulus are only slightly decreasing with lower melt index, i.e. increasing molecular weight. At the same time a considerable improvement of toughness can be achieved.

Bulk sheets of these three types of Polypropylene were subjected to different thermal treatments, which are more fully described elsewhere (5). Some of the resulting microstructures are characterized in fig. 2. All sheets of one series showed nearly the same mean spherulite size and distribution over the whole cross section. Only the specimens which were isothermally crystallized at temperatures near the melting point additionally formed a small transcrystallization-front at their surfaces. But this layer is similar in its mechanical character to the resulting coarse spherulitic morphology in the interior of these specimens (fig. 3).

For further understanding it should also be noted that not only size and distribution of the sphe-

Table 1. Data of different types of Polypropylene. The melting flow index i (i 230/2,16 by ASTM D 1238-65 T) is a measure for the molecular weight of the polymer, which increases with decreasing i.

Polymer	Molecular Structure		Mor-phology	Technical Properties			
	Melting Flow Index	Atactic Content		Density	Melting Temperature	Shear Modulus $G_{(23\,°C)}$	Impact Strength
	$i\left[\dfrac{g}{10\ min}\right]$	[%]		$\varrho\left[\dfrac{g}{cm^3}\right]$	T_m [°C]	[MPa]	$a_{I(23\,°C)}\left[\dfrac{kJ}{m^2}\right]$
PP 1120 LX	4,5–6	5	fine spherulitic	0,908	160–165	630	4
PP 1120 HX	1,5–2,2	5	fine spherulitic	0,907	160–165	600	7
PP 1320 L	4,5–6	20	fine spherulitic	0,896	157–162	300	9

Fig. 2. Transmission light micrographs of three microstructures resulting from different heat treatments. Morphology I (a) consists of many spherulite kernels which have formed during quenching from the melt. In morphology II (b) discrete coarse spherulites are embedded in a matrix of the type I. Micrograph (c) demonstrates the completely coarse spherulitic microstructure III obtained by isothermal crystallization at elevated temperature.

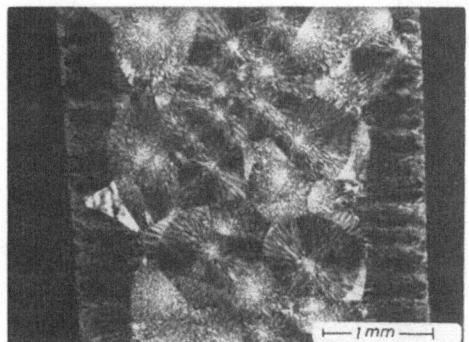

Fig. 3. Transcrystallization fronts in coarse spherulitic PP 1320 L, formed by heterogeneous nucleation at the wall of the melting box.

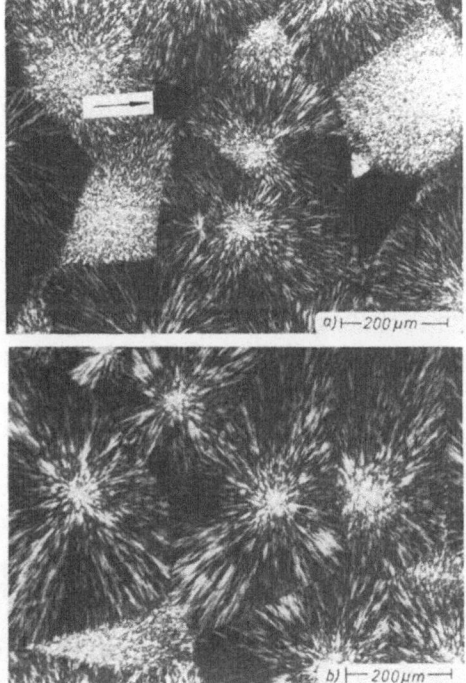

Fig. 4. Comparison of coarse spherulitic morphologies in PP 1120 LX (a) and PP 1320 L (b).

rulites but also their lamellar fine structure and the crystallinity of the polymer are greatly affected during these different thermal treatments (6). The spherulites exhibit a considerably finer fibrillar structure in the quenched PP-specimens than comparable areas of the slowly grown coarse spherulites (7).

The degree of crystallinity in PP 1120 LX, determined by density measurements, increased with decreasing cooling rate from nearly 60%

(morphology I) to nearly 76% (morphology III) (8).

In most of the morphologies no differences between the individual types of Polypropylene could be observed by optical microscopy. Only in the case of the coarse spherulitic structures the polymers with low atactic content (PP 1120 LX and PP 1120 HX) exhibited local voids at some triple points of the spherulites, which in some extreme cases had grown to become large holes in the

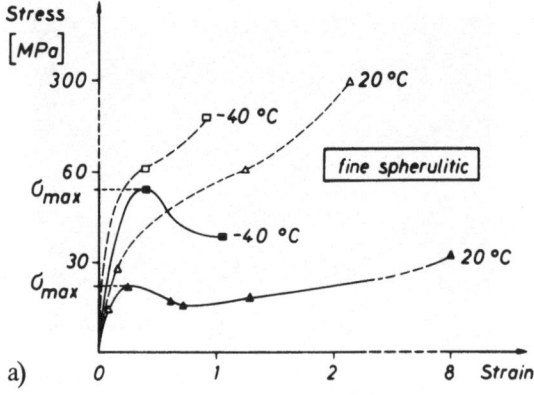

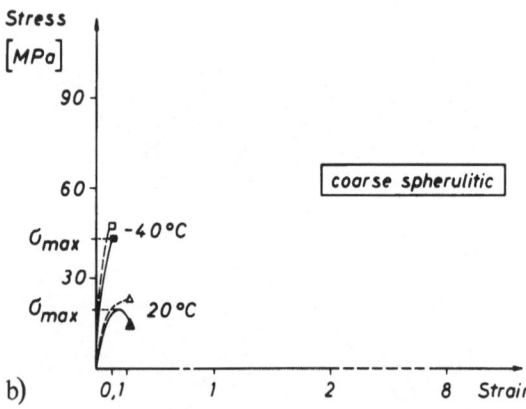

Fig. 5. True (dotted lines) and nominal stress-strain-curves for different morphologies in PP 1320 L at various temperatures ($T \gtrless T_g$): a) fine spherulitic and b) coarse spherulitic morphology.

morphology (fig. 4 a). On the other hand the boundaries in the analogous morphology of PP 1320 L with the higher atactic content were free of any visible defects (fig. 4 b).

2.2 Mechanical tests

All the three types of PP showed at the given cross head speed of $v = 5$ mm/min a different stress-strain-behaviour depending on their morphology and the testing temperature (fig. 5 a, b). Especially at room temperature one must distinguish between the true and nominal stress-strain-curves of fine spherulitic specimens. In this case yielding is associated with the initiation of a neck which extends along the gauge length. This leads to the process of elongation combined with a strengthening of the polymer in the necked region due to an orientation of chains parallel to the draw direction (fig. 6 a). Thus the final, true fracture stress is much higher than the fracture stress measured in a tensile test at $T = -40$ °C. Under the glass transition temperature T_g molecular rearrangements are only restricted to a very small volume. Thus a macroscopically brittle fracture without noticeable necking of the specimen occurs after previous craze formation (fig. 6 b). Indeed, these phenomena must be considered as crazing in crystalline polypropylene, when the definition of *Kambour* (9) is used. Similar observations in other PP-structures have also been inter-

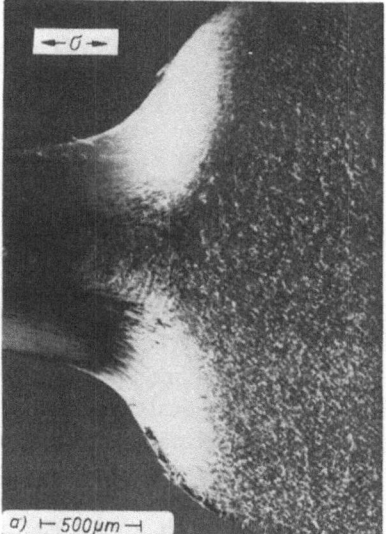

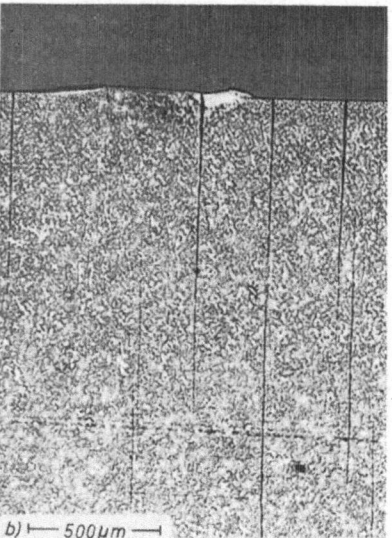

Fig. 6. a) Quasi-homogeneous deformation in the necked region of fine spherulitic PP 1120 LX at room temperature. b) Dense craze formation perpendicular to the applied load at $T < T_g$.

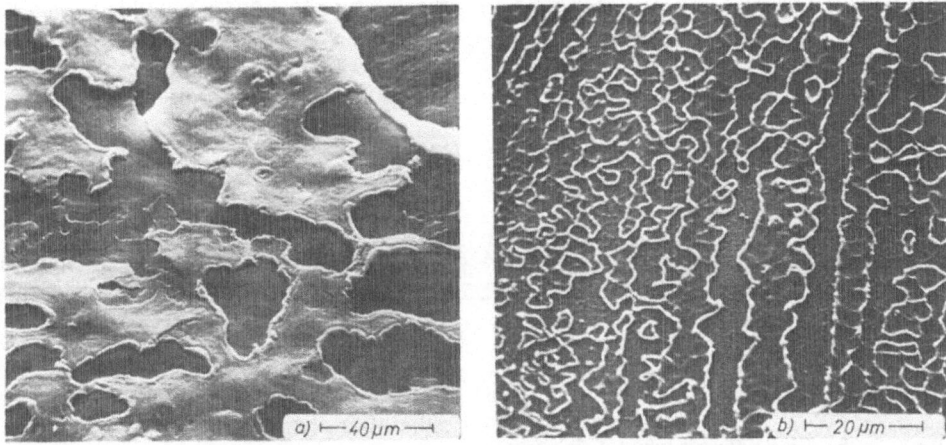

Fig. 7. Analogy of speckled patterns on the craze-fracture surfaces of Polypropylene (a) and Polystyrene (b).

pretated as crazes by *Olf* and *Peterlin* (10). If we compare the resulting fracture surface, which had developed in one of these crazes, with that of a craze fracture in atactic Polystyrene, the similarity of both is evident (fig. 7a, b). One can find the typical patchwork structure, which has developed during the crack propagation through the crazes by scission of stretched filaments at the upper or lower craze edge (11, 12).

In the coarse spherulitic morphologies, on the contrary, macroscopically brittle fracture behaviour is observed at temperatures under the glass transition temperature as well as at room temperature. "Yield" stress, defined as the first maximum nominal stress, and true fracture stress are nearly identical (fig. 5 b). It should be mentioned, however, that only the polymer with the higher atactic content (PP 1320 L) expressed a greater difference between these two stress terms, especially at room temperature. This type of PP also showed the highest true strains at fracture under any external condition.

In this work a comparison of the different types and morphologies of Polypropylene shall be made on the basis of the nominal fracture stress at $T = -40$ °C. At this condition all stress-strain-curves are similar in shape, all specimens show a nearly macroscopically brittle fracture and thus a valid comparison is possible. In fig. 8 the graphs of the nominal fracture stress measured under this condition versus the mean spherulitic diameter are demonstrated for two types of Polypropylene with different atactic contents. The decrease in yield and fracture stress with increasing spherulite size is much higher in the isotactic PP 1120 LX than in PP 1320 L. Figure 9 shows for the three

different morphologies I, II and III that the fracture stresses at -40 °C can be improved using a higher molecular weight PP (PP 1120 HX).

The fracture toughness K_c characterizing the sensitivity of a material to fine cracks can be measured by using razor notched compact-tension-specimens (CT) (fig. 10). The values of K_c are determined by the critical crack opening load F_c, at

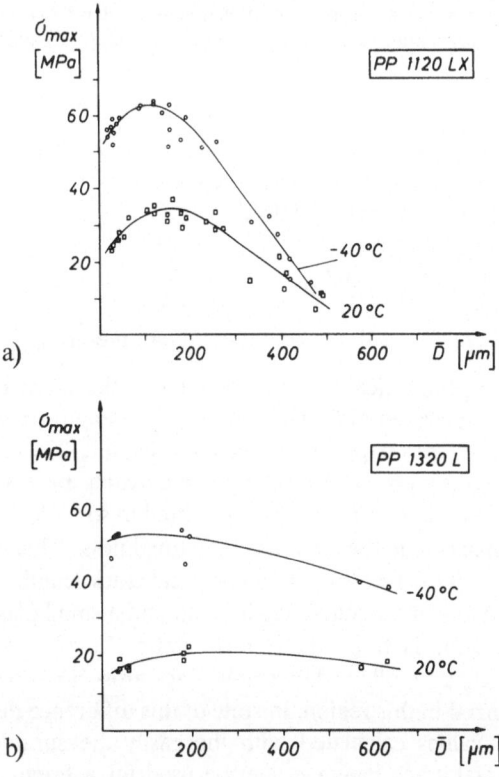

Fig. 8. Graphs of maximum nominal stress (cf. fig. 5) versus mean spherulite diameter $\bar{D}$ for PP 1120 LX (a) and PP 1320 L (b).

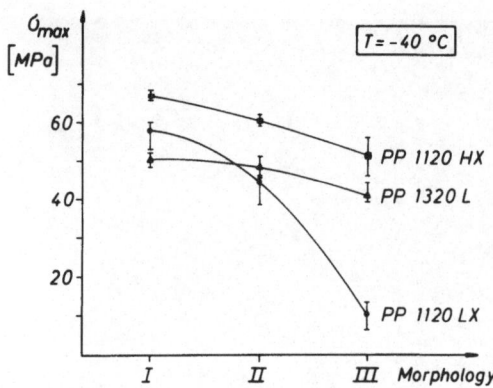

Fig. 9. Comparison of the maximum nominal stresses measured at $T=-40$ °C for the morphologies I, II and III (cf. fig. 2) in the three different types of Polypropylene characterized in Table 1.

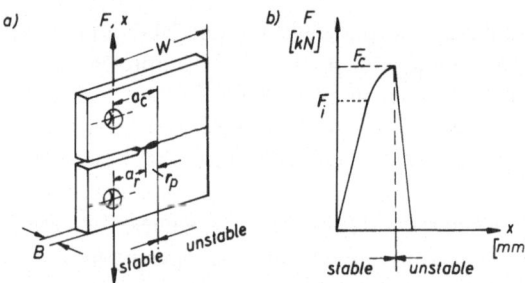

Fig. 10. Schematic representation of the deformation behavior in a compact-tension specimen of PP (a) and the correlation with the load – crack opening – diagram (b).

which a crack with a critical length a_c leads to instable crack propagation and fracture. The following equation must be used:

$$K_c = \frac{F_c \cdot \sqrt{a_c}}{B \cdot W} \cdot f\left(\frac{a_c}{W}\right)$$

where B and W are geometrical parameters. $f\left(\frac{a_c}{W}\right)$ is a geometrical factor depending on the shape of the specimen (13). The critical crack length quoted in this paper is defined as the initial crack length a_r obtained by the razor notching process. Thus the final K_c-values are shifted to some lower values than the true fracture toughness. This is due to the fact that the real critical crack length a_c consists of the initial notch depth and a small plastic zone in front of the razor notch. Local craze formation followed by stable crack growth has occurred in this region. In spite of this difference the K_c-values calculated with the easily measurable initial crack length a_r can be used for a fracture mechanical comparison of the different morphologies and types of Polypropylene (fig. 11 a). Both

the fracture toughness estimated by a_r as well as by the true value of a_c are a little bit higher than the true material constant K_{Ic}. This term characterizes the conditions of a specimen under unfavourable plane strain. i.e. under a threedimensional stress field. In semicrystalline polymers this property can only be measured with very thick specimens (fig. 11 b).

A comparison between the fracture toughness of the three types of Polypropylene at the ambient temperature of $T=-40$ °C is shown in figure 12 for the different morphologies I, II and III. The fracture toughness decreases with increasing spherulite diameter. It can be noticed that the relative differences between the different types of PP have remained. However, the differences between the individual morphologies are much less distinct than in the case of the fracture stresses shown in figure 9.

2.3 Microscopic investigations of crack and fracture morphology

As demonstrated in previous studies on PP 1120 LX (8) a change in fracture mechanism can

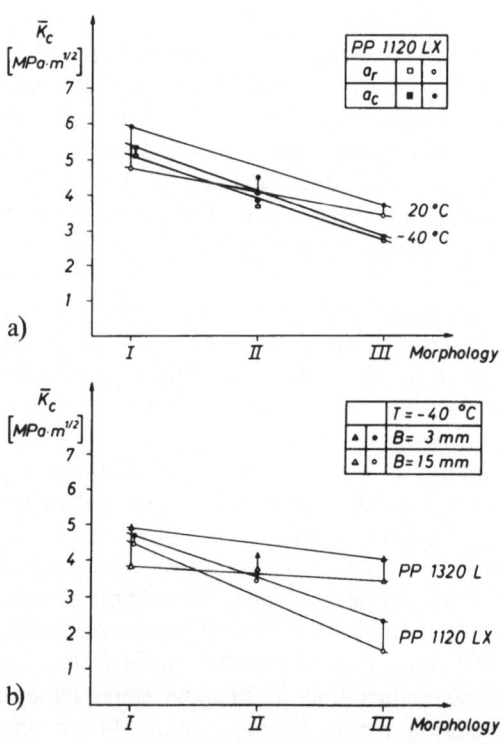

Fig. 11. a) Influence of the used critical crack length (a_r or a_c) on the value of K_c demonstrated for different morphologies of PP 1120 LX (cross-head speed $v=0,5$ mm/min). b) Comparison of the influence of specimen thickness in two types of Polypropylene ($v=5$ mm/min; a_r).

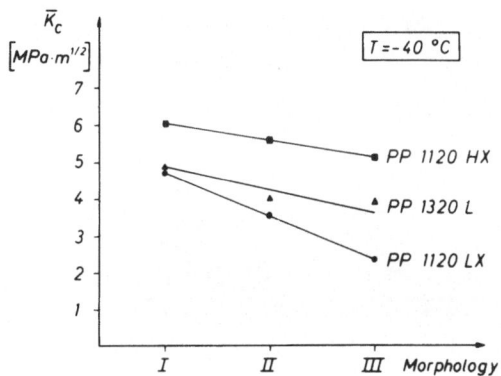

Fig. 12. The effect of morphology and molecular parameters on the fracture toughness K_c ($v = 5$ mm/min; a_r).

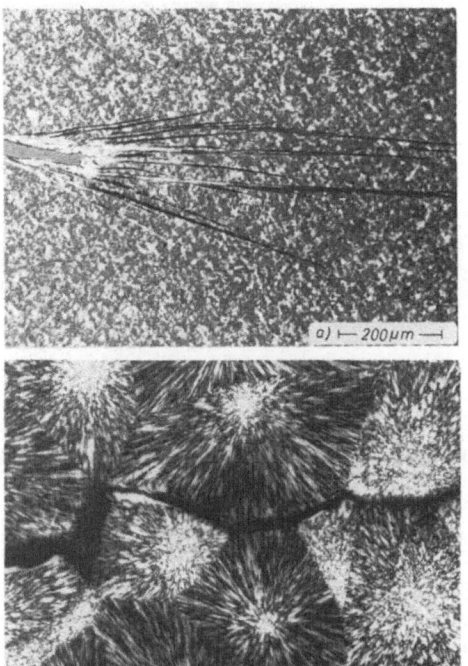

Fig. 13. Polarized light micrographs of slow craze- and crack-initiation at $T < T_g$ in PP 1120 LX with fine (a) and coarse spherulitic morphology (b).

be observed with increasing spherulite size. In the fine spherulitic Polypropylene crack propagation is chiefly controlled by a sharp craze formation in front of the crack tip, while in the coarse spherulitic morphology cracks begin to propagate along spherulite boundaries before unstable, brittle fracture occurs (fig. 13). These various mechanisms provide different morphologies of the fracture surfaces. They can exactly be attributed to the observed individual crack paths in the different microstructures (fig. 14). At the onset, the fracture surface of fine spherulitic PP 1120 LX has a smooth fibrillar structure which had formed during plastic deformation and final rupture in one of the sharp crazes. The patchwork found in this region is the same as described in fig. 7. On the contrary, a polyhedron-shaped fracture surface was formed by the completey interspherulitic crack propagation in the slowly crystallized PP 1120 LX consisting of coarse spherulites with greater stiffness. The dimple-like pattern on the surface of the polyhedrons is due to the plastic defor-

mation of a small boundary layer, whereas the spherulites themselves remained nearly undeformed. Similar observations have also been made by *Way* et al. (14).

Which effects can be expected in this connection from a variation of molecular parameters? Especially the onset of interspherulitic crack growth in a coarse spherulitic morphology is highly influenced by both an increase in molecular weight (PP 1120 HX) as well as in atactic con-

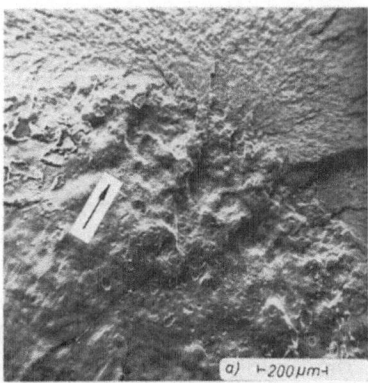

Fig. 14. Corresponding fracture surfaces to fig. 13: a) smooth craze-fracture plane at the onset of fracture in fine spherulitic PP, and b) interspherulitic crack growth in the coarse morphology of PP 1120 LX. In this case the true fracture plane is reduced by some holes (A). The arrow indicates the crack direction.

Fig. 15. The effect of molecular weight on the interspherulitic fracture surfaces produced at room temperature a) in PP 1120 LX ($M_w\downarrow$) and b) in PP 1120 HX ($M_w\uparrow$).

tent (PP 1320 L). A much higher plastic deformation of the boundary layer and of some individual coarse spherulites is observed in high molecular weight PP 1120 HX (fig. 15). A variation of the atactic content from 5 to 20% (PP 1320 L) even provides a change in fracture mechanism in this kind of morphology. Instead of interspherulitic fracture observed in highly isotactic Polypropylene, in the case of PP 1320 L localized plastic deformation in spherulites can occur. When the crack tip encounters a boundary of the spherulite,

a sliding process along the radial direction of the deformed spherulite is observed, indicating a preferred transspherulitic fracture process in this polymer (fig. 16).

Finally, in the region of instable crack propagation all specimens show the typical brittle fracture features described elsewhere (15).

3. Discussion

The microscopic inhomogeneities of crack propagation together with the differences in fracture stress and fracture toughness must be related to variations in microstructure resulting from different cooling conditions. Varying undercooling causes not only a variation in spherulite dimensions. This factor alone would not provide a decrease in yield stress of Polypropylene (16). In addition many other features of structure including crystallinity and lamellar thickness are varied. These changes as well as the existence of defects in some of the morphologies can effect the deformation and fracture behaviour of the individual types of PP in different ways. In principle, rapid undercooling of the melt leads to a high nuclei rate and thus a fine spherulitic morphology. Many non-crystallized regions inside and between the spherulites provide a nearly uniform, strong connection, but also a good plasticity of all morphological regions. Consequently a dense craze bundle is built up in front of the crack tip before unstable fracture occurs. The effect of crazing is similar to that of plastic deformation, especially when many crazes are formed, when they keep a constant length and when there is no influence of environment (17). Under these conditions a high

Fig. 16. Correlation of crack profile (a) and fracture surface (b) of a radial-transspherulitic fracture in PP 1320 L with coarse spherulitic morphology.

energy dissipation before final rupture is possible, providing high values of fracture toughness in this type of morphology.

The degree of crystallinity increases with increasing crystallization temperature combined with lower density of nuclei and a greater spherulite diameter. However, during the slower cooling process additives, impurities, low molecular weight, polymer and non-crystallizable chains are partly pushed ahead of the growing spherulites (18). This process provides in fully crystallized samples impurity-rich spherulite boundaries, which are much weaker (or more brittle (19)) than the hard and highcrystalline interior of the spherulites (fig. 17). Due to their higher crystallinity as compared to the quenched condition these regions can perform a greater contraction of their volume, leading to an increasing void formation along the boundaries. As a result these regions are for example very sensitive to the attack of an agressive medium (fig. 18). The etchant is able to penetrate these regions and produce even a dissolution of the substance. Under mechanical load the general effect in the mainly tested polymer PP 1120 LX is that interspherulitic crack formation and propagation occurs very easily, because for this kind of deformation the lowest amount of energy is necessary. As a consequence, the lowest values of fracture toughness are measured in coarsely spherulitic PP 1120 LX.

An improvement of the fracture mechanical behaviour can basically be reached by an increase in the molecular weight of the polymer. *Keith* and *Padden* (20, 21) earlier reported on Polyethylene that the interfibrillar as well as the interspherulitic link density is highly improved with increasing molecular weight. Thus crack propagation is hindered in both regions, resulting in better fracture toughness values of both the finely spherulitic, but especially the coarsely spherulitic specimens. The last mentioned effect can also be noticed in fig. 15 indicating the higher plastic deformation of the spherulite boundary substance in high molecular weight PP 1120 HX.

On the contrary, the higher atactic content provides two effects. As the atactic polymer chains do not crystallize, they are rejected away from the crystal growth fronts into interfibril spaces. Thus the coarseness of the fibrils and the openness of the texture of the spherulites are considerably controlled by these molecules (22). The effect leads to a decreasing yield stress of the finely spherulitic morphologies, and to a lowering of

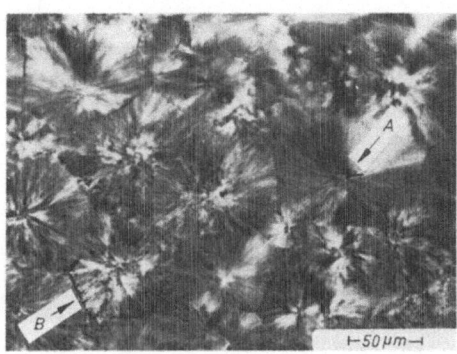

Fig. 17. Spherulite nucleation (A) and segregation at the boundaries (B) in PP 1120 LX filled with a high content of impurities.

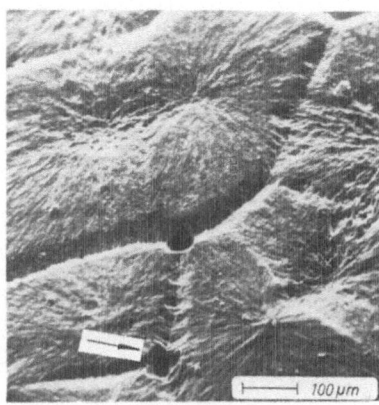

Fig. 18. SEM-micrograph of the etched coarse spherulitic structure in PP 1120 LX with heavily etched boundaries. The most attack of the aggressive medium can be observed at the triple-points of the spherulites (arrow).

the stiffness combined with better plastic deformability of coarse spherulites.

On the other hand, there occurs a transport of non-crystallizable atactic polymer chains into the outer zones of the spherulites during slow isothermal crystallization. This tendency is documented in earlier works of *Padden* and *Keith* (23). Own experiments with solution grown films of a mixture of atactic and isotactic Polypropylene showed similar results (fig. 19).

Parts of the atactic chains are mainly embedded in the interfibrillar outer zones of the adjacent spherulites and provide a good connection of these morphological regions. Thus, crack formation and propagation are more and more concentrated on other areas, mainly on the radial transspherulitic zones. These areas, however, possess a relatively high density of interfibrillar links as compared to the weak spherulite boundaries in high iso-

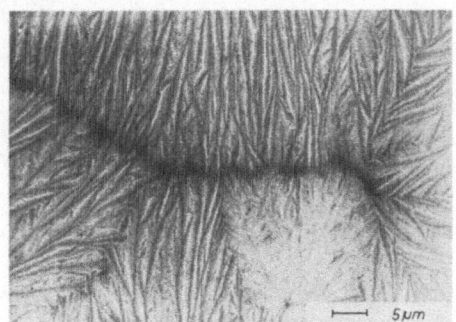

Fig. 19. Transmission-electron-micrograph of a spherulite boundary in a solution grown film of a 40% isotactic/60% atactic Polypropylene mixture. The dark contrast in the region of the boundary is due to the higher concentration of atactic chains than in the interior of the spherulites.

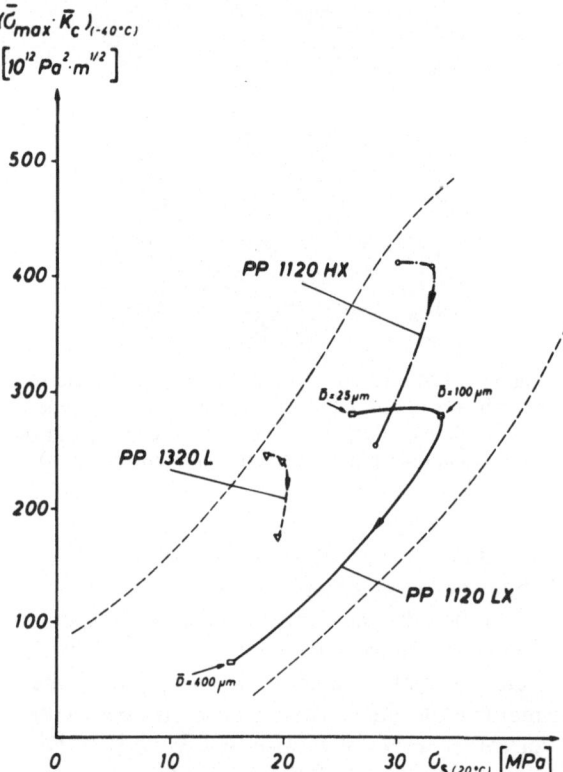

Fig. 20. Technical static strength ($\bar{\sigma}_{max} \bar{K}_c$) measured at −40 °C versus the yield stress σ_s (at room temperature) for 3 mm thick specimens of PP.

tactic Polypropylene. Thus an increase in spherulite diameter will only be accompanied with a smaller decrease of fracture toughness.

A final comparison of the individual types of PP with their different morphologies can clearly be accomplished on a definition of "strength" as the product of yield or fracture stress and fracture toughness (24) (fig. 20). If this product is compared with the yield stress, usually used for the dimensioning of thermoplastic elements, the resulting diagramme leads to the optimum material property in respect to the resistance against plastic deformation and fracture.

For our case this diagramme provides the following informations:

1) In all the three types of Polypropylene a good strength at a relatively high yield stress is achieved when a fine spherulitic morphology predominates. This condition guarantees a high security to fracture, even at lower temperatures.

2) The best values of strength are found in the material with higher molecular weight.

3) Both strength and yield stress decrease severely with increasing coarseness of the morphology (arrow).

4) The degradation of these properties is reduced if a polymer with higher atactic content is used.

5) At the same time this molecular parameter provides a minor lowering of strength and yield stress of the fine spherulitic morphology.

In conclusion it can be said that under the conditions used in this work ($T=-40°$ C, $v=5$ mm/min) PP 1120 HX turns out to be the optimum material, especially when the morphology of the specimen is fine-spherulitic.

If coarse spherulitic regions in the morphology are unavoidable for instance due to high variable cooling conditions in a wall, a polypropylene with a higher percentage of atactic polymer should be used (PP 1320 L). This guarantees a better connection of the coarse spherulites, but leads to a minor decrease in strength, hardness and stiffness of the residual zones of the cross section.

Acknowledgement

I express my appreciation to Prof. *E. Hornbogen* for much advice and the critical examination of the manuscript.

This research was made possible through the support of the Deutsche Forschungsgemeinschaft (DFG).

The BASF, Ludwigshafen, Germany, is greatfully acknowledged for providing the polymer used in this study.

Summary

In semicrystalline isotactic Polypropylene the sensitivity to crack propagation can be lowered by the right choice of the molecular composition (atactic content, molecular weight) and by a controlled production of a certain morphology. Coarse spherulitic morphologies produced by slow undercooling from the melt exhibit the lowest values in respect to yield or fracture stress and fracture toughness. This is due to the fact that plastic deformation is mainly concentrated on the small volume of the weak spherulite boundaries. An improvement of the properties can be reached in this type of morphology when a Polypropylene with a higher content of atactic polymer chains is used.

For temperatures under T_g the strength of a material was defined in this work as the product of fracture stress and fracture toughness. Optimum values of strength are measured for fine spherulitic Polypropylene produced by quenching from the melt, especially when the polymer has a relatively high molecular weight. In this type of morphology a dense craze formation in front of the crack tip provides high energy dissipation. Thus crack propagation under static load is rendered more difficult even at low temperatures.

Zusammenfassung

In teilkristallinem, isotaktischem Polypropylen kann durch die richtige Wahl der molekularen Zusammensetzung (ataktischer Anteil, Molekulargewicht) und durch eine gezielte Einstellung der morphologischen Struktur (Gefüge) die Empfindlichkeit gegen Rißausbreitung erniedrigt und die Festigkeit insgesamt optimiert werden. Durch langsame Kristallisation hergestellte, grobsphärolithische Gefüge weisen die schlechtesten Werte hinsichtlich Streck- bzw. Bruchspannung und Bruchzähigkeit auf, weil hier die plastische Verformung im wesentlichen auf das geringe Volumen der weichen Sphärolithgrenzen konzentriert wird. Die Verschlechterung der Eigenschaften grobsphärolithischer Gefügebereiche kann jedoch stark reduziert werden, wenn der Anteil ataktischer, nicht kristallisationsfähiger Polymerketten in Polypropylen entsprechend hoch gewählt wird.

Bessere Festigkeitswerte, hier für Temperaturen unterhalb von T_g definiert als Produkt aus Bruchspannung und Bruchzähigkeit, liefert ein durch Abschrecken aus der Schmelze erzeugtes feinsphärolithisches Gefüge, insbesondere dann, wenn ein höheres Molekulargewicht im Material vorliegt. In diesem Gefügetyp sorgt eine ausgeprägte Craze-Bildung vor der Rißspitze für eine hohe Energiedissipation, wodurch die Rißausbreitung unter statischer Belastung auch bei tiefen Temperaturen erschwert wird.

References

1) *Menges, G., B. Horn,* Gummi, Asbest, Kunststoffe, **7,** 714 (1971).
2) *Goldbach, G.,* Kunststoffe, **64,** 475 (1974).
3) *Takano, M., L. E. Nielsen,* J. Appl. Pol. Sci., **20,** 2193 (1976).
4) *Dunkel, W. L., R. A. Westlund, jr.,* SPE Journal, **9,** 1039 (1960).
5) *Friedrich, K.,* Progr. Colloid & Polymer Sci., **64,** 103 (1978).
6) *Reinshagen, J. H., R. W. Dunlap,* J. Appl. Pol. Sci., **19,** 1037 (1975).
7) *Wittkamp, I., K. Friedrich,* Pract, Metallography, **15,** 321 (1978).
8) *Friedrich, K.,* ICF 4, Waterloo, Canada, Fracture 1977, Vol. **3,** p. 1119.
9) *Kambour, R. P.,* J. Polym. Sci., Macromol. Rev., **7,** 1 (1973).
10) *Olf, H. G., A. Peterlin,* J. Polym. Sci., Polym. Phys. Ed., **12,** 2209 (1974).
11) *Beahan, P., M. Bevis, D. Hull,* Proc. Roy. Soc., London, A **343,** 525 (1975).
12) *Friedrich, K.,* J. Mater. Sci., **12,** 640 (1977).
13) *Blumenauer, H., G. Pusch,* Bruchmechanik, VEB-Verlag, Leipzig, 1973.
14) *Way, J. L., J. R. Atkinson, J. Nutting,* J. Mater. Sci., **9,** 293 (1974).
15) *Friedrich, K.,* Berichte der DVM-Tagung, Rastermikroskopie, Berlin, 1977, S. 55.
16) *Reinshagen, J. H., R. W. Dunlap,* J. Appl. Pol. Sci., **20,** 9 (1976).
17) *Kausch, H. H.,* Angew. Macromol. Chem., **60/61,** 139 (1977).
18) *Calvert, P. D., T. G. Ryan,* Polymer, **19,** 611 (1978)
19) *Friedrich, K.,* J. Mater. Sci., to be published.
20) *Keith, H. D., F. J. Padden, jr., R. G. Vadimsky,* J. Polym. Sci., **A-2,** 267 (1966).
21) *Keith, H. D., F. J. Padden, jr., R. G. Vadimsky,* J. Appl. Phys., **42,** 4585 (1971).
22) *Williams, D. R. G.,* Appl. Polym. Symp., No. 17 25 (1971).
23) *Keith, H. D., F. J. Padden, jr.,* J. Appl. Phys., **35,** 1270 (1964).
24) *Hornbogen, E.,* Z. Metallkde., **68,** 455 (1977).

Author's address:

K. Friedrich
Institut für Werkstoffe
Ruhr-Universität Bochum
4630 Bochum

Progr. Colloid & Polymer Sci. **66**, 311 – 317 (1979)
© 1978 by Dr. Dietrich Steinkopff Verlag GmbH & Co. KG, Darmstadt
ISSN 0340-255 X

Vorgetragen auf der Tagung der Deutschen Physikalischen Gesellschaft,
Fachausschuß „Physik der Hochpolymeren",
vom 17. bis 21. April 1978 in Bad Nauheim.

*Aus dem Institut für Nichtmetallische Werkstoffe der TU Berlin und dem Institut für Angewandte Physik
der Universität Regensburg*

Beiträge zum Verständnis der Metallklebung mit Epoxidharzen

F.-V. Künzer und *R. Bonart*

Mit 8 Abbildungen

(Eingegangen am 13. September 1978)

Problemstellung

Die Festigkeit einer Klebverbindung ist außer
von der Kohäsion der beteiligten Phasen von der
Adhäsion in der Grenzfläche zwischen den Phasen abhängig. Letztere kann phänomenologisch
durch die Grenzflächenenergie (1, 2) oder, wie es
in der Praxis häufig geschieht, durch die Kraft
beschrieben werden, die aufgewendet werden
muß, um die betreffenden Teile voneinander zu
trennen. Bezüglich der Adhäsion werden zur Zeit
die Diffusionstheorie (3, 4), die elektrostatische
Theorie (5) und die Adsorptionstheorie (6, 7) diskutiert. Letztere betrachtet die Benetzung des zu
klebenden Festkörpers durch den Klebstoff als Indikator für die Wechselwirkung zwischen den
Haftpartnern.

Das Aufrauhen der Fügeteiloberflächen führt
im allgemeinen zu einem besseren Adhäsionsver-
halten (8). In der vorliegenden Arbeit wurde deshalb der Frage nachgegangen, welchen Einfluß
die Rauhigkeit einer Stahloberfläche auf die Benetzung durch ein spezielles Epoxidharz hat. Dabei sollte der formspezifische Einfluß, also die
Rauhigkeit, vom stoffspezifischen Einfluß, d. h.
der Oberflächenchemie, wenn möglich getrennt
werden. Als Maß für die Benetzung ist der Randwinkel gewählt worden, der sich beim Aufbringen
eines definierten Klebstofftropfens auf die Stahloberfläche einstellt. Über ähnliche Untersuchungen, vorwiegend allerdings an niederenergeti-
schen Oberflächen organischer Substanzen, bei
denen die Wasseradsorption aus der Luft praktisch keine Rolle spielt, ist in der Literatur mehrfach berichtet worden (9–12). Wir haben statt
dessen mit dem kalthärtenden Epoxidharz Araldit

AW 106 und dem Härter HV 953U gearbeitet, die
uns von der Ciba-Geigy AG zur Verfügung gestellt worden sind und als kalthärtendes Klebstoffsystem vielfach Anwendung finden. Als Substrat
dienten uns die Stahlsorten 9S 20 und St 70. Die
Messungen wurden im Klima 23/50 durchgeführt. Die Oberflächenrauhigkeit ist mit einem
elektrischen Tastschnittgerät bestimmt worden.
Parallel zu den Randwinkelmessungen wurde die
Haftfestigkeit zwischen koaxial stirnseitig verklebten Stahlzylindern gemessen.

Grundlagen für die Randwinkelmessung

Der Randwinkel, der sich zwischen der freien
Oberfläche eines Flüssigkeitstropfens und der
Substratoberfläche einstellt, ergibt sich im Gleichgewicht durch das vektorielle Zusammenwirken
der Oberflächenspannungen der freien Festkörper-
oberfläche, der freien Flüssigkeitsoberfläche und
der Grenzflächenspannung zwischen Festkörper
und Flüssigkeit. Mit den aus Abb. 1 ersichtlichen
Bezeichnungen gilt:

$$\sigma_S = \gamma_{SL} + \sigma_L \cos \theta,$$

wenn der Gasraum mit Flüssigkeitsdampf gesät-
tigt ist und der Einfluß der Schwerkraft vernachlässigt werden kann. Beide Bedingungen sehen
wir als gegeben an, wobei allerdings problematisch ist, ob sich zwischen der von uns untersuchten Stahloberfläche und dem Epoxidharztropfen
tatsächlich ein Gleichgewicht einstellt. Wir kommen hierauf weiter unten noch einmal zurück.

Ein meßbarer Randwinkel kann sich nur unter
der Nebenbedingung

$$\sigma_S - \gamma_{SL} < \sigma_L$$

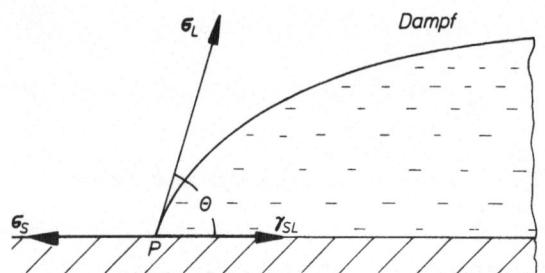

Abb. 1. Ausbildung eines Randwinkels bei unvollständiger Benetzung.

σ_L Oberflächenspannung der Flüssigkeit
σ_S Oberflächenspannung des Substrats
γ_{SL} Grenzflächenspannung zwischen Flüssigkeit und Substrat
θ Randwinkel

ausbilden, die der unvollständigen Benetzung entspricht. Bei

$$\sigma_S - \gamma_{SL} > \sigma_L$$

tritt vollständige Benetzung ein, der Randwinkel wird Null. Der Klebstoff spreitet auf der Substratoberfläche.

Wird der betrachtete Flüssigkeitstropfen ohne Veränderung seiner Gestalt vom Substrat abgehoben, so verschwindet die Grenzfläche zwischen Substrat und Tropfen, dafür werden neue Oberflächen auf dem Substrat und auf der Flüssigkeit gebildet. Dementsprechend ist die Adhäsionsenergie durch die Differenz der Oberflächenenergien der neu gebildeten Flächen und der verschwindenden Grenzfläche, d. h. durch

$$\zeta_{SL} = \sigma_L + \sigma_s - \gamma_{SL} = \sigma_L (1 + \cos \theta)$$

gegeben.

Sofern die Oberflächenspannung σ_L des Klebstofftropfens durch eine unabhängige Messung bekannt ist, ergibt sich aus dem Randwinkel θ direkt die Adhäsionsenergie. Bei unbekannter, aber konstanter Oberflächenenergie des Klebstofftropfens liefern die Randwinkel Vergleichswerte zwischen den Adhäsionsenergien verschiedener Substratoberflächen.

Meßmethoden

Die verwendeten Stahlsorten 9 S 20 und St 70 unterscheiden sich im wesentlichen durch ihren Gehalt an Kohlenstoff und Schwefel, der für 9 S 20 0,12% bzw. 0,20% und für St 70 0,50% bzw. 0,05% beträgt. Die Stirnseiten von Zylindern mit einem Durchmesser von 8 mm bzw. 20 mm wurden auf einer Flächenschleifmaschine

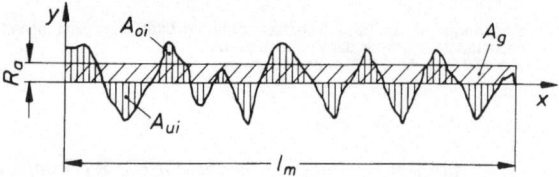

Abb. 2. Definition des arithmetischen Mittenrauhwertes

plan geschliffen. Als Maß für die Oberflächenrauhigkeit ist der arithmetische Mittenrauhwert

$$R_a = \frac{1}{l_m} \int_0^{l_m} |y| \, dx$$

herangezogen worden, der durch das verwendete Tastschnittgerät direkt angezeigt wird. Der arithmetische Mittenrauhwert entspricht der Höhe eines Rechtecks, dessen Länge durch die Meßstrecke l_m und dessen Fläche durch die Gesamtfläche aller positiven und negativen Abweichungen von der mittleren geometrischen Oberfläche gegeben ist (Abb. 2). Der Schleifprozeß ist im Klima 23/50 durchgeführt worden. Die geschliffenen Flächen wurden im gleichen Klima gelagert.

Nach definierter, jedoch von Versuch zu Versuch unterschiedlicher Lagerzeit wurden auf die geschliffenen Flächen mit Hilfe einer medizinischen Injektionsspritze definierte Klebstofftropfen aufgebracht. Die Tropfenform wurde durch aufgeweitetes paralleles Laserlicht auf einen Schirm bzw. direkt auf einen photographischen Planfilm projiziert (s. Abb. 3). Nach dem Entwikkeln des Filmes konnte der Randwinkel durch Anlegen einer Tangente auf etwa 0,5 Grad genau ausgemessen werden. Die Messungen wurden im genannten Klima ausgeführt.

Um den form- und den stoffspezifischen Einfluß voneinander zu trennen, sind mit dem kommerziellen Acrylatharz „Technovit 3040" Oberflächenabdrücke der geschliffenen Stahlflächen hergestellt worden. Weiterhin wurden Technovit-Abdrücke zum Teil mit Gold bedampft. Sowohl die bedampften als auch die nicht bedampften Abdrücke zeigten makroskopisch die gleiche Oberflächengeometrie wie die zugrunde liegenden Stahlflächen.

Parallel zum vollständigen Klebstoffsystem ist mit dem reinen Harz ohne Härterzusatz und mit destilliertem Wasser gearbeitet worden. Harz und Härter wurden gemischt und anschließend 30 Minuten entgast. Durch diesen Vorgang wurde die Zahl der Gasblasen in

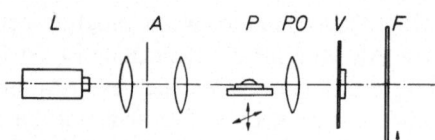

Abb. 3. Meßanordnung zur Bestimmung des Randwinkels

L Laser
A Aufweitungsoptik
P Probe mit Flüssigkeitstropfen
PO Abbildungsoptik
V Belichtungsverschluß
F Fotografische Platte

der späteren Klebfuge reduziert, wodurch die Reproduzierbarkeit der Haftfestigkeitswerte wesentlich verbessert werden konnte. Zwischen dem Zusammenbringen von Harz und Härter und dem Aufbringen des Klebstofftropfens auf die zu untersuchende Oberfläche lagen stets in gleicher Weise 35 Minuten mit einer Toleranz von ca. 2 Minuten. Wegen der für das Aufbringen des Tropfens notwendigen Zeit war eine exaktere Reproduzierbarkeit nicht möglich. Um eine eventuelle katalytische Wirkung der untersuchten Stahlflächen auf die Härtung des Klebstoffsystems zu erfassen, wurden ungehärtete Klebstoffproben mit unterschiedlichen Mengen von Stahlpulver durchmischt und die Härtungskinetik dieser Mischungen mit Hilfe der DTA untersucht.

Unter Verwendung einer definierten Klebstoffmenge konnten Stahlzylinder mit Hilfe eines Zentrierringes und einer speziellen Lehre mit definiert einstellbarer Klebfuge von 0,05 mm Dicke exakt koaxial verklebt werden (vgl. Abb. 7). Zur Härtung wurden die Proben 24 Stunden lang im genannten Klima 23/50 gelagert und anschließend in einem Umluftofen eine Stunde lang bei 100 °C nachgehärtet. Die Reißfestigkeit der so hergestellten Klebungen wurde unter Zuhilfenahme spezieller Spannvorrichtungen, die keinerlei Biegemomente auf die Klebefuge übertrugen, in einer Instronmaschine getestet. Die Morphologie der Bruchflächen ist rasterelektronenmikroskopisch erfaßt worden.

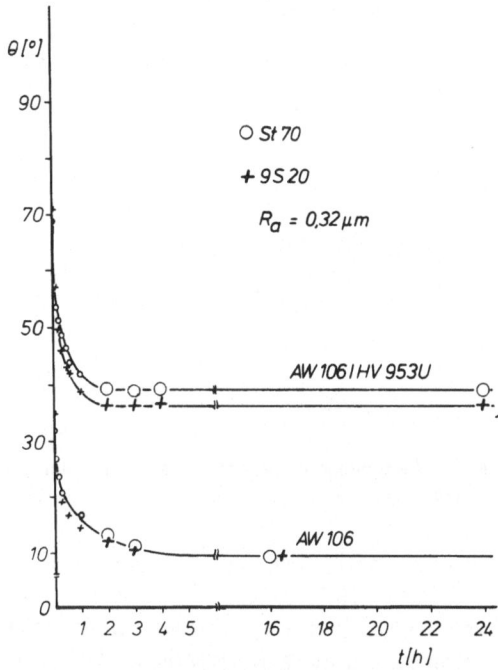

Abb. 4. Abhängigkeit des Randwinkels von der Zeit
AW 106   Reines Harz
AW 106/HV 953 U   Harz mit Härter

Experimentelle Ergebnisse

Abb. 4 zeigt die zeitliche Abnahme des Randwinkels von reinem Harz und dem betrachteten Klebstoff auf den untersuchten Stahlsorten, wobei Proben mit gleichem arithmetischem Mittenrauhwert von 0,32 μm gewählt wurden. Die Messungen wurden unmittelbar nach dem Schleifen der Probenoberflächen ausgeführt.

Die zeitliche Abnahme des Randwinkels beruht auf der zähviskosen Konsistenz der Prüfflüssigkeiten, die mit erheblicher Verzögerung ihrem Gleichgewicht zustreben. Da der Klebstoff während der Messung aushärtet, stellt sich dort früher als beim reinen Harz ein konstanter Endwert für den Randwinkel ein, der mit Sicherheit über dem Gleichgewichtswert liegt. Nimmt man an, daß das Harz, da es ungehärtet bleibt, seinen Gleichgewichtsrandwinkel erreicht, so scheint der Vergleich der verschiedenen Kurvenformen anzuzeigen, daß auch die Ausbreitung des Klebstofftropfens nicht allzuweit vom Gleichgewicht zum Stillstand kommt, so daß Randwinkelmessungen auch am Klebstoff, der während der Messung aushärtet bzw. seinen Gelpunkt überschreitet, eine sinnvolle Charakterisierung der jeweiligen Benetzungsverhältnisse möglich zu machen scheinen.

Im vorliegenden Fall wird deutlich, daß der Kleber auf den untersuchten Stahlsorten unterschiedliche Randwinkel ausbildet, während sich beim reinen Harz keine Unterschiede zwischen den Stahlsorten zeigen.

Da die in Abb. 4 untersuchten Oberflächen die gleiche Rauhigkeit aufweisen, müssen die unterschiedlichen Randwinkel auf chemische Parameter zurückgeführt werden. Hierbei ist u. a. an eine unterschiedliche katalytische Beschleunigung der Härtung durch die jeweiligen Stahloberflächen zu denken. Ein derartiger Einfluß konnte jedoch durch DTA-Untersuchungen der Härtungskinetik von Klebstoffproben mit zugesetztem Stahlpulver nicht bestätigt werden.

In Abb. 5 ist der Endwert des Randwinkels in Abhängigkeit von der Oberflächenrauhigkeit aufgetragen, gemessen an Oberflächen, die nach dem Schleifen unterschiedlich lange gelagert wurden. Nach einer Lagerung von 24 Stunden ist der stoffspezifische Einfluß der unterschiedlichen Stahlsorten verschwunden, da sich die Oberflächen offensichtlich mit den gleichen Oxid- bzw. Wasserhäuten überzogen haben. Nach einer Lagerung von nur einer Stunde findet man Werte, die denen in Abb. 4 entsprechen. Die unterschiedlichen chemischen Parameter der beiden Stahlsorten kommen noch voll zur Wirkung. Die Überschneidung der gestrichelten Geraden bei $R_a \approx 0,1$ μm liegt innerhalb der Meßgenauigkeit

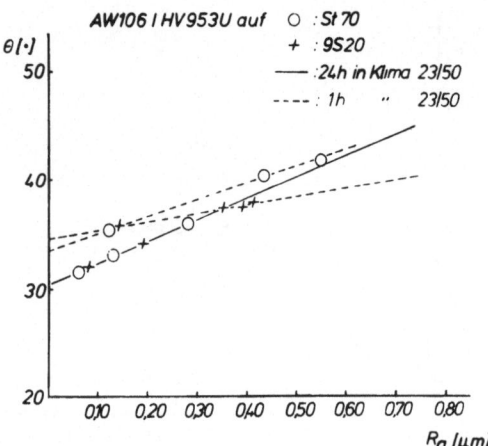

Abb. 5. Abhängigkeit des Randwinkels auf unterschiedlich gelagerten Stahlflächen.

und dürfte nicht reell sein. Da jeder Meßpunkt insgesamt einen Zeitaufwand von 36 Stunden erfordert (sechs Parallelmessungen) und bisher keine Konsequenz aus einer eventuellen Überschneidung erkennbar ist, ist auf weitere Messungen in diesem Bereich verzichtet worden.

Der Abb. 5 zufolge wächst der Randwinkel mit zunehmender Oberflächenrauhigkeit, d. h. die Benetzbarkeit wird schlechter. Bei den „oxidierten" Flächen, die bei kleiner Rauhigkeit die bessere Benetzbarkeit zeigen, ist der Effekt ausgeprägter als bei den nicht oder nur teilweise „oxidierten" Flächen.

Um die chemischen Parameter auszuschließen, sind von den frisch geschliffenen Stahloberflächen

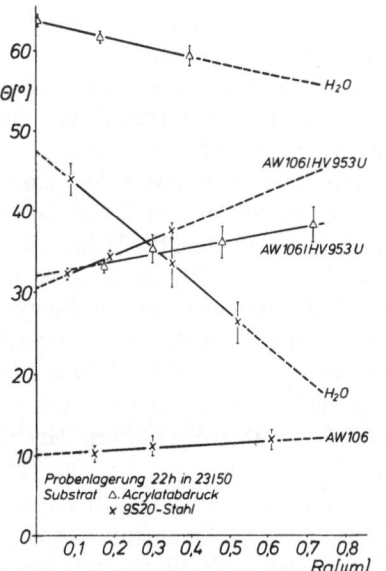

Abb. 6. Randwinkel von Klebstoff und von Wasser auf Stahl- und Technovit-Abdruckflächen.

Technovit-Abdrücke hergestellt worden, die das Oberflächenprofil der Stahlflächen unverfälscht wiedergeben. Weiterhin sind die Technovit-Abdrücke mit Gold bedampft worden. Auch hierbei bleibt das Oberflächenprofil unverändert erhalten.

Abb. 6 zeigt die Randwinkel auf Technovit-Abdrücken und Stahloberflächen für Klebstoff und Wasser. Die Randwinkel des Klebstoffes steigen sowohl auf Stahl als auch auf Technovit mit der Rauhigkeit an, auf Stahl allerdings stärker als auf Technovit. Umgekehrt fallen die Randwinkel von Wasser sowohl auf Stahl als auch auf Technovit mit zunehmender Rauhigkeit ab, auf Stahl wieder stärker als auf Technovit. Beide Substanzen werden bei kleiner Rauhigkeit durch Klebstoff besser als durch Wasser benetzt. Es hat danach den Anschein, als ob zwei gegenläufige Tendenzen wirksam sind, die sich bei kleiner bzw. großer Oberflächenrauhigkeit entgegengesetzt auswirken. Hierzu würden auch die Befunde in Abb. 5 passen, wonach die anfangs besser benetzten „oxidierten" Oberflächen mit zunehmender Rauhigkeit schneller ihre anfänglich gute Benetzbarkeit einbüßen.

Mit Gold bedampfte Oberflächen führen im wesentlichen zum gleichen Ergebnis.

Rasterelektronenmikroskopische Aufnahmen des Tropfenrandes zeigen, daß der Klebstoff in Oberflächenriefen wie in Kanälen entlangläuft und so teilweise Punkte erreicht, die nach der makroskopischen Extrapolation der Tropfenoberfläche noch frei von Klebstoff sein sollten. Andererseits wirken lokale Oberflächenerhöhungen teilweise wie Barrieren, die der Ausbreitung des Klebstofftropfens im Wege stehen.

Quer zum Tropfenrand liegende Riefen wirken als Kapillaren, die den Tropfen auseinander ziehen. Der Effekt ist um so größer, je feiner die Riefen und je besser die Benetzung ist. Mit zunehmender Vergröberung der Oberflächenrauhigkeit verschwindet dieser Kapillareffekt.

Umgekehrt wirken Riefen, die parallel zum Tropfenrand laufen, als Barriere, die die Ausbreitung des Tropfens behindert, und zwar um so stärker, je gröber die Riefen sind und je besser die Benetzung ist. Letzteres kann man sich leicht klar machen, wenn man die Randwinkel beachtet, die sich beim Fortschreiten des Flüssigkeitsrandes über eine tangential laufende Riefe ergeben.

Gut benetzende Flüssigkeiten werden durch feine Riefen bevorzugt auseinandergezogen, durch grobe Riefen dagegen bevorzugt am Auseinanderfließen gehindert. Bei schlecht benetzenden Flüssigkeiten sind beide Effekte in gleicher Weise vorhanden, jedoch weniger stark ausgeprägt. Es ist deshalb naheliegend, die oben genannten gegenläufigen Tendenzen auf das Zusammenspiel der Kapillar- und Barrierewirkungen der Oberflächenriefen zurückzuführen, wobei allerdings neben dem arithmetischen Mittenrauhwert vor allem die Feinheit der Riefen zu beachten ist, die durch den Mittenrauhwert nicht befriedigend erfaßt wird. Darüber hinaus ist die Viskosität der Testflüssigkeit zu beachten, die die Einstellung des jeweiligen Gleichgewichts verzögert oder erschwert.

Bei Erreichen des Gleichgewichts kommen alle Fließvorgänge zum Erliegen, so daß die Viskosität der Testflüssigkeit keinen Einfluß auf das Gleichgewicht hat. Andererseits werden jedoch die treibenden Kräfte um so kleiner, je weiter sich der Randwinkel dem Gleichgewichtswert nähert. Von der Viskosität abhängige Fließwiderstände oder eine eventuell vorhandene Gelfestigkeit, die durch die treibenden Kräfte gegebenenfalls nicht mehr überwunden werden können, lassen die Tropfenform dann bereits vor Erreichen des Gleichgewichts mit einem Randwinkel „einfrieren", der von der Viskosität oder von der Gelfestigkeit abhängt. Dies gilt im Hinblick auf Abb. 4 nicht nur für den Klebstoff, sondern auch für das nicht härtende reine Harz, so daß die Annahme, in den von uns untersuchten Fällen würden die Gleichgewichtswerte der Randwinkel zumindest näherungsweise erreicht, durchaus problematisch ist. Offensichtlich geben Randwinkelmessungen zwar über die Benetzbarkeit, nicht jedoch über die Adhäsion Auskunft, da sie außer von der Adhäsion von einer Vielzahl weiterer Parameter abhängen. Infolgedessen ist es durchaus möglich, daß Wasser eine bessere Testflüssigkeit für die Adhäsion darstellt als der bei der Klebung verwendete Klebstoff, was voraussetzen würde, daß die Störeinflüsse beim Wasser geringer als beim Klebstoff sind. Der Vergleich der Randwinkel mit den Ergebnissen der Haftfestigkeitsmessungen scheint diese zunächst unerwartete Möglichkeit anzudeuten, die allerdings durch weitere Messungen noch überprüft werden muß.

Wenn die Benetzbarkeit der Klebfläche durch den Klebstoff direkt mit der Haftfestigkeit der Klebung bei Adhäsionsbrüchen korreliert wäre, müßte letztere bei dem von uns untersuchten System mit zunehmender Oberflächenrauhigkeit abnehmen. Dies ist jedoch, wie Abb. 7 zeigt, nicht

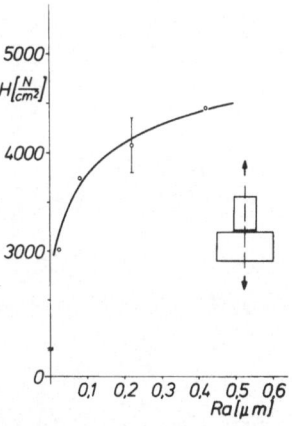

Abb. 7. Abhängigkeit der Haftfestigkeit von Klebverbindungen von der Oberflächenrauhigkeit. Rechts im Bild ist die Gestalt der miteinander verklebten Stahlzylinder wiedergegeben.

der Fall. Wie sich aus den rasterelektronenmikroskopischen Aufnahmen der Bruchflächen ergibt, handelt es sich bei allen in Abb. 7 berücksichtigten Fällen um Adhäsionsbrüche, deren Haftfestigkeit mit zunehmender Oberflächenrauhigkeit der Klebeflächen ansteigt. Im Sinne der Adhäsionstheorie müßte hierfür eine mit der Oberflächenrauhigkeit ansteigende Adhäsion maßgeblich sein, wie es durch die abnehmenden Randwinkel von Wasser nahegelegt wird. Die zunehmende Adhäsion kann auf der mit zunehmender Rauhigkeit anwachsenden realen Kontaktfläche oder auch auf einer zunehmenden geometrischen Verankerung des Klebfilmes beruhen. Als Beispiel für eine derartige Verankerung möge Abb. 8 dienen. Im linken Teilbild sieht man in der linken oberen Bildhälfte den Polymerfilm, rechts darunter die Substratoberfläche. Der weiß umrandete Bildausschnitt ist im rechten Teilbild vergrößert wiedergegeben. Man sieht deutlich, daß der Polymerfilm an einigen diskreten Punkten in der Metalloberfläche offensichtlich geometrisch verankert ist, während er sich im übrigen vom Metall bereits gelöst hat. Eine Trennung der rein geometrischen und der adhäsiven Verankerung des Polymerfilms ist bisher noch nicht möglich. Darüber hinaus muß durchaus noch offen bleiben, ob der Randwinkel von Wasser, der mit zunehmender Rauhigkeit abfällt, und die gleichzeitig ansteigende Haftfestigkeit der Klebung ursächlich oder nur zufällig korreliert sind. Falls eine ursächliche Korrelation besteht, könnte der nichtlineare Anstieg der Haftfestigkeit bei linearem Abfall des Randwinkels einerseits dadurch erklärt werden, daß die Adhäsion mit dem cos.

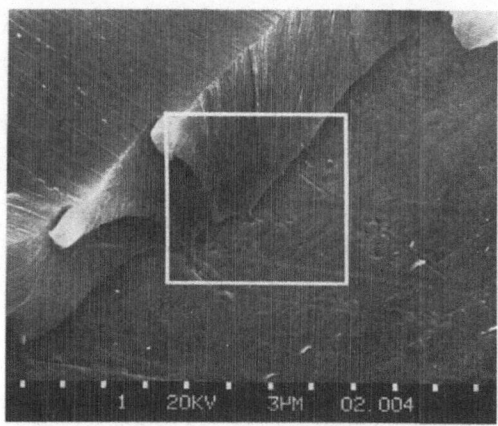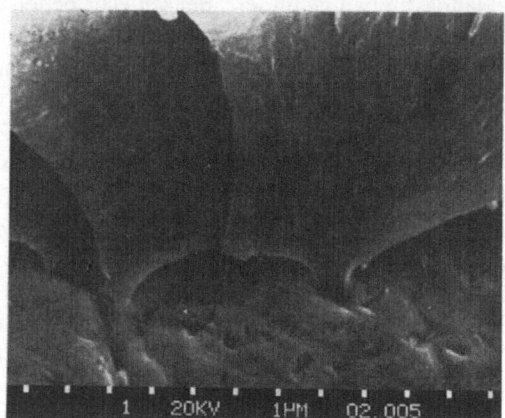

Abb. 8.　Rasterelektronenmikroskopische Aufnahmen einer Verankerung des Klebfilmes in der Klebfläche.

des Randwinkels verknüpft ist sowie auch dadurch, daß die Kraftübertragung in der Kontaktfläche zwischen Metall und Kleber mit zunehmender Oberflächenrauhigkeit des Metalls zunehmend inhomogener wird, wobei lokale Spannungsspitzen das Anwachsen der Haftfestigkeit begrenzen. Weitere Ergebnisse hierzu, wobei auch die Temperaturabhängigkeit der Haftfestigkeit zu beachten sein wird, sollen zu gegebener Zeit a.a.O. diskutiert werden.

Zusammenfassung

Randwinkelmessungen von Flüssigkeitstropfen auf Festkörperoberflächen geben über die Benetzbarkeit der Oberflächen Auskunft. Nach der Adhäsionstheorie der Metallklebung ist zu erwarten, daß eine gute Benetzbarkeit zu hohen Haftfestigkeiten der Klebung führen soll. Dieser von der Theorie postulierte Zusammenhang ist unter Verwendung eines speziellen Epoxidharz-Klebers überprüft worden, wobei der formspezifische Einfluß der Klebflächengeometrie im Vordergrund stand.

Um den stoffspezifischen Einfluß der bei der Klebung verwendeten Stahlsorten zu eliminieren, wurden von den Klebflächen Acrylatharzabdrücke angefertigt und auf ihre Benetzbarkeit hin untersucht.

Die Benetzbarkeit der Metall- und der Abdruckflächen hängt im wesentlichen in gleicher Weise von der Oberflächengeometrie ab. Bei der Verwendung von Wasser als Testflüssigkeit steigt die Benetzbarkeit mit zunehmender Oberflächenrauhigkeit an, während sie bei der Verwendung des Klebstoffes als Testflüssigkeit abfällt. Die Haftfestigkeit der Klebung ist im wesentlichen symbath zur Benetzbarkeit der Klebflächen durch Wasser, nicht jedoch zur Benetzbarkeit der Klebflächen durch den Klebstoff.

Summary

Measurements of the contact angle between a liquid drop and a solid surface give information about the wetability of the surface. According to the theory of adhesion as applied to bonding metals we can expect that a good wetability should lead to a high bonding strength. This prediction from the theory has been tested by means of a special epoxy resin adhesive, with particular emphasis on the topographical effect of the bonding area geometry.

In order to ensure that chemical effects were eliminated acrylic replicas of the metal surfaces were also prepared and tested as to their wetability. Both the metal and the replicated surfaces showed the same dependence of wetability on surface roughness.

With increasing surface roughness, the wetability increased using water as the test liquid but decreased with the uncured adhesive as test liquid.

The strength of the cured adhesive/metal bond correlated with the wetability of the metal surface using water but not with that using the uncured adhesive.

Literaturverzeichnis

1) *Young, T.,* Phil. Trans. Roy. Soc. (London) **95,** 65 (1805).
2) *Dupré, A.,* Théorie Méchanique de la Chaleur, S. 369, Gauthier-Villars, Paris, 1869.
3) *Voyutskii, S. S.,* Autohesion and Adhesion of High Polymers. New York, London, Sydney 1963.
4) *Voyutskii, S. S.,* und *V. L. Vakula,* J. appl. Polym. Sci. **7,** 475 (1963).
5) *Derjagin, B. V.,* und *N. A. Krotowa,* Doklady Akad. Nauk. SSSR **61,** 849 (1948); Ref.: Chem. Abstr. **43,** 2842 (1949).
6) *Sharpe, L. H.,* und *H. Schonhorn,* Surface Energetics, Adhesion, and Adhesive Joints, Adv. Chem. Ser. 43 (1964).
7) *Zisman, W. A.,* Relation of the Equilibrium Contact Angle to Liquid and Solid Constitution, Adv. Chem. Ser. 43 (1964).
8) *Brockmann, W.,* Adhäsion **9,** 335 (1969); **3,** 72 (1973).
9) *Dyckerhoff, G. A.,* und *P.-J. Sell,* Die Angew. Makromol. Chemie, **21,** 169 (1972).

10) *Sykes, J. M.,* and *T. P. Hoar,* Journ. of Polym. Sci. **9,** 887 (1971).

11) *Engelhardt, W. v.,* und *H. P. Hinrichsen,* Berichte der Bunsengesellschaft für physikalische Chemie, **65,** 793 (1961).

12) *Rabel, W.,* Farbe und Lack, **77,** 10, 997 (1971).

Anschrift der Verfasser:

F.-V. Künzer
Technische Universität Berlin
Institut für Nichtmetallische Werkstoffe/
Kunststoffphysik
1000 Berlin 12
Englische Str. 20

R. Bonart
Universität Regensburg
Institut für Angewandte Physik
8400 Regensburg
Universitätsstr. 31

Progr. Colloid & Polymer Sci. **66**, 319 – 328 (1979)
© 1978 by Dr. Dietrich Steinkopff Verlag GmbH & Co.
KG, Darmstadt
ISSN 0340-255 X

Vorgetragen auf der Tagung der Deutschen Physikalischen Gesellschaft,
Fachausschuß „Physik der Hochpolymeren",
vom 17. bis 21. April 1978 in Bad Nauheim.

Laboratorium für Kunststofftechnik LKT-TGM, Wien (Österreich)

Zum Schereinfluß auf die Kristallisation und die mechanischen Eigenschaften von isotaktischem Polypropylen

H. Muschik und *H. Dragaun*

Mit 10 Abbildungen und 1 Tabelle

(Eingegangen am 31. August 1978)

Kurzfassung

Die Bedingungen, unter denen die Kristallisation im isotaktischen Polypropylen abläuft, bestimmen in großem Maße die kristallinen Überstrukturen. In vorausgehenden Arbeiten (1 – 5) wurden die Einflüsse der Bad- bzw. der Massetemperatur und der Scherung auf das Gefüge und den Polymorphismus an Rohr- und Plattenproben besprochen. Die vorliegende Untersuchung befaßt sich mit den Auswirkungen der angeführten Parameter auf das mechanische Verhalten, wobei sich die Messungen über den gesamten Probenquerschnitt (integral) erstreckten. Ein Vergleich der Streckgrenze, der Schlagzugzähigkeit und der Härte von scherungslos bzw. unter Schereinfluß kristallisierten Proben zeigt, daß die unter Schereinfluß kristallisierten Proben die höheren Werte erbringen. Für die Erklärung dieser Unterschiede kann vorerst nur eine Deutung angegeben werden.

Experimentelles

Material

Das in dieser Arbeit verwendete Material war, wie in den früheren Arbeiten (1–5), isotaktisches Polypropylen (PP HO 50, natur) der Chemie-Linz AG, mit einem

Tabelle 1. Herstellparameter für die Rohr- und Plattenproben, wobei die Rohre unter Schereinfluß und die Platten scherungslos kristallisierten.
Druck bei der Kristallisation: 1 bar

Probe	Bad-temperatur °C	Masse-temperatur °C	Anmerkungen
Rohre	20 – 80	210 – 230	Extrusion Kühlmedium – Wasser
Platten	20 – 150	190 – 230	Plattenpresse Kühlmedium – Silikonöl

Schmelzindex von 0,5 g/10 min (2,16 kp; 230 °C). Bei den Probemustern handelte es sich, wie in den früheren Arbeiten genauer beschrieben, um extrudiertes Rohrmaterial und um gepreßte Platten. Der Druck bei der Kristallisation betrug nach dem Aufschmelzvorgang stets 1 bar (b) (Tab. 1). Der wesentliche Unterschied von Rohr- und Plattenproben besteht – bei gleichen Bad- und Massetemperaturen sowie gleichem Druck bei der Kristallisation (1 b) – darin, daß die Rohrproben unter Schereinfluß (Extrusion), die Plattenproben aber scherungslos kristallisierten. Die nachfolgend beschriebenen Prüfungen erfolgten jeweils nach 16stündiger Lagerung bei 23 °C und 50% rel. Luftfeuchtigkeit (DIN 50014).

Nach einem DECHEMA-Vorschlag (6) wurden einige Rohre einem 7stündigen Tempervorgang unterworfen, mit jeweils 1stündigen Temperstufen bei 150 °C, 140 °C, 130 °C ... 90 °C. Anschließend kühlten die Rohre auf Raumtemperatur ab.

Dichtemessung

Die angeführten Dichtemessungen wurden mit Hilfe eines Dichtegradientenrohres (Isopropanol-Wassergemisch) mit einem Dichtebereich 0,890–0,917 g/cm³ durchgeführt. Die angegebenen Werte sind jeweils Mittelwerte aus je 3 Einzelmessungen. Aus der Dichte ϱ wurde die integrale Volumskristallinität nach der Formel

$$x_{cr} = \frac{\varrho - \varrho_{amorph}}{\varrho_{100\% \, cr} - \varrho_{amorph}} \cdot 100\%$$

ermittelt, mit $\varrho_{amorph} = 0,850$ g/cm³ und $\varrho_{100\% \, cr} = 0,936$ g/cm³ (7).

Vicattemperatur

Zur Beurteilung der Wärmeformbeständigkeit sowie zur Korrelation mit den Dichtemessungen und den mechanischen Werten wurde die Vicattemperatur an der Rohrinnenseite nach DIN 53460 bestimmt (5 kp; 50 °C/h). Das ist jene Temperatur, bei der eine zylindrische Nadel mit 1 mm² Querschnitt 1 mm tief in das Material eingedrungen ist.

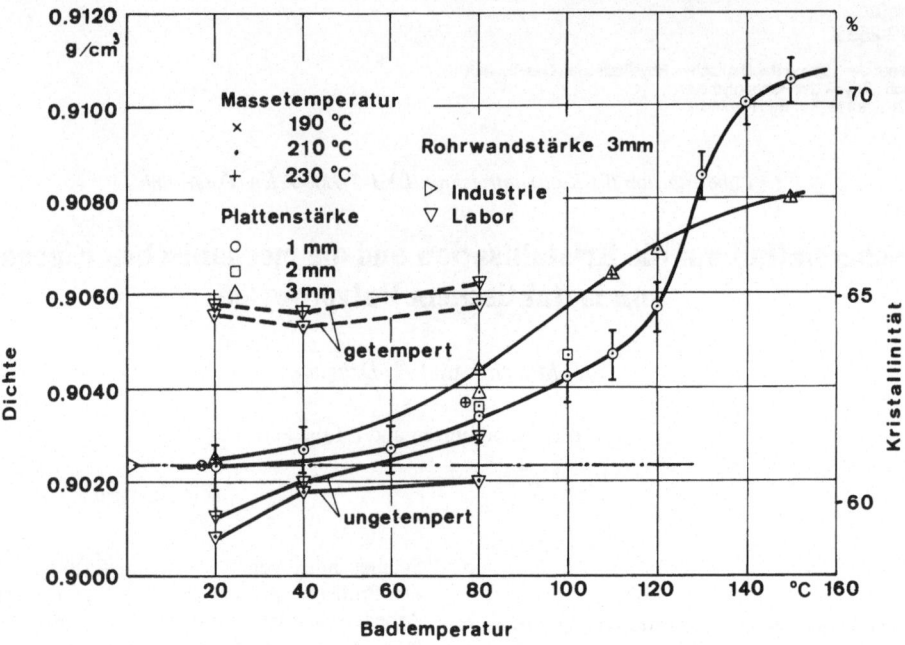

Abb. 1. Dichtemessungen an Rohren und Platten aus Polypropylen in Abhängigkeit von den Herstellbedingungen.

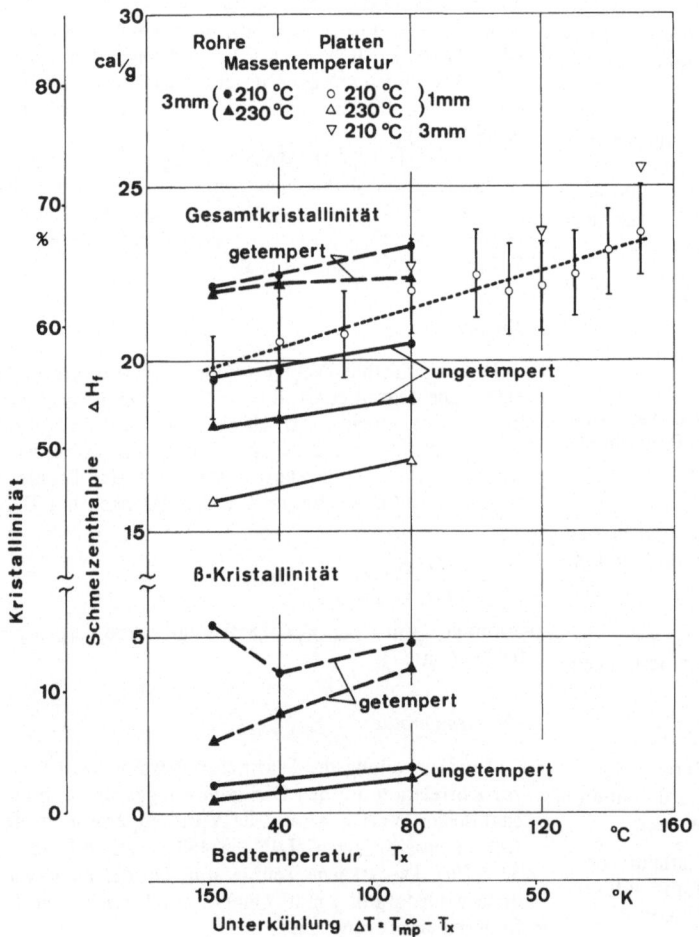

Abb. 2. Differentialkalorimetrisch bestimmte Gesamtkristallinität sowie Anteile der β-Phase an Rohr- und Plattenproben.

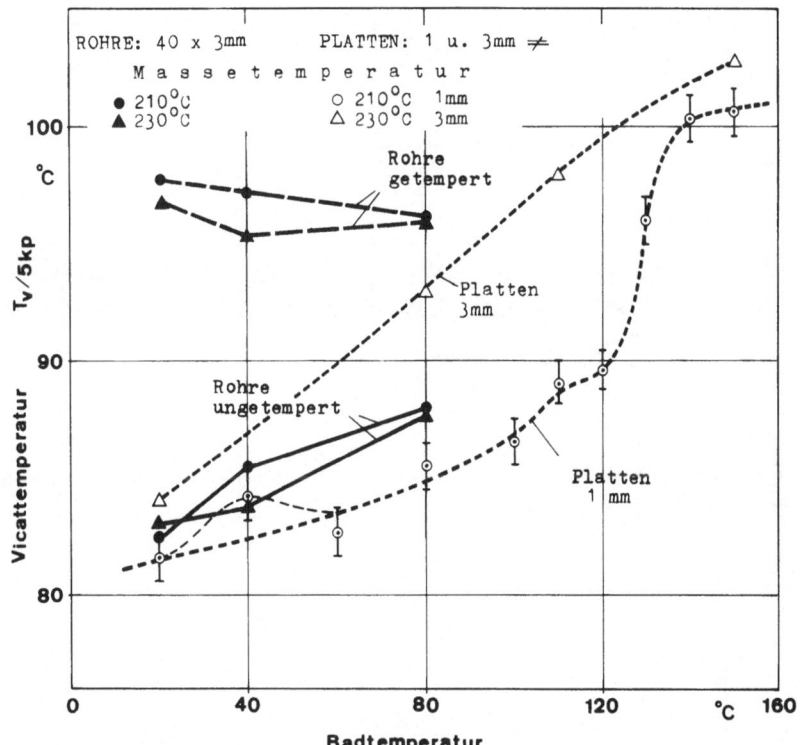

Abb. 3. Abhängigkeit der Vicattemperatur von der Badtemperatur, gemessen an Rohr- und Plattenproben.

Zugversuch

Zur Ermittlung der Streckspannung sowie der Reißdehnung wurden Zugstäbe aus den Rohren (∅ 40×3) bzw. aus den Platten (1 u. 3 mm) ausgefräst. Die Prüfgeschwindigkeit (DIN 53455) betrug stets 50 mm/min und die Meßlänge 10 mm.

Schlagzugversuch

Zur Untersuchung der Unterschiede im mechanischen Verhalten wurden Schlagzugversuche durchgeführt. Nach DIN 53448 werden dabei die Verformungsarbeit pro Flächeneinheit bei Bruch sowie die bleibende Dehnung ermittelt. Aufgrund der bei diesem Versuch auftretenden hohen Verformungsgeschwindigkeiten lassen sich Auswirkungen der Gefügeunterschiede im Material feststellen. Die Probenentnahme erfolgte analog zu den Zugversuchen.

Härtemessung

Zur weiteren Beurteilung der Materialeigenschaften in Abhängigkeit von den Herstellparametern wurden Härtemessungen an den Rohrinnen- und -außenseiten bzw. an Plattenproben nach DIN 53456 (Eindruckhärte: 357,9 N; 30 sec) durchgeführt. Eine Messung der Shore-Härte (DIN 53505; Shore D; 3 sec) an den Platten- bzw. Rohrproben ergab gleiche Kurvenverläufe.

Ergebnisse und Diskussion

Dichte

Die Ergebnisse der Dichtemessungen sind in Abb. 1 dargestellt und zeigen mit der Badtemperatur ansteigende Verläufe. Die Werte der Plattenproben liegen dabei eindeutig über denen der ungetemperten Rohrproben. Die Ursachen für diese Dichteunterschiede werden auf die größere Abkühlgeschwindigkeit bei den wassergekühlten Rohrproben, im Gegensatz zu den mit Silikonöl gekühlten Plattenproben, zurückgeführt. Auffällig sind ferner die in allen Fällen relativ geringen Dichteunterschiede im Bereich der Badtemperaturen von 20–80 °C. Der Dichtezuwachs der getemperten Rohrproben gegenüber den ungetemperten ist durch einen bei Temperung erfolgenden Nachkristallisationsprozeß verständlich. Abb. 2 zeigt eine gute Übereinstimmung der aus den Dichten ermittelten Kristallinitäten (Abb. 1) mit an gleichen Proben differentialkalorimetrisch bestimmten Kristallinitäten (5). Dabei ist der Anteil der hexagonalen β-Phase im Verhältnis zur Gesamtkristallinität sehr klein. In allen beobach-

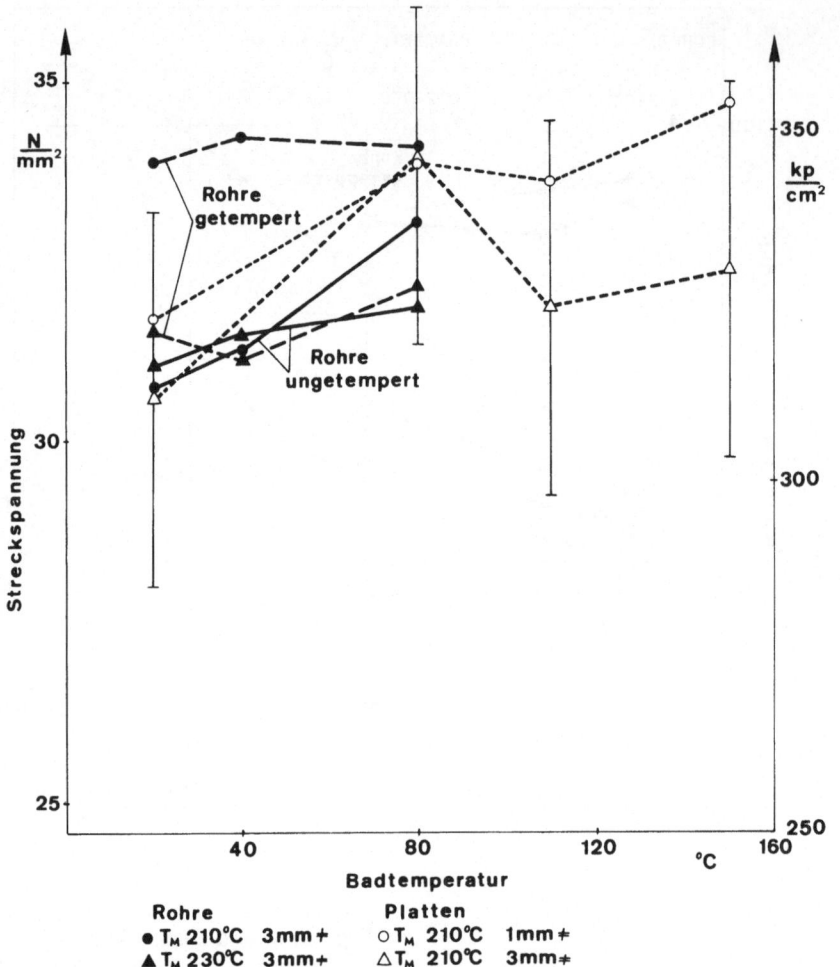

Abb. 4. Streckspannung an Rohr- und Plattenproben aus Polypropylen bei unterschiedlicher Bad- und Massetemperatur. Prüfgeschwindigkeit: 50 mm/min.

teten Fällen stellt die monokline α-Phase den überwiegenden Kristallanteil. Analog zur Gesamtkristallinität steigt der Anteil der β-Phase mit steigender Badtemperatur. Mit steigender Massetemperatur sinkt der β-Anteil.

Vicattemperatur

Abb. 3 zeigt die an Rohr- bzw. Plattenproben ermittelten Vicatwerte. Deutlich ist der nahe Zusammenhang mit den Dichtewerten festzustellen. Dies erscheint insofern interessant, als dieser Versuch mit geringem Zeitaufwand durchgeführt werden kann und die Korrelation mit den Dichtewerten bzw. Kristallinitätsgrad recht gut ist.

Zugversuch

Abb. 4 zeigt den Vergleich der Streckspannung und Abb. 5 die Reißdehnung an Rohr- und Plat-

tenproben. Die Werte der Streckspannung und Reißdehnung zeigen im allgemeinen eine

– im Bereich von 20– ca. 80 °C zunehmende
– im Bereich von ca. 80–150 °C abnehmende
Tendenz.

Bei den Plattenproben ist bei Badtemperaturen von 20–80 °C ein zum Festigkeitsanstieg analoger Kristallinitätszuwachs festzustellen. Bei den Rohrproben nimmt mit steigender Badtemperatur (bei der Rohrproduktion) im Bereich von 20–80 °C sowohl die Festigkeit als auch die Kristallinität zu, andererseits nehmen die Eigenspannungen ab (2,8).

Interessant in diesem Zusammenhang ist das Ergebnis, daß die Streckspannungswerte der Rohrproben etwa gleich denen der Plattenproben sind, obwohl die Dichtewerte der Rohrproben niedriger als die der Platten sind. Als Erklärung

Abb. 5. Reißdehnung beim
Zugversuch.

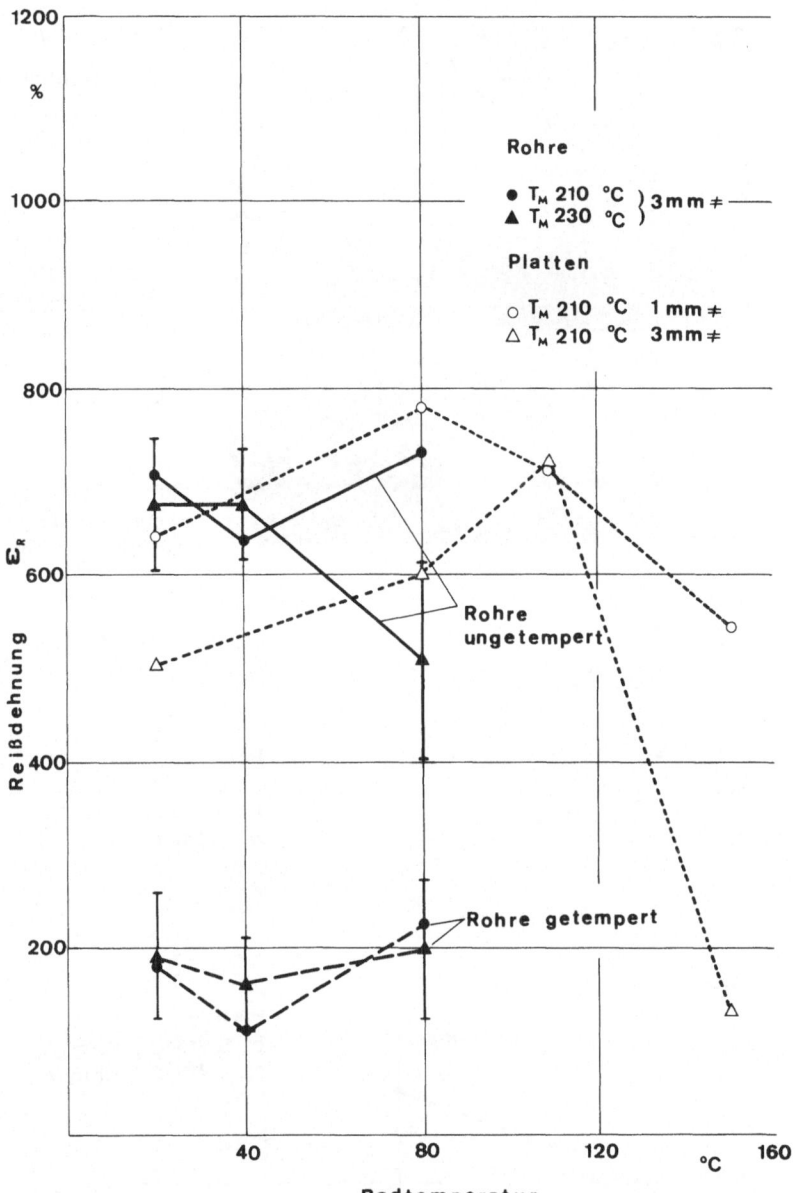

bietet sich einerseits das bei Rohrproben in Extrusionsrichtung orientierte und geschichtete Gefüge (3,9) als auch die bei Rohrproben in geringer Konzentration auftretende β-Phase des isotaktischen Polypropylens an (11). Die im Bereich der Badtemperaturen 80–150 °C abnehmende Streckspannung ist insofern interessant, als in diesem Temperaturbereich ein starker Kristallinitätsanstieg zu bemerken ist, der im allgemeinen die Festigkeit steigert. Dieser Widerspruch kann mit der starken Zunahme der Sphärolithdurchmesser bei den Badtemperaturen in diesem Temperaturbereich erklärt werden. Diese starke Zu-

nahme der Sphärolithdurchmesser (11) führt zu einem polarisationsmikroskopisch groben Gefüge mit Rißstellen an den Sphärolithgrenzen (Abb. 6).

Bezüglich der Reißdehnung (Abb. 5) läßt sich aufgrund der großen Meßwertstreuung nur die Aussage machen, daß die Werte der getemperten Rohrproben eindeutig niedriger liegen als die der ungetemperten Rohrproben. Dies bedeutet, daß die Temperung wohl zu einem Kristallinitäts- und damit Festigkeitsanstieg, jedoch auch zu einem spröderen Gefüge führt. Bezüglich des Einflusses der Massetemperatur lassen die Meßwertstreuungen (Abb. 4, 5) keine eindeutige Aussage zu.

Schlagzugzähigkeit

Die ermittelten Schlagzugwerte zeigt Abb. 7, die dabei auftretende bleibende Dehnung Abb. 8. Die Rohrproben erreichen gegenüber den Plattenproben in allen Fällen die höheren Schlagzugzähigkeitswerte. Bei den nach DECHEMA-Vorschlag (6) getemperten Rohrproben treten die höchsten Werte auf.

Die bleibende Dehnung weist in Abhängigkeit von der Badtemperatur keine eindeutige Tendenz auf, wogegen die getemperten Rohrproben mit steigender Badtemperatur fallende Tendenz zeigen.

Abb. 6. Polarisationsmikroskopische Aufnahme an einer scherungslos kristallisierten Polypropylenplatte. Badtemperatur: 140 °C, Massetemperatur: 210 °C.

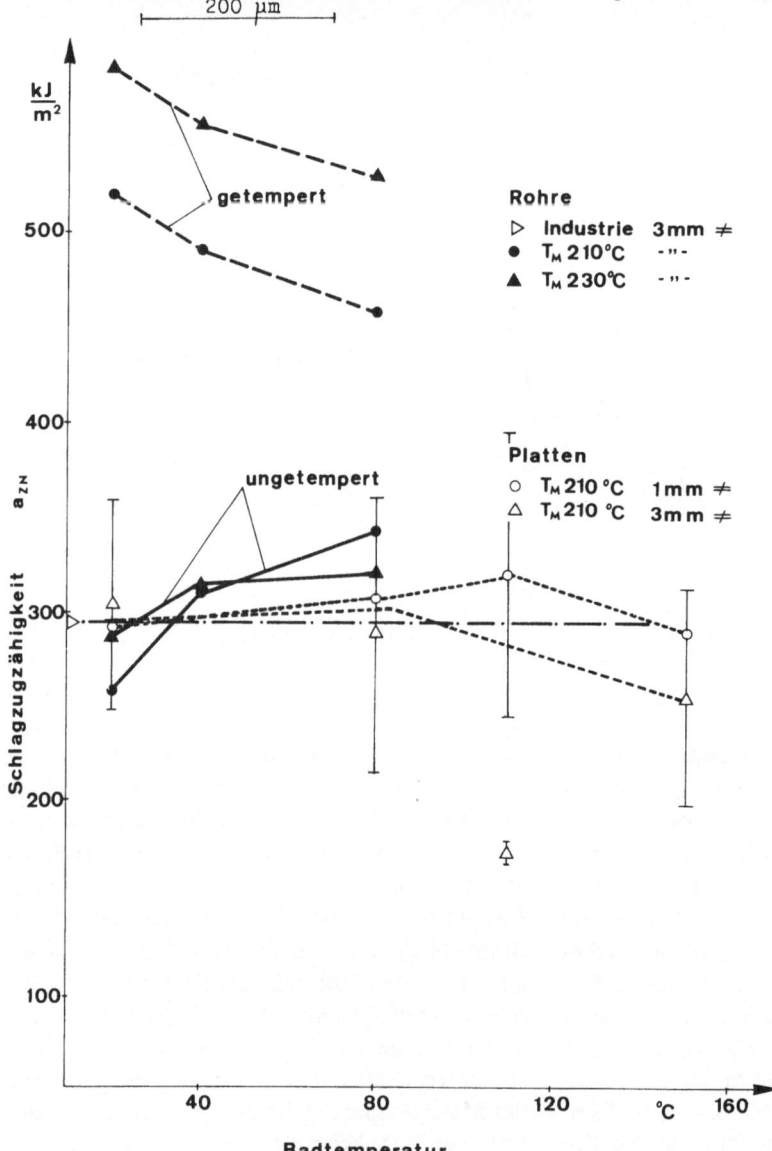

Abb. 7. Schlagzugzähigkeit nach DIN 53448 an Rohr- und Plattenproben aus Polypropylen.

Abb. 8. Bleibende Dehnung beim Schlagzugversuch.

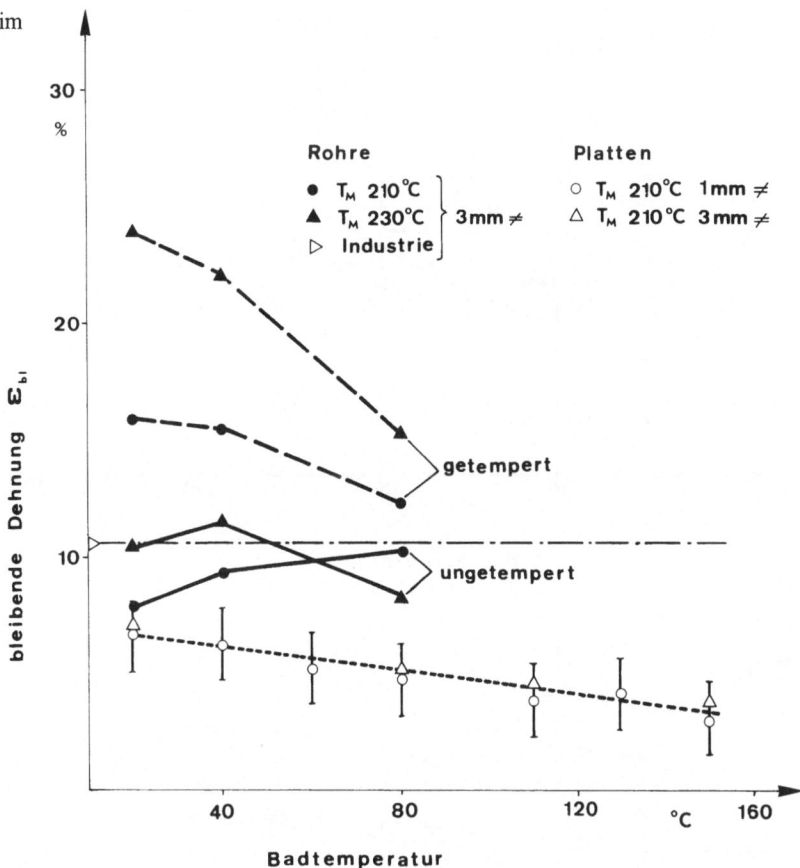

Bezüglich des Einflusses der Massetemperatur auf die Schlagfestigkeit lassen sich aufgrund der Meßwertstreuung für die ungetemperten Rohre keine eindeutigen Aussagen treffen, jedoch führt die höhere Massetemperatur bei den getemperten Rohren zu einer höheren Festigkeit. Auffällig ist ferner, daß im Schlagzugversuch die getemperten Rohre höhere Reißdehnung als die ungetemperten Rohre aufweisen, während im Zugversuch die getemperten Rohre die niedrigsten Reißdehnungen erreichen. Dies dürfte auf unterschiedliche Verformungsmechanismen bei den sehr verschiedenen Verformungsgeschwindigkeiten der beiden Versuchsarten zurückzuführen sein (9).

Härte

Die Ergebnisse der Härtemessungen sind aus den Abb. 9 u. 10 ersichtlich. Die ungetemperten Rohrproben weisen im Vergleich mit den Plattenproben allgemein höhere Werte auf; die höchsten Werte wurden bei den getemperten Rohrproben ermittelt. Sowohl an der Rohrinnen- als auch

an der Rohraußenseite konnte eine Zunahme der Härte mit steigender Badtemperatur beobachtet werden. Eine Erhöhung der Massetemperatur von 210 °C auf 230 °C ergab jedoch niedrigere Härtewerte. Dieses Ergebnis steht in direktem Zusammenhang mit der an diesen Rohrproben kalorimetrisch bestimmten Kristallinität (5). Eine Erklärung dafür ist die Tatsache, daß die Keimzahl mit zunehmender Massetemperatur niedriger wird (12). Die bei der raschen Abkühlung fehlenden Keime bewirken die niedrigere Kristallinität. Der geschichtete und orientierte Aufbau des Gefüges bei Rohren verursacht vermutlich die gegenüber Platten höheren Härtewerte. An der Rohrinnenseite ist die Härte analog zur Kristallinität (5) höher als an der Rohraußenseite (Abb. 10).

Zusammenfassung

Es wurde der Einfluß der Abkühlbedingungen und der Scherung auf das mechanische Verhalten von isotaktischem Polypropylen untersucht. Die vorangegange-

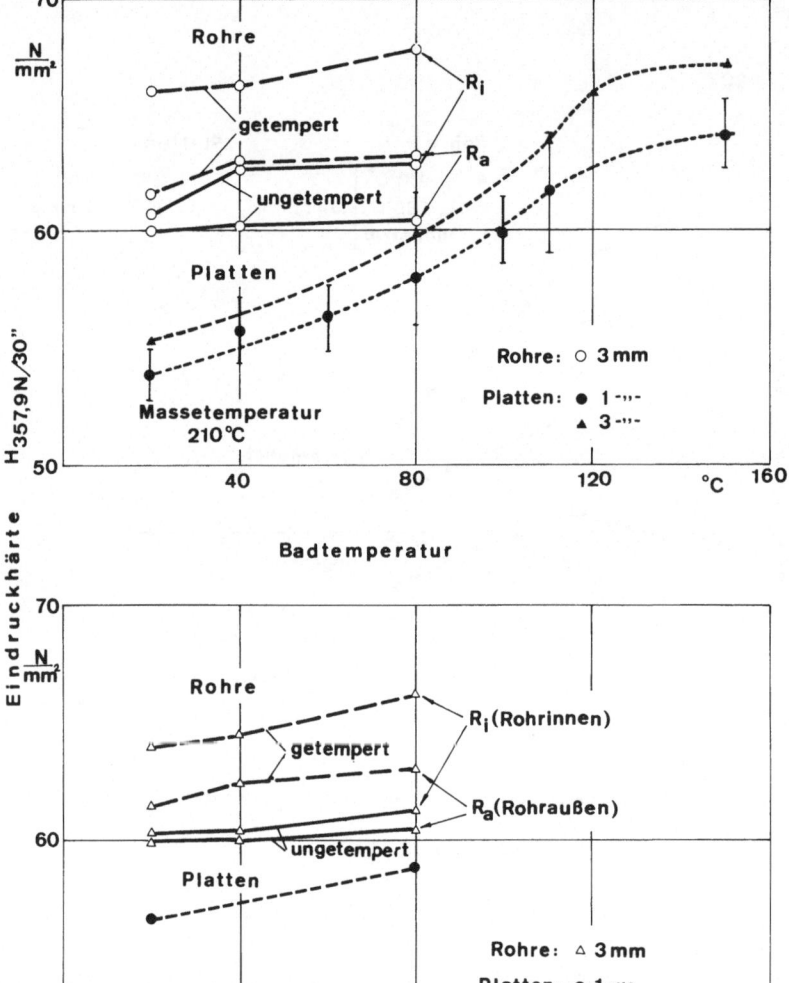

Abb. 9. Ermittlung der Eindruckhärte nach DIN 53456.

nen Arbeiten über die Kristallisation und Morphologie (1–5) bildeten dazu die Grundlage. Die mechanischen Eigenschaften werden durch Dichte, Vicattemperatur, Streckgrenze, Schlagzugzähigkeit und Härte beschrieben. Die Unterschiede zwischen den untersuchten Proben bestanden im wesentlichen – bei gleicher Masse- und Badtemperatur und gleichem Druck bei der Kristallisation – darin, daß die Rohre unter Schereinfluß, die Platten hingegen scherungslos kristallisierten. Der auch von anderen Autoren an spritzgegossenem Polypropylen gefundene Zusammenhang (13) von Dichte, Streckgrenze, Schlagzugzähigkeit und Härte konnte bestätigt werden. Bei den unter Schereinfluß kristallisierten Rohrmustern zeigen sich für die Streckspannung, Reißdehnung, die Schlagzugzähigkeit und die Härte gleich große bis höhere Werte als bei den scherungslos kristallisierten Plattenproben. Durch die verschiedene Abkühlung bei der Probenherstellung (Silikonöl, Wasser) können diese Unterschiede nicht erklärt werden. Würden die Plattenproben – so wie die Rohrproben – in

Wasser abgekühlt, würden aufgrund der höheren Wärmeleitfähigkeit von Wasser gegenüber Silikonöl die Dichtewerte und damit die Festigkeitswerte der Plattenproben noch niedriger liegen.

Als Erklärung bieten sich einerseits die von *P. F. Mayer* (9) gefundenen Texturunterschiede im Gefüge von Rohr und Platte (Rohr – starke Textur, Platten – rel. geringe Textur) und andererseits der Polymorphismus (10) des it-PP an. Da die Texturen bzw. die polymorphen Gefüge meistens schichtweise auftreten (2, 11, 14–16), sollen in einem späteren Bericht diese Einflüsse durch schichtenweise („differential") mechanische Untersuchungen separiert und das Verhältnis zum Gesamtverhalten („integral") diskutiert werden.

Summary

The influence of the cooling conditions and the shear on the mechanical properties of isotactic Polypropylene

Abb. 10. Eindruckhärteverlauf über den Rohrwandquerschnitt.

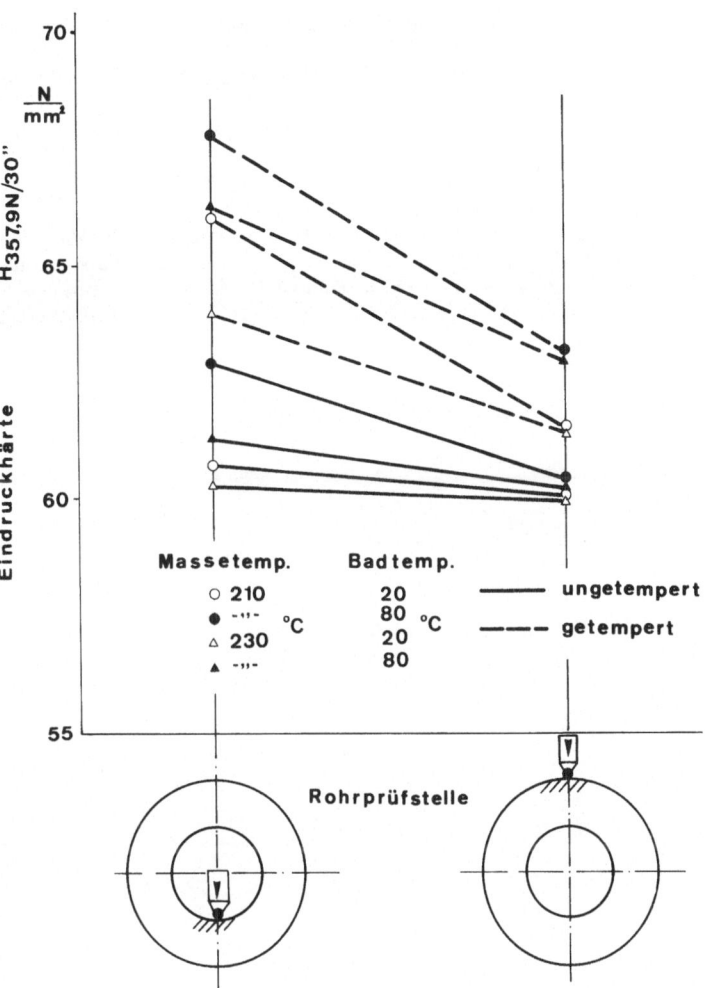

were investigated. Former works about the crystallization and the morphology (1–5) were the basis.

The mechanical properties were discussed by density, Vicat temperature, tensile strength, impact strength and hardness. The differences between the investigated samples were that the tubes crystallized under shear influence and the sheets crystallized without any shear influence. The mass and bath temperatures of tubes als well als sheets and the pressure at crystallization were kept constant. The relations between density, tensile strength, impact strength and hardness, found by other authors (13) with injection moulded Polypropylene, were analogous to ours. The tubes which crystallized under shear influence had rendered higher or equal values of the tensile strength, the tear strain, the impact strength and the hardness than those ones of the sheets which crystallized without any shear influence. These differences cannot be explained by the different cooling media (Silicon oil, water). If the sheets were cooled with water – as the tubes were – both the density and the mechanical properties of the sheets would even be lower than the rendered values because of the higher warmth conductivity of water as that of Silicon oil.

Polymorphism of it-PP (10) may provide one explanation, an other the great differences in textures of tubes and sheets (tubes – strong texture; sheets – low texture) found by *P. F. Mayer* (9).

The textures and the polymorph structures are enclosed in certain layers of the samples (2, 11, 14–16). In a later work these influences should be discussed by investigating the mechanical properties of separated layers ("differential") of the samples and then comparing the single values to the integral properties.

Literatur

1) *Dragaun, H., H. Wolanek,* Tagung der Österr. Phys. Gesellschaft, Wien 1974

2) *Dragaun, H.,* Dissertation, 1974 TU-Wien, Karlsplatz 13, A 1040 Wien.

3) *Dragaun, H., H. Hubeny, H. Muschik, G. Detter,* Kunststoffe **65,** 311 (1975).

4) *Dragaun, H., H. Hubeny, H. Muschik,* J. Polym. Sci., Polym. Phys. **15,** 1779 (1977).

5) *Muschik, H., H. Dragaun, P. Skalicky,* Progr. Colloid & Polym. Sci. **64,** 139 (1978).

6) *Ehrbar, J.,* DEFA/KC, DECHEMA-Prüfprogramm, Rundschreiben 1970-02-19, Basel.

7) *Eiermann, K.,* Colloid & Polym. Sci., **201,** 3 (1965).

8) *Hubeny, H., H. Muschik,* Österr. Kunststoff-Z., **6,** 42 (1975).
9) *Mayer, P. F.,* Dissertation, 1976 Univ.-Wien, Boltzmanngasse, A-1090 Wien.
10) *Padden, F. J., H. D. Keith,* J. Appl. Phys., **30,** 1479 (1959).
11) *Muschik, H.,* Dissertation, 1977 TU-Wien, Karlsplatz 13, A-1040 Wien.
12) *Reinshagen, J. H., R. W. Dunlap,* J. Appl. Polym. Sci., **19,** 1037 (1975).
13) *Schönefeld, G., S. Wintergerst,* Kunststoffe **60,** 177 (1970).

14) *Mencik, Z., D. R. Fitchmun,* J. Polym. Sci., **11,** 973 (1973).
15) *Fujiyama, M., E. Kimura,* Kabunski Ronbunsku, **32,** 591 (1975).
16) *Dragaun, H.,* Progr. Colloid & Polym. Sci., **62,** 59 (1977).

Anschrift der Verfasser:

H. Muschik, H. Dragaun
Laboratorium für Kunststofftechnik LKT-TGM,
Severingasse 9
A-1090 Wien

Progr. Colloid & Polymer Sci. **66,** 329 – 340 (1979)
© 1978 by Dr. Dietrich Steinkopff Verlag GmbH & Co. KG, Darmstadt
ISSN 0340-255 X

Vorgetragen auf der Tagung der Deutschen Physikalischen Gesellschaft,
Fachausschuß „Physik der Hochpolymeren",
vom 17. bis 21. April 1978 in Bad Nauheim.

Institut für Werkstoffe, Ruhruniversität Bochum, 4630 Bochum

Über den Einfluß von Scherbändern auf den Bruch in Polystyrol

K. Friedrich und *K. Schäfer*

Mit 20 Abbildungen

(Eingegangen am 30. 11. 1977)

I. Einleitung

Im Gegensatz zu anorganischen Gläsern können glasartige Hochpolymere wie PS oder PMMA unter Last noch eine merkliche plastische Verformung ertragen, bevor sie zu Bruch gehen. In den meisten Fällen läuft diese Verformung inhomogen ab, d. h., es werden nur örtliche Materialbereiche plastisch verstreckt. Zwei Arten von Deformationsvorgängen, die je nach Spannungszustand und Umgebungsbedingungen unabhängig oder abhängig voneinander ablaufen können, stehen zur Auswahl (1–3). Wenn Polystyrol bei Raumtemperatur und mäßiger Dehnungsgeschwindigkeit einer Zugbelastung ausgesetzt ist, bilden sich sogenannte Crazes auf der Oberfläche, die zum Bruch der Probe führen, noch bevor eine makroskopisch hohe Verstreckung beobachtet werden kann. Über den Vorgang der Craze-Bildung, die molekulare Struktur in den Crazes, ihre Beeinflussung durch äußere Parameter und deren Einfluß auf die Bildung und Ausbreitung von Rissen bis zum Bruch sowie die daraus resultierende Bruchflächenmorphologie sind in den letzten Jahren bereits viele Untersuchungen durchgeführt worden (4, 5).

Dagegen weiß man über den zweiten möglichen Deformationsprozeß, das sogenannte shearbanding, vergleichsweise wenig. Es ist bekannt, daß sich bei Unterdrückung der Craze-Bildung z. B. durch Druckbelastung des Materials amorphe Polymere wie Polystyrol durch örtliche Scherung unter Auftreten von intensiven Scherbändern und/oder einer diffusen Scherzone verformen (6).

Obwohl über die Bedingungen, die zur Bildung solcher Deformationserscheinungen im Material führen (7, 8), über das Wachstum der Scherbänder (9) und deren Beeinflussung durch die Temperatur (10, 11) und Deformationsgeschwindigkeit (12, 13) verschiedene Theorien und Resultate bekannt sind, gibt es nur wenige Untersuchungen, die etwas über die Morphologie dieser Zonen (14) und deren molekulare Struktur (15) aussagen. Einzelheiten über die Wechselwirkung von Scherbändern und Bruch sowie deren Beeinflussung durch äußere Parameter sind dagegen noch nicht veröffentlicht worden. Zwar wurde in kürzlich von *Wu* und *Li* (14, 16) durchgeführten Arbeiten angedeutet, daß bei Vorhandensein von groben Scherbändern in Polystyrol ein spröder Scherbruch zu erwarten ist, während die diffuse Scherzone ein duktiles Bruchverhalten des Materials bewirken kann. Die Autoren zeigten jedoch keine Aufnahmen der Bruchflächenmorphologie und machten auch keine Angaben über einzelne Mechanismen, die beim Bruch in der einen oder anderen Scherzone stattfinden.

Es war deshalb das Ziel unserer Untersuchungen, den Bruch in Polystyroldruckproben unter Einfluß verschiedener Umgebungstemperaturen und Belastungsgeschwindigkeiten näher zu untersuchen. Die Ergebnisse sollten Aufschluß darüber geben, inwieweit die intensiven Scherbänder das Bruchgeschehen unter den verschiedenen Testbedingungen beeinflussen. Andererseits sollte festgestellt werden, ob aus den entstehenden Bruchflächenstrukturen Aussagen über den inneren Aufbau der Scherbänder gewonnen werden können.

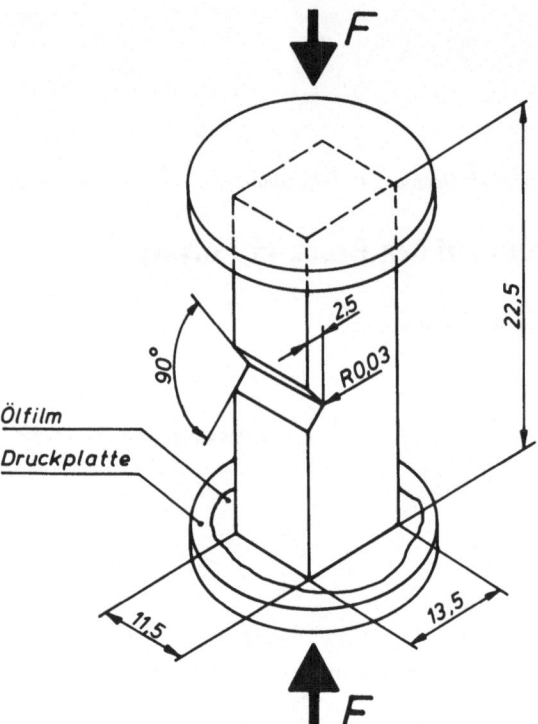

Abb. 1. Abmessungen gekerbter Druckproben und schematische Darstellung des Druckversuchs.

II. Experimentelle Methoden

Für die Untersuchung wählten wir ein handelsübliches ataktisches Polystyrol der BASF (PS 168 N, $\bar{M}_w \sim 2 \cdot 10^5$). Aus 10 mm dicken Preßplatten dieses Materials wurden quaderförmige Blöcke mit einer Mittelkerbe gefräst, deren Abmessungen in Abb. 1 zu sehen sind. Eine nachfolgende Polierung der Oberflächen in Längsrichtung der Probe sorgte für eine spätere Beobacht-

barkeit der Abgleitung in den Scherbändern. Die angelieferten Pressplatten waren frei von Doppelbrechungserscheinungen, so daß eine anschließende Temperung nicht unbedingt erforderlich war.

Die mechanischen Untersuchungen fanden auf einer Prüfmaschine der Fa. Zwick, Typ 1387, statt, die mit einer Temperaturkammer ausgerüstet war. Die Umgebungsluft in der Kammer konnte zwischen −80 °C und +240 °C variiert werden. Ein dünner Ölfilm zwischen der Probe und den Druckscheiben sorgte während des Tests für eine möglichst gute Gleitung in den Kontaktflächen.

Für die Licht- und REM-Untersuchungen wurden die Probenoberflächen und Bruchflächen mit einer dünnen Goldschicht bedampft.

III. Ergebnisse

III.1. Das Spannungs-Dehnungs-Verhalten von PS unter einachsigem Druck

Trotz Variation von Temperatur und Belastungsgeschwindigkeit zeigte sich bei den Druckversuchen an gekerbten Polystyrolproben stets ein charakteristischer Spannungs-Dehnungs-Verlauf, der in Abb. 2 schematisch dargestellt ist. Beim Abknicken von der Hookeschen Geraden bildeten sich an der Kerbe, welche als Stelle größter Spannungskonzentration in der Probe anzusehen ist, grobe Scherbänder und/oder eine diffuse Scherzone, wie es bereits von *Bowden* und *Raha* (11) und später auch von *Kramer* (13) beobachtet wurde. Diese Initiierungsspannung σ_{BI} stieg mit steigender Belastungsgeschwindigkeit und sinkender Temperatur an.

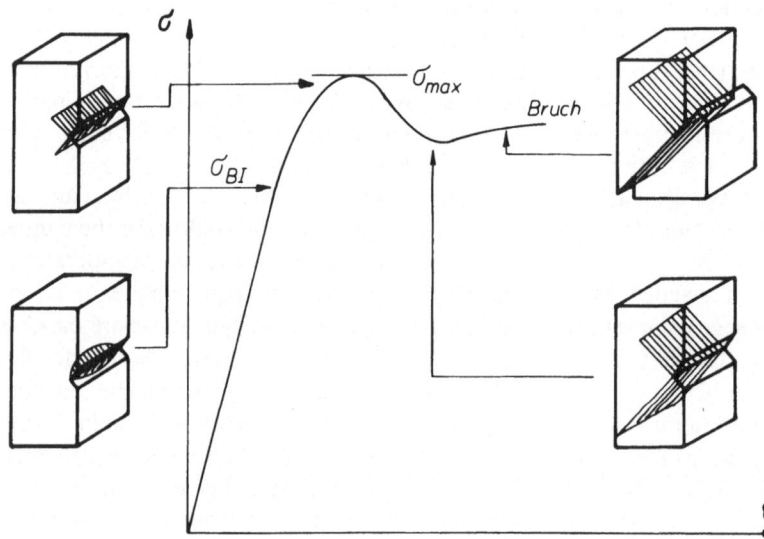

Abb. 2. Charakteristisches Spannungs-Dehnungs-Diagramm der Druckversuche an gekerbten Polystyrol-Proben mit den zugehörigen Deformationserscheinungen.

Abb. 3. Einfluß von Temperatur und Deformationsge-
schwindigkeit auf die Spannung σ_{BI} zur Bildung erster
Scherbänder.

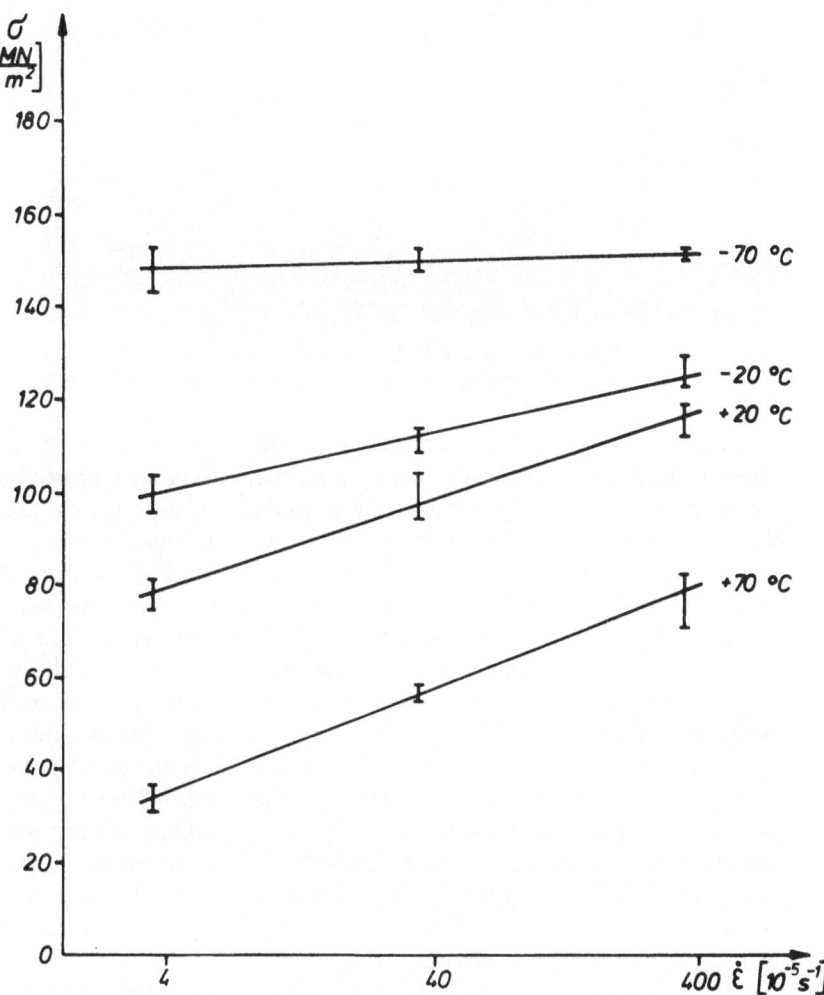

Wie aus Abb. 3 zu ersehen ist, wird der Einfluß
der Geschwindigkeit aber mit sinkender Temperatur immer geringer. Die Ergebnisse stehen weitgehend in Übereinstimmung mit Untersuchungen
von *Haward* et al. (10) an ungekerbten Proben.

Wenn der sichtbare Scherbereich etwa ¼ seines
Weges über die Probe zurückgelegt hatte, wurde
das Maximum der σ-ε-Kurve überschritten. Danach liefen die Kurven in ein Minimum, wobei
sich der Scherbereich meist nur auf einer Seite
der Kerbe bis zum anderen Ende der Probe aus-
breitete. An diesem Punkt stieg die Last erneut
an. Der Vorgang war mit einem sichtbaren Abgleiten der Probenhälften gegeneinander verbunden, bis der plötzliche Bruch in diesem Bereich
einsetzte. Obwohl die plastische Deformation
nach Durchlaufen des Minimums mit sinkender
Temperatur abnahm, war sie im gesamten Temperaturbereich von −70 °C bis +70 °C stets vorhanden.

III.2. Die Struktur des Scherbereichs bei verschie-
denen Testbedingungen

Wie in einigen vorausgegangenen Untersuchungen festgestellt wurde, kann die äußere Stauchung je nach Testbedingungen über verschiedene Scherprozesse im Material aufgenommen werden. *Bowden* und *Raha* (11) berichteten als erste
über das unterschiedliche Auftreten von diskreten
Scherbändern und einer diffusen Scherzone je
nach Testtemperatur und Dehnungsgeschwindigkeit.

Kramer (13) zeigte, daß die diffuse Scherzone
den größten Teil der äußeren Dehnung aufnehmen kann, innerhalb der Scherzone eine Erwei-
chung des Polymerwerkstoffes stattfindet und daß
sich daraus das Maximum der Spannungs-Dehnungs-Kurve ableiten läßt. In der bereits erwähnten Arbeit von *Wu* und *Li* (14) wurde schließlich
mit Hilfe der Replika-Technik im TEM nachgewiesen, daß die diffuse Zone bei Raumtempera-

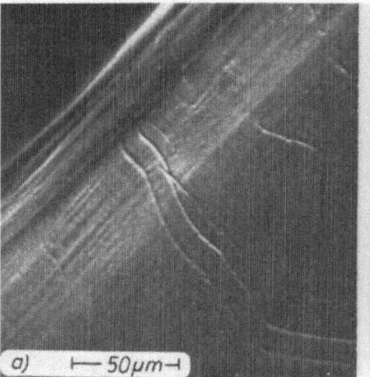

Abb. 4. a) Quasi-homogene Deformation in einer diffusen Scherzone bei $T=70$ °C, b) Stufenweises Abscheren von Kratzern durch mehrere parallel laufende grobe Scherbänder bei $T=-70$ °C.

tur aus einem System feiner Scherbänder besteht. Diese verlaufen etwa unter 45° zur Druckachse, wogegen sich gleichzeitig beobachtete grobe Scherbänder in einem Winkel von ca. 38° zur äußeren Druckrichtung ausgebreitet hatten. Dieser Winkel wurde bereits von verschiedenen Autoren genannt. Dabei werden unterschiedliche Erklärungen für diese Abweichung der Scherbandrichtung von der Richtung maximaler Scherspannung angegeben (9, 17).

Bei unserer Untersuchung stellten wir fest, daß je nach Testbedingungen entweder der eine oder andere Gleitprozeß dominierte (Abb. 4). Während bei tiefen Temperaturen (z. B. −70 °C) und hoher Belastungsgeschwindigkeit vornehmlich ein Abgleiten in diskreten Scherbändern beobachtet wurde, das sich bis zum Bruch der Probe fortsetzte, waren im Bereich um 0 °C beide Gleitprozesse gleichermaßen an der Verformung der Probe beteiligt. Dabei wurde die Neigung zum Bruch in der diffusen Scherzone mit abnehmender Verformungsgeschwindigkeit erhöht. Bei höheren Tem-

peraturen (~ 70 °C) konnten nur vereinzelt grobe Scherbänder beobachtet werden. In diesem Temperaturbereich dominierte ein plastisches Fließen in einer breiten Scherzone, welches mit einer merklichen Verwölbung dieser Probe verbunden war, bevor der Bruch einsetzte.

In Abb. 5 ist anhand der Versetzung eines Kratzers auf der Oberfläche erkennbar, daß bei gleichzeitigem Auftreten von groben Scherbändern und der diffusen Scherzone der größte Anteil an nicht-Hookescher Dehnung von der diffusen Scherzone aufgenommen wird, während die groben Bänder nur geringe Verschiebungen des Kratzers bewirken.

Vergleicht man jedoch diese Verschiebungen mit der Dicke der einzelnen groben Scherbänder, so ergibt sich, daß die Substanz in den Bändern eine erhebliche Scherverformung erfährt. Diese ist jedoch je nach Umgebungstemperatur der Probe unterschiedlich groß.

Abb. 6 zeigt den Vergleich der Mittelwerte aus 20 Messungen der örtlichen Dehnungen in einzel-

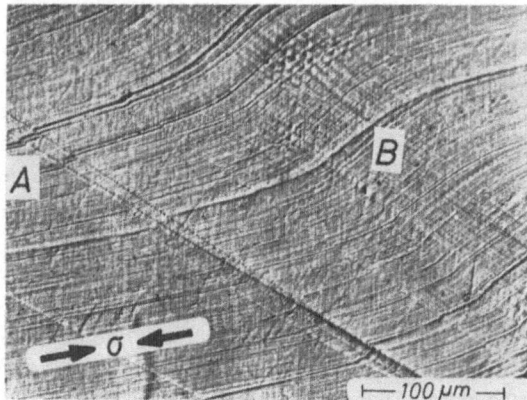

Abb. 5. Abscherung von Kratzern durch grobe Scherbänder (A) und eine diffuse Scherzone (B).
Die groben Bänder haben einen Winkel von 38° zur Richtung der äußeren Druckkraft, während die diffuse Zone unter 45° zur Druckachse verläuft.

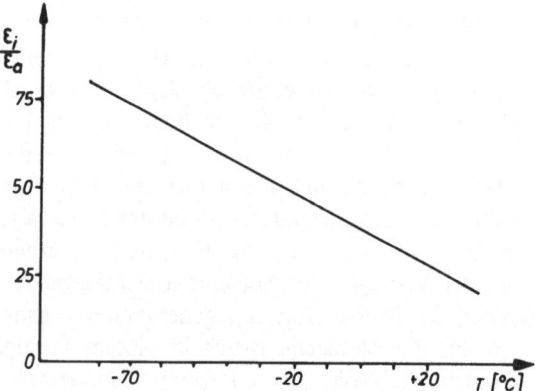

Abb. 6. Örtliche Dehnung in groben Scherbändern ε_i bei verschiedenen Temperaturen.
Die Werte wurden an entlasteten Proben gemessen und auf die jeweilige äußere, plastische Dehnung ε_a normiert.

Abb. 7. a) Von der Kerbe ausgehende lange Scherbänder (A) werden durch einen zweiten Satz grober Scherbänder (B) überlagert. b) Verschiebung von Kratzern an groben Scherbändern und von Scherbändern untereinander.

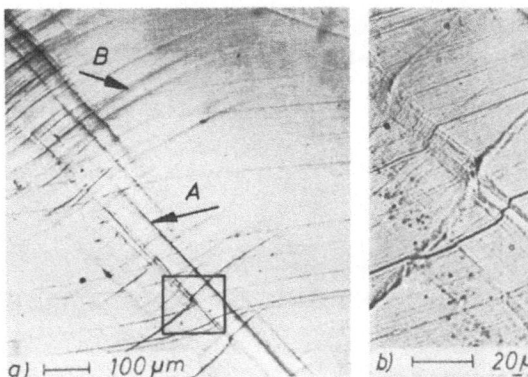

nen groben Scherbändern für verschiedene Temperaturen. Die Werte wurden auf die jeweilige äußere plastische Dehnung der Probe normiert. Verglichen wurden Proben, die etwa bis zum Minimum der σ-ε-Kurven belastet worden waren.

Während die äußere plastische Dehnung in diesem Bereich bei allen Temperaturen um etwa 0,03 schwankten, lagen die örtlichen Dehnungen bei $T = -70\,°C$ um 2,2, während die Werte bei Raumtemperatur in einzelnen groben Bändern mit etwa 0,8 gemessen wurden. Es muß erwähnt werden, daß diese Messungen infolge der ungenauen Bestimmbarkeit der Scherbanddicke und der Abgleitbeträge einer gewissen Streuung unterliegen. Sie lassen dennoch die Vermutung zu, daß die Dehnung in den groben Scherbändern um so geringer wird, je mehr die Möglichkeit zur Bildung einer diffusen Scherzone besteht. Dies ist bei Raumtemperatur eher der Fall als bei $-70\,°C$.

Aus Abb. 7 kann erkannt werden, daß grobe Scherbänder nicht nur von der Kerbe aus ins Material hineinwandern, sondern ein zweiter Satz grober Scherbänder im Scherbereich existiert, der ebenso wie die anderen groben Scherbänder unter einem Winkel von 38° zur äußeren Druckachse verläuft. Dadurch kommt es örtlich zu einer gegenseitigen Abscherung.

III.3. Rißbildung und Bruch in groben Scherbändern

Von Untersuchungen an metallischen Werkstoffen ist bekannt, daß eine inhomogene Verteilung der Gleitung zu wesentlich schlechteren Eigenschaften führt als eine homogene Gleitverteilung. Zum Beispiel haben Untersuchungen an Ti-Mo-Legierungen (18) gezeigt, daß bei sich kreuzenden Gleitbändern die zuerst vorhandenen Gleitbänder um relativ hohe Beträge abgeschert

wurden und daß sich an diesen Stellen häufig Risse bildeten. Ebenso können sich bei hoher Inhomogenität der Gleitverteilung Risse entlang der geschwächten Gleitbänder ausbreiten und zum Bruch des Materials führen.

Eine ähnliche Wechselwirkung ist zwischen Scherbändern und Rissen in polymeren Werkstoffen zu erwarten (19, 20). Dabei spielt es eine große Rolle, ob die äußere Dehnung nur von einzelnen groben Scherbändern in einem geringen Materialvolumen aufgenommen wird oder ob viele feine Scherbänder bzw. eine breite Scherzone an der Verformung beteiligt ist. Im ersten Falle ergibt sich ein makroskopisch sprödes Bruchverhalten mit glattem Bruchprofil.

Vor dem Bruch in der diffusen Zone findet dagegen eine große Verschiebung der Probenteile gegeneinander statt, und man erhält ein gezacktes Bruchprofil mit starken Verstreckungsmerkmalen (Abb. 8). Sind dagegen beide Verformungszonen vorhanden, tritt ein Mischbruchverhalten auf.

Näheren Aufschluß über die Mechanismen, die sich bei der Rißbildung und dem Bruch in den groben Scherbändern abspielen, geben die Bruchflächen bei Betrachtung im Rasterelektronenmikroskop.

Die reine Scherbandbruchfläche ist relativ glatt und weist nur einige plateauartige Abstufungen auf, entlang derer der Bruch vom einen ins andere Scherband gesprungen ist. Höhere Vergrößerungen zeigen, daß die glatten Flächen eine fibrillare Struktur besitzen. Die zu feinen Spitzen ausgezogenen Fibrillen weisen in die entgegengesetzte Richtung der Abgleitung und haben einen Durchmesser zwischen 0,1 und 1,5 μm (Abb. 9).

Ein zweites auffälliges Merkmal auf der Bruchfläche bilden Spuren, die mehr oder weniger senkrecht zur Abgleitrichtung verlaufen (Abb. 10). Sie gehen nicht nur von der Proben-

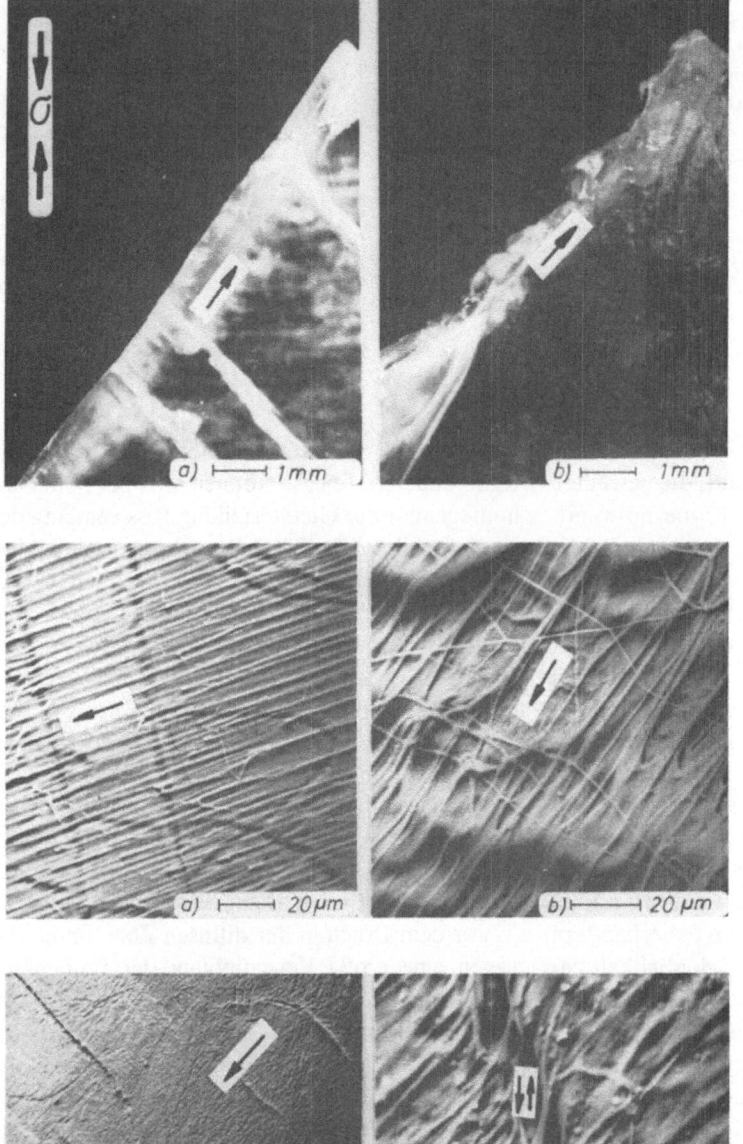

Abb. 8. a) Reiner Bruch in einem von der Kerbe ausgehenden groben Scherband bei $T = -70$ °C. b) Bruch in der diffusen Zone bei $T = 70$ °C.
Hier und in den nachfolgenden Bildern zeigt der Pfeil auf die Bruchfläche die Abgleitrichtung der Probenhälfte an.

Abb. 9. Fibrillare Bruchflächenstruktur im Scherband.

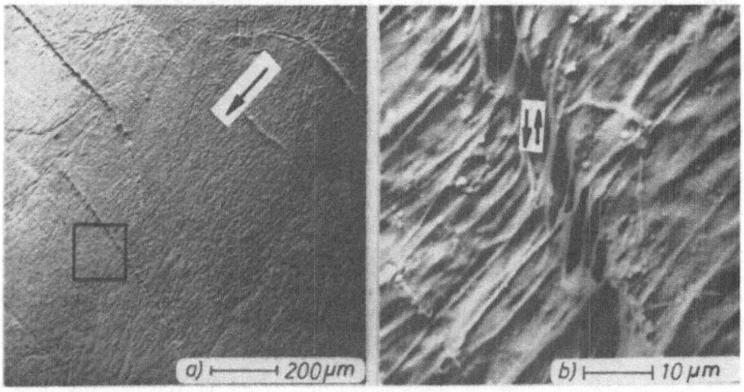

Abb. 10. a) REM-Aufnahme von kurzen, senkrecht zur Scherbruchfläche verlaufenden Scherbändern. b) Infolge Quergleitung (Pfeil) in diesen Bändern entsteht eine Stufe auf der Bruchfläche, an der Bruchflächenfibrillen verstreckt wurden.

oberfläche in das Material hinein, sondern sind auch direkt im Probeninnern zu finden.

Es handelt sich hier um den bereits erwähnten zweiten Satz grober Scherbänder, die sich während der Verformung unter einem Winkel ungleich 90° zu den von der Kerbe ausgehenden Bändern gebildet haben. Durch Quergleitung in diesen Bändern entstehen Stufen auf der Bruch-

oberfläche, die von groben Bruchflächenfibrillen überbrückt werden. Durch Aufweitung dieser Scherbänder infolge Längsgleitung können an diesen Stellen auch Crazes entstehen (Abb. 11). Ein Blick in das Innere dieser Crazes zeigt, daß der Rand eine wabenförmige, nichtfibrillare Struktur aufweist, die schließlich in eine hochfibrillare Struktur in der Crazemitte übergeht.

Abb. 11. a) Durch Längsgleitung (Pfeil) an einer Stufe entstandene Craze-Struktur auf der Scherbandbruchfläche. b) Wabenstruktur aus dem Innern des zu einem Craze geöffneten Scherbandes.

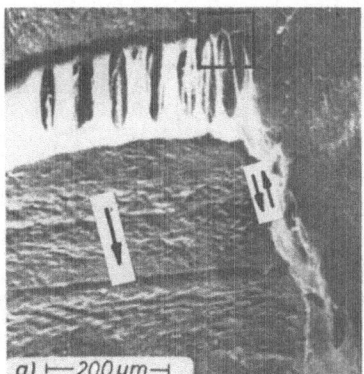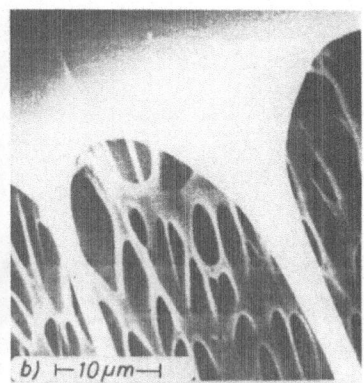

Die hier beobachteten Crazes können häufig in einen Riß übergehen und zum Bruch des Materials führen. In diesem Fall wird die Probe in viele Einzelteile zersplittert, die infolge der Rißauslösung im Craze nur einen geringen Scherbruchanteil auf ihrer Bruchfläche aufweisen. Der Rest zeigt dagegen typische Craze-Bruch-Merkmale (21).

III.4. Bruch in der diffusen Scherzone

Wenn die diffuse Zone den groben Scherbändern vorauseilt – dies kann z. B. bei tiefen Temperaturen und langsamer Belastung der Fall sein (14) –, entsteht ein Mischbruch, der in einem der groben Scherbänder an der Kerbe induziert wird, bevor er in die unter 45° verlaufende Scherzone überwechselt. Je nach äußeren Testbedingungen zeigt die Bruchfläche in diesem Stadium mehr oder weniger duktile Bruchmerkmale (Abb. 12). Es konnte außerdem beobachtet werden, daß Oberflächenriefen einen Einfluß auf den Bruchübergang von den Scherbändern auf die diffuse Scherzone haben können. Wenn Schleifriefen parallel zur Druckachse verlaufen, werden sie in der Schubzone umgelenkt. Bei dem ersten Abgleiten im groben Scherband kann es dann zu einer Rißbildung an Riefen in der Scherzone kommen, die den Bruchverlauf wesentlich beeinflussen können (Abb. 13 b).

Laufen die Oberflächenkratzer dagegen unter einem Winkel von 38° zur Druckachse, bewegt sich der Anfangsriß unter den für Mischbruch üblichen Testbedingungen so lange wie möglich im groben Scherband (Abb. 13 a).

Bei hohen Temperaturen (70 °C) und langsamen Belastungsgeschwindigkeiten versagt das Material schließlich völlig duktil in der diffusen Scherzone (Abb. 14). Dabei kommt es nicht zu

einem kontinuierlichen Abgleiten in der 45°-Ebene, sondern die diffuse Zone scheint stufenweise der Belastung nachzugeben. Aufgrund der starken Vorwölbung an der Oberfläche bilden sich Crazes und später Risse parallel zur Druckachse, die sich bei weiterer Abgleitung mehr und mehr öffnen und für ein gezacktes Rißprofil sorgen. Im Probeninnern verlaufen quer über der abgescherten Fläche abgerundete Stufen, die sehr glatte, strukturlose Plateaus voneinander trennen. Örtliche Blasen und die Glätte dieser Plateaus deuten darauf hin, daß während der Verformung Schmelzvorgänge in der Scherzone stattgefunden haben müssen (Abb. 15).

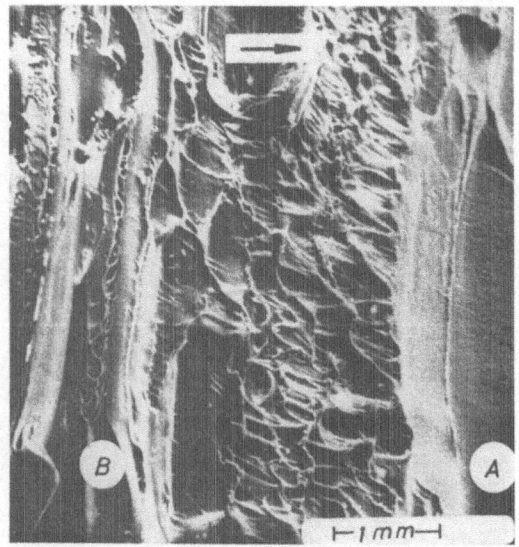

Abb. 12. Bruchfläche eines bei $T = 20\,°C$ erzielten Mischbruches. Der Bruch wurde in einem groben Scherband (A) eingeleitet und setzte sich dann in der diffusen Scherzone (B) fort. Die Rippenstruktur beruht auf Sekundärrissen in der diffusen Scherzone (vgl. Abb. 13).

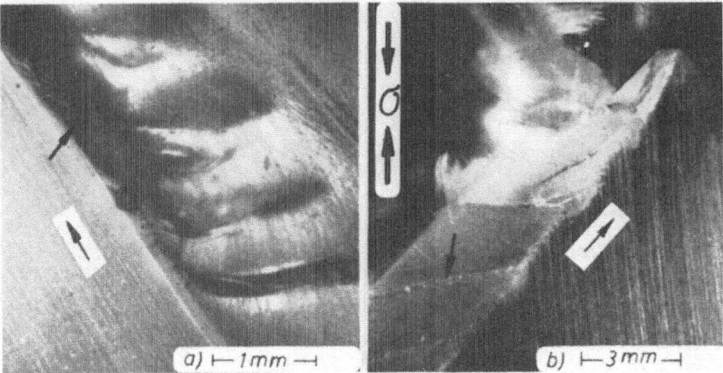

Abb. 13. Rißeinleitung (Pfeil) und Oberflächenriefen entlang eines Scherbandes (a) und in der diffusen Scherzone (b).

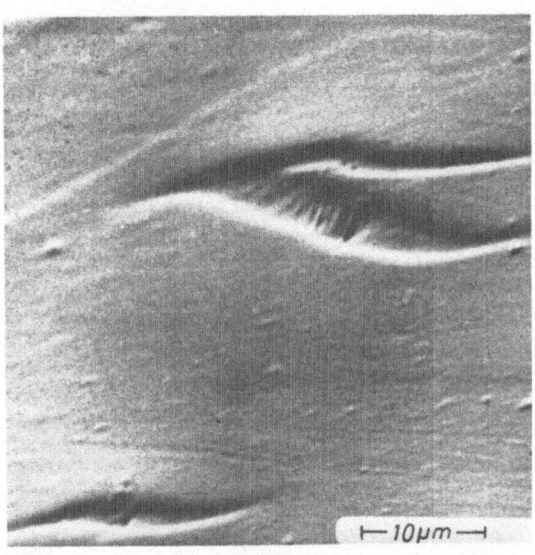

Abb. 14. Bildung craze-ähnlicher Deformationszonen auf der verwölbten Oberfläche im Bereich der diffusen Scherzone bei $T = 70$ °C. (Druckachse horizontal, Kerbe unten links.)

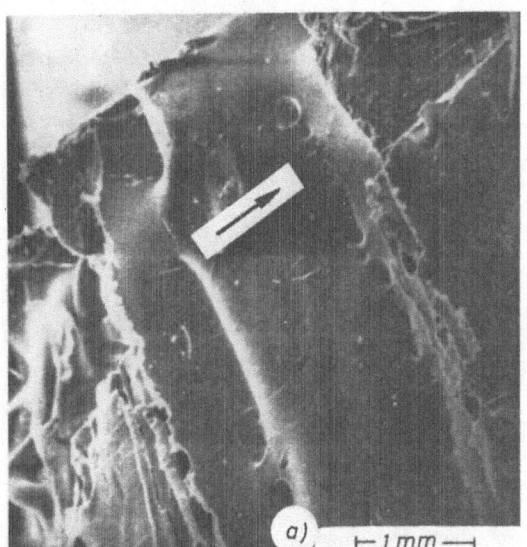

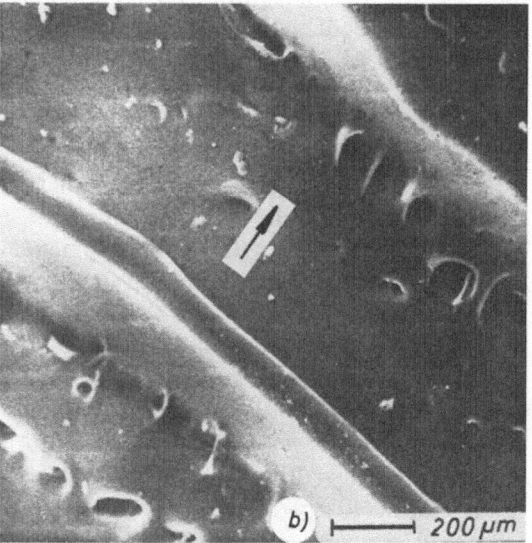

Abb. 15. Bruchfläche in der diffusen Scherzone bei $T = 70$ °C; a) Übersicht, b) höhere Vergrößerung mit glatten, abgerundeten Stufen und einzelnen Blasen.

IV. Diskussion

Die Ergebnisse der mechanischen Druckversuche bei verschiedenen Temperaturen und Belastungsgeschwindigkeiten stellen ebenso wie die mikroskopischen Beobachtungen über die Struktur der Scherzone zum Teil eine Bestätigung bereits früherer Untersuchungen über die Bildung von Scherbändern in Polystyrol dar. Sie brauchen deshalb nicht im einzelnen diskutiert zu werden. Die Untersuchungen waren aber dennoch in dieser Arbeit notwendig, um zu wissen, was sich in den Proben unter den verschiedenen Testbedingungen vor dem endgültigen Bruch abspielte. Zusammen mit den danach gemachten Beobachtungen an den Bruchflächen der verschiedenen Proben läßt sich ein Modell erstellen, nach dem der Bruch unter Einwirkung von Scherbändern in Polystyrol ablaufen muß.

Bei tiefen Temperaturen ist generell eine Bruchauslösung infolge grober Scherbänder zu erwarten, welche in 2 Richtungen jeweils unter einem Winkel von 38° zur äußeren Druckrichtung verlaufen. Eine wesentliche Rolle spielen dabei die Schnittpunkte der im vorliegenden Fall von der Kerbe ausgehenden langen, groben Bänder mit ihren Partnern, die kürzer sind und annähernd senkrecht zu ihnen verlaufen. Da sich beide Scherbandgruppen im allgemeinen nicht gleichzeitig, sondern nacheinander bilden, kommt es je-

weils zu einer Abscherung in Richtung der zuletzt gebildeten Scherbänder. Dadurch werden einige bereits im ersten Band verstreckte Molekülknäuel in einem engen Bereich weiter verstreckt, wodurch es zu einer Spannungserhöhung an diesen Stellen kommt.

Nach vollständiger Bildung der von der Kerbe ausgehenden, langen Scherbänder über der Probenbreite – dies ist gleichzusetzen mit dem Überschreiten des Minimums in der Spannungs-Dehnungs-Kurve – kommt es hier zu einer Verschiebung der Probenteile gegeneinander. Dabei können zwei Prozesse an den Kreuzungen der Scherbänder ablaufen. Wenn sich die langen Scherbänder zuletzt gebildet haben, kommt es zu einer Rißbildung an den Schnittstellen, da hier die Streckfähigkeit der Molekülsegmente am ehesten erschöpft ist (Abb. 16).

Werden die langen Bänder dagegen nachträglich noch von kurzen groben Bändern abgeschert, findet bei der gegenseitigen Verschiebung der Probenteile an diesen Stellen eine Craze- und Rißbildung in den kurzen Bändern statt, die auf die Behinderung der Gleitung an der Stufe zurückzuführen ist (Abb. 17). Beide Mechanismen bewirken schließlich, daß es zum Bruch der Probe kommt, wenn der Riß eine kritische Länge erreicht hat.

Eine zusätzliche Beeinflussung des Bruchgeschehens durch sekundär gebildete Crazes an der

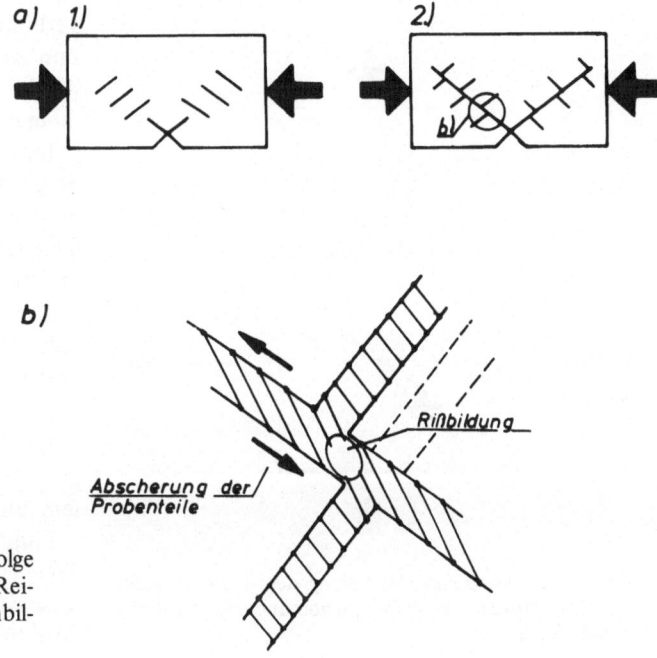

Abb. 16. Mechanismus der Rißentstehung infolge Abscherung kurzer, grober Scherbänder. a) Reihenfolge der Scherbandbildung. b) Rißkeimbildung an der Schnittstelle.

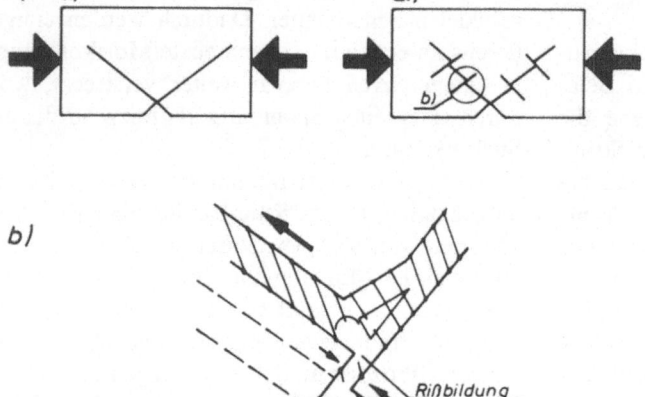

Abb. 17. Mechanismus der Rißentstehung infolge Abscherung langer, grober Scherbänder. a) Reihenfolge der Scherbandbildung. b) Craze- und Rißbildung an der Schnittstelle.

Probenoberfläche senkrecht oder parallel zur Druckachse konnte beim reinen Scherbruch in groben Gleitbändern nicht festgestellt werden.

Dies änderte sich jedoch, sobald die breite, diffuse Scherzone am Bruchgeschehen beteiligt war. In diesem Falle können einerseits Spannungsinhomogenitäten an der Oberfläche der Scherzone zu einer Rißbildung führen. Andererseits können auch sekundär gebildete Crazes in der diffusen Zone das Bruchgeschehen entscheidend beeinflussen. Man beobachtet dann einen Mischbruch, der in den groben Scherbändern an der Kerbe

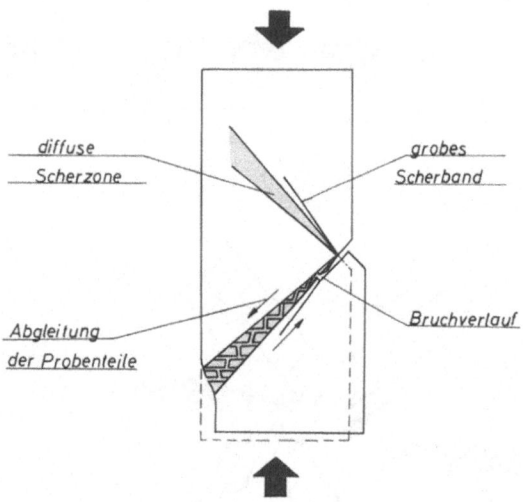

Abb. 18. Schematische Darstellung des Bruchverlaufes beim Mischbruch aus groben Scherbändern und diffuser Scherzone.

eingeleitet wird und sich in der diffusen Scherzone entlang von Sekundärrissen fortsetzt (Abb. 18).

Oberhalb einer bestimmten Testtemperatur kann es in der Schubzone zu einer Porenbildung und an der Oberfläche dieser Zone infolge der dort stattfindenden Verwölbung zu einer Craze-Bildung kommen. Bei weiterer Schubverformung können die Poren zusammenwachsen und ebenso wie die Crazes an der Oberfläche zu Rissen geöffnet werden (Abb. 19). Durch niedrig viskose Fließvorgänge infolge Schmelzerweichung des verbindenden Materials während der Deformation kommt es schließlich zu einem schubweisen Abgleiten in der Scherzone. Daraus resultiert dann das gezackte Bruchflächenprofil.

Im weiteren Verlauf dieser Untersuchung sollen einige Vergleiche der hier beobachteten Struktur in den Scherbandbruchflächen mit Ergebnissen früherer Untersuchungen über die Morphologie in Scherbändern diskutiert werden. *Argon* und Mitarbeiter (12) haben berichtet, daß die plastische Verformungsarbeit in Form molekularer Orientierungen im Scherband gespeichert wird. Ebenso haben Ätzgrübchen an Scherbändern gezeigt, daß bestimmte molekulare Inhomogenitäten innerhalb der verformten Zone vorhanden sein müssen (22).

Zum gleichen Ergebnis kamen *Bowden* und *Raha* (11) durch Messung der Doppelbrechung in diesem Bereich. Die von uns gefundene fibrillare Struktur auf den Scherbandbruchflächen bestätigt, daß die molekulare Substanz in den Scherbändern gegenüber dem unverformten Bereich eine hohe Orientierung erfahren haben muß. Dennoch weichen die von uns gemessenen Werte der Fibrillendurchmesser um eine Größenordnung von den Werten ab, die *Brady* und *Yeh* (15) an Oberflächenabdrücken grober Scherbänder in Polystyrol-Folien und massiven Polystyrol-Blöcken gefunden haben. Es ist demnach anzunehmen, daß die Trennung des Materials im Scherband durch Abgleiten gröberer fibrillarer Bereiche abläuft, als es die ursprüngliche fibrillare Struktur vermuten ließe.

Das bedeutet, daß trotz gewisser Ähnlichkeiten der Bruchflächenstruktur mit direkten Untersuchungen an Scherbändern aus der Morphologie der Scherbandbruchflächen nicht auf die molekulare Struktur in den noch heilen Scherbändern geschlossen werden kann. Denn die Prozesse, die sich beim Bruch in den Bändern abspielen, sind offensichtlich infolge örtlicher Erwärmung und Relaxation komplizierter als ein reines Abgleiten von Molekülsträngen während der anfänglichen Scherdeformation.

Die gleiche Aussage gilt auch für die Rißausbreitung in Crazes massiver Polystyrol-Proben. Die Fibrillenstruktur in den Crazes (23) besitzt eine weitaus geringere Dimension als die spätere Verformungsschicht, die man auf der Crazebruchfläche finden kann.

Wie *Brady* und *Yeh* (15) in ihrer Arbeit feststellten, ist die Morphologie in Scherbändern und Crazes recht ähnlich, denn beide werden durch eine Scherverformung in 400 bis 1000 Å großen Bereichen eingeleitet. Danach findet im Craze eine Verstreckung von Fibrillen unter Normalspannung senkrecht zur Craze-Ebene statt, die nach dem Abriß am oberen oder unteren Craze-Rand eine Fleckenstruktur aus ehemals verstreckten fibrillaren Bereichen auf der Bruchfläche hinterlassen (24–27).

Im Scherband scheint sich ein ähnlicher Prozeß abzuspielen (Abb. 20). In diesem Falle bleiben aufgrund des anderen Spannungszustandes allerdings keine Flecken auf der Bruchfläche zurück, sondern man findet grobe Fibrillen, die ihrerseits aus ehemals verstreckten fibrillaren Bereichen bestehen. Daraus folgt, daß die Morphologien der Crazes und der Scherbandbruchflächen im Grunde ähnlich aufgebaut sind und daß ihr unterschiedliches Aussehen nur infolge des verschiedenen Spannungszustandes während der Deformation zustande kommt.

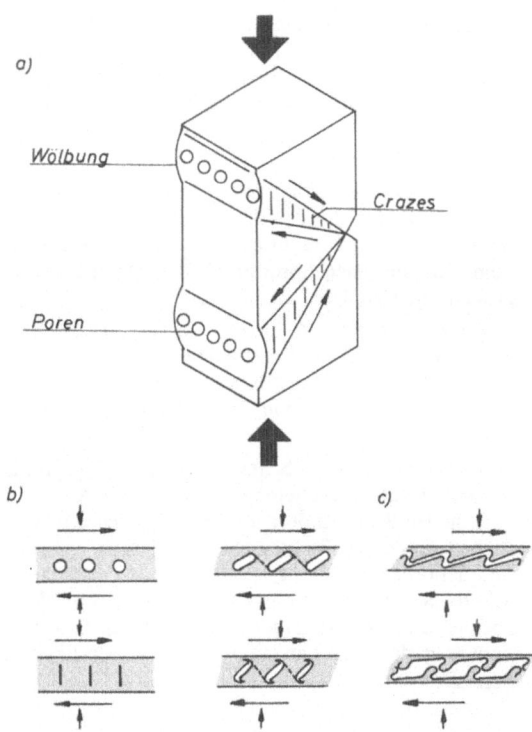

Abb. 19. Bruchmechanismus in der diffusen Scherzone bei erhöhter Temperatur. a) 1. Stadium der Deformation: Porenbildung im Innern und Crazes an der Oberfläche. b) 2. Stadium der Deformation: Zusammenwachsen der Poren und Bildung von Rissen an den Crazes. c) 3. Stadium der Deformation: Abgleiten des tragenden Restquerschnittes durch viskoses Fließen.

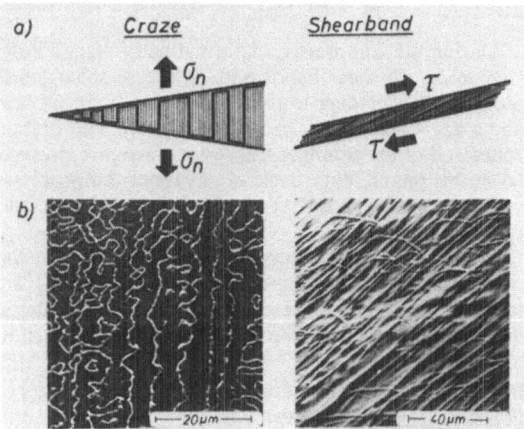

Abb. 20. Vergleich zwischen Craze- und Scherband-Bruchfläche. a) Rißverlauf. b) REM-Aufnahme der Bruchflächenstruktur durch Craze- bzw. Scherbandbruch.

Zusammenfassung

(1) In ataktischem Polystyrol unter einachsigem Druck sind zwei charakteristische Gleitprozesse bekannt: die Bildung grober Scherbänder und einer diffu-

sen Scherzone. Bei tiefen Temperaturen und hoher Geschwindigkeit dominieren die groben Scherbänder während der Verformung. Wenn die Temperatur ansteigt und/oder die Deformationsgeschwindigkeit abnimmt, findet eine bevorzugte Verformung in der diffusen Scherzone statt.

(2) An Schnittpunkten zweier unter einem bestimmten Winkel zueinander verlaufender Pakete aus groben Scherbändern kann es zu einer Craze- und Rißbildung kommen, die einen Sprödbruch des Materials in den groben Scherbändern bewirkt.

(3) Wenn der Bruch dagegen in der diffusen Scherzone abläuft, wird das Bruchverhalten zunehmend duktiler. Bei hohen Temperaturen kann es in dieser Zone zu einer Schmelzerweichung des verformten Materials kommen.

(4) Die Struktur der Scherbandbruchflächen läßt keine Schlüsse über die ehemalige fibrillare Struktur in den noch heilen Scherbändern zu. Ein Vergleich mit Bruchflächen, die infolge Rißausbreitung in Crazes entstanden sind, läßt die Vermutung zu, daß der Abgleitprozeß im Scherband nicht zwischen den einzelnen feinen Fibrillen abläuft. Statt dessen findet ähnlich wie im Craze eine Trennung der Scherbandsubstanz in gröber fibrillaren Bereichen statt.

Danksagung

Die Autoren danken Herrn Prof. *E. Hornbogen* für den Vorschlag zu dieser Arbeit und für wertvolle Hinweise zur Interpretation der Ergebnisse.

Die Arbeit wurde durch Mittel der Deutschen Forschungsgemeinschaft (DFG) unterstützt.

Summary

During the compressive deformation of atactic Polystyrene coarse shear bands and/or diffuse shear zones are formed according to the testing conditions. Optical and scanning electron micrographs of these deformation zones and of the resulting fracture surfaces are presented in this paper. With these observations the processes which occur during fracture in the different shear zones can be interpreted.

In spite of a macroscopically brittle fracture in the discrete coarse shear bands fine stretched fibrils are found on the fracture surface. They indicate large plastic deformations inside the shear bands before final fracture occurred. From these observations a similarity of the fracture mechanisms in coarse shear bands and crazes of Polystyrene can be deduced.

When the plastic deformation only occurs in a broad diffuse shear zone, for example at elevated temperatures, ductile fracture behaviour is observed. In this case the deformation develops by void- and craze-formation and by viscous flow in a large volume of the polymer.

Literaturstellen

1) *Schultz, J.,* Polymer Materials Science, Prentice-Hall, Inc. Englewood Cliffs, New Jersey, 1974.
2) *Kastelic, J. R.* und *E. Baer,* J. Macromol. Sci.-Phys. **4,** 679 (1973).
3) *Imai, Y.* und *N. Brown,* J. Mater. Sci. **11,** 425 (1976).
4) *Rabinowitz, S.* und *P. Beardmore,* CRC. Critical Rev. Macromol. Sci. **1,** 1 (1972).
5) *Kambour, R. P.,* J. Polymer Sci.: Macromol. Rev. **7,** 1 (1973).
6) *Whitney, W.,* J. Appl. Phys. **34,** 3633 (1963).
7) *Argon, A. S.,* Phil. Mag. **28,** 839 (1973).
8) *Bowden, P. B.* und *S. Raha,* Phil. Mag. **29,** 149 (1974).
9) *Kramer, E. J.,* J. Polym. Sci.: Phys. Ed. **13,** 509 (1975).
10) *Haward, R. N., B. M. Murphy* und *E. F. T. White,* J. Polymer Sci., A-2 **9,** 801 (1971).
11) *Bowden, P. B.* und *S. Raha,* Phil. Mag. **22,** 463 (1970).
12) *Argon, A. S., R. D. Andrews, J. A. Godrick* und *W. Whitney,* J. Appl. Phys. **39,** 1899 (1968).
13) *Kramer, E. J.,* J. Macromol. Sci.-Phys. **1,** 191 (1974).
14) *Wu, J. B. C.* und *J. C. M. Li,* J. Mater. Sci. **11,** 434 (1976).
15) *Brady, T. E.* und *G. S. Y. Yeh,* J. Mater. Sci. **8,** 1083 (1973).
16) *Li, J. C. M.* und *J. B. C. Wu,* J. Mater. Sci. **11,** 445 (1976).
17) *Bowden, P. B.* und *J. A. Jukes,* J. Mater. Sci. **7,** 52 (1972).
18) *Gysler, A., G. Lütjering* und *V. Gerold,* Acta Met. **22,** 901 (1974).
19) *Hull, D.,* Sci. Progr. London, **57,** 495 (1969).
20) *Hull, D.,* Polymeric Materials, Relationship between Structure and Mechanical Behaviour, ASM Seminar, 1973 (ASM, 1975).
21) *Friedrich, K.,* Pract. Metallographie, **12,** 587 (1975).
22) *Li, J. C. M., C. A. Pampillo* und *L. A. Davis,* Deformation and Fracture of High Polymers, (edited by *H. H. Kausch, J. A. Hassell* and *R. I. Jaffee*), Plenum Press, New York 239 (1972).
23) *Beahan, P., M. Bevis* und *D. Hull,* J. Mater. Sci. **8,** 162 (1972).
24) *Murray, J.* und *D. Hull,* Polymer **10,** 451 (1969).
25) *Hull, D.,* Deformation and Fracture of High Polymers (edited by *H. H. Kausch, J. A. Hassell* and *R. I. Jaffee*) Plenum Press, New York 171 (1972).
26) *Friedrich, K.,* J. Mater. Sci. **12,** 640 (1976).
27) *Lainchbury, D. L.* und *M. Bevis,* J. Mater. Sci. **11,** 2222 (1976).

Anschrift der Verfasser:

K. Friedrich, K. Schäfer
Institut für Werkstoffe
Ruhruniversität Bochum
D-4630 Bochum

Progr. Colloid & Polymer Sci. **66**, 341–354 (1979)
© 1979 by Dr. Dietrich Steinkopff Verlag GmbH & Co. KG, Darmstadt
ISSN 0340-255 X

Vorgetragen auf der Tagung der Deutschen Physikalischen Gesellschaft,
Fachausschuß „Physik der Hochpolymeren",
vom 17. bis 21. April 1978 in Bad Nauheim.

Deutsches Kunststoff-Institut, Darmstadt

Kinetik der thermomechanischen Spaltung von Kettenmolekülen in Fasern aus Polyamid-6

I. Kettenbruch unter stufenweiser Dehnung

D. Klinkenberg

Mit 9 Abbildungen und 1 Tabelle

(Eingegangen am 29. Juli 1978)

1. Einleitung

In gedehnten, hochorientierten Polymerfasern werden hohe Spannungen auf die in amorphen Bereichen liegenden Molekülketten übertragen. In Polyamid-6, wo diese Verknüpfungsmoleküle über viele Wasserstoffbrücken sehr fest in die kristallinen Schichten eingebettet sind, erreichen solche Spannungen die Bruchfestigkeit der chemischen Bindungen, so daß einzelne Kettenmoleküle homolytisch gespalten werden. Die dabei entstehenden freien Radikale können dank langer Lebensdauer auch bei Zimmertemperatur mit Hilfe der Elektronenspin-Resonanz (ESR) nachgewiesen werden (1—5).

Da es sich bei solchen Kettenbrüchen um primäre Bruchvorgänge handelt, die vermutlich entscheidend den Verlauf des makroskopischen Versagens bestimmen, ist eine Untersuchung der Bedingungen, unter welchen Kettenbrüche geschehen, von weitreichender Bedeutung für das Verständnis des eigentlichen Bruchprozesses.

Eine früher festgestellte Temperaturabhängigkeit der durch Dehnung erzeugten Radialkonzentration (4) weist darauf hin, daß die Spannung, unter welcher die Ketten brechen, selbst von der Temperatur abhängt.

Eine quantitative Untersuchung der Kettenbruch-Kinetik erfordert Ketten mit gleichmäßiger Spannung. Die in den amorphen Bereichen liegenden Verknüpfungsmoleküle erfahren dagegen infolge unterschiedlicher Segmentlängen uneinheitliche Spannungen (5). In der vorliegenden Arbeit wird gezeigt, daß die ESR dennoch als Meßmethode für die Bruchkinetik gespannter Kettenmoleküle geeignet ist. Mit Hilfe der gemessenen bruchkinetischen Daten wird überprüft, inwieweit reaktionskinetische Gesetze, verbunden mit einem Zwei-Phasen-Strukturmodell, imstande sind, die früher festgestellte Temperaturabhängigkeit der Bildung von Kettenbrüchen zu beschreiben.

2. Das Strukturmodell

Hochorientierte Polyamidfasern besitzen sowohl in Faserrichtung als auch senkrecht dazu einen periodischen Aufbau, wie übereinstimmend aus Röntgenkleinwinkel- und elektronenmikroskopischen Untersuchungen bekannt ist (6, 7). Die Periodizität in axialer Richtung („Langperiode") beruht auf dem Wechsel zwischen kristallinen und amorphen Bereichen, die in Form länglicher, faserähnlicher Überstrukturen („Fibrillen") angeordnet sind. Die kristallinen Bereiche benachbarter Fibrillen liegen vorwiegend lamellenartig in gemeinsamen Ebenen.

Wie Untersuchungen an gedehnten PA-6-Fasern ergaben, vergrößert sich die Langperiode unter makroskopischer Beanspruchung so, daß die ihr zugeordnete Dehnung gleich der Faserdehnung ist (8). Da gleichzeitig die Röntgenweitwinkel-Reflexe intensiver werden, muß angenommen werden, daß eine Dehnung ε der Fasern eine nahezu einheitliche Dehnung ε_a der amorphen Bereiche zur Folge hat, während die kristallinen Bereiche wegen ihrer weitaus höheren Ordnung nur relativ gering gedehnt werden. Bezeichnet man das morphologisch vorgegebene

Verhältnis aus Langperiode und mittlerer Schichtdicke der amorphen Bereiche mit a, so ergibt sich die „amorphe Dehnung" wie folgt (5):

$$\varepsilon_a = a\,\varepsilon - (a-1)\,\frac{\sigma}{E_c}\,. \qquad [1]$$

Dabei wird durch den zweiten Term die Dehnung der kristallinen Bereiche unter der äußeren Spannung σ berücksichtigt. Der Elastizitätsmodul der Polyamid-Kristallite wurde aus Röntgenweitwinkel-Messungen zu $E_c = 24{,}5\ \mathrm{GNm^{-2}}$ bestimmt (9). Eine gute Näherung für [1] ergibt sich, wenn man berücksichtigt, daß die verwendeten hochorientierten Fasern nur geringe Abweichung vom Hookeschen Verhalten mit dem mittleren E-Modul $E = 4{,}1\ \mathrm{GNm^{-2}}$ aufweisen:

$$\varepsilon_a = \left[a - (a-1)\,\frac{E}{E_c}\right]\varepsilon = a^*\varepsilon\,. \qquad [2]$$

Während der überwiegende Teil der Kettenmoleküle an den kristallinen Deckflächen zurückgefaltet ist, wird durch relativ wenige Verknüpfungsmoleküle ein interkristalliner Zusammenhalt längs der Faserachse gewährleistet (3, 5).

Beim Strecken der hochorientierten Fasern werden die innerhalb der amorphen Bereiche liegenden Segmente von Verknüpfungsmolekülen besonders stark gedehnt. Ein Abbau dieser Segmentspannungen durch Gleitverschiebung von Verknüpfungsmolekülen in den kristallinen Bereichen ist infolge der hohen Konzentration an Wasserstoffbrücken unwahrscheinlicher als der Bruch einer belasteten Hauptvalenz (1, 10—12).

Dagegen wird vorausgesetzt, daß die Segmente eine ausreichende individuelle Beweglichkeit besitzen, um unter der Wirkung hoher Spannungen die gestreckte Kettenkonformation anzunehmen (siehe hierzu Abschnitt 6 „Diskussion").

Nach diesem Modell wird ein Verknüpfungssegment der ausgestreckten Konturlänge l, das einen amorphen Bereich der ursprünglichen Dicke L überbrückt, durch die Probendehnung so gestreckt, daß seine Länge

$$l' = l(\varepsilon_s + 1) = L(1 + \varepsilon_a) \qquad [3]$$

beträgt. Berücksichtigt man weiterhin, daß sowohl die Länge l der zum Bruch kommenden Segmente als auch die Dicke der amorphen Bereiche einer Verteilung unterliegen, so muß man einzelne Ketten durch ihre relative Länge $\lambda_i = (l/L)_i$ unterscheiden. Über die Segmentdehnung ε_s kann die Spannung ψ_i an jedem Molekülsegment angegeben werden durch

$$\psi_i = \left(\frac{1 + \varepsilon_a}{\lambda_i} - 1\right) E_k\,. \qquad [4]$$

Hierzu ist die Gültigkeit des Hookeschen Gesetzes für molekulare Ketten im Bereich kleiner Dehnungen vorausgesetzt. *Treloar* (13) und später *Manley* u. *Martin* (14) haben für diesen Fall den Elastizitätsmodul der Polyamidkette berechnet und kamen dabei zu vergleichbaren Werten zwischen 180 und 260 $\mathrm{GNm^{-2}}$.

Wegen der durch die Faserherstellung vorgegebenen Segmentlängenverteilung treten bei einer festen Dehnung ε sowohl hoch als auch schwach gespannte Segmente auf. Anzeichen für eine solche molekulare Spannungsverteilung wurden von *Zhurkov* und anderen (15) mit Hilfe von Ultrarotmessungen an gespannten Folien gefunden.

Bei ausreichend hoher Dehnung der Fasern werden dann schließlich die kürzesten Segmente so stark gespannt, daß sie unter dem Zusammenwirken von thermischer und mechanischer Belastung in kurzer Zeit brechen. Mit zunehmender Dehnung brechen nach dieser Vorstellung fortschreitend immer längere Segmente. Da die Dehnung der Langperiode in Polyamidfasern praktisch gleich der makroskopischen Dehnung ε ist, kann angenommen werden, daß der Bruch von Verknüpfungssegmenten nicht auf eng begrenzte Bereiche — wie z. B. Fibrillengrenzen — beschränkt ist, sondern sich mehr oder weniger homogen über alle amorphen Bereiche der Probe verteilt.

Als unmittelbare Folge der Kettenbrüche entstehen aus jeder homolytisch gespaltenen Hauptvalenz zwei freie Radikale. Diese endständigen Primärradikale sind bei Zimmertemperatur nicht stabil und gehen wahrscheinlich durch Reaktion mit Nachbarketten in seitständige Radikale über (16). Diese rekombinieren bei Zimmertemperatur und in Stickstoff-Atmosphäre erst innerhalb einiger Stunden (4, 17, 18).

Die Kinetik des Kettenbruchs wird durch einen thermisch aktivierten Prozeß beschrieben, der nach einer Reaktion erster Ordnung abläuft. Danach ist die Häufigkeit, mit der Kettensegmente der gleichen Spannung brechen, proportional der momentanen Konzentration der ungebrochenen Segmente:

$$-\frac{\mathrm{d}\varDelta n_i}{\mathrm{d}t} = \frac{\varDelta n_i}{\tau_i}\,. \qquad [5]$$

Die Lebensdauer τ_i der Segmente mit der Konzentration Δn_i ist gemäß der kinetischen Bruchtheorie (2, 19, 20) eine Funktion der jeweiligen molekularen Spannung ψ_i und der absoluten Temperatur T:

$$\tau_i = \frac{\tau_c}{z} \exp \frac{U - \beta \psi_i}{R\,T} \,. \qquad [6]$$

Dabei bedeuten U die molekulare Dissoziationsenergie und β das molekulare Aktivierungsvolumen. Den Zeitfaktor τ_0 kann man veranschaulichen als den Kehrwert der mittleren thermischen Schwingungsfrequenz von Atomgruppen innerhalb der Molekülketten. Da er im Gegensatz zu dem Exponentialfaktor in [6] nur linear von der Temperatur abhängt, kann er als Konstante behandelt werden (18). Durch den Faktor z wird die Zahl der kritischen, d. h. bruchfähigen Bindungen eines Verknüpfungssegments berücksichtigt.

Die Gleichungen [2] bis [6] gestatten nun, den Anteil gebrochener Kettensegmente in Abhängigkeit von der Dehnung, der Zeit und der relativen Segmentlänge zu bestimmen. Wenn man annimmt, daß pro Kettenbruch ν stabile Rakikale gebildet werden, beträgt die Radikalkonzentration

$$[\mathrm{R}\cdot] = \nu \sum_i \Delta n_{i0} \left(1 - \mathrm{e}^{-t/\tau_i}\right). \qquad [7]$$

Die Zahl ν ist nur dann gleich zwei, wenn nach dem Kettenbruch jedes Primärradikal in genau ein stabiles Sekundärradikal übergeht, was keinesfalls als selbstverständlich gelten kann.

In [7] ist die Häufigkeitsverteilung $\Delta n_{i0}(\lambda_i)$ der relativen Segmentlängen wegen der einfacheren mathematischen Handhabung als diskrete Verteilung aufgefaßt. Je nach Problemstellung kann jedoch anstatt [7] auch eine differentielle Darstellung mit der Häufigkeitsverteilung $(\mathrm{d}\,n_{i0}/\mathrm{d}\lambda)$ zweckmäßig sein.

Gleichung [6] gilt in dieser einfachen Form nur für Zeiträume, in denen sich die Werte τ_i nicht merklich verändern. Relaxiert dagegen die Spannung σ innerhalb der Meßzeit t sehr stark oder wird die Dehnung ε bzw. die Temperatur T in dieser Zeit geändert, so wird auch τ_i zeitabhängig, und die Gleichung [7] ist zu ersetzen (18) durch

$$[\mathrm{R}\cdot] = \nu \sum_i \Delta n_{i0} \left(1 - \exp\left[-\int_0^t \frac{\mathrm{d}t'}{\tau_i(t')}\right]\right). \qquad [8]$$

3. Meßmethode zur Bestimmung der kinetischen Konstanten des Kettenbruchs

Die Verteilung der Segmentspannungen hat zur Folge, daß die Kinetik des Kettenbruch-Prozesses nicht unmittelbar aus dem Wachstum der Radikalkonzentration abgeleitet werden kann. Dies ist nur dann möglich, wenn es gelingt, durch geeignete Versuchsführung nur Ketten mit möglichst einheitlicher Segmentlänge und -spannung zum Bruch zu veranlassen und an ihnen separat die Einflüsse von Probendehnung und Versuchstemperatur auf die Lebensdauer der Segmente zu untersuchen. Aus den vorgenannten Modellvorstellungen wird im folgenden eine Meßmethode zur Bestimmung der kinetischen Konstanten abgeleitet, welche diese Einflüsse beschreiben.

Dehnt man eine Faser auf eine konstante Dehnung ε_1, so verringern sich die Lebensdauern τ_i der gespannten Kettensegmente. Dabei ist innerhalb der experimentell notwendigen Meßzeit von etwa 20 min mit guter Näherung die Gleichung [7] anwendbar, da bei den untersuchten Fasern die Spannungsrelaxation unter allen Dehnungen gering bleibt. Gemäß dem experimentellen Befund, daß die Radikalkonzentration in etwa 20 min einen stationären Wert erreicht (4), brechen in dieser Zeit alle Segmente aus der Längenverteilung bis zu einer kritischen relativen Länge λ_c, das heißt oberhalb einer kritischen Spannung ψ_c. Mit anderen Worten: es brechen alle Kettensegmente, für die τ_i kleiner als die Meßzeit t ist.

Zur Erläuterung ist in Abb. 1 die Funktion $(1 - \mathrm{e}^{-t/\tau})$ für konstante Zeit als Funktion von λ aufgetragen. Diese Funktion stellt die Wahrscheinlichkeit dar, daß zum Zeitpunkt t ein Verknüpfungssegment der relativen Länge λ gebrochen ist.

Die Kurven wurden nach den Gleichungen [2] bis [6] berechnet, unter Verwendung der in Abschn. 4 erhaltenen Beziehungen zwischen U, β und τ_0. Dabei wurden sowohl die Zeit (c) als auch die Dehnung (d) und die Temperatur (a) gegenüber der Vergleichskurve (b) variiert. Man erkennt, daß die kritische relative Segmentlänge λ_c, definiert durch: $\mathrm{e}^{-t/\tau_c} \approx 0{,}5$, nur schwach mit der Zeit zunimmt, während sie mit Temperatur und Dehnung rasch wächst. Dies steht im Einklang mit dem experimentellen Ergebnis, daß eine Erhöhung der Temperatur oder der Dehnung die Radikalkonzentration rasch über den

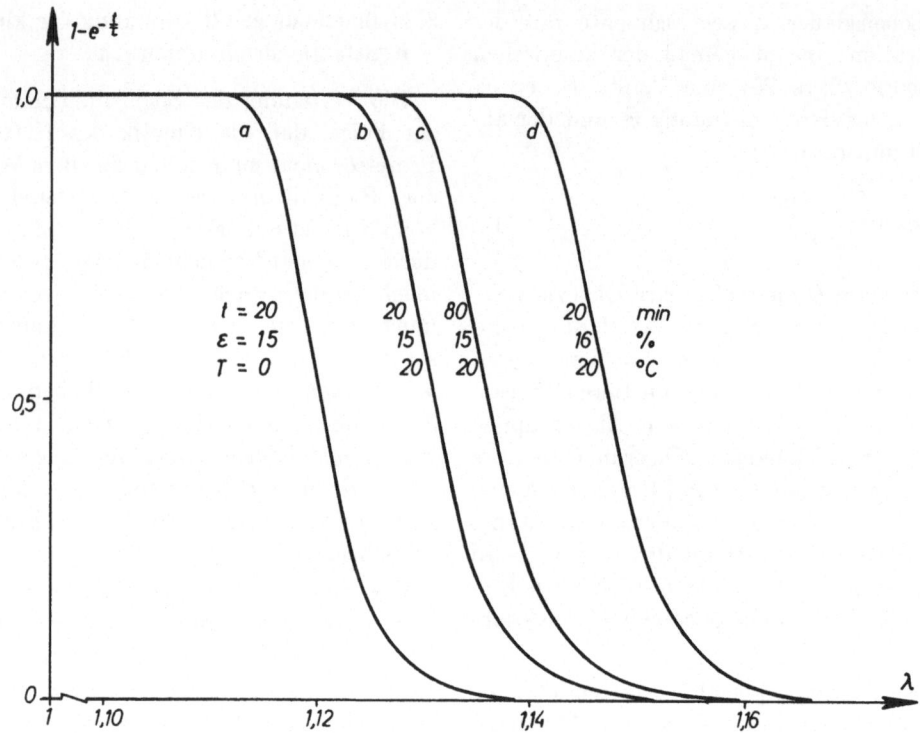

Abb. 1. Berechnete Anteile gebrochener Verknüpfungsmoleküle als Funktion der relativen Länge λ

zuvor erreichten stationären Wert ansteigen läßt (4).

Da — wie aus Abb. 1 ersichtlich — der Faktor $(1 - e^{-t/\tau})$ für konstante Zeit t praktisch eine Rechteckfunktion über der relativen Segmentlänge bildet, läßt sich die stationäre Radikalkonzentration mit guter Näherung schreiben als

$$[\text{R}\cdot]\,(t_0) = \nu \sum_{i<c} \Delta n_{i0}, \qquad [9]$$

wobei durch den Index c die zu $t_0 \approx 20$ min gehörende kritische relative Segmentlänge λ_c festgelegt wird.

Wird nun — nach Erreichen der stationären Radikalkonzentration — die Probendehnung plötzlich um einen kleinen Betrag $\Delta\varepsilon$ von ε_1 auf ε_2 erhöht, so werden die Lebensdauern aller gespannten Molekelketten geringer. Die Folge ist ein erneutes Anwachsen der Radikalkonzentration. Ihre Wachstumsgeschwindigkeit zum Zeitpunkt der Dehnungserhöhung ergibt sich zu

$$\frac{d[\text{R}\cdot]}{dt}\,(t_0) = \nu \sum_{i} \Delta n_{i0}\,\frac{e^{-t_0/\tau_{i1}}}{\tau_{i2}}. \qquad [10]$$

Mit den zusätzlichen Indices 1 und 2 wird dabei angedeutet, daß es sich um die zu ε_1 bzw. ε_2 gehörenden Lebensdauern handelt. Der letzte Faktor gibt dabei ein Maß für die Intensität an, mit der die einzelnen Kettensorten zur Radikalbildungsgeschwindigkeit beitragen. Er ist in Abb. 2 über der relativen Segmentlänge aufgetragen, für den Fall, daß die Proben bei $T_1 = 20\,°\text{C}$ auf $\varepsilon_1 = 15\%$ vorgedehnt (Abb. 1, Kurve b) und nach $t_0 = 20$ min — bei verschiedenen Temperaturen T_2 als Parameter — auf $\varepsilon_2 = 16\%$ weitergedehnt wurden. Wie die Rechnung zeigt, wird die Bildungsgeschwindigkeit neuer Kettenbrüche zum überwiegenden Teil durch die kritisch gespannten Ketten mit $\tau_{c1} \approx t_0$ veranlaßt. Dabei werden weder die Lage des Maximums noch die Breite der Kurven in Abb. 2 durch die Temperatur T_2 beeinflußt, sondern nur die Höhe der Kurven. Das gleiche gilt, wenn statt der Temperatur die Dehnung ε_2 variiert wird. Aus dieser charakteristischen Eigenschaft folgt, daß die Kurven in Abb. 2 mit guter Näherung durch schmale Rechteckfunktionen zu ersetzen sind, deren Maximum bei der kritischen Segmentlänge λ_c liegt und proportional zu $1/\tau_{c2}$ ist, während ihre Breite weder von der Temperatur T_2 noch von der Dehnung ε_2 merklich abhängt. Die Radikalbildungsgeschwindigkeit läßt sich daher durch folgende Beziehung ausdrücken:

$$\frac{d[\text{R}\cdot]}{dt}\,(t_0) = \frac{\nu}{\tau_{c2}}\,\Delta n_{c0}\,(\lambda) \qquad [11]$$

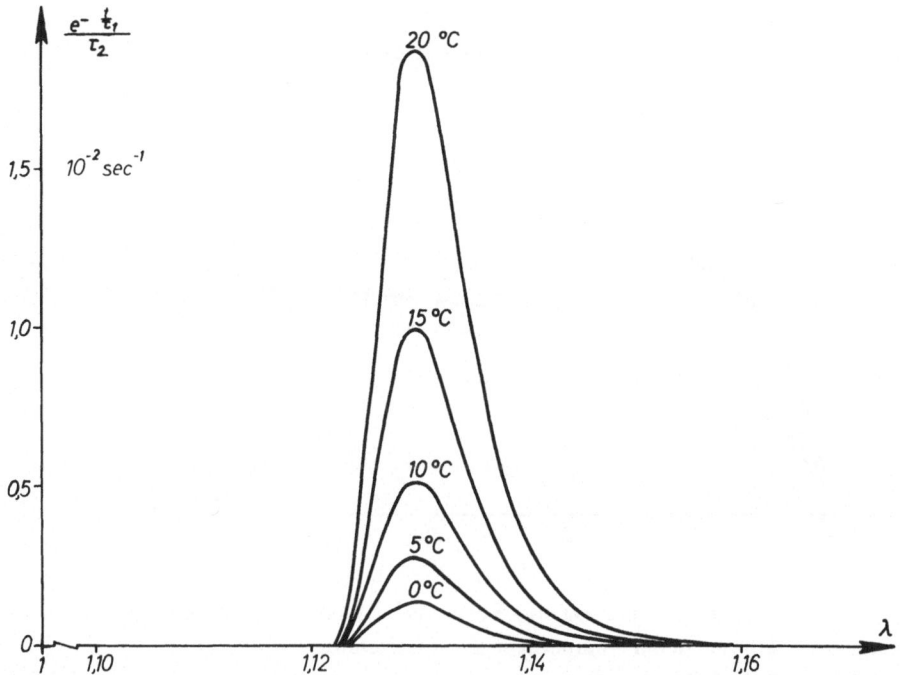

Abb. 2. Berechnete Bruchgeschwindigkeiten von Verknüpfungsmolekülen zum Zeitpunkt der Dehnungserhöhung von 15% auf 16%. Parameter: Temperatur während der Dehnungserhöhung

Mit Δn_{c0} werden alle Verknüpfungssegmente mit der kritischen relativen Länge λ_c zusammengefaßt, die durch ihren Bruch wesentlich zur Radikalbildungsgeschwindigkeit unmittelbar nach der Dehnungserhöhung beitragen.

Als wichtiges Ergebnis folgt aus Gleichung [11], daß die Radikalbildungsgeschwindigkeit bei stufenweiser Dehnungserhöhung umgekehrt proportional zur Lebensdauer τ_{c2} ist. Durch Variation sowohl der Temperatur T_2 als auch der Dehnungserhöhung $\Delta\varepsilon$ läßt sich daher die Lebensdauer kritisch gespannter Moleküle auf ihre Temperatur- und Dehnungsabhängigkeit hin überprüfen. Die beschriebene Methode stellt also ein Meßverfahren für die in Gleichung [6] auftretenden kinetischen Parameter des Kettenbruchs dar.

4. Experimentelle Ergebnisse

Die durchgeführten Versuche zur Bestimmung der kinetischen Größen U, β und τ_0 folgen den Überlegungen aus dem vorangehenden Abschnitt. Hierzu werden Proben in Form von Faserbündeln verwendet, wie sie bereits in einer früheren Veröffentlichung beschrieben sind (4). Jede Probe wird nur für ein einziges Experiment verwendet.

Zu Beginn jeder Messung werden die Faserbündel unter der Anfangstemperatur $T_1 = 28\,°\text{C}$ etwa 20 min lang einer konstanten Vordehnung von $\varepsilon_1 = 15\%$ ausgesetzt. Während dieser Versuchsphase entwickelt sich die Radikalkonzentration zunächst schnell und strebt dann einem stationären Wert zu (unterbrochener Kurvenverlauf in Abb. 3). Sobald die Radikalkonzentration stationär ist — aber noch während der Vordehnungsphase — wird die Temperatur auf den Wert T_2 erniedrigt, der für verschiedene Proben zwischen 0 und 28 °C liegt. Eine Erhöhung der Temperatur hätte bereits hier ein Anwachsen der Radikalkonzentration zur Folge (4), so daß die Temperaturvariation nur zu kleineren Werten als T_1 erfolgen kann. Zum Zeitpunkt t_0 ($= 20$ min in Abb. 3) wird die Probendehnung rasch von $\varepsilon_1 = 15\%$ auf $\varepsilon_2 = 16\%$ erhöht. Dabei wird die Lebensdauer der kritisch gespannten Segmente zwar deutlich erniedrigt, bleibt aber noch groß gegenüber der Zeitkonstante des Spektrometers (ca. 1 sec).

Der unmittelbar nach der Dehnungserhöhung erfolgende Anstieg der Radikalkonzentration wird anhand der Linienhöhe der ESR-Spektren kontinuierlich verfolgt. Er ist — mit der Temperatur T_2 als Parameter — aus Abb. 3 ersichtlich. Die Kurven steigen um so steiler an, je

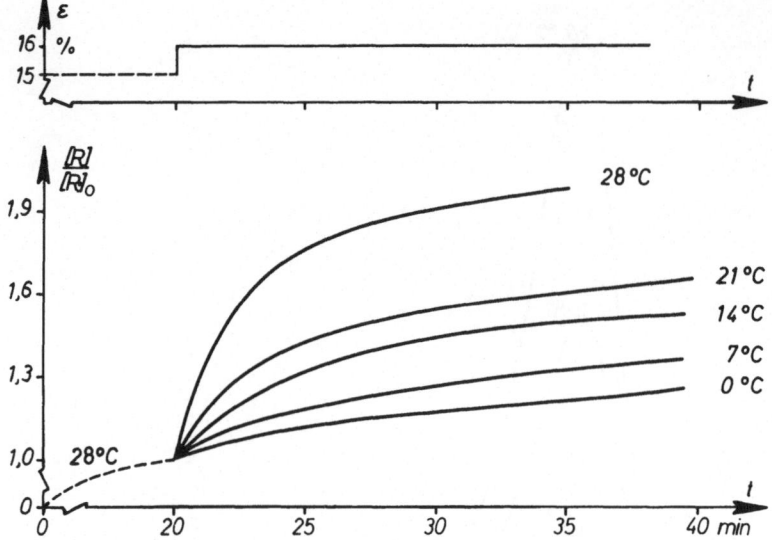

Abb. 3. Radikalbildung durch Dehnungserhöhung an vorgedehnten Polyamid-6-Fasern. Parameter: Temperatur während der Dehnungserhöhung

höher die Versuchstemperatur ist. Da die Versuchsbedingungen sich nur in der Temperatur T_2 zum Zeitpunkt der Dehnungserhöhung unterscheiden, kann der Unterschied der Steigungen nur eine Folge verschieden langer Lebensdauern $\tau_{c,2}$ sein (vgl. Gleichung [11]).

Zur weiteren Auswertung werden die über je drei gleichartige Messungen gemittelten Radikalbildungsgeschwindigkeiten zum Zeitpunkt t_0 durch die jeweiligen Werte der Anfangskonzentration $[R \cdot]_0$ dividiert. Dadurch wird vermieden, daß systematische Fehler die Messung der kinetischen Parameter verfälschen. Die so bestimmte

relative Radikalbildungsgeschwindigkeit ist nach Gleichung [9] und [11]:

$$\frac{1}{[\mathrm{R}\cdot]_0} \cdot \frac{d[\mathrm{R}\cdot]}{dt}(t_0) = \frac{\Delta n_{c0}}{\sum_{i<c} \Delta n_{i0}} \cdot \frac{1}{\tau_{c2}} . \qquad [12]$$

Die erhaltenen Meßwerte sind in Abb. 4 logarithmisch über der reziproken Temperatur aufgetragen, wobei sich — wie nach Gleichungen [6] und [12] zu erwarten — eine Gerade mit negativer Steigung ergibt. Als Meßwert entnimmt man aus der Steigung die ,,effektive Aktivierungsenergie'' derjenigen Moleküle, die bei der Vordehnung ge-

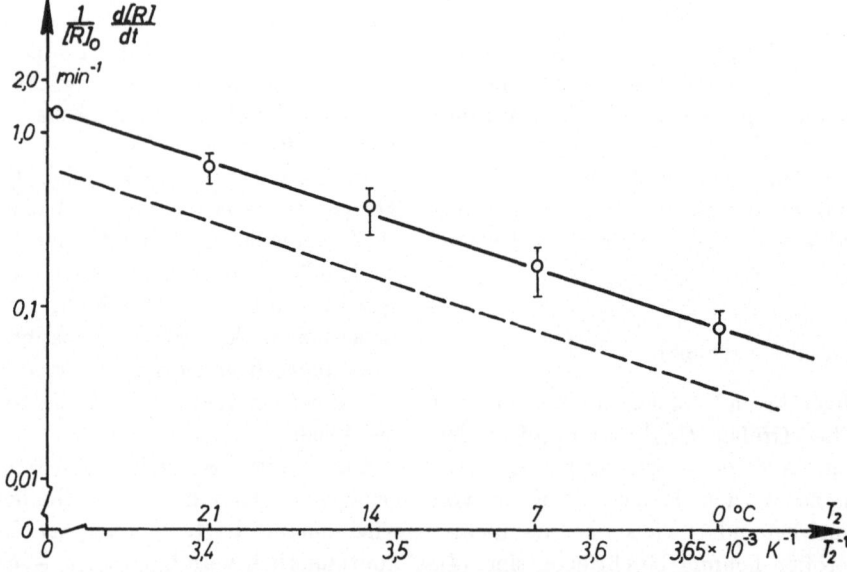

Abb. 4. Radikalbildungsgeschwindigkeit unmittelbar nach Dehnungserhöhung an vorgedehnten Fasern als Funktion der Temperatur T_2 während der Dehnungserhöhung; (-----): Modellrechnung

rade noch nicht gebrochen wurden. Sie beträgt $U - \beta\psi_c = 71 \pm 8,5 \text{ kJ/mol}$.

Wie aus Abb. 3 hervorgeht, sind unter den gewählten Versuchsbedingungen die Konzentrationen der während der Vordehnung und der während der Dehnungserhöhung gebrochenen Moleküle von gleicher Größenordnung, so daß der Vorfaktor vor der reziproken Lebensdauer in Gleichung [12] von der Größenordnung 1 ist. Mit dieser Näherung ergibt sich aus der Extrapolation der Geraden zu $T \to \infty$ für die Größe τ_0/z ein Wert der Größenordnung 10^{-13} sec. Mit $z \approx 10^{(21)}$ liegt τ_0 so in der Größenordnung 10^{-12} sec; in guter Übereinstimmung mit Ergebnissen von *Zhurkov* et al. (2).

In einer weiteren Versuchsreihe wurde der Einfluß der Dehnung auf die Lebensdauer τ der gespannten Polyamidkette untersucht. Der Versuchsablauf hierzu gleicht dem im zuvor erläuterten Experiment. Hierbei werden alle Proben unter $T_1 = 28\,°\text{C}$ auf $\varepsilon_1 = 13,8\%$ vorgedehnt und dann anschließend unter der Temperatur T_2 auf verschiedene Enddehnungen ε_2 zwischen $14,1\%$ und $15,3\%$ gebracht. Die während der Vordehnung gerade noch stabilen, kritisch gespannten Moleküle werden dabei mit verschiedenen Spannungen belastet. Auch hier wurden — wie beim vorherigen Experiment — die relativen Radikalbildungsgeschwindigkeiten bestimmt und logarithmisch über der Dehnung ε_2 aufgetragen (Abb. 5). Auch hierbei ergeben sich — in Übereinstimmung mit den Modellvorstellungen —

Geraden, deren Steigungen über ε_2 für alle angewandten Temperaturen $T_2(-14, +14, +28\,°\text{C})$ im Rahmen der Meßgenauigkeit gleich sind. Den Modellgleichungen [2] bis [11] entsprechend, haben diese Steigungen den Wert $\alpha^* \beta E_k/\lambda_c RT$, so daß sich als Meßwert aus Abb. 5 ergibt: $a^* \beta E_k/\lambda_c = (1040 \pm 62) \text{ kJ/mol}$.

Mit fallender Temperatur sind die Geraden zu höheren Dehnungen hin verschoben. Die bei gleichen Ordinatenwerten gemessene Dehnungsdifferenz $\Delta\varepsilon$ erweist sich als proportional zum Temperaturunterschied ΔT, wobei der Quotient $\Delta\varepsilon/\Delta T = -2,82 \cdot 10^{-4} \text{K}^{-1}$ beträgt.

Nahezu der gleiche Wert, nämlich $\Delta\varepsilon_{gr}/\Delta T = -3,23 \cdot 10^{-4} \text{K}^{-1}$, ergab sich aus einer früheren Messung für die Verschiebung der Radikalbildungsgrenze mit der Temperatur (4). Dieses Ergebnis läßt sich quantitativ auf die zuvor bestimmten kinetischen Konstanten zurückführen, indem man fordert, daß dieselben Ketten unter verschiedenen Zuständen von Temperatur und Dehnung die gleiche Lebensdauer besitzen. Dies führt nach [4] und [6] zu einer linearen Beziehung zwischen ε und T, aus welcher folgt:

$$\frac{\Delta\varepsilon}{\Delta T} = -\frac{(U - \beta\psi_c)\lambda_c}{a^* \beta E_k T}. \qquad [13]$$

Mit Hilfe der bereits bestimmten Werte für $U - \beta\psi_c$ und $a^* \beta E_k/\lambda_c$ erhält man für $T \approx 300\,\text{K}$ das Ergebnis $\Delta\varepsilon/\Delta T = -(2,3 \pm 0,4) \cdot 10^{-4} \text{K}^{-1}$. Im Rahmen der Meßgenauigkeit läßt sich also

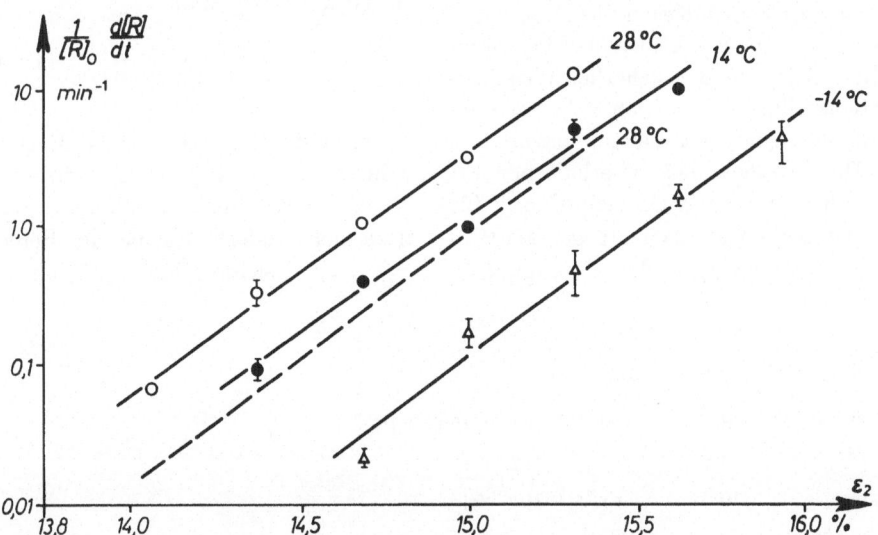

Abb. 5. Radikalbildungsgeschwindigkeit unmittelbar nach Dehnungserhöhung an vorgedehnten Fasern als Funktion der Enddehnung ε_2; Vordehnung: $\varepsilon_1 = 13,8\%$ bei $T_1 = 28\,°\text{C}$; Parameter: Temperatur während der Dehnungserhöhung; (- - - -): Modellrechnung

der beobachtete Quotient $\Delta\varepsilon/\Delta T$ durch die gemessenen kinetischen Parameter erklären.

Aus den experimentellen Werten für die effektive Aktivierungsenergie $U - \beta\psi_c$ und für den Faktor $a^*\beta E_K/\lambda_c$ lassen sich die Dissoziationsenergie U und das Aktivierungsvolumen β berechnen:

Für die benutzten Polyamid-6-Fasern folgt aus dem Kristallisationsgrad von 0,5 für die Größe a der Zahlenwert 2, so daß nach Gleichung [2] $a^* \approx 1,8$ beträgt. Die relative Länge λ_c der Moleküle, deren Bruch bei den zuvor beschriebenen Messungen beobachtet wird, ergibt sich bei Kenntnis der molekularen Bruchspannung ψ_c aus Gleichung [4]. Mit der Annahme, daß die von *Vettegren* und *Novak* (22) gefundene maximale Kettenspannung $\psi_{max} = 21$ GN/m² mit der Bruchspannung ψ_c identisch ist, erhält man $\lambda_c = 1,164$.

Unter Verwendung dieser Zahlen ergibt das Produkt aus dem Elastizitätsmodul der Kette und dem Aktivierungsvolumen $\beta E_k = 670$ kJ/mol, woraus mit Hilfe des E-Moduls $E_k = 244$ GN/m² folgt: $\beta = 4,6$ Å³. Weiterhin erhält man dann für die Dissoziationsenergie $U = 135$ kJ/mol, ein Ergebnis, das zwischen den Werten von *Strauss* und *Wall* (23) bzw. *Zhurkov* (2) für PA 6 und denen von *Zhurkov* und *Korsukov* (24) für Polyäthylen und Polypropylen liegt.

Eine Übersicht über die erhaltenen Werte und einen Vergleich zu bestehenden Literaturwerten vermittelt Tabelle 1: (s. unten).

Zu den hier gefundenen molekularen Kenngrößen ist anzumerken, daß sie indirekt, d. h. auf dem Umweg über ein Strukturmodell bestimmt wurden. In Anbetracht der sicherlich idealisierten Modellvorstellungen sind daher Abweichungen gegenüber anderen Literaturwerten verständlich. Die Tatsache, daß die erhaltenen Ergebnisse in der erwarteten Größenordnung für molekulare Größen liegen, darf dagegen als Hinweis für die Brauchbarkeit der Vorstellungen über Struktur und Dehnverhalten der Fasern gewertet werden.

5. Modellmäßige Berechnung der Kettenbruchdichten

Die Besonderheit des geschilderten Meßverfahrens zur Bestimmung der kinetischen Konstanten liegt darin, daß ein Einfluß der Längenverteilung der Verknüpfungsmoleküle soweit wie möglich vermieden wird. Im folgenden werden die erhaltenen Konstanten benutzt, um diese Längenverteilung zu ermitteln. Dazu wird ausgegangen von Radikalbildungskurven (als Beispiel siehe Abb. 6; Meßpunkte), die in einer früheren Arbeit (4) durch stufenweise Dehnung von Polyamid-6-Fasern im Temperaturbereich von $-67\,°C$ bis $17\,°C$ erhalten wurden. *Kausch* u. *Becht* (5) haben erstmals eine bei fester Temperatur gemessene Radikalbildungskurve mit Hilfe des vorliegenden Modells rechnerisch nachgebildet und so die Verteilung relativer Kettenlängen $\Delta n_{i0}(\lambda_i)$ bestimmt. In Weiterführung dieser Methode wurde ein Rechenverfahren entwickelt, das es gestattet, aus bei beliebigen Temperaturen gemessenen Radikalbildungskurven und auf der Grundlage des zuvor erklärten Modells die Längenverteilung mit Hilfe der gemessenen Größen eindeutig zu berechnen. Dabei wird verwendet, daß sich beim Einsetzen verschiedener Werte von Zeit und Dehnung in Gleichung [8] ein Gleichungssystem ergibt:

$$[\mathrm{R}\cdot]\,(t_j,\varepsilon_j) = \nu\sum_i \Delta n_{i0} \qquad [14]$$
$$\times\left(1 - \prod_{k=1}^{j}\exp\left[-\frac{t_k - t_{k-1}}{\tau_{i,k}}\right]\right).$$

Durch die Wahl hinreichend kleiner Zeitintervalle $\Delta t = t_k - t_{k-1}$ wird gewährleistet, daß sich die Werte $\tau_{i,k}$ innerhalb dieser Intervalle praktisch nicht ändern. Um bei der Berechnung von $\tau_{i,k}$ nach Gleichung [2] bis [6] unabhängig von

Größe	Einheit	Wert	Literatur	
U	(kJ/mol)	135	190[2;23], 280[3], 120[24]	PE,PP
β	(Å³)	4,6	5[3], 8[25]	
τ_0	(sec)	10^{-12}	$10^{-12} - 10^{-13}$ [2]	
$U - \beta\psi_c$	(kJ/mol)	71	67[21]	
$\dfrac{a^*\beta E_k}{\lambda_c}$	(kJ/mol)	1040		

Tabelle 1. Erhaltene molekulare Größen für PA-6 im Vergleich mit Literaturwerten

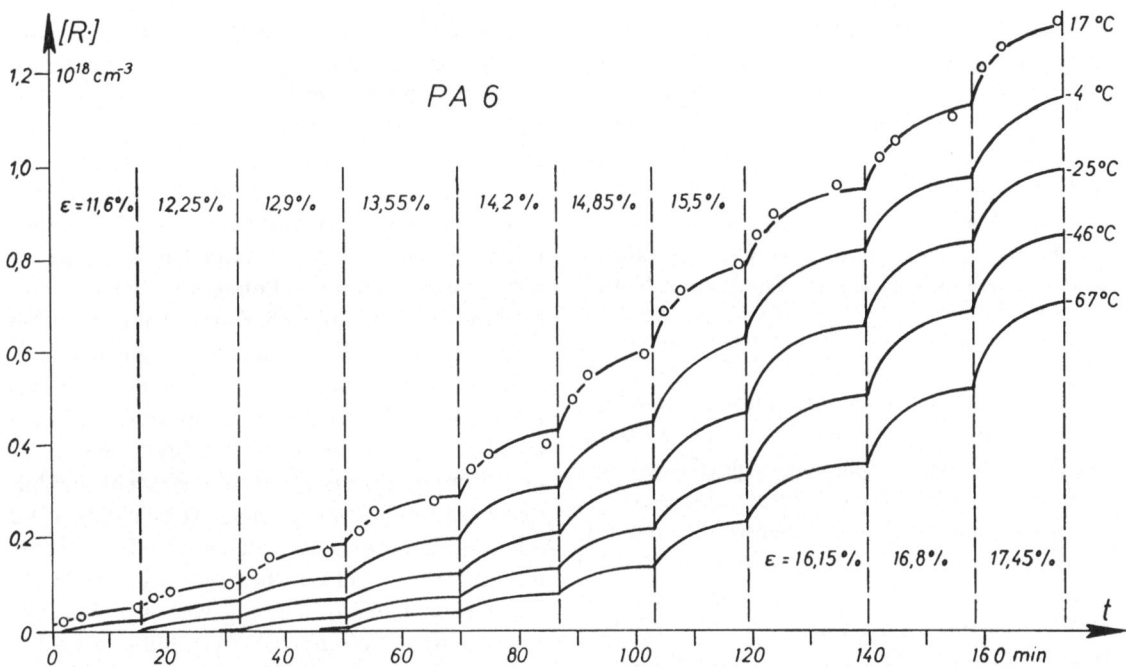

Abb. 6. Radikalentwicklung durch stufenweise Dehnung von Polyamid-6-Fasern; (-○-) experimentell ($T = 17\,°C$): (——) gerechnet für verschiedene Temperaturen

unsicheren Literaturwerten zu bleiben, wurden alle Lebensdauern auf die in den kinetischen Messungen (Abschn. 3) herrschenden Bedingungen bezogen, wonach die Ketten mit der relativen Länge λ_0 bei einer äußeren Dehnung von $\varepsilon = 14,7\%$ eine Lebensdauer in der Größenordnung 1 min besitzen. Die einzige frei wählbare Größe ist dann noch der Strukturparameter a. Als Folge dieses Bezugs auf Ketten der Referenzlänge λ_0 ergeben sich die Lebensdauern $\tau_{i,k}$ als Funktion des Verhältnisses $\varLambda_i = \lambda_i/\lambda_0$, wobei λ_0 zunächst als Unbekannte aufgefaßt werden muß und getrennt zu bestimmen ist.

Die kettenentlastende Auswirkung der makroskopisch gemessenen Spannungsrelaxation auf die Lebensdauern der Verknüpfungsmoleküle wurde bei der Berechnung der $\tau_{i,k}$-Werte ebenfalls berücksichtigt (vgl. (5)).

Zur Lösung des Gleichungssystems [14], in abgekürzter Form

$$([\mathrm{R}\cdot]) == (\boldsymbol{\alpha}) \cdot (\varDelta n_0)\,, \qquad\qquad [15]$$

kann die Anzahl der zu berechnenden Werte $\varDelta n_{i0}$ höchstens gleich der Anzahl der eingegebenen Meßwerte $[\mathrm{R}\cdot]_k$ sein (in diesem Fall: 33).

Außerdem muß die Determinante der Matrix $(\boldsymbol{\alpha})$ deutlich von Null verschieden sein. Dies bedeutet, daß keine Spalte oder Zeile in $(\boldsymbol{\alpha})$ Elemente enthalten darf, die alle gleich sind. Zur

Erfüllung dieser Bedingung genügt es hier, zu fordern, daß sowohl die zur kürzesten relativen Kettenlänge λ_1 im ersten Zeitintervall als auch die zur größten Kettenlänge λ_{33} im letzten Zeitintervall gehörende Bruchwahrscheinlichkeit ($\alpha_{1,1}/\nu$ bzw. $\alpha_{33,33}/\nu$) etwa in der Mitte zwischen 0 und 1 liegen. Aus dieser Forderung ergeben sich sowohl das maximale als auch das minimale Kettenlängenverhältnis $\varLambda_i$, soweit sie unter den angewandten Bedingungen für den Kettenbruch infrage kommen. Nach linearer Unterteilung des hierdurch festliegenden Intervalls relativer Kettenlängen in 33 Teilintervalle wurden die Matrixelemente $\alpha_{i,k}$ zu gegebenen Zeiten t_k und Dehnungen ε_k nach Gleichung [14] berechnet. Hierzu wurde $\nu = 2$ gesetzt.

Bei strenger Lösung des Gleichungssystems ergibt sich aufgrund von Meß-, Zeichen- und Ablesefehlern, mit denen die Werte $[\mathrm{R}\cdot]_k$ behaftet sind, eine recht sprunghafte Verteilung $\varDelta n_{i0}^{(0)}$. Zur Glättung dieser Verteilung wurde folgende spezielle Eigenschaft des Gleichungssystems [14] ausgenutzt: Da eine Zunahme der Radikalkonzentration auf Brüche innerhalb eines relativ schmalen Längenintervalls zurückgeht, wirkt sich ein Fehler im Wert von $[\mathrm{R}\cdot]_k$ nur auf einen engen Bereich in der Verteilungskurve $\varDelta n_{i0}(\varLambda_i)$ aus. Daher wurde jeder Konzentrationswert zahlenmäßig auf ein breiteres Ketten-längenintervall verteilt, um herausragende Spitzen oder Tiefen der Verteilung abzutragen. Im vorliegenden Fall konnte bereits eine gute Glättung der ursprünglichen Verteilung erreicht werden, indem jeder einzelne Wert $n_{i0}^{(0)}$ auf die fünf Kettenlängenintervalle mit den Indices $i-2$ bis $i+2$ im Verhältnis der Binomialkoeffizienten $1:4:6:4:1$ verteilt wurde. Damit ist gewährleistet, daß sowohl die Gesamtkonzentration $\sum_i \Delta n_{i0}^{(0)}$ als auch der prinzipielle Verlauf der strengen Lösung $\Delta n_{i0}^{(0)}$ erhalten bleiben. Abb. 7 zeigt den so bestimmten Verlauf der Häufigkeitsverteilung relativer Kettenlängen, der sich aus der Messung bei $T = 17\,°C$ ergibt. Auch dieser geglättete Verlauf der Verteilung weist — insbesondere bei höheren Kettenlängen — noch Schwankungen auf, die wohl kaum der physikalischen Natur der Kettenlängenverteilung entsprechen, sondern eher durch die diskontinuierliche Versuchsmethode (stufenweise Dehnung) hervorgerufen werden.

Um zu überprüfen, inwieweit diese Verteilung imstande ist, die gemessene Dehnungs- und Temperaturabhängigkeit der Kettenbruchkonzentrationen zu erklären, wurde nun die beschriebene Rechenmethode in umgekehrter Richtung auf die Verteilung aus Abbildung 7 angewandt, wobei die Temperatur als Parameter zwischen $-67\,°C$ und $17\,°C$ variiert wurde. Als Ergebnis

sind in Abbildung 6 die Kurvenverläufe der Radikalkonzentration dargestellt, die sich ergeben, wenn man aus der durch Anpassung an die Messung bei $17\,°C$ ermittelten Kettenlängen-Verteilung die Radikalbildung für verschiedene Temperaturen zwischen $-67\,°C$ und $17\,°C$ berechnet.

In Abbildung 8 sind die für die jeweiligen Zeitintervalle berechneten maximalen Radikalkonzentrationen in ihrer Dehnungsabhängigkeit aufgetragen (durchgezogene Kurven) und mit den experimentellen Werten aus (4) verglichen. Man erkennt hierbei, daß das Modell des thermomechanisch aktivierten Kettenbruchs imstande ist, den experimentell festgestellten Dehnungs- und Temperatureinfluß auf die Kettenbruchbildung bis auf relativ geringe Abweichungen zu erklären. Prozesse, nach denen die Temperatur nur indirekt — etwa über thermisch bedingte Veränderungen im Dehnungsverhalten der Fasern — den Kettenbruch beeinflußt, scheiden demnach als primäre Ursache für die festgestellte Temperaturabhängigkeit aus.

6. Diskussion

Als Alternative zum hier verwendeten Modell zur Erklärung der Entstehung von Kettenbrüchen wurde von *Crist* und *Peterlin* (26) vorgeschlagen, daß die Kettenbruchentwicklung auf

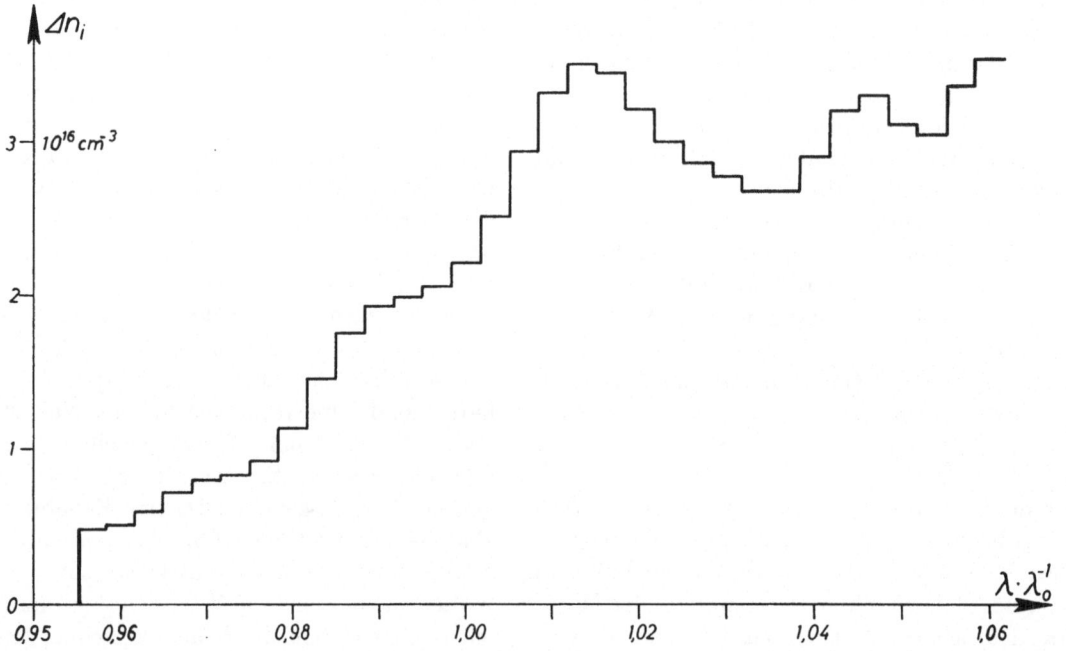

Abb. 7. Verteilung relativer Segmentlängen von Verknüpfungsmolekülen in Polyamid-6-Fasern; berechnet aus Radikalbildungskurve bei $T = 17\,°C$ (Abb. 6)

Schwachstellen zwischen Mikrofibrillen beschränkt sein soll und daher nicht eine Längenverteilung von gestreckten Molekülketten und deren Bruchkinetik widerspiegelt, sondern eher das Entstehen und Wachsen dieser Strukturdefekte.

Aufgrund der hier gefundenen Ergebnisse scheint sich diese Erklärung beim Polyamid-6 nicht zu bestätigen. So sollte nach der Modellvorstellung von *Peterlin* — bei sonst unveränderter Bedeutung der beteiligten Größen — der Strukturfaktor a dem Verhältnis der Länge der Mikrofibrillen zu der Dicke der Schwachstellen entsprechen. Dies wäre — bei den Abmessungen der Mikrofibrillen — ein Wert in der Größenordnung von 10^3. Mit dem experimentell gefundenen Wert $a * \beta E_k / \lambda_c$ von 1040 kJ/mol ist aber ein solcher Wert von a nicht verträglich, ohne daß den übrigen Größen (Aktivierungsvolumen, Kettenmodul und relative Kettenlänge) unrealistische Größenordnungen zugeordnet werden müssen. Daneben spricht auch das Vorzeichen der gemessenen Abhängigkeit zwischen Versuchstemperatur und Radikalkonzentration ge-

gen diese Vorstellungen. Eine Temperaturerniedrigung sollte eine zunehmende Versteifung der beteiligten Strukturelemente zur Folge haben, so daß mit abnehmender Temperatur eher eine Zunahme der Radikalbildungsgeschwindigkeit als — wie gemessen — eine Abnahme zu erwarten wäre.

Weiterhin ist zu diskutieren, inwieweit die im benutzten Modell verwendete Bedingung erfüllt ist, daß die unterschiedlichen Spannungen in den Kettensegmenten auf deren Längenverteilung beruhen. Man kann einwenden, daß sämtliche Messungen unterhalb der Glastemperatur durchgeführt wurden, wo im allgemeinen die Moleküle als unbeweglich betrachtet werden. Setzt man einen Zustand der völligen Unbeweglichkeit aller Molekülsegmente voraus, so kommt man zu dem Schluß, daß alle Molekülsegmente annähernd die gleiche Spannung erfahren, was in krassem Widerspruch zu den Modellvorstellungen steht.

Nun ist aber andererseits bekannt, daß in teilkristallinen Polymeren durch mechanische Kräfte noch weit unterhalb der Glastemperatur plastische Verformungen erzwungen werden, die

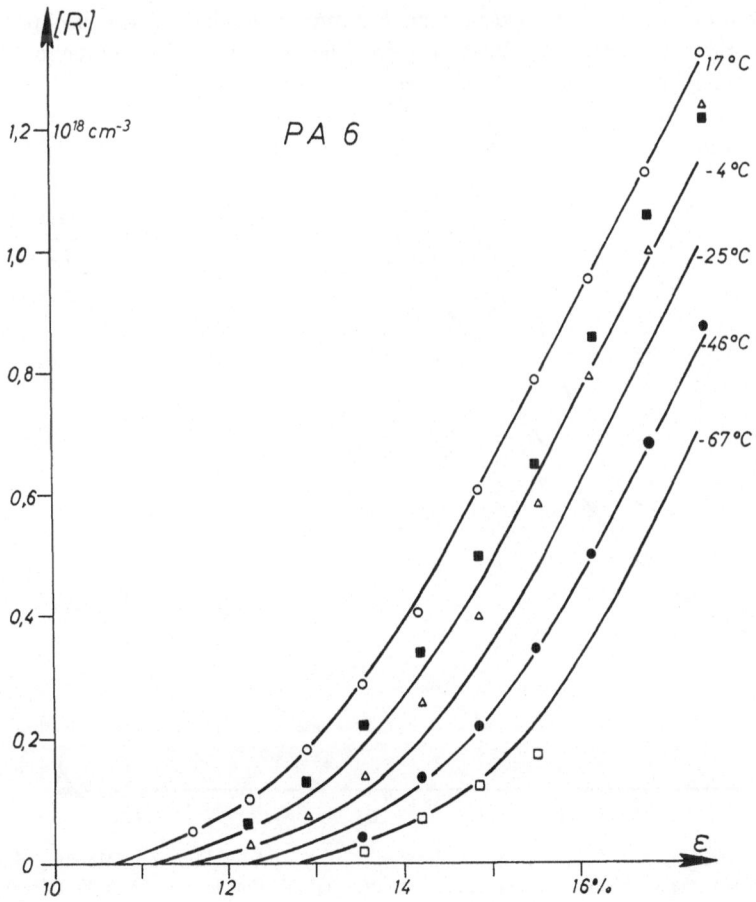

Abb. 8. Stationäre Radikalkonzentration [R·] in Polyamid 6 als Funktion der Dehnung ε; Punkte: experimentell; Kurven: gerechnet nach Anpassung an Messung bei $T = 17\,°\mathrm{C}$

sicher auch mit Konformationsänderungen der Ketten verbunden sind. Im Polyamid-6, das beim langsamen Zugversuch bis hinab zur Versprödungstemperatur von $-138\,^{\circ}\mathrm{C}$ duktiles Bruchverhalten zeigt (27), sollte daher die Beweglichkeit der Verknüpfungsmoleküle ausreichen, damit sich die unterschiedlichen Segmentspannungen gemäß der Längenverteilung ausbilden können.

Hat die Häufigkeitsverteilung verschieden langer Kettensegmente in den gespannten Fasern eine Verteilung molekularer Spannungen zur Folge, so kann im Prinzip aus einer beobachteten Spannungsverteilung die zugrunde liegende Längenverteilung berechnet werden. *Vettegren* und *Novak* (22) haben an Polyamidfolien festgestellt, daß die zur Streckschwingung von Atomgruppen gehörende Infrarotlinie bei 930 cm^{-1} unter einer makroskopischen Deformation der Folien asymmetrisch wird und einen Ausläufer zu kleineren Wellenzahlen hin erhält. Sie deuten diesen Befund durch das Auftreten molekularer Spannungen in den amorphen Bereichen und berechneten aus der Formänderung der Linie die relative Spannungsverteilung $1/n \cdot \mathrm{d}n/\mathrm{d}\psi$. Danach stehen etwa 9% der Gesamtzahl n aller Gerüstbindungen unter Spannungen, die erheblich höher als die äußere Spannung sind. Unter der Annahme, daß die molekulare Spannungsverteilung allein durch eine strukturell vorgege-

bene Längenverteilung der Molekülketten bedingt ist, wurde aus den Ergebnissen der zuvor erwähnten Infrarotmessungen die Längenverteilung berechnet, um eine Vergleichsmöglichkeit für die aus ESR-Messungen gewonnene Verteilung zu erhalten. Mit Hilfe der Gleichungen [3] und [4] erhält man:

$$\frac{1}{n} \cdot \frac{\mathrm{d}n}{\mathrm{d}\lambda} = \frac{1}{n} \cdot \frac{\mathrm{d}n}{\mathrm{d}\psi} \cdot \frac{\mathrm{d}\psi}{\mathrm{d}\lambda} \qquad [15]$$
$$= \frac{1}{n} \cdot \frac{\mathrm{d}n}{\mathrm{d}\psi} \cdot \frac{(\psi + E_K)^2}{(1 + a^*\varepsilon)E_K}.$$

Da sich nach Gleichung [4] zu jeder molekularen Spannung auch die relative Kettenlänge berechnen läßt, wenn man die Dehnung ε und den in Gleichung [2] eingeführten Faktor a^* kennt, kann die Spannungsverteilung punktweise in eine der Abbildung 7 entsprechende Kettenlängenverteilung umgerechnet werden. In Abbildung 9 ist diese, aus den Ergebnissen von *Vettegren* und *Novak* (22) berechnete Verteilung dargestellt, wie sie sich unter Verwendung von $\varepsilon = 12\%$, $a^* = 1{,}8$ und $E_k = 244$ kN/m^2 ergibt (durchgezogene Kurve). Die Dehnung wurde nach dem in (22) angegebenen Wert der makroskopischen Spannung geschätzt. Die erhaltene Kurve ist der aus Kettenbrüchen berechneten Längenverteilung gegenübergestellt.

Die beiden Verteilungen in Abbildung 9 sind zunächst nur im relativen Verlauf vergleichbar,

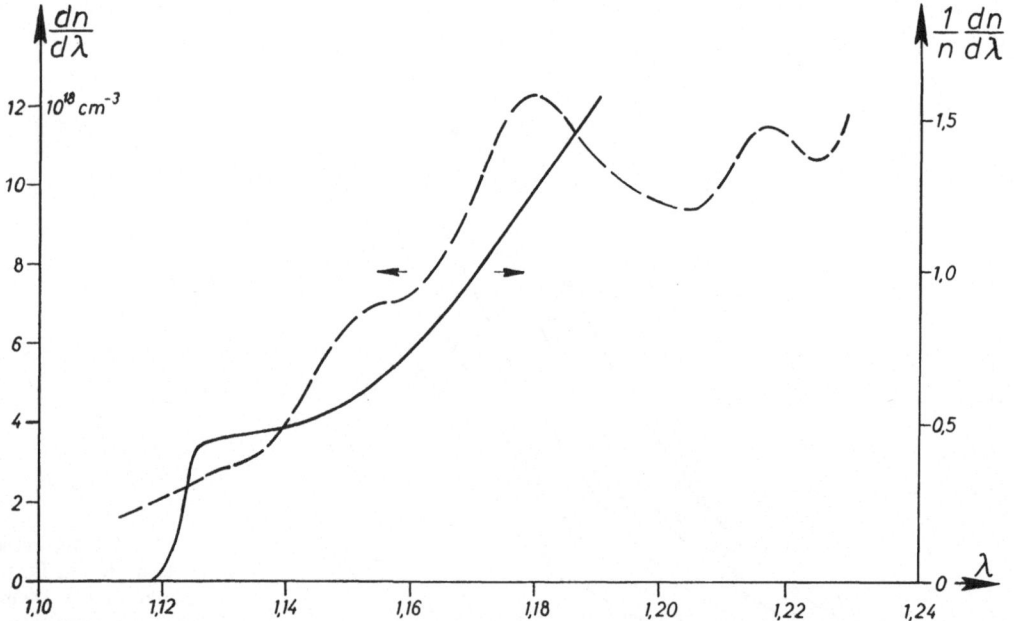

Abb. 9. Verteilung relativer Segmentlängen von Verknüpfungsmolekülen, (-----) berechnet aus Messung der Kettenbrüche (ESR); (———) aus Spannungsverteilung belasteter Bindungen (IR; J. Polym. Sci. **11**, 2135 (1973))

da der Normierungsfaktor n aus der Infrarotmessung nicht bekannt ist. Er läßt sich jedoch grob abschätzen, wenn man annimmt, daß n die mittlere Dichte aller (kristalliner sowie amorpher) Kettensegmente bedeutet, also größenordnungsmäßig (Langperiode · Kettenquerschnitt)$^{-1} \approx 10^{21}$ cm^{-3}. Unter Berücksichtigung dieses Normierungsfaktors liegen die Absolutwerte der mit der Infrarotmethode bestimmten Verteilung um etwa zwei Zehnerpotenzen höher als die, welche sich aus der Messung der Kettenbrüche mit Hilfe der ESR ergeben. Durch etwaige Unterschiede in der Mikrostruktur von Fasern und Folien ist eine so große Differenz sicher nicht zu erklären.

Als Erklärungsmöglichkeit kommt dagegen der Mechanismus der mechanochemischen Reaktionskette in Frage, wie er von *Zakrevskii* u. a. vorgeschlagen wird (28). Danach braucht nicht jeder Kettenbruch notwendigerweise zur Radikalbildung zu führen, sondern bereits bestehende Radikale können den Bruch benachbarter, gespannter Ketten initiieren, ohne daß dabei neue Radikale entstehen. Unter dieser Deutung müßte die zuvor berechnete, aus ESR-Untersuchungen hervorgehende Längenverteilung in anderer Weise interpretiert werden. Es würde sich demnach nicht um eine Verteilung aller annähernd gestreckten Ketten handeln, sondern um die Längenverteilung der jeweils kürzesten, am stärksten gespannten Kettensegmente, welche benachbarte Kristallschichten miteinander verbinden. Diese Frage kann jedoch erst nach weiteren Untersuchungen mit Sicherheit geklärt werden.

Die relativ scharfe Abbruchkante der mit Infrarotmethoden bestimmten Verteilung bei $\lambda = 1,12$ läßt sich dadurch erklären, daß diese Messungen offenbar bei solchen Dehnungen durchgeführt wurden, bei denen bereits Kettenbrüche geschehen sind; die ursprüngliche Häufigkeitsverteilung der kürzesten Ketten wird daher von der Kurve nicht wiedergegeben.

Ein qualitativer Unterschied zwischen beiden Verteilungen aus Abbildung 9 verdient weitere Beachtung: Während die nach der Infrarotmethode bestimmte Verteilung mit zunehmender Kettenlänge weiterhin ansteigt, bleibt die nach ESR-Messungen berechnete Verteilung oberhalb von $\lambda = 1,2$ annähernd konstant, wie es auch bei der von *Kausch* und *Becht* (5) erhaltenen Verteilung der Fall ist. Dabei muß berücksichtigt werden, daß die zu diesem Längenintervall gehörenden Molekülketten unmittelbar vor dem makro

skopischen Bruch gebrochen werden. Bei solch hohen Dehnungen ist anzunehmen, daß in der Probe Vorgänge ablaufen, durch die der Bruch vorbereitet wird, wie z. B. erhöhtes Wachstum von Mikrorissen. Dadurch werden Kettenmoleküle nicht mehr im gleichen Maße gebrochen, so daß geringere Konzentrationen von Kettensegmenten pro Längenintervall vorgetäuscht werden. In die Infrarotmessungen gehen dagegen solche Veränderungen der Probe nicht ein, da diese Messungen weit unterhalb der Bruchdehnung vorgenommen werden können.

Eine deutliche Bestätigung für die Anwendbarkeit der benutzten Modellvorstellung ergibt sich, wenn man die in Abschnitt 3 beschriebenen kinetischen Experimente — ausgehend von der in Abbildung 7 dargestellten Kettenlängenverteilung — rechnerisch simuliert. Die hierbei berechneten relativen Radikalbildungsgeschwindigkeiten $1/[\mathrm{R}\cdot]_0 \cdot d[\mathrm{R}\cdot]/dt$ (t_0) wurden für die in den Versuchen angewandten Bedingungen in Abbildungen 4 und 5 in ihrem Temperatur- bzw. Dehnungsverlauf als unterbrochene Geraden eingetragen (zu Abb. 5 wurde nur die Gerade für $T_2 = 28\,^\circ\mathrm{C}$ berechnet). Die erhaltenen Geraden besitzen exakt die gleichen Steigungen wie die jeweiligen experimentellen Geraden und unterscheiden sich von ihnen auch in den Absolutwerten nur relativ geringfügig. Als Hauptursache für diese Unterschiede kommt die Unsicherheit bezüglich des Werts von τ_0 in Frage, der nur größenordnungsmäßig abgeschätzt werden kann.

Trotz der Annahme einer stark idealisierten Schichten-Struktur hat sich das verwendete Modell als geeignet erwiesen, die Temperatur- und Dehnungsabhängigkeit der stationären Radikalkonzentration an Polyamidfasern im Prinzip richtig zu beschreiben. Bemerkenswert hierbei ist, daß die Berechnung der Radikalbildungskurven für Temperaturen zwischen $-67\,^\circ\mathrm{C}$ und $+17\,^\circ\mathrm{C}$ auf experimentellen Daten beruht, die in einem relativ schmalen Temperaturintervall $(0\,^\circ\mathrm{C} \leqq T \leqq 28\,^\circ\mathrm{C})$ bestimmt wurden. Man darf daher relativ sicher sein, daß temperaturbedingte strukturelle Unterschiede in die experimentell bestimmten kinetischen Daten höchstens geringfügig eingehen, zumal bei den durchgeführten kinetischen Experimenten die Fasern durch gleiche Vorgeschichte von solchen Einflüssen freigehalten wurden. Aus der gefundenen guten Übereinstimmung zwischen den experimentellen und den berechneten Radikalbildungskurven kann daher geschlossen werden, daß die gemessene Auswirkung der Temperatur auf den dehnungsinduzierten Kettenbruch in erster Linie auf die Temperaturabhängigkeit der Lebensdauer gespannter Molekülketten zurückgeht und nicht auf Temperatureinflüsse der Deformationseigenschaften im mikromorphologischen Bereich.

Die gefundenen Ergebnisse stützen damit weitgehend die Modellvorstellung, daß die Kettenbrüche in amorphen Bereichen innerhalb einer im wesentlichen lamellaren Grundstruktur geschehen, daß die makroskopische Dehnung vorwiegend diese amorphen Bereiche verlängert und daß die dabei angespannten Molekülketten ihre Spannung bis zum Bruch oder bis zur Wegnahme der äußeren Dehnung elastisch konservieren.

Zusammenfassung

Mit Hilfe der Elektronenspin-Resonanz-Spektroskopie wurde die Bruchkinetik gespannter Molekülketten in Polyamid-6-Fasern verfolgt. Die auf Brüche von Verknüpfungsmolekülen zurückgehende Konzentration freier Radikale steigt bei Erhöhung der Probendehnung. Dabei erweist sich, daß die Anstiegsgeschwindigkeit exponentiell vom Dehnungszuwachs und vom Kehrwert der absoluten Temperatur abhängt. Bei der Deutung dieser Ergebnisse aus der kinetischen Theorie des Kettenbruchs ergeben sich Zahlenwerte für die kinetischen Parameter „Dissoziationsenergie" und „Aktivierungsvolumen".

Ausgehend von einem Zwei-Phasen-Strukturmodell mit sandwichartig gelagerten kristallinen und amorphen Bereichen wurden die Dehnungs- und Temperaturabhängigkeit der Bildung von Kettenbrüchen modellmäßig berechnet. Unter Verwendung der erhaltenen kinetischen Molekülparameter stimmen die Ergebnisse der Rechnung gut mit den experimentell ermittelten Kurven überein.

Die aus der Radikalbildungskinetik berechnete Längenverteilung der Verknüpfungsmoleküle ist qualitativ vergleichbar mit jener, die sich aus der von anderer Seite mittels Ultrarot-Messungen bestimmten molekularen Spannungsverteilung ergibt.

Summary

Chain scission kinetics of stressed tie molecules in nylon-6-fibers have been studied by means of electron spin resonance spectroscopy. The concentration of free radicals originating in broken chains increases with increasing sample strain, the formation rate depending exponentially both on strain increment and reciprocal temperature. Kinetic parameters such as dissociation energy and activation volume arise from interpreting these results in terms of kinetic theory of chain scission. For a model where crystalline and amorphous layers are sandwiched in fiber direction, the strain and temperature dependence of radical formation has been computed. The results correspond fairly well with experimental curves. The chain length distribution, resulting from radical formation curves, compares qualitatively with that which may be computed from molecular stress distribution found by other authors by means of infrared spectroscopy.

Literatur

1) *Becht, J., H. Fischer*, Kolloid-Z. u. Z. Polymere **229**, 167 (1969).
2) *Zhurkov, S. N., E. E. Tomashevsky*, Conference of Physical Basis of Yield and Fracture (Oxford, 1966).
3) *DeVries, K. L., B. A. Lloyd, M. L. Williams*, J. Appl. Phys. **42**, 4644 (1971).
4) *Johnsen, U., D. Klinkenberg*, Kolloid-Z. u. Z. Polymere **251**, 843 (1973).
5) *Kausch-Blecken v. Schmeling, H. H., J. Becht*, Rheol. Acta **9**, 137 (1970).
6) *Bonart, R., R. Hosemann*, Kolloid-Z. u. Z. Polymere **186**, 16 (1962).
7) *Berg, H.*, Kolloid-Z. u. Z. Polymere **210**, 64 (1966).
8) *Zhurkov, S. N., A. I. Slutsker, A. A. Yastrebinskii*, Dokl. Akad. Nauk SSSR **153** (2), 303 (1963).
9) *Sakurada, I., I. Ito, K. Nakamae*, J. Polym. Sci. C **15**, 75 (1966).
10) *Backman, D. K., K. L. DeVries*, J. Polym. Sci. A−1, **7**, 2125 (1969).
11) *Chevychelov, A. D.*, Polymer Sci. USSR **8**, 49 (1966); Mechanika Polimerov **2**, 415 (1966).
12) *Kausch-Blecken v. Schmeling, H. H., D. Langbein*, J. Polym. Sci. A 2 11/6, 1201 (1973).
13) *Treloar, L. R. G.*, Polymer **1**, 95 (1960).
14) *Manley, T. R., C. G. Martin*, Polymer **14**, 632 (1973).
15) *Zhurkov, S. N., V. I. Vettegren, V. E. Korsokov*, Proceedings of the Second Intern. Conference on Fracture (Brighton, April 1969).
16) *Zakrevsky, V. A., V. Ye. Korsukov*, Vysokomol. Soyed. A **14**/4, 955 (1972).
17) *Campbell, D., A. Peterlin*, J. Polym. Sci. Part B **6**, 481 (1968).
18) *Kausch-Blecken v. Schmeling, H. H.*, J. Macromol. Sci. C**4** (2), 243 (1970).
19) *Tobolsky, A., H. Eyring*, J. Chem. Phys. **11**, 125 (1943).
20) *Bueche, F.*, Physical Properties of Polymers (Wiley, New York, 1961).
21) *Kausch-Blecken v. Schmeling, H. H.*, Kolloid-Z. u. Z. Polymere **247**, 768 (1971).
22) *Vettegren, V. I., I. I. Novak*, J. Polym. Sci., Polym. Phys. Ed. **11**, 2135 (1973).
23) *Strauss, S., L. A. Wall*, J. Res. Nat. Bur. Stand. **60**, 39 (1958).
24) *Zhurkov, S. N., V. E. Korsokov*, J. Polym. Sci., Polym. Phys. Ed. 12/2, 385 (1974).
25) *Peterlin, A.*, J. Polymer Sci. C **20**, 77 (1967).
26) *Crist, B., A. Peterlin*, Makromol. Chemie **171**, 211 (1973).
27) *Garbuglio, C., G. Ajroldi, T. Casiraghi, G. Vittadini*, J. Appl. Polymer Sci. **15**, 2487 (1971).
28) *Zhurkov, S. N., V. A. Zakrevskii, V. E. Korsokov* und *V. S. Kuksenko*, Fiz. Tverd. Tela **13**, 2004 (1971); Soviet Phys. Solid State **13**, 1680 (1972).

Anschrift des Verfassers:

D. Klinkenberg
Deutsches Kunststoff-Institut
Schloßgartenstr. 6 R, 6100 Darmstadt

Progr. Colloid & Polymer Sci. **66**, 355 – 366 (1979)
© 1978 by Dr. Dietrich Steinkopff Verlag GmbH & Co. KG, Darmstadt
ISSN 0340-255 X

Fachbereich Physikalische Chemie, Bereich Polymere, Philipps-Universität Marburg/Lahn

Density fluctuations and the state of order of amorphous polymers

W. Wiegand and *W. Ruland*

With 15 figures and 2 tables

(Received September 30, 1978)

1. Introduction

The X-ray small-angle scattering of any type of material contains a component which is related to local changes of the electron density. These density fluctuations can be due to disorder and/or thermal motion. In earlier papers (1, 2) it has been shown that studies of the temperature dependence of this component can be used to separate the contribution of the disorder from that of the thermal motion. At very low temperatures the former is a measure of the "frozen-in" disorder in the packing of the molecules and can be used to check the validity of structural models for this disorder. The temperature dependent component contains information on changes of the molecular mobility especially in the region of the glass transition and on the elastic properties of the material.

Only a few studies of the diffuse X-ray small-angle scattering of polymers have so far been reported. Preliminary measurements of *Perret* and *Ruland* (3) indicated the possibility of characterizing the state of order and showed that the paracrystalline model of disorder proposed by *Hosemann* and *Bagchi* (4) is at variance with the experimental results and thus inapt for the quantitative description of the disorder present in polymers. *Wendorff* and *Fischer* (5) have studied the density fluctuations of polymers in the region of the glass transition and proposed a theory for the change of slope of the temperature dependence at the glass temperature T_g.

In the case of polymers with preferred orientation not only the characterization of the state of order and its changes with deformation is of interest but also the correlation between the anisotropy of the structure and the anisotropy of the diffuse X-ray scattering which leads to information on the anisotropy of the mechanical properties (6).

The aim of the present work is to obtain further information on the disorder "frozen-in" at T_g in amorphous polymers and its relation to structural parameters.

2. Theoretical

In fluid systems as well as in solids local changes of the density occur as the result of thermal motion. They can be characterized by the value of the time average of the fluctuation of the particle density,

$$Fl_{N,t}(v_B) = \frac{\langle N^2 \rangle_t - \langle N \rangle_t^2}{\langle N \rangle_t} \qquad [1]$$

where N is the number of particles which are located at a given time within a reference volume v_B of appropriate dimensions and $\langle \rangle_t$ stands for the time average.

In analogy to equation [1], a space average density fluctuation $Fl_{N,v}$ can be defined as

$$Fl_{N,v}(v_B) = \frac{\langle N^2 \rangle_v - \langle N \rangle_v^2}{\langle N \rangle_v} \qquad [2]$$

where the averaging $\langle \rangle_v$ is carried out over the total volume of the particle distribution at a given time.

$Fl_{N,t}$ and $Fl_{N,v}$ have the same value in fluid systems whereas in solids $Fl_{N,v}$ can contain, apart from contributions of thermal motion, a component due to lattice imperfections (vacancies, interstitial atoms) in the case of crystals and a component due to the "frozen-in" disorder in the case of amorphous substances below T_g. $Fl_{N,v}$ is thus an appropriate parameter to characterize the state of order of amorphous polymers.

It has been shown in an earlier paper (1) that the volume average in physical space as defined by equation [2] corresponds to a weighted integral of the intensity in reciprocal space,

$$Fl_{el,v}(v_B) = \int_v \frac{1}{N_{el}} I_{e.u.}(\vec{s} \neq 0) \frac{1}{v_B} \Phi_B^2(\vec{s}) \, dv_s \qquad [3]$$

where $I_{e.u.}$ is the coherent scattering intensity in electron units, $\vec{s}$ the scattering vector ($s = 2\sin\theta/\lambda$), N_{el} the number of electrons in the irradiated volume and Φ_B the Fourier transform of the shape function of the reference volume v_B. Provided that the number of electrons Z_N per particle is constant Fl_{el} is related to Fl_N by

$$Fl_{el} = Z_N Fl_N. \qquad [4]$$

For homogeneous density fluctuations, $Fl_{el,v}(v_B)$ tends towards a constant value for increasing sizes of the reference volume v_B. In this case, the scattering intensity $I_{e.u.}(s)$ tends towards a constant value for decreasing s and one can write (1)

$$\lim_{s \to 0} \frac{1}{N_{el}} I_{e.u.}(s) = \lim_{v_B \to \infty} Fl_{el,v}(v_B). \qquad [5]$$

The limiting value in the sense of equation [5] will be abbreviated by Fl_{el} in the following.

In the case of one-component fluids the electron density fluctuations Fl_{el} are given by

$$Fl_{el} = \varrho_{el} k_B T \varkappa_T \qquad [6]$$

where ϱ_{el} is the average electron density, k_B Boltzmann's constant, T the absolute temperature and $\varkappa_T$ the isothermal compressibility (7, 8).

The small-angle scattering of a one-component liquid is thus proportional to $\varkappa_T$. It can be considered to be composed of a component proportional to $\varkappa_S$, the adiabatic compressibility, which is due to pressure fluctuations (longitudinal compression waves) and a component proportional to $\varkappa_T - \varkappa_S$ which is due to entropy fluctuations (diffusion processes). In light scattering experiments the former is known as the Brillouin scattering which is inelastic and the latter as the Rayleigh scattering which is practically elastic, and both components can be separated by energy analysis. For X-ray scattering such an analysis is not possible due to the high resolution required relative to the energy of the incident radiation.

A perfect crystal at absolute zero does not show diffuse X-ray small-angle scattering at $s = 0$ since the distribution of its structural units is perfectly periodic and there is no cooperative thermal motion. The zero-point vibrations do not produce a diffuse scattering at $s = 0$. At higher temperatures local density fluctuations occur as a result of thermal activation processes. Since the thermally activated diffusion of particles is far lower in solids than in liquids one can neglect, in most practical cases, its contribution to the density fluctuations in comparison to the contribution of the lattice waves (phonons).

The diffuse small-angle scattering of perfect crystals can thus be considered, to a first approximation, to correspond to the one-phonon thermal diffuse scattering (TDS) (9) in the vicinity of the (000) interference

$$\frac{1}{N_{el}} I_{e.u.}(\vec{s}) = \frac{\varrho_{el}}{\varrho_m} \frac{h s^2}{2} \sum_i \frac{1}{v_i(\vec{k})} \coth\left(\frac{h v_i(\vec{k})}{2 k_B T}\right) \quad [7]$$

where ϱ_m is the mass density, h Planck's constant, $\vec{k}$ the wave vector ($k = 1/\lambda$) which is equal to $\vec{s}$ in the vicinity of the (000) interference and $v_i(\vec{k})$ is the dispersion relation of the vibrations of branch i. Of all existing branches only the longitudinal ones contribute to the thermal diffuse scattering in the vicinity of the (000) interference and only the long wave-length phonons for small values of $s(=k)$. Such phonons are, in general, not affected by structural details on the molecular scale (10) and equation [8] can thus, at least as an approximation, be used also for non-crystalline solids if only very small s values are considered. Such an approximation is equivalent to considering a non-crystalline solid as an elastic continuum for long wave-length phonons.

For small values of $s(=k)$, the dispersion relations for the acoustic branches can be approximated by

$$v(\vec{k}) \simeq v_l(\vec{e}) \cdot k = v_l(\vec{e}) s \qquad [8]$$

where $v_l(\vec{e})$ is the group velocity of phonons in the direction $\vec{e} = \vec{k}/k$. The dispersion relations of the optical branches trend towards a constant value for small $s(=k)$, thus

$$v(\vec{k}) \simeq v_0(\vec{e}). \qquad [9]$$

Inserting these approximations into equation [8] and developing the coth term for the acoustic branches into a series for small values of the argument one obtains

$$\frac{1}{N_{el}} I_{e.u.} (\vec{s}) = \quad [10]$$

$$\frac{\varrho_{el}}{\varrho_m} \left\{ \frac{k_B T}{v_l^2 (\vec{e})} + s^2 \left[\frac{h^2}{12 \, k_B T} + \frac{h}{2} \Sigma'_i \coth\left(\frac{h \, v_{oi} (\vec{e})}{2 \, k_B T} \right) \right] \right\}$$

where Σ' stands for the summation over the optical branches only. This equation has already been given in a somewhat different form in an earlier paper (2), it indicates that an extrapolation of the TDS towards small s in an $I–s^2$ plot results in the determination of the direction dependence of $v_l (\vec{e})$,

$$\lim_{s \to 0} \frac{1}{N_{el}} I_{e.u.} (s, \vec{e}) = \frac{\varrho_{el}}{\varrho_m} \frac{k_B T}{v_l^2 (\vec{e})} . \quad [11]$$

Since v_l is related to the tensor of elasticity such studies can be used to obtain information on the anisotropy of elastic properties (6).

The contribution of the long wave-length thermal vibrations to the total density fluctuation is given by the spherical average of equation [11]

$$Fl_{el, t} = \frac{\varrho_{el}}{\varrho_m} k_B T \left\langle \frac{1}{v_l^2 (\vec{e})} \right\rangle_w . \quad [12]$$

This contribution tends towards zero for low temperatures and the remaining diffuse small-angle scattering is due to lattice imperfections in the case of crystals and "frozen-in" disorder in the case of amorphous substances.

In earlier papers (2, 6) it has been shown that the extrapolation towards $s = 0$ has to be carried out in ranges of s in which the scattering is not affected by the crystalline-amorphous superstructures in semicrystalline polymers or by impurities and/or macroscopic inhomogeneities in amorphous polymers. It was found that log $I–s^2$ plots produce a reasonably well defined linear relationship in these ranges of s which indicates that all contributions to the diffuse scattering in these ranges of s can be developed in a series of even powers of s. That this holds for the TDS has been demonstrated in equation [10]. However, there are a number of further contributions to be considered. A detailed account of this has been given elsewhere (11) from which we will only give a résumé here. It can be shown easily that the incoherent Compton scattering, the absorption factor for transmission (at optimum thickness) and the polarization factor can be developed in a series of even powers of s for small s. The same holds for the atomic scattering factors and the structure factors of particles. For a liquid-type disorder the

interference function is proportional to the three-dimensional Fourier transform of $g (r) - 1$ which can be developed in a series of even powers of s the coefficients of which contain the corresponding even moments of $g (r) - 1$, where $g (r)$ is the pair correlation function. For example, if one describes a liquid-like short-range order by distance distributions due to "hard core" potentials, an increase of the intensity with s^2 is found at small s values for sufficiently high volume concentrations of particles (12, 13). These observations confirm the validity of the approximation

$$I (s) = I (0) + b \, s^2 \quad [13]$$

for small values of s, where $I (0)$ and b are temperature dependent, higher powers of s are taken into account by the approximation

$$I (s) = I (0) \exp\left(\frac{b}{I (0)} s^2 \right) \quad [14]$$

which is the basis for the log $I–s^2$ plots. The contributions of the various scattering effects to b can be either positive (TDS, short-range order, Compton scattering) or negative (polarization factor, absorption factor, structure factor) so that the resulting sign of b is not defined a priori.

Experimental

Temperature dependent measurements of the diffuse small-angle scattering were carried out with a horizontal diffractometer (PHILIPS), Ni-filtered CuK$_\alpha$ radiation, xenon-filled proportional counter, pulse-height discrimination and symmetrical transmission.

Appropriate apertures of the slit system and soller slits ensured measurements with low background down to $\theta \simeq 0.5°$. Measurements from room temperature down to 4 K were carried out using a helium cryostate (fig. 1). Due to an automatic regulation of the helium flux and the power of the heating, constant temperatures at the sample were obtained over large time intervals with an accuracy of better than ± 0.5 K. Measurements at higher temperatures were carried out with the set-up already described in an earlier paper (2).

In figure 2 the results of measurements for various substances are presented in log $J–s^2$ plots which show that the approximation

$$J (s) = J (0) \exp\left(\frac{b}{J (0)} s^2 \right) \quad [15]$$

is valid over relatively large ranges of s which facilitates the extrapolation to $s = 0$.

The apparent correspondence between equation [14] and equation [15] can lead to a misinterpretation: equation [14] has been derived for an intensity distribution I measured with a pin-hole collimation whereas equation [15] refers to a "slit-smeared" intensity distribution J.

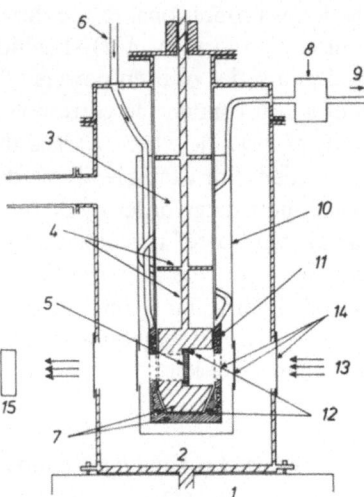

Fig. 1. Experimental set-up.
1. Horizontal diffractometer (Philips)
2. Vacuum $\simeq 10^{-5}$ Torr
3. Inner chamber
4. Sample holder with screens
5. Sample
6. Helium supply pipe
7. Cooling block
8. Helium dosing valve
9. Helium recovery pipe
10. Screening cylinder
11. Resistance heating filament
12. Temperature sensors
13. Primary beam
14. Windows
15. Detector

Provided the slit has a small enough aperture, J is related to I by

$$J\,(s) = \int\limits_{-\infty}^{\infty} W\,(y)\,I\,(\sqrt{s^2+y^2})\,\mathrm{d}y$$

where $W\,(y)$ is the intensity distribution along the slit. Using the approximation given by equation [13] for I at small angles one obtains

$$J\,(s) = (I\,(0) + b\,\sigma_w^2 + b\,s^2)\int\limits_{-\infty}^{\infty} W\,(y)\,\mathrm{d}y$$

where σ_w^2 is the second moment of $W\,(y)$,

$$\sigma_w^2 = \frac{\int\limits_{-\infty}^{\infty} y^2\,W\,(y)\,\mathrm{d}y}{\int\limits_{-\infty}^{\infty} W\,(y)\,\mathrm{d}y}\,.$$

If the intensity J is appropriately normalized (e.g. in electron units, index *e.u.*) one finds

$$J_{e.u.}\,(s) = (I_{e.u.}\,(0) + b_{e.u.}\,\sigma_w^2) + b_{e.u.}\,s^2.$$

Hence, the "slit-smeared" intensity also increases with s^2 for small values of s, however, the intensity extrapolated to $s=0$ contains a supplementary component $(b_{e.u.}\,\sigma_w^2)$ the value of which is not necessarily negligible. Furthermore, $b_{e.u.}$ is, in general, a function of temperature. Table 1 shows a comparison of the errors involved.

Table 1. Relative error in the extrapolation to $s=0$ for slit-smeared intensities at room temperature, sample thickness about 1 mm

Sample	PHILIPS diffrakto-meter (%)	KRATKY small-angle camera (%)
Benzene	0	4
PE ($w_c = 0.6$)	1	9
PE ($w_c = 0.4$)	2	17
natural rubber	4	39
PS	6	65

For the experimental set-up used in this work (PHILIPS-diffractometer) the error is relatively small and has been taken into account in the normalization. With other experimental set-ups, e.g. a KRATKY-type small-angle camera, the error can be considerable both for the absolute value of $I\,(0)$ as for its temperature dependence.

As in earlier studies, the normalization of the scattering intensity was carried out using liquids of known compressibilities and assuming the validity of equation [6]. The effect of multiple scattering was eliminated by an extrapolation towards zero thickness of the normalized intensities measured for various sample thicknesses.

The substances used for the studies were liquids (benzene, cyclohexane) and various amorphous polymers: atactic polymethylmethacrylate (PMMA), atactic polystyrene (PS), atactic polypropylene (PP), polyethyleneterephthalate (PET), polycarbonate (PC) and natural rubber (cis 1-4-Polyisoprene, PIP). All samples except PET with T_g higher than room temperature have been annealed at temperatures slightly above T_g and cooled at a rate of about 0.5 K/min. Wide-angle X-ray scattering and birefringence measurements showed no trace of preferred orientation. For all samples except the PP, crystalline interferences were absent, in the case of the

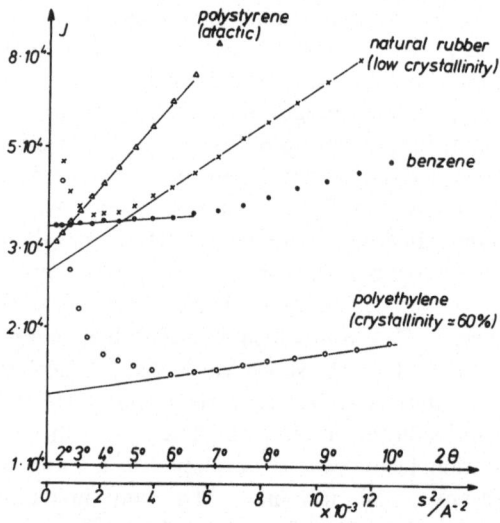

Fig. 2. Diffuse small-angle scattering for various substances in a log J–s^2 plot.

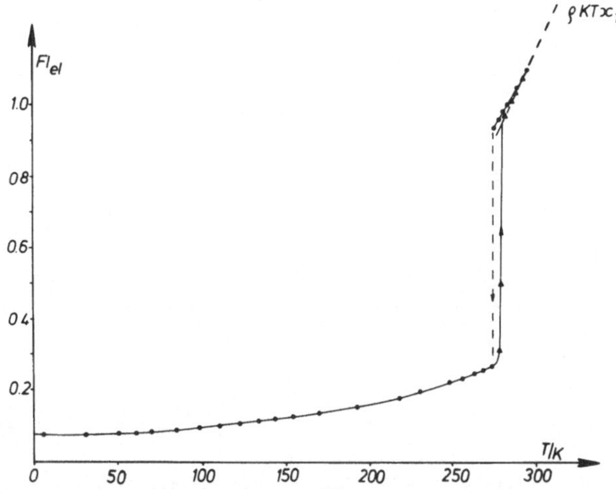

Fig. 3. Electron density fluctuation of benzene as a function of temperature. (● cooling, ▲ heating).

atactic PP a small amount of crystalline material was present. For this sample, the values obtained for the density fluctuations were corrected using an extrapolation to zero crystallinity with a method already described earlier (2).

Results and Discussion

Figs. 3 and 4 show the results obtained for benzene and cyclohexane as test substances. The data obtained for benzene in the liquid state follow the relationship given by equation [6]. The crystallization appears as a steep change of the density fluctuation. For decreasing temperatures a certain degree of supercooling is observed. In the crystalline state the temperature dependence of the density fluctuations is markedly lower than in the liquid state, the slope decreases with decreasing temperature. This temperature dependence should mainly be due to the lattice vibrations, the continuously changing slope can be considered to indicate a change of the group velocities of long wave-length phonons with temperature. The extrapolation to 0 K results in a finite value of the density fluctuation. This can be explained by contributions from lattice defects and microstrains produced by the spontaneous crystallization or a nonequilibrium vacancy concentration frozen-in at higher temperatures in the crystals. If the latter explanation is valid, the residue of density fluctuation at 0 K would correspond to a volume concentration of vacancies of about 0.2 to 0.3%. It is also possible that impurities such as air dissolved in the liquid phase could play a role.

For cyclohexane one finds a supplementary step in the *Fl*-*T* curve at $T = 186$ K where this substance has a solid-state transition from a cubic (plastic crystal) to a monoclinic modification. Since the densities of the two modifications are

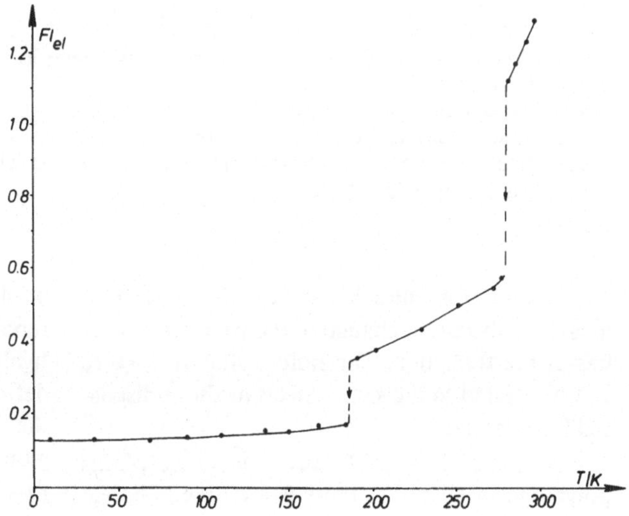

Fig. 4. Electron density fluctuation of cyclohexane as a function of temperature.

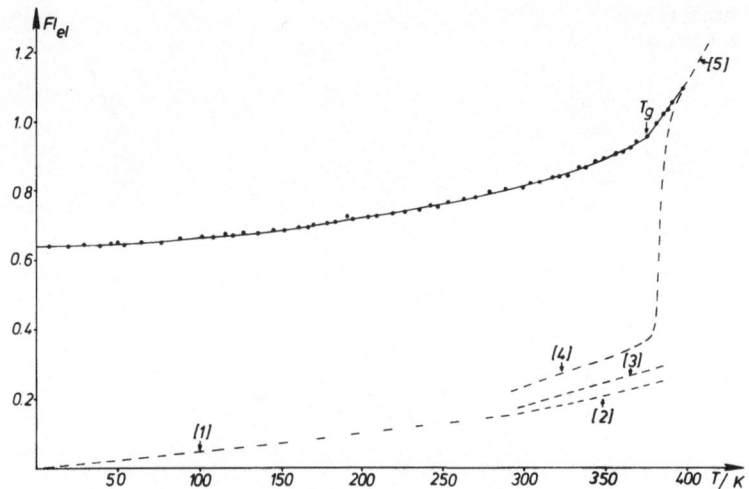

Fig. 5. Electron density fluctuation of atactic PMMA as a function of temperature. Curves 1–5 (hatched lines) are calculated from literature data on
1. longitudinal ultrasound velocity (14)
2. Brillouin scattering (15)
3. Brillouin scattering (16) or longitudinal ultrasound velocity (17)
4. isothermal compressibility (18) and transversal ultrasound velocity (17)
5. isothermal compressibility (18, 19).

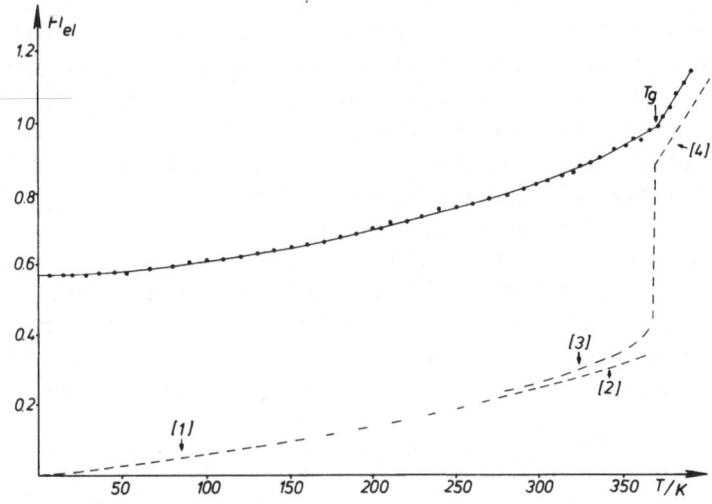

Fig. 6. Electron density fluctuation of atactic polystyrene as a function of temperature. Curves 1–4 (hatched lines) are calculated from literature data on
1. longitudinal ultrasound velocity (14)
2. longitudinal ultrasound velocity (17) or Brillouin scattering (20)
3. isothermal compressibility (18) and transversal ultrasound velocity (17)
4. isothermal compressibility (18)

not very different the step can be considered to indicate a substantial change of the phonon velocities at the transition. The finite value at $T=0$ K can be related to the same effects as those discussed for benzene.

Figs. 5–10 show Fl-T curves for amorphous polymers. In all curves there is a marked change

of slope at T_g, an effect which has already been reported earlier (2, 5). For polymers with a relatively high T_g (PMMA, PS, PC) it is possible to define a region of temperatures below T_g in which the Fl-T curves are proportional to T. Such a region would correspond to the approximation

$$Fl = \varrho \, k_B \, T \, \varkappa_T \, (T_g) \qquad [16]$$

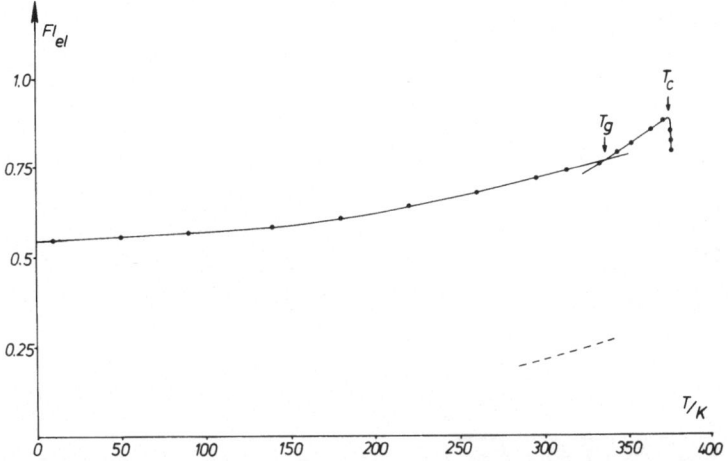

Fig. 7. Electron density fluctuation of amorphous PET as a function of temperature, T_g glass transition, T_c crystallization. Hatched line: phonon contribution calculated from literature data on Brillouin scattering (21).

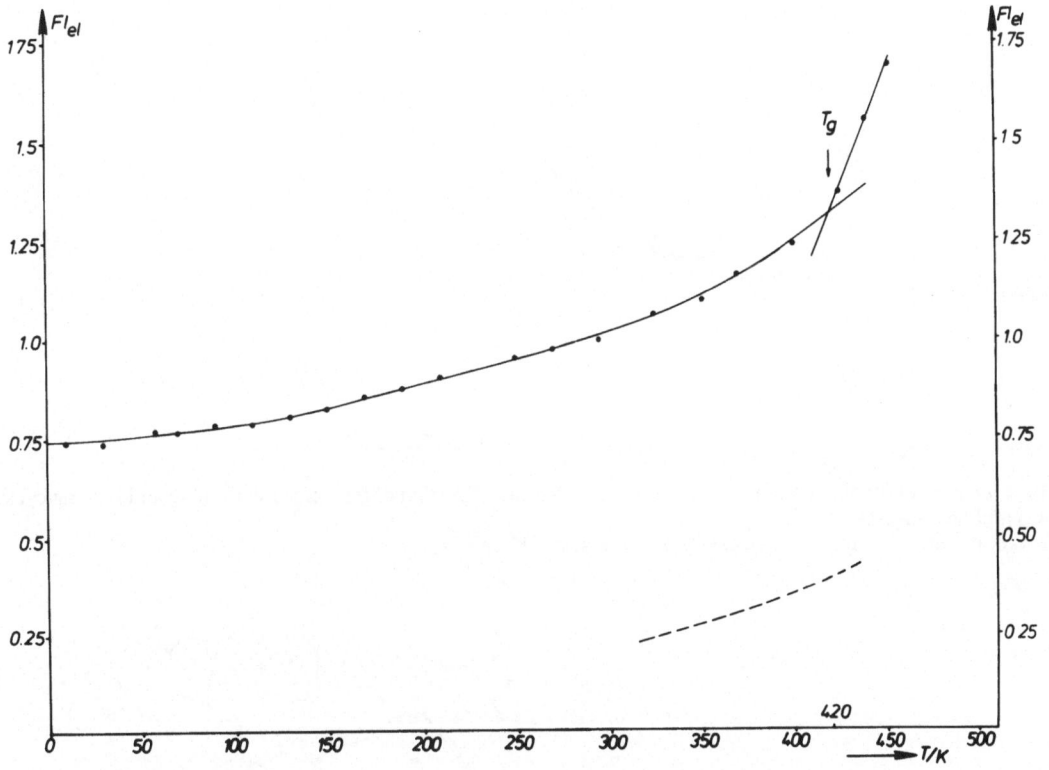

Fig. 8. Electron density fluctuation of amorphous polycarbonate as a function of temperature. Hatched line: phonon contribution calculated from literature data on Brillouin scattering (22).

proposed by *Wendorff* and *Fischer* (5) as a result of a theoretical treatment based on non-equilibrium thermodynamics where $\varkappa_T(T_g)$ is the isothermal compressibility at T_g. However, for polymers with T_g at lower temperatures (PIP, PP, PET) such a region cannot be found, and since the approximation given by equation [16] has to be either generally valid or not valid at all this means that the experimental results disprove the validity of this approximation. As a consequence of this it can no longer be justified to use the relationship given by equation [16] to find the correct position of the change of slope and thus T_g when the change of slope is not clearly defined as in the case of

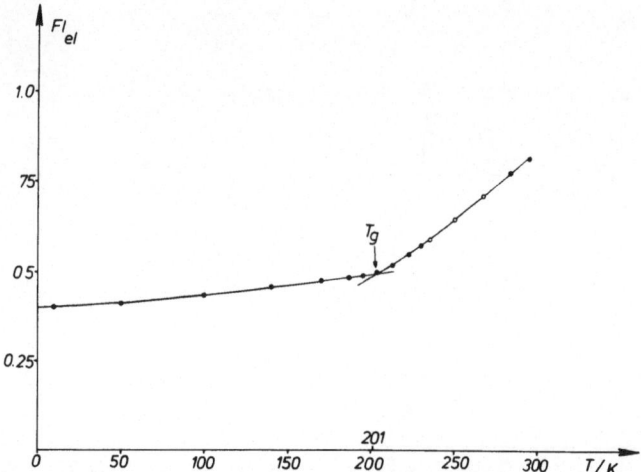

Fig. 9. Electron density fluctuation of natural rubber (cross-linked with 0.29 g DCP per 100 g rubber) as a function of temperature. High cooling and heating rates in the temperature range of maximum crystallization rate.

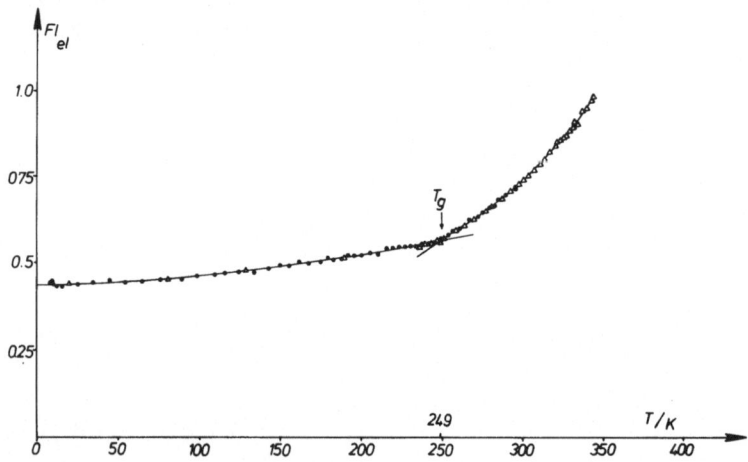

Fig. 10. Electron density fluctuation of atactic polypropylene as a function of temperature. Cooling and heating cycle. Cooling and heating cycle
Δ 0.2 K/min   ● 0.5 K/min   Annealed one week at 251 K.

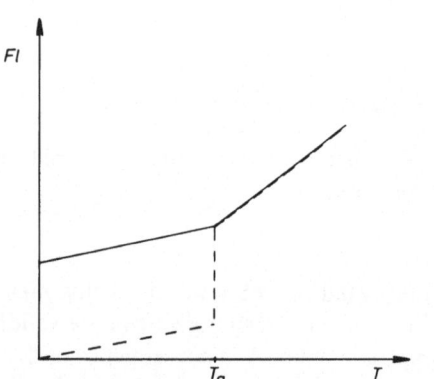

Fig. 11. Schematic presentation of the time-average (hatched line) and the space-average (solid-line) density fluctuations as a function of temperature for an amorphous polymer.

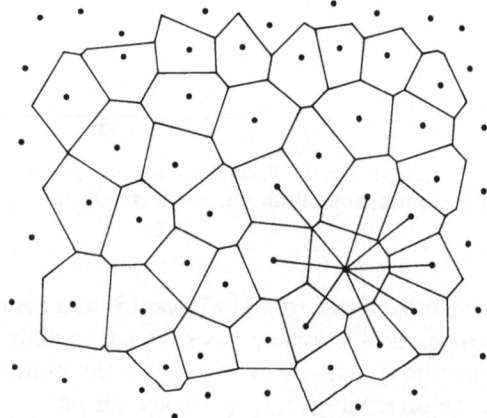

Fig. 12. Schematic presentation of a disordered structure showing the fluctuation of the volume associated with the structural units.

measurements on polyethylene presented in an earlier paper (2).

The new series of measurements presented here corroborate the interpretation already proposed in an earlier paper (2) that the Fl-T curves below T_g can, to a first approximation, be considered to be composed of a temperature dependent component due to thermal motion represented by a relationship as given by equation [12] and a temperature independent component due to the frozen-in disorder. This interpretation is presented schematically in figure 11. Above T_g, the space average Fl_v and the time-average Fl_t are equal and correspond to equation [6]. Below T_g, the non-equilibrium of the glassy state is characterized by the non-equality of Fl_v and Fl_t,

$$Fl_v = Fl_t + Fl_D$$

where Fl_t is given by equation [12] and Fl_D is determined by the frozen-in disorder. The glass transition is thus characterized by a change of slope in Fl_v and a step in Fl_t, the latter is comparable to the change of Fl at the melting point. The magnitude of the step is obtained from the value of Fl_v at $T = 0$.

The calculated Fl_t values shown in Figs. 5–8 obtained from literature data on compressibility and sound velocity support this interpretation. Since the present measurements include results down to very low temperatures the extrapolation towards $T = 0$ can be carried out with a high reliability. The Fl_D values obtained are listed in table 2, second column. The values for PE and PP were obtained from an extrapolation towards zero crystallinity.

In order to interpret Fl_D in terms of disorder parameters one has to define the basic structural unit the density fluctuation of which one considers representative for the frozen-in disorder. For

low molecular weight substances it is reasonable to consider the molecule as the representative unit, i. e. to calculate the fluctuation of the molecular density from the electron density using equation [4]. In the case of amorphous polymers the recent results of neutron small-angle scattering indicate that the molecules have a random coil conformation in the glassy state with dimensions corresponding to that observed in a theta solvent. It seems thus reasonable to consider the statistical segment of the random coil as representative structural unit to carry out a meaningful comparison of the Fl_D values obtained for different polymers. These $Fl_{D,S}$ values are given in column 3 of table 2 except for polycarbonate for which no values for the statistical segment could be found in the literature. Inspection of these values shows that $Fl_{D,S}$ has a general tendency to increase with decreasing bulkiness of the statistical segment. To explain this relationship let us consider a simple disorder model proposed already in an earlier paper (1). In a disordered structure the irregular packing of the structural units can be described by the fluctuation of the volume v_0 associated with each structural unit. A scheme of such a structure is shown in figure 12 where the volumes associated with a structural unit are defined by a procedure equivalent to the construction of Wigner-Seitz cells in crystals. If these volumes are fluctuating independently of the relative positions of the structural units in space, the density fluctuation is related to the volume fluctuation by

$$Fl_{D,S} = \frac{\langle \Delta^2 v_0 \rangle}{\langle v_0 \rangle^2}$$

as already shown in an earlier paper (1). Applied to $Fl_{D,S}$ this relationship enables one to calculate $\langle \Delta^2 v_0 \rangle$ since $\langle v_0 \rangle$ values can be obtained from the mass density of the amorphous polymer. Furthermore, since

$$\frac{\langle \Delta^2 v_0 \rangle}{\langle v_0 \rangle^2} = 3 \frac{\langle \Delta^2 a \rangle}{\langle a \rangle^2}$$

for small fluctuations, where "a" is the average distance between the statistical segments in all directions, the r.m.s. value of Δa is given by

$$\sqrt{\langle \Delta^2 a \rangle} = \langle v_0 \rangle^{1/3} \sqrt{\frac{Fl_{D,S}}{3}} .$$

The results of such calculations are shown in column 4 of table 2. Only small differences are observed between the r.m.s. values of Δa for the polymers studied. This unexpected result can be ta-

Table 2. Density fluctuations Fl_D due to frozen-in disorder obtained by extrapolation towards $T = 0$, and corresponding r.m.s. distance fluctuations $\sqrt{\langle \Delta^2 a \rangle}$.
Calculations based on literature data for statistical segments (23) and density (24)

Sample	$Fl_{D,el}$	$Fl_{D,S}$	$\sqrt{\langle \Delta^2 a \rangle}$ [Å]
PS	0.57	$1.3 \cdot 10^{-3}$	0.23
PMMA	0.64	$1.8 \cdot 10^{-3}$	0.24
PET	0.55	$3.6 \cdot 10^{-3}$	0.25
PIP	0.40	$4.4 \cdot 10^{-3}$	0.26
PP	0.44	$4.9 \cdot 10^{-3}$	0.27
PE	0.40	$5.0 \cdot 10^{-3}$	0.26
PC	0.75	—	—

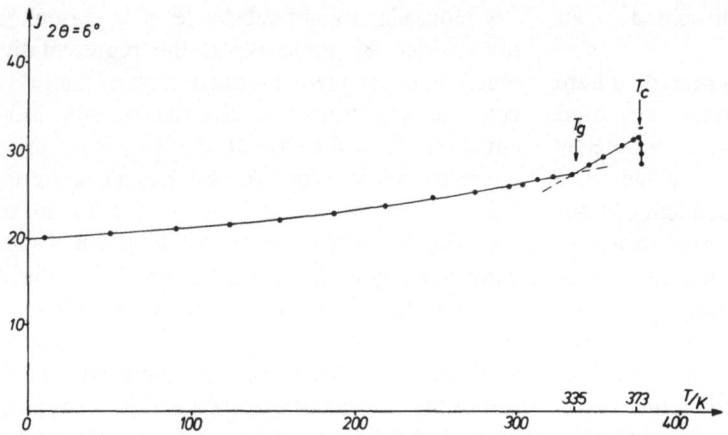

Fig. 13. Diffuse small-angle scattering of amorphous PET measured at $2\theta = 6°$ as a function of temperature; T_g glass temperature, T_c crystallization.

ken to indicate that the absolute disorder frozen-in at T_g as characterized by $\sqrt{\langle \Delta^2 a \rangle}$ is the same for all polymers whereas the $Fl_{D,S}$ values are different since they represent the relative disorder $\langle \Delta^2 a \rangle / \langle a \rangle^2$. With other words, the average distance fluctuations is the same for all polymers in the glassy state independent of the average distances between the structural units.

It is of interest to note that T_g has been passed in our experiments with cooling rates in the vicin-

ity of 0.5 K/min, the value $\sqrt{\langle \Delta^2 a \rangle} \simeq 0.25$ Å refers thus to freezing-in processes at low cooling rates.

It is surprising to observe that the average relative distance fluctuations $\sqrt{\langle \Delta^2 a \rangle} / \langle a \rangle$ are rather small (0.02 to 0.04) which indicates that the frozen-in short-range order is relatively perfect.

Studies on a larger number of polymers are necessary to verify the general validity of the statements made above. These studies should include also polymers with stronger interchain interactions (e.g. polyamides) and measurements using different cooling rates.

The results of the present studies suggest a simple method for the determination of T_g with the X-ray scattering. The diffuse small-angle scattering intensity at finite scattering angles shows a temperature dependence similar to that of the intensity extrapolated to zero angle, notably the change of slope at T_g appears clearly. Figs. 13 and 14 give examples of such measurements which show that the glass transition is clearly defined. Fig. 15 shows an application of this method to uniaxially stretched natural rubber (stretch ratio 5). The scattering intensity was measured parallel ($\varphi = 0°$) and perpendicular ($\varphi = 90°$) to the stretch direction. In the latter case the change of slope occurs at the same temperature as for the unstretched sample whereas in the former case the change of slope is shifted about 5 K towards higher temperatures. This can be explained by the assumption that the segmental motion in an oriented system is direction dependent, i.e. the freezing-in of the motion and thus T_g can be considered to vary with the direction.

Preliminary studies on the change of T_g with the cooling rate and the time of annealing above

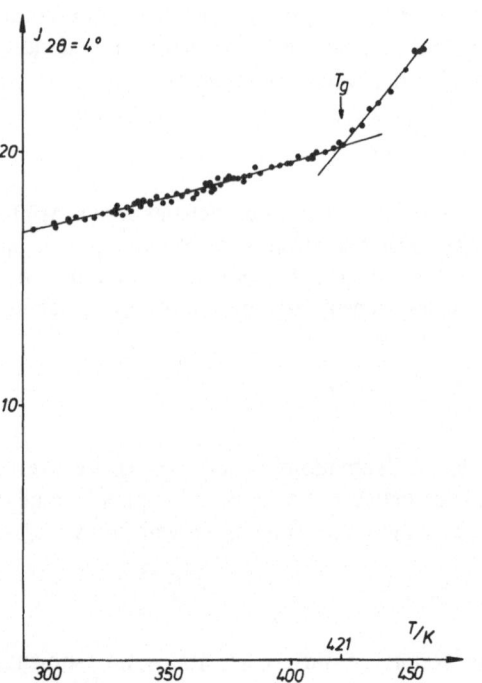

Fig. 14. Diffuse small-angle scattering of amorphous polycarbonate measured at $2\theta = 4°$ as a function of temperature; T_g glass temperature.

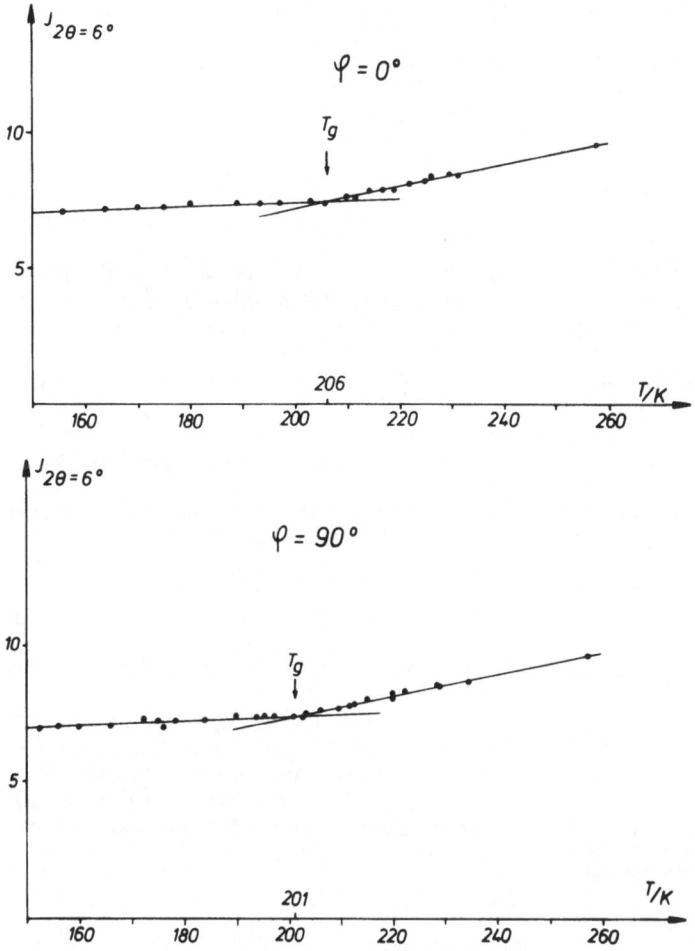

Fig. 15. Diffuse small-angle scattering of uniaxially stretched natural rubber ($\lambda = 5$) measured at $2\theta = 6°$ for two orientations ($\varphi = 0°$ and $90°$) of the sample as a function of temperature; T_g glass temperature.

T_g show that the method has a large range of applications; its main advantages are that the diffuse X-ray scattering intensity follows the structural changes without inertia and that the data are easily recorded and computerized.

Acknowledgement:

The authors are indebted to the Deutsche Forschungsgemeinschaft for sponsoring this research project.

Zusammenfassung

Die Untersuchung der Temperaturabhängigkeit der diffusen Röntgenkleinwinkelstreuung an sechs verschiedenen amorphen Polymeren hat ergeben, daß unterhalb der Glastemperatur eine Trennung dieser Streuung in eine temperaturunabhängige, durch die eingefrorene Unordnung bedingte Komponente und eine mit der Temperatur zunehmende Komponente vorgenommen werden kann, die von der Gruppengeschwindigkeit langwelliger longitudinaler Phononen abhängt.

Aus dem bei sehr tiefen Temperaturen meßbaren fehlordnungsbedingten Anteil läßt sich eine eingefrorene Segmentdichtefluktuation berechnen, mit deren Hilfe eine quantitative Charakterisierung des Ordnungsgrades im glasig erstarrten Zustand möglich ist. Die eingefrorene Segmentdichtefluktuation ist um so größer, je kleiner der Raumbedarf eines statistischen Kettensegmentes ist. Die Anwendung der Meßergebnisse auf ein Gittermodell für den Glaszustand führt zu der Feststellung, daß die Abstandsschwankungen der Kettensegmente in allen untersuchten Polymeren etwa die gleiche Größe haben.

Die Messung der unkorrigierten diffusen Röntgenkleinwinkelstreuung bei einem konstanten Streuwinkel als Funktion der Temperatur stellt eine einfache Bestimmungsmethode für die Glastemperatur dar, die gegenüber den gebräuchlichen Methoden zur T_g-Bestimmung einige Vorteile besitzt.

Summary

The study of the temperature dependence of the diffuse X-ray small-angle scattering for six different amorphous polymers shows that, below the glass temperature, a separation of the scattering can be carried out into a temperature independent component due to the frozen-in disorder and a component which increases with increasing temperature due to the group velocity of long wave-length longitudinal phonons.

From the component due to disorder measurable at very low temperatures a frozen-in fluctuation of the segment density can be calculated which permits the quantitative characterization of the state of order in the glassy state. The frozen-in segment density fluctuation is the larger the smaller the volume requirement of a statistical segment. The evaluation of the results using a simple lattice model for the glassy state leads to the observation that the fluctuations of the intersegmental distances have about the same value in all polymers studied.

The measurement of the uncorrected diffuse X-ray small-angle scattering at constant scattering angle as a function of temperature represents a simple method for the determination of the glass temperature which has some advantages over the usual methods of T_g determination.

Literatur

1) *Ruland, W.*, Progr. Coll. & Polym. Sci. **57**, 192 (1975).
2) *Rathje, J.* and *W. Ruland*, Coll. & Polym. Sci. **254**, 358 (1976).
3) *Perret, R.* and *W. Ruland*, Kolloid-Z.Z. Polymere **247**, 835 (1971).
4) *Hosemann, R.* and *S. N. Bagchi* (1962) Direct Analysis of Diffraction by Matter, North-Holland Publishing Co., Amsterdam 1962.
5) *Wendorff, J. H.* and *E. W. Fischer*, Kolloid-Z.Z. Polymere **251**, 876 (1973).
6) *Wiegand, W.* and *W. Ruland*, Progr. Coll. & Polym. Sci. **64**, 147 (1978).
7) *Einstein, A.*, Ann. Phys. **33**, 1275 (1910).
8) *Ornstein, F. S.* and *F. Zernike*, Proc. Acad. Sci. **17**, 793 (Amsterdam 1914).
9) *Warren, B. E.*, X-Ray Diffraction, Addison-Wesley, Reading (Mass.) 1969, p. 159.
10) *Cottrell, A. H.*, The Mechanical Properties of Matter, J. Wiley & Sons, New York 1964, p. 192.
11) *Wiegand, W.*, Dissertation, Phys. Chemie, Universität Marburg 1977.
12) *Fournet, G.*, Handbuch der Physik, Vol. XXXII, Springer-Verlag, Berlin 1957, p. 273 f.
13) *Ashcroft, N. W.* and *J. Lekner*, Phys. Rev. **145**, 83 (1966).
14) *Salinger, G. L.*, Amorphous Materials, Wiley & Sons, London 1972, p. 475–485.
15) *Friedman, E. A., A. J. Ritger* and *R. D. Andrews*, J. Appl. Phys. **40**, 4243 (1969).
16) *Dietz, D. R.* and *T. A. Wiggins*, J. Appl. Phys. **43**, 3631 (1972).
17) *Lamberson, D. L., J. Asay* and *A. H. Guenther*, J. Appl. Phys. **43**, 976 (1972), J. Appl. Phys. **40**, 1778 (1968).
18) *Hellwege, K. H., W. Knappe* and *R. Lehmann*, Kolloid-Z. Z. Polymere **183**, 110 (1962).
19) *Heydemann, P.* and *H. D. Guicking*, Kolloid-Z.Z. Polymere **193**, 16 (1963).
20) *Brody, E. M.* and *C. K. Lubell*, J. Polym. Sci.-Phys. **13**, 295 (1975).
21) *Patterson, G. D.*, J. Polym. Sci.-Phys. **14**, 1909 (1976).
22) *Patterson, G. D.*, J. Polym. Sci.-Phys. **14**, 741 (1976).
23) *Jenkins, A. D.*, Polymer Science, Vol. 1, North-Holland Publ. Comp., Amsterdam 1972, p. 515.
24) *Alexander, L. E.*, X-Ray Diffraction Methods in Polymer Science, J. Wiley & Sons, New York 1969, p. 473.

Authors' address:

Dr. *W. Wiegand*
Prof. Dr. *W. Ruland*
Fachbereich Physikalische Chemie,
Bereich Polymere, Philipps-Universität
D-3550 Marburg/Lahn
Lahnberge, Gebäude H

Progr. Colloid & Polymer Sci. **66**, 367 – 375 (1979)
© 1978 by Dr. Dietrich Steinkopff Verlag GmbH & Co. KG, Darmstadt
ISSN 0340-255 X

Hermann-Fötting-Institut für Thermo- und Fluiddynamik der Technischen Universität Berlin

On the energy-elasticity of rubberlike materials

T. Alts

With 5 figures

(Received August 7, 1978)

1. Introduction

All high polymers possess in a temperature range of about 150 °C above the glass transition temperature T_g a region of rubberlike elasticity. This region is characterized by the following observations which are common to all high polymers:

(i) Small tractions create large elongations.
(ii) The deformations are reversible up to 300% elongation.
(iii) The materials are incompressible at constant temperature up to pressures of 100 bar.
(iv) The tractional forces at constant (thermal convective) elongations are linear homogeneous functions of the absolute temperature.
(v) The materials are isotropic.

On the basis of these observations kinetic, e.g. (1), (2), (3), and continuum, e.g. (3), (4), (5), models have been developed for the theoretical description of the thermo-mechanical behavior of rubberlike materials. Neglecting the small thermal volume expansion of these materials, the different theories predicted ideal entropy elasticity for rubberlike materials.

From experiments (6), (7), however, it is well known that rubberlike materials are not ideal entropy elastic, but possess a non-negligible contribution to the stress, which arises from a deformation dependent part of the internal energy.

Besseling & Voetman (8), *Gamer* (9) and *Chadwick* (10) try an explanation of this energy elastic effect by the assumption, that the internal energy of rubberlike materials depends besides the temperature *only* on the specific volume, but not on the other deformation invariants. Such an assumption is inconsistent with the general thermodynamic theory of constrained materials and leads to a result which is in contradiction to experiments (at least at low pressure).

In this paper I shall derive the correct expression for the energy-elastic contribution to rubberlike elasticity from a general thermodynamic theory of constrained thermoelastic materials and compare the result with experiments on isothermal simple extension.

I shall start with the well known results for unconstrained isotropic thermoelastic materials. The constraint of isothermal incompressibility is then introduced after interchange of dependent and independent variables by a limiting process. Then a thermal convective deformation measure is introduced whereafter the results are specialized to rubberlike materials by means of some experimental facts. Finally a boundary value problem for simple isothermal extension is solved and compared to corresponding experiments.

2. The Thermoelastic Material without Constraints

Thermoelastic materials are defined by the constitutive equations

$$C = \mathscr{C}(x^k_{;k}, T, T_{,K}; \varrho_R) \qquad [2.1]$$

for the stress tensor, the internal energy, the heat flux and the entropy, where $x^k_{;K} := \dfrac{\partial x^k(\mathbf{X}, t)}{\partial X^K}$ denotes the deformation gradient with respect to an undistorted reference configuration R at temperature T_R and pressure P_R, T denotes the (absolute) temperature and $T_{,K}$ its gradient with respect to the configuration R and ϱ_R is the mass density in that configuration *.

By a thermodynamic treatment according to *Müller's* (5) or *Coleman's* (11) entropy principle it can be shown, that the stress, the internal energy and the entropy are independent of the temperature gradient. This means, that the *isotropic thermoelastic material without constraints* is given by the constitutive functions

$$\eta = \eta\,(T, J_1, J_2, J_3; \varrho_R), \quad \varepsilon = \varepsilon\,(T, J_1, J_2, J_3; \varrho_R),$$

$$t^{kl} = -p\,g^{kl} + \frac{1}{J}\,[K_3\,J_3\,g^{kl} + (K_1 + K_2\,J_1) \qquad [2.2]$$

$$\times\,B^{kl} - K_2\,(\mathbf{B}^2)^{kl}]$$

for the specific entropy η, the specific internal energy ε and the CAUCHY stress t^{kl}; cf. (5), (12). $B^{kl} := g^{KL}\,x^k_{;K}\,x^l_{;L}$ is the left CAUCHY-GREEN deformation tensor with respect to the reference configuration R and J_1, J_2, J_3 are its main invariants:

$$J_1 := \operatorname{tr} B, \quad J_2 := \frac{1}{2}\,[(\operatorname{tr} \mathbf{B})^2 - \operatorname{tr} \mathbf{B}^2],$$

$$J_3 := \det \mathbf{B} = J^2. \qquad [2.3]$$

The stress coefficients p, K_1, K_2, K_3 are scalar functions of T, J_1, J_2, J_3 and ϱ_R. p denotes the pressure and $K_1, \ldots, K_3$ satisfy the condition

$$K_1\,J_1 + K_2 \cdot 2\,J_2 + K_3 \cdot 3\,J_3 = 0 \qquad [2.4]$$

in order that $t^{kl} + p\,g^{kl}$ is trace-free, such that the decomposition $[2.2]_3$ is unique. Finally, the thermodynamic relations for the unconstrained isotro-

---

* I use stationary metric co-ordinate systems with co-ordinates X^K ($K = 1, 2, 3$) and the metric tensor $g_{KM}(\mathbf{X})$ for the description of the reference configuration R and co-ordinates x^k ($k = 1, 2, 3$) and a different metric tensor $g_{km}(\mathbf{x})$ for the description of the deformed configuration in some observer frame. Both co-ordinate systems are fixed in an inertial frame. g^{KM} and g^{km} denote the inverse metric tensors. The summation convention is applied according to which summation over diagonally repeated indices has to be performed. The partial derivative with respect to X^K is denoted by a comma, e.g. $T_{,K} := \dfrac{\partial T}{\partial X^K}$; the covariant derivative with respect to X^K is denoted by a semicolon in front of co-ordinate indices, an exception is $x^k_{;K} := \dfrac{\partial x^k(\mathbf{X}, t)}{\partial X^k}$.

pic material are, (13):

$$\frac{\partial \eta}{\partial T} = \frac{1}{T}\,\frac{\partial \varepsilon}{\partial T},$$

$$\frac{\partial \eta}{\partial J_A} = \frac{1}{T}\left[\frac{\partial \varepsilon}{\partial J_A} - \frac{1}{2\,\varrho_R}\left(K_A - \frac{p}{J}\,\delta_{A3}\right)\right], \qquad [2.5]$$

$$(A = 1, 2, 3).$$

These relations imply the following integrability conditions for the entropy

$$\frac{\partial K_A}{\partial J_B} = \frac{\partial K_B}{\partial J_A} - \frac{1}{J}\,\frac{\partial p}{\partial J_A}\,\delta_{B3}, \, (A, B = 1, 2, 3), \, (A \neq B);$$

$$[2.6]$$

$$2\,\varrho_R\,\frac{\partial \varepsilon}{\partial J_A} = \left(K_A - T\,\frac{\partial K_A}{\partial T}\right) - \frac{1}{J}\left(p - T\,\frac{\partial p}{\partial T}\right)\delta_{A3},$$

$$(A = 1, 2, 3).$$

3. Incompressible Thermoelastic Materials

All high polymers in the rubberlike region are isotropic thermoelastic materials, which are incompressible at constant temperature up to high pressures but have a non-negligible thermal volume expansion. Hence they obey the thermo-kinematic constraint

$$\det \mathbf{B} = \left(\frac{\varrho_R}{\varrho}\right)^2 = f_0(T), \quad f_0(T_R) = 1. \qquad [3.1]$$

This constraint must be considered, in order that the foregoing results are applicable to rubberlike materials.

This can be done by introducing the pressure instead of the specific volume as an independent variable. Assuming, that the constitutive equation $p = p\,(T, J_1, J_2, J_3; \varrho_R)$ for the pressure is invertible for the compressible material, one has

$$J_3 = \tilde{F}_0\,(T, p, J_1, J_2; \varrho_R) \qquad [3.2]$$

and can eliminate J_3 from [2.5] and [2.6]. With the notation

$$\varepsilon\,(T, J_1, J_2, J_3; \varrho_R) = \tilde{\varepsilon}\,(T, p, J_1, J_2; \varrho_R) \text{ etc.} \qquad [3.3]$$

it follows thus after some calculation:

$$\frac{\partial \tilde{\eta}}{\partial p} = \frac{1}{T}\left[\frac{\partial \tilde{\varepsilon}}{\partial p} - \frac{1}{2\,\varrho_R}\left(\tilde{K}_3 - \frac{p}{J}\right)\frac{\partial \tilde{F}_0}{\partial p}\right],$$

$$\frac{\partial \tilde{\eta}}{\partial T} = \frac{1}{T}\left[\frac{\partial \tilde{\varepsilon}}{\partial T} - \frac{1}{2\,\varrho_R}\left(\tilde{K}_3 - \frac{p}{J}\right)\frac{\partial \tilde{F}_0}{\partial T}\right], \qquad [3.4]$$

$$\frac{\partial \tilde{\eta}}{\partial J_a} = \frac{1}{T}\left[\frac{\partial \tilde{\varepsilon}}{\partial J_a} - \frac{1}{2\,\varrho_R}\,\tilde{K}_a - \frac{1}{2\,\varrho_R}\right.$$

$$\left. \times\left(\tilde{K}_3 - \frac{p}{J}\right)\frac{\partial \tilde{F}_0}{\partial J_a}\right], \, (a = 1, 2);$$

and

$$\frac{\partial \tilde{K}_a}{\partial p} = \frac{\partial \tilde{K}_3}{\partial J_a} \cdot \frac{\partial \tilde{F}_0}{\partial p} - \left(\frac{\partial \tilde{K}_3}{\partial p} - \frac{1}{J} \right) \frac{\partial \tilde{F}_0}{\partial J_a} , \quad (a = 1, 2),$$

$$\frac{\partial \tilde{K}_1}{\partial J_2} = \frac{\partial \tilde{K}_2}{\partial J_1} - \left(\frac{\partial \tilde{K}_3}{\partial J_2} \cdot \frac{\partial \tilde{F}_0}{\partial J_1} - \frac{\partial \tilde{K}_3}{\partial J_1} \cdot \frac{\partial \tilde{F}_0}{\partial J_2} \right);$$

$$2 \varrho_R \frac{\partial \tilde{\varepsilon}}{\partial p} = \left(\frac{\partial \tilde{K}_3}{\partial p} - \frac{1}{J} \right) T \frac{\partial \tilde{F}_0}{\partial T}$$

$$+ \left(\tilde{K}_3 - T \frac{\partial \tilde{K}_3}{\partial T} - \frac{p}{J} \right) \frac{\partial \tilde{F}_0}{\partial p} , \qquad [3.5]$$

$$2 \varrho_R \frac{\partial \tilde{\varepsilon}}{\partial J_a} = \left(\tilde{K}_a - T \frac{\partial \tilde{K}_a}{\partial T} \right) + T \frac{\partial \tilde{K}_3}{\partial J_a} \cdot \frac{\partial \tilde{F}_0}{\partial T}$$

$$+ \left(\tilde{K}_3 - T \frac{\partial \tilde{K}_3}{\partial T} - \frac{p}{J} \right) \frac{\partial \tilde{F}_0}{\partial J_a} , \quad (a = 1, 2).$$

Finally, differentiation of [2.4] with respect to p yields:

$$J_1 \frac{\partial \tilde{K}_1}{\partial p} + 2 J_2 \frac{\partial \tilde{K}_2}{\partial p} + 3 \tilde{F}_0 \frac{\partial \tilde{K}_3}{\partial p} + 3 \tilde{K}_3 \frac{\partial \tilde{F}_0}{\partial p} = 0. \qquad [3.6]$$

The constitutive relation [3.2] becomes the constraint [3.1], if $\tilde{F}_0$ is independent of p, J_1 and J_2. Hence the incompressible material is contained in [3.4], [3.5] and [3.6] as a special case for

$$\tilde{F}_0 = f_0 (T) = \det \mathbf{B} = \left(\frac{\varrho_R}{\varrho} \right)^2 . \qquad [3.7]$$

Insertion into [3.4], [3.5] and [3.6] thus yields:

1. The stress coefficients are independent of the pressure:

$$\tilde{K}_A = \hat{K}_A (T, J_1, J_2; \varrho_R), \quad (A = 1, 2, 3). \qquad [3.8]$$

2. Entropy and internal energy are additively decomposed according to

$$\tilde{\eta} = \bar{\eta} (T, p) + \hat{\eta} (T, J_1, J_2; \varrho_R),$$

$$\tilde{\varepsilon} = \bar{\varepsilon} (T, p) + \hat{\varepsilon} (T, J_1, J_2; \varrho_R), \qquad [3.9]$$

where the pressure dependent parts are given by

$$\bar{\eta} = - \frac{p}{2 \varrho_R} \frac{f_0' (T)}{\sqrt{f_0 (T)}} , \quad \bar{\varepsilon} = - \frac{p}{2 \varrho_R} T \frac{f_0' (T)}{\sqrt{f_0 (T)}} \qquad [3.10]$$

and the constitutive parts satisfy the relations

$$\frac{\partial \hat{\eta}}{\partial T} = \frac{1}{T} \left[\frac{\partial \hat{\varepsilon}}{\partial T} - \frac{f_0' (T)}{2 \varrho_R} \hat{K}_3 \right] ,$$

$$\frac{\partial \hat{\eta}}{\partial J_a} = \frac{1}{T} \left[\frac{\partial \hat{\varepsilon}}{\partial J_a} - \frac{1}{2 \varrho_R} \hat{K}_a \right] , \quad (a = 1, 2) \qquad [3.11]$$

and

$$\frac{\partial \hat{K}_1}{\partial J_2} = \frac{\partial \hat{K}_2}{\partial J_1} ,$$

$$2 \varrho_R \frac{\partial \hat{\varepsilon}}{\partial J_a} = \hat{K}_a - T \frac{\partial \hat{K}_a}{\partial T} + T f_0' (T) \frac{\partial \hat{K}_3}{\partial J_a} . \qquad [3.12]$$

$$(a = 1, 2)$$

These are just the results, which are obtained by a direct thermodynamic theory of isotropic thermoelastic materials subject to incompressibility with thermal volume expansion, cf. (13), (14). This derivation, however, is much simpler and has in addition the advantage of showing, how the constraint acts in each thermodynamic relation.

4. Introduction of a Thermal Convective Deformation Measure

The thermal volume expansion due to the constraint [3.1] cannot be compensated by application of a pressure. Hence the total deformation cannot be held fix, if the temperature is varied. In order to have a deformation measure, that can be varied independently of the temperature, a new measure must be introduced. This can be done by a decomposition of the deformation gradient according to

$$x^k_{;K} = \hat{F}^k_{\cdot L} \bar{F}^L_{\cdot K} \qquad [4.1]$$

into a thermal deformation $\bar{F}^L_{\cdot K}$ of the (locally) prescribed thermal expansion due to the constraint, and a thermal convective deformation $\hat{F}^k_{\cdot L}$ relative to the (local) thermal expanded configuration of the body. I call $\hat{F}^k_{\cdot L}$ a thermal convective deformation, since the thermal expanded configuration changes with changing temperature.

The decomposition [4.1] is meaningful only, if it is unique. It can be made unique by the requirement, that $\bar{F}^L_{\cdot K}$ is determined *only* by the (locally) prescribed constraint [3.1], namely

$$\det \| \bar{B}^K_L \| = f_0 (T), \qquad [4.2]$$

where

$$\bar{B}^{KL} := g^{MN} \bar{F}^K_{\cdot M} \bar{F}^L_{\cdot N} \qquad [4.3]$$

is the left CAUCHY-GREEN deformation tensor of the prescribed thermal expansion.

For the thermal convective left CAUCHY-GREEN tensor

$$\hat{B}^{kl} := g^{KL} \hat{F}^k_{\cdot K} \hat{F}^l_{\cdot L} \qquad [4.4]$$

follows then from [4.1], [4.2] and [3.1]

$$\det \| \hat{B}^k_l \| = 1, \qquad [4.5]$$

such that the material behaves like an incompressible one at all temperatures, if the thermal convective deformation measure is used.

The thermal expansion of an isotropic body at uniform temperature and under the action of a hydrostatic pressure is itself isotropic (and uniform). Hence the corresponding thermal deformation is proportional to the unit tensor

$$\bar{F}^K_{\cdot L} = \mu_0\, \delta^K_L. \tag{4.6}$$

μ_0 is determined by the requirement [4.2], namely that [4.6] contains the total prescribed volume expansion. Insertion of [4.6] into [4.2] thus yields

$$\mu_0 = \mu_0\,(T) = \sqrt[6]{f_0\,(T)}. \tag{4.7}$$

With these results one obtains from [4.1], that the total deformation gradient is given by

$$x^k_{;K} = \hat{F}^k_{\cdot L}\,(\mu_0\,\delta^L_K) = \mu_0\,(T)\,\hat{F}^k_{\cdot K}. \tag{4.8}$$

This decomposition of the total deformation into the parts $\hat{F}^k_{\cdot L}$ and $\bar{F}^L_{\cdot K} = \mu_0\,(T)\,\delta^L_K$ is valid for the isotropic material with free boundaries and at uniform temperature. If, however, the temperature is non-uniform and/or if the body is forced between certain boundaries, an isotropic thermal expansion is no longer possible as the temperature is varied. This means, that the thermal deformation of the body is different from [4.6]. This additional deformation is in general not known unless a combined boundary value problem for the fields of displacement and temperature has been solved. It seems therefore meaningless to decompose the total deformation $x^k_{;K}$ into the parts $\hat{F}^k_{\cdot L}$ and $\bar{F}^L_{\cdot K}$. However, it is always possible to split off that part of the thermal deformation, namely $\bar{F}^L_{\cdot K} = \mu_0\,(T)\,\delta^L_K$ which, due to the constraint [3.1], cannot be suppressed by application of a pressure. This part is then in general not the total thermal deformation (as usually defined) but it is an important part of it. If the remaining rest of this deformation is associated with $\hat{F}^k_{\cdot L}$, the decomposition [4.8] is *unique* under all conditions and can be used for the further development of the theory.

An important *observation* must be noted: In general the deformations $\hat{F}^k_{\cdot L}$ and $\bar{F}^L_{\cdot K} = \mu_0\,(T)\,\delta^L_K$ are not gradients of displacement fields. This follows from the integrability conditions for the total displacement

$$x^k_{;[KM]} = 0 = \hat{F}^k_{\cdot[L;M]}\,\bar{F}^L_{\cdot K} + \hat{F}^k_{\cdot L}\,\bar{F}^L_{\cdot [K;M]} \tag{4.9}*$$
$$= \mu_0\,(T)\,\hat{F}^k_{\cdot[K;M]} + \mu_0'\,(T)\,\hat{F}^k_{\cdot[K}T_{,M]}\,.$$

From [4.9] follows, that at uniform temperature both deformations $\hat{F}^k_{\cdot L}$ and $\bar{F}^L_{\cdot K}$ are gradients of displacement fields. This result will be used later.

The main invariants of the thermal convective left CAUCHY-GREEN deformation tensor $\hat{B}$ are

$$I_1 := \operatorname{tr}\,\hat{\mathbf{B}}, \quad I_2 := \frac{1}{2}\,[(\operatorname{tr}\,\hat{\mathbf{B}})^2 - \operatorname{tr}\,\hat{\mathbf{B}}^2]\,,$$
$$I_3 := \det\,\hat{\mathbf{B}} = 1. \tag{4.10}$$

The different deformation measures are then related as follows

$$B^{kl} = \mu_0^2\,(T)\,\hat{B}^{kl}, \tag{4.11}$$

$$J_1 = \mu_0^2\,I_1, \quad J_2 = \mu_0^4\,I_2, \quad J_3 = \mu_0^6 = f_0\,(T). \tag{4.12}$$

With these relations the CAUCHY stress $[2.2]_3$ transforms in

$$t^{kl} = -p\,g^{kl} + \frac{1}{\sqrt{f_0}}\left[-\frac{1}{3}\,(\hat{L}_1\,I_1 + \hat{L}_2\cdot 2\,I_2)\,g^{kl} \right.$$
$$\left. + (\hat{L}_1 + \hat{L}_2\cdot I_1)\,\hat{B}^{kl} - \hat{L}_2\,(\hat{\mathbf{B}}^2)^{kl}\right], \tag{4.13}$$

where [2.4] and the abbreviations

$$\hat{L}_1 := \mu_0^2\,\hat{K}_1, \quad \hat{L}_2 := \mu_0^4\,\hat{K}_2 \tag{4.14}$$

have been used and the coefficients $\hat{L}_1$ and $\hat{L}_2$ of the constitutive part of the stress are functions of T, I_1, I_2 and ϱ_R.

Furthermore, the entropy and the internal energy are according to [3.9] and [3.10]

$$\eta = -\frac{p}{2\,\varrho_R}\,\frac{f_0'\,(T)}{\sqrt{f_0\,(T)}} + \hat{\eta}\,(T, I_1, I_2; \varrho_R),$$
$$\varepsilon = -\frac{p}{2\,\varrho_R}\,T\,\frac{f_0'\,(T)}{\sqrt{f_0\,(T)}} + \hat{\varepsilon}\,(T, I_1, I_2; \varrho_R), \tag{4.15}$$

where the constitutive parts satisfy [3.11] and [3.12], which transform after some calculations into

$$\frac{\partial\hat{\eta}}{\partial T} = \frac{1}{T}\,\frac{\partial\hat{\varepsilon}}{\partial T}\,,$$
$$\frac{\partial\hat{\eta}}{\partial I_a} = \frac{1}{T}\left(\frac{\partial\hat{\varepsilon}}{\partial I_a} - \frac{1}{2\,\varrho_R}\,\hat{L}_a\right), \quad (a = 1, 2) \tag{4.16}$$

and satisfy the following integrability conditions

$$\frac{\partial\hat{L}_1}{\partial I_2} = \frac{\partial\hat{L}_2}{\partial I_1}\,,$$
$$2\,\varrho_R\,\frac{\partial\hat{\varepsilon}}{\partial I_a} = \hat{L}_a - T\,\frac{\partial\hat{L}_a}{\partial T}\,, \quad (a = 1, 2). \tag{4.17}$$

---

* Squared brackets signify antisymmetrization with respect to the enclosed indices.

These are the most general results for incompressible isotropic thermoelastic materials expressed by the thermal convective deformation measure.

In these relations the thermal convective deformation $\hat{B}_{kl}$ and its invariants I_1 and I_2 can be held constant at different temperatures, hence the appearing scalar functions can be determined from thermo-mechanical measurements.

It should be mentioned that the thermal convective reference configuration with $\hat{B}^{kl} = g^{kl}$ and $I_1 = I_2 = 3$ is stress-free according to [4.13], which means, that $t^{kl} + p\,g^{kl} = 0$ in this configuration, if it has been zero in the reference configuration R at temperature T_R.

The stress coefficients $\hat{L}_1$ and $\hat{L}_2$ are measurable in isothermal deformation experiments for different constant temperatures. Furthermore, the specific heat capacity c_P at constant pressure P in the *thermal convective reference configuration* is measurable as a function of temperature at one pressure:

$$c_P(T, P; \varrho_R) = \frac{\partial \varepsilon}{\partial T}\bigg|_{\substack{p=P \\ I_1=I_2=3}}$$ [4.18]

$$= -\frac{P}{2\,\varrho_R}\frac{\mathrm{d}}{\mathrm{d}T}\left[T\,\frac{f_0'(T)}{\sqrt{f_0(T)}}\right] + \frac{\partial\hat{\varepsilon}}{\partial T}\bigg|_{I_1=I_2=3}.$$

If in addition the thermal volume expansion $f_0(T)$ is known as function of temperature, the set [4.16] and [4.17] of differential equations can be integrated and the total entropy and the total internal energy are given by the relations

$$\eta = \eta_R + \int_{T_R}^{T} \frac{1}{T'}\left[c_P(T', P; \varrho_R) + \frac{P}{2\,\varrho_R}\frac{f_0'(T')}{\sqrt{f_0(T')}}\right]\mathrm{d}T'$$

$$-\frac{1}{2\,\varrho_R}\frac{f_0'(T)}{\sqrt{f_0(T)}}(p - P) - \frac{1}{2\,\varrho_R}\frac{\partial}{\partial T}$$

$$\times\left[\int_3^{I_1}\hat{L}_1(T, I_1', I_2; \varrho_R)\,\mathrm{d}I_1' + \int_3^{I_2}\hat{L}_2(T, 3, I_2'; \varrho_R)\,\mathrm{d}I_2'\right],$$

$$\varepsilon = \varepsilon_R + \int_{T_R}^{T} c_P(T', P; \varrho_R)\,\mathrm{d}T'$$ [4.19]

$$+\frac{P}{2\,\varrho_R}\left[T\,\frac{f_0'(T)}{\sqrt{f_0(T)}} - T_R\,\frac{f_0'(T_R)}{\sqrt{f_0(T_R)}}\right]$$

$$-\frac{T}{2\,\varrho_R}\frac{f_0'(T)}{\sqrt{f_0(T)}}(p - P) + \frac{1}{2\,\varrho_R}\left(1 - T\,\frac{\partial}{\partial T}\right)$$

$$\times\left[\int_3^{I_1}\hat{L}_1(T, I_1', I_2; \varrho_R)\,\mathrm{d}I_1' + \int_3^{I_2}\hat{L}_2(T, 3, I_2'; \varrho_R)\,\mathrm{d}I_2'\right]$$

where the integration constants η_R and ε_R are the specific total entropy and the specific total internal energy, respectively, in the reference configuration R at temperature T_R and pressure $p\,|_R = P$.

These results as well as the expression [4.13] for the stress contain the unknown *reaction pressure* p, which is necessary to maintain the constraint. This reaction pressure, however, can be determined by solving a boundary value problem. Hence the total stress, entropy and internal energy are known, whenever a boundary value problem has been solved.

5. Specialization to Rubberlike Materials

We shall now use some experimental facts on high polymers in the rubberlike region. With these the results of the foregoing section can be considerably simplified.

(i) The specific volume is for $T \geq T_R > T_g$ a linear function of the (absolute) temperature, (15) p. 73, (16); fig. 1:
$$v = v_R[1 + \alpha_0(T - T_R)].$$ [5.1]

From [3.1] and [5.1] then follows

$$\frac{\mathrm{d}}{\mathrm{d}T}\sqrt{f_0(T)} = \frac{f_0'(T)}{2\sqrt{f_0(T)}} = \alpha_0.$$ [5.2]

(ii) The specific heat capacity c_P is independent of the temperature for $T \geq T_R > T_g$, (17) p. 175; fig. 2:

(iii) The typical force-stretch diagram at constant temperature for simple extension is (3); fig. 3:

For *simple isothermal extension of a bar* the thermal convective deformation measures and the CAUCHY stress have the following representa-

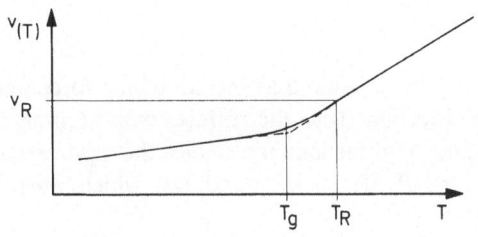

Fig.1: Specific volume as function of temperature.

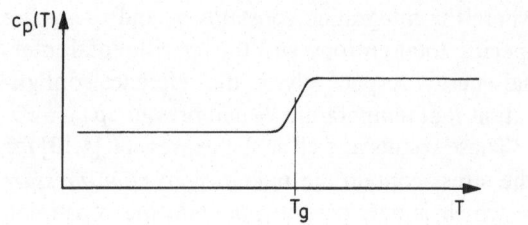

Fig. 2: Specific heat capacity at constant pressure.

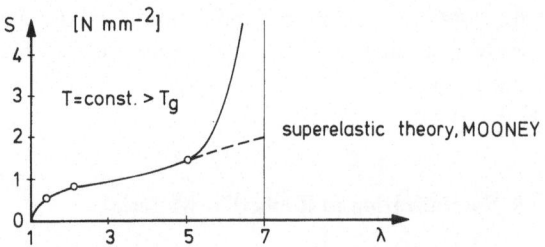

Fig. 3: Stretching force versus thermal convective stretch $\lambda = \dfrac{l}{l_0(T)}$ at constant pressure and constant temperature in simple extension.

tions in Cartesian co-ordinates along the edges of the bar

$$\| \hat{x} \langle k; K \rangle \| = \begin{pmatrix} \lambda_1 & 0 & 0 \\ 0 & \lambda_2 & 0 \\ 0 & 0 & \lambda_3 \end{pmatrix},$$

$$\| \hat{B} \langle k\, l \rangle \| = \begin{pmatrix} \lambda_1^2 & 0 & 0 \\ 0 & \lambda_2^2 & 0 \\ 0 & 0 & \lambda_3^2 \end{pmatrix}, \qquad [5.3]$$

$$\| t \langle k\, l \rangle \| = \begin{pmatrix} \sigma_1 & 0 & 0 \\ 0 & \sigma_2 & 0 \\ 0 & 0 & \sigma_3 \end{pmatrix}$$

with

$$\sigma_a = -p + \frac{1}{\sqrt{f_0}} \left[-\frac{1}{3} (\hat{L}_1\, I_1 + \hat{L}_2 \cdot 2\, I_2) \quad [5.4] \right.$$
$$\left. + (\hat{L}_1 + \hat{L}_2\, I_1)\, \lambda_a^2 - \hat{L}_2\, \lambda_a^4 \right]$$

$$(a = 1, 2, 3)$$

according to [4.13] and the deformation invariants

$$I_1 = \lambda_1^2 + \lambda_2^2 + \lambda_3^2, \quad I_2 = \lambda_1^2 \lambda_2^2 + \lambda_2^2 \lambda_3^2 + \lambda_3^2 \lambda_1^2. \quad [5.5]$$

The condition of incompressibility requires

$$\lambda_1 \lambda_2 \lambda_3 = 1. \qquad [5.6]$$

Let us now assume that the stretching force acts in x^1-direction. Then the surfaces with normals in x^2- and x^3-direction are under the hydrostatic pressure P of the surroundings, which means, that

$$\sigma_2 = \sigma_3 = -P. \qquad [5.7]$$

From [5.4], [5.5] and [5.6] follows thus

$$\lambda_2 = \lambda_3 = \frac{1}{\sqrt{\lambda_1}} := \frac{1}{\sqrt{\lambda}} \qquad [5.8]$$

and

$$p = P - \frac{1}{3\sqrt{f_0}} \left[\hat{L}_1 \left(\lambda^2 - \frac{1}{\lambda} \right) + \hat{L}_2 \left(\lambda - \frac{1}{\lambda^2} \right) \right] \quad [5.9]$$

for the reaction pressure p. This relation shows, that the reaction pressure p is equal to the pressure of the surroundings, if $\lambda = 1$, that is, if the bar is in its thermal convective reference configuration.

Insertion of [5.9] in [5.4]$_1$ yields

$$\sigma_1 = -P + \frac{1}{\sqrt{f_0}} \left(\lambda^2 - \frac{1}{\lambda} \right) \left[\hat{L}_1 + \frac{1}{\lambda} \hat{L}_2 \right]. \qquad [5.10]$$

Equivalent to the stretching force in x^1-direction is the KIRCHHOFF-PIOLA stress with respect to unit areas in the reference configuration R at the reference temperature T_R:

$$T^k{}_{\cdot K} = \sqrt{f_0}\ t^k{}_{\dot{l}} x_{\dot{K};}{}^{l}. \qquad [5.11]$$

In the chosen Cartesian co-ordinate system the inverse deformation gradient has the representation

$$\| X \langle K; k \rangle \| = \frac{1}{\mu_0} \begin{pmatrix} \dfrac{1}{\lambda_1} & 0 & 0 \\ 0 & \dfrac{1}{\lambda_2} & 0 \\ 0 & 0 & \dfrac{1}{\lambda_3} \end{pmatrix}, \qquad [5.12]$$

which leads with [5.3]$_3$ to the following representation for the KIRCHHOFF-PIOLA stress:

$$\| T \langle k\, K \rangle \| = \frac{\sqrt{f_0}}{\mu_0} \begin{pmatrix} \dfrac{\sigma_1}{\lambda_1} & 0 & 0 \\ 0 & \dfrac{\sigma_2}{\lambda_2} & 0 \\ 0 & 0 & \dfrac{\sigma_3}{\lambda_3} \end{pmatrix}. \qquad [5.13]$$

The stretching force S in x^1-direction of the bar is thus given by

$$S = \frac{\sqrt{f_0}}{\mu_0} \frac{1}{\lambda_1} (\sigma_1 + P)\, A_1\, (T_R) \qquad [5.14]$$
$$= \frac{A_1\, (T_R)}{\mu_0} \left(\lambda - \frac{1}{\lambda^2} \right) \left(\hat{L}_1 + \frac{1}{\lambda} \hat{L}_2 \right),$$

where $A_1\, (T_R)$ is the area of the bar at temperature T_R with its normal in the stretching direction x^1. This relation describes at constant temperature the experimental curve in fig. 3 for stretches $\lambda < 5$ with constant stress coefficients; i.e. for

$$\hat{L}_1 = \hat{l}_1\, (T; \varrho_R), \quad \hat{L}_2 = \hat{l}_2\, (T; \varrho_R). \qquad [5.15]$$

This was first observed by *Mooney* (18) for rubberlike materials. *Rivlin & Saunders* (19) designed a series of experiments on rubber under isothermal conditions, from which they concluded, that the stress coefficient $\hat{L}_1$ is independent of the deformation invariants and that $\hat{L}_2$ is slightly dependent on the second invariant. However, neither with constant stress coefficients according to *Mooney*, nor with the modification of *Rivlin & Saunders*, the step ascent of the stretching force in Fig. 3 can be explained. This must be done with the general thermoelastic theory. But, such an explanation yields only minimal corrections, since for $\lambda \gtrsim 5$ *thermal reversible crystallization* effects are observed in simple extension, which lead after deloading to a permanent deformation, and hence cannot be described by the thermoelastic theory.

In view of these experimental knowledges it can be concluded, that the *Mooney* approximation [5.15] allows a good description of the elastic behavior of high polymers in the rubberlike domain *up to medium deformations*.

Thus we can use a further experimental result, which allows the calculation of the temperature dependence of the stress coefficients [5.15]:

(iv) The stretching force at constant thermal convective stretch is a homogeneous linear function of the absolute temperature, (2), (3); fig. 4:

$$S - T\left(\frac{\partial S}{\partial T}\right)_{\lambda} = 0. \qquad [5.16]$$

Insertion of [5.15] and [5.14] into [5.16] yields:

$$\left(\lambda - \frac{1}{\lambda^2}\right)\left\{\left[\frac{\hat{l}_1}{\mu_0} - T\frac{\partial}{\partial T}\left(\frac{\hat{l}_1}{\mu_0}\right)\right]\right.$$
$$\left. + \frac{1}{\lambda}\left[\frac{\hat{l}_2}{\mu_0} - T\frac{\partial}{\partial T}\left(\frac{\hat{l}_2}{\mu_0}\right)\right]\right\} = 0. \qquad [5.17]$$

This relation can be satisfied for $\lambda \neq 1$ only, if the contents of the squared brackets vanish. Upon integration, one thus concludes with [4.5] and $\mu_0(T_R) = 1$:

$$\hat{l}_a(T; \varrho_R) = \hat{l}_a^0 \cdot \frac{T}{T_R}\sqrt[6]{f_0(T)},$$
$$\hat{l}_a^0 := \hat{l}_a(T_R; \varrho_R), \quad (a = 1, 2). \qquad [5.18]$$

Since $f_0(T)$ is near 1 in the allowed temperature interval of 150 degrees above T_g, the stress coefficients are almost linear functions of the temperature.

The small departure from linearity, however, is the reason for the energy elasticity of rubberlike

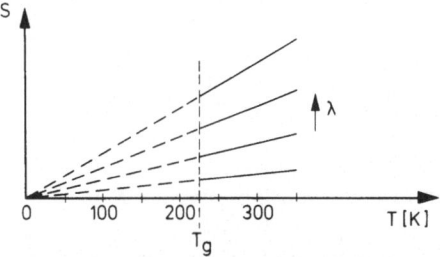

Fig. 4: Stretching force versus temperature at constant thermal convective stretch.

materials up to medium deformations, as I shall show in the sequel.

Before going into this, the formulae for the entropy and the internal energy are needed, which are now for rubberlike materials

$$\eta = \eta_R + \left(c_P + \frac{P}{\varrho_R}\alpha_0\right)\ln\frac{T}{T_R} - \frac{\alpha_0}{\varrho_R}(p - P)$$
$$- \frac{1}{2\varrho_R}\left(\frac{f_0^{1/6}}{T_R} + \frac{T}{T_R}\frac{\alpha_0}{3}f_0^{-1/3}\right)$$
$$\times \left[\hat{l}_1^0 \cdot (I_1 - 3) + \hat{l}_2^0 \cdot (I_2 - 3)\right], \qquad [5.19]$$

$$\varepsilon = \varepsilon_R + \left(c_P + \frac{P}{\varrho_R}\alpha_0\right)(T - T_R) - \frac{\alpha_0}{\varrho_R}T(p - P)$$
$$- \frac{T}{2\varrho_R}\frac{T}{T_R}\frac{\alpha_0}{3}f_0^{-1/3}\left[\hat{l}_1^0 \cdot (I_1 - 3) + \hat{l}_2^0 \cdot (I_2 - 3)\right].$$

These are the general results. If the thermal volume expansion is neglected, which amounts to setting $f_0(T) \equiv 1$ and $\alpha_0 = 0$, the internal energy becomes independent of the deformations. Then, of course, rubber is ideal entropy elastic. But, although the thermal volume expansion is small ($\alpha_0 \approx 6\cdot10^{-4}$ K^{-1}), the deformation dependent part of the internal energy is not negligible. To show this, I shall discuss the simple isothermal extension of a bar in some detail.

6. The Energy Elastic Effect of Rubber in Isothermal Simple Extension

Insertion of the reaction pressure [5.9] and of the deformation invariants [5.5] with [5.8] into [5.19] yields for the entropy and the internal energy in simple extension:

$$\eta = \eta_R + \left(c_P + \frac{P}{\varrho_R}\alpha_0\right)\ln\frac{T}{T_R} - \frac{1}{2\varrho_R}$$
$$\times \frac{f_0^{1/6}}{T_R}\left[\hat{l}_1^0\left(\lambda^2 + \frac{2}{\lambda} - 3\right) + \hat{l}_2^0\left(2\lambda + \frac{1}{\lambda^2} - 3\right)\right]$$
$$+ \frac{\alpha_0}{6\varrho_R}\frac{T}{T_R}f_0^{-1/3}\left[\hat{l}_1^0\left(\lambda^2 - \frac{4}{\lambda} + 3\right) + \hat{l}_2^0\cdot3\left(1 - \frac{1}{\lambda^2}\right)\right],$$

$$\varepsilon = \varepsilon_R + \left(c_P + \frac{P}{\varrho_R} \alpha_0 \right) (T - T_R) + \frac{\alpha_0 T}{6 \varrho_R}$$

$$\times \frac{T}{T_R} f_0^{-1/3} \left[\hat{l}_1^0 \left(\lambda^2 - \frac{4}{\lambda} + 3 \right) + \hat{l}_2^0 \cdot 3 \left(1 - \frac{1}{\lambda^2} \right) \right].$$

Differentiation with respect to λ at constant temperature T and constant pressure P gives

$$\left(\frac{\partial \eta}{\partial \lambda} \right)_{T, P} = \frac{\alpha_0}{3 \varrho_R} \frac{T}{T_R} f_0^{-1/3} \left[\hat{l}_1^0 \left(\lambda + \frac{2}{\lambda^2} \right) + \hat{l}_2^0 \frac{3}{\lambda^3} \right]$$

$$- \frac{1}{\varrho_R T_R} f_0^{1/6} \left(\lambda - \frac{1}{\lambda^2} \right) \left[\hat{l}_1^0 + \frac{1}{\lambda} \hat{l}_2^0 \right], \quad [6.2]$$

$$\left(\frac{\partial \varepsilon}{\partial \lambda} \right)_{T, P} = \frac{\alpha_0 T}{3 \varrho_R} \frac{T}{T_R} f_0^{-1/3} \left[\hat{l}_1^0 \left(\lambda + \frac{2}{\lambda^2} \right) + \hat{l}_2^0 \frac{3}{\lambda^3} \right],$$

whereupon the stretching force [5.14] can be written:

$$S = \frac{A_1 (T_R)}{f_0^{1/6}} \varrho_R \left[\left(\frac{\partial \varepsilon}{\partial \lambda} \right)_{P, T} - T \left(\frac{\partial \eta}{\partial \lambda} \right)_{P, T} \right]. \quad [6.3]$$

The total supplied work W and the total supplied heat Q per unit mass in a simple extension of the bar under constant pressure P and constant temperature T are then

$$W = \frac{\int_1^\lambda S (\lambda', T) L (T_R) f_0^{1/6} (T) \, d\lambda'}{A_1 (T_R) L (T_R) \varrho_R}$$

$$= \int_1^\lambda \left[\left(\frac{\partial \varepsilon}{\partial \lambda'} \right)_{P, T} - T \left(\frac{\partial \eta}{\partial \lambda'} \right)_{P, T} \right] d\lambda', \quad [6.4]$$

$$Q = T \int_1^\lambda \left(\frac{\partial \eta}{\partial \lambda'} \right)_{P, T} d\lambda',$$

respectively, where $L (T) = L (T_R) \sqrt[6]{f_0 (T)}$ is the length of the bar at temperature T. Integration of

[6.4] finally yields

$$\frac{Q}{W} = -1 + \frac{1}{3} \frac{\alpha_0 T}{\sqrt{f_0}}$$

$$\times \frac{\left(\lambda^2 - \frac{4}{\lambda} + 3 \right) + \frac{\hat{l}_2^0}{\hat{l}_1^0} 3 \left(1 - \frac{1}{\lambda^2} \right)}{\left(\lambda^2 + \frac{2}{\lambda} - 3 \right) + \frac{\hat{l}_2^0}{\hat{l}_1^0} \left(2 \lambda + \frac{1}{\lambda^2} - 3 \right)}. \quad [6.5]$$

This quotient is graphically given in fig. 5 by the solid line. It shows a very good agreement up to medium stretches with experiments of *Eisele & Morbitzer* (6) on cured polychloropren and of *Dick & Müller* (7) on sulphur cured natural caoutchouc.

For ideal entropy elasticity holds $\frac{Q}{W} = -1$. In this case the total supplied work is converted quantitatively into heat and is set free in isothermal experiments. The energy elastic contribution (proportional to α_0) reduces this amount of heat, such that below 40% elongation heat must be supplied instead of being set free. This last prediction is in accordance with experimental observations, too.

Hence I conclude: Ideal entropy elasticity does not exist in rubberlike materials. In these materials always an energy elastic contribution exists, whose only cause up to medium deformations is the thermal volume expansion.

For larger deformation, however, the observed $\frac{Q}{W}$ is < -1. This means that now besides the entropy also the internal energy at constant temperature decreases with increasing stretch λ. This indicates the beginning of crystallization effects. So, measurements of work and heat in isothermal simple extension can predict a critical stretch $\lambda_c (T)$ by the condition $\frac{Q}{W} = -1$, below which the high polymers can be described by the thermoelastic theory, and above which this is impossible due to the occurrence of thermal reversible crystallization.

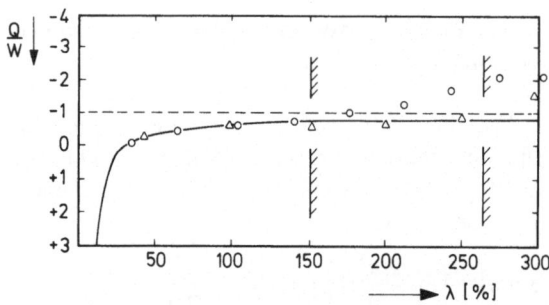

Fig. 5: Ratio of supplied heat (Q > 0) to supplied work (W > 0) in simple isothermal extension.
——: Theoretical curve calculated from (6.5) with $\alpha_0 = 6{,}36 \cdot 10^{-4}$ K^{-1}, $\hat{l}_2^0 / \hat{l}_1^0 = 0{,}2$ and T = 294 K.
ooo: Measurements of EISELE & MORBITZER [6] at T = 294 K on cured polychloropren.
△△△: Measurements of DICK & MÜLLER [7] at T = 304 K on sulphur cured natural caoutchouc.

Zusammenfassung

Der energie-elastische Effekt kautschuk-elastischer Materialien wird mit Hilfe einer allgemeinen thermodynamischen Theorie thermoelastischer Stoffe mit inneren Zwangsbedingungen berechnet. Das theoretische Ergebnis wird mit Experimenten an einachsig gezogenen Proben unter isothermen Bedingungen verglichen.

Summary

The energy-elastic effect to rubberlike elasticity is calculated on the basis of a general thermodynamic theory of constrained thermoelastic materials. The theoretical result is compared to experiments on isothermal simple extension.

Literature

1) *Meyer, K. H., G. von Susich & E. Valko*, Kolloid-Z. **59**, 208 (1932).
2) *Flory, P. J.*, Principles of Polymer Chemistry, Cornell 1953.
3) *Treloar, L. R. G.*, "The Physics of Rubber Elasticity", Oxford 1975.
4) *Staverman A. J. & F. Schwarzl*, "Non Linear Deformation Behaviour of High Polymers" in Physik der Hochpolymeren Bd. IV, p. 126. Edited by *H. A. Stuart*, Berlin, Göttingen, Heidelberg 1956.
5) *Müller, I.*, Thermodynamik – Grundlagen der Materialtheorie, Düsseldorf 1973.
6) *Eisele, U. & L. Morbitzer*, Kautschuk und Gummi Kunststoffe **25**, 347 (1972).
7) *Dick, W. & F. H. Müller*, Kolloid – Z. **172**, 1 (1960).
8) *Besseling, J. F. & H. H. Voetman*, Arch. Mech. Stos. **20**, 189 (1968).
9) *Gamer, U.*, Acta Mechanica **9**, 142, 354 (1970); **11**, 145 (1971).
10) *Chadwick, P.*, Philos. Trans. Roy. Soc. London **A 276**, 371 (1974).
11) *Coleman, B. D. & V. J. Mizel*, J. Chem. Phys. **40**, 1116 (1964).
12) *Alts, T.*, Arch. Rat. Mech. Anal. **61**, 253 (1976).
13) *Alts, T.*, „Thermodynamik elastischer Körper mit thermo-kinematischen Zwangsbedingungen – Fadenverstärkte Materialien –" Habil.-Schrift, to be published.
14) *Gurtin, M. E. & P. Podio Guidugli.*, Arch. Rat. Mech. Anal. **51**, 192 (1973).
15) *Hoffmann, M., H. Krömer & R. Kuhn*, Polymeranalytik I, Thieme Taschenlehrbuch der organischen Chemie B 4, Stuttgart 1977
16) *Menges, G. & P. Thienel*, Kunststoffe **65**, 696 (1975).
17) *Hoffmann, M., H. Krömer & R. Kuhn*, Polymeranalytik II, Thieme Taschenlehrbuch der organischen Chemie B 5, Stuttgart 1977.
18) *Mooney, M.*, J. appl. Phys. **11**, 582 (1940).
19) *Rivlin, R. S. & D. W. Saunders:* Philos. Trans. Roy. Soc. London **A 243**, 251 (1951).

Author's address:

Thorsten Alts
Hermann-Föttinger-Institut
für Thermo- und Fluiddynamik
Technische Universität Berlin
1000 Berlin 12
Straße des 17. Juni 135

Progr. Colloid & Polymer Sci. **66**, 377 – 386 (1979)
© 1978 by Dr. Dietrich Steinkopff Verlag GmbH & Co. KG, Darmstadt
ISSN 0340-255 X

Abt. für Exp. Physik I Universität Ulm [1]*), Abt. für Pathologie II Universität Ulm* [2]*), Pathologisches Institut Universität Mainz* [3]*)*

X-ray investigations of the superstructure of collagen

H. Müller [1]*), G. Beneke* [2]*) (†), H.-G. Kilian* [1]*), K. Paulini* [3]*) und W. Wilke* [1]*)*

With 11 figures and 1 table

(Received July 23, 1978)

I. Introduction

Collagen is encountered in the shape of fibrils as substantial component of connective tissue and tendons. These fibrils show a characteristic periodic striation due to density fluctuations along the fibril axis (fig. 1). The details of this striation depend on the sequence of amino acids in the peptid chains and the grouping of the triple helices inside the fibrils (fig. 2, 3) (1–4). The determination of the density function (5–9) is difficult, because on the one hand only the intensities of the small angle X-ray reflexions are obtained, while on the other hand a disturbing noise on the electron micrographs appears. In order to calculate the density function from X-ray data, it is necessary to obtain also the phases of the scattering amplitudes of the various reflexions. The knowledge of these phases cannot be derived from the intensity function of small angle scattering diagrams but can only be obtained from models of the electron density distribution. The basis for the construction of these models are the electron micrographs (10).

The same lateral width has been observed, for all small-angle (SAXS-) reflexions from humid collagen, but after drying this is changed drastically (fig. 4). A considerable change in the widths of different reflexions is observed (11 – 16), caused by a variation of the diameters of the fibrils in axial direction (fig. 5). An additional broadening, increasing monotonously with the order of reflexion, is superimposed. Another effect is the lateral splitting of the reflexions into three components. When drying the long period (fig. 3) is reduced from 670 Å to 590 Å. The objective of this paper is to present a proposal for a reasonable explanation of all these effects, employing a structure model of the collagen fibrils by which the X-ray small angle measurements are described quantitatively (17).

II. Theory

1. General basis

Denoting the electron density distribution of the sample by $\varrho(r)$, the X-ray scattering amplitude is given by the Fourier transform

$$A(b) = C \cdot \int \varrho(\underline{r}) \exp(-2\pi i \underline{b}\underline{r}) \, d\underline{r}$$
$$= C \cdot \mathfrak{F}[\varrho(\underline{r})] \qquad [1]$$

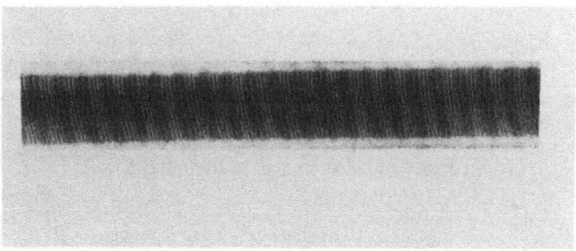

Fig. 1. Electron micrograph of collagen fibril from rat tail tendon.

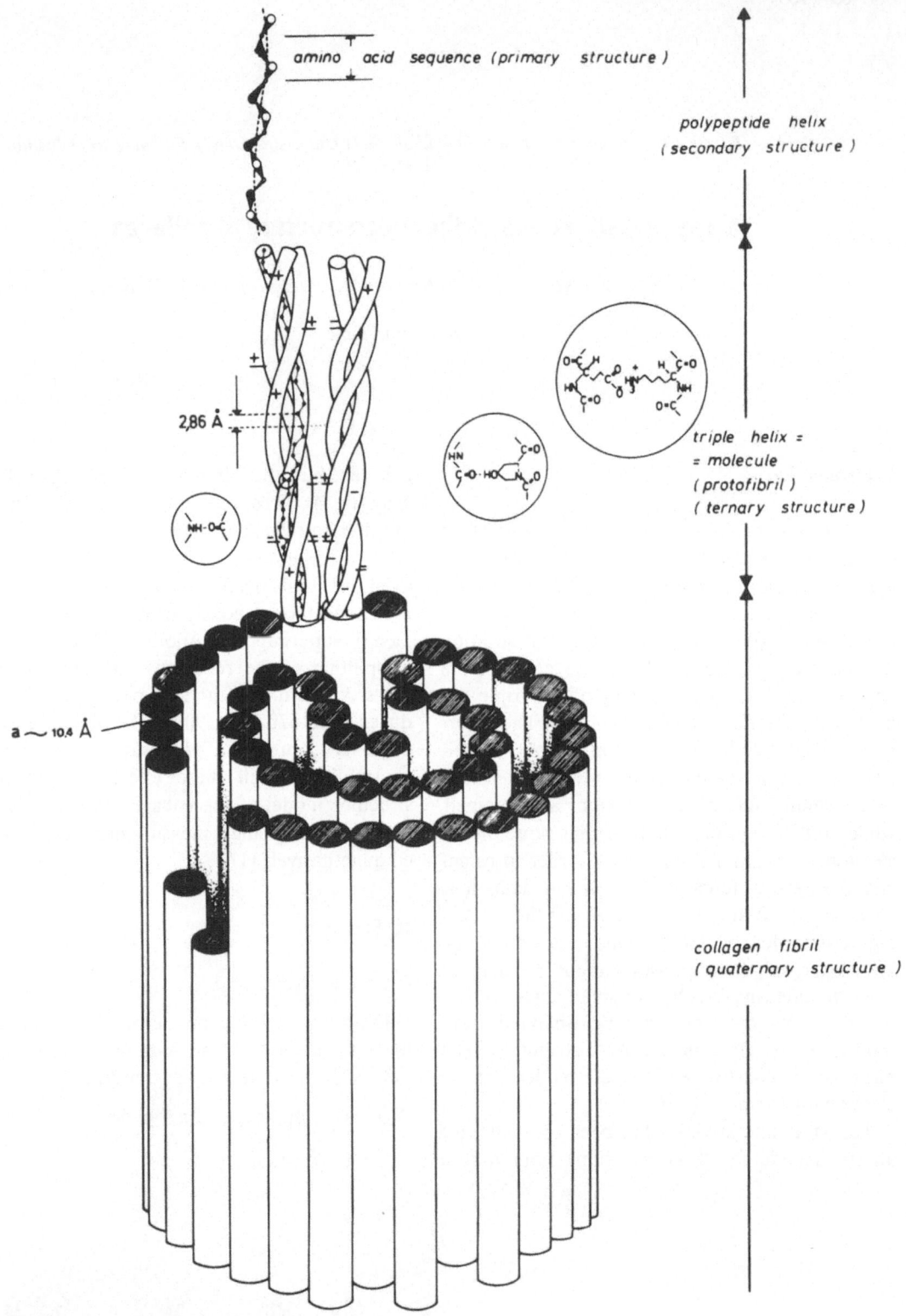

Fig. 2. Structure of collagen acc. to *Rich* and *Crick*.

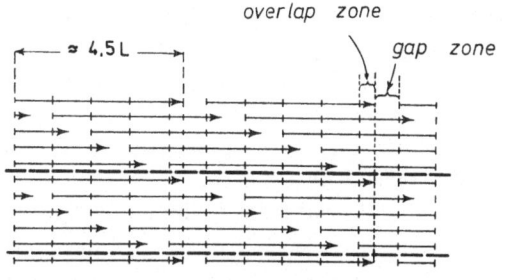

overlap zone

gap zone

sketch of the striation pattern

fibril

Fig. 3. Staggering model of collagen. Rolling this structure to a cylinder, gives the five-trace-microfibril proposed by *Smith* (4). L is the long period.

and the intensity by

$$I(\underline{b}) = |A(\underline{b})|^2 \qquad [2]$$

with

$$\underline{b} = \frac{\underline{s} - \underline{s}_0}{\lambda} \qquad [3]$$

$$|\underline{b}| = b = \frac{2 \sin \Theta}{\lambda} \qquad [4]$$

$\underline{s}_0$: unit vector in the direction of the incident X-ray beam

$\underline{s}$: unit vector in the direction of the scattered beam

λ: X-ray wavelength

2Θ: scattering angle.

For small angle scattering c is a constant number, the value of which is of no further interest, because we are considering relative intensities.

The SAXS-diagram is characterized by a number of sharp meridional reflexions, indicating a accurate periodicity of the electron density distribution along the fibril axis, in agreement with the electron micrographs of stained fibrils. The period length $a_3 = L$ is 590 Å to 670 Å, varying as a function of the amount of remaining moisture. Neglecting for the present the finite radius of the fibril (and assuming "infinitely long" fibrils), the structure is "one dimensional". Hence, the electron density distribution is given by the convolution of the electron density within the periodical unit $\varrho_E(X_3)$ and a sum of equidistant δ-functions characterizing the axial lattice structure within the fibrils:

$$\varrho(X_3) = \varrho_E(X_3) \left\{ \sum_{l=-\infty}^{+\infty} \delta(X_3 - l \cdot L) \right\}. \qquad [5]$$

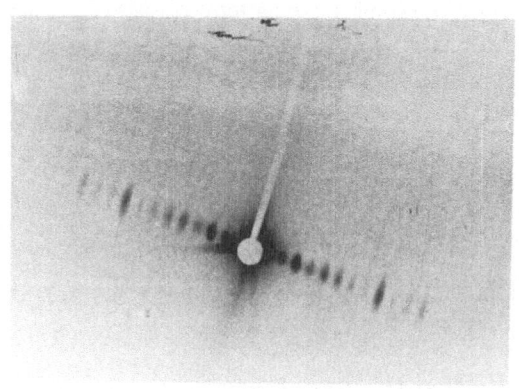

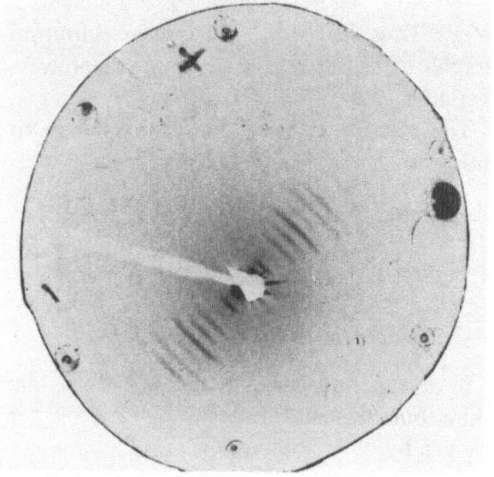

Fig. 4. Small angle X-ray diagram from a) humid and b) dry collagen fibrils.

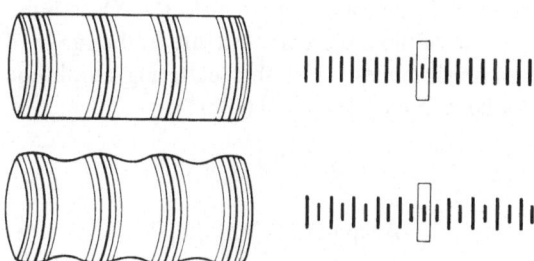

Fig. 5. a) Cylinder with modulated electron density and corresponding diffraction scheme; b) the same for a ribbed cylinder (after (12,16)).

With the aid of the equations [1] and [5] we arrive at the scattering amplitude for the one dimensional lattice, using the convolution theorem of Fourier transforms:

$$A(b_3) = \mathfrak{F}\left[\varrho_E(X_3)\right] \cdot \mathfrak{F}\left[\sum_{l=-\infty}^{+\infty} \delta(X_3 - l \cdot L)\right]$$

$$= A_E(b_3) \cdot \left\{ \frac{1}{L} \sum_{l=-\infty}^{+\infty} \delta\left(b_3 - \frac{l}{L}\right) \right\}. \qquad [6]$$

Thus, the small angle pattern consists of sharp reflexions at

$$b_3 = \frac{l}{L} \quad l \in \mathbb{Z} \tag{7}$$

with the intensity being in proportion to

$$I_l \sim \left| A_E\left(\frac{l}{L}\right) \right|^2. \tag{8}$$

Obtaining from the experiments I_l only, the phase δ_l of the amplitude

$$A\left(\frac{l}{L}\right) = \left| A\left(\frac{l}{L}\right) \right| \exp(i\delta_l) \tag{9}$$

is lost. Thus, it is profitable to use electron micrographs to obtain a consistent set of phases (see section III).

The electron density distributions then follow from

$$\varrho(X_3) = K \cdot \sum_{l=-\infty}^{+\infty} \sqrt{I_l} \exp(i\delta_l) \exp(2\pi i l X_3/L) \tag{10}$$

K: constant.

2. Cylindrical fibrils with constant radius

If we take into account that the fibrils have a finite, but constant radius r_0, the electron density is given by

$$\varrho(X_3, r_0) = \begin{cases} \varrho(X_3) & \text{for} \quad r \leq r_0 \\ 0 & \text{for} \quad r > r_0 \end{cases} \tag{11}$$

with $\varrho(r)$ having cylindrical symmetry and being constant in the planes $X_3 = \text{const}$. (SAXS is independent of the molecular structure in the range of atomic distances!). For the scattering amplitude it follows from [11] and [1] (12, 18):

$$A\left(b_r, \frac{l}{L}\right) = \int_0^L 2\pi r_0^2 \frac{J_1(u_0)}{u_0} \varrho(X_3)$$
$$\times \exp(2\pi i l X_3/L) \, dX_3, \tag{12}$$
$$u_0 = 2\pi r_0 b_r$$

b_r: r-component of b in cylindrical coordinate system

$J_1(u_0)$: Bessel function of the first order.

From [12] it is evident that the shape (and widths) of the small angle reflexions is determined by $J_1(u_0)/u_0$ and is the same for all orders 1 of reflexions.

3. Cylindrical fibrils with varying radius

The lateral width of the small angle reflexions from dried collagen varies with the order of the reflexion. To explain this effect, we assume that the radius of the fibrils is not constant, but a function of X_3, the coordinate along the fibril axis. The variation of the radius has, in virtue of physical arguments, the same periodicity as the electron density distribution.

Denoting the variation of the radius by $\Delta r(X_3)$ we have

$$r(X_3) = r_0 + \Delta r(X_3) \tag{13}$$
$$\Delta r(X_3) = \Delta r(X_3 + L) \tag{14}$$
$$\Delta r(X_3) \ll r_0. \tag{15}$$

Introducing $r(X_3)$ into eq. [12] by replacing r_0, then expanding the expression into a series and recalling [15] we arrive at (16)

$$A\left(b_r, \frac{l}{L}\right) = 2\pi r_0^2 \frac{J_1(u_0)}{u_0} \int_0^L \varrho(X_3) \tag{16}$$
$$\times \exp(2\pi i l X_3/L) \, dX_3 + 2\pi r_0 J_0(u_0)$$
$$\times \int_0^L \Delta r(X_3) \varrho(X_3) \exp(2\pi i l X_3/L) \, dX_3$$

$J_0(u_0)$: Bessel function of order zero.

The integrals in [16] are weight functions for the Bessel functions, having distinct values for different reflexions 1. Due to the different shape of $J_0(u_0)$ and $J_1(u_0)/u_0$ a characteristic variation of the widths of the reflexions is expected. For the convenience of numerical calculations it is advantageous to expand $\varrho(X_3)$ and $\Delta r(X_3)$ into the following Fourier series:

$$\varrho(X_3) = \varrho_0 + \sum_{m=1}^{\infty} \varrho_m^c \cos\frac{2\pi m X_3}{L} \tag{17}$$
$$+ \sum_{m=1}^{\infty} \varrho_m^s \sin\frac{2\pi m X_3}{L} = \sum_{n=-\infty}^{+\infty} \varrho_n \exp(2\pi i n X_3/L)$$

$$\varrho_n = \begin{cases} \frac{1}{2}(\varrho_n^c - i\varrho_n^s) & \text{for} \quad n > 0 \\ \frac{1}{2}(\varrho_n^c + i\varrho_n^s) & \text{for} \quad n < 0 \end{cases}$$

$$\Delta r(X_3) = \sum_{m=1}^{\infty} \alpha_m \cos\frac{2\pi m X_3}{L} + \sum_{m=1}^{\infty} \beta_m \sin\frac{2 u m X_2}{L}$$
$$= \sum_{n=-\infty}^{+\infty} \Delta r_n \exp(2\pi i n X_3/L) \tag{18}$$

$$\Delta r_n = \begin{cases} \frac{1}{2}(\alpha_n - i\beta_n) & \text{for} \quad n > 0 \\ \frac{1}{2}(\alpha_n + i\beta_n) & \text{for} \quad n < 0. \end{cases}$$

When we perform some mathematical manipulations we derive from [16] − [18] the result [19]

$$
\left| A\left(b_r, \frac{l}{L}\right) \right|^2 = \frac{r_0^4}{16} \left\{ \left(\frac{2J_1(u_0)}{u_0}\right) 4\pi^2 \left[(\varrho_l^c)^2 + (\varrho_l^s)^2\right] \right.
$$
$$
+ \frac{2J_1(u_0)}{u_0} J_0(u_0) \cdot 4\pi \cdot [\varrho_l^c a(l) \quad [19]
$$
$$
\left. + \varrho_l^s b(l)] + J_0^2(u_0) \left[a^2(l) + b^2(l)\right] \right\}
$$

with

$$
a(l) = \sum_{m=1}^{\infty} \left\{ \alpha_m (\varrho_{|l-m|}^c + \varrho_{l+m}^s) + \right.
$$
$$
\left. + \beta_m [\varrho_{l+m}^s - \Delta(l-m)\, \varrho_{|l-m|}^s] \right\} \quad [20]
$$

$$
b(l) = \sum_{m=1}^{\infty} \left\{ \alpha_m [\Delta(l-m)\, \varrho_{|l-m|}^s + \varrho_{l+m}^s] + \right.
$$
$$
\left. + \beta_m (\varrho_{|l-m|}^c - \varrho_{l+m}^c) \right\} \quad [21]
$$

$$
\Delta(l-m) = \begin{cases} +1 & \text{for} \quad l-m \geq 0 \\ -1 & \text{for} \quad l-m < 0. \end{cases} \quad [22]
$$

Intensity and shape of a single reflexion 1 are influenced by only a few Fourier coefficients, due to the limited number of measured coefficients ϱ_l (in our case this number is 9). A quantitative measure for the width of the reflexions is the integral width, obtained by the following definition

$$
\delta\beta_l = \frac{\int\limits_{-b_r'}^{+b_r'} I_l(b_r)\, db_r}{I_l(0)} = \frac{2\int\limits_0^{b_r'} \left| A\left(b_r, \frac{l}{L}\right) \right|^2 db_r}{\left| A\left(b_r=0, \frac{l}{L}\right) \right|^2}. \quad [23]
$$

The range of integration is designated by b_r', the value of b_r at the first minimum, because of the absence of observable subsidiary maxima. With the aid of the above equations $\delta\beta_l$ is expressed as

4. Fibrils with paracrystalline distortions

The integral widths of the reflexions from dried collagen show a fluctuation around a monotonously increasing value which increases in proportion to the square of the order 1 of the reflexions (fig. 6). The fluctuations should be caused by the axial variations of the fibril radius, while the monotonous increase may be related to paracrystalline distortions of the axial order within the fibrils. The molecules may be considered to be displaced slightly and independently along the fibril axis in a nematiclike manner, thus disturbing the exact flatness of the regular striation. We describe this structure by a nonideal molecular lattice with paracrystalline distortions (20). The ideal paracrystalline lattice is characterized by three distribution functions $H_k(r)$ for the cell edge vectors a_k ($k = 1, 2, 3$). The shape (and width) of the reflexions is determined by the lattice factor

$$
Z(b) = \prod_{k=1}^{3} \frac{1 - |F_k(b)|^2}{1 + |F_k(b)|^2 - 2\,\text{Re}\,F_k(b)}. \quad [28]
$$

$F_k(b)$ is the Fourier transform of the distribution function

$$
F_k(b) = \mathfrak{F}\, H_k(r). \quad [29]
$$

The amount of the paracrystalline distortions is determined by the relative fluctuations g_{ik} of the mean cell edge vector $\bar{a}_i$ in direction k:

$$
g_{ik} = \frac{\sqrt{\Delta_i^2 X_k}}{|\bar{a}_k|}. \quad [30]
$$

When describing the small angle scattering of collagen the structure should have cylindric symmetry ($\bar{a}_1 = \bar{a}_2 = a_r$ (distance of molecules), $\bar{a}_3 = L$). The appropriately averaged lattice factor is then given

$$
\delta\beta_l(R) = \frac{4\pi^2 [(\varrho_l^c)^2 + (\varrho_l^s)^2]\, I_1 + 4\pi [\varrho_l^c a(l) + \varrho_l^s b(l)]\, I_2 + [a^2(l) + b^2(l)]\, I_3}{4\pi^2 r_0 [(\varrho_l^c)^2 + (\varrho_l^s)^2] + 4\pi^2 r_0 [\varrho_l^c a(l) + \varrho_l^s b(l)] + \pi r_0 [a^2(l) + b^2(l)]} \quad [24]
$$

with

$$
I_1 = \int\limits_{-u_0'}^{u_0'} \left[\frac{2J_1(u_0)}{u_0}\right]^2 du_0 = 3{,}37 \quad [25]
$$

$$
I_2 = \int\limits_{-u_0'}^{u_0'} \frac{2J_1(u_0)}{u_0} \cdot J_0(u_0)\, du_0 = 2{,}57 \quad [26]
$$

$$
I_3 = \int\limits_{-u_0'}^{u_0'} J_0^2(u_0)\, du_0 = 2{,}81. \quad [27]
$$

by (21)

$$
Z(b_3, b_r) = \frac{1 - |F_3|^2}{1 + |F_3|^2 - 2\,\text{Re}\,F_3} \cdot Z_r(b_3, b_r) \quad [31]
$$

$$
F_3 = \exp\left[-2\pi^2 (g_{31}^2 a_r^2 b_r^2 + g_{33}^2 L^2 b_3^2) - 2\pi i L b_3\right] \quad [32]
$$

$$
Z_r(b_3, b_r) = \sum_{n_1=-\infty}^{+\infty} \sum_{n_2=-\infty}^{+\infty} F^{|n_1| + |n_2|}. \quad [33]
$$

$$
F = |F_1| = |F_2| = \exp[-2\pi^2 (g_{11}^2 a_r^2 b_r^2 + g_{13}^2 L^2 b_3^2)] \cdot J_0(2\pi \sqrt{n_1^2 + n_2^2}\, a_r b_r) \quad [34]
$$

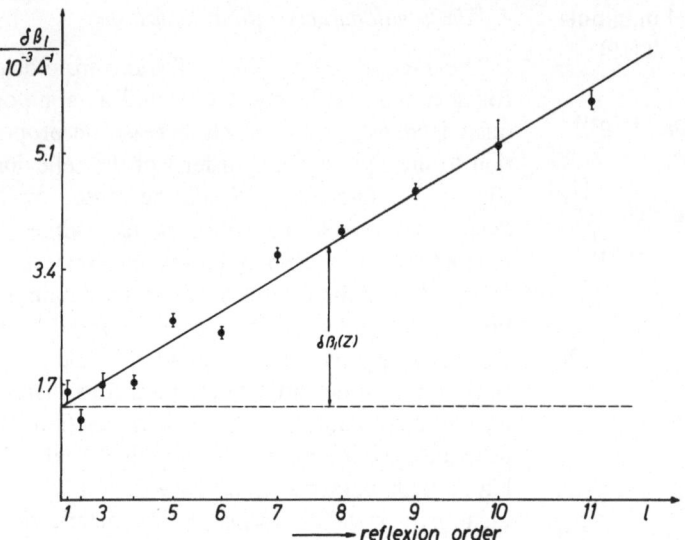

Fig. 6. Observed integral widths $\delta\beta_l$ vs. (order of reflexion l)^2.
The straight line represents the mean rise and yields the values $\delta\beta_l(Z)$. $\delta\beta_l(R)=\delta\beta_l-\delta\beta_l(Z)$.

With nematiclike shifting of the molecules along the fiber axis, described by

$$g_{13}=g_{23}\neq 0$$
$$g_{11}=g_{33}=g_{31}=0 \qquad [35]$$

it follows from [32], [34]

$$F_3=\exp\,(-2\pi i L b_3) \qquad [36]$$

$$F=\exp\,(-2\pi^2 g_{13}^3 L^2 b_3^2). \qquad [37]$$

The contribution to the integral reflexion width is (19)

$$\delta\beta_l(Z)=\frac{\displaystyle\int_{-b_r'}^{+b_r'} Z(b_r,b_3)\,\mathrm{d}b_r}{Z(b_r=0,b_3)}$$

$$=\frac{1+\dfrac{4}{\pi}\displaystyle\sum_{n=1}^{\infty}\left\{\dfrac{F^n}{n}\sum_{v=0}^{\infty}J_{2v+1}(2\gamma\pi n)\right\}+\dfrac{4}{\pi}\sum_{n_1=1}^{\infty}\sum_{n_2=1}^{\infty}\left\{\dfrac{F^{n_1+n_2}}{\sqrt{n_1^2+n_2^2}}\sum_{v=0}^{\infty}J_{2v+1}(2\gamma\pi\sqrt{n_1^2+n_2^2})\right\}}{a_r\left(1+4\displaystyle\sum_{n=1}^{\infty}F^n+4\sum_{n_1=1}^{\infty}\sum_{n_2=1}^{\infty}F^{n_1+n_2}\right)} \qquad [38]$$

$J_{2v+1}^{(x)}$: Bessel function of order $2v+1$

γ: integration range, $h_r'=(a_r b_r')=0,56$ for all l.

The values of F for the various reflexion orders are calculated with $l=L\cdot b_3$.

The total lateral width is then computed from the sum of [24] and [38]:

$$\delta\beta_l=\delta\beta_l(R)+\delta\beta_l(Z). \qquad [39]$$

III. Experiments

1. Sample preparation

a) Electron microscopy

From a set of different methods of preparation the following procedure turns out to be very favourable: the rat-tail collagen, cut to small pieces, was fixed for 5 hours in 3.5% glutaraldehyd solution in Millonig buffer, the re-fixed with 2% OsO$_4$-solution for 2 hours, dehydrated step by step in aceton and finally embedded in Epon. The ultra-thin sections (500 Å) from this embedded material were again contrasted with 5% solution of phosphorotungsten acid (pH = 5.5).

b) X-ray scattering

The fixing and contrast procedure was the same as for electron microscopy. X-ray exposures were obtained from dried collagen and from collagen in humid atmosphere.

2. Small-angle exposures

We used small-angle cameras of the Hess-Kiessig type (point focussing) with photographic registration.

The intensity measurements were carried out by standard procedures. The photometer used was a Joyce Loebl double beam densitometer.

3. Determination of the electron density distribution

To calculate the electron density distribution $\varrho(X_3)$ from the measured intensities I_l, the phases δ_l must be known (equ. [10]). From the electron micrographs we conclude that, to first approximation, the structure possesses a center of symmetry. Under these circumstances the phases are $+1$ or -1 and [10] reduces to

$$\varrho(X_3)=K\cdot\sum_{l=-\infty}^{+\infty}\sqrt{I_l}\,(\pm 1)\cos\frac{2\pi l X_3}{L}. \qquad [40]$$

Because there is no chance to measure the intensity of the 000-reflexion, the constant K is indeterminable and

Fig. 7. Schematic drawing of the splitting of the reflexions into three components.

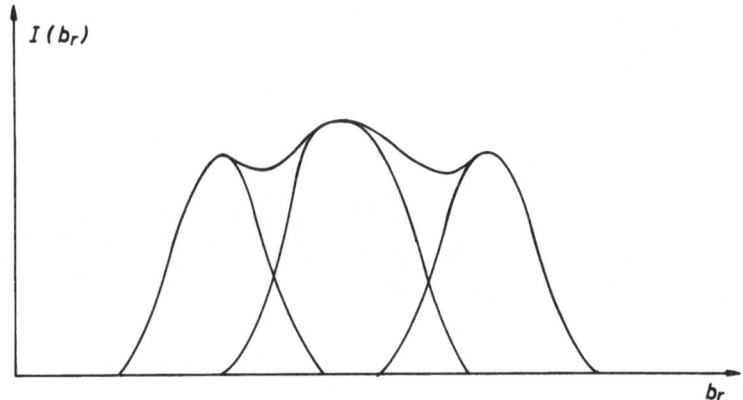

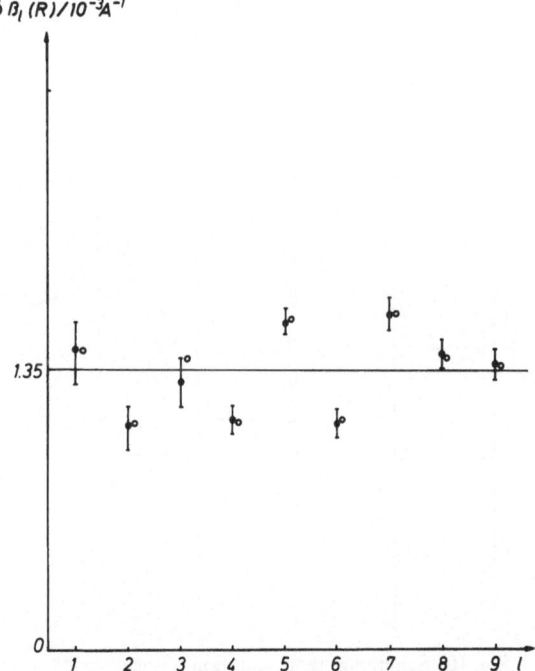

Fig. 8. Calculated (○) and observed (•) integral reflexion widths $\delta\beta_l(R)$, caused by radius variation.

hence $\varrho(X_3)$ is known in relative units only. The phases $\delta_l = \pm 1$ for all reflexions $l = 1 \ldots 11$ are varied independently until the number and the position of the maxima of $\varrho(X_3)$ show as in the electron micrograph. Using this set of phases, $\varrho(X_3)$ is calculated. At this point an uncertainty may arise, because electron micrographs must be taken from humid collagen samples, after fixing dried in the vacuum of the electron microscope.

4. Determination of the integral width of the reflexions

For dried collagen, the small angle reflexions are splitted in the lateral direction, each reflex containing three overlapping components (fig. 7). The decomposition into single components was done graphically, revealing a maximum error in intensity of about 20%. The central reflex of each order 1 is used for the computation of integral width and intensity.

5. Determination of $\Delta r(X_3)$ and g_{13}

From the measured total integral width $\delta\beta_l$ the part $\delta\beta_l(Z)$ (straight line in fig. 6) is subtracted, then calculating g_{13} with the aid of [37] and [38]. The average distance of the molecules is $a_r = 11 \text{Å}$. The remaining $\delta\beta_l(R)$ is analysed employing [24]. In consequence of the postulated symmetry center we have

$$\varrho_m^s = \beta_m = 0.$$

By the variation of the Fourier-coefficients α_m under the restraining condition $\Delta r(X_3) \ll r_0$ a set of $\alpha_m' s$ is calculated, such that the best fit is achieved.

IV. Results and discussion

1. Paracrystalline distortion of the molecular lattice

Bear and *Bolduan* (13) found for dried collagen that the lateral reflexion widths increase linearly with l (reflexion order). In contradiction to this finding we obtain an average increase in proportion to l^2 (fig. 6) as expected for a paracrystalline distorted molecular lattice. These distortions can simply be substantiated by the assumption of very small nematiclike fluctuations of the mole-

cules in direction of the fibril axis, yielding from the observed increase in reflexion widths $g_{13} = 0.007$, i.e. 0.7% relative translational fluctuations. In the small angle diagram from humid collagen no increase of reflexion widths is observed, thus indicating the existence of an undistorted lattice. This ideal lattice is slightly distorted during the drying process. In all cases the small angle reflexions have layer line character which is only possible if the fibrils are always parallel.

2. Variation of fibril radius

The best fit Fourier coefficients α_m, by which the radius variation $\Delta r(X_3)$ is determined, are

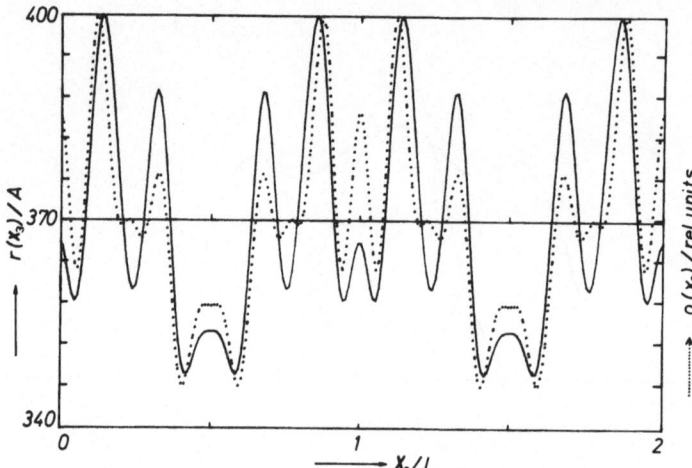

Fig. 9. Radius r (X_3) (——) and electron density distribution $\varrho(X_3)$ (. . .) of dry collagen as a function of X_3/L.

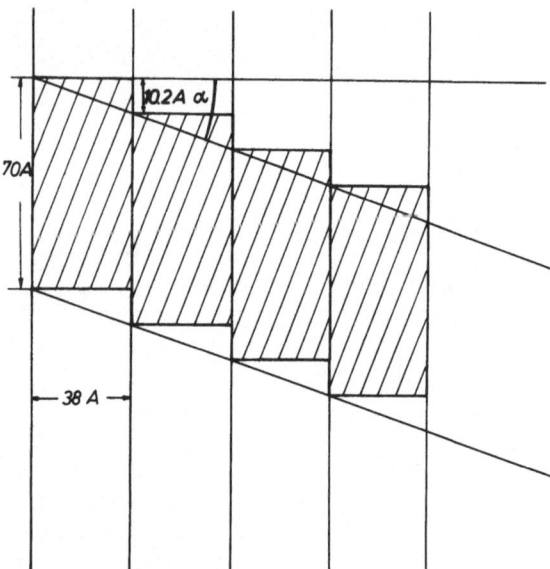

Fig. 10. Schematic representation of the sheared microfibrils. The resolution on the electron micrographs is in the order of 70 Å, hence the glide step is invisible and only the shear α is observed.

given in table 1:

$\alpha_1 = -0.1625$	$\alpha_6 = 0.1875$
$\alpha_2 = -0.1875$	$\alpha_7 = -0.0625$
$\alpha_3 = 0.0375$	$\alpha_8 = 0$
$\alpha_4 = -0.1625$	$\alpha_9 = -0.0375$
$\alpha_5 = 0.1125$	

For these calculations the maxima of $\varrho(X_3)$ and r_0 are normalized to 1. With this set of $\alpha'_m s$ the agreement between calculated and observed reflexion widths obtained is very satisfying (fig. 8). From the extrapolation of $\delta\beta_l$ to $1 = 0$ we obtain the value $2 r_0 = \delta\beta_0^{-1} = 741$ Å in good agreement with the results obtained from the electron micrographs. In fig. 9 both the functions $\varrho(X_3)$ and $\Delta r(X_3)$ within one period of the fibril are shown. The maximum deviation of $\Delta r(X_3)$ from r_0 is in the order of magnitude of 10%. The accurate correlation between electron density distribution $\varrho(X_3)$ and radius variation $\Delta r(X_3)$ is an unexpected result of the analysis. The radius of the fibrils is obviously a maximum within the domains where polar amino acids are concentrated, thus representing those parts where the staining molecules will be found. The smallest radius is seen to take the region of the density gap (see staggering model fig. 3). This result supports the hypothesis that the shrinking is the more reduced the larger is the concentration of voluminous opaque medium molecules (diameter approximately 11 Å). On the other hand the larger shrinking during the dry process may be attributed to the small concentration of opaque medium, thus allowing for a correspondingly large concentration of water in the original sample.

3. Splitting of reflexions

It is confirmed that the small angle reflexions from dried collagen are splitted into three overlapping components (fig. 7). Each set of satellite reflexions is located along straight lines through the origin (000), each of which forms an angle of (15 ± 1)° with the meridian (b_3-axis). From the layer line type of various orders of the reflexions we arrive at the conclusion that some of the fibrils should have been sheared during the drying process. Sheared clusters are also seen on electron micrographs. For an explanation of this effect we assume an inhomogeneous shrinkage, caused by

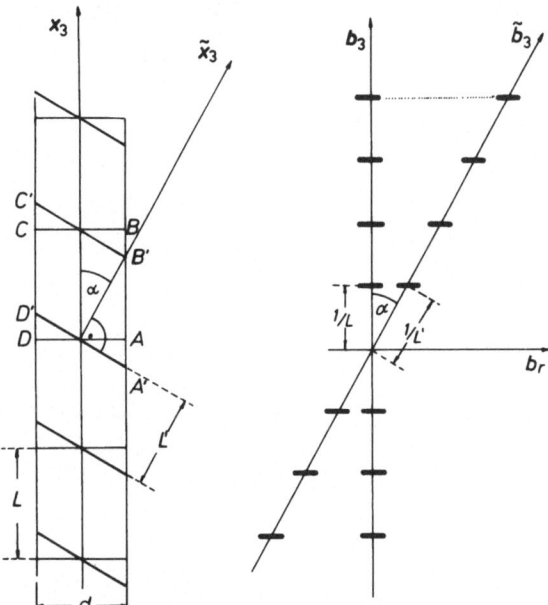

Fig. 11. The relationship between scattering structure and small angle diagram (schematically). a) Scattering object is a cylindrical fibril with superlattice cell *A B C D*. After shear (angle α) by gliding of microfibrils the superlattice cell is *A' B' C' D'*. *L* resp. *L'*: Long periods, *d:* diameter of fibril. b) The small angle diagrams from both structures.

inhomogeneous dehydration. Owing to this type of shrinkage, shear strains appear in some regions between the cross-linked fibrils such that gliding between microfibrils has to occur. The glide step is estimated to be approximately 10 Å large. This value has been computed from the diameter of the microfibrils (~ 38 Å) by taking into account the splitting angle of $15°$ (fig. 10 and 11). An experimental prove of this size of single glide step on the molecular level (e.g. based on the sequential analysis (22 – 24)) cannot be achieved, because the resolution power has been restricted in our case to 70 Å.

The maximum stress of $\sigma = 6.5 \cdot 10^9$ dyn/cm², measured during the drying process, is sufficiently large for initiating the shear deformation proposed.

Acknowledgement

We gratefully acknowledge the help of Mr. *Kulka* in the preparation of tissue for electron microscopy. We are grateful for the support by the Deutsche Forschungsgemeinschaft.

Summary

When compared with results from humid fibers, characteristic changes of the SAXS-pattern taken from dried collagen fibers have been observed. The average lateral width of the various reflexions increases with the order of reflexion whereby a fluctuation is superposed, the type of which cannot easily be related to the reflexion order. Moreover, each of the reflexions is obviously laterally split into three components. An explanation of these characteristics can be given with the aid of a distinct model, assuming that the collagen fibrils have definitely varying diameters along their axis, whereby paracrystalline distortions appear, represented by nematic fluctuations. Additionally, there is a need for postulating a shear deformation of parts of the sample.

Zusammenfassung

Das Röntgenkleinwinkeldiagramm getrockneter Kollagenfasern zeigt gegenüber demjenigen von feuchten Fasern charakteristische Unterschiede. Die mittlere laterale Reflexbreite wächst mit der Reflexordnung an, überlagert ist aber eine unregelmäßige Schwankung von Reflex zu Reflex. Weiterhin sind alle Reflexe lateral in drei Komponenten aufgespalten. Eine quantitative Erklärung des Kleinwinkeldiagramms wird auf der Grundlage eines Fibrillenmodells gegeben, bei dem definierte Radiusschwankungen längs der Fibrillenachse und nematische Fluktuationen der Moleküle, die zu parakristallinen Störungen führen, angenommen werden. Zusätzlich tritt in einem Teil der Probe eine Scherdeformation auf.

Literature

1) *Fietzek, P. P., K. Kühn:* Molecular Cellular Bioch. **8,** 141 (1975).
2) *Bear, R. S., O. E. A. Bolduan:* Acta Cryst. **3,** 236 (1950).
3) *Nemetschek, Th., R. Hosemann:* Coll. Polym. Sci. **251,** 1044 (1973).
4) *Smith, J. W.:* Nature **219,** 157 (1968).
5) *Burge, R. E., J. T. Randall:* Proc. Roy. Soc. **A 233,** 1 (1955).
6) *Ericson, L. G., S. G. Tomlin:* Proc. Roy. Soc. **A 252,** 197 (1959).
7) *Hosemann, R., Th. Nemetschek:* Coll. Polym. Sci. **251,** 53 (1973).
8) *Kaesberg, P., M. M. Shurmann:* Biochim. Biophys. Acta **11,** 1 (1953).
9) *Tomlin, S. G., C. R. Worthington:* Proc. Roy. Soc. **235 A,** 189 (1955).
10) *Meyer, H.:* Dissertation Universität Ulm 1976.
11) *Bear, R. S., O. E. A. Bolduan:* Acta Cryst. **3,** 230 (1950).
12) *Bear, R. S., O. E. A. Bolduan:* Acta Cryst. **3,** 236 (1950).
13) *Bear, R. S., O. E. A. Bolduan:* J. Appl. Phys. **22,** 191 (1951).
14) *Bolduan, O. E. A., R. S. Bear:* J. Polym. Sci. **5,** 159 (1950).
15) *Bolduan, O. E. A., R. S. Bear:* J. Polym. Sci. **6,** 271 (1950).
16) *Vainshtein, B. K.:* "Diffraction of X-Rays by Chain Molecules", Elsevier Publishing Co., Amsterdam-London-New York 1966.

17) *Müller, H.:* Dissertation Universität Ulm 1977.
18) *Cormack, A. M.:* Acta Cryst. **10,** 354 (1957).
19) *Wilke, W.:* unpublished.
20) *Hosemann, R., S. N. Bagchi:* "Direct Analysis of Diffraction by Matter", North-Holland Publishing Co., Amsterdam 1962.
21) *Wilke, W., D. Weick:* Kolloid-Z. u. Z. Polymere **250,** 492 (1972).
22) *Kühn, K., W. Grassmann, U. Hofmann:* Naturwissenschaften **47,** 258 (1960).
23) *Kühn, K., J. Kühn, G. Schuppler:* Naturwissenschaften **41,** 337 (1964).
24) *Kühn, K., E. Zimmer:* Z. Naturforschung **16b,** 648 (1961).

Author's address:

H. Müller
Abt. für experimentelle Physik I
Universität Ulm
D-7900 Ulm

Progr. Colloid & Polymer Sci. **66**, 387–391 (1979)
© 1978 by Dr. Dietrich Steinkopff Verlag GmbH & Co. KG, Darmstadt
ISSN 0340-255 X

Deutsches Wollforschungsinstitut an der Rheinisch-Westfälischen Technischen Hochschule Aachen e.V.

Röntgenkleinwinkeluntersuchungen von gedehnten Faserkeratinen mit verschiedenem Cystingehalt *

M. Spei und *H. Zahn*

Mit 2 Abbildungen und 4 Tabellen

(Eingegangen am 30. April 1978)

I. Einleitung

Nach der Dehnung von Mohairfasern in 2.2.2-Trifluoräthanol beobachtet man drei verschiedene Arten von Meridianreflexen (Abb. 1). Dieses Ergebnis deutet darauf hin, daß nicht alle meridionalen Kleinwinkelreflexe als höhere Ordnungen der fundamentalen 198 Å Periodizität indiziert werden dürfen, sondern daß entlang der Faserachse drei geordnete Bereiche existieren (1, 2). Bereits vorher war *Menefee* (3) aufgrund von mechanischen Untersuchungen zu dem Schluß gekommen, daß α-Keratin aus zwei helikalen Komponenten ($H_1 + H_2$) und einer nichthelikalen Komponente (*G*) aufgebaut ist: Die Mikrofibrillen sind aus der schwächeren helikalen Komponente H_2 und wenig nichthelikalem Material *G*, und die Matrix aus der stabileren helikalen Komponente H_1 und der nichthelikalen Komponente *G* aufgebaut. In Anlehnung an diese Vorstellungen wurde der 66 Å Reflex der schwächeren Komponente H_2 der Mikrofibrillen zugeordnet, während der 28 Å Reflex und der 25 Å Reflex als Matrixperiodizitäten indiziert wurden. Ein entsprechendes röntgenographisch abgeleitetes Matrixmodell wurde vorgeschlagen (2) (vgl. Abb. 2). Nach *Fraser* et al. (4) liefert Mohair ein zu unscharfes Röntgenkleinwinkeldiagramm, und man sollte Stachelschweinkiel einsetzen, da einige besonders ausgewählte Stachelschweinkielproben ein noch schärferes Röntgenkleinwinkeldiagramm ergeben als Mohairfasern. Deshalb sind die Dehnungsuntersuchungen der Anregung von *Fraser*

---

* Herrn Prof. Dr. G. Kanig nachträglich zum 60. Geburtstag gewidmet

et al. (4) folgend mit Stachelschweinkielen wiederholt worden, um zu studieren, ob mit diesem Keratinmaterial zusätzliche Informationen für oder gegen das Matrixmodell erhalten werden können.

Weiterhin wurden auch noch Humanhaare mit in die Untersuchungen einbezogen. Bereits in einer früheren Arbeit ist die Dehnung von koreanischem Humanhaar in 2.2.2-Trifluoräthanol beschrieben worden. Hierbei war praktisch keine Aufweitung von axialen Netzebenenabständen beobachtet worden (1). Es ist aber durchaus möglich, daß diese Ergebnisse durch eine zu kurze Quellungszeit verursacht worden sind und eine Art „Trockendehnung" stattgefunden hat. Deshalb wurden diese Dehnungsuntersuchungen mit längeren Vorquellzeiten wiederholt.

II. Experimentelles

1. Ausgangsmaterialien

Die Stachelschweinkiele stammten von Weißschwanzstachelschweinen und wurden uns freundlicherweise von den Zoologischen Gärten Köln und Duisburg zur Verfügung gestellt. Das koreanische Humanhaar stammte aus Institutsbeständen. Von beiden Probenmaterialien und von Mohairfasern als Vergleichsmaterial wurde der (Cystin + Cystein)-Gehalt colorimetrisch bestimmt (5) (vgl. Tabelle 1).

Tabelle 1: (Cystin + Cystein)-Gehalt von verschiedenen Faserkeratinen

Material	(Cystin + Cystein)-Gehalt in %
Stachelschweinkiele	8,3
Mohairfasern	10,3
Koreanisches Humanhaar	15,3

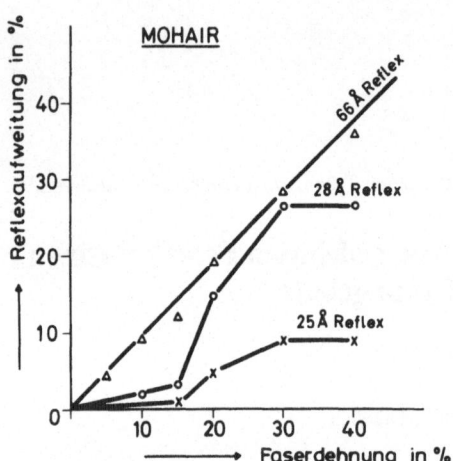

Abb. 1. Veränderungen der Netzebenenabstände von drei Meridianreflexen beim Dehnen von Mohairfasern in 2.2.2-Trifluoräthanol (2).

2. Herstellung der Proben und Apparate

Die Proben wurden vor der Dehnung 7–14 Tage in 2.2.2-Trifluoräthanol bzw. Wasser gequollen und anschließend im Verlauf von 2 h um den gewünschten Betrag gedehnt und dann 24 h bei Raumtemperatur und 1 h bei 110 °C im Spannrahmen getrocknet, um eine Relaxation der gedehnten Proben zu vermeiden. Alle apparativen Daten sind bereits früher beschrieben worden (1).

III. Ergebnisse

1. Röntgenkleinwinkeluntersuchungen von gedehnten Stachelschweinkielen

Es wurden zuerst Stachelschweinkielproben untersucht, die in 2.2.2-Trifluoräthanol zwischen 5% und 30% gedehnt worden waren. Die hierbei erhaltenen Ergebnisse sind in Tabelle 2 zusammengefaßt.

Anschließend wurden weitere Stachelschweinkielproben auch noch in Wasser gedehnt. Die hierbei erhaltenen Ergebnisse sind in Tabelle 3 zusammengefaßt.

2. Röntgenkleinwinkeluntersuchungen an gedehntem koreanischem Humanhaar

Koreanisches Humanhaar wurde sowohl in Wasser als auch in 2.2.2-Trifluoräthanol zwischen 10 und 30% gedehnt. In keinem Fall wurden Aufweitungen von meridionalen Netzebenenabständen festgestellt. Die Ergebnisse sind in Tabelle 4 zusammengestellt.

IV. Diskussion

Die vorliegenden Untersuchungen haben klar gezeigt, daß Stachelschweinkiele nach dem Dehnen in 2.2.2-Trifluoräthanol wesentlich schlechtere Ergebnisse liefern als Mohairfasern, da man bereits nach 10% Probendehnung sowohl den 28 Å Reflex wie den 25 Å Reflex nicht mehr photometrisch auswerten kann. Nach 15% Probendehnung sind beide Reflexe auf den entsprechenden Röntgenkleinwinkeldiagrammen völlig abwesend, so daß bezüglich unseres kürzlich vorgeschlagenen „Matrixmodells" keine zusätzlichen Informationen erhalten werden können. Der 66 Å Netzebenenabstand hingegen wird bis zu Dehnungswerten von 30% in erster Näherung prozentual der Probendehnung aufgeweitet. Dieses Er-

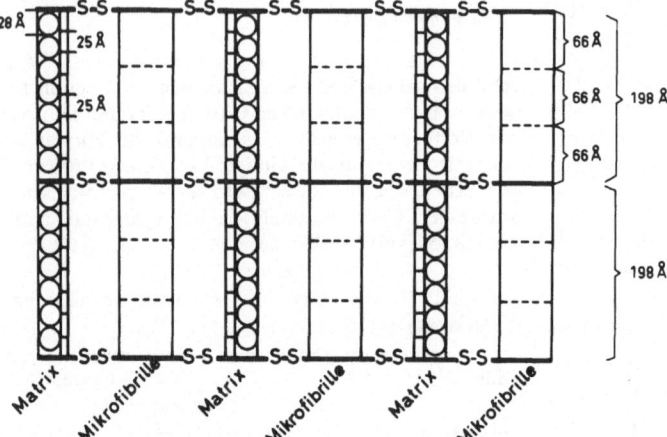

Mikrofibrillen: 3 identische Untereinheiten à 66 Å ⎫
Matrix: 1) 8 identische Untereinheiten à 25 Å ⎬ (~200 Å)
       2) 7 identische Untereinheiten à 28 Å ⎭

Abb. 2. Schematische Darstellung des Keratinaufbaus aus drei geordneten Komponenten: Einer mikrofibrillären Komponente und zwei Matrixkomponenten (2).

Tabelle 2. Veränderungen der meridionalen Kleinwinkelreflexe nach dem Dehnen von Stachelschweinkielen in *2.2.2-Trifluoräthanol*

Probendehnung [%]	3. Ordnung [Å]	Aufweitung [%]	übrige meridionale Kleinwinkelreflexe [Å]
5	68	3	40,0 (5. Ordn.), 28,5 (7. Ordn.) 25,0 (8. Ordn.), 20,0 (10. Ordn.) 12,4 (16. Ordn.)
10	72	9	Bereits sehr diffuses Diagramm; 7. und 8. Ordnung nicht mehr photometrisch auswertbar; alle höheren Ordnungen abwesend
15	75	13,5	–
20	78	18,0	–
30	85	29,0	–

Tabelle 3. Veränderungen der meridionalen Kleinwinkelreflexe nach dem Dehnen von Stachelschweinkielen in *Wasser*

Probendehnung [%]	3. Ordnung [Å]	Aufweitung [%]	übrige meridionale Kleinwinkelreflexe [Å]
10	66	0	7., 8., 10. und 16. Ordnung in ihrer Lage unverändert
20	74–75	~13	alle übrigen meridionalen Kleinwinkelreflexe bereits abwesend
30	nicht mehr photometrisch auswertbar	–	–

Tabelle 4. Veränderungen der meridionalen Kleinwinkelreflexe nach dem Dehnen von koreanischem Humanhaar in *Wasser* und in *2.2.2-Trifluoräthanol*

Probendehnung [%]	3. Ordnung [Å]	übrige meridionale Kleinwinkelreflexe [Å]
10	~66	entweder abwesend oder so diffus, daß sie nicht mehr ausgewertet werden konnten
20	~66	
30	~66–67	–

gebnis steht im Einklang mit den Dehnungsuntersuchungen an Mohairfasern, wobei aber noch einmal betont werden muß, daß nach der Dehnung von Stachelschweinkielen der erhaltene Reflex wesentlich diffuser ausgebildet ist als nach der Dehnung von Mohairfasern. Nach der Dehnung von Stachelschweinkielen in Wasser wird im Gegensatz zur Dehnung von Mohairfasern in Wasser eine beträchtliche Aufweitung des 66 Å Netzebenenabstandes beobachtet: Nach einer 20%igen Dehnung von Stachelschweinkielen in Wasser wird der entsprechende Reflex zu 74 bis 75 Å ausgewertet, was einer Netzebenenabstandsaufweitung von etwa 13% entspricht, während nach einer 20%igen Dehnung von Mohairfasern in Wasser praktisch keine Aufweitung beobachtet wurde (1). Erst nach einer 30%igen Dehnung wurde eine Aufweitung auf 69–70 Å beobachtet, während bei der Verwendung von Stachelschweinkielen nach 30%iger Dehnung in Wasser der entsprechende Reflex auf dem Röntgenkleinwinkeldiagramm bereits verschwunden war. Bei der Verwendung von koreanischem Humanhaar hingegen wurde selbst nach einer 30%igen Dehnung in Trifluoräthanol – ebenso wie nach der Dehnung in Wasser – keine Aufweitung des 66 Å Netzebenenabstandes beobachtet. Diese unterschiedlichen Dehnungsergebnisse lassen sich gut mit dem von uns bei Mohairfasern erstmals abgeleiteten Dehnungsmechanismus erklären (1, 6): Während der Dehnung von Mohairfasern *in Wasser* sind die die native Faserproteinstruktur stabilisierenden Kräfte – Cystinbrücken, hydrophobe Wechselwirkungen sowie Wasserstoffbrücken und Salzbrücken innerhalb der hydrophoben Bereiche – so stark, daß die einzelnen 198 Å Segmente während des α-β-Übergangs entweder völlig ungestreckt (α-Form) oder völlig gestreckt (β-Form) vorliegen. Deshalb beobachtet man in diesem Fall nur eine geringfügige Aufweitung des 66 Å Netzebenenabstandes. Während der Dehnung von Mohairfasern in 2.2.2-Trifluoräthanol hingegen werden die hydrophoben Bindungen und die Wasserstoffbrücken so stark geschwächt, daß ein allmählicher und kein sprunghafter α-β-Übergang der 198 Å Segmente stattfindet, was zu der beobachteten Aufweitung des 66 Å Netzebenenabstandes führte. Bei den strukturstabilisierenden Kräften spielen die Cystinbrücken aufgrund ihres kovalenten Charakters eine besonders große Rolle. Aus Tabelle 1 geht nun hervor, daß koreanisches Humanhaar einen wesentlich höheren Cystingehalt als Mohair besitzt, und Mohair wiederum weist gegenüber den hier verwendeten Stachelschweinkielproben einen leicht erhöhten Cystingehalt auf. Entscheidend für das Dehnungsverhalten sind sowohl die Cystinbrücken innerhalb der Matrix als auch insbesondere die Cystinbrücken zwischen der Matrix und den Mikrofibrillen sowie die – wenigen aber äußerst wichtigen – Cystinbrücken innerhalb der Mikrofibrillen. Bei koreanischem Humanhaar ist nun die native Faserproteinstruktur durch die enorm hohe Cystinbrückendichte so stabilisiert, daß selbst beim Dehnen in 2.2.2-Trifluoräthanol nur ein sprunghafter und kein allmählicher α-β-Übergang der einzelnen 198 Å Segmente möglich ist. Man beobachtet deshalb auch beim Dehnen in 2.2.2-Trifluoräthanol keine Aufweitung des 66 Å Netzebenenabstandes, wie sie bei der Verwendung von Mohairfasern beobachtet wird. Stachelschweinkiele hingegen weisen einen geringeren Cystingehalt – und damit eine geringe Cystinbrückendichte – als Mohair auf. So ist es verständlich, daß nach der Dehnung dieses Keratins in 2.2.2-Trifluoräthanol

die gleiche Aufweitung des 66 Å Netzebenenabstandes beobachtet wird wie bei Mohair. Darüber hinaus wird bei Stachelschweinkielen im Gegensatz zu Mohair der 66 Å Netzebenenabstand selbst schon nach der Dehnung in Wasser beträchtlich aufgeweitet. Auffallend hierbei ist aber, daß der Aufweitungseffekt erst oberhalb einer 10%igen Probendehnung einsetzt. Nach einer Probendehnung von 20% ist der 66 Å Netzebenenabstand um etwa 13% aufgeweitet worden, während nach einer 30%igen Probendehnung keine photometrische Auswertung des entsprechenden Reflexes mehr möglich ist. Der etwas verzögerte Aufweitungseffekt des 66 Å Netzebenenabstandes beim Dehnen von Stachelschweinkielen in Wasser erinnert also etwas an die verzögerte Aufweitung des 28 Å Netzebenenabstandes beim Dehnen von Mohairfasern in 2.2.2-Trifluoräthanol (1).

Danksagung

Dem Minister für Wissenschaft und Forschung des Landes Nordrhein-Westfalen, dem Internationalen Wollsekretariat, London und Düsseldorf, der Arbeitsgemeinschaft Industrieller Forschungsvereinigungen (AIF) (Forschungsvorhaben Lösungsmittel Nr. 3638) und dem Forschungskuratorium Gesamttextil danken wir für die Unterstützung der durchgeführten Untersuchungen. Den Zoologischen Gärten Köln und Duisburg sei für die Überlassung der Stachelschweinkiele gedankt.

Zusammenfassung

Es wurden Röntgenkleinwinkeluntersuchungen an gedehnten Stachelschweinkielproben und gedehnten koreanischen Humanhaarproben durchgeführt und mit den früheren Dehnungsuntersuchungen an Mohairfasern verglichen. Hierbei zeigte sich, daß bei der Verwendung von Mohairfasern die informativsten Ergebnisse erhalten wurden. Denn:
a) Nach der Dehnung von Stachelschweinkielen in 2.2.2-Trifluoräthanol bis zu 30% Dehnung wird der 66 Å Netzebenenabstand in erster Näherung um denselben Betrag aufgeweitet wie die Probe. Alle übrigen meridionalen Kleinwinkelreflexe konnten entweder nicht mehr photometrisch ausgewertet werden oder waren bereits völlig verschwunden. Nach einer 20%igen Dehnung von Stachelschweinkielen in Wasser wurde eine beträchtliche Aufweitung des 66 Å Netzebenenabstandes (13%) beobachtet.
b) Nach der Dehnung von koreanischem Humanhaar in Wasser und in 2.2.2-Trifluoräthanol wurden keine meridionalen Netzebenenabstände aufgeweitet.

Summary

Low-angle X-ray investigations of extended porcupine quill samples and extended Korean human hair samples have been performed; the results obtained were compared with earlier results obtained after the extension of mohair fibres in water and 2.2.2-trifluoroethanol: The most informative results had been obtained after the extension of mohair samples in 2.2.2-trifluoroethanol. For:

a) After the extension of porcupine quill samples in 2.2.2-trifluoroethanol up to 30% extension the 66 Å spacing was increased by approximately the same percentage like the quill length. All other meridional reflexions were either no longer photometrically evaluable or already completely absent. After a 20% extension of porcupine quills in water a considerable increase (13%) of the 66 Å spacing was observed.

b) After the extension of Korean human hair in water and in 2.2.2-trifluoroethanol no meridional spacings were increased.

Literatur

1) *Spei, M.* und *H. Zahn*, Monatsh. Chem. **102**, 1163 (1971).

2) *Spei, M.*, Kolloid Z. und Z. Polymere **250**, 214 (1972).

3) *Menefee, E.*, Applied Polymer Symposia **18**, 809 (1971).

4) *Fraser, R. D. B., T. P. MacRae, R. J. Rowlands* and *P. A. Tulloch*, Proc. 5. Int. Wool Textile Res. Conf. Aachen 1975 in „Schriftenreihe Deutsches Wollforschungsinstitut an der Technischen Hochschule Aachen, Vol. II, 80, 1976.

5) *Zahn, H.* und *K. Traumann*, Melliand Textilber. **35**, 1069 (1954); Schriftenreihe Deutsche Forschungsgem. Wolle, Aachen, Nr. **6** (1954).

6) *Spei M.* und *H. Meichelbeck*, Colloid & Polymer Sci. **254**, 535 (1976).

Anschrift der Verfasser:

M. Spei, H. Zahn
Deutsches Wollforschungsinstitut an der Rheinisch Westfälischen Technischen Hochschule Aachen e.V.
D-5100 Aachen

Progr. Colloid & Polymer Sci. **66**, 393—401 (1979)
© 1979 by Dr. Dietrich Steinkopff Verlag GmbH & Co. KG, Darmstadt
ISSN 0340-255 X

*Institut für Makromolekulare Chemie der Technischen Hochschule Darmstadt und Sonderforschungsbereich 41
„Chemie und Physik der Makromoleküle"*

Zur Solvatation von Copolymeren
Untersuchungen an Poly(styrol-co-butylacrylat)en und Poly(styrol-butylmethacrylat)en

E. Gruber und *W. L. Knell*

Mit 9 Abbildungen und 1 Tabelle

(Eingegangen am 15. Juni 1978)

1. Einleitung

Die Knäuelform linearer Makromoleküle ergibt sich aus dem Zusammenwirken entropischer Effekte (thermische Bewegung und Eigenvolumen der Molekülsegmente) und energetischen Wechselwirkungen. Im Falle von Homopolymeren, deren Makromoleküle nur aus einer einzigen Art von Grundbausteinen bestehen, stehen drei Arten von Wechselwirkungskräften zwischen Lösungsmittelmolekülen (1) und Segmenten des Makromoleküls (2) in Konkurrenz. Die zwischen Lösungsmittel und Molekülkette wirkenden Anziehungskräfte W_{12} solvatisieren das Molekül und strecken den flexiblen Molekülknäuel. Die Wechselwirkungskräfte W_{11} und W_{22} dagegen, die zwischen gleichartigen Partnern wirksam sind, fördern die Tendenz zur Phasentrennung (Abb. 1).

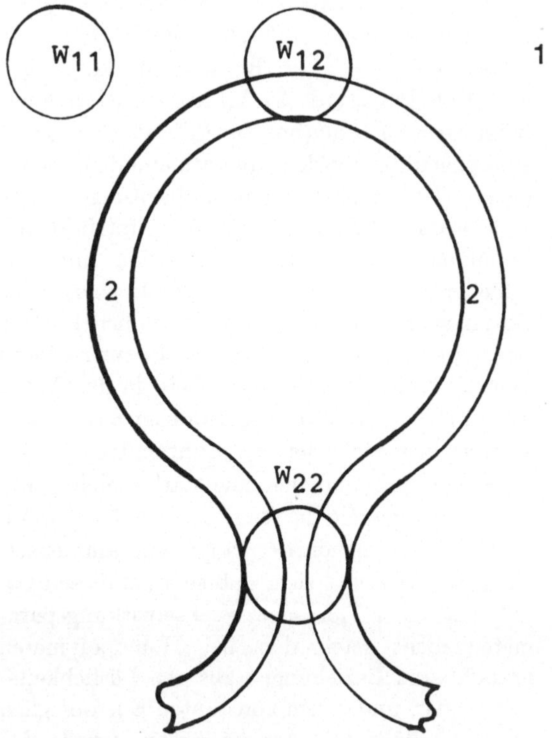

Bei Copolymeren werden entsprechend der Anzahl verschiedener Komponenten noch mehr zwischenmolekulare Energien wirksam. In Abbildung 2 werden die schon bei einem einfachen binären Copolymeren des Typs $P(\text{A-co-B})$ auftretenden Wechselwirkungskräfte schematisch dargestellt. Die Kräfte W_{1A}, W_{1AB}, W_{1B} wirken solvatisierend, die Kräfte W_{AA}, W_{AB}, W_{BB} und W_{11} desolvatisierend. Lösung ist nur dann möglich, wenn die solvatisierenden Einflüsse insgesamt überwiegen. Da aber die Solvatationstendenz eines Lösers gegenüber chemisch unterschiedlichen Segmenten A und B verschieden ist, kommt es in den meisten Fällen zu einer präferentiellen Solvatation. Dadurch wird die Struktur flexibler Knäuel stark beeinflußt. Werden z. B. Segmente der Sorte A besonders gut solvatisiert, faltet sich die Molekülkette so, daß die Segmente A nach außen, die Segmente B nach innen zu liegen kommen. Das Molekül ist dann insgesamt kompakter als bei gleichmäßiger Solvatation, ist aber trotzdem gut gelöst. Eine Annäherung der schlecht solvatisierten Segmente B ist auch intermolekular möglich. Dadurch können sich relativ stabile Molekülassoziate bilden. Die assoziierte Form steht mit der molekular-

Abb. 1. Wechselwirkungskräfte in einer Lösung eines Homopolymeren (1: Lösungsmittel, 2: Polymer)

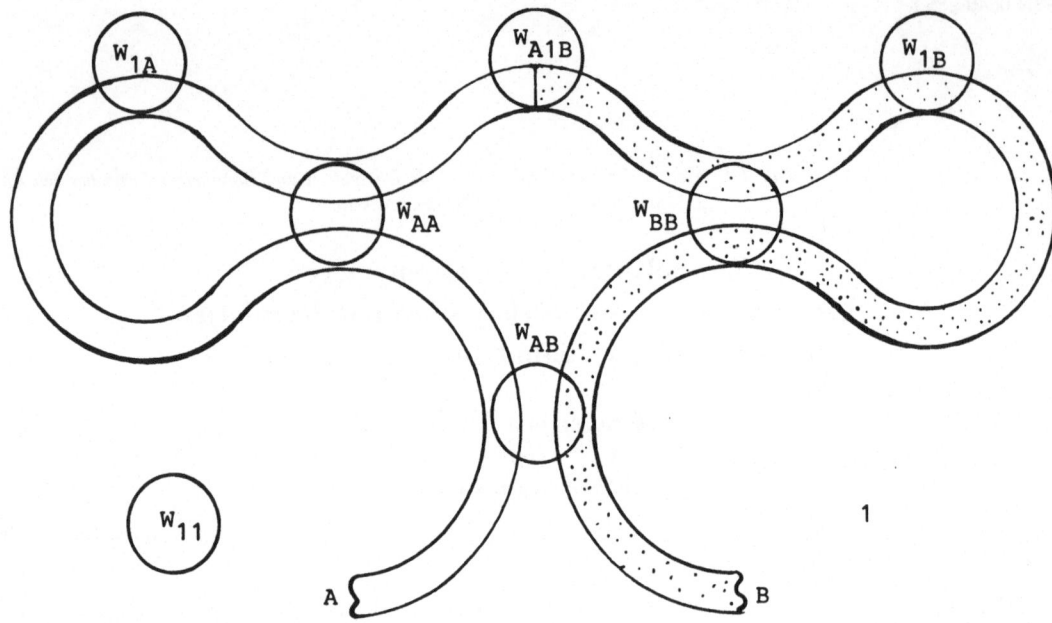

Abb. 2. Wechselwirkungskräfte in einer Lösung eines binären Copolymeren P(A-co-B) (1: Lösungsmittel, A, B: Polymersegmente)

dispersen in einem konzentrationsabhängigen Gleichgewicht. Allerdings ist der Übergang von einer in die andere Form durch eine hohe freie Übergangsaktivierungsenergie behindert. Diese Behinderung beruht darauf, daß bei dem Übergang eine völlige Umstrukturierung des Einzelmoleküls erforderlich wird.

Die präferentielle Segmentsolvatation ist der wichtigste Faktor für die Strukturbildung in makromolekularen Lösungen. Von diesem Prinzip hat auch die biologische Evolution Gebrauch gemacht, die mit Hilfe von codierten Copolymeren komplizierte, katalytisch wirksame räumliche Molekülstrukturen aufgebaut hat. Zur Stabilisierung solcher Strukturen werden bei Biopolymeren allerdings häufig die stärksten Nebenvalenzkräfte, die Wasserstoffbrückenbindungen, herangezogen. Im Unterschied zur präferentiellen Segmentsolvatation wirkt eine gleichmäßige Solvatation der Bausteine A und B oder eine präferentielle Solvatation der Kontaktstellen zwischen A und B (präferentielle Fremdkontaktsolvatation) nicht strukturbildend, sondern lediglich im Sinne einer größeren Knäuelaufweitung.

Wegen der Vielfalt der möglichen Einflüsse auf die Struktur von Copolymeren in Lösung ist eine theoretische Behandlung erst aufgrund eines sehr breiten Materials empirischer Untersuchungen möglich. Es liegen aber bis jetzt relativ wenige Untersuchungen über den Lösungszustand von Copolymeren, insbesondere von solchen mit kurzer mittlerer Blocklänge vor. Bei den wenigen untersuchten Systemen fand man durchwegs Lösungsanomalien. In Lösungen von Poly(acrylnitril-co-methylmethacrylat) (2) und von Poly(acrylnitril-co-butylmethacrylat) (1) in Ketonen wirkt die AN-Komponente als Cosolvens auf die Esterkomponente. Poly(acrylnitril-co-styrol)-Molekülketten sind in Butanon stärker aufgeweitet als Polystyrol (3). Schließlich wurde auch beim System Poly(butylmethacrylat-co-styrol) eine gegenüber beiden konstituierenden Homopolymeren erhöhte Knäuelaufweitung festgestellt (4). Der Versuch, für ein Acrylnitril-Styrol-Copolymer durch Trübungstitration mit verschiedenen Nichtlösern einen dreidimensionalen Lösungsparameter zu bestimmen, führte z. T. zu wenig plausiblen Resultaten (5). In einer experimentell breiter angelegten Arbeit, in der Acryl-Styrol-Copolymere unterschiedlicher Zusammensetzung in verschiedenen Lösungsmitteln untersucht wurden, fand sich eine starke, nicht additive Abhängigkeit des zweiten osmotischen Virialkoeffizienten von der Polymerzusammensetzung (6). Es zeigte sich, daß sich bei diesen Copolymeren der Florysche Wechselwirkungsparameter nicht nach den bei Homopolymeren brauchbaren Beziehungen aus den Löslichkeitsparametern und einem konstanten Entropieglied errechnen läßt (6). Am häufigsten wurde das System Poly(methylmethacrylat-co-styrol) untersucht (7—14). Dabei wurden in verschiedenen Lösungsmitteln unterschiedlich hohe Excesswechselwirkungsparameter χ_{AB} (entsprechend dem Ansatz von *Stockmayer. Fixman* et al. (7—14) $\chi = x_A \chi_A + x_B \chi_B + x_A x_B \chi_{AB}$ mit $x =$ Molenbruch, $A, B =$ Comonomere) gefunden. Eine Korrelation dieser Excesswechselwirkungsparameter mit den entsprechenden Löslichkeitsparametern steht noch aus. Die ursprüngliche Behandlung von *Stockmayer* et al. (14) bezieht sich vor allem auf unpolare Polymere, eine Erweiterung auf Makromoleküle mit polaren Seitengruppen erscheint wünschenswert.

Die Bedeutung der in der Literatur angegebenen oft widersprüchlichen Daten wird dadurch zum Teil relativiert, daß bei den meisten Messungen nicht berücksichtigt wurde, daß Copolymere im besonderen Maße auch zur Ausbildung von Assoziaten neigen können, wodurch der zweite Virialkoeffizient des osmotischen Druckes und alle konzentrationsextrapolierten Werte verfälscht werden. Besonders die Ergebnisse von Streulichtmessungen werden durch das Vorhandensein von Assoziaten erheblich beeinflußt. In einer Guinierschen Auftragung geben sich letztere durch einen starken Anstieg der Streufunktion bei kleinen Streuwinkeln zu erkennen. In einfach gelagerten Fällen kann man durch eine Analyse der Streufunktion die Dimensionen der nichtassoziierten und der assoziierten Teilchen gesondert bestimmen (16). Eine Extrapolation nach dem Streuwinkel 0 zur Ermittlung von M_W ist im Falle eines derart heterodispersen Systems besonders problematisch. Damit werden die so erhaltenen Werte für die Molmasse und den zweiten Virialkoeffizienten des osmotischen Drucks unsicher. Im Gegensatz zum Streuverhalten wird der osmotische Druck selbst durch das Vorhandensein einer kleinen Menge von Assoziaten nur geringfügig beeinflußt. Über den Einfluß von Assoziaten auf die hydrodynamischen Eigenschaften der Lösungen kann man keine allgemeine Aussage machen, weil das hydrodynamisch wirksame Knäuelvolumen sowohl von der mittleren Knäueldichte als auch von der Knäuelstruktur abhängig ist.

2. Untersuchte Substanzen

Die Untersuchungen des Lösungszustandes wurden an Lösungen von Copolymeren von Styrol und Butylacrylat bzw. Styrol und Butylmethacrylat vorgenommen. Wir zogen deswegen die seltener untersuchten Butyl-comonomeren den üblicherweise genommenen

Methyl-comonomeren vor, weil letztere bekanntermaßen stärker zur inneren Seggregation neigen. Durch radikalische Copolymerisation unter unterschiedlichen Bedingungen wurde eine große Anzahl verschiedener Copolymerer hergestellt (18). Die gereinigten Copolymeren wurden hinsichtlich ihrer Zusammensetzung, chemischen und molekularen Uneinheitlichkeit sowie ihrer mittleren Sequenzlänge charakterisiert (19). Über die Ergebnisse dieser Untersuchungen wird gesondert berichtet (18, 20). Im vorliegenden Bericht werden nur exemplarisch Messungen an ihren Lösungen dargestellt, die qualitative Rückschlüsse auf den Lösungszustand der Copolymeren erlauben.

3. Messungen an Copolymerlösungen

Das Lichtstreuverhalten der Copolymerlösungen ist sehr stark abhängig vom Lösungsmittel. In den Abbildungen 3—5 werden Streufunktionen eines Styrol-Butylmethacrylat-Copolymeren in verschiedenen Lösungsmitteln gezeigt. Man sieht, daß bei bestimmten Lösungsmitteln (Abbildung 3) in der Guinierschen Auftragung lg $\bar{R}$ gegen h^2 ($\bar{R} = \Delta R/Kc$; $\Delta R =$ Rayleigh-Überschußstreuung; $h = 4\pi/\lambda \cdot \sin \theta/2$; $\Theta =$ Streuwinkel) gekrümmte Funktionen erhalten werden, wobei die Krümmung mit steigender Konzentration zunimmt. Dies deutet auf eine starke Assoziationsneigung der Makromoleküle hin. In anderen Lösungsmitteln ist die Assoziationsneigung geringer (Abbildung 4), oder man kann überhaupt im Streuverhalten keine Assoziationstendenz mehr feststellen (Abbildung 5). Aus der Neigung der an die Streukurve bei großen Streuwinkeln angelegten Tangente läßt sich der Streumassenradius der nichtassoziierten Komponente ermitteln. Wie von *Benoit* und *Froelich* gezeigt wurde (21), erhält man bei Copolymeren aber nur einen scheinbaren Streumassenradius, der vom Brechungsindex des Lösungsmittels abhängt. Der scheinbare Streumassenradius unterscheidet sich um so mehr vom wahren Streumassenradius, je weiter die Massenschwerpunkte der Komponenten A und B in ein und demselben Molekül voneinander entfernt sind. Bei statistischen Copolymeren fallen die Massenschwerpunkte der Komponenten A und B jedoch zusammen, falls die Moleküle nicht eine durch präferentielle Segmentsolvatation bewirkte, stark anisotrope Sekundärstruktur haben. In den von uns untersuchten Fällen kann man annehmen, daß der scheinbare Streumassenradius vom Wert des wahren Streumassenradius nur sehr wenig abweicht.

Die Solvatation des Copolymermoleküls hängt natürlich auch von seiner Zusammensetzung ab.

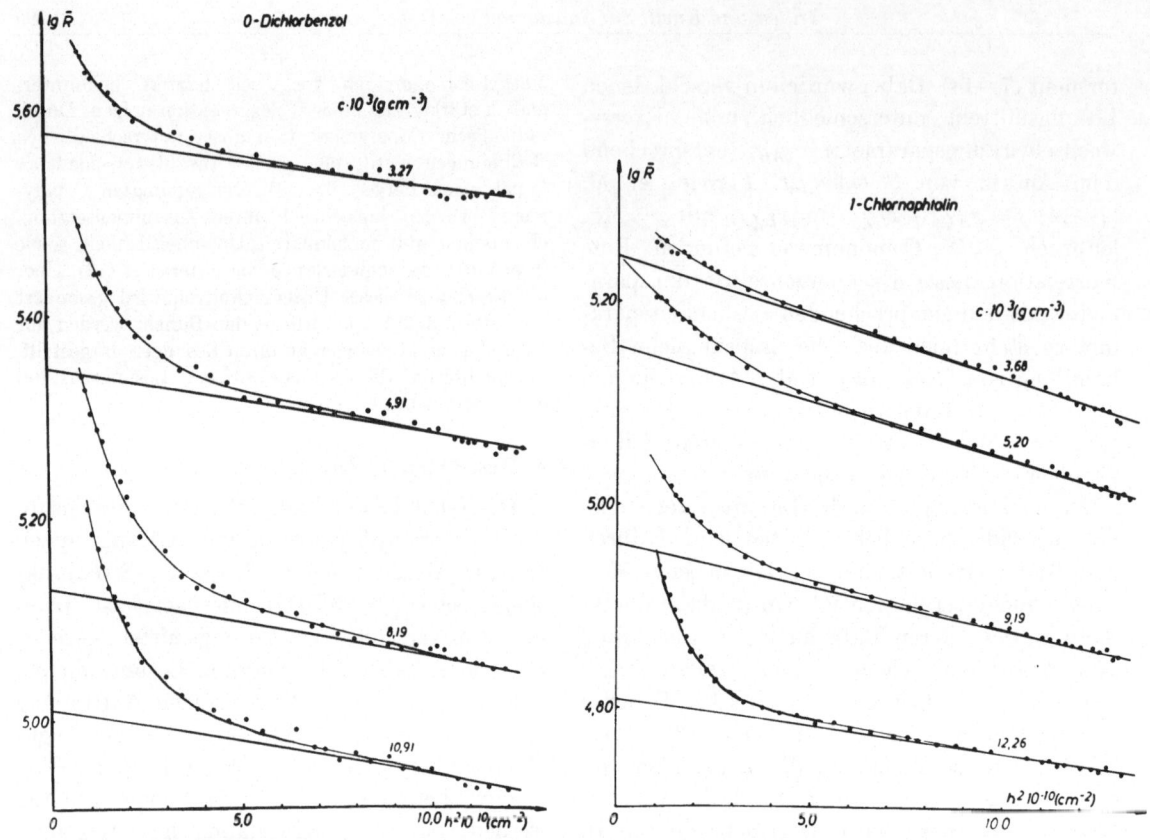

Abb. 3. Streufunktion von P(S-co-BMA) in o-Dichlorbenzol und 1-Chlornaphthalin

$$\overline{R} = \frac{\Delta R}{Kc}, \quad \Delta R \dots \text{Rayleigh-Überschußstreuung}; \quad h = (4\pi/\lambda)\sin\frac{\theta}{2}, \quad \theta \dots \text{Streuwinkel}$$

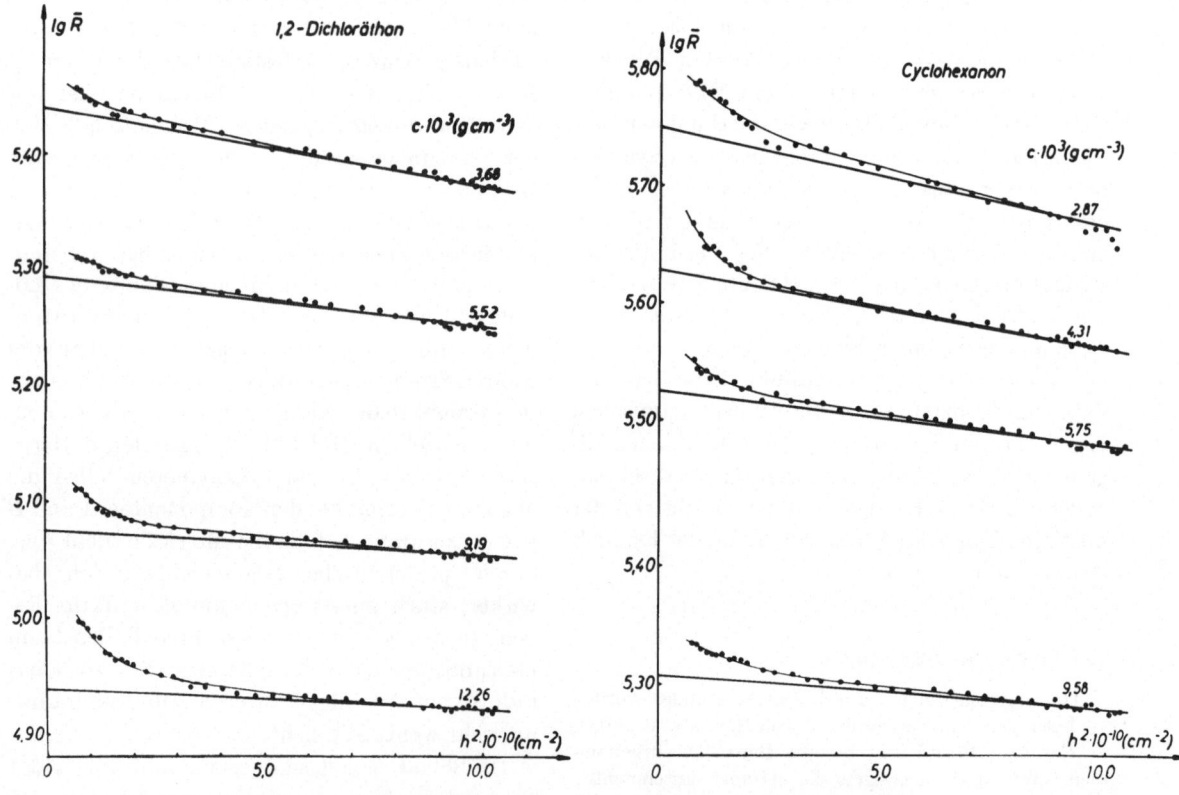

Abb. 4. wie Abbildung 3 für 1,2-Dichloräthan und Cyclohexanon

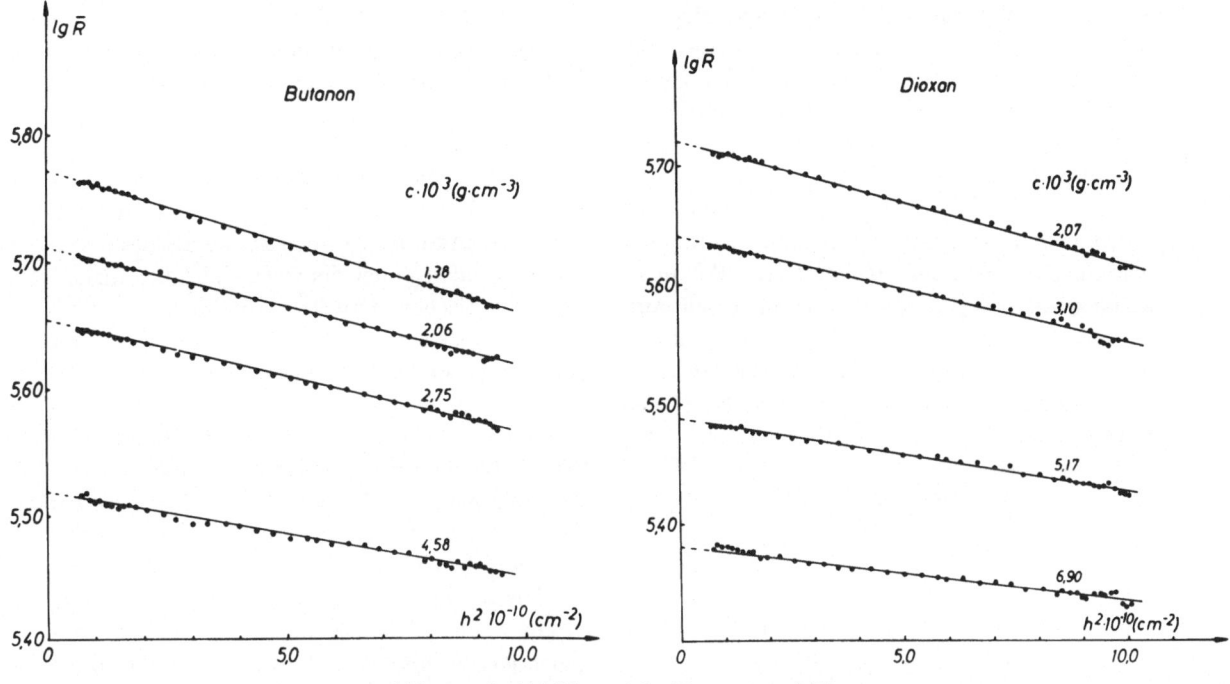

Abb. 5. wie Abbildung 4 für Butanon und Dioxan

In Tabelle 1 werden einige Daten von Lösungen zweier Polystyrol-Butylmethacrylatcopolymerer verschiedener Zusammensetzung miteinander verglichen. Die Proben hatten ähnlichen mittleren Polymerisationsgrad ($\bar{P}_n = 2{,}56 \cdot 10^3$ bzw. $\bar{P}_n = 2{,}23 \cdot 10^3$) und Molmassenuneinheitlichkeit. Die polystyrolarmen Proben waren bei Zimmertemperatur in Benzol, die polystyrolreichen Proben in Dioxan unlöslich. In der Tabelle werden der direkt bestimmte Virialkoeffizient des osmotischen Drucks und der mittlere Streumassenradius der nichtassoziierten Komponente angegeben. Die Assoziationstendenz wird qualitativ in mittel (m) und stark (s) eingeteilt. Der Streumassenradius ließ sich nicht mit der Assoziationstendenz korrelieren, was nicht überrascht, wenn man bedenkt, daß in den verschiedenen Lösungsmitteln die Makromoleküle ver-

Tabelle 1

Lösungsparameter von P(S-co-BMA)						
Lösungsmittel	$A_2 \cdot 10^4$ $\begin{bmatrix} \text{mol} \cdot \text{g}^{-2} \\ \cdot \text{cm}^3 \end{bmatrix}$	$\langle s^2 \rangle^{1/2}$ [nm]	Assoz.-tendenz	$A_2 \cdot 10^4$ $\begin{bmatrix} \text{mol} \cdot \text{g}^{-2} \\ \cdot \text{cm}^3 \end{bmatrix}$	$\langle s^2 \rangle^{1/2}$ [nm]	Assoz.-tendenz
Dioxan	1,6	35,8	0	—	—	—
Butylacetat	1,9	40,0	0	1,9	28,1	m
Butanon	2,4	34,4	0	1,7	25,2	0
Cyclohexanon	2,0	35,4	m	3,1	29,0	m
1,2-Dichloräthan	3,7	24,5	m	—	—	—
0-Dichlorbenzol	4,3	30,0	s	3,5	39,7	s
1-Chlornaphthalin	4,6	37,8	s	2,9	30,2	s
Benzol	—	—	—	5,5	26,3	0
Styrolgehalt des Copolymeren	$W_S = 25{,}5\%$			$W_S = 78{,}9\%$		

schiedene Sekundärstruktur besitzen. Dagegen findet man im Unterschied zu Lösungen von Homopolymeren, daß bei assoziierenden Systemen der zweite Virialkoeffizient des osmotischen Drucks deutlich höher liegt als bei rein molekulardispers lösenden.

Um die Molekülaufweitung an verschiedenen Molekülen vergleichen zu können, wurde der Streumassenradius auf den mittleren Polymerisationsgrad bezogen. Betrachtet man den Aufweitungsparameter $\langle S_Z \rangle^{\frac{1}{2}} \cdot P_W^{-\frac{1}{2}}$ als Funktion des Grundmolenbruchs an Styrol, erhält man die in Abbildung 6 gezeigten Funktionen. Bei Cyclohexanon steigt die Knäuelaufweitung mit stei-

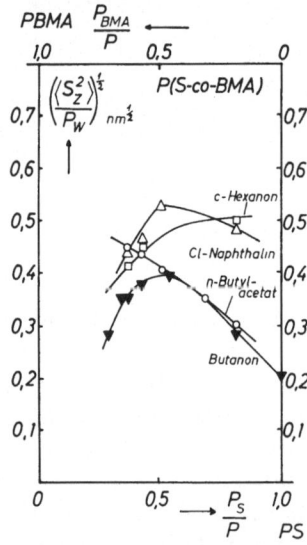

Abb. 6. Abhängigkeit des reduzierten Streumassenradius von der chemischen Zusammensetzung (P_s/P: Grundmolenbruch an Styrol) bei P(S-co-BMA)

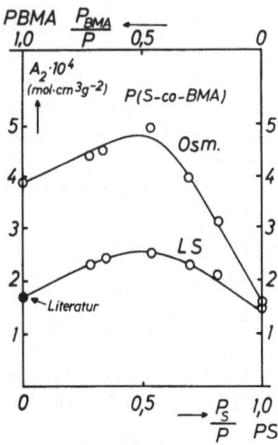

Abb. 7. Zweiter Virialkoeffizient des osmotischen Drucks als Funktion der Copolymerzusammensetzung (OSM: bestimmt durch Messung des osmotischen Drucks, LS: bestimmt aus der Lichtstreuung). P(S-co-BMA)/Butanon

gendem Styrolgehalt. Umgekehrt nehmen die Knäueldimensionen in dem Lösungsmittel n-Butylacetat mit steigendem Estergehalt zu. In anderen Lösungsmitte'n wie Butanon und Cyclohexanon sind jene Makromoleküle am stärksten aufgeweitet, die sich im Durchschnitt aus äquimolaren Mengen an Styrol- und Estergrundeinheiten zusammensetzen. Ein derartiges Maximum durchläuft auch der zweite Virialkoeffizient des osmotischen Drucks (Abbildung 7). Das Maximum ist um so stärker ausgeprägt, je weniger das betreffende Lösungsmittel eine Assoziationstendenz fördert.

Vergleicht man den Lösungszustand von Styrol-Butylacrylat-Copolymeren und Styrol-Butylmethacrylat-Copolymeren findet man bei den Acrylatverbindungen in allen Lösungsmitteln eine deutlich stärkere Assoziationsneigung. Zur Veranschaulichung wird in Abbildung 8 das Streuverhalten zweier Copolymerer mit vergleichbarem mittlerem Polymerisationsgrad in Dioxan gegenübergestellt. Man sieht, daß die Butylacrylat-Copolymeren kleinere Knäueldimensionen haben, aber in Lösung mehr Assoziate bilden.

4. Zusammenfassung und Interpretation der Ergebnisse

Die qualitativen Ergebnisse der Lösungsuntersuchungen an Polystyrolacrylat-Copolymeren lassen sich folgendermaßen zusammenfassen:

1. Die Copolymeren neigen dazu, in Lösungen Assoziate auszubilden.

2. Die Tendenz der Assoziatbildung hängt stark vom gewählten Lösungsmittel ab.

3. Die Assoziationstendenz ist bei den Styrol-Butylacrylat-Copolymeren in allen untersuchten Lösungsmitteln größer als bei den Styrol-Butylmethacrylat-Copolymeren.

4. Im Gegensatz zu den Verhältnissen bei Homopolymeren zeichnen sich unter den untersuchten Systemen jene mit einer hohen Assoziationstendenz auch durch relativ große Werte des zweiten osmotischen Virialkoeffizienten aus.

5. Sowohl der zweite Virialkoeffizient des osmotischen Drucks als auch die Knäuelaufweitung hängen stark von der Zusammensetzung des Polymeren ab.

6. In Lösungsmitteln, in denen die Moleküle keine starke Assoziationstendenz zeigen, sind

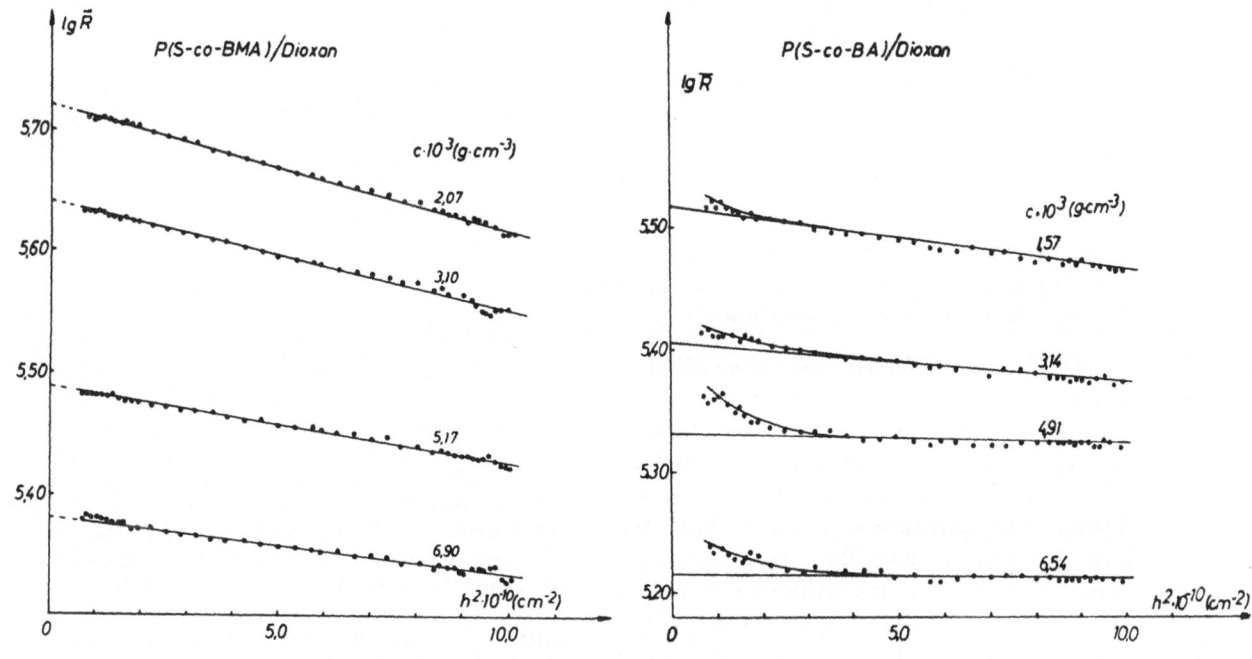

Abb. 8. Vergleich von Streufunktionen von P(S-co-BA) und P(S-co-BMA) in Dioxan

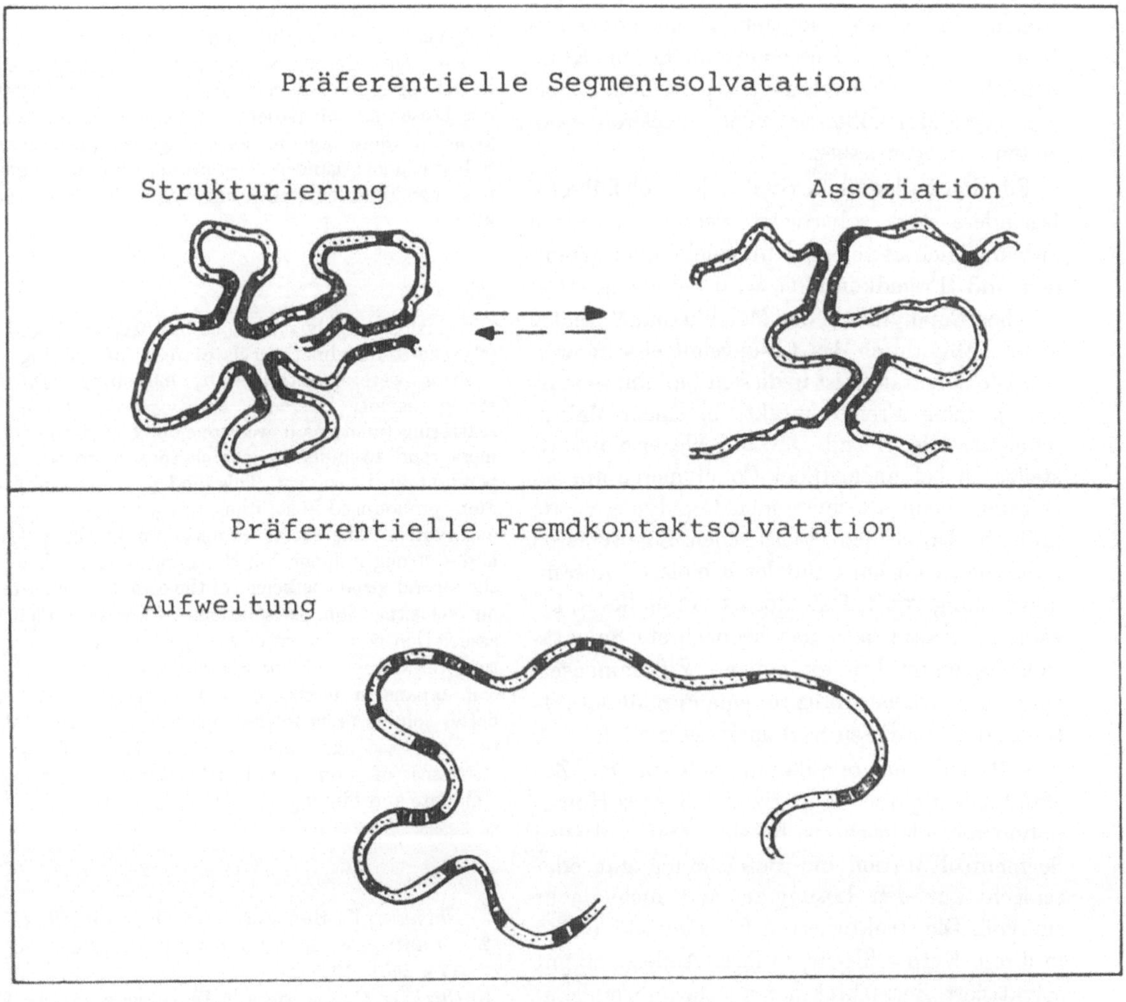

Präferentielle Segmentsolvatation

Strukturierung   Assoziation

Präferentielle Fremdkontaktsolvatation

Aufweitung

Abb. 9. Schematische Darstellung der Lösungszustände eines Copolymeren bei präferentieller Solvatation

die Copolymer-Moleküle mit einer mittleren äquimolaren Zusammensetzung am stärksten solvatisiert (größte Aufweitung und höchster Wert des zweiten osmotischen Virialkoeffizienten).

7. In anderen Lösungsmitteln steigt die Knäuelaufweitung monoton mit dem Gehalt an der besser solvatisierten Komponente.

Die Ergebnisse lassen sich schematisch als Folge einer differentiellen Solvatation erklären. Abbildung 9 zeigt, welche Strukturen man für den Fall einer präferentiellen Segmentsolvatation bzw. für den Fall einer präferentiellen Fremdkontaktsolvatation erwarten würde. Wird eine Komponente besonders stark solvatisiert, ändert sich die Sekundärstruktur des Molekülknäuels so, daß die Wahrscheinlichkeit von Kontakten der andersartigen Segmente größer wird. Dies kann durch eine innermolekulare Strukturierung geschehen oder durch Assoziation mehrerer Moleküle. Die beiden möglichen Formen stehen in einem konzentrationsabhängigen Gleichgewicht. In Lösungsmitteln, die eine Komponente deutlich bevorzugen, wird man kleine kompakte Molekülknäuel neben größeren Assoziaten vorliegen haben.

Für den Fall, daß die Stellen der Molekülkette besonders stark solvatisiert werden, an denen zwei ungleichartige Segmente aneinander gebunden sind (Fremdkontakt), wird bei einem statistischen Copolymeren der Molekülknäuel relativ gleichmäßig durch das Lösungsmittel aufgeweitet. Die Solvatation ist in diesem Fall um so stärker, je mehr Fremdkontakte in einem Makromolekül realisiert sind. Die Zahl solcher Kontaktstellen ist bei einem Block-Copolymeren am geringsten, beim alternierenden Copolymeren am größten. Unter den statistischen Copolymeren haben jene mit einer mittleren molaren Zusammensetzung von 1:1 die höchste Fremdkontaktzahl. Man kann also das beobachtete Solvatationsmaximum bei äquimolarer Zusammensetzung als deutliches Indiz für eine Fremdkontaktsolvatation in diesen Systemen betrachten.

Während der fremdkontaktsolvatisierte Zustand einem guten Lösungszustand eines Homopolymeren entspricht, ist bei einer präferentiellen Segmentsolvatation die Bezeichnung gut oder schlecht für den Lösungszustand nicht mehr sinnvoll. Die strukturierten Einzelmoleküle sind in ihrem Kern schlecht, in ihrer Außenzone gut solvatisiert. Betrachtet man nur die intermoleku-

laren Wechselwirkungen, handelt es sich um einen guten Lösungszustand. Diese Überlegungen werden dadurch bestätigt, daß für derartige Systeme ein großer Wert des zweiten Virialkoeffizienten gefunden wird.

Zusammenfassung

An Lösungen von Poly(styrol-co-butylacrylat) bzw. von Poly(styrol-co-butylmethacrylat) unterschiedlicher Zusammensetzung wurden Lichtstreuung, osmotischer Druck und Viskosität gemessen und aus den Ergebnissen Schlüsse auf den Lösungszustand gezogen. Anhand der Streufunktion wurde festgestellt, daß die Copolymeren in Abhängigkeit vom Lösungsmittel mehr oder weniger dazu neigen, Assoziate auszubilden, wobei die Assoziationstendenz bei den Styrol-Butylacrylat-Copolymeren jeweils stärker war als bei den Styrol-Butylmethacrylat-Copolymeren. Sowohl die Assoziationstendenz als auch der zweite Virialkoeffizient des osmotischen Drucks sowie die Knäuelaufweitung hingen zudem stark von der Copolymerzusammensetzung ab. In Lösungsmitteln, in denen die Moleküle keine deutliche Assoziationstendenz erkennen ließen, waren Copolymere mit einer mittleren äquimolaren Zusammensetzung am stärksten solvatisiert. In anderen Lösungsmitteln stieg die Knäuelaufweitung mit dem Gehalt an der besser zu solvatisierenden Komponente. Es wird versucht, diese Ergebnisse als Folge von präferentiellen Solvatationsvorgängen bestimmter Polymersegmente bzw. von Bindungsstellen ungleicher Monomerer zu erklären.

Summary

Solutions of poly(styrene-co-butylacrylate), and poly(styrene-co-butylmethacrylate) resp. of varying composition were investigated by measuring light scattering, osmotic pressure, and viscosity. From light scattering functions it was concluded, that the copolymers tend to build up associations in solutions, depending on the solvent. This tendency was found to be more pronounced in solutions of styrene-butylacrylate-copolymers. The molar composition of the polymers had a strong influence on the association tendency, on the second virial coefficient of the osmotic pressure, and on coil expansion. In solutions of lowest tendency of association copolymers of average equimolar composition were found to be best solvatised. In other solvents coil expansion increased with increasing content of better soluble units in the copolymers. As an explanation of these experimental results two different mechanisms of preferential solvatisation of polymersegments and binding sites are suggested.

Literatur

1) *Shimura, Y.*, Bull. Chem. Soc. Japan **40**, 273 (1967).
2) *Arulsamy, S. M., M. Santappa*, Makromol. Chem. **178**, 2451 (1977).
3) *Glöckner, G.*, Faserforsch. Textiltechn. **28**, 11 (1977).

4) *Srinivasan, K. S. V., M. Santappa,* J. Polym. Sci. Phys. **11**, 331 (1973).

5) *Seymor, R. B., H. A. Wood,* Structure and Solubility Relationships in Polymers (*F. W. Harris* and *R. S. Semour* Eds.), Acad. Press, N.Y. 1977, 99—110.

6) *Blanks, R. F., B. N. Shah,* Structure and Solubility Relationships in Polymers (*F. W. Harris* and *R. S. Seymor* Eds.), Acad. Press, N.Y. 1977, 111—122.

7) *Bushuk, W., H. Benoit,* Can. J. Chem. **36**, 1616 (1958).

8) *Froelich, D.,* J. Chim. Phys. **64**, 1307 (1967).

9) *Dondos, A., P. Rempp, H. Benoit,* Europ. Polym. J. **3**, 657 (1967).

10) *Dondos, A., H. Benoit,* Makromol. Chem. **118**, 165 (1967).

11) *Kotaka, T., Y. Murakami, H. Inagaki,* J. Chem. Phys. **72**, 829 (1968).

12) *Shimura-Kambe, Y.,* J. Phys. Chem. **72**, 4104 (1968).

13) *Reddy, C. R., A. K. Kashyap, V. Kalpagam,* Polymer **18**, 32 (1977).

14) *Stockmayer, W. H., L. D. Moore, M. Fixman, B. N. Epstein,* J. Polym. Sci. **16**, 517 (1955).

15) *Gruber, E., J. Schurz,* Angew. Makromol. Chem. **29/30**, 121 (1973).

16) *Gruber, E., W. Knell,* Coll. & Polym. Sci. **253**, 462 (1975).

17) *Gruber, E., B. Suhendra,* Progr. Colloid & Polym. Sci. **60**, 220 (1976).

18) *Gruber, E., W. Knell,* Makromol. Chemie.

19) *Knell, W.,* Dissertation Darmstadt 1975.

20) *Gruber, E., W. Knell,* in Vorbereitung.

21) *Benoit, H., D. Froelich,* In: Light Scattering from Solutions (*M. B. Huglin* Ed.), Acad. Press 1972, 467—501.

Anschrift des Verfassers:

Dozent Dr. *Erich Gruber,*
Institut für Makromolekulare Chemie
der Technischen Hochschule Darmstadt,
Alexanderstraße 24,
D-6100 Darmstadt, BRD

Progr. Colloid & Polymer Sci. **66**, 403 – 409 (1979)
© 1978 by Dr. Dietrich Steinkopff Verlag GmbH & Co. KG, Darmstadt
ISSN 0340-255 X

Department of Biochemistry, University of Manchester, Manchester

The conformation and aggregation of some block copolymers (L-alanine)ₙ-(L-glutamate)ₘ in aqueous media

N. B. Jones and *M. N. Jones*

With 6 figures and 2 tables

(Received January 15, 1978)

Introduction

The isolubility of poly-L-alanine in aqueous media inhibits the study of its conformation by spectroscopic methods. To circumvent this difficulty several studies have been carried out using block copolypeptides in which a poly-L-alanine block has been flanked by either poly-D,L-glutamate (1) or poly-D,L-lysine (2–5) of sufficient chain length to solubilize the poly-L-alanine. In general these block copolymers of general structure A_n (ala)$_n$ A_m, where A is a lysine or a glutamate residue, have been of relatively high molecular weight. For example *Gratzer* and *Doty* (1) studied a polymer of overall composition glu$_{325}$ ala$_{175}$ mol.wt. 62,000 and *Scheraga* et al. (3–5) studied poly-D,L-lysine-solubilized poly-L-alanine blocks of apparent chain lengths $n = 160$, 450 and 1000. These studies suggested that poly-L-alanine of sufficiently long chain length adopts a folded α-helical conformation in aqueous media which is stabilized by hydrophobic interactions between side chain methyl groups in a hairpin like structure and that the stability of this conformation is increased by addition of electrolyte to the aqueous media. It has also been shown that relatively high molecular weight random copolymers of alanine and glutamate can adopt the helical conformation in aqueous salt solutions (6). If however, the poly-L-alanine block is of shorter chain length ($n < 40$) the α-helix is unstable at elevated temperatures (~ 80 °C) in lysine-alanine block copolypeptides and adopts a random coil conformation (2); and short alanine blocks ($n \sim 10$) are not helical at low temperatures (3). If these compounds are to be of use as models of protein systems then this is of sig-

nificance since runs of alanine residues in proteins are only short.

The behaviour of such block copolypeptides in aqueous solution will also depend on the relative proportions or number ratio of the solubilizing residues to alanine residues, as the ratio falls it would be anticipated that the polymers would aggregate as observed for poly-L-glutamate-poly-L-leucine block copolypeptides (7) and a polypeptide of composition $(D,L\text{-lys})_{10}(L\text{-val})_{20}(D,L\text{-lys})_{10}$ (8). In the case of $(glu)_m(leu)_n$ blocks it was found that compounds with molecular weights of approximately 10,000 with m/n in the range 1.7 to 3 gave very stable aggregates in which the leucine residues formed a core of tightly packed α-helices. The association of block copolypeptides in aqueous media has not received much attention and it is only recently that *Scheraga* et al (9, 10) have discussed the problems associated with the preparation and quaternary structure of block copolypeptides of the type $A_mB_nA_m$ and considered the existence of aggregation in systems previously believed to be monomeric in aqueous media.

In order to remedy this situation and to extend our previous work (7) a series of low molecular weight glutamate-alanine AB-type compounds have been synthesised and their solution properties investigated. The results are relevant to both the conformation and association of poly-L-alanine rich systems.

Experimental

Synthesis of Amino Acid N-carboxyanhydrides. γ-Benzyl-L-glutamate NCA was prepared by phosgenation of a suspension of γ-benzyl-L-glutamate (10 g) in 60 ml of dioxan until the solution was clear (~2 hrs), followed by removal of excess phosgene with a stream of dry nitrogen. Excess solvent was then removed by vacuum distillation at a temperature below 50 °C and the crude anhydride was precipitated by adding chloroform (~6 ml) followed by the minimum amount of n-hexane. The anhydride was filtered, washed with n-hexane and recrystallised several times from ethyl acetate in an atmosphere of dry nitrogen and stored at −20 °C. The chloride content was less than 0.02% (w/w) as assayed by the method of *Aspers* et al. (11) and the melting point was 90–92 °C.

L-alanine NCA was prepared by a similar procedure to that for γ-benzyl-L-glutamate NCA except that phosgenation was continued for 7 hours. The anhydride was purified by recrystallisation from tetrahydrofuran with diethyl ether (Chloride content <0.02% (w/w); mpt 90–92.5 °C).

Polymerisation. The required weight of γ-benzyl-L-glutamate NCA was dissolved in dimethylformamide under dry nitrogen to give an approximately 2% (w/v) solution. Dry nitrogen was then passed through the solution and the required amount of n-hexylamine initiator added and the reaction allowed to proceed at room temperature overnight. The required amount of L-alanine NCA in dimethylformamide was then added and the reaction mixture was left for a further 24 hours. The block copolypeptides were precipitated with 3 M hydrochloric acid, filtered, washed with water until the washings were acid free and then freeze dried. The products were debenzylated by passing anhydrous hydrogen bromide into benzene suspensions (0.5% w/v) at 45 °C for between 15 and 30 min. The suspensions were left at 45 °C overnight, solvent and excess hydrogen bromide were removed by rotary evaporation, and then washed overnight in acetone vapour in a soxhlet apparatus. The products were then suspended in water, neutralized with 1 M sodium hydroxide and freeze dried. Measurement of the extinction of aqueous solutions at 256 nm showed that there was less than one benzyl group per polypeptide molecule in all cases.

Fractionation. The polypeptides were fractionated by gel filtration. Three columns were used: (1) a Sephadex G 200 column 9.08 cm² × 28.5 cm; (2) a Sephadex G 200 column 4.16 cm² × 37.0 cm; (3) a Sepharose 4 B column 0.77 cm² × 28.0 cm. In all cases the columns were equilibrated and eluted with sodium phosphate buffer pH 6.2 of either 0.1 or 0.5 ionic strength. The columns were calibrated with globular proteins with a range of molecular weights. Polypeptide solutions applied to the columns were of concentration ~10 mg ml⁻¹. For preparative purposes up to 50 ml of solution were applied to the column, 4 ml fractions were collected and their extinction measured at 233 nm. For analytical purposes 2 ml of polypeptide solution were applied to the columns and 2 ml fractions collected.

Amino Acid Analysis. Accurately weighed aliquots of polypeptides were hydrolysed with 6 M hydrochloric acid for 24 hours and the hydrolysates analysed on a fully automatic Biocal BC 200 amino acid analyser. To check the accuracy of the analysis a series of six mixtures of poly-L-alanine (ex Miles Laboratories Ltd. mol. wt. 1500–5000) and poly-L-glutamate (mol. wt. 16,000)

ranging in composition from 10–75% poly-L-glutamate were analysed. The mean deviation between the expected and found composition was 1.7%.

Number Average Molecular Weights. These were determined by N-terminal analysis using the reaction with ninhydrin. Aqueous polypeptide solutions (0.5 ml) were mixed with 1.5 ml of ninhydrin reagent (12), immersed in boiling water for 20 minutes, diluted with 8 ml 50% aqueous n-propanol and their extinction was measured at 570 nm against a blank in a Beckman DBGT spectrophotometer. A calibration curve was obtained using glycine as a standard.

Low Angle Laser Light Scattering. Light scattering measurements were made using a Chromatix KMX-6 low angle laser light scattering photometer to measure weight average molecular weights. This instrument is based on the design of *Kaye* and *Havlik* (13) and incorporates a helium-neon laser emitting vertically polarized light at 633 nm. The scattering volume is 5 μl and measurements can be made down to angles of 2–3° which eliminates the need for angular extrapolation. The solvent and solutions were introduced into the sample cell by pumping with a peristaltic pump via a Millipore filter (0.45 μm pore size, 13 mm diameter). The output from the photomultiplier was continuously recorded on a chart recorder (Servoscribe RE 511.20) so that a minimum reading for the scattered intensity for each concentration could be established. One of the advantages of this instrument is that the scattering can be observed with the naked eye through an observation port so it is generally possible to distinguish between dust contamination and Rayleigh scattering. The Rayleigh factor (R_θ) at each concentration was calculated from the equation

$$R_\theta = \frac{G_\theta}{G_0} \frac{D}{\sigma' \, l'} \qquad [1]$$

where G_θ/G_0 is the ratio of the photomultiplier signals at angles θ and 0, D is the attenuation factor for the filters introduced into the incident beam, σ' is the solid angle over which the scattered light is collected and l' is the length of the scattering volume parallel to the incident beam. Since D, σ' and l' are instrumental constants dependent only on geometry and the refractive index (n) of the solution, R_θ is measured absolutely, without recourse to calibrations.

Weight average molecular weights were calculated from the linear extrapolations of Kc/R_θ as a function of concentration (c) according to the equation

$$K c/R_\theta = l/\bar{M}_w + 2 A_2 c \qquad [2]$$

where $K = 408 \times 10^{-8} \, n^2 \, (dn/dc)^2$ and A_2 is the second virial coefficient. Refractive index increments (dn/dc) given in Table 2 were measured with a Brice Phoenix differential refractometer modified to operate at 633 nm with an interference filter. The refractometer was calibrated with aqueous potassium chloride solutions.

Circular Dichroism Spectroscopy. Circular dichroic spectra were recorded using a Cary model 61 CD spectropolarimeter operating with a slit width programmed for a constant spectral half-band width of 2 nm with a scan speed of 0.2 nm s^{-1}. Solutions were prepared by weight in the concentration range 0.05–0.20% (w/w). The pH's were varied by addition of 1 M hydrochloric acid or sodium hydroxide to the solvent prior to its addition to the polypeptide. Ionic strength was controlled by addition of sodium chloride.

Results

Fractionation of the products of the polymerisations after debenzylation on Sephadex G 200 columns gave elution profiles with either a single broad included peak or two peaks, an included peak and an excluded peak when eluted with buffer of ionic strength 0.5 as exemplified in Fig. 1. The fractions under the peaks were pooled, isolated and then analysed for amino acids and their number average molecular weights determined. The results of these analyses are given in Table 1 together with the derived average compositions for the six fractions chosen for further study. It may be noted that in polymerisations yielding two peaks on gel filtration with G 200 the copolypeptides included were glutamate rich (e.g. fractions AG 3B and AG 4B) while the excluded material, which was aggregated, was alanine rich (e.g. fractions AG 3A and AG 4A). The ratios glu/ala expected from the initiator – monomer composition in polymerisation 2, 3, 4 and 5 were 3, 2, 1 and 4 respectively. Although in all cases polymerisation occurred in clear homogeneous solution as has been noted (9) the composition of the products differed from those calculated from the polymerisation conditions. The set of fractions prepared co-

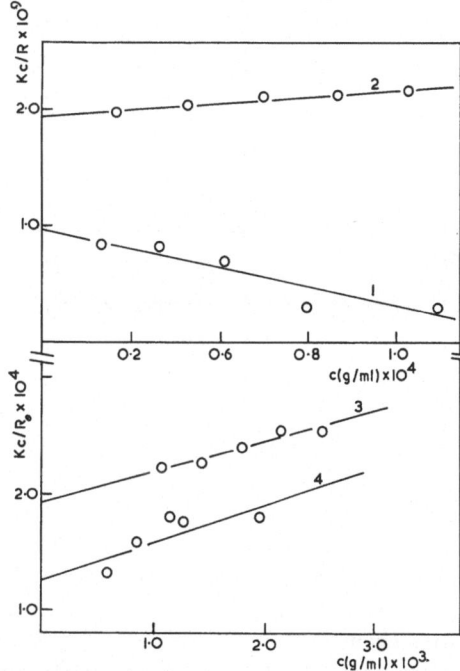

Figure 2. Light scattering plots of copolypeptide fractions in sodium phosphate buffer pH 6.1 ionic strength 0.5 at room temperature. Curves (1) ala$_{58}$ glu$_{32}$; (2) ala$_{20}$ glu$_{25}$; (3) ala$_{9}$ glu$_{13}$ (4) ala$_{25}$ glu$_{45}$.

vers a range of composition with a glu/ala ratio from 0.56 to 4.37. Analysis of the two fractions excluded from G 200, AG 3A and AG 4A, on a Sepharose 4B column showed that AG 4A gave a single excluded peak while AG 3A gave a broader elution profile with some excluded material. Since the exclusion limit for Sepharose 4B is $> 20 \times 10^6$ molecular weight we can conclude that these two alanine rich copolypeptides form very high molecular weight aggregates in aqueous media.

Fig. 2 shows the plots of Kc/R_θ as a function of c for some of the copolypeptides. The weight average molecular weights derived from these plots together with apparent molecular weights derived from gel filtration and $\bar{M}_w/\bar{M}_n$ are given in Table 2. The two copolypeptides with the largest alanine content were found to have extremely high molecular weights by light scattering confirming the gel filtration analysis. Because of the size of these aggregates the scattering measurements were carried out with unfiltered solutions as the aggregates were partially removed on filtration. Assuming an aggregate density ~ 1 g cm^{-3} a compact aggregate with a molecular weight of 10^9 would have dimensions ~ 100 nm. It is doubtful whether these molecular weights could have been measured with confidence without the low angle

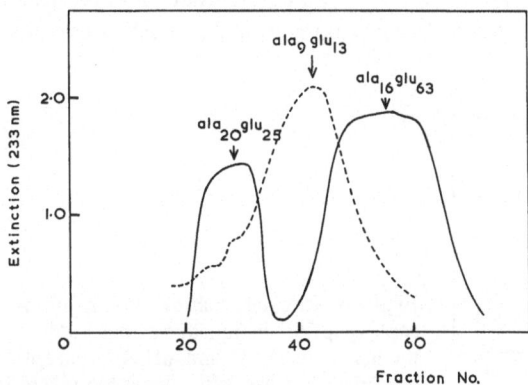

Figure 1. Elution profiles of copolypeptides on a Sephadex G 200 gel filtration column. Dashed curve; elution profile of copolypeptide leading to fraction of composition ala$_9$ glu$_{13}$. Solid curve; elution profile of copolypeptide leading to fractions of composition ala$_{16}$ glu$_{63}$ and ala$_{20}$ glu$_{25}$. The column was eluted with sodium phosphate buffer pH 6.2, ionic strength 0.5.

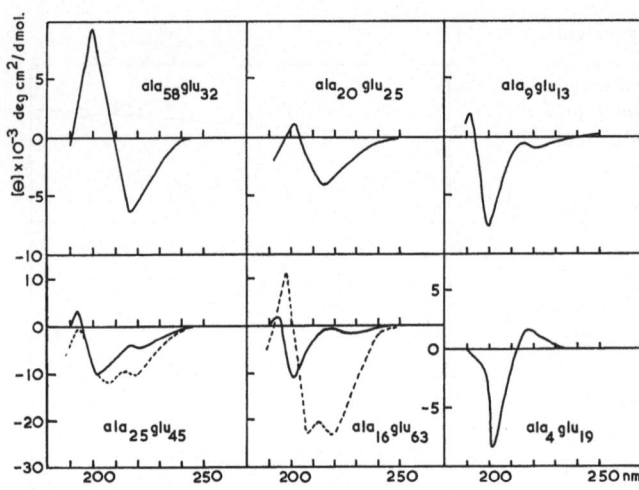

Figure 3. Circular dichroic spectra of block copolypeptides in aqueous media at 25° C. Solid lines; pH 4.1 to 4.2 at 1.5 hrs to 170 (ala$_{20}$ glu$_{25}$, ala$_{25}$ glu$_{45}$, ala$_{16}$ glu$_{63}$) or 283 hrs after solution preparation. Dashed lines; pH 10.7 to 10.9 at 1.5 hrs to 170 (ala$_{20}$ glu$_{25}$, ala$_{25}$ glu$_{45}$, ala$_{16}$ glu$_{63}$) or 283 hrsg after solution preparation. All the solutions were of ionic strength 0.5 and contained between 0.05 to 0.2% (w/w) copolypeptide.

facility. Of the other four copolypeptides ala$_{25}$ glu$_{45}$ and ala$_{16}$ glu$_{63}$ are monodispse within the experimental errors in $\bar{M}_n$ and $\bar{M}_w$, while the two shorter chain fractions have wider distributions. The apparent molecular weights derived from gel filtration using globular proteins as standards are clearly too large, a not unexpected result since chain molecules will not penetrate the gel beads to as great an extent as the more compact standard proteins used for calibration.

Fig. 3 shows the circular dichroic spectra of the polypeptides at two pH's at 25 °C. The spectra were measured at 1.5 to 2 hours and 170 hrs or more after solution preparation. No significant time dependence was observed. Spectra were also obtained at 3 °C and at intermediate pH's but there were no marked temperature effects and the spectra at intermediate pH's fell between those illustrated. A parallel set of CD spectra were measured in aqueous media pH 4.1 containing 35%

(v/v) methanol. These are shown in Fig. 4. In contrast to the spectra in water significant time effects were observed with ala$_{25}$ glu$_{45}$ and ala$_{16}$ glu$_{63}$ as shown in Fig. 5.

Discussion

The data in Tables 1 and 2 show that the copolypeptides are monomeric in aqueous media when the composition as expressed by the residue ratio glu/ala increases above 1.3 to 1.4. This observation is in contrast to the results obtained for block copolypeptides of glutamate and leucine previously studied (7) which were aggregated when the residue ratio glu/leu was a high as 3 and reflects the lower hydrophobicity of alanine residues compared with leucine residues. In block systems of the type $A_m B_n A_m$ where B is the hydrophobic block, aggregation has been found for a

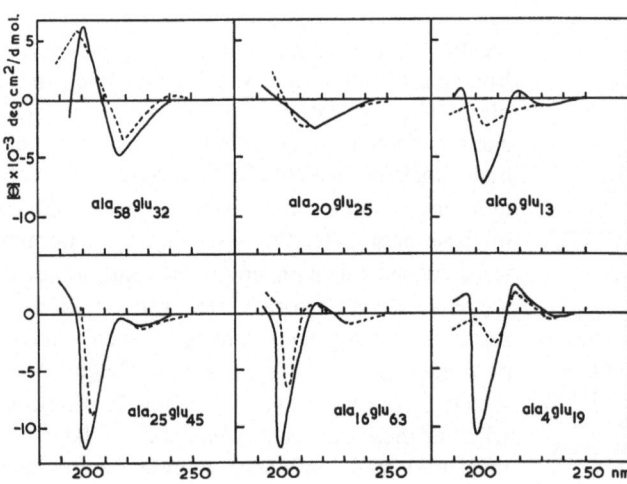

Figure 4. Circular dichroic spectra of block copolypeptides in aqueous media +35% (v/v) methanol at 25° C and pH 4.1. Except for ala$_{25}$ glu$_{45}$ and ala$_{20}$ glu$_{25}$ the spectra were invariant with time between 0.5 hrs and 282 hrs after solution preparation. For ala$_{25}$ glu$_{45}$ and ala$_{20}$ glu$_{25}$ solid lines denote spectra measured after 2 hrs and the dashed lines denote spectra measured after 264 hrs. All the solutions were of ionic strength 0.5 and contained between 0.05 to 0.2% (w/v) copolypeptide.

Table 1. Characterisation of poly-L-alanine – poly-L-glutamate block copoly-peptides

Polypeptide Fraction	Amino acid analysis (nmoles/100 μg)				
	ala	glu	$\bar{M}_n$	Formula [a]	glu/ala
AG 4A	409.07	228.51	8330	ala$_{58}$ glu$_{32}$	0.56
AG 3A	233.11	294.81	4660	ala$_{20}$ glu$_{25}$	1.26
AG 2	244.61	353.14	2370	ala$_9$ glu$_{13}$	1.44
AG 4B	225.07	403.70	7710	ala$_{25}$ glu$_{45}$	1.79
AG 3B	102.64	403.79	9220	ala$_{16}$ glu$_{63}$	3.93
AG 5	129.97	568.27	2700	ala$_4$ glu$_{19}$	4.37

[a] Calculated for glutamic acid to the nearest whole number. Note that each poly-peptide has a $C_6H_{13}NH$-group at the end of the glutamate (C-terminal) block.

Table 2. Molecular weights of block copolypeptides in aqueous media (pH 6.2 phosphate buffer, ionic strength 0.5)

Copolypeptide	$M_{apparent}$ [a]	dn/dc (ml g^{-1})	$\bar{M}_w$ [b]	$\bar{M}_w / \bar{M}_n$
ala$_{58}$ glu$_{32}$	$> 20 \times 10^6$	0.157 [c]	1.03×10^9	1.2×10^5
ala$_{20}$ glu$_{25}$	10^5 to $> 20 \times 10^6$	0.157 [c]	5.15×10^8	1.1×10^5
ala$_9$ glu$_{13}$	11,800	0.157	5150	2.2
ala$_{25}$ glu$_{45}$	15,500	0.157	7890	1.0
ala$_{16}$ glu$_{63}$	21,700	0.141	8300	0.9
ala$_4$ glu$_{19}$	19,900	0.155	6220	2.3

[a] From gel filtration using globular proteins as standards
[b] From low angle laser light scattering
[c] Because of the opacity of solutions of these copolypeptides at concentrations necessary for dn/dc measurements these values were estimated.

lys/ala ratio in the range 0.34 to 1.54, for a lys/phe ratio of 1.27 to 1.64, for a glu/phe ratio of 3.35 to 5.30 and for a lys/val ratio of 1.06 to 2.5 (10). It should however, be stressed that while the hydrophilic to hydrophobic amino acid ratio is important in determining aggregation, molecular weight effects are also apparent. For example a low molecular weight polymer with a lys/ala ratio of 1.36 and a chain length of 26 residues was found to be unaggregated (10).

The CD spectra in Fig. 3 give some indication of the conformation of the copolypeptides in the aggregated state. For ala$_{58}$ glu$_{32}$ and ala$_{20}$ glu$_{25}$ the common feature at pH 4.2 is the negative Cotton effect with a fairly weak minimum at 217 nm. The relatively low ellipticity and the position of the minimum indicates that it probably arises from a β-sheet conformation in combination with either random coil or an extended conformation. For ala$_{58}$ glu$_{32}$ there is a maximum at ~ 200 nm which is also characteristic of the β-conformation (14). The absence of this maximum for ala$_{20}$ glu$_{25}$ most probably reflects the greater proportion of random

or extended structure the CD spectra of which are characterised by minima at ~ 200 nm and would lead to a partial cancellation of the maximum at 200 nm arising from the β-structure. In a CD study

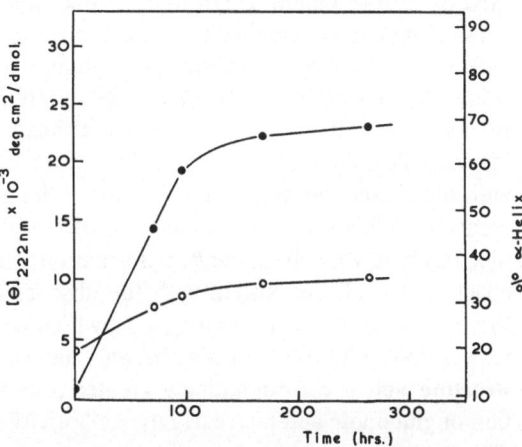

Figure 5. Molar ellipticity and % α helical content for ala$_{25}$ glu$_{45}$ (○) and ala$_{16}$ glu$_{63}$ (●) as a function of time at 25° C in aqueous media +35% methanol ionic strength 0.5, pH 4.1.

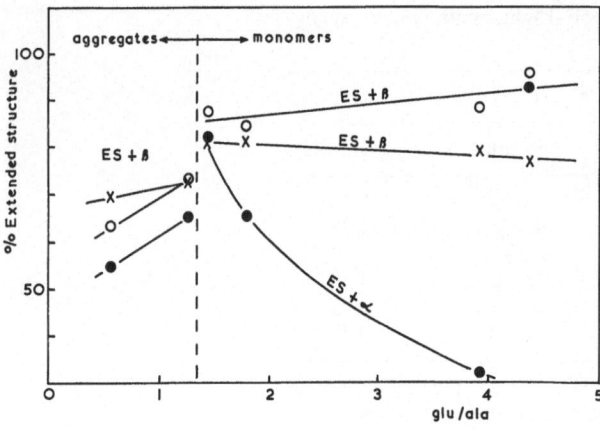

Figure 6. Extended structure content of block co-polypeptides in aqueous media as a function of the residue ratio glu/ala. ○, pH 4.2; ×, pH 10.7; ●, pH 4.2, 35% (w/v) methanol. All the solutions had an ionic strength of 0.5, pH 4.1.

of L-glutamic acid oligomers in aqueous solution *Rinaudo* and *Domard* (15) found that for gluta-mate chain lengths of the order we are concerned with here the extended conformation is favoured at low degrees of neutralization. Taking the molar ellipticities of β-structure, extended structure and random coil structures as $-18,400$ deg cm²/d mole (14), $+3300$ deg cm²/d mole (15) and $+4600$ deg cm²/d mole (14) at 217 nm respectively, for $ala_{58} glu_{32}$ and $ala_{20} glu_{25}$ at pH 4.2 the amounts of β-structure are 37% and 27% respectively as-suming $\beta +$ extended structure. If we assume $\beta +$ random coil structure the corresponding val-ues are 40% and 34%. For L-glutamic acid oligo-mers the existence of an isodichroic point at 205 nm led to the conclusion that in order to inter-pret the spectra, β-structure did not occur in com-bination with extended structure (15). Applying this conclusion to our block copolypeptides it fol-lows that either the aggregated molecules are a mixture of $\beta +$ random coil or that the β-structure is associated exclusively with the alanine residues and the extended structure with the glutamate re-sidues. In view of the CD spectra of the monome-ric copolypeptides (see below) we are inclined to the view that the β-structure is in fact associated with the alanine residues in the interior of the ag-gregates. If this was the case 60–70% of the ala-nine residues would be in the β-conformation. This conclusion is also consistent with the absence of the maximum at 200 nm in $ala_{20} glu_{25}$ which con-tains a low porportion of alanine and hence β-structure and a correspondingly greater propor-tion of glutamate and hence negative ellipticity at 200 nm.

The CD spectra of the monomeric polypeptides have minima at ~200 nm and maxima at ~218 nm and are characteristic of an extended

structure (15). Using the above reference values the percentage extended structure was calculated assuming extended $+\beta$-structure and is shown in Fig. 6 as a function of the glu/ala ratio for all the samples at two pH's. There is a larger amount of extended structure in the monomeric state at both pH's.

Fig. 6 also shows that the addition of 35% meth-anol reduces the amount of extended structure at lower glu/ala ratios. Although the state of dis-persion in 35% methanol was not directly estab-lished, by comparing the CD spectra with those in methanol free solution it seems reasonable to sup-pose that the two alanine rich compounds are also aggregated in this solvent. The two shortest chain copolypeptides $ala_9 glu_{13}$ and $ala_4 glu_{19}$ contain a high proportion of extended structure in 35% methanol but the longer chain samples $ala_{25} glu_{45}$ and $ala_{16} glu_{63}$ slowly develop α-helical structure (Fig. 5). The percentage α-helix in these two sam-ples at equilibrium calculated on the assumption of α-helix $+$ extended structure is 35% and 68% respectively. The instability of the helical confor-mation in the shorter chain compounds is consis-tent with previous observations (2).

The overall conclusions that can be drawn from these studies is that poly-L-alanine blocks have a preference for the β-conformation in the hydro-phobic environment of an aggregate and a parti-ally extended structure in the monomeric state in aqueous solution.

Acknowledgements

We wish to thank Dr. *M. C. Phillips* for his interest and helpful discussions. Mr. *A. J. Marks* of Unilever Re-search Laboratory, Colworth House, Bedford for kindly performing the amino acid analysis and the S.R.C. for a CASE award to NBJ.

Summary

A series of low molecular weight ($\bar{M}_n < 10,000$) block copolymers of composition (L-alanine)$_n$-(L-glutamate)$_m$ covering a range of values of m/n from 0.56 to 4.4 have been prepared and characterised. Samples with $m/n < 1.3$ were shown by low angle laser light scattering to be very highly aggregated in aqueous solutions of ionic strength 0.5 whereas above this ratio the copolymers were monomeric. Circular dichroic spectra of the samples in aqueous media can be interpreted in terms of a conformation consisting of β-sheet structure plus extended structure with a greater proportion of β-sheet structure in the aggregated state most probably associated with the alanine residues. On the addition of methanol the longer chain copolypeptides exhibit a transition to an α-helical conformation.

Zusammenfassung

Eine Reihe von Blockkopolymeren mit niedrigem Molekulargewicht ($\bar{M}_n < 10\,000$) der Zusammensetzung (L-alanin)$_m$-(L-glutamat)$_m$ wurden präpariert und charakterisiert. Das Verhältnis m/n erstreckte sich über den Bereich 0.56 bis 4.4. Kleinwinkel-Laserlichtstreuung zeigte, daß Substanzen mit $m/n < 1.3$ hohe Aggregate in wässerigen Lösungen der Ionenstärke 0.5 bilden, während oberhalb dieses Wertes die Copolymeren als Monomere auftreten. Das Spektrum des Zirkulardichroismus dieser Substanzen kann so gedeutet werden, daß eine Konformation auftritt, die auf einer β-Faltblatt-Struktur besteht plus einer gedehnten Struktur mit einem größeren Anteil an β-Faltblatt-Struktur in aggregiertem Zustand, was sehr wahrscheinlich auf überständiges Alanin zurückzuführen ist. Bei Zusatz von Methanol zeigen die langkettigen Copolymeren einen Übergang zu einer α-Spirale.

References

1) *Gratzer, W. B.* and *P. J. Doty,* Am. Chem. Soc. **85,** 1193 (1963).
2) *Lotan, N., A. Berger, E. Katchalski* and *R. T. Ingwall,* Biopolymers **4,** 239 (1966).
3) *Ingwall, R. T., H. A. Scheraga, N. Lotan, A. Berger* and *E. Katchalski,* Biopolymers **6,** 331 (1968).
4) *Lewis, A.* and *H. A. Scheraga,* Macromolecules **4,** 539 (1971).
5) *Howard, J. C.* and *H. A. Scheraga,* Macromolecules **5,** 328 (1972).
6) *Warashina, A.* and *A. Ikegami,* Biopolymers **11,** 529 (1972).
7) *Jones, M. N., C. P. Patrick* and *M. C. Phillips,* J. Coll. Int. Sci. **55,** 116 (1976).
8) *Schwartz, A. M.* and *G. D. Fasman,* Biopolymers **15,** 1377 (1976).
9) *Cardinaux, F., J. C. Howard, G. T. Taylor* and *H. A. Scheraga,* Biopolymers **16,** 2005 (1977).
10) *Howard, J. C., F. Cardinaux* and *H. A. Scheraga,* Biopolymers **16,** 2029 (1977).
11) *Aspers, S. P. Jr., O. Schales* and *S. S. Schales,* J. Biol. Chem. **168,** 779 (1948).
12) *Clark, J. M.,* (1964) "Experimental Biochemistry" Freeman London, p. 217.
13) *Kaye, W.* and *A. J. Havlik,* App. Opt. **12,** 541 (1973).
14) *Greenfield, N.* and *G. D. Fasman,* Biochemistry **8,** 4108 (1969).
15) *Rinaudo, M.* and *A. J. Domard,* Am. Chem. Soc. **98,** 6360 (1976).

Author's address:

N. B. Jones
Upjohn Ltd., Fleming Way
Crawley, West Sussex
RH10 2NY (England)

Progr. Colloid & Polymer Sci. **66**, 411 – 416 (1979)
© 1978 by Dr. Dietrich Steinkopff Verlag GmbH & Co. KG, Darmstadt
ISSN 0340-255 X

Ordinariat für Organisch-chemische Technologie der Technischen Universität Graz (Österreich)

Sequenzen in partiell an den Doppelbindungen halogeniertem 1,4-Polybutadien

F. Stelzer, K. Hummel und R. Thummer

Mit 2 Abbildungen und 1 Tabelle

(Eingegangen am 4. Juli 1978)

1. Einleitung

Bei Modifizierungsreaktionen an Polymeren (polymeranalogen Reaktionen mit nur teilweiser Umsetzung der Monomereinheiten) ergibt sich eine Verteilung der Modifizierungsstellen über das Makromolekül. Führt man z. B. in einen Teil der Struktureinheiten eines linearen Polymeren jeweils einen Substituenten A ein, entstehen – formal betrachtet – Copolymere mit unterschiedlichen Sequenzen der substituierten und nicht substituierten Einheiten.

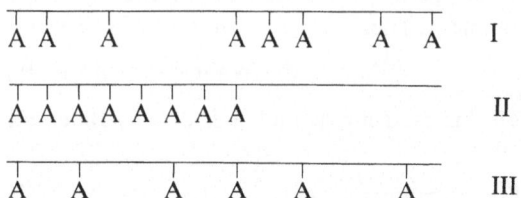

Davon dürfte die statistische Anordnung I bei Modifizierungsreaktionen der Normalfall sein. Aber auch die zumindest teilweise Anordnung in Blöcken gemäß II ist nicht von vornherein auszuschließen, insbesondere bei einer Aktivierung von Nachbarpositionen durch den zunächst eingeführten Substituenten. Wenn ein Vorkommen von Substituenten an unmittelbar benachbarten Einheiten z. B. aus sterischen Gründen weniger wahrscheinlich ist, als es der statistischen Wahrscheinlichkeit entspricht, erhält man als Grenzfall die alternierende Anordnung III mit einer weitgehend gleichmäßigen Substitution entlang dem Makromolekül.

Ganz übereinstimmend wie die Einführung einzelner Substituenten in die Monomereinheiten

zu behandeln ist die Anlagerung von Halogen an die Doppelbindungen von Polyalkenylenen. Das im folgenden betrachtete experimentelle Beispiel ist die partielle Halogenierung von 1,4-Polybutadien (X = Brom, Chlor):

$$-CH_2-CH=CH-CH_2-$$
$$\downarrow +X_2 \qquad\qquad [1]$$
$$-CH_2-CHX-CHX-CH_2-$$

Der Modifizierungsgrad φ gibt die Anzahl der umgesetzten Doppelbindungen als Bruchteil der ursprünglich vorhandenen an (1). Es können Sequenzen entstehen, bei denen eine unterschiedliche Anzahl von halogenierten Einheiten unmittelbar aufeinander folgt:

$$=CH-CH_2-[CH_2-CHX-CHX-CH_2]_j-CH_2-CH=$$

j wird als Blockgröße bezeichnet.

Die Untersuchung der Anordnung der halogenierten Einheiten erfolgt nachstehend durch Metathese-Abbau des Polymeren mit einem niedermolekularen Olefin (2–7). Dieses wird so gewählt, daß sich die Abbauprodukte gut gaschromatographisch nachweisen lassen. Das chlorierte Polybutadien wird mit 4-Octen abgebaut. Für den Abbau des bromierten Polymeren wird wegen des höheren Atomgewichtes von Brom ein Olefin mit kleinerem Molekulargewicht, nämlich 2-Buten, verwendet. Als Metathese-Katalysator wird $WCl_6/C_2H_5AlCl_2$ eingesetzt. In der Metathese-Reaktion wird das Polymere an den Doppelbindungen gespalten, und die Bruchstücke werden zwischen die Alkylidenreste des niedermolekularen Olefins eingebaut.

Zunächst wird die Verteilungsfunktion für die statistische Anordnung der halogenierten Einheiten abgeleitet. Danach werden die experimentellen Daten mit den theoretischen Verteilungen verglichen und die möglichen Ursachen für die Abweichungen diskutiert.

2. Verteilungsfunktion für die statistische Anordnung der halogenierten Einheiten

Es soll für jeden beliebigen Modifizierungsgrad φ von 1,4-Polybutadien (allgemein eines Polyalkenylens) berechnet werden, wieviele halogenierte Einheiten im Polymeren einzeln, benachbart oder in Form mehr oder weniger großer Blöcke vorliegen, wenn die Umsetzung der Doppelbindungen bei der Halogenierung statistisch erfolgt.

In die Ableitung gehen neben der Blockgröße j ein:

n = Anzahl der ursprünglich im Polymeren enthaltenen Doppelbindungen bzw. Monomereinheiten $(-CH_2-CH=CH-CH_2-)$

m = Anzahl der halogenierten Doppelbindungen

$\varphi = m/n$

Betrachtet man eine Polymerkette mit insgesamt n Einheiten, kann ein Block von j halogenierten Einheiten $(n-j+1)$mal darüber verteilt werden. Da neben diesem Block jeweils eine Doppelbindung frei bleiben muß, kann man zwei Fälle für die Verteilung der restlichen $(m-j)$ Halogenmoleküle unterscheiden. Befindet sich der Block am Ende der Polymerkette, bleiben $(n-j-1)$ freie Doppelbindungen übrig, über die $(m-j)$ permutiert wird. Das sind $\binom{n-j-1}{m-j}$ Anordnungsmöglichkeiten. Liegt der j-Block im Inneren der Polymerkette, bleiben nur $(n-j-2)$ freie, nicht unmittelbar an die bereits halogenierten Einheiten angrenzende Doppelbindungen für eine weitere Halogenierung übrig. Das ergibt für die restlichen $(m-j)$ Halogenmoleküle $\binom{n-j-2}{m-j}$ Anordnungsmöglichkeiten. Die Summe dieser Möglichkeiten ist die Gesamtzahl aller Möglichkeiten, einen j-Block zu bilden.

$$N_j = 2 \cdot \binom{n-j-1}{m-j} + (n-j-1)\binom{n-j-2}{m-j} \qquad [2a]$$

bzw. nach Umformung

$$N_j = \binom{n-j-1}{m-j}(n-m+1). \qquad [2b]$$

Die Wahrscheinlichkeit des Auftretens eines j-

Blockes ergibt sich zu

$$w_j = \frac{N_j}{\sum\limits_{j=1}^{m} N_j} = \frac{\binom{n-j-1}{m-j}}{\sum\limits_{j=1}^{m}\binom{n-j-1}{m-j}}. \qquad [3]$$

Mit $\sum\limits_{j=1}^{m}\binom{n-j-1}{m-j} = \binom{n-1}{m-1}$ vereinfacht sich Gl. [3] zu

$$w_j = \frac{\binom{n-j-1}{m-j}}{\binom{n-1}{m-1}}. \qquad [4]$$

Gl. [4] gibt die Sequenzverteilung der halogenierten Blöcke an.

Sind n und m sehr viel größer als j – und diese Annahme ist bei Polymermolekülen für nicht zu großes φ zulässig, geht Gl. [4] über in

$$w_j = (1-\varphi)\,\varphi^{j-1}. \qquad [5]$$

w_j in Gl. [5] ist identisch mit der Wahrscheinlichkeit des Auftretens einer Molfraktion der Größe j bei linearen Kondensationspolymeren, wie sie von *Flory* (8) definiert wurde. Um die zur Auswertung oft günstigere Verteilungsfunktion der in den einzelnen j-Blöcken enthaltenen Monomereinheiten zu erhalten, muß w_j mit j, d. h. mit der Anzahl der im Block enthaltenen Monomereinheiten, multipliziert werden, worauf man die Summe wieder auf 1 normiert. Mit $\Sigma j \cdot w_j = \frac{n}{n-m+1}$ ergibt sich die Wahrscheinlichkeit W_j, daß eine halogenierte Einheit in einem j-Block auftritt.

$$W_j = \left(1 - \frac{m-1}{n}\right) \cdot j \cdot w_j \qquad [6]$$

für $m \gg 1$ kann man $\frac{m-1}{n} \approx \frac{m}{n} = \varphi$ setzen. Damit geht Gl. [6] über in

$$W_j = (1-\varphi) \cdot j \cdot w_j = (1-\varphi)^2 \cdot \varphi^{j-1} \cdot j. \qquad [7]$$

Gl. [7] entspricht der für die Gewichtsfraktion bei Kondensationspolymeren von *Flory* (8) und *Schulz* (9) berechneten Verteilung und gibt im vorliegenden Fall den Bruchteil aller Monomereinheiten an, die sich in einem j-Block befinden.

Beim Abbau der partiell halogenierten Polymeren durch Olefin-Metathese muß man für die Berechnung der zu erwartenden Bruchstücksverteilung berücksichtigen, daß für jedes Bruchstück eine zusätzliche nicht halogenierte Doppelbindung an beiden Seiten des j-Blocks benötigt wird.

Bezogen auf den Gehalt des Bruchstücks an Monomereinheiten heißt das, daß in jedem einen *j*-Block enthaltenden Abbauprodukt eine weitere Monomereinheit enthalten ist. W_j muß daher mit $\dfrac{j+1}{j}$ multipliziert und neuerlich normiert werden. Man erhält dann die Verteilungsfunktion

$$Z_j = (1-\varphi)^2 \cdot \varphi^j \cdot (j+1). \qquad [8]$$

Z_j gibt den Bruchteil aller ursprünglich vorhandenen Monomereinheiten *n* an, der in einem Metathese-Abbauprodukt mit *j* benachbart halogenierten Einheiten wiedergefunden werden kann, wenn alle nicht halogenierten Doppelbindungen gespalten sind. Für *j* = 0 ergibt sich der in den Abbauprodukten wiederfindbare Anteil der unmodifizierten Einheiten.

3. Experimentelles

Die Herstellung der partiell halogenierten Polymeren erfolgte wie früher beschrieben (2, 5). Polybutadien (Buna CB® der Chemische Werke Hüls AG, > 97% cis-1,4-Gehalt) wurde in Methylenchlorid bromiert oder chloriert. Der Brom- bzw. Chlorgehalt der Produkte wurde durch Elementaranalyse bestimmt, wodurch man den Modifizierungsgrad φ erhielt.

Der Metathese-Abbau des partiell bromierten Polymeren erfolgte mit 2-Buten in einer speziellen Druckapparatur (10). Alle Arbeitsgänge wurden unter nachgereinigtem Stickstoff ausgeführt. Zunächst wurden 0,035 mmol WCl_6 (in Benzol) vorgelegt. Man entfernte das Lösungsmittel durch Anlegen eines Vakuums. Anschließend wurde auf −15 °C thermostatisiert. Dann wurden 40,3 mmol 2-Buten eingefüllt. Man gab 260,0 mg des Polymeren zu und rührte stark. Danach wurden 0,245 mmol $C_2H_5AlCl_2$ (in *n*-Hexan) zugesetzt. Nach 25 min bei −15 °C wurde innerhalb von 10 min auf 30 °C erwärmt. Nach 30 min Reaktionszeit bei 30 °C wurde wieder auf −15 °C abgekühlt, worauf man die Reaktion mit etwas Isopropanol abbrach und 0,590 mmol *n*-Undecan (innerer Standard für die Gaschromatographie) zusetzte.

Beim Abbau des partiell chlorierten Polymeren wurde ähnlich verfahren wie früher beschrieben (2). 40,0 mg des Produktes wurden in 2,0 ml Gemisch aus 3,66 mmol trans-4-Octen und 0,054 mmol *n*-Tetradecan (innerer Standard für die Gaschromatographie) in einer mit Stickstoff durchspülten Apparatur (2) gelöst. Es wurden 0,0050 mmol WCl_6 (in Chlorbenzol) und 0,030 mmol $C_2H_5AlCl_2$ (in *n*-Hexan) zugegeben. Nach einer Reaktionszeit von 30 min bei 20 °C wurde die Reaktion durch Zugabe einiger Tropfen Äthanol gestoppt.

Unter den hier angegebenen Bedingungen wurde jeweils zum Vergleich auch unmodifiziertes Polybutadien umgesetzt. Die gaschromatographische Analyse aller Reaktionsgemische erfolgte wie an anderer Stelle beschrieben (2, 5−7).

4. Versuchsergebnisse und Diskussion

Die beim Abbau von partiell halogeniertem 1,4-Polybutadien in den Gaschromatogrammen der Reaktionsmischungen auftretenden, quantitativ auswertbaren Abbauprodukte sind in Tab. 1 zusammengestellt. Aus dem partiell bromierten 1,4-Polybutadien entstehen mit 2-Buten 2,6-Octadien (**1**), 2,6,10-Dodecatrien (**2**), 6,7-Dibrom-2,10-dodecadien (**3**) und 6,7-Dibrom-2,10,14-hexadecatrien (**4**). Partiell chloriertes 1,4-Polybutadien ergibt mit 4-Octen die Abbauprodukte 4,8-Dodecadien (**5**), 4,8,12-Hexadecatrien (**6**), 8,9-Dichlor-4,12-hexadecadien (**7**), 8,9-Dichlor-4,12,16-eicosatrien (**8**) und 8,9,12,13-Tetrachlor-4,16-eicosadien (**9**).

Da mit einem großen Überschuß an niedermolekularem Olefin abgebaut wird, sind die in anderen Untersuchungen (2, 5−7) zusätzlich gefundenen höhermolekularen Produkte in ihrer Konzentration zu vernachlässigen. Beim bromierten Polybutadien handelt es sich hier um 2,6,10,14-Hexadecatetraen und 6,7-Dibrom-2,10,14,18-eicosatetraen bzw. beim chlorierten Polybutadien um 4,8,12,16-Eicosatetraen, 8,9-Dichlor-4,12,16,20-tetracosatetraen, 12,13-Dichlor-4,8,16,20-tetracosatetraen und 8,9,12,13-Tetrachlor-4,16,20-tetracosatrien etc. Das im Gaschromatogramm ebenfalls nachweisbare, einem Wert von *j* = 3 entsprechende Produkt 8,9,12,13,16,17-Hexachlor-4,20-tetracosadien ist in der Konzentration zu gering für eine quantitative Auswertung.

Bereits aus dem Auftreten und Nichtauftreten bestimmter Metathese-Abbauprodukte lassen sich qualitative Rückschlüsse auf die Anordnung der Halogenatome ziehen.

So folgt aus dem Vorkommen der halogenhaltigen Abbauprodukte **3**, **4**, **7**, **8** und **9**, daß das Halogen nicht ausschließlich in größeren Blöcken (vgl. II) gebunden sein kann. Die Bildung von Blockstrukturen hatten *Dall'Asta* et al. (11) bei der Untersuchung der Chlorierung von Polyalkenylenen und entsprechenden niedermolekularen Modellverbindungen wahrscheinlich gemacht.

Das Auftreten von **9** beweist für das chlorhaltige Polymere, daß nicht ausschließlich eine alternierende Anordnung (III) gegeben sein kann. Aus dem Fehlen des zu **9** analogen bromierten Produktes 6,7,10,11-Tetrabrom-2,14-hexadecadien (*j* = 2) könnte man schließen, daß bei der Bromierung keine statistische (I), sondern eine alternierende Anordnung (III) vorliegt. Der gleiche Sachverhalt kann aber auch dadurch zustande kom-

Tabelle 1. Bei der Auswertung berücksichtigte Metathese-Abbauprodukte

a) Abbau von partiell bromiertem 1,4-Polybutadien mit 2-Buten

$CH_3 - CH = CH - (CH_2)_2 - CH = CH - CH_3$ **1**

$CH_3 - CH = CH - (CH_2)_2 - CH = CH - (CH_2)_2 - CH = CH - CH_3$ **2**

$CH_3 - CH = CH - (CH_2)_2 - CHBr - CHBr - (CH_2)_2 - CH = CH - CH_3$ **3**

$CH_3 - CH = CH - (CH_2)_2 - CHBr - CHBr - (CH_2)_2 - CH = CH - (CH_2)_2 - CH = CH - CH_3$ **4**

darin enthaltene Polymerbruchstücke:

$= CH - (CH_2)_2 - CH =$ $j = 0$

$= CH - (CH_2)_2 - CHBr - CHBr - (CH_2)_2 - CH =$ $j = 1$

b) Abbau von partiell chloriertem 1,4-Polybutadien mit 4-Octen

$C_3H_7 - CH = CH - (CH_2)_2 - CH = CH - C_3H_7$ **5**

$C_3H_7 - CH = CH - (CH_2)_2 - CH = CH - (CH_2)_2 - CH = CH - C_3H_7$ **6**

$C_3H_7 - CH = CH - (CH_2)_2 - CHCl - CHCl - (CH_2)_2 - CH = CH - C_3H_7$ **7**

$C_3H_7 - CH = CH - (CH_2)_2 - CHCl - CHCl - (CH_2)_2 - CH = CH - (CH_2)_2 - CH = CH - C_3H_7$ **8**

$C_3H_7 - CH = CH - (CH_2)_2 - CHCl - CHCl - (CH_2)_2 - CHCl - CHCl - (CH_2)_2 - CH = CH - C_3H_7$ **9**

darin enthaltene Polymerbruchstücke:

$= CH - (CH_2)_2 - CH =$ $j = 0$

$= CH - (CH_2)_2 - CHCl - CHCl - (CH_2)_2 - CH =$ $j = 1$

$= CH - (CH_2)_2 - CHCl - CHCl - (CH_2)_2 - CHCl - CHCl - (CH_2)_2 - CH =$ $j = 2$

men, daß beim partiell bromierten Polybutadien Bromierungsblöcke ($j \geq 2$) bevorzugt in Nebenreaktionen der Olefin-Metathese verbraucht werden, so daß es gar nicht zur Bildung der entsprechenden niedermolekularen Abbauprodukte

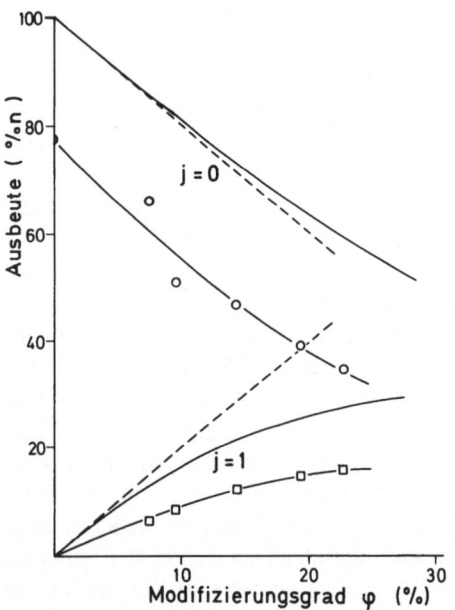

Abb. 1. Metathese-Abbau von partiell bromiertem 1,4-Polybutadien mit dem Modifizierungsgrad φ, Abhängigkeit der Ausbeute an Butandiyliden-Bruchstücken ($j = 0$) und 4,5-Dibromoctandiyliden-Bruchstücken ($j = 1$) in den Abbauprodukten; —— theoretische Ausbeute für eine statistische Verteilung, – – – theoretische Ausbeute für eine alternierende Verteilung, –O– experimentelle Ausbeute für $j = 0$, –□– experimentelle Ausbeute für $j = 1$.

kommt. Ähnliches wurde bereits für den Metathese-Abbau von partiell in α-Stellung mit N-Bromsuccinimid bromiertem 1,4-Polybutadien beschrieben, wo keine Abbauprodukte mit dem erwarteten Polymerbruchstück $= CH - CHBr - CH_2 - CH =$ gefunden werden konnten, das aber indirekt nach Austausch des Broms gegen Benzylgruppen nachgewiesen wurde (1).

Der Sachverhalt wurde auch quantitativ untersucht. Bei der Beurteilung der Resultate ist zu bedenken, daß auch unmodifiziertes 1,4-Polybutadien beim Metathese-Abbau mit niedermolekularen Olefinen nur unter optimalen Reaktionsbedingungen, insbesondere bei einem optimalen Mengenverhältnis der Katalysatorkomponenten, quantitativ (Ausbeute um 95%) wiedergefunden werden kann. Beim Metathese-Abbau von modifiziertem Polybutadien war die Ausbeute an niedermolekular wiedergefundenen Polymerbruchstücken in unseren Untersuchungen meist geringer, häufig nur bei ca. 50% (6, 7).

Nach dem Metathese-Abbau wurden die in Tab. 1 angegebenen Abbauprodukte **1** bis **4** (für partiell bromiertes 1,4-Polybutadien) sowie **5** bis **9** (für partiell chloriertes 1,4-Polybutadien) quantitativ bestimmt. Hieraus wurden die Ausbeuten an den darin enthaltenen, in Tab. 1 mit angegebenen Polymerbruchstücken Butandiyliden ($j = 0$, unmodifizierte Monomereinheiten des 1,4-Polybutadiens), 4,5-Dibromoctandiyliden ($j = 1$), 4,5-Dichloroctandiyliden ($j = 1$) und 4,5,8,9-Tetrachlordodecandiyliden ($j = 2$) ermittelt.

In den Abb. 1 und 2 sind die Ausbeuten an diesen Bruchstücken, sowohl die experimentellen als auch die für eine statistische Verteilung I nach Gl. [8] und für eine alternierende Verteilung III zu erwartenden Werte, über dem Modifizierungsgrad φ aufgetragen. Die Summe dieser Ausbeuten gibt den in Form niedermolekularer Abbauprodukte wiedergefundenen Anteil des Ausgangspolymeren an, der bei 50...80% liegt. Wie aus den Kurven ersichtlich, liegen die praktischen Ausbeuten stets niedriger, als es den theoretischen Verteilungen entspricht. Im Kurvenhabitus ist eine Übereinstimmung mit der statistischen Verteilung I zu erkennen, und zwar sowohl bei den Bromierungs- als auch bei den Chlorierungsprodukten. Die Messungen sprechen nicht dafür, daß die verminderte Ausbeute an halogenhaltigen Einheiten ($j=1$ und 2) durch das Vorliegen größerer halogenierter Blöcke gemäß II verursacht wird, weil unter den gegebenen Reaktionsbedingungen auch die Ausbeute an unmodifizierten Einheiten ($j=0$) stark vermindert ist. Ferner läßt sich aus Abb. 1 und 2 kein Hinweis auf das Vorliegen einer alternierenden Verteilung III entnehmen.

Die verminderte Ausbeute an Polymerbruchstücken kann man mit einem unvollständigen Abbau der Polymeren und mit Nebenreaktionen bei der Olefin-Metathese erklären.

Eine dieser Nebenreaktionen führte zu einem mit Äthanol aus dem Metathese-Reaktionsgemisch in wechselnder Menge fällbaren höhermolekularen Rückstand, der noch etwa 5...8% anorganische Bestandteile aus dem Metathese-Katalysator enthielt. Man könnte annehmen, daß dieser Rückstand überwiegend aus nicht umgesetztem partiell halogeniertem Polymeren besteht. Dem widerspricht das bei der Elementaranalyse gefundene Gewichtsverhältnis C/H = 7,0...7,3 gegenüber 8,0 bei reinem bzw. halogeniertem Polybutadien; der nicht weiter durch Olefin-Metathese abbaubare Rückstand hat also einen höheren Wasserstoffgehalt als das Ausgangspolymere. Der Halogengehalt war auf ca. 50...70% des Gehaltes im Ausgangspolymeren herabgesetzt. Im IR-Spektrum waren die vor dem Metathese-Abbau noch vorhandenen Doppelbindungsbanden bei 3010 cm⁻¹ und 730 cm⁻¹ beim Rückstand nicht mehr zu erkennen. Hingegen erschienen bei 1380 cm⁻¹ und 1440 cm⁻¹ neue Absorptionsbanden, die auf das Vorhandensein von CH_3-Gruppen hinweisen könnten. Eine mögliche Ursache für den Doppelbindungsverlust sind die bereits von *Pinazzi* et al. (12) beschriebenen Cyclisie-

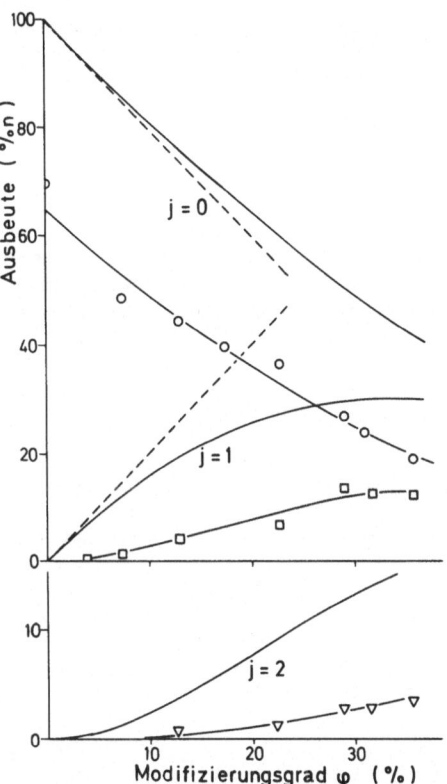

Abb. 2. Metathese-Abbau von partiell chloriertem 1,4-Polybutadien mit dem Modifizierungsgrad φ, Abhängigkeit der Ausbeute an Butandiyliden-Bruchstücken ($j=0$), 4,5-Dichloroctandiyliden-Bruchstücken ($j=1$) und 4,5,8,9-Tetrachlordodecandiyliden-Bruchstücken ($j=2$) in den Abbauprodukten;——theoretische Ausbeute für eine statistische Verteilung, ——— theoretische Ausbeute für eine alternierende Verteilung, −○− experimentelle Ausbeute für $j=0$, −□− experimentelle Ausbeute für $j=1$, −▽− experimentelle Ausbeute für $j=2$.

rungsreaktionen. Das verminderte C/H-Gewichtsverhältnis und das Auftreten von CH_3-Gruppen wären dann damit zu erklären, daß bei der Cyclisierung auch etwas zum Metathese-Abbau eingesetztes Olefin mit eingebaut wird.

Die Untersuchung wurde im Rahmen eines vom Fonds zur Förderung der wissenschaftlichen Forschung (Wien) unterstützten Arbeitsprogrammes ausgeführt.

Zusammenfassung

An einen Teil der Doppelbindungen von 1,4-Polybutadien wird Brom bzw. Chlor addiert. Die Polymeren werden durch Metathese mit 2-Buten bzw. 4-Octen abgebaut. Für die statistische Anlagerung wird eine Verteilungsfunktion für die Länge der halogenierten Sequenzen abgeleitet und an den Abbau mittels Olefin-Metathese angepaßt. Nach den experimentellen Ergebnissen ist eher eine statistische Addition des Halogens als eine Addition in Blöcken oder eine alternierende Verteilung anzunehmen.

Summary

Bromine resp. chlorine is added to a part of the double bonds of 1,4-polybutadiene. The polymers are degraded by metathesis with 2-butene and 4-octene. A distribution function for the length of the halogenated sequences according to a statistical addition is deduced and adapted to the degradation by olefin metathesis. According to the experimental results a statistical addition of the halogen is more plausible than an addition in blocks or an alternating distribution.

Literatur

1) *Hummel, K., W. Kathan, I. Kovar* und *O. A. Wedam,* Kautschuk u. Gummi, Kunststoffe **30,** 7 (1977).
2) *Thummer, R., F. Stelzer* und *K. Hummel,* Makromol. Chem. **176,** 1703 (1975).
3) *Hummel, K.* und *W. Ast,* Makromol. Chem. **166,** 39 (1973).
4) *Stelzer, F., R. Thummer* und *K. Hummel,* Colloid & Polymer Sci. **255,** 664 (1977).
5) *Stelzer, F., R. Thummer, D. Wewerka* und *K. Hummel,* Kolloid-Z. u. Z. Polymere **251,** 772 (1973).
6) *Thummer, R.,* Dissertation, TU Graz 1975.
7) *Stelzer, F.,* Dissertation, TU Graz 1975.
8) *Flory, P. J.,* Principles of Polymer Chemistry, Cornell University Press, Ithaca (N.Y.) 1953.
9) *Schulz, G. V.,* Z. Physik. Chem. **B 43,** 25 (1939).
10) *Wewerka, D., R. Thummer* and *K. Hummel,* Chemie-Ing.-Techn. **45,** 1174 (1973).
11) *Dall'Asta, G., P. Meneghini* und *U. Gennaro,* Makromol. Chem. **154,** 291 (1972).
12) *Pinazzi, C. P., J. C. Soutif* und *J. C. Brosse,* European Polym. J. **11,** 523 (1975).

Anschrift der Verfasser:

F. Stelzer, K. Hummel
Ordinariat für Organisch-chemische Technologie der Technischen Universität Graz,
Stremayrgasse 16
A-8010 Graz

R. Thummer
Fa. Borregaard Ltd.,
A-5400 Hallein

Progr. Colloid & Polymer Sci. **66**, 417–432 (1979)
© 1978 by Dr. Dietrich Steinkopff Verlag GmbH & Co. KG, Darmstadt
ISSN 0340-255 X

Institut für Pharmakognosie und Analytische Phytochemie der Universität des Saarlandes, D-6600 Saarbrücken

Thermofraktographie zur Schnellanalyse von Kunststoffen

5. Mitt.: Identifizierung der Härter von Epoxidharzen

V. Brüderle und *Egon Stahl*

Mit 13 Abbildungen und 6 Tabellen

(Eingegangen am 31. Juli 1978)

1. Einleitung

In der 4. Mitteilung wurde über die Schnellidentifizierung der Basiskomponenten von Epoxidharzen (1) mittels Thermofraktographie (TFG) berichtet. Bei diesen Untersuchungen zeigte sich, daß die zur Analyse der Basiskomponenten vorteilhaften TFG- und DC-Bedingungen nur bedingt und in Einzelfällen die Erkennung der Härterkomponenten vernetzter Polymerer erlauben. Die Kenntnis der Härtertypen ist jedoch von großem analytischem Interesse, da als Werkstoffe (2–4) entweder ausgehärtete Systeme Verwendung finden oder die Aushärtung durch Zumischen der entsprechenden Äquivalente des Vernetzungsmittels während der Verarbeitung erfolgt. In beiden Fällen haben Art und Menge des verwendeten Härters erheblichen Einfluß auf die technischen, mechanischen und thermischen Eigenschaften des gebildeten Polymermaterials. Die Härteranalyse hat daher eine große Bedeutung für die Überwachung und Steuerung des Produktions- und Verarbeitungsprozesses von Epoxidharzen. Die analytische Kontrolle der Endprodukte im Hinblick auf Basiskomponenten und Härter bietet neben der Bestimmung physikalischer Kenndaten hauptsächlich Gewähr für gleichbleibende Qualität und Einheitlichkeit des erhaltenen Polymermaterials. Solche Identitätsuntersuchungen ermöglichen es einerseits, Abwandlungen oder Verfälschungen der eingesetzten Rohstoffe, andererseits synthesebedingte Abweichungen der Polymer-Zusammensetzung zu erkennen. Dazu sind schnelle, effektive und wirtschaftliche Prüfverfahren auf chemischer oder physikalisch-chemischer Grundlage von großem Wert.

2. Stand der Härter-Analytik

Spezielle Verfahren zur Erkennung und Unterscheidung der Härter von Epoxidharzen sind bislang kaum bekannt. Meist erfolgt ihre Identifizierung im Rahmen der Analyse der Basiskomponenten (6–22). Dabei gelingt in Einzelfällen die direkte IR-spektroskopische Bestimmung des Härter-Typs anhand charakteristischer „Fingerprint"-Banden (5–7). Verbesserungen in bezug auf die Differenzierbarkeit einzelner Härtergruppen werden bei der IR-Untersuchung der Thermolysate gehärteter Epoxidharze erzielt (8–11). Die vorherige chromatographische Auftrennung der Harz-Thermolysate mittels GC (10–16) und DC (11, 13, 17–21) bedeutet einen weiteren Fortschritt auf dem Weg zur gezielten Kennzeichnung der Härter. Das Bemühen um eine selektive Härter-Analyse hat schließlich zur chemischen Vorfraktionierung (9, 11, 21, 22) der Thermolysat-Komponenten in saure, basische und neutrale Bestandteile geführt und damit die Richtung für eine Gruppenabtrennung der basischen Härterklassen von den phenolischen Basiskomponenten gewiesen. Trotz dieser unverkennbaren Erfolge bei der analytischen Erfassung der Härtungskomponenten von Epoxidharzen weisen die genannten Identifizierungsmethoden erhebliche Lücken auf. Unsicher bleibt beispielsweise die Differenzierung innerhalb der gleichen Härterklasse (8, 12, 14, 16–19) und ungelöst der Nachweis Polyalkylenpolyamin-gehärteter Systeme (8, 12, 16, 18). Darüber hinaus ist das Problem einer spezifisch Härter-bezogenen Analytik weiter offen. Eine methodische Ergänzung und Erweiterung der Analysentechnik ist daher wünschenswert. Folgende Nachteile eingeführter Verfahren sind u. E. verbesserungsfähig:

1. Der Direkt-Transfer des Thermolysats von der Thermolyseeinheit zum Trenn- und Identifizierungssystem ist nur bei der Pyrolyse-GC verwirklicht und hat dort erheblichen apparativen Aufwand zur Folge.
2. Die Gruppenabtrennung der Härter von den Basiskomponenten durch thermische oder chemische Vorfraktionierung erfordert bisher schwierige und langwierige Manipulationen.
3. Eine einfache, leistungsfähige und wirtschaftliche Schnellanalysenmethode der Härter für die Routine-Analytik im Kontrollabor ist bislang nicht gegeben.
4. Der selektive Nachweis der Härter ist nur in Einzelfällen möglich und schließt Unsicherheiten in der Bewertung des Analysenergebnisses nicht aus.
5. Zeit- und Probenbedarf (> 10 mg) entsprechen nicht den heute üblichen mikroanalytischen Forderungen.

3. Thermofraktographie

3.1. Arbeitsmethodik und Anwendungsbereich

Bei der Thermofraktographie (TFG) (23) handelt es sich im Prinzip um ein kontinuierliches thermisches Extraktions- und Fragmentierungsverfahren im Temperaturgradient von 50–450 °C, dem eine adäquate Trenn- und Detektionsmethode für die Komponenten des Transfergutes – die Dünnschicht-Chromatographie (24) – unmittelbar nachgeschaltet ist. Die Einzelheiten der Versuchsanordnung und Arbeitsweise sind eingehend beschrieben (23, 25, 26). Für die Polymeranalyse (27) hat sich die TFG als besonders tauglich erwiesen, wie durch Untersuchungen an Biopolymeren (28–30) und

Kunststoffen (1, 31–33) gezeigt werden konnte. Die entscheidenden Vorzüge der TFG liegen nach den dabei gemachten Erfahrungen in der Möglichkeit, makromolekulare Stoffe kontinuierlich im Temperaturgradient zu depolymerisieren (= Gradient-Degradation) und die jeweils entstehenden Fragmentierungsprodukte fraktioniert und unverzüglich unter schonendsten Bedingungen im Direkt-Transfer der DC zuzuführen. Der Anwendung der TFG zur Schnellanalyse von Hochpolymeren (34) sind nur insofern Grenzen gesetzt, als die thermischen Abbauprodukte verdampfbar und somit flüchtig sein müssen (23, 25, 26, 30–34) und nach dem Abtransport aus dem Thermolysebereich wieder auf der DC-Schicht kondensieren sollen. Polymere, die dagegen bei der Degradation ausschließlich hochflüchtige oder gasförmige Fragmente liefern, können mit der TFG nicht erfaßt werden, sondern müssen mit Hilfe einer speziellen TAS-GC-Kopplung (35, 36) analysiert werden.

3.2 Arbeitstechniken der TFG

3.2.1 Thermolyse im Temperaturgradient

Im Routinebetrieb wird die Schnellanalyse von Hochpolymeren (vorzugsweise Homopolymere) mit der TFG (34) durch Thermolyse im Temperaturgradient durchgeführt. Nach der DC wird ein sogenanntes Thermofraktogramm (TFG) erhalten. Darauf liegen die Thermolyseprodukte zonenförmig getrennt vor, und zwar in Abszissenrichtung in Abhängigkeit ihrer Flüchtigkeitstemperatur und in Ordinatenrichtung in Abhängigkeit ihrer Polarität. Da die thermischen Abbauprodukte von Polymeren in der Regel charakteristisch für deren Zusammensetzung sind, kann aus Art, Zahl, Lage und Nachweisreaktion der sie repräsentierenden TFG-Zonen zwanglos auf die jeweilige Polymerklasse und meist auch auf den Typ rückgeschlossen werden. Als Ergebnis der thermisch kontrollierten Degradation von Makromolekülen wird demnach ein in die Ebene ausgebreitetes Bild ihrer Grundbausteine erhalten.

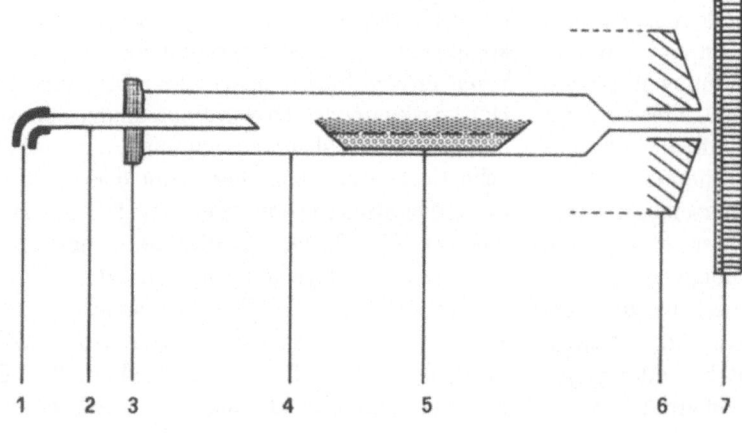

Abb. 1. Längsschnitt durch eine TAS-Patrone im TAS-Ofen mit eingeführtem Nickelschiffchen zur Alkalischmelze.
1 Trägergas Reinstickstoff, 2 Injektionskanüle, 3 Siliconmembran, 4 TAS-Patrone, 5 Reaktionsschiffchen aus Nickel, 6 Ofenblockspitze, 7 DC-Schicht auf Träger-Glasplatte.

3.2.2 Alkalispaltung – Isotherm und im Temperaturgradient

Die Alkalispaltung von zusammengesetzten Polymeren (vornehmlich Polykondensate und Polyaddukte) hat sich bereits mehrfach (31, 34) zum Aufschluß und zur chemischen Vortrennung der Polymer-Bestandteile bewährt. Die hydrolytische Spaltung in einer Alkalischmelze ist nach geringfügiger Modifikation des Probenbehälters (s. a. Abb. 1 und Exper. Teil) leicht in der TFG-Apparatur, dem Tasomat (23, 26, 31, 34) durchführbar.

Bei der Hydrolyse im Temperaturgradient erfolgt die Abtrennung und Auftragung flüchtiger, basischer Komponenten kontinuierlich bei der jeweiligen Hydrolysetemperatur. Aus den so gewonnenen TFG sind die optimalen Aufschluß-temperaturen leicht zu entnehmen. In der Regel beginnt die Alkalispaltung in die betreffenden Hydrolyseprodukte im annähernd gleichen Temperaturintervall, sofern die Polymeren der gleichen Gruppe angehören und ihre Bausteine chemisch nahe verwandt sind. Darum genügt zur Differenzierung innerhalb einer Polymergruppe gewöhnlich eine isotherme Alkalispaltung im günstigsten Aufschlußtemperaturbereich und punkt-oder strichförmige Auftragung der dabei transferierbaren Polymer-Bestandteile. Die eventuell in der Alkalischmelze verbliebenen, salzbildenden, sauren Hydrolyseprodukte können nach Ansäuern mit o-Phosphorsäure ebenfalls ohne Schwierigkeiten isotherm transferiert werden. Die optimalen Transfertemperaturen aus der angesäuerten Schmelze können analog, wie für die Alkalispaltung beschrieben, durch TFG-Analyse ermittelt werden. Mit diesen Varianten der TFG ist erstmals eine klassisch-chemische Vorfraktionierung von Polymer-Komponenten unter Thermolyse-Bedingungen in direkter Kopplung mit der DC im Mikromaßstab möglich.

4. Untersuchungsziel und Ausgangsmaterial

Gestützt auf die günstigen Ergebnisse bei der Schnellanalyse von Polykondensaten (31), Phenolharzen (32) und Vinylpolymeren (33) wurde die TFG erfolgreich zur Identifizierung der Basiskomponenten von Epoxidharzen (1) eingesetzt. Es lag daher nahe, mit dieser Methode die Kennzeichnung der Härterkomponenten gehärteter Polyepoxide zu versuchen, zumal bislang kein zuverlässiges, allgemein anwendbares Verfahren zur analytischen Erfassung dieser Substanzklasse be-

kannt ist. Für eine befriedigende Lösung dieses Problems galt es zunächst, Möglichkeiten zu einer gruppenmäßigen Bestimmung der verschiedenen Härter zu untersuchen. Im Anschluß daran stellte sich die Aufgabe, einzelne Härter-Typen sicher zu unterscheiden.

Als Untersuchungsmaterial dienten technische und labormäßig gehärtete Epoxidharze auf Basis Bisphenol A. Für diese Untersuchungen wurden aus der Fülle gebräuchlicher Vernetzungsmittel typische Vertreter der meistverwendeten Härterklassen ausgewählt. Im einzelnen handelte es sich um m-Phenylendiamin (m-PDA), 4.4′-Diaminodiphenylmethan (DDM) und 4.4′-Diaminodiphenylsulfon (DDS) aus der Gruppe der heißhärtenden aromatischen Diamine. Als weitere Heißhärter wurden Maleinsäureanhydrid (MSA), Phthalsäureanhydrid (PSA), Hexahydrophthalsäureanhydrid (HPA) und 3-Methylhexahydrophthalsäureanhydrid (MHPA) aus der Reihe der Dicarbonsäureanhydride untersucht. Von den kalthärtenden aliphatischen Aminen wurden Polyaddukte mit Diäthylentriamin (DETA), Triäthylentetramin (TETA), Pentaäthylenhexamin (PEHA) und 4.4′-Methylenbis[2-Methylcyclohexylamin] (MBCA) bearbeitet. Ferner war die Erkennung von Dicyandiamid (DICY) als Prototyp eines latenten Heißhärters von Interesse.

5. Gruppenanalyse von Epoxidharz-Härtern

Zur Ermittlung der Gruppenzugehörigkeit eines Härters genügt im allgemeinen die DC-Identifizierung seiner thermischen Folgeprodukte nach einer Thermolyse des entsprechenden Polyadukts im Temperaturgradient. Brauchbare analytische Erkennungsmerkmale resultieren dabei einmal aus der Verwendung geeigneter „Leitfließmittel" (1, 31), zum andern aus der gruppenspezifischen Detektion der einzelnen Härterklassen durch selektive Nachweisreaktionen (1, 24–26, 28–34). Die freie Verfügbarkeit über diese Parameter bedingt im Zusammenspiel mit der milden, schrittweise fortschreitenden Degradation die gute Anpassungsfähigkeit der TFG an die unterschiedlichsten Anforderungen der Polymeranalyse (27). Bei sinnvoller Abstimmung der chromatographischen Bedingungen einschließlich der Detektionsmethode auf das vorgegebene Trennproblem und systematischer, sukzessiver Durchführung von alternativen Analysenschritten ergeben sich aus den entsprechend behandelten Thermofraktogrammen zwangsläufig Anhaltspunkte für die verwendete Härtergruppe. Zuvor sind jedoch für jede der vier in Betracht kommenden Härterklassen die optimalen TFG- und DC-Bedingungen zu ermitteln und gruppenspezifische Nachweise zu erproben. Dazu sind nachfolgend vier Beispiele angeführt.

5.1 TFG des DDM-gehärteten BA-EP-Harzes

Als identifizierte Thermolyseprodukte treten Anilin (Zone 1), p-Toluidin (Zone 2) und der regenerierte Härter DDM (Zone 3) im TFG auf. Bemerkenswert ist der relativ späte Thermolysebeginn ab 350 °C. Die einschlägigen Angaben für die m-PDA- und DDS-gehärteten Systeme sind der Tab. 1 zu entnehmen.

5.2 TFG des MBCA-gehärteten BA-EP-Harzes

Von den aliphatischen Aminen (Formeln Abb. 11) ergibt nur der MBCA-gehärtete Typ bei der TFG chromatographierbare Spaltprodukte. Neben weniger polaren Härterfragmenten (Zonen 1–4) erscheint der rückgebildete Härter (Zone 5) in Startnähe auf dem TFG. Auffallend ist gegenüber aromatischen Aminen die erhöhte Stabilität dieses Härter-Typs, was sich im Auftreten von TFG-Zonen erst über 250 °C zeigt. Im Gegensatz zu den unter Thermolysebedingungen beständigen Polyalkylenpolyamin-gehärteten BA-EP-Harzen steht MBCA als cycloaliphatisches Amin strukturell eher den aromatischen Diaminen vom Typ DDM nahe. Es ist darum nicht verwunder-

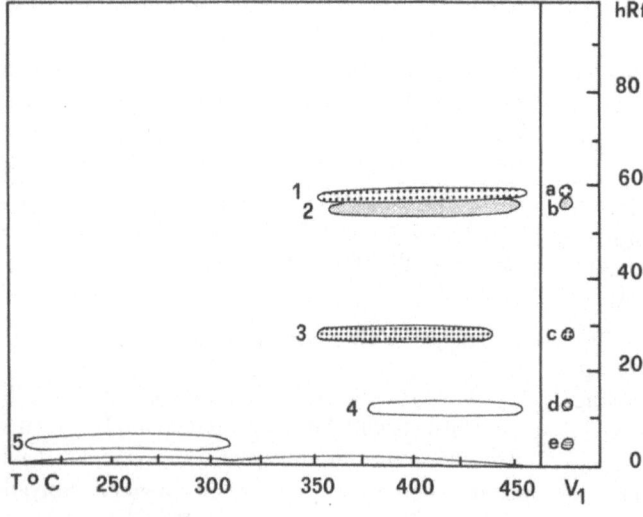

Abb. 2. TFG von 3 mg DDM-gehärtetem Bisphenol A-Epoxidharz (BA-EP). Der Zerfall der Härtersegmente in einzelne Bruchstücke erfolgt fast gleichzeitig.
1 Anilin, 2 4-Toluidin, 3 4.4′-Diaminodiphenylmethan (DDM); V_1 = Vergleichsgemisch: a = 1, b = 2, c = 3, d m-Phenylendiamin (m-PDA), e 4.4′-Diaminodiphenylsulfon (DDS). DC: Standardmethode, KS, Kieselgel 60 HF$_{254}$-GF$_{254}$ (1+1), Fließmittel Toluol-Aceton-Ammoniak 25% (80+20+1), 1×10 cm, Nachweis Fluorescamin (42–44).
Die dabei erzeugten intensiven Fluoreszenzfarben im UV$_{366}$ sind ebenso wie die Anfärbung mit anderen Detektionsmitteln durch die unterschiedliche Schraffierung der einzelnen TFG-Zonen gekennzeichnet und gelten bei gleicher Identität für sämtliche Abbildungen dieser Arbeit. *Nach Detektion mit Nachweisreagentien anfärbbare oder im UV$_{366}$ fluoreszierende Zonen sind waagerecht umstrichelt und tragen die betreffende Farbbezeichnung; im UV$_{254}$ fluoreszenzmindernde Zonen sind umrandet.*

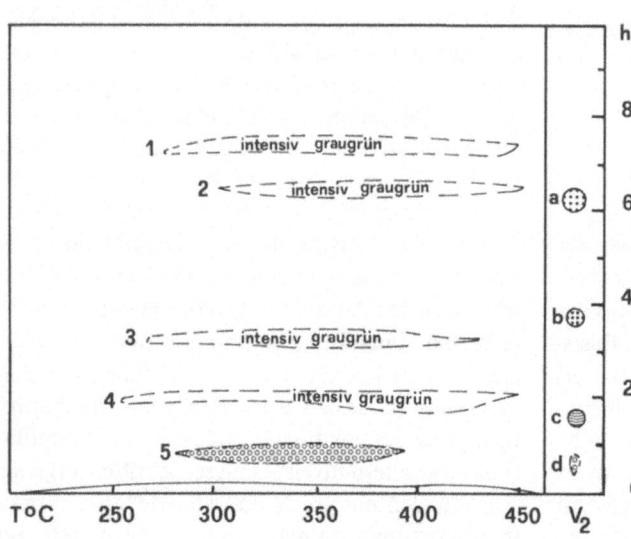

Abb. 3. TFG von 5 mg MBCA-gehärtetem BA-EP-Harz. Man beachte das für aliphatische Amine ungewöhnliche Auftreten N-haltiger Thermolyseprodukte.
5 4.4′-Methylenbis[2-Methylcyclohexylamin] (MCBA); V_2 = Vergleichsgemisch; a Anilin, b DDM, c DDS, d MBCA. DC und Nachweis wie in Abb. 2.

lich, wenn das hiermit vernetzte Harz thermisch abbaubar ist und die entsprechenden Fragmente im eigentlichen für die DC aromatischer Amine bestimmten Fließmittel (s. Tab. 1) aufzutrennen sind.

5.3 TFG des MHPA-gehärteten BA-EP-Harzes

Die Thermolyse Dicarbonsäureanhydrid-gehärteter Bisphenol A-Diglycidyläther verläuft, wie auch an diesem Beispiel ersichtlich, sehr einheitlich. Es entstehen generell die entsprechenden Dicarbonsäuren, die mit einer Ausnahme (PSA) von ihren Anhydriden begleitet sind (s. Tab. 2). Bei Verwendung eines zur schnellen Trennung von Dicarbonsäuren geeigneten Fließmittels (31) (I, Tab. 2) wandern die sauren, phenolischen Fragmente der Basiskomponenten zwar auch, doch befinden sie sich ausnahmslos im oberen hRf-Bereich. Zudem bleiben sie bei der säurespezifischen Detektion mit Bromkresolgrün unsichtbar und stören daher deren Nachweis nicht. Darum sind auf obigem TFG nur MHPA (Zone 1) und MHPS (Zone 2) als Abbauprodukte zu beobachten. Da Anhydrid-gehärtete Systeme keine freien Hydroxylgruppen mehr enthalten und darum nicht dehydratisieren können, setzt ihre Fragmentierung erst relativ spät (ab 250 °C) ein und erreicht erst bei Temperaturen oberhalb 350–400 °C ein Maximum.

Abb. 4. TFG von 3 mg MHPA-gehärtetem BA-EP-Harz. Neben 3-Methylhexahydrophthalsäure (MHPS) erscheint auch etwas später 3-Methylhexahydrophthalsäureanhydrid (MHPA).
1 MHPA, 2 MHPS; V_3 = Vergleichsgemisch: a = 1, b Phthalsäureanhydrid (PSA), c Maleinsäureanhydrid (MSA), d = 2, e Fumarsäure (FS), f Phthalsäure (PS), g Maleinsäure (MS). DC: Standardmethode, KS, Kieselgel 60 HF$_{254}$-GF$_{254}$ (1 + 1), FM Chloroform-Essigester-Ameisensäure (49 + 49 + 2), 1 × 10 cm, Nachweis Bromkresolgrün-Indikatorlösung (24), gelbe Zonen auf blauem Grund.

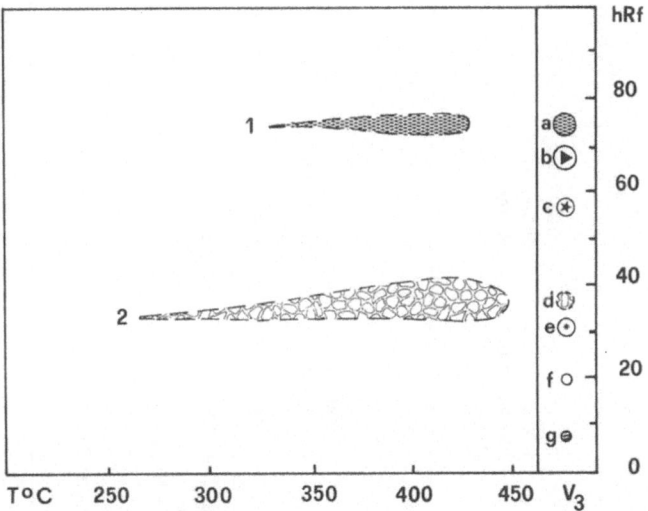

Abb. 5. TFG von 6 mg DICY-gehärtetem BA-EP-Harz. Im Polyaddukt verbliebener Härter erscheint bereits ab 50 °C als vorderste Teilzone auf dem TFG.
1 Cyanamid, 3 a, b, c Dicyandiamid (DICY), 5 Melamin; V_4 = Vergleichsgemisch: a = 1, b = 3, c Harnstoff, d = 5, e Guanylharnstoff (Dicyandiamidin), f Guanidin. DC: Standardmethode, NS, Kieselgel 60 HF$_{254}$-GF$_{254}$ (1 + 1), FM Pyridin-Benzol-Acetonitril-Wasser (25 + 40 + 30 + 3), 1 × 10 cm, Nachweis Chlor-o-Tolidin (24), violette und violett umrandete gelbe Zonen auf schwach violettem bis rosa-weißem Grund.

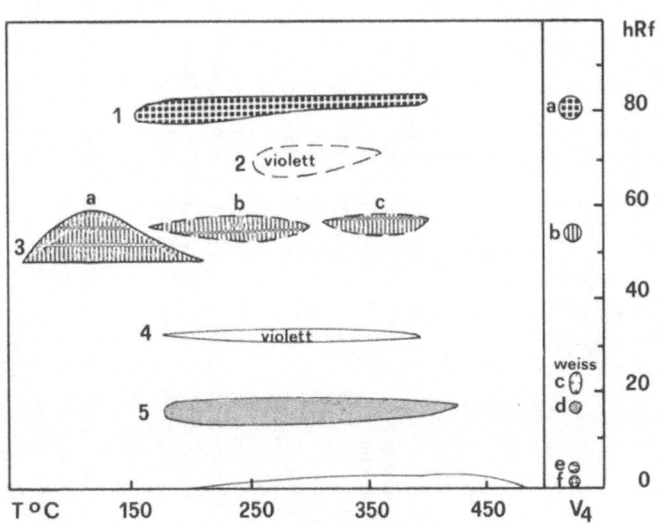

Tabelle 1. DC-Bedingungen für aromatische und cycloaliphatische Amine sowie TFG-Daten entsprechend gehärteter Epoxidharze (Thermolyse T und Alkalischmelze A)

	Schichten Fließmittel hRf-Werte			Nachweise			TFG-Zonenbeginn [°C]								Kp. [°C]
	I	II	III	Fluoresz.-minderung UV$_{254}$	Fluoreszenz UV$_{366}$ Fluorescamin-Reagenz	Anfärbung Ninhydrin-Reagenz	DDM T	DDM A	DDS T	DDS A	m-PDA T	m-PDA A	MBCA T	MBCA A	
Anilin	55–60	55–60	50–55	(+)	gelbgrün	weinrot	350	225	240	200	–	200	–	–	184
2-Toluidin	–	–	60–65	+	hellgrün	–	355	–	–	–	–	–	–	–	200 15 Torr
4-Toluidin	52–57	–	–	+	ockergrün	–	350	225	–	–	–	–	–	–	250
DDM	28–32	25–30	34–38	+	orangebraun	lila	–	–	–	–	–	–	–	–	175 Fp.
DDS	6–11	7–12	20–23	+	türkisgrün	weinrötlich	–	–	200	225	–	–	–	–	283
m-PDA	15–20	14–19	25–30	+	graubraun	ziegelrot	–	–	–	–	120	125	–	–	–
MBCA	0–5	–	–	–	graugrünlich	violett	–	–	–	–	–	–	280	230	230

I Kieselgel HF$_{254}$-GF$_{254}$ (1+1), Toluol-Aceton-Ammoniak 25% (80+20+1), 1×10 cm, KS
II Kieselgel HF$_{254}$, Toluol-Aceton (85+15), 1×10 cm, KS
III Kieselgel HF$_{254}$, Benzol-Chloroform-Methanol (60+30+10), 1×10 cm, KS.

Tabelle 2. DC-Bedingungen für Dicarbonsäureanhydride und Dicarbonsäuren sowie TFG-Daten entsprechend gehärteter Epoxidharze (Thermolyse T und saurer Aufschluß nach Alkalischmelze SA)

	Schichten, Fließmittel, hRf-Werte		Nachweise			TFG-Zonenbeginn [°C]								Fp. [°C]
	I	II	Fluoresz.-minderung UV$_{254}$	Brom-kresol-grün-Reagenz	Schweppes Reagenz Glucose-Anilin	MSA T	MSA SA	PSA T	PSA SA	HPA T	HPA SA	MHPA T	MHPA SA	
MS	8–13	8–10	+	gelbe	dunkel-	100	200	–	–	–	–	–	–	135
MSA	65–70	18–20	+		braune	140	150	–	–	–	–	–	–	55
FS	48–50	33–35	+	Zonen	Zonen	135	150	–	–	–	–	–	–	300 Subl.
PS	20–24	14–17	+	auf	auf	–	–	150	100	–	–	–	–	210 Zers.
PSA	65–70	73–76	+			–	–	280	130	–	–	–	–	132
HPS	33–37	35–38	–	blauem	hellem	–	–	–	–	300	125	–	–	194 cis 229 trans
HPA	70–75	78–80	–			–	–	–	–	380	150	–	–	33 cis 146 trans
MHPS	35–40	46–49	–	Grund	Grund	–	–	–	–	–	–	265	120	–
MHPA	70–75	83–85	–			–	–	–	–	–	–	330	200	flüssig

I Kieselgel GF$_{254}$-HF$_{254}$ (1+1); Chloroform-Essigester-Ameisensäure (49+49+2), 1+10 cm, KS
II Kieselgur G 25% mit Polyäthylenglykol 1000 imprägniert (mit Fluoreszenzindikator), Diisopropyläther-Ameisensäure-Wasser-Polyäthylenglykol 1000 (90+7+3+2) Oberphase, 1×15 cm, KS

Tabelle 3. DC-Bedingungen der Abbauprodukte von Dicyandiamid-gehärteten Epoxidharzen (Thermolyse *T* und Alkalischmelze *A*)

Schichten Fließmittel, hRf-Werte		Nachweise		TFG-Zonenbeginn [°C]		Fp. [°C]
		Chlor-Tolidin-Reag.	Ninhydrin-Reag.			
I	II			T	A	
Cyanamid	80 – 85	90 – 93	gelb mit violettem Rand	–	150	50	42
Dicyandiamid	50 – 60	73 – 78	gelb mit violettem Rand	rotbraun	65, 160, 310	50	211
Melamin	15 – 20	35 – 40	gelb mit violettem Rand	–	175	225	354
Dicyandiamidin	3 – 6	30 – 35	gelb mit violettem Rand	–	–	225	105

I Kieselgel HF$_{254}$-GF$_{254}$ (1+1), Pyridin-Benzol-Acetonitril-Wasser (25+40+30+3), 1×10 cm, NS
II Kieselgel HF$_{254}$-GF$_{254}$ (1+1), Acetonitril-Petroläther-Tetrachlorkohlenstoff-Tetrahydrofuran-Wasser-Ameisensäure (65+8+8+8+8+3), 1×10 cm, NS

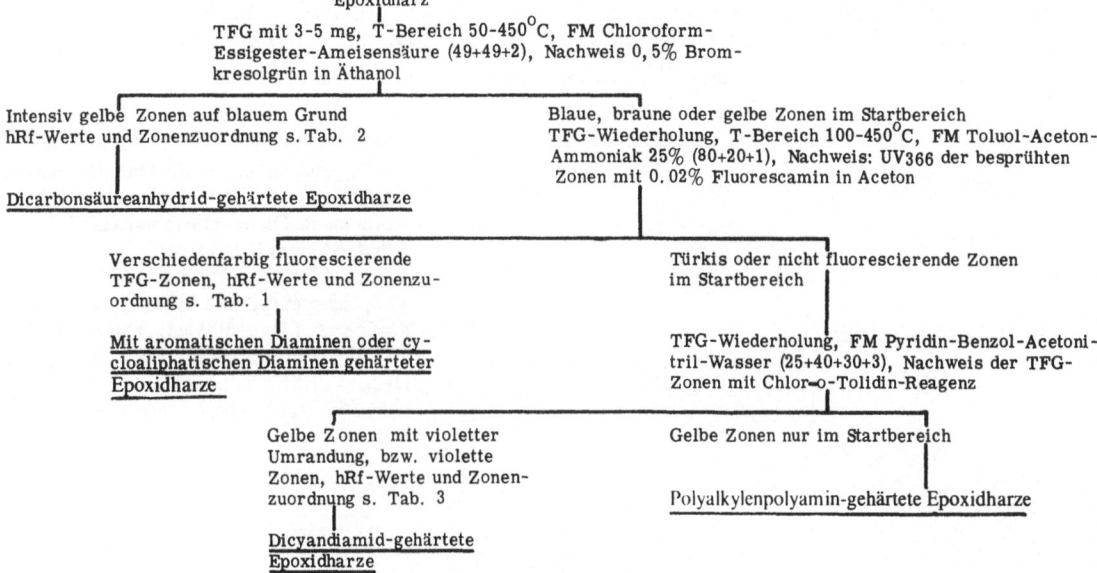

Abb. 6. Schema zur Gruppenanalyse von Epoxidharz-Härtern.

5.4 TFG des DICY-gehärteten BA-EP-Harzes

Das TFG des DICY-gehärteten Systems zeigt neben dem rückgebildeten Härter (Zonen 3 a–c) typische Abbau- (Cyanamid (37), Zone 1) und Cyclisierungsprodukte (Melamin, Zone 5) von Dicyandiamid (38). DICY tritt dabei als Dreifach-Zone auf. Aus der Abscheidung einer nicht unerheblichen Menge DICY unterhalb 100 °C (Zone 3 a) ist zu schließen, daß noch relativ viel freier Härter im Polyaddukt vorgelegen hat. Die beiden übrigen TFG-Zonen (3 b u. 3 c) deuten darauf hin, daß die Vernetzung von Vorprodukt und Härter mindestens zwei verschiedene Bindungszustände ergeben hat, wie es aufgrund der Dicyandiamid-Tautomerie (38) eigentlich zu erwarten war. DC und TFG-Werte befinden sich in der Tabelle 3.

5.5 Schema zur Gruppenanalyse von Epoxidharz-Härtern

In Zusammenfassung der Ergebnisse bei der TFG gehärteter Epoxidharze wird ein Analysengang vorgeschlagen. Er erlaubt, durch eine abgestufte Folge von TFG-Analysen unter Verwendung der erprobten Leitfließmittel und gruppenspezifischen Detektionsmittel eine Gruppenanalyse gehärteter Epoxidharze durchzuführen. Dabei wird auf jeder Ebene durch alternative Prüfung auf bestimmte Erkennungsmerkmale einzelner Härterklassen eine Einengung in Richtung auf die Identifizierung der verwendeten Härtertypen vollzogen. Mit Ausnahme der Polyalkylenpolyamine ist daneben grundsätzlich die Erkennung individueller Härter möglich.

6. Alkalispaltung gehärteter Epoxidharze

Zur Identifizierung einzelner Härtertypen eignet sich die Thermolyse gehärteter Epoxidharze im Temperaturgradient nur bedingt. Polyalkylenpolyamine ergeben, wie beschrieben, keine nachweisbaren Spaltprodukte und entziehen sich dadurch ihrer Erkennung. Es ist daher notwendig, zusätzlich einen chemischen Aufschluß der gehärteten Polymeren durchzuführen. Dafür kam in erster Linie die schon vielfach (31, 39–41) zur Hydrolyse von verseifbaren Polymeren bewährte Alkalispaltung in Frage. Sie hat überdies den Vorteil, daß gleichzeitig eine Vorfraktionierung der sauren und neutralen von den basischen Polymerbestandteilen erfolgt. In bezug auf gehärtete Epoxidharze bedeutet dies, daß im Zuge der Alkalispaltung eine Abtrennung der flüchtigen, basischen

Härter von den salzbildenden, sauren Härtern und phenolischen Basiskomponenten geschieht (s. a. Abschn. 3.2.2). Wird die Alkalispaltung in Verbindung mit der TFG durchgeführt, so lassen sich die optimalen Aufschlußtemperaturen aus den derart gewonnenen Thermofraktogrammen einfach bestimmen. Es hat sich gezeigt, daß diese Variante der TFG die hydrolytische Abtrennung aller Härter gewährleistet. Dies wird nachfolgend bei der TFG-Analyse einzelner Härter im Temperaturgradient und bei isothermen Simultananalysen ganzer Härtergruppen veranschaulicht.

6.1 *TETA-gehärtete BA-EP-Harze*

Die Alkalispaltung dieses Typs setzt bei etwa 220 °C ein. Dabei entstehen Äthylendiamin (EDA, Zone 3), DETA (Zone 4), Piperazin (Zone 5) und TETA (Zone 6) neben mehreren

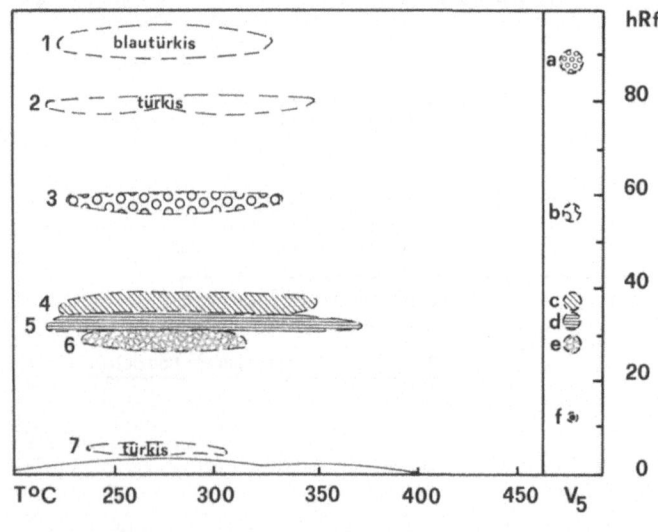

Abb. 7. TFG der Alkalischmelze von 5 mg TETA-gehärtetem BA-EP-Harz. Neben Triäthylentetramin (TETA) treten die niederen Homologen Diäthylentriamin (DETA) und Äthylendiamin (EDA) auf.
3 EDA, 4 DETA, 5 Piperazin, 6 TETA; V_5= Vergleichsgemisch: a MBCA, b=3, c=4, d=5, e=6, f Pentaäthylenhexamin (PEHA). DC: Standardmethode, KS, Kieselgel 60 HF_{254}, FM Äthanol-Ammoniak 25% (33+66), 1×10 cm, Nachweis wie in Abb. 2.

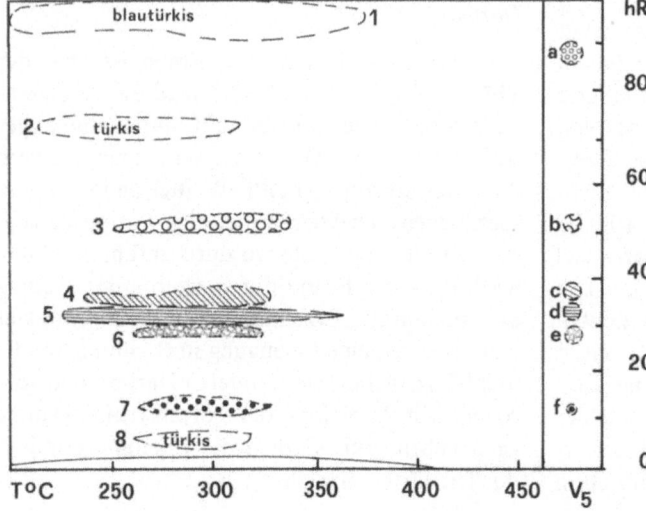

Abb. 8. TFG der Alkalischmelze von 7 mg PEH A-gehärtetem BA-EP-Harz. Zusätzlich entsteht im unteren hRf-Bereich eine PEHA-Zone.
3 EDA, 4 DETA, 5 Piperazin, 6 TETA, 7 PEHA; Vergleichsgemisch, DC und Nachweis wie in Abb. 7.

nicht identifizierten Amin-Zonen. Einzelheiten zur TFG und DC sind der Tab. 4 zu entnehmen.

6.2 PEHA-gehärtete BA-EP-Harze

Im Prinzip bilden sich bei der Alkalispaltung dieser Harze die gleichen Hydrolyseprodukte wie beim TETA-gehärteten Typ. Die Zonen 3–6 entsprechen denen der Abb. 7. Unterscheidungsmöglichkeiten sind durch die Anwesenheit von PEHA (Zone 7), die etwas früher bei ca. 200 °C einsetzende Spaltung dieses Polyaddukts und sein allerdings nur geringfügig abweichendes TFG-Zonenmuster gegeben.

6.3 Isotherme Alkalispaltung

Aus der TFG-Analyse ergeben sich die optimalen Spalttemperaturen der gehärteten Epoxidhar-

ze bei der Alkalispaltung (vgl. 6.1 u. 6.2 sowie Tab. 1, 3 u. 4). Daran schließt sich aus bereits erläuterten Gründen (vgl. 3.2.2) die punkt- oder strichförmige, isotherme TAS-Auftragung der Hydrolyseprodukte an. Dadurch wird eine Simultananalyse der Härter einer Gruppe möglich. Saure Härtertypen werden wiederum nach dem Ansäuern der Alkalischmelze transferiert. Die Tab. 5 faßt die aus den Tabellen 1–4 resultierenden, optimalen Bedingungen für die Durchführung der simultanen TAS-Auftragung gleichartiger Härter aus der Alkalischmelze oder nach dem Ansäuern zusammen.

6.3.1 Aromatische Diamine

Die simultane TAS-Auftragung aromatischer Diamine und ihrer Hydrolyseprodukte liefert gute Unterscheidungskriterien zu ihrer gegenseiti-

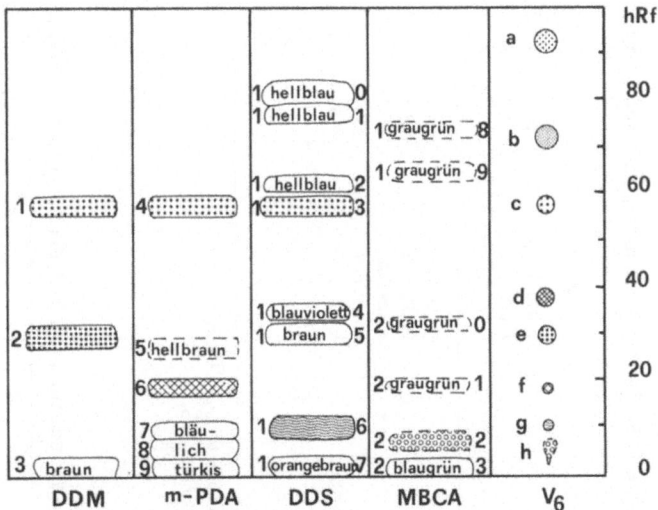

Abb. 9. TAS-Auftragung von mit aromatischen und cycloaliphatischem Amin gehärteten BA-EP-Harzen aus der Alkalischmelze. Einwaage und TAS-Bedingungen s. Tab. 5.
1, 4, 13 Anilin, 2 DDM, 6 m-PDA, 16 DDS, 22 MBCA; V_6 = Vergleichsgemisch: a Diphenylmethan, b Diphenylsulfon, c = 1, d 4,4'-Bis[4-Hydroxyphenyl]methan, e = 2, f = 6, g = 16, h = 22. DC: Standardmethode, KS, Kieselgel 60 HF$_{254}$, FM Toluol-Aceton (85+15), 1×10 cm, Nachweis wie in Abb. 2.

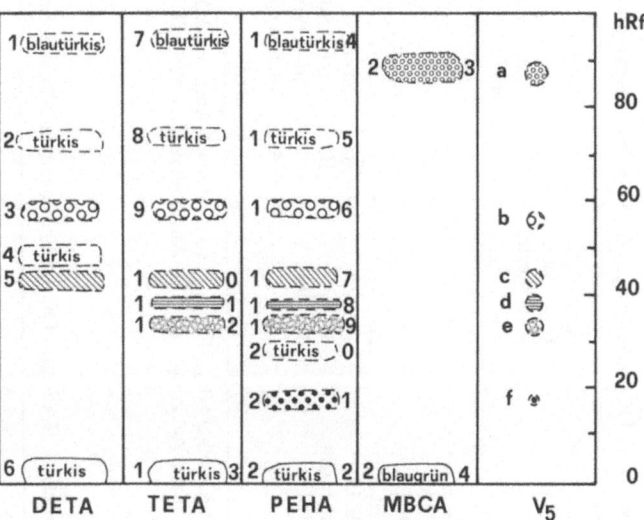

Abb. 10. TAS-Auftragung von Polyamingehärteten BA-EP-Harzen aus der Alkalischmelze. Einwaagen und TAS-Bedingungen s. Tab. 5.
3, 9, 16 EDA, 5, 10, 17 DETA, 11, 18 Piperazin, 12, 19 TETA, 21 PEHA, 22 MBCA. Vergleichsgemisch, DC und Nachweis wie in Abb. 7.

Tabelle 4. DC-Bedingungen für Polyalkylenpolyamine sowie TFG-Daten entsprechend gehärteter Epoxidharze nach Alkalischmelze

	Schichten, Fließmittel, hRf-Werte		Nachweise			TFG-Zonenbeginn [°C]				Kp. [°C]
	I	II	Fluoreszenz im UV$_{366}$ Fluorescamin-Reag.	Ninhydrin-Reag.	Chlor o-Tolidin-Reag.	DETA	TETA	PEHA	MBCA	
EDA	53–57	36–40	türkis	rotbraun	gelb	200	230	235	–	116
DETA	35–40	36–43	türkis	rotbraun	gelb	220	235	265	–	207
TETA	28–33	25–31	türkis	rotbraun	gelb	–	240	265	–	266–7
PEHA	10–20	5–20	türkis	rotbraun	gelb	–	–	265	–	–
Piperazin	30–35	5–10	dunkelviolett ohne Fluoreszenz	karminrot	gelb m. viol. R.	–	230	225	–	146
MBCA	85–90	84–88 90–94	intensiv grau-grün	violett	–	–	–	–	230	–

I Kieselgel HF$_{254}$-GF$_{254}$ (1+1), Äthanol-Ammoniak 25% (33+66), 1×10 cm, KS
II Kieselgel HF$_{254}$, Aceton-Ammoniak 25% (85+15), 1×10 cm, KS

Tabelle 5. TAS- und DC-Bedingungen zu Alkalischmelze (*A*) und saurem Aufschluß (*SA*) gehärteter Epoxidharze. (Strichlänge 20 mm, Trägergas 10 ml N$_2$/min)

Härter	TAS-Bedingungen				DC-Bedingungen	
	Menge (mg)	Technik	Temperatur [°C]	Verweilzeit (sec)	Schichten und Fließmittel	Nachweise
Aromatische Diamine	1–2	A	250	60	Kieselgel HF$_{254}$-GF$_{254}$ (1+1),Toluol-Aceton-Ammoniak 25% (80+20+1), 1×10 cm, KS	Fluorescamin [42–44] 0,02% in Aceton
Aliphatische Polyamine	5–8	A	300	90	Kieselgel HF$_{254}$-GF$_{254}$ (1+1) Äthanol-Ammoniak 25% (33+66), 1×10 cm, KS	Ninhydrin [Reag. 176 in 24] 1% in n-Butanol, Fluorescamin (s. o.)
Dicyandiamid	5	A	250	60	Kieselgel HF$_{254}$-GF$_{254}$ (1+1) Pyridin-Benzol-Acetonitril-Wasser (25+40+30+3), 1×10 cm, NS	Ninhydrin (s. o.) Chlor-o-Tolidin [R. 50 in 24]
Dicarbonsäureanhydride	2	A SA	300 200	180 30	Kieselgur G 25% imprägniert mit Polyäthylenglykcl 1000, Diisopropyläther-Ameisensäure-Wasser-PÄG 1000 (90+7+3+2), 1×15 cm, KS [49]	Bromkresolgrün 0,5% in Äthanol [R. 31 in 24] Schweppes Reag. [R. 114 in 24]

gen Abgrenzung. Zwar entsteht in allen Fällen Anilin (Zonen 1, 4 und 13) als Indikator für die Härtergruppe der aromatischen Amine. Aber anhand der regenerierten Härter DDM (Zone 2), DDS (Zone 16) und m-PDA (Zone 6) und ihrer charakteristischen Fluoreszenzfarben im UV_{366} nach der Detektion mit dem Amin-spezifischen Reagenz Fluorescamin (42–44) gelingt eine verläßliche Zuordnung. Daneben sind die Zonenmuster der übrigen, nicht näher identifizierten DC-Zonen zur sogenannten „fingerprint"-Kennzeichnung geeignet. Auf diese Weise ist auch der cycloaliphatische Härter MBCA (Zone 22) leicht zu erkennen.

6.3.2 Polyalkylenpolyamine

Die Identifizierung von Polyalkylenpolyaminen als Härtungskomponenten von Epoxidharzen ist problematisch. Einerseits müssen aufgrund der extremen Polarität dieser Substanzklasse stark polare Trennbedingungen bei der DC eingehalten werden (45–48), zum andern bestehen die zur Härtung verwendeten technischen Produkte stets aus Gemischen des deklarierten Härters mit höher- und niedermolekularen Homologen (47). Dennoch ist ihre Unterscheidung gesichert, weil die deklarierten höheren Polyalkylenpolyamine zwar immer die niederen Homologen enthalten, nie jedoch umgekehrt die niederen die höheren Homologen (47). Dieser Befund bestätigt sich sehr anschaulich bei der Auswertung der gemeinsamen TAS-Auftragung dieser Härtergruppe aus der Alkalischmelze. Das DETA-gehärtete System zeigt neben dem rückgebildeten Härter (Zone 5) weitere niedere Homologe, u. a. Äthylendiamin

(EDA, Zone 3). Diese Zonenkonstellation wiederholt sich beim TETA-gehärteten Typ, der erwartungsgemäß TETA (Zone 12) rückbildet und zusätzlich das intramolekulare Cyclisierungsprodukt Piperazin (Zone 11) aufweist. Die Bildung von Piperazin war bereits in einer früheren Arbeit (12) postuliert worden, doch gelang dort der Nachweis nicht. Schließlich treten auch beim PEHA-gehärteten Harz neben PEHA (Zone 21) und Piperazin (Zone 18) die niederen Homologen EDA (Zone 16), DETA (Zone 17) und TETA (Zone 19) wieder auf. Bei dieser kritischen Härterklasse kann die TFG-Analyse durch Alkalispaltung im Temperaturgradient aufgrund der unterschiedlichen thermischen Stabilität der entsprechenden Polyaddukte in der Alkalischmelze zusätzlich zur Absicherung herangezogen werden (s. Abb. 7 u. 8, sowie Tab. 4). Zum Vergleich wurde auch MBCA (Zone 23) transferiert. Erwartungsgemäß überlagern sich die verschiedenen Hydrolyseprodukte dieses Typs unter dem Einfluß des verwendeten, stark polaren Fließmittels in einer Zone in Frontnähe (vgl. Abb. 3).

6.3.3 Dicarbonsäureanhydride

Die Dicarbonsäureanhydride verbleiben bei der Alkalispaltung entsprechender Epoxidharze naturgemäß als Alkalicarboxylate in der Aufschlußschmelze. Daraus können sie nach Ansäuern mit o-Phosphorsäure thermisch zur DC-Schicht transferiert werden. Dabei dehydratisieren die betreffenden Dicarbonsäuren bei der gewählten Transfertemperatur ausnahmslos wieder partiell zu den entsprechenden Anhydriden. Im Falle der Maleinsäure (MS, Zone 3) entsteht dar-

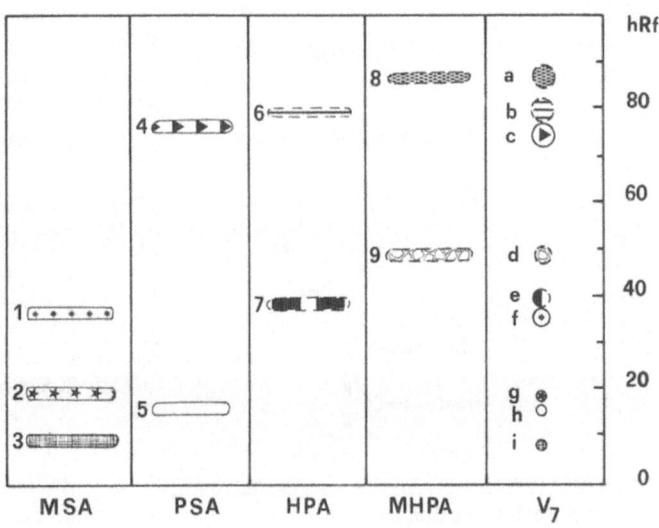

Abb. 11. TAS-Auftragung von Dicarbonsäureanhydrid-gehärteten BA-EP-Harzen nach Alkalischmelze und anschließendem sauren Aufschluß. Einwaagen und TAS-Bedingungen s. Tab. 5.
1 FS, 2 MSA, 3 MS, 4 PSA, 5 PS, 6 Hexahydrophthalsäureanhydrid (HPA), 7 Hexahydrophthalsäure (HPS), 8 MHPA, 9 MHPS; V_7 = Vergleichsgemisch; a = 8, b = 6, c = 4, d = 9, e = 7, f = 1, g = 2, h = 5, i = 3. DC: Kieselgur G 25% imprägniert mit Polyäthylenglykol 1000 (PÄG 1000) (49), FM Oberphase Diisopropyläther-Ameisensäure-Wasser PÄG 1000 (90 + 7 + 3 + 2), 1×15 cm, KS, Nachweis Bromkresolgrün-Indikatorlösung (24), gelbe Zone auf blauem Grund.

über hinaus neben Maleinsäureanhydrid (MSA, Zone 2) die thermodynamisch stabilere Fumarsäure (FS, Zone 1). Zur DC-Trennung insbesondere der in ihrer Polarität kaum verschiedenen Phthalsäure (PS, Zone 5), Hexahydrophthalsäure (HPS, Zone 7) und 3-Methylhexahydrophthalsäure (MHPS, Zone 9) neben PSA (Zone 4), HPA (Zone 6) und MHPA (Zone 8) wurde auf ein bewährtes, verteilungschromatographisches System mit 25% Polyäthylenglykol 1000 imprägniertem Kieselgur G als stationärer Phase und Diisopropyläther-Ameisensäure-Wasser-Polyäthylenglykol 1000 (90 + 7 + 3 + 2) Oberphase als Fließmittel zurückgegriffen (24, 31, 49). Dabei hängt der Trenneffekt vom Lösungsgleichgewicht der Dicarbonsäuren und ihrer Anhydride zwischen der angesprochenen stationären bzw. mobilen Phase ab (49).

6.3.4 Dicyandiamid

Dicyandiamid (DICY)-gehärtete EP-Harze ergeben bei der alkalischen Hydrolyse die gleichen Abbauprodukte wie bei der Thermolyse. Zusätzlich entsteht als Zwischenstufe des hydrolytischen Abbaus Dicyandiamidin (Guanylharnstoff, vgl.

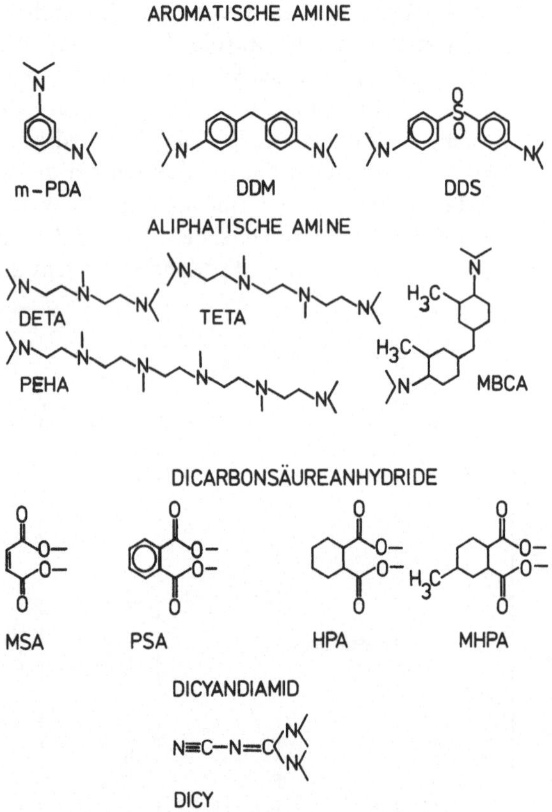

Abb. 12. Teilformeln der Härtersegmente von gehärteten Bisphenol A-Epoxidharzen.

Tab. 3) (38, 50). Als Fließmittel und zum Nachweis haben sich die von *Braun* (51) angegebenen Bedingungen bewährt.

7. Diskussion

7.1 Thermolysemechanismen

Die Bruchstellen bei der Degradation folgen aus Betrachtungen über die Stabilität der verschiedenen Bindungen der entsprechenden Diglycidyläther- und -ester-Addukte mit den einzelnen Härtern (1). Dabei unterscheiden sich die basisch von den sauer gehärteten Systemen, weil letztere kaum noch freie Hydroxylgruppen enthalten (15). Aromatische Diamine bilden sich daher nach Dehydratisierung bzw. Dehydrierung sekundärer Alkohol-Funktionen im unteren Temperaturbereich (ab ca. 200–250 °C) wieder zurück (15), während Polyalkylenpolyamine thermischen Folgereaktionen unterliegen (12). Interessant in diesem Zusammenhang erscheint uns die Rückbildung von Dicyandiamid bei der Degradation des betreffenden Harzes, da es sich hier um einen hoch reaktiven Härter handelt (38). Die Regeneration der Dicarbonsäureanhydride ist dagegen auf eine thermische Esterspaltung (52), die im Falle carbocyclischer Härter erst oberhalb 250 °C einsetzt, zurückzuführen.

7.2 Hydrolysemechanismen

Die Alkalispaltung gehärteter Epoxidharze ist zweifelsohne als eine nucleophile Substitutionsreaktion unter dem Einfluß des stark nucleophilen und basischen Hydroxylions anzusehen. Daneben ist eine Deutung der Hydrolyse als Verdrängung der schwachen Brönstedt-Basen Amin bzw. Carboxylatanion durch die starke Brönstedt-Base Hydroxylion in Betracht zu ziehen. Der Vorteil der Alkalispaltung ergibt sich eindeutig aus der Unterdrückung thermischer Sekundärreaktionen der primär freigesetzten Amine. Das ist u. a. die Voraussetzung zur analytischen Erfaßbarkeit von Polyalkylenpolyaminen. Zur Veranschaulichung zeigt untenstehende Abb. 12 die Härter-Segmente der untersuchten Polyaddukte.

8. Schlußbetrachtung

Die Aufgabe moderner Polymeranalytik besteht in der schnellen, ökonomischen und umfassenden analytischen Charakterisierung und Differenzierung von Polymeren. Die Problemstellung ergibt sich dabei für den chemisch arbeitenden Analytiker aus Fragen nach Herkunft, Syntheseweg, Rohstoffen und Additiven der betreffenden Kunststoffe. Ausgangspunkt seiner Untersuchungen muß primär die Erkennung der jeweiligen Kunststoff-Klasse sein. Dazu stehen inzwischen vielfach bewährte, einfache chemische und physikalische Schnelltestmethoden (2–5) zur Verfügung. Durch die Aufstellung eines Kunststoff-Trennungsganges hat *Braun* (53, 54) das Instrumentarium zur Kunststoff-Analyse so erweitert, daß neben der sicheren Identifizierung der Kunststoff-Klasse in der Regel auch die Kunststoff-Art erkannt wird.

Schwierigkeiten ergeben sich jedoch bei der Untersuchung von Polymeren auf Abwandlungen der Basiskomponenten und Nebenbestandteile, die meist nur in relativ niedriger Menge oder als Spuren enthalten sind. Hier eröffnet die TFG durch ihren Variantenreichtum in bezug auf die sukzessive Kontrolle der Degradation, die Möglichkeit zur chemischen Vortrennung und die große Auswahl an spezifischen Detektionsmitteln neue Wege zu einer rationellen Prüfung der Kunststoffe. Bei der Identifizierung von Epoxidharzen zeigen sich diese Vorzüge sowohl bei der verläßlichen Bestimmung der Basiskomponenten (1) als auch der Härter. Zu deren Kennzeichnung wird erfolgreich die in dieser Arbeit ermittelte Analysenfolge eingehalten. Dabei hat sich folgendes Vorgehen als günstig erwiesen:

Man beginnt mit einer Gruppenanalyse der Härter durch Thermolyse im Temperaturgra-

dient. Geeignete Leitfließmittel und Nachweise gestatten es anhand der charakteristischen Thermolyseprodukte, die zugrundeliegenden Härterklassen zu erkennen. Zur sinnvollen Koordination der entsprechenden Analysenschritte wurden ein Schema zur Gruppenanalyse (Abb. 6) entwickelt und ein Blockschema der Analysenfolge (Abb. 13) angegeben. Danach ist eine selektive Abtrennung verschiedener Härter durch eine isotherme Alkalispaltung möglich; dies kann wahlweise auch im Temperaturgradient erfolgen. An mehreren Härterklassen wird die Brauchbarkeit der Methode aufgezeigt und bewiesen, daß mit der TFG die individuelle Kennzeichnung einzelner Härter gelingt.

Danksagung

Wir danken der DFG für die Unterstützung mit Personal- und Sachmitteln und zahlreichen Firmen für die Überlassung von Materialmustern.

Experimenteller Teil:

Material: Ausgehärtete Epoxidharz-Formmassen inklusive der betreffenden Polyadditionskomponenten wurden von den Firmen Ciba-Geigy GmbH (Wehr) und Bayer AG (Leverkusen) zur Verfügung gestellt. Zur labormäßigen Härtung wurden Bisphenol A-Epoxidharz-Vorprodukte und gebräuchliche Härter der Firmen Ciba-Geigy GmbH (Wehr), Bayer AG (Leverkusen), Schering AG (Bergkamen), Hoechst AG (Werk Hamburg) und Emser Werke (Domat-Schweiz) verwendet. Einige Anhydrid-Härter und die zugehörigen Carbonsäuren wurden von der VEBA-Chemie (Gelsenkirchen-Buer) zur Verfügung gestellt. Dicyandiamid und seine Derivate stammen von den Süddeutschen Kalkstickstoff-Werken (Trostberg); 4.4′-Diaminodiphenylsulfon

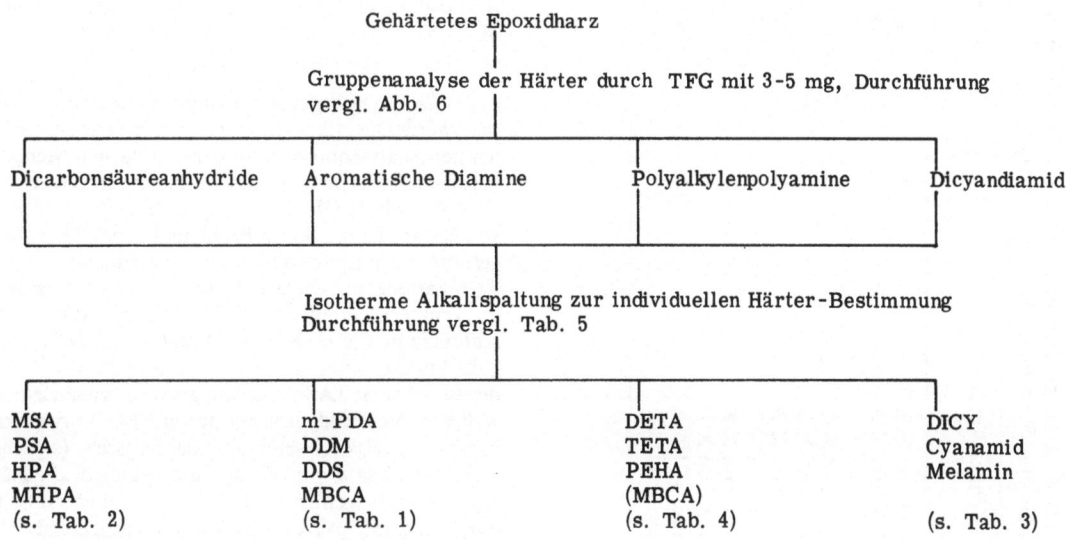

Abb. 13. Schema zur Analyse von Epoxidharz-Härtern.

Tabelle 6. Arbeitsvorschriften zur Herstellung gehärteter Epoxidharze (Lekutherm X 30 S und X 20 sind Bisphenol A-Epoxidharze der Bayer AG, Eurepox 710 ist ein Bisphenol A-Epoxidharz der Schering AG)

Epoxidharz-Vorprodukt	Menge (Teile)	Härter	Menge (Teile)	Beschleuniger	Menge (Teile)	Härtungsbedingungen
Lekutherm X 30 S	100	PSA	30	—	—	Mischen bei 80 °C, 15 h bei 150 °C tempern
Lekutherm X 20	50	MSA	50	—	—	Mischen bei 100 °C, 4 h bei 120 °C, 14 h bei 60 °C tempern
Lekutherm X 20	100	HPA	70	Benzyldimethylamin	1,7	4 h bei 80 °C, 15 h bei 120 °C tempern
Lekutherm X 20	100	MHPA	70	Benzyldimethylamin	1,7	4 h bei 80 °C, 15 h bei 120 °C tempern
Lekutherm X 20	100	m-PDA	30	—	—	30 h bei 60 °C, 0,5 h bei 160 °C tempern
Lekutherm X 20	100	DDS	35	BF_3-400	1	16 h bei 23 °C, 3 h bei 100 °C tempern
Lekutherm X 20	100	DETA	15	—	—	24 h bei 23 °C, 10 min bei 130 °C tempern
Lekutherm X 20	100	PEHA	20	—	—	16 h bei 23 °C, 1 h bei 120 °C tempern
Eurepox 710	100	MBCA	35	—	—	24 h bei 23 °C, 1 h bei 120 °C tempern
Lekutherm X 20	100	DICY	5,5	Benzyldimethylamin	0,5	16 h bei 23 °C, 3 h bei 100 °C tempern

wurde von der WASAG Chemie GmbH (Werk Aschau) bemustert. Fluorescamin (42) stellte die Herstellerfirma F. Hoffmann-LaRoche AG (Basel) als Aerosol zur Verfügung.

Probenvorbereitung: Der überwiegende Teil des Probematerials wurde durch Härtung von BA-EP-Vorprodukten mit den entsprechenden Härtern gemäß Tab. 6 selbst hergestellt. Dazu wurden Vorprodukte und Härter in den vorgeschriebenen Mengen, wenn nötig bei höherer Temperatur (Wasserbad) durch Rühren gemischt, bis keine Phasengrenzen mehr zu erkennen waren. Dann wurde in zuvor mit Siliconöl als Formentrennmittel bestrichene Weißblech-Formen (Durchm. 5 cm, Tiefe 1 cm) ausgegossen und nach den angegebenen Härtungsbedingungen weiterverfahren. Von den dabei erhaltenen kompakten Formstücken wurden durch Zerkleinern mittels einer Metallraspel analysierfertige Proben gewonnen.

Thermofraktographie: Gerät: TASOMAT, mit elektronischem Steuergerät (Hersteller: Fa. DESAGA, Heidelberg). Bei den Thermolysen betrug die Aufheizrate jeweils 8 °C min linear von 100–450 °C (Ausnahme: DICY 50–450 °C). Die Alkalispaltungen im Temperaturgradient erfolgten mit einer Aufheizrate von 4 °C min. Dabei wurden Temperaturbereiche von 200–400 °C (Aromatische und aliphatische Amine, Ausnahme: m-PDA 100–300 °C) und 100–300 °C (Dicarbonsäureanhydride und Dicyandiamid, hier Endtemperatur 350 °C) gewählt. Der DC-Plattenvorschub erfolgte in allen Fällen mit einer Geschwindigkeit von 0,28 cm/min (Stufe 1), das Trägergas (Reinstickstoff) hatte stets eine Strömungsgeschwindigkeit von 10 ml/min (Kontrolle durch eingebauten Strömungsmesser). Der Abstand TAS-Patronenspitze – DC-Schicht wurde mittels Schattenprojektion auf 0,5 mm einreguliert. Als Analysenproben wurden zu den Thermolysen jeweils 3–5 mg Substanz in passende Hülsen aus Aluminium-Folie eingewogen und in der TAS-Patrone in den auf die Anfangstemperatur vorgeheizten Heizblock des TASOMAT geschoben. Zu den Alkalispaltungen im Temperaturgradient und zur isothermen TAS-Auftragung aus der Alkalischmelze genügen bei den aromatischen Aminen und den Dicarbonsäureanhydriden 1–2 mg, für die aliphatischen Amine und Dicyandiamid muß dagegen von 5–8 mg ausgegangen werden.

Spezielle Bedingungen der Alkalischmelze und des sauren Aufschluß: Die Alkalischmelzen werden nach Überhäufen der Analysenproben mit der 5–10fachen Menge Alkalischmelzmischung (s. unten) in einem Nickelschiffchen (s. Abb. 1) (Hersteller: Fa. DESAGA, Heidelberg) von 30 mm Länge, 4 mm Breite und 3 mm Tiefe durchgeführt. Nach Einbringen des Nickelschiffchens wird die TAS-Patrone im Ofenblock des TASOMAT entweder im Temperaturgradient zur Ermittlung optimaler Aufschlußtemperaturen aufgeheizt und so ein TFG der Alkalischmelze aufgenommen oder es wird im Rahmen der isothermen TAS-Auftragung eine gewisse Zeit (vorwählbare Verweildauer) bei der in TFG-Vorversuchen ermittelten Hydrolysetemperatur belassen (s. Tab. 5). Die Hydrolysate von Dicarbonsäureanhydrid-gehärteten Systemen werden nach dem alkalischen Aufschluß durch Zugabe von o-Phosphorsäure freigesetzt. Dazu läßt man nach der Alkalischmelze abkühlen (wird durch

Einschalten eines eingebauten Kühlgebläses beschleunigt), entnimmt die Patrone dem Heizblock und versetzt das Reaktionsgemisch mittels Pipette in kleinen Anteilen bis zur deutlich sauren Reaktion (Kontrolle mit pH-Papier) mit o-Phosphorsäure. Danach wird das gesamte Behältersystem in der vorgeschriebenen Reihenfolge wieder in den Ofenblock des TASOMAT gebracht. Der Transfer der Dicarbonsäuren und ihrer Anhydride geht dann bei der entsprechend gewählten Temperatur isotherm vonstatten (s. Tab. 5). Das Auffangen der Hydrolyseprodukte kann punkt- oder strichförmig (mit einer Bandlänge von 20 mm) erfolgen.

Alkalischmelzmischung: 3 g trockenes Kaliumhydroxid in rotulis, purissimum, Merck, werden mit 90 mg Natriumacetat kristl., pro analysi, Merck, verrieben und in einem Nickeltiegel (Durchm. 2,5 cm, Tiefe 2,5 cm) vorsichtig bis zur Klarschmelze erhitzt. Nach dem Abkühlen wird fein pulverisiert und in einer dichtschließenden Pulverflasche trocken aufbewahrt.

Reaktionsschiffchen: Ein Nickelblech (30 × 8 × 0,15 mm) wird unter Zuhilfenahme einer geeigneten Metallform formgepreßt. Preßform und Blech werden zuvor gleichmäßig mit Graphitfett bestrichen (Hersteller: Fa. DESAGA, Heidelberg).

Dünnschicht-Chromatographie: Fließmittel und Schichten: Die DC erfolgte stets unter Standardbedingungen (24) mit den in Tab. 1–5 verzeichneten Fließmitteln, meist bei Kammersättigung (KS), einmal bei Normalsättigung (NS) (24) (FM I, Tab. 3), und 1 × 10 cm Laufstrecke. Als Schichtmaterial wurde zunächst Kieselgel 60 HF$_{254}$ benutzt. Nach 1975–76 nahm die Haftfestigkeit der Chargen ab. Danach wurde die Mischung Kieselgel 60 HF$_{254}$–GF$_{254}$ (1 + 1) verwendet. Sie zeigt gute Hafteigenschaften auf Glasplatten und ähnliches Trennverhalten wie die zuvor verwendete stationäre Phase.

Sichtbarmachung: Die Detektion der TFG- und TAS-Zonen nach der DC erfolgt nach Abdampfen von Fließmittelresten im Warmluftstrom. Bei Säure- und Ammoniak-haltigen Fließmitteln wird die Schicht bei ca. 110 °C auf der Heizplatte oder im Trockenschrank bis zum Verschwinden des Säure- bzw. Ammoniak-Geruches erwärmt. Danach werden im kurz- und langwelligen UV-Licht (254 und 366 nm) die fluoreszenzmindernden und die fluoreszierenden Zonen markiert. Der gruppen- bzw. substanzspezifische Nachweis erfolgt dann beim gleichmäßigen Besprühen der Trennschicht mit selektiven Detektionsmitteln (Vgl. Tab. 5). Primäre und sekundäre Amine ergeben so nach Reaktion mit dem höchst sensitiven, spezifischen Sprühreagenz Fluorescamin (42–44) intensive, charakteristische Fluoreszenzfarben im UV$_{366}$.

Identifizierung der TAS- und TFG-Zonen: Die Erkennung interessierender TAS- und TFG-Zonen gelang in den meisten Fällen bereits durch hRf-Wert- und Farbvergleich mit mitchromatographierten, authentischen Vergleichsgemischen der als Thermolyse- bzw. Hydrolyseprodukte erwarteten Substanzklassen. Durch die Verwendung von speziell auf die jeweiligen Trennprobleme angepaßten „Leitfließmitteln" und die gruppenspezifische Detektion war bei der Zuordnung der Substanzzonen bereits weitgehende Sicherheit gewährleistet. Einzelne fragliche Zonen wurden unter Zuhilfenahme der bekannten Mikropreßtechnik IR-spektroskopisch identifiziert (55). Gerät: IR-Gitterspektrophotometer Modell 257 (Fa. Perkin-Elmer, Überlingen) mit Linsen-Mikroilluminator, Überführung der DC-Zonen ins KBr durch Flüssig-Transfer.

Zusammenfassung

Die Thermofraktographie (TFG) eignet sich zur schnellen Identifizierung der Härter von Epoxidharzen. Gehärtete Epoxidharze ergeben bei der Thermolyse im Temperaturgradient von 50–450 °C im jeweiligen Bereich charakteristische Abbauprodukte der Härter neben den Bruchstücken der Basiskomponenten. Eine Ausnahme bilden die Polyamin-vernetzten Systeme. Die Thermolysatgemische gelangen im Trägergasstrom direkt als Startband zur DC-Trennschicht. Bei der nachfolgenden DC kann durch sinnvolle Kombinationen geeigneter Fließmittel und Nachweise die Gruppenzugehörigkeit der Härter ermittelt werden. Als Leitfaden zur Koordination der einzelnen Analysenschritte ist ein einfaches Schema für die Gruppenanalyse angegeben. Zur endgültigen Identifizierung des jeweiligen Härters wird vorteilhafterweise die isotherme Alkalispaltung eingesetzt. Dabei erfolgt eine chemische Vorfraktionierung der Thermolysat-Bestandteile in Form einer Gruppenabtrennung der basischen von den sauren Härterklassen. Die Leistungsfähigkeit des Verfahrens wird durch Analysen gebräuchlicher Härter aus den Gruppen der aromatischen Diamine, aliphatischen und cycloaliphatischen Polyamine, Dicarbonsäureanhydride und von Dicyandiamid aufgezeigt.

Summary

Thermofractography (TFG) is suitable for the identification of epoxide resin hardeners. During thermolysis in the temperature gradient of 50–450 °C characteristic degradation products of the hardeners are formed from the cured epoxide resins in addition to the fragments of the basis components. An exception is the polyamine crosslinked network.

The thermolysis mixtures reach the TLC separating layer directly in the carrier gas stream as a starting line. In the subsequent TLC, the group membership of the hardeners can be determined by means of combinations of suitable mobile phases and detection methods. A simple scheme for group analysis is given as a guide for the coordination of the single steps of analysis. It is advantageous to use alkali cleavage for the final identification of hardeners. Here, a chemical prefractionation of the thermolysis components is done in the form of a group separation of the basic from the acid hardener classes. The efficiency of the method is shown with the analysis of common hardeners from the groups of aromatic diamines, aliphatic and cycloaliphatic polyamines, dicarboxylic acid anhydrides and dicyanodiamide.

Literatur

1) *Stahl, E.* und *V. Brüderle,* Angew. Makromol. Chem. **68** (1010), 87 (1978).

2) *Stoeckhert, K.* (Herausgeber), Kunststoff-Lexikon, 5. Aufl., München 1973, S. 126 f.

3) *Saechtling-Zebrowski,* Kunststoff-Taschenbuch, 19. Ausg., München 1974, S. 394 u. 414.

4) *Wagner, F.,* Kunststoffe in der Praxis, 1. Aufl., Essen 1976, S. 101 f.

5) *Hummel, D. O.* und *F. Scholl,* Atlas der Kunststoff-Analyse, München und Weinheim 1968, Bd. 1, S. 174 f.

6) *Dannenberg, H., J. W. Forbes* und *A. C. Jones,* Anal. Chem. **32,** (3), 365 (1960).

7) *Lee, H.* und *L. Vincent,* Adhes. Age **9,** 22 (1961).

8) *Sugita, T.* und *M. Ito,* Bull. Chem. Soc. Japan **38,** 1620 (1965).

9) *Patterson-Jones, J. C.* und *D. A. Smith,* J. Appl. Polym. Sci. **12,** 1601 (1968).

10) *Leisegang, E. C., A. M. Stephen, J. C. Patterson-Jones,* J. Appl. Sci. **14,** 1961 (1970).

11) *Leisegang, E. C., J. C. Patterson-Jones* und *A. M. Stephen,* J. South Afric. Chem. Inst. **23,** 1 (1970).

12) *Stuart, J. M.* und *D. A. Smith,* J. Appl. Polym. Sci. **9,** 3195 (1965).

13) *Keenan, M. A.* und *D. A. Smith,* J. Appl. Polym. Sci. **11,** 1009 (1967).

14) *Sugita, T.,* J. Polym. Sci., Part C, **23,** 765 (1968).

15) *Bishop, D.* und *D. A. Smith,* J. Appl. Polym. Sci. **14,** 205 (1970).

16) *Inagaki, M.* und *M. Hayashi,* C. A. **73,** 4469 q (1970).

17) *Gedemer, T. J.,* Soc. Plast. Eng. Ann. Techn. Conf. Prep. **14,** (5), 721 (1968).

18) *Gedemer, T. J.,* Soc. Plast. Eng. Ann. Techn. Conf. Prep. **15** (5), 471 (1969).

19) *Gedemer, T. J.,* Plast. Des. Process. **11,** 33 (1969).

20) *Braun, D.* und *D. W. Lee,* Kunststoffe **62** (9), 571 (1972).

21) *Smith, D. A.,* Amer. Chem. Soc. Div. Organ. Coat. Plast. Chem. Prep. **27** (2), 321 (1967).

22) *Patterson-Jones, J. C.* und *D. A. Smith,* The College of Aeronautics, Depart. Mat., Cranfield-Bedfd. (GB), CoA Note Mat. No. 10, Jan. 1967.

23) *Stahl, E.,* Z. Anal. Chem. **261,** 11 (1972).

24) *Stahl, E.* (Herausgeber), Dünnschicht-Chromatographie, Ein Laboratoriumshandbuch, 2. Aufl., Berlin-Heidelberg-New York 1967.

25) *Stahl, E.,* Acc. Chem. Res. **9,** 75 (1976).

26) *Stahl, E.,* in Analytical Pyrolysis, Amsterdam 1977, S. 29.

27) *Hoffmann, M., H. Krömer* und *R. Kuhn,* Polymeranalytik, Stuttgart 1977, Bd. 1, S. 239, 246 f.

28) *Stahl, E., F. Karig, U. Brögmann, H. Nimz* und *H. Becker,* Holzforschung **27,** 89 (1973).

29) *Stahl, E.* und *F. Karig,* Z. Anal. Chem. **265,** 81 (1973).

30) *Karig, F.* und *E. Stahl,* Holzforschung **28,** 201 (1974).

31) *Stahl, E.* und *L. S. Oey,* Kunststoffe **64** (11), 657 (1974).

32) *Stahl, E.* und *L. S. Oey,* Angew. Makromol. Chem. **44** (661), 107 (1975).

33) *Stahl, E.* und *L. S. Oey,* Z. Anal. Chem. **275,** 187 (1975).

34) *Brüderle, V.,* G-I-T **21** (8), 649 (1977).

35) *Stahl, E.* und *T. Herting,* Chromatographia **7** (11), 637 (1974).

36) *Werndorff, F.,* Dissertation, Saarbrücken 1977.

37) Produktstudie „Cyanamid", Süddeutsche Kalkstickstoff-Werke (Trostberg).

38) Produktstudie „Dicyandiamid", Süddeutsche Kalkstickstoff-Werke (Trostberg).

39) *Braun, D.* und *G. Vohrendohre,* Kunststoffe **57,** 821 (1967).

40) *Braun, D.* und *E. Mai,* Kunststoffe **58,** 637 (1968).

41) *Pohl, K. D.* und *M. L. Bumiller,* Chem-Ztg. **98** (7), 364 (1974).

42) Druckschrift „Fluram" Roche, F. Hoffmann-LaRoche + Co., Basel 1974.

43) *Sherma, J.* und *G. Marzoni,* Internat. Lab. **11/12,** 41 (1974).

44) *Ranieri, R.* und *J. McLaughlin,* J. Chromatogr. **111,** 234 (1975).

45) *Parrish, J. R.,* J. Chromatogr. **18,** 535 (1965).

46) *Nascu, H., T. Hodisan* und *C. Litcanu,* Stud. Univers. Babes-Bolyai, Ser. 1 (Chemia) **20,** 63 (1975).

47) *Wiesner, T.* und *L. Wiesnerova,* J. Chromatogr. **114,** 411 (1975).

48) *Srivastava, S.* und *V. Dua,* Z. Anal. Chem. **279,** 367 (1976).

49) *Knappe, E.* und *D. Peteri,* Z. Anal. Chem. **188,** 184 f., 352 f. (1962).

50) *Knappe, E.* und *I. Rohdewald,* Z. Anal. Chem. **223** (12), 174 (1966).

51) *Braun, D.* und *J. C. Jung,* Gummi-Asbest-Kunstst. **23** (6), 618 (1970).

52) *Fleming, G. J.,* J. Appl. Polym. Sci. **10,** 1813 (1966).

53) *Braun, D.,* Farbe + Lack **76** (7), 651 (1970).

54) *Braun, D.* und *G. Nixdorf,* Kunststoffe **62** (3), 187; (4), 268; (5), 318 (1972).

55) *Stahl, E.* und *W. Schild,* J. Chromatogr. **53,** 387 (1970).

Anschrift des Verfassers:

Prof. Dr. Dr. h. c. *Egon Stahl,*
Institut für Pharmakognosie und Analytische
Phytochemie der Universität des Saarlandes,
Fachrichtung 15.1, Bau 32,
D-6600 Saarbrücken

Progr. Colloid & Polymer Sci. **66,** 433 – 437 (1979)
© 1978 by Dr. Dietrich Steinkopff Verlag GmbH & Co. KG, Darmstadt
ISSN 0340-255 X

Sandoz Inc., Postfach, CH-4002 Basel, Switzerland

Multifunctional polycondensation: distribution functions obtained via the stirling approximation

J. W. Stafford

With 8 figures

(Received September 27, 1978)

Introduction

Gels and gelling processes are of importance to those branches of industry dealing with the use or production of vehicles for paints and inks (1, 2).

Multifunctional polycondensations are gelling systems. *Flory* (3) has proposed the basic theory of these polycondensations and derived equations relating size distributions and gel point to the extent of reaction, *p*. The Flory theory has been extended by others (4) to cover a variety of polycondensing systems.

Several adaptations of Flory's gel point equation have been made to improve its applicability to industrial processes (2, 5). The size distribution functions derived by *Flory* and others (3, 4) could conceivably be of assistance in understanding and controlling processes occurring in the pre-gel region of paint vehicle manufacture, but little use has been made to date of these functions, probably because the functions are complex and contain factorials which cause calculating difficulties for moderate to high mer sizes. Elimination of the factorials would be of advantage.

Flory actually suggested substitution of the factorial terms using the Stirling approximation in his original paper (3). The effect of this substitution on accuracy was not evaluated. A recent publication (6) reported that use of the Stirling approximation and other simplifications in the basic Flory size distribution equation yielded values of high accuracy close to or at the gel point, but the simplifications were such that applicability was confined to the region close to the gel point.

The present paper presents a more extensive investigation into the accuracy of equations obtained from Flory's multifunctional polycondensation size distribution equation by use of the Stirling approximation.

The size distribution functions

The normalised i-mer weight fraction in an f-functional polycondensing system is given by (3, 4)

$$M_i = \frac{(1-p)^2}{p} \frac{f(i(f-1)!)}{i!(i(f-2)+2)!} i(p(1-p)^{f-2})^i. \quad [1]$$

No exact summation or integration of equation [1] has been reported. Calculation of M_i or ΣM_i is made difficult because of the presence of factorials.

The Stirling approximation can be written as

$$N! \simeq (N/e)^N \quad [2]$$

or, in the more accurate from

$$N! \simeq (2\pi N)^{0.5}(N/e)^N. \quad [3]$$

Inserting these forms of the factorial in equation [1] gives respectively

$$M_i \simeq \frac{A i B^i}{(Ci+1)(Ci+2)} \quad [4]$$

$$M_i \simeq \frac{D i^{0.5} B^i}{(Ci+1)(Ci+2)} \quad [5]$$

where
$A = f(1-p)^2/p$
$B = p(1-p)^{f-2}(f-1)^{f-1}/(f-2)^{f-2}$
$C = f-2$
$D = (f(1-p)^2((f-1)/(2\pi(f-2)))^{0.5})/p.$

Apart from the use of the Stirling approximations, no approximations have been used in obtaining equations [4] and [5] in order not to restrict
their ranges of applicability any further.

Likewise, in order not to restrict applicability,
no attempt was made to integrate equations [4]
and [5].

Comparisons

Equation [1] was compared with equations [4]
and [5] via calculation of cumulative weight fractions.

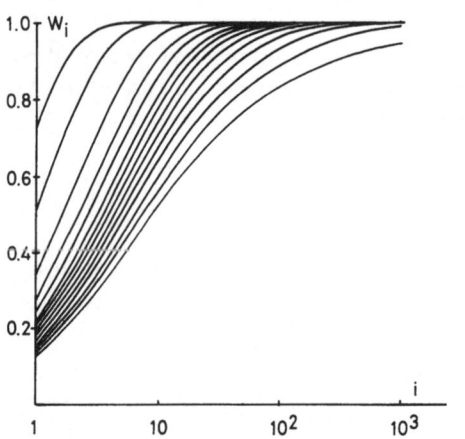

Figure 1. The cumulative weight fraction, $w_i = \Sigma M_i$, distribution with respect to i for various values of p obtained by summation of equation [1] with $f = 3$. The curves
are, from left to right, for $p = 0.1$, 0.2, 0.3, 0.35, 0.375,
0.4, 0.4125, 0.425, 0.4375, 0.45, 0.4625, 0.475, 0.4875 and
0.5.

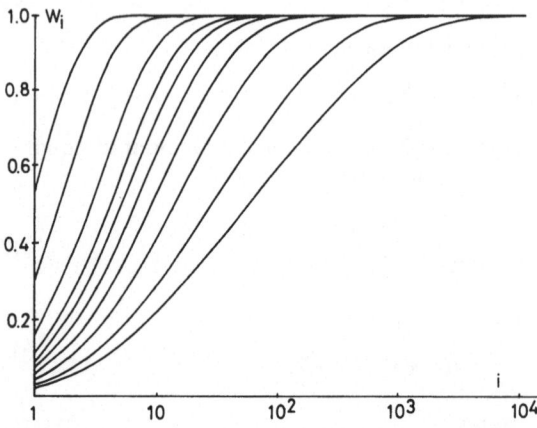

Figure 2. Cumulative weight fraction, w_i, distributions
with respect to i for $f = 3$ and various p obtained by numerical integration of equation [4]. The curves are, from
left to right, for $p = 0.1$, 0.2, 0.3, 0.35, 0.375, 0.4, 0.4125,
0.425, 0.4375, 0.45, 0.4625, 0.475, and 0.4875.

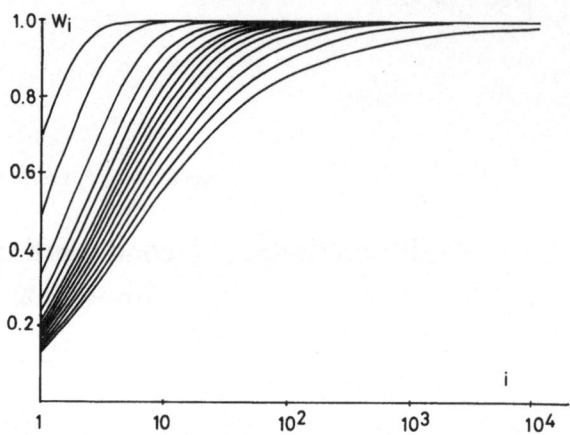

Figure 3: The cumulative weight fraction, w_i, distribution with respect to i for $f = 3$ and various p obtained by
numerical integration of equation [5]. The curves are,
from left to right, for $p = 0.1$, 0.2, 0.3, 0.35, 0.375, 0.4,
0.4125, 0.425, 0.4375, 0.45, 0.4625, 0.475, 0.4875 and 0.5.

The cumulative weight fractions for $f = 3$ and
various p were calculated from equation [1] by
summation using a computer. The results are
shown in figure 1.

Equations [4] and [5] were numerically integrated to obtain cumulative distribution functions.
The integration was carried out in decades of 10
stages (except for the initial stage, which was 0 to
1) and the step size was 10^{a-2} for the stage whose
upper limit was 10^a. Integration was carried
out until three successive steps lead to no increment in the last of the first six significant figures.
The cumulative distributions so obtained are
shown in figures 2 and 3.

The numerical integrations showed that:

(i) Equation [4] is a poor substitute for equation [1]

(ii) Equation [5] is an excellent substitute for
equation [1], particularly at low values of p,
where the cumulative distribution curves are vir-
tually superimposable, and remaining a very
good approximation up to $p = 0.5$.

(iii) Although equation [1] yields normalised
values of M_i up to $p = 0.5$, equation [5] does not.

(iv) In accordance with Flory's gel-sol concept
[3], cumulative distributions as calculated by numerical integration of equation [5] for $f = 3$ are
completely symmetrical about $p = 0.5$.

(v) Numerical integrations can be carried out in
a fraction of the computing time required for direct summation of equation [1] when the distribution contains appreciable amounts of i-mer of
high i (i.e. near the gel point).

Flory's gel-sol concept

According to *Flory* (3), an *f*-functional polycondensing system gels at an extent of reaction $p = 1/(f-1)$. As *p* increases further, gel phase separates out from the system in increasing amounts. The gel phase is not accounted for by equation [1], which only accounts for the sol phase. Therefore, equation [1] only yields normalised values of M_i up to $p = 1/(f-1)$.

Flory also states that past $p = 1/(f-1)$, the normalised values of M_i, as per equation [1], are obtained by substituting p' for p. The value of p' to be used is that value which, replacing p in

$$k = p\,(1-p)^{f-2} \qquad [6]$$

yields the same value of k. Thus, the cumulative weight fraction distribution should, according to *Flory*, be symmetrical about $p = 0.5$ when $f = 3$.

Further evaluation of equation [5]

For $f = 2$, equation [1] reduces to the well known equation for bifunctional polycondensation

$$M_i = i\,p^{i-2}(1-p)^2 \qquad [7]$$

If it is assumed that $(f-2)^{f-2} = 1$ when $f = 2$, and that $(f-2)^{0.5}$ can be omitted on the understanding that it would be cancelled out in the normalisation step, then equation [5] can be numerically integrated for $f = 2$ and $p = (0.975)/(f-1)$.

Figure 4 shows that either equation [5] does not suitably reduce to the case for bifunctional polycondensation, or the assumptions above are not valid.

For further values of f and $p = (0.975)/(f-1)$, comparison of results obtained by equations [1] and [5] are shown in figures 4 and 5.

For values of $f > 2$, equation [5] represents a good to excellent approximation of equation [1], the approximation being better for lower values of f and higher values of i.

Since equation [5] is a good to excellent alternative to equation [1], it can be used to further investigate the influence of change of i, p and f on a polycondensation distribution.

Figure 6 shows, in the form of a three-dimensional plot, the variation of the cumulative weight fraction distribution (as calculated by equation [5]) with respect to p and i for $f = 2.5$. Lines of cumulative weight fraction for constant i have been

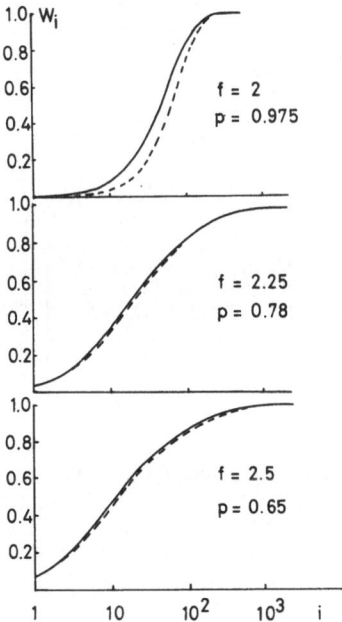

Figure 4. Comparison of the cumulative weight fractions, w_i, with respect to i for $p = (0.975)/(f-1)$ and various f calculated by summation of equation [1] (broken line) and by numerical integration of equation [5] (full line). For numerical integration of equation [5] when $f = 2$, see text.

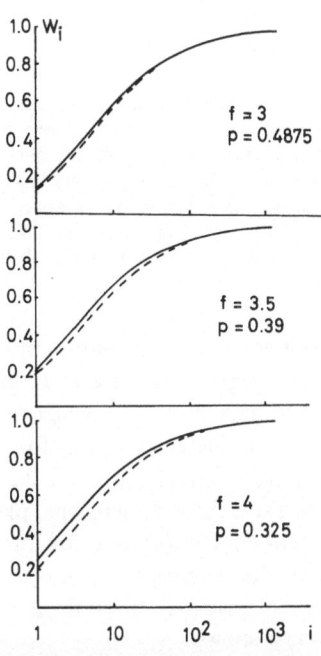

Figure 5: Comparison of the cumulative weight fractions, w_i, with respect to i calculated for various f and $p = (0.975)/(f-1)$ from equation [1] by summation (broken line) and from equation [5] by numerical integration (full line).

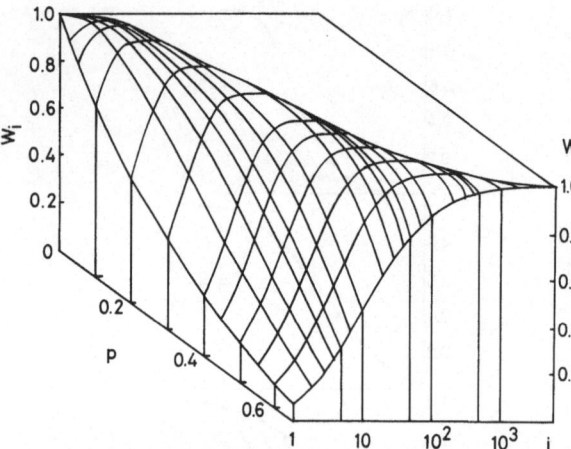

Figure 6. Three dimensional plot of the variation of the cumulative weight fraction, w_i, with respect to i and p for $f=2.5$ as calculated by numerical integration of equation [5]. Lines of weight fraction for constant i are drawn as well as the usual cumulative distribution curves.

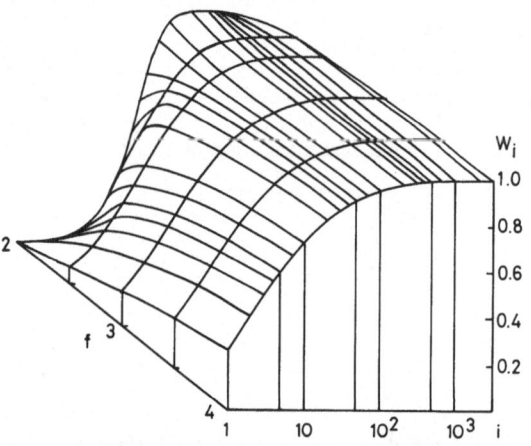

Figure 7. Three dimensional plot of the cumulative weight fraction, w_i against f for $p=0.95/(f-1)$ as calculated by numerical integration of equation [5] (except for the case of $f=2$, for which, see text). The plot shows the usual distribution curves together with lines giving w_i for constant i.

drawn as well as the normal cumulative distribution curves. It is apparent there is an asymptotic increase in the high molecular weight tail of the distribution as p increases from the value of $p=0.5$ up towards $p=1/(1.5)$.

Figure 7 is also a three dimensional plot obtained from equation [5] (except for the case of $f=2$), where the variation of the cumulative weight fraction distribution with f and i for $p=0.95/(f-1)$ is shown.

(Since equation [5] applies poorly to linear polycondensation, the cumulative weight fraction was calculated according to

$$\Sigma M_{i,f=2} = 1 - (i+1) p^i + i p^{i+1} \qquad [7]$$

which is exact for bifunctional polycondensation)

Figure 7 clearly indicates a drastic departure from linear polycondensation occurs already at f values only slightly in excess of $f=2$. Further increases in f tend to lead to higher proportions of low tail material and, to a lesser extent, very high molecular weight material. The change in the shape of the cumulative distribution with increasing f becomes less marked as f increases.

The normalisation factor

The weight fraction, M_i, can only be determined from equation [5] when the normalisation factor is known. Equation [5] is sufficently simple to enable the normalisation factor, as well as the cumulative weight fraction distribution to be calculated on a programmable desk calculator.

Normalisation factors for various p and f, as obtained by numerical integration of equation [5] are shown in figure 8. It is seen that for $2 < f \gtrless 3$, the normalisation factors, N, vary nearly colinearly with respect to p $(f-1)$. N values for $f > 3$ depart more from this line as f increases.

The region $2' f \gtrless 3$ covers most industrial polycondensations. In this region, the value of N for a given value of p $(f-1)$ approximates to the value obtained for $f=3$, which is given by

$$N = 3.1413 - 7.5972 \, (f-1) \, p$$
$$+ 11.3356 \, ((f-1) \, p)^2 - 6.4611 \, ((f-1) \, p)^3$$
$$- 0.70494 \, ((f-1) \, p)^4 + 1.3890 \, ((f-1) \, p)^5. \qquad [8]$$

Using equations [5] and [8], M_i for $2 < f \gtrless 3$ and any value of i or p can be calculated with acceptable accuracy using a pocket calculator with a logarithmic function.

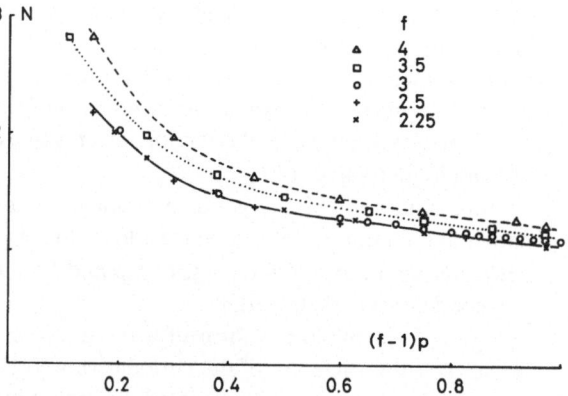

Figure 8. Normalisation factors as obtained by numerical integration of equation [5] for various f and p plotted against $p(f-1)$.

Conclusion

Calculating size distributions according to equation [1] for f-functional polycondensations is a formidable exercise without access to a computer. This is especially true for non-integral values of f, where the factorials in equation [1] are replaced by the appropriate Gamma function.

If the factorials (or Gamma functions) can be replaced using the Stirling approximation such that reasonable accuracy is retained, then the calculation effort is greatly reduced.

It was found that when the Stirling approximation was applied as per equation [5], results of good to excellent accuracy could be obtained for all values of i and p as well as for values of $f > 2$ up to $f = 4$.

With the use of equation [5], complex investigations into the effects of change in p and f on the f-functional distribution as shown in figures 6 and 7 can be readily carried out.

Weight fractions as calculated by equation [5] require normalisation. In the range $2 < f \gtreqless 3$, the normalisation factor can be calculated with reasonable accuracy from equation [8].

Summary

The Stirling approximation was introduced into the Flory f-functional distribution function for polycondensation, and the accuracy of the resulting expressions was determined. An expression, which can be readily numerically integrated, was found to yield cumulative distributions which agree very well with exact summations of the classic f-functional polycondensation expression for low p and all mer sizes, i, as well as for p up to $p = 1/(f-1)$ and high i for functionalities, f, in the range $2 < f \gtreqless 4$. The agreement is quite good for low i and p up to $p = 1/(f-1)$ and f in the same range, with a clear trend to better agreement for lower f.

The expression obtained using the Stirling approximation yields unnormalised i-mer weight fractions. An equation is given which relates the normalisation factor with acceptable accuracy to p and f in the range $2 < f \gtreqless 3$.

Zusammenfassung

Mit Hilfe der Stirling-Formel gelingt es, eine numerisch leicht integrierbare Näherung für die Molekulargewichtsverteilung f-funktionaler Kondensationsprodukte nach *Flory* anzugeben. Die Näherung liefert sehr gute Werte für alle i-mere, solange p klein ist. Für größere p-Werte bis $p = 1/(f-1)$ mit $2 < f \gtreqless 4$ erhält man gute Übereinstimmung mit der exakten Verteilung für hohe i-mere. Für niedrige i-mere ist die Übereinstimmung immer noch brauchbar, und zwar um so eher, je kleiner f ist.

Die Näherungsgleichung liefert nicht-normierte Gewichtsfaktoren. Die Normierungsfaktoren ergeben sich für $2 < f \gtreqless 3$ mit ausreichender Genauigkeit aus einer zweiten Gleichung.

References

1) *Patton, T. C.,* Alkyd Resin Technology, Interscience, New York (1962).
2) *Bobalek, E. G., E. R. Moore, S. S. Levy* and *C. C. Lee,* J. Appl. Polym. Sci. **8,** 625 (1964).
   D. H. Solomon, B. C. Loft and *J. D. Swift,* J. Appl. Polym. Sci. **11,** 1593 (1967).
3) *Flory, P. J.,* J. Amer. Chem. Soc. **63,** 3083, 3091, 3096 (1941).
4) *Stockmayer, W. H.,* J. Polym. Sci. **9,** 69 (1953).
   P. Whittle, Proc. Camb. Phil. Soc. **61,** 475 (1965).
5) *Case, L. C.,* J. Polym. Sci. **26,** 333 (1957).
   A. W. Fogiel and *C. W. Stewart Sr.,* J. Polym. Sci. A 2 **7,** 1116 (1969).
6) *Peniche-Covas, C. A. L., S. B. Dev, M. Gordon, M. Judd* and *K. Kajiwara,* Discuss. Farad. Soc. **57,** 165 (1974).

Author's address:

Dr. *J. W. Stafford*
Sandoz A.G.
CH-4002 Basel

Progr. Colloid & Polymer Sci. **66,** 439 (1979)
ISSN 0340-255 X

Vorgetragen auf der Tagung der Deutschen Physikalischen Gesellschaft,
Fachausschuß „Physik der Hochpolymeren",
vom 17. bis 21. April 1978 in Bad Nauheim.

Institut für Festkörpertheorie, Freie Universität Berlin

Kollaps von neutralen Hochpolymeren in Lösung

Franz Rys

(Eingegangen am 21. Juni 1978)

Das Verhalten von Polymerlösungen läßt sich im Rahmen der Statistischen Mechanik äquivalent als $n = 0$ Grenzfall eines n-Komponenten-Spin-Systems beschreiben. Der Formalismus wurde von *de Gennes* (1) und *des Cloizeaux* (2) allgemein dargestellt.

Im ersten Teil betrachten wir den Kollapsübergang einzelner Polymerketten am θ-Punkt bei mittleren Konzentrationen, die durch die sog. Flügelflächen des trikritischen Phasendiagramms beschrieben werden.

Im zweiten Teil wird eine verdünnte DNA-Salzlösung, der eine gewisse Menge von kleineren Polymeren beigemischt wird, behandelt. Bei einer kritischen Konzentration der letzteren geht das DNA-Knäuel plötzlich in eine hochkomprimierte Form über. Dieser ψ-Kollaps

wurde erstmals von *Lerman* (3) beschrieben und beruht im wesentlichen auf einem excluded-volume Effekt. Er ist für die hochkompakte Form des DNA etwa im Kopf von Bakteriophagen, die mit Proteinpolymeren zusammen in Lösung sind, verantwortlich.

Literatur

1) *de Gennes,* P. G., Phys. Lett. **38A,** 339 (1972).
2) *des Cloizeaux,* J., J. de Physique **36,** 281 (1975).
3) *Lerman,* L. S., Proc. Natl. Acad. Sci. USA **68,** 1886 (1971).
Siehe auch: *J. Naghizadeh* and *A. R. Massih,* Phys. Rev. Lett. **40,** 1299 (1978).

Mitarbeiter-Bedingungen · Note to Contributors

Originalbeiträge sind an die folgenden Herren zu senden:

Arbeiten aus dem Bereich der Polymerforschung an

Prof. Dr. F. H. Müller (Bereich Polymere Fachbereich Physikal. Chemie, Marburg/Lahn) Haselhecke 26, 3550 Marburg-Marbach;

Arbeiten aus dem Bereich der Kolloidchemie und Biochemie an

Prof. Dr. A. Weiss (Institut für Anorganische Chemie der Universität München) Meiserstr. 1, 8000 München 2;

Die Zeitschrift veröffentlicht nur angeforderte Originalbeiträge zu jeweils einem bestimmten Thema pro Band.

Manuskripte sollen in zweifacher Ausfertigung eingereicht werden. Ihr Eingang wird umgehend bestätigt. Ihr Inhalt muß unveröffentlicht sein. Die Verantwortung für den Inhalt liegt bei den Autoren. Publikationssprachen: Deutsch, Englisch oder Französisch. Jedem Manuskript ist eine Zusammenfassung in deutscher und englischer Sprache beizugeben. Die Typoskripte mussen einseitig und weitzeilig geschrieben sein. Abbildungen sind mit Legenden zu versehen und als klischierfähige Vorlagen einzureichen, wobei die Beschriftung auf einem transparenten Deckblatt anzubringen ist Formeln bitte deutlich schreiben, insbesondere griechische Buchstaben und Indices! Die Zahl der Abbildungen und Tabellen ist auf das unbedingt Notwendige zu beschränken. Für Literaturangaben gelten die international üblichen Regeln Die Literatur ist am Schluß der Arbeit zusammenzufassen. — Anstelle eines Honorars erhalten die Autoren insgesamt 75 Sonderdrucke kostenlos, weitere Exemplare auf ausdrücklichen Wunsch gegen Berechnung — Kosten für nachträgliche Autorkorrekturen, soweit es sich um Textergänzungen in der Druckfahne handelt, werden dem Autor in Rechnung gestellt. — Ausführliche Sonderdrucke der geltenden Mitarbeiterbedingungen sind kostenlos beim Verlag erhältlich — Nicht den Richtlinien entsprechende Manuskripte werden zurückgesandt.

Der Verlag erwirbt mit der Annahme des Manuskriptes das ausschließliche Recht der Vervielfältigung, gewerbsmäßigen Verbreitung, Übersetzung und Verwendung für fremdsprachige Ausgaben der in dieser Zeitschrift erscheinenden Beiträge. Gleichzeitig überträgt der Autor gemäß § 54 URG dem Verlag auch das Recht, die Herstellung von photomechanischen, xerographischen oder sonstigen Vervielfältigungen seines Beitrages oder eines Teils desselben nach Maßgabe des zwischen der Verwertungsgesellschaft Wissenschaft GmbH (ehemals Inkassostelle für urheberrechtliche Vervielfältigungsgebühren GmbH) und dem Bundesverband der Deutschen Industrie sowie anderen Verbänden abgeschlossenen Gesamtvertrages vom 15. 7. 1970 zu genehmigen. Diese Genehmigung bezieht sich auf die Herstellung von derartigen Vervielfältigungen in gewerblichen Unternehmen zum innerbetrieblichen Gebrauch. Das Abkommen sieht vor, daß 50 % des Reinerlöses zugunsten eines Urheberfonds verbucht werden. Die Weitergabe von Vervielfältigungen, gleichgültig, zu welchem Zwecke sie hergestellt wurden, ist verboten und als Urheberrechtsverletzung strafbar.

Die Wiedergabe von Gebrauchsnamen, Handelsnamen, Warenbezeichnungen usw. in dieser Zeitschrift berechtigt auch ohne besondere Kennzeichnung nicht zu der Annahme, daß solche Namen im Sinne der Warenzeichen- und Markenschutz-Gesetzgebung als frei zu betrachten wären und daher von jedermann benutzt werden dürften.

The authors are requested to submit their **manuscripts** to the following Editors:

Contributions on Polymer Science to

Contributions on Colloid Science and Biochemistry to

This journal will publish original contributions only on request by the editors covering the special scope of each volume.

Manuscripts should be submitted in duplicate and should contain original work as yet unpublished elsewhere. Their receipt will be acknowledged promptly. Authors are fully responsible for the contents of their contributions. Publications languages: English, French or German. Each manuscript should include a summary in English and German. All manuscripts should be double-spaced, typed on one side only. Illustrations and drawings should be made carefully, with India ink on white drawing paper, blue tracing linen or coordinate paper ruled in blue only. Lettering at the sides of graphs may be pencilled in and will be typeset. Legends must accompany the drawings. Formulas, symbols and Greek letters should be carefully made and annotated and subscripts and superscripts clearly shown. The number of figures and tables should be held to a minimum. The list of references should be written on a separate page. It is recommended that abbreviation of the titles of the Journals be made in conformity with Chemical Abstracts (see List of Periodicals, 1961).

Authors will receive 75 reprints of their contribution free of charge and may order an additional number at cost. Authors making elaborate alterations and additions in proof will be required to bear the costs thereof. More detailed instructions to the authors can be obtained from the publisher free of charge. Manuscripts which do not conform with the above guidelines will be returned to the authors.

By accepting the manuscripts the publisher acquires the sole right of reproducing, selling, translating and using it for foreign language editions. The author also gives the publisher the right of photostating, xerography and otherwise reproducing the paper or part of it in accordance with § 54 German Copyright Law (URG) and the Agreement of the Verwertungsgesellschaft Wissenschaft GmbH (formerly Inkassostelle für urheberrechtliche Vervielfältigungsgebühren GmbH) and the Bundesverband der Deutschen Industrie and other similar institutions of July 15, 1970, respectively. This permission includes reproduction by an industrial organization for internal use only. The Agreement cited above provides that 50 % of the net profit is to be paid into the account of a Copyright Fund. The distribution of any reproduced material to other persons or institution is prohibited and will be prosecuted as a violation of the copyright laws.

The reproduction of brand names, trade names, trade marks etc. in this journal should not be interpreted to mean that such names are not covered by the Trademark and Tradename laws, and that they can be used freely.

Geschäftliche Bedingungen · Note to Subscribers

Erscheinungsweise:
Zwanglos nach Bedarf in Bänden verschiedenen Umfangs.

Bezugspreis dieses Bandes:
DM 170,– plus Porto.
Bezieher der Zeitschrift „Colloid and Polymer Science" erhalten den Band automatisch im Rahmen ihres Abonnements mit 20 % Nachlaß.
Die Zeitschrift wird automatisch zur Fortsetzung weitergeliefert, sofern nicht vier Wochen vor Jahresende eine Abbestellung vorliegt.

Photokopier-Wertmarken:
Für jedes Photokopierblatt eines Beitrages oder Beitragsteiles aus dieser Zeitschrift ist eine Wertmarke von DM –,40 zu verwenden, erhältlich bei der Inkassostelle für urheberrechtliche Vervielfältigungsgebühren GmbH., VG Wort, Abt. Wissenschaft, Goethestr. 49, 8000 München 2.

Verlag, Copyright:
Dr. Dietrich Steinkopff Verlag GmbH & Co. KG, Postfach 11 10 08, 6100 Darmstadt 11, Telefon (Phone): (06151) 2 65 38/9 — Postscheckkonto (Postal Account) Frankfurt a. M. 956 97-607 — Bank (Bankers): Deutsche Bank Darmstadt No. 026 0117. Foreign subcribers are advised to pay by cheque.

Anzeigenverwaltung:
Dr. Karl Niedermeyer Nachf., 6000 Frankfurt a. M.-90, Georg-Speyer-Str. 76, Telefon (Phone): (0611) 77 50 36
Postscheckkonto (Postal Account): Frankfurt a. M. 193 83.

Titel-Abkürzung:

Frequency of Publication:
Irregularly in volumes of different size.

Subscription rate of this volume:
DM 170,– plus postage.
Subscribers to "Colloid and Polymer Science" will receive this volume additionally with a 20 % discount.

The subscription will be extended automatically for unless there is a cancellation received four weeks before the end of each year.

Photostat-Stamps:
Each photostat-sheet of an article or part of an article published in this journal must show a stamp of DM –.40, which may be obtained by the Inkassostelle für urheberrechtliche Vervielfältigungsgebühren GmbH, VG Wort, Abt. Wissenschaft, Goethestr. 49, 8000 München 2.

Publisher, Copyright:

Advertising Manager:

Abbreviation of Title:
Colloid & Polymer Sci.
Printed in Germany